AF340738

LA MECHANIQUE GÉNÉRALE,

CONTENANT

LA STATIQUE, L'AIROMETRIE,

L'HYDROSTATIQUE,

ET

L'HYDRAULIQUE,

POUR SERVIR D'INTRODUCTION AUX SCIENCES

PHYSICO-MATHEMATIQUES.

Par M. l'Abbé DEIDIER, *Professeur de Mathématiques aux Ecoles Royales d'Artillerie de la Fére.*

A PARIS, RUE S. JACQUES,

Chez CHARLES-ANTOINE JOMBERT, Libraire du Roy pour l'Artillerie & le Génie, à l'Image Nôtre-Dame.

M. DCC. XLI.

AVEC APPROBATION ET PRIVILEGE DU ROY.

A SON ALTESSE SERENISSIME
MONSEIGNEUR
LE COMTE D'EU.

ONSEIGNEUR,

La reconnoiſſance & le devoir exigent
de moi le tribut de cet Ouvrage que j'oſe

prendre la liberté d'offrir à VOTRE
ALTESSE SERENISSIME;
lorsque je le composai, je n'avois en vûe
que l'inſtruction du Public, auquel j'avois
déja conſacré mes autres Traités ; mais
depuis que V. A. S. a daigné me choiſir
pour remplir une Place de Profeſſeur de
Mathématiques dans une des Ecoles de
l'Artillerie, j'ai retouché avec attention
tout ce que j'avois écrit ſur les Méchaniques,
& je n'ai rien négligé pour rendre cette
Matiere encore plus utile à Mrs. les Officiers
de l'Artillerie & aux autres Corps qui ont
le bonheur d'être ſous ſes Ordres; leur inſtruction eſt aujourd'hui mon unique objet,
& je n'épargnerai rien pour y réuſſir, trop
heureux ſi par mes ſoins & mon application je puis mériter la puiſſante protection

E P I S T R E.

d'un Prince également Auguste & par sa Naissance, & par ses éminentes Qualités, & s'il veut bien regarder cet Ouvrage comme une marque du profond respect avec lequel je suis

MONSEIGNEUR,

DE VOTRE ALTESSE SERENISSIME

Le très-humble &
très-obéissant Serviteur
DEIDIER.

APPROBATION.

J'AI lû par ordre de Monseigneur le Chancelier un Manuscrit intitulé ; *La Méchanique Générale*, dont j'ai crû l'Impression utile. Fait à Paris ce premier Janvier 1741.

MONTCARVILLE.

Nota. *Le Privilege est le même que celui de la Mesure des Surfaces & des Solides, du meme Auteur, qui se trouve au commencement du même Traité, dont celui-ci est la Suite.*

PRÉFACE.

A plûpart des Auteurs qui ont traité des Mé-
chaniques ne fe font attachés qu'à ce qui con-
cerne l'équilibre des corps , & de-là bien des
Gens fe font imaginés que cette Science rouloit uniquement fur les Machines dont nous faifons
ufage pour les différens befoins de la vie , & pour fes
agrémens. Il faut cependant fe détromper ; la Méchanique eft la Science du mouvement , & le mouvement
en général renferme toute forte de mouvemens de quelque caufe qu'ils puiſſent provenir. Dans ce fens la Méchanique eft la Science univerſelle de tous les effets que
la Nature & l'Art produiſent dans les Corps. Les anciens
Philofophes peu inſtruits des fecrets de la Phyfique, n'en
expliquoient les caufes que par des qualités occultes ,
des Horreurs du Vuide, des Sympathies, ou Antipathies,
des Antiperiſtafes , des Attractions , & par une infinité
d'autres termes dont l'impénétrable obfcurité fait aſſez
voir qu'ils cherchoient moins à découvrir la verité ; qu'à
cacher leur profonde ignorance aux yeux du crédule
public. Le Vulgaire ne manquoit cependant pas d'être
ébloui par leurs difcours ; ce que les efprits ordinaires
entendent le moins eft prefque toujours ce qu'ils ad-
mirent le plus. D'ailleurs les Philofophes des anciens tems
paſſoient pour de grands Hommes. Ils quittoient tout
pour s'attacher à leur prétendue Philofophie ; leur air

a

auſtere, leurs tons déciſifs, leur façon de vivre, leurs habillemens & ſouvent même leur mal-propreté, tout ſembloit parler en leur faveur. Quel courage n'auroit-il pas fallu pour appeller de leur Jugement au Tribunal de la Raiſon. Ces Préjugés paſſoient de l'eſprit des Peres dans celui des enfans, & ſe fortifioient de plus en plus. Quelque talent que l'on eut, de quelque genie que l'on fût doüé on ne s'imaginoit point qu'il fut permis d'aller plus loin que ces grands Hommes qu'on regardoit comme venus du Ciel. Leurs Livres étoient autant d'Oracles que l'on conſultoit avec ſoin, & l'on ne croyoit avoir acquis quelque Science, que lorſqu'on ſe jugeoit en état de donner une prétendue clarté à leur obſcur galimathias : de-là cette foule innombrable de grands in-folio auſſi ennuyeux qu'aſſommans, dont les Bibliotheques même les mieux choiſies ſe trouvoient inondées. Le mal s'étoit étendu juſqu'aux Mathematiques. Il n'y avoit ni ordre ni méthode dans les Ecrits d'Euclide ; n'importe, on eut crû faire un crime d'en déranger la moindre propoſition ; il falloit s'y attacher ſcrupuleuſement, ſuivre ſes démonſtrations à la Lettre, ou s'excuſer par des longues Diſſertations, ſi l'on oſoit y faire le moindre changement, quelque clarté qu'il pût apporter au ſujet. On a vû plus d'une fois de grands Géometres ſe faire une guerre puerile pour ſe diſputer la gloire de mieux entendre un mot grec du Texte d'Euclide, de Diophante, ou de quelqu'autre Ecrivain de la venerable Antiquité.

Tel a été l'aveuglement des Hommes pendant une longue ſuite de Siécles, & tel ſeroit peut-être encore le Nôtre, ſi Deſcartes n'avoit entrepris de nous ouvrir les yeux. Cet illuſtre Philoſophe qui ſera toujours au-deſſus de tout éloge, s'étant apperçû que l'ignorance ne fe perpetuoit que par la force des Préjugés ne s'appliqua d'abord qu'à nous en faire voir le ridicule, mais bientôt après il nous montra par fon exemple qu'il n'y avoit qu'à fecouer leur joug pour élever l'efprit humain bien au-delà des bornes étroites où fa trop credule docilité l'avoit réduit. Ce ne furent ni des déclamations diffufes & inintelligibles, ni des termes obfcurs & empoulés, ni des tons hauts & décififs dont il crut devoir fe fervir pour nous convaincre de la vérité ; il n'en avoit pas befoin ; un difcours affez court, fimple, uni & dont les principes étoient à la portée de tous les efprits, furent les uniques armes qui le firent triompher de l'erreur, malgré la poffeffion immémoriale dont il ne paroiffoit pas qu'on pût la dépouiller. Ne s'en tenir qu'à l'évidence en fait de Science purement humaine, n'affirmer ou nier que ce que l'on voit clairement devoir être affirmé ou nié, en un mot faire ufage de fa Raifon, c'eft ce qu'il femble naturellement que les Hommes de tous les Siécles auroient dû fe dire à eux-mêmes, & c'eft cependant ce que le feul Defcartes a pû leur perfuader, tant il eft vrai que les Préjugés une fois établis font des Tyrans dont on ne fe délivre qu'avec une extrême difficulté.

Le Difcours fur la methode eut tout le fuccès que fon Auteur en attendoit ; la mode des Traductions, des Commentaires & des Scholies s'abolit tout-à-coup ; on aima mieux travailler fur fon propre fonds que de cultiver inutilement celui d'autrui ; & au lieu de ces redites éternelles qui ne manquoient pas de reparoître fur la Scéne fous différentes formes, on ne vit bientôt plus que des Ouvrages nouveaux, pleins d'admirables découvertes, qui firent l'honneur du Siécle & celui de leurs Auteurs.

Les qualités occultes furent les premieres qui rentre-
rent dans le pays chimerique d'où l'ignorance & l'or-
guëil les avoit fait fortir. Ce fut dans la Nature même,
& non plus dans des êtres logicaux que l'on chercha la
caufe des effets naturels, & voici comme l'on crut devoir raifonner : Tous les changemens qui arrivent aux
Corps font ou des changemens de lieu ou des changemens de figure & d'arrangement, ou des changemens
de configuration dans leurs parties, on ne fçauroit en
concevoir d'autres, & tout ce qu'on voudroit y ajoûter pour expliquer ce qui arrive aux corps feroit non-
feulement inintelligible, mais encore inutile. Or tous
ces changemens ne fe font que par le mouvement ; donc
le mouvement eft la caufe générale de tous les effets que
la nature ou l'art peuvent produire dans les corps. Voilà
déja bien du fatras retranché de la Phyfique ; plus de
Sympathie, plus d'Horreur du vuide, plus d'attraction,
le mouvement fait tout. Quoi de plus fimple ? Il faut
cependant avoüer que nous n'en ferions pas plus fçavans fi l'on s'en étoit tenu là. Le mot de mouvement eft
à la verité plus clair que celui de qualité occulte. Le
fon du premier reveille une idée, le fon de l'autre n'en
reveille point. Mais en eft-ce affez pour des Philofophes,
& croirions-nous furpaffer les anciens fi nous nous conten-
tions de dire que la chaleur du feu provient du mouvement ? Voyons donc ce que la nouvelle Philofophie ajoûte
à la premiere démarche que fes recherches lui ont fait faire.

Le mouvement a des Loix conftantes & inviolables
qu'il n'abandonne jamais. L'experience & la raifon nous
en ont fait connoître un affez grand nombre, & à la
faveur de la Geometrie jointe au Calcul, on en découvre
tous les jours beaucoup d'autres qui peuvent mener bien

loin dans la connoiſſance du Méchaniſme des corps ſenſibles. La choſe eſt un peu plus difficile à l'égard des
corps inſenſibles, c'eſt-à-dire des parties infiniment petites qui compoſent les corps ſenſibles, & dont les différentes configurations forment la différence des corps.
Les Loix du mouvement ſont à la verité toujours les
mêmes, mais il s'agit de trouver le rapport des Maſſes,
des viteſſes, des eſpaces parcourus & des tems, & c'eſt
ce qui nous échape à cauſe de l'infinie petiteſſe de
ces corps. C'eſt ici où les experiences doivent ſuppléer
aux ſecours qui nous manquent, il faut les faire avec attention, les réïtérer ſouvent, & ſur-tout prendre garde
de ne ſe laiſſer prévenir par aucun Préjugé. Si l'on ne
s'obſerve de près là-deſſus, les expériences ne manque-
ront pas de dire ce qu'on voudra, on pourroit en citer
bien des exemples, & des exemples très-propres à reveil-
ler l'attention.

On peut donc diſtinguer dans la nature deux ſortes de
Méchaniſme, l'un qui concerne les Corps ſenſibles, &
l'autre qui concerne les parties inſenſibles de ces Corps.
Je donne au premier le nom de Méchanique générale,
à peu-près comme on nommoit Phyſique générale la
partie de la Phyſique qui traitoit des Corps en général,
& par la même raiſon, je nomme Méchanique particuliere ce qui regarde le Méchaniſme des parties inſenſibles des Corps. Comme toutes les Loix du mouvement
de l'un & l'autre Méchaniſme ſont compriſes dans la
Méchanique générale, je ne m'attache auſſi qu'à les
bien détailler, laiſſant à ceux qui les auront compriſes le
ſoin d'en faire l'application à la Méchanique particuliere,
en y employant les recherches & les expériences réite-
rées que demandent l'étendue & la difficulté d'un ſi vaſte

fujet. Cet Ouvrage comprend quatre parties. Dans la
premiere je traite du mouvement des Corps folides ; dans
la feconde je confidere les folides dans les Fluides , &
les Fluides entr'eux ; dans la troifiéme j'examine le mou‑
vement de l'air , & dans la quatriéme le mouvement des
Fluides. Entrons dans un plus grand détail pour la fatis‑
faction des Lecteurs.

Le mouvement direct ou réflechi peut fe faire ou en
ligne droite ou en ligne courbe, & l'un ou l'autre de
ces mouvemens peuvent être ou uniforme ou acceleré.
Dans le mouvement uniforme & en ligne droite le
Corps fuit toujours la même direction & parcourt des
efpaces égaux dans des tems égaux ; comme c'eft ici le
mouvement le plus fimple qu'on puiffe imaginer , je
commence par l'examiner dans le fecond Chapitre de la
premiere Partie , après avoir donné dans le premier les
définitions & les principes néceffaires pour l'intelligence
du fujet. Les Corps peuvent avoir différens rapports de
· Maffes , de Viteffes , de Forces, d'Efpaces & de Tems,
c'eft en fuppofant la connoiffance de quelques uns de ces
rapports qu'on parvient à découvrir les autres, & à con‑
noître les Loix que la nature a établies. Pour abreger le
difcours je me fers du calcul , mais en même tems je
fais voir aux perfonnes qui commencent qu'on peut dé‑
duire les mêmes Loix par le fimple raifonnement.

Il y a dans tous les Corps une force ou impreffion qui
les preffe toujours vers un côté plutôt que vers un autre,
& cette force fe nomme pefanteur. Quelle qu'en puiffe
être la caufe il eft sûr qu'elle exifte. Qu'on tienne un
Corps dans fa main on fent qu'il pefe vers le centre de
la terre, & fi on ne le foutient plus, on éprouve toujours
qu'il fe porte de ce côté. Or la pefanteur n'abandonnant

jamais les Corps, doit agir fur eux avec plus de force que les Agents extérieurs, qui après leur avoir communiqué une premiere impreffion ne peuvent plus rien faire fur eux. Un Corps pouffé par une force externe dont il fe fépare l'inftant d'après ne reçoit plus fes coups, au contraire un Corps pouffé par fa pefanteur reçoit à chaque inftant une nouvelle impreffion, & de là il fuit néceffairement que fon mouvement doit être acceleré. Galilée eft le premier qui a trouvé que les Corps qui defcendent librement reçoivent dans des tems égaux des accroiffemens égaux de viteffe, & c'eft ce qu'on nomme *mouvement uniformement acceleré.* On comprend fous ce nom le mouvement retardé, c'eft-à-dire, le mouvement d'un Corps qui eft pouffé avec une direction contraire à celle de fa pefanteur, laquelle ne ceffant d'agir fur lui doit auffi diminuer fon mouvement à chaque pas. Ce que Galilée nous enfeigne là-deffus ne regarde que les corps fublunaires, les expériences l'ont conduit à cette découverte, & les expériences ne peuvent fe faire à une diftance trop grande de la furface de la Terre. Mais à l'égard des autres corps on peut établir d'autres Hypotéfes ainfi qu'ont fait les Aftronomes pour expliquer les Phenomenes céleftes. On trouvera dans le troifiéme Chapitre l'explication de ces différentes Hypotéfes & les Loix d'acceleration qu'elles impofent au corps, à commencer par celle de Galilée à laquelle on doit s'en tenir, lorfqu'il s'agit du mouvement des corps qui ne font point à une diftance trop grande de la furface de la Terre.

On nomme centre de pefanteur ou de gravité le point autour duquel toutes les parties d'un corps font en équilibre, de façon que fi ce centre ne fe meut point, toutes les parties font dans un parfait repos; de même fi p

fieurs corps unis par un même lien fe contrebalancent autour d'un même point, ce point fe nomme centre d'E-
quilibre. Je m'applique à la recherche de l'un & l'autre de ces centres dans le quatriéme Chapitre, mais comme j'ai traité cette matiere amplement dans la *Mefure des
Surfaces & des Solides* , je n'en donne ici que les principes & les regles, renvoyant pour le détail à l'ouvrage
cité.

On trouvera dans le même Chapitre une remarque en
forme de differtation touchant la prétendue diftinction
que quelques Auteurs modernes ont cru devoir mettre
entre les forces vives & les forces mortes. Cette matiere n'eft point étrangere au fujet qui eft traité dans ce
Chapitre, ainfi qu'on va voir. La force morte eft l'effort
que fait une puiflance fur un corps fans pouvoir furmonter l'obftacle qui empêche le corps de fe mouvoir ; tel
eft l'effort que fait la pefanteur fur un corps qui fe trouve
arrêté par un obftacle perpendiculaire à la direction de
fon centre de gravité ; car alors ce centre de gravité ne
pouvant defcendre plus bas toutes les parties du corps
font autour de lui dans un parfait repos , la force *vive* au
contraire eft la force qui meut actuellement le corps. M.
de Leibnits fut le premier qui s'imagina que ces deux
fortes de forces étoient de différente nature. Selon lui les
forces mortes font entr'elles comme les maffes multipliées par les viteffes , & au contraire les forces vives
font comme les maffes multipliées par les quarrés des
viteffes. Des expériences mal interprêtées le firent tomber dans cette erreur. En Angleterre on rejetta fon fentiment avec mépris , en France on le réfuta férieufe-
ment , & felon toutes les apparences la mort de M. de
Leibnits auroit mis fin à la difpute fi M. Jean Bernoulli ,

environ

environ vingt-huit ans après, ne se fût avisé de la faire revivre. Ce sçavant Geométre envoya à l'Académie Royale des Sciences un discours sur les Loix de la communication du mouvement, qui fut imprimé en 1727 chez Jombert Libraire rue Saint Jacques à Paris. Ce discours renfermoit beaucoup de belles choses dont l'Académie parla avec éloge, mais loin d'adopter ce qui regardoit la distinction des forces mortes & des forces vives, elle fit imprimer en 1728 une Dissertation de M. de Mairan, où cet illustre Académicien traita la matiere avec toute la profondeur de son génie, & fit voir clairement l'inutilité de cette frivole distinction. Je n'avois point encore vû la Dissertation de M. de Mairan lorsque je composai la mienne, le Discours de M. Bernoulli m'étant tombé par hazard entre les mains, je crus que les preuves sur lesquelles un Geométre de ce nom tachoit d'appuyer son sentiment méritoient d'être discutées de façon à empêcher le progrès de l'erreur. Quelque tems après M. de Mairan ayant eu la bonté de me communiquer sa Dissertation, j'eus le plaisir de voir que si je n'avois pas pris la même route je me trouvois du moins parfaitement d'accord avec ce sçavant Geométre dans toutes les conclusions. C'est ce qui m'a obligé de ne point supprimer ce que j'avois écrit là dessus, dans la vûe que bien des personnes qui n'ont pas la commodité d'avoir les Mémoires de l'Académie, trouveront dans cet Ouvrage des principes suffisans pour se garantir d'un prejugé dans lequel quelques Sçavans sont encore aujourd'hui. On verra dans cette même Dissertation les raisons qui m'ont porté à y faire des additions considérables.

La doctrine du sixiéme Chapitre est toute fondée sur la connoissance des centres de gravité, j'y enseigne comment on peut connoître si un corps qui est appuyé sur l'un de ses côtés doit rester ferme ou s'il doit tomber. Quelquefois un corps paroît devoir se tenir dans sa situation & il tombe ; quelquefois il paroît devoir tomber & il reste debout, le Clocher de Pise & quelques autres Edifices bâtis sur le même goût ont toujours semblé menacer ruine, & cependant ils n'ont jamais bougé, c'est que la direction de leur centre de gravité passe par leur base. Que si quelques corps tombent contre toute espérance, c'est que la direction de leur centre tombe hors de leur base, & que par conséquent ce centre n'est pas empêché de suivre l'impression de la pesanteur. Par la même considération du centre de gravité je détermine quelle partie d'un poids est supportée par deux hommes qui le portent ou par deux soûtiens sur lesquels il est appuyé.

Lorsque deux ou plusieurs forces qui ont différentes directions agissent en même tems sur un même corps, la direction que ce corps prend est moyenne entre les directions des forces qui agissent sur lui, d'où il suit qu'une seule force qui avec la direction moyenne feroit parcourir dans le même tems un espace égal à celui que les autres forces font parcourir à ce corps, seroit équivalente à ces forces. La force de la direction moyenne se nomme force *composée,* les forces des autres directions se nomment forces *composantes,* & le mouvement qui en est produit se nomme mouvement *composé.* Les principes de ce mouvement sont extrémement fertiles pour les Méchaniques, ainsi qu'on peut voir dans la Méchanique de M. Varignon qui n'en a point employé d'autres. On peut distinguer plusieurs sortes de mouvement composé selon la nature & les directions des forces qui le composent. 1°. Si les forces composantes sont uniformes &

fuivent toujours leurs premieres directions, le mouvement eſt uniforme & en ligne droite. 2°. Si les forces étant uniformes changent à chaque inſtant de direction, le mouvement eſt en ligne courbe, & il peut être ou uniforme, ou acceleré, ou retardé ſuivant une Loi quelconque d'acceleration, ſelon que les changemens de direction des forces compoſantes conſervent, augmentent, ou diminuent leurs efforts. 3°. Si les forces compoſantes ſuivent une même direction & une même Loi d'acceleration, le mouvement eſt en ligne droite & acceleré. 4°. Si les forces changent à tout moment de direction en ſuivant la même Loi d'acceleration, le mouvement eſt en ligne courbe, & il peut être ou acceleré ou retardé. 5°. Si les forces ſont l'une uniforme, l'autre retardée, & qu'elles ſuivent toujours la même direction, le mouvement eſt en ligne courbe & mêlé de l'uniforme & du retardé. 6°. Enfin ſi l'une des forces étant uniforme, l'autre eſt accelerée, & que les directions de l'une & de l'autre changent toujours, le mouvement eſt en ligne courbe, & il peut être, ou mêlé d'uniforme & de l'acceleré, ou mêlé de retardé & de l'acceleré, ou tout acceleré, ou tout retardé, ſelon que les différentes directions des forces cauſeront de changement à ces forces. Le cinquiéme Chapitre contient ce qui concerne le mouvement compoſé dont les forces compoſantes ſont uniformes, ſoient que leur directions changent ou qu'elles ne changent pas, & ce mouvement entre pour quelque choſe dans le ſixiéme Chapitre dont nous avons déja parlé. Dans les Chapitres 7ᵉ & 8ᵉ je traite du mouvement compoſé dont les forces compoſantes ſont accelerées, ce qui renferme la deſcente des corps le long des plans inclinés & le long des lignes courbes. Dans le neuviéme je traite à part du mouvement des Pendules & de la maniere de trouver leur centre d'oſcillation, & dans le dixiéme j'examine le mouvement compoſé de deux forces dont l'une eſt uniforme & l'autre accelerée, c'eſt-à-dire le mouvement des corps projettés, c'eſt dans celui-ci qu'eſt renfermée toute la Théorie & la Pratique du jet des Bombes, avec des découvertes tout-à-fait nouvelles touchant la maniere de tirer ſur un but qui eſt au-deſſus ou au-deſſous du niveau de la batterie.

Lorſque les corps en mouvement viennent à ſe rencontrer avec les mêmes directions, ou avec des directions contraires, ou avec des directions obliques, il ſe fait du changement dans les forces ou dans les directions ſelon les rapports des Maſſes & des Viteſſes des corps, & auſſi ſelon que ces corps ſont élaſtiques ou ne le ſont pas. Tout ceci eſt examiné avec une extrême ſoin dans le onziéme Chapitre, mais comme je n'y traite principalement que du choc des corps ſelon une même direction, ou ſelon des directions contraires, & qu'à l'égard du choc ſelon des directions obliques dont je ne dis qu'un mot, je ſuppoſe que les corps ſe choquent dans leur centres de gravité, j'ai cru devoir mettre à la fin de ce premier livre une addition où je traite à part du choc des corps projettés, ſoit que leur direction dans l'inſtant du choc ſoit perpendiculaire ou oblique aux corps choqués, ſoit qu'elle paſſe par les centres de gravité où qu'elle n'y paſſe pas. On y trouvera auſſi des choſes très-curieuſes touchant les chocs obliques des corps qui ſe meuvent uniformement.

Si tandis qu'un corps ſe meut autour d'une courbe, il ſe trouve une force qui à chaque inſtant tende à l'éloigner d'un point conſideré comme centre, cette force fe nomme force *centrifuge*, & fi au contraire cette force tend à le rapprocher de ce point, elle fe nomme force *centripete*. Les Aftronomes font grand ufage de ces fortes de forces, on les trouvera traitées dans le douziéme Chapitre.

Jufqu'ici j'ai fait abftraction de la refiftance que l'air oppofe au mouvement des corps. Cependant l'air refifte, l'expérience & la raifon nous en affurent également : donc cette refiftance doit caufer quelque alteration dans les Loix qui ont été établies dans les Chapitres précédens. Wallis eft le premier qui ait entrepris de foûmettre cette matiere au Calcul. Ce fçavant Anglois dans le Chapitre 101· de fon Algebre établit deux Hypotèfes. Selon l'une les réfiftances de l'air à chaque inftant font comme les viteffes reftantes au commencement de ces inftans, & felon l'autre ces réfiftances font comme les quarrés des viteffes reftantes. La premiere confidere l'air comme un corps à reffort, lequel refifte toujours dans la raifon de fa compreffion, la feconde le confidere comme un corps Fluide dont la maffe eft toujours proportionnelle à la viteffe, & qui refifte par conféquent dans le rapport de la maffe multipliée par la viteffe, c'eft-à-dire dans le rapport des quarrés des viteffes. Les Geométres fe font partagés entre ces deux Hypotèfes, mais enfin la feconde l'a emporté comme étant la plus naturelle. Suppofons que deux corps de même poids & de même volume viennent à choquer l'air l'un avec une viteffe fimple & l'autre avec une viteffe double. Le nombre des Molecules d'air que le fecond rencontrera dans un inftant fera double du nombre des Molecules d'air que le premier rencontrera dans le même inftant, c'eft la Loi des Fluides. Donc le nombre des refforts chocqués fera auffi

double ; or ces refforts feront comprimés doublement à
caufe de la viteffe double , dont le fecond corps les choque ; donc la refiftance de ces refforts fera quadruple de
la refiftance des refforts choqués par le premier corps ; &
par conféquent les refiftances font dans la raifon des
quarrés des viteffes. Quoique ce que nous venons de
dire en faveur de la feconde Hypotèfe paroiffe démontré , je n'ai pas laiffé que d'examiner l'une & l'autre Hypotèfe dans le treiziéme Chapitre en les appliquant au
mouvement uniforme & au mouvement acceleré : j'aurois bien fouhaité pouvoir en tirer quelque chofe pour
le mouvement des corps projettés ; l'art de jetter des
Bombes en deviendroit peut-être plus parfait , & peut-
être auffi n'en ferions nous pas plus fçavans ; le mouvement des Bombes eft extrêmement rapide, fa durée eft
très-courte , la refiftance de l'air au premier inftant ne
peut être que fort petite , de-là bien des perfonnes con-
cluent que la refiftance totale ne peut caufer qu'une legere différence ; d'autres au contraire fondés fur des expériences foûtiennent que cette différence n'eft point à
négliger ; mais les expériences qu'ils nous rapportent
ayant été faites dans le plein dépendent d'une infinité de
circonftances dont la moindre eft peut-être la refiftance
de l'air telle que nous la fuppofons, c'eft-à-dire uniforme & conftante ; l'air n'eft point homogene par tout,
ni dans toutes fes parties, il fe trouve tantôt plus dilaté ,
tantôt plus condenfé ; les vapeurs & les exhalaifons n'y
font pas également mêlées en tous lieux ni en tout tems ;
les vents y foufflent inégalement ; d'un inftant à l'autre
tout change. D'ailleurs la Poudre ne fçauroit être de même nature dans toutes fes parties , deux charges égales
d'une même Poudre font rarement le même effet ; il y a

ici tant de différentes conbinaiſons qu'il n'eſt pas poſſible d'y rien demêler ; auſſi les expériences quelques réïterées qu'elles ſoient ne ſont-elles jamais parfaitement
d'accord entr'elles ; pourquoi voudrions-nous fixer ce
que la nature elle même ne fixe pas? Nous ignorons encore quel eſt l'eſpace qu'une certaine force de Poudre
pourroit faire parcourir à un Boulet dans le vuide dans
un tems déterminé , & quelle eſt la quantité dont ſa peſanteur le feroit deſcendre dans le même tems , cela demanderoit des expériences qui n'ont pas été faites, mais
ſuppoſons pour un inſtant que nous ſachions à quoi
nous en tenir ; dirons-nous qu'en faiſant une épreuve
dans le plein avec la même force de Poudre la différence
des eſpaces parcourus dans le plein & dans le vuide nous
donnera la véritable meſure de la reſiſtance ? Il faudroit
pour cela que l'air & la poudre ne fuſſent point ſuſcep-
tibles de tous les changemens dont nous avons parlé , &
que par conſéquent les épreuves ne variaſſent point elles-mêmes , faute de quoi tout ce que nous pourrons en
conclure ne ſera jamais que pour des cas particuliers &
hypothetiques qui feroient inutiles pour le général : au
reſte on ne blâme point ici les perſonnes qui s'appliquent à ſurmonter les difficultés d'une matiere ſi épineu-
ſe. Leur travail ne peut être que louable quand même il
n'aboutiroit qu'à des approximations.

La plûpart des Loix du mouvement dont il eſt parlé
dans les Chapitres précédens, ont occaſionné l'invention
des Machines ; on les diſtingue en ſimples & compoſées,
les Machines ſimples ſont au nombre de cinq ; le Levier,
la Poulie, la Roue dans ſon aiſſieu, la Vis , & le Coin,
les Machines compoſées n'étant que des combinaiſons
des Machines ſimples , peuvent être en nombre infini,

auſſi en invente-t'on tous les jours. On trouvera dans
le quatorziéme Chapitre le calcul des forces des cinq
Machines ſimples, de la balance, des roues dentées,
des poulies multipliées, & de la vis jointe à la roue dans
ſon aiſſieu ; ce que j'en dis peut s'appliquer au calcul des
autres Machines dont je ne parle point de peur d'allon-
ger cet Ouvrage ; d'ailleurs on en trouve un ſi beau détail dans les deux Volumes de l'Architecture Hydraulique de M. Belidor *, qu'il ſeroit inutile d'y rien ajouter.

Les Machines ont du frottement les unes plus, les autres moins, & ce frottement oblige d'y appliquer une
puiſſance un peu plus grande qu'on ne la trouve par le
calcul : la queſtion eſt donc de déterminer la quantité
préciſe dont cette puiſſance doit être augmentée pour
ſurmonter le frottement : ce ſujet a déja été traité par pluſieurs Auteurs en différentes façons : mais la maniere dont
je m'y prens dans le quatorziéme & dernier Chapitre du
premier Livre, a non-ſeulement le mérite de la nouveauté, mais encore celui d'une extrême ſimplicité ; une
ſeule experience faite ſur une Machine d'une certaine
matiere ſuffit pour déterminer par le plus ſimple calcul
Arithmetique le frottement de toutes les Machines de
même eſpece & de même matiere quelle qu'en ſoit la
grandeur ou la petiteſſe & de quelque poids qu'elles puiſſent être chargées. J'eſpere que le public verra ce mor-
ceau avec plaiſir auſſi-bien que grand nombre de queſtions curieuſes dont ce premier Livre eſt rempli, &
dont je n'ai point fait le détail de peur d'être trop long.

Le ſecond Livre traite de l'Hydroſtatique ou de la maniere dont les corps peſent dans les Fluides, & dont les
Fluides peſent entr'eux. On conſidere dans les Corps la
Maſſe, le Volume & la Denſité. La Maſſe eſt la quantité

* Imprimé en 17.. chez Jombert, rue S. Jacques à Paris.

tité de matiere dont le corps eſt compoſé ; le Volume
eſt l'eſpace que ce corps occupe, & le plus ou le moins
de Denſité conſiſte dans la façon dont les parties d'un
corps ſont plus ou moins rapprochées entr'elles. De la
Maſſe naît la peſanteur abſolue, car cette peſanteur eſt
toujours proportionnelle à la Maſſe ; de la Denſité con-
ſiderée ſous un même Volume naiſſent les peſanteurs ſpecifiques des corps ; le rapport des Maſſes, des Volumes,
& des denſités pouvant varier à l'infini, on peut parvenir à la connoiſſance de ces rapports par la connoiſſance
de quelques-uns d'entr'eux, & c'eſt ce qui fait le ſujet du
premier Chapitre.

Dans le ſecond je traite de l'Equilibre des Liqueurs,
c'eſt par le moyen de deux Tubes verticaux qui ſe communiquent par un Tube horizontal que cet Equilibre ſe
trouve : ſi l'on verſe d'une même Liqueur dans l'un des
Tubes verticaux, cette Liqueur paſſera du Tube horizontal dans l'autre vertical, & l'on éprouvera toujours
que la Liqueur ſe mettra de niveau dans l'un & l'autre
Tube : mais ſi les Liqueurs ſont de différentes natures,
celle qui peſera davantage ne montera pas tant que celle
qui peſera moins : de-là on fixe la maniere de connoître
les différentes peſanteurs ſpécifiques des Fluides & leurs
différentes denſités. On démontre encore dans le même
Chapitre que les Liqueurs renfermées dans un vaſe peſent
ſur toutes les parties du fonds & des côtés à proportion
des grandeurs de ces parties & des hauteurs des Liqueurs,
d'où l'on prend occaſion de faire voir comment on pourroit élever par le moyen de l'eau un poids d'une extrême
grandeur.

Dans les deux derniers Chapitres on examine de quelle
façon les Corps peſent dans des Fluides qui ont plus ou

moins de pesanteur specifique qu'eux ; on y fait voir comment on connoît les pesanteurs spécifiques des Corps en les plongeant dans les Liquides, comment on peut faire que des Corps qui surnagent aillent au fonds, où restent entre deux eaux , que d'autres qui vont au fonds, restent entre deux ou surnagent, & grand nombre d'autreschoses curieuses dont le détail nous meneroit trop loin.

Le troisiéme Livre comprend tout ce qui concerne la mesure de l'air ; l'air pese , il a du ressort, il se comprime, il se dilate, il se condense, il se rarefie, il est susceptible de mouvement , c'est ce qu'on examine dans les cinq premiers Chapitres , en y employant le raisonnement joint aux expériences , dans le sixiéme on traite des Instrumens qui servent à connoître les variations qui arrivent à l'air par rapport à sa pesanteur , à sa densité , à son agitation , à sa rarefaction ou sa condensation , à sa secheresse & à son humidité.

Le quatriéme Livre traite du mouvement des Fluides , j'y examine le mouvement causé par la pesanteur , les différentes quantités d'eau qui doivent sortir par differens orifices dans des tems égaux selon les différens rapports des orifices & des hauteurs de la surface superieure du liquide , le mouvement qu'on peut donner aux Fluides par le moyen de l'air, ce qui se fait en employant les Machines hydrauliques ; le cours des rivieres , & enfin le choc des Fluides.

Tel est à peu près le plan de cet Ouvrage , & l'on peut voir par l'abregé que nous venons d'en faire que ce n'est pas sans raison que je lui ai donné le nom de Méchanique Générale ; tout le Méchanisme des Corps solides & Fluides s'y trouve compris , les Loix générales y sont détaillées dans la derniere exactitude, j'y ai entremêlé

grand nombre de Queſtions , de Problêmes, & de Re-
marques, où l'on trouve tout ce que la Phyſique peut
attendre de la Geometrie : la préciſion , l'ordre & la méthode y ſont obſervées avec le même ſoin que j'ai employé dans toutes les productions que j'ai mis au jour.
J'eſpere que le Public fera le même accueil à cet Ouvrage , qu'il a bien voulu faire aux précédens.

ECLAIRCISSEMENS,
ET CORRECTIONS NECESSAIRES.

ON a certainement de grandes obligations aux Auteurs qui ont écrit avant Nous. Ils nous ont frayé les voyes, la plûpart des Matieres se trouvent débrouillées dans leurs Ouvrages, & sans eux, nous aurions à surmonter de grandes difficultés qui ne nous arrêtent plus aujourd'huy. Cependant il arrive quelquefois que la trop grande vénération que nous avons pour les Sçavans qui nous ont précédé nous jette dans l'erreur. Comme on trouve dans leurs Ecrits grand nombre de belles vérités que la force de leur génie leur a fait découvrir, on se persuade trop aisément que des personnes de ce caractere ne sçauroient se tromper, & l'on épouse sans réflexion jusqu'à leur faux raisonnemens. De-là vient que certains Paralogismes passent pendant long-tems d'Ouvrage en Ouvrage, & qu'on n'en découvre le faux que parce que la nécessité de faire accorder les principes nous oblige à examiner de plus près ce que la prévention nous avoit fait regarder comme incontestable & certain. C'est ainsi que les forces vives, & l'attraction ont encore leurs Partisans, & sans en chercher plus loin des exemples, c'est ainsi que j'ai donné moi-même dans ce Traité deux Démonstrations que je suis bien aise de retoucher pour faire voir au Public à qui j'ai consacré mes veilles, que si je puis commettre des fautes comme les autres hommes, du moins il ne m'arrivera jamais de vouloir les excuser. Je prie donc le Lecteur de suppléer à ce que j'ai trouvé de défectueux par les corrections que j'en vais faire, & de regarder ces Eclaircissemens comme une marque du desir que j'ai de ne lui rien présenter qui ne soit selon les regles de la plus exacte vérité.

Page 136. N°. 142. Proposition L. j'ai dit : *Si une force pousse ou tire un corps avec une direction oblique à ce corps, elle lui communique moins de mouvement que si elle le poussoit ou tiroit avec une direction perpendiculaire.* Cette Proposition doit s'entendre d'un corps qui est retenu par un point fixe & inébranlable autour duquel il peut tourner ; car il est visible que si le Corps CD

(*Fig.* 50.) eft retenu par un point fixe D, ou qui foit entre B &
D, la puiffance qui le tirera ou qui le pouffera felon la direction
BA, ou AB, n'agira fur lui que comme la force compofante
AE, à caufe que l'autre compofante AF ou EB trouvant une
réfiftance invincible ne donnera aucun mouvement au Corps.
La même Propofition eft encore vraye quand le corps CD n'é-
tant point retenu, la puiffance AB le pouffe felon la direction
AB avec un levier AB qui n'eft point uni au corps CD, car
alors il eft encore évident, & l'experience le confirme, que cette
puiffance n'agit fur le corps que comme la force compofante
AE, & non felon l'autre compofante AF qui ne fait que gliffer
le long du corps ; d'où il arrive que fi le corps CD n'eft point
retenu par quelque obftacle, il s'approche peu à peu du levier
AB, jufqu'à ce qu'étant parvenu à le toucher dans toute fa longueur, le levier gliffe & n'agit plus fur lui ; & il faut obferver
que pendant ce mouvement l'angle ABE doit néceffairement
diminuer à chaque pas, & que par conféquent la perpendiculaire AE devenant toujours plus courte, l'action de la puiffance
fur le corps, diminue auffi infenfiblement & devient enfin égale
à zero. Voici maintenant les cas où la Propofition feroit fauffe,
fi le corps n'étoit point retenu par un point fixe.

1°. Si le Levier AB étoit attaché inébranlablement au corps
CD, car dans cette fuppofition le corps ne réfifteroit ni au mouvement felon AE, ni au mouvement felon AF, & par conféquent la puiffance qui le poufferoit agiffant fur lui felon l'un &
l'autre de ces mouvemens, agiroit auffi comme AB, c'eft-à-dire
avec la même force que fi elle étoit perpendiculaire à CD.

2°. Si la puiffance tiroit le corps CD (*Fig.* 249.) avec une
corde AB attachée en B, & dont la direction fut horizontale ; car
alors le corps obéiroit auffi au mouvement felon AE, & au
mouvement felon AF, il faut concevoir que le corps CD fut
fur un plan horizontal ; mais voici ce qui arriveroit felon que
le centre de gravité feroit au point B, ou entre B & D, ou
entre B & C. Si le centre de gravité étoit au point B, le corps
CD s'avanceroit parallelement à lui-même, tandis que fon centre de gravité parcourroit la direction BA ; car toutes les parties CB étant en équilibre avec les parties du bras BD, & les
unes n'étant pas plus tirées que les autres, puifqu'elles font tirées par le centre de gravité, elles doivent avancer également
d'un côté & d'autre felon la direction BF, & fuivre en même-

tems la direction BC, & par conséquent leur centre de gravité doit toujours être fur BA.

Si le centre de gravité étoit non plus en B, mais fur BD, par exemple en O, les parties du bras CO étant tirées par la direction FB ne feroient plus en équilibre avec les parties du bras DO, ainfi elles avanceroient peu à peu vers la direction AB jufqu'à ce que la partie CB du corps CD vint à toucher la corde felon toute fa longueur, & alors la direction de la corde AB pafferoit par le centre de gravité O, & le corps s'avanceroit fans changer davantage de direction, & il faut obferver que tandis que l'angle CBA diminueroit peu à peu, le point B avanceroit toujours felon les différentes directions compofées des directions variantes & infiniment petites BE, BF, car ces directions changeroient à chaque inftant.

Si le centre de gravité étoit entre C & B, le contraire arriveroit, c'eft-à-dire l'angle CBA s'aggrandiroit peu à peu jufqu'à ce que la partie BD du corps CD vint à toucher la corde felon fa longueur, & alors le corps fuivroit la direction fans changer davantage de direction, mais auparavant le point B fuivroit les différentes directions compofées des directions variantes & infiniment petites dont le mouvement feroit compofé comme il a été dit.

Il y auroit bien des chofes à remarquer touchant ces deux derniers cas, mais comme cela m'écarteroit de mon fujet, il me fuffit d'avoir fait remarquer ce que j'ai mis dans l'énoncé de la Propofition dont il s'agit, & qu'il faut néceffairement l'entendre d'un corps qui eft attaché par un point fixe autour duquel il puiffe tourner, & ne l'étendre tout au plus qu'à un corps pouffé par un levier AB qui ne tiendroit point au corps CD. La même chofe doit fe dire du premier Corollaire de cette Propofition ; ce font là de ces inadvertances qui arrivent affez fouvent à un Auteur trop plein de fon fujet. Le Corollaire II. de cette même Propofition fait affez voir que je n'envifageois alors que les corps qui peuvent tourner autour d'un point fixe.

Page 154. N°. 175. Corollaire VIII. de la Propofition CLXX. j'ai dit que fi deux plans inclinés CB, EG (*Fig.* 63.) étoient perpendiculaires entr'eux, & que deux puiffances, ou poids M, N, foutinffent un poids A avec des directions RA, QA, paralleles aux plans inclinés, on n'avoit qu'à mener la droite RQ horizontale, & que les puiffances ou poids M, N, feroient toujours entre eux réciproquement comme les cordes RA, QA, c'eſt-à-dire qu'on auroit M, N :: QA, RA, cela eſt abſolument vrai ſoit que les puiſſances M, N, ſoutiennent tout le poids A, ou qu'elles n'en ſoutiennent qu'une partie, & il eſt encore ſûr que ſi les deux plans inclinés ſoutenoient tout le poids A ou une partie de ce poids, ils ſeroient entr'eux non plus réciproquement comme RA à QA, mais directement comme RA à QA, c'eſt-à-dire qu'on auroit la réſiſtance du plan CB eſt à la réſiſtance du plan EG comme RA eſt à QA, ainſi que je le démontrerai bientôt. Mais dans le Corollaire X. de la même Propoſition pag. 155. Nº. 177. j'ai avancé que ſi les plans inclinés CB, EG étoient obliques entr'eux (*Fig.* 64.) les puiſſances M, N, ſeroient encore entr'elles comme AQ eſt à AR, & ceci eſt une erreur dans laquelle je ſuis tombé par la trop bonne opinion que j'ai eu des Ecrits d'un celebre Auteur dont les Ouvrages ſont entre les mains du Public. Pour corriger donc ce défaut, il faut dire que *ſoit que les puiſſances* M, N, *ſoutiennent tout le poids, ou qu'elles n'en ſoutiennent qu'une partie, on aura toujours dans ce cas* M *eſt à* N *comme le ſinus de l'angle* ZAQ *eſt au ſinus de l'angle* ZAR, *ou comme les ſinus de l'angle* GEF *au ſinus de l'angle* BCD, *c'eſt-à-dire les puiſſances* M, N, *ſeront entr'elles réciproquement comme les ſinus de complement des angles d'inclinaiſon de leur plan* CB, EG, & *ſi les plans* CB, EG *ſoutiennent le poids* A *en tout ou en partie, on aura la réſiſtance du plan* CB *eſt à la réſiſtance du plan* EG *comme le ſinus de l'angle* OAV *au ſinus de l'angle* TAV, *ou comme le ſinus de l'angle* EGF *au ſinus de l'angle* CBD, & *par conſé-quent les réſiſtances de ces plans ſeront entr'elles réciproquement comme les ſinus de leurs angles d'inclinaiſon.* Avant de démontrer tout ceci, voici le principe que je crois devoir employer.

Si deux puiſſances A, B, (Fig. 250.) *qui tirent avec des directions* DA, DB, *ſont en équilibre avec une troiſiéme puiſſance* C *qui tire avec une direction* CD, *la puiſſance* C *eſt à la puiſſance* A *comme le ſinus de l'angle* ADB *fait par les directions des deux autres puiſſances* A, B, *eſt au ſinus de l'angle* BDC *fait par la direction de la puiſſance* B *avec la direction de la puiſſance* C; *de même la puiſſance* C *eſt à la puiſſance* B *comme le ſinus de l'angle* ABD *fait par les deux puiſſances* A, B, *eſt au ſinus de l'angle* ADC *fait par la direction de la puiſſance* A, & *de la puiſſance* C.

Pour prouver ce principe, il n'y a qu'à obſerver que les puiſ-ſances A, B, ne peuvent être en équilibre avec la puiſſance C,

moins qu'elles ne puiffent faire parcourir à un corps mis en
D un efpace DE felon la direction contraire à la direction DC,
égal à l'efpace DC que la puiffance C feroit parcourir au même
corps dans le même-tems felon la direction DC ; car il eft vifible que cette condition étant mife, le corps mis en D ne
pourra avancer ni vers E ni vers C, & que les trois puiffances
feront en équilibre ; faifant donc DE = DC, & menant EA
parallele à BD, & ER parallele à AD, les puiffances A, B qui
feroient parcourir au corps D l'efpace DE dans le tems que la
puiffance C lui feroit parcourir l'efpace DC, feront exprimées
par les droites AD, DR, ou ER, DR, & la puiffance C fera
exprimée par DC ou DE ; or dans le triangle EDR, le côté ED
eft le finus de l'angle ERD ou de l'angle ERB, ou ADR qui
eft le finus de complement de l'angle ERD, le côté ER eft le
finus de l'angle EDR, ou de fon complement RDC, & le côté
DR eft le finus de l'angle DER ou de fon alterne EDA, ou
de fon complement ADC ; donc la puiffance C eft à la puiffance
A comme le finus ED de l'angle ADR fait par les deux puiffances A, B, eft au finus ER de l'angle BDC fait par la direction de la puiffance B avec la direction de la puiffance C, &
de même la puiffance C eft à la puiffance B comme le finus ED
de l'angle ADR eft au finus DR de l'angle ADC fait par la direction de la puiffance C ; ce principe ainfi pofé, venons à l'état
de la Queftion.

Si les plans inclinés CB, EG (*Fig. 63.*) fe coupent à angles
droits, la puiffance M eft à la puiffance N comme le finus de
l'angle ZAQ au finus de l'angle ZAR ; or le triangle RAQ
étant rectangle eft femblable aux triangles rectangles ZAQ,
ZAR ; donc l'angle ZAQ eft égal à l'angle ZRA, & l'angle
ZAR eft égal à l'angle ZQA, & par conféquent la puiffance
M eft à la puiffance N comme le finus de l'angle ZRA eft au
finus de l'angle ZQA, ou comme la corde AQ à la corde RA ;
ainfi ce que j'ai avancé pour ce cas eft abfolument vrai, & alors
la pefanteur du poids eft exprimée par la droite RQ qui eft le finus de l'angle RAQ.

Que fi les puiffances M, N, ne foutenoient qu'une partie du
poids, il eft aifé de voir qu'elles feroient toujours entr'elles
comme le finus de l'angle ARQ au finus de l'angle ZRA.

Si les plans inclinés CB, EG, foutenoient le poids tout entier ou une partie du poids, la réfiftance du plan CB feroit à
la

la résistance du plan EG comme le sinus de l'angle IAO au sinus de l'angle LAO par le principe précédent ; car ces deux résistances font le même effet que deux puissances qui pousseroient de L en A & de I en A, & qui feroient en équilibre avec le poids A ; or l'angle IAO est égal à l'angle ZAR ou ZQA, & l'angle LAO est égal à l'angle ZAQ ou ZRA ; donc la résistance du plan CB feroit à la résistance du plan EG comme le sinus de l'angle ZQA au sinus de l'angle ZRA, ou comme la corde RA à la corde QA, & par conséquent les résistances des deux plans feroient dans la raison réciproque des puissances M, N, ou dans la raison réciproque des sinus de leurs angles d'inclinaison à cause de l'angle ZQA égal à l'angle d'inclinaison EGF, & de l'angle ZRA égal à l'angle d'inclinaison CBD.

Supposé donc que les puissances M, N, soutinssent ensemble une partie du poids A, par exemple le tiers, & que les deux plans soutinssent les deux tiers restans, on prendroit le tiers de RQ pour exprimer le tiers du poids, & prenant ce tiers pour rayon total, les sinus des angles QRA, RQA, exprimeroient les puissances M, N, après quoi on prendroit les deux tiers de RQ pour exprimer les deux tiers du poids, & prenant ces deux tiers pour sinus total les sinus des angles RQA, QRA exprime-roient les résistances des plans CB, EG.

Supposons maintenant que les plans inclinés CB, EG (*Fig. 64.*) faffent entr'eux un angle aigu ou obtus ; la puissance M fera à la puissance N comme le sinus de l'angle ZAQ au sinus de l'angle ZAR, mais le triangle RQA n'étant plus rectangle, l'angle ZAQ ne fera plus égal à l'angle ZRA, & l'angle ZAR ne fera pas non plus égal à l'angle ZQA, & par conséquent la puissance M ne fera pas à la puissance N comme le sinus de l'angle QRA au sinus de l'angle RQA, ou comme la corde QA à la corde RA ; mais à cause que l'angle ZAQ est le complement à l'angle droit de l'angle ZQA, & que l'angle ZAR est le complement à l'angle droit de l'angle ZRA, on aura M est à N comme le sinus de complement de l'angle ZQA au sinus de complement de l'angle QRA ; or l'angle ZQA étant égal à l'angle d'inclinaison EGF, le sinus de complement de ZQA est égal au sinus de complement de l'angle d'inclinaison EGF, & l'angle ZRA étant égal à l'angle d'inclinaison CBD, le sinus de complement de ZRA est égal au sinus de complement de l'angle d'inclinaison CBD ; donc on aura M est à N comme le sinus de complement de l'angle EGF au finus de complement de l'angle CBD, ou comme le finus de GEF au finus de BCD, c'eft-à-dire les puiffances M, N, dans ce cas, font entr'elles réciproquement comme les finus de complement des angles d'inclinaifon de leur plan.

Si les plans CB, EG, foutenoient le poids, la réfiftance du plan CB feroit à la réfiftance du plan EG comme le finus de l'angle VAO au finus de l'angle VAT ; or à caufe des triangles rectangles femblables OAV, XGV, l'angle VAO eft égal à l'angle d'inclinaifon EGB, ou à l'angle ZQA, & à caufe des triangles femblables YAT, YBX, l'angle VAT eft égal à l'angle d'inclinaifon CBD, ou à l'angle ZRA ; donc la réfiftance du plan CB feroit à la réfiftance du plan EG comme le finus de l'angle EGF au finus de l'angle CBD, ou comme la corde RA à la corde QA, c'eft-à-dire que les réfiftances de ces plans feroient entre elles réciproquement comme les finus de leurs angles d'inclinaifon.

Si les puiffances M, N, foutenoient une partie du poids A, par exemple le quart, & que les deux plans foutinffent les trois quarts reftans, on prendroit le quart de RQ pour exprimer le quart du poids A, & prenant ce quart pour finus total, le finus de complement des angles RQA, QRA exprimeroit les puiffances M, N, après quoi on exprimeroit les trois quarts du poids A par les trois quarts de RQ, & prenant ces trois quarts pour finus total, les finus des angles RQA, QRA, exprimeroient les réfiftances des plans CB, EF.

Au refte, lorfqu'il s'agit de chercher les forces de deux puiffances qui foutiennent un poids par le moyen d'une corde, il vaut mieux fe fervir tout d'un coup du principe que j'ai expliqué ci-deffus, que d'avoir recours à des plans inclinés paralleles aux directions des cordes ; car par cette voye on ne parvient à ce qu'on cherche que par de longs circuits qui peuvent vous tromper, comme on vient de voir.

Je fuis bien aife de faire obferver en paffant que quelque petit que foit le poids A, & quelque grande au contraire que puiffent être les puiffances M, N, qui le tirent, la corde RAQ fera toujours un angle, & ne pourra jamais être tendue en ligne droite ; car fi la corde pouvoit prendre la pofition RQ, les puiffances M, N, feroient alors entr'elles comme les droites RZ, ZQ, & tireroient dans les directions de ces deux droites, mais ces directions n'étant point oppofées à la direction ZA de la pefanteur., ne pourroient empêcher cette pefanteur de tirer le corps ; donc quand même les puiffances M, N, feroient infinies, elles ne pourroient tendre la corde en ligne droite.

Après avoir corrigé dans mon Ouvrage les deux endroits défectueux qu'on vient de voir, je vais réparer une efpece d'inexactitude dans laquelle on pourroit m'accufer d'être tombé dans une autre Propofition.

Page 155. N°. 178. Propofition LIX. J'ai dit : *Que fi un corps fpherique* A (Fig. 65.) *qui eft fur un plan incliné* BC *eft tiré par des puiffances* H, G, *&c. dont les directions ne foient pas paralleles au plan incliné, & faffent par conféquent un angle avec ce plan, & que chacune de ces forces foit en équilibre avec le corps, la force fera au corps* A *comme le finus de l'angle d'inclinaifon du plan fur la bafe, eft au finus de complement de l'angle de traction fait par la direction de la force avec le plan incliné.* Cette Propofition eft abfolument vraye dans toutes fes parties, ainfi que je le démontrerai bientôt mieux, mais fon inverfe eft fauffe, c'eft-à-dire il n'eft pas toujours vrai que quand la force eft au poids comme le finus de l'angle d'inclinaifon au finus de l'angle de traction, il y ait équilibre entre la force & le poids ; or quoique je n'aye point parlé de cette inverfe, cependant afin qu'on ne s'y trompe pas, & pour faire voir en même-tems au Lecteur le cas où cette inverfe n'a point lieu, voici un Eclairciffement qu'il faut mettre avec fa demonftration à la fin du Corollaire II. de la même Propofition, page 160.

Nota. Que quoique la Propofition que nous venons de démontrer foit dans l'exacte rigueur, de même que fes Corollaires, cependant fon inverfe n'eft pas toujours veritable, & pour le prouver nous employerons la méthode du mouvement compofé qui eft beaucoup plus fimple que celle du levier coudé.

Soit le plan incliné CB (*Fig.* 251.) fur lequel eft le corps A ; du point d'attouchement X j'éleve fur le plan la perpendiculaire XZ qui paffe par le centre de la fphere ; du centre A je mene OT parallele au plan incliné, & le grand cercle OXTV de la fphere fe trouve coupé en quatre parties égales. Je fuppofe que la pefanteur du corps A foit exprimée par la ligne AQ, cette pefanteur fera équivalente aux deux forces AX, AR, & n'agira que comme AR, à caufe que le plan CB s'oppofe invinciblement à AX. Je prens AM égal à AR, j'éleve au point M la perpendiculaire indéfinie MN, & du centre A je conçois des

droites AG, AE, AN, qui paſſent par tous les points du quart
de cercle OV ; cela poſé.

Je dis 1°. *Que les puiſſances qui tireroient le corps A avec les
directions AG, AE, &c. & qui ſeroient exprimées par les droites
AG, AE, &c. compriſes entre le centre & la perpendiculaire MN,
ſeroient chacune à la peſanteur AQ comme le ſinus de l'angle d'inclinaiſon du plan CB au ſinus du complement de l'angle de traction.*

Du point X je mene XS perpendiculaire ſur AQ, & XY
perpendiculaire ſur la direction GL ; ainſi prenant pour ſinus total la droite AX, j'ai XS pour le ſinus de l'angle d'inclinaiſon
du plan, & XY pour le ſinus de l'angle de complement de l'angle de traction, comme il a été démontré dans la Propoſition LIX;
or le triangle GMA eſt ſemblable au triangle AXL, & celui-ci
eſt ſemblable au triangle AXY ; & par conféquent les triangles
GMA, AXY étant ſemblables, j'ai GA, MA :: AX, XY, ou
GA, XQ :: AX, XY, ce qui donne GA×XY＝XQ×AX ;
de même les triangles AXQ, AXS, étant ſemblables, j'ai AQ,
XQ :: AX, XS, ce qui donne AQ×XS＝XQ×AX ; donc
GA×XY＝AQ×XS, & par conféquent GA, AQ :: XS, XY ;
c'eſt-à-dire la force exprimée par GA, & qui tire le corps avec
la direction GA eſt à la peſanteur AQ du corps comme le ſinus
XS de l'angle d'inclinaiſon au ſinus XY du complement de l'angle de traction & on prouvera aiſément la même choſe de toutes
les puiſſances, dont les directions paſſent par le quart de circonférence OV, & qui ſont exprimées par des lignes telles que
AG, AP, &c. compriſes entre le centre & la droite MN.

Je dis 2°. *Que de toutes les puiſſances dont nous venons de parler,
il n'y a que celles qui ſont compriſes entre la droite OA parallele au
plan, & la verticale AP qui ſoient en équilibre avec le corps A ;*
car la puiſſance qui tire ſelon OA, & qui eſt exprimée par la
droite AM égale & contraire à la force AR, contrebalance cette
force, & par conféquent le corps s'appuye en X par la force
AX, & ne deſcend point ; de même la force GA étant compoſée de la force AM égale & contraire à la force AR, & de
la force GM contraire, mais moindre que la force AX, le corps
doit néceſſairement s'appuyer en X, & l'on prouvera la même
de toutes les autres puiſſances qui ſont entre AM & AP ; enfin
la force AP étant compoſée de MA égale & contraire à AR,
& de MP ou AV égale & contraire à AX, il doit encore y avoir
équilibre entre la puiſſance & le poids A ; mais quant aux puiſ-

fances qui pafferont entre la verticale AP, & la droite AV qui termine le quart de circonference, elles ne feront plus en équilibre ; car la force NA étant compofée de AM égal & contraire à AR, & de MN ou AZ contraire, mais plus grand que AX, il eft vifible que quoique AM contrebalance AR, cependant AZ doit entraîner AX, & par conféquent l'équilibre doit être rompu, & le corps A doit être enlevé, & il faut dire la même chofe de toutes les puiffances dont les directions fe trouveront entre AP, & AZ.

Que fi on veut que les puiffances dont les directions font entre AP & AZ, pouffent le corps A au lieu de le tirer, alors il arrivera que le corps A pefera beaucoup plus fur le plan CB, & qu'en même tems il ira deux fois plus vite felon la direction AR, car la force NA, par exemple, dans cette fuppofition étant compofée de MA qui pouffe de M vers A & qui eft égale à AR, & de ZA qui pouffe de Z vers A, & qui eft encore plus grande que AX, il eft vifible que les deux enfemble AX, ZA prefferont le corps A contre le plan avec plus de force que fi AX agiffoit feule, & qu'en même tems les deux MA, AR lui donneront felon AR une viteffe deux fois plus grande que celle que lui donneroit la force AR.

Quant à la puiffance qui tireroit felon AZ, il eft vifible qu'il fuffit qu'elle foit plus grande que AX pour enlever le corps, mais fi au lieu de tirer le corps elle le pouffoit de Z en A ; il eft encore clair que quand même cette force feroit infinie, elle n'empêcheroit pas la puiffance AR d'entraîner le corps felon la direction AR ; c'eft pourquoi au lieu de dire comme j'ai dit, page 159 ligne 8 : *qu'il faudroit une force infinie pour foûtenir le corps A en le pouffant avec cette direction*, il faut dire, *qu'une force même infinie ne le retiendroit pas.*

Si nous confiderons les puiffances qui tirent avec des directions qui paffent par le quart de circonférence OX (*Fig. 252*), je prens de même AM égal à AR, & menant MN perpendiculaire fur AM, & enfuite du centre A des droites AH, AN, &c. terminées fur M ; je dis que *les puiffances qui feront exprimées par ces droites feront à la pefanteur AQ du corps A comme le finus de l'angle d'inclinaifon au finus de complement de l'angle de traction ALQ, & qu'elles feront toutes en équilibre avec le corps.*

Du point X je mene XS perpendiculaire fur AQ & XH perpendiculaire fur HA, l'angle XAS eft égal à l'angle d'inclinai-

son du plan CB, & les triangles LAX, HAX étant semblables
l'angle HAX est égal à l'angle HXL qui est l'angle de complement de l'angle de traction HLX , ainsi prenant pour sinus total
la droite AX , le sinus de l'angle d'inclinaison sera XS , & le sinus de complement de l'angle de traction sera XH , cela posé.

Le triangle HMA est semblable au triangle HAX , à cause
que ces deux triangles sont rectangles , & que l'angle aigu MHA
est égal à son alterne HAX , donc HA , MA :: AX , XH , ou
HA , XQ :: AX , XH , ce qui donne $HA \times XH = XQ \times AX$;
de même les triangles rectangles semblables AXQ , AXS donnent AQ , XQ :: AX , XS , donc $AQ \times XS = XQ \times AX$, &
par conséquent $HA \times XH = AQ \times XS$, d'où l'on tire HA , AQ
:: XS , XH , c'est-à-dire la puissance HA est à la pesanteur AQ
du poids A comme le sinus XS de l'angle d'inclinaison du plan
CB est au sinus XH du complement de l'angle de traction , &
on prouvera la même chose des autres puissances dont les directions passent par le quart de cercle.

Il est aisé de voir que toutes ces puissances seront en équilibre
avec le corps A , car chacune d'elles sera composée de la force
AM égale & contraire à la force AR & d'une force qui tirera de
M vers H , & par conséquent l'effort que la pesanteur fait vers
R sera contrebalancé , & le corps A sera encore plus pressé sur
le plan & restera immobile.

Les puissances dont les directions passent par le quart de cercle VT , doivent pousser le corps vers L , & comme elles ont
les mêmes directions que celles dont les directions passent par
le quart de cercle OX , il est clair qu'elles seront en équilibre
avec le corps A quand elles seront à la pesanteur AQ , comme
le sinus de l'angle d'inclinaison au sinus de complement de l'angle de traction.

Quant aux puissances dont les directions passent par le quart
de cercle TX & qui poussent vers A ; il est encore clair que
celles qui passeront entre AT & la verticale AQ ayant les mêmes directions que celles qui passeroient entre OA & la verticale
AP seront en équilibre avec le corps quand elles seront à la pesanteur AQ comme le sinus de l'angle d'inclinaison au sinus de
complement de l'angle de traction , & que celles qui passeront
entre la verticale AQ & la droite AX , ne seront point en équilibre avec le corps , quoiqu'elles soient à la pesanteur AQ comme le sinus de l'angle d'inclinaison au sinus de complement de

la réſiſtance du plan EG comme le ſinus de l'angle IAO au ſinus de l'angle LAO par le principe précédent ; car ces deux réſiſtances font le même effet que deux puiſſances qui pouſſeroient de L en A & de I en A, & qui feroient en équilibre avec le poids A ; or l'angle IAO eſt égal à l'angle ZAR ou ZQA, & l'angle LAO eſt égal à l'angle ZAQ ou ZRA ; donc la réſiſtance du plan CB feroit à la réſiſtance du plan EG comme le ſinus de l'angle ZQA au ſinus de l'angle ZRA, ou comme la corde RA à la corde QA, & par conſéquent les réſiſtances des deux plans feroient dans la raiſon réciproque des puiſſances M, N, ou dans la raiſon réciproque des ſinus de leurs angles d'inclinaiſon à cauſe de l'angle ZQA égal à l'angle d'inclinaiſon EGF, & de l'angle ZRA égal à l'angle d'inclinaiſon CBD.

Suppoſé donc que les puiſſances M, N, ſoutinſſent enſemble une partie du poids A, par exemple le tiers, & que les deux plans ſoutinſſent les deux tiers reſtans, on prendroit le tiers de RQ pour exprimer le tiers du poids, & prenant ce tiers pour rayon total, les ſinus des angles QRA, RQA, exprimeroient les puiſſances M, N, aprés quoi on prendroit les deux tiers de RQ pour exprimer les deux tiers du poids, & prenant ces deux tiers pour ſinus total les ſinus des angles RQA, QRA exprime-roient les réſiſtances des plans CB, EG.

Suppoſons maintenant que les plans inclinés CB, EG (*Fig.* 64.) faſſent entr'eux un angle aigu ou obtus ; la puiſſance M ſera à la puiſſance N comme le ſinus de l'angle ZAQ au ſinus de l'angle ZAR, mais le triangle RQA n'étant plus rectangle, l'angle ZAQ ne ſera plus égal à l'angle ZRA, & l'angle ZAR ne ſera pas non plus égal à l'angle ZQA, & par conſéquent la puiſſance M ne ſera pas à la puiſſance N comme le ſinus de l'angle QRA au ſinus de l'angle RQA, ou comme la corde QA à la corde RA ; mais à cauſe que l'angle ZAQ eſt le complement à l'angle droit de l'angle ZQA, & que l'angle ZAR eſt le complement à l'angle droit de l'angle ZRA, on aura M eſt à N comme le ſinus de complement de l'angle ZQA au ſinus de complement de l'angle QRA ; or l'angle ZQA étant égal à l'angle d'incli-naiſon EGF, le ſinus de complement de ZQA eſt égal au ſinus de complement de l'angle d'inclinaiſon EGF, & l'angle ZRA étant égal à l'angle d'inclinaiſon CBD, le ſinus de complement de ZRA eſt égal au ſinus de complement de l'angle d'inclinai-ſon CBD ; donc on aura M eſt à N comme le ſinus de complement de l'angle EGF au finus de complement de l'angle CBD, ou comme le finus de GEF au finus de BCD, c'eft-à-dire les puiffances M, N, dans ce cas, font entr'elles réciproquement comme les finus de complement des angles d'inclinaifon de leur plan.

Si les plans CB, EG, foutenoient le poids, la réfiftance du plan CB feroit à la réfiftance du plan EG comme le finus de l'angle VAO au finus de l'angle VAT ; or à caufe des triangles rectangles femblables OAV, XGV, l'angle VAO eft égal à l'angle d'inclinaifon EGB, ou à l'angle ZQA, & à caufe des triangles femblables YAT, YBX, l'angle VAT eft égal à l'angle d'inclinaifon CBD, ou à l'angle ZRA ; donc la réfiftance du plan CB feroit à la réfiftance du plan EG comme le finus de l'angle EGF au finus de l'angle CBD, ou comme la corde RA à la corde QA, c'eft-à-dire que les réfiftances de ces plans feroient entre elles réciproquement comme les finus de leurs angles d'inclinaifon.

Si les puiffances M, N, foutenoient une partie du poids A, par exemple le quart, & que les deux plans foutinffent les trois quarts reftans, on prendroit le quart de RQ pour exprimer le quart du poids A, & prenant ce quart pour finus total, le finus de complement des angles RQA, QRA exprimeroit les puiffances M, N, après quoi on exprimeroit les trois quarts du poids A par les trois quarts de RQ, & prenant ces trois quarts pour finus total, les finus des angles RQA, QRA, exprimeroient les réfiftances des plans CB, EF.

Au refte, lorfqu'il s'agit de chercher les forces de deux puiffances qui foutiennent un poids par le moyen d'une corde, il vaut mieux fe fervir tout d'un coup du principe que j'ai expliqué ci-deffus, que d'avoir recours à des plans inclinés paralleles aux directions des cordes ; car par cette voye on ne parvient à ce qu'on cherche que par de longs circuits qui peuvent vous tromper, comme on vient de voir.

Je fuis bien aife de faire obferver en paffant que quelque petit que foit le poids A, & quelque grande au contraire que puiffent être les puiffances M, N, qui le tirent, la corde RAQ fera toujours un angle, & ne pourra jamais être tendue en ligne droite ; car fi la corde pouvoit prendre la pofition RQ, les puiffances M, N, feroient alors entr'elles comme les droites RZ, ZQ, & tireroient dans les directions de ces deux droites, mais ces directions n'étant point oppofées à la direction ZA de la pefan-

l'angle de traction ; car si ces puissances poussent le corps vers A elles l'enleveront de même que celles qui le tireroient & qui passeroient entre AP & AY , & si elles le tirent elles donneront au corps une double vitesse de A vers R , de même que celles qui le pousseroient & qui passeroient entre AP & AY.

On voit donc par là que quoiqu'il soit toujours vrai de dire qu'une puissance qui est en équilibre avec le corps A est à la pesanteur de ce corps comme le sinus de l'angle d'inclinaison est au sinus de complement de l'angle de traction , cependant il est faux que toute puissance qui est à la pesanteur du corps A dans la raison du sinus de l'angle d'inclinaison au sinus de complement de l'angle de traction , soit en équilibre avec cette pesanteur ou avec le poids A.

En finissant ces éclaircissemens je vais ajoûter ici deux Problêmes dont on ne sera pas fâché de voir la solution.

Problême I. *Deux puissances* A , B (Fig. 253 , 254.) *tirant un levier* CD *avec des directions obliques* CA , DB , *on demande quel est le point où le levier* CD *devroit être attaché fixement afin que les deux puissances fussent en équilibre.*

Pour résoudre ce Problême, je prolonge les directions CA , DB , jusqu'à ce qu'elles se rencontrent en R , je prens les droites RS , RH , qui soient entr'elles comme les puissances A , B , & achevant le parallellogramme RM , je mene la diagonale RM , & le point O ou cette diagonale, est le point autour duquel les deux puissances seroient en équilibre.

Les puissances A , B , & la résistance du point fixe du levier que nous cherchons doivent être en équilibre , & par conséquent elles doivent faire le même effet que si la puissance en A poussant de R en S , & la puissance B de R en H une troisiéme puissance poussoit de M en R , & fut en équilibre avec A & B ; or afin que cela fut , il faudroit que cette troisiéme puissance fut exprimée par MR , & qu'elle en eut la direction, selon le principe établi ci-dessus, donc la résistance du point du levier que nous cherchons doit être exprimé par MR , & ce point doit être dans cette direction, & par conséquent il doit être en O.

Et pour faire voir que ceci s'accorde avec les autres principes établis dans cet ouvrage, supposons AC == RS & BD == RH , du point O je mene les perpendiculaires OV , OT sur les directions des puissances, & il est visible qu'en prenant pour sinus total la droite RO , la perpendiculaire OV est le sinus de l'angle

ORV ; & la perpendiculaire OT eft le finus de l'angle ORS ;
or dans le parallelogramme MR ou dans le triangle MHR
le côté MH = SR = AC eft le finus de l'angle ORV & le côté
HR = BD eft le finus de l'angle HMR ou de fon alterne ORS,
donc les puiffances AC, BD font entr'elles comme les perpendiculaires OV, OT, & par conféquent les puiffances AC, BD
attachées aux extrémités du levier coudé TOV feroient en équilibre autour du point fixe O puifqu'elles feroient entr'elles dans la
raifon reciproque de leur bras de levier. Il me refte donc à faire
voir que les mêmes puiffances appliquées aux extrémités du levier
CD font auffi en équilibre autour du point fixe O, ce que je fais ainfi.

J'acheve les parallelogrammes PN, DB autour des forces AC,
BD, & par conféquent la force AC étant compofée des deux
CP, CN n'agit fur le levier que comme CN à caufe que PC
trouve un obftacle invincible en O, par la même raifon la force
DB compofée des deux DQ, DE n'agit fur le levier que comme
DE, c'eft pourquoi fi je demontre que les forces CN, DE font
en équilibre autour du point O, il fera demontré auffi que les
forces AC, DB font en équilibre autour du même point. Or les
triangles rectangles ANC, ou PAC & CTO étant femblables,
nous avons AC, NC :: CO, OT, ce qui donne AC × OT
= NC × CO, on prouvera aifément que les triangles BED,
DOV font femblables, ainfi l'on aura BD, ED :: DO, VO,
ce qui donne BD × VO = ED × DO, mais nous avons prouvé
que les forces AC, BD attachées aux extrèmités T, V du levier
coudé TOV, feroient en équilibre autour du point O, & que
par conféquent on auroit AC × TO = BD × OV, mettant donc
les valeurs de ces rectangles, nous aurons NC × CO = ED × DO,
ce qui donne NC, ED :: DO, CO, c'eft à-dire les forces NC,
ED font entr'elles reciproquement comme leur bras de levier,
& par conféquent elles font en équilibre autour du point O.

Problême II. *Deux plans verticaux* AB, CR (Fig. 255.) *étant
donnés avec pl fieurs plans inégalement inclinés* AE, AF, AG, &c.
qui paffent tous par le point A, *trouver lequel de ces plans fera parcouru dans un moindre tems par un corps qui defcendroit le long de ce
plan.*

J'éleve en A la perpendiculaire AC entre les deux plans AB,
CR, & prenant Ag ou CG égal à AC, je dis que le plan AG
qui paffe par le point G eft le plan demandé ; pour le prouver.

Je décris du centre g avec le rayon gA un demi-cercle AGB,
qui

qui touche le plan CR en G , & qui coupe par conféquent les
autres plans inclinés 1 , 2 , 3 , 4 , &c. j'ai prouvé N°. 196. Corollaire X , de la Propofition LXII , que le tems de la defcente
le long de chacune des cordes A1, A2, AG, A3 , &c. étoit
toujours égal au tems de la defcente le long du diametre AM,
& par conféquent le tems de la defcente le long du plan AG ,
eft égal au tems de la defcente le long de telle corde que l'on
voudra A1 , A2 , A3 , &c. or tous les plans AE , AF, AH , &c.
font plus longs que les cordes A1 , A2 , A3 , &c. donc le tems
de la defcente le long de ces plans eft plus long que le tems de
la defcente le long des cordes A1 , A2 , A3 , &c. & par conféquent le tems de la defcente le long du plan AG eft plus court
que le tems de la defcente le long de chacun des autres plans
AE , AF , AH , &c.

FAUTES D'IMPRESSION.

Page 177 , ligne 14 , les parties GQ , QP prifes fur la ligne
AC, *lifez*, les parties AQ , QP prifes fur la hauteur AC.

Page 202 , ligne 4 , je mene une ordonnée DG que je nomme
$= z$, *lifez*, je mene une ordonnée DG & je nomme fon abfciffe
CG $= z$.

Ibidem, ligne 28 , & à l'ordonnée z , *lifez*, & à l'abfciffe CG
$= z$.

Page 209 , 210 , 211 , & 212 , il s'eft gliffé deux fautes d'inad-
vertance que je vais corriger ici. 1°. J'ai dit que pour trouver la
pefanteur abfolue d'un poids M (*Fig.* 94.) qui tiendroit un pont
AB en équilibre, il falloit exprimer la pefanteur du pont par la
longueur de la corde BC, au lieu qu'il falloit dire comme j'ai
dit auparavant, qu'il falloit exprimer la pefanteur du pont par
la diftance CA du point C au point A. Or de-là il s'en eft enfui-
vi que toutes les fois qu'il s'eft agi du rapport des grandeurs *a*,
b, je me fuis fervi par megarde des expreffions fuivantes. *Si le
poids M pefe autant que le pont* .... *la pefanteur abfolue du poids M
peut être égale ou plus grande que la pefanteur abfolue du pont* ...
au lieu de ces expreffions il faut fubftituer celles-ci: *Si la ligne b
qui exprime la pefanteur abfolue du poids M eft égale à la longueur
de la corde exprimée par a* .... *la ligne qui exprime la pefanteur abfolue du poids M peut être ou égale ou plus grande que la longueur
de la corde.*

Au reſte , quand on aura déterminé par les regles de ce Problême la longueur qui exprime la peſanteur du poids M , on trouvera aiſément ſon rapport avec la peſanteur abſolue du pont puiſque cette peſanteur étant exprimée par CA, on peut connoître le
rapport de la corde à la ligne CA & par conſéquent celui de la
ligne qui exprime la peſanteur du poids à la ligne CA.

Page 286 , ligne 10 , eſt égale à la différence de la quantité
de mouvement après le choc, *liſez* ; eſt égale à la quantité de
mouvement après le choc.

Page 298 , ligne 16 , avec des viteſſes proportionnelles aux
maſſes , *liſez* , avec des viteſſes reciproquement proportionnelles
aux maſſes.

Page 456 , ligne 20 , étoit aigu , *liſez* , étoit obtus.

Page 512 , ligne 29 , & la peſanteur abſolue de la colonne
EB eſt à la peſanteur abſolue de la colonne VD comme FB eſt
à TD, *liſez* , & la peſanteur abſolue de la colonne EB eſt égale
à la peſanteur abſolue de la colonne VD.

On trouve chez le même Libraire les Livres suivans.

NOuveau Cours de Mathematique très-utile pour élever les Commençans sans le secours d'aucun Maitre à la connoissance de tout ce qu'il y a de plus profond dans cette Science, contenant l'Arithmetique des Géometres, la Theorie & la Pratique de la Geometrie, la Mesure des Surfaces & des Solides, & le Calcul Intégral & Différentiel expliqués & appliqués à la Geometrie, par M. l'Abbé Deidier, en quatre volumes *in Quarto* enrichis de près de cent Planches.

Le Parfait Ingénieur François, ou la Fortification Réguliere & Irréguliere, avec l'Attaque & Défense des Places, suivant M. le Maréchal de Vauban, nouvelle Edition considérablement augmentée, par M. l'Abbé Deidier *in-Quarto*, enrichi de 50 planches, sou. Presse.

Memoires d'Artillerie de M. Surirey de S. Remy, avec des Notes & des Additions très-considérables, par M. Belidor, nouv. Edit. augmentée d'un volume, en trois volumes *in-Quarto*, sous Presse.

De l'Attaque & de la Défense des Places, par M. de Vauban, *in-Quarto*, Grand-Papier avec quantité de grandes planches.

Memoires pour servir d'instruction dans la conduites des Sieges & dans la défense des Places, par M. le Maréchal de Vauban, *in-Quarto*, Grand-Papier avec Figures 1740.

Nouvelle Fortification tant pour un terrein bas & humide, que pour un sec & élevé, avec la construction de l'Hexagone à la Françoise, par M. le Baron de Coëhorn, nouv. Edit. *in-Octavo*, rempli de Figures 1741.

Le Bombardier François, ou nouvelle Méthode de jetter les Bombes avec précision, avec un Traité des Feux d'Artifice, par M. Belidor, *in Quarto* avec Figures.

Sentimens d'un Homme de Guerre sur le Systême du Chevalier Folard, *in-Quarto*.

L'Ingenieur François, contenant la Géometrie pratique, la Fortification réguliere & irréguliere, suivant M. de Vauban, &c. par M. de la Londe, Ingénieur du Roy, *in-Octavo*, avec Figures.

Véritable maniere de fortifier de M. de Vauban, par M. du Fay, & le Chevalier de Cambray, *in-Octavo* figures.

La Science des Ingenieurs dans la conduite des travaux de Fortification par M. Belidor, *in Quarto*. grand papier avec 50 planches.

Theorie nouvelle sur le Mécanisme de l'Artillerie, par M. Dulacq, Officier d'Artillerie, rempli de figures, & enrichi de vignettes, *in-Quarto* 741.

Memoires de M. Goulon sur l'Attaque & la Défense d'une Place, avec la Relation du Siege d'Ath, *in-Octavo*, figures.

Nouveau Traité de la perfection sur le fait des Armes, avec l'exercice Militaire, par le sieur Girard, ancien Officier de Marine, *in-Quarto*, orné de cent vingt planches.

Nouveaux Elemens de Fortification à l'usage des Officiers, où l'on donne une idée générale de la Fortification indépendamment de tout Systême particulier, par M. le Blond *in* 12. avec figures.

La Fortification réguliere & irréguliere qui comprend la Construction, l'Attaque & la Défense des Places suivant les plus célebres Auteurs, par M. Ozanam *in-Octavo*, avec quantité de planches.

Les regles du Dessein & du Lavis pour les Plans & Elevations des Edifices Militaires, & pour dessiner les Cartes particulieres des environs d'une Place, par M. Buchotte, Ingenieur du Roy, *in-Octavo*, avec Figures.

Nouvelle maniere de fortifier les Places par le moyen des Contremines, par M. Dazin, *in* 12. avec figures.

Nouvelle Méthode pour apprendre à deſſiner ſans Maître , enrichie des **proportions** du corps Humain & de pluſieurs figures d'Académie , gravées par les plus habiles Maîtres , *in*-4. grand-papier , enrichi de 120 Planche 1740.

Aſtronomie Phyſique . ou Principes Généraux de la Nature , appliqués au Mécaniſme Aſtronomique & comparés aux Principes de la Philoſophie de M. Newton , *in* 4. enrichi de Vignettes & Figures en Taille douce 1740.

Lertre de M. de Mairan à Madame la M. D. C. avec ſa Diſſertation ſur les forces des Corps , & la refutation des Forces vives , par M. l'Abbé Deidier , *in*-12. fig· 1741.

Uſage de l'Analyſe de Deſcartes pour découvrir ſans le ſecours du Calcul Différentiel les proprietés des lignes Geométriques de tous les Ordres , par M. l'Abbé De Gua , *in*-12. 1740.

Les Tables des Sinus Tangentes & Sécantes , & des Logarithmes , par Adrien Wlacq, corrigées par M. Ozanam, avec la Trigonometrie ; nouvelle édition, beaucoup plus correcte & plus belle que les précédentes, *in*-8. figures. 1741.

Nouveau Tarif du Toiſé , tant ſuperficiel que ſolide , où l'on trouve les Calculs du Toiſé tout faits ſans mettre la main à la plume, avec le Toiſé des Bâtimens , ſuivant les Us & Coûtumes de Paris, *in*-8. ſous-preſſe.

Application de la Geométrie ordinaire & des Calculs Différentiel & Integral à la reſolution de pluſieurs Problémes ; par M. Robillard le fils , *in*-4. avec fig. ſous-preſſe.

Traité Analytique des Sections Coniques , des Fluxions & Fluentes appliqué à différens ſujets de Mathematique ; par M. Muller , nouvelle édition traduite de l'Anglois & augmentée conſidérablement par l'Auteur même, *in*-4. avec figures ſous-preſſe

Oeuvres de Phyſique & de Mathematique de M. Mariotte , de l'Académie des Sciences , nouv. édit en deux vol. *in*-4. avec quantité de fig. 1740.

Eſſais de Phyſique par M. Muſſchenbroeck, Profeſſeur de Philoſophie , avec une deſcription de nouvelles machines pneumatiques, en deux volumes *in*-4. avec fig. 173s.

Architecture Hydraulique , ou l Art de conduire , d'Elever & de menager les Eaux pour tous les beſoins de la vie; par M. Belidor, en deux volumes *in*-4. grand-papier, enrichis de ... planches 1739.

Nouveau Cours de Mathematique à l'uſage de l'Artillerie & du Génie ; par M. Belidor , *in*-4. avec figures.

Cours de Mathematique , qui comprend les parties de cette Science les plus utiles à un homme de guerre : Sçavoir l'Introduction, les Elemens d'Euclides , l'Arithmetique , la Trigonometrie & les Tables des Sinus, la Geométrie, la Fortification , la Mechanique, la Perſpective, la Geographie & la Gnomonique ; par M. Ozanam , en cinq volumes *in*-8

Les Recreations Mathematiques & Phyſiques ; par M. Ozanam, en quatre volumes *in*-8 nouvelle édition 1741.

Les Elemens d'Euclides du P. Deſchales , corrigés & augmentés par M. Ozanam , *in*-12. avec figures , nouvelle édition 1740.

Methode facile pour Arpenter & meſurer toutes ſorte de ſuperficies , avec le toiſé des bois de Charpente ; par M. Ozanam , *in*-12.

La Geométrie Pratique , contenant la Longimetrie , Planimetrie & Stereometrie , avec l'Arithmetique par Geométrie; par M. Ozanam , *in*-12.

Methode pour lever les plans & les Cartes de Terre & de Mer , *in*-12. avec fig.

L'uſage du Compas de Proportion , avec un Traité de la diviſion des champs ; par M. Ozanam , *in*-8.

Nouvelle Méchanique ou Statique ; par M. Varignon , de l'Académie des Sciences, en deux volumes *in*-4. avec 65 planches.

On trouve chez le même Libraire toutes ſortes de Livres ſur l'Architecture Civile & Militaire , & ſur les différentes parties des Mathematiques.

LA MECHANIQUE

GENERALE,

CONTENANT

LA STATIQUE, L'AIROMETRIE,

L'HYDROSTATIQUE,

ET

L'HYDRAULIQUE, &c.

✱✱✱✱✱✱✱✱✱✱✱✱✱✱✱✱✱✱✱✱✱✱✱✱✱✱✱✱✱✱✱✱✱

LIVRE PREMIER.

De la Méchanique des Solides, & de la Statique.

CHAPITRE PREMIER.

Définitions, & Axiomes.

DEFINITION.

1°. ON dit qu'un Corps est en *repos*, lorsqu'il demeure toujours dans le même lieu, & qu'il est en *mouvement*, lorsqu'il change continuellement de lieu.

2°. La *pesanteur* ou *gravité* d'un Corps, est l'effort qu'il fait pour tendre au Centre de la Terre, & sa *gravitation* est l'effort qu'il fait sur un autre Corps [qui est au-dessous de lui.

A

3°. La *maffe* d'un Corps eft la matiere dont il eft compofé, & fon *volume* eft l'extenfion de cette matiere en longueur, largeur, & profondeur.

4°. La *Force motrice*, ou fimplement la *Force* d'un Corps, eft ce qui communique le mouvement au Corps ; quelques Auteurs l'appellent *Force vive* ou *vivante*, lorfque ce Corps eft actuellement en mouvement, & *Force morte*, lorfque le Corps n'étant pas en mouvement paroît cependant y tendre : telle eft la force d'une pierre qui eft fufpendue par un fil. On verra dans la fuite ce que l'on doit penfer de cette diftinction de forces.

5°. Par le *temps* on entend en Méchanique la partie du temps pendant laquelle le mouvement d'un Corps dure, & par l'*Efpace* on entend le lieu que le Corps a parcouru pendant fon mouvement. Si l'on confidere le Corps comme un point, l'Efpace parcouru eft une ligne.

6°. La *viteffe* eft un effet de la force motrice, qui fait qu'un Corps en mouvement parcourt un efpace dans un temps déterminé.

La viteffe des Corps s'eftime donc par les efpaces parcourus dans des temps égaux. Suppofons, par exemple, que le Corps A (*Fig.* 1.) parcoure dans une minute l'efpace AC, & que le Corps B dans la même minute parcoure l'efpace BD double de l'efpace AC, la viteffe du Corps B fera double de la viteffe du Corps A. Que fi le Corps B dans la même minute parcourt l'efpace BE triple de l'efpace AC, la viteffe de B fera triple de la viteffe de A, & ainfi des autres.

7°. La *Direction* eft une ligne le long de laquelle on conçoit qu'un Corps fe meut. Si le Corps A (*Fig.* 1.) fe meut de A vers C le long de la droite AC, cette droite AC eft la direction du Corps A.

8°. La viteffe jointe à la direction s'appelle l'*Effort* ; ainfi l'effort eft d'autant plus grand que la viteffe eft plus grande.

9°. La *Force réfiftante* eft une force qui agit felon une direction oppofée à celle d'une autre force. Si le Corps A (*Fig.* 2.) eft mû par une force de A vers B, & que le Corps B foit mû par une autre force de B vers A, la force de B s'appellera *Force réfiftante*, parce que fa direction eft oppofée à celle de la force qui meut le Corps A.

10. La *quantité du mouvement* d'un Corps, eft le produit de fa maffe par fa viteffe. Si le Corps A (*Fig.* 1.) pefant par exemple deux livres parcourt dans une minute un efpace de trois pieds,

& que le Corps B pesant quatre livres parcoure six pieds , la vitesse du Corps B sera double de celle du Corps A (*N. 6.*) ; ainsi la vitesse de A sera à celle de B , comme 1 à 2. Multipliant donc le Corps A = 2 par sa vitesse = 1, & le corps B = 4 par sa vitesse = 2, les produits 2 & 8 exprimeront la quantité de mouvement de ces deux Corps, c'est-à-dire, le Corps B aura quatre fois plus de mouvement que le Corps A, parce que 8 est quadruple de deux.

Pour estimer la quantité du mouvement, il faut donc avoir égard & aux masses & aux vitesses, & la raison en est évidente. Car dans la supposition que nous venons de faire, les Corps A & B étant entr'eux comme 1 à 2, il est visible que si les vitesses étoient égales, il faudroit pour mouvoir le Corps B une force double de celle qui mouvroit le corps A ; mais la vitesse de B étant double de celle de A, il est encore visible que pour mouvoir B, il faut une force double de la précédente ; donc il faut une force qui soit à celle de A, comme 4 à 1. Or 4 est le produit de deux par deux, c'est-à-dire, de la masse de B par sa vitesse, & 1 est le produit de 1 par 1, ou de la masse de A par sa vitesse ; donc, &c.

11. On dit que le mouvement est *uniforme* lorsque le Corps a toujours la même vitesse, qu'il est *acceleré* lorsque la vitesse va toujours en augmentant, qu'il est *retardé* lorsque la vitesse va en diminuant ; & enfin qu'il est *uniformement acceleré* ou *retardé* lorsque dans des temps égaux la vitesse reçoit des augmentations ou des diminutions égales.

Si le Corps A (*Fig. 3.*) parcourt dans la premiere minute l'espace AB, dans la seconde minute l'espace BC égal à AB, dans la troisiéme l'espace CD égal à AB, & ainsi de suite, le mouvement du Corps A est un mouvement uniforme. Si le Corps A (*Fig. 4.*) parcourt dans la premiere minute l'espace AB, dans la seconde l'espace BC plus grand que AB, dans la troisiéme, l'espace CD plus grand que BC, & ainsi de suite, le mouvement du Corps A est un mouvement acceleré. Si le Corps A (*Fig. 5.*) parcourt dans la premiere minute l'espace AB, dans la seconde l'espace BC, moindre que AB, dans la troisiéme l'espace CD moindre que BC, & ainsi de suite, le mouvement du corps A est un mouvement retardé. Si le Corps A (*Fig. 4.*) parcourt dans la premiere minute l'espace AB, dans la seconde l'espace BC plus grand que AB, dans la troisiéme l'espace CD plus grand que BC, & toujours de même, en forte que les accroiffemens des viteffes foient toujours égaux dans des temps égaux, le mouvement du Corps A eft un mouvement uniformement acceleré. Enfin fi le Corps A (*Fig.* 5.) parcourt dans la premiere minute l'efpace AB, dans la feconde, l'efpace BC moindre que AB, dans la troifiéme, l'efpace CD moindre que l'efpace BC, & ainfi de fuite; en forte que les diminutions des viteffes foient toujours égales dans des tems égaux, le mouvement du Corps A eft un mouvement uniformément retardé.

Axiomes.

12. *Rien ne fe fait dans la Nature fans quelque raifon fuffifante.* Si aujourd'hui une chofe eft d'une façon & demain d'une autre, il eft fûr qu'il y aura quelque raifon de ce changement, à moins qu'on ne foit affez fou pour ofer foûtenir qu'il eft des chofes qui échapent à la prévoyance de l'Auteur de la Nature, & que le feul hazard conduit.

13. *Si un Corps en mouvement a toujours la même viteffe, il parcourt des efpaces égaux dans des tems égaux.* Car fi avec fa viteffe il parcourt dans une minute l'efpace d'un pied, il eft évident que dans une autre minute, avec la même viteffe, il parcourra encore l'efpace d'un pied, puifqu'il n'y a pas de raifon pour pouvoir dire qu'il doit parcourir un efpace moindre ou plus grand.

Si deux Corps en mouvement ont la même viteffe, ils parcourront dans le même tems des efpaces égaux. Il n'y a pas de raifon pour pouvoir dire que l'un doit parcourir un efpace moindre ou plus grand que celui que l'autre parcourt; donc, &c.

CHAPITRE II.

Du Mouvement uniforme des Corps.

PROPOSITION PREMIERE.

14. D*ANS le mouvement uniforme d'un Corps, les espaces parcourus font entr'eux comme les tems employés à les parcourir.*

DEMONSTRATION.

Puifque dans le mouvement uniforme le Corps â toujours la même vitefle, il eft sûr que fi le Corps A (*Fig.* 6.) parcourt dans un tems quelconque, par exemple, dans une minute l'efpace AB, dans un fecond tems égal au premier, il parcourra un efpace BC égal au premier efpace AB, & que fi ce fecond tems eft double, triple, quadruple, &c. du premier, ou qu'il ne foit que la moitié, le tiers, le quart, &c. ou enfin qu'il foit au premier en telle raifon rationnelle, ou fourde qu'on voudra, l'efpace parcouru fera auffi double, triple, quadruple, &c. du premier efpace, ou la moitié, le tiers, & le quart, &c. ou enfin en même raifon rationnelle, ou fourde, que le fecond tems eft au premier ; donc le fecond efpace fera au premier, comme le fecond tems eft au premier.

Pour abreger les Demonftrations fuivantes, & ne pas multiplier les figures, nous appellerons le premier tems $= t$, le fecond $= T$, le premier efpace $= s$, le fecond $= S$; & quand il s'agira de deux Corps en mouvement, nous appellerons la maffe du premier $= m$, celle du fecond $= M$, la vitefle du premier u, celle du fecond $= V$, la quantité de mouvement du premier $= q$, & celle du fecond $= Q$.

PROPOSITION II.

15. *Dans le mouvement uniforme, fi deux Corps A & B ont la même vitefle, les efpaces qu'ils parcourent font entr'eux comme les tems qu'ils employent à les parcourir.*

DEMONSTRATION.

Suppofant que le Corps A dans le tems $= t$ parcoure l'efpace

$= s$, le Corps B qui par la suppofition a la même viteffe que le Corps A, parcourra auffi dans le même tems $= t$ un efpace $= s$; or fi nous fuppofons que le même Corps B parcoure dans un autre tems $= T$ un efpace $= S$, il eft clair par la propofition précédente que l'efpace s qu'il aura parcouru dans le premier tems fera au fecond efpace S parcouru dans le fecond tems, comme le premier tems au fecond; donc on aura s, $S :: t$, T; mais l'efpace s parcouru dans le premier tems t, eft égal à l'efpace s parcouru par le Corps A dans le même tems t; donc les efpaces s, S, parcourus par les Corps A, B, dans les tems t, T, font entr'eux comme les tems t, T.

<h3 style="text-align:center">Proposition III.</h3>

16. *Dans le mouvement uniforme, les efpaces parcourus par deux Corps A, B, dans un même tems, font entr'eux comme les viteffes des Corps.*

<h3 style="text-align:center">Demonstration.</h3>

Si le Corps A dans le tems t avec une viteffe u décrit l'efpace s, dans le même tems avec une viteffe V multiple ou fou-multiple de la premiere, il décrira un efpace S équimultiple, ou équifoumultiple du premier; & l'on aura s, $S :: u$, V; donc fi l'on fuppofe que le Corps B dans le même tems t avec la viteffe V parcoure l'efpace S, il fera vrai de dire que l'efpace s parcouru par le Corps A eft à l'efpace S parcouru par le Corps B, comme la viteffe u du Corps A à la viteffe V du Corps B, & que par conféquent les efpaces parcourus par ces Corps dans un même tems, font entreux comme leurs viteffes.

<h3 style="text-align:center">Proposition IV.</h3>

17. *Dans le mouvement uniforme les efpaces parcourus par deux Corps, font en raifon compofée de la raifon des tems & de celle des viteffes.*

<h3 style="text-align:center">Demonstration.</h3>

Que le Corps A avec une viteffe u, décrive l'efpace s dans le tems t, & le Corps B avec une viteffe V décrive l'efpace S dans le temps T, la raifon des temps eft t, T, celle des viteffes eft u, V, & la raifon compofée des deux eft tu, TV, & il faut prouver que s, $S :: tu$, TV. Pour cela,

Suppofons que le Corps B avec une viteffe u égale à celle du corps A décrive un efpace r dans le tems T, alors les viteffes des corps A, B, étant les mêmes, on aura $s, r :: t$, T, (N. 15.) & comme les efpaces S, r, que le Corps B décrit avec différentes viteffes font décrits dans des tems égaux, on aura r, S $:: u$, V, (N. 16.) Multipliant donc les termes de la premiere proportion par ceux de la feconde, on aura sr, Sr $:: tu$, TV, & divifant la premiere raifon par r, on aura s, S $:: tu$, TV, ce qu'il falloit démontrer.

<h3 align="center">C O R O L L A I R E I.</h3>

18. Si l'on fuppofe $s = S$, on aura $tu = TV$; donc t, T $::$ V, u, c'eft-à-dire, fi les efpaces parcourus uniformement par les Corps A, B, font égaux, les tems font entr'eux réciproquement comme les viteffes, & les viteffes réciproquement comme les tems.

<h3 align="center">C O R O L L A I R E II.</h3>

19. Si après avoir fuppofé $s = S$, on fuppofe encore $t = T$, on aura V $= u$, c'eft-à-dire, que fi les efpaces parcourus uniformément par deux Corps A, B, dans des tems égaux font égaux, les viteffes feront égales.

<h3 align="center">R E M A R Q U E.</h3>

20. Ceux à qui les Démonftrations de cette propofition & de fes Corollaires paroîtront trop abftraites, peuvent s'en convaincre par un raifonnement fimple qu'ils pourront appliquer aux Propofitions fuivantes, & dont voici la façon. Suppofons, par exemple qu'on veuille démontrer que dans le mouvement uniforme les efpaces parcourus par les Corps A, B, font en raifon compofée de la raifon des tems & de celle des viteffes; je dis 1°. fi les tems & les viteffes étoient égales, les efpaces parcourus feroient égaux; car il n'y a point de raifon pour dire le contraire. 2°. Si les tems étoient égaux, & que la viteffe du Corps A fut par exemple à celle du Corps B, comme 2 à 1, l'efpace parcouru par le Corps A, feroit à l'efpace parcouru par le Corps B, comme 2 à 1, puifqu'une viteffe double fait parcourir un efpace double. 3°. Si l'on fuppofe que le Corps A ayant une viteffe double de celle du Corps B, le tems de fon mouvement devienne triple, il eft vifible qu'il parcourra un efpace triple de celui qu'il auroit par-

couru, en fuppofant les tems égaux, & que par conféquent l'efpace parcouru par le Corps A fera fextuple de l'efpace parcouru par le Corps B ; ainfi ces efpaces feront comme 6 à 1. Or la raifon 6, 1, eft compofée de la raifon 2, 1, des viteffes, & de la raifon 3, 1, des tems. Donc les efpaces parcourus par les Corps A, B, font en raifon compofée, &c.

PROPOSITION V.

21. *Dans le mouvement uniforme les viteffes u & V, des Corps A, B, font en raifon compofée de la raifon directe des efpaces s, S, & de la raifon reciproque des tems T & t.*

DEMONSTRATION.

Par la Propofition précédente on a s, $S :: tu$, TV ; donc $sTV = Stu$; d'où l'on tire u, $V :: sT$, St. Or la raifon sT, St, eft compofée de la raifon s, S, qui eft la raifon directe des efpaces & de la raifon T, t, qui eft la raifon réciproque des tems ; donc les viteffes u, V, font en raifon compofée, &c.

REMARQUE.

22. Pour montrer encore une fois aux Commençans comment on peut fe convaincre de ceci par un raifonnement fort fimple, je dis 1°. fi les efpaces parcourus & les tems étoient égaux de part & d'autre, il eft vifible que les viteffes u & V feroient égales, parce qu'il n'y a point de raifon de dire le contraire. 2°. Si nous fuppofons les tems égaux, & que l'efpace s parcouru par le Corps A foit double de l'efpace S parcouru par le Corps B, la viteffe u du Corps A fera évidemment double de la viteffe V du Corps B ; ainfi ces viteffes feront comme 2 à 1. 3°. Si en fuppofant l'efpace parcouru par le Corps A double de l'efpace parcouru par le Corps B, on fuppofe encore que le tems du mouvement de A foit quatre fois plus grand, il eft fûr que fa viteffe fera quatre fois moindre qu'elle ne feroit fi les tems étoient égaux, puifqu'il lui faut quatre fois plus de tems pour parcourir le même efpace. Comme donc la viteffe du Corps A étoit auparavant à la viteffe du Corps, B comme 2 à 1, elle fera maintenant comme $\frac{1}{4}$ de 2 eft à 1, ou comme $\frac{1}{2}$ à 1, ou enfin comme 1 à 2, ou comme 2 à 4. Mais la raifon 2, 4, eft compofée de la raifon 2, 1, qui eft la raifon directe des efpaces, & de la raifon 1, 4, qui eft la raifon réciproque des tems. Donc. &c.

On

On appliquera le même raifonnement à tout ce que nous dirons dans les Corollaires & les Propofitions fuivantes , fans que
je fois obligé de le répeter.

COROLLAIRE.

23. Puifque nous avons u, $V :: sT$, St , fi nous divifons la
derniere raifon d'abord par T , & enfuite par t , nous aurons u,
$V :: \frac{s}{t}, \frac{S}{T}$, c'eft-à-dire, *les vitefles de deux Corps mûs uniforme-*
ment , font entr'elles comme les efpaces divifés par les tems.

PROPOSITION VI.

24. *Dans le mouvement uniforme* , *les tems pendant lefquels les*
Corps A , B, *parcourent leurs efpaces* , *font en raifon compofée de la*
raifon directe des efpaces s , S, *& de la raifon réciproque des vitefles*
V , u.

DEMONSTRATION.

Nous avons s, $S :: tu$, TV, (*N.* 17.) donc $sTV = Stu$, &
par conféquent t, $T :: sV$, Su. Or la raifon sV, Su, eft compofée de la raifon s, S, qui eft la raifon directe des efpaces , &
de la raifon V, u, qui eft la raifon réciproque des vitefles. Donc
les tems t, T, font en raifon compofée, &c.

COROLLAIRE.

25. *Si les efpaces parcourus font entr'eux comme les vitefles* , *les*
tems font égaux. Par l'hypotèfe nous avons s, $S :: u$, V, & par
(*N.* 17.) nous avons s, $S :: tu$, TV ; donc u, $V :: tu$, TV, ou
u, $tu :: V$, TV ; & divifant la premiere raifon par u, & la feconde par V, nous aurons 1, $t :: 1$, T ; or dans cette proportion les deux antécédens font égaux ; donc les conféquens font
auffi égaux , & nous avons $t = T$.

PROPOSITION VII.

26. *Dans le mouvement uniforme* , *les quantités de mouvement* q ,
*& * Q, *de deux Corps* A, B , *font en raifon compofée de la raifon*
des mafles m , M, *& des vitefles* u , *& * V.

DEMONSTRATION.

Par la définition de la quantité du mouvement (*N.* 10.) nous avons $q = um$, & $Q = VM$; donc q, $Q :: um$, VM. Or la raifon um, VM, eft compofée de la raifon m, M, des maffes, & de la raifon u, V des viteffes; donc les quantités de mouvement de deux corps A, B, font en raifon compofée, &c.

COROLLAIRE I.

27. Si $q = Q$, on aura $um = $ VM; donc u, $V :: M$, m, c'eſt-à-dire, *lorſque les quantités de mouvement de deux Corps A, B, font égales, les viteſſes font en raiſon réciproque des maſſes.*

COROLLAIRE II.

28. Si outre $q = Q$, on a encore $M = m$, il eſt évident qu'on aura $u = $ V, c'eſt-à-dire, *ſi deux Corps A, B, ont une égalité de mouvement & des maſſes égales, les viteſſes font auſſi égales.*

De même, ſi outre $q = Q$, on a $u = V$, il eſt viſible qu'on aura $m = $ M, c'eſt-à-dire, *ſi les quantités de mouvement de deux Corps font égales, & leur viteſſes auſſi, les maſſes font égales.*

PROPOSITION VIII.

29. *Dans le mouvement uniforme les viteſſes de deux Corps A, B, font en raiſon compoſée de la raiſon directe des quantités de mouvement $q = Q$, & de la raiſon réciproque des maſſes m, M.*

DEMONSTRATION.

Puiſque nous avons q, $Q :: um$, VM (*N.* 26.); donc qVM $= Q um$, & par conféquent u, $V :: q$M, $Q m$; or la raifon qM, $Q m$, eſt compofée de la raiſon q, Q, qui eſt la raiſon directe des quantitez de mouvement, & de la raiſon M, m, qui eſt la raiſon réciproque des maffes; donc les viteffes u, V, font en raiſon compofée, &c.

COROLLAIRE I.

30. Si l'on fuppofe $u = $ V, on aura qM $= Q m$; donc q, Q $:: m$, M, c'eſt-à-dire, *que ſi les viteſſes des deux Corps font égales, les quantitez de mouvement font entr'elles comme les maſſes.*

COROLLAIRE.

31. Et ſi après avoir fuppofé $u = V$, on fuppofe $m = $ M, il

eſt viſible qu'on aura $q = Q$, c'eſt-à-dire, *ſi les viteſſes ſont égales & les maſſes auſſi, les quantités de mouvement ſont égales.*

Et par la même raiſon, *ſi les viteſſes ſont égales & les quantitez de mouvement auſſi égales, il y a égalité entre les maſſes.*

PROPOSITION IX.

32. *Dans le mouvement uniforme, les maſſes m, M, de deux corps A, B, ſont en raiſon compoſée de la raiſon directe des quantitez de mouvement q, Q, & de la raiſon reciproque V, u, des viteſſes.*

DEMONSTRATION.

Puiſque nous avons q, $Q :: um$, VM, (*N.* 26.) donc $qVM = Qum$, & par conſéquent m, $M :: qV$, Qu. Or la raiſon qV, Qu, eſt compoſée de la raiſon q, Q, qui eſt la raiſon directe des quantitez de mouvement, & de la raiſon V, u, qui eſt la raiſon réciproque des viteſſes. Donc les maſſes m, M, ſont en raiſon compoſée, &c.

COROLLAIRE I.

33. Si l'on ſuppoſe $m = M$, on aura $qV = Qu$, donc q, $Q :: u$, V, c'eſt-à-dire, *ſi les maſſes ſont égales, les quantitez de mouvement ſont entr'elles comme les viteſſes.*

PROPOSITION X.

34. *Dans le mouvement uniforme, les quantitez de mouvement q, Q, de deux corps A, B, ſont en raiſon compoſée de trois raiſons, dont les deux premieres ſont les raiſons directes des maſſes m, M, & des eſpaces s, S, & la troiſieme eſt la raiſon T, t, qui eſt la raiſon réciproque des tems.*

DEMONSTRATION.

Par la Propoſition V (*N.* 21.) Nous avons u, $V :: sT$, St, & par la Propoſition VII. Nous avons q, $Q :: mu$, MV; multipliant donc les termes de la premiere proportion par ceux de la ſeconde, Nous aurons qu, $QV :: musT$, $MVSt$, ou bien qu, $musT :: QV$, $MVSt$, & diviſant la premiere raiſon par u, & la ſeconde par V, on aura q, $msT :: Q$, MSt, ou q, $Q :: msT$, MSt. Or la raiſon msT, MSt, eſt compoſée de trois raiſons, à ſçavoir des deux m, M, & s, S, qui ſont les raiſons directes des maſſes, & des eſpaces, & de la raifon T, t, qui eft la réciproque des tems ; donc les quantités q, Q, font en raifon compofée, &c.

COROLLAIRE I.

35. Si l'on fuppofe $q = Q$, on aura $msT = MSt$; donc m, $M :: St$, sT, c'eft-à-dire, *fi les quantitez de mouvement font égales, les maffes m, M, font entr'elles en raifon compofée de la raifon directe des tems t, T, & de la raifon S, s, qui eft la réciproque des efpaces.*

Puifqu'en fuppofant $q = Q$, on a $msT = MSt$, donc s, $S :: Mt$, mT, c'eft-à-dire, *les quantitez de mouvement étant égales, les efpaces s, S, font en raifon compofée de la raifon directe des tems t, T, & de la raifon M, m, qui eft la réciproque des maffes.*

De même, en fuppofant $q = Q$, on a $msT = MSt$; donc t, $T :: ms$, MS, c'eft-à-dire, *les quantitez de mouvement étant égales, les tems t, T, font en raifon compofée des maffes m, M, & des efpaces s, S.*

COROLLAIRE II.

36. Si on fuppofe $q = Q$, & $m = M$, il eft clair qu'on aura $sT = St$, donc s, $S :: t$, T, c'eft-à-dire, *les quantitez de mouvement étant égales & les maffes auffi, les efpaces font entr'eux comme les tems.*

COROLLAIRE III.

37. En fuppofant $q = Q$, $m = M$, & $s = S$, il eft clair qu'on a $t = T$; de même, en fuppofant $q = Q$, $m = M$, & $t = T$, on aura $s = S$; & par la même raifon on trouvera que, *fi en comparant les quantitez de mouvement q, & Q, les maffes m & M, les viteffes u, & V, & le tems t, & T, il y a égalité dans les termes de trois de ces raifons, il y aura égalité dans les termes de la quatrieme,*

COROLLAIRE IV.

38. Si on fuppofe $q = Q$, & $s = S$, on aura $mT = Mt$; donc m, $M :: t$, T, c'eft-à-dire, *les quantités de mouvement étant égales & les efpaces auffi, les maffes font entr'elles comme les tems.*

COROLLAIRE V.

39. Si on fuppofe $q = Q$, & $t = T$, on aura $ms = MS$; donc

m, M :: S, s, c'eſt-à-dire, *les quantitez de mouvement étant égales, & les tems auſſi, les maſſes ſont en raiſon reciproque des eſpaces.*

PROPOSITION XI.

40. *Dans le mouvement uniforme les eſpaces s, S, parcourus par deux Corps* A, B, *ſont en raiſon compoſée de trois raiſons, dont les deux premieres ſont les raiſons directes des quantitez de mouvement* q, Q, *& des tems* t, *&* T, *& de la raiſon* M, m, *qui eſt la raiſon réproque des maſſes.*

DEMONSTRATION.

Par la Propoſition X (*N.* 34.) nous avons q, Q :: msT, MSt, donc qMSt = QmsT ; & par conféquent s, S :: qMt, QmT ; or la raiſon qMt, QmT, eſt compoſée de trois raiſons dont les deux premieres q, Q, & t, T, ſont les raiſons droites des quantités de mouvement & des tems, & la troiſiéme M, m, eſt la raiſon réciproque des maſſes, donc les eſpaces s, S, ſont en raiſon compoſée, &c.

COROLLAIRE I.

41. Si l'on ſuppoſe s, S, il eſt clair qu'on aura qMt = QmT ; donc q, Q :: mT, Mt, c'eſt-à-dire, *les eſpaces étant égaux, les quantitez de mouvement ſont en raiſon compoſée de la raiſon directe des maſſes & de la réciproque des tems.*

De même, de ce que qMt = QmT, on a m, M :: qt, QT, c'eſt-à-dire, *les eſpaces étant égaux, les maſſes ſont entr'elles en raiſon compoſée des quantitez de mouvement & des tems.*

De même encore, de ce que qMt = QmT, on a t, T :: Qm, qM, c'eſt-à-dire, *les eſpaces étant égaux, les tems ſont en raiſon compoſée de la raiſon directe des maſſes & de la reciproque des quantitez de mouvement.*

COROLLAIRE II.

42. Si on ſuppoſe s = S, & m = M, on aura qt = QT ; donc q, Q :: T, t, c'eſt-à-dire, *les eſpaces étant égaux, & les maſſes auſſi, les quantitez de mouvement ſont en raiſon reciproque des tems.*

COROLLAIRE III.

43. Si l'on ſuppoſe s = S, & t = T, on aura qM = Qm ;

donc q, $Q :: m$, M, c'eft-à-dire, *les efpaces étant égaux, & les tems auffi, les quantités de mouvement font entr'elles comme les maffes.*

PROPOSITION XII.

44. *Dans le mouvement uniforme, les maffes m, M, des Corps A, B, font en raifon compofée de trois raifons, fçavoir des raifons directes des quantitez de mouvement q, Q, & des tems t, T, & de la raifon S, s, qui eft la réciproque des efpaces.*

DEMONSTRATION.

Par la Propofition X (*N*. 34.) Nous avons q, $Q :: msT$, MSt; donc $qMSt = QmsT$, & par conféquent m, $M :: qSt$, QsT; or la raifon qSt, QsT, eft compofée de trois raifons, fçavoir des deux q, Q, & t, T, qui font les raifons directes des quantités de mouvement & des tems, & de la raifon S, s, qui eft la réciproque des efpaces. Donc les maffes m, M, font entr'elles en raifon compofée, &c.

COROLLAIRE I.

45. Si l'on fuppofe $m = M$, on aura $qSt = QsT$; donc q, Q :: sT, St, c'eft-à-dire, *en fuppofant les maffes égales, les quantitez de mouvement font entr'elles en raifon compofée de la raifon directe des efpaces & de la raifon réciproque des tems.*

De ce que $qSt = QsT$, on a s, $S :: qt$, QT, c'eft-à-dire, *les maffes étant égales, les efpaces font en raifon compofée des tems & des quantitez de mouvement.*

De même, de ce que $qSt = QsT$, on a t, $T :: Qs$, qS, c'eft-à-dire, *les maffes étant égales, les tems font en raifon compofée de la raifon directe des efpaces, & de la réciproque des quantités de mouvement.*

COROLLAIRE II.

46. Si l'on fuppofe $m = M$ & $t = T$, il eft vifible qu'on aura $qS = Qs$, d'où l'on tire q, $Q :: s$, S, c'eft-à-dire, *les maffes étant égales, & les tems auffi, les quantités de mouvement font entr'elles comme les efpaces.*

PROPOSITION XIII.

47. *Dans le mouvement uniforme les tems t, T, employez par les Corps A, B, à parcourir leurs efpaces, font en raifon compofée de trois*

raiſons, dont les deux premieres ſout les raiſons directes m, M, des maſſes, & s, S, des eſpaces, & la troiſieme eſt la raiſon Q, q, qui eſt la reciproque des quantitez de mouvement.

DEMONSTRATION.

Par la Propoſition X. (*N* 34.) Nous avons q, $Q :: msT$, MSt, donc $qMSt = QmsT$, & par conſéquent t, $T :: Qms$, qMS; or la raiſon Qms, qMS eſt compoſée de trois raiſons, ſçavoir des deux m, M, & s, S, qui ſont les raiſons directes des maſſes, & des eſpaces, & de la raiſon Q, q, qui eſt la réciproque des quantités de mouvement; donc les tems t, T, ſont entr'eux en raiſon compoſée, &c.

COROLLAIRE.

48. Si l'on ſuppoſe $t = $ T, on aura $Qms = qMS$; donc q, Q :: ms, MS, c'eſt-à-dire, *les tems étant égaux, les quantitez de mouvement ſont en raiſon compoſée des maſſes & des eſpaces.*

De ce que $Qms = qMS$, on a auſſi m, M :: qS, Qs, c'eſt-à-dire, *les tems étant égaux, les maſſes ſont en raiſon compoſée de la raiſon directe des quantitez de mouvement, & de la raiſon réciproque des eſpaces.*

De même, de ce que $Qms = qMS$, on a encore s, S :: qM, Qm, c'eſt-à-dire, *les tems étant égaux, les eſpaces ſont en raiſon compoſée de la raiſon directe des quantitez de mouvement, & de la raiſon reciproque des maſſes.*

CHAPITRE III.

Du Mouvement uniformement acceleré, & du Mouvement uniformement retardé.

49. NOus avons déja dit (*N*. 11.) que le mouvement uniformement acceleré ou retardé d'un corps, eſt celui dont la viteſſe reçoit dans des tems égaux des accroiſſemens égaux, ou des diminutions égales. Or delà il ſuit que les viteſſes du mouvement uniformement acceleré ſont entr'elles comme les tems pendant leſquels elles ont été acquiſes. Suppoſons, par exemple, que le Corps A à la fin de la premiere minute ait acquis un dégré de viteſſe, à la fin de la ſeconde minute il aura

acquis un autre dégré de vitesse, à la fin de la troisiéme il en aura acquis un autre, & ainsi de suite. Donc la vitesse acquise à la fin de deux minutes sera double de la vitesse acquise à la fin d'une minute, la vitesse acquise à la fin de trois minutes sera triple de la vitesse acquise à la fin de la premiere, & ainsi des autres ; & par conséquent les vitesses acquises à la fin des tems, feront entr'elles comme les tems.

AXIOMES.

50. *Si un Corps est en repos, il ne se mouvra jamais à moins que quelque cause ne le porte au mouvement, & s'il est en mouvement, il se mouvra toujours avec la même vitesse & selon la même direction, à moins que quelque cause ne change son état.* Le Corps étant incapable de choix & de détermination, ne peut se donner à lui-même un état différent ; ainsi s'il passe du repos au mouvement, si sa vitesse change, s'il prend une autre direction, &c. il faut qu'il y ait une cause qui produise ces effets.

Delà, il suit 1°. que si un Corps se meut en conséquence d'une premiere impression, il se mouvra toujours en ligne droite. 2°. Que si son mouvement est en ligne courbe, il y a deux forces qui le meuvent, l'une qui lui donne une direction en ligne droite, & l'autre qui lui fait changer de direction à chaque instant.

51. *Si les efforts de deux Corps A, B, sont opposez & égaux, les deux Corps resteront en repos l'un auprès de l'autre ; il n'y a point de raison pour pouvoir dire que l'un dût entraîner l'autre.*

52. *Si un Corps qui est déja en mouvement vient à être poussé selon la même direction, son mouvement s'accelere, & s'il est poussé par une force resistante, son mouvement se retarde, ou cesse, ou prend une direction opposée, selon que la force resistante est moindre, égale, ou plus grande que la force du Corps.*

PRINCIPES
FONDE'S SUR L'EXPERIENCE.

53. *La pesanteur d'un Corps est toujours la même à quelque distance que ce Corps se trouve de la surface de la terre, pourvû que cette distance ne soit pas extremement grande.*

Comme ce principe n'est fondé qué sur l'Experience, & qu'il n'est pas possible de faire des experiences trop éloignées de la surface de la Terre, c'est avec raison qu'on se borne à dire que

la

la diftance du corps à la furface de terre, ne doit pas être trop grande.

54. Les Corps graves tendent vers le centre de la Terre avec un mouvement acceleré.

PROPOSITION XIV.

55. Dans le mouvement uniformement acceleré, les efpaces parcourus par un Corps A, font entr'eux comme les quarrez des tems qu'il a èmployés à les parcourir, en comptant ces efpaces depuis l'origine du mouvement.

DEMONSTRATION
Par la Methode des Indivifibles.

Suppofons que la droite AF (*Fig.* 7.) repréfente le tems pendant lequel un Corps fe meut d'un mouvement acceleré ; que cette droite foit coupée en une infinité de petites parties égales entr'elles & infiniment petites AB, BC, CD, &c. lefquelles reprefenteront les inftans égaux dans lefquels on conçoit que le tems peut être divifé ; que fur les points de divifion foient elevéçs des perpendiculaires BG, CH, qui foient entr'elles comme les viteffes acquifes dans les tems AB, AC, AD, &c. Cela pofé, les viteffes dans le mouvement accéleré étant entr'elles comme les tems (*N.* 49.) on aura AB, AC :: BG, CH, de même AC, AD :: CH, DI, & ainfi de fuite. Donc fi l'on fait paffer une ligne par les points A, G, H, I, M, cette ligne fera droite, & les figures ABG, ACH, ADI, &c. feront des triangles rectangles femblables, & la figure AFM fera un triangle rectangle dont les droites BG, CH, DI, &c. feront les Elemens. Maintenant les petites lignes AB, BC, CD, &c. reprefentant des inftans de tems qu'on peut confidérer comme indivifibles, les viteffes pendant chacun de ces inftans peuvent être confiderées comme des viteffes uniformes chacune dans la durée de fon inftant. Or dans le mouvement uniforme les efpaces parcourus dans des tems égaux font cotume les viteffes ; donc fi l'on fuppofe que l'efpace parcouru dans le premier inftant AB, avec la viteffe reprefentée par BG foit égal à BG, l'efpace parcouru dans le fecond tems BC avec la viteffe CH fera égal à CH, & ainfi des autres ; donc les efpaces parcourus pendant les inftans AB, BC, CD, &c. qui compofent le tems total AF feront égaux aux droites BG, CH, DI, &c. c'eft-à-dire, à la fomme des Elemens du triangle

C

AFM, & par conféquent au triangle AFM. Par la même raifon, les efpaces parcourus pendant les inftans qui compofent le tems AD, feront égaux aux Elemens du triangle ADI, & par conféquent au triangle ADI. Mais la fomme des efpaces parcourus pendant les inftans du tems AF, eft égale à l'efpace parcouru pendant le tems AF, & la fomme des efpaces parcourus pendant les inftans du tems AD, eft égale à l'efpace parcouru pendant le tems AD; donc l'efpace parcouru pendant le tems AF eft à l'efpace parcouru pendant le tems AD, comme le triangle AFM eft au triangle ADI. Mais les triangles AFM, ADI étant femblables, font entr'eux comme les quarrez de leurs hauteurs AF, AD, qui reprefentent les tems; donc les efpaces parcourus pendant les tems AF, AD, font entr'eux comme les quarrez des tems AF, AD.

AUTRE DEMONSTRATION
Par la Methode du Calcul Differentiel & Integral.

Que la droite AB (*Fig. 8.*) reprefente le tems pendant lequel un Corps fe meut d'un mouvement uniformement acceleré, & la droite AP une partie de ce tems, fi la perpendiculaire PM reprefente la viteffe acquife à la fin du tems AP, menant de A par AM la droite AC, & élevant au point B la perpendiculaire BC, cette droite BC reprefentera la viteffe acquife à la fin du tems AB, comme on a vû dans la Démonftration précédente, & menant une autre perpendiculaire *pm* infiniment proche de PM, la droite P*p* reprefentera une partie infiniment petite de tems ou un inftant, & la droite *pm* reprefentera la viteffe acquife à la fin de cet inftant. Mais les viteffes PM, *pm*, ne différant entr'elles que d'une grandeur infiniment petite R*m*, peuvent paffer pour égales; donc la viteffe du tems P*p* peut paffer pour uniforme. Mais dans le mouvement uniforme les efpaces parcourus font comme les tems multipliés par les viteffes (*N.* 17.) Multipliant donc P*p* par *pm* ou *p*R, le rectangle P*p*RM, ou le trapezoïde P*pm*M reprefentera l'efpace parcouru dans l'inftant P*p*. Or fi l'on divife le tems AP en une infinité d'inftans égaux à P*p*, & que des points de divifion on mene des paralleles à PM, on aura une infinité de petits rectangles ou trapezoïdes qui reprefenteront les efpaces parcourus dans chacun de ces inftans. Donc les efpaces parcourus pendant les inftans qui compofent AP, ou ce qui eft la même chofe, l'efpace parcouru pendant le tems AP

fera reprefenté par le triangle APM, & par la même raifon l'efpace parcouru pendant le tems AB fera reprefenté par le triangle
ABC ; ainfi les efpaces feront comme les triangles, & par conféquent en raifon doublée des tems AP, AB.

REMARQUE.

56. On voit par ces deux Démonftrations que la Méthode des
Indivifibles, & celle du Calcul Différentiel & Intégral, ne different qu'en ce que dans la premiere on prend des lignes infiniment
proches pour les Elemens d'une furface, & que dans l'autre les
Elemens de cette furface font des rectangles ou des trapezoïdes
dont la hauteur eft infiniment petite, mais cette différence eft
plutôt dans les mots que dans la chofe même. Car comme il n'eft
pas néceffaire pour la Méthode des Indivifibles que les lignes
n'ayent abfolument aucune largeur, mais qu'il fuffit de pouvoir
les confiderer comme n'en ayant point, rien n'empêche de leur
attribuer une largeur infiniment petite, & de les confiderer par
conféquent comme des rectangles ou des trapezoïdes d'égale
hauteur. On a donc tort de fe récrier contre cette Méthode.

COROLLAIRE I.

57. *Dans le mouvement uniformement acceleré, les efpaces parcourus par le Corps font entr'eux comme les quarrez des viteffes acquifes
à la fin des tems.* Car les viteffes font comme les tems. (*N.* 49.)

COROLLAIRE II.

58. *Dans le mouvement uniformement acceleré, les tems font comme
les racines des efpaces, & il faut dire la même chofe des viteffes.*

COROLLAIRE III.

59. *Dans le mouvement uniformement acceleré, les efpaces parcourus par un Corps dans des tems égaux & fucceffifs, croiffent dans
la raifon des nombres impairs* 1, 3, 5, 7, 9, &c. Suppofons que
le Corps foit en mouvement pendant fix minutes, l'efpace parcouru dans la premiere minute fera à l'efpace parcouru dans deux
minutes comme 1 à 4, il fera à l'efpace parcouru dans trois minutes, comme 1 à 9, & ainfi de fuite ; c'eft-à-dire, que les tems
étant comme 1, 2, 3, 4, &c. les efpaces parcourus feront comme
les quarrez 1, 4, 9, 16, &c. (*N.* 55.) Or fi de l'efpace 4 parcouru
dans les deux premieres minutes, on ôte l'efpace 1 parcouru dans

la premiere minute, le reste 3 sera l'espace parcouru dans la seconde minute; de même, si de l'espace 9 parcouru dans les trois
premieres minutes on retranche l'espace 4 parcouru dans les deux
premieres, le reste 5 sera l'espace parcouru dans la troisiéme minute, & ainsi de suite. Donc les espaces parcourus dans chaque
minute ou dans des tems égaux, augmentent dans la raison des
nombres impairs 1, 3, 5, 7, &c.

PROPOSITION. XV.

60. *Les Corps pesans qui ne sont pas à une distance trop grande
de la surface de la terre, descendent vers le centre de la terre avec un
mouvement uniformement acceleré.*

DEMONSTRATION.

Par l'experience, les Corps pesans tendent vers le centre de
la terre avec un mouvement acceleré (*N.* 54.) & cette acceleration ne peut provenir que de ce que leur pesanteur les pousse
à chaque moment; car si leur pesanteur ne leur donnoit qu'une
premiere impression, il n'y auroit pas de raison pour pouvoir dire
que leur mouvement fut acceleré. Or la pesanteur des Corps
graves est la même par-tout, pourvû que leur distance de la surface de la terre ne soit pas trop grande, donc l'impression qu'elle
fait à chaque instant est toûjours la même, & par conséquent si
au premier instant le Corps reçoit un dégré de vitesse, dans le
second moment il en reçoit encore un, dans le troisiéme, il en
reçoit une autre, & ainsi de suite. Mais quand les accroissemens
de vitesse sont égaux dans des tems égaux, le mouvement est
uniformement acceleré; donc le mouvement d'un Corps qui
descend vers le centre de la terre, est uniformement acceleré.

COROLLAIRE.

61. Donc les espaces parcourus par un Corps grave qui descend vers le centre de la terre à compter ces espaces toujours
depuis le commencement du mouvement, sont entr'eux comme
les quarrez des tems employés à les parcourir, ou comme les
quarrez des vitesses acquises à la fin des tems, & les tems où les
vitesses sont comme les racines quarrées des espaces.

REMARQUE.

62. Il faut observer que dans tout ce que nous venons de dire

nous fuppofons qu'il n'y ait aucune refiftance qui empêche la defcente libre des corps graves, de quelque caufe que puiffe provenir cette refiftance.

PROPOSITION XVI.

63 *Si un corps grave fe meut vers le centre de la Terre pendant un tems déterminé l'efpace parcouru à la fin de ce tems eft foudouble de l'efpace qu'il auroit parcouru à la fin du même tems s'il s'étoit mû d'un mouvement uniforme, & avec une viteffe égale à celle qu'il a acquife à la fin du tems.*

DEMONSTRATION.

Suppofons que la droite AB (*Fig. 9.*) repréfente le tems pendant lequel un corps fe meut d'un mouvement uniformément acleré, & que la droite BC repréfente la viteffe acquife à la fin de ce tems, le triangle ABC repréfentera l'efpace parcouru (*N. 55*); or fi le mouvement étoit uniforme, & que la viteffe fût égale à BC, l'efpace parcouru pendant le tems AB feroit repréfenté par le rectangle ABCD, c'eft-à-dire par le produit du tems AB multiplié par la viteffe BC (*N. 17*), & le triangle ABC eft foudouble du rectangle ABCD; dont l'efpace parcouru dans le mouvement uniformement acceleré eft à l'efpace qui feroit parcouru dans le mouvement uniforme comme 1 à 2, & par conféquent foudouble.

COROLLAIRE.

64. Donc l'efpace parcouru dans le mouvement uniforme avec la viteffe BC pendant la moitié du tems AB eft égal à l'efpace parcouru dans le mouvement uniformement acceleré pendant le tems AB.

PROPOSITION XVII.

65. *Connoiffant l'efpace qu'un corps grave parcourt d'un mouvement uniformement acceleré pendant un tems déterminé, trouver l'efpace que ce même corps parcourroit dans un autre tems déterminé, en fuppofant que le mouvement dût commencer au commencement de l'un & de l'autre tems.*

SOLUTION.

Dans le mouvement uniformement acceleré, les quarrés des

tems font entr'eux comme les espaces parcourus pendant ce tems, à compter ces espaces depuis le commencement du mouvement. Si l'on prend donc un quatriéme proportionnel aux quarrés des deux tems donnés, & à l'espace donné, ce quatriéme proportionnel fera l'espace cherché.

Suppofons par exemple, qu'un corps A pendant une minute parcoure un espace de trois pieds, & qu'on demande quel espace il devroit parcourir dans trois minutes ; je fais les quarrés des deux tems, c'eft-à-dire, d'une minute & de trois, & ces quarrés font 1 & 9, enfuite je dis 1 eft à 9, comme l'efpace 3 pieds eft à un quatriéme terme , lequel fe trouve 27 , & par conféquent 27 pieds eft l'efpace que ce corps parcourroit dans trois minutes fi fon mouvement commençoit à la premiere minute.

PROPOSITION XVIII.

66. *Connoiffant l'efpace qu'un corps parcourt pendant un tems déterminé ; connoître l'efpace qu'il doit parcourir pendant un autre tems déterminé , en fuppofant que ce fecond tems fuit immédiatement le premier , & que le mouvement du corps dans ce fecond tems eft une continuation du mouvement du premier tems.*

SOLUTION.

Ajoutez le premier tems au fecond , & dès-lors il eft vifible que le quarré du premier tems eft au quarré de la fomme du premier, & du fecond, comme l'efpace parcouru dans le premier tems eft à l'efpace parcouru dans le premier , & le fecond joints enfemble. Prenant donc un quatriéme proportionnel au quarré du premier tems , au quarré de la fomme du premier & du fecond , & au premier efpace, ce quatriéme proportionnel fera l'efpace parcouru pendant le premier & le fecond tems; ainfi retranchant de ce quatriéme proportionnel l'efpace parcouru dans le premier tems, le refte fera l'efpace parcouru dans le fecond.

Suppofons que dans la premiere minute un corps grave A parcoure 3 pieds, & qu'on veuille favoir quel eft l'efpace qu'il parcourra dans les trois minutes fuivantes, j'ajoute le premier tems 1 au fecond tems 3 , & la fomme eft 4 ; je fais le quarré du premier tems 1 , & de la fomme 4, ce qui fait 1 & 16; & je dis 1 eft à 16 , comme l'efpace 3 eft à un quatriéme terme qui se trouve être 48 ; ainsi 48 est l'espace parcouru pendant le premier & le second tems. Je retranche de cet espace l'espace 3 parcouru dans le premier tems, & le reste 45 est l'espace que le corps devroit parcourir pendant les trois minutes qui suivroient la premiere.

PROPOSITION XIX.

67. *Connoissant un premier tems pendant lequel un corps grave parcourt d'un mouvement uniformement acceleré un espace déterminé, connoître le tems pendant lequel il parcourroit un autre espace déterminé, en supposant que ce second tems & ce second espace doivent se compter depuis le commencement du mouvement.*

SOLUTION.

Puisque dans le mouvement uniformement acceleré les espaces sont entr'eux comme les quarrés des tems , il n'y a qu'à prendre un quatriéme proportionnel aux deux espaces donnés, & au quarré du premier tems, & ce quatriéme proportionnel sera le quarré du tems demandé; donc sa racine quarrée resoudra le Probleme.

Supposons qu'un corps A dans deux minutes parcoure un espace de 4 pieds, & qu'on demande dans combien de tems il auroit parcouru 25 pieds. Je fais le quarré du tems donné 2, lequel est 4 , & je dis, comme l'espace quatre pieds est à l'espace 25, ainsi le quarré 4 est à un quatriéme terme lequel est 25 , donc 25 est le quarré du tems qu'on demande ; tirant donc la racine quarrée 5 , le corps A auroit employé cinq minutes à parcourir 25 pieds dupuis le commencement du mouvement.

PROPOSITION XX.

68. *Connoissant un premier tems pendant lequel un corps grave parcourt d'un mouvement uniformement acceleré un espace déterminé, connoître dans quel tems le même corps parcourroit un autre espace déterminé, en supposant que ce second tems dût commencer immediatement après le premier, & que le mouvement du corps fût une suite du premier mouvement.*

SOLUTION.

Ajoutez le premier espace au second, & dès-lors il est visible que le premier espace est à la somme du premier & du second , comme le quarré du premier tems eſt au quarré de la ſomme du premier & du ſecond tems ; donc la quatriéme proportionnelle qu'on prendra au premier eſpace, a la ſomme des deux eſpaces, & au quarré du premier tems ſera le quarré de la ſomme du premier & du ſecond tems. Tirant donc la racine quarrée, on aura la ſomme des deux tems, & retranchant de cette ſomme le premier tems, le reſte ſera le tems demandé.

Suppoſons que dans deux minutes le corps A parcoure 4 pieds, & qu'on demande dans combien de tems il devroit parcourir encore 21 pieds ſi ſon mouvement continuoit. Je fais le quarré 4 du tems donné 2, j'ajoute enſemble les eſpaces 4 & 21, ce qui fait 25, & je dis l'eſpace 4 eſt à la ſomme 25 des deux eſpaces comme le quarré 4 du premier tems eſt à un quatriéme terme 25, lequel eſt le quarré de la ſomme des deux tems ; donc la racine quarrée 5 eſt la ſomme des deux tems, & par conſéquent retranchant de 5 le premier tems 2, le reſte 3 me fait voir que le corps auroit employé trois minutes pour parcourir encore 21 pieds.

Proposition XXI.

69. Connoiſſant le tems pendant lequel un corps grave a parcouru d'un mouvement acceleré un eſpace déterminé, connoître les eſpaces parcourus dans chacune des parties du tems en ſuppoſant que le tems eſt diviſé en parties égales.

Premiere Solution.

Lorſque le tems eſt diviſé en parties égales, les eſpaces parcourus dans chacune de ſes parties ſont entr'eux comme les nombres 1, 3, 5, 7, 9, &c. (*N.* 59) ; ſuppoſant donc que le corps A ait parcouru 48 pieds dans 4 minutes, il eſt viſible qu'il faut partager 48 en 4 parties, qui ſoient entr'elles comme les nombres 1, 3, 5, 7 ; or pour cela je fais la ſomme 16 des nombres 1, 3, 5, 7, & je dis comme la ſomme 16 eſt à la premiere partie 1 qui la compoſe, ainſi la ſomme 48 eſt à un quatriéme terme 3, qui eſt l'eſpace parcouru dans la premiere minute ; je dis de même comme la ſomme 16 eſt à ſa ſeconde partie 3, ainſi la ſomme 48 eſt à un quatriéme terme 9, qui eſt l'eſpace parcouru dans la ſeconde minute ; & continuant le même raiſonnement, je trouve que l'eſpace parcouru dans la troiſiéme minute eſt 15, & l'eſpace parcouru dans le quatriéme eſt 21 ; donc l'eſpace

parcouru

parcouru dans la premiere minute eſt 3 , l'eſpace parcouru dans les deux premieres eſt 12 , l'eſpace parcouru dans les trois premieres eſt 27 , & l'eſpace parcouru dans les quatre minutes eſt 48.

AUTRE SOLUTION.

Je nomme l'eſpace inconnu parcouru dans la premiere minute $= x$, la premiere minute $= 1$, le tems total $= t$, & l'eſpace parcouru pendant ce tems $= a$; puiſque les quarrés des tems ſont comme les eſpaces parcourus , en comptant ces eſpaces depuis le commencement du mouvement, j'ai t^2 , $1 :: a$, x , donc $a = t^2 x$, & par conſéquent $x = \frac{a}{t^2}$, ainſi l'eſpace parcouru dans la premiere minute eſt connu ; or les eſpaces parcourus dans des tems égaux & ſucceſſifs ſont entr'eux comme 1 , 3 , 5 , 7 , &c. donc ces eſpaces ſont x , $3x$, $5x$, $7x$, &c. & mettant au lieu de x ſa valeur $\frac{a}{t^2}$ ces eſpaces ſont $\frac{a}{t^2}$, $\frac{3a}{t^2}$, $\frac{5a}{t^2}$, $\frac{7a}{t^2}$, &c.

Soit $t = 4$ minutes , & $a = 48$ pieds , on aura $x = \frac{a}{t^2} = \frac{48}{16} = 3$ pour l'eſpace parcouru dans la premiere minute ; $\frac{3a}{t^2} = \frac{3 \times 48}{16} = 9$ pour l'eſpace parcouru pendant la ſeconde minute ; $\frac{5a}{t^2} = \frac{5 \times 48}{16} = 15$ pour l'eſpace parcouru pendant la troiſiéme minute , & ainſi de ſuite.

PROPOSITION XXII.

70. *Connoiſſant le tems du mouvement d'un corps grave & l'eſpace parcouru pendant une partie de ce tems , laquelle n'eſt pas au commencement du tems , trouver les eſpaces parcourus dans toutes les parties de ce tems.*

PREMIERE SOLUTION.

Suppoſons que le tems total ſoit 4 minutes , & que le corps A pendant la troiſiéme & quatriéme minute ait parcouru 36 pieds ; Je dis ſi le corps A avoit parcouru 1 pied dans la premiere minute , dans la ſeconde il en auroit parcouru 3 , dans la troiſiéme il en auroit parcouru 5 , & dans la quatriéme il en auroit parcouru 7 , ainſi dans la troiſiéme & la quatriéme il en auroit parcouru 12 ; mais il en a parcouru 36 au lieu de 12, donc la fuppofition eft fauffe. Or quel que foit l'efpace parcouru dans la premiere minute, il eft fûr que la fomme 36 des efpaces parcourus dans la troifiéme & la quatriéme doit être à l'efpace parcouru dans la premiere, comme la fomme 12 des efpaces parcourus dans la troifiéme & quatriéme minute, felon ma fuppofition, eft à l'efpace parcouru dans la premiere ; je dis donc comme 12 eft à 1, ainfi 36 eft à un quatriéme terme 3 qui eft l'efpace parcouru pendant la premiere minute.

Cet efpace étant trouvé, je dis en fuppofant que l'efpace parcouru dans la premiere minute foit 1 pied, l'efpace parcouru dans la feconde doit être 3, donc en fuppofant que l'efpace parcouru dans la premiere minute foit 3, cet efpace doit être à celui qui eft parcouru dans la feconde minute comme 1 à 3, & par conféquent le 2e. efpace doit être 9, & continuant le même raifonnement, je trouve que l'efpace parcouru dans la troifiéme minute doit être 15, & l'efpace parcouru dans la quatriéme doit être 21.

SECONDE SOLUTION.

Je nomme l'efpace parcouru dans la premiere minute $= x$, & l'efpace donné $= a = 36$, & je fuppofe que cet efpace foit parcouru pendant la troifiéme & quatriéme minute, l'efpace parcouru dans la feconde minute fera donc $= 3x$, celui qui eft parcouru dans la troifiéme fera $5x$, & celui qui eft parcouru dans la quatriéme fera $7x$, donc l'efpace parcouru dans la troifiéme & quatriéme fera $5x + 7x = 12x$, or cet efpace eft $= a$, donc $12x = a$, donc $x = \frac{a}{12} = \frac{36}{12} = 3$, & par conféquent l'efpace parcouru dans la premiere minute eft 3, & mettant cette valeur de x dans $3x$, $5x$ & $7x$, nous aurons 9, 15 & 21 pour les efpaces parcourus dans les minutes fuivantes.

On peut refoudre de la même façon bien des queftions de cette nature, aufquelles je ne m'arrête pas, pour laiffer aux Commençans le plaifir d'en trouver la folution.

PROPOSITION XXIII.

71. *Suppofons que la droite* AF *(Fig. 10.) repréfente la hauteur dont un corps grave defcend vers le centre de la terre, que les droites* AC, AD, AB, AF, *repréfentent les efpaces parcourus à la fin des*

tems, à compter ces espaces toujours depuis le commencement du mouvement, je dis que si aux points C, D, B, F, on éleve des perpendiculaires CE, DH, BG, FI, qui soient entr'elles comme les vitesses acquises à la fin des tems, la courbe qui passera par les points A, E, H, G, I, sera une parabole.

DEMONSTRATION.

Dans le mouvement uniformement acceleré, les vitesses acquises à la fin des tems sont entr'elles comme les tems, donc les droites CE, DH, BG, &c. qui représentent les vitesses, peuvent aussi représenter les tems, mais les espaces AC, AD, AB, sont entr'eux comme les quarrés des tems. Donc AC, AD : : $\overline{CE}^2$, $\overline{DH}^2$, & par conséquent la courbe AEHGI est une parabole, car on sçait que dans la parabole les abscisses sont comme les quarrés des ordonnées.

72. La courbe AEHGI s'appelle la *Courbe* des tems ou la *Courbe* des vitesses.

PROPOSITION XXIV.

73. *Si un corps est mû d'un mouvement uniformement retardé, les espaces parcourus dans des tems égaux sont entr'eux comme les nombres impairs 1, 3, 5, 7, &c. pris en retrogradant.*

Premiere démonstration par la méthode des indivisibles.

Supposons que la droite AB (*Fig.* 11.) représente le tems du mouvement, & que ce tems soit partagé en une infinité d'instans AD, DE, EF, &c. soient à tous les points de division élevées des perpendiculaires qui représentent les vitesses de chaque instant, il est sûr que si la droite AC représente la vitesse au premier instant, & que les autres vitesses fussent égales à celle-ci, toutes ces vitesses seroient les élemens du rectangle ACBG ; or le mouvement étant supposé uniformement retardé, la vitesse AC perd à la fin de l'instant AD un degré, à la fin de l'instant DE elle en perd un autre, & ainsi de suite, & par conséquent les vitesses perdues à la fin des tems AD, AE, AF, AB, sont entr'elles comme les nombres 1, 2, 3, 4, 5, &c. c'est-à-dire, comme les élemens du triangle CBG, moitié du rectangle ACGB, donc les vitesses restantes sont entr'elles comme les élemens de l'autre triangle ACB.

Maintenant les inftans AD , DE, EF, &c. pouvant être regardés comme indivifibles , les viteffes peuvent auffi être regardées comme uniformes chacune dans la durée de fon inftant;
or dans le mouvement uniforme les efpaces parcourus font
comme les viteffes ; donc fi la droite AC qui repréfente la viteffe du premier inftant vient à repréfenter l'efpace parcouru
dans ce premier inftant, les droites DL , EI , &c. qui repréfentent les viteffes des inftans fuivans, repréfentent auffi les efpaces parcourus dans ces inftans ; donc les efpaces parcourus
dans la fomme des inftans du tems AB feront repréfentés par les
élemens du triangle ABC , c'eft-à-dire par le triangle ABC ,
les efpaces parcourus par la fomme des inftans du tems AE feront repréfentés par la fomme des élemens du trapezoïde AEIC ,
& ainfi des autres.

Suppofant donc que le tems AB foit $= 4$ minutes , & partageant ce tems en quatre parties égales , chaque partie repréfentera une minute , & l'efpace ADLC repréfentera l'efpace parcouru dans la premiere minute , le trapezoïde DEIL repréfentera l'efpace parcouru dans la feconde , & ainfi de fuite : or fuppofant $AC = 4$ pieds, il eft évident que $DL = 3$, $EI = 2$, &
$FH = 1$; nommant donc x la hauteur de chaque trapezoïde &
du triangle FHB, nous aurons $ADLC = \overline{4 + 3} \times \frac{1}{2}x$; DEIL
$= \overline{3 + 2} \times \frac{1}{2}x$; $EFHI = \overline{2 + 1} \times \frac{1}{2}x$; enfin $FBH = 1 \times \frac{1}{2}x$: or
ces trapezoïdes & le triangle FBH ayant tous la hauteur com-
mune , ils font entr'eux comme leur autre dimenfion, donc ils
font comme $\overline{4 + 3}$, $\overline{3 + 2}$, $\overline{2 + 1}$ & 1 , c'eft-à-dire, comme 7,
5 , 3 , 1 , & par conféquent les efpaces parcourus dans des tems
égaux & fucceffifs , font entr'eux comme les nombres impairs
pris en retrogradant.

Autre démonftration , par la méthode des nouveaux calculs.

Que AB (*Fig.* 12.) repréfente le tems du mouvement , AP une
partie de ce tems, & AC la viteffe au commencement du tems,
tirant la droite BC, & PM parallele à AC , on démontrera comme ci-devant que PM fera la viteffe a la fin du tems AP. Menons *pm* infiniment proche de PM, la droite P*p* repréfentera un
inftant de tems,& la droite *pm* repréfentera la viteffe à la fin de cet
inftant;or la viteffe PM & la viteffe *pm* ne différant que d'un infiniment petit MR , peuvent être regardées comme égales ; donc

la viteſſe de l'inſtant P*p* peut être regardée comme uniforme , mais dans le mouvement uniforme les eſpaces parcourus ſont comme les tems multipliés par les viteſſes (*N.* 17) , donc l'eſpace parcouru dans le tems P*p* eſt comme P*p* × *pm* , ou comme le rectangle PR*mp* , ou comme le trapezoïde , PM*mp* qui ne diffère du rectangle que d'un infiniment petit.

Concevant donc que le tems AB ſoit diviſé en une infinité d'inſtans égaux à P*p* , & par les points de diviſion menant des paralleles à AC , le triangle ABC ſera rempli d'une infinité de trapezoïdes qui repréſenteront les eſpaces parcourus dans ces inſtans ; ainſi les eſpaces parcourus dans le tems AB feront repréſentés par le triangle ABC , les eſpaces parcourus pendant les inſtans qui compoſent le tems AP feront repréſentés par le trapezoïde APMC , & ainſi des autres.

Le reſte de la demonſtration s'achevera de même que dans la démonſtration précedente.

<h3 style="text-align:center">COROLLAIRE.</h3>

74. *L'eſpace qu'un corps parcourt avec un mouvement uniformement retardé dans un tems déterminé , eſt la moitié de l'eſpace qu'il parcourroit dans le même tems avec un mouvement uniforme , & avec une viteſſe égale à celle du premier inſtant.* Soit AB le tems (*Fig.* 11) , & AC la viteſſe du premier inſtant , le triangle ABC repréſente l'eſpace parcouru avec un mouvement uniformement retardé , & le rectangle ACGB repréſente l'eſpace que le corps parcourroit avec un mouvement uniforme , & avec la viteſſe AC , mais le triangle ABC eſt la moitié du rectangle ; donc , &c.

<h3 style="text-align:center">REMARQUE.</h3>

75. Galilée eſt le premier qui ait trouvé que les corps graves deſcendent vers le centre de la terre avec un mouvement uniformement acceleré ; mais comme ſes principes ſont fondés ſur des expériences qu'on ne peut faire qu'à une diſtance de la ſurface de la terre qui ne ſoit pas trop grande , il eſt ſûr que ſa loi d'acceleration ne ſauroit être certaine qu'à l'égard des ſimples Méchaniques où nous ne conſiderons que les mouvemens qui ſe paſſent autour de nous ; & que lorſqu'il s'agit d'une diſtance trop grande , comme dans l'Aſtronomie , il faut établir d'autres loix fondées ſur d'autres principes qui s'accordent avec les Phe-

D iij

nomenes qu'on veut expliquer. C'est ce qui a été pratiqué par M.
Newton & par la plûpart des Astronomes modernes, on peut
lire là-dessus leurs Ouvrages, & surtout l'excellent Traité de
M. de Gamaches intitulé *Astronomie Physique*, &c. Cet illustre
Académicien y traite les matieres les plus abstraites avec tant de
clarté, d'ordre & de simplicité, qu'on ne doit point être sur-
pris si tous les Savans lui ont donné un suffrage unanime. Je ne
m'arrêterai point à rapporter les loix d'acceleration établies par
les Astronomes, de peur de m'écarter de mon sujet, & je me
contenterai de faire voir comment on peut resoudre certains
Problemes généraux en établissant telle loi d'acceleration qu'on
jugera à propos.

Proposition XXV,

76. *Connoissant les tems pendant lesquels un corps se meut d'un
mouvement acceleré, & le rapport que les vitesses acquises à la fin
de ces tems ont avec ces mêmes tems, connoître les espaces parcourus.*

Solution.

Supposons que la droite AB (*Fig.* 13.) représente le tems total
du mouvement d'un corps, que AP représente une partie de ce
tems, que BC représente la vitesse acquise à la fin du tems AB,
& PM la vitesse acquise à la fin du tems AP, en sorte que la
courbe AMC soit la courbe des vitesses. Il est sûr que si l'on divise le tems AB en une infinité de petites parties égales ou d'instans, & que des points de division on mene des paralleles à BC,
ces paralleles représenteront les vitesses acquises à la fin de chacun de ces instans ; or chacun de ces instans, par exemple, l'instant P*p* pouvant être regardé comme indivisible, la vitesse PM
& la vitesse *pm* ne differeront que d'un infiniment petit *m*R &
pourront être censées égales, donc la vitesse de l'instant P*p* peut
être regardée comme uniforme pendant la durée de l'instant P*p* ;
mais dans le mouvement uniforme les espaces sont comme le
produit des vitesses par les tems, donc l'espace parcouru pendant
le tems P*p* est comme P*p* × PM, ou comme le rectangle PMR*p*,
ou comme le trapezoïde PM*mp* ; or l'espace ABC étant rempli
de pareils trapezoïdes qui représentent les espaces parcourus pendant les instans qui composent le tems AB, il est évident que
cet espace ABC représente l'espace parcouru pendant le tems
AB, que l'espace APM représente l'espace parcouru pendant le

tems AP¹, & ainfi des autres ; d'où il fuit que l'efpace parcouru pendant le tems AP eft à l'efpace parcouru pendant le tems AB, comme APM eft à ABC, &c. Cela pofé,

Je nomme u la viteffe acquife à la fin du tems AP, V la viteffe acquife à la fin du tems AB, t le tems AP, & T le tems AB, donc $Pp = dt$, & PpRM, ou PpmM $= udt$; ainfi udt repréfente PpmM qui eft la différence de l'efpace APM.

Pour trouver l'integrale de cette différence, il n'y a qu'à exprimer la viteffe u par le rapport qu'elle a avec le tems felon la loi d'acceleration qu'on veut établir, & fubftituant la valeur de u dans udt, on trouvera une expreffion dont on pourra trouver l'integrale.

Soit par exemple $u = t$, comme dans l'hypothèfe de Galilée ou les viteffes acquifes font comme les tems. Donc $udt = tdt$, & tirant l'integrale, j'ai $\int udt = \frac{1}{2} tt$, c'eft-à-dire l'efpace APM eft comme $\frac{1}{2} tt$ ou comme le quarré du tems AP ; donc l'efpace APM eft à l'efpace ABC, comme tt eft à TT, ou bien à caufe de $u = t$, & de $V = T$, on aura APM, ABC :: ut, VT, c'eft-à-dire,

Dans l'hypothèfe de Galilée l'efpace parcouru pendant le tems AP eft à l'efpace parcouru pendant le tems AB, comme le quarré tt du tems AP eft au quarré TT du tems AB, ou en raifon compofée des viteffes u, V, & des tems t, T.

De même foit $u = t^n$, c'eft-à-dire que les viteffes foient entr'elles comme telle puiffance ou telle racine des tems que l'on voudra, en fuppofant que l'expofant n repréfente un nombre quelconque entier ou rompu. Je mets cette valeur de u dans udt & j'ai $udt = t^n dt$ & tirant l'integrale, j'ai $\int udt = \frac{1}{n+1} t^{n+1}$ pour l'efpace APM ; donc l'efpace ABC $= \frac{1}{n+1} T^{n+1}$, & l'efpace APM eft à l'efpace ABC comme $\frac{1}{n+1} t^{n+1}$ eft à $\frac{1}{n+1} T^{n+1}$, ou comme t^{n+1} eft à T^{n+1}, & remettant au lieu de t^n & de T^n leurs valeurs u & V, nous aurons APM, ABC :: ut, VT, c'eft-à-dire.

Si les viteffes font entr'elles comme telle puiffance ou telle racine qu'on voudra des tems, les efpaces parcourus à la fin des tems font en raifon compofée des viteffes & des tems.

L'on voit donc que quelque loi d'acceleration qu'on veuille

établir, les espaces sont en raison composée des vitesses & des tems.

COROLLAIRE I.

77. *Si les vitesses sont entr'elles comme telle puissance ou telle racine des tems que l'on voudra exprimée par* t^n, T^n, *il n'y aura qu'à augmenter l'exposant* n *d'une unité, & les espaces parcourus seront comme* t^{n+1} *a* T^{n+1}. Supposons par exemple, que les vitesses soient comme les quarrés des tems : si ces tems, à compter toujours depuis le commencement du mouvement, sont comme 1, 2, 3, 4, 5, 6, &c. les vitesses seront par conséquent comme 1, 4, 9, 16, 25, 36, &c. or les espaces étant en raison composée des tems & des vitesses, seront comme 1×1, 2×4, 3×9, 4×16, 5×25, &c. ou comme 1, 8, 27, 64, 125, &c. c'est-à-dire comme les cubes des tems, ou comme les quarrés des tems multipliés par leur premiere puissance ; or les quarrés ont pour exposant le nombre 2 représenté par *n*, & les premieres puissances ont pour exposant 1, donc le produit des unes par les autres ont pour exposant $2 + 1$ ou $n + 1$, & par conséquent les espaces sont comme t^{n+1}, T^{n+1}, & ainsi des autres.

COROLLAIRE II.

78. Quelque loi d'acceleration qu'on veuille établir si l'on connoît l'espace parcouru dans un tems, on pourra toujours connoître l'espace parcouru dans un autre tems. Car supposant que les vitesses soient comme les quarrez des tems, & qu'un Corps ayant parcouru deux pieds dans la premiere minute, on veuille sçavoir quel espace il doit parcourir dans les trois premieres minutes. Je nomme *t* le prémier tems qui est une minute, & par conséquent le second tems qui est trois minutes sera $3t$; donc les cubes des tems seront t^3, $27t^3$, ou comme 1 à 27, donc 1, 27 :: 2, 54 ; & par conséquent le corps parcourroit dans trois minutes cinquante-quatre pieds.

De même, si le corps ayant parcouru deux pieds dans la premiere minute, on demandoit l'espace parcouru dans la 3ᵉ. & quatriéme minute, j'ajouterois ces deux minutes aux deux qui les precedent, ce qui feroit quatre minutes. Je prendrois les cubes 1 & 64 des tems 1 minute, 4 minutes, puis je dirois 1, 64 :: 2, 128 ; & 128 marqueroit le nombre des pieds parcourus dans

les

les quatre premieres minutes. Maintenant, comme il faut retrancher de ce nombre l'espace parcouru dans les deux premieres minutes, je fais les cubes 1 & 8 des deux tems, 1 minute, 2 minutes, & je dis 1, 8 :: 2, 16; ainsi 16 marque l'espace parcouru dans deux minutes; retranchant donc cet espace de l'espace parcouru dans les quatre premieres minutes, le reste 112 marqueroit l'espace parcouru dans la troisiéme & quatriéme minute. De même, si le Corps ayant parcouru depuis la fin de la seconde minute jusqu'à la fin de la troisiéme 38 pieds, on demandoit l'espace parcouru dans la premiere minute, je nommerois x l'espace parcouru dans les deux premieres minutes; & par conséquent 38 $+x$ seroit l'espace parcouru dans les trois minutes. Or l'espace parcouru dans trois minutes étant à l'espace parcouru dans deux comme le cube 27 de trois minutes est au cube 8 de deux minutes, j'ai 27. 8 :: 38$+x$, x. Donc en divisant, j'ai 27 — 8, 8 :: 38 $+x-x$, x, ou 19, 8 :: 38, x; & par conséquent $x=16$ est l'espace parcouru dans deux minutes. Ajoutant donc cet espace à l'espace 38 parcouru dans la troisiéme minute, j'ai 54 pour l'espace parcouru dans les trois premieres minutes. Or le cube 27 des trois premieres minutes est au cube 1 de la premiere minute comme l'espace 54 parcouru dans les trois premieres est à l'espace parcouru dans la premiere; donc 27, 1 :: 54, 2, & par conséquent deux pieds est l'espace parcouru dans la premiere minute, & ainsi des autres.

Proposition XXVI.

79. *Un Corps étant mû d'un mouvement acceleré, & le rapport des vitesses aux espaces étant connu, connoître les tems.*

Solution.

Supposons que les droites AP, AB (*Fig.* 13.) representent les tems inconnus t, T, que les droites PM, BC, representent les vitesses u, V, acquises à la fin de ces tems, & les espaces APM, ABC, les espaces parcourus s, S; je mene l'ordonnée pm infiniment proche de PM, & par conséquent Pp = dt, & PMmp = ds, à cause que ce trapezoïde est la différence de l'espace APM = s; or les vitesses PM, pm ne différant que d'un infiniment petit; la vitesse u de l'instant Pp peut être regardée comme uniforme, & par conséquent le petit espace ds est comme la vitesse u multipli-

E

pliée par dt, donc $udt = ds$, & $dt = \frac{ds}{u}$; donc $\int dt = \int \frac{ds}{u}$, c'eſt-à-dire l'integrale de la différence Pp eſt comme l'integrale de la différence PMmp de l'eſpace s diviſée par la viteſſe PM.

Pour trouver cette integrale, je cherche le rapport que les viteſſes ont avec les eſpaces, ſelon la loi d'acceleration propoſée, & je trouve par là une valeur de u exprimée en s, & ſubſtituant cette valeur dans $\int \frac{ds}{u}$, je trouve une expreſſion où il n'y a plus que s, & dont on peut par conſéquent tirer l'integrale, ainſi qu'on va voir.

Soit $u = \sqrt{s}$, c'eſt-à-dire que les viteſſes ſoient comme les racines des eſpaces, ainſi que dans l'hypotèſe de Galilée; je mets cette valeur de u dans $\int dt = \int \frac{ds}{u}$, ce qui donne $\int dt = \int \frac{ds}{\sqrt{s}} = \int ds \times s^{-\frac{1}{2}}$; ainſi j'ai $t = 2s^{\frac{1}{2}}$, donc t, T $:: 2s^{\frac{1}{2}}, 2S^{\frac{1}{2}}$, ou t, T $:: s^{\frac{1}{2}}, S^{\frac{1}{2}} :: \sqrt{s}, \sqrt{S}$, c'eſt-à-dire le tems AP eſt au tems AB comme la racine de l'eſpace s eſt à la racine de l'eſpace S. Donc.

Dans l'hypotèſe de Galilée les tems ſont entr'eux comme les racines quarrées des eſpaces. Ce qui eſt effeĉtivement vrai, puiſque nous avons trouvé ci-deſſus que les eſpaces étoient comme les quarrés des tems.

Soit $u = s$, c'eſt-à-dire que les viteſſes ſoient entr'elles comme les eſpaces; je mets cette valeur dans $\int dt = \int \frac{ds}{u}$, ce qui donne $\int dt = \int \frac{ds}{s}$, ou $t = \int \frac{ds}{s}$. Or pour trouver l'integrale $\int \frac{ds}{s}$, je décris une hyperbole équilatere QRT (*Fig.* 14.) entre ſes aſymptotes AH, AB, & dont la puiſſance RI $= 1$; je prens ſur l'aſymptote AB les abſciſſes AP, AB, qui ſoient entr'elles comme les eſpaces s, S, & je mene les ordonnées PM, BT, par la propriété de cette courbe, j'ai $\overline{RI}^2 = AP \times PM$; donc PM $= \frac{\overline{RI}^2}{PA}$ ou PM $= \frac{1}{s}$, je mene l'ordonnée pm infiniment proche de PM, ce qui donne P$p = ds$, dom PM $\times$ P$p = $ PM$mp = \frac{ds}{s}$, or l'eſpace hyperbolique HAPMQ, eſt l'integrale de PMmp, donc $t = \int \frac{ds}{s} = $ HAPMQ, on prouvera de la même façon que T $= $ HABTQ, & par conſéquent t, T $::$ HAPMQ, HABTQ; c'eſt-à-dire, que *ſi les viteſſes ſont entr'elles comme les eſpaces par-*

courus ; les tems font comme des efpaces hyperboliques ; dont les cou-
pées AP, AB *font entr'elles comme les efpaces parcourus.*

Les efpaces hyperboliques HAPMQ, HABTQ, font les logarithmes des coupées AP, AB, ainfi que nous l'avons démontré dans *la Calcul Différentiel & Integral* fur la fin du troifiéme Livre, donc. *Si les vitefJes font entr'elles comme les efpaces parcourus , les tems font entr'eux comme les logarithmes des efpaces ou des vitefJes.*

Nous verrons plus bas que l'hypotèfe qui fuppofe les vitefJes proportionnelles aux efpaces eft impoffible.

Soit $u = S^n$, c'eft-à-dire que les vitefJes foient entr'elles comme telle puiffance ou telle racine que l'on voudra des efpaces , en fuppofant que n repréfente un nombre quelconque entier ou rompu ; je mets cette valeur de u dans $\int dt = \int \frac{ds}{u}$, & j'ai $\int dt$ $= \int \frac{ds}{s^n} = \int ds \times s^{-n}$, & par conféquent $t = \frac{1}{1-n} s^{-n+1}$; donc t, T $:: \frac{1}{1-n} s^{-n+1}$, $\frac{1}{1-n} S^{-n+1} :: s^{-n+1}$, $S^{-n+1} ::$ $\frac{s}{s^n}$, $\frac{S}{S^n}$, & mettant au lieu de s^n, S^n, la raifon u , V , qui eft la même , j'ai t, T $:: \frac{s}{u}$, $\frac{S}{V} :: sV$, Su, c'eft-à-dire, *fi les vitefJes font entr'elles comme telle puiffance ou telle racine que l'on voudra des efpaces les tems font entr'eux en raifon compofée de la raifon directe des efpaces & de la raifon reciproque des vitefJes.*

Si l'expofant $n = 1$ l'hypotèfe devient la même que la précédente , & nous en ferons voir l'impoffibilité plus bas ; fi l'expofant n eft au-deffus de l'unité , l'hypotèfe eft encore impoffible , & voici comme je le prouve.

Suppofons $n = 2$, nous aurons u, V $:: s^2$, S^2 ; mettant donc au lieu de V, u la raifon S^2, s^2, dans l'analogie t, T $:: sV$, Su, nous aurons t, T $:: sS^2$, Ss^2. Or comme s eft le petit efpace, & S le grand efpace, il eft vifible que sS^2 eft plus grand que Ss^2, car $sS^2 = sSS$ & $Ss^2 = Sss$, mais sSS eft plus grand que Sss, donc sS^2 eft plus grand que Ss^2, & par conféquent t eft plus grand que T, c'eft-à-dire le tems t , pendant lequel le corps a parcouru le petit efpace , eft plus grand que le tems T, pendant lequel il a parcouru le grand , ce qui eft impoffible. Donc, &c.

Si $n = \frac{1}{2}$ l'hypotèfe eft la même que celle de Galilée, comme nous venons de voir , & fi n eft égal à un nombre rompu moindre que l'unité, l'hypotèfe fera toujours poffible, car fuppofant

$n = \frac{1}{3}$, donc u, $V :: s^{\frac{1}{3}}$, $S^{\frac{1}{3}}$, ainsi si les espaces s, S, sont par exemple 8 & 27, les vitesses u, V seront 2 & 3, & leur raison reciproque sera 3 & 2 ; faisant donc la raison composée de la raison directe des espaces, & de la reciproque des vitesses, nous aurons 3×8, 2×27, ou 24, 54, ainsi t, $T :: 24, 54$, c'est-à-dire le tems t est moindre que le tems T, de même que l'espace 24 parcouru pendant le tems t est moindre que l'espace 54 parcouru pendant le tems T, & de même des autres. Que si l'on veut une demonstration plus rigide de ceci, supposons $n = \frac{1}{3}$, donc u, $V ::$ $s^{\frac{1}{3}}$, $S^{\frac{1}{3}}$; mettant donc la raison $s^{\frac{1}{3}}$, $S^{\frac{1}{3}}$ au lieu de u, V dans l'analogie t, $T :: sV$, Su, nous aurons t, $T :: sS^{\frac{1}{3}}$, $Ss^{\frac{1}{3}}$. Or $sS^{\frac{1}{3}}$ $= s^{\frac{1}{3}}s^{\frac{1}{3}}s^{\frac{1}{3}}S^{\frac{1}{3}}$, & $Ss^{\frac{1}{3}} = S^{\frac{1}{3}}S^{\frac{1}{3}}S^{\frac{1}{3}}s^{\frac{1}{3}}$, donc t, $T :: s^{\frac{1}{3}}s^{\frac{1}{3}}s^{\frac{1}{3}}S^{\frac{1}{3}}$, $S^{\frac{1}{3}}S^{\frac{1}{3}}$ $S^{\frac{1}{3}}s^{\frac{1}{3}}$; & divisant la seconde raison par $s^{\frac{1}{3}}S^{\frac{1}{3}}$, nous aurons t, T $:: s^{\frac{1}{3}}s^{\frac{1}{3}}$, $S^{\frac{1}{3}}S^{\frac{1}{3}}$. Or il est évident que $s^{\frac{1}{3}}s^{\frac{1}{3}}$ est moindre que $S^{\frac{1}{3}}S^{\frac{1}{3}}$, & par conséquent t est moindre que T, donc l'hypotèse est possible. On trouveroit la même chose, si au lieu de $n = \frac{1}{3}$ on supposoit $n = \frac{1}{4}$, $n = \frac{1}{5}$, &c.

DEFINITION.

80. Soient AP, AB (*Fig.* 15.) deux différens tems, pendant lesquels un corps se meut d'un mouvement acceleré, selon telle loi d'acceleration qu'on voudra ; que PM représente la vitesse acquise à la fin du tems AP, & BC la vitesse acquise à la fin du tems AB, je mene pm infiniment proche de PM, & nommant $AP = t$, j'ai $Pp = dt$. Or la vitesse à la fin de Pp étant $pm = u$, son augmentation est $Rm = dt$, car $pm = PM + Rm$. Cela posé, il est visible que l'augmentation s'acquiert successivement pendant l'instant Pp ; car si l'on conçoit que l'instant Pp soit divisé en une infinité d'autres instans infiniment petits par rapport à lui, & que des points n, q, &c. on mene les ordonnées no, qx, &c. qui representeront les vitesses à la fin de ces petits instans l'augmentation de vitesse à la fin du petit instant Pn, sera zo, l'augmentation à la fin de l'instant nq sera hx, & ainsi de suite. Or la quantité du mouvement étant le produit de la masse du corps par la vitesse, il s'ensuit que la quantité du mouvement à la fin du tems AP, est le produit de la masse par PM, & la quantité du mouvement à la fin du tems Ap est le produit de la masse

par *pm* ou par PM+R*m*. Donc l'augmentation de quantité pendant l'inftant P*p*, eft le produit de la maffe par R*m*, & cette augmentation s'acquiert fucceffivement pendant l'inftant P*p*, car à la fin du petit inftant P*n*, cette augmentation eft le produit de la maffe par *zo*, à la fin du petit inftant *nq*, elle eft le produit de la maffe par *hx*, & ainfi de fuite ; donc l'augmentation à la fin de l'inftant P*p* eft compofée d'une infinité de petites augmentations fucceffives ; or ce font ces petites augmentations de quantité acquifes fucceffivement pendant la durée d'un inftant P*p*, que nous nommerons *Sollicitation au Mouvement*, ou *Pefanteur*, lorfqu'il s'agira des corps graves.

COROLLAIRE.

81. Les petites augmentations de viteffe *zo*, *hx*, &c. qui compofent l'augmentation totale R*m* acquife pendant l'inftant P*p*, étant infiniment petites par rapport à R*m*, ne diffèrent entr'elles que d'un infiniment petit du troifiéme genre, & peuvent par conféquent être regardées comme égales. Donc les augmentations de quantité de mouvement, qui compofent l'augmentation totale acquife pendant la durée de l'inftant P*p* étant les produits de la maffe par chacune de ces viteffes, peuvent être regardées comme égales. Nommant l'une de ces petites augmentations de quantité $= g$, la fomme totale de ces augmentations pendant l'inftant P*p* fera *gdt*, car il eft vifible qu'il y aura autant de *g* qu'il fe trouve de petits inftans dans l'inftant P*p*.

PROPOSITION XXVII.

82. *Connoiffant la Loi d'acceleration, connoître la follicitation au mouvement.*

SOLUTION.

Suppofons que AP (*Fig.* 15.) reprefente le tems *t*, AB le tems T, PM la viteffe *u*, BC la viteffe V, P*p* un inftant *dt*, & B*b* un inftant *d*T, je nomme *g* la follicitation au mouvement à la fin de AP, G la follicitation à la fin de AB, & *m* la maffe du corps qui eft en mouvement.

L'augmentation de la quantité du mouvement à la fin de l'inftant P*p* fera *gdt* (*N*. 81.) & l'augmentation à la fin de l'inftant B*b* fera G*d*T. Or l'augmentation de la quantité du mouvement à la fin de l'inftant P*p* eft *mdu*, c'eft-à-dire, la maffe multipliée par l'augmentation de viteffe $mR = du$; donc $gdt = mdu$, & par la même raifon $GdT = mdV$, ou gdt, $mdu :: GdT$, mdV ; & par conféquent $g, \frac{mdu}{dt} :: G, \frac{mdV}{dT}$.

Si donc par la Loi connue d'acceleration, je trouve la valeur de du & dV, en dt & dT, je trouverai les valeurs ou le rapport de g & G.

Soit u, $V :: t$, T, comme dans l'hypotèfe de Galilée, donc du, $dV :: dt$, dT ; mettant donc dans l'analogie trouvée la raifon dt, dT, au lieu de fon égale du, dV, j'ai $g, \frac{mdt}{dt} :: G, \frac{mdT}{dT}$, ce qui fe réduit à g, $G :: m$, m ; donc $g = G$.

Dans l'Hypotèfe de Galilée, la follicitation g eft égale à la follicitation G, c'eft-à-dire, la follicitation au mouvement eft la même par-tout.

Soit u, $V :: t^n$, T^n, donc du, $dV :: nt^{n-1}dt$, $nT^{n-1}dT$, & mettant cette derniere raifon au lieu de fon égale du, dV dans l'analogie trouvée g, $G :: \frac{mdu}{dt}$, $\frac{mdV}{dT}$, j'ai g, $G :: \frac{nmt^{n-1}dt}{dt}$, $\frac{nmT^{n-1}dT}{dT}$ $:: t^{n-1}$, $T^{n-1} :: \frac{t^n}{t}$, $\frac{T^n}{T} :: t^n T$, $T^n t$, & mettant au lieu de t^n, T^n la raifon u, V, qui lui eft égale, j'ai g, $G :: uT$, Vt ; donc, &c.

Si les viteffes font entr'elles comme des puiffances ou des racines quelconques des tems, les follicitations au mouvement font en raifon compofée de la raifon directe des viteffes & de la raifon réciproque des tems.

Puifque nous avons trouvé g, $G :: t^n T$, $T^n t$; donc en divifant la feconde raifon par tT, nous aurons g, $G :: t^{n-1}$, T^{n-1}, c'eft-à-dire,

Si les viteffes font entr'elles comme des puiffances ou des racines quelconques des tems, les follicitations au mouvement font comme les tems élevés à l'expofant n diminué de l'unité.

Donc fi $n = 2$, les follicitations font comme t^{2-1}, T^{2-1}, c'eft-à-dire, comme t, T, ou comme les tems. Si $n = 3$, les follicitations font comme t^{3-1}, T^{3-1}, c'eft-à-dire, comme t^2, T^2, ou comme les quarrez des tems. Si $n = 4$, les follicitations font t^{4-1}, T^{4-1}, ou comme t^3, T^3, ou comme les cubes des tems, & ainfi de fuite.

Or les mêmes follicitations font en raifon compofée de la raifon directe des viteffes & de la réciproque des tems. Donc cette raifon compofée eft égale à la raifon des tems élevez à l'expofant n diminué de l'unité.

REMARQUE.

83. On peut remarquer en paſſant que ce que nous venons de dire nous fournit un Theorême, touchant les nombres ou les grandeurs en général qui merite quelque attention. Voici le Theorême.

Si deux nombres t, T, ſont élevez à une puiſſance quelconque t^n, T^n, ou ſi on extrait une racine quelconque t^n, T^n, & qu'enſuite on vienne à multiplier ces puiſſances ou ces racines réciproquement par t, T, les produits $t^n T$, $T^n t$ ſont entr'eux, comme les nombres t, T, élevés au même expoſant n diminue de l'unité.

Ce Theorême ſe prouve de même que ci-deſſus ; car ſi l'on divise $t^n T$, $T^n t$ par $t T$, les quotients t^{n-1}, T^{n-1}, ſeront encore comme les dividendes $t^n T$, $T^n t$; donc $t^n T$, $T^n t :: t^{n-1}$, T^{n-1}.

Si $n = 2$, on aura $t^2 T$, $T^2 t :: t$, T, c'eſt-à-dire, les quarrez des deux nombres multipliez réciproquement par les nombres ſont entr'eux comme ces nombres.

Si $n = 3$, on aura $t^3 T$, $T^3 t :: t^2$, T^2, ou les cubes des deux nombres multipliez réciproquement par ces nombres ſont comme les quarrez des mêmes nombres, & ainſi des autres.

Le Theorême eſt également vrai lorſque n eſt un nombre rompu, & que par conſéquent t^n, T^n ſont des racines des nombres t, T. Mais ſi on veut un Theorême particulier pour ce cas, le voici.

Si on prend les racines ſecondes, troiſiémes, quatriémes, &c. de deux nombres, & qu'on multiplie ces racines réciproquement par les nombres, les produits ſeront entr'eux comme des fractions dont les numerateurs ſeront toujours l'unité, & les dénominateurs ſeront des racines des nombres, leſquelles auront pour expoſant $\frac{1}{2}$, $\frac{2}{3}$, $\frac{3}{4}$, $\frac{4}{5}$, &c.

Soit $n = \frac{1}{2}$, donc on aura par le Theorême général $t^{\frac{1}{2}} T$, $T^{\frac{1}{2}} t :: t^{\frac{1}{2}-1}$, $T^{\frac{1}{2}-1} :: t^{-\frac{1}{2}}$, $T^{-\frac{1}{2}} :: \dfrac{1}{t^{\frac{1}{2}}}$, $\dfrac{1}{T^{\frac{1}{2}}}$.

Soit $n = \frac{1}{3}$, donc on aura $t^{\frac{1}{3}} T$, $T^{\frac{1}{3}} t :: t^{\frac{1}{3}-1}$, $T^{\frac{1}{3}-1} :: t^{-\frac{2}{3}}$, $T^{-\frac{2}{3}} :: \dfrac{1}{t^{\frac{2}{3}}}$, $\dfrac{1}{T^{\frac{2}{3}}}$.

Soit $n = \frac{1}{4}$, on aura $t^{\frac{1}{4}} T$, $T^{\frac{1}{4}} t :: t^{\frac{1}{4}-1}$, $T^{\frac{1}{4}-1} :: t^{-\frac{3}{4}}$, $T^{-\frac{3}{4}} :: \dfrac{1}{t^{\frac{3}{4}}}$, $\dfrac{1}{T^{\frac{3}{4}}}$, & ainſi des autres.

Quoique ceci ne regarde pas le fujet que je traite, on ne fera pas fâché de cette petite digreffion.

PROPOSITION XXVIII.

84. *Connoiſſant les eſpaces parcourus, & les follicitations au mouvement, connoître les viteſſes acquiſes à la fin de ces eſpaces, & les tems pendant leſquels ils ont été parcourus.*

PREMIERE SOLUTION.

On peut refoudre ce Problême par le moyen du précédent; car fi les follicitations font égales, on connoîtra aifément que les viteffes font entr'elles comme les tems. Si les follicitations font comme les tems, on connoîtra que les viteffes font comme les quarrez des tems, &c. & ainfi des autres. Mais fi l'on veut une folution générale, je vais la donner en cette forte.

SECONDE SOLUTION.

Que les droites AP, AB, (*Fig.* 16.) reprefentent les efpaces s, S, parcourus par un Corps, les droites PM, BC, les viteffes inconnues u, V, acquifes à la fin de ces efpaces, les droites PN, BQ, les follicitations au mouvement g, G, aux points P, B, je mene l'ordonnée pm infiniment proche de PM, & bc infiniment proche de BC, donc $Pp = ds$, & $Bb = dS$. Je nomme m la maffe du Corps qui fe meut, & dt, dT, les inftans de tems pendant lefquels le corps parcourt les efpaces infiniment petits Pp, Bb.

Les viteffes PM, pm, ne differant entr'elles que d'un infiniment petit, peuvent être regardées comme égales, & par conféquent la viteffe de l'inftant Pp peut être regardée comme uniforme; or dans le mouvement uniforme les viteffes font comme les efpaces divifez par les tems (*N.* 23); donc j'ai $u, \frac{ds}{dt} :: V, \frac{dS}{dT}$, d'où je tire $udt, ds :: VdT, dS$; & par conféquent $dt, \frac{ds}{u} :: dT, \frac{dS}{V}$, ou $dt, dT :: \frac{ds}{u}, \frac{dS}{V}$.

D'autre part, j'ai $g, \frac{mdu}{dt} :: G, \frac{mdV}{dT}$ (*N.* 82.); donc $gdt, mdu :: GdT, mdV$, & $dt, \frac{mdu}{g} :: dT, \frac{mdV}{G}$, ou $dt, dT :: \frac{mdu}{g}, \frac{mdV}{G}$; or nous venons

de

de trouver dt, $dT :: \frac{ds}{u}$, $\frac{dS}{V}$, donc $\frac{mdu}{g}$, $\frac{mdV}{G}$, $\frac{ds}{u}$, $\frac{dS}{V}$, ou $\frac{mdu}{g}$, $\frac{ds}{u}$, $\frac{mdV}{G}$, $\frac{dS}{V}$; d'où je tire $mudu$, $gds :: mVdV$, GdS, ou gds, $GdS :: udu$, VdV ; tirant donc l'integrale j'ai $\int gds$, $\int GdS :: \frac{1}{2}u^2$, $\frac{1}{2}V^2 :: u^2$, V^2 ; or gds est le petit espace PNnp, qui est la différence de l'espace ADNP, ou de la somme des follicitations au mouvement de A en P, & GdS est le petit espace BQqb, qui est la différence de l'espace ADQB, ou de la somme des follicitations de A en B ; donc

Les quarrez des vitesses u, V, font entr'eux comme la somme des follicitations à la fin du premier espace est à la somme des follicitations à la fin du second espace, & par conséquent les vitesses font entr'elles comme les racines des sommes des follicitations.

Soit par exemple g comme m, c'est-à-dire, que la follicitation foit toujours la même partout comme dans l'hypotèfe de Galilée, la somme des follicitations en P fera AP multipliée par la follicitation m, & la somme des follicitations en B fera AB multiplié par la même follicitation m ; donc ces deux sommes feront entr'elles comme les espaces ; & par conséquent les vitesses u, V, feront comme les racines de ces espaces, ce qui s'accorde avec ce que nous avons déja dit plus haut.

Suppofons de même que les follicitations foient comme les quarrés des espaces, fi je divife AB en une infinité de parties égales, & que des points de divifion je mene des paralleles qui foient entr'elles comme les quarrez des espaces 1, 2, 3, 4, 5, &c. c'est-à-dire, comme 1, 4, 9, 16, &c. ces paralleles feront les Elemens de l'espace ADQB, & reprefenteront en même tems les follicitations à la fin de chaque espace. Or les Elemens de l'espace ADPN étant comme les quarrés des nombres 1, 2, 3, 4, 5, &c. à l'infini, cet espace est le tiers du rectangle AP $\times$ PN, par les regles de l'Arithmétique des Infinis que nous avons expliquées dans la *Mefure des Surfaces & des Solides*, &c. & par la même raifon l'espace ADQB est le tiers du rectangle AB $\times$ BQ ; donc les quarrez des vitesses PM, BC, font comme les rectangles AP $\times$ PM, AB $\times$ BQ ; & par conféquent les vitesses font entr'elles comme les racines de ces rectangles, & ainfi des autres.

On peut m'objecter 1°. que felon les regles de l'Arithmetique des Infinis, les fuites 1, 2, 3, 4, &c. 1, 4, 9, 16, &c. doivent commencer par zero & non pas par l'unité, mais cela n'y fait rien ; car l'unité étant infiniment petite par rapport au dernier terme peut être regardée comme n'étant rien.

En second lieu, on peut dire que si les Elemens de l'espace ADNP sont comme les quarrez des nombres 1, 2, 3, 4, &c. cet espace doit donc être un complement de demi-Parabole, & que par conséquent le point D devroit être le même que le point A ; mais à cela je réponds que le point D doit être séparé du point A, parce qu'au commencement du premier espace ou au commencement du mouvement, le corps qui doit se mouvoir a une sollicitation au mouvement ou une pesanteur exprimée par AD, & qu'ainsi l'on peut regarder l'espace ADNP comme un complement de Parabole qui auroit été tronqué au sommet à une distance infiniment proche de ce sommet, ce qui ne sçauroit empêcher que le complement ne soit le tiers du rectangle AP $\times$ PN.

Or pour être convaincu que le corps qui doit se mouvoir vers le centre de la terre a une sollicitation ou pesanteur, il n'y a qu'à faire attention que si on veut l'élever il résiste, ce qui ne sçauroit provenir que parce qu'il y a une force qui le sollicite à une direction opposée, laquelle force est la cause de sa pesanteur.

Maintenant pour trouver les tems correspondans à chaque espace s, S, j'ai d'une part u, V $:: \frac{ds}{dt}, \frac{dS}{dT}$; ainsi qu'on a vû en cherchant les vitesses, & de l'autre $\int g ds$, $\int G dS :: u^2$, V^2 ; donc $\sqrt{\int g ds}$, $\sqrt{\int G dS} :: u$, V ; & par conséquent $\frac{ds}{dt}, \frac{dS}{dT} :: \sqrt{\int g ds}$, $\sqrt{\int G dS}$, ou $\frac{ds}{dt}, \sqrt{\int g ds} :: \frac{dS}{dT}, \sqrt{\int G dS}$, d'où je tire ds, $dt \sqrt{\int g ds}$, $:: dS$, $dT \sqrt{\int G dS}$, ou enfin $dt, \frac{ds}{\sqrt{\int g ds}} :: dT, \frac{dS}{\sqrt{\int G dS}}$; donc tirant l'intégrale, j'ai t, T $:: \int ds \frac{1}{\sqrt{\int g ds}}, \int dS \frac{1}{\sqrt{\int G dS}}$.

Or $\int g ds$, $\int G dS$ representent les sommes des sollicitations en P, & en B, c'est-à-dire les espaces ADNP, ADQB, lesquels sont connus, puisque les sollicitations sont connues, ainsi divisant l'unité par chacun de ces espaces, & faisant PH, BR qui soient entr'eux comme les quotients, j'ai PH, BR $:: \frac{1}{\sqrt{\int g ds}}, \frac{1}{\sqrt{\int G dS}}$; & multipliant PH par P$p = ds$, & BR par B$b = dS$, j'ai PH$\times$Pp, BR $\times$ B$b :: ds \frac{1}{\sqrt{\int g ds}}, dS \frac{1}{\sqrt{\int G dS}}$; & divisant l'espace AB en parties infiniment petites, & faisant la même chose à tous les points de division, j'ai la courbe RHX. Or PH $\times$ Pp, est la différence de l'espace APHXY, & BR × Bb, est la différence de l'espace ABRXY ; donc APHXY, ABRXY $:: \int ds \frac{1}{\sqrt{\int g\, ds}}, \int dS \frac{1}{\sqrt{\int G\, dS}} :: t$, T, c'est-à-dire, que les tems t, T, sont comme les espaces APHXY, ABRXY.

Pour trouver les valeurs de ces espaces, je mets au lieu de g, G, leur rapport 1, 1, dans l'hypotèse de Galilée, ou leur rapport à s, S, dans les autres hypotèses, & je tire ensuite l'intégrale, ainsi qu'on va voir.

Si g, G $:: m$, m, j'ai t, T $:: \int ds \frac{1}{\sqrt{\int ds}}, \int dS \frac{1}{\sqrt{\int dS}} :: \int ds \frac{1}{\sqrt{s}}, \int dS \times \frac{1}{\sqrt{S}} :: \int ds \times s^{-\frac{1}{2}}, \int dS \times S^{-\frac{1}{2}} :: 2s^{\frac{1}{2}}, 2S^{\frac{1}{2}} :: s^{\frac{1}{2}}, S^{\frac{1}{2}}$, c'est-à-dire, les tems t, T, sont comme les racines des espaces PA, AB.

Si g, G $:: s^2$, S^2, j'ai t, T $:: \int ds \frac{1}{\sqrt{\int s^2 ds}}, \int dS \frac{1}{\sqrt{\int S^2 dS}} :: \int ds \frac{1}{\sqrt{\frac{1}{3}s^3}}, \int dS \frac{1}{\sqrt{\frac{1}{3}S^3}} :: \int \frac{ds \times s^{-3}}{\sqrt{\frac{1}{3}}}, \int \frac{dS \times S^{-3}}{\sqrt{\frac{1}{3}}} :: \int ds \times s^{-3}, \int dS \times S^{-3} :: -\frac{1}{2}s^{-2}$, $-\frac{1}{2}S^{-2} :: s^{-2}$, S$^{-2} :: \frac{1}{s^2}, \frac{1}{S^2}$, c'est-à-dire les tems t, T, sont entr'eux comme des fractions dont les numerateurs sont l'unité & les dénominateurs sont les quarrez des espaces, & en général si g, G $:: s^n$, S^n, on trouvera t, T $:: \frac{1}{s^n}, \frac{1}{S^n}$.

Or delà, il est aisé de voir que les sollicitations g, G, ne sçauroient être en raison d'une puissance, ou d'une racine quelconque des espaces ; car il est visible que $\frac{1}{s^2}$, est plus grand que $\frac{1}{S^2}$, & par conséquent si cette supposition avoit lieu, il s'ensuivroit que t, seroit plus grand que T, ce qui est impossible.

C O R O L L A I R E I.

85. *La courbe des tems RHX est une hyperbole du second genre dans l'hypotèse de Galilée, & les droites* AB, AY, *sont ses asymptotes.*

Nous avons fait ci-dessus PH, BR $:: \frac{1}{\sqrt{\int g\, ds}}, \frac{1}{\sqrt{\int G\, dS}} :: \sqrt{\int G\, dS}$, $\sqrt{\int g\, ds}$; or nous avons trouvé u, V $:: \sqrt{\int g\, ds}$, $\sqrt{\int G\, dS}$. Donc PH, BR sont en raison réciproque des vitesses PM, BC, c'est-à-dire, les ordonnées de la courbe RHX, sont réciproques aux ordonnées de la courbe AMC. Or la courbe AMC est une parabole quarrée, parce que les vitesses PM, BC sont entr'elles comme les racines des espaces AP, AB, donc les ordonnées de la courbe RHX font réciproques aux ordonnées d'une parabole ; & par conséquent elles font auffi réciproques aux racines quarrées des espaces AP, AB, c'est-à-dire PH, BR :: $\overline{AB}^{\frac{1}{2}}$, $\overline{AP}^{\frac{1}{2}}$; ainsi élevant tout au quarré, nous aurons $\overline{PH}^2$, $\overline{BR}^2$ :: AB, AP ; donc $\overline{PH}^2 \times AP = \overline{BR}^2 \times AB$. Faifant donc un cube $a^3 = \overline{PH}^2 \times AP$, ce cube fera égal au quarré de chaque ordonnée de la courbe RHX multiplié par fon abfciffe, c'est pourquoi nommant l'ordonnée $PH = y$, l'abfciffe $AP = x$, nous aurons $y^2 x = a^3$, ou bien $y^2 x = 1$, en faifant $a = 1$, & cette équation fera l'équation de la courbe RHX ; or l'équation $y^2 x = 1$ est à une hyperbole du fecond genre entre les afymptotes dont la puiffance $= 1$, donc la courbe RHX est une hyperbole du fecond genre.

<h3 align="center">COROLLAIRE II.</h3>

86. Nous avons trouvé ci-deffus que les tems t, T, dans l'hypotèfe de Galilée font comme $s^{\frac{1}{2}}$, $S^{\frac{1}{2}}$, ou comme $\overline{AP}^{\frac{1}{2}}$, $\overline{AB}^{\frac{1}{2}}$. Donc *les efpaces hyperboliques* APHXY, ABRXY *de l'hyperbole du fecond genre* RHX, *font entr'eux comme les racines quarrées de leurs abfciffes* AP, AB, & cette proprieté de cette hyperbole peut fe démontrer directement en cette forte.

Je nomme toujours $AP = s$, $AB = S$, & à caufe que nous avons trouvé PH, BR :: V, u, je nomme $PH = V$, $BR = u$, & la puiffance de l'hyperbole $= 1$. Donc $PH\,hp = V\,ds$, & c'est la différence de l'efpace APHXY ; or l'équation de cette hyperbole est $V^2 s = 1$, donc $V^2 = \frac{1}{s} = s^{-1}$, & $V = s^{-\frac{1}{2}}$; mettant donc cette valeur de V dans la différence $V\,ds$, nous aurons $s^{-\frac{1}{2}}\,ds$, & tirant l'integrale, nous aurons $APHXY = 2s^{-\frac{1}{2}+1}$, & mettant V au lieu de $s^{-\frac{1}{2}}$ qui lui est égal, nous aurons $APHXY = 2Vs$, on trouvera de la même façon que $ABRXY = 2uS$, donc APHXY, ABRXY :: $2Vs$, $2uS$; mais V, u :: $S^{\frac{1}{2}}$, $s^{\frac{1}{2}}$, mettant donc cette derniere raifon au lieu de V, u, dans la derniere analogie, nous aurons APHXY, ABRXY :: $2S^{\frac{1}{2}}s$, $2s^{\frac{1}{2}}S$ :: $S^{\frac{1}{2}}s$, $s^{\frac{1}{2}}S$ :: $S^{\frac{1}{2}}s^{\frac{1}{2}}s^{\frac{1}{2}}$, $s^{\frac{1}{2}}S^{\frac{1}{2}}S^{\frac{1}{2}}$, & divifant la derniere raifon par $S^{\frac{1}{2}}s^{\frac{1}{2}}$, nous aurons enfin APHXY, ABRXY :: $s^{\frac{1}{2}}$, $S^{\frac{1}{2}}$, ce qu'il falloit démontrer.

COROLLAIRE III.

87. *Si la loi d'acceleration est telle que les vitesses acquises à la fin des espaces soient entr'elles comme les espaces, c'est-à-dire que u, $V :: s$, S, l'hypotèse est impossible.* Par le Probleme présent nous avons gds, $Gds :: udu$, VdV, mettant donc au lieu de udu, VdV, la raison sds, SdS qui lui est égale, par la supposition, nous aurons gds, $GdS :: sds$, SdS, ou gds, $sds :: GdS$, SdS; donc g, $s :: G$, S, c'est-à-dire la sollicitation au mouvement est comme l'espace. Or au commencement du mouvement l'espace est nul ou $= o$, donc alors g est comme zero, c'est-à-dire au commencement du mouvement le corps n'a point de pesanteur, ce qui est absurde, & par conséquent l'hypotèse est impossible.

COROLLAIRE IV.

88. *Dans les autres hypotèses la pesanteur au commencement du mouvement est comme 1, ou comme la masse.*

Par le Probleme présent nous avons gds, $udu :: GdS$, VdV; donc gds est comme udu; ainsi si nous prenons l'hypotèse de Galilée nous aurons u comme t, donc du comme dt, & par conséquent gds est comme udt, ou $\frac{gds}{dt}$ est comme u; mais nous avons trouvé dans ce même présent Probleme u comme $\frac{ds}{dt}$, donc gu est comme u, & par conséquent divisant par u, nous aurons g, est comme 1, ou comme m.

Si nous prenons l'hypotèse qui fait u comme t^n, nous aurons du comme $nt^{n-1}dt$, donc gds étant comme udu, sera comme $nut^{n-1}dt$, & $\frac{gds}{dt}$ comme nut^{n-1}, ou $\frac{nut^n}{t}$; mais $\frac{ds}{dt}$ est comme u, donc gu comme $\frac{nut^n}{t}$ ou g comme $\frac{nt^n}{t}$; or au commencement du mouvement $t = o$ donc $\frac{nt^n}{t} = \frac{o}{o} = 1$, ainsi g est comme 1, ou comme la masse.

REMARQUE.

89. J'avois resolu de ne point parler de la loi d'acceleration que M. de Newton & la plûpart des Astronomes ont établie;

parce que cela regarde plutôt l'Aftronomie que la Mechanique ordinaire ; mais afin qu'on ne foit point obligé de l'aller chercher ailleurs, j'en vais faire un précis en peu de mots.

Soit O (*Fig.* 17.) le centre où le corps A tend le long de la droite AO, les droites AP, AB, deux efpaces s, S, les droites PM, BC, les viteffes acquifes u, V, les droites PN, BQ, les follicitations au mouvement g, G, & les efpaces APHXY, ABRXY, les tems t, T.

Selon M. de Newton & les Aftronomes, les viteffes u, V, font comme les racines quarrées des efpaces AP, AB, divifées par les racines quarrées des efpaces reftans PO, BO.

Nommant donc $AO = a$ nous aurons $PO = AO - AP = a - s$ & $BO = AO - AB = a - S$, donc u, V $:: \dfrac{\sqrt{s}}{\sqrt{a-s}}, \dfrac{\sqrt{S}}{\sqrt{A-S}}$

$:: \dfrac{s^{\frac{1}{2}}}{a-s^{\frac{1}{2}}}, \dfrac{S^{\frac{1}{2}}}{a-S^{\frac{1}{2}}} :: s^{\frac{1}{2}} \times \overline{a-s}^{-\frac{1}{2}}, S^{\frac{1}{2}} \times \overline{a-S}^{-\frac{1}{2}}.$

Pour avoir le rapport des tems felon cette loi, nous avons trouvé ci-deffus (*N.* 79.) $\int dt$, $\int dT :: \int \frac{ds}{u}, \int \frac{dS}{V}$ ou t, T $:: \int \frac{ds}{u}$, $\int \frac{dS}{V}$; mettant donc au lieu de u, V la raifon $s^{\frac{1}{2}} \times \overline{a-s}^{-\frac{1}{2}}$, $S^{\frac{1}{2}} \times \overline{a-S}^{-\frac{1}{2}}$, nous aurons t, T $:: \int \dfrac{ds}{s^{\frac{1}{2}} \times \overline{a-s}^{-\frac{1}{2}}}, \int \dfrac{dS}{s^{\frac{1}{2}} \times \overline{a-S}^{-\frac{1}{2}}}$

$:: \int s^{-\frac{1}{2}} ds \times \overline{a-s}^{\frac{1}{2}}, \int S^{-\frac{1}{2}} ds \times \overline{a-S}^{\frac{1}{2}}$, ainfi on n'aura qu'à tirer les integrales indiquées dans les termes du fecond membre felon les regles du Calcul Integral, & l'on aura le rapport des tems ; mais comme ces integrales ne peuvent s'exprimer que par des fuites infinies, qui ne donnent que des approximations, on n'aura auffi le rapport des tems que par approximation.

Pour connoître la follicitation au mouvement, nous avons trouvé (*N.* 82.) g, G $:: \dfrac{mdu}{dt}, \dfrac{mdV}{dT} :: \dfrac{du}{dt}, \dfrac{dV}{dT}$; mettant donc au lieu de du, dV, les différences des viteffes qui font $\frac{1}{2} s^{-\frac{1}{2}} ds \times \overline{a-s}^{-\frac{1}{2}} + \frac{1}{2} s^{\frac{1}{2}} ds \times \overline{a-s}^{-\frac{3}{2}}$, $\frac{1}{2} S^{-\frac{1}{2}} dS \times \overline{a-S}^{-\frac{1}{2}} + \frac{1}{2} S^{\frac{1}{2}} dS \times \overline{a-s}^{-\frac{3}{2}}$ & les différences des tems qui font $s^{-\frac{1}{2}} ds \times \overline{a-s}^{\frac{1}{2}}$, $S^{-\frac{1}{2}} dS \times \overline{a-S}^{\frac{1}{2}}$, nous aurons g, G $:: \dfrac{s^{-\frac{1}{2}} ds \times \overline{a-s}^{-\frac{1}{2}} + s^{\frac{1}{2}} ds \times \overline{a-s}^{-\frac{3}{2}}}{2 s^{-\frac{1}{2}} ds \times \overline{a-s}^{\frac{1}{2}}}$,

$$\frac{S^{-\frac{1}{2}}dS \times \overline{a-S}^{-\frac{1}{2}} + S^{\frac{1}{2}}dS \times \overline{a-S}^{-\frac{3}{2}}}{2S^{-\frac{1}{2}}dS \times \overline{a-S}^{-\frac{3}{2}}} :: \overline{a-s}^{-1} + s \times \overline{a-s}^{-2},$$

$$\overline{a-S}^{-1} + S \times \overline{a-S}^{-2} :: \frac{1}{a-s} + \frac{s}{\overline{a-s}^2}, \ \frac{1}{a-S} + \frac{S}{\overline{a-S}^2} ::$$

$$\frac{a-s+s}{\overline{a-s}^2}, \ \frac{a-S+S}{\overline{a-S}^2} :: \frac{a}{\overline{a-s}^2}, \ \frac{a}{\overline{a-S}^2}.$$

Au commencement du mouvement on a $s = 0$, donc effaçant s, dans $\frac{a}{\overline{a-s}^2}$ qui eft le rapport de g, nous aurons g comme $\frac{a}{a^2}$ ou g comme a, c'eft-à-dire la pefanteur du corps au point A eft comme a, ou plutôt comme m; car en général nous avons $g\,ds$ comme $mudu$ ($N.$ 84.) dont g comme $\frac{mudu}{ds}$, mais au point A on a $udu = 0$, & $ds = 0$, donc $\frac{udu}{ds} = \frac{0}{0} = 1$, & par conféquent g eft comme m.

Quand le corps arrive en O, on a $s = a$, donc $a - s = 0$, & par conféquent g eft alors comme $\frac{a}{0}$, c'eft-à-dire la follicitation au mouvement au point O, eft infiniment grande; ainfi fi par le point O on mene une ordonnée OI, cette ordonnée fera l'afymptote de la courbe DNQZ des follicitations.

Puifque u eft comme $\frac{vs}{\sqrt{a-s}}$, & qu'au point O nous avons $a - s = 0$, donc en ce point la viteffe eft comme $\frac{vs}{v_0}$, c'eft-à-dire qu'elle eft infinie, & par conféquent l'ordonnée OI eft auffi l'afymptote de la courbe AMCL des viteffes.

Nous avons trouvé dans le préfent Probleme ($N.$ 84.) PH, BR $:: \frac{1}{\sqrt{\int g\,ds}}, \ \frac{1}{\sqrt{\int G\,dS}} :: \int G\,dS, \int g\,ds ::$ & u, V $:: \int g\,ds, \int G\,dS$, donc PN eft à BR, reciproquement comme V à u, ou comme BC, PM, mais PM eft moindre que BC, donc BR eft auffi moindre que PH, & par conféquent les ordonnées de la courbe ORHX vont en augmentant du côté de A. Or chacune de ces ordonnées étant comme $\frac{1}{\sqrt{\int g\,ds}}$, & au commencement du mouvement ayant $s = 0$, on a auffi $ds = 0$, donc l'ordonnée AY eft comme $\frac{a}{v_0}$, c'eft-à-dire infinie, & par conféquent elle eft l'afymptote de la courbe des tems ORHX.

Pour trouver la nature de la courbe des follicitations DNQZ, je conçois que l'efpace AO foit divifé en une infinité de petites parties égales, & que des points de divifion foient menées des ordonnées qui repréfenteront les follicitations à la fin de chaque efpace, ainfi PN étant comme $\frac{a}{\overline{a-s}^2}$, les ordonnées de la courbe feront entr'elles comme les $\frac{a}{\overline{a-s}^2}$ qui leur correfpondent.

Or fi nous faifons $\overline{a-s}^2$, $\sqrt{a} :: \sqrt{a}, x$, nous aurons $\frac{a}{\overline{a-s}^2} = x = g$, c'eft-à-dire que les follicitations font troifiémes proportionnelles aux $\overline{a-s}^2$ & aux $\sqrt{a}$. Cela pofé.

Je décris un complement de parabole AOa, (*Fig.* 18.) dont la tangente au fommet O foit l'efpace total AO, & dont la hauteur Aa foit égale à AO, & la tangente AO étant conçûe, divifée en parties infiniment petites AB, BC, CD, &c. les ordonnées étant menées, il eft fûr par la proprieté de cette parabole, que les ordonnées aA, bB, cC, &c. feront comme les quarrés des abfcices AO, BO, CO, &c. or puifque les AB, AC, AD, &c. font les s, les OA, OB, OC, &c. feront les $a-s$, donc les ordonnées aA, bB, cC, &c. feront comme les $\overline{a-s}^2$.

Je conçois un quarré A15O élevé fur AO, & perpendiculaire au plan du complement de parabole AOa, les ordonnées B2, C3, &c. de ce quarré étant égales feront comme les a, donc leurs racines feront comme les $\sqrt{a}$, & par conféquent elles feront auffi égales entr'elles ; ainfi les $\sqrt{a}$ étant entr'elles comme les a, les ordonnées A1, B2, C3, &c. peuvent repréfenter les $\sqrt{a}$.

Je prens des troifiémes proportionnelles aux élemens du complement de parabole & à ceux du quarré, c'eft-à-dire je fais $\overline{a-s}^2$, $\sqrt{a} :: \sqrt{a}, x$, & j'ai $x = g = \frac{a}{\overline{a-s}^2}$, ainfi les troifiémes proportionnelles AE, BF, CG, &c. font entr'elles comme les g.

Or par la conftruction j'ai $b\mathrm{B} \times \mathrm{BF} = \overline{\mathrm{B}2}^2$ & $c\mathrm{C} \times \mathrm{CG} = \overline{\mathrm{C}3}^2$, & il eft vifible que $\overline{\mathrm{B}2}^2 = \overline{\mathrm{C}3}^2$, donc $b\mathrm{B} \times \mathrm{BF} = c\mathrm{C} \times \mathrm{CG}$, & par conféquent BF, CG $:: c$C, bB, c'eft-à-dire les ordonnées de la courbe EFGY font reciproques aux ordonnées du demi complement ; mais par la proprieté du complement nous avons cC,

bB

$bB :: \overline{CO}^2, \overline{BO}^2$, donc $BF, CG :: \overline{CO}^2, \overline{BO}^2$, & par conséquent $BF \times \overline{BO}^2 = CG \times \overline{CO}^2 = EA \times \overline{AO}^2$; mais il est évident que $EA \times \overline{AO}^2 = \overline{A1}^3 = \overline{AO}^3$, donc $BF \times \overline{BO}^2 = CG \times \overline{CO}^2 = \overline{A1}^3$; ainsi nommant les $g = y$, & les abscisses $a - s = x$, nous aurons $yx^2 = a^3$ qui est l'équation d'une hyperbole du second genre. Donc la courbe EFGY des sollicitations est une hyperbole du second genre.

Et pour mieux faire voir que l'équation $yx^2 = a^3$ représente la courbe des sollicitations, supposons $a = 1$, & mettons au lieu de x^2 sa valeur $\overline{a - s}^2$, nous aurons $y \times \overline{a - s}^2 = 1$; donc $y = g = \dfrac{1}{\overline{1 - s}^2}$, & c'est précisément la valeur de g que nous avons trouvée, c'est-à-dire $\dfrac{a}{\overline{a - s}^2} = \dfrac{1}{\overline{1 - s}^2}$.

Pour décrire la courbe des vitesses, c'est-à-dire la courbe dont les ordonnées sont $y = \dfrac{\sqrt{s}}{\sqrt{a - s}}$, je décris une demi-parabole AOa (*Fig.* 19.), dont le sommet est au point O de l'espace AO, & dont la base Aa = AO, les abscisses OD, OC, OB, &c. seront par conséquent les $a - s$, & les ordonnées Dd, Cc, &c. seront les $\sqrt{a - s}$ par la propriété de la parabole. Je conçois une parabole du troisième genre AOH, qui a son sommet en A & qui est élevée perpendiculairement sur le plan de la parabole AOa. Les quatrièmes puissances des ordonnées B1, C2, &c. seront comme les abscisses AB, AC, &c. & par conséquent comme les s; donc ces mêmes ordonnées seront les $\sqrt[4]{s}$, ou comme les $s^{\frac{1}{4}}$; je prens des troisièmes proportionnelles aux ordonnées $\sqrt{a - s}$ de la parabole AOa & aux ordonnées $s^{\frac{1}{4}}$ de AOH, c'est-à-dire, je fais $\overline{a - s}^{\frac{1}{2}}$; $s^{\frac{1}{4}} :: s^{\frac{1}{4}}$, y, & j'ai $y = \dfrac{s^{\frac{1}{2}}}{\overline{a - s}^{\frac{1}{2}}} = \dfrac{\sqrt{s}}{\sqrt{a - s}} = u$, donc la courbe AY est la courbe demandée.

La courbe ORHX des tems (*Fig.* 17.) se trouve en prenant les ordonnées PH, BR reciproques aux ordonnées BC, PM de la courbe AMCL des vitesses.

De tout ce que nous venons de dire touchant la loi d'accélération de Mr de Newton, il s'ensuit 1°. Que la vitesse & la sollicitation au mouvement étant infinies, l'espace AO, doit aussi être infini. 2°. Que si deux corps d'inégale masse tombent en même tems du point A, ils parcourront dans le même tems des espaces égaux ; car supposant que le premier que je nomme A, soit au second que je nomme B, comme 1 à 2 ; je coupe le premier en deux parties égales que je nommerai F, G, ainsi la partie F aura la même pesanteur que le corps A, car les masses F, A, étant égales, il n'y a pas de raison de pouvoir dire que l'une ait plus de pesanteur que l'autre. Donc puisque l'une & l'autre ne se meuvent que par l'effet de leurs pesanteurs, la partie F parcourra l'espace AP dans le même tems que le Corps A parcourra le même espace. Par la même raison la partie G parcourra aussi le même espace dans le même tems ; & par conséquent les deux parties F, G, prises ensemble, c'est-à-dire le corps B, parcoureront le même espace AP. Nommant donc t le tems que le corps A employe à parcourir l'espace AP, T celui qu'il employe à parcourir l'espace AB, z le tems employé par le corps B à parcourir AP, & Z celui qui est employé par le même corps à parcourir AB, nous aurons d'une part $t, T :: \int s^{-\frac{1}{2}} ds \times \overline{a - s}^{\frac{1}{2}}$, $\int S^{-\frac{1}{2}} dS \times \overline{a - S}^{\frac{1}{2}}$, & de l'autre $z, Z :: \int s^{-\frac{1}{2}} ds \times \overline{a - s}^{\frac{1}{2}}, \int S^{-\frac{1}{2}} dS \times \overline{a - S}^{\frac{1}{2}}$; donc $t, T :: z, Z$, mais nous venons de voir que $t = z$, donc $T = Z$, c'est-à-dire, les tems employez par le corps A à parcourir les espaces AP, AB, sont égaux aux tems employez par le corps B à parcourir les mêmes espaces. 3°. Que les vitesses acquises par le corps A à la fin des espaces AP, AB, sont égales aux vitesses acquises par le corps B à la fin de ces mêmes espaces ; car les espaces étant les mêmes de part & d'autre, & les tems employez à les parcourir étant aussi égaux, les vitesses sont aussi nécessairement égales. 4°. Que les sollicitations au mouvement, c'est-à-dire, les pesanteurs des deux corps sont entr'elles comme leurs masses m, M ; car la sollicitation au mouvement du premier corps est comme $\frac{m\,du}{dt}$ (N. 82.) & celle du second est comme $\frac{M\,du}{dt}$, à cause que la loi d'acceleration est la même ; or le rapport $\frac{du}{dt}$ est le même de part & d'autre, à cause qu'à la fin des mêmes espaces, les vitesses & les tems du corps A sont égaux aux vitesses & aux tems du corps B, donc $\frac{m\,du}{dt}, \frac{M\,du}{dt} :: m, M$.

Il eſt aiſé de voir que les trois dernieres conſéquences ſont communes à toutes les loix d'accéleration.

II. REMARQUE.

90. Pour mieux faire entendre aux Commençans ce que nous venons de dire dans les Problêmes précédens, je vais rapporter une autre loi d'accéleration.

Suppoſons donc qu'un corps A (*Fig.* 20.) tombe librement du point A vers le centre O, & qu'à la fin de chaque eſpace AP, AB, les ſollicitations ſoient comme les diſtances PO, BO, nommant $AO = a$, $AP = s$, $AB = S$, nous aurons g, $G :: a - s$, $A - S$.

Maintenant pour trouver les viteſſes u, V, nous avons $\int g\,ds$, $\int G\,dS :: \frac{1}{2}u^2$, $\frac{1}{2}V^2 :: u^2$, V^2 (*N.* 84.); mettant donc au lieu de g, G, le rapport $a - s$, $a - S$, nous aurons $\int ds \times \overline{a - s}$, $\int dS \times \overline{a - S} :: \frac{1}{2}u^2$, $\frac{1}{2}V^2$, & par conſéquent $\int a\,ds - \int s\,ds$, $\int a\,dS - \int S\,dS :: \frac{1}{2}u^2$, $\frac{1}{2}V^2$; donc $as - \frac{1}{2}s^2$, $aS - \frac{1}{2}S^2 :: \frac{1}{2}u^2$, $\frac{1}{2}V^2$, ou $2as - s^2$, $2aS - S^2 :: u^2$, V^2; donc $\sqrt{2as - s^2}$, $\sqrt{2aS - S^2} :: u$, V.

Je décris du centre O & de l'intervalle OA un quart de cercle AMCL, & des points P, B, menant les ordonnées PM, BC, je dis que les viteſſes u, V, ſont entr'elles comme ces ordonnées; car le diametre du cercle étant double de AO ſera $= 2a$, & le diametre moins l'abſciſſe $AP = s$ ſera $2a - s$, or par la proprieté du cercle, j'ai $\overline{PM}^2 = 2a - s \times s = 2as - s^2$; donc $PM = \sqrt{2as - s^2}$, par la même raiſon $BC = \sqrt{2aS - S^2}$, donc PM, BC $:: \sqrt{2as - s^2}$, $\sqrt{2aS - S^2} :: u$, V, donc

Si les ſollicitations à la fin des eſpaces ſont entr'elles comme les diſtances au centre, & qu'on décrive un quart de cercle qui ait pour rayon la diſtance totale, les viteſſes acquiſes à la fin des eſpaces ſeront comme les ſinus tirés des extremités des eſpaces.

Pour trouver les tems t, T, nous avons trouvé t, $T :: \int \frac{ds}{u}$, $\int \frac{dS}{V}$ (*N.* 79.) mettant donc au lieu de u, V, la raiſon $\sqrt{2as - s^2}$, $\sqrt{2aS - S^2}$, nous aurons t, $T :: \int \frac{ds}{\sqrt{2as - s^2}}$, $\int \frac{dS}{\sqrt{2aS - S^2}}$.

Du point M je tire le rayon MO, & la tangente MY, je mene l'ordonnée pm infiniment proche de PM, & MR parallele à AO; j'ai donc $Pp = MR = ds$, les triangles rectangles MRm,

MPO font femblables ; car les angles POM , PMO pris enfemble valent un angle droit , & font par conféquent égaux à l'angle OMm ; donc fi d'une part j'ôte l'angle POM , & de l'autre l'angle OMR égal à fon alterne POM , il refte RMm = PMO ; donc PM , MO :: MR , Mm, ou $\sqrt{2as - s^2}$, a :: ds, $\frac{ads}{\sqrt{2as - s^2}}$ = Mm ; mais le petit arc de cercle compris entre PM & pm étant infiniment petit peut être regardé comme égal à Mm, qui eft infiniment petit ; donc Mm eft la différence de l'arc AM , & par conféquent fon integrale $\int \frac{ads}{\sqrt{2as - s^2}}$, ou $a\int \frac{ds}{\sqrt{2as - s^2}}$ eft la valeur de l'arc AM ; par la même raifon l'arc AC eft $a\int \frac{dS}{\sqrt{2aS - S^2}}$; donc AM , AC :: $a\int \frac{ds}{\sqrt{2as - s^2}}$, $a\int \frac{dS}{\sqrt{2aS - S^2}}$ :: $\int \frac{ds}{\sqrt{2as - s^2}}$, $\int \frac{dS}{\sqrt{2aS - S^2}}$ :: t, T ; donc *les tems t, T, font entr'eux comme les arcs de cercle* AM , AC.

Puifque les follicitations font comme les diftances OB , OP , OA , il eft vifible que fi l'on décrit un triangle rectangle OAG , les ordonnées BQ , PN , AG , reprefenteront les follicitations au mouvement.

La folliciration au mouvement au centre O fera donc comme zero , & au commencement du mouvement , elle fera comme a ; car alors s = o , & par conféquent g = $a - s$, eft g = $a - $ o = a, ou pour mieux dire g eft comme m ; car en general nous avons $g\,ds$ comme $mu\,du$ (*N*. 84.) donc g comme $\frac{mu\,du}{ds}$; mais la viteffe & l'efpace étant nuls au point A , nous avons $u\,du$ = o , & ds = o ; donc $\frac{u\,du}{ds}$ = $\frac{o}{o}$ = 1 , & par conféquent g eft comme m.

Si m eft comme a, la courbe des viteffes fera le quart de circonférence AML , mais fi m eft comme une grandeur b moindre ou plus grande que a, cette courbe fe changera en Ellipfe ainfi que nous allons voir.

Soit AG = m = b, nous avons AO , PO :: AG , PN ; donc a , $a - s$ :: b , $\frac{ab - bs}{a}$ = PN = g. Or nous avons en général $\frac{1}{2}u^2$, comme $\int g\,ds$ (*N*. 84.) mettant donc $\frac{ab - bs}{a}$ au lieu de g , nous aurons $\frac{1}{2}u^2$, comme $\int \frac{abds - bsds}{a}$, ou comme $\frac{abs - \frac{1}{2}bs^2}{a}$, ou comme $bs - \frac{bs^2}{2a}$, & multipliant par 2 , puis par $2a$, nous aurons $2au^2$, comme $4abs - 2bs^2$.

Je prens un diametre double de AO, & avec un parametre double de AG, je décris un quart d'Ellipse AHI, & je dis que les ordonnées PH, BK, seront comme les vitesses u ; car l'axe ou le double de AO sera $= 2a$, le double de AO moins l'abscisse AP sera $2a - s$; or par la propriété de la courbe, on a $\overline{HP}^2$, $2as - s \times s :: 2b, 2a$; donc $2a \times \overline{HP}^2 = 4abs - 2bs^2$, par la même raison on aura $2a\overline{BK}^2 = 4abS - 2bS^2$; ainsi nous aurons $2a\overline{HP}^2$, $2a\overline{BK}^2 :: 4abs - 2bs^2$, $4abS - 2bS^2$; mais nous venons de trouver $2au^2$, $2aV^2 :: 4abs - 2bs^2$, $4abS - 2bS^2$; donc $2a\overline{HP}^2$, $2a\overline{BK}^2 :: 2au^2$, $2aV^2$; d'où l'on tire HP, BK $:: u$, V.

<h3 style="text-align:center">Corollaire IV.</h3>

91. Par la presente Proposition nous avons gds comme udu (N. 84.) ou $gds = udu$; or tirant la droite MB perpendiculaire en M à la courbe des vitesses (Fig. 16.) & menant Mr parallele à Pp, & mMT tangente en M, les triangles rectangles Mrm, PMB sont semblables ; car l'angle BMm étant droit, vaut les deux angles PBM, PMB pris ensemble, ôtant donc d'une part PBM & de l'autre BMr égal à son alterne PBM, il reste l'angle aigu PMB égal à l'angle aigu rMm ; donc Mr, rm, PM, PB, ou ds, $du :: u$, $\frac{udu}{ds} =$ PB ; or nous avons $gds = udu$; donc $g = \frac{udu}{ds}$ & par conséquent $g =$ PB, c'est-à-dire,

Quelque loi d'accélération qu'on veuille établir, la sollicitation au mouvement est toujours égale à la sous-perpendiculaire de la courbe des vitesses.

CHAPITRE IV.

Du Centre de Gravité des Figures & des Corps.

DEFINITIONS.

92. **D**Eux corps sont dits *être en équilibre*, lorsqu'ils s'empêchent mutuellement de se mouvoir, ou lorsqu'ils s'entretiennent l'un & l'autre dans le repos.

Soient, par exemple, les deux corps A, B, (Fig. 21.) attachés aux extrémités d'un Levier horisontal AB suspendu par le point C, fi le corps A empêche le corps B de defcendre par fa propre pefanteur, & que le corps B empêche auffi le corps A de defcendre, il eft vifible qu'il n'y aura point de mouvement, & que les deux corps feront en équilibre.

Si au lieu de l'un des corps A on met une puiffance qui tire vers O, & que cette puiffance empêchant le corps B de defcendre, le corps B l'empêche auffi d'aller vers O, la puiffance & le corps B feront en équilibre.

Si deux Corps A, B, (*Fig.* 22.) pouffés l'un de C vers A, l'autre de D vers B, venant à fe rencontrer ne peuvent fe faire changer de direction ni l'un ni l'autre, il refteront en repos, fuppofé qu'il n'y ait point d'élafticité, & par conféquent ils feront en équilibre.

Ce que nous venons de dire de deux corps doit auffi s'entendre des parties d'un même corps. Par exemple, fi le corps AD (*Fig.* 23.) eft coupé en deux parties en EF, en forte que la partie AF empêche la partie ED de fe mouvoir, & la partie ED empêche le mouvement de AF, les deux parties AF, ED, du corps AD feront en équilibre.

93. Le *Centre de gravité* eft le point autour duquel toutes les parties d'une grandeur font en équilibre.

Le centre de gravité étant empêché de defcendre vers le centre de la terre, les corps ou les parties d'un corps qui font en équilibre ne fe meuvent donc point; par conféquent on peut confidérer les pefanteurs de plufieurs corps ou des parties d'un corps comme réünies au centre de gravité.

94. L'*axe* ou le *diametre* de gravité eft une ligne droite dans laquelle fe trouve le centre de gravité.

Donc fi une grandeur a plufieurs diametres de gravité, le centre de gravité doit fe trouver dans l'interfection de ces diametres.

95. Le *plan de gravité* eft un plan dans lequel fe trouve *le centre de gravité* ou le diametre de gravité.

Donc l'interfection de deux plans de gravité eft un diametre de gravité.

96. On dit qu'un corps eft *homogene* lorfque toutes fes parties de volume égal ont une pefanteur égale, & qu'il eft *hétérogene* lorfque fes parties d'égal volume n'ont pas une égale pefanteur.

97. Le *centre de grandeur* eft l'endroit qui divife une grandeur dans deux parties égales.

Dans les corps homogenes le centre de grandeur eſt le même que le centre de gravité, puiſqu'il ſe trouve alors autant de peſanteur d'un côté que de l'autre.

Axiome.

98. *Les effets ſont proportionnels à leurs cauſes*, car ſi une telle cauſe eſt capable de produire un tel effet, il eſt évident qu'il faut une cauſe double ou triple pour produire un effet double ou triple.

Proposition XXIX.

99. *Si deux ou pluſieurs corps de différentes maſſes qui ſont en repos viennent à tomber librement d'un point A (Fig. 16.) ils parcourront des eſpaces égaux dans des tems égaux.*

Demonstration.

J'ai démontré ceci (*N.* 89.) en parlant de la loi d'accélération de M. Newton, & j'ai dit qu'il étoit facile de le démontrer à l'égard de toutes les autres loix. En effet, prenons la loi de Galilée, & ſuppoſons que le premier corps que je nomme A ſoit au ſecond que je nomme B, comme 1 à 2, je partage B en deux parties égales que je nommerai F, G; ainſi F aura la même peſanteur que A, car les maſſes A, F, étant égales, il n'y a pas de raiſon de pouvoir dire que l'une aye plus de peſanteur que l'autre; donc F décrira l'eſpace AP dans le même tems que A décrira cet eſpace; par la même raiſon G décrira auſſi l'eſpace AP dans le même tems; donc les deux parties enſemble F, G; c'eſt-à-dire, le corps B décrira dans le même tems l'eſpace AP. Ainſi nommant t le tems que le corps A employe à parcourir l'eſpace AP, T celui qu'il employe à parcourir l'eſpace AB, z le tems employé par le corps B à parcourir AP, & Z le tems employé par le même corps à parcourir AB, nous aurons d'une part t, T :: $\sqrt{s}$, $\sqrt{S}$, & de l'autre z, Z :: $\sqrt{s}$, $\sqrt{S}$. Donc t, T :: z, Z, mais nous venons de trouver $t = z$; donc T = Z, c'eſt-à-dire, les tems employez par le corps A à parcourir les eſpaces AP, AB, ſont égaux aux tems employez par le corps B à parcourir les mêmes eſpaces, & on prouvera la même choſe en ſuppoſant toute autre loy d'acceleration.

Nota. 1°. Que nous ſuppoſons que le milieu à travers duquel les corps deſcendent n'ait point de réſiſtance, c'eſt pourquoi si les expériences ne s'accordent pas tout-à-fait avec ce que nous venons de dire, cela vient de la résistance de l'air.

Nota. 2°. Qu'un Auteur celebre par le profond Sçavoir qui regne dans ses Ecrits a démontré cette Proposition d'une maniere insuffisante à laquelle il est bon de faire attention pour éviter certains parallogismes dans lesquels les Sçavans mêmes peuvent tomber quelquefois. Voici sa demonstration.

»Quand le Corps A, dit-il, aura parcouru l'espace AP, le tems » qu'il aura employé sera comme $\sqrt{s}$, & quand le corps B aura » parcouru le même espace AP, le tems qu'il aura employé sera » aussi comme $\sqrt{s}$. Donc le tems employé par A sera au tems » employé par B, comme $\sqrt{s}$ à $\sqrt{s}$; & par conséquent ces tems » seront égaux.

Or je dis que cette Démonstration n'est qu'un parallogisme ; car par la Démonstration que je viens de donner, nous avons trouvé t, T :: z, Z, & comme nous avons t, T :: $\sqrt{s}$, $\sqrt{S}$; si nous supposons $\sqrt{s} = 1$, & $\sqrt{S} = 2$, nous aurons t, T :: 1, 2, & z, Z :: 1, 2 ; mais il ne s'ensuit pas delà que si $t = 1$ minute, & T $= 2$ minutes, z doive être $= 1$ minute, & Z $= 2$ minutes. Car pourvû que z, Z, soient deux nombres dont le rapport soit égal au rapport 1, 2, j'aurai toujours z, Z :: 1, 2 :: t, T ; par exemple, supposant $z = 3$, & Z $= 6$, j'aurai z, Z :: 3, 6 :: 1, 2 :: t, T ; donc tout ce qu'on peut tirer de ceci, c'est que les tems t, T, étant proportionnels à $\sqrt{s}$, $\sqrt{S}$, & les tems z, Z, étant aussi proportionnels à $\sqrt{s}$, $\sqrt{S}$, les tems t, T, sont proportionnels à z, Z, mais je n'en sçaurois conclure que les tems t, T, sont égaux aux tems z, Z ; & pour pouvoir raisonner ainsi, il faut que je recoure à un autre principe, qui est celui que j'ai employé dans ma Démonstration, à sçavoir que les pesanteurs des corps A, B, sont toujours proportionnelles à leurs masses ; car ce principe posé, il est visible que si une pesanteur comme 1 fait parcourir à une masse comme 1, un espace comme 1 dans un certain tems ; une pesanteur comme 2 fera parcourir à une masse comme 2 le même espace comme 1 dans le même tems, attendu que la pesanteur 1 ne donne pas plus de vitesse à la masse 1, que la pesanteur 2 à la masse 2 dans le même tems.

D'où l'on voit que si l'on avoit deux forces différentes des pesanteurs des corps A, B, & qui ne fussent point proportionnelles aux masses, & que ces deux forces vinssent à pousser les corps A, B, en sorte que leur mouvement s'accelerât selon la loi de

Galilée,

Galilée, l'efpace parcouru par le corps A au premier inftant pourroit n'être pas égal à l'efpace parcouru par le corps B dans le
même inftant, quoique les efpaces parcourus par le corps A à
la fin des tems 1, 2, 3, 4, &c. fuffent entr'eux comme les quarrés 1, 4, 9, 16, &c. & que les efpaces parcourus par le corps
B à la fin des mêmes tems fuffent auffi comme 1, 4, 9, 16, &c.
Quand nous difons donc que dans toute loi d'accélération deux
corps inégaux qui paffent du repos au mouvement, parcourent
dans des tems égaux des efpaces égaux, c'eft que nous fuppofons que les forces motrices de ces corps ne font autre chofe
que leurs pefanteurs, lefquelles font toujours proportionnelles
aux maffes, &c.

COROLLAIRE.

100. Les viteffes acquifes à la fin des efpaces égaux par divers
corps qui étant en repos, viennent à tomber librement font égales;
car quelque loi d'accélération qu'on veuille établir, les tems employés par le corps A à parcourir les efpaces AP, AB étant égaux
aux tems employez par le corps B à parcourir les mêmes efpaces,
il eft vifible que les viteffes du corps A à la fin de ces efpaces feront égales aux viteffes du corps B.

PROPOSITION XXX.

101. *Les forces des corps font en raifon compofée de la raifon des
maffes & de celle des viteffes.*

DEMONSTRATION.

Suppofons que le corps A (*Fig.* 24.) parcoure l'efpace AB dans
le même tems que le corps D d'inégale maffe parcourt l'efpace
DE, la quantité de mouvement du corps A fera mu, c'eft-à-dire,
le produit de la maffe par la viteffe (*N.* 10.) & la quantité de mouvement du corps D fera par la même raifon MV; or les forces
étant les caufes des quantités de mouvement font proportionnelles
à ces quantités (*N.* 98.); donc la force du corps A eft à celle du
corps D comme mu eft à MV, & par conféquent ces forces font
entr'elles en raifon compofée des maffes & des viteffes.

COROLLAIRE I.

102. Si les maffes font égales & les viteffes inégales, les forces

font comme les viteſſes, car les forces étant comme *mu*, MV, & par la ſuppoſition *m* étant égale à M, on a *mu*, MV :: *u*, V, & par conſéquent les forces ſont comme *u*, V.

Corollaire II.

103. Quand les maſſes ſont inégales & les viteſſes égales, on a *mu*, MV :: *m*, M, & par conſéquent les forces ſont comme les maſſes ; ainſi les forces ne ſont alors autre choſe que les peſanteurs, & le mouvement eſt accéleré, ou retardé.

Corollaire III.

104. Quand les maſſes ſont égales & les viteſſes auſſi, on a *mu* = MV ; donc les forces ſont auſſi égales.

Corollaire IV.

105. Qand les maſſes étant inégales, & les viteſſes inégales, les quantités de mouvement ſe trouvent égales, les forces ſont auſſi égales, car on a *mu* = MV, & en ce cas les maſſes ſont réciproques aux viteſſes ; car puiſque *mu* = MV, donc *m*, M :: V, *u*.

REMARQUE.
En forme de Diſſertation touchant les Forces vives.

106. Il y a des Auteurs modernes qui prétendent que la Propoſition que nous venons de démontrer, n'eſt vraie qu'à l'égard des Forces mortes, telles que ſeroit la Force d'un corps ſuſpendu, & non pas à l'égard des Forces vives, telle qu'eſt la Force d'un corps qui eſt actuellement dans un mouvement acceleré, qui dure depuis un tems déterminé ; car dans ce ſecond cas, diſent-ils, les forces ſont entr'elles en raiſon compoſée de la raiſon des maſſes, & de la raiſon des quarrés des viteſſes. Or voici comment ils prétendent le démontrer.

Suppoſons, diſent ces Geométres, que les corps A, B, (*Fig. 25.*) étant ſuſpendus auparavant, viennent à être lâchés, & tombent librement, enſorte que le premier parcoure l'eſpace AC, & le ſecond l'eſpace BD ; ces corps étant arrivés en C & D auront acquis des forces capables de les faire remonter aux mêmes hauteurs CA, DB (ce qui ſera démontré plus bas *N.* 211.) les Forces en A & B ſeront donc des Forces mortes ; & ſi nous ſuppoſons que les corps A & B étant parvenus en C & D, remon-

tent en A & B, leurs Forces feront des Forces vives; mais ces forces en C & D feront en raifon compofée des maffes, $A=M, B=m$,
& des hauteurs CA , DB , parce que chacune de ces hauteurs
confume totalement la Force du corps qui la parcourt , donc les
Forces vives feront $M \times CA$, $m \times DB$, mais dans l'hypotèfe de
Galilée les efpaces AC , DB font comme les quarrés des viteffes
acquifes V, u en C & D. Mettant donc V^2, u^2 au lieu de CA ,
DB , les Forces vives feront entr'elles comme MV^2, mu^2, c'eft-
à-dire en raifon compofée de la raifon des maffes , & de la raifon
des quarrés des viteffes, & fi l'on fuppofe les maffes égales, les
Forces vives feront comme les quarrés des viteffes.

Telle eft la prétendue démonftration de ces Auteurs , mais il
eft aifé de voir que leur hypotèfe roule fur une fuppofition différente de la notre. Selon nous les tems employés par les corps à
parcourir leurs efpaces, font égaux entr'eux, au lieu que felon
les Défenfeurs des Forces vives , les tems font toujours inégaux,
& c'eft à quoi ils auroient dû faire un peu plus d'attention ; pour
en être convaincu, il n'y a qu'à obferver que les corps A , B,
étant fuppofés defcendre librement doivent parcourir des efpaces
égaux dans des tems égaux ; car felon l'hypotèfe de Galilée,
que tout le monde adopte , deux corps qui commencent à
defcendre parcourent dans les mêmes tems des efpaces égaux
quoique leurs maffes foient inégales, (comme il a été démontré
ci-deffus Propofition 29. $N.$ 99); or les efpaces AC , BD font
inégaux, donc les tems employés à les parcourir font auffi inégaux. Ainfi pour rentrer dans notre hypotèfe , il faut néceffairement divifer les produits MV^2, mu^2 par les tems T , t, ou ce
qui revient au même par les viteffes V , u, qui font dans la même
raifon que les tems felon les loix du mouvement uniformement
acceleré ou retardé, & dès-lors nous aurons pour l'expreffion
des Forces agiffantes non plus MV^2, mu^2, mais MV , ma, ce qui
fait voir que les Forces agiffantes font entr'elles dans la raifon
compofée des maffes & des viteffes, de même que les Forces
mortes , & non pas dans la raifon des maffes & des quarrés des
viteffes.

Il eft vrai que la Force du corps A ne pouvant être éteinte
par la pefanteur qu'à la fin d'un tems plus grand que celui à la fin
duquel la force du corps B eft entiercment confumée , il femble
d'abord que cette différence des tems doit entrer dans la confi-
dération des forces des deux corps ; mais pour peu qu'on y faffe

attention, on découvrira aifément que cette différence ne vient point de ce que ces Forces font dans un rapport différent de celui de leurs vitefses, mais feulement de ce que les vitefses que la pefanteur ôte à chacune d'elles dans un même tems, étant égales entr'elles, ne font point proportionnelles aux Forces primitives, d'où il fuit que la force du corps A, qui a perdu moins à proportion que la force du corps B dans un tems égal, doit nécefsairement durer d'avantage.

Pour mettre ceci dans tout fon jour, fuppofons que le premier corps foit defcendu pendant deux tems égaux BF, FE, (*Fig.* 11.) & ait parcouru l'efpace BIE, & que le fecond corps pendant le premier tems BF ait parcouru l'efpace BFH; felon l'hypotèfe de Galilée, les vitefses de ces deux corps feront comme les tems BE, FB, ou comme 2 à 1. Or fi ces corps en remontant ne trouvoient point la pefanteur fur leurs pas, le premier parcourroit dans deux tems EF, FB égaux aux deux tems de fa defcente, l'efpace BEIM double de BIE qu'il a parcouru en defcendant (*N.* 211.), & le fecond corps pendant un tems FB égal au tems de fa defcente parcourroit l'efpace FHOB double de l'efpace FHB parcouru dans fa chute; ainfi le premier corps dans le tems EF ne parcourroit que l'efpace EINF, qui n'eft que la moitié de l'efpace EIMB qu'il parcourroit dans un tems double, & par conféquent les deux corps parcourroient dans un tems égal des efpaces EINF, FHBO qui feroient comme leurs vitefses, c'eft-à-dire comme 2, 1; mais les mafses multipliées par les efpaces parcourus dans des tems égaux, font la mefure des Forces; donc les Forces agifsantes des deux corps, confiderées dans des tems égaux, feroient comme 2 à 1, ou comme les mafses multipliées par les vitefses dans le cas ou les mafses font inégales, fi la pefanteur n'agifsoit pas fur eux.

Voyons donc ce que fait cette pefanteur; elle ôte au premier tems un degré de vitefse au premier corps, & dans le même tems elle en ôte aufsi un degré au fecond, & de-là il arrive que le fecond, à qui la pefanteur ôte tout ce qu'il avoit de vitefse, perd toute fa force; & que le premier, à qui la pefanteur n'ôte que la moitié de fa vitefse, ne perd que la moitié de fa force, laquelle par conféquent dure d'avantage, non pas parce qu'elle eft avec la force du fecond dans un rapport différent du rapport 2, 1 des vitefses, mais uniquement parce qu'on lui ôte moins à proportion, dans un tems qu'on n'ôte à l'autre dans le même tems. De-là vient encore que quoique les deux Forces qui font remonter les deux corps, foient comme 2 à 1 ; cependant les efpaces EIHF, FHB, qu'elles font parcourir dans le même tems ne font pas dans cette raifon, mais dans celle de 3 à 1 ; car les viteffes qu'on leur ôte ne leur étant pas proportionnelles, & le premier corps perdant moins à proportion que le fecond, il eft évident que ce corps doit parcourir dans un même tems un efpace qui foit plus que double de celui que le fecond parcourt ; mais tout cela ne diminue rien de la valeur primitive des Forces, & n'empêche point qu'elles ne fiffent parcourir aux deux corps dans un même tems des efpaces qui feroient comme 2, 1, fi la pefanteur ne s'oppofoit à leur montée ou mouvement, comme on a vû ci-deffus, ou fi cette pefanteur leur ôtoit dans un même tems des Forces proportionnelles ; en effet, la feule infpection de la figure fait voir que fi la pefanteur ôtoit dans le même tems au premier corps 2 de viteffe, & au fecond 1 de viteffe pour proportionner aux Forces les viteffes ôtées, le premier corps perdroit toute fa force dans le même tems que le fecond perdroit la fienne, puifqu'il n'eft pas poffible qu'il y eût un refte de Force là où il n'y auroit plus de viteffe.

Il n'eft donc point vrai que les Forces agiffantes foient en raifon compofée des maffes & des quarrés des viteffes, foit qu'on veuille avoir égard à la différence des tems, ou qu'on veuille la négliger, & par conféquent la diftinction que l'on veut mettre entre le rapport des Forces agiffantes, & le rapport des Forces mortes, eft une diftinction qui ne fauroit avoir de fondement. L'erreur des Partifans des Forces vives, vient de ce qu'ils fubftituent dans la mefure des Forces les efpaces au lieu des viteffes, comme on avoit toujours fait avant eux, & comme feront toujours les Geométres qui feront attentifs à fuivre la Nature. *Les Forces mortes, difent-ils font en raifon des maffes & des viteffes, mais nous démontrons par l'expérience des corps qui remontent, que les Forces vives font en raifon compofée des maffes & des quarrés des viteffes, donc il eft démontré auffi que les Forces vives ne font pas comme les Forces mortes.* Reprenons ce raifonnement & fuivons-le pas à pas pour en mieux voir le défaut.

Les Forces mortes font en raifon des maffes & des viteffes. Cette Propofition n'eft vraye que parce que le mot de viteffe entraine toujours avec lui l'égalité des tems, & par conféquent on a

égard à tout ce qui entre dans la compofition du mouvement ;
je veux dire au tems, à la maffe, & à l'efpace; mais fi l'on nous
difoit que les Forces mortes, ou d'autres Forces qui feroient
dans le rapport des Forces mortes, font en raifon compofée
des maffes & des efpaces qu'elles tendent à faire parcourir ou
qu'elles font parcourir, la propofition pourroit être vraie ou fauffe, & fon énoncé feroit vitieux. Elle feroit vraie fi les efpaces
étoient parcourus dans des tems égaux, parce qu'alors les viteffes
feroient comme les efpaces, mais elle feroit fauffe fi les tems
étoient inégaux, parce qu'en ce cas les efpaces ne feroient pas
dans la raifon des viteffes ; & le défaut du raifonnement ne pourroit être imputé qu'à la négligence qu'on auroit euë de ne point
faire attention au tems, lequel doit toujours être confideré lorfqu'il s'agit du mouvement.

Les Défenfeurs des Forces vives difent, que ce n'eft qu'a-
près que le mouvement des corps a duré pendant un tems, à la
vérité petit, mais fini & déterminé, que les Forces des corps
font en raifon compofée des maffes & des quarrés des viteffes ;
ainfi fuppofons qu'un corps qui commence à fe mouvoir parcoure dans un inftant un petit efpace, & qu'un autre corps égal
en maffe au premier parcoure un efpace égal à celui que le premier à parcouru, mais dans deux inftans ; les Forces de ces
corps n'étant point encore des Forces vives, feroient comme
les forces mortes. Or on voit bien que fi on difoit que ces deux
forces font en raifon compofée des maffes & des efpaces, on
auroit tort, puifque la viteffe du premier feroit double de la viteffe du fecond, à caufe qu'il auroit parcouru fon efpace dans un
feul inftant, au lieu que l'autre ne l'auroit parcouru que dans
deux. Donc, &c.

Nous avons démontré, ajoute-t-on, *que les Forces vives font entr'elles en raifon compofée des maffes & des quarrés des viteffes.* On
l'auroit démontré fi l'on avoit prouvé qu'on doit prendre pour
leur mefures les produits des maffes par les hauteurs, lefquelles
font comme les quarrés des viteffes dans les mouvemens accelerés ou retardés; mais comme nous avons fait voir que cette façon
de mefurer les forces n'étoit pas legitime, non-feulement à caufe que l'on néglige la différence des tems, mais encore parce
que cette différence ne provient que de ce que les viteffes que
le moment retardé ôte aux Forces dans un même tems, ne font
pas proportionnelles à ces forces, ce qui ne change rien à la

nature des Forces en elle-même ; il s’enfuit qu’on croit vainement avoir démontré que les Forces agiffantes font en raifon compofée , &c.

Donc, conclut-on, *nous avons démontré que les Forces vives ne font pas comme les Forces mortes.* Cette conféquence eft abfolument fauffe , puifque le principe fur lequel elle s’appuye n’a nulle apparence de vérité.

M. de Leibnits fut le premier qui imagina la diftinction des Forces mortes & des Forces vives , & malgré le mauvais accueil que les *Savans* de France & d’Angleterre firent à ce fentiment , M. Jean Bernouilli dans la fuite ne craignit pas de l’embraffer. Cet illuftre Geométre convint que la preuve que M. de Leibnits tiroit du mouvement retardé ne lui paroiffoit pas affez convaincante ; mais il en apporta d’autres qu’il regarda comme autant de démonftrations que perfonne à l’avenir ne pourroit plus contefter. On les trouve dans fon Difcours fur les Loix du Mouvement , imprimé à Paris en 1727 , chez Jombert Libraire rue S. Jacques. Depuis ce tems-là Meffieurs Volf, Poleni, Bulfinger, Gravefande , Mufchembroc & quelques autres fe font attachés à appuyer le même fentiment , non-feulement fur des raifons geométriques,mais encore fur des experiences très-capables d’obfcurcir la vérité fi l’on n’y faifoit attention. Quoi qu’en fait de Mathematiques les feules démonftrations ayent force de loix; il y a cependant bien des perfonnes fur qui le nom de quelques Auteurs célébres fait de grandes impreffions , furtout lorfqu’on néglige de repondre aux raifonnemens dont ces Auteurs appuyent leurs idées. Pour prevenir ce mauvais effet , je vais rapporter dans toute leur étendue les deux preuves dont M. Bernouilli fe fert comme de deux boucliers impénétrables à la plus fevere critique , & j’efpere d’en fairë voir le foible d’une maniere fi évidente , qu’on n’aura plus lieu de fufpendre fon jugement entre les deux partis. Le premier de ces argumens demande quelques principes préliminaires que je vais établir , afin que le Lecteur ne trouve rien qui puiffe l’arrêter.

Si un corps ABC (*Fig. 26.*) fe trouvant comprimé par une ou plufieurs puiffances , ou par une caufe quelconque, a dans foi-même une force de fe remettre dans l’état où il étoit avant la compreffion , après qu’il aura confumé ou repouffé par fa refiftance les Forces qui le comprimoient , ce corps fe nomme corps *elaftique*, corps à *reffort* , ou fimplement *reffort*.

Un reſſort ABC *qui eſt tenu dans un état de compreſſion par une ou pluſieurs puiſſances, eſt en équilibre avec ces puiſſances.* Si les puiſſances A, C, étoient plus foibles que le reſſort, elles feroient forcées de ceder à la force du reſſort, & ſi elles étoient plus fortes le reſſort cederoit, & ſe trouveroit dans un état de compreſſion plus grand.

Si un reſſort ABC *eſt tenu dans un état de compreſſion par deux puiſſances, ces puiſſances ſont égales entr'elles.* Si la puiſſance A preſſoit plus fortement que la puiſſance C, la force du reſſort ſe porteroit ſur la puiſſance plus foible C, & l'obligeroit de ceder juſqu'à ce que les deux puiſſances puſſent ſe trouver en équilibre.

Si un reſſort ABC *étant tenu dans un état de compreſſion par deux puiſſances* A, C, *on ſubſtitue à la place de l'une des puiſſances* C *un plan immobile* EF, *la puiſſance* A *ne fera pas plus d'effort qu'elle en faiſoit auparavant.* La reſiſtance du plan EF ne preſſe pas d'avantage la jambe CB que la puiſſance C ne la preſſoit; car ce plan ne fait autre choſe que d'empêcher la jambe CB de s'écarter de la jambe AB; or la force A étoit en équilibre avec la force C, donc elle doit être en équilibre avec la reſiſtance du plan EF.

Si deux puiſſances A, B, *(Fig. 27.) tiennent pluſieurs reſſorts égaux dans un état de compreſſion, elles ne font pas plus d'effort que ſi elles ne comprimoient qu'un ſeul de ces reſſorts* ACD. Suppoſons que les deux Forces A, B, étant appliquées aux extrémités A, D, du reſſort ACD, le compriment en lui faiſant faire un angle de 30 degrés, je mets à la place de la puiſſance B un plan immobile MN, & le reſſort n'étant pas plus comprimé qu'auparavant, la puiſſance A ne fera pas auſſi plus d'effort qu'elle n'en faiſoit. Je prens un autre reſſort DEF égal au reſſort ACD, & faiſant appuyer ſa jambe DE ſur le plan immobile MN, j'applique à l'autre extrémité F la puiſſance B. Il eſt viſible que ce reſſort ſera auſſi comprimé que le reſſort ACD, puiſque tout eſt égal de part & d'autre. Or l'effort de la jambe CD ſur le plan immobile MN, eſt égal à l'effort de la jambe DE ſur le même plan, donc ſi nous ôtons le plan MN, les deux jambes CD, DE feront en équilibre, & les puiſſances A, B, ne feront pas plus d'effort qu'elles n'en faiſoient avant qu'on ôtât le plan, c'eſt-à-dire qu'elles n'agiront pas plus que ſi elles ne comprimoient que le ſeul reſſort ACD; par la même raiſon, ſi au lieu de la puiſ-

ſance

fance B mife en F, on fubftitue un plan OP, la puiffance A
ne fera pas plus d'effort qu'elle n'en faifoit auparavant, & fi l'on
met un autre reffort FGH égal à ACD, & qui s'appuyant d'une
part fur le plan OP, foit comprimé de l'autre par la puiffance B
mife en H, cette puiffance fera le même effort qu'elle feroit en
D, & comme en ôtant le plan OD les deux jambes EF, FG
feront en équilibre, il s'enfuit que les deux puiffances A, B,
mifes en A & en H, comprimeront les trois refforts ACD,
DEF, FGH, chacun fous un angle de 30 degrés en ne faifant
pas plus d'effort qu'en comprimant le feul reffort ACB fous le
même angle, & on prouveroit la même chofe s'il y avoit un
plus grand nombre de refforts.

Que fi au lieu de l'une des puiffances A on met un plan immobile VX, il eft évident que la puiffance B ne fera pas plus
d'effort pour comprimer les refforts ACD, DEF, FGH, &c.
chacun fous un angle de 30 degrés, que fi elle n'en comprimoit
qu'un. Tout ceci fuppofé, venons à la premiere démonftration
de M. Bernoulli.

Concevons, dit cet Auteur, *deux rangs de refforts égaux & également bandés, compofés l'un de douze refforts & l'autre de trois, dont
une des extrémités foit appuyée contre les points fixes* A, B (Fig. 28),
& l'autre arrêtée par les boules L, P, *que des puiffances* R *&* S *empêchent de fe mouvoir; il eft vifible que les deux boules* L, P *font également preffées, & que par conféquent les Forces mortes qui preffent
ces boules font égales. Voyons ce que ces impreffions ou Forces mortes
mifes en œuvre peuvent produire de Forces vives. Pour cet effet,
imaginons-nous que les puiffances* R, S *fe retirent, il eft conftant que
les boules* L *&* P *feront obligées de ceder, & que dans le mouvement
acceleré que leur imprimeront les refforts, la boule* L *acquerra plus
de viteffe par les efforts continués de douze refforts, que la boule* P
égale à la boule L *n'en peut acquerir par les efforts continués de trois
refforts.*

Je fuppofe deux lignes droites quelconques données AC, BD,
(Fig. 29.) *que je prens pour deux rangs de petits refforts égaux &
également bandés;* (nous concevrons que ces deux droites font
comme 12 à 3, afin de ne pas abandonner la fuppofition que
M. Bernoulli a commencé de faire, ainfi qu'on vient de voir).
*Je fuppofe de plus que deux boules égales commencent à fe mouvoir
des points* C, D *vers* F *&* L, *lorfque les refforts commencent à fe
dilater. Soient* CML, DNK *deux lignes courbes, dont les ordonnées*

I

GM, HN *expriment les vitesses acquises aux points* G , H ; *je nomme* BD = *a* , *l'abscisse* DH = *x* , *sa différence* HP = *dx* , *l'ordonnée* HN = *u* , *& sa différence* TO = *du* ; *je prens ensuite les abscisses* CG , CE *de la courbe* CML *telles qu'elles soient aux abscisses de la courbe* DNK , *comme* AC *est à* BD , *ou ce qui est la même chose , je fais* BD , AC : : DH , CG : : DP , CE , *& supposant* AC = *na* , *on aura* CG = *nx* , GE = *ndx* ; *soit enfin l'ordonnée* GM = *z* , *tout ceci supposé je raisonne ainsi.*

Les boules étant parvenues aux points H *&* G , *chaque ressort , tant de ceux qui étoient resserrés dans l'intervalle* AC , *que de ceux qui l'étoient dans l'intervalle* BD , *sera dilaté également , parce que* AC , CG : : BD , DH ; *chacun de ces ressorts aura donc perdu une partie égale de son élasticité , & il leur en restera à chacun également , donc les pressions ou les Forces mortes que les boules en reçoivent en* H *& en* G *sont aussi égales entr'elles ; je nomme cette pression* p. *Or l'accroissement élémentaire de la vitesse en* H , *je veux dire la différence* TO *ou* du , *est par la loi connue de l'acceleration en raison composée de la Force motrice ou de la pression* p , *& du petit tems que le mobile met à parcourir la différence* HP *ou* dx , *lequel tems s'exprime par* $\frac{HP}{HN} = \frac{dx}{u}$ (*voyez ci-dessus* N. 84.) *on aura donc* $du = \frac{pdx}{u}$, *& partant* $udu = pdx$, *dont l'integrale est* $\frac{1}{2} uu = \int pdx$; *par la même raison on a* $dz = \frac{p \times GE}{GM} = \frac{pndx}{z}$, *par conséquent* $zdz = pndz$, *& en integrant* $\frac{1}{2} zz = \int pndx$, *d'où il suit que* uu , zz : : $\int pdx$, $\int pndx$: : 1 , n : : a , na : : BD , AC ; *or* BD *est à* AC *comme la Force vive acquise en* H *est à la Force vive acquise en* G , *donc ces deux Forces sont entr'elles comme* uu *est à* zz ; *ainsi les Forces vives des corps égaux en masses sont comme les quarrés de leurs vitesses , & ces vitesses elles-mêmes sont comme les racines quarrées des Forces vives , ce qu'il falloit démontrer.*

Avant de réfuter cette preuve de M. Bernoulli , nous chercherons le rapport des tems pendant lesquels les deux boules se meuvent , & nous nommerons *t* le tems de la boule P (*Fig.* 28.) & T le tems de la boule L , il est sûr par les regles de la proposition que nous venons de citer (*N.* 84.) que nous aurons *t* , T : : $\int dx$ $\times \frac{1}{\sqrt{\int pdx}}$, $n\int dx \times \frac{1}{\sqrt{n\int pdx}}$: : $\int dx \times \sqrt{n\int pdx}$, $n\int dx \times \sqrt{\int pdx}$. Or $\int dx$ est l'intégrale de DH (*Fig.* 29.) & $n\int dx$ est l'intégrale de CG , donc $\int dx =$ DH , & $n\int dx =$ CG ; de même ayant trouvé ci-dessus uu , zz : : $\int pdx$, $n\int pdx$, nous aurons u , z : : $\sqrt{\int pdx}$, $\sqrt{n\int pdx}$; mettant donc dans la proportion t, $T :: \int dx \times \sqrt{n\int pdx}$, $n\int pdx \times \sqrt{\int pdx}$ les valeurs DH, CG de $\int dx$, & $n\int dx$, & la raison u, z, au lieu de son égale $\sqrt{\int pdx}$, $\sqrt{n\int pdx}$, nous aurons t, $T :: DH \times z$, $CG \times u$; mais par la construction nous avons DH, CG :: BD, AC, & nous avons trouvé BD, AC :: uu, zz; donc t, $T :: uuz$, zzu :: u, z, c'est-à-dire, le tems employé à la fin de l'espace DH est au tems employé à la fin de l'espace CG, comme la vitesse acquise à la fin de DH est à la vitesse acquise à la fin de CG.

De tout ce que nous venons de voir, il suit que le mouvement des deux boules est un mouvement uniformement acceleré, car la force morte ou preffion des boules égales L, P, (*Fig. 28.*) est égale de même que leur pefanteur est égale, les espaces parcourus font entr'eux comme les quarrés des viteffes, & les tems font comme les viteffes; tout suit donc ici la loi de Galilée; or dans cette loi lorfque les espaces parcourus font égaux, les tems employés à les parcourir vont en diminuant, & les impreffions de la pefanteur correspondantes à ces tems inégaux diminuent auffi, puifque ces impreffions ne font égales que lorfque les tems étant égaux, les espaces vont en augmentant; donc les forces des refforts qui tiennent ici lieu des impreffions de la pefanteur, & dont les débandemens font parcourir des espaces égaux aux corps, font des impreffions inégales fur ces corps. Par exemple, le premier reffort M fait plus d'impreffion fur L que le fecond, & le fecond en fait plus que le troifiéme, & ainfi de suite, à caufe que les tems correfpondans aux débandemens égaux vont en diminuant; ainfi quoique les douze refforts qui agiffent fur la boule L foient égaux entr'eux, cependant les impreffions qu'ils font fur cette boule vont en diminuant à mefure qu'ils en font plus éloignés, & il faut dire la même chofe des trois refforts qui agiffent fur la boule P. D'où il fuit que les impreffions des douze refforts fur la boule L prifes enfemble, valent moins que les forces de ces douze refforts prifes enfemble, puifque les forces des douze refforts font égales, au lieu que les impreffions vont en diminuant, & par la même raifon les impreffions des trois refforts qui agiffent fur la boule P prifes enfemble valent moins que les forces de ces trois refforts. Or les forces agiffantes des boules L, P, font proportionnelles aux impreffions des refforts qui les pouffent, puifqu'elles en font les effets, donc ces forces font moindres que les forces des refforts, & par conféquent elles ne font pas dans la raifon des espaces ou des quarrés des viteffes.

Il femble que M. Bernoulli auroit dû s'appercevoir du défaut de fon raifonnement.

Et pour faire voir que les forces des corps en mouvement font ici comme les viteffes de même que par-tout ailleurs, il n'y a qu'à confidérer que les viteffes étant comme $\sqrt{12}$ eft à $\sqrt{3}$, ou comme $2\sqrt{3}$ à $\sqrt{3}$, ou enfin comme 2 à 1, le tems de la boule L eft au tems de la boule P, comme 2 à 1; c'eft pourquoi fuppofant que les deux boules faffent effort pour refermer les refforts avec les viteffes acquifes à la fin des débandemens, la boule L ne confumera fa force qu'à la fin de deux tems à chacun defquels elle perdra un dégré de viteffe, à caufe de l'égalité des tems, & la boule P perdra fa force à la fin du premier tems, parce que la viteffe qu'elle perdra étant égale à la viteffe qu'elle avoit, il ne lui reftera rien; or comme la boule L ne continuera de fe mouvoir après le premier tems que parce que la viteffe qu'elle aura perdu en formant des refforts fur fon paffage, fera moins grande par rapport à fa viteffe totale, que la viteffe que la boule P aura perdu dans le même tems, n'eft grande par rapport à fa viteffe totale, & qu'au contraire en fuppofant que les viteffes ôtées à chaque boule dans un même tems fuffent proportionnelles à leurs viteffes totales, les deux boules perdroient toute leur force à la fin de ce premier tems; il s'enfuit que les forces de ces boules doivent être comme les viteffes qu'elles perdroient en même tems fi les viteffes perdues dans des tems égaux étoient proportionnelles aux viteffes acquifes, ou comme les efpaces qu'elles parcourroient dans le même-tems fi elles ne perdoient rien de leurs viteffes. Mais les portions proportionnelles des viteffes que les boules perdroient dans un même-tems, font comme les viteffes acquifes, & non pas comme leurs quarrés; donc les forces de ces boules ne font pas comme les quarrez des viteffes acquifes, mais fimplement comme ces viteffes.

L'argument que l'on tire contre les forces vives de la différence des tems, à paru fi fort à M. Bernoulli, qu'il n'a pris d'autre parti que celui de nier qu'on dût faire attention à cette différence; mais comme ce Sçavant Géometre n'ignoroit pas qu'on ne nie point une Propofition, fans donner les raifons qui engagent à prendre la négative, il s'eft appuyé fur une proprieté de la Cycloïde renverfée que nous démontrerons plus bas (*N.* 204.) Soient les deux corps A, B, (*Fig.* 30.) attachés à deux différens points, A, B, de la demi-cycloïde renverfée ABC, fi l'on vient à cou-

per les fils qui les retiennent , & que ces corps ne puiſſent ſe mouvoir que le long de la demi-cycloïde , ils ſe mouvront d'un mouvement acceleré, puiſque la demi-cycloïde eſt un polygone d'une
infinité de côtés ou de plans inclinés,& que le mouvement ſur des
plans inclinés eſt un mouvement qui s'accelere(n.186);cependant
ces deux corps arriveront à la fin d'un même-tems au point C,
quoique les eſpaces qu'ils ont à parcourir ſoient différens ; donc
ſi ces deux corps après être parvenus.en C viennent à remonter
avec leurs viteſſes acquiſes, ils parviendront auſſi dans un même-
tems aux points A , B, d'où ils étoient partis , & par conſéquent,
dit M. Bernoulli , il eſt aiſé de faire monter des corps peſants à
différentes hauteurs dans des tems égaux.

Je ne ſçai pas quel avantage M. Bernoulli prétend tirer d'une
expérience qui ſe trouve directement oppoſée à ce qu'il veut établir. Deux corps égaux peuvent dans des tems égaux parcourir
des eſpaces inégaux par un mouvement acceleré ; cela eſt indubitable , & ne ſçauroit même manquer d'arriver, quand les viteſſes
acquiſes avec leſquelles les corps remontent ſont inégales ; mais
les eſpaces inégaux parcourus dans des tems égaux, ſeront-ils
comme les quarrez des viteſſes acquiſes, c'eſt ce que nous nie-
rons toujours comme étant oppoſé aux loix du mouvement retardé, & ce que M. Bernoulli ne nous fera jamais trouver dans
la cycloïde renverſée ; au contraire nous démontrerons plus bas
dans l'endroit cité (N. 204.) que les eſpaces CA , CB, parcourus
dans des tems égaux par les corps A , B, ſont préciſément comme
les viteſſes acquiſes à la ſin de leur deſcente, & ceci ſeroit pour
nous un nouveau motif d'attaquer les forces vives , ſi nous cher-
chions à entaſſer expérience ſur expérience, plutôt qu'à établir
un raiſonnement déciſif contre lequel on ne puiſſe plus revenir.

Après la prétendue Démonſtration touchant les reſſorts que
nous venons de réfuter , M. Bernoulli en apporte une autre qu'il
nomme géométrique & générale, & qui, à ſon avis, eſt ſi fort
au-deſſus de toute exception, qu'elle eſt ſeule capable de convaincre les partiſans les plus obſtinés de l'opinion vulgaire. Voyons
ſi en effet elle a dequoi nous convaincre pleinement, ou ſi à
notre tour, nous n'aurons pas quelque raiſon plus forte qui em-
portât le deſſus. Ceux qui n'entendent pas les regles du mouvement compoſé, auront ſoin avant de lire ceci, de voir ce que
nous enſeignons touchant ce mouvement dans le Chapitre ſuivant.

I iij

Figurons - nous, dit M. Bernoulli, *que le corps* C (Fig. 31.) *frappe obliquement un ressort placé en* L, *avec la vitesse* CL ; *soit l'angle d'obliquité* CLP *de* 30 *dégrés, afin que la perpendiculaire* CP *devienne égale à* $\frac{1}{2}$CL ; *soit la vitesse* CL $=$ 2, & *soit enfin la résistance du ressort* L, *telle que pour le plier il faille précisément un degré de vitesse dans le corps* C, *lorsque ce corps le heurte perpendiculairement ; on suppose que le corps* C *se meut sur un plan horisontal. Ceci connu, je dis qu'après que le corps* C *aura choqué obliquement le corps* L *avec une vitesse* CL *de deux dégrez, vitesse qui, en vertu de la composition du mouvement, est composée de* CP $=$ 1, & *de* PL $=\sqrt{3}$, *ce corps perdra entierement le mouvement perpendiculaire par* CP, & *ne retiendra que le mouvement par* PL $=\sqrt{3}$; *ainsi le corps* C *après avoir consumé son mouvement par* CP *à plier le premier ressort* L, *continuera à se mouvoir selon la direction* PLM *avec la vitesse* LM $=$ PL $=\sqrt{3}$. *Concevons au point* M *un second ressort semblable au premier,* & *l'angle de l'obliquité* LMQ *tel que la perpendiculaire* LQ *soit* 1, *il est clair que le mouvement par* LM *étant composé des deux collateraux par* LQ & QM, *continuera selon la direction* QMN *avec une vitesse* MN *égale à* QM $=\sqrt{2}$; *imaginons au point* N *un ressort égal à chacun des précedens que le corps rencontre sous un angle demi-droit* MNR, *afin que* MR *perpendiculaire à la ligne de situation du ressort devienne égal à* 1. *Il est manifeste que le mouvement par* MN *composé des mouvemens par* MR & *par* RN *consumera le premier de ces mouvemens par* MR *à plier le ressort* N, & *par conséquent son autre mouvement par* RN *continuera avec une vitesse* NO $=$ RN $=$ 1 ; *le corps* C *conserve donc encore un dégré de vitesse suivant la direction* RNO, *après avoir plié les trois ressorts* L, M, N, & *c'est avec ce degré de vitesse qu'il pliera le quatriéme ressort* O *contre lequel je suppose qu'il heurte perpendiculairement.*

Il paroît de tout ceci que le corps C *a la force de plier avec deux degrez de vitesse quatre ressorts dont chacun demande pour être plié un degré de vitesse dans le corps* C. *Mais ces quatre ressorts pliés font l'effet total de la force du corps* C *mû avec deux degrez de vitesse, puisque toute cette vitesse du corps* C *se consume à plier ces quatre ressorts l'un après l'autre,* & *un seul ressort plié est l'effet total de la force du même corps* C *mû avec un degré de vitesse, puisque la résistance de chaque ressort est telle qu'elle detruit precisement un degré de vitesse dans ce corps* C ; *puis donc que les effets totaux sont entr'eux comme les forces qui ont produit les effets, il faut que la force vive du corps* C *mû avec deux degrez de vitesse soit quatre fois plus grande que la force vive du même corps mû avec un degré de vitesse.*

Quand on soûtient une mauvaise cause, l'esprit & le sçavoir font d'un très foible secours ; le raisonnement de M. Bernoulli montre assez que ce Geometre s'est servi habilement & de l'un & de l'autre, mais malgré la subtilité de ses raisons, il n'est pas difficile d'en découvrir le défaut.

Je ne sçaurois disconvenir qu'il n'y ait ici quatre dégrez de force, puisque les quatre ressorts n'agissant point l'un sur l'autre, demandent chacun un dégré pour être comprimé ; mais je nie que ces quatre dégrez de force soient produits uniquement par les deux dégrez de vitesse du corps C, & que les quatre ressorts n'ayent consumé que deux dégrez de vitesse, comme M. Bernoulli l'avance ici. Le corps C ayant perdu un dégré de vitesse par le choc du ressort L, n'en auroit plus qu'un dégré s'il continuoit à se mouvoir selon la même direction CL, c'est-à-dire si le ressort L eût été perpendiculaire sur la direction CL, & lui eût ôté un degré de vitesse ; mais comme il prend la direction LM, sa vitesse devient $\sqrt{3}$; or $\sqrt{3}$ étant plus grand que 1, il est constant que l'excès de vitesse que le corps C gagne dans la direction LM sur la vitesse 1 qui lui resteroit s'il suivoit sa premiere direction est $\sqrt{3} - 1$; de même la vitesse LM$= \sqrt{3}$ étant diminuée de 1 après le choc du ressort M, il ne devroit rester au corps C que $\sqrt{3} - 1$ de vitesse, mais il lui reste $\sqrt{2}$ plus grand que $\sqrt{3} - 1$; donc ce que le corps gagne de vitesse est $\sqrt{2} - \sqrt{3} + 1$; enfin la vitesse MN$=\sqrt{2}$ étant diminuée de 1 par le choc du ressort N, la vitesse restante après ce choc devroit être $\sqrt{2} - 1$, mais cette vitesse restante est 1, donc le corps C a gagné $1 - \sqrt{2} + 1$; ajoûtant donc toutes ces vitesses gagnées par les différens changemens de direction, nous aurons $\sqrt{3} - 1 + \sqrt{2} - \sqrt{3} + 1 + 1 - \sqrt{2} + 1 = 2$, ainsi les changemens de direction ont augmenté la vitesse primitive 2 du corps C de deux dégrés de vitesse ; & par conséquent il y a eu à la fin du mouvement quatre dégrez de vitesses éteintes, de même qu'il y a eu quatre forces consumées ; or les quatre ressorts ayant été comprimés par des dégrez égaux de vitesse CP, LQ, MR, NO, & leur résistance ayant fait périr quatre forces égales, il s'ensuit que chacune de ces forces a été proportionnelle à la vitesse, & que par conséquent la somme des quatre forces, c'est-à-dire, la force totale du corps A, est comme la somme des quatre vitesses, & non pas comme le quarré de cette somme.

Il eſt vrai que la force éteinte par les quatre reſſorts eſt comme le quarré 4 de la viteſſe primitive du corps 2 , mais comme cette viteſſe ne renferme pas toute la viteſſe qui a compoſé cette force, puiſqu'elle n'en eſt que la moitié, il faudroit donc dire que la force agiſſante eſt comme le quarré de la moitié de ſa viteſſe totale, encore ne ſeroit-ce que dans l'exemple preſent, car ſi au lieu de la viteſſe primitive 2 , nous prenions 4 , c'eſt-à-dire, ſi nous faiſions CL=4, & CP=1 , ce qui demanderoit que l'angle de l'obliquité CLP fut plus aigu, alors en faiſant à peu près la même conſtruction que M. Bernoulli, nous trouverons que le corps C avec 4 de viteſſe pourroit former 16 reſſorts, dont chacun demanderoit un dégré de force pour être comprimé ; ainſi la force totale ſeroit 16 , & par conſéquent elle ſeroit comme le quarré 16 de la viteſſe primitive 4 ; mais comme 4 ne renfermeroit pas toute la viteſſe de cette force, puiſqu'il y auroit 16 viteſſes correſpondantes aux 16 reſſorts bandés , il faudroit dire que la force agiſſante ſeroit ici comme le quarré du quart de ſa viteſſe totale , tandis que dans le cas précédent il auroit fallu dire que la force agiſſante étoit comme le quarré de la moitié de toute ſa viteſſe ; d'où l'on voit que la force agiſſante dans ces ſortes d'exemples n'a point de rapport fixe avec le quarré de ſa viteſſe totale, au lieu qu'elle eſt conſtamment comme cette viteſſe.

Ce n'eſt donc qu'à la décompoſition du mouvement, & non pas à aucune qualité des forces agiſſantes qu'il faut attribuer la différence des effets que produit un corps en mouvement lorſqu'il ſuit ſucceſſivement les directions des forces qui compoſent ſon mouvement ; les forces compoſantes priſes enſemble ſont toujours plus grandes que la compoſée, par exemple, les viteſſes CP, PL priſes enſembles ſont plus grandes que la viteſſe CL qu'elles compoſent, c'eſt pourquoi ſi le corps C après avoir ſuivi la direction CL rencontre un obſtacle qui lui faiſant perdre le mouvement ſelon CP, l'oblige de ſe mouvoir ſelon LM qui eſt dans la direction PL, la viteſſe qu'il aura ſelon cette direction ſera plus grande que celle qu'il auroit euë après le choc, s'il avoit ſuivi la direction CL, ce qu'il auroit pû faire ſi le reſſort L avoit été perpendiculaire ſur CL, & ne lui avoit ôté ſur ſa direction qu'une viteſſe égale à CP. Donc en ſuivant la direction LM, il aura plus de force que s'il ſuivoit toujours la direction CL, & il eſt viſible qu'en décompoſant pluſieurs fois ſon mouvement, on augmentera ſa force & on le rendra capable de plus

grands

grands effets ; mais tout cela ne dit rien en faveur des Forces vives, & quoiqu'on veuille établir là-deſſus, jamais on ne prouvera que ces forces ſoient comme les quarrés de leurs viteſſes.

Pour mieux faire voir la fauſſeté de la prétention de M. Bernoulli, je n'ai qu'à montrer que s'il y a ici quatre dégrez de force agiſſante, il y a auſſi quatre forces mortes qui tendent chacune ſelon ſa direction à donner 1 de viteſſe, & que par conſéquent les forces agiſſantes ſont ici dans la même raiſon que les forces mortes ; or voici comme je le prouve : la viteſſe CL eſt compoſée de CP, PL ; la viteſſe PL ou LM eſt compoſée de LQ, QM, & la viteſſe QM ou MN eſt compoſée de MR, RN ou NO ; donc la viteſſe CL eſt compoſée des quatre CP, LQ, MR, RN qui ſont égales entr'elles. Menant donc par le point C la droite CZ égale & parallele à LQ, la droite CX égale & parallele MR, & la droite CT égale & parallele à NO, la force CL ſera compoſée des quatre forces mortes CP, CZ, CX, CT, qui toutes tendront à donner au corps C ſelon leurs directions un dégré de viteſſe ; c'eſt pourquoi ſi le corps C choque ſucceſſivement ſelon ces quatre directions, il y aura quatre dégrez de force agiſſante correſpondans aux quatre forces mortes, & ſi le corps C ſuit toujours la direction CL, il n'y aura que deux dégrez de force agiſſante correſpondans à une force morte qui tendroit à donner ſur CL les deux dégrez de viteſſe que les quatre forces mortes tendent à donner au corps ſelon cette direction CL. Donc les forces agiſſantes ſont comme les forces mortes, mais celles-ci ſont comme les viteſſes qu'elles tendent à donner ; donc les forces agiſſantes ſont auſſi comme leurs viteſſes, & non pas comme leurs quarrez ; & ſi elles ſont comme le quarré de la viteſſe qui ſuivroit toujours la direction CL, c'eſt que les forces mortes qui compoſent cette viteſſe, ſont auſſi comme le quarré de la viteſſe de cette direction.

Je pourrois rapporter ici quelques autres prétendues Démonſtrations que les Partiſans de M. Leibnits apportent pour ſoutenir ſon ſentiment, mais comme les réfutations que j'en ferois rouleroient à peu près ſur les mêmes principes, je me contenterai de dire que les Auteurs qui prennent ce parti ſe trompent, ou en négligeant la différence des tems, ou en prétendant meſurer les forces par les produits des maſſes par les eſpaces, ou enfin dans le mouvement compoſé en prenant une partie des viteſſes pour les viteſſes totales.

K

J'achevois de répondre à la derniere preuve de M. Bernoulli, lorfque j'appris que M. de Mairan avoit traité des Forces vives dans fa fçavante Differtation imprimée en 1728. dans les Mémoires de l'Académie Royale des Sciences. Le mérite & la réputation de cet illuftre Académicien, joint au defir que j'avois de profiter de fes lumieres, me porterent à m'addreffer directement à lui. Il me reçut avec fa politeffe ordinaire, & loin d'être piqué que j'euffe écrit fur un fujet qu'il avoit fi bien difcuté, comme il arrive à quelques Sçavans hériffés & jaloux qui s'imaginent qu'on leur fait tort quand on écrit après eux, il m'exhorta lui-même à continuer mon travail; mais fa modeftie ne lui permettoit pas de voir que fa Differtation dont il me faifoit part alloit bientôt me faire tomber la plume des mains. En effet, à la premiere lecture que j'en fis, j'y trouvai des preuves fi folides & fi convaincantes contre le fentiment des Forces vives, que je crus qu'il étoit inutile de revenir fur une queftion qui avoit été fi clairement réfolue. Ce ne fut même qu'en faveur des perfonnes qui n'ont point les Memoires de l'Academie que je laiffai fubfifter dans ma Mechanique Générale ce que javois déja écrit. Je ferois toujours refté dans le même fentiment, fi les *Inftitutions de Phyfique* n'avoient été mifes au jour : l'érudition & le fçavoir qui paroît dans cet Ouvrage méritent bien qu'on marque le cas qu'on en fait, en répondant à ce qui s'y trouve d'oppofé à notre façon de penfer; ce n'eft pas que j'aye deffein d'examiner tout ce qui y eft rapporté en faveur des Forces vives, la plûpart des preuves étant les mêmes que celles de MM. Leibnits & Bernoulli que j'ai réfutées ci-deffus; je ne pourrois les difcuter de nouveau fans tomber dans des redites dont je m'affure que tout Lecteur raifonnable voudra bien me difpenfer. Mais il n'en eft pas de même à l'égard d'un article des Inftitutions de Phyfique, où la Differtation de M. de Mairan eft attaquée, & fi je ne dois pas avoir la témérité de croire que je puiffe donner quelque dégré de clarté aux Ecrits de ce célebre Geometre; du moins je dois aimer affez la verité pour faire voir à mes Lecteurs qu'on tâchera toujours vainement de l'obfcurcir dans un Ouvrage où elle a été mife dans tout fon jour.

M. de Leibnits inventeur des Forces vives, femble n'avoir appuyé fon fentiment que fur la premiere preuve que nous avons réfutée ci-deffus. Que deux corps A, B, (*Fig.* 242.) commençant à tomber des points A & B parcourent l'un l'efpace AC, dans deux fecondes, & l'autre l'efpace BD dans une feconde ; les efpaces AC, BD, feront entr'eux comme les quarrez 4, 1, des tems 2, 1, & les viteffes acquifes à la fin de ces tems ne feront que comme les tems mêmes, ou comme 2, 1 ; cependant fi l'on conçoit que ces corps étant parvenus en C & D, foient repouffés en haut avec leur viteffe acquife, le corps A remontera en A dans un tems égal à celui qu'il a employé à defcendre de A en C, & le corps B remontera en B dans un tems égal à celui qu'il a employé à parvenir de B en D, tout le monde convient de ceci. Or, difoit M. de Leibnits, les efpaces que deux Forces font parcourir à deux corps, font la mefure la plus naturelle qu'on puiffe affigner à leurs quantités, & ces efpaces font ici comme les quarrés des viteffes acquifes à la fin des tems, donc les Forces qui font remonter les corps A, B, font comme les quarrés de leurs viteffes ; mais ces Forces font des Forces vives, car elles font acquifes par un mouvement actuel & dans des tems finis & déterminés, donc les Forces vives font entr'elles comme les quarrés des viteffes, en fuppofant les maffes égales comme nous faifons ici, ou comme les produits des maffes par les quarrés des viteffes fi les maffes font inégales.

Si cette preuve de M. de Leibnits pouvoit refter fans replique, elle fuffiroit pour donner gain de caufe aux Partifans des Forces vives ; mais au contraire, fi on parvient à démontrer fa fauffeté, toutes les autres qu'on nous objecte doivent néceffairement tomber d'elles-mêmes, non-feulement par le rapport qui fe trouve entre les expériences fur lefquelles on les fonde, & celle que nous venons de rapporter, mais encore parce qu'on ne pourroit nous dire pourquoi ces Forces fe trouveroient ici en défaut, tandis qu'on voudroit les faire fubfifter dans tous les autres cas. C'eft donc à ce point principal d'où dépend la décifion du différent que M. de Mairan s'eft attaché avec le plus de foin ; d'abord il nous fait voir que les efpaces que deux différentes Forces font parcourir à des corps égaux ne fauroient être la mefure des quantités de ces Forces que dans la fuppofition de l'égalité des tems ; or il eft vifible que les tems font ici différens puifqu'ils font comme 2, 1, donc les efpaces AC, BD ne font pas la mefure des Forces qui font remonter les corps en A & B. Cette réponfe a toute la folidité qu'on peut demander ; en fait de mouvement fi l'on n'a égard à tout ce qui eft renfermé dans fon idée, je veux dire à la maffe, à l'efpace & au tems ; on fe metira toujours en danger de tomber dans l'erreur, & dans les cas particuliers où l'on ne se sera point trompé, il arrivera par hazard que les choses qu'on aura négligées seront égales, ce qui verifiera la conclusion qu'on aura tirée sans justifier le raisonnement. Et qu'on ne dise point qu'il y a une distinction à faire entre les Forces uniformes & les Forces retardées ; je sais que celles-ci rencontrent à chaque pas des obstacles, qui les affoiblissant peu à peu, les font enfin périr ; & qu'au contraire celle-là ne rencontrant point d'obstacles, conservent toujours une entiere vigueur, mais ces obstacles ne changent point la valeur intrinseque des Forces. Il sera toujours vrai de dire qu'une Force comme deux sera toujours comme deux, soit qu'elle soit détruite par une cause étrangere, ou qu'elle ne le soit pas, ce qui aura été détruit ne sera jamais que 2, de même qu'en ôtant la cause qui détruit on ne retrouvera que deux.

Il paroît donc que M. de Mairan auroit pû s'en tenir à la réponse que nous venons de rapporter ; mais comme on se seroit peut-être imaginé qu'en négligeant la différence des tems, il devoit du moins admettre que les Forces agissantes sont dans la raison des quarrés de leurs vitesses ; il pousse la chose plus loin, & recherchant la véritable cause des effets qui ont occasionné la question, il nous fait voir, que malgré la diversité des tems, les Forces agissantes ne font que comme leurs vitesses & non pas comme leurs quarrés. *Ce ne font point, dit-il, les espaces parcourus par le mobile dans le mouvement retardé qui donnent l'estimation & la mesure de la Force motrice, mais les espaces non parcourus, & qui l'auroient dû être par un mouvement uniforme dans chaque instant ; ces espaces non parcourus font en raison des simples vitesses, & partant les espaces qui répondent à une Force motrice retardée ou decroissante en tant qu'elle se consume dans son action, sont toujours proportionnels à cette Force & à la vitesse du mobile, tant dans les mouvemens retardés que dans le mouvement uniforme.* Cette assertion qui paroît une espece de paradoxe, comme M. de Mairan l'avoue lui-même, se trouve démontrée dans toute la rigueur geométtique dans sa Dissertation, & l'on peut dire que c'est ici le plus rude coup que les Forces vives ayent jamais essuyé. L'Auteur des Institutions de Physique a l'esprit trop pénétrant pour ne l'avoir pas senti ; quoique l'Ouvrage de M. Mairan contienne grand nombre d'autres preuves, qui toutes tendent à la destruction des Forces vives ; il ne s'est attaché qu'à celle-ci, convaincu, peut-être, que si l’on pouvoit une fois la reduire au neant, toutes les autres seroient faciles à dissiper ; à son avis M. de Mairan n’a rien oublié de tout ce qu’on peut dire en faveur d’une mauvaise cause ; mais son raisonnement est toujours vicieux dans le fonds, & plus il est séduisant, plus il se croit obligé de faire sentir aux Lecteurs que la doctrine des Forces vives n’en peut souffrir aucune atteinte. Je rapporterai bientôt, & la démonstration de M. de Mairan, & les raisons que lui oppose l’Auteur des Institutions de Physique ; mais auparavant je suis bien aise de rappeller en peu de mots ce qui regarde la nature & les propriétés des mouvemens accelerés & retardés, & d’en tirer quelques conséquences qui mettront le Lecteur en état de juger plus facilement du parti que l’on doit prendre dans cette question.

Soit le corps A (*Fig. 243.*) qui commence à tomber du point A, & qui se meut pendant un tems représenté par la ligne AF, que je suppose divisé en quatre petits tems égaux finis & déterminés AC, CD, DE, EF, supposons aussi que l’espace parcouru pendant le premier tems AC soit représenté par le triangle ACH. Il est sûr que si à la fin du tems AC la pesanteur cessoit d’agir sur le corps A, & que ce corps ne se meut que par la vitesse acquise à la fin de ce tems, l’espace CHMD qu’il parcourroit pendant le second tems CD, seroit double de l’espace ACH parcouru pendant le premier tems, personne ne disconvient de ceci, & en effet, il est clair qu’une vitesse acquise & uniforme doit faire parcourir un espace double de celui qui a été parcouru avec une vitesse qui s’est augmentée par des accroissemens insensibles & égaux, en supposant l’égalité des tems de part & d’autre. Or tandis que la vitesse acquise à la fin du tems AC feroit parcourir au corps A l’espace CHDM pendant le tems CD, la pesanteur de son côté, si elle agissoit toute seule, lui feroit parcourir dans le même tems CD l’espace HMN égal à l’espace ACH qu’elle auroit fait parcourir dans le premier instant ; car la pesanteur agissant toujours de la même maniere sur le corps, les accroissemens de vitesse qu’elle donne dans des tems égaux font égaux ; laissant donc agir la vitesse acquise à la fin du tems AC & la pesanteur, l’espace parcouru pendant le tems CD sera CHND, & cet espace fera composé de deux parties dont l’une CHMD feroit parcourue avec une vitesse uniforme, si elle agissoit seule, & l’autre HNM fera parcourue avec une vitesse accelerée. Il est aisé de voir que si la vitesse acquise pendant le tems

CD agiſſoit ſeule ſur le corps pendant le tems DE , l'eſpace parcouru MNZX ſeroit double de HNM , & que laiſſant agir cette
viteſſe conjointement avec la peſanteur & avec la viteſſe acquiſe
à la fin du tems AC , l'eſpace parcouru DNOE ſera compoſé de
trois parties , dont les deux DMXE, MNZX ſeroient parcourues avec des viteſſes uniformes & égales , ſi elles agiſſoient ſeules , & la troiſiéme NOZ ſera parcourue avec une viteſſe accelerée , & continuant le même raiſonnement , on trouvera que
les eſpaces parcourus , à l'exception du premier , ſont tous parcourus par un mouvement dont une partie ſeroit uniforme &
l'autre accelerée , c'eſt-à-dire le mouvement du premier eſpace
ſeroit acceleré , celui du ſecond auroit une partie uniforme &
l'autre accelerée , celui du troiſiéme en auroit deux uniformes &
l'autre accelerée & ainſi de ſuite.

    Et il faut obſerver que quoique je diſe que chacun des eſpaces
eſt parcouru avec des viteſſes , dont les unes ſeroient uniformes
ſi elles agiſſoient ſeules , & dont là derniere eſt accelerée ; je ne
veux pas dire pour cela qu'une partie de ces eſpaces ſoit parcourue uniformement , & l'autre d'une maniere accelerée , car les
viteſſes uniformes & l'accelerée agiſſant enſemble ne forment
qu'une ſeule viteſſe accelerée dans chaque eſpace.

    Puiſque la viteſſe acquiſe à la fin du tems AC feroit parcourir
l'eſpace CHMD dans le tems CD, que celle-ci jointe à la viteſſe
que la peſanteur auroit ajoûté à la fin du tems CD, c'eſt-à-dire
toute la viteſſe acquiſe à la fin des deux tems AC, CD, feroit
parcourir pendant le tems DE l'eſpace DNZE, & ainſi de ſuite,
il s'enſuit que les viteſſes acquiſes à la fin des tems AC, AD,
AE, AF, ſont comme les eſpaces CHDM, DNZE, EOKF,
FPIL ; mais ces eſpaces ayant les hauteurs égales , ſont comme
leurs dimenſions inégales, CH, DN, EO, FP, & à cauſe des
triangles ſemblables ACH , ADN , &c. ces dimenſions CH,
DN, &c. ſont comme les tems AC, AD, &c. donc les viteſſes
acquiſes à la fin des tems AC , AD , &c. ſont comme les tems ;
mais à cauſe des mêmes triangles ſemblables , les eſpaces ACH,
ADN parcourus à la fin des tems AC , AD , &c. ſont comme
les quarrés de ces tems, donc les eſpaces parcourus à la fin des
tems AC , AD , ſont comme les quarrés des tems , tandis que les
viteſſes ne ſont que comme les tems.

    Les Forces acquiſes à la fin des tems AC , AD , *&c. ſont comme
les viteſſes acquiſes à la fin de ces mêmes tems ;* car les viteſſes ac-

quifes font comme les efpaces CHDM, DNZE, EOKF, &c.
qu’elles feroient parcourir dans des tems égaux CD, DE, EF,
&c. & les efpaces parcourus dans des tems égaux, font la mefure la plus naturelle des quantités des Forces qui font parcourir
ces efpaces, ce que les Partifans des Forces vives ne peuvent
nier, puifqu’ils l’admettent même lorfque les tems ne font pas
égaux ; donc les Forces acquifes à la fin des tems AC, AD, &c.
font comme les viteffes acquifes à la fin de ces mêmes tems.

De ce que nous venons de prouver, il fuit néceffairement
qu’il n’y a point de différence entre les viteffes acquifes & les Forces acquifes à la fin des mêmes tems ; or les Partifans des Forces vives conviennent que les viteffes acquifes font comme les
tems AC, AD, donc ils doivent convenir auffi que les Forces
acquifes font comme les tems, mais les Forces acquifes à la fin
des tems AC, AD, &c. font des Forces agiffantes, puifqu’elles
font acquifes par un mouvement actuel & après un tems déterminé, donc les Forces agiffantes font comme les tems ou comme les viteffes, & non pas comme les quarrés.

Je vois bien qu’on me dira que les Forces dont je parle font
des Forces uniformes, au lieu que M. de Leibnits parloit des
Forces retardées, mais je redirai auffi que les Forces uniformes
& les retardées n’ont rien en elles-mêmes qui puiffe les diftin-
guer, & que toute la différence qu’on y trouve ne venant que
des obftacles que les unes rencontrent tandis que les autres n’en
rencontrent point, tout ce qu’il en arrive, c’eft que celles-ci fe
trouvent affoiblies peu à peu & periffent même totalement, tandis que celles-là font toujours dans la même vigueur. Pour s’en
convaincre pleinement on n’a qu’à fuppofer que deux corps d’é-
gale maffe foient pouffés avec des viteffes égales, mais qu’e l’un
rencontre fur fa route d’autres corps, qui par leur choc détruifent peu à peu fon mouvement, & que l’autre n’en rencontre
point, celui qui aura été choqué fe trouvera en repos, tandis
que l’autre continuera à fe mouvoir & parcourra par conféquent
un efpace plus grand ; dira-t-on pour cela que ces deux corps
n’ont pas été pouffés avec des forces égales ; c’eft ce que je ne
crois pas qu’aucun Geométre ou Phyficien ofe jamais avancer,
& ce qui me fait croire auffi qu’on ne foutiendra jamais qu’une
Force qu’on transforme d’uniforme en retardée, ou de retardée en
uniforme, puiffe être différente d’elle-même, mais allons plus avant.

Suppofons qu’un autre corps B (*Fig.* 243.) commençant à tom-

ber du point B, se meuve pendant les tems B*c,cd* égaux chacun à
chacun aux tems AC, CD, l'espace B*ch* parcouru par le corps B
pendant le tems B*c* sera égal à l'espace ACH parcouru par le corps
A pendant le tems AC=B*c*,& l'espace B*dn* que B parcourra pendant le tems B*d*, sera égal à l'espace ADN que A parcourra pendant le tems AD ; & comme les vitesses ou les Forces acquises par le corps B à la fin des tems B*c*, B*d* seront entr'elles comme les droites *ch*, *dn* égales chacune à chacune aux droites CH,
DN, à cause de la similitude des triangles B*ch*, ACH ; B*dn*,
ADN, & des hauteurs égales B*c*, AC ; B*d*, AD, il s'ensuit que
la vitesse ou Force acquise du corps B à la fin du tems B*c* sera à
la vitesse ou Force acquise du corps A à la fin du tems AF,
comme *dn* est à FP ou comme 2 à 4, ou comme 1 à 2 ; maintenant supposons que les deux corps A, B ayant parcouru les espaces AFP, B*dn*, à la fin des tems AF, B*d* soient repoussés en
haut avec leurs vitesses acquises à la fin de ces tems, il est clair
que si la pesanteur cessoit d'agir sur ces corps, le corps A parcourroit l'espace ARPF double de l'espace APF dans un tems
égal à celui qu'il a employé à parcourir APF ; car sa vitesse ou
Force acquise à la fin du tems AF lui feroit parcourir pendant
le tems EF l'espace FPQE, qui est le quart du rectangle FPRA,
& comme cette vitesse seroit uniforme, puisque nous supposons
qu'elle ne trouveroit point d'obstacles, il s'ensuit qu'elle feroit
parcourir au corps A le rectangle FPRA quadruple du rectangle
FPQE dans le tems FA quadruple de FE ; par la même raison
le corps B parcourroit l'espace *dnu*B double de l'espace B*dn*,
dans un tems égal à celui qu'il a employé à parcourir B*dn*, &
ces deux espaces FPRA, *dnu*B, seroient entr'eux comme 4 à
1, à cause que les bases FP, *dn*, & les hauteurs AF, B*d* sont
entr'elles comme 2 à 1, ainsi les espaces parcourus seroient en
raison doublée des vitesses acquises, ou des vitesses qui oblige-
roient les corps A, B à remonter.

Que si nous laissons agir la pesanteur sur les deux corps A,
B pendant qu'ils remonteront, il arrivera que pendant le tems
EF la pesanteur empêchera le corps A de parcourir l'espace
OQP, car la pesanteur agissant uniformement sur le corps, soit
qu'il descende ou qu'il monte, elle doit l'empêcher en montant pendant un tems, de parcourir un espace OQP égal à l'espace OKP qu'elle lui feroit parcourir dans le même tems s'il
descendoit ; ainsi la vitesse qu'elle fera perdre au corps en mon-
                                                                    tant

tant pendant le tems EF, étant égale à celle qu'elle lui auroit
fait acquerir en defcendant pendant le même tems, laquelle viteffe acquife lui feroit parcourir dans un tems femblable un efpace femblable & égal à l'efpace KOPQ; il ne doit plus refter au
corps A, à la fin de ce tems, qu'une viteffe, laquelle ne lui feroit parcourir pendant le tems ED que l'efpace EOTD, fi elle
ne rencontroit point d'obftacles; mais comme la pefanteur s'oppofe toujours à fon paffage, le corps A perdra pendant ce tems
la partie de cette viteffe qui lui auroit fait parcourir un efpace
femblable & égal à ZOTN; & continuant ce même raifonnement, on trouvera que les viteffes perdues pendant les tems FE,
ED, DC, CA, font repréfentées par les efpaces KPOQ,
ZOTN, MNYH, CHAG, lefquels pris enfemble font égaux
à l'efpace FPQE, que le corps auroit parcouru dans le premier
tems EF, & qui repréfente la viteffe acquife avec laquelle le
corps remontoit; par la même raifon, le corps B en remontant
aura perdu des viteffes repréfentées par les efpaces *mnyh*, *chg*B,
qui pris enfemble font égaux à l'efpace *dnyc* qui repréfente la viteffe acquife avec laquelle il remontoit; or les efpaces réellement parcourus par les corps A, B en remontant étant les triangles AFP, B*dn*, qui font moitiés des rectangles AFPR, B*dnu*,
qu'ils auroient parcouru s'ils n'avoient point trouvé de refiftance;
il eft évident que ces efpaces font encore entr'eux comme les
quarrés des viteffes qui font remonter les corps, d'où il femble
d'abord qu'il faut faire une diftinction entre les viteffes & les
Forces des corps, à caufe que les viteffes étant comme 2 à 1,
les efpaces que l'on confond mal-à-propos avec les Forces dans
le cas prefent, font comme 4 à 1.

Pour lever cette difficulté, on répond d'abord, que les efpaces ne font ici comme 4 à 1, que parce que la premiere Force
agit dans un tems double de celui qui eft employé par la feconde Force; & en effet, fi on ne laiffe agir la force uniforme du
corps A, que pendant le tems FD égal au tems *d*B de la Force
uniforme du corps B, on trouvera aifément que le corps A parcourra un efpace qui ne fera à l'efpace parcouru par B que comme 2 à 1, ou comme la viteffe acquife de A à la viteffe acquife
de B; mais comme on pourroit prétendre que la diverfité des
tems en augmentant l'efpace parcouru par A augmente auffi la
Force de ce corps, nous allons montrer que cette Force eft la même, foit qu'elle agiffe pendant les deux tems FE, ED, ou qu'elle

L

agisse pendant les quatre, FE, ED, DC, CA.

Les effets étant toujours proportionnels à leurs causes, on ne peut mieux juger de la quantité d'une Force qui se détruit en agissant, que par les obstacles qui causent sa destruction. Or les obstacles qui détruisent la force de A sont les impressions de la pesanteur, lesquelles sont périr au premier instant FE la vitesse qui feroit parcourir un espace égal à KPQO, au second la vitesse qui feroit parcourir un espace égal à ZOTN, au troisiéme celle qui feroit parcourir un espace égal à MNYH, & au quatriéme celle qui feroit parcourir un espace égal à CHGA ; donc ces impressions ou obstacles sont comme les espaces KPQO, ZOTN, MNYH, CHGA ; par la même raison les obstacles qui sont périr & consumer la Force de B, sont comme *mnyh*, *chg*B, mais les quatre espaces KPQO, ZOTN, MNYH, CHGA, sont aux espaces *mnyh*, *chg*B, comme 4 à 2, ou comme 2 à 1, donc les obstacles qui détruisent les Forces de A & de B sont comme 2 à 1, & par conséquent les Forces sont comme 2 à 1 ou comme leurs vitesses.

On voit par là que la seule considération des mouvemens accelerés & retardés nous découvre, 1°. Que la vitesse d'un corps multipliée par la masse n'est point différente de sa force, soit que le mouvement soit uniforme ou qu'il soit acceleré, ou retardé. 2°. Que la force n'augmente point par la plus grande durée du mouvement. 3°. Enfin que M. de Mairan a eu raison de dire que ce sont les espaces non parcourus & qui l'auroient dû être par un mouvement uniforme, qui donnent l'estimation & la mesure de la Force motrice dans le mouvement retardé ; les espaces non parcourus par le corps A, c'est-à-dire les espaces que la pesanteur a empêché de parcourir sont au premier instant l'espace PQO, au second l'espace OTN, au troisiéme l'espace NYH, & au quatriéme l'espace HGA ; de même les espaces non parcourus par le corps B sont au premier instant l'espace *nyh*, & au second l'espace *hg*B, mais ces espaces non parcourus de part & d'autre étant comme 4 à 2, sont en même raison que les obstacles qui ont détruit leurs Forces, donc puisque les Forces sont comme les obstacles qui les détruisent, elles sont aussi comme les espaces non parcourus. Mais il est tems de faire voir comment M. de Mairan démontre lui-même la Proposition que nous avons rapportée ci-dessus ; c'est à la page 29 de la premiere édition de sa

Differtation, ou à la page 67 de la feconde édition qu'il s'explique ainfi. *

    Concevons deux mobiles égaux A *&* B (Fig. 244.) *qui remontent
fur les lignes* AD *de* 4 *toifes* Bd, *de* 2 *toifes, l'un favoir* A *avec deux
degrez de viteffe, & l'autre* B *avec un degré. Si rien ne s'oppofoit
à la Force motrice du corps* B, *c'eft à-dire fi le mouvement éto.t uniforme,* B *parcourroit au premier tems les deux toifes* Bd *fans rien
perdre de cette force ni du degré de viteffe dont elle refulte ; mais parce que, par hypotèfe, les impulfions contraires de la pefanteur qui lui
font continuellement appliquées pendant ce tems achevent de confu-
mer fa Force & fa viteffe, & l'arrêtent enfin lorfqu'il eft parvenu à
la fin* b *de la premiere toife, le mobile* B *ne parcourra qu'une toife
dans fon mouvement retardé, & je dis de même du mobile* A ; *il auroit parcouru dans le premier inftant les quatre toifes* AD, *mais les
impulfions contraires de la pefanteur l'ont fait, pour ainfi dire reculer
d'une toife* DC *pendant ce tems, de forte qu'il n'en a parcouru réellement que trois, & ces impulfions contraires ont confumé ou detruit
en lui un degré de force & un degré de viteffe, comme ils ont fait
dans le corps* B *pendant un tems femblable ; mais parce que le corps* A
avoit 2 *degrez de force &* 2 *de viteffe, il lui en refte encore* 1, *& il
fe trouve par là en* C, *& à la fin du premier tems dans le cas où fe
trouvoit le corps* B *au commencement de ce premier tems. Il a donc
tout ce qu'il faut pour parcourir encore* 2 *toifes* CE, *en un fecond tems
femblable au premier, fi aucune impulfion contraire ne s'y oppofe ; mais
les impulfions contraires de la pefanteur vont s'y oppofer de la même
façon qu'elles fe font oppofées au mouvement du corps* B, *donc le
corps* A *ne parcourra pendant ce fecond tems que la toife* CD, *ayant
pour ainfi dire reculé de l'autre toife* ED *en vertu du retardement, ou
des impulfions contraires à fa Force motrice, après quoi il s'arrétera
en* D, *comme le corps* B *en* b, *de forte qu'il n'aura parcouru en tout
dans les deux tems de fon mouvement que* 4 *toifes. Ce font ces efpaces*
Bd, CD *dans le premier inftant, &* DE *dans le fecond, & ainfi de
fuite, que j'appelle non parcourus ; ils font non parcourus relative-
ment à la Force motrice des corps* A, B, *& à leur direction donnée
de* B *vers* d, *& de* A *vers* E, *à laquelle feule on fait attention ;
quoi qu'en un fens ils foient très-réellement parcourus en valeur, en
direction contraire, & par l'effet d'une autre Force motrice oppofée à*

---

* La premiere édition eft in-4. & fe trouve à la téte des Mémoires de l'Académie
Royale des Sciences de l'année 1728, & la feconde qui vient de fe faire eft in 12, &
fe vend à Paris chez Jombert, Libraire rue S. Jacques.

la premiere, qui s'y mêle, & qui la modifie continuellement, com-
me feroit le mouvement contraire d'un plan fur lequel le mobile feroit
porté.

Et à la page 33 de la premiere édition, & 75 de la feconde,
M. de Mairan continue ainfi. *Les efpaces non parcourus à chaque*
inftant reprefentent la Force perdue & confumée à cet inftant, ou ce
qui revient au même, l'effort de la puiffance contraire qui la détruit,
ou qui la confume en s'exerçant contre elle ; mais la fomme de toutes
les Forces perdues ou de tous les efforts contraires eft égale à la Force
totale du mobile. Donc, &c.

Les efpaces Bb, AC parcourus par le mobile dans le premier in-
ftant, font l'effet de la Force conftante & confervée, & non de la For-
ce retardée ou perdue ; ainfi ils ne doivent point mefurer la perte qui
s'en eft faite dans le tems employé à les parcourir. Cette perte, dis-je,
s'eft faite en les parcourant & non à les parcourir, elle doit être re-
pandue fur ces efpaces, & fur le tems employé à les parcourir ; mais
elle n'a d'effet réel, & n'apporte du changement à la Force motrice
totale, & ne la fait decroitre que proportionnellement à l'efpace non
parcouru, ou à la valeur de l'efpace non parcouru repandue ou retran-
chée continuellement fur les portions correfpondantes d'efpaces parcou-
rus ; l'efpace parcouru n'exprime que la repetition de la Force totale ou
de la partie qui en eft confervée, efpace qui feroit infini fi elle étoit
toujours confervée, quelque finie qu'elle pût être. C'eft donc l'efpace
non parcouru Bd, CD, DE, qui mefure fa partie perdue ou confu-
mée, celle là même qui fait le complement de la totale, avec celle
qui s'eft confervée à chaque inftant, & qui fe feroit confervée de
même fi le mouvement eût été uniforme, & s'il eût fait parcourir au
mobile l'efpace qu'il ne parcourt pas faute d'uniformité.

Il eft clair que les efpaces bd, CD, DE, qui ne font que l'unité
répetée à chaque inftant & à chaque dégré de viteffe perdu, font égaux
en nombre aux inftans, & aux dégrés de viteffe ; & par conféquent
que leur fomme eft égale ou proportionnelle à la fimple viteffe initiale du mouvement retardé ; *mais leur fomme eft égale à*
la force du mobile (ce qui a été démontré ci-deffus) ; *donc la*
force eft proportionnelle à la fimple viteffe, foit qu'on la confidere dans
un inftant particulier de fon action, foit qu'on la confidere dans la
fomme des inftans de fa durée & de fon action totale.

Après une Demonftration auffi nette & geometrique que celle-
ci, on avoit lieu d'efperer que les partifans de l'opinion contraire fe rendroient enfin à une verité qui leur étoit fi clairement

expliquée. Mais les noms de MM. Leibnits & Bernoulli font fi
célébres, qu'il femble qu'on ait tort d'oppofer des Démonftrations
à leur autorité.

: Voici de quelle maniere l'Auteur des Inftitutions de Phyfique
attaque ce qui vient d'être rapporté : *Pour fentir*, dit-il , pag. 430.
le vice de ce raifonnement, il fuffit de confiderer l'action de la pefan-
teur comme une fuite infinie de refforts égaux qui communiquent leurs
forces en defcendant, & que le corps referme en remontant ; car alors
on verra que les pertes d'un corps qui remonte, font comme le nombre
des refforts, c'eft-à-dire, comme les efpaces parcourus, & non pas
comme les efpaces non-parcourus.

La comparaifon que l'on fait des impreffions de la pefanteur
avec les impreffions d'une fuite de refforts égaux a quelque chofe
de brillant qui éblouit d'abord , mais quand on examine la chofe
de près, on y trouve un défaut de parité fi fenfible, qu'il paroît
furprenant que M. Bernoulli ait pû s'y laiffer prendre le premier.
Lorfqu'un corps fe meut en conféquence des impreffions toujours égales de la pefanteur, les efpaces parcourus d'une impreffion à l'autre, vont en augmentant dans la raifon des nombres impairs 1 , 3 , 5 , 7, &c. & les tems font égaux ; d'où il fuit
que fi l'on divife en efpaces égaux, l'efpace total qu'un corps
doit parcourir pendant un tems déterminé, les impreffions de la
pefanteur d'un efpace à l'autre iront en diminuant, & les tems
employés à parcourir ces efpaces égaux diminueront auffi à mefure qu'ils s'éloigneront du mouvement ; cela eft inconteftable
dans le fiftême de Galilée que les Défenfeurs des forces vives
reçoivent de même que nous. Si l'on veut donc établir une comparaifon jufte entre les impreffions de la pefanteur & les impreffions d'une fuite de refforts égaux, il faut, ou qu'on dife que les
efpaces parcourus en conféquence des impreffions fucceffives des
refforts font comme les nombres 1, 3, 5, 7, &c. & que les tems
employés à les parcourir font égaux , ou qu'on veuille au contraire
que ces efpaces foient tous égaux, & que les tems aillent en
diminuant de même que les impreffions. Mais on ne peut vouloir que les efpaces parcourus d'une impreffion à l'autre, augmentent dans la progreffion des nombres impairs ; car M. Bernoulli a démontré lui-même, comme on a vû ci-deffus, que
les efpaces parcourus par la boule P (*Fig.* 28.) en conféquence
des impreffions des trois refforts BN font aux efpaces parcourus
par la boule L en conféquence des impreffions des douze refforts

AM, comme 3 à 12, c'eft-à-dire, comme les nombres des reſ-
forts ou des impreſſions faites ſur P, eſt au nombre des reſſorts
ou des impreſſions faites ſur L, & cela ne ſçauroit être ſi ces eſpaces alloient en augmentant, puiſqu'en ce cas les eſpaces parcourus par P feroient aux eſpaces parcourus par L comme 9 à
144, c'eſt-à-dire, comme les quarrez 3 & 12 des impreſſions, à
cauſe que dans toute progreſſion des nombres impairs 1, 3, 5,
7, &c. la ſomme de la progreſſion eſt toûjours égale au quarré
du nombre qui marque la multitude des termes, & que les nombre qui marquent ici les multitudes des eſpaces parcourus par P
& par L font les nombres 3 & 12 des impreſſions ou des reſſorts;
donc il faut néceſſairement qu'on diſe que les eſpaces parcourus
d'une impreſſion à l'autre font des eſpaces égaux entr'eux, & que
les tems employés à les parcourir vont en diminuant de même
que les impreſſions; mais ſi les impreſſions diminuent, il eſt viſible que leur ſomme, c'eſt-à-dire, les forces que les corps reçoivent, font moindres que la ſomme des forces égale des reſ-
forts; donc on a tort de ſoutenir que les forces des corps mûs
par des reſſorts ſoient comme ces reſſorts, ni que ces corps en
refermant les reſſorts faſſent des pertes qui leur ſoient proportionnelles, puiſque les impreſſions contraires qui feroient la cauſe
de ces pertes ne feroient pas dans la même proportion.

Quel ſera donc le rapport des impreſſions des reſſorts? le voici.
De même que dans le mouvement des corps qui tombent, les
impreſſions de la peſanteur font égales & les tems auſſi, lorſque
les eſpaces parcourus d'une impreſſion à l'autre font comme les
nombres 1, 3, 5, 7, &c. de même auſſi dans le mouvement des
corps pouſſés par une ſuite infinie de reſſorts, les impreſſions feront égales & les tems auſſi quand les eſpaces parcourus feront
dans la même progreſſion. Mais dans le mouvement des corps
qui tombent, les ſommes des impreſſions font comme les ſommes
des tems égaux à la fin d'un tems total, ou comme la viteſſe acquiſe à la fin de ce tems, ou enfin comme la racine de l'eſpace
total parcouru; donc dans le mouvement des corps preſſés par
des reſſorts, les ſommes des impreſſions à la fin d'un tems total,
font auſſi comme la viteſſe acquiſe à la fin de ce tems, ou comme
la racine de l'eſpace total.

Et il faut obſerver en paſſant que la ſomme des impreſſions n'é-
tant que comme la racine de l'eſpace total, & les reſſorts étant
au contraire comme cet eſpace, ou comme la ſomme des eſ-

paces égaux qui le compofent, & dont chacun eft égal à la place qu'occupe le débandement d'un reffort, il s'enfuit néceffairement que s'il a fallu pour une premiere impreffion l'efpace du débandement d'un reffort, il faudra pour une feconde impreffion égale à la premiere, l'efpace du débandement de trois refforts, pour une troifiéme l'efpace du débandement de cinq, & ainfi de fuite dans la progreffion des nombres impairs.

Après avoir montré que les pertes d'un corps qui remonte ne font pas comme la fomme des refforts, mais fimplement comme la racine de cette fomme, il faut encore montrer que ces pertes font comme les efpaces non parcourus, & non pas comme les efpaces parcourus, ainfi que l'Auteur des·Inftitutions de Phyfique le pretend.

Suppofons donc que les corps A, B,(*Fig.* 243.) étant parvenus en F & en *d*, remontent avec leurs viteffes acquifes, les refforts qu'ils feront obligés de furmonter en des tems égaux feront les mêmes qui leur auront donné leurs forces en defcendant; donc le corps A qui dans l'inftant FE parcourroit l'efpace FPQE s'il ne trouvoit point de reffort, fera obligé de perdre l'efpace PQO égal à l'efpace OKP que les refforts qu'il rencontre lui auront fait parcourir en defcendant, & comme ces refforts en lui donnant l'efpace OKP lorfqu'il defcendoit, lui auront donné une viteffe capable de parcourir l'efpace KPQO dans un inftant, de même en remontant la force de ces mêmes refforts, en lui ôtant l'efpace PQO lui ôtera une viteffe qui lui feroit parcourir un efpace égal à KPQO dans un inftant; ainfi le corps A ne pourroit plus parcourir dans l'inftant ED que l'efpace EOTD s'il ne fe trouvoit point d'obftacle, mais comme il fe rencontre encore des refforts qu'il faut furmonter, il pert l'efpace OTN & une viteffe capable de faire parcourir un efpace double de OTN dans un inftant, & continuant à raifonner de la même maniere, on trouvera que dans les deux autres inftans le corps A aura perdu deux efpaces NYH, AGH égaux aux deux efpaces précédens, & deux viteffes égales aux précédentes; de même le corps B aura perdu en remontant deux efpaces *nhy*, *hg*B, & deux viteffes femblables & égales à celles que le corps A aura perdu. Or ces efpaces uo ces viteffes perdues confument totalement les deux forces, & ce font les efpaces perdus qui en periffant ont fait face aux refforts, & les ont fait périr; donc les forces perdues font comme les efpaces perdus ou non parcourus, & non pas comme les efpaces parcourus, puifqu'il eft évident que ceux-ci ne font pas comme les efpaces non parcourus. Il femble que l'Auteur des Inftitutions de Phyfique auroit dû voir que la Demonftration de M. de Mairan avoit réfuté ce qu'il avance ici avec toute la clarté qu'on pouvoit défirer.

Pour mieux faire voir que ce n'eft pas par les efpaces plus grands qu'une force retardée parcourt dans un tems plus grand qu'il faut juger qu'elle eft plus grande qu'une autre ; M. de Mairan s'exprime ainfi dans un autre endroit de fa Differtation page 24. de la premiere Edition, & 57. de la feconde : *Comme il ne s'enfuit pas de ce que le mouvement uniforme d'un corps fini qui a une viteffe finie ne ceffe jamais ou dure toujours, que la force motrice actuelle qui le produit foit infinie, il ne s'enfuit pas non plus à la rigueur que la force motrice de ce même corps dans le mouvement retardé en foit plus grande de ce qu'elle doit durer davantage. Elle n'eft réellement plus grande que parce qu'elle fait parcourir de plus grands efpaces en des tems égaux, ou plutôt ces efpaces ne font plus grands en des tems égaux que parce que la force eft plus grande en vertu d'une plus grande viteffe ; & dans ce cas elle doit durer davantage ou perir plus tard, non pas à la rigueur parce qu'elle eft plus grande, car la feule raifon de la maffe pourroit la rendre telle, mais parce qu'en des tems égaux elle fait parcourir de plus grands efpaces. C'eft par-là accidentellement qu'elle dure davantage ou perit plus tard .... la plus longue durée fera fi l'on veut une indication d'une plus grande viteffe, mais non pas un fecond principe de valeur qui doive multiplier la valeur qu'indique déja la viteffe ou les efpaces parcourus appliqués au tems. Ce feroit faire un efpece de double emploi très-vicieux, mefurer une force par fes effets & par les effets de fes effets, & toute leur fuite répandue fucceffivement fur differens efpaces.*

Tout ceci eft évident & fe démontre de lui-même, mais les forces vives ne s'en accommodent point ; il faut donc abfolument prendre le parti d'y trouver à redire & de le critiquer. *On voit aifément*, dit l'Auteur des Inftitutions de Phyfique, *que dans le mouvement uniforme fuppofé éternel, il n'y a nulle deftruction de force, au lieu que lorfque la force motrice pendant un tems double a derangé des obftacles quadruples, il y a eu une dépenfe réelle de force, laquelle n'a pû fe faire fans un fonds de force quadruple, & qu'ainfi ces deux cas ne peuvent fe comparer.* S'il pouvoit fe faire que la force motrice pendant un tems double derangeât des obftacles quadruples, nous ne fçaurions difconvenir qu'il ne fallût un fonds de force quadruple

pour

pour produire un pareil effet, mais fi au contraire les obftacles dérangés dans des tems doubles ne font jamais que doubles, de même que les efpaces parcourus dans le mouvement uniforme en différens tems font toujours proportionnels à ces tems, je ne vois pas pourquoi nous ne pourrions comparer les obftacles qui font dérangez par la force retardée, avec les efpaces que la force uniforme fait parcourir. Or M. de Mairan a démontré que les efpaces non parcourus dans des tems doubles font comme ces tems, & il eft vifible que ces efpaces font dans la même raifon que les obftacles qui les ont empêchés d'être parcourus ; donc il faut ou que l'Auteur des Inftitutions de Phyfique nous faffe voir le vice de fa Demonftration, ou qu'il convienne lui-même du peu de folidité de fon raifonement.

Plus on a pouffé les Partifans des forces vives par la juftefſe & la folidité des raifonnemens, plus auffi ont-ils appellé les expériences à leur fecours. Les uns, à l'imitation de M. Bernoulli, ne nous parlent que de la force des refſorts, & les autres au contraire ne nous entretiennent que des proprietez des corps mols. Nous avons déja réfuté les preuves que M. Bernoulli prétend tirer des expériences des chocs des corps élaftiques, & nous en parlerons encore au fujet du fameux Problême d'une boule qui en choque immédiatement plufieurs autres (*N.* 601). Il ne me refte donc plus qu'à répondre à ce qu'on nous objecte touchant les corps mols, & c'eft ce que nous allons faire en peu de mots.

Si l'on prend de l'argile EFGH (*Fig.* 245.) dont la confiftance foit affez forte pour foutenir un corps qu'on poferoit fur la furface EF, & qu'après avoir élevé ce corps à différentes hauteurs AB, CB, &c. on le laiffe tomber à chaque fois, on trouvera toujours que les enfoncemens du corps dans l'argile feront proportionnels aux hauteurs dont il fera tombé, c'eft-à-dire, fi les hauteurs AB, CB, font comme 1 à 2, les enfoncemens du corps dans l'argile feront dans la même raifon ; or ces enfoncemens étant caufés par la feule viteffe acquife par le corps lorfqu'il eft parvenu fur la furface EF, & la pefanteur n'y contribuant rien, puifqu'on fuppofe que cette furface peut en arrêter l'action, les Partifans des Forces vives raifonnent ainfi : »Les enfoncemens » font les effets des Forces du corps, mais les effets font toujours proportionnels à leurs caufes ; donc ces enfoncemens font » entr'eux comme les forces acquifes du corps, lorfqu'il eft parvenu en B ; mais par l'expérience les enfoncemens font comme

M

» les hauteurs AB, CB, & ces hauteurs font comme les quarrez
» des viteffes acquifes ; donc les forces font auffi comme les quar-
» rez des viteffes acquifes «. A ce raifonnement fpécieux, M. de
Mairan répond que les enfoncemens du corps ne pouvant fe
faire fans déplacer à chaque inftant des nouvelles parties d'argile, le mouvement du corps eft retardé de la même façon que
s'il remontoit au point d'où il eft tombé, & que de même qu'il
parcourroit en remontant des efpaces plus grands & pendant
plus de tems à mefure qu'il feroit tombé de plus haut & pendant
un plus long-tems, de même auffi il s'enfonce plus avant dans
l'argile & pendant un tems plus long, lorfque la hauteur dont
il eft tombé fe trouve plus grande. Mais, comme ce Sçavant
Géometre, dans la vûe d'éclairer davantage l'efprit, n'a pas jugé
à propos de s'en tenir à la feule raifon tirée de la différence des
tems, lorfqu'il s'eft agi du mouvement retardé d'un corps qui
remonte, & que la conformité qui fe trouve entre le mouvement
retardé du corps qui s'enfonce dans l'argile, & du corps qui remonte l'engageoient à fe fervir des mêmes preuves ; voici de
quelle maniere il applique ce qu'il a dit au fujet des corps qui
remontent non-feulement aux corps qui s'enfoncent dans des
corps, mais encore à tous les effets du mouvement & du choc
des corps à reffort, page 30. de la premiere Edition, & 71. de
la feconde.

*Ce que je dis des efpaces non parcourus, n'a pas moins lieu à l'é-
gard de tous les autres effets du mouvement & du choc, par rapport
aux efpaces parcourus, & nous dirons de même que ce ne font pas
les parties de matiere déplacées ni les refforts bandés ou applatis qui
donnent l'eftimation & la mefure de la force motrice, mais les parties
de matiere non-déplacées, les refforts non-bandez & non-applatis, &
qui l'auroient été fi la force motrice fe fut toujours foutenue, & n'eut
point foufffert de diminution, &c.*

*Pour en donner un exemple : Soient des impulfions, des obftacles,
ou des réfiftances quelconques infiniment répetées & placées fur le
chemin AF (Fig. 246.) du mobile A, telles par exemple que les par-
ticules de matiere 1, 2, 3, 4, 5, &c. ou des lames de reffort à
déplacer, à abbatre, à foulever, ou à bander. Il eft évident que fi le
mobile avec un dégré de viteffe & de force peut en foulever deux en
un inftant par un mouvement uniforme, c'eft-à-dire, en confervant
ou en reprenant toujours toute fa force & toute fa viteffe, après
avoir foulevé la premiere, & qu'au contraire il n'en puiffe foulever*

qu'une par un mouvement retardé, *toute sa force & toute sa vitesse
s'étant consumée à soulever ou à bander la premiere, il est*, dis-je,
*évident que le mobile A ayant deux degrez de force, & autant de
vitesse, souleveroit ou banderoit quatre de ces lames de ressort dans
un instant par un mouvement uniforme. Mais il perd dans cet instant
& en bandant les premiers ressorts un degré de sa force & de sa vitesse,
& un degré de force & de vitesse perdue, donne par hypotèse une
lame de moins soulevée, ou bandée ; donc il n'en bandera que trois au
premier instant ; sçavoir 1, 2, 3, & il s'en faudra la lame 4 & l'espace CD qu'il ne fasse ce qu'il auroit fait s'il n'eût rien perdu. Cependant comme il lui reste encore un degré de force & de vitesse qui
lui feroient soulever deux lames 4, 5, & parcourir le chemin CDE
en un second instant, si son mouvement demeuroit uniforme, il doit
continuer de se mouvoir & d'agir contre les resistances qui s'opposent
à son mouvement ; mais au lieu de deux, il n'en doit surmonter qu'une
lame 4D, à cause que son mouvement y est retardé, & que sa force
se trouve totalement éteinte. Ce qui fera en tout quatre portions de
matiere deplacées, ou quatre ressorts bandez en vertu de deux degrez
de force résultans de deux degrez de vitesse, & de l'action totale qui
a duré deux instans ..... J'appellerai donc, portions de matiere
non - déplacées, ressorts non - soulevés, non - bandés, & en gé-
neral, obstacles non - surmontés, tous ceux qui ne l'ont point été
faute d'uniformité & de perseverance dans la force du mobile, sçavoir
4D dans le premier instant, 5E dans le second, &c. quoiqu'ils puissent être censés surmontés par la force contraire dont les impressions re-
doublées peuvent enfin arréter entierement le mobile.*

C'est ici où l'Auteur des Institutions de Physique paroît triompher par la façon dont il attaque ce raisonnement. *Dans les obstacles surmontés*, dit-il, page 430. *comme les déplacemens de matiere,
les ressorts fermez, &c. on ne peut reduire même par voye d'hypotèse
ou de supposition le mouvement retardé en uniforme, comme M. de
Mairan l'avance dans son Memoire, & quelque estime que j'aye pour
ce Philosophe, je ne crains point d'avancer qu'il dit ici une chose impossible ; car il est aussi impossible qu'un corps avec la force necessaire
pour fermer quatre ressorts, en ferme six (quelque supposition que l'on
fasse) qu'il est impossible que 2 & 2 fasse 6. Si l'on suppose avec M.
de Mairan que le corps n'auroit consumé aucune partie de sa force
pour fermer quatre ressorts dans la premiere seconde d'un mouvement
uniforme, je dis que les quatre ressorts ne feroient point fermez, ou
qu'ils le feroient par quelque autre agent ; que si on suppose au con-*

traire qu'ayant épuisé une partie de sa force à fermer les trois pre-
miers ressorts dans la premiere seconde, & n'ayant plus que la force
capable de lui faire fermer un ressort dans la deuxieme seconde, le
corps reprendroit une partie de sa force pour en fermer deux dans la
deuxieme seconde par un mouvement uniforme ; (car il faut faire l'une
ou l'autre de ces suppositions), on suppose dans le dernier cas que le
corps à renouvellé sa force, ce qui sort entierement de la question.
Ainsi il n'est point vrai que la force totale d'un corps soit representée
parce qu'elle eut fait, si elle ne se fut point consumée ; car elle ne pou-
voit jamais faire un effet plus grand que celui qui l'a détruite, &
ne contenoit en puissance que ce qu'elle a deployé dans l'effet produit.

Il n'y a qu'à lire l'endroit de la Dissertation de M. de Mairan
que j'ai raporté pour voir qu'on n'attaque ici qu'un vain phantôme
bien éloigné de la réalité. De quelque matiere que l'on traite, il
est toûjours permis de faire telle supposition que l'on voudra
possible ou impossible, pourvû que les conséquences que l'on en
tire se trouvent renfermées dans les bornes de la possibilité.
Que M. de Mairan suppose qu'un corps qui se meut d'un mouvement uniforme, & qui rencontre des obstacles sur ses pas,
reprenne toute sa force à chaque obstacle qu'il renverse, on ne
sçauroit le trouver mauvais, sans être de mauvaise humeur ; chaque obstacle dans cette supposition sera renversé par la partie
que le corps perdra de sa force, & le mouvement de ce corps
sera cependant uniforme en vertu de la réproduction de la partie
perdue qui se fera dans l'instant ; ce seroit uniquement vouloir
chicaner que de dire que ces obstacles ou ressorts ne seroient
point fermés, ou qu'ils le seroient par quelqu'autre agent.

Mais si après cette supposition M. de Mairan concluoit qu'un
corps qui consume toute sa force à détruire quatre obstacles,
pourroit ne la consumer qu'après en avoir détruit six ou huit ;
dès-lors le vice du raisonnement seroit manifeste, & quelque
estime que l'on ait pour ce Philosophe, on ne craindroit point
d'avancer que son sentiment seroit faux. M. de Mairan est trop
éclairé pour donner dans des Paralogismes de cette nature. Un
corps qui consume sa force à fermer quatre ressorts, n'en fermera jamais six en agissant selon les mêmes loix, cela est indubitable, & le contraire est aussi impossible, qu'il est impossible
que 2 & 2 fassent 6. Mais il est sûr aussi que si ce corps pouvoit reprendre toute sa force à chaque ressort qu'il ferme, il pourroit
en fermer huit dans un tems égal à celui qu'il a employé à en

fermer quatre lorfque fa force fe confumoit, & c'eft uniquement
ce que M. de Mairan a prétendu, & ce qu'il a pû prétendre confor-
mement à la doctrine de Galilée ; or c'eft de ce raifonnement que
l'on ne fçauroit éluder que ce fçavant Geometre tire la folution
de la difpute. Le corps B avec 1 de force & 1 de viteffe uniforme pourroit dans une feconde fermer deux refforts 1, 2, s'il
pouvoit reprendre fa force après avoir renverfé le premier, mais
avec 1 de force & 1 de viteffe retardée, il ne ferme qu'un reffort dans une feconde. De même le corps A égal à B ayant 2
de force & 2 de viteffe uniforme, pourroit fermer quatre refforts
dans une feconde, s'il pouvoit reprendre toute fa force à mefure
qu'il ferme chaque reffort, mais avec 2 de force & 2 de viteffe
retardée, il ne ferme dans une feconde que trois refforts, & il
perd un degré de viteffe ; il eft évident qu'à la fin de la premiere
feconde, le corps A fe trouvant dans le cas où étoit le corps B,
au commencement de la premiere feconde pourroit fermer deux
refforts dans la deuxiéme feconde fi la viteffe 1 & la force 1 qui
lui refte à la fin de la premiere, pouvoit fe conferver fans rien
perdre, & qu'au contraire fa force s'affoibliffant, il ne fermera
qu'un reffort dans la deuxiéme feconde. Or puifque le corps A
en confervant toute fa force, comme il a été dit, auroit fermé
fix refforts dans deux fecondes, c'eft à-dire, quatre dans la premiere feconde, fi fa viteffe 2 s'étoit confervée, & deux à la
deuxiéme feconde, fi fa viteffe 1 eut été uniforme, & que le mouvement retardé par les pertes qu'il fait ne lui permet de fermer
dans ces deux mêmes fecondes que quatre refforts, il s'enfuit
qu'il a perdu une quantité de force qui lui auroit fait fermer encore deux refforts ; par la même raifon on trouvera que le mouvement retardé du corps B lui a fait perdre une quantité de force
avec laquelle il auroit fermé encore un reffort dans la premiere
feconde. Mais les pertes que les deux corps ont faites font la
caufe de leur deftruction & les caufes font proportionnelles aux
effets ; donc les pertes 2 & 1 font comme les forces des corps
A, B, & par conféquent les forces des corps A, B, font comme
les refforts non - fermés, & qui l'auroient été fi les corps avoient
pû conferver dans chaque feconde la viteffe qu'ils avoient au
commencement de cette feconde.

Il faut obferver ici que M. de Mairan ne dit point que le corps
A, à la fin de la premiere feconde, n'aye plus qu'une Force
uniforme capable de lui faire fermer un reffort dans la deuxié-

me feconde, mais que ce corps ayant encore un degré de viteffe & un de force, pourroit dans la deuxiéme feconde fermer
deux refforts fi fon mouvement ne fe retardoit point, ce qui eft
bien différent de ce que l'Auteur des Inftitutions de Phyfique
femble vouloir lui faire dire pour avoir droit d'en conclure qu'il
fort de la queftion.

Il faut encore obferver que quoique les obftacles que le corps
A furmonte foient tous égaux entr'eux, cependant les Forces
qu'ils déployent contre ce corps ne font pas égales ; car les efpaces A1, 12, 23, &c. fur lefquels on doit concevoir que les
obftacles 1, 2, 3, &c. font repandus, étant tous égaux entr'eux, le corps A employe plus de tems à parcourir le fecond
qu'à parcoutir le premier, à caufe que fa force diminuant, fa viteffe diminue ; ainfi l'obftacle 1 féjourne moins de tems fur le
corps A que l'obftacle 2, & par conféquent il lui ôte une moindre
dre viteffe ; par la même raifon l'obftacle 2, ôte au corps A une
viteffe moins grande que celle que la troifiéme 3 lui ôte, & ainfi
des autres. Or comme nous fuppofons que les trois premiers
refforts ou obftacles détruifent un degré de force & de viteffe,
& que le quatriéme détruit un autre degré de force & de viteffe,
il s'enfuit que les refiftances des trois premiers obftacles prifes
enfemble, font égales à la refiftance du quatriéme ; & ceci va
me fervir à répondre à une objection qu'on pourroit me faire
fur ce que j'ai dit ci-deffus touchant les corps qui remontent
avec leur viteffe acquife à la fin de leur chute.

Suppofé, me dira-t-on, que le corps A (*Fig.* 247.) remonte de
D vers A avec la viteffe acquife par fa chute à la fin de deux fecondes AC, CD, ce corps parcourroit dans une feconde
feconde une efpace DEMC quadruple de l'efpace ACH ; fi la pefanteur n'agiffoit plus fur lui, mais comme la pefanteur s'oppofe
à fon paffage, il ne parcourra dans la première feconde en remontant qu'une efpace DEHC, triple de l'efpace CHA, qu'il
parcourra pendant la deuxiéme feconde ; or vous avez dit,
ajoutera-t-on, que ce corps ne rencontrera qu'un obftacle dans
la première feconde, non plus que dans la deuxiéme, donc, ou
il faut que M. de Mairan ne mette qu'un obftacle dans la premiere feconde, ou que vous en mettiez trois au lieu d'un.

Je repons à cela que lorfque j'ai dit que le corps A ne rencontroit qu'un obftacle à chaque tems de fon mouvement, j'ai entendu l'obftacle total qui repondoit à l'efpace total parcouru à la

fin de chaque tems ; car il est sûr que ces obstacles totaux font
des resistances qui se trouvent égales à la fin des tems égaux,
c’est-à-dire, qui détruisent des degrez égaux de vitesse ; mais cela
n’empêche pas qu’on ne puisse dire qu’il y a trois obstacles qui
repondent aux trois espaces égaux qui composent l’espace total
DEHC, parcouru en remontant dans la premiere seconde ;
car la pesanteur agissant toujours sur le corps pendant qu’il tend
à parcourir les quatre espaces compris dans DEMC, & trouvant plus de vitesse au corps A pendant le premier espace, elle
fait moins d’impression sur lui qu’elle n’en fait pendant le second où
la vitesse est diminuée, & par la même raison, elle en fait moins
pendant le second qu’elle n’en fait pendant le troisiéme ; ainsi ces
différentes impressions peuvent être regardées comme différens
obstacles égaux en eux-mêmes, mais qui resistent plus ou moins
à proportion de la durée de leur resistance ou du séjour qu’ils
font sur le corps, lequel employe plus de tems à parcourir un
espace à mesure que sa vitesse diminue par la resistance que l’obstacle précédent lui a fait, mais ces trois obstacles ensemble n’ô-
tant à la fin de l’espace DEHC qu’un degré de vitesse, de même
que l’obstacle du second instant CA n’en ôte qu’un, la resistance
des trois premiers obstacles est égale à la resistance du quatriéme.

On voit ici le parfait rapport qui se trouve entre le mouvement retardé, par la pesanteur & le mouvement retardé par des
obstacles surmontés, comme les déplacemens de matiere dans
les enfoncemens, les ressorts formés dans le choc des corps
Elastiques, &c. Dans le mouvement retardé par la pesanteur,
les resistances de cette pesanteur vont en augmentant dans les
espaces égaux que le corps parcourt, quoique la pesanteur soit
toujours la même, & cependant ces resistances dans des tems
égaux font perdre des vitesses égales ; de plus ces vitesses perdues à la fin du mouvement font la mesure des Forces, & non
pas les espaces parcourus : tout cela a été démontré par M. de
Mairan, de façon qu’il n’est pas possible de refuter son raisonnement, on la vû ci-dessus. Or dans le enfoncemens de matiere
ou dans le choc des corps élastiques, les obstacles qu’il faut deplacer ou les ressorts qu’il faut fermer dans des espaces égaux,
font égaux entr’eux, de même que la pesanteur est égale à elle-
même ; car nous supposons que dans les enfoncemens les couches de matiere qu’il faut deplacer font homogenes, & que dans

le choc des corps élastiques les ressorts à fermer sont égaux ; donc puisque la pesanteur dans des espaces égaux fait des resistances d'autant plus grandes, que les espaces s'éloignent davantage du premier espace, & que cependant ces resistances dans des tems égaux, ne font perdre au corps que des vitesses égales, il s'ensuit que les couches égales de matiere qu'il faut déplacer dans les enfoncemens, & les ressorts égaux qu'il faut fermer dans le choc des corps durs doivent faire des resistances & retrancher des vitesses proportionnelles aux resistances de la pesanteur & aux vitesses qu'elle retranche dans des tems égaux, car les causes étant proportionnelles, les effets doivent l'être aussi, & par conséquent il s'ensuit, que puisque la quantité des Forces éteintes par la pesanteur doit s'estimer par les vitesses éteintes, ou par les espaces non parcourus, lesquels sont entr'eux comme les vitesses acquises, & non pas comme les quarrés des vitesses, la quantité des Forces éteintes par le developement des matieres ou par des ressorts, doit s'estimer aussi par les vitesses éteintes, ou par les couches de matiere non deplacées ou les ressorts non fermés, & qui l'auroient été si le corps avoit pû conserver toute sa force de chaque instant.

On ne peut mieux démontrer jusqu'où va la prévention des Partisans des Forces vives, qu'en faisant voir l'erreur où M. Wolf est tombé. Ce Geométre célébre par ses savans écrits démontre dans sa Mechanique, que dans le choc de deux corps à ressort, soit que l'un soit en repos, ou que tous les deux se meuvent dans un même sens, ou dans un sens contraire, les quarrés des vitesses après le choc multipliés par les masses sont égaux aux quarrés des vitesses avant le choc multipliés par les masses. Cette Proposition est vraie, quelque supposition que l'on fasse, pourvû que l'on ne veuille point avoir égard aux directions contraires des vitesses, c'est à-dire, pourvû qu'on ne veuille point retrancher le mouvement qui va d'un sens de celui qui va d'un sens opposé, comme font les Cartesiens ; les Formules Algebriques nous en assurent, & ces Formules ne sauroient nous tromper : mais que conclure de-là ? *C'est*, dit M. Wolf, *qu'il y a toujours une même quantité de Forces vives, avant & après le choc.* Or c'est ici où est l'erreur. Il est certain qu'il y a toujours une même quantité de mouvement avant & après le choc, en ne prenant pour mouvement que celui qui est dans la direction du corps qui avoit le plus de force avant le choc, & en retranchant de ce

mouvement

mouvement celui qui s'y trouveroit opposé après le choc. Les Défenseurs des Forces vives en conviennent avec ceux qui font du parti contraire ; mais qu'il y ait une même quantité de Forces agissantes en négligeant les différentes directions , cela ne sauroit être parce que dans ce sens il arrive toujours que la quantité de mouvement après le choc se trouve plus grande que la quantité de mouvement avant le choc. Comme la plûpart des experiences qu'on rapporte en faveur des Forces vives , suppofent que le corps choqué soit en repos avant le choc ; tout ce que nous allons dire roulera sur cette supposition.

Soient donc les corps A , B (*Fig.* 248.) dont le premier A se meut selon la direction AB sur un plan extremement poli , & le second B est en repos sur ce plan ; je nomme M la masse du corps A , V sa vitesse , & *m* la masse du corps B. Tout le monde convient que si ces deux corps ne sont pas élastiques , ils se mouvront tous les deux après le choc dans la même direction , avec une vitesse commune exprimée par $\frac{MV}{M+m}$, multipliant donc cette vitesse d'une part par la masse de A , & de l'autre par la masse de B , la quantité de mouvement de A après le choc sera $\frac{MMV}{M+m}$, & celle de B sera $\frac{mMV}{M+m}$, c'est pourquoi ajoûtant ces deux quantitez ensemble , la somme sera $\frac{MMV}{M+m} + \frac{mMV}{M+m} = MV$; or la quantité de mouvement avant le choc étoit aussi MV , donc il se trouve après le choc une quantité de mouvement égale à la quantité de mouvement avant le choc.

Suppofons maintenant que les deux corps soient élastiques , on convient encore que la vitesse de A après le choc sera $\frac{MV-mV}{M+m}$, & celle de B $\frac{2MV}{M+m}$ d'où l'on voit que si M est plus grand que *m*, le corps A après le choc suivra sa premiere direction & ira moins vite que B , & que si M est moindre que *m*, le corps A rebroussera chemin , à cause que sa vitesse $\frac{MV-mV}{M+m}$ sera négative. Multipliant donc ces deux vitesses par leur masses , la quantité de mouvement de B après le choc sera $\frac{2mMV}{M+m}$ & celle de A sera $\frac{MMV-mMV}{M+m}$, si sa direction est la même que celle de B , & $\frac{mMV-MMV}{M+m}$ si sa direction est opposée à la direction de B ;

N

c'est pourquoi ajoûtant enſemble ces deux quantités lorſquelles ont la même direction., ou retranchant la quantité de mouvement de A de celle de B lorſque les directions ſont contraires, la ſomme ou le reſte ſera pour l'un & l'autre cas $\frac{2m\mathrm{MV} - m\mathrm{MV} + \mathrm{MMV}}{\mathrm{M}+m}$ $= \mathrm{MV}$; or MV eſt la quantité de mouvement de A avant le choc, donc il y a encore ici même quantité de mouvement avant & après le choc, & cela arrivera toujours toutes les fois qu'on ne prendra pour quantité de mouvement après le choc que celle qui eſt ſelon la direction du corps A, & qu'on en retranchera celle qui pourroit lui être oppoſée.

Pour fixer notre imagination dans ces deux cas, ſuppoſons d'abord $\mathrm{M} = 3$, $\mathrm{V} = 2$, & $m = 2$, la viteſſe de A après le choc ſera $\frac{\mathrm{MV} - m\mathrm{V}}{\mathrm{M}+m} = \frac{6-4}{5} = \frac{2}{5}$, & celle de B ſera $\frac{2\mathrm{MV}}{\mathrm{M}+m} = \frac{12}{5}$; multipliant donc ces viteſſes par leur maſſes, la quantité de mouvement de A après le choc ſera $\frac{6}{5}$, & celle de B ſera $\frac{24}{5}$, ainſi ajoutant ces deux quantités enſemble, à cauſe qu'elles ſont dans la même direction, leur ſomme ſera $\frac{30}{5}$; or la quantité de mouvement avant le choc eſt $3 \times 2 = 6 = \frac{30}{5}$, donc cette quantité eſt égale à la quantité de mouvement après le choc.

Pour le ſecond cas, ſuppoſons $\mathrm{M} = 2$, $\mathrm{V} = 2$, & $m = 3$, la viteſſe de A après le choc étant négative ſera $\frac{m\mathrm{V} - \mathrm{MV}}{\mathrm{M}+m} = \frac{2}{5}$, c'eſt-à-dire, A rebrouſſera chemin avec $\frac{2}{5}$ de viteſſe, & celle de B ſera $\frac{2\mathrm{MV}}{\mathrm{M}+m} = \frac{8}{5}$, multipliant donc ces viteſſes par leur maſſes, la quantité de mouvement de A après le choc, ſelon la direction contraire ſera $\frac{4}{5}$, & celle de B ſelon la direction primitive ſera $\frac{24}{5}$; ainſi retranchant la quantité de mouvement de A de la quantité de mouvement de B, la quantité de mouvement qui reſtera ſelon la direction primitive ſera $\frac{24}{5} - \frac{4}{5} = \frac{20}{5} = 4$; or la quantité de mouvement de A avant le choc eſt $2 \times 2 = 4$, donc cette quantité eſt égale à celle qui ſe trouve après le choc.

Les Défenſeurs des Forces vives nous accordent aiſément tout ceci dans le ſens que je viens d'expliquer ; mais comme dans le ſecond cas le corps A ne laiſſe pas que d'avoir un vrai mouvement, quoique ſa direction ſoit dans un ſens oppoſé à celle du corps B, & que dans ce ſens il y a une plus grande quantité de mouvement après le choc qu'avant le choc, ce qui ne peut provenir que d'une augmentation de force qui ſe fait dans l'inſtant du choc, ils prétendent qu'au lieu de dire que les Forces agiſſantes ſont ici proportionnelles aux quantités de mouvement comme on l'a toujours cru, il faut dire au contraire qu'elles ſont entr'elles comme les quarrés des viteſſes multipliés par les maſſes, tandis que les quantités de mouvement ne ſont que comme les maſſes multipliées par les viteſſes, & cela par la raiſon que dans tous les cas, il ſe trouve toujours que les quarrés des viteſſes après le choc multipliés par les maſſes, ſont égaux aux quarrés des viteſſes avant le choc multipliés par les maſſes ; mais ce raiſonnement ne conclut rien, & c'eſt ce que nous allons faire voir.

Dans le mouvement uniforme, les Forces des corps en mouvement ſont entr'elles comme les maſſes multipliées par les viteſſes, ou par les eſpaces parcourus dans des tems égaux : *Le tems eſt à conſiderer*, dit l'Auteur des Inſtitutions de Phyſique, *dans les occaſions dans leſquelles pendant un plus long tems, il peut y avoir un plus grand effet produit comme dans le mouvement uniforme, car alors l'eſpace total parcouru, qui eſt le ſeul effet produit, ſera plus ou moins grand, ſelon que le mouvement du corps ſera continué plus ou moins de tems.* Or ce principe poſé, voici comme je raiſonne.

Le corps A avant le choc ſe meut d'un mouvement uniforme, puiſque nous ſuppoſons qu'il eſt ſur un plan bien poli exempt de frotement, & que nous faiſons abſtraction de la reſiſtance de l'air ; donc la force du corps A avant le choc eſt comme le produit de ſa maſſe par ſa viteſſe ; de même les corps A, B après le choc ſe meuvent d'un mouvement uniforme, car nous ne voyons rien après le choc qui augmente ou diminue les viteſſes que le choc leur a données, donc les forces de ces corps ſont auſſi comme les produits de leur maſſes par leur viteſſes, & par conſéquent il n'eſt point vrai de dire, comme M. Wolf le prétend, que les forces des corps à reſſort, avant ou après le choc, ſoient comme les quarrés des viteſſes multipliés par les maſſes; quoiqu'il ſoit vrai que les produits des quarrés des viteſſes par les maſſes ſoient égaux avant & après le choc.

Mais d'où vient cette multiplication de forces dans les corps à reſſort, lors qu'après le choc ils ſuivent des directions contraires ? Elle vient uniquement de leur élaſticité qui les rend capables d'être comprimés & de ſe retablir, & non pas de quelque différence qui ſe trouve dans les Forces motrices lorſqu'elles mettent en mouvement des corps qui ſont élaſtiques ou qui ne le ſont pas. Suppoſons le corps A = M = 2, ſa viteſſe V = 2

& B $= m = 3$, si ces deux corps ne sont pas élastiques, leur vitesse commune après le choc sera $\frac{MV}{M+m} = \frac{4}{5}$, donc la quantité
de mouvement de A après le choc sera $\frac{8}{5}$ & celle de B $\frac{12}{5}$, &
ajoutant ensemble ces deux quantités la somme sera $\frac{20}{5} = 4$, &
par conséquent cette somme sera égale à la quantité de mouvement $2 \times 2 = 4$ du corps A avant le choc.

Maintenant supposons que ces corps deviennent élastiques &
que A $= 2$ avec la vitesse 2 choque B $= 3$ qui est en repos ; la
force de A avant le choc sera encore 4, puisque son mouvement
est uniforme ; ainsi si nous ne faisons attention qu'au mouvement
communiqué par la Force motrice, les deux corps A, B après le
choc, iroient selon la même direction avec une vitesse commune égale à $\frac{4}{5}$, mais comme l'élasticité de ces corps leur donne la
force de se comprimer mutuellement & de se redresser, force qui
ne vient point de la Force motrice, & qui en est même tout-à-
fait indépendante ; il arrive comme tout le monde en convient
que cette force de ressort agit avec la vitesse primitive 2 qu'elle
distribue aux deux corps reciproquement à leur masses, c'est-
à-dire, que si on partage la vitesse 2 ou $\frac{10}{5}$ en deux parties $\frac{4}{5}$, $\frac{6}{5}$,
qui soient entr'elles comme les masses 2, 3, le corps B reçoit
la partie $\frac{4}{5}$, laquelle jointe à $\frac{4}{5}$ que le mouvement de A lui communique independamment du ressort, fait $\frac{8}{5}$ de vitesse pour le
corps B, & le corps A reçoit $\frac{6}{5}$, mais dans une direction contraire, à cause que c'est en conséquence de la reaction du corps
B qu'il reçoit cette vitesse ; or independamment du ressort, le
corps A après le choc à $\frac{4}{5}$ de vitesse selon la direction primitive,
donc les $\frac{6}{5}$ qu'il reçoit de la force du ressort selon la direction contraire détruisent ces $\frac{4}{5}$, & il lui reste $\frac{2}{5}$ de vitesse selon
la direction contraire ; c'est pourquoi multipliant les masses par
les vitesses, la quantité de mouvement de A après le choc sera
$2 \times \frac{2}{5} = \frac{4}{5}$, & celle de B sera $3 \times \frac{8}{5} = \frac{24}{5}$, donc si l'on n'a pas
égard à la différence des directions, la somme des quantités de
mouvement après le choc sera $\frac{28}{5}$, & par conséquent cette somme sera plus grande que la quantité de mouvement $4 = \frac{20}{5}$ du
corps A avant le choc ; & cette augmentation de quantité de
mouvement ou de force ne viendra pas de la Force motrice qui
n'est que comme 4, mais uniquement de la reaction des ressorts.

Il est vrai que si l'on fait le quarré $\frac{64}{25}$ de la vitesse $\frac{8}{5}$ de B après
le choc, & qu'on la multiplie par la masse 3, ce qui donne $\frac{192}{25}$,

& qu'après avoir multiplié le quarré $\frac{4}{25}$ de la vitesse $\frac{2}{5}$ de A après le choc par la masse 2, ce qui donne $\frac{8}{25}$, on ajoute $\frac{192}{25}$ à $\frac{8}{25}$, la somme sera $\frac{200}{25} = 8$, & par conséquent elle sera égale au quarré 4 de la vitesse de A multiplié par sa masse 2, mais cela ne fait rien en faveur des Forces vives, puisque nous avons fait voir que les Forces agissantes de A & B ne sont pas comme les quarrés des vitesses multipliés par les masses, mais simplement comme les masses multipliées par les vitesses.

M. Herman ayant fait une expérience dans laquelle la masse du corps élastique choquant A étoit 1, sa vitesse 2, & la masse du corps élastique B qui étoit en repos avant le choc étoit $= 3$; il s'est trouvé nécessairement que la vitesse de l'un & l'autre corps A, B, après le choc a été 1, il est facile de le justifier en appliquant à ce cas les formules que nous avons rapportées ; or comme le quarré de 1 n'est pas différent de 1 ; il est arrivé encore que la force de A après le choc a dû être 1, & que celle de B a dû être 3 soit qu'on veuille que ces forces soient entr'elles comme les produits des vitesses par les masses, ou comme les produits des masses par les quarrez des vitesses, l'Auteur des Institutions de Physique, page 435 remarque que ceci est vrai *de l'aveu même de ceux qui refusent d'admettre les forces vives*, & nous n'aurions garde de le désavouer ; mais que s'en suit-il de ceci ? Le calcul & l'expérience nous disent que le corps A & le corps B ont chacun 1 de vitesse ; mais ni l'un ni l'autre ne nous dit si pour mesurer les forces agissantes cet 1 doit être regardé simplement comme 1, ou s'il faut le prendre comme 1 élevé au quarré, & par conséquent cette seule expérience ne peut pas plus autoriser les partisans des forces vives à soûtenir que les forces agissantes des corps A, B, après le choc sont comme les masses multipliées par les quarrez des vitesses, qu'elle ne nous donneroit droit de dire que ces forces sont comme les produits des vitesses par les masses, si nous n'avions pas d'autres preuves à apporter de cette verité.

Supposons, en effet, qu'un Geometre peu éclairé s'appuyant sur cet exemple osât avancer que quoique les forces après le choc soient comme les masses multipliées par les vitesses, ou comme les quantités de mouvement, il arrive cependant que la somme de ces forces est égale au quarré de la vitesse de A avant le choc multiplié par sa masse, par la raison qu'il se trouve dans cet exemple que la somme $1 + 3 = 4$ des forces après le choc est égale au quarré 4 de la vitesse 2 de A avant le choc multiplié par sa masse 1. Il est certain qu'un hypotèse si chimérique seroit bientôt renversée, & qu'il suffiroit pour cela de faire voir à son Auteur que ce n'est ici qu'un cas particulier qui se trouveroit contredit par tous les autres cas où l'on changeroit la vitesse ou le rapport des masses. Supposons, par exemple $A = 2$, $V = 2$, & $B = 3$; deslors la force de A après le choc seroit $\frac{4}{5}$, & celle de B $\frac{24}{5}$ comme on a vû ci-dessus, & par conséquent leur somme $\frac{28}{5}$ ne seroit pas égale au quarré 4 de la vitesse primitive de 2 multiplié par sa masse 2, ce qui feroit $8 = \frac{40}{5}$, & il en seroit de même d'une infinité d'autres suppositions.

Je conviens que les partisans des forces vives peuvent répondre que dans le cas de M. Herman comme dans tous les autres, les quarrez des vitesses après le choc multipliés par les masses, sont égaux au produit de la masse de A par le quarré de sa vitesse avant le choc; mais dequoi cette réponse peut-elle leur servir? Le principe sur lequel ils se fondent est incontestable, c'est une proprieté essentielle au choc des corps à ressort que les quarrez des vitesses après le choc multipliés par les masses sont égaux au quarré de la vitesse primitive du corps choquant multiplié par sa masse, & cette proprieté vient de l'élasticité des corps, puisqu'on ne voit rien de semblable lorsque les corps ne sont pas élastiques, il faudroit renoncer aux formules reçûës de tous les Sçavans pour disconvenir de cette verité. Mais s'en suit-il delà que les forces motrices ou agissantes soient comme les masses multipliées par les quarrez des vitesses, je ne le vois pas, & l'on ne viendra jamais à bout de le démontrer. A la verité, ce n'est que par le mouvement que la force du ressort se manifeste, & par conséquent il faut que les forces motrices agissent afin que nous puissions juger si les corps sont à ressort, & jusqu'à quel point ils le sont. Mais comme cela ne nous dit autre chose, sinon que les forces motrices sont des causes occasionnelles, ou si l'on aime mieux des conditions sans lesquelles le ressort n'agiroit point, & que tous les Physiciens sçavent bien que ces conditions ne sont pas des causes efficientes; il reste toujours aux défenseurs des forces vives à nous donner les fondemens de leurs prétentions. Ce n'est point à des expériences réïterées que nous croyons devoir nous en tenir, ces expériences avec quelque soin qu'elles soient faites ne nous montrent que des effets, & ces effets nous disent que les quarrez des vitesses après le choc multipliés par les masses sont égaux

au produit de la maſſe du corps choquant par le quarré de la viteſſe primitive, nous le ſçavons ſans avoir beſoin d'en être plus
aſſurés ; qu'on nous montre donc auſſi que les forces motrices
ſont entr'elles dans cette raiſon, & nous n'aurons plus rien à ré-
pliquer.

J'ai déja démontré en pluſieurs endroits de cet Ouvrage que
les forces motrices agiſſantes ſont toujours proportionnelles aux
quantitez de mouvement, & que par conſéquent elles ne ſçauroient être dans le rapport des quarrez des viteſſes multipliés par
les maſſes ; mais afin qu'on ne diſe pas que je paſſe trop legerement
ſur la diſtinction que l'on veut mettre entre le rapport des forces
agiſſantes & celui des quantitez de mouvement : voici une nouvelle preuve qui achevera de faire voir l'inutilité de cette diſtinction.

Suppoſons que deux boules élaſtiques d'égales maſſes ſoient
ſur un plan horiſontal bien poli & d'une étendue infinie, & que
tandis qu'une perſonne pouſſe l'une avec deux dégrés de viteſſe,
une autre perſonne pouſſe l'autre avec 1 de viteſſe. Il eſt certain
que le mouvement de ces boules étant uniforme, puiſque nous
ſuppoſons que ces perſonnes après les avoir pouſſées, ne leur
donnent plus de nouvelles impreſſions, que le plan eſt exemt
de frottement, & que nous faiſons abſtraction de la réſiſtance
de l'air, il eſt certain, dis-je, que les eſpaces parcourus dans des
tems égaux par ces corps ſeront la meſure de leur quantitez de
mouvement, & en même-tems de leur forces agiſſantes.
L'Auteur des Inſtitutions de Phyſique nous en aſſure lui-même
en nous diſant que le tems eſt ici à conſiderer, à cauſe que les
eſpaces parcourus ſont les ſeuls effets produits, ainſi que nous
avons vû ci-deſſus par le paſſage que nous avons cité de cet Auteur ; donc la perſonne qui aura pouſié la premiere boule n'aura fait
qu'un effort double de celui qu'aura fait la perſonne qui aura pouſſé
la ſeconde boule, car ce ſont ces efforts qui auront produit les
forces des deux boules, & les cauſes ſont toujours proportionnelles
à leurs effets.

Maintenant ſuppoſons que tandis que la boule qui a 2 de viteſſe continue à ſe mouvoir, quelqu'un poſe par hazard ſur ſa
direction une autre boule dont la maſſe eſt à celle de la boule
qui ſe meut comme 3 à 1 ; il arrivera après le choc que la boule
choquante rebrouſſera chemin avec 1 de viteſſe & aura 1 de force,
& que la boule choquée ſuivra la direction primitive de la boule

choquante avec 1 de viteſſe, & aura par conſéquent 3 de force;
donc après le choc il y aura 4 de force dont le mouvement ſera
encore uniforme ; car nous ne voyons rien après le choc qui
augmente ou diminue l'impreſſion que le choc aura donné aux
deux boules, à moins qu'il n'arrive par hazard que d'autres boules
ſe trouvent ſur leur chemin. Or je dis ces 4 de force ſeront doubles de la force 2 que la boule choquante avoit avant le choc;
donc il n'eſt pas poſſible que l'effort 2 que la perſonne a fait pour
pouſſer la boule choquante ſoit la cauſe de cette force 4, autrement il faudroit dire ou que l'effet peut n'être pas proportionnel à ſa cauſe, ou que l'effort 2 a dû devenir comme 4 en con-
ſéquence d'un choc arrivé par hazard, ce qui eſt abſurde, attendu
que les deux perſonnes qui ont pouſſé les deux premieres boules
ayant fait des efforts comme 2 à 1 , & ayant enſuite abandonné
les boules à elles-mêmes, ces efforts non plus que les impreſſions
qu'ils ont faites, ne ſçauroient par eux-mêmes changer de rapport, à moins qu'une cauſe étrangere ne vienne les alterer. Il
eſt donc ſûr & conſtant que la boule choquante n'avoit pas avant
le choc une force qui fut comme le produit du quarré de ſa viteſſe par ſa maſſe, c'eſt-à-dire, une force 4, & que par conſéquent s'il s'eſt trouvé 4 de force après le choc, cette augmentation ne peut être venue que d'une cauſe étrangere à la force
motrice, laquelle cauſe ne peut être ici que la mutuelle réaction
des reſſorts ; de même la boule choquante, & la choquée ayant
reçû du choc, des forces comme 1 & 3 , & des viteſſes uniformes, il eſt viſible qu'elles ſe meuvent de la même façon que
ſi elles avoient été pouſſées par deux perſonnes qui auroient fait
des efforts comme 1 & 3 & qui les auroient enſuite abandonnées
à elles-mêmes ; d'où il ſuit que les forces de ces boules ne peuvent être non plus que comme leurs maſſes multipliées par les
viteſſes, & non par leurs quarrez ; donc ni avant ni après le choc
les forces des corps élaſtiques ne ſçauroient être dans des rapports tels que les défenſeurs des forces vives leur attribuent, &
par conſéquent leur expériences ne nous prouvent tout au plus ,
ſinon que dans le choc direct des corps élaſtiques, il y a plus de
force après le choc qu'auparavant, dans le cas où la boule choquante rebrouſſe chemin, de même que dans les chocs obliques
où la force ſe trouve augmentée par les changemens de direction, comme on a vû ci-deſſus dans la Réponſe à la ſeconde
preuve de M. Bernoulli.

L'on

L'on ne donne point ce que l'on n'a pas, c'eſt un axiome reçû de tout l'Univers, & l'Auteur des Inſtitutions de Phyſique ne manque pas de s'en ſervir pour nous montrer qu'un corps qui ne choque qu'avec une certaine force ne peut pas produire une force plus grande que celle qu'il avoit, & qu'ainſi ſi après le choc on trouve plus de force qu'il ne paroiſſoit y en avoir auparavant, on ſe trompoit ſans doute ſur l'eſtimation de cette force primitive. Voyons donc qui ſe trompe de lui ou de nous.

Je reprens ſon propre exemple qui eſt celui de M. Herman. Un corps A avec 1 de maſſe & 2 de viteſſe choque le corps B qui eſt en repos, & qui a 3 de maſſe ; nous ſuppoſons que les deux corps ſont élaſtiques. Après le choc, il y a 4 de force ; donc, dit-il, le corps A devoit avoir 4 de force avant le choc ; car s'il avoit eu moins, il auroit donné plus qu'il n'avoit ; donc nous avons mal eſtimé ſa force en multipliant ſa maſſe par ſa viteſſe. Mais comment nous ſommes-nous donc trompés ? le corps A ſe mouvoit d'un mouvement uniforme avant le choc, ſa maſſe étoit 1 & ſa viteſſe 2 , & dans le mouvement uniforme la force eſt comme la maſſe multipliée par la viteſſe , ou par l'eſpace parcouru dans un certain tems, l'Auteur des Inſtitutions de Phyſique en tombe d'accord, page 425 ; donc il faut qu'il ſe ſoit trompé lui-même, ou que nous ne nous trompions pas , mais ne propoſons point cette alternative ; perſonne ne ſe trompe ici, le corps A n'a que 2 de force avant le choc, cela eſt certain, & après le choc, il y a plus de force qu'il n'y en avoit auparavant, cela eſt inconteſtable ; d'où vient donc cette différence ? c'eſt de l'élaſticité des corps que l'Auteur des Inſtitutions de Phyſique n'a pas voulu diſtinguer de la force motrice ; le corps A ne peut donner ce qu'il a , mais la force du reſſort ſupplée au reſte. Voilà la ſolution.

M. Huguens a démontré qu'un corps en repos qui ne reçoit le choc que par l'entremiſe de pluſieurs autres corps qui ſont entre lui & le corps choquant, reçoit plus de force que ſi le corps choquant le frappoit immédiatement ; or je demande ſi cette force reçue par le corps choqué étoit dans le corps choquant dans le tems, par exemple, qu'il n'y avoit que trois corps en repos entre le choquant & choqué ; ſi on me dit oüi, je mets entre les deux deux fois plus de corps en repos, trois fois plus, & ainſi de ſuite à l'infini, & comme il arrivera, ſelon la Démonſtration de M. Huguens que la viteſſe du corps choqué par l'entremiſe de tous

O

ces corps fe trouvera augmentée peu à peu à l'infini, je conclurai
que le corps choquant que l'on fuppofe avoir toujours une même
viteffe finie dans tous ces chocs avoit cependant dans lui-même
une force infinie, puifqu'à la fin il aura produit une force infinie dans le corps choqué ; or cela eft abfurde, donc il eft abfurde
auffi de dire qu'un corps qui en choque un autre immediatement
ait toujours toute la force qui fe trouve après le choc ; la multiplication des forces dans le choc immédiat de même que dans
le mediat, doit s'expliquer par l'élafticité des corps, & vouloir
en chercher ailleurs la caufe, c'eft vouloir recourir à des qualli-
tés occultes à la maniere des anciens.

Je ne m'arrêterai pas davantage fur cette matiere , je crois
en avoir affez dit pour montrer que M. de Mairan a découvert
toute la fauffeté de l'opinion des forces vives, & que fa Differtation fera toujours vainement attaquée. Mais comme fon Ouvrage renferme grand nombre d'autres preuves que je n'ai point
rapportées, de peur d'être trop long, je confeille à ceux qui vou-
dront être mieux inftruits d'avoir recours à l'original, & d'y
prendre cet efprit de juftefle, de précifion & de clarté qui y
brille de toutes-parts.

L'illuftre Auteur des *Inftitutions de Phyfique*, imprimées à Paris,
chez Prault fils, Quai de Conti, en l'année 1740. n'ayant pas
jugé à propos de mettre fon nom à la tête de cet Ouvrage, j'ai
crû devoir n'en parler que comme d'un Auteur anonime qui veut
être inconnu, mais cela n'empêche point que je n'aye toute l'eftime & le refpect qui font dûs à la fçavante érudition & au rang
diftingué de la perfonne qui a mis ce Traité au jour.

Proposition XXXI.

107. *Si deux corps* A, B, (Fig. 32.) *font attachés à un levier* AB,
que nous regarderons comme n'ayant aucune pefanteur, & *qu'on di-*
vife la diftance AB *en deux parties* AC, CB *reciproques aux corps*,
c'eft-à-dire, que AC, CB :: B, A, *le point* C *fera le centre com-*
mun de gravité, *ou le centre autour duquel les deux corps feront en*
équilibre, *c'eft-à-dire le centre d'équilibre.*

Premiere Demonstration.

Je prolonge le levier en D & en E ; & je fais AD = CB & BE
= AC, d'où il fuit que DC = CE ; je divife DE en F, enforte
que DF foit à FE comme A eft à B, & je conçois que la pefan-

teur du corps A , ou fa maffe s'étende uniformement le long de DF , & que la pefanteur ou la maffe du corps B s'étende auffi uniformement le long de FE , les deux corps formeront un folide repréfenté par DE , dont toutes les parties égales auront une égale pefanteur , parce que nous fuppofons que les corps font homogenes ; ainfi concevant que le folide foit divifé en deux parties égales , c'eft-à-dire qu'il foit divifé au point C , le centre de gravité de ce folide fera le point C. Or par la conftruction la ligne DE eft double de la ligne AB , & cette ligne DE étant partagée en F en deux parties DF , FE proportionnelles aux deux parties CB , DE de la ligne AB , il eft vifible que DF eft double de CB ou de DA $=$ CB , & que FE eft double de CA ou de BF $=$ CA , donc DF , FE , font coupées chacune en deux parties égales aux points A , B , & par conféquent le centre de gravité du corps A repandu uniformement fur DF eft le point A qui divife ce corps en deux parties égales , & le centre de gravité du corps B repandu uniformement fur FE , eft le point B qui divife auffi ce corps en deux parties égales ; or que les maffes des corps A , B , s'étendent uniformement de part & d'autre de leur centre , ou qu'elles fe ramaffent autour de ces mêmes centres , leurs pefanteurs font toujours les mêmes , parce qu'elles font toujours comme les maffes , lefqu'elles reftent les mêmes quoi qu'elles changent de figures ; donc fuppofant que les corps A , B fe ramaffent autour de leurs centres A , B , le point C qui eft leur centre commun de gravité lorfqu'ils font étendus fera encore leur centre commun lorfqu'ils feront ramaffés.

SECONDE DEMONSTRATION.

Suppofons que le levier AB , que nous regardons comme in-flexible , foit attaché au point C , autour duquel il puiffe tour-ner comme autour d'un axe , le corps B ne peut fe mouvoir & décrire l'arc PB , que le corps A ne fe meuve & ne décrive dans le même tems l'arc AO ; or les viteffes de deux corps qui fe meuvent dans des tems égaux font entr'elles comme les efpa-ces parcourus , donc la viteffe de B eft à la viteffe de A comme l'arc BP à l'arc AO ; mais l'angle PCB étant égal à l'angle OCB qui lui eft oppofé au fommet , les fecteurs PCB , OCA font femblables , donc BP , AO :: CB , CA , & par conféquent les viteffes des corps B , A font comme les diftances CB , CA , ainfi les quantités de mouvement étant comme $B \times BP$, $A \times AO$, c'eft-à-dire comme les produits des maffes par les viteffes, ou en raifon compofée de la raifon des maffes & de celle des viteffes, feront auffi en raifon compofée de la raifon des maffes & de celle des diftances égale à la raifon des viteffes, donc les quantités feront comme B × BC, A × AC, & par conféquent les forces feront dans la même raifon, attendu que les forces font les caufes des quantités & leur font proportionnelles. Or par la conftruction nous avons B, A : : AC, BC, donc B × BC = A × AC, ainfi la force du corps B eft égale à la force du corps A, & les deux corps font en équilibre autour du point C, qui par cette raifon eft leur centre de gravité.

Nota. Que dans cette Propofition & dans toutes celles où nous parlerons d'un levier AB (*Fig.* 33.) qui tourne autour d'un point fixe O, il faut toujours fuppofer que le levier eft d'abord dans une fituation horizontale, & que fon mouvement fe fait dans un plan perpendiculaire à l'horifon, c'eft-à-dire, que s'il faifoit une revolution entiere, tous fes points, par exemple les points B, D, E, décriroient des circonférences concentriques, dont les cercles feroient perpendiculaires à l'horifon, & dans un même plan; & s'il ne faifoit qu'une partie de fa revolution, tous fes points ou les poids attachés à fes points décriroient des parties de leurs circonferences proportionnelles à la partie de la revolution; par exemple, fuppofons que le levier s'arrête dans la pofition *ab*, & que dans cette pofition il n'ait décrit que la huitiéme partie de fa revolution, les arcs B*b*, D*d*, E*e*, décrits par les points B, D, E, ou par les poids attachés à ces points, ne feroient que les huitiémes parties de leurs circonférences, & les fecteurs OB*b*, OD*d*, OE*e* de ces arcs feroient dans le même plan des cercles perpendiculaires à l'horifon.

<h2 style="text-align:center">COROLLAIRE I.</h2>

108. Donc pour trouver le centre de gravité de deux poids A, B (*Fig.* 32.) attachés à un levier, on n'a qu'à couper leur diftance AB en deux parties AC, CB reciproques aux poids B, A; ou bien comme on a A, B : : BC, AC, on aura auffi A + B, B : : BC + AC, AC, c'eft-à-dire, que fi l'on prend une quatriéme proportionnelle à la fomme des poids A + B, à l'un des poids B & à la diftance BC + AC ou AB des poids, cette quatriéme proportionnelle fera la diftance de l'autre poids A au centre de gravité, & par conféquent on aura le centre cherché.

COROLLAIRE II.

109. Si deux corps A, B attachés à un levier AB font égaux & en équilibre, leur centre C de gravité commun fera également éloigné de l'un & de l'autre ; car pour faire équilibre il faut que AC, CB : : B, A, mais B=A, donc AC=CB.

PROPOSITION XXXII.

110. *Si deux ou plusieurs corps* A, B, C, D, *&c.* (Fig. 34.) *font attachés en différens endroits d'un levier inflexible* AD, *& que ce levier tourne autour d'un point* O, *foit que ce point foit le centre commun de gravité des corps ou qu'il ne le foit pas, je dis que les forces des corps* A, B, C, D, *&c. font entr'elles comme les produits de leur maffes par leur diftances au point* O.

DEMONSTRATION

Concevons que le levier fe meuve & parvienne à la pofition HE, il eft vifible que les corps A, B, C, D, auront parcouru dans le même tems les arcs AH, BG, FC, ED, donc les viteffes de ces corps feront entr'elles comme ces arcs. Or les arcs font proportionnels à leurs rayons AO, BO, &c. à caufe qu'ils mefurent des angles égaux, donc les viteffes des corps feront comme les rayons, c'eft-à-dire comme leurs diftances AO, BO, &c. du point O ; or les quantités de mouvement des corps A, B, C, D, font comme les produits de leurs maffes par leurs viteffes, ou en raifon compofée des maffes & des viteffes, donc elles font auffi en raifon compofée des maffes & des diftances lefquelles font comme les viteffes ; mais les forces des corps étant les caufes des quantités de mouvement, font proportionnelles à ces quantités ; donc les forces font en raifon compofée des maffes & des diftances, ou comme les produits des corps A, B, C, D par leurs diftances AO, BO·, &c.

DEFINITIONS.

111. Quand le point O n'eft pas le centre de gravité commun des corps attachés en différens endroits du levier, ce point fe nomme *centre de mouvement*, & toute ligne doite horifontale qui paffe par ce centre, & qui par conféquent coupe le levier, fe nomme *axe de mouvement*, lorfque le levier tourne autour d'elle en confervant fa même inclinaifon.

Quand le point O eſt le centre commun de gravité des corps, on le nomme *centre d'équilibre*, & toute ligne droite horiſontale qui paſſe par ce centre & coupe par conſéquent le levier, ſe nomme *axe d'équilibre*, lorſque le levier en tournant autour d'elle conſerve toujours ſa même inclinaiſon.

Les produits des maſſes par leurs diſtances s'appellent *momens des corps* ; ainſi le produit de A par AO eſt le moment de A, le produit de B par BO eſt le moment de B, &c.

Les momens ſont donc proportionnels aux forces & auſſi aux quantités de mouvement, & ces momens augmentent ou diminuent à meſure que les corps s'éloignent en approchant de O.

PROPOSITION XXXIII.

112. *Deux ou pluſieurs corps* A, B, C, D, *(Fig. 35.) étant attachés en différens endroits d'un bras* OD *de levier* FD, *qui tourne autour d'un point* O, *trouver un point* H *où tous les corps étant tranſportez, peſeroient autant ſur ce bras qu'ils peſent chacun en leur places, c'eſt-à-dire, ou leur moment ſeroit égal à la ſomme des momens.*

SOLUTION.

Prenez les momens de chaque corps en particulier, faites-en la ſomme & diviſez cette ſomme par celle des corps, le quotient ſera la diſtance HO du point cherché H au point O.

Ceci eſt évident, car les corps étant tous tranſportés au point cherché H, leur moment ſera le produit des maſſes ou de la ſomme des corps par la diſtance des corps ; or ce moment doit être égal à la ſomme des momens que les corps ont chacun en leur place, donc la ſomme de ces momens eſt auſſi égale au produit de la ſomme des corps par la diſtance HO ; mais ce produit étant diviſé par la ſomme des corps donneroit la diſtance HO, donc la ſomme des momens des corps diviſée par la même ſomme des corps, doit auſſi donner la diſtance HO.

Soit A$=$1, B$=$3, C$=$4, D$=$2, OA$=$2, OB$=$4, OC $=$5, OD$=$6 ; donc A×OA$=$2, B×OB$=$12, C×OC$=$20, & D×OD$=$12 donc la ſomme des momens ſera 2$+$12$+$20 $+$12$=$46, & cette ſomme doit être égale au moment des corps tranſportés en H ; ainſi diviſant 46 par la ſomme des corps 1$+$3 $+$4$+$2$=$10, le quotient $\frac{46}{10}=4\frac{3}{5}$ ſera la diſtance OH, c'eſt-à-dire que la diſtance OH doit être à la diſtance OA$=$2, comme 4 $\frac{3}{5}$ eſt à 2.

COROLLAIRE.

113. Les augmentations de moment que les corps A , B ga-gnent en s'éloignant de O lorsqu'ils font tranfportés en H, font enfemble égales aux diminutions de moment que les corps C, D fouffrent en s'approchant de O lorfqu'on les tranfporte en H ; car puifque lorfque les corps font tous en H, leur moment eft égal à la fomme des momens qu'ils avoient chacun en leur pla-ce , il faut néceffairement que ce qui a été gagné d'une part fe trouve perdu de l'autre.

PROPOSITION XXXIV.

114. *Suppofant les mêmes chofes que dans la Propofition préce-dente , trouver le point où il faudroit tranfporter le centre O de mou-vement (Fig. 35.) pour mettre les corps en équilibre.*

SOLUTION.

Cherchez par la Propofition précédente le point H où tous les corps étant tranfportés , leur moment feroit égal à la fomme des momens que les corps ont en leur place , & ce point H fera le centre d'équilibre, de forte que fi on tranfporte le point O en H, c'eft-à-dire , fi le levier au lieu de tourner autour du point fixe O tourne autour du point fixe H , les corps feront en équili-bre autour de H.

DEMONSTRATION.

Les momens des corps A , B , par rapport à H, font A×AH, B×BH , & ces momens font égaux aux augmentations de momens par rapport à O, que les mêmes corps recevroient fi on les tranfportoit en H, de même les momens des corps C, D par rapport à H, font C×CH, D×DH, & ces momens font égaux aux diminutions de momens par rapport à O, que ces mê-mes corps fouffriroient fi on les tranfportoit en H ; mais les aug-mentations prifes enfemble font égales aux diminutions prifes en-femble (*N.* 113.) donc la fomme des momens des corps A , B, par rapport à H, eft égale à la fomme des momens des corps C, D par rapport à H , mais les forces des corps font proportion-nelles aux momens, donc la fomme des forces des corps A , B , par rapport à H, eft égale à la fomme des forces des corps C ,

D par rapport à H, & par conséquent le point H eſt le point d'é-
quilibre cherché.

PROPOSITION XXXV.

*115. Suppoſant encore les mêmes choſes, trouver à quel point z ou
Z du bras AD (Fig. 35.) il faudroit tranſporter tous les corps pour
augmenter ou diminuer leur moment d'une certaine quantité.*

SOLUTION.

Prenez les momens de chaque corps par rapport au centre
O de mouvement, faites-en la ſomme, & ajoûtez à cette ſomme, ou retranchez-en la quantité de mouvement qu'on veut
ajouter ou retrancher; diviſez enſuite le reſte par la ſomme des
corps, & le quotient ſera la diſtance du point cherché Z ou z
au centre O.

Ceci eſt évident, car la ſomme des momens étant augmentée ou diminuée de la quantité qu'on veut ajoûter ou retrancher,
doit être égale au moment des corps tranſportés en z ou en Z;
or le moment en z ou Z eſt le produit de la ſomme des corps par
la diſtance cherchée Oz ou OZ, & par conſéquent ce moment
étant diviſé par la ſomme des corps donneroit la diſtance cherchée, donc la ſomme des momens augmentée ou diminuée doit
auſſi donner la même diſtance cherchée, ſi on la diviſe par la
ſomme des corps.

Soit comme ci-deſſus $A=1$, $B=3$, $C=4$, $D=2$, $OA=2$,
$OB=4$, $OC=5$, $OD=6$, nous aurons $A \times OA = 2$, $B \times OB$
$=12$, $C \times OC=20$, $D \times OD=12$, donc la ſomme des momens
ſera $2+12+20+22=46$, & la ſomme des corps $1+3+4+2$
$=10$; maintenant ſi l'on veut que le moment des corps tranſportés en un point z ſurpaſſe par exemple, de 4 la ſomme 46 des
momens, j'ajoûte 4 à 46, ce qui fait 50, & diviſant par la ſomme 10 des corps, le quotient $\frac{50}{10}=5$ marque que la diſtance zO
doit être à la diſtance AO comme 5 à 2.

Et ſi au contraire on veut que le moment des corps tranſportés en un point Z ſoit moindre de 4 que la ſomme 46 des momens, je retranche 4 de 46, & diviſant le reſte 42 par la ſomme
10 des corps, le quotient $\frac{42}{10}=4\frac{1}{5}$ marque que la diſtance OZ
doit être à la diſtance OA comme $4\frac{1}{5}$ à 2.

PROPOSITION

PROPOSITION XXXVI.

116. *Deux ou plufieurs corps* A , B, C, D, *(Fig. 36.) étant attachez aux bras d'un levier* AD *qui tourne autour d'un point* O , *lequel n'eſt pas le centre d'équilibre , trouver quel eſt le bras furchargé, de combien il eſt furchargé, & en quel endroit il faudroit tranfporter tous les corps , afin que leur moment fût égal au moment dont l'un des bras eſt furchargé.*

SOLUTION.

En premier lieu , faites la fomme des momens des corps A , B, qui font fur le bras AO , & la fomme des momens des corps C, D , qui font fur les bras OD. Suppofé que la derniere fomme foit plus grande que la premiere , le bras OD fera le bras furchargé.

En fecond lieu , retranchez la moindre fomme de la plus grande , & le refte fera le moment qui furcharge le bras OD.

Enfin , divifez le moment qui furcharge le bras OD par la fomme des poids , & le quotient fera la diftance OH du point cherché H au centre de mouvement O ; car tous les poids étant tranfportés en ce point H, leur moment par rapport à O doit être égal au moment qui furcharge le bras OD ; or le moment des poids tranfportés en H eſt égal au produit de la fomme des poids par la diftance OH, & par conféquent ce moment étant divifé par la fomme des poids donneroit la diftance OH ; donc le moment qui furcharge le bras OD étant divifé par la même fomme doit auſſi donner la même diftance.

PROPOSITION XXXVII.

117. *Les mêmes chofes étant fuppofées que dans la Propofition précedente , trouver le point où il faudroit tranfporter le centre* O *pour faire équilibre entre les corps* (Fig. 36).

SOLUTION.

Cherchez par le Problême précédent le point H , où tous les corps étant tranfportés leur moment feroit égal au moment qui furcharge le bras OD , & ce point fera le point cherché , enforte que fi le levier vient à être attaché en H , & non plus en O , tous les corps feront en équilibre autour du point H.

P

Demonstration.

Le bras OD étant le bras furchargé, le moment des corps C, D peut fe divifer en deux momens, dont l'un fera égal au moment des corps A, B du bras AO, & l'autre fera le moment qui furcharge les bras OD ; fuppofons donc d'une part que les corps A, B foient tranfportés en O, & de l'autre que les corps C, D foient tranfportés en un point comme R, où ils ayent perdu un moment égal au moment que les corps A, B tranfportés en O auront perdu (*N. 115.*) il eft vifible que les corps A, B ayant perdu leur moment, il ne reftera du moment des corps C, D que le moment qui furcharge le bras OD ; c'eft pourquoi fi l'on veut que tous les corps tranfportés en H ayent un moment égal au moment furchargeant, il faut que le moment que les corps en O gagnent par rapport à O lorfqu'ils font en H, foit égal au moment que les corps en R perdent par rapport au même point O lorfqu'ils font en H, ainfi le moment que les corps A, B perdent fur le bras AO, joint à celui qu'ils gagnent fur le bras OD, eft égal au moment que les corps C, D perdent fur le même bras OD ; or fi l'on tranfporte le centre de mouvement en H, c'eft-à-dire, fi le levier vient à être attaché en H & non plus en O, & que tous les corps foient tranfportés en leur place, les corps A, B auront par rapport à H, non-feulement le moment qu'ils avoient perdu par rapport à O fur le bras AO, mais encore celui qu'ils avoient gagné fur le bras OD, & les corps C, D reprendront par rapport à H le moment qu'ils avoient perdu fur le même bras OD, donc le moment des corps A, B par rapport à H, fera égal au moment des corps C, D par rapport à H, & le point H fera le centre d'équilibre.

Proposition XXXVIII.

118. *Plufieurs poids* A, B, C, D (Fig. 36.) *étant attachez en différens endroits d'un levier* AD, *trouver fur ce levier leur centre d'équilibre.*

Solution.

Regardez le point A comme étant le centre de mouvement, & prenant les momens de chacun des corps par rapport au point A, faites-en la fomme que vous diviferez par la fomme des corps, & le quotient vous donnera la diftance AH, & par conféquent le point H fera le centre d'équilibre.

DEMONSTRATION.

Puifque la fomme des momens divifée par la fomme des poids donne la diftance AH, donc la fomme des poids multipliée par la diftance AH eft égale à la fomme des momens; or la fomme des poids multipliée par AH eft le moment que tous les poids auroient étant mis en H, donc le point H eft le point où tous les corps étant tranfportés, leur moment eft égal à la fomme des momens qu'ils auroient chacun en leur place; or quand cela arrive le point H eft le centre d'équilibre (*N.* 114.) donc, &c.

PROPOSITION. XXXIX.

119. *Deux ou plufieurs corps* A, B (Fig. 37.) *étant attachés à un bras* OC *d'un levier* EC, *qui tourne autour d'un point fixe* O, *trouver à quel endroit de l'autre bras* EO, *il faut attacher un autre corps donné* D *pour faire équilibre.*

SOLUTION.

Prenez les momens des corps A, B par rapport à O, faites-en la fomme, & divifez-la par le corps donné D, le quotient fera la diftance cherchée OD.

DEMONSTRATION.

Puifque la fomme des momens des corps A, B divifée par D donne la diftance OD, donc le produit de D par OD eft égal à la fomme des momens des corps A, B; mais le produit D×OD eft le moment du corps D par rapport à O, donc le moment de D eft égal aux momens de A & B pris enfemble; & par conféquent il y a équilibre.

REMARQUE.

120. Nous avons dit (*N.* 111.) que toute ligne droite horifontale, autour de laquelle un levier eft cenfé tourner en gardant toujours fa même inclinaifon, fe nomme *axe ou diamètre de mouvement*, fi les corps attachés aux bras du levier ne font pas en équilibre, & *axe ou diametre d'équilibre*, fi les corps font en équilibre. Or nous n'avons confideré jufqu'ici que les leviers perpendiculaires à cet axe, & c'eft pourquoi nous avons dit dans

la note du nombre 107. qu'il falloit fuppofer que le levier pendant fon mouvement décrivoit un plan perpendiculaire à l'horizon, & que tous fes points décrivoient des circonférences concentriques (*Fig.* 33.) qui étoient toutes dans le même plan, ce qui doit être effectivement ainfi, puifqu'en fuppofant, comme nous faifons, que le levier foit toujours perpendiculaire à l'axe, il s'enfuit néceffairement que les rayons des circonférences que tous fes points décrivent font auffi perpendiculaires à cet axe, c'eft-à-dire, que ces rayons ne font autre chofe que les diftances des points au centre de mouvement, ou que les parties du levier comprifes entre le centre de mouvement & les points qui décrivent les circonférences.

Mais fi le levier tourne autour d'un axe qui ne lui foit pas perpendiculaire, il y a du changement dans tout ce que nous venons de dire, & c'eft ce que nous allons examiner.

Suppofons donc qu'un levier AB (*Fig.* 38.) étant attaché fixement en un point O d'un axe EP horifontal, cet axe vienne à tourner fur lui-même fans changer de pofition, c'eft-à-dire qu'il tourne comme un aiffieu, il eft évident 1°. Que le levier AB tournera autour de cet axe en confervant toujours la même angle BOP. 2°. Que tous fes points A, D, H, B, feront toujours à égale diftance de l'aiffieu, & que par conféquent les perpendiculaires AE, DR, HS, BP, abaiffées de ce point fur l'axe feront toujours les mêmes. 3°. Que les circonférences décrites par les points A, D, H, B, font des circonférences de cercles perpendiculaires à l'horifon, car les droites AO, AE étant toujours les mêmes, & l'angle AEO étant droit, la circonférence décrite par le point A eft la même que la circonférence du cercle décrite par le rayon AE, mais ce cercle eft perpendiculaire fur l'axe EF, lequel eft dans le plan de l'horifon, donc il eft perpendiculaire à l'horifon, &c. 4°. Enfin que les circonférences décrites par les points A, D, H, B, feront toutes paralleles entr'elles, mais dans des plans différens.

Or de-là il s'enfuit que la différence du levier perpendiculaire a fon axe au levier oblique à fon axe, confifte 1°. En ce que les circonférences décrites par les points du premier font toutes dans un même plan, au lieu que les circonférences décrites par les points du fecond font toutes dans des plans différens. 2°. Que les momens des corps attachés en différens endroits d'un levier perpendiculaire à fon axe, font les produits des corps par leurs diftances au centre de mouvement, au lieu que les momens des points attachés à un levier oblique, font les produits des corps par les perpendiculaires abaiffées fur l'axe, car les viteffes des corps A, D, H, B, étant entr'elles comme les circonférences qu'ils décrivent, & ces circonférences étant comme les rayons AE, DR, &c. les momens font par conféquent les produits A ×AE, D×DR, &c.

Proposition XL.

121. *Si deux ou plufieurs corps* A, B, C *(Fig. 39.) attachez à un levier* AC, *font en équilibre autour d'un axe* EF *qui paffe par le centre* O, *ils feront en équilibre autour de tout autre axe qui paffera par le même point* O.

Demonstration.

Suppofons que l'axe horifontal EF foit perpendiculaire au levier AC, le moment A×AO du corps A fera donc égal à la fomme B×BO+C×CO, des momens des corps B, C, puifqu'on fuppofe que les corps A, B, C font en équilibre. Concevons maintenant que le levier AC foit attaché fixement en O à un autre axe horifontal HQ, lequel vienne à tourner autour de lui-même comme un aiffieu, il eft évident par la remarque précedente, que fi des points A, B, C on abaiffe les perpendiculaires AP, BQ, CR fur l'axe HR, les momens des corps A, B, C par rapport à cet axe feront A×AP, B×BQ, C×CR; or à caufe des triangles femblables AOP, BOQ, COR, les droites AP, BQ, CR font entr'elles commes les droites AO, BO, CO, donc les corps A, B, C multipliés par les droites AP, BQ, CR, font entr'eux comme les mêmes corps multipliés par les droites AO, BO, CO, & par conféquent A×AP, B×BQ+C×CR :: A×AO, B×BO+C×CO, mais nous avons A×AO = B×BO+C×CO, donc A×AP=B×BQ+C×CR, c'eft-à-dire, le moment du corps A par rapport à l'axe HR, eft égal à la fomme des momens des corps B, C, par rapport au même axe, donc ces corps font en équilibre autour de cet axe de même qu'ils l'étoient autour de l'axe EF.

Proposition XLI.

122. *Un axe* EF *(Fig. 40.) étant donné, autour duquel tourne un levier* AB *traverfé d'autres leviers* HI, CD *auxquels font attachez*

des poids H, I, C, D, *trouver* 1°. *Le moment de ces poids par rap-*
port au levier AB *confideré comme un axe.* 2°. *Le moment de ces mê-*
mes poids par rapport à l'axe EF. 3°. *Les points où il faudroit tranf-*
porter les poids fur le levier AB, *afin qu'ils euffent par rapport à*
l'axe EF *les mêmes momens qu'ils avoient en leur place.* 4°. *Le point*
où il faudroit les tranfporter tous fur le levier AB, *afin qne le moment*
par rapport à EF *fût égal à l'excès du moment dont l'un des bras eft*
furchargé. 5°. *Enfin le point où il faudroit attacher le levier* AB *à*
l'axe EF, *afin que les corps fuffent en équilibre autour de* EF.

SOLUTION.

En premier lieu, fi le levier AB eft confideré comme un axe
horifontal auquel les leviers HI, CD, auffi horifontaux font attachés fixement, & qu'il ne puiffe tourner que fur lui-même comme
un aiffieu; des points H, I, C, D, abbaiffez fur AB les perpendiculaires HS, IT, CQ, DR, & les momens des corps H, I,
C, D, feront les produits de ces corps multipliés chacun par
leur perpendiculaires. Car le levier CD confervant toujours la
même obliquité à l'égard de AB, il eft vifible que fi AB tourne
autour de lui-même, le corps C décrira une circonférence dont
la droite CQ fera le rayon, & que par conféquent le moment
de C par rapport à AB fera C × CQ (*N.* 120.) & on prouvera
la même chofe des autres corps.

En fecond lieu, fi le levier AB eft attaché fixement à l'axe horifontal EF, des points H, I, C, D, abbaiffez fur l'axe EF les
perpendiculaires H*m*, I*n*, C*r*, D*u*, & les momens des corps
H, I, C, D, feront les produits de ces corps multipliés chacun
par leur perpendiculaires; car quand EF viendra à tourner fur
lui-même, le corps C étant toujours à égale diftance de cet axe
décrira autour de EF une circonférence dont le rayon fera la perpendiculaire C*r*; donc le moment de C par rapport à EF fera
C × C*r* (*N.* 120.) & on prouvera la même chofe des autres corps.

En troifiéme lieu, des points H, I, C, D, (*Fig.* 41.) menez
les droites H*f*, I*d* C*h*, D*q*, paralleles à l'axe EF, & les points
f, *d*, *h*, *q*, où ces paralleles coupent le levier AB feront les
points où il faudra tranfporter les corps fi l'on veut que leurs
momens par rapport à EF foient égaux à ceux qu'ils ont chacun
en leur place; car des points C, *h*, menant les droites C*r*, *h*3,
perpendiculaires à l'axe, il eft clair que ces deux droites font égales
puifqu'elles font perpendiculaires entre les paralleles EF, *h*C;

ainfi $C \times Cr = C \times h_3$, mais $C \times Cr$ eft le moment du corps C
mis en C, & $C \times h_3$ eft le moment du corps C mis en h; donc
le corps mis en h a un moment par rapport à EF égal à celui
qu'il a en C, & on prouvera la même chofe des autres corps.

En quatriéme lieu, fi les corps H, I, C, D, étant tranfportés aux points f, d, h, q, font en équilibre autour d'un axe qui
paffant par O feroit perpendiculaire au levier, ils feront auffi en
équilibre autour de l'axe EF (*N.* 121.) & par conféquent il eft vifible qu'il n'y aura point de bras furchargé.

Mais fi l'un des bras fe trouve furchargé, par exemple le bras
Oq, confiderez le levier fq comme s'il tournoit autour d'un axe
ZY qui lui fut perpendiculaire, & prenant les momens $C \times hO$,
$D \times qO$, des corps C, D, mis en h & q, & la fomme des momens $H \times fO$, IdO, des corps H, I, mis en f & en d, retranchez la petite fomme de la grande, & divifant le refte par la
fomme des corps, le quotient vous donnera la diftance OV, &
par conféquent le point où il faudroit mettre tous les corps, afin
que leur moment par rapport à l'axe ZY fut égal à l'excès du
moment furchargeant (*N.* 116.); or je dis que le moment par
rapport à l'axe EF des corps mis en V eft encore égal à l'excès
du moment des corps C, D, fur le moment des corps H, I.

Car des points f, d, h, q, menant fur EF les perpendiculaires f_1, d_2, h_3, q_4, les momens par rapport à EF des corps
mis en f, d, h, q, feront $H \times f_1$, $I \times d_2$, $C \times h_3$, $D \times q_4$, mais
à caufe des triangles femblables Of_1, Od_2, Oh_3, Oq_4, les perpendiculaires f_1, d_2, h_3, q_4, font entr'elles comme les droites
fO, dO, hO, qO; donc les corps multipliés par les droites f_1,
d_2, h_3, q_4, c'eft-à-dire, les momens par rapport à EF feront
entr'eux comme les corps multipliés par fO, dO, hO, qO, ou
comme les momens par rapport à ZY; donc les momens
$D \times q_4 + C \times h_3$ feront aux momens $H \times f_1 + I \times d_2$ comme les
momens $D \times qO + C \times hO$ aux momens $H \times fO + I \times dO$; donc
l'excès de $D \times q_4 + C \times h_3$ fur $H \times f_1 + I \times d_2$ fera à l'excès de
$D \times q + OC \times hO$ fur $H \times fO + I \times dO$ comme les momens ex-
cédans par rapport à EF aux momens excedans par rapport à
ZY; or la fomme des corps multipliée par V$_5$ eft à la fomme
des corps multipliée par VO comme les corps multipliés par
q_4, h_3, d_2, f_1, font aux corps multipliés par qO, hO, dO, fO,
à caufe que V$_5$, eft à VO comme les droites q_4, h_3, &c. font
aux droites qO, hO, &c. donc la fomme des corps multipliée

par V5 eſt .à la ſomme des corps multipliée par VO comme l'excès de $D \times q4 + C \times h3$ ſur $H \times f1 + I \times d2$ eſt à l'excès de $D \times qO + C \times hO$ ſur $H \times fO + I \times dO$; mais l'excès de $D \times qO + C \times hO$ ſur $H \times fO + I \times dO$ eſt égal à la ſomme des corps multipliée par OV (*N.* 116.) donc l'excès de $D \times q4 + C \times h3$ ſur $H \times f1 + I \times d2$ eſt égal à la ſomme des corps multipliée par V5, & par conſéquent le moment par rapport à EF des corps mis en V eſt égal à l'excès du moment des corps C, D, ſur le moment des corps H, I.

En cinquiéme lieu, ſi l'on tranſporte l'axe perpendiculaire en V, les corps mis en *f*, *d*, *h*, *q*, ſeront en équilibre autour de cet axe (*N.* 116.) donc ſi l'on tranſporte l'axe EF en V, les corps mis en *f*, *d*, *h*, *q*, ſeront auſſi en équilibre autour de EF (*N.* 121.) mais les corps mis en H, I, C, D, avoient les mêmes momens par rapport à EF lorſqu'il paſſoit par O, que ceux qu'ils ont en *f*, *d*, *h*, *q* ; donc puiſqu'ils ſont en équilibre étant en *f*, *d*, *h*, *q*, lorſqu'on tranſporte EF en O, ils ſeront auſſi en équilibre en H, I, C, D.

PROPOSITION XLII.

123. *Si un levier* AB *qui tourne autour d'un axe* EF (Fig. 42.) *traverſe d'autres leviers* CD, HI, *chargés de poids,* C, D, H, I, *& que les points* A, B, *par où il les traverſe ſoient les centres de gravité des poids ſur leur leviers, je dis que les poids* C, D, *étant mis en leur centre de gravité* A, *ſur le levier* CD, *& les poids* H, I, *en leur centre de gravité* B *ſur le levier* H, I, *leurs momens par rapport à l'axe* EF *ſeront égaux aux momens qu'ils ont chacun en leur place.*

DEMONSTRATION.

Des points C, D, H, I, je mene les droites CP, DQ, HR, IS, paralleles à l'axe EF, & par la Propoſition précédente les corps C, D, H, I, étant tranſportés aux points Q, P, R, S, où ces paralleles coupent le levier AB, leurs momens par rapport à EF ſeront les mêmes que ſi ces corps étoient en leur places C, D, H, I ; des points R, B, S, je mene les droites RN, BM, SL perpendiculaires ſur EF, & B3 perpendiculaire ſur SL, les momens des corps H, I, mis en R & en S ſont donc $H \times RN$, $I \times SL$; or par la ſuppoſition les corps H, I, mis en H & en I ſont en équilibre autour du point B ; donc $H \times HB = I \times IB$, mais à cauſe des triangles ſemblables RHB, SIB, on a HB,

IB

IB :: RB, BS, & à cause des triangles semblables R2B, B3S, on a RB, BS :: 2B, 3S ; donc HB, IB, 2B, 3S, & par conséquent H × HB, I × IB :: H × 2B, I × 3S, & à cause de H × HB = I × IB, on a H × 2B = I × 3S, c'est-à-dire, que si on transporte en B, les corps H, I, mis en R, & S le moment H × 2B que le corps H gagnera par rapport à EF sera égal au moment I × 3S que le corps I perdra par rapport à EF, donc la somme de leurs momens en B par rapport à EF sera la même que la somme de leurs momens en R & en S, ou en H & I, & on prouvera la même chose par rapport aux corps C, D, donc, &c.

COROLLAIRE.

124. Les corps H, I, pesent donc autant sur le bras OB lorsqu'ils sont en B, que lorsqu'ils sont en leur place, & les corps C, D, pesent autant sur le bras AO, lorsqu'ils sont en A, que lorsqu'ils sont en C & D.

PROPOSITION XLIII.

125. *Plusieurs leviers* AB, CD, EF (Fig. 43.) *chargés de poids étant sur un même plan horizontal, trouver leur centre commun d'équilibre.*

SOLUTION.

Je cherche le centre d'équilibre H des poids A, B, sur leur levier AB, & le centre d'équilibre S des poids C, D, sur leur levier CD, & joignant ces centres par une droite HS, que je considere comme un levier qui seroit traversé par un axe entre les points H, S, comme par exemple en V, il est clair par la Proposition précédente que les poids B, A, étant transportés en H peseroient autant sur le bras HV que s'ils étoient en leur place, & que les poids C, D, transportés en S peseroient autant sur le bras VS que s'ils étoient en C & D. Je conçois donc que les poids A, B, soient transportés en H où ils ne font qu'un seul poids H, & que les poids C, D, soient transportés en S où ils ne font qu'un seul poids S. Je cherche le centre d'équilibre V des poids H, S, sur le levier VS, & le centre d'équilibre T des poids E, F, & joignant les centres V, T, par la droite VT que je considere comme un levier qui seroit traversé par un axe en quelque point X entre V & T, il est encore clair par la Proposition précédente que les poids H, S, étant mis en V peseroient

Q

autant fur le bras XV que s'ils étoient en leur place , & que les poids E , F étant mis en T peferoient autant fur le bras XT que s'ils étoient en E , F.

Je conçois donc que les poids S , H , foient mis en V , où ils ne font qu'un feul poids V , & que les poids E , F , foient tranf-portés en T pour n'y faire qu'un feul poids T , & cherchant le centre d'équilibre X des poids V , T , fur le levier VT , ce point X eſt le centre commun d'équilibre de tous les poids , ce qui eſt évident par ce qui a été dit ci-deſſus..

PROPOSITION XLIV.

126. Suppoſant les mêmes choſes que dans la Propoſition précedente ; je dis que ſi le levier AB, CD, EF (Fig. 44.) tournent autour d'un axe MN poſé d'un même côté par rapport à ces leviers , les momens par rapport à MN des poids chacun en ſa place feront égaux au mo-ment de la ſomme des poids miſe au centre commun d'équilibre X.

DEMONSTRATION.

Des points A , H , B , du levier AB , j'abbaiſſe fur MN les per-pendiculaires AM , HP , BQ , & des points A , H , je mene les droites Aa , Hb , paralleles à MN ; il eſt évident qu'en tranfpor-tant le corps A au centre de gravité H , ſa diſtance à l'axè MN augmente de la quantité Ha , & qu'au contraire en tranfportant le corps B en H ſa diſtance à l'axe MN diminue de la quantité Bb; or à cauſe des triangles ſemblables AHa,HBb, on a AH, HB : : Ha, Bb, & à cauſe que le point H eſt le centre d'équilibre des corps A , B , fur le levier AB , on a A × AH = B × BH , donc A × Ha = B × Bb ; c'eſt-à-dire , le moment que A tranfporté en H gagne par rapport à MN eſt égal au moment que le corps B tranfporté en H perd par rapport à MN , & par conféquent le moment des deux corps en H eſt égal à la ſomme des momens qu'ils avoient en A & B. On prouvera de même que les corps C , D , étant tranfportés en S qui eſt leur centre d'équilibre par rapport à leur levier CD , leur moment par rapport à MN eſt égal à la ſomme des momens qu'ils ont en C & D. Concevant donc que les poids A , B , foient tranfportés en S pour n'y faire qu'un feul poids S , & qu'ayant mené la droite SH on cherche fur cette droite le centre commun d'équilibre V des deux poids H , S , on prouvera de même que les deux poids H , S , étant tranfportés en V , leur moment par rapport à MN fera égal à la ſomme des momens.

qu’ils ont en H & S, & que les poids E, F, étant tranſportés
en T qui eſt leur centre d’équilibre ſur leur levier EF, leur moment par rapport à MN ſera égal à la ſomme des momens qu’ils
ont en E & F ; concevant donc que les poids H, S, ſoient tranſportés en V pour n’y faire qu’un ſeul poids V, & que les corps
E, F, ſoient tranſportés en T pour n’y faire qu’un ſeul poids T,
& qu’ayant mené la droite VT, on cherche ſur cette droite le
centre d’équilibre X des poids V, T, on prouvera encore que
les poids V, T, étant tranſportés en X, leur moment par rapport
à MN ſera égal à la ſomme des momens qu’ils ont en V & en
T, & par conſéquent on aura prouvé que le moment par rapport
à MN de tous les corps mis en X eſt égal à la ſomme des momens mis chacun en leur place.

REMARQUE.

127. De tout ce que nous venons de dire, on tire la maniere
de trouver les centres de gravité des ſurfaces planes & de leur
circuits, & la maniere de meſurer les ſolides que ces ſurfaces
produiſent en tournant autour d’un axe, & les ſurfaces de ces
ſolides.

Par exemple, pour trouver le centre de gravité de la figure
ABCD (*Fig. 45.*), je conçois que cette figure tourne autour de
l’un de ſes côtés AD comme autour d’un axe, & qu’elle ſoit diviſée en ſes élemens paralleles à cet axe ; ces élémens ſelon la
Méthode des Indiviſibles, feront des lignes, & ſelon la Méthode
des nouveaux calculs, ce feront de petits trapezoïdes ou de petits rectangles leſquels ayant la hauteur infiniment petite, peuvent encore paſſer pour des lignes ; or quoique des lignes géo-
metriques n’ayent par elles-mêmes aucune peſanteur, cependant ſi on conçoit qu’elles ſoient diviſées en parties égales &
infiniment petites, & que de chacune de ces parties pendent
des poids tous égaux entr’eux, il eſt viſible que ces poids feront
entr’eux comme les parties auſquelles ils feront attachés, & qu’-
ainſi on pourra regarder la peſanteur des poids comme appar-
tenant à ces parties, & par conſéquent les lignes compoſées par
ces parties pourront être regardées comme ayant une peſanteur
égale à la ſomme des peſanteurs de leur parties. Mais il eſt viſible que dans cette ſuppoſition le centre de peſanteur de ces
lignes ſera ſur le milieu de chacune d’elles, puiſqu’il y aura de
part & d’autre de ce centre un même nombre de parties égale-

ment pefantes ; ainfi les momens de ces lignes par rapport à l'axe AD feront les produits des lignes par les diftances de leur centres de gravité ou de leur milieu à l'axe AD ; or par les principes établis dans ce Chapitre, la fomme de ces lignes multipliée par la diftance de leur centre de gravité commun à l'axe AD, eft égale à la fomme de leurs momens ; donc divifant la fomme de leurs momens par la fomme des lignes, le quotient fera la diftance du centre de gravité commun à l'axe AD, & par conféquent on connoîtra de combien ce centre de gravité eft éloigné de l'axe AD ; maintenant prenant pour axe le côté DC, & prenant les élémens de la figure ABDC paralleles à cet axe, on connoîtra en faifant les mêmes opérations que ci-deffus, la diftance du centre de gravité commun à l'axe DC, & par conféquent la diftance à l'axe AD étant connue, on n'aura qu'à la mettre fur DC de D en O, fuppofé que DC foit perpendiculaire à AD, & la diftance à l'axe DC étant connue, on n'aura qu'à la mettre fur AD de D en R, après quoi tirant OX parallele à AD, & RX parallele à DC, l'interfection X de ces lignes fera le centre de gravité de la figure ABCD.

Donc en fuppofant que la fomme des Elemens de la figure ABDC, c'eft-à-dire, que la figure ABDC foit connue, ce que nous fuppofons toujours ; il eft clair que pour trouver fon centre de gravité, il ne s'agit plus que de connoître la fomme des momens de fes élemens par rapport à l'axe AD & à l'axe DC ; or c'eft ce que nous avons enfeigné fort au long dans la *Mefure des Surfaces & des Solides*, & dans *le Calcul Différentiel & Intégral*, &c. c'eft pourquoi nous y renvoyons le Lecteur pour ne pas repeter ce que nous avons déja dit.

De même fi l'on veut trouver le folide décrit par la circonvolution de la figure ADBC autour de l'axe AD, il eft vifible que fi je divife la figure ADBC en fes élémens paralleles à la bafe, tous les points de chacun de ces élémens décriront des circonférences qui feront entr'elles comme leur rayons, ou comme les diftances des points à l'axe AD, ainfi de même que tous les points d'un élément multipliés par leur diftances à l'axe AD font égaux à la fomme des points, ou à l'élement multiplié par la diftance de leur centre commun de gravité ; de même tous les points multipliés par les circonférences que décrivent leur diftances à l'axe AD, font égaux à la fomme des points ou à l'élément multiplié par la circonférence que décrit la diftance de

leur centre commun de gravité, & de même que tous les élemens multipliés chacun par la diftance de fon centre de gravité
à l'axe AD, font égaux à la fomme des élemens multipliée par
la diftance de leur centre de gravité commun à l'axe AD ; de
même aufli tous les élemens multipliés par la circonférence que
décrit chacune de leur diftance à l'axe AD, font égaux à la fomme
des élemens multipliée par la circonférence que décrit la diftance
de leur centre commun de gravité ; or tous les élemens multipliés
par les circonférences que décrivent leur diftances forment des
furfaces qui compofent le folide, donc tous les élemens, c'eft-à-
dire la bafe ABCD multipliée par la circonférence décrite par la
diftance de leur centre commun de gravité eft égale au folide ; ainfi
le folide eft égal au produit de la figure ABCD par la circonférence que fon centre de gravité X décrit autour de AD.

Et comme pour trouver la circonférence décrite par X, il ne
s'agit que de trouver fon rayon ou la diftance de X à l'axe AD,
il s'enfuit qu'en fuivant les mêmes regles que nous avons données dans les Ouvrages cités, on trouvera le folide.

De même, pour trouver le centre de gravité du Périmetre
ABCD (*Fig.* 46.) je confidere chacun de fes côtés comme autant de leviers chargés de poids égaux dans toutes leurs parties ;
ainfi il eft vifible que le centre de gravité de chaque levier fera
fur le milieu de ce levier. Je joins les centres de gravité E, F de
ces deux leviers par une droite EF, & confiderant cette droite
comme un levier, tous les poids de AB étant tranfportés en E,
& tous ceux de BC étant tranfportés en F, peferont autant que
s'ils étoient en leur place. Je cherche donc fur EF le centre de
gravité V des poids E, F, & du point V par le centre de gravité X de la droite CD, je mene la droite VX que je confidere
comme un levier, ainfi les poids E, F peferont autant en V que
s'ils étoient en leur place, & les poids qui chargent DC peferont autant en X que s'ils étoient en leur place. Je conçois donc
que les poids E, F foient en V, & les poids de la droite DC
en X, & je cherche le centre de gravité Z des poids V, X ; du
point Z je mene la droite YZ au centre de gravité de la droite
AD, & confiderant les poids V, X, tranfportés à leur centre de
gravité Z, & les poids qui chargent AD tranfportés à leur centres
de gravité Y, je cherche fur ZY le centre de gravité O des
poids Z, Y, & ce point O eft le centre de gravité du Périmetre
ABCD.

Q iij

Pour trouver la furface que décrit le périmetre ABCD de la Figure 45. en tournant autour de l'axe AD, j'examine que le côté AD de ce Perimetre ne décrit aucune partie de la furface ; c'eft pourquoi je cherche le centre de gravité commun des trois autres cotés AB, BC, CD, & fuppofant que ce centre foit le point X, & que fa diftance à l'axe AD foit la droite XR, je multiplie les trois côtés AB, BC, CD par la circonférence du rayon XR, & le produit eft la furface cherchée ; car le moment de tous les poids égaux dont nous fuppofons que les droites AB, BC, CD font chargées, eft égal aux produits des poids multipliés chacun par fa diftance à la droite AD, & fi nous concevons que tous les poids foient tranfportés au centre X, leur produit par la diftance XR fera encore égal à la fomme des momens qu'ils ont chacun en leur place ; or tous les points des droites AB, BC, CD en tournant autour de AD décrivent des circonférences dont les rayons font les diftances à la droite AD ; donc puifque tous les points multipliés par leur diftances font égaux à la fomme des points multipliés par la diftance XR, tous les points multipliés par les circonférences que leur diftances décrivent feront égaux à tous les points multipliés par la circonférence que XR décrit ; mais tous les points multipliés par leur circonférences forment la furface décrite par les lignes AB, BC, CD, donc tous les points multipliés par la circonférence que XR décrit, c'eft-à-dire les trois lignes AB, BC, CD, multipliées par la circonférence que XR décrit font égales à la furface cherchée.

Si le Perimetre ABCD tournoit autour d'un axe MN (*Fig.* 46.) qui fut hors du Perimetre, il eft évident que chacune des lignes AB, BC, CD, DA du Perimetre décriroit une partie de la furface décrite autour de MN ; donc il faudroit alors chercher le centre de gravité commun à ces quatre lignes, & multiplier enfuite les quatre lignes par la circonférence que décriroit la diftance de leur centre de gravité autour de MN, ce qui donneroit la furface formée par le Perimetre.

De tout ce que nous venons de dire, il s'en fuit 1°. Que fi une furface plane ABCD (*Fig.*45.) tourne autour d'un axe AD, le folide décrit par la circonvolution entiere eft égal à la furface multipliée par la circonférence décrite par fon centre de gravité X. 2°. Que fi cette furface tourne autour d'un axe AD qui foit l'un de fes côtés la furface du folide produit eft égale au produit des trois autres côtés par la circonférence que décrit leur centre de gravité commun. 3°. Enfin que si cette surface tourne autour d'une ligne MN qui soit hors du perimetre, la surface décrite par les côtés du perimetre est égale au produit des côtés multipliés par la circonférence que décrit la distance de leur centre commun de gravité à l'axe MN.

Les Lecteurs auront la bonté de recourir aux ouvrages cités ci-dessus, ils y trouveront de quoi se satisfaire sur cette matiere.

CHAPITRE V.

Du Mouvement composé des Corps.

DEFINITIONS.

128. LE mouvement *simple* est un mouvement qui n'est produit que par une seule force, & le mouvement *composé* est celui qui est produit par deux forces, dont les directions ne sont pas opposées; car si les directions étoient opposées, & que les forces fussent égales, il est visible que le mouvement cesseroit, en supposant qu'il n'y eût point d'élasticité dans les corps, ainsi que nous avons supposé jusqu'à present, & si l'une des deux forces étoit plus grande que l'autre, le mouvement continueroit selon la direction de la plus grande force.

129. On appelle *angle des directions* l'angle que les directions de deux forces font entr'elles; par exemple, si le corps A (*Fig.* 47. est poussé tout à la fois par une force dont la direction soit la droite AC, & par une autre dont la direction soit la droite AB, l'angle BAC fait par ces deux directions s'appellera *angle des directions*.

PROPOSITION XLV.

130. *Si un corps* A (Fig. 47.) *est mû par deux puissances, dont l'une ait la direction* AC, *& l'autre ait la direction* AB, *& que dans le même tems que la force de la direction* AC *feroit parcourir l'espace* AC, *la force de la direction* AB *fît parcourir l'espace* AB, *je dis qu'en achevant le parallelogramme* ABCD, *le corps* A *mû par les deux puissances parcourroit dans le même tems la diagonale* BD.

DEMONSTRATION.

Nommons *x* la puissance qui feroit parcourir l'espace AC, &

z la puissance qui feroit parcourir dans le même tems l'espace AB , il est sûr que la masse du corps A étant la même par rapport à l'une & l'autre puissance , ces puissances sont entr'elles comme les vitesses AC , AB. Ainsi supposant que dans le premier instant la puissance x fasse parcourir au corps A l'espace AE , la puissance z feroit parcourir dans le même instant l'espace AF , qui seroit à AE comme AB est à AC , ou comme CD est à AC , à cause de CD $=$ AB ; du point E je mene EG parallele & égale à AF , & du point F je mene FG parallele & égale à AE , enfin je tire la diagonale AG ; cela fait , puisque les deux puissances agissent ensemble sur le corps A , & que leurs directions ne sont point opposées , il est sûr qu'à la fin du premier instant le corps A , en tant qu'il est poussé par la puissance x , doit avoir parcouru un espace AE égal à FG , & qu'en tant qu'il est poussé par la puissance z , il doit avoir parcouru un espace AF égal à EG , donc il faut nécessairement qu'il se trouve en G , car G est l'unique point où les deux conditions sont remplies ; or par la construction FA est égal à GE , & nous avons trouvé FA , AE : : DC , CA , donc GE , AE : : DC , CA , & par conséquent le triangle GEA est semblable au triangle , DCA , & comme le point A étant le sommet commun de ces triangles , le côté AE du triangle GEA , tombe sur le côté homologue AC du triangle DCA , l'autre côté AG du triangle GEA tombe par conséquent sur le côté homologue AD du triangle DCA , & le point G est un point de la diagonale AD.

On prouvera de même que si à la fin du second instant la puissance x feroit parcourir l'espace AH , égal à IL , la force z feroit parcourir l'espace AI égal à HL , lequel seroit à l'espace AH comme CD est à CA , & qu'ainsi le corps A se trouveroit en L , qui est un point de la diagonale AD , à cause qu'on auroit LH , AH : : CD , CA. Puis donc qu'à la fin de tous les instans le corps A se trouveroit toujours sur un point de la diagonale AD , il s'ensuit qu'au dernier instant il se trouveroit en D , & que par conséquent le corps A mû par les deux puissances x , z auroit parcouru la diagonale AD.

COROLLAIRE I.

131. Si l'on conçoit que la ligne AB soit divisée en parties égales AF , FI , &c. & que la droite AC soit divisée en un même nombre de parties égales AE , EH , &c. lesquelles seront par
conséquent

conféquent proportionnelles aux parties AF , FI , &c. de la droite AB , & que tandis que la droite AB avançant d'un mouvement uniforme & toujours parallelement à elle-même de A vers C , le corps A avance auffi d'un mouvement uniforme de A vers B, enforte qu'il parcoure AF tandis que la droite AB parcourt AE, il eft vifible que le corps fe trouvera en G quand AB fera dans la pofition EP , qu'il fera en L quand AB fera dans la pofition HM, & ainfi de fuite , de forte que le corps A fera toujours dans quelque point de la diagonale AD ; donc le mouvement du corps A felon l'hypotèfe que nous venons de faire , reprefentera le mouvement compofé de A pouffé par les deux forces x , z.

COROLLAIRE II.

132. Le corps A parcourt la diagonale AD dans le même tems qu'il parcourroit le côté AC, s'il n'étoit pouffé que par la force x , ou le côté AB, s'il n'étoit pouffé que par la force z.

COROLLAIRE III.

133. Comme il n'y a point de ligne droite AD autour de laquelle on ne puiffe décrire un parallelogramme ABCD , dont elle fera la diagonale , il n'y a point auffi de mouvement fimple caufé par une puiffance qui poufferoit dans un certain tems le corps A de A vers D , qu'on ne puiffe regarder comme un mouvement compofé par deux puiffances dont l'une poufferoit le corps A de A vers C , & l'autre de A vers B.

Et comme les rapports des côtés AC , AB du parallelogramme autour de la diagonale AD , peut varier felon que l'angle BAC eft plus ou moins grand , & que ces côtés expriment le rapport des forces qui caufent le mouvement compofé , il s'enfuit qu'un même mouvement direct AD peut être regardé comme un mouvement compofé de plufieurs façons , ou comme un mouvement caufé par deux forces qui peuvent avoir entr'elles différens rapports.

PROPOSITION XLVI.

134. *Dans le mouvement compofé la viteffe produite par les deux forces , eft à la viteffe qui produiroit une feule force, comme la diagonale AD eft au côté qui repréfente la direction de cette force.*

R

Demonstration.

Par la supposition la force *x* feroit parcourir au corps A l'espace AC dans le même tems que la force *z* lui feroit parcourir l'espace AB , & par la Proposition précédente les deux forces ensemble font parcourir au même corps dans le même tems la diagonale AD ; or la masse étant toujours la même , & les tems étant égaux , les vitesses produites par différentes forces dans un mouvement uniforme tel que nous le supposons ici , font entr'elles comme les espaces parcourus dans le même tems , donc la vitesse produite par les deux forces *x*, *z* jointes ensemble , est à la vitesse produite par la force *x* comme AD est à AC , & à la vitesse produite par le corps *z* comme AD est à AB.

Corollaire I.

135. On prouveroit la même chose si les mouvemens causés par chacune des forces suivoient une même loi d'acceleration ; car supposant qu'ils suivissent la loi de Galilée, la force *x* ayant fait parcourir à la fin du premier instant l'espace AE , à la fin du second il auroit fait parcourir l'espace AH quadruple de AE , à la fin du troisiéme l'espace AN neuf fois plus grand que AE , & ainsi de suite selon la raison des quarrés 1 , 4 , 9 , 16 , 25 , &c. par la même raison la force *z* ayant fait parcourir à la fin du premier instant l'espace AF , auroit fait parcourir à la fin du second instant l'espace AI quadruple de AF , &c. ainsi on prouveroit de même que ci-dessus qu'à la fin de ces instans le corps A mû par les deux puissances se trouveroit sur les points G , L , &c. de la diagonale , & que par conséquent les espaces AG , AE , AF , que ces différentes forces feroient parcourir au même corps A , étant parcourus dans le même tems ou dans des tems égaux , les vitesses feroient comme les espaces , d'où il suit que la vitesse acquise à la fin de AG, feroit à la vitesse acquise à la fin de AE comme AG est à AE.

Remarque.

136. Ce que je dis ici n'est pas contraire à ce que j'ai dit ailleurs touchant les espaces parcourus dans des tems égaux par différens corps qui suivent une même loi d'acceleration ; il est vrai comme je l'ai demontré (*N. 99.*) que si plusieurs corps qui

font en repos viennent à defcendre librement vers le centre de
la terre , ils parcourent tous dans le même tems des efpaces
égaux , par les raifons que j'en ai données ; ainfi fi l'on fuppofoit
que la force qui meut le corps A vers B fût fa pefanteur, & que
la force qui le pouffe vers C fût une force égale à fa pefanteur ,
& qui produifit les mêmes effets, l'efpace AE feroit certainement
égal a l'efpace AF , & ainfi des autres , mais ici je fuppofe deux
forces inégales & différentes de la pefanteur , de forte que l'une
faifant parcourir au corps A l'efpace AE dans le premier inftant,
l'autre dans le même inftant lui feroit parcourir l'efpace AF ; or il
eft évident que fi le mouvement produit par ces deux forces
étoit acceleré par quelque caufe que ce fût , & que l'acceleration fe fît felon la loi de Galilée , le corps A en tant que pouffé
felon la direction AC auroit parcouru à la fin du fecond inftant
l'efpace AH quadruple de AE, &c. & que le même corps en
tant que pouffé felon la direction AB, auroit parcouru à la fin du
fecond inftant l'efpace AI quadruple de AF, &c.

COROLLAIRE II.

137. Si l'on connoît l'angle des directions BAC des forces
qui concourent au mouvement compofé, & les viteffes exprimées par les droites AC, AB on connoîtra auffi la direction &
la viteffe AD du mouvement compofé, puifqu'il n'y a qu'à achever le parallelogramme pour avoir la diagonale AD; mais fi l'on
connoît feulement la direction & la viteffe AD du mouvement
compofé, on ne connoîtra pas pour cela les directions & les viteffes des forces qui concourent , parce que l'angle des directions ABC pouvant être plus grand ou moindre , les forces concourantes peuvent avoir différentes directions , & de plus les
côtés AC , AB du parallelogramme décrit autour de la diagonale , pouvant avoir entr'eux différens rapports, felon que l'angle BAC eft plus grand ou moindre , les viteffes des forces concourantes peuvent auffi varier.

COROLLAIRE III.

138. C'eft donc la même chofe de confiderer le mouvement
AD comme un mouvement fimple caufé par une force qui feroit
parcourir au corps A l'efpace AD dans un certain tems , ou de
le confiderer comme un mouvement compofé caufé par deux

forces, dont l'une feroit parcourir dans le même tems l'espace AC, & l'autre feroit parcourir l'espace AB.

PROPOSITION XLVII.

139. *Dans tout mouvement composé par deux forces concourantes, la vitesse est d'autant plus grande que l'angle des directions est moindre, & d'autant moindre que l'angle des directions est plus grand.*

Soit un corps en A (*Fig.* 48.) poussé par deux forces dont l'une feroit parcourir au corps A l'espace AB, dans le même tems que l'autre feroit parcourir au même corps l'espace AC, j'acheve le parallelogramme ABCD, & la diagonale AD de ce parallelogramme représente la vitesse du mouvement composé ; maintenant si l'on conçoit que l'angle BAC diminue, c'est-à-dire que AC vienne dans la position A*c*, & AB dans la position A*b* ; il est visible qu'en achevant le parallelogramme, la diagonale A*d* représentera la vitesse du mouvement composé ; il s'agit donc de faire voir que A*d* est plus grand que AD.

DEMONSTRATION.

Les triangles ACD, A*cd* ont les côtés AC, CD égaux aux côtés A*c*, *cd*, mais l'angle ACD compris sous les deux premiers étant le complement à deux droits de l'angle BAC, est moindre que l'angle A*cd*, qui est le complement à deux droits de l'angle *b*A*c*, lequel est moindre que BAC, donc la base AD du triangle ACD étant opposée à l'angle ACD, est moindre que la base A*d* du triangle A*cd*, opposée à l'angle A*cd* ; donc la vitesse A*d* du mouvement composé par les deux forces, dont l'angle des directions est *b*A*c*, est plus grande que la vitesse AD du mouvement composé par les deux mêmes forces, mais dont l'angle des directions est BAC plus grand que *b*A*c*, donc, &c.

PROPOSITION XLVIII.

140. *Dans tout mouvement composé produit par deux forces concourantes, les deux forces sont entr'elles reciproquement comme les sinus des angles que leurs directions font avec la diagonale AD (*Fig.* 47.) & chacune de ces forces est à une troisiéme force qui produiroit le mouvement AD comme le sinus de l'angle fait par la direction de l'au-*

tre force avec la diagonale, est au sinus de l'angle BAC *des directions.*

DEMONSTRATION.

Je nomme x la force qui feroit parcourir l'espace AC au corps A, z la force qui lui feroit parcourir l'espace AB, & y celle qui feroit parcourir la diagonale AD ; ces forces étant entr'elles comme les produits de la masse par la vitesse qu'elles produisent, & la masse étant toujours la même, il s'ensuit que les forces sont comme les vitesses ou comme les espaces AC, AB, AD parcourus dans des tems égaux ; donc x, z :: AC, AB ou CD, & par conséquent x, z :: $\frac{1}{2}$ AC, $\frac{1}{2}$ CD ; mais dans tout triangle ACD les moitiés des côtés AC, CD sont les sinus des angles ausquels ils sont opposés, donc x est à z comme le sinus de l'angle ADC au sinus de l'angle DAC, mais l'angle ADC est égal à son alterne BAD, donc x est à z reciproquement comme le sinus de l'angle BAD fait par la direction BA de z avec la diagonale, est au sinus de l'angle DAC fait par la direction AC de x avec la même diagonale.

De même x, y :: AC, AD :: $\frac{1}{2}$ AC, $\frac{1}{2}$ AD, donc x est à y comme le sinus de l'angle ADC est au sinus de l'angle ACD, mais le sinus de l'angle ADC est égal au sinus de l'angle alterne BAD, & le sinus de l'angle ACD est égal au sinus de l'angle BAC, qui est le complement à deux droits de l'angle ACD, donc x est à y comme le sinus de l'angle BAD fait par la direction AB de la force z avec la diagonale, est au sinus de l'angle BAC des directions.

PROPOSITION XLIX.

141. *Un corps* A *(Fig. 49.) étant poussé par plusieurs forces, dont les directions & les vitesses sont exprimées par les droites* AB, AC, AD, AE, *trouver la direction & la vitesse* AQ *qu'il doit avoir.*

SOLUTION.

J'acheve le parallelogramme ABOC des deux directions AB, AC, & la diagonale AO représente la direction & la vitesse d'une force qui feroit parcourir au corps A la diagonale AO, dans le même tems que la force AB feroit parcourir l'espace AB, & la force AC feroit parcourir l'espace AC ; ainsi la force AO est équivalente aux deux forces AB, AC agissant ensemble chacun selon sa direction ; j'acheve le parallelogramme des directions AO, AD ; & la diagonale AP repréfente une force qui eft équivalente aux forces AO, AD agiffant enfemble, & par conféquent équivalente aux trois forces AB, AC, AD, qui agiroient enfemble chacune felon fa direction ; j'acheve le parallelogramme des directions AP, AE, & la diagonale AQ repréfente une force équivalente aux deux forces AP, AE, agiffant enfemble felon leur directions, donc la force AQ eft équivalente aux quatre forces AB, AC, AD, AE, qui agiroient enfemble felon leur directions, & par conféquent le corps A doit fuivre la direction AQ & avoir une viteffe exprimée par AQ.

Je vais donner ici une autre folution de ce Problême qui eft auffi ingenieufe qu'utile, mais qui demande pôur être comprife qu'on faffe attention à fa démonftration.

Autrre Solution.

Cherchez le centre de gravité H des quatre points B, C, D, E (*Fig.* 53.) qui font aux extrémités des quatre directions AB, AC, AD, AE; du point A par le point H, tirez la droite indéfinie AL, & portez fur cette droite autant de fois la droite AH qu'il y a de directions, c'eft-à-dire, dans le cas prefent quatre fois de A en L, & la droite AL exprimera la direction & la viteffe que le corps A pouffé par les quatre forces doit fuivre.

Demonstration.

Concevons que les quatre forces au lieu d'être en A foient en B, C, D, E, & que felon les directions & les viteffes BA, CA, DA, EA, elles pouffent chacune un corps égal à A, il eft évident que ces quatre corps venant à choquer le corps A, feront le même effet fur lui que fi les forces s'y appliquoient elles-mêmes, fi ce n'eft que la direction qu'il prendroit feroit de A vers Z, au lieu que fi les forces agiffoient toutes en A, la direction fe feroit de A vers L, ce qui ne change rien.

Je mene par le point A une droite indefinie XAR, & des points B, C, D, E, H menant les droites BX, CV, HT, DS, ER perpendiculaires fur XR, j'acheve les parallelogrammes BNAX, CQAV, PHTA, DOAS, EMAR ; par cette conftruction il eft évident que la force BA eft équivalente aux deux BO, BX, ou OA XA, que la force CA eft équivalente aux deux forces CQ , CV ou QA , VA , & ainſi des autres ; ainſi au lieu de quatre forces j'en ai huit , & le corps A doit prendre une direction & une viteſſe cauſée par ces huit forces.

Or de ces huit forces il y en a quatre dont les directions BX , CV , DS , ER ne ſont point contraires , & par conſéquent dans le même tems que chacune d'elles feroit parcourir au corps A la ligne qui marque ſa viteſſe , il faut que le corps A conçû comme pouſſé par ces quatre forces , parcoure un eſpace AI égal à la ſomme des quatre viteſſes ; or le point H étant le centre de gravité des quatre corps B , C , D , H , chacun deſquels eſt égal à A , ſi on les conçoit tous tranſportés en H , leur moment par rapport à la droite XR ſera égal au moment qu'ils ont chacun en leur place , ainſi on aura $4A \times HT = A \times BX + A \times CV + A \times DS + A \times ER$, & diviſant tout par A , on aura $4HT = BX + CV + DS + ER$, c'eſt-à-dire que ſi l'on porte HT , ſur la direction AP quatre fois de A en I , la droite AI ſera égale aux quatre viteſſes , & que par conſéquent ſi le corps A n'étoit pouſſé que par ces quatre forces miſes en A , ſa direction & ſa viteſſe feroit exprimée par AI.

Maintenant les quatre autres forces concourantes ont des directions BN , CQ , DO , EM oppoſées les unes aux autres , & pour trouver quel eſt l'excedent des unes ſur les autres , conſiderons que les corps B , C , D , E ayant leur centre de gravité commun en H , ils ſeroient en équilibre autour de HT , & par conſéquent les momens $A \times XT + A \times VT$ ſeroient égaux aux momens $A \times RT + A \times ST$, c'eſt-à-dire que les produits des corps B , C égaux chacun à A , multipliés par leurs diſtances XT , VT à la droite HT , ſeroient égaux aux produits des corps D , E égaux chacun à A multipliés par leurs diſtances RT , ST , à la même droite HT ; puis donc que nous avons $A \times XT + A \times VT = A \times RT + A \times ST$, ſi nous diviſons par A nous aurons $XT + VT = RT + ST$, mais les forces BN , CQ ou XA , VA ſont moindres que XT , VT , & au contraire les forces DO , EM , ou RA , SA ſont plus grandes que RT , ST , donc les forces BN , CQ ſont moindres que DO , EM , & comme ces forces ſont contraires , il s'enfuit que les deux BN , CQ doivent être détruites , & que des deux DO , EM , il ne doit reſter que l'excès qu'elles ont ſur BN , CQ , lequel excès ſeul agira ſur A lorſque les quatre forces feront appliquées en A.

Pour trouver donc cet excès , je conſidere que ſi les quatre corps B, C, D, E, autour de HT tournoient autour de AI, le moment des corps D, E feroit preponderant, & que le point T feroit le point ou les quatre corps étant tranfportés, leur moment par rapport à AI feroit égal à l'excès du moment des corps D, E fur le moment des corps B, C, donc nous aurions $4A \times TA = A \times RA + A \times SA - A \times XA - A \times VA$, & divifant tout par A, nous aurions $4TA = RA + SA - XA - VA$, c'eft-à-dire que l'excès des forces DO, EM, ou AS, AR fur les forces BN, CQ feroit $4TA$, donc les quatre forces agiffant enfemble en A, le corps A devroit prendre une direction & une viteffe AY quadruple de AT, ou de PH, donc puifque nous avons trouvé que les quatre autres forces agiffant en A, le corps A devroit prendre une direction AI quadruple de AP, il s'enfuit que les huit forces agiffant enfemble, le corps A doit avoir la direction & la viteffe de la diagonale AL; & il eft évident que cette diagonale paffe par le point H, & que AL eft quadruple de AH, car puifque $IL = AV = 4AT = 4PH$, de même que $AI = 4AP$, on a donc AI, AP :: IL, PH, par conféquent PH étant ordonnée au triangle IAL, le point H eft fur la diagonale AL; & comme l'on a auffi AL, AH :: IL, PH, donc $AL = 4AH$.

PROPOSITION L.

142. *Si une force pouffe ou tire un corps avec une direction oblique à ce corps elle lui communique moins de mouvement que fi elle le pouffoit ou le tiroit avec une direction perpendiculaire.*

DEMONSTRATION.

Soit une force exprimée par la droite AB (*Fig.* 50.) laquelle pouffe ou tire le corps CD avec une direction oblique AB; du point A j'abbaiffe AE perpendiculaire fur CD, & achevant le parallelogramme AEFB, il eft vifible que la force AB qui feroit parcourir à un corps l'efpace AB dans un certain tems eft équivalente à deux forces dont l'une feroit parcourir dans le même tems au même corps l'efpace AE, & l'autre lui feroit parcourir l'efpace AF, ainfi la force AB avec fa direction fait le même effet que feroient les deux forces AE, AF jointes enfemble avec leur directions, ou ce qui eft la même chofe, la force AB agit avec une direction compofée de la direction AE & de la direction AF, mais par la direction AF elle ne fait rien fur le corps CB, à caufe

que

que la direction AF étant parallele au corps CD, la force avec
cette feule direction ne feroit que gliffer fur ce corps fans le mouvoir, donc elle n'agit que par fa direction AE, c'eft-à-dire qu'elle
ne pouffe ou ne tire le corps qu'avec un effort égal à la force AE.

Maintenant concevons que le corps CD devienne perpendiculaire à la direction AB; & foit dans la pofition HT, la direction AB fera toujours compofée des deux directions AE, AF,
ou FB, EB, & comme ces deux directions peuvent agir fur le
corps HT, il s'enfuit que la force AB agit fur le corps HT avec
un effort égal aux efforts que peuvent faire les deux forces FB,
EB avec leurs directions; or les deux directions FB, EB étant
obliques, je tire ER, FT perpendiculaires à HT, & achevant
les parallelogrammes ERBS, FVBT, je trouve que les forces
FB, EB, n'agiffent fur le corps HT que comme les forces ER,
FT; donc AB agit fur FT comme les forces ER, FT prifes
enfemble, mais ER, FT prifes enfemble font égales à AB; car
par la conftruction j'ai ER $=$ SB, & à caufe des triangles femblables & égaux ESB, FVA, j'ai SB $=$ AV, donc ER $=$ AV;
d'autre part j'ai FT $=$ VB, donc ER $+$ FT $=$ AV $+$ VB $=$ AB;
puis donc que AB agit fur HT comme ER $+$ FB $=$ AB, il s'enfuit que la force AB perpendiculaire fur HT agit fur HT de tout
fon pouvoir, donc elle agit plus que lorfqu'elle étoit oblique à
ce corps, puifqu'elle n'agiffoit que comme AE moindre que AB,
& par conféquent une force qui pouffe ou tire un corps avec une
direction perpendiculaire lui communique plus de mouvement
que fi elle le pouffoit ou le tiroit avec une direction oblique.

COROLLAIRE I.

*143. Le mouvement qu'une force communique à un corps avec une
direction perpendiculaire eft au mouvement qu'elle lui communique avec
une direction oblique, comme le finus droit eft au finus de l'angle que
fait la direction oblique avec le corps ou au finus de l'angle d'incidence*
ABE.

Quand AB eft oblique fur le corps elle n'agit que comme la
force AE, & quand elle eft perpendiculaire, elle agit comme AB,
mais les mouvemens que deux forces communiquent fur un corps
dans un même tems font comme les forces, donc le mouvement
communiqué par AB perpendiculaire eft au mouvement commu-
niqué par AB oblique, comme AB, AE, ou comme $\frac{1}{2}$AB à $\frac{1}{2}$AE,
mais $\frac{1}{2}$AB eft le finus de l'angle droit AEB ou le finus total, &

$\frac{1}{2}$AE eſt le ſinus de l'angle d'incidence ABE, donc, &c.

COROLLAIRE II.

144. *Si une force tire ou pouſſe avec une direction oblique AB (Fig. 51.) un corps attaché à un bras de levier BD qui tourne autour d'un point fixe D, le mouvement qu'elle communique à ce corps eſt à celui qu'elle communiqueroit ſi elle lui étoit perpendiculaire comme la droite DO, tirée du centre D perpendiculairement ſur la direction AB, eſt au bras DB, ou à la diſtance du corps B au centre D ;* du point A je mene AR perpendiculaire à DB, & achevant le parallelogramme ARBS, je trouve que la force AB oblique n'agit que comme la force AR, au lieu que ſi elle étoit perpendiculaire elle agiroit comme AB ; ainſi la force AB perpendiculaire eſt à la force AB oblique comme AB eſt à AR, mais les triangles rectangles ARB, DBO, étant ſemblables à cauſe de l'angle aigu RBO qui leur eſt commun, on a AB, AR :: DB, DO, donc la force perpendiculaire AB eſt à la force AR oblique comme DB eſt à DO ; ainſi ſi le moment du corps pouſſé ou tiré par AB perpendiculaire eſt B × BD, celui qui lui ſera communiqué par AB oblique ſera B × DO.

CHAPITRE VI.

Du repos & de la chûte des Corps.

DEFINITIONS.

145. ON dit qu'un corps *tombe* lorſqu'il paſſe du repos au mouvement par la ſeule force de ſa peſanteur.

La *ligne horizontale vraye* eſt une ligne dont tous les points ſont également éloignés du centre de la terre, & comme la terre peut être regardée comme ſpherique, il s'enſuit que la ligne horizontale vraye eſt un arc de cercle dont le centre eſt le centre de la terre.

La *ligne horizontale apparente* eſt une ligne droite qui touche la ligne horizontale vraye en un point, & qui par conſéquent eſt perpendiculaire à une droite tirée du point d'attouchement au centre de la terre. La circonférence de la ligne horizontale vraye étant extrémement grande, ſi la ligne horizontale apparente n'eſt pas d'une longueur qui ſurpaſſe 150 toiſes, on peut la confondre avec la ligne horizontale vraye, la diſtance des points de l'une aux points de l'autre de part & d'autre du point d'attouchement étant très peu de choſe à l'égard de la diſtance de ces même points au centre de la terre.

PROPOSITION LI.

146. *La ligne de direction d'un corps grave qui ſe meut par la ſeule force de ſa peſanteur eſt perpendiculaire aux lignes horizontales vraye & apparente.*

DEMONSTRATION.

Soit O le centre de la terre (*Fig.* 52.) la circonférence HCD repreſentera la ligne horizontale vraye. Soit B le point d'où le corps grave B tombe par la ſeule force de ſa peſanteur, puiſque les corps graves mûs par la ſeule force de leur peſanteur tendent au centre de la terre, la direction du corps B ſera donc la droite BO, & par conſéquent elle tombera perpendiculairement en C ſur la circonférence HCD qui repreſente la ligne horizontale vraye ; & il eſt viſible que ſi par le point C on mene la tangente LI qui repreſentera la ligne horizontale apparente, la ligne BO ſera auſſi perpendiculaire ſur LI, donc, &c.

PROPOSITION LII.

147. *Trouver ſi un plan ABCD (Fig. 54.) eſt horizontal, ou s'il ne l'eſt pas.*

SOLUTION.

Ayez un Equerre EFG dont les jambes EF, FG faiſant un angle quelconque ſoit parfaitement égales entr'elles, & que cet Equerre ſoit traverſé par une baſe HI, en ſorte que FH ſoit égal à FI. Diviſez HI en deux également au point O que vous marquerez exactement ; prenez un plomb attaché à l'extremité d'un fil & ſuſpendez-le au ſommet F de l'angle EFG, cet inſtrument étant ainſi préparé

Tirez dans le plan propoſé ABCD une droite LM, & prenant votre Equerre poſez-le à plomb ſur la ligne LM, en ſorte que ſes jambes FE, FG portent ſur deux points EG de cette ligne ; vous connoîtrez que l'Equerre eſt perpendiculaire ſur la ligne LH en laissant pendre librement le plomb, car quand le fil FS touchera la base HI, & que toutes ses parties seront en ligne droite, il est visible que ce fil sera dans le plan de l'Equerre EFG, & comme la direction FS sera la direction d'un corps grave S, il est encore évident que FS sera perpendiculaire à l'horizon, & que par conséquent le plan EFS de l'équerre dans lequel cette ligne se trouve sera perpendiculaire à l'horizon ; donc la ligne EG ou LM se trouvera aussi dans le plan perpendiculaire à l'horizon.

Maintenant pour sçavoir si EG ou LM est horizontale ou parallele à l'horison, examinez si le fil FS passe precisement par le point O, & si cela est, la ligne EG ou LM sera horizontale ; car le triangle HFI étant isoscele, & sa base HI étant divisée en deux également en O, il est visible que la droite FS est perpendiculaire sur cette base, mais à cause des triangles semblables HFI, EFG, il est encore visible que si la ligne FS étoit prolongée, elle seroit perpendiculaire sur EG ou LM ; donc la direction du corps grave S tendant au centre de la terre seroit perpendiculaire sur LM, & par conséquent LM est horizontale (*N.* 146.) ; donc le plan ABCD n'incline pas plus vers le centre de la terre du côté de L que du côté de M ; il reste donc à voir s'il n'incline pas plus du côté de AB que du côté de DC ; & pour cela, tirez dans ce plan une autre ligne PQ qui coupe la précédente, & faisant sur cette ligne avec votre Equerre les mêmes operations que vous faites sur LM, vous connoîtrez si cette ligne est horizontale, & si cela est, le plan ABCD n'inclinant pas plus vers le centre de la terre du côté de B que du côté de C, & du côté de L que du côté de M, il sera horizontal.

DEFINITION.

148. Nous appellerons ici *base* d'un corps tout plan horizontal sur lequel le corps s'appuye, soit que ce corps soit plus grand ou moindre que la face du corps qui touche cette base ; & par la même raison si ce corps etoit soutenu sur plusieurs pieds, nous concevrons un plan horizontal qui porte sur ces pieds & sur lequel le corps sera appuyé.

PROPOSITION LIII.

149. *Si du centre de gravité d'un corps on mene une perpendicu-*

laire fur la bafe horizontale qui le foutient, & que cette perpendiculaire tombe dans l'aire de la bafe, c'eft-à-dire dans l'aire fur laquelle eft l'une des furfaces de ce corps, le corps reftera ferme & ne tombera point, mais fi cette perpendiculaire tombe hors de la bafe, le corps tombera.

DEMONSTRATION.

Soit le folide AD foutenu par le plan horizontal CD (*Fig.* 55.) ou par les quatre pieds CR, EF, HI, DQ, fur lefquels je conçois un plan horizontal CD qui fert de bafe au corps ; du centre de gravité O du folide j'abbaiffe une perpendiculaire OX, & comme cette perpendiculaire tombe dans l'aire de la bafe CD, je dis que le folide AD reftera ferme & ne tombera point ; car toutes les parties de ce folide étant en équilibre autour du centre O, l'effort qu'elles font vers le centre de la terre peut être regardé comme étant réuni au centre O, ainfi la pefanteur commune de toutes ces parties, c'eft-à-dire la pefanteur du corps tend vers le centre de la terre felon la direction OX, mais le point X étant un point de la bafe s'oppofe à la defcente du centre O, donc ce centre doit demeurer en repos, & par conféquent toutes les parties du corps étant en équilibre autour de lui, il ne doit point y avoir de mouvement, & le corps AD doit refter ferme fur fa bafe fans tomber.

Concevons maintenant un autre folide appuyé fur la bafe horifontale CD (*Fig.* 56.) ou fur quatre pieds fur lefquels je conçois une bafe horizontale CD qui foutienne le corps ; du centre de gravité O, je mene OX perpendiculaire à l'horizon, & comme cette perpendiculaire ne rencontreroit cette bafe que dans fon prolongement je dis que le corps AD doit tomber ; car la pefanteur commune de toutes les parties du corps AD tendant vers le centre de la terre felon la direction OX, & rien ne fe trouvant dans cette direction qui empêche le centre O de defcendre, ce centre defcendra & toutes les parties du folide avec lui, & par conféquent le corps tombera.

COROLLAIRE I.

150. La bafe d'un folide étant donnée, & la pofition de fon centre de gravité, on peut trouver fi ce folide fera en repos, ou s'il tombera.

S iij

COROLLAIRE II.

151. Comme on peut faire des solides inclinés AD (*Fig. 56.*) dont la perpendiculaire tirée du centre de gravité tombe dans l'aire de la bafe, il ne faut pas s'étonner s'il fe trouve des édifices qui panchent d'un côté fans tomber.

COROLLAIRE III.

152. Cette Propofition fert à rendre raifon de plufieurs chofes que nous faifons pour nous empêcher de tomber. Par exemple, fi on nous demande pourquoi un homme adoffé contre une muraille ne peut fe baiffer pour prendre quelque chofe fans aller à terre ; on verra d'abord que c'eft que cet homme ne pouvant fe baiffer fans avancer la tête & les bras hors de l'aire de fa bafe, & la muraille empêchant les autres parties du corps de s'avancer vers le côté oppofé pour conferver le centre d'équilibre dans fa même pofition, ce centre change néceffairement de place, & la perpendiculaire tirée de ce centre fur la bafe venant à paffer hors du plan de la bafe, c'eft-à-dire hors du plan que les pieds occupent, l'homme doit auffi néceffairement fe renverfer. Pour éviter cet accident, il faut donc que cet homme s'écarte de la muraille, afin de pouvoir faire en liberté tous les mouvemens qui doivent le conferver dans fon équilibre, & l'on peut raifonner de la même maniere fur tous les mouvemens que la Nature bien mieux que la Science nous apprend à faire pour nous empêcher de tomber à tous momens.

PROPOSITION LIV.

153. *Un corps* A *(Fig. 57.) étant fufpendu à un point* C *d'un levier* BD, *trouver deux forces qui étant appliquées en* B *&* D, *foûtiendroient le corps* A, *de façon que le levier refte dans une fituation horizontale.*

SOLUTION.

De la façon dont le Problême eft propofé, l'on voit que c'eft la même chofe que fi l'on mettoit en C une puiffance égale au poids A qui foûtînt le levier fans l'empêcher de tourner, & qu'ôtant A de fa place on le partageât en deux parties qui fuffent telles qu'elles reftaffent en équilibre autour du point C, car alors on voit bien que la force C foutiendroit les parties B, D, &

que ces parties entretiendroient le levier dans une situation horizontale.

Pour cela donc je considere que puisque le point C doit être
le centre d'équilibre des parties B, D, si je prens le point B
pour le centre de mouvement, le point C sera le point où les
parties B, D étant transportées leur moment par rapport à B sera
égal aux momens qu'ils ont en leur place, c'est-à-dire au moment
de D, car il n'y a que cette partie qui ait un moment par rapport au centre B ; donc les parties B, D, c'est-à-dire A multiplié
par la distance BC sera égal à D multiplié par BD ; ainsi divisant
$A \times BC$ par la distance BD, le quotient $\frac{A \times BC}{BD}$ sera égal à la partie D que je cherche, & par conséquent la partie B sera A
$- \frac{A \times BC}{BD}$.

Prenant donc deux poids égaux aux deux parties de A que
je viens de trouver, & les mettant en B & D, ils seront en
équilibre, &c.

Et remettant le corps A en C en ôtant la puissance qui soutenoit le levier, & mettant au lieu des poids B, C deux puissances qui soient en même raison, le corps sera soutenu par ces
deux puissances, & le levier sera horizontal.

Supposant A $=$ 30 livres, BC $=$ 2 pieds, CD $=$ 3 pieds, on
aura D $= \frac{A \times BC}{BD} = \frac{30 \times 2}{2 + 3} = 12$, donc B $= 30 - 12 = 18$; ainsi
la puissance D doit être à la puissance B, comme 12 à 18, ou
comme 2 à 3.

Corollaire I.

154. Au lieu des puissances B, D, on pourroit mettre deux poids
X, Z égaux aux deux puissances B, D, c'est-à-dire, en même
raison que B, D, & égaux ensemble au corps A, lesquels poids
seroient attachés à des cordes qui passeroient sur deux poulies
E, F, en sorte que les directions BE, DF fussent perpendiculaires au levier de même que la direction du corps A ; car autrement les choses changeroient ainsi que nous dirons bientôt.

Corollaire II.

155. Au lieu du corps A on pourroit supposer un corps de
même poids de la longueur du levier inégal dans ses parties, &
dont le centre de gravité seroit le point C ; car alors concevant

un poids A égal au corps, & fufpendu au centre C, on réfou-
droit le Problême comme il vient d'être dit, après quoi on remettroit le corps au lieu du poids A, & les puiffances B, D,
où les poids X, Z le foutiendroient dans une fituation horizontale.

COROLLAIRE III.

156. On voit delà que fi deux hommes portent un fardeau A
attaché à un levier, ou un corps étendu comme le levier, celui
qui eft plus près du point C où le corps A eft attaché, ou du
centre de gravité du corps, fupporte une plus grande partie du
fardeau.

COROLLAIRE IV.

157. Si deux hommes qui portent un fardeau dont le centre
de gravité eft C, font d'inégale force, en forte que l'un foit à
l'autre, par exemple comme 1 à 4, & qu'on veuille qu'ils ne
fupportent du fardeau qu'à proportion de leur forces, on prendra
deux diftances CR, CS de part & d'autre du point C qui foient
comme 1 à 4, & l'on mettra le plus fort en R & le plus foible
en S, ce qui eft évident ; car fi l'on prenoit deux forces égales
enfemble au poids A, & qui fuffent entr'elles comme 1 à 4, il
eft vifible qu'en les mettant en S & en R, elles feroient en équilibre, puifque la force S feroit $\frac{1}{5}$A, & celle qui feroit en R fe-
roit $\frac{4}{5}$A, donc le moment de la force S feroit $4 \times \frac{1}{5}$A $= \frac{4}{5}$A, &
le moment de la force R feroit $1 \times \frac{4}{5}$A $= \frac{4}{5}$A ; donc ces deux
momens feroient égaux, & le levier feroit horizontal, de plus
les deux forces foutiendroient le corps A, puifqu'elles lui feroient
égales; donc, &c.

COROLLAIRE V.

158. Si on vouloit que les deux puiffances B, D (*Fig. 58.*)
fent agir felon des directions obliques BE, DF qui feroient
dans un plan perpendiculaire à l'horizon, du centre C on
tireroit CM, CN perpendiculaires à ces directions, & la
puiffance B n'agiroit pas plus fur le levier CB que fur le levier
CM (*N.* 144.) & la puiffance D n'agiroit pas plus fur le levier
CD que fur le levier CN ; je confidere donc ces deux puiffances
comme appliquées perpendiculairement au levier recourbé MCN,
de forte qu'elles doivent foutenir le corps A & empêcher le levier
MCN

MCN de changer de situation ; car cela étant, il est visible que l'effort qu'elles font sur le levier BD étant le même, ces forces considérées comme attachées au levier BD, le tiendront dans la situation horisontale ; mais afin que les deux forces attachées en M, N, soient en équilibre autour de C, il faut que leur momens par rapport à C soient égaux, & par conséquent il faut que leurs distances MC, NC leur soient réciproques ; donc MC, NC :: D, B, & par conséquent MC+NC, NC :: D+B, B ; mais D+B doit être égal à A, puisque les deux forces doivent soutenir le corps ; donc MC+NC, NC :: A, B $= \frac{A \times NC}{MC+NC}$; donc D=A

$- \frac{A \times NC}{MC+NC}$.

Prenant donc deux forces qui soient entr'elles comme les valeurs de B & D que nous venons de trouver, & qui ayent les directions BE, DF, ces forces appliquées en B & D selon les directions obliques données, soutiendront le corps A, & tiendront le levier BD en équilibre.

Soit A = 30 livres MC $= \frac{3}{2}$ pieds, & NC $= \frac{5}{2}$ pieds ; donc B $= \frac{A \times NC}{MC+NC} = \frac{30 \times \frac{5}{2}}{\frac{3}{2}+\frac{5}{2}} = \frac{150}{8} = 18 \frac{3}{4}$, & D $= 30 - 18 \frac{3}{4} = 11 \frac{1}{4}$.

Ce seroit la même chose si au lieu des puissances B, D, on prenoit deux poids X, Z égaux ensemble à A, & qui fussent entr'eux comme B, D, & qu'étant attachés à des cordes, ils passassent sur deux poulies E, F, en sorte qu'ils tirassent le levier selon les directions BE, DF des forces B, D.

Ce seroit encore la même chose, si au lieu du corps A on mettoit une puissance égale à A en C pour soutenir le levier, & qu'au lieu des forces B, D, on mit deux poids égaux ensemble à A, & qui fussent entr'eux comme B, D, & qu'étant attachés à des cordes ils passassent sur deux poulies, en sorte qu'ils tirassent le levier selon les directions BG, DH, qui sont les mêmes que celles des puissances B, D, si ce n'est qu'elles sont dans un sens opposé.

J'ai dit qu'afin que les puissances mises en M & en N soient en équilibre, il faut que leurs momens soient égaux, & par ces momens j'ai entendu les produits de ces puissances par leur bras de levier MC, NC ; car il est visible que si le levier recourbé MCN venoit à tourner autour du point C, les points M, N, décriroient dans le même tems des circonférences qui seroient entr'elles comme leur rayons ; or ces circonférences exprimeroient les viteffes des forces M , N , ainfi ces viteffes feroient entr'elles comme les circonférences, ou comme les rayons MC, NC , donc les momens des forcesferoient les produits M × MC, N × NC,& par conféquent la même chofe arrive par rapport à un levier recourbé MCN que par rapport à un levier droit BD.

PROPOSITION LV.

159. *Un levier ou bâton AB dont le centre de gravité eft O étant donné (Fig. 59.) pofer ce bâton fur un plan horizontal EFGH, de façon qu'un poids P étant fufpendu à l'un de fes bouts A hors du plan horizontal, le bâton refte dans fa fituation horizontale.*

SOLUTION.

Le point O étant le centre de gravité du bâton, je conçois que toute fa pefanteur foit ramaffée en O comme un poids qui feroit fufpendu en ce point, après quoi je cherche le centre de gravité commun R du poids O & du poids P, & plaçant ce bâton fur le plan EG de façon que le point R porte fur le plan, j'attache le poids P en A, & le bâton refte dans fa fituation horizontale ; car le centre commun de gravité R du bâton & du corps P ne pouvant defcendre à caufe que le plan EG le foutient, il eft vifible que le bâton & le corps P refteront en repos, & que rien ne tombera.

PROPOSITION LVI.

160. *Si un Corps AB (Fig. 61.) eft foutenu par deux cordes obliques AR, RB, lefquelles fe rencontrent en un point R, la direction RO du centre de gravité O paffe par le point R où les corps s'entre-coupent.*

DEMONSTRATION.

Le centre de gravité eft le point où l'on peut concevoir que toute la pefanteur du corps eft réunie ; ainfi ce centre defcend toujours autant qu'il peut defcendre, à moins qu'il ne foit empêché ; c'eft pourquoi il s'agit de faire voir que fi le centre de gravité n'étoit pas en O fur la droite RO qui paffe par R & qui eft perpendiculaire à l'horizon, ce centre ne feroit pas auffi bas qu'il pourroit être quoique rien ne l'en empêchât.

Suppofons donc que le centre de gravité foit en X ; du centre R par le point X je décris l'arc de cercle XP, le point P fera plus bas que X ; car menant du point X la droite XQ perpendiculaire à RP, cette droite fera le finus de l'arc XP ; donc Q fera plus proche de R que P , & par conféquent P fera plus bas que Q & plus bas auffi que X, à caufe que XP étant perpendiculaire à la droite RP, eft par conféquent horizontale ; ainfi les points X , Q étant également éloignés du centre de la terre, P eft plus proche du même centre que X puifqu'il en eft plus proche que Q ; donc fi le centre de gravité du corps AB étoit en X , il ne defcendroit pas autant qu'il pourroit defcendre, quoique rien ne l'en empêchât ; car la corde AR peut décrire l'arc AM, & fe trouver dans la pofition RM, & la corde BR peut décrire l'arc BN & fe trouver dans la pofition RN, en forte que le point X fe trouve en P qui eft le point le plus bas de l'arc XPS, donc, &c.

Et on prouvera la même chofe fi on prétendoit que le centre de gravité fut de l'autre côté en Z.

CHAPITRE VII.

Du mouvement des Corps fur un plan incliné à l'horifon.

CE que nous venons de dire dans le Chapitre précédent touchant le mouvement compofé, nous fait entendre pourquoi un corps A (*Fig.* 61.) defcend lorfqu'il eft mis fur un plan incliné BC ; car la direction AR de fa pefanteur étant oblique au plan, cette pefanteur équivaut à deux forces, dont l'une poufferoit felon la direction AS perperpendiculaire, & l'autre felon la direction AX parallele à ce plan ; mais le plan incliné ne s'oppofe qu'à la force AS, donc il refte encore à la pefanteur la force AX, & c'eft felon celle-ci qu'elle entraine le corps en le faifant defcendre obliquement vers le centre de la terre.

PROPOSITION LVII.

161. *Si un corps* A *defcend le long d'un plan incliné* BC (Fig. 61.) *il defcend moins vite que s'il defcendoit librement vers le centre de la terre.*

DEMONSTRATION

La direction de la pefanteur du corps A étant la droite AR perpendiculaire à l'horifon, laquelle rencontre le plan incliné en R ,

je tire du centre de gravité A la droite AS perpendiculaire fur le
plan incliné, & la droite AX parallele à ce plan, & achevant
le parallelogramme ASRX autour de la diagonale AR, il eſt viſible que ſi la peſanteur du corps A fait parcourir à ce corps l'eſpace AR dans un tems déterminé, elle équivaut à deux forces
dont l'une dans le même tems feroit parcourir au même corps
l'eſpace AS, & l'autre l'eſpace AX. Maintenant ſuppoſons que
la peſanteur rencontre un obſtacle CB qui détruiſe la force AS,
il eſt ſûr qu'il ne lui reſtera plus que la force AX, & par conſéquent elle ne fera plus parcourir au corps A que l'eſpace AX
dans le même tems qu'elle lui auroit fait parcourir l'eſpace AR
ſi elle n'avoit point rencontré d'obſtacles; mais lorſque les eſpaces ſont parcourus dans un même tems les viteſſes ſont comme
les eſpaces, donc la viteſſe du corps A pouſſé par ſa peſanteur
qui ne rencontre point d'obſtacle, eſt à la viteſſe du même corps
pouſſé par ſa peſanteur qui rencontre l'obſtacle CB comme AR
eſt à AX, mais AR étant l'hypotènuſe du triangle rectangle
ARX eſt plus grande que le côté AX; donc la viteſſe du corps
A deſcendant librement vers le centre de la terre, eſt plus grande que la viteſſe du même corps A deſcendant le long du plan incliné BC.

D E F I N I T I O N.

162. Nous appellerons *peſanteur abſolue* d'un corps A, la force
qui le fait deſcendre librement vers le centre de la terre, & *peſanteur relative* la force qui le fait deſcendre en rencontrant un
obſtacle comme il vient d'être dit.

C O R O L L A I R E I.

163. *La peſanteur abſolue d'un corps eſt à la peſanteur relative,
comme la longueur BC du plan incliné ſur lequel le corps deſcend eſt à
la hauteur CD de ce plan;* la peſanteur abſolue eſt à la relative,
comme AR eſt à AX, mais les triangles rectangles ARX, RBP
étant ſemblables, on a AR, AX ∷ RB, RP, & à cauſe des triangles ſemblables BRP, BCD, on a RB, RP ∷ CB, CD, donc
AR, AX ∷ CB, CD.

C O R O L L A I R E II.

164. Plus l'angle CBD du plan incliné devient grand, plus
auſſi l'angle ARX qui lui eſt égal devient grand, & par conſé-

quent le côté AX qui exprime la pesanteur relative , devient plus grande par rapport à AR qui exprime la pesanteur absolue , de façon que quand l'angle devient droit , la pesanteur relative n'est autre chose que la pesanteur absolue , au contraire plus l'angle CBD diminue , plus aussi le côté AX diminue par rapport à la diagonale AR ; ainsi la pesanteur relative diminue , de sorte que quand l'angle devient infiniment petit ou nul , la pesanteur relative est aussi nulle , & la pesanteur absolue ne pouvant surmonter l'obstacle du plan horisontal BD , le corps reste en repos.

COROLLAIRE III.

165. *La pesanteur absolue est à la relative , comme le sinus droit est au sinus de l'angle d'inclinaison ;* car la pesanteur absolue est à la relative , comme la longueur BC à la hauteur DC , ou comme $\frac{1}{2}$ BC est à $\frac{1}{2}$ DC ; mais dans le triangle BCD , le sinus de l'angle droit est $\frac{1}{2}$ BC ou la moitié du côté opposé , & le sinus de l'angle d'inclinaison est $\frac{1}{2}$ CD ou la moitié du côté opposé , donc , &c.

COROLLAIRE IV.

166. *Si un même corps A descend successivement sur divers plans inégalement inclinés CB , cb , les pesanteurs respectives sont entr'elles comme les sinus des angles d'inclinaison ;* car la pesanteur absolue est à la pesanteur respective sur CB , comme le sinus total à l'angle d'inclinaison CBD , & la pesanteur absolue est à la pesanteur respective sur *cb* comme le sinus total à l'angle d'inclinaison *cbd* ; or la pesanteur absolue étant toujours la même , & le sinus total aussi , puisqu'on peut faire *bc* $=$ BC en prolongeant ou en racourcissant la droite *bc* sans changer l'angle d'inclinaison *cbd*; il s'ensuit que les pesanteurs respectives sont entr'elles comme les sinus des angles CBD , *cbd*.

PROPOSITION LVIII.

167. *Si deux corps spheriques A , M , (Fig. 62.) attachés aux extrémités d'une corde se meuvent l'un sur un plan incliné BC , & l'autre le long de la hauteur CD , ensorte que les directions NM , NA , soient paralleles aux côtés BC , CD , & que ces deux corps se tiennent en équilibre , je dis que le corps M est au corps A , comme la hauteur DC du plan incliné est à sa longueur BC.*

T iij

Demonstration.

Du centre de gravité A du corps A, par lequel je conçois que la direction AN passe, j'abaisse AR perpendiculaire sur le plan incliné, & cette perpendiculaire passe évidemment par le point d'attouchement du corps A & du plan ; du même point A, je mene AH perpendiculaire sur le plan horisontal BD ; enfin du point R je mene RS perpendiculaire sur la direction de la pesanteur du corps A.

Comme le corps A ne s'appuye sur le plan incliné que par le point R, il est visible que si l'on retranche la partie BR de ce plan, les corps A, M seront encore en équilibre, & le point R du levier AR sera le point A d'appui, autour duquel le corps M & le corps A se contrebalancent ; or M tirant la droite AR avec une direction perpendiculaire, fait le même effet sur cette droite que s'il étoit en A, & la pesanteur du corps A tirant par la direction AH oblique à AR, n'agit sur AR que comme elle agiroit sur le point S de la droite RS tirée du centre de mouvement R perpendiculairement sur sa direction (*N*. 144) ; ainsi cette pesanteur étant mise en S fera le même effet sur le levier SR qu'elle fait sur AR ; or l'effet que M fait sur AR contrebalance celui que la pesanteur de A fait sur AR, donc considerant ARS comme un levier recourbé, l'effet de M sur AR doit contrebalancer celui de la pesanteur de A sur SR, & il est visible que cette pesanteur est la pesanteur absolue du corps A, attendu que si M ne soutenoit plus ce corps, rien n'empêcheroit sa pesanteur de le pousser selon sa direction perpendiculaire à l'horison ; puis donc que M mis en A & la pesanteur absolue de A mise en S, sont en équilibre autour du point d'appui ou de mouvement R, il s'ensuit que M est à la pesanteur absolue ou au corps A reciproquement comme SR est à AR ; mais les triangles BCD, ASR sont semblablables, car le triangle rectangle BTH semblable au triangle rectangle BCD, est aussi semblable au triangle RTS, à cause de l'angle aigu BTH égal à l'angle aigu RTS, & le triangle RTS étant semblable au triangle rectangle ATR, à cause de l'angle aigu commun ATR, est aussi semblable au triangle ASR parce que celui-ci est semblable à ATR, à cause de l'angle aigu TAR commun à tous les deux, donc le triangle SAR est semblable au triangle BDC, & SR, AR : : CD, BC, mais le poids M est au poids A comme SR est à AR, ainsi qu'on vient de voir, donc le poids M est au poids A, comme la hauteur CD du plan incliné est à la longueur BC de ce même plan.

Corollaire I.

168. Donc le corps M est au corps A comme le sinus de l'angle d'inclinaison au sinus total (*N. 165.*) ou comme la pesanteur relative du corps A est à sa pesanteur absolue.

Corollaire II.

169. Si le corps A étant en X montoit de X en A, la longueur XN de sa corde seroit racourcie de la grandeur XA, & la longueur NM de la corde NM se seroit augmentée de la même grandeur XA, donc M auroit descendu vers le centre de la terre de la quantité XA = BR, au contraire A ne se seroit éloigné de ce centre que de la quantité AV = RZ, donc la quantité dont le corps M descendroit est à la quantité dont le corps A monteroit comme BR à RZ, ou comme BC à CD, ou comme la longueur du plan incliné à sa hauteur, c'est-à-dire, comme la pesanteur absolue du corps A à sa pesanteur relative, ou comme le sinus total à l'angle d'inclinaison, ou enfin comme le poids A est au poids M.

Corollaire III.

170. Puis donc que le corps M parcourroit en descendant un espace égal à BR dans le même tems que le corps A s'éloigneroit du centre de la terre d'un espace égal à RZ, il s'ensuit que les vitesses de ces corps, selon la direction perpendiculaire à l'horison, sont entr'elles comme BR à RZ, ou comme BC à CD ; ainsi leurs momens seroient comme M×BC, A×CD, c'est-à-dire en raison composée de la raison M, A des masses, & de la raison BC, CD des hauteurs par lesquelles l'une descend & l'autre monte ; or quand les corps M, A sont en équilibre, les momens M×BC, A×CD sont égaux, donc on a M, A :: CD, BC, & c'est ce que nous venons de trouver ci-dessus (*N. 167*).

Corollaire IV.

171. Si au lieu du corps M on mettoit une force *ab* qui poussât le corps A de *b* en N, c'est-à-dire dans une direction contraire à la direction NX du corps A, & que la puissance *ab* & le corps fussent en équilibre, il est visible que la force *ab* seroit éga-

le à la force du corps M , & qu'ainfi la force *ab* feroit au corps A comme CD à BC.

Et par la même raifon , fi une force mife en N tiroit le corps de A en N , enforte qu'il y eût équilibre , la force mife en N fe-roit au corps A comme CD à CB.

C O R O L L A I R E V.

172. Un plan incliné BC & fa hauteur CD étant donnés , on trouvera le poids qu'il faudroit mettre en M pour tenir en équilibre le corps donné A fur le plan incliné , en faifant cette analogie ; BC , CD :: A , $\frac{A \times CD}{BC}$.

Soit BC $= 5$, CD $= 3$, & A $=$ 20 ℔ , faifant 5 , 3 :: 20 ; $\frac{3 \times 20}{5} = \frac{60}{5} = 12$, le quatriéme terme 12 ℔ fera le poids qu'il faut mettre en M.

C O R O L L A I R E VI.

173. Et fi les poids A , M étoient donnés , & qu'on voulût trouver l'angle d'inclinaifon CBD qu'il faudroit donner au plan incliné CB , afin que le corps A mis fur ce plan fût en équilibre avec le corps M , on prendroit une longueur déterminée BC pour la longueur du plan incliné , & prenant cette longueur pour le double du finus total , on diroit A , M , comme le finus total eft au finus de l'angle d'inclinaifon , ou comme le double du fi-nus total au double du finus de l'angle d'inclinaifon ; c'eft pourquoi prenant une quatriéme proportionnelle aux deux corps A , M , & à la longueur BC , & décrivant un demi-cercle autour de BC , on porteroit de l'extrémité C fur la circonférence la quatriéme proportionnelle trouvée de C en D , & tirant la droite BD , l'angle CBD fera l'angle d'inclinaifon cherché , car dans le triangle CBD la moitié de BC eft à la moitié de CD , comme le finus de l'angle droit BDC oppofé à BC au finus de l'angle CBD d'inclinaifon oppofé à CD , on auroit donc A , M comme le finus droit eft au finus de l'angle d'inclinaifon , & par confé-quent les deux corps feroient en équilibre.

C O R O L L A I R E VII.

174. Soient deux plans BC , GE *(Fig. 63.)* également ou iné-galement inclinés à l'horifon , que nous fuppoferons perpendi-culaires

culaires entr'eux , & de plus égaux en longueur fimplement pour
mieux faire entendre ce que nous devons dire ; car dans le fonds
la différence des longueurs n'y fait rien ; & foit un corps A foutenu par l'un & par l'autre ; concevons que le plan incliné EG
foit retiré , & qu'un corps M qui tire le corps A avec une direction AR parallele au plan incliné BC , foit en équilibre avec ce
corps ; nous aurons A , M :: BC, CD, & par conféquent A ,
BC :: M , CD.

Concevons de même que le plan GE foit remis , & le plan
BC ôté , & qu'un corps N qui tire A avec une direction AX parallele au plan BC foit en équilibre avec A ; nous aurons A , N
:: GE, EF, donc A , GE :: N , EF, mais nous avons GE
= BC par la conftruction, donc A , BC :: N , EF ; or nous venons de trouver A , BC :: M , CD , donc M , CD :: N , EF ,
& par conféquent M , N :: CD , EF , c'eft-à-dire les poids M , N
font entr'eux comme les droites CD , EF en fuppofant les plans
inclinés égaux en longueur, & comme en prenant chacun de ces
plans ou chacune de leurs moitiés pour le finus total ou pour le
finus de l'angle droit EFG ou CDB , la droite CD ou fa moitié
feroit le finus de l'angle d'inclinaifon CBD , & la droite EF ou
fa moitié le finus de l'angle d'inclinaifon EGF , il s'enfuit que
les corps M , N font entr'eux comme les finus des angles d'inclinaifon CBD, EGF.

Si l'un des plans inclinés étoit moindre que l'autre , par exemple EG moindre que BC, on couperoit BC en a , enforte qu'on
eût B*a* = EG, & tirant *ab* parallele à CD , il eft vifible qu'on auroit B*a*, BC :: *ab*, CD, ou B*a*, *ab* :: BC, CD, & comme nous
avons A , M :: BC, CD, nous aurions auffi A , M :: B*a*, *ab*,
ou A , B*a* :: M , *ab* ; de même ayant A , N :: GE , EF, nous
aurions à caufe de GE = B*a* par la conftruction A , N :: B*a*,
EF, ou A , B*a* :: N , EF , & par conféquent à caufe de A , B*a*
:: M , *ab*, nous aurions M , *ab* :: N , EF, c'eft-à-dire , les poids
M , N font entr'eux comme les finus des angles d'inclinaifon de
même que ci-deffus.

Donc foit que les plans inclinés foient égaux en longueur ou
non , il n'y a qu'à prendre à volonté un rayon ou finus total , &
chercher enfuite les finus des angles d'inclinaifon par rapport à
ce finus total , & ces finus marqueront les rapports des poids
M , N.

V

Corollaire VIII.

175. Les mêmes chofes étant pofées, fi l'on fuppofe que les deux plans foient ôtés, il eſt viſible que les deux poids M, N foutiendront le poids A dans la même fituation ; or je dis que fi l'on conçoit que N foit tranfporté en Q, & M en R, enforte que ces deux poids foient fur une ligne horifontale QR, ce qui ne changera rien à la force de ces corps, à caufe qu'ils tireront toujours le corps A avec les mêmes directions, ces deux corps feront entr'eux reciproquement comme les cordes RA, QA ; car QR étant parallele à HD, & RA ou RH parallele à CB, l'angle ARQ eſt égal à l'angle CBD, & l'on prouvera de même que l'angle AQR eſt égal à l'angle EGH, mais M eſt à N comme le finus de l'angle CBD au finus de l'angle EGH, donc M eſt à N comme le finus de l'angle ARQ au finus de l'angle AQR, ou comme $\frac{1}{2}$ AQ à $\frac{1}{2}$ AR, & par conféquent comme AQ eſt à AR.

Ainfi fi deux forces M, N foutiennent un poids A par le moyen d'une corde, on trouvera toujours le rapport de ces deux forces par le moyen de la droite horifontale RQ.

Corollaire IX.

176. Pour trouver la grandeur de ces deux poids, fuppofons A $= 20$, & que les deux plans inclinés BC, GE étant égaux en- tr'eux, on ait BC $=$ GE $= 5$, DC $= 3$, & EF $= 4$; or puifque BC, CD :: A, M, donc 5, 3 :: 20, $\frac{3 \times 20}{5} = 12$, & puifque EG, EF :: A, N, donc 5, 4 :: 20, $\frac{4 \times 20}{5} = 16$, ainfi les deux corps M, N valent 12 & 16, c'eſt-à-dire que ces deux corps pris enfemble pefent plus que le corps A, ce qui paroît furprenant, mais en voici la raifon.

La direction AR du corps M eſt compofée de deux directions l'une horifontale RZ & l'autre perpendiculaire RV ou ZA, ainfi la force du corps M équivaut à ces deux forces, & agit de mê- me qu'elles agiroient ; mais la force RZ ne fait rien fur le corps A, car fa direction étant horifontale, elle ne fçauroit empêcher que la pefanteur du corps A ne le faffe defcendre, ainfi il n'y a que la force ZA ou RV qui agiffe, à caufe que fa direction de A en Z eſt directement oppofée à la direction de la pefanteur du corps A ; donc la force du corps M n'agit que comme la force

RV ou ZA , & pour faire voir la justesse du raisonnement que nous venons de faire , il n'y a qu'à considerer que le triangle ZAR est semblable au triangle QAR , & par conséquent ZA , ZR :: QA , AR , mais QA , AR :: CD , EF :: 3 , 4 , donc l'hypotenuse AR est comme 5 , car dans tout triangle rectangle dont les côtés sont comme 3 & 4 l'hypotenuse est 5 , à cause que les quarrés 9 & 16 des côtés font ensemble 25 , ou le quarré de l'hypotenuse, laquelle par conséquent doit être comme 5 ; mais la force du corps M est représentée par l'hypotenuse ou diagonale , parce qu'elle équivaut aux deux ZR , RV , donc puisqu'elle n'agit que comme RV , elle est à elle même agissant de tout son pouvoir comme 3 à 5 , mais nous avons trouvé que M est 12 ; faisant donc comme 5 , 3 :: 12 , $\frac{3 \times 12}{5} = \frac{36}{5}$, le quatriéme terme $\frac{36}{5}$ marquera la quantité de M qui agit sur le corps A.

De la même façon on trouvera que la force du corps N étant exprimée par QA , qui équivaut aux deux forces QZ , QT ou ZA n'agit cependant sur le corps A que comme ZA ; or le triangle QZA étant semblable au triangle QAR , ses côtés QZ , ZA seront entr'eux comme 3 à 4 , & par conséquent QA sera comme 5 , mais QA n'agissant que comme ZA ou 4 , sera à elle-même comme 4 à 5 ; & comme nous avons trouvé N = 16 , faisant 5 , 4 :: 16 , $\frac{4 \times 16}{5} = \frac{64}{5}$, le quotient $\frac{64}{5}$, montrera la quantité de N qui agit sur le corps A ; ajoûtant donc cette quantité $\frac{64}{5}$ à la quantité $\frac{36}{5}$ de M la somme fera $\frac{100}{5} = 20$, ainsi ce que les deux forces M , N fournissent pour arrêter le corps A est égal à ce corps.

On se tromperoit donc si l'on croyoit que pour empêcher un corps A de descendre il suffisoit de faire tirer les cordes obliques XA , RA par des poids dont la somme fût égale au poids A.

COROLLAIRE X.

177. Si les plans inclinés sont obliques entr'eux (*Fig.* 64.) on prouvera de même que les poids M , N sont entr'eux comme les sinus des angles d'inclinaison, & en tirant QR horisontale les poids M , N seront entr'eux reciproquement comme les cordes QA , RA , & leur valeur se trouvera comme ci-dessus.

PROPOSITION LIX.

178. *Si un corps sspherique* A (Fig. 65.) *qui est sur un plan incliné*

BC, *est tiré par des puissances* H, G, *&c. dont les directions ne soient point parallèles au plan incliné, & fassent par conséquent un angle avec ce plan, & que chacune de ces forces soit en équilibre avec le corps, la force sera au corps* A *comme l'angle d'inclinaison du plan sur la base est au complément à un droit de l'angle fait par la direction de la force avec le plan incliné.*

Nous appellerons *angle de traction* l'angle GLC fait par la direction GL de la force G avec le plan incliné BC ; de même l'angle AIB fait par la direction de la force H, avec le plan incliné BC, sera l'angle de traction, & ainsi des autres.

DEMONSTRATION.

Du centre A je tire la droite YX au point d'attouchement laquelle coupe le grand cercle du corps spherique A en deux également ; du même point A je mene la droite FT parallele au plan incliné, & cette droite coupe chaque demi-cercle en deux parties égales. Or il est visible que si de tous les points du quart de circonférence OV on tire des diametres au cercle, ces diametres prolongés couperont le plan incliné de X vers B, ainsi toutes les puissances telles que G, qui seront dans la direction de ces diametres, auront leurs angles de traction GLC entre X & B ; par la même raison les puissances telles que H qui auront leur directions sur les prolongemens des diametres tirés de tous les points du quart de circonférence OX auront leur angles de traction AIQ entre X & C, & quant aux autres deux quarts de cercle, on voit bien que les forces qui seroient sur les prolongemens des diamétres tirés de tous les points du quart du cercle VT, devroient pousser le corps A au lieu de le tirer, & que par conséquent leurs angles de traction seroient les mêmes que ceux des puissances qui seroient du côté de H, & que les puissances qui seroient sur les directions des diametres menés de tous les points du quart de cercle TX, auroient les mêmes angles que ceux des puissances qui sont du côté de G ; ainsi ce que nous dirons des puissances du côté de G & de H s'appliquera facilement aux puissances qui sont aux côtés opposés. Commençons par les puissances du côté de G, ou dont les directions passent par le quart de circonférence OV.

Soit donc la puissance G dont la direction GL fait avec le plan incliné l'angle de traction GLC ; du point d'attouchement X je tire XR perpendiculaire sur la direction de cette puissance,

& XS perpendiculaire fur la direction AV de la pefanteur du corps A ; le triangle rectangle AXS eft femblable au triangle AXQ, lequel eft femblable au triangle rectangle SXQ, & celui-ci eft femblable au triangle rectangle uQB, lequel eft auffi femblable au triangle rectangle DBC ; donc AXS eft femblable au triangle DBC, & l'angle XAS eft égal à l'angle d'inclinaifon CBD ; donc prenant AX pour finus total, la droite XS fera le finus de l'angle XAS ou de l'angle d'inclinaifon CBD ; de même le triangle rectangle AXL étant femblable au triangle rectangle AXR, l'angle AXR eft égal à l'angle de traction XLA, donc l'angle XAR eft le complement à l'angle droit de l'angle AXR, ou de l'angle de traction ; ainfi prenant pour finus total la droite AX, la droite AR fera le finus de l'angle AXR ou de l'angle de traction XLA, & la droite XR fera le finus de fon complement XAR.

Or la puiffance & le corps A s'entretenant en équilibre au-tour du point d'appui X, la puiffance n'agit fur le levier AX que comme elle agiroit fur le levier XR perpendiculaire à fa direc-tion, & par la même raifon la pefanteur du corps A n'agit fur AX que comme elle agiroit fur le levier XS qui eft perpendi-culaire à fa direction. Suppofant donc cette pefanteur en S, & la puiffance G en R, & confidérant les droites XR, XS comme faifant un levier recourbé, la puiffance G & la pefanteur du corps A feront encore en équilibre autour de X ; donc G, A :: XS, XR, c'eft-à-dire la puiffance eft au poids comme le finus de l'angle d'inclinaifon eft au finus du complement à l'angle droit de l'angle de traction ; & on prouvera la même chofe à l'égard des autres puiffances dont les directions paffent par le quart de circonférence OV.

Le plan incliné BC étant perpendiculaire à XA, il eft vifible que les diametres du cercle qui pafferont par tous les points du quart de cercle OX feront fur CX des angles égaux à ceux que font fur XB tous les diametres tirés du quart de cercle OV, à caufe que ceux-ci paffent par le quart de cercle XT ; ainfi les puiffances qui auroient ces diametres pour direction auront les mêmes angles de traction que les puiffances du côté de G, donc on conclura la même chofe, & quant à celles qui poufferoient le corps, & dont les directions feroient les diametres qui paffent par les points du quart de cercle VT, il eft encore vifible que leurs angles de traction feroient précifement les mêmes que ceux des puiſſances qui tirent du côté de H, de même que celles qui pouſſeroient du côté du quart de cercle XT auroient les mêmes angles de traction que les puiſſances qui tirent du côté de G, donc, &c.

COROLLAIRE I.

179. Suppoſons que les puiſſances qui tirent ſucceſſivement le corps A ſelon les différentes directions ſoient toutes égales, & comparons les efforts qu'elles font avec celui que fait la puiſſance dont la direction eſt parallele au plan incliné, la puiſſance F ayant ſa direction parallele, on a $F, A :: XS, XA$; donc $F = \frac{A \times XS}{XA}$ & la puiſſance G ayant ſa direction qui paſſe par le quart de circonférence OV, on a $G, A :: XS, XR$; donc $G = \frac{A \times XS}{XR}$, & par conſéquent $F, G :: \frac{A \times XS}{XA}, \frac{A \times XS}{XR} :: \frac{XS}{XA}, \frac{XS}{XR} :: XS \times XR$, $XS \times XA :: XR, XA$, c'eſt-à-dire, la puiſſance F eſt à la puiſſance G comme XR eſt à XA ; mais XR eſt toujours moindre que XA qui eſt l'hypotenuſe du triangle rectangle AXR ; donc F eſt moindre que G, c'eſt-à-dire qu'en ſuppoſant les puiſſances F & G égales, F fait moins d'effort que G ; donc il faut moins de force pour tirer avec une direction parallele qu'avec une direction oblique.

En ſecond lieu, quand la direction de la puiſſance paſſe par le quart de circonférence OV, on a $G, A :: XS, XR$, ou comme le ſinus de l'angle d'inclinaiſon au ſinus du complement à l'angle droit de l'angle de traction ; mais plus la direction GL s'écarte du point O & s'approche du point V, plus l'angle de traction devient grand ; donc le ſinus XR de ſon complement devient auſſi moindre ; donc XS devient plus grand par rapport à XR, & par conſéquent G devient plus grand par rapport à A, c'eſt-à-dire, que plus l'angle de traction eſt grand, plus une même puiſſance doit employer de force.

Quand la direction Zu eſt la même que celle de la peſanteur du corps, on a $Z, A :: XS, XS$, car la puiſſance Z agit ſur le levier AX, comme elle agiroit ſur le levier XS perpendiculaire à ſa direction, & la peſanteur agit auſſi ſur AX comme elle agiroit ſur le levier XS auſſi perpendiculaire à ſa direction, donc la puiſſance & la peſanteur agiſſant comme ſi elles étoient toutes les deux en S, & ſe contrebalançant elles ſe trouvent égales ; & on trouvera la même choſe en obſervant que l'angle de traction

SQX étant égal à l'angle AXS, l'angle XAS fera fon complement, & par conféquent le finus XS de fon complement eft
égal au finus XS d'inclinaifon.

Quand la direction YX eft perpendiculaire au plan incliné,
l'angle de traction eft droit, & fon complement à l'angle droit
eft zero ; donc on a Y, A :: XS, O, c'eft-à-dire que Y eft infiniment grand par rapport à A, de même que XS par rapport à
zero ; donc il faudroit une force infinie pour foutenir le corps
A avec cette direction.

Quand la direction PA eft parallele à l'horizon ou à DB,
l'angle de traction APB eft égal à l'angle PBD d'inclinaifon qui
lui eft alterne ; donc l'angle de fon complement eft égal à l'angle
DCB qui eft le complement de l'angle d'inclinaifon ; & par conféquent on aura P eft à A comme le finus de l'angle CBD au
finus de l'angle BCD, c'eft-à-dire comme la hauteur CD du plan
incliné eft à fa bafe ; car en prenant pour finus total la droite CB,
le finus de l'angle DBC eft CD, & le finus de l'angle BCD eft
DB.

On n'a qu'à appliquer aux puiffances dont les directions paffent
par le quart de circonférence OX ce que nous avons dit des puiffances dont les directions paffent par le quart de cercle OV,
puifque les angles de traction des unes font égaux aux angles
de traction des autres, & enfuite appliquer aux puiffances qui
pouffent du côté des deux autres quarts, ce qui convient aux
puiffances qui tirent du côté de G & de H ; d'où l'on conclura
en général que les puiffances étant fuppofées égales, celle qui
pouffe avec une direction parallele au plan incliné, fait moins
d'effort que les autres, & que celles qui pouffent ou qui tirent
avec des directions qui s'éloignent davantage de la direction parallele au plan incliné, font plus d'effort que celles qui tirent
ou qui pouffent avec des directions qui s'éloignent moins de la
direction parallele au plan incliné.

COROLLAIRE II.

180. Si au lieu des puiffances qui tirent le corps A on met
des poids p, f, g, &c. on trouvera que fi chacun de ces poids
eft en équilibre avec le corps A, le poids f qui tire avec une
direction parallele au plan incliné, fera moindre que chacun
des autres, que le poids g qui tire avec une direction oblique,

fera moindre qu'un autre poids dont la direction oblique s'éloigneroit davantage de la direction parallele, &c.

PROPOSITION LX.

181. *Si deux corps* A, M *(Fig. 66.) attachés aux extremités d'une corde* AHM *font mis fur deux plans inégalement ou également inclinés* BC, CE *qui ont la hauteur commune* CD, *& que ces deux corps fe tiennent en équilibre, je dis que le corps* A *eft au corps* M *comme le plan incliné* BC *au plan incliné* CE.

DEMONSTRATION.

Les corps A, M étant en équilibre par la fuppofition, leur forces font par conféquent égales, mais la force du corps A, eft la même qu'une force mife en H qui tireroit le corps M felon la direction MH & qui le tiendroit en équilibre, & par la même raifon la force du corps M eft la même qu'une force mife en H qui tireroit le corps A felon la direction AH, & le tiendroit en équilibre, donc ces deux forces en H feroient égales; appellant donc l'une & l'autre V, nous aurons V, A :: CD, BC, (*N*. 171.) & par conféquent V, CD :: A, BC; par la même raifon nous aurons V, M, CD, CE, & par conféquent V, CD :: M, CE; puis donc que la raifon V, CD eft égale à la raifon A, BC, & quelle eft auffi égale à la raifon M, CE, il s'enfuit que A, BC :: M, CE, & A, M :: BC, CE.

AUTRE DEMONSTRATION.

Suppofons que le corps A étant en T, & le corps M en M, on vienne à tirer celui-ci en V, la corde HM fera plus grande de la quantité MV=IE, & le corps T fe trouvant alors en A, la corde HT fera moindre de la quantité AT=BL=MV; des points T, V je mene les droites TP, VQ paralleles à l'horizon BE jufqu'à la rencontre des droites AP, MQ perpendiculaires à l'horizon, lefquelles font les directions des pefanteurs des corps A, M; il eft clair que la quantité dont le corps M aura defcendu vers le centre de la terre fera MQ, & que la quantité dont le corps A fe fera élevé au-deffus de ce centre fera AP, & comme ces deux quantités font parcouruës dans le même tems, elles exprimeront les viteffes des corps M, A, donc les momens de ces corps feront M × MQ, A × AP; or ces momens font égaux,

puifque

puifque nous fuppofons que ces corps font en équilibre ; donc
$M \times MQ = A \times AP$, & par conféquent M, A :: AP, MQ.

Des points d'attouchement L, I, j'abbaiffe les perpendiculaires
Lp, Iq fur les bafes, les triangles femblables ATP, LBp font
égaux à caufe de TA = BL, donc AP = Lp; de même les triangles femblables MQV, IqE font égaux, à caufe de MV = IE,
donc MQ = Iq, donc AP, MQ :: Lp, Iq, & par conféquent
M, A :: Lp, Iq.

Les triangles femblables LBp, CBD donnent LB, CB :: Lp,
CD ; donc $LB \times CD = CB \times L p$, les triangles femblables IqE,
CDE donnent IE, CE :: Iq, CD, mais IE = MV = AT = BL,
donc BL, CE :: Iq, CD, & par conféquent $BL \times CD = CE \times I q$;
mais nous venons de trouver $BL \times CD = CB \times L p$, donc $CE \times I q$
$= CB \times L p$, d'où l'on tire Lp, Iq :: CE, CB, mais nous avons
M, A :: Lp, Iq, donc M, A :: CE, CB, c'eft-à-dire les corps
M, A font entr'eux comme les plans inclinés.

J'ai donné cette feconde Demonftration pour faire voir l'accord
des principes que nous avons donné ci-deffus.

REMARQUE.

182. On peut remarquer en paffant un Theorême qui merite
attention, quoiqu'il ne regarde point la matiere dont nous parlons, & ce Theorême eft tel : *Si deux triangles* BCD, DCE,
(Fig. 67.) *ont le fommet commun* C, *& un côté* CD *commun*, *&*
qu'on prenne fur les côtés BC, CE *qui vont aboutir au fommet, des*
parties BC, EI *égales, defquelles on tire les droites* Lp, Iq, *paral-*
les au côté commun CD, *ces droites* Lp, Iq *feront entr'elles récipro-*
quement comme les côtés CE, CB, *c'eft-à-dire* Lp, Iq :: CE, CB;
ce qu'on démontrera de même que nous l'avons fait pour les
triangles CBD, CED (*Fig. 62.*)

COROLLAIRE.

183. Si les plans inclinés CB, EN (*Fig. 68.*) ne font pas de
même hauteur, il fera toujours vrai de dire que les forces des
corps A, M qui font en équilibre feront égales, & par conféquent la force en H qui foutiendroit M feroit égale à la force
en H qui foutiendroit A ; je nomme V l'une ou l'autre de ces
forces, S le finus de l'angle d'inclinaifon CBD du plan incliné
CB, s le finus de l'angle END du plan incliné NE, & R le finus
total.   X

La force qui foutiendroit A eſt à ce corps comme le ſinus S eſt au rayon R (*N.* 168.), donc V, A :: S, R & V $= \frac{AS}{R}$; par la même raiſon, j'ai V, M :: s, R, & V $= \frac{Ms}{R}$, donc $\frac{AS}{R} = \frac{Ms}{R}$, ou AS $=$ Ms, d'où je tire A, M :: s, S, c'eſt-à-dire les corps A, M ſont en raiſon réciproque des ſinus des angles d'inclinaiſon de leur plans inclinés, ce qui eſt également vrai lorſque les plans inclinés ont une même hauteur.

Proposition LXI.

184. *Si deux corps* A, M (*Fig.* 69.) *attachés aux extremités d'une corde ſont ſur deux plans inclinés, & qu'ils ſe tiennent en équilibre avec des directions qui ne ſont point paralleles aux plans inclinés, ces deux plans ſont entr'eux en raiſon compoſée de la raiſon réciproque des ſinus des angles d'inclinaiſon & de la directe des ſinus de complement des angles de traction.*

Demonstration.

Les forces des corps A, M, étant égales & conçuës comme ſi elles agiſſoient en H, je nomme V chacune de ces forces, S le ſinus de l'angle d'inclinaiſon du plan BC, s le ſinus de l'angle d'inclinaiſon du plan CE, T le ſinus de complement à l'angle droit de l'angle de traction ſur le plan BC, & t le ſinus de complement à l'angle droit de traction ſur le plan CE.

Par la Propoſition 59. (*N.* 178.) j'ai V, A :: S, T ; donc V $= \frac{AS}{T}$, & par la même raiſon j'ai V, M :: s, t, donc V $= \frac{Ms}{t}$, & par conſéquent $\frac{AS}{T} = \frac{Ms}{t}$ donc A, M :: $\frac{s}{t}$, $\frac{S}{T}$ :: sT, tS, donc, &c.

Corollaire.

185. Si l'une des directions AH eſt oblique au plan incliné BC (*Fig.* 70.) & l'autre HM parallele au plan incliné CE, nommant V l'une ou l'autre des puiſſances miſes en H, S le ſinus de l'angle d'inclinaiſon du plan incliné BC, s le ſinus de l'angle d'inclinaiſon du plan CE, T le ſinus de complement de l'angle de traction HOC, & R le ſinus total, j'ai V, A :: S, T ; donc V $= \frac{AS}{T}$, de même V, M :: s, R, donc V

$= \frac{Ms}{R}$, & par conféquent $\frac{AS}{T} = \frac{Ms}{R}$, d'où je tire A, M :: $\frac{s}{R}$, $\frac{S}{T}$ :: sT, RS, c'eft-à-dire le poids A eft au poids M en raifon compofée de la raifon réciproque des finus d'inclinaifon, & de la raifon du finus de complement de l'angle de traction au finus total.

Proposition LXII.

186. *Le mouvement d'un corps qui defcend librement le long d'un plan incliné eft un mouvement uniformement acceleré.*

Demonstration.

La pefanteur abfolue du corps A (*Fig.* 71.) eft à fa pefanteur relative comme BC à CD (*N.* 163.) c'eft-à-dire, que fi la pefanteur abfolue avoit fait defcendre au corps A l'efpace CD dans un tems déterminé, la pefanteur relative lui auroit fait parcourir dans le même tems un efpace CA qui feroit à l'efpace CD comme CD eft à CB ; or cette loi eft toujours la même de quelque grandeur que foit l'efpace que la pefanteur abfolue fait parcourir. Suppofant donc que la pefanteur abfolue eût fait parcourir au corps A l'efpace CR à la fin de la premiere minute, il eft évident felon la loi de Galilée, qu'à la fin de la feconde minute le corps auroit parcouru un efpace CD quadruple de CR ; or l'efpace que la pefanteur relative aura fait parcourir à la fin de la premiere minute, & que je fuppofe être CP fera à l'efpace CR que la pefanteur abfolue aura fait parcourir à la fin de cette minute, comme CD à BC (*N.* 163.) & l'efpace que la pefanteur relative aura fait parcourir à la fin de la feconde minute, & que je fuppofe être CA, fera auffi à l'efpace CD que la pefanteur abfolue aura fait parcourir à la fin de la feconde minute comme CD à BC, donc nous aurons CP, CR :: CD, CB, & CA, CD :: CD, CB, donc CP, CR :: CA, CD, & par conféquent CP, CA :: CR, CD ; mais CD eft quadruple de CR, donc CA eft quadruple de CP ; donc les efpaces CP, CA que la pefanteur relative aura fait parcourir au corps A l'un à la fin d'une minute & l'autre à la fin de deux minutes, feront comme 1 à 4, ou comme les quarrés des tems 1 minute, 2 minutes, & par conféquent le mouvement du corps A le long de CB eft uniformement acceleré, de même que le mouvement du même corps A lorfqu'il defcend librement vers le centre de la terre.

X ij

Corollaire I.

187. Suppofant donc que deux corps égaux chacun à A , vinf-
fent à paffer dans le même tems du repos au mouvement, & que
le premier fût pouffé par une force égale à la pefanteur abfolue
du corps A , & l'autre par une force égale à la pefanteur relative
du même corps A fur le plan incliné BC , enforte que le mouvement de l'un & de l'autre corps fût uniformement acceleré; il
eft clair que ces deux corps ne parcouroient jamais dans le même
tems des efpaces égaux, ce qui femble oppofé à ce que nous
avons dit dans la Propofition 29 (N. 99.), mais il faut prendre
garde comme nous l'avons déja fait obferver ailleurs (N. 136.)
que dans cette Propofition nous ne parlons que des corps qui
defcendent par la force de leur pefanteur fans trouver nul obftacle , auquel cas nous avons fait voir que les pefanteurs étant toujours proportionnelles aux maffes , les efpaces parcourus par
deux corps dans des tems égaux doivent être égaux; mais ici ce
n'eft plus la même chofe , car les forces qui pouffent les corps
n'étant plus proportionnelles aux maffes , puifque les maffes
étant fuppofées égales les forces ne le font pas ; il s'enfuit que les
efpaces parcourus dans les mêmes tems par les deux corps ne
doivent plus être égaux , mais qu'ils doivent être proportionnels ,
à caufe qu'ils fuivent la même loi d'acceleration...

Corollaire II.

188. Puifque les corps qui defcendent librement le long d'un
plan incliné fe meuvent d'un mouvement uniformement acceleré, on doit appliquer à ces corps tout ce que nous avons dit
des corps qui defcendent librement vers le centre de la terre
fans trouver nul obftacle , & qui fuivent la loi de Galilée ; ainfi fi
le corps A commence à defcendre au point C. 1°. Les efpaces
parcourus à la fin des tems 1 , 2 , 3 , 4 , &c. feront comme les
quarrés 1 , 4 , 9 , 16 , &c. de ces tems (N. 55). 2°. Les efpaces
parcourus dans des tems égaux, c'eft-à-dire les efpaces parcourus dans la premiere minute, dans la feconde, dans la troifiéme,
&c. feront comme 1 , 3 , 5 , 7 , &c. (N. 59). 3°. Les viteffes
acquifes à la fin des tems 1 , 2 , 3 , 4 , &c. étant entr'elles comme
ces tems , les efpaces parcourus feront comme les quarrés de
ces viteffes (N. 57). 4°. Enfin l'efpace parcouru par le corps
A dans un tems déterminé eft à l'efpace qu'il parcourroit d'un

mouvement uniforme avec la viteſſe acquiſe à la fin de ce tems
comme 1 eſt à 2 (*N. 63*).

COROLLAIRE III.

189. *La viteſſe qu'un corps* A *qui deſcend le long d'un plan incliné*
BC *, a acquiſe à la fin d'un tems déterminé eſt à la viteſſe qu'il auroit*
acquiſe à la fin de ce tems s'il deſcendoit ſans obſtacle vers le centre
de la terre comme CD *eſt à* CB.

Suppoſons que le corps A pouſſé par ſa peſanteur abſolue eût
parcouru à la fin de deux minutes un eſpace perpendiculaire à
l'horiſon & égal à CD, l'eſpace AC que ce même corps pouſſé
par ſa peſanteur relative, auroit parcouru à la fin du même tems,
ſeroit donc à CD comme CD à BC ; or l'eſpace que le corps A
parcourroit dans deux minutes avec un mouvement uniforme &
une viteſſe égale à la viteſſe acquiſe à la fin de l'eſpace DC, ſeroit
double de l'eſpace DC, & par conſéquent il ſeroit 2DC (*N. 63*),
& par la même raiſon l'eſpace que le corps A parcourroit dans
deux minutes avec une viteſſe uniforme égale à la viteſſe acquiſe
à la fin de l'eſpace CA ſeroit 2CA, donc ces deux eſpaces 2DC,
2CA, ſeroient encore entr'eux comme DC à CA ; mais dans le
mouvement uniforme les viteſſes ſont comme les eſpaces parcourus dans des tems égaux, donc les viteſſes des deux mouvemens uniformes ſont entr'elles comme 2DC, 2CA, ou comme
DC, CA ; mais les viteſſes de ces mouvemens uniformes ſont
les mêmes que les viteſſes acquiſes d'un mouvement acceleré à
la fin des eſpaces DC, CA, donc les viteſſes acquiſes à la fin
de ces eſpaces ſont entr'elles comme DC, CA ; ainſi la viteſſe
acquiſe à la fin d'un certain tems par le corps A qui deſcend le
long du plan incliné, eſt à la viteſſe qu'il auroit acquiſe à la fin
du même tems s'il deſcendoit librement vers le centre de la terre,
comme la hauteur CD du plan incliné eſt à la longueur BC de
ce plan.

COROLLAIRE IV.

190. *La viteſſe que la peſanteur relative du corps* A *lui fait acque-*
rir à la fin d'un tems déterminé, eſt à celle que ſa peſanteur abſolue
lui feroit acquerir dans le même tems, comme le ſinus de l'angle CBD
d'inclinaiſon eſt au ſinus total ; ces deux viteſſes ſont comme CD,
BC, ou comme $\frac{1}{2}$CD, $\frac{1}{2}$BC, mais dans le triangle CBD le ſi-

X iij

nus de l'angle CBD eſt $\frac{1}{2}$ CD , & le ſinus de l'angle droit CBD eſt $\frac{1}{2}$ BC , donc, &c.

COROLLAIRE V.

191. Connoiſſant l'eſpace qu'un corps A , qui deſcend le long d'un plan incliné , parcourroit dans un certain tems s'il deſcendoit ſans obſtacle le long du centre de la terre , on pourra toujours connoître l'eſpace qu'il doit parcourir dans un même tems le long de BC , en cette ſorte.

Suppoſons que le corps étant en C commence à deſcendre librement vers le centre de la terre , & qu'à la fin d'une minute il ait parcouru l'eſpace CD , donc l'eſpace que la peſanteur relative doit lui faire parcourir dans le même tems , doit être à CD comme CD eſt à CB , c'eſt pourquoi du point D j'abaiſſe DA perpendicnlaire ſur CB , & l'eſpace CA eſt l'eſpace cherché , car les triangles rectangles ACD , BCD étant ſemblables , j'ai AC , CD : : CD , CB.

COROLLAIRE VI.

192. Donc l'eſpace AC parcouru par le corps A ſur le plan incliné , eſt à l'eſpace AD , que le même corps parcourroit dans le même tems en deſcendant librement vers le centre de la terre , comme la hauteur du plan incliné à ſa longueur , ou comme le ſinus de l'angle d'inclinaiſon au ſinus total

COROLLAIRE VII.

193. Connoiſſant l'eſpace AC (*Fig.* 72.) qu'un corps A parcourroit dans un tems déterminé en deſcendant librement vers le centre de la terre , on connoîtra les eſpaces qu'il parcourroit dans le même tems ſur chacun des plans diverſement inclinés , AH, AR, AS , AI , &c. en menant du point C des perpendiculaires CD , CE , CO , CB , &c. ſur les plans inclinés , & les droites AD, AE , AO , AB , &c. feront les eſpaces parcourus ſur ces plans dans des tems égaux ; car par rapport au plan HA les triangles ſemblables DAC , ACH donneront DA , AC : : AC , AH , de même par rapport au plan RA les triangles ſemblables EAC, ACR donneront EA , AC : : AC , AR , & ainſi des autres ; puis donc que chacun des eſpaces AD , AE , AO , &c. que la peſanteur relative fait parcourir , eſt à l'eſpace que l'abſolue fait

parcourir, comme la hauteur de chaque plan eſt à ſa longueur, il s'enſuit que ces eſpaces ſont parcourus dans des tems égaux.

Corollaire VIII.

194. Les viteſſes acquiſes à la fin des eſpaces AD, AE, AO, &c. ſont entr'elles comme ces eſpaces, car chacune de ces viteſſes eſt à la viteſſe acquiſe à la fin de l'eſpace AC, comme la hauteur AC eſt à la longueur du plan incliné (*N*. 189); or les eſpaces ſont à l'eſpace AC dans le même rapport (*N*. 192), donc, &c.

Corollaire IX.

195. Les eſpaces AD, AE, AO, &c. ſont entr'eux comme les ſinus des angles d'inclinaiſon de leur plan ; car appellant le ſinus total R, S le ſinus de l'angle d'inclinaiſon AHC, & *s* le ſinus de l'angle d'inclinaiſon ARC, nous aurons AD, AC :: S, R (*N*. 192.) & AE, AC :: *s*, R, donc puiſque dans ces deux proportions les deux conſéquens ſont les mêmes, il s'enſuit que AD, S :: AE, *s*, & l'on prouvera la même choſe des autres eſpaces.

Les viteſſes acquiſes à la fin de ces eſpaces étant comme ces eſpaces, elles ſont par conſéquent comme les ſinus d'inclinaiſon.

Corollaire X.

196. Si ſur l'eſpace AC pris pour diametre on décrit un cercle, ſa circonférence paſſera par les extrémités D, E, O, B, &c. des eſpaces AD, AE, AO, &c. car les triangles ADC, AEC, AOC, ABC étant rectangles, & le diametre AC étant leur hypotenuſe commune, les ſommets de leurs angles droits ſeront tous à la circonférence ; or de-là on tire ce théoreme.

Si le diametre AC d'un cercle eſt perpendiculaire à l'horiſon, & que du ſommet A on tire tant des cordes AD, AE, AO, AB, &c. qu'on voudra, un corps A qui deſcendroit ſucceſſivement ſur chacune de ces cordes, parcourroit chacune d'elles dans un tems égal au tems qu'il employeroit à parcourir le diametre AC. C'eſt ce que nous venons de voir.

Et ſi du point C on tire tant de cordes CD, CE, CO, CB, &c. qu'on voudra, le même corps qui deſcendroit ſucceſſivement des points D, E, O, B *le long de ces cordes parcourroit chacune d'elles dans un tems égal à celui qu'il employeroit à parcourir le diametre* AC.

Pour prouver cette derniere partie, je mene du sommet A la tangente AT, & du point C la tangente CH, je prolonge CD jusqu'en T, & du point T je mene T*h* parallele à AC; ainsi CT est un plan incliné dont la hauteur est T*h* ou AC. Suppofant donc que le corps A foit mis en D, & que de-là il descende l'espace DC, si je veux trouver l'espace qu'il auroit parcouru dans le même tems, s'il étoit tombé librement vers le centre de la terre, j'éleve une perpendiculaire fur le point D, laquelle par conséquent va aboutir en A, & je dis que l'espace AC est égal à l'espace que le corps auroit parcouru librement vers le centre de la terre, dans le même tems qu'il a parcouru DC, car l'espace DC doit être à l'espace que le corps auroit parcouru en tombant librement comme T*h* à CT, ou comme $AC = Th$ est à TC; or les triangles rectangles DCA, CAT étant femblables, AC ou T*h*, CT :: CD, AC, donc AC est l'espace que le corps A tombant librement doit parcourir dans le même tems qu'il parcourt l'espace AD

Il faut obferver que le point D doit être le commencement du mouvement de D en C, c'est-à-dire que le corps A commence en D à passer du repos en mouvement, & de même que le point A du mouvement AC foit le point où le corps commence à passer du repos au mouvement, ce que l'on doit toujours entendre de même dans les comparaifons que l'on fait de ces fortes de mouvemens.

Il n'est pas nécessaire que le corps qui parcourt successivement les espaces AD, AE, AO, AB, &c. ou les espaces DC, EC, OC, BC &c. foit toujours le même corps, & quand on mettroit différens corps de différentes masses, la même chose arriveroit, par exemple suppofé que le corps qui parcourt AD foit de deux ℔, & le corps qui parcourt AC d'une livre, il fera toujours vrai que le corps qui parcourt AC n'employera pas plus de tems à parcourir cet espace que n'en employe celui qui parcourt AD, car si le corps qui parcourt AC étoit de deux livres, ils parcourroient tous les deux dans le même tems leur espace AC, AD; mais un corps d'une livre qui parcourt AC n'employe ni plus ni moins de tems qu'un corps de deux livres (*N. 99*), donc le corps d'une livre parcourt l'espace AC dans le même tems qu'un corps de deux livres parcourt l'espace AD, & ainsi des autres.

Proposition

PROPOSITION LXIII.

197. Si un corps defcend le long d'un plan incliné AH *(Fig. 72),
la vitesse qu'il a acquise lorsqu'il eft arrivé à la ligne horizontale* HC,
eft égale à la vitesse que ce même corps auroit acquise à la fin de la hauteur AC *en defcendant librement vers le centre de la terre.*

DEMONSTRATION.

Pour abreger le difcours & rendre en même tems plus clair
ce que nous allons dire, nous nommerons uCA la vitesse acquise à la fin de l'espace AC, uAD la vitesse acquise à la fin de l'espace AD, & ainfi des autres vitesses acquises ; cela posé.

Du point C je mene la perpendiculaire CD fur le plan incliné
AH, & j'ai uDA, uAC :: AC, AH, & felon la loi de Galilée,
j'ai uDA, uAH :: $\sqrt{\overline{AD}}$, $\sqrt{\overline{AH}}$; mais à caufe des triangles
femblables DAC, CHA, j'ai :: DA, AC, AH, donc DA,

AH :: $\overline{DA}^2$, $\overline{AC}^2$, & tirant la racine quarrée de tous les termes,
j'ai $\sqrt{\overline{DA}}$, $\sqrt{\overline{AH}}$ :: DA, AC ; puis donc que uDA, uAH :: $\sqrt{\overline{DA}}$,
$\sqrt{\overline{AH}}$, il s'enfuit que uDA, uAH :: DA, DC, ou uDA, uAH
:: AC, AH ; mais nous avons uDA, uAC :: AC, AH, donc
uDA, uAH :: uDA :: uAC, & par conféquent uAH $=$ uAC.

COROLLAIRE I.

198. Il faudroit dire la même chofe de deux corps de différentes masses, dont l'un parcourroit le plan AH dans le même tems
que l'autre parcourroit la hauteur AC, car tous les corps qui defcendent vers le centre de la terre, parcourant tous les mêmes efpaces dans des tems égaux, il eft indifférent de mettre lequel
on voudra, & par conféquent il eft auffi indifférent de mettre le
long du plan incliné un corps de telle masse qu'on jugera à propos, ce que je ne repeterai plus.

COROLLAIRE II.

199. Ce que nous venons de démontrer par rapport au plan
incliné AH, étant également vrai par rapport aux plans inclinés
AR, AS, AI, &c. il s'enfuit que fi un corps defcend, tantôt
par un plan incliné AH, tantôt par un plan incliné AR, &c. les
vitesses qu'il aura acquifes à la fin de chacun de ces plans feront
toujours égales, puifqu'elles feront toujours égales chacune à la

viteſſe acquiſe à la fin de la hauteur commune AC de ces plans.

Corollaire III.

200. *Si un corps* A *(Fig.* 73.) *deſcend le long de pluſieurs plans in-clinés* AM, MQ, QR, *la viteſſe acquiſe en* R *eſt égale à la viteſſe qu'il auroit acquiſe en tombant le long de la hauteur totale* AV *des plans* AM, MQ, QR.

Du point A je mene AS parallele à l'horizon, & je prolonge le plan QM en N, la viteſſe acquiſe en M le long du plan MA eſt égale à la viteſſe acquiſe en M le long du plan MN, car ces deux plans ayant la hauteur commune AO, les viteſſes acquiſes en M le long de ces plans ſont égales chacune à la viteſſe acquiſe en O par la chute AO (*N.* 197). Suppoſant donc que le corps arrivé en M continue à ſe mouvoir juſques en Q, la viteſſe acquiſe en Q le long des plans AM, MQ, ſera égale à la viteſſe acquiſe en Q le long du plan QN, ou à la viteſſe acquiſe en P le long de la hauteur AP du plan NQ. Je prolonge le plan RQ en S, & la viteſſe acquiſe en Q le long du plan NQ, eſt égale à la viteſſe acquiſe en Q le long du plan SQ, à cauſe que les deux plans NQ, SQ ont la hauteur commune AP; mais la viteſſe acquiſe le long des plans AM, MQ eſt égale à la viteſſe acquiſe le long des plans NQ, SQ, donc la viteſſe acquiſe le long des plans AM, MQ eſt égale à la viteſſe acquiſe le long du plan SQ. Suppoſant donc que le corps continue à ſe mouvoir de Q en R, il eſt viſible que la viteſſe acquiſe en R le long des plans AM, MQ, QR, ſera égale à la viteſſe acquiſe en R le long du plan SR, ou à la viteſſe acquiſe en V le long de la hauteur AV, donc, &c.

Corollaire IV.

201. Les courbes pouvant être conſiderées comme des poly-gones d'une infinité de côtés, leſquels ſont autant de plans incli-nés qui changent à tout moment de direction, il s'enſuit que ſi un corps S (*Fig.* 74.) deſcend le long d'une courbe SX, la vi-teſſe acquiſe en X eſt égale à la viteſſe qu'il auroit acquiſe en deſ-cendant le long de la hauteur SV.

Proposition LXIV.

202. *Le tems qu'un corps* A *(Fig.* 72.) *employe à parcourir un plan incliné* AH, *eſt au tems qu'il employeroit à parcourir la hauteur* AC *comme la longueur* AH *eſt à la hauteur* AC.

D E M O N S T R A T I O N.

La viteſſe acquiſe en H eſt égale à la viteſſe acquiſe en C par la Propoſition précédente ; or ſi le corps A avoit eu une viteſſe uniforme égale à la viteſſe en H , il auroit parcouru un eſpace double de AH dans le même tems qu'il a parcouru AH (*N.63.*) , donc avec une viteſſe uniforme qui n'eût été que la moitié de la viteſſe acquiſe , il auroit parcouru dans le même tems un eſpace égal à AH ; par la même raiſon ſi le corps A avoit eu une viteſſe uniforme qui n'eût été que la moitié de la viteſſe acquiſe en C , il auroit parcouru un eſpace égal à AC dans le même tems qu'il a parcouru AC d'un mouvement acceleré ; mais ces demi-viteſſes uniformes ſont égales , & dans le mouvement uniforme les viteſſes étant égales , les tems ſont comme les eſpaces AH, AC, donc les tems employés à parcourir uniformément les eſpaces AH, AC, ſont entr'eux comme AH, AC ; mais les tems employés à parcourir uniformement ces eſpaces , ſont les mêmes que les tems employés à les parcourir d'un mouvement acceleré , dont les tems employés à parcourir les eſpaces AH, AC d'un mouvement acceleré ſont entr'eux comme AH, AC.

C O R O L L A I R E.

203. Donc les tems employés à parcourir les plans diverſement inclinés AH, AR , AS, AI, &c. qui ont la hauteur commune AC , ſont entr'eux comme ces plans, puiſque chacun d'eux eſt au tems employé à parcourir la hauteur AC comme ſon plan incliné eſt à la hauteur AC.

P R O P O S I T I O N LXV.

204. *Une cycloïde CDF (Fig.75.) étant élevée perpendiculairement à l'horizon dans une ſituation renverſée, enſorte que ſa baſe CF qui eſt en haut ſoit horiſontale, ſi l'on prend tant de points que l'on voudra E, M, G, &c. ſur ſa circonférence, un corps qui deſcendra de l'un de ces points quelconque G vers D, n'employera pas moins de tems à parcourir l'arc GD, que s'il parcouroit la demi-cycloïde FD en deſcendant de F vers D.*

DEMONSTRATION.

Des points E, G, M, &c. je mene les ordonnées ET, GH, MN, je décris sur AD le cercle générateur, & du point D je mene les cordes DB, DL, DO, &c. aux points B, L, O, &c. ou les ordonnées ET, GH, MN, &c. coupent la demi-circonférence ABLD. Par la proprieté du cercle j'ai TD, DB :: DB, DA, donc TD × DA = $\overline{DB}^2$, de même HD, DL :: DL, DA, & partant HD × DA = $\overline{DL}^2$, d'où il suit que $\overline{DB}^2$, $\overline{DL}^2$ :: TD × DA, HD × DA, c'est-à-dire; *dans le cercle les quarrés des cordes* DB, DL, *&c. font entr'eux comme les rectangles du diametre* DA *par les hauteurs* TD, HD, *&c. des cordes*; & comme ces rectangles TD × DA, HD × DA, ayant une dimension commune DA, font par conséquent entr'eux dans la raison de leurs dimensions inégales TD, HD, &c. il s'enfuit que l'on a $\overline{DB}^2$, $\overline{DL}^2$ :: TD, HD, c'est-à-dire, *les quarrés des cordes* DB, DL, *&c. font entr'eux comme leurs hauteurs* TD, HD, *&c.* & partant *les cordes* DB, DL, *&c. font comme les racines quarrées de leurs hauteurs* TD, HD, *&c.* cela posé.

Si un corps mis en E descend le long de l'arc ED, la vitesse qu'il aura acquise en D sera $\sqrt{TD}$; de même si ce corps mis en G descend le long de l'arc GD, la vitesse acquise en D sera $\sqrt{HD}$; ainsi les vitesses acquises le long des arcs ED, GD, &c. en suppofant toujours que le corps passe du repos au mouvement lorsqu'il est mis aux points E, G, &c. font entr'elles comme les racines des hauteurs correspondantes TD, HD; mais les racines de ces hauteurs font comme les cordes du cercle correspondantes DB, DL, &c. donc les vitesses acquises à la fin des arcs de cycloïde ED, GD, &c. font comme les cordes BD, LD, &c. mais par la proprieté de la cycloïde les arcs ED, GD, &c. de cycloïde font doubles des cordes de cercle correspondantes DB, DL, &c. & les doubles font entr'eux les simples, donc les vitesses acquises à la fin des arcs de cycloïde ED, GD, &c. font comme ces arcs, c'est-à-dire les vitesses acquises à la fin des espaces font comme les espaces, & il faut dire la même chose des vitesses acquises à la fin des arcs quelconques MD, &c.

Je conçois que l'arc ED soit divisé en une infinité de parties égales dont l'une soit Ee, & que l'arc MD soit divisé en un même nombre de parties égales, dont l'une soit Mm, il est évident que les arcs Ee, Mm seront entr'eux comme les arcs ED, MD, ou comme les arcs eD, mD; ainsi les vitesses acquises à la fin des arcs ED, MD étant entr'elles comme les arcs ED, MD, & les vitesses acquises à la fin des arcs eD, mD étant comme les arcs eD, mD, il s'ensuit que les vitesses acquises à la fin des arcs Ee, Mm seront comme les arcs Ee, Mm; or ces arcs étant infiniment petits, les vitesses avec lesquelles ils sont parcourus peuvent passer pour uniformes, & dans le mouvement uniforme les tems sont égaux lorsque les vitesses sont comme les espaces, dont les arcs Ee, Mm seront parcourus dans des tems égaux; & comme la même chose arrivera à l'égard de tous les Ee qui composent l'arc ED, & de tous les Mm qui composent l'arc MD, il s'ensuit que le tems pendant lequel l'arc ED sera parcouru, doit être égal au tems pendant lequel le corps parcourra l'arc MD.

Et on prouvera la même chose de tout autre arc GD, FD, &c.

Nota. 1°. Que les espaces parcourus ED, MD étant entr'eux comme les vitesses acquises, il s'ensuit nécessairement que les forces acquises sont entr'elles comme les masses multipliées par les vitesses acquises, quand même on voudroit estimer les forces acquises par les produits des masses par les espaces; ainsi ce qui arrive dans la cycloïde est absolument contraire à l'hypotèse des forces vives, & M. Bernoulli n'y a pas bien reflechi lorsqu'il s'est servi de cet exemple pour autoriser son sentiment. Voyez ce que nous en avons dit ci-dessus (*N.* 106).

Nota. 2°. Que dans le demi-cercle les cordes DB, DL, DO, &c. seroient parcourues dans un même tems, comme il a été démontré (*N.* 196.) & que les vitesses avec lesquelles ces cordes seroient parcourues étant entr'elles comme les racines des hauteurs TD, HD, &c. seroient par conséquent comme les cordes ou les espaces parcourus DB, DL, &c. donc les forces acquises à la fin de ces espaces seroient nécessairement comme les masses multipliées par les vitesses, quand même on voudroit estimer ces forces par les produits des masses par les espaces; mais ces forces acquises seroient des forces agissantes & non *mortes*, donc les forces agissantes dans le mouvement d'un corps le long des cordes d'un demi-cercle, ou le long des arcs de cycloïde, sont comme les produits des masses par les vitesses, & non pas conime les produits des masses par les quarrés des vitesses ; l'hypotèse des forces vives se trouve donc démentie dans ces deux cas, de même que dans tous les autres qu'on nous allegue en leur faveur, & par conséquent cette hypotèse est fausse & ne sauroit se soutenir.

Proposition LXVI.

205. *Si deux corps* A, *a*, (Fig. 76.) *descendent l'un le long de deux plans inégalement inclinés* AB, BC, *& l'autre le long de deux plans* ab, bc, *semblables aux deux premiers & semblablement inclinés, le tems que le corps* A *employera à parcourir les plans* AB, BC *sera au tems que le corps* a *employera à parcourir les plans* ab, bc, *comme la racine quarrée de la longueur* ABC *à la racine quarrée de la longueur* abc.

Demonstration.

Supposons que le rapport de AB à *ab* soit comme *m* est à 1, les rapports de BC à *bc*, de la hauteur AD à la hauteur *ad*; & de BE à *be* seront aussi comme *m* est à 1, puisque les plans AB, BC sont semblables aux plans *ab*, *bc*, & semblablement posés.

La vitesse acquise par le corps A à la fin de l'espace AB est égale à la vitesse que le même corps auroit acquis à la fin de la hauteur AD (*N*. 197.) & par la même raison la vitesse acquise par le corps *b* à la fin de l'espace *ab* est égale à la vitesse que le même corps auroit acquis à la fin de la hauteur *ad*; or les espaces AD, *ad* sont entr'eux comme *m* à 1, donc selon la loi de Galilée, les vitesses acquises à la fin de ces espaces sont comme $\sqrt{m}$ à $\sqrt{1}$, & par conséquent les vitesses acquises à la fin des espaces AB, *ab*, sont comme $\sqrt{m}$, $\sqrt{1}$; or si A & *b* s'étoient mûs avec des vitesses uniformes & égales aux moitiés de leur vitesses $\sqrt{m}$, $\sqrt{1}$, ils auroient parcouru dans les mêmes tems les espaces avec leur vitesses accelerées (*N*. 63.) ; & dans le mouvement uniforme les tems sont entr'eux en raison composée de la raison directe des espaces & de la raison réciproque des vitesses (*N*. 24.), donc les tems que les corps A, *a* auroient employés à parcourir les espaces AB, *ab* avec une vitesse uniforme, sont entr'eux en raison composée de *m* à 1, & de $\sqrt{1}$, $\sqrt{m}$; donc ils sont comme $m\sqrt{1}$, $\sqrt{m}$, mais ces tems sont les mêmes que ceux avec lesquelles les corps A, *a*, ont parcouru les mêmes espaces AB, *ab*, avec leur vitesses accelerées, donc les tems

employés à parcourir les espaces AB, *ab*, avec les vitesses accelerées sont aussi comme $m\sqrt{1}$ est à $\sqrt{m}$, ou comme m est à
$\sqrt{m}$. Et il faut dire la même chose des tems employés à parcourir les espaces BC, *bc*, si le mouvement commençoit en B, *b*.

Mais comme nous supposons qu'il n'y a point de repos aux
points B, *b*, il y a donc des vitesses acquises en B & *b*, lesquelles
doivent être ajoutées aux vitesses que les corps auroient acquises
en C, *c*, si leur mouvement avoit commencé en B, *b*, & il
est visible que ces vitesses acquises en B, *b*, restent toujours les
mêmes jusqu'en C, *c*, & qu'elles ne font que recevoir les augmentations de vitesses causées par le mouvement des corps de
B en *b*, & de C en *c* ; or les vitesses acquises en B, *b*, sont $\sqrt{m}$,
$\sqrt{1}$, & comme elles sont uniformes jusqu'à la fin des espaces
BC, *bc* les tems employés par les corps A, *a* à parcourir BC,
bc avec ces vitesses uniformes sont donc encore comme m à
$\sqrt{m}$, c'est-à-dire en raison composée de la raison directe des espaces m, 1, & de la réciproque des vitesses $\sqrt{1}, \sqrt{m}$.

Puis donc que les différens tems employés à parcourir les espaces ABC, *abc*, sont toujours comme m est à $\sqrt{m}$, il s'ensuit
que le tems total employé à parcourir l'espace ABC est au tems
total employé à parcourir l'espace *abc* comme m est à $\sqrt{m}$; mais
$\sqrt{m}$ est moyen proportionnel entre m & 1, ainsi l'on a :: m, $\sqrt{m}$,
1, & par conséquent m, $\sqrt{m}$ :: $\sqrt{m}$, 1 ; puis donc que les tems
sont comme m, $\sqrt{m}$, ils sont aussi comme $\sqrt{m}, \sqrt{1}$, c'est-à-dire
comme les racines quarrées des droites AB, *ab*, ou des longueurs
ABC, *abc*, qui sont en même raison que AB, *ab*, donc, &c.

C O R O L L A I R E I.

206. Les hauteurs AR, *ar*, sont proportionnelles aux longueurs
ABC, *abc*, donc les tems sont aussi entr'eux comme les racines
quarrées de ces hauteurs.

C O R O L L A I R E II.

207. Deux courbes semblables étant composées d'une infinité
de petits côtés semblables entr'eux, & qui font comme autant
de petits plans diversement inclinés mais semblablement posés,
les tems que deux corps employent à les parcourir, sont donc
aussi entr'eux comme les racines quarrées de ces courbes.

P r o p o s i t i o n. LXVII.

208. *Si un corps après être descendu par la force de sa pesanteur*

remonte avec la vitesse acquise à la fin de la chûte le long d'un plan incliné, son mouvement est uniformement retardé.

Demonstration.

Lorsque le corps remonte le long du plan incliné, sa pesanteur relative lui resiste autant qu'elle le pousseroit en le faisant descendre ; or si cette pesanteur le faisoit descendre, elle lui communiqueroit à chaque instant des dégrés égaux de vitesse, donc en s'opposant au mouvement du corps contraire à sa direction, elle lui ôte à chaque instant un dégré de vitesse, & par conséquent le mouvement du corps est uniformement retardé.

Corollaire I.

209. Et comme lorsque la pesanteur relative fait descendre le corps, les espaces parcourus dans des tems égaux sont comme les nombres impairs 1, 3, 5, 7, &c. il s'ensuit que lorsque la pesanteur relative s'oppose au mouvement contraire à sa direction, le corps parcourt dans des tems égaux des espaces qui sont les mêmes nombres impairs pris en rétrogradant, c'est-à-dire comme 7, 5, 3, 1.

Corollaire II.

210. De même comme le corps en descendant ne parcourt que la moitié de l'espace qu'il parcourroit d'un mouvement uniforme avec la vitesse acquise à la fin du dernier instant, de même aussi le corps en remontant ne parcourt que la moitié de l'espace qu'il parcourroit d'un mouvement uniforme avec la même vitesse acquise.

Corollaire III.

211. Donc un corps qui remonte avec sa vitesse acquise à la fin de sa descente, remonte autant qu'il étoit descendu ; ce qui est également vrai d'un corps qui remonte verticalement après être descendu verticalement.

CHAPITRE

CHAPITRE VIII.

Du mouvement des Corps qui montent ou qui descendent le long des lignes courbes.

ON peut imaginer une infinité de différentes courbes, le long desquelles un corps grave descende selon telle loi que l'on voudra. J'en rapporterai quelques-unes dans ce Chapitre, & ce que j'en dirai fera voir de quelle maniere on doit résoudre les questions qu'on peut faire sur ce sujet.

PROPOSITION LXVIII.

212. *Trouver une courbe* GMB (Fig. 77.) *de telle nature qu'un corps qui viendra à la parcourir s'approche de l'horizon d'un mouvement uniforme, c'est-à-dire que si l'on suppose que dans le premier instant le corps ait parcouru l'arc* GO, & *dans le second l'arc* OM, *les parties* Q, QP *prises sur la* AC *perpendiculaire à l'horizon* CB *soient égales entr'elles.*

SOLUTION.

Je mene les ordonnées PM, *pm* infiniment proches, & supposant que la hauteur dont le corps doit tomber soit la droite AC, je nomme AP $= x$, PM $= y$; donc P$p = dx$, mR $= dy$, & Mm pouvant être regardé comme une ligne droite qui est l'hypotenuse du triangle rectangle MRm est par conséquent $= \sqrt{dx^2 + dy^2}$.

Par la condition du Problême le tems de la descente le long de GM est au tems de la descente le long de Mm comme AP est à Pp, ainsi supposant que le tems de la descente le long de GM soit exprimé par AP, le tems de la descente le long de Mm sera P$p = dx$; le corps tombant de A en G & de G en M d'un mouvement uniformement acceleré a acquis une vitesse égale à la vitesse qu'il auroit acquise en P en descendant de A en P d'un mouvement uniformement acceleré (*N.* 200.), d'où il suit que cette vitesse est $\sqrt{x}$; or le petit arc Mm étant infiniment petit, la vitesse pendant le mouvement de M en m peut être

Z

regardée comme uniforme; mais dans le mouvement uniforme les efpaces font entr'eux comme les produits des tems par les viteffes (*N.* 17.) donc l'efpace $Mm = dx\sqrt{x}$, mais nous avons deja $Mm = \sqrt{dx^2 + dy^2}$, donc $dx\sqrt{x} = \sqrt{dx^2 + dy^2}$, & élevant tout au quarré, puis retranchant dx^2 de part & d'autre, puis tirant la racine quarrée, j'ai comme on voit par le calcul ci-joint $dx\sqrt{x-1} = dy$.

Pour tirer l'intégrale de cette Equation, je fuppofe l'indéterminée u égale à $x-1$, ainfi j'ai $u = x-1$, donc $du = dx$, & mettant la valeur de $x-1$, & de dx l'équation différentielle de $dx\sqrt{x-1} = dy$, j'ai une autre équation dont l'intégrale étant élevée au quarré, donne $u^3 = \frac{9}{4}y^2$ qui eft une Parabole dont le quarré de l'ordonnée y multiplié par $\frac{9}{4}$ eft égal au cube de l'abfciffe u.

$$dx\sqrt{x} = \sqrt{dx^2 + dy^2}$$
$$xdx^2 = dx^2 + dy^2$$
$$xdx^2 - dx^2 = dy^2$$
$$dx\sqrt{x-1} = dy$$
$$u = x-1$$
$$du = dx$$
$$du\sqrt{u} = dy, \ \& \ u^{\frac{1}{2}}du = dy$$
$$\tfrac{2}{3}u^{\frac{3}{2}} = y$$
$$\tfrac{4}{9}u^3 = y^2, \ \text{ou} \ u^3 = \tfrac{9}{4}y^2$$

Or la hauteur $AP = x$, & $u = x - 1$; donc le fommet de la Parabole eft plus bas que le point A; ainfi fi l'on veut que le corps defcende le long de la courbe de la façon qu'il eft propofé, il faut qu'il commence à tomber du point A.

Mais puifque l'abfciffe $GP = u = x - 1$, & que $AP = x$, donc $AP - GP = x - x + 1 = 1 = AG$, & par conféquent le Parametre doit être $\frac{9}{4}AG$; nommant donc le Parametre $= p$, nous aurons $p = \frac{9}{4}AG$, ou $\frac{4}{9}p = AG$, c'eft-à-dire que fi avec un Parametre quelconque p, on décrit la parabole $u^3 = py^2$, la diftance AG du point A d'où le corps doit defcendre au fommet G de cette parabole doit être $\frac{4}{9}p$.

La courbe dont nous venons de parler eft appellée *Ifochrone* par quelques Auteurs.

R E M A R Q U E.

213. Dans la folution de ce Problême nous avons fuppofé que les corps graves defcendent vers le centre de la terre felon la loi de Galilée, & qu'en quelque point de la courbe que le corps vint à defcendre librement, fa direction feroit toujours parallele à la droite AC qui eft perpendiculaire à l'horizon; or la pre-

miere de ces suppositions n'est vraye qu'à l'égard des corps qui
ne sont pas extrémement éloignés de la surface de la terre, comme
il a été dit en parlant de cette loi, & la seconde prise dans la
rigueur est absolument fausse ; car puisque les corps tendent tous
vers le centre de la terre, leur directions se rencontrent donc
dans ce centre, & par conséquent elle ne sont point paralleles.
Cependant comme les corps qu'on considere dans la Méchanique
ne tombent point sur la surface de la terre d'une hauteur extremement grande, & que les distances qu'ils ont entr'eux sont ordinairement très mediocres, au lieu que la distance de la surface de la terre à son centre est très grande, il est sûr que les
directions de ces corps peuvent passer pour paralleles à cause
de l'angle extremement petit qu'elles font au centre de la terre.
Puis donc que nos deux suppositions conviennent à l'objet de la
Méchanique, nous les suivrons dans le reste de ce Chapitre, mais
sur la fin nous résoudrons ce même Problême en prenant d'autres
loix d'acceleration & des directions non paralleles, & ce que
nous en dirons suffira pour faire voir comment on doit résoudre
ces sortes de questions.

PROPOSITION LXIX.

214. *Trouver une courbe de telle nature que si un corps vient à la
parcourir, les tems qu'il employe à parcourir ses différens arcs GO,
GM (Fig. 78.) soient entr'eux comme telles puissances ou telles racines que l'on voudra des hauteurs correspondantes* AQ, AP.

SOLUTION.

Soit AG la hauteur déterminée d'où le corps doit tomber, je
mene les ordonnées PM, pm, infiniment proches, & nommant
AP $= x$, PM $= y$, j'ai P$p = dx$, mR $= dy$, & M$m = \sqrt{dx^2 + dy^2}$,
& supposant que l'exposant de la puissance des hauteurs AQ,
AP, &c. Soit $= 2$ je cherche la solution en cette sorte.

Par la supposition le tems de la descente le long de GO est
au tems de la descente le long de GM comme $\overline{AQ}^2$ est à $\overline{AP}^2 = x^2$,
ainsi supposant que le tems de la descente le long de GO soit
exprimé par $\overline{AQ}^2$, le tems de la descente le long de GM sera $= x^2$,
or le tems de la descente le long de Mm étant la différence du tems
employé le long de Gm & du tems employé le long de GM, cette
différence est égale à la différence du quarré de AP au quarré

de Ap ; mais le quarré de AP eſt $= x^2$, & Ap étant $x + dx$ ſon quarré eſt $x^2 + 2xdx + dx^2$, & par conſéquent la différence des quarrez eſt $2xdx + dx^2$, ou ſimplement $2xdx$, à cauſe que dx^2 eſt infiniment petit par rapport à $2xdx$, & peut n'être compté pour rien, ainſi le tems employé le long de Mm eſt $= 2xdx$; or la viteſſe acquiſe en M eſt égale à la viteſſe que le corps auroit acquiſe en P en deſcendant le long de AP d'un mouvement acceleré (*N.* 200.) & ſelon la loi de Galilée, cette viteſſe eſt $\sqrt{AP} = \sqrt{x}$, donc la viteſſe en M eſt $= \sqrt{x}$; mais l'arc Mm étant infiniment petit, la viteſſe du corps le long de cet arc peut paſſer pour uniforme, & dans le mouvement uniforme, l'eſpace Mm eſt égal au produit du tems par la viteſſe, donc M$m = 2xdx\sqrt{x}$; mais nous avons M$m = \sqrt{dx^2 + dy^2}$, donc $2xdx\sqrt{x} = \sqrt{dx^2 + ay^2}$, & élevant tout au quarré, puis retranchant dx^2 de part & d'autre, enſuite tirant la racine quarrée, & enfin tirant dx^2 hors du ſigne radical, j'ai comme on voit ici $dx\sqrt{4x^5 - 1} = dy$; donc $\int dx\sqrt{4x^5 - 1} = y$.

$$2xdx\sqrt{x} = \sqrt{dx^2 + dy^2}$$
$$4x^5 dx^2 = dx^2 + dy^2$$
$$4x^5 dx - dx^2 = dy^2$$
$$\sqrt{4x^5 dx^2 - dx^2} = dy$$
$$dx\sqrt{4x^5 - 1} = dy$$
$$\int dx\sqrt{4x^5 - 1} = y$$

On peut tirer l'integrale du premier membre, en le réduiſant en une ſerie infinie ſelon les regles que nous avons données dans le *Calcul Differentiel & Intégral*, ou bien en ſuppoſant que ce premier membre multiplié par une grandeur connue repreſente l'aire d'une courbe connue, parce qu'on peut toujours en approcher de bien près ſelon les regles de la Geometrie ordinaire.

Je multiplie d'abord ce premier membre par une grandeur arbitraire a, & l'on en va voir la raiſon ; ainſi j'ai $\int a dx\sqrt{4x^5 - 1}$ pour l'aire de la courbe ; c'eſt pourquoi cette aire étant ſuppoſée connue, je n'aurai qu'à la diviſer par a, & j'aurai la valeur de y. L'aire de la courbe étant donc $\int a dx\sqrt{4x^5 - 1}$, ſon élement eſt par conſéquent $a dx\sqrt{4x^5 - 1}$, & ſuppoſant que les x repreſentent les abſciſſes de cette courbe, & qu'ils ſoient les mêmes que ceux de la courbe du Problême, ſi je diviſe cet élement par dx, le quotient $a\sqrt{4x^5 - 1}$ ſera l'ordonnée correſpondante ; nommant donc cette ordonnée z, j'ai $z = a\sqrt{4x^5 - 1}$.

Pour conftruire cette courbe je prens une ligne droite AF
(*Fig.* 79.) égale à AC , que je divife en plufieurs parties égales entr'elles , & à la droite *a* , que je regarde comme l'unité , enfuite
je fuppofe d'abord $z = 0$, ce qui donne $a\sqrt{4x^5 - 1} = 0$, & divifant par *a* puis élevant au quarré , j'ai $4x^5 - 1 = 0$; donc $4x^5$
$= 1$, $x^5 = \frac{1}{4}$, & $x = \sqrt[5]{\frac{1}{4}}$, c'eft-à-dire que quand l'ordonnée $z = 0$
le fommet de la courbe fe trouve éloigné de A d'une quantité
$AV = \sqrt[5]{\frac{1}{4}}$.

Je fuppofe $z = \infty$, c'eft-à-dire z infiniment grande , ce qui
donne $a\sqrt{4x^5 - 1} = \infty$; donc divifant par *a* , qui eft une grandeur finie , j'ai encore $\sqrt{4x^5 - 1} = \infty$, & élevant au quarré puis
donnant 1 qui eft une grandeur finie , j'ai $4x^5 = \infty$; enfin divifant par 4 , & tirant la racine cinquiéme , j'ai encore $x = \infty$,
car une grandeur étant infinie toutes fes racines le font auffi , autrement la grandeur n'étant autre chofe que le produit de fa racine multipliée par elle-même autant qu'il le faut pour être élevée
à la puiffance , il s'enfuivroit que le fini produiroit l'infini ; puis
donc que *x* eft infini quand *z* eft infini, la courbe n'a point d'afymptote.

Pour trouver les autres points de la courbe , je fuppofe $x = 1$,
ce qui donne $z = 1\sqrt{4 - 1} = \sqrt{3}$; ainfi quand l'abfciffe $AB = 1$,
l'ordonnée $BX = \sqrt{2}$.

Je fuppofe $x = 2$, ce qui donne $z = 1\sqrt{4 \times 32 - 1} = \sqrt{128 - 1}$
$= \sqrt{127}$, ainfi quand l'abfciffe $AC = 2$ l'ordonnée $CL = \sqrt{127}$.

Je cherche de la même façon les ordonnées de la courbe correfpondante aux abfciffes AD , &c. & partageant enfuite chacune
des parties égales AB , BC , CD , en deux parties égales , je cherche les ordonnées correfpondantes aux points de divifion en fup-
pofant $x = \frac{1}{2}$, $x = \frac{3}{2}$, $x = \frac{5}{2}$, &c. & je continue de la même façon en coupant enfuite chacune de ces nouvelles parties en deux
parties égales , &c.

Pour voir fi la courbe paffe de l'autre côté de l'axe , & vers
quel endroit elle tourne , je fuppofe $z = -1$, ce qui donne -1
$= a\sqrt{4x^5 - 1}$, & divifant par $a = 1$, puis élevant tout au quarré
j'ai $1 = 4x^5 - 1$, donc $\frac{1}{2} = x^5$, & $x = \sqrt[5]{\frac{1}{2}}$; ainfi quand $z = -1$,
c'eft-à dire , quand l'ordonnée de l'autre côté de l'axe eft égale à
1 , l'abfciffe eft $\sqrt[5]{\frac{1}{2}}$.

Je fuppofe $z = -2$, ce qui donne $-2 = a\sqrt{4x^5 - 1}$, divifant donc par $a = 1$, puis élevant tout au quarré , j'ai $4 = 4x^5$

-1 ; donc $5 = 4x^5$, $\frac{5}{4} = x^5$, & $\sqrt[5]{\frac{5}{4}} = x$, ce qui fait voir que quand l'ordonnée est -2 l'abscisse est $\sqrt[5]{\frac{5}{4}}$.

Et continuant de la même façon, je trouve autant de points de la courbe que je veux, & je vois que cette courbe prend sa route vers K.

Maintenant pour décrire la courbe du Problème par le moyen de la courbe trouvée, je prens la hauteur donnée AC (*Fig.* 78.), que j'ai faite égale à AF (*Fig.* 79.) & la divisant de la même façon, & supposant la quadrature de l'espace FVM, & de ses parties VBX, VCL, &c. connue ; je fais sur la droite $AB = a$ un rectangle ABZY égal à l'espace correspondant VBX, & j'ai $ABZV = \int a dx \sqrt{4x^5 - 1}$, & divisant par $AB = a$, j'ai $BZ = \int dx \sqrt{4x^5 - 1} = y$, & par conséquent BZ est une ordonnée de de la courbe.

Je fais de même sur $BC = a$, un rectangle Bb égal à l'espace CAL, ce qui donne $BCba = \int a dx \sqrt{4x^5 - 1}$, & divisant par a j'ai $Cb = \int dx \sqrt{4x^5 - 1} = y$, donc C$b$ est une ordonnée de la courbe, & continuant de la même façon sur toutes les divisions de la ligne AF, je décris la courbe VZbt demandée, & si je voulois la décrire de l'autre côté de l'axe, j'agirois de la même façon en prenant les divisions que les ordonnées de ce côté font sur l'axe.

Proposition LXX.

215. *Trouver une courbe* ABC (Fig. 80.) *de telle nature que si un corps grave vient à la parcourir, il se trouve toujours que les distances de ce corps à un point fixe* D *; soient proportionnelles aux tems qu'il employe à parcourir les arcs à l'extrémité desquels il se trouve ; c'est-à-dire, que quand il aura parcouru les arcs* AB, AM, *ses distances* BD, MD, *soient entr'elles comme les tems employés à parcourir ces arcs.*

Solution.

Soit A le point d'où le corps doit commencer à descendre, & D le point fixe donné sur la droite AH ; du point D pris pour centre & de l'intervale DA je décris un demi-cercle AF, je mene les ordonnées PM, *pm* infiniment proches, je tire du centre D les droites DM, D*m*, & des points N, *n* les droites NQ, *nq* paralleles aux ordonnées PM, *pm*; du centre D je décris le petit arc MR, du point *n* je mene *n*O perpendiculaire à NQ, enfin au point N je mene la tangente NT.

Je nomme $DN = DA = DF = a$, $DQ = z$, $DM = t$; donc $mR = dt$, $Qq = nO = dz$, & $QN = \sqrt{\overline{DP}^2 - \overline{DQ}^2} = \sqrt{a^2 - z^2}$.

La droite TN étant tangente, le triangle TND est rectangle & semblable aux triangles QND & QNT, lesquels sont aussi semblables au triangle nON, comparant donc ensemble les triangles QND, nON, j'ai NQ, DN :: nO, Nn ; donc $\sqrt{a^2 - z^2}$, $a :: dz$, $\frac{adz}{\sqrt{a^2 - z^2}} = Nn$.

Or les secteurs semblables DNn, DMR donnent DN, Nn :: DM, MR, donc a, $\frac{adz}{\sqrt{a^2-z^2}} :: t$, $\frac{tdz}{\sqrt{a^2-z^2}} = $ MR ; donc $\overline{MR}^2 = \frac{t^2 dz^2}{a^2 - z^2}$, mais $\overline{mR}^2 = dt^2$, donc dans le triangle rectangle MmR, j'ai $\overline{Mm}^2 = \frac{t^2 dz^2}{a^2 - z^2} + dt^2 = \frac{t^2 dz^2 + a^2 dt^2 - z^2 dt^2}{a^2 - z^2}$.

Pour trouver une autre valeur de $\overline{Mm}^2$, j'observe que l'arc Mm étant infiniment petit, le mouvement du corps sur cet arc peut passer pour uniforme ; or dans le mouvement uniforme, les espaces parcourus sont comme les produits des tems par la vitesse (N. 17.) Prenant donc la vitesse acquise en M qui est $\sqrt{AP}$ (N. 200.) & le tems employé à parcourir Mm qui est dt, j'ai l'espace $Mm = dt\sqrt{AP}$; or les triangles semblables QND, PMD donnent DN, DQ :: DM, DP, donc a, $z :: t$, $\frac{zt}{a} = $ DP, & par conséquent $AP = AD + DP = a + \frac{zt}{a} = \frac{a^2 + zt}{a}$, $Mm = dt\sqrt{\frac{a^2 + zt}{a}}$ & $\overline{Mm}^2 = \frac{a^2 dt^2 + zt dt^2}{a}$, ou bien en prenant a pour l'unité, j'ai $\overline{Mm}^2 = \frac{a^2 dt^2 + zt dt^2}{a^2}$; or j'ai trouvé $\overline{Mm}^2 = \frac{t^2 dz^2 + a^2 dt^2 - z^2 dt^2}{a^2 - z^2}$, donc j'ai

$$\frac{a^2 dt^2 + zt dt^2}{a^2} = \frac{t^2 dz^2 + a^2 dt^2 - z^2 dt^2}{a^2 - z^2}$$

$a^4 dt^2 - a^2 z^2 dt^2 + a^2 zt dt^2 - z^3 t dt^2 = a^2 t^2 dz^2 + a^4 dt^2 - a^2 z^2 dt^2$

$a^2 zt dt^2 - z^3 t dt^2 = a^2 t^2 dz^2$

$dt \times \sqrt{a^2 zt - z^3 t} = at dz$

$dt \times \sqrt{a^2 z - z^3} = a dz\sqrt{t}$

$dt \times \sqrt{a^3 z - a z^3} = a dz \sqrt{at}$

$\frac{dt}{\sqrt{at}} = \frac{a dz}{\sqrt{a^3 z - a z^3}}$

$$a^{-\frac{1}{2}} t^{-\frac{1}{2}} dt = \frac{a\,dz}{\sqrt{a^3 z - az^3}}$$

$$2a^{-\frac{1}{2}} t^{\frac{1}{2}} = \int \frac{a\,dz}{\sqrt{a^3 z - az^3}}$$

$$2a^{\frac{1}{2}} t^{\frac{1}{2}} = \int \frac{a^2\,dz}{\sqrt{a^3 z - az^3}}$$

Et réduisant tout au même dénominateur, puis corrigeant l'expreſſion & tirant la racine quarrée ; enſuite tirant hors du ſigne dt^2, puis diviſant par $\sqrt{t}$, & multipliant par $\sqrt{a}$, enſuite diviſant tout par $\sqrt{at}$, & par $\sqrt{a^3 z - az^3}$, enfin tirant l'intégrale, & multipliant tout par a, j'ai comme on voit ici $2a^{\frac{1}{2}} t^{\frac{1}{2}} = \int \frac{a^2\,dz}{\sqrt{a^3 z - az^3}}$.

Il ne s'agit donc que de pouvoir tirer l'intégrale du ſecond membre de cette équation pour avoir la courbe demandée, car de tous les points de la demi-circonférence ANB menant par le centre D des indéterminées DB, DM, Dm, &c. je pourrai déterminer leur extrémités B, M, m, &c. ſi je trouve cette intégrale, puiſque cette intégrale me donnera une équation dans laquelle je pourrai toujours trouver la valeur de t correſpondante aux arcs Ab, AN, An, &c. de la demi-circonférence.

Pour cela, je n'ai qu'à réduire $\int \frac{a^2\,dz}{\sqrt{a^3 z - az^3}}$ en une ſerie infinie ſelon les regles que j'ai données dans le *Calcul Différentiel & Integral*, &c. ou bien je n'ai qu'à ſuppoſer la quadrature d'une courbe qu'il s'agit d'abord de déterminer en cette ſorte.

Je multiplie $\int \frac{a^2\,dz}{\sqrt{a^3 z - az^3}}$ par a, ce qui donne $\int \frac{a^3\,dz}{\sqrt{a^3 z - az^3}}$ que je regarde comme l'aire de la courbe dont j'ai beſoin pour trouver la courbe du Problême, ainſi cette aire & ſes parties étant connues ou ſuppoſées connues, je n'aurai qu'à diviſer par a, & j'aurai la valeur de $2a^{\frac{1}{2}} t^{\frac{1}{2}}$, d'où je tirerai facilement la valeur de t.

Puis donc que $\int \frac{a^3\,dz}{\sqrt{a^3 z - az^3}}$ eſt l'aire d'une courbe, il s'enſuit que $\frac{a^3\,dz}{\sqrt{a^3 z - az^3}}$ eſt ſon élement, ainſi prenant les z pour les abſciſſes de cette courbe, & diviſant l'élement par dz, le quotient $\frac{a^3}{\sqrt{a^3 z - az^3}}$ ſera l'expreſſion des ordonnées. Nommant donc chaque ordonnée u, nous aurons $u = \frac{a^3}{\sqrt{a^3 z - az^3}}$.

Pour

Pour décrire cette courbe, je prens une droite AH (*Fig.* 81.) égale à la droite donnée AH, fur laquelle je prens AD égale à la diftance AD du point donné D au point A, je fais DF $= $ DA $= a$, & je divife DF d'abord en deux parties, puis en 4, &c. & je fais la même chofe fur DA, & comme les abfciffes de la courbe que je cherche font les z, c'eft-à-dire les abfciffes prifes de D vers F, les abfciffes prifes de D vers A feront les $- z$; je commence par les $+ z$.

Je fuppofe donc d'abord $u = \infty$, ce qui donne $\dfrac{a^3}{\sqrt{a^3 z - az^3}} = \infty$, mais quand une fraction eft d'une valeur infinie, fon dénominateur eft égal à zero, donc $\sqrt{a^3 z - az^3} = 0$, & élevant tout au quarré, puis donnant az^3 de part & d'autre, j'ai $a^3 z = az^3$, & divifant par a puis par z, j'ai $aa = zz$, & par conféquent $z = a$, ce qui me fait voir que quand l'abfciffe AF $= a$, l'ordonnée u ou Ff eft infinie, & par conféquent cette ordonnée eft l'afymptote de la courbe cherchée.

Je fuppofe $z = 0$, ce qui donne $u = \dfrac{a^3}{0} = \infty$, donc quand l'abfciffe eft nulle, l'ordonnée Dd eft infinie, & par conféquent elle eft encore afymptote de la courbe que je cherche ; ainfi cette courbe eft renfermée entre les deux lignes Ff, Dd.

Je fuppofe $z = \frac{1}{2} a$, ou $z = \frac{1}{2}$, en faifant $a = 1$, & j'ai $u = \dfrac{1}{\sqrt{\frac{1}{2} - \frac{1}{8}}} = \dfrac{1}{\sqrt{\frac{3}{8}}}$, donc quand $z = \frac{1}{2}$DF, l'ordonnée eft $= \dfrac{1}{\sqrt{\frac{3}{8} a}}$.

Je fuppofe de même $z = \frac{1}{3}$, $z = \frac{1}{4}$, $z = \frac{1}{5}$, &c. & $z = \frac{3}{4}$, $z = \frac{3}{5}$, &c. & je trouve autant de points de la courbe, & auffi près que je veux ; faifant donc paffer par tous ces points une courbe, j'ai MNP qui eft la courbe cherchée.

Pour trouver l'ordonnée la moins longue de cette courbe, je prens la différence de l'équation $u = \dfrac{a^3}{\sqrt{a^3 z - az^3}}$, laquelle eft $du = - \frac{1}{2} a^3 \times \overline{a^3 dz - 3az^2 dz} \times \overline{a^3 z - az^3}^{-\frac{1}{2}}$, & felon les regles des plus grandes & des moindres quantités que j'ai données dans le *Calcul Différentiel & Intégral*, &c. je fais $du = 0$, ce qui donne $- \frac{1}{2} a^3 \times \overline{a^3 dz - 3az^2 dz} \times \overline{a^3 z - az^3}^{-\frac{1}{2}} = 0$; divifant donc par $- \frac{1}{2} a^3 \times \overline{a^3 z - az^3}^{-\frac{1}{2}}$, & donnant de part & d'autre $3az^2 dz$, puis divifant par dz, j'ai $a^3 = 3az^2$, & divifant par $3a$, puis tirant la racine quarrée j'ai $z = \sqrt{\frac{1}{3} aa}$, c'eft-à-dire que quand l'abſciſſe eſt $\sqrt{\frac{1}{3}aa}$, l'ordonnée correſpondante eſt la moindre ordonnée de la courbe cherchée.

Pour voir s'il n'y auroit pas une autre courbe dans l'angle ADd dans lequel les abſciſſes ſont $-z$, je ſuppoſe $-z = a = 1$, ou $z = -1$, ce qui donne $u = \dfrac{1}{\sqrt{-1-1}} = \dfrac{1}{\sqrt{-2}}$, & comme $\sqrt{-2}$ eſt une grandeur imaginaire, je trouve que l'abſciſſe ne ſçauroit être -1.

Je ſuppoſe de même $-z = \frac{1}{2}$, ou $z = -\frac{1}{2}$, ce qui donne $u = \dfrac{1}{\sqrt{-\frac{1}{2}-\frac{1}{4}}} = \dfrac{1}{\sqrt{-\frac{3}{4}}}$, & comme cette valeur eſt encore imaginaire, & que je trouve toujours des ſemblables valeurs en ſuppoſant $z = -\frac{1}{4}$, $z = -\frac{1}{5}$, &c. je vois par-là qu'il n'y a point de courbe dans l'angle ADd, & il ne ſçauroit y en avoir non plus dans l'angle AD3, à cauſe que les abſciſſes ſeroient les $-z$.

Pour voir s'il n'y a pas une autre courbe dans l'angle 3DH où les ordonnées ſont les $-u$, je fais d'abord $-u = \infty$, ce qui donne $-\dfrac{a^3}{\sqrt{a^3 z - a z^3}} = \infty$; or quand une fraction eſt d'une valeur infinie, ſon dénominateur eſt égal à zero, donc $\sqrt{a^3 z - a z^3} = 0$, & élevant tout au quarré, puis donnant de part & d'autre $a z^3$, j'ai $a^3 z = a z^3$, & diviſant par a, enſuite par z, j'ai $a^2 = z^2$, & $z = a$, ce qui me fait voir que la droite Ff étant continue de l'autre côté de l'axe eſt l'aſymptote de la courbe qui eſt de ce côté là.

Je ſuppoſe $z = 0$, ce qui donne $-\dfrac{a^3}{\sqrt{a^3 z - a z^3}} = -\dfrac{a^3}{0} = -u$; ainſi quand l'abſciſſe eſt nulle, l'ordonnée D3 eſt auſſi infinie, & par conſéquent elle eſt l'aſymptote de la courbe de ce côté là.

Je ſuppoſe $z = \frac{1}{2}$, ce qui donne $-u = -\dfrac{1}{\sqrt{\frac{1}{2}-\frac{1}{4}}} = -\dfrac{1}{\sqrt{\frac{1}{4}}}$, ainſi quand z eſt $= \frac{1}{2}$, l'ordonnée dans l'angle 3DH eſt $\frac{1}{\sqrt{\frac{1}{4}}}$, de même que l'ordonnée dans l'angle dDH.

Et comme en faiſant $z = \frac{1}{3}$, $z = \frac{1}{4}$, &c. je trouve que les ordonnées dans l'angle 3DH ſont toujours les mêmes que les ordonnées dans l'angle dDH, je vois que les deux courbes ſont égales & poſées de la même façon dans chacun de ces angles, ainſi la première étant décrite la ſeconde ſe décrit facilement.

Maintenant pour trouver la courbe que le Problême demande par le moyen de cette courbe, dont je ſuppoſe que la quadrature eſt connue de même que celle de ſes parties; je fais ſur la ligne

AD $=a$ un rectangle $Aa4D$ égal à la partie DQNMd de l'aire de la courbe, ainsi j'ai $Aa4D = \int \frac{a^3 dz}{\sqrt{a^3 z - a z^3}}$, & divisant ce rectangle par AD, j'ai $D4 = \int \frac{a^2 dz}{\sqrt{a^3 z - a z^3}} = 2 a^{\frac{1}{2}} t^{\frac{1}{2}}$, ainsi qu'on a vû ci-dessus; je fais le quarré de D4, ce qui donne $\overline{D4}^2 = 4at$, c'est-à-dire, le quarré de D4 est égal à un rectangle dont l'un des côtés seroit $= 4a = 4AD$, & l'autre seroit $= t$; je fais donc sur le côté 4AD un rectangle égal à $\overline{D4}^2$, & l'autre côté de ce rectangle est par conséquent $= t$. Du point D par le point n ou le demi-cercle AnF coupe QN, je mene l'indéfinie DZ & prenant sur DZ la partie DX égale à la valeur de t que je viens de trouver, le point X est un point de la courbe que le Problême demande.

Je fais la même chose à l'égard des autres parties de l'aire DdMNPfF coupées du côté de Dd par les ordonnées menées des points de division de la droite DF, & je trouve autant de points que je veux de la courbe demandée; & comme en D il n'y a plus d'aire, il s'ensuit que la courbe DXV qu'on demande passe par le point donné D, & non pas par le point A (*Fig.* 80), & que le corps qui doit la parcourir pour faire l'effet qu'on demande, doit auparavant descendre de la hauteur AD.

On voit bien que la courbe DXV passant dans l'angle 3DH, est posée dans cet angle, de même qu'elle seroit posée dans l'angle dDH.

La courbe que nous venons de décrire est appellée par quelques Auteurs *Courbe Isocrone Paracentrique.*

Au reste pour sçavoir si l'espace dDFfPNM peut se quarrer, il n'y a qu'à faire attention à son équation $u = \frac{a^3}{\sqrt{a^3 z - z^3}} = \frac{a^3}{\sqrt{a^2 - z^2} \times \sqrt{az}}$, car nous verrons que le second membre est formé par deux analogies dont l'une est $\sqrt{az}, a :: a, \frac{a^2}{\sqrt{az}}$, & la seconde est $\sqrt{a^2 - z^2}, \frac{a^2}{\sqrt{az}} :: a, \frac{a^3}{\sqrt{a^2 - z^2} \times \sqrt{az}}$; or $\sqrt{az}$ est l'ordonnée d'une parabole quarrée dont l'abscisse seroit z, & le parametre $= a$, car nommant l'ordonnée $= m$, on auroit $m^2 = az$, & $m = \sqrt{az}$; de même $\frac{a^2}{\sqrt{az}}$ étant une troisiéme proportionnelle à $\sqrt{az}$ & à a, est par conséquent l'élement d'un espace asymptoti-

que d'une hyperbole du fecond genre, ainfi que nous l'avons démontré dans *la Mefure des Surfaces & des Solides*, où j'ai fait voir
que fi l'on prend des troifiémes proportionnelles aux élemens
d'une parabole & à ceux d'un rectangle, lefquels font tous égaux
entr'eux, ces troifiémes proportionnelles forment un efpace hyperbolique entre les afymptotes. Enfin $\sqrt{a^2-z^2}$ eft l'ordonnée
d'un quart de cercle dont le rayon $=a$, & dont l'abfciffe eft prife
du centre; ainfi puifque nous avons $\sqrt{a^2-z^2}$, $\frac{a^2}{\sqrt{az}}$ $:: a$,

$$\frac{a^3}{\sqrt{a^2-z^2}\times\sqrt{az}}$$, il s'enfuit que les élemens de l'efpace $d\mathrm{DF}f\mathrm{PNM}$
font aux élemens d'un quarré dont le côté feroit $=a$, comme les
élemens d'un efpace hyperbolique du fecond genre qui auroit
pour hauteur la droite $=a$, font aux élemens d'un quart de cercle, dont le rayon eft $=a$; or le rapport des élemens de l'efpace hyperbolique aux élemens du quart de cercle eft inconnu,
donc le rapport des élemens de l'efpace $d\mathrm{DF}f\mathrm{PNM}$ aux élemens
du quarré de a eft auffi inconnu, & par conféquent il n'eft guere
poffible de trouver la quadrature de cet efpace.

Mais à quoi fert donc cet appareil de conftruction que j'ai fait
pour la folution du Problême? Si on le demande, voici la réponfe? Cet appareil ne fert à rien pour la queftion préfente, & l'on
auroit même mieux fait de la refoudre en reduifant l'équation
$\frac{\int a^2 dz}{\sqrt{a^3 z - az^3}} = y$, eft une ferie infinie, mais comme il arrive fouvent que ces fortes de conftructions font très-utiles en bien d'oc-
cafions, & que d'ailleurs elles confervent cet efprit geométrique
que les feries ne donnent pas, attendu qu'elles appartiennent purement au calcul; j'ai été bien aife de rapporter cette conftruction pour faire voir jufqu'où on pouvoit pouffer la Geométrie
dans ces fortes de Problêmes.

Proposition LXXI.

216. *Trouver le tems qu'un corps employe à parcourir la concavité d'une courbe.*

Solution.

Soit AP (*Fig.* 82.) la hauteur de la defcente le long de l'arc
AM, je mene *pm* infiniment proche de PM, & nommant AP
$=x$, PM $=y$, j'ai P$p = dx$, mR $= dy$ & M$m = \sqrt{dx^2+dy^2}$;

je nomme t le tems de la defcente le long de l'arc AM, ainfi dt fera le tems de la defcente le long de l'arc infiniment petit Mm.

Maintenant la viteffe acquife en M étant la même que la viteffe acquife en P eft $\sqrt{x}$; or l'arc Mm étant iufiniment petit, la viteffe acquife en M peut paffer pour uniforme le long de l'arc Mm, & dans le mouvement uniforme, l'efpace parcouru eft comme le tems multiplié par la viteffe (N. 17.) donc M$m = dt\sqrt{x}$, mais nous avons M$m = \sqrt{dx^2 + dy^2}$, donc $dt\sqrt{x} = \sqrt{dx^2 + dy^2}$, & $dt = \frac{\sqrt{dx^2 + dy^2}}{\sqrt{x}}$.

Pour trouver l'integrale de dt, il faut chercher une valeur de dy en dx par le moyen de l'équation de la courbe dont il s'agit, en cette forte.

Soit la courbe AM une parabole dont le parametre $= a = 1$, fon équation fera par conféquent $xx = ay$, donc $2x\,dx = a\,dy$ & $dy = \frac{2x\,dx}{a}$; $dy^2 = \frac{4x^2\,dx^2}{a^2}$, mettant donc cette valeur de dy^2 dans $dt = \frac{\sqrt{dx^2 + dy^2}}{\sqrt{x}}$, j'ai $dt = \frac{\sqrt{dx^2}}{\sqrt{x}} + \frac{4x^2\,dx^2}{\sqrt{a^2}} = \frac{\sqrt{a^2\,dx^2 + 4x^2\,dx^2}}{\sqrt{a^2 x}} = \frac{dx\sqrt{a^2 + 4x^2}}{\sqrt{a^2 x}}$, donc $t = \int \frac{dx\sqrt{a^2 + 4x^2}}{\sqrt{a^2 x}}$.

Il ne s'agit donc que de tirer l'integrale du fecond membre de cette équation, ce qu'on peut faire, ou en le reduifant en une ferie infinie, ou en employant la méthode dont je me fuis fervi dans la Propofition précédente; mais comme l'un & l'autre de ces moyens font très-longs, voyons fi l'équation ne nous fournira pas quelque voye plus courte & plus facile.

J'obferve donc qu'en prenant a pour l'unité, l'équation fe reduit à $t = \int \frac{dx\sqrt{1 + 4x^2}}{\sqrt{x}}$; or en multipliant $\int \frac{dx\sqrt{1 + 4x^2}}{\sqrt{x}}$ par 1, & regardant enfuite le produit comme l'aire d'une courbe dont la quadrature étant divifée par 1, nous fera trouver ce que nous cherchons, ainfi que j'ai dit dans la Propofition précédente, il eft sûr que l'élement de cette courbe eft $\frac{dx\sqrt{1 + 4x^2}}{\sqrt{x}}$, & fon ordonnée $\frac{\sqrt{1 + 4x^2}}{\sqrt{x}}$; & cette expreffion eft le quatriéme terme de cette proportion $\sqrt{x}$, 1 :: $\sqrt{1 + 4x^2}$, $\frac{\sqrt{1 + 4x^2}}{\sqrt{x}}$.

Maintenant le premier terme $\sqrt{x}$ de cette proportion eft l'ordonnée TS (*Fig.* 83.) dune parabole OST dont le parametre $=a$ $=1$, car par la nature de cette parabole on a $\overline{TS}^2 = ax = x$, & par conféquent $TS = \sqrt{ax} = \sqrt{x}$; de même le troifiéme terme $\sqrt{1+4x^2}$ eft l'ordonnée PX au fecond axe d'une hyperbole équilatere OX, dont l'axe eft $=2a=2$, en fuppofant que l'abfciffe HP prife du centre H foit toujours $2x$, c'eft-à-dire double de l'abfciffe $OT=x$ de la parabole OS, car par la proprieté de cette hyperbole on a $\overline{PX}^2 = \overline{HP}^2 + \overline{HO}^2 = 4x^2 + 1$, & par conféquent $PX = \sqrt{1+4x^2}$; puis donc que l'ordonnée $\frac{\sqrt{1+4x^2}}{\sqrt{x}}$ de la courbe que je cherche eft quatriéme proportionnelle à $\sqrt{x}$, 1, $\sqrt{1+4x^2}$, fi je prens une quatriéme proportionnelle TN à TS, OH, XP, le point N fera un point de la courbe cherchée & je trouverai tous les autres points de cette courbe de la même façon.

Il eft vifible que cette courbe a pour afymptote la tangente Oo au fommet de la parabole, car en ce point l'ordonnée de la parabole eft zero, & l'ordonnée à l'hyperbole eft HO, donc la proportion devient alors o, HO, HO, $\frac{\overline{HO}^2}{o} = \infty$, & par conféquent l'ordonnée Oo eft infinie.

Pour trouver donc par le moyen de cette courbe le tems t de la defcente du corps grave le long de la concavité de la parabole AM (*Fig.* 82.) je coupe fur l'axe de la courbe la partie OT (*Fig.* 83.) égale à la hauteur AP (*Fig.* 82.) je fais fur HO (*Fig.* 83.) un rectangle HOoh égal à l'aire OTNuo, ce qui donne HOoh $= \int \frac{dx\sqrt{1+4x^2}}{\sqrt{x}} = \int \frac{adx\sqrt{a^2+4x^2}}{\sqrt{a^2x}}$, & divifant par $HO=1=a$, j'ai O$o = \int \frac{dx\sqrt{a^2+4x^2}}{\sqrt{a^2x}} = t$, c'eft-à-dire O$o$ exprime le rapport du tems de la defcente le long de AM, & je trouverois de même les tems de la defcente le long des arcs AX, AV (*Fig.* 82.) en menant les ordonnées xX, uV, puis tranfportant les hauteurs Ax, Au, fur OT (*Fig.* 83.) de O en x, & de O en y, puis menant les ordonnées xE, yF, & faifant enfuite fur HO des rectangles égaux aux aires OxEuo, OyFuo, je diviferois chacun de ces rectangles par HO, & les quotiens O$_4$, O$_3$, &c. marqueroient les rapports des tems pendant la defcente le long des arcs AX, AV, &c. (*Fig.* 82.) de forte que l'un de ces tems étant connu par l'expérience ou autrement, tous les autres feront aufli connus puifqu'on connoît leurs rapports.

Soit la courbe AN (*Fig.* 84.) un quart de circonférence dont le rayon NO égal à la hauteur $An = a$; soit $AP = OL = x$, donc $Pp = Ll = RM = dx$, $mR = dy$, & $Mm = \sqrt{dx^2 + dy^2}$; or par la propriété du cercle, j'ai $\overline{ML} = \overline{ON}^2 - \overline{OL}^2 = \overline{An}^2 - \overline{AP}^2 = a^2 - x^2$, donc $ML = \sqrt{a^2 - x^2}$; je tire le rayon $MO = An = a$, & la tangente MS ; l'angle OMS est droit de même que l'angle MLO du triangle rectangle MLO, ainsi l'angle OMS est égal aux deux angles LMO, LOM pris ensemble, ôtant donc de part & d'autre l'angle LMO, il reste l'angle LMS ou RmM, son alterne égal à l'angle LOM, donc les deux triangles rectangles LMO, mRM ayant un angle aigu égal à un angle aigu sont semblables, & par conséquent LM, MO : : MR, mM, ou $\sqrt{a^2 - x^2}$, a, dx, $\dfrac{adx}{\sqrt{x^2 - x^2}} = Mm$; mais le tems de la descente le long de Mm, c'est-à-dire, dt est égal à $\dfrac{\sqrt{dx^2 + dy^2}}{\sqrt{x}}$, mettant donc au lieu de $\sqrt{dx^2 + dy^2} = Mm$, sa valeur $\dfrac{adx}{\sqrt{a^2 - x^2}}$, j'ai $dt = \dfrac{adx}{\sqrt{a^2 - x^2} \times \sqrt{x}}$, & en supposant $a = 1$, j'ai $dt = \dfrac{adx}{\sqrt{a^2 - x^2} \times \sqrt{ax}} = \dfrac{adx}{\sqrt{a^3 x - x^3}}$, & par conséquent $t = \int \dfrac{adx}{\sqrt{a^3 x - ax^3}}$.

Ainsi il ne s'agit que de trouver l'integrale de $\int \dfrac{adx}{\sqrt{a^3 x - ax^3}}$ pour avoir la valeur de t ; or cette integrale est la même que nous avons cherchée dans la Proposition 70. (*N.* 215.), ainsi on la trouvera de la même façon.

Ou bien comme après avoir multiplié par a ce qui donne $\int \dfrac{a^2 dx}{\sqrt{a^3 x - ax^3}}$ ou $\int \dfrac{a^3 dx}{\sqrt{a^3 x - ax^3}}$ à cause de $a = 1$, nous avons fait observer que l'élement $\dfrac{a^3}{\sqrt{a^3 x - ax^3}}$ étoit le quatriéme terme d'une proportion $\sqrt{a^2 - x^2}, \dfrac{a^2}{\sqrt{ax}} : : a \dfrac{a^3}{\sqrt{a^3 x - ax^3}}$, & que le premier terme est l'élement d'un quart de cercle, dont le rayon $= a$, & le second l'élement d'un espace hyperbolique du second genre dont la hauteur seroit $= a$, il s'enfuit qu'en prenant des quatriémes proportionnelles aux élemens du quart de cercle, à ceux de l'espace hyperbolique, & à ceux d'un quarré aa, ces quatriémes proportionnelles formeront l'aire $\int \frac{a^3\,dx}{\sqrt{a^3 x - a x^3}}$, ainſi on aura la courbe dont la quadrature donnera ce qu'on cherche, & on achevera le reſte comme ci-deſſus.

Soit l'arc AM (*Fig. 85.*) un arc de demi-cycloïde AMD, dont le demi-cercle générateur eſt aQD; je nomme DN $=$ HP $= x$, & aD $=$ AH $= a$, donc aN $=$ AP $= a - x$; or par la proprieté du cercle j'ai $\overline{\text{QN}}^2 = a$N $\times$ ND, donc $\overline{\text{QN}}^2 = ax - xx$, de mê-me, j'ai DN, QD :: QD, Da ou DN $\times$ D$a = \overline{\text{QD}}^2$, donc $ax = \overline{\text{QD}}^2$, & QD $= \sqrt{ax}$; or par la proprieté de la cycloïde la tangente MT au point M eſt parallele à QD, donc les triangles rectangles QND, mRM ſont ſemblables, & donnent ND, QD :: MR, Mm; or MR $=$ N$n = dx$, donc x, $\sqrt{ax}$ :: dx, $\frac{dx\sqrt{ax}}{x}$ $= \frac{dx\sqrt{a}}{\sqrt{x}} =$ Mm.

Or la viteſſe acquiſe à la fin de AM étant la même que la vi-teſſe acquiſe à la fin de AP $= a - x$ (*N.* 200.) elle eſt par con-ſéquent $\sqrt{a - x}$, & comme on peut la regarder comme uni-forme pendant la deſcente le long de l'arc infiniment petit Mm, l'eſpace Mm eſt comme le produit de la viteſſe $\sqrt{a - x}$ multi-pliée par le tems employé à le parcourir, c'eſt-à-dire par dt (*N.* 17.), donc M$m = dt \times \sqrt{a - x}$, mais nous avons M$m$ $= \frac{dx\sqrt{a}}{\sqrt{x}}$, donc $\frac{dx\sqrt{a}}{\sqrt{x}} = dt \times \sqrt{a - x}$, d'où je tire $dt = \frac{dx\sqrt{a}}{\sqrt{ax - xx}}$, & multipliant le numerateur & le dénominateur par a, j'ai dt $= \frac{a\,dx\sqrt{a}}{a\sqrt{ax - x^2}} = \frac{\sqrt{a} \times a\,dx}{a \times \sqrt{ax - x^2}}$, & par conſéquent $t = \frac{\sqrt{a}}{a} \times \int \frac{a\,dx}{\sqrt{ax - x^2}}$.

Mais $\int \frac{a\,dx}{\sqrt{ax - x^2}}$ eſt double de l'arc aQ; car menant la droite QV au centre V, & la tangente QS l'angle droit SQV vaut les deux angles aigus NQV, NVQ du triangle rectangle NVQ; ôtant donc de part & d'autre l'angle NQV, il reſte l'angle aigu SQN, ou Qqr ſon alterne égal à l'angle aigu NVQ; ainſi les deux triangles rectangles QNV, Qrq étant ſemblables, donnent QN, QV :: Qr, Qq, ou $\sqrt{ax - x^2}$, $\frac{1}{2}a$ :: dx, $\frac{a\,dx}{2\sqrt{ax - x^2}} =$ Qq, donc aQ $= \int \frac{a\,dx}{2\sqrt{ax - x^2}}$, & par conſéquent $2a$Q $= \int \frac{a\,dx}{\sqrt{ax - x^2}}$.

De

De même $\sqrt{a} = \sqrt{aD}$, & $a = aD$; donc $t = \dfrac{\sqrt{a}}{a} \times \int \dfrac{a\,dx}{\sqrt{ax - x^2}} =$

$\dfrac{\sqrt{aD}}{aD} \times 2aQ = \dfrac{2\sqrt{aD}}{aD}\, aQ$; or $2\sqrt{aD} = \dfrac{2\sqrt{aD} \times \sqrt{aD}}{\sqrt{aD}} = \dfrac{2aD}{\sqrt{aD}} =$

$\dfrac{aD}{\frac{1}{2}\sqrt{aD}}$, & $\frac{1}{2}\sqrt{aD}$ est la moitié de la vitesse acquise à la fin de aD, c'est-à-dire acquise en D, & si le mouvement étoit uniforme, le corps parcoureroit avec la vitesse acquise $\frac{1}{2}\sqrt{aD}$ le diametre aD dans un tems égal à celui qu'il employeroit à le parcourir avec son mouvement acceleré; nommant donc ce tems T, nous aurions l'espace $aD = T \times \frac{1}{2}\sqrt{aD}$ (N. 17.), & par conséquent T $= \dfrac{aD}{\frac{1}{2}\sqrt{aD}} = 2\sqrt{aD}$; puis donc que nous avons $t = \dfrac{2\sqrt{aD}}{aD} \times aQ$, ce qui donne t, $2\sqrt{aD} :: aQ$, aD, il s'ensuit que le tems employé à parcourir l'arc AM est au tems que le corps employeroit à parcourir le diametre du cercle générateur comme l'arc aQ est au même diametre.

Quand aQ devient égal à la demi-circonférence aQD, on a $t = \dfrac{2\sqrt{aD}}{aD} \times aQD$, c'est-à-dire le tems employé à parcourir la demi-cycloïde est au tems employé à parcourir le diametre comme la demi-circonférence du cercle générateur au diametre.

PROPOSITION LXXII.

217. *Trouver le tems qu'un corps employe à parcourir la convexité d'une courbe.*

SOLUTION.

Soit AP (*Fig.* 86.) la hauteur de la descente le long de l'arc AM; je nomme AP $= x$, PM $= y$, & menant l'ordonnée infiniment proche pm, j'ai $Pp = dx$, $mR = dy$, & $Mm = \sqrt{dx^2 + dy^2}$. La vitesse acquise en M ou en P est donc $\sqrt{x}$, & cette vitesse pouvant être regardée comme uniforme pendant la descente de l'arc infiniment petit Mm, cet arc est par conséquent le produit de la vitesse $\sqrt{x}$ par le tems employé à le parcourir; ainsi nommant t le tems employé à parcourir AM, nous aurons dt pour le tems employé à parcourir Mm, & par conséquent $Mm = dt\sqrt{x}$, mais $Mm = \sqrt{dx^2 + dy^2}$, donc $dt = \dfrac{\sqrt{dx^2 + dy^2}}{\sqrt{x}}$, & $t = \int \dfrac{\sqrt{dx^2 + dy^2}}{\sqrt{x}}$.

Pour trouver cet intégrale, il faut d'abord prendre dans l'équation de la courbe dont il s'agit, la valeur de dy en dx en cette forte.

Soit AM une parabole dont le parametre $= a$, fon équation fera $y^2 = ax$, donc $2ydy = adx$, $dy = \frac{adx}{2y}$, & $dy^2 = \frac{a^2 dx^2}{4yy}$; Or $yy = ax$, & $4yy = 4ax$, donc $dy^2 = \frac{a^2 dx^2}{4ax}$; ainfi mettant cette valeur de dy^2 dans celle de t, j'ai $t = \int \frac{\sqrt{4axdx^2 + a^2 dx^2}}{\sqrt{4ax} \times \sqrt{x}} = \int \frac{dx\sqrt{4ax + a^2}}{\sqrt{4ax} \times \sqrt{x}} = \int \frac{dx\sqrt{4ax + a^2}}{2x\sqrt{a}} = \int \frac{dx\sqrt{ax + \frac{1}{4}a^2}}{x\sqrt{a}}$.

Pour trouver l'intégrale du fecond membre je le multiplie par a, ce qui donne $\int \frac{adx\sqrt{ax + \frac{1}{4}a^2}}{x\sqrt{a}}$, & je regarde ce produit comme l'aire d'une courbe, laquelle étant décrite, & fon efpace étant divifé par a, le quotient fera la valeur de t.

Or puifque a eft pris pour l'unité l'aire de la courbe que je cherche fe réduit à $\int \frac{dx\sqrt{x + \frac{1}{4}}}{x}$; ainfi fon élement eft $\frac{dx\sqrt{x + \frac{1}{4}}}{x}$, & fon ordonnée $\frac{\sqrt{x + \frac{1}{4}}}{x} = u$.

Je fuppofe d'abord $u = 0$, ce qui donne $\frac{\sqrt{x + \frac{1}{4}}}{x} = 0$; Or quand une fraction eft égale à zero, fon dénominateur eft infiniment grand, donc $x = \infty$; ainfi prenant le fommet A de la parabole donnée pour l'origine des abfciffes de la courbe que je cherche, je vois que le diametre AP étant plongé à l'infini vers E fera l'afymptote de la courbe.

Je fuppofe $u = \infty$, ce qui donne $\frac{\sqrt{x + \frac{1}{4}}}{x} = \infty$; or quand une fraction eft infinie, fon dénominateur eft infiniment petit ; donc $x = 0$; d'où il fuit que la tangente AH au fommet A de la parabole, fera auffi afymptote de la courbe, puifqu'en a nous avons $x = 0$, & $u = \infty$.

Je porte le parametre a de la parabole fur AE plufieurs fois de A en B, de B en C, &c. & fuppofant $x = B = a = 1$, j'ai $u = \frac{\sqrt{1 + \frac{1}{4}}}{1} = \sqrt{\frac{5}{4}} = \frac{1}{2}\sqrt{5}$; ainfi menant l'ordonnée Bb que je fais $= \frac{1}{2}\sqrt{5}$, le point b eft un point de la courbe.

Je fuppofe $x = AC = 2$, ce qui donne $u = \frac{\sqrt{2 + \frac{1}{4}}}{2}$, ou $u^2 =$

$\frac{2+\frac{1}{4}}{4} = \frac{9}{16}$, donc $u = \frac{3}{4}$; faifant donc $Cc = \frac{3}{4}$, le point c eft un point de la courbe.

Je fuppofe $x = 3$, ce qui donne $u = \frac{\sqrt{3+\frac{1}{4}}}{3}$, ou $u^2 = \frac{3+\frac{1}{4}}{9} = \frac{13}{36}$, donc $u = \sqrt{\frac{13}{36}}$; faifant donc $Ee = \sqrt{\frac{13}{36}}$, le point e eft un point de la courbe.

Je coupe les droites AB, BC, CE, &c. chacune en deux parties égales, & faifant fucceffivement $x = \frac{1}{2}$, $x = \frac{3}{2}$, $x = \frac{5}{2}$, &c. je trouve autant d'autres points de la courbe, & continuant de même, j'en trouverois autant que je voudrois & auffi près que je jugerois à propos.

J'aurois pû trouver la même courbe d'une autre façon ; car l'équation étant $u = \frac{\sqrt{x+\frac{1}{4}}}{x}$, j'obferve que le fecond membre eft le quatriéme terme d'une proportion x, $\sqrt{x+\frac{1}{4}} :: 1$, $\frac{\sqrt{x+\frac{1}{4}}}{x}$, or le premier terme x eft l'abfciffe de la parabole donnée, le troifiéme 1 eft fon parametre, & le fecond $\sqrt{x+\frac{1}{4}}$ eft l'ordonnée XP d'une parabole VX dont le Parametre eft auffi $= 1$, mais dont le fommet V eft éloigné du fommet A d'une quantité AV $= \frac{1}{4}a = \frac{1}{4}$; car il eft vifible que VP $=$ AP $+$ AV $= x+\frac{1}{4}$; or par la proprieté de la parabole nous avons $\overline{PX}^2 = \overline{AP+AV} \times a = ax + \frac{1}{4}a = x + \frac{1}{4}$, donc PX $= \sqrt{x+\frac{1}{4}}$; ainfi prenant une quatriéme proportionnelle à AP au parametre & à l'ordonnée PX, cette quatriéme proportionnelle PQ étant portée fur PM, le point Q fera un point de la courbe, & continuant à prendre des quatriémes proportionnelles aux abfciffes de la Parabole AM, au parametre & aux ordonnées de la parabole VX correfpondantes aux abfciffes de la parabole AM, & portant ces quatriémes proportionnelles fur les ordonnées correfpondantes de la parabole AM ; on trouvera tous les points de la courbe cherchée.

Il eft vifible que cette courbe fera la même que la courbe $ecQbu$ que nous venons de décrire, car l'abfciffe de la parabole AM étant nulle en A, & l'ordonnée correfpondante Aa de la parabole VX n'étant pas nulle, on aura o, $a :: $ Aa, $\frac{a \times Aa}{o} = $ AH, & par conféquent AH fera infinie, de même les ordonnées de la parabole AM qui font au-deffous de AB $= a$, deviennent toujours moindres de plus en plus par rapport à leurs abſciſſes ; car c'eſt là une proprieté de la parabole qui eſt aiſée à découvrir, comme on verra bientôt ; or les ordonnées correſpondantes de la parabole VX, quoique plus grandes que celles de la parabole AM, deviendront enfin moindres que les abſciſſes correſpondantes de AM, à cauſe que les abſciſſes de AM ne ſont jamais moindres que les abſciſſes de VX que d'une quantité conſtante qui eſt $\frac{1}{4}a$; ainſi les abſciſſes de AM deviendront de plus en plus grandes par rapport aux ordonnées de VX, de ſorte qu'à l'infini, l'ordonnée quoi qu'infiniment grande en elle-même, ſera cependant infiniment petite par rapport à l'abſciſſe ; ainſi la proportion x, $a :: \sqrt{x+\frac{1}{4}}$, $\frac{a\sqrt{x+\frac{1}{4}}}{x}$ ou x, $\sqrt{x+\frac{1}{4}} :: 1$, $\frac{\sqrt{x+\frac{1}{4}}}{x}$ ſe changera x, $0 :: 1$, $\frac{0\times1}{x}$, & par conſéquent $\frac{0\times1}{x}$, c'eſt-à-dire, l'ordonnée de la courbe ſera infiniment petite, & comme cela n'arrivera qu'à l'infini, il s'enſuit que l'axe AE eſt l'aſymptote de la courbe, de même que nous l'avons trouvé par l'autre méthode.

Maintenant pour trouver le tems de la deſcente d'un corps grave le long de l'arc AM, en ſuppoſant la quadrature de la courbe que nous venons de trouver, je fais ſur le parametre AB de la parabole un rectangle ABIL égal à l'aire PQuHA, ce qui donne ABIS $=\int\frac{adx\sqrt{x+\frac{1}{4}}}{x}=\int\frac{adx\sqrt{ax+\frac{1}{4}a^2}}{x\sqrt{a}}$, & diviſant par a j'ai AI $=\int\frac{dx\sqrt{ax+\frac{1}{4}a^2}}{x\sqrt{a}}=t$, & par conſéquent AI exprime le tems de la deſcente le long de l'arc AM, & je trouverois de la même façon le rapport des tems le long des autres arcs.

Soit la courbe AM (*Fig.* 87.) un arc de cycloïde dont le demi-cercle générateur eſt ANB ; je nomme AB $=a$, AP $=x$, donc BP $=a-x$, & P$p=$N$r=$MR$=dx$; or par la proprieté du cercle, j'ai NP $=\sqrt{AP\times PB}$, donc NP $=\sqrt{ax-x^2}$, & parce que AP, AN :: AN, AB, j'ai $\overline{AN}^2=AP\times AB=ax$, donc AN $=\sqrt{ax}$; je mene du point M la tangente ST à la cycloïde, & par la proprieté de cette courbe ST eſt parallele à AN ; donc les triangles rectangles PAN, RMm ſont ſemblables, & donnent AP, AN :: MR, Mm ou x, $\sqrt{ax} :: dx$, $\frac{dx\sqrt{ax}}{x}=$Mm.

Or la viteſſe en M étant la même que la viteſſe en P eſt $\sqrt{x}$, &

cette viteſſe pouvant être regardée comme uniforme pendant la deſcente le long de l'arc Mm, cet arc eſt donc $Mm = dt\sqrt{x}$ $= \frac{dx\sqrt{ax}}{x}$, d'où je tire $dt = \frac{dx\sqrt{ax}}{x\sqrt{x}}$, & ſuppoſant $a = 1$, j'ai $dt = \frac{dx}{x}$, ainſi $t = \int \frac{dx}{x}$.

Pour trouver l'integrale du ſecond membre, je décris une hyperbole équilatere SOZ (*Fig.* 88.) dont la puiſſance $Oo = a$, & prenant ſur l'aſymptote AH une abſciſſe AP égale à AP (*Fig.* 87.), je mene l'ordonnée PS (*Fig.* 88.), ainſi j'ai $AP \times PS = \overline{Oo}^2$, donc $PS = \frac{\overline{Oo}^2}{AP} = \frac{aa}{x}$, je mene l'ordonnée infiniment proche ps, ce qui donne $Pp = dx$, donc $PSsp = \frac{aadx}{x}$, ainſi l'eſpace hyperbolique AVuPS $= \int \frac{aadx}{x}$ ou $\int \frac{dx}{x}$, & diviſant par $a = 1$, j'ai $\int \frac{dx}{x} = t$.

Si je diviſe la hauteur AB en petites parties (*Fig.* 87.), & que des points de diviſion je mene des ordonnées à la cycloïde, j'aurai différens arcs At, AM, AV, &c. & tranſportant leurs abſciſſes ſur Ao (*Fig.* 88.) j'aurai autant d'eſpaces hyperboliques ARruV, APSuV, AQquV, &c. leſquels diviſés par $a = 1$ feront comme les tems des deſcentes le long des différens arcs de la cycloïde ; or que ces eſpaces ſoient diviſés par la même quantité ou qu'ils ne le ſoient pas, ils ſont toujours en même raiſon, donc ces eſpaces feront comme les tems des deſcentes, mais ces eſpaces ſont les logarithmes des abſciſſes AR, AP, AQ, &c. ainſi que nous l'avons démontré dans le *Calcul différentiel & integral*, donc les tems des deſcentes le long des différens arcs de la cycloïde, ſont entr'eux comme les logarithmes des hauteurs de ces arcs.

REMARQUE.

218. J'ai dit que dans une parabole (*Fig.* 89.) les ordonnées qui étoient au-deſſous de l'abſciſſe AD égale au parametre devenoient moindres de plus en plus à l'égard de leurs abſciſſes, & que cela étoit facile à prouver ; mais ſi quelqu'un en ſouhaite la demonſtration, la voici.

Du ſommet A je mene la tangente AO, & je diviſe l'angle droit FAO en deux parties égales par la droite AI ; du point I où cette droite coupe la parabole, je mene l'ordonnée DI qui fait avec

B b iij

l'abſciſſe AD , & la droite AI un triangle rectangle AID iſoſcele; car l'angle DAI étant demi-droit, par la conſtruction l'angle DIA doit être auſſi demi-droit; ainſi DA $=$ DI, & $\overline{DA}^2 = \overline{DI}^2$, mais par la proprieté de la parabole $\overline{DI}^2 = DA \times p$, & nous avons $\overline{DI}^2 = DA \times DA$, donc $DA \times p = DA \times DA$, & par conféquent $p = DA$, ainſi quand DA eſt égale au parametre l'ordonnée DI eſt égale à l'abſciſſe DA.

Je diviſe le diametre AF en pluſieurs parties moindres que AD, & des points de diviſion je mene des ordonnées dont les unes ſont entre A & D , & les autres en deſſous de D; il eſt viſible que chaque ordonnée qui eſt entre A & D eſt plus grande que ſon abſciſſe, car la droite AI étant une corde de la parabole eſt toute entiere dans la parabole, ainſi les parties B*o*, CP, &c. des ordonnées BG, CH, &c. ſont moindres que ces ordonnées ; mais à cauſe des triangles ſemblables ADI , ACP , &c. nous avons AD, DI :: AC, CP, donc à cauſe de AD $=$ DI, nous avons AC $=$ CP ; ainſi CP étant moindre que l'ordonnée CH, l'abſciſſe AC eſt par conféquent moindre que l'ordonnée, & on prouvera la même choſe à l'égard des autres ordonnées qui ſont entre A & D , cependant quoique leurs abſciſſes ſoient toujours moindres que les ordonnées, on prouvera qu'elles deviennent peu à peu plus grandes par rapport à leurs ordonnées juſqu'à l'abſ-ciſſe AD qui eſt égale à ſon ordonnée, car par la proprieté de la parabole les abſciſſes ſont comme les quarrés des ordonnées, & par conféquent le rapport que les abſciſſes ont entr'elles étant plus grand que celui des ordonnées , il s'enſuit néceſſairement que les abſciſſes deviennent peu à peu plus grandes par rapport aux ordonnées.

Maintenant je prolonge la droite AI à l'infini en R, & ſa par-tie IR eſt toute hors de la parabole , ce que je prouve ainſi. Je fais AO $=$ AD $=$ DI, & menant la droite OV, cette droite eſt un diametre de la parabole puiſqu'elle eſt parallele à l'axe AD, à cauſe des paralleles égales AO, DI; donc ſa partie IV tombe dans la parabole & dans le triangle ARF, donc FV eſt moindre que FR, E*l* moindre que EQ, &c. or par la proprieté de la para-bole $\overline{EL}^2 = AE \times AO = AE \times El$, & $AE \times EQ$, eſt plus grand que $AE \times El$, à cauſe de EQ plus grand que E*l*, donc $AE \times EQ$ eſt plus grand que $\overline{EL}^2$, mais à cauſe des triangles ſemblables

ADI, AEQ, nous avons AE $=$ EQ, donc EQ $\times$ EQ $= \overline{EQ}^2$,
est plus grand que $\overline{EL}^2$, donc EQ est plus grand que EL, & on
prouvera de même que FR est plus grand que FM &c. d'où il
suit que la droite IR est toute hors de la parabole, & que les ordonnées EL, FM, &c. étant moindres que les droites EQ,
FR, &c. sont aussi moindres que leurs abscisses AE, AF,
&c. & de plus ces abscisses deviennent plus grandes de plus en
plus par rapport à leurs ordonnées, parce qu'elles sont entr'elles
comme les quarrés des ordonnées, & par conséquent en raison
doublée des ordonnées, ce qui fait qu'elles augmentent plus
vite que les ordonnées, donc, &c.

PROPOSITION LXXIII.

219. *Deux points* A, M, *étant donnés* (Fig. 90.) *trouver une
courbe le long de laquelle un corps grave parvienne de* A *en* M *plus vite que le long de tout autre courbe.*

SOLUTION.

Je mene les trois ordonnées infiniment proche PM, *pm*, Q*n*;
je tire les perpendiculaires MR, *m*O, & la perpendiculaire *n*S
sur *pm* prolongée ; je nomme AP $= x$, PM $= y$, donc P*p*
$= p$Q $=$ MR $= m$O $= n$S $= dx$, *m*R $= dy$, & M*m* $= \sqrt{dx^2 + ay^2}$;
je nomme RS $= b$, ainsi *m*S $=$ RS $- m$R $= b - dy$, & *mn*
$= \sqrt{\overline{mS}^2 + \overline{nS}^2} = \sqrt{bb - 2bdy + dy^2 + dx^2}$.

L'arc M*m* étant infiniment petit, la vitesse du corps pendant
la descente de cet arc peut être prise pour uniforme, & par conséquent elle est la même que la vitesse acquise en M ou en P
(*N*. 200.) que je nomme $= c$, de même la vitesse pendant la descente de l'arc *mn* pouvant être prise pour uniforme, est la même
que la vitesse acquise à la fin de l'arc A*m* ou de la hauteur A*p*,
& je la nomme C, enfin je nomme $= t$ le tems de la descente
le long de l'arc AM, ce qui donne dt pour le tems de la descente
le long de M*m*.

Dans le mouvement uniforme l'espace est comme le produit
du tems par la vitesse (*N*. 17.), donc M*m* $= cdt$, mais nous avons
M*m* $= \sqrt{dx^2 + dy^2}$, donc $cdt = \sqrt{dx^2 + dy^2}$ & $dt = \frac{\sqrt{dx^2 + dy^2}}{c}$;
de même l'espace *mn* $=$ C $\times dt$, or nous avons *mn* $= \sqrt{bb - 2bdy}$

$+ dy^2 + dx^2$, donc $Cdt = \sqrt{bb - 2bdy + dy^2 + dx^2}$ & $dt = \dfrac{\sqrt{bb - 2bdy + dy^2 + dx^2}}{C}$, mais le tems le long de l'arc Mn est égal au tems dt de la descente le long de Mm, & au tems de la descente le long de mn, donc $2dt = \dfrac{\sqrt{dx^2 + dy^2}}{c} + \dfrac{\sqrt{bb - 2bdy + dy^2 + dx^2}}{C}$.

Or $2dt$ doit être le moindre tems que le corps grave puisse employer à parcourir l'arc Mn, donc en suivant les regles que nous avons enseignées touchant les plus grandes & les moindres quantités, je prens la différence de la derniere équation, laquelle est en supposant les dx constantes $2ddt = \dfrac{dyddy}{c\sqrt{dx^2 + dy^2}}$

$+ \dfrac{dyddy - bddy}{C\sqrt{bb - 2bdy + dy^2 + dx^2}}$, mais selon la même regle $2ddt = 0$; donc le second membre de cette équation est aussi égal à zero, & divisant par ddy, j'ai $\dfrac{dy}{c\sqrt{dx^2 + dy^2}} + \dfrac{dy - b}{C\sqrt{bb - 2bdy + dy^2 + dx^2}} = 0$,

d'où je tire $\dfrac{dy}{c\sqrt{dx^2 + dy^2}} = \dfrac{b - dy}{C\sqrt{bb - 2bdy + dy^2 + dx^2}}$, ou $\dfrac{mR}{c \times Mm}$

$= \dfrac{mS}{C \times mn}$; ainsi j'ai mR, mS, ou On : : $c \times Mm$, $C \times mn$, ou $\dfrac{mR}{c}$, $\dfrac{On}{C}$: : Mm, mn, ou enfin $C \times mR$, $c \times On$: : Mm, mn, c'est-à-dire, les arcs infiniment petits Mm, mn, sont en raison composée de la raison droite des différences mR, On des ordonnées correspondantes & de la raison reciproque des vitesses.

Que si nous supposons M$m = mn$, c'est-à-dire, les $\sqrt{dx^2 + dy^2}$ constantes, nous aurons $C \times mR = c \times On$; donc mR, On : : c, C, c'est à-dire en supposant les arcs infiniment petits égaux entreux, les différences mR, On des ordonnées sont comme les vitesses.

Supposons donc que les $\sqrt{dx^2 + dy^2}$ soient constantes, & que le rapport constant des dy aux vitesses soit exprimé par Mm,a, & nommant la vitesse $= u$, nous aurons dy, u : : $\sqrt{dx^2 + dy^2}$, a, donc $ady = u\sqrt{dx^2 + dy^2}$, & élevant tout au quarré, puis retranchant de part & d'autre $u^2 dy^2$, ensuite divisant par $a^2 - u^2$, & tirant la racine quarrée du quotient, j'ai $dy = \dfrac{udx}{\sqrt{a^2 - u^2}}$.

Maintenant u étant la vitesse acquise en M ou en P est $\sqrt{x}$, donc

u^2

$u^2 = x$; & mettant ces valeurs de u, & de u^2, dans la valeur de dy, j'ai $dy \frac{dx\sqrt{x}}{\sqrt{a^2 - x}}$, & multipliant le numerateur & le dénominateur par $\sqrt{x}$; puis prenant a pour l'unité, j'ai $dy = \frac{xdx}{\sqrt{ax - xx}}$.

Or $\frac{xdx}{\sqrt{ax - xx}}$ est la différence entre $\frac{adx}{2\sqrt{ax - xx}}$ & $\frac{adx - 2xdx}{2\sqrt{ax - xx}}$, car si de la premiere de ces grandeurs on retranche la seconde, le reste est $\frac{2xdx}{2\sqrt{ax - xx}}$, donc j'ai comme on voit une expression de dy dont l'integrale est composée de deux parties $\int \frac{adx}{2\sqrt{ax - xx}} - \int \frac{adx - 2xdx}{2\sqrt{ax - xx}}$; mais la seconde $-\int \frac{adx - 2xdx}{2\sqrt{ax - xx}} = -\sqrt{ax - xx}$, donc j'ai $y = \int \frac{adx}{2\sqrt{ax - xx}} - \sqrt{ax - xx}$; or $\sqrt{ax - xx}$ est l'ordonnée PN d'un demi-cercle dont le diametre AV $= a$, car puisque AP $= x$, donc PV $= a - x$, & par la proprieté du cercle, j'ai $\overline{PN}^2 = AP \times PV = ax - xx$, donc PN $= \sqrt{ax - xx}$, de même $\int \frac{adx}{2\sqrt{ax - xx}}$ est l'arc AN, car menant du point N le rayon NZ & la tangente Tt, les triangles NPZ, NLn, sont semblables comme nous l'avons déja démontré plus haut en deux ou trois occasions; donc NP, NZ $::$ NL, Nn ou $\sqrt{ax - xx}$, $\frac{1}{2}a :: dx$, $\frac{adx}{2\sqrt{ax - xx}} = $ Nn; or Nn est la différence de l'arc AN, donc $\int \frac{adx}{2\sqrt{ax - xx}}$ est l'arc AN; puis donc que nous avons $y = \int \frac{adx}{2\sqrt{ax - xx}} - \sqrt{ax - xx}$, il s'ensuit que PM $= y = $ AN $-$ PN.

$$dy, u :: \sqrt{dx^2 + dy^2}, a$$
$$ady = u\sqrt{dx^2 + dy^2}$$
$$a^2 dy^2 = u^2 dx^2 + u^2 dy^2$$
$$a^2 dy^2 - u^2 dy^2 = u^2 dx^2$$
$$dy^2 = \frac{u^2 dx^2}{a^2 - u^2}$$
$$dy = \frac{udx}{\sqrt{a^2 - u^2}}$$
$$dy = \frac{dx\sqrt{x}}{\sqrt{a^2 - x}}$$
$$dy = \frac{xdx}{\sqrt{a^2 x - x^2}}$$
$$dy = \frac{xdx}{\sqrt{ax - xx}}$$

$$dy = \frac{adx}{2\sqrt{ax - xx}} - \frac{adx - 2xdx}{2\sqrt{ax - xx}}$$
$$y = \int \frac{adx}{2\sqrt{ax - xx}} - \int \frac{adx - 2xdx}{2\sqrt{ax - xx}}$$
$$y = \int \frac{adx}{2\sqrt{ax - xx}} - \sqrt{ax - x^2}$$

Il ne s'agit donc que de trouver la grandeur $AV = a$ pour pouvoir décrire la courbe demandée, & c'est ce que nous trouverons dans la Proposition suivante, en conséquence de quelques réflexions que nous allons faire sur cette courbe.

Prenons une demi-cycloïde (*Fig.* 91.) & que la hauteur AP, de l'arc AM soit égale à la hauteur AP de l'arc AM demandée (*Fig.* 90.), la droite MH (*Fig.* 91.) est égale à l'arc HB, & la base $AC = PM + MH + HD = $ arc $BH + $ arc HC ; retranchant donc d'une part MH, & de l'autre l'arc $BH = MH$, nous aurons $PM + HD = $ arc HC, donc $PM = $ arc $HC - HD$, c'est-à-dire dans la cycloïde les ordonnées PM de la partie extérieure AQBM sont égales aux arcs correspondans CH moins les sinus correspondans HD ; mais dans la courbe que nous cherchons (*Fig.* 90.) les ordonnées PM sont égales aux arcs correspondans AN d'un demi-cercle dont le diametre $= a$ moins le sinus correspondant PN ; donc cette courbe est une cycloïde, & il ne s'agit que de trouver le diametre $= a$, ce que nous allons faire dans la Proposition suivante.

220. Dans la cycloïde (*Fig.* 91.) nous avons $PM = CH - HD$, & multipliant tout par la moitié du rayon, ou par $\frac{1}{2}HO$, nous avons $PM \times \frac{1}{2}HO = CH \times \frac{1}{2}HO - HD \times \frac{1}{2}HO$, mais $CH \times \frac{1}{2}HO$, est le secteur CHO, & $HD \times \frac{1}{2}HO$, ou $HD \times \frac{1}{2}CO$ est le triangle CHO, donc $PM \times \frac{1}{2}HO$ est égal au secteur CHO moins le triangle CHO, c'est-à-dire $PM \times \frac{1}{2}HO$ est égal au segment HC, ce qui est digne de remarque.

Proposition LXXIV.

221. *Deux points* A, M, *(Fig.* 92.) *étant donnés sur un plan perpendiculaire à l'horizon, décrire une demi-cycloïde* AMH *dont la base horizontale* AG *passe par l'un de ces points* A, *& dont la courbe passe par les deux points* A, M.

Solution.

Du point A, j'abbaisse AR perpendiculaire à l'horizon, & je mene AG perpendiculaire à AR ; ainsi la base de la demi-cycloïde demandée sera sur AG. Je prens un demi-cercle quelconque BEC, & prenant sur AG une partie AB égale à la demi-circonférence BEC, je mets le diametre BC perpendiculairement sur le point B, & je décris une demi-cycloïde CDA, je joins les points donnés A, M, par la droite AM qui coupe la demi-cycloïde CDA en D, & je fais AD, AM :: BC eft à un quatriéme terme GH, lequel eft le diametre du demi-cercle générateur de la demi-cycloïde cherchée ; faifant donc AG égal à la circonférence de ce demi-cercle, & mettant le diametre perpendiculairement en G, je décris la demi-cycloïde HMA qui paffe par les points donnés A, M.

Demonstration.

Par les points D, M, je mene les droites Sf, TI paralleles à AG ; par la proprieté de la cycloïde CDA, j'ai DE = CE, & SD = BE — EF (N. 219.) ainfi il faut que je démontre que MP = HP, & TM = GP — PI.

A caufe des paralleles AG, Sf, TI, nous avons AD, AM :: Gf, ou BF, GI, mais par la conftruction AD, AM :: BC, GH, donc BF, GI :: BC, GH, ainfi les diametres BC, GH font coupés proportionnellement en F & en I, or les cercles BEC, GPH étant femblables, & les droites BF, GI proportionnelles aux diametres, il eft vifible que les droites FC, IH font auffi proportionnelles de même que les finus EF, PI, & auffi les arcs BE, GP, de même que les arcs EC, PH.

Maintenant des points C, H, je mene les droites CO, HR paralleles à AG, & prolongeant AM en V, la figure AOCB eft femblable à la figure AVHG, car AM, MV :: GI, IH :: BF, FC :: AD, AO ; de plus AB, BC :: AG, GH, ainfi abbaiffant les perpendiculaires Oo, Vu fur AG, on aura Ao, oO, ou BC :: Au, uV, ou GH, ou Ao, BC :: Au, GH, mais AB, BC :: AG, GH, donc Ao, AB :: Au, AG, & AB — Ao, AB :: AG — Au, AG, c'eft-à-dire Bo, AB :: Gu, AG, ou CO, AB :: HV, GA ; on prouvera de même que FD, AB :: IM, AG, ou FD, IM :: AB, AG :: BC, GH :: EF, PI.

Puis donc que FD, IM :: EF, PI ou FD, EF :: IM, PI, donc DE, EF, MP, PI, ou EF, PI :: DE, MP ; mais EF eft à PI comme l'arc EC eft à l'arc PH, & la droite DE eft égal à l'arc EC, donc EF, PI :: DE, ou l'arc EC, MP, ou l'arc PH; ainfi MP étant égal à l'arc PH, le point M eft un point de la cycloïde HMA, & par conféquent cette cycloïde paffe par les points donnés.

Que fi M eft un point de la cycloïde, il eft vifible par la proprieté de cette courbe que nous avons découverte dans la Propofition précédente que TM eft égal à l'arc GP moins le finus PI.

C c ij

Proposition LXXV.

222. *La hauteur* AD *(Fig. 93.) dont un corps doit descendre étant connue, trouver une courbe* TMN *de telle nature que si le corps parvenoit au point* T *ou au point* M *ou au point* N*, le tems de la descente* AT*, ou* AM*, ou* AN*, &c. fut toujours le même, & le moindre qu'il peut employer.*

Solution.

Tirez AS perpendiculaire à AD, & décrivez des demi-cycloïdes EA, HA, RA, &c. dont les diametres FE, IH, SR, &c. aillent en augmentant insensiblement ; plus vous décrirez de demi-cycloïdes, plus vous aurez de points de la courbe cherchée, en observant que les différences des diametres soient fort petites.

Prenez sur la premiere demi-circonférence FE l'arc FG moyen proportionnel entre la hauteur donnée AD, & le diametre FE, & menez GT parallele à AF, le point T où cette parallele coupe la demi-cycloïde, sera un point de la courbe cherchée.

De même prenez sur la seconde demi-circonférence l'arc IO moyen proportionnel entre la hauteur donnée AD & le diametre IH, & menez OM parallele à AI, le point M où cette parallele coupe la demi-cycloïde HA sera un point de la courbe.

Et faisant la même chose à l'égard des autres demi-cycloïdes, vous trouverez les points de la courbe cherchée T*d*.

Demonstration.

Par la construction nous avons AD, FG :: FG, FE, donc $\overline{FG}^2$ = AD × FE, & FG = $\sqrt{AD}$ × $\sqrt{FE}$, & multipliant par $\sqrt{FE}$, nous avons FG × $\sqrt{FE}$ = FE × $\sqrt{AD}$, & divisant par FE, nous avons $\frac{\sqrt{FE}}{FE}$ FG = $\sqrt{AD}$, mais (*N.* 216.) nous avons $\frac{\sqrt{FE}}{FE}$ 2FG égal au tems de la descente le long de l'arc AT, donc ce tems $t = \frac{\sqrt{FE}}{FE}$, 2FG = 2$\sqrt{AD}$.

De même, nous avons par la construction AD, IO :: IO, IH, donc $\overline{IO}^2$ = AD × IH, & IO = $\sqrt{AD}$ × $\sqrt{IH}$, & multipliant par $\sqrt{IH}$, puis divisant par IH, nous avons $\frac{\sqrt{IH}}{IH}$ × IO = $\sqrt{AD}$, ou $\frac{\sqrt{IH}}{IH}$ × 2IO = 2$\sqrt{AD}$; mais par le même nombre cité, le tems de la descente le long de l'arc AM est $\frac{\sqrt{IH}}{IH}$ $\times 2IO$, donc ce tems est le même que le précedent, l'un & l'autre étant égaux à $2\sqrt{AD}$, & on prouvera la même chose à l'égard des autres demi-cycloïdes.

$$2\sqrt{AD} = \frac{2\sqrt{AD} \times \sqrt{AD}}{\sqrt{AD}} = \frac{2AD}{\sqrt{AD}} = \frac{AD}{\frac{1}{2}\sqrt{AD}}.$$ Or $\frac{1}{2}\sqrt{AD}$ est la moitié de la vitesse acquise en D, & si le mouvement du corps étoit uniforme, le corps avec la vitesse uniforme $\frac{1}{2}\sqrt{AD}$ parcoureroit l'espace AD dans un tems égal à celui qu'il employe à le parcourir avec son mouvement acceleré, donc l'espace AD $= t$ $\times \frac{\sqrt{AD}}{2}$, & par conséquent $t = \frac{AD}{\frac{1}{2}\sqrt{AD}} = 2\sqrt{AD}$; or les tems employés à parcourir les arcs AT, AM, AN sont tous égaux à $2\sqrt{AD}$, donc ils sont égaux au tems de la descente le long de AD.

Les arcs AT, AM, AN, &c. étant des arcs de cycloïde, le corps va plus vîte de l'une à l'autre de leur extremités, que par toute autre courbe, donc le corps parvient à un point quelconque de la courbe T*d* par le tems le plus court.

REMARQUE.

223. Jamais la courbe T*d* ne touchera ni ne coupera la droite AD, car quand on décriroit une infinité de demi-cycloïdes, elles ne toucheront jamais la droite AD qu'au point A, ainsi les droites GT, OM, LN, &c. dont les extremités déterminent les points T, M, N, &c. de la courbe T*d* ne parviendront jamais au point D.

En second lieu, le diametre de la moindre cycloïde qui peut servir à la description de la courbe ne peut être gueres moindre que $\frac{4}{9}$AD, car $\frac{4}{9}$AD multiplié par AD donne $\frac{4}{9}\overline{AD}^2$, & tirant la racine quarrée, on a $\frac{2}{3}$AD pour la moyenne proportionnelle entre AD, & $\frac{4}{9}$AD, mais $\frac{2}{3}$AD, ou $\frac{6}{9}$AD est à $\frac{4}{9}$AD, comme 6 à 4, ou comme 3 à 2, & la circonférence d'un demi-cercle est à peu près à son diametre comme 3 à 2, donc la moyenne proportionnelle entre AD & le diametre $\frac{4}{9}$AD est presque égale à la demi-circonférence, or l'arc moyen proportionnel entre AD & le diametre de la cycloïde doit être moindre ou tout au plus égal à la demi-circonférence pour pouvoir déterminer un point de la courbe que nous cherchons ; & il est visible qu'à mesure qu'on prendroit des diametres moindres que $\frac{4}{9}$AD, les arcs moyens proportionnels deviendroient plus grands par rapport à ces diametres, donc, &c.

En troisiéme lieu, la courbe que nous cherchons approche de plus en plus de AD, & ne la touche jamais, donc AD est son asymptote, & la convexité de cette courbe est tournée du côté de AD ; & pour prouver cette derniere conséquence, il n'y a qu'à faire attention qu'à mesure que les diametres augmentent les arcs FG, IO, SL, &c. moyens proportionnels entre AD & les diametres deviennent moindres par rapport à ces diametres, qu'ainsi les arcs restans GE, OH, LR, &c. deviennent plus grands, & que par conséquent les droites GT, OM, LN, &c. devenant plus grandes, il faut nécessairement que leur extremités N, M, T, &c. approchent davantage de AD.

Proposition LXXVI.

224. *Un Pont levis* AB *étant donné* (Fig. 94.) *tournant librement autour de* A, *trouver une courbe de telle nature que si un corps* M *mis à l'extremité* M *d'une corde qui tient au pont par l'autre bout, vient à être mis sur un point quelconque de cette courbe, le pont & le corps soient toujours en équilibre.*

Solution.

La direction de la pesanteur absolue du pont étant perpendiculaire à l'horizon est par conséquent parallele à CA, ainsi achevant le parallelogramme BCcA, & concevant que la pesanteur absolue soit représentée par la droite CA, elle équivaudra à deux forces représentées par les droites BC, Cc, qui ont les directions BC, Cc, (*N.* 130.) c'est-à-dire que si une puissance faisoit parcourir un espace CA à un corps pendant un certain tems, & que deux autres puissances pendant le même tems pussent faire parcourir au même corps, l'une l'espace BC, l'autre l'espace Cc, ces deux dernieres jointes ensemble ne feroient pas plus que la premiere toute seule ; or la force Cc étant parallele au pont n'agit point sur lui, donc la force BC toute seule est en équilibre avec le poids M, donc la pesanteur absolue du pont étant representée AC, la puissance qu'il faudroit mettre au lieu du pont au point B, que nous supposons être le centre de gravité du pont, pour être en équilibre avec le poids M, est representée par la droite BC.

De même la pesanteur absolue de M agit selon une direction perpendiculaire à l'horizon qui est par conséquent parallele à CK , & ce corps agit sur la courbe AN selon la direction MK perpendiculaire à la courbe , & sur le pont selon la direction MC, ainsi achevant le parallelogramme CMKo, & supposant que CM exprime l'effort que le corps M fait pour être en équilibre avec le pont, & MK ou Co l'effort qu'il fait sur la courbe ; la diagonale CK exprimera la pesanteur absolue de M , puisque CK équivaut aux deux puissances CM , Co.

Maintenant supposant que la pesanteur absolue CK soit $= b$, nous aurons CK , b :: CM , CB ; car la force CM étant en équilibre avec la force CB , ces deux forces sont égales de même que CK $= b$; ainsi menant MP perpendiculaire à CK , & nommant CP $= x$, PM $= y$, BC $+$ CM $= a$, le triangle rectangle CMP donne $\overline{CM}^2 = \overline{CP}^2 + \overline{PM}^2 = x^2 + y^2$, donc CM $= \sqrt{x^2 + y^2}$, & BC $=$ BC $+$ CM $-$ CM $= a - \sqrt{x^2 + y^2}$.

Je mene pm infiniment proche de PM , & du point M la tangente MT à la courbe CN , & la perpendiculaire MR , ce qui donne les triangles semblables mRM, MPT, mais les triangles MPT, KPM, sont aussi semblables, donc mRM est semblable à KPM, & parconséquent MR , Rm :: PM , PK , ou dx, dy :: y, $\frac{ydy}{dx} =$ PK ; donc CK $=$ CP $+$ PK $= x + \frac{ydy}{dx} = \frac{xdx + ydy}{dx}$, donc puisque j'ai CK , b :: CM , CB , j'ai aussi les expressions analytiques qu'on voit ici, & multipliant la premiere raison par dx, puis faisant le produit des extrêmes & celui des moyens, ensuite divisant par $\sqrt{x^2 + y^2}$, enfin tirant l'integrale, j'ai l'équation $bx + \frac{1}{2}x^2 + \frac{1}{2}y^2 = a\sqrt{x^2 + y^2}$ qui est l'équation de la courbe demandée.

$$\frac{xdx + ydy}{dx}, b :: \sqrt{x^2 + y^2}, a - \sqrt{x^2 + y^2}.$$

$$xdx + ydy, bdx :: \sqrt{x^2 + y^2}, a - \sqrt{x^2 + y^2}.$$

$$bdx\sqrt{x^2 + y^2} = axdx + aydy - xdx\sqrt{x^2 + y^2} - ydy\sqrt{x^2 + y^2}.$$

$$bdx = \frac{axdx + aydy}{\sqrt{x^2 + y^2}} - xdx - ydy.$$

$$bx = a\sqrt{x^2 + y^2} - \frac{1}{2}x^2 - \frac{1}{2}y^2.$$

$$bx + \frac{1}{2}x^2 + \frac{1}{2}y^2 = a\sqrt{x^2 + y^2}.$$

Pour conſtruire cette courbe je prolonge CM en D, faiſant MD $=$ BC, & par conſéquent j'ai CD $=$ BC $+$ CM $= a$, du centre C je décris avec le rayon CD un demi-cercle FDE, & je mene une ordonnée DG que je nomme $= z$, donc $\overline{GD}^2 = \overline{CD}^2 - \overline{CG}^2$, $a^2 - z^2$, & GD $= \sqrt{a^2 - z^2}$; les triangles ſemblables CGD, CPM donnent CG, CD :: CP, CM, ou z, a :: x, CM, donc $z \times$ CM $= ax$, & $x = \frac{z \times \mathrm{CM}}{a}$.

Les mêmes triangles donnent CD, DG :: CM, PM, ou a, $\sqrt{aa - zz}$ :: CM, y; donc $ay =$ CM $\times \sqrt{aa - zz}$, & $y = \frac{\mathrm{CM}\sqrt{aa - zz}}{a}$.

Subſtituant donc dans l'équation les valeurs de x & de y que nous venons de trouver, nous aurons l'équation qu'on voit ici.

Et diviſant par CM, puis ôtant de part & d'autre $\frac{bz}{a}$, & enfin multipliant tout par 2, on aura CM $= 2a - \frac{2bz}{a}$.

$$\frac{bz \times \mathrm{CM}}{a} + \frac{z^2 \times \overline{\mathrm{CM}}^2}{2a^2} + \frac{a^2 \times \overline{\mathrm{CM}}^2 - z^2 \times \overline{\mathrm{CM}}^2}{2a^2} = a \times \mathrm{CM}$$

$$\frac{bz}{a} + \frac{z^2 \times \mathrm{CM}}{2a^2} + \frac{a^2 \times \mathrm{CM} - z^2 \times \mathrm{CM}}{2a^2} = a$$

$$\frac{bz}{a} + \frac{a^2 \times \mathrm{CM}}{2a^2} = a$$

$$\frac{\mathrm{CM}}{2} = a - \frac{2bz}{a}$$

$$\mathrm{CM} = 2a - \frac{2bz}{a}$$

Il n'y a donc pour décrire la courbe qu'on demande qu'à décrire le demi-cercle EDF avec un rayon CE égal à la longueur BC $+$ CM de la corde attachée au pont & au poids M, puis du centre C mener des rayons CD aux points de la circonférence, & de ces points tirer des ordonnées DG, après quoi prenant une quatriéme proportionnelle au rayon CD ou à la longueur de la corde, au double de la ligne b qui exprime le poids abſolu de M, & à l'ordonnée z, cette quatriéme proportionnelle ſera $\frac{2bz}{a}$, c'eſt pourquoi retranchant cette proportionnelle de la grandeur $2a$ du diametre, on aura $2a - \frac{2bz}{a} =$ CM, & par conſéquent le point M ſera un point de la courbe, & faiſant la même choſe ſur les autres rayons, on trouvera tant de points de la courbe que l'on voudra.

Mais comment trouver une ligne qui exprime la peſanteur abſolue

abſolue du poids M ? le voici : cherchez la longueur qu'il faut donner à la corde, c'eſt-à-dire, mettez le pont dans une ſitua-tion horizontale, & meſurez la diſtance du point B où il doit être attaché au point C qui eſt un trou dans la muraille par où cette corde doit paſſer pour être attachée au poids M ; ſuppo-ſant donc que cette diſtance ſoit ſix toiſes, concevez que la pe-ſanteur abſolue du pont ſoit repreſentée par une ligne de ſix toiſes, il eſt viſible que ſi le poids M peſe autant que le pont, ſa pe-ſanteur abſolue ſera repreſentée par la ligne de ſix toiſes ; que s'il ne peſe que la moitié de ce que peſe le pont, ſa peſanteur abſolue ſera repreſentée par une ligne de trois toiſes, que s'il peſe le double de ce que peſe le pont, ſa peſanteur abſolue ſera repreſentée par une ligne de douze toiſes , &c.

Pour revenir à la courbe , ſi $a = b$, on aura CM $= 2a - 2z$ $= 2$GE, c'eſt à-dire, que ſi le poids M peſe autant que le pont , CM ſera double de GE.

Quand CM devient CN $= a$, on a CM $= a = 2a - \frac{2bz}{a}$, & retranchant a de part & d'autre, on aura $a - \frac{2bz}{a} = 0$, donc a $= \frac{2bz}{a}$, d'où je tire $z = \frac{a^2}{2b}$, c'eſt-à-dire que quand la courbe coupe la circonférence du cercle, l'abſciſſe z eſt troiſiéme pro-portionnelle à $2b$ & au rayon CE.

Si on mene une tangente MT à un point quelconque M de la courbe CMN , les triangles ſemblables MRm, TPM donnent mR, RM :: PM, PT, ou dy, dx :: y, $\frac{y\,dx}{dy} =$ PT ſoutangente ; or nous avons trouvé ci-deſſus l'équation qu'on voit ici.

$$bdx = \frac{axdx + aydy}{\sqrt{x^2 + y^2}} - xdx - ydy.$$

$$bdx + xdx = \frac{axdx + aydy}{\sqrt{x^2 + y^2}} - ydy.$$

$$\overline{bdx + xdx} \times \sqrt{x^2 + y^2} = axdx + aydy - ydy\sqrt{x^2 + y^2}.$$

$$\overline{bdx + xdx} \times \sqrt{x^2 + y^2} - axdx = aydy - ydy\sqrt{x^2 + y^2}.$$

$$dx = \frac{aydy - ydy\sqrt{x^2 + y^2}}{b + x\sqrt{x^2 + y^2} - ax}.$$

$$\frac{ydx}{dy} = \frac{ay^2 - y^2\sqrt{x^2 + y^2}}{b + x\sqrt{a^2 + y^2} - ax}.$$

Et ajoutant xdx de part & d'autre, puis multipliant par $\sqrt{x^2+y^2}$ puis retranchant $axdx$, & enfin divisant par $b+x\sqrt{x^2+y^2}-ax$, je trouve une valeur de dx, laquelle étant substituée dans $\frac{ydx}{dy}$, donne l'expression qu'on voit ici.

Or quand CM devient CN $=a$, on a $\sqrt{x^2+y^2}=a$, mettant donc cette valeur de $\sqrt{x^2+y^2}$ dans l'expression de $\frac{ydx}{dy}$ que nous venons de trouver, nous aurons comme on voit ici une autre expression de $\frac{ydx}{dy}$, laquelle est égale à zero, c'est-à-dire, que quand CM devient égal au rayon du cercle, la soutangente devient nulle, & l'ordonnée est

$$\frac{ydx}{dy} = \frac{ay^2 - ay^2}{b + x\sqrt{a^2+y^2} - ax} = 0.$$

tangente de la courbe en N ; ainsi le point N de la courbe est le point le plus bas ; donc s'il ne s'agit que de trouver la courbe necessaire pour les différentes élevations qu'on veut donner au pont à commencer depuis la position horizontale jusqu'à la verticale ; l'arc CN suffit pour cela.

Quand le pont étant dans une situation horizontale (*Fig. 95.*) la distance BC est égale à toute la longueur de la corde, on a BC $=a$, or s'il arrive alors qu'on ait $b=a$, c'est-à-dire si la pesanteur absolue du poids M est égale à la pesanteur absolue du pont, l'arc CN de la courbe repond aux différentes positions du pont depuis l'horizontale jusqu'à la verticale, car 1°. Le pont étant dans la situation horizontale, le poids est nécessairement en C, & quand le pont est vertical, la corde CN est égale à BC, mais BC est égal au rayon du demi-cercle, donc CN est aussi égal au rayon, & par conséquent le poids M se trouve au point N qui coupe la circonférence ; donc ce poids à parcouru tous les points de l'arc CMN, depuis la situation horizontale du pont jusqu'à la verticale.

Quand le pont étant dans une situation horizontale, la distance BC est égale à toute la longueur de la corde, la pesanteur absolue du poids M peut être ou égale ou plus grande que la pesanteur absolue du pont ; mais elle ne sauroit être moindre, car dans ce cas le poids M étant nécessairement en C, on a CM $=0$, mais CM $= 2a - \frac{2bz}{a}$, donc il faut qu'on ait $2a - \frac{2bz}{a} = 0$; or pour que cela soit, il faut que $\frac{2kz}{a}$ soit égal à $\frac{2aa}{a}$, afin qu'on ait $2a$

$— \frac{2aa}{a} = 0$; fuppofant donc $b = a$, & mettant cette valeur de b dans $2a — \frac{2bz}{a} = 0$, on aura $2a — \frac{2az}{a} = 0$, ce qui fait voir qu'a-lors on doit avoir $z = a$; or on a $z = a$ lorfque le rayon fur lequel on détermine CM eft le rayon CE, donc b peut être égal à a. En fecond lieu fuppofant b plus grand que a, il eft vifible qu'afin qu'on ait $\frac{2bz}{a} = \frac{2aa}{a}$, il faut que z foit moindre que a; or z peut être moindre que a, donc auffi b peut être fuppofé plus grand que a. En troifiéme lieu fuppofant b moindre que a, il eft encore vifible qu'afin qu'on ait $\frac{2bz}{a} = \frac{2aa}{a}$, il faut que z foit plus grand que a, mais z étant une abfciffe du demi-cercle, & l'origine de ces abf-ciffes commençant au centre, il n'eft pas poffible que z foit plus grand que a, donc il n'eft pas poffible auffi que b foit moindre que a.

Quand le pont étant dans une fituation horizontale la diftance BC eft moindre que la corde BCM, alors l'arc MN répond à toutes les pofitions du pont depuis l'horizontale jufqu'à la verti-cale, car quand le pont eft horizontal le poids eft en M, & quand il eft dans la verticale, la corde CN eft égale à la corde BCM, & par conféquent au rayon du cercle, ainfi le poids fe trouve au point N où la courbe coupe la circonférence.

Quand le pont étant dans une fituation horizontale (*Fig. 95.*) la diftance BC eft moindre que la corde BCM, la pefanteur ab-folue du poids peut être ou égale, ou plus grande, ou moin-dre que la pefanteur abfolue du pont; car en premier lieu, fi l'on fuppofe que la pefanteur abfolue du poids foit ou égale ou plus grande que a, & que le pont foit defcendu plus bas qu'il n'eft dans la fituation horizontale, de façon qu'on ait $CM = 0$, on aura auffi $2a — \frac{2bz}{a} = 0$, & par conféquent il faudra que $\frac{2bz}{a}$ foit $= \frac{2aa}{a}$, ainfi on aura z ou égal ou moindre que a, & cela eft poffible. En fecond lieu, fi on fuppofe que la pefanteur abfolue du poids foit moindre que a, on ne peut pas fuppofer $CM = 0$, parce qu'il faudroit pour cela que $\frac{2bz}{a} = \frac{2aa}{a}$, & que par confé-quent l'abfciffe z fût plus grande que le rayon, ce qui n'eft pas poffible; ainfi dans ce cas la courbe CMN ne paffera pas par le centre du cercle; mais pourvû que b foit plus grand que $\frac{1}{2} a$ on trouvera toujours un point entre le centre C & l'extrémité E du rayon CE, qui fera le point où la courbe coupera le rayon; car fuppofant que le rayon qui doit déterminer CM foit le rayon CE, on aura $z = CE = a$, & mettant cette valeur de z dans CM $= 2a - \frac{2lz}{a}$, on aura $CM = 2a - \frac{2ab}{a} = 2a - 2b$, ainfi le poids M fera en un point K éloigné du centre C de la quantité $2a - 2b$, laquelle fera moindre que $CE = a$, en fuppofant que b eft plus grand que $\frac{1}{2}a$, ce qui fait voir qu'on ne peut faire b moindre que a de la valeur $\frac{1}{2}a$, parce que le poids M qui foutient le pont en équilibre dans fes différentes pofitions depuis l'horizontale jufqu'à la verticale, doit néceffairement defcendre le long de KN jufqu'au point N de la circonférence, ce qui ne fauroit être fi CK devenoit auffi grand que CE.

Jufqu'ici nous n'avons décrit que la partie de la courbe qui eft néceffaire pour tenir le pont en équilibre dans fes différentes fituations; maintenant pour en mieux découvrir les propriétés faifons abftraction du pont & du poids, & confiderons la courbe en elle-même comme produite par les parties $CM = 2a - \frac{2lz}{a}$ qu'on auroit prifes fur tous les rayons d'un demi-cercle, en fuppofant deux droites données a, b, dont la feconde b feroit ou égale, ou moindre, ou plus grande que a, & que les z fuffent les abfciffes correfpondantes aux ordonnées du demi-cercle menées des extrémités des rayons, de forte que les z, à compter depuis le centre C jufqu'à l'extrémité E du diametre, fuffent les $+z$, & à compter depuis C jufqu'à l'autre extrémité F, ils fuffent les $-z$.

Suppofant $CM = 0$, nous avons $2a - \frac{2bz}{a} = 0$, donc $2a = \frac{2lz}{a}$ ou $a = \frac{bz}{a}$, & par conféquent $aa = bz$, donc $z, a :: a, b$; ainfi fuppofant $a = b$, nous avons $z = a$, & par conféquent le rayon CE (*Fig.* 96.) détermine alors le $CM = 0$; or comme en faifant la même conftruction fur les rayons du demi-cercle FnE, la courbe fe trouveroit femblablement pofée dans l'un & l'autre demi-cercle; il eft vifible que cette courbe eft rebrouffante en C, & que le rayon CE eft fa tangente.

Mais fi l'on fuppofe b plus grand que a, on aura auffi a plus grand que z, lorfque $CM = 0$, ainfi fuppofant $z = CL$ (*Fig.* 97.) je mene l'ordonnée LO, & le rayon CO eft celui qui détermine $CM = 0$; or les autres rayons entre CO, CE donneront d'autres CM qui ne feront pas égaux à zero, & qu'il faudra prendre fur les prolongemens de ces rayons dans l'autre demi-cercle; donc dans ce cas la courbe coupe le diametre FE, & pour déterminer le CM que le rayon CE donnera comme alors on a $z = a$, je mets cette valeur de z dans $CM = 2a - \frac{2bz}{a}$, & j'ai $CM = 2a - \frac{2ab}{a} = 2a - 2b$, ainfi la courbe coupe l'axe en un point V éloigné du centre C d'une quantité égale à $2a - 2b$.

J'ai dit que les CM déterminés par les rayons qui font entre CO & CE doivent être pris fur les prolongemens de ces rayons, parce que les CM déterminés par les rayons qui font au-delà de CO étant pofitifs, & ces CM pofitifs allant en diminuant jufqu'au CM déterminé par CO, lequel eft zero, les CM qui viennent après celui-ci doivent être négatifs.

Comme on peut faire la même conftruction fur les rayons du demi-cercle FHE, il eft vifible que la courbe revient fe couper au point C, lequel eft par conféquent fon nœud.

Quand b eft moindre que a, nous avons déja dit ci-deffus que la courbe ne paffe pas par le point C (*Fig.* 98.), & que le point K où elle coupe l'axe du côté de E, eft éloignée du centre C d'une quantité égale à $2a - 2b$.

Si l'on prend le rayon CR perpendiculaire au rayon CE (*Fig.* 96, 97, 98.), le CM déterminé par ce rayon eft toujours $= 2a$, foit que a foit égal ou moindre, ou plus grand que b; car le z correfpondant à ce rayon eft $= o$, mettant donc cette valeur de zero dans $CM = 2a - \frac{2bz}{a}$, on a $CM = 2a - o = 2a$.

Si l'on prend le rayon CF, le $-z$ qui lui correfpond eft $-a$, car le z eft négatif de ce côté; mettant donc cette valeur dans $CM = 2a - \frac{2b \times -z}{a}$ on aura $CM = 2a - \frac{2b \times -a}{a} = 2a + \frac{2ab}{a} = 2a + 2b$; c'eft-a-dire que la courbe coupe l'axe en un point T éloigné du centre C d'une quantité égale à $2a + 2b$, foit que a foit plus grand ou moindre, ou égal à b.

Il eft vifible que cette courbe a deux ordonnées plus grandes que les autres (*Fig.* 95.), à fçavoir l'une dont l'abfciffe eft fur CE, en ne prenant que les ordonnées qui fe terminent fur la convexité de la courbe, & l'autre dont l'abfciffe eft fur CT en prenant les ordonnées qui fe terminent fur la concavité; or pour trouver la plus grande ordonnée dont l'abfciffe eft fur CE, il faut supposer que CM soit devenu CN $= a$, ainsi on aura $a = 2a - \frac{2bz}{a}$, ce qui donne $z = \frac{aa}{2b}$; or si $b = a$, on aura $z = \frac{aa}{2b} = \frac{1}{2} a$, ainsi l'abscisse correspondante à la plus grande ordonnée PN est $z = \frac{1}{2} a$, mais le triangle rectangle CNP donne $\overline{PN}^2 = \overline{CN}^2 - \overline{CP}^2$, donc $\overline{PN}^2 = a^2 - \frac{1}{4} a^2 = \frac{3}{4} a^2$, & PN $= \sqrt{\frac{3}{4} a^2}$; mais si b est plus grand ou moindre que a, on aura toujours $z = \frac{aa}{2b}$, & $z^2 = \frac{a^4}{4b^2}$ donc $\overline{PN}^2 = \overline{CN}^2 - \overline{CP}^2 = aa - \frac{a^4}{4b^2}$ & PN $= \sqrt{aa - \frac{a^4}{4b^2}}$.

Pour trouver la plus grande ordonnée dont l'abscisse est sur CT, je prens l'équation de la courbe que nous avons trouvée ci-dessus en retranchant de part & d'autre $\frac{1}{2} y^2$, comme on voit ici, je prens la différence de l'équation, & retranchant de part & d'autre $\frac{axdx}{\sqrt{a^2 + y^2}}$, j'ai une équation dans laquelle faisant $dy = 0$, selon la regle des plus grandes & des moindres quantités, le premier membre devient égal à zero, & divisant par dx, puis ajoûtant de part & d'autre $\frac{ax}{\sqrt{xx + y^2}}$,

$$bx + \tfrac{1}{2} x^2 + \tfrac{1}{2} y^2 = a\sqrt{x^2 + y^2}$$

$$bx + \tfrac{1}{2} x = a\sqrt{x^2 + y^2} - \tfrac{1}{2} y^2$$

$$bdx + xdx = \frac{ax\,dx + a\,dy}{\sqrt{x^2 + y^2}} - ydy$$

$$bdx + xdx - \frac{axdx}{\sqrt{x^2 + y^2}} = \frac{aydy}{\sqrt{x^2 + y^2}} - ydy$$

$$bdx + xdx - \frac{axdx}{\sqrt{x^2 + y^2}} = 0$$

$$b + x = \frac{ax}{\sqrt{x^2 + y^2}}$$

$$\overline{b + x} \times \sqrt{x^2 + y^2} = ax$$

$$\sqrt{x^2 + y^2} = \frac{ax}{b + x} = CM$$

enfuite multipliant par $\sqrt{xx + y^2}$, puis divisant par $b + x$, je trouve $\sqrt{x^2 + y^2} = \frac{ax}{b + x}$, & comme nous avons trouvé ci-dessus CM $= \sqrt{x^2 + y^2}$ donc CM $= \frac{ax}{b + x}$.

Or ayant trouvé ci-dessus $z, a :: x, $ CM, nous avons par conséquent CM $= \frac{ax}{z}$; comparant donc cette va-

$$\frac{ax}{b + x} = \frac{ax}{z}$$

$$\frac{1}{b + x} = \frac{1}{z}$$

$$z = b + x$$

$$z - b = x$$

leur $\frac{ax}{z}$ de CM, avec fa valeur $\frac{ax}{b+x}$, j'ai $\frac{ax}{b+x} = \frac{ax}{z}$; d'où je ti-re $z - b = x$.

Je mets cette valeur de x dans CM $= \frac{ax}{z}$, & j'ai CM $= \frac{az - ab}{z}$,

& comparant cette valeur de CM avec fa valeur CM $= 2a - \frac{2bz}{a}$, j'ai $\frac{az-ab}{z} = 2a - \frac{2bz}{a}$, & multipliant par a, puis par z, puis ajoûtant de part & d'autre $2bz^2$ & a^2b, & retranchant $2a^2z$, enfin divifant par $2b$, je trouve $z^2 - \frac{a^2z}{2b} = \frac{1}{2}a^2$.

$$\frac{ax}{z} = \frac{az - ab}{z} = CM$$
$$\frac{az - ab}{z} = 2a - \frac{2bz}{a}$$
$$\frac{a^2z - a^2b}{z} = 2a^2 - 2bz$$
$$a^2z - a^2b = 2a^2z - 2bz^2$$
$$2bz^2 - a^2z = a^2b$$
$$z^2 - \frac{a^2z}{2b} = \frac{a^2}{2}$$
$$z^2 - \frac{a^2b}{2b} + \frac{a^4}{16b^2} = \frac{a^2}{2} + \frac{a^4}{16b^2}$$

$$\begin{cases} z - \dfrac{a^2}{4b} \\[4pt] \dfrac{a^2}{4b} - z \end{cases} = \sqrt{\frac{a^2}{2} + \frac{a^4}{16b^2}}$$

$$z = \frac{a^2}{4b} \pm \sqrt{\frac{a^2}{2} + \frac{a^3}{16b^2}}$$

Cette équation étant du fecond degré je la refous felon les regles que j'ai enfeignées dans l'*Arithmetique des Geométres*, en prenant la

moitié $\frac{a^2}{4b}$ du coefficient du fecond terme, puis l'élevant au quarré $\frac{a^4}{16bb}$, je l'ajoûte de part & d'autre à l'équation, & tirant la racine quarrée de l'un & l'autre membre, je trouve z $- \frac{a^2}{4b} = \sqrt{\frac{a^2}{2} + \frac{a^4}{16bb}}$, ou $\frac{a^2}{4b} - z = \sqrt{\frac{a^2}{2} + \frac{a^4}{16bb}}$, ainfi les deux racines de l'équation font $z = \frac{a^4}{4b} \pm \sqrt{\frac{a^2}{2} + \frac{a^4}{16bb}}$, à fçavoir $+$ pour la véritable racine, & $-$ pour la fauffe.

Or comme nous cherchons ici la plus grande ordonnée prife du côté de CF, où font les $-z$, c'eft par conféquent la fauffe racine qui doit nous fervir. Suppofant donc $b = a$, & mettant cette valeur de b dans la fauffe racine, nous avons $z = \frac{1}{4}a$ $- \sqrt{\frac{a^2}{2} + \frac{a^2}{16}} = \frac{1}{4}a - \frac{\sqrt{8a^2 + a^2}}{16} = \frac{1}{4}a - \frac{\sqrt{9a^2}}{16} = \frac{1}{4}a - \frac{3}{4}a = -\frac{1}{2}a$, ainfi prenant fur CF (*Fig. 96.*) la partie CO $= \frac{1}{2}a$, & menant l'ordonnée Oo, puis du centre C par o la droite C$y = 2a$

$-\frac{2bz}{a}$, c'eſt-à-dire, en mettant au lieu de z ſa valeur $-\frac{1}{2}a$, & au lieu de b ſa valeur a, faiſant $Cy = 2a - \frac{2a}{a} \times -\frac{1}{2}a = 3a$, l'ordonnée yY ſera la plus grande, or les triangles ſemblables COo, CYy, donnent Co, $CO :: Cy$, CY, donc a, $-\frac{1}{2}a :: 3a$, $-\frac{3aa}{2a} = -\frac{3}{2}a = CY$, c'eſt-à-dire, prenant $CY = \frac{3}{2}a$, la droite CY ſera l'abſciſſe correſpondante à la plus grande ordonnée; or le triangle rectangle CYy donne $\overline{Yy}^2 = \overline{Cy}^2 - \overline{CY}^2$, donc $\overline{Yy}^2 = 9a^2 - \frac{2}{4}a^2 = \frac{27}{4}a^2$, donc $Yy = \sqrt{\frac{27}{4}a^2}$.

On trouvera de la même façon la plus grande ordonnée lorſque a ſera plus grand ou moindre que b, en mettant dans la fauſſe racine la valeur de b en a, c'eſt-à-dire la valeur de b exprimée par le rapport qu'elle a avec a, & achevant le reſte comme nous venons de faire.

Il faut remarquer ici que ſi l'on vouloit prendre la véritable racine pour trouver la plus grande ordonnée du côté de CE, cette racine donneroit une valeur plus grande qu'il ne faut, car en faiſant $b = a$ on auroit $z = a$, & en faiſant b moindre que a on trouveroit z plus grand que a, & enfin en faiſant b plus grand que a on trouveroit une valeur de z plus grande que celle que nous avons trouvée ci-deſſus. Or cela doit être de même, & en voici la raiſon, ce qui fera voir en même tems la ſûreté des regles que les nouveaux calculs preſcrivent.

Quand j'ai dit que la courbe avoit deux plus grandes ordonnées j'y ai mis une reſtriction, en diſant qu'il y en avoit une plus grande du côté de CE, ſi on ne faiſoit attention qu'aux ordonnées qui aboutiſſent à la convexité de la courbe, & dans ce ſens là nous avons trouvé cette plus grande ordonnée; mais à proprement parler, c'eſt-à-dire, en prenant toutes les ordonnées, ſoit qu'elles aboutiſſent à la convexité de la courbe ou à la concavité, il n'y en a qu'une qui ſoit la plus grande, & comme celle là ſe trouve du côté de CF où ſont les $-z$, c'eſt auſſi la fauſſe racine qui a dû nous la déterminer; quant à la vraye, comme elle eſt inutile, elle ne doit donner que des grandeurs dont la conſtruction même de la courbe nous montre l'abſurdité, & par cela même elle nous ſert à connoître, & à nous aſſurer que la courbe ne peut avoir qu'une plus grande ordonnée.

Proposition

Proposition LXXVII.

225. *Si un cercle* X *(Fig. 99.) roule sur la circonférence d'un cercle immobile* V *qui lui est égal, & que sur le diametre du cercle* X *on ait marqué un point* M*, qui soit ou dans l'aire du cercle, ou sur la circonférence, ou hors de l'aire, en supposant que ce diametre ait été prolongé, la courbe décrite par ce point* M *pendant le tems de la revolution du cercle* X*, est la même courbe que nous avons considerée dans la Proposition précedente.*

Demonstration.

Supposons que la revolution du cercle X ait commencé au point B, & que ce cercle ait déja parcouru l'arc BH; je prens l'arc DH égal à l'arc BH, & le point D est le point où le cercle X a commencé sa revolution, c'est-à-dire que le point D étoit sur le point B au commencement de la revolution, & le diametre D*d* étoit sur la direction du rayon AB. Supposons que le point M soit pris sur le prolongement de *d*D, & que ce point décrive la courbe LCM*n*, je joins les deux centres A, E par la droite AE; du point A par le point B je mene la droite indéfinie AG, & du point E par le point D la droite EO qui coupe AG en O; je prens sur AG la droite AC égale à la droite EM, & du point C pris pour centre, & avec un rayon CN $=$ ED $=$ AB, je décris un cercle T; enfin du point C par le point M je mene le rayon CN, & du point N la droite NG perpendiculaire à RG.

Je nomme CN $=$ AB $=$ ED $= a$, EM $=$ AC $= b$, & CG $= z$, l'arc BH étant égal à l'arc DH, l'angle OAE est égal à l'angle OEA, & par conféquent OA $=$ OE, & à cause de CA $=$ ME, on a l'angle OCM égal à l'angle OAE; or le point H étant le milieu de la base AE du triangle isofcele AOE, la droite OH est perpendiculaire sur AE, & le triangle rectangle AOH est semblable au triangle rectangle CNG Donc CG, CN :: AH, AO, ou z, a :: $a \frac{aa}{z} =$ AO, donc OC $=$ OA $-$ AC $= \frac{aa}{z} - b$, or à cause des triangles semblables OAE, OCM, j'ai OA, AE :: OC, CM, donc $\frac{aa}{z}$, $2a$ :: $\frac{aa}{z} - b$, $2a - \frac{2bz}{a} =$ CM; donc par la Proposition précédente le point M est un point de la courbe que nous avons décrite par cette Proposition; or le point

E e

M eſt auſſi un point de la courbe que M décrit pendant la revolution du cercle X , & la même choſe que nous venons de prouver ſe prouvera auſſi du point M dans quelque endroit de ſa revolution que le cercle X ſe trouve , donc la courbe que le point M décrit eſt la même que nous avons décrite dans la Propoſition précédente , ainſi cette courbe eſt une épicycloïde.

Et la même choſe ſe prouveroit ſi le point M étoit ou ſur la circonférence du cercle X ou en dedans de l'aire.

COROLLAIRE.

226. Suppoſons donc que le cercle V (*Fig.* 190.) ſoit le cercle immobile , le cercle X , le cercle mobile , & que le commencement de la revolution ſoit le point C , de ce point pris pour centre je décris le demi-cercle FNE , & ſuppoſant que le point décrivant ſoit au point C ſur la circonférence du cercle X , c'eſt-à-dire , ſuppoſant $b = a$, il eſt viſible que la courbe décrite par ce point ſera la même que celle de la (*Fig.* 96.) qui ſuppoſe $b = a$.

Suppoſant que le point décrivant ſoit en L , c'eſt-à-dire hors de l'aire du cercle X & de ſa circonférence , il eſt viſible que la courbe LCM eſt la même que celle de la Figure 97. qui ſuppoſe b plus grand que a.

Enfin ſuppoſant que le point décrivant ſoit en K dans l'aire du cercle X , la courbe CN ſera la même que celle de la Figure 99. qui ſuppoſe b moindre que a.

Ainſi quand b eſt plus grand que a , l'excès CL de EL ſur EC marque de combien b ſurpaſſe a , & quand b eſt moindre que a la différence CK de EC à EK marque de combien a ſurpaſſe b.

PROPOSITION LXXVIII.

227. *Trouver une courbe* GMC (Fig. 101.) *de telle nature qu'un corps qui viendra à la parcourir s'approche du centre de la terre d'un mouvement uniforme , en ſuppoſant que les directions du corps dans tous les points de la courbe tendent toutes au point* C , *que nous regarderons comme le centre de la terre.*

SOLUTION.

Nous avons déja reſolu ce Problême (*N.* 212.) en ſuppoſant que les directions étoient paralleles entr'elles , & nous avons rendu raifon de cette fuppofition dans la remarque de la même Propofition (*N.* 213.) ; mais comme en prenant les chofes dans l'exacte rigueur les directions ne font pas paralleles, nous allons refoudre la queftion en les fuppofant telles qu'elles font.

Je prens fur la courbe deux points infiniment proches M, *m* ; du centre C je décris les arcs de cercle MP, *mp*, ainfi quand le corps eft en M la droite AP marque de combien il eft defcendu vers le centre, en fuppofant que le mouvement ait commencé en A ; du même centre C je décris l'arc indéfini AL, & je mene par les points M, *m*, les droites CN, *cn* ; je nomme la diftance $AC = b$, l'abfciffe $AP = x$, l'arc $AN = y$; donc $Pp = MR = dx$, $Nn = dy$, $PC = MC = AC - AP = b$, $NC = AC = b$, & $MC = mC = PC = b - x$.

Les fecteurs femblables NCn, mCR donnent CN, $Nn :: Cm$, mR, donc b, $dy :: b - x$, $\dfrac{\overline{b - x} \times dy}{b} = mR$; le triangle rectangle mRM donne $\overline{MR}^2 + \overline{mR}^2 = \overline{mM}^2$, donc $\overline{mM}^2 = dx^2 + \dfrac{\overline{b - x \times dy}^2}{bb} = \dfrac{bbdx^2 + \overline{b - x}^2 \times dy^2}{bb}$.

Par l'hypotèfe le tems de la defcente le long de GM eft au tems de la defcente le long de M*m*, comme AP eft à P*p*, ainfi fuppofant que le tems de la defcente le long de GM foit exprimé par $AP = x$, le tems de la defcente le long de P*p* fera $Pp = dx$, & dans l'hypotèfe de Galilée la viteffe acquife en M fera $\sqrt{AP} = \sqrt{x}$; or l'efpace M*m* étant infiniment petit, le mouvement du corps le long de cet efpace peut être regardé comme uniforme, & dans le mouvement uniforme les efpaces font comme les produits des tems par les viteffes, donc l'efpace M*m* $= dx \sqrt{x}$, & par conféquent $\overline{Mm}^2 = xdx^2$; or nous avons trouvé $Mm^2 = \dfrac{bbdx^2 + \overline{b - x}^2 \times dy^2}{bb}$, donc nous avons l'équation qu'on voit ici ; & multipliant tout par bb, puis retranchant $bbdx^2$ de part & d'autre, puis tirant la racine quarrée, enfuite divifant par $b - x$, & enfin tirant l'integrale, j'ai $\displaystyle\int \dfrac{bdx \sqrt{x - 1}}{b - x} = y$.

$$xdx^2 = \frac{bbdx^2 + \overline{b - x}^2 \times dy^2}{bb}$$

$$bbxdx^2 = bbdx^2 + \overline{b - x}^2 \times dy^2$$

$$bbxdx^2 - bbdx^2 = \overline{b - x}^2 \times dy^2$$

$$bdx \sqrt{x - 1} = \overline{b - x} \times dy$$

$$\frac{bdx \sqrt{x - 1}}{b - x} = dy$$

$$\int \frac{bdx \sqrt{x - 1}}{b - x} = y$$

E e ij

Il eſt viſible qu'en déterminant x, l'integrale du premier membre de cette équation donnera la valeur de y ou de l'arc AN, laquelle déterminera le point M de la courbe cherchée, puiſqu'on n'aura qu'à tirer de N en C la droite NC, & prendre ſur cette droite la partie $CM = AC - AP$; il ne s'agit donc que de trouver l'integrale de ce premier membre, & c'eſt ce que nous allons faire.

Je ſuppoſe que $\int \frac{b\,dx\sqrt{x-1}}{b-x}$ multiplié par l'unité, eſt l'aire d'une courbe ; donc ſon élement ſera $\frac{b\,dx\sqrt{x-1}}{b-x}$, & ſon ordonnée ſera $\frac{b\sqrt{x-1}}{b-x}$, d'où je tire $b-x, b :: \sqrt{x-1}, \frac{b\sqrt{x-1}}{b-x}$; or en ſuppoſant $AG = 1$, le troiſiéme terme $\sqrt{x-1}$ eſt l'ordonnée d'une parabole dont le parametre $= 1$, & dont l'abſciſſe eſt $= GP = AP - AG = x - 1$; car par la proprieté de cette parabole le quarré $\overline{PQ}^2$ de l'ordonnée PQ eſt égal à l'abſciſſe GP multipliée par le parametre, donc $\overline{PQ}^2 = \overline{x-1} \times 1 = x - 1$, & par conſéquent $PQ = \sqrt{x-1}$; puis donc que l'élement $\frac{b\sqrt{x-1}}{b-x}$ eſt quatriéme proportionnel aux trois termes $b-x = CP$, $b = CA$, & $PQ = \sqrt{x-1}$, je décris une parabole GQR qui a ſon ſommet en G, & avec un parametre $= 1 = AG$, puis menant l'ordonnée PQ, enſuite tirant du point A la droite AS parallele à cette ordonnée, & la droite CQS par les points C, Q, les triangles rectangles CPQ, CAS donnent CP, $CA :: PQ$, AS, donc $b-x, b :: \sqrt{x-1}, \frac{b\sqrt{x-1}}{b-x}$, & par conſéquent menant $PT = AS$, la droite PT eſt une ordonnée de la courbe dont l'aire eſt $\int \frac{b\,dx\sqrt{x-1}}{b-x}$ multiplié par l'unité, & faiſant la même conſtruction à l'égard de tous les AP, j'ai la courbe GTV, faiſant donc avec la hauteur AG un rectangle $AGga$ égal à l'aire GPT que je ſuppoſe connue, puis diviſant par $AG = 1$, la droite Gg ſera $\int \frac{b\,dx\sqrt{x-1}}{b-x \times 1} = \int \frac{b\,dx\sqrt{x-1}}{b-x} = y = AN$; & faiſant la même choſe à l'égard de toutes les portions GPT de la courbe GTV, on aura les arcs AN correſpondans ; & par conſéquent tirant de chaque point N les droites NC, & du centre C par chaque point P décrivant les arcs PM, les interſections des arcs PM & des droites correſpondantes NC donneront autant de points.

de la courbe cherchée GMC qui est la courbe du Problême.

Pour connoître la nature de la courbe GTV, supposons l'ordonnée $PT = 0$, donc $\frac{l\sqrt{x-1}}{b-x} = 0$, & multipliant par $b-x$, puis divisant par b, on aura $\sqrt{x-1} = 0$; & élevant au quarré, puis donnant 1 de part & d'autre, on aura $x = 1$, ce qui fait voir que quand l'ordonnée est zero, l'abscisse x est égale à AG $= 1$.

Supposons $PT = \infty$, donc $\frac{l\sqrt{x-1}}{b-x} = \infty$; or quand une fraction est infiniment grande, son dénominateur est égal à zero; donc $b-x = 0$, & $b = x$; donc quand l'abscisse devient égale à AC $= b$, l'ordonnée CY est infinie, & par conséquent cette ordonnée est l'asymptote de la courbe.

Pour trouver l'équation de la courbe GTV rapportée à la droite AS, je nomme TS $=$ AP $= x$, AG $= a$, & AS $=$ PT $= z$, donc GP $=$ AP $-$ AG $= x - a$; or dans la parabole GPQ, j'ai $\overline{PQ}^2 = $ GP $\times$ AG, donc $\overline{PQ}^2 = ax - aa$, & PQ $= \sqrt{ax - aa}$, mais les triangles semblables CPQ, CAS, donnent CP, PQ :: CA, AS, donc $b-x, \sqrt{ax-aa} :: b, \frac{l\sqrt{ax-aa}}{b-x} = $ AS, donc

$z = \frac{l\sqrt{ax-aa}}{b-x}$, & par conséquent $z^2 = \frac{bbax - bbaa}{b^2 - 2bx + xx}$, d'où je tire $b^2 z^2 - 2bxz^2 + xxz^2 = bbax - bbaa$, ou $x^2 z^2 - 2bxz^2 + b^2 z^2 - abbx + a^2 b^2 = 0$ qui est l'équation cherchée.

Si dans cette équation je fais AS $= z = 0$, j'ai $a^2 b^2 - abbx = 0$, d'où je tire $a = x$, c'est-à-dire que lorsque l'abscisse AS est égale à zero, l'ordonnée ST devient égale à AG $= a$, ce qui s'accorde avec ce qui a été dit ci-dessus.

Pour connoître l'équation de la courbe GMC du Problême, je nomme AG $= 1$, GP $= u$, le petit arc $mR = dz$; donc Pp $= du$, & $\overline{Mm}^2 = \overline{mR}^2 + \overline{MR}^2 = dz^2 + du^2$; or nous avons trouvé ci-dessus $\overline{Mm}^2 = xdx^2$, donc $xdx^2 = dz^2 + du^2$; mais $x = u + 1$ $=$ AG $+$ GP, donc $dx = du$, & $dx^2 = du^2$, & par conséquent $xdx^2 = \overline{u+1} \times du^2 = udu^2 + du^2$; ainsi j'ai $udu^2 + du^2 = dz^2 + du^2$, d'où je tire $udu^2 = dz^2$, & tirant la racine quarrée, j'ai $u^{\frac{1}{2}} du = dz$, dont l'intégrale est $\frac{2}{3} u^{\frac{3}{2}} = z$, laquelle étant élevée au quarré donne $z^2 = \frac{4}{9} u^3$, ou $\frac{9}{4} z^2 = u^3$; or z étant l'intégrale de $dz = mR$, est par conséquent égale à l'arc MP qui est l'ordonnée de la courbe, ainsi on a $\frac{2}{4}AG \times \overline{PM}^2 = \overline{GP}^3$ pour l'équation de cette courbe, laquelle est transcendente, puisque ses ordonnées sont des arcs de cercle. Nous verrons cependant qu'on peut quarrer son aire & rectifier la courbe.

Pour découvrir les proprietés de cette courbe, prenons en la différence $u^{\frac{1}{2}}du = dz$, ou $\frac{dz}{du} = \sqrt{u}$, & supposant $u = 0$, nous aurons $\frac{dz}{du} = 0$; or quand une fraction est égale à zero, son dénominateur est infiniment grand, donc $du = \infty$; or au point G la droite $GP = u$ devient égale à zero, & la différence du est infinie, donc la droite CG touche la courbe en G, comme il a été observé dans *le Calcul Differentiel*, & la convexité de la courbe est tournée du côté de CG.

Si nous faisons $CP = 0$, le petit arc $mR = dz$ deviendra égal à zero, & par conséquent la courbe coupe l'axe en C, d'où il suit qu'elle doit nécessairement avoir un point d'inflexion, puisqu'il n'est pas possible qu'elle coupe l'axe en C sans tourner sa concavité du côté de l'axe, au lieu que du côté de G elle tourne sa convexité.

Pour trouver ce point d'inflexion, je regarde les droites CM qui partent du même point comme étant les ordonnées de la courbe, & selon les regles que nous avons enseignées dans *le Calcul Differentiel*, j'ai $\overline{Mm}^2 = CM \times dMR$, ainsi nommant $GC = c$, j'ai $CP = CM = c - u$; donc $MR = -du$, & par conséquent $\overline{Mm}^2 = -\overline{c-u} \times ddu$; or nous avons trouvé $dz = u^{\frac{1}{2}}du$, donc $u^{-\frac{1}{2}}dz = du$, & $-u^{-\frac{1}{2}}dz = -du$, & prenant la différence en supposant dz constante, j'ai $\frac{1}{2}u^{-\frac{3}{2}}dudz = -ddu$; mettant donc cette valeur de $-ddu$ dans $\overline{Mm}^2 = -\overline{c-u} \times ddu$ j'ai $\frac{1}{2} \times \overline{c-u} \times u^{-\frac{3}{2}}dudz = \overline{Mm}^2$; mais $\overline{Mm}^2 = \overline{mR}^2 + \overline{MR}^2 = dz^2 + du^2$, & $dz^2 = udu^2$, donc $\overline{Mm}^2 = udu^2 + du^2$; ainsi comparant les deux valeurs de $\overline{Mm}^2$, j'ai l'équation suivante.

Et mettant dans le second membre la valeur $u^{\frac{1}{2}}du$ de dz, puis divisant par du^2, & multipliant par u, enfin donnant de part & d'autre $\frac{1}{2}u$, j'ai une équation du second degré $u^2 + \frac{1}{2}u = \frac{1}{2}c$, laquelle étant résolue selon les regles ordinaires, donne la valeur de u ou de GP correspondant au point d'inflexion.

$$u\,du^2 + du^2 = \tfrac{1}{2} \times \overline{c - u} \times u^{-\frac{3}{2}} du\,dz.$$

$$u\,du^2 + du^2 = \tfrac{1}{2} \times \overline{c - u} \times u^{-1} du^2.$$

$$u + 1 = \frac{c - u}{2u}.$$

$$u^2 + u = \tfrac{1}{2}c - \tfrac{1}{2}u.$$

$$u^2 + \tfrac{3}{2}u = \tfrac{1}{2}c.$$

$$u^2 + \tfrac{3}{2}u + \tfrac{9}{16} = \tfrac{9}{16} + \tfrac{1}{2}c.$$

$$u + \tfrac{3}{4} = \sqrt{\tfrac{9}{16} + \tfrac{1}{2}c}.$$

$$u = -\tfrac{3}{4} + \sqrt{\tfrac{9}{16} + \tfrac{1}{2}c} = -\tfrac{3}{4} + \sqrt{\tfrac{1}{2} + \tfrac{1}{16} + \tfrac{1}{2}c}$$

Or $c + 1 =$ GP $-$ AG $=$ AC, donc $\tfrac{1}{2}c + \tfrac{1}{2} = \tfrac{1}{2}$AC, & par conséquent en prenant AG pour l'unité, j'ai $u = -\tfrac{3}{4}$AG $+ \sqrt{\tfrac{1}{2}AC \times AG + \tfrac{1}{16}AG^2}$.

Si le petit arc CO est le dernier élement de la courbe, nous aurons OZ $= dz$, & ZC $= du$; or l'angle OZC étant droit, & les petits arcs OZ, OC pouvant être pris pour des lignes droites à cause de leur infinie petitesse, nous avons dans le triangle OZC, le côté OZ est au côté ZC comme le sinus de l'angle OCZ est au sinus de l'angle COZ, ou au sinus de l'angle de complement de l'angle OCZ ; mais l'angle OCZ est égal à l'angle que la tangente CL en C fait avec l'axe AC ; car cette tangente passe par les points infiniment proches O, C, puisqu'elle est le prolongement de la petite droite OC, donc dz est à du comme le sinus de l'angle GCL est au sinus du complement à l'angle droit de l'angle GCL ; or nous avons trouvé ci-dessus $dz = u^{\frac{1}{2}}du$, donc dz, $du :: \sqrt{u}, 1 :: \sqrt{GC}, \sqrt{AG}$; donc le sinus de l'angle GCL dans lequel la courbe est comprise, est au sinus de complement de l'angle GCL comme $\sqrt{GC}$ est à $\sqrt{AG}$.

Pour construire cet angle je prens une droite AC (*Fig.* 102.) $=$ AC (*Fig.* 101.) je décris un demi-cercle sur cette droite, & prenant AG (*Fig.* 102.) $=$ AG (*Fig.* 101.), je mene l'ordonnée GD ; je fais GE $=$ AG, je mene DE, & du point C la droite CF parallele à DE, laquelle coupe DG prolongé en F, l'angle ACF est l'angle dans lequel la courbe du problême est comprise;

car par la proprieté du cercle, on a AG , GD :: GD, GC ;
donc AG , GD :: $\sqrt{AG}$, $\sqrt{GC}$, les triangles femblables DGE,
FGE donnent DG, GE ou AG :: FG, GC, ou AG, GD :: GC,
GF, donc GC, GF :: $\sqrt{AG}$, $\sqrt{GC}$, ou GF, GC :: $\sqrt{GC}$, $\sqrt{AG}$,
c'eft-à-dire , le finus de l'angle GCF eft au finus de complement
de cet angle comme $\sqrt{GC}$, $\sqrt{AG}$, donc cet angle eft l'angle
cherché.

Pour mener la droite CM (*Fig.* 101.) qui paffe par le point d'inflexion , je prens fur AC (*Fig.* 102.) la droite AH $= \frac{1}{2}$AC ; je décris un demi-cercle fur cette droite, & menant au point G l'ordonnée GV, je mene les droites AV, HV ; je fais VK $= \frac{1}{4}$AG
$=$AL, & menant AK je fais LO$=$AK ; le point O eft le point
de l'axe auquel répond le point d'inflexion de la courbe; car par la
proprieté du cercle, j'ai AG, AV :: AV, AH, ou $\frac{1}{2}$AC, donc
$\overline{AV}^2 =$AG$\times \frac{1}{2}$AC, & AV $= \sqrt{AG \times \frac{1}{2}AC}$; or l'angle AVK étant
droit, on a $\overline{AK}^2 = \overline{AV}^2 + \overline{VK}^2$, ou $\frac{1}{16}\overline{AG}^2$, donc on aura AK
$= \sqrt{AG \times \frac{1}{2}AC + \frac{1}{16}\overline{AG}^2}$; mais LG $= \frac{1}{4}$AG, & LO$=$AK,
donc GO$=$LO , ou AK $-$ LG$= \sqrt{AG \times \frac{1}{2}AC + \frac{1}{16}\overline{AG}^2}$
$- \frac{1}{4}$AG, & c'eft la valeur de $u =$GP (*Fig.* 101.) que nous avons
trouvée ci-deffus ; faifant donc GP (*Fig.* 101.) égal à GO (*Fig.*
102.) & du centre C menant l'arc PM, le point M fera le point
d'inflexion cherché.

L'équation de la courbe GMC étant $z = \frac{2}{3}u^{\frac{3}{2}}$, fa différence
eft $dz = du\sqrt{u}$; mais $u = x - 1$, donc $du = dx$, & $dz = dx\sqrt{x-1}$;
Suppofant donc mR$= dz = 0$, nous aurons $dx\sqrt{x-1} = 0$,
donc $x - 1 = 0$, & $x = 1$, c'eft-à-dire quand l'arc MP fera infiniment petit, ou quand l'ordonnée fera égale à zero, ce qui
arrive au point G, on aura $x = 1 =$AG, mais x marque la hauteur d'où le corps doit defcendre , donc le corps doit commencer à tomber au point A & non pas au point G.

Maintenant pour rectifier la courbe GMC nous avons $\overline{Mm}^2$
$= xdx^2$, donc $Mm = dx\sqrt{x}$; or Mm eft la différence de l'arc
GM, prenant donc l'intégrale, nous aurons GM $= \frac{2}{3}x^{\frac{3}{2}} = \frac{2}{3}x\sqrt{x}$;
mais $x = u + 1$, donc GM $= \frac{2}{3}u + \frac{2}{3} \times \sqrt{u+1}$, & faifant $u = 0$
pour voir fi l'integrale eft complette, & effaçant dans l'intégrale
les termes où u fe trouve, le refte eft $\frac{2}{3} \times \sqrt{1} = \frac{2}{3}$; ainfi retranchant $\frac{2}{3}$

de

de l'integrale, j'ai $\frac{2}{3}u + \frac{2}{3} \times \overline{\sqrt{u}+1} - \frac{2}{3}$, qui eſt la valeur de GM (ſelon les regles que nous avons données dans *le Calcul inté-gral.*)

Je prens une droite AP (*Fig.* 103.) $=$ AP (*Fig.* 101.) je décris un demi-cercle ſur cette droite, & faiſant AG (*Fig.* 103.) $=$ AG (*Fig.* 101.), puis prenant AD $= \frac{2}{3}$ AD, je mene l'ordonnée GB, la droite DF parallele à GB, & du point A par le point B la droite AF qui coupe DF en F ; enfin je prens de E vers A la partie FH $= \frac{2}{3}$ AG, & la partie AH eſt égale à l'arc GM (*Fig.* 101.) car par la proprieté du cercle, j'ai AP, AB :: AB, AG, donc $\overline{AB}^2 =$ AP $\times$ AG, & AB $= \sqrt{AP \times AG} = \sqrt{AP}$, à cauſe de AG $= 1$; les triangles ſemblables BAG, FAD, donnent AG, AB :: AD, AF, donc AF $= \frac{AB \times AD}{AG}$, & mettant la valeur $\sqrt{AP}$ de AB, & la valeur $\frac{2}{3}$AP de AD, j'ai AF $= \frac{\frac{2}{3}AP \times \sqrt{AP}}{AG}$, & retranchant de AF la valeur $\frac{2}{3}$AG de FH, j'ai AF $-$ FH $=$ AH $= \frac{2AP \times \sqrt{AP}}{3 \times AG} - \frac{2}{3}$AG $= \frac{2x\sqrt{x}}{3 \times 1} - \frac{2}{3} \times 1 = \frac{2x\sqrt{x}}{3} - \frac{2}{3} = \frac{2}{3}u + \frac{2}{3} \times \overline{\sqrt{u}+1} - \frac{2}{3}$, donc, &c.

Pour avoir la quadrature de l'aire GMC (*Fig.* 101.) j'obſerve que l'élement de cet aire eſt le ſecteur infiniment petit CmR $= m$R $\times \frac{1}{2}$CR, or en faiſant CG $= c$, nous avons CP $=$ CR $= c - u$; mais mR $= dz = u^{\frac{1}{2}}du$, donc CmR $= m$R $\times \frac{1}{2}$CR $= \frac{1}{2}cu^{\frac{1}{2}}du - \frac{1}{2}u^{\frac{3}{2}}du$; tirant donc l'integrale, nous aurons $\frac{1}{3}cu^{\frac{3}{2}} - \frac{1}{5}u^{\frac{5}{2}} = \frac{\overline{5cu - 3u^2} \times \sqrt{u}}{15} = \frac{5GC \times GP - 3\overline{GP}^2 \times \sqrt{GP}}{15AG}$, à cauſe de AG $= 1$, & ce ſera la valeur de l'aire GMP, ainſi faiſant GP $=$ GC, & par conſéquent $u = c$, nous aurons $\frac{\overline{5c^2 - 3c^2} \times \sqrt{c}}{15} = \frac{2c^2 \times \sqrt{c}}{15} = \frac{2GC \times \sqrt{GC}}{15AB}$ pour la valeur de l'aire entiere GMC.

Nous ayons ſuppoſé juſqu'ici que l'acceleration cauſée par la peſanteur étoit ſelon la loi de Galilée, c'eſt pourquoi nous avons trouvé que l'une des valeurs de $\overline{M m}^2$ étoit xdx^2, par la raiſon que Mm étant un eſpace infiniment petit, le mouvement le long de cet eſpace peut être regardé comme uniforme, & que dans le mouvement uniforme l'eſpace Mm eſt comme le produit de la viteſſe par le tems, ce qui donne effectivement M$m = dx\sqrt{x}$

dans l'hypotèfe de Galilée, & par conféquent $\overline{Mm}^2 = x dx^2$; mais fi l'on veut prendre une autre hypothèfe, voici comme on fera.

Supofé que la viteffe acquife en M ou en P foit comme $\sqrt{2bx - xx}$, ainfi que nous l'avons trouvée dans l'hypotèfe du nombre 90, l'efpace Mm fera donc $dx\sqrt{2bx - xx}$, & par conféquent $\overline{Mm}^2 = 2bx dx^2 - xx dx^2$, or l'autre valeur de $\overline{Mm}^2$ trouvée ci-deffus eft $\frac{bbdx^2 + \overline{b - x}^2 \times dy^2}{bb}$, donc nous avons l'équation qu'on voit ici.

Et multipliant tout par bb, puis retranchant $bbdx^2$ de part & d'autre, enfuite divifant par $\overline{b - x}^2$, enfin tirant la racine quarrée, & l'intégrale de cette racine, nous aurons une valeur de y ou de l'arc AN que nous trouverons en cherchant d'abord la courbe reprefentée par $\int \frac{bdx\sqrt{2bx - xx - aa}}{b - x}$

$$2bx dx^2 - xx dx^2 = \frac{bbdx^2 + \overline{b - x}^2 \times dy^2}{bb}$$

$$2b^3 x dx^2 - bbxx dx^2 = bbdx^2 + b\overline{}\overline{- x}^2 \times dy^2$$

$$2b^3 x dx^2 - bbxx dx^2 - bbdx^2 = b\overline{- x}^2 \times dy^2$$

$$\frac{2b^3 x dx^2 - bbxx dx^2 - bbdx^2}{\overline{b - x}^2} = dy^2$$

$$\frac{bdx\sqrt{2bx - xx - 1}}{b - x} = dy$$

$$\int \frac{bdx\sqrt{2bx - xx - 1}}{b - x} = y$$

$$\int \frac{bdx\sqrt{2bx - xx - aa}}{b - x} = y$$

multiplié par 1, ce que je fais ainfi.

La différence de cette courbe eft $\frac{bdx\sqrt{2bx - xx - aa}}{b - x}$, & fon élement eft $\frac{b\sqrt{2bx - xx - aa}}{b - x}$. Je prens une droite AC (*Fig.* 104.) égale à AC (*Fig.* 101.); je prens fur cette ligne les droites AG, AP, égale aux droites AG, AP (*Fig.* 101.) du point C (*Fig.* 104.) pris pour centre, je décris fur le rayon AC le quart de cercle ACO; du point P je mene l'ordonnée PH fur laquelle je décris un demi-cercle; dans ce quart de cercle j'infcris la corde PO $=$ AG $= a$, & du point O je mene l'autre corde OH.

Par la nature du cercle, le quarré de l'ordonnée PH au quart de cercle AO eft égal à AP $\times \overline{2AC - AG}$, donc $\overline{PH}^2 = 2bx - xx$; or dans le triangle rectangle PHO, j'ai $\overline{OH}^2 = \overline{PH}^2 - \overline{PO}^2$, ou

$\overline{AG}^2$, donc $\overline{OH}^2 = 2bx - xx - aa$, & par conséquent $OH = \sqrt{2bx - xx - aa}$.

Je prens sur PH la droite $PK = OH$, par le point A je mene AV parallele à PK, & du point C par le point K, je mene la droite CKV, les triangles semblables PCK, ACV donnent $PC, PK :: AC, AV$, donc $b - x, \sqrt{2bx - xx - aa} :: b, \frac{b\sqrt{2bx - xx - aa}}{b - x} = AV$, je prolonge PK en S, & du point V menant VS parallele à AP, j'ai $PS = AV = \frac{b\sqrt{2bx - xx - aa}}{b - x}$, & par conséquent S est un point de la courbe FST dont l'aire est $\int \frac{bdx\sqrt{2bx - xx - aa}}{b - x}$, & je trouverois de la même façon tous les points de cette courbe ; supposant donc cette courbe décrite, & sa quadrature connue, je fais sur $AG = a = 1$ un rectangle AGga égal à l'espace PSF, & divisant ce rectangle par $AG = 1$, le quotient $\int \frac{bdx\sqrt{2bx - xx - aa}}{b - x \times 1}$, ou $\int \frac{bdx\sqrt{2bx - xx - aa}}{b - x} = Gg$ est la valeur de y ou de l'arc AN (*Fig.* 101.), & faisant la même chose à l'égard de tous les espaces PSF (*Fig.* 104.) j'ai les valeurs de tous les arcs AN (*Fig.* 101.) correspondans aux AP.

Si nous supposons que l'ordonnée PS de la courbe FST soit égale à zero, nous aurons $\frac{b\sqrt{2bx - xx - aa}}{b - x} = 0$; or quand une fraction est égale à zero, son numerateur est infiniment petit, donc $b\sqrt{2bx - xx - aa} = 0$, & divisant par b, puis élevant au quarré, j'ai $2bx - xx = aa$, ou $xx - 2bx = - aa$; donc ajoutant de part & d'autre le quarré bb de la moitié du coefficient du second terme, j'ai $xx - 2bx + bb = bb - aa$, & tirant la racine quarrée, j'ai $b - x = \sqrt{bb - aa}$, ou $x = b - \sqrt{bb - aa}$, je décris sur AC un demi-cercle AZC, j'y inscris la corde AZ égale à AG, & menant l'autre corde ZC, le triangle rectangle AZC donne $\overline{ZC}^2 = \overline{AC}^2 - \overline{ZA}^2$, ou $\overline{AG}^2$, donc $\overline{ZC}^2 = bb - aa$, & $ZC = \sqrt{bb - aa}$; je porte ZC sur AC de C en F, & j'ai $AC - FC = b - \sqrt{bb - aa}$, donc le point F est le sommet de la courbe FST, puisque nous venons de voir que quand l'ordonnée de cette courbe est égale à zero, l'abscisse est $x = b - \sqrt{bb - aa}$.

Puisque quand PS est égal à zero, nous avons $\dfrac{b\sqrt{2bx - xx - aa}}{b - x}$ $= 0$, donc en multipliant par $b - x$, puis divisant par b, & ensuite élevant au quarré nous avons $2bx - xx - aa = 0$, ou $2bx - xx = aa$, & par conséquent $\sqrt{2bx - xx} = a$, c'est-à-dire quand l'ordonnée PS de la courbe FST est égale à zero, l'ordonnée correspondante FX du quart de cercle est égale à AG, & en effet cela est visible par la construction que nous avons faite ci-dessus, car quand l'ordonnée PH du quart de cercle est égale à AG, la corde PO = AG tombe nécessairement sur PH, & lui est égale, donc la corde DH devient égale à zero, de même que PK, & par conséquent les triangles rectangles CPK, CAV, donnent aussi AV = 0.

Si nous supposons $x = b$, nous aurons $\dfrac{b\sqrt{2bx - xx - aa}}{b - x} =$ $\dfrac{b\sqrt{2bb - bb - aa}}{b - b} = \dfrac{\cdot b\sqrt{bb - aa}}{0}$, c'est-à-dire lorsque l'abscisse est égale à AC, l'ordonnée PM est infinie, & par conséquent elle est l'asymptote de la courbe FST.

Et en suivant les mêmes regles, on trouvera l'équation de la courbe GMC (*Fig.* 101.) dans l'hypotèse presente, sa nature, ses proprietés, &c.

CHAPITRE IX.

Du mouvement des Pendules & du centre d'oscillation.

DEFINITIONS.

228. SI une ligne AB (*Fig.* 105.) perpendiculaire à l'horizon peut tourner librement autour du point fixe A, & qu'à son extrémité elle ait un corps grave B qu'on puisse faire monter & descendre le long des arcs CB, BD, décrites par la ligne AB, ce corps B joint à la ligne AB s'appelle un *pendule*; on le nomme *pendule simple* lorsqu'il n'y a qu'un seul poids B à l'extrémité B, & *pendule composé* lorsqu'il y a plusieurs poids B, H, F, &c. sur différens points de la ligne AB, où ils demeurent fixes.

PROPOSITION LXXIX.

229. *Si un pendule* AB (Fig. 105.) *perpendiculaire à l'horison est*

mis dans la situation AC oblique à l'horizon, le corps grave C def-
cendra jusqu'en B, d'où il remontera le long de l'arc BD égal à l'arc
BC, de là il descendra jusqu'en B, d'où il remontera le long de l'arc
BC = BD, & il continuera de même à descendre & à monter des
arcs égaux, si le mouvement se fait dans un milieu non resistant.

DEMONSTRATION.

Le point fixe A empêchant le pendule de tomber, on peut
regarder ce point comme la base qui soutient le corps, ainsi
quand on met ce corps de façon que la direction de sa pesanteur,
c'est-à-dire, la ligne AB menée de son centre de gravité B perpendiculairement à l'horizon passe par la base A, ce corps doit
être en repos; mais quand on met ce corps en un autre point C,
de sorte que la direction HI de sa pesanteur ne passe pas par la
base A, il faut nécessairement que le centre de gravité du corps,
& par conséquent le corps C descende; or comme il ne peut
descendre le long de la droite CI, à cause de la ligne CA, qui
le retient, il descend le long de l'arc CB, & étant arrivé en B,
il seroit en repos s'il n'avoit acquis par sa descente une vitesse
qui l'oblige de continuer son mouvement; mais à cause de la
ligne AB, auquel il est attaché, il ne peut se mouvoir qu'en remontant le long de l'arc BD; or lorsqu'un corps étant descendu
pendant un certain tems par la force de sa pesanteur vient à remonter, la vitesse qu'il a acquise à la fin de la descente le fait remonter autant qu'il étoit descendu, ainsi que nous avons dit plus
haut; donc le pendule étant parvenu en B remonte le long de
l'arc BD égal à l'arc BC; mais ce pendule se trouvant en D où
toute la vitesse qu'il avoit acquise en B se trouve perdue recommence à descendre par la force de sa pesanteur jusqu'en B où sa
vitesse acquise le fait remonter jusqu'en C, & ainsi de suite;
donc, &c.

REMARQUE.

230. Nous supposons que le mouvement du pendule se fait
dans un milieu non resistant, car tout le monde sait que dans l'air
le pendule monte toujours un peu moins qu'il ne descend, ce
qui fait qu'à la fin il s'arrête dans la position AB perpendiculaire
à l'horizon, & cela vient en partie de la resistance de l'air, & en
partie du frottement qui se fait autour du point fixe C.

F f iij

Definition.

231. Le mouvement du corps le long de l'arc CB, qu'il descend joint au mouvement le long de l'arc BD qu'il remonte, s'appelle *vibration* du pendule ou *oscillation* ; ainsi le mouvement de C en D est une vibration, celui de D en C est une autre vibration, & ainsi de suite.

Toute ligne droite parallele à l'horizon, & qui passe par le point A, s'appelle *axe de vibration* ou *d'oscillation*.

Proposition LXXX.

232. *Si un corps grave* B (Fig. 106.) *attaché à un fil* AB *est suspendu par un point* A, *& qu'après avoir mené par le point* A *une drcite* RS *parallele à l'horizon, on décrive sur les bases* AR, AS, *deux demi-cycloïdes* CEA, DHA, *dont les diametres* RC, SD *soient chacun égaux à la moitié de la longueur du fil, on vienne à mettre le corps* A *en* C, *ensorte que le fil enveloppe la demi-cycloïde* CEA, *ou en* F, *ensorte qu'il n'y ait qu'une partie du fil qui enveloppe un arc* AE, *la vibration* CD *se fera dans un tems égal à celui de la vibration* FG, *en supposant toujours que le mouvement du pendule se fasse dans un milieu non resistant.*

Demonstration.

Nous avons supposé dans la construction que le fil AB fût double du diametre RC ou SD, afin que le fil AB pût envelopper la demi-cycloïde CEA ou DHA, laquelle est aussi double du diametre RC ou SD, ainsi que nous l'avons demontré dans la *Théorie & Pratique du Geométre* ; or le corps venant à descendre de C en B, le fil se developpe, & comme sa partie developpée, par exemple la partie FE, est toujours tendue, & par conséquent perpendiculaire à la courbe CFBD, il s'ensuit que l'arc CFB est la ligne de developpement de la demi-cycloïde CEA, & que par conséquent la courbe CFB est une demi-cycloïde égale à la demi-cycloïde CEA, comme il a été démontré dans le même ouvrage que je viens de citer, cela posé.

Quand le corps est descendu de C en B, sa vitesse acquise le fait remonter le long de l'arc BD égal à l'arc CB dans un tems égal à celui qu'il a employé à descendre le long de l'arc CB ; de même quand le corps étant mis en F a descendu de F en B, sa vitesse acquise le fait remonter le long de l'arc BG égal à FG

dans un tems égal à celui qu'il a employé à defcendre le long
de l'arc FB; or que le corps defcende de C en B, ou feulement
de F en B, le tems qu'il y employe eft toujours le même (*N*.204.)
donc le tems de la demi-vibration CB eft égal au tems de la demi-vibration FB, & par conféquent le tems de la vibration entiere CD eft égal au tems de la vibration entiere FG.

COROLLAIRE I.

233. Il fuit de là que quelques inégales que puiffent être les
vibrations du pendule que nous venons de décrire, les tems de
ces vibrations font tous égaux entr'eux.

COROLLAIRE II.

234. Si du centre A & du rayon AB on décrit un cercle, &
qu'on prenne fur fa circonférence des arcs BM, BN, qui ne
foient pas bien grands, ces arcs ne différeront guéres des arcs
correfpondans BO, BP, de la demi-cycloïde BC; or le tems
que le corps mis en O employeroit à defcendre le long de OB,
eft égal au tems que le même corps mis en P employeroit à defcendre le long de PB, donc le tems que le corps employeroit
à defcendre le long de MB ne feroit pas fenfiblement différent
au tems que ce corps mis en N employeroit à defcendre le long
de NB; c'eft-à-dire, que fi le pendule au lieu de décrire la cycloïde CBD décrivoit un arc de cercle, les tems des vibrations
inégales M*m*, N*n*, &c. qui ne font pas bien grandes feroient
fenfiblement égaux, & l'expérience eft conforme à ce que nous
venons de dire.

PROPOSITION LXXXI.

235. *Trouver le tems d'une vibration de pendule entre deux de-*
mi-cycloïdes (Fig. 107).

SOLUTION.

Suppofons qu'on veuille fçavoir la durée de la vibration HV
(*Fig.* 107), nous chercherons d'abord la durée de la defcente
le long de HB, après quoi il eft vifible que nous aurons la durée de la vibration entiere, pour cela.

Je mene la droite HV qui coupe ZB en L, & fur LB pris
pour diametre, je décris un demi-cercle LNB, enfin je mene
les ordonnées infiniment proches PM, *pm*.

Je nomme le diametre $ZB = 2a$, le diametre $LB = 2r$, & l'abſciſſe $LP = x$; donc $PB = 2r - x$, & par la proprieté du cercle $PN = \sqrt{2rx - xx}$; de plus $Pp = NO = rm = dx$, & ſi je nomme t le tems de la deſcente le long de HM, j'aurai dt pour le tems de la deſcente le long de Mm.

Maintenant la viteſſe acquiſe à la fin de HM étant la même que la viteſſe acquiſe à la fin de $LP = x$ (N. 197.) cette viteſſe ſelon la loi de Galilée ſera $= \sqrt{x}$; or le mouvement le long de l'arc infiniment petit Mm, pouvant être regardé comme uniforme, l'eſpace Mm ſera $dt \times \sqrt{x}$ (N. 17.) & par conſéquent $dt = \frac{Mm}{\sqrt{x}}$.

Si du point M je mene la tangente MT, cette tangente ſera parallele à la corde QB par la proprieté de la cycloïde, donc les triangles Mmr, QBP étant ſemblables, donnent Mm, $rm :: $ QB, BP, or par la proprieté du cercle nous avons :: ZB, QB, BP, donc QB, BP $:: \sqrt{ZB}$, $\sqrt{BP}$, & par conſéquent Mm, $rm :: \sqrt{ZB}$, $\sqrt{BP}$, d'où je tire $Mm = \frac{rm \times \sqrt{ZB}}{\sqrt{BP}} = \frac{dx\sqrt{2a}}{\sqrt{2r - x}}$; & mettant cette valeur de Mm dans $dt = \frac{Mm}{\sqrt{x}}$, j'ai $dt = \frac{dx\sqrt{2a}}{\sqrt{2rx - xx}}$; & multipliant le numérateur & le dénominateur du ſecond membre par $2r$, j'ai $dt = \frac{2r\,dx\sqrt{2a}}{2r\sqrt{2rx - xx}}$; or ſi on cherche la valeur de l'arc LN, ainſi que nous avons déja fait pluſieurs fois dans cet Ouvrage, on trouvera $LN = \int \frac{r\,dx}{\sqrt{2rx - xx}}$, donc ſon élement $Nn = \frac{r\,dx}{\sqrt{2rx - xx}}$ & par conſéquent $dt = \frac{2\sqrt{2a} \times Nn}{2r}$, & $t = \frac{2\sqrt{2a}}{2r} \times \int Nn$; mais l'integrale de Nn eſt l'arc LN, donc $t = \frac{2\sqrt{2a} \times LN}{2r}$; or quand t marque le tems le long de l'arc entier HB, l'arc LN devient égal à la demi-circonférence LNB, donc on a alors $t = \frac{2\sqrt{2a} \times LNB}{2r}$, d'où l'on tire $2r$, LNB $:: 2\sqrt{2a}$, t, mais $2\sqrt{2a} = \frac{2\sqrt{2a} \times \sqrt{2a}}{\sqrt{2a}} = \frac{2 \times 2a}{\sqrt{2a}} = \frac{2a}{\frac{1}{2}\sqrt{2a}}$; or $\frac{1}{2}\sqrt{2a}$ eſt la moitié de la viteſſe acquiſe à la fin de ZB, c'eſt-à-dire acquiſe en B, & ſi le mouvement le long de ZB étoit uniforme, le corps parcourroit ZB avec la viteſſe $\frac{1}{2}\sqrt{2a}$, dans le même tems qu'il le parcourt avec ſon mouvement acceleré, donc l'eſpace ZB ou $2a$ ſeroit $T \times \frac{1}{2}\sqrt{2a}$

$V\overline{2a}$ en nommant le tems T (*N.* 17.) & par conséquent on au-
roit $T \times \frac{1}{2} V\overline{2a} = 2a$, donc $T = \frac{2a}{\frac{1}{2} V\overline{2a}} = 2V\overline{2a}$, c'est-à-dire que
$2V\overline{2a}$ exprime le tems que le corps employeroit à parcourir ZB
avec la vitesse uniforme $\frac{1}{2}V\overline{2a}$, & par conséquent celui qu'il employe à parcourir le même espace avec son mouvement unifor-
mement acceleré ; puis donc que nous avons $2r$, LNB : : $2V\overline{2a}$,
t, ou t, $2V\overline{2a}$: : LNB , $2r$; il s'ensuit que le tems de la descente le long de l'arc HB, est au tems de la descente le long
du diametre du cercle générateur, comme la circonférence du
demi-cercle LNB est au diametre $2r$ de ce demi-cercle ; mais
le rapport du diametre à la demi-circonférence est le même dans
tous les cercles, donc le tems de la descente le long de HB,
ou de la demi-vibration HB, est au tems de la descente le long
du diametre du cercle générateur, comme la demi-circonférence du cercle générateur est à son diametre.

Mais la vibration HV est double de HB, donc le tems de
cette vibration est à celui de la descente le long du diametre
ZB comme la circonférence du cercle générateur est au diametre ZB.

PROPOSITION LXXXII.

236. *La pesanteur des corps est moindre dans les lieux où les vibrations d'un même pendule font plus lentes, & elle est plus grande
dans les lieux où les vibrations se font plus promptement.*

DEMONSTRATION

Le tems de la vibration CBD (*Fig.* 107.) est au tems de la descente le long du diametre ZB de la cycloïde comme la circonférence du cercle générateur est à son diametre, & ce rapport
est constant, donc si le tems de la vibration CBD devient plus
grand , le tems de la descente le long de ZB devient aussi plus
grand ; mais quand le tems de la descente le long de ZB devient
plus grand , le mouvement est moindre puisqu'il y a moins de
vitesse , donc la pesanteur qui est la cause de ce mouvement est
aussi moindre.

Et on prouvera de la même façon que si les vibrations du pendule se font plus promptement, la pesanteur est plus grande.

PROPOSITION LXXXIII.

237. *Si deux pendules* CA , EF (Fig. 108.) *font leurs vibrations*

fur deux arcs femblables , le tems d'une vibration du premier CA eft au tems de la vibration du fecond EF, comme la racine quarrée de la longueur CA eft à la racine quarrée de la longueur EF.

DEMONSTRATION.

Si les deux arcs DB, GH font des arcs de cycloïde, le tems de la vibration DB fera au tems de la defcente le long du diametre du cercle générateur, c'eft-à-dire le long de $\frac{1}{2}$ CA comme la circonférence du cercle au diametre, de même le tems de la vibration GH eft au tems de la defcente le long du diametre du cercle générateur, c'eft-à-dire, le long de $\frac{1}{2}$ EF, comme la circonférence du cercle eft au diametre ; donc le tems de la vibration DB eft au tems de la vibration GH, comme le tems de la defcente le long de $\frac{1}{2}$ CA eft au tems de la defcente le long de $\frac{1}{2}$ EF , ou comme $\sqrt{\frac{1}{2}CA}$ eft à $\sqrt{\frac{1}{2}EF}$, ou enfin comme $\sqrt{CA}$ eft à $\sqrt{CF}$.

Les vibrations fur différens arcs d'une même cycloïde étant toutes égales entr'elles (*N.* 233.) , il eft vifible qu'il n'eft pas néceffaire que les arcs DB, GH foient femblables, pour faire que les tems des vibrations des deux pendules foient entr'eux comme les racines quarrées des longueurs.

Si les arcs DB, GH , font des arcs femblables de cercles ; le tems de la defcente le long de DA eft au tems de la defcente le long de GF, comme $\sqrt{DA}$ eft à $\sqrt{GF}$ (*N.* 205) ; mais à caufe de la fimilitude des arcs DA, GF , on a DA, GF :: CA, EF, donc $\sqrt{DA}$, $\sqrt{GF}$ :: $\sqrt{CA}$, $\sqrt{EF}$, & par conféquent le tems de la defcente le long de DA eft au tems de la defcente le long de GF, comme $\sqrt{CA}$ eft à $\sqrt{EF}$; d'où il fuit que le tems de la vibration entiere DB eft au tems de la vibration entiere GH comme $\sqrt{CA}$ eft à $\sqrt{EF}$.

COROLLAIRE.

238. Donc quand les arcs font femblables , les longueurs CA, EF des pendules, font entr'elles comme les quarrés des tems des vibrations DB, GH.

PROPOSITION LXXXIV.

239. *Si deux pendules font* ifochrones, *c'eft-à-dire , fi toutes leurs vibrations fe font dans des tems égaux fans que le tems d'une vibration de l'un , foit égal au tems d'une vibration de l'autre , lenombre*

des vibrations que le premier fera dans un tems déterminé, fera au nombre des vibrations que le fecond fera dans le même tems reciproquement, comme le tems que le fecond employe à une de fes vibrations eft au tems que le premier employe à une des fiennes.

Demonstration.

Je nomme b le nombre des vibrations que le premier pendule fait pendant le tems $=a$, & mb le nombre des vibrations que le fecond fait dans le même tems ; la lettre m fignifie un nombre tel qu'on voudra, entier ou rompu, puifque les vibrations du premier pendule fe font toutes dans des tems égaux, fi je divife le tems total a de fes vibrations par leur nombre b, le quotient $\frac{a}{b}$ fera la valeur du tems de l'une de fes vibrations, par la même raifon, fi je divife le tems total a des vibrations du fecond pendule par leur nombre mb, le quotient $\frac{a}{mb}$ fera la valeur du tems de l'une de fes vibrations, donc le tems d'une vibration du premier eft au tems d'une vibration du fecond, comme $\frac{a}{b}$ eft à $\frac{a}{mb}$; ou comme amb eft à ab, ou comme mb eft à b, c'eft-à-dire, reciproquement comme le nombre des vibrations du fecond au nombre des vibrations du premier ; & par conféquent le nombre des vibrations du premier eft au nombre des vibrations du fecond, reciproquement comme le tems d'une vibration du fecond eft au tems d'une vibration du premier.

Corollaire.

240. *Donc les longueurs des pendules ifocrones font entr'elles en raifon doublée de la raifon reciproque des quarrés des nombres des vibrations ;* car le tems de chaque vibration du premier étant au tems de chaque vibration du fecond, comme la racine de la longueur du premier eft à la racine de la longueur du fecond (N. 237), & le tems de chaque vibration du premier étant au tems de chaque vibration du fecond, reciproquement comme le nombre des vibrations du fecond eft au nombre des vibrations du premier (N. 239), il s'enfuit que la racine de la longueur du premier eft à la longueur de la racine du fecond, reciproquement comme le nombre des vibrations du premier eft au nombre des vibrations du fecond, & que par conféquent la longueur du premier eft à la longueur du fecond, reciproquement comme le

quarré du nombre des vibrations du fecond eft au quarré du nombre des vibrations du premier.

Proposition LXXXV.

241. *Les longueurs de deux pendules fufpendus entre différentes cycloïdes font comme les quarrés des tems d'une vibration de l'un & d'une vibration de l'autre.*

Demonstration.

Suppofons que les arcs DB, GH (*Fig.* 108.) repréfentent des cycloïdes, le tems de la vibration DB eft au tems de la defcente le long du diametre du cercle générateur, c'eft-à-dire le long de $\frac{1}{2}$CA, comme la circonférence du cercle au diametre ; & de même le tems de la vibration GH eft au tems de la defcente le long du diametre du cercle générateur, c'eft-à-dire de $\frac{1}{2}$EF, comme la circonférence du cercle au diametre, donc le tems de la vibration DB eft au tems de la vibration GH, comme $\sqrt{\frac{1}{2}CA}$ eft à $\sqrt{\frac{1}{2}EF}$, ou comme $\sqrt{CA}$ eft à $\sqrt{EF}$; ainfi $\sqrt{CA}$, $\sqrt{EF}$ expriment les tems des vibrations DB, GH, mais CA, EF font les quarrés de $\sqrt{CA}$, $\sqrt{EF}$; donc les longueurs CA, EF font entr'elles comme les quarrés des tems des vibrations DB, GH.

Corollaire.

242. Donc les tems des vibrations DB, GH font comme les racines quarrées des longueurs CA, EF.

Proposition LXXXVI.

243. *La viteffe qu'un pendule FB (Fig. 109.) qui décrit des arcs de cercle, à acquife au point B le plus bas d'une demi-vibration EB, eft à la viteffe qu'il auroit acquife en defcendant le long du double AB de fa longueur FB, comme la corde EB de l'arc que le pendule décrit eft au diametre AB du cercle de cet arc ou au double de la longueur.*

Demonstration.

Du point E je mene l'ordonnée EP, & la droite PB eft la hauteur de la demi-vibration EB ; or la viteffe acquife à la fin de EB eft égale à la viteffe que le corps acquerroit en defcendant de P en B (*N.* 197), & la vitesse acquise en descendant de P en B, est à la vitesse acquise en tombant de A en B, comme $\sqrt{\overline{BP}}$ est à $\sqrt{\overline{AB}}$, donc la vitesse acquise à la fin de EB, est à la vitesse acquise à la fin de AB, comme $\sqrt{\overline{BB}}$ est à $\sqrt{\overline{AB}}$; mais par la propriété du cercle on a :: BA, BE, BP, donc BE, BA :: $\sqrt{\overline{BP}}$, $\sqrt{\overline{AB}}$, & par conséquent la vitesse acquise à la fin de EB, est à la vitesse acquise à la fin de AB, comme la corde BE est au diametre AB.

COROLLAIRE.

244. Si nous prenons une autre demi-vibration DB, nous aurons donc la vitesse acquise à la fin de DB est à la vitesse acquise à la fin de AB comme la corde DB est au diametre AB; donc la vitesse acquise à la fin de la demi-vibration EB, est à la vitesse acquise à la fin de la demi-vibration DB, comme la corde EB est à la corde DB.

PROPOSITION LXXXVII.

245. *Trouver la durée d'une demi-vibration* NB (Fig. 110.) *d'un pendule* CB, *dont l'arc* NB *n'est pas bien grand, en supposant que la force qui accelere le mouvement du pendule étant uniforme ou toujours la même, soit cependant moindre ou plus grande que la pesanteur.*

SOLUTION.

Supposant que les arcs NB, MB décrits par le pendule ne soient pas bien grands, & que AB soit double de la longueur CB, du pendule, je nomme CB $= a$, BP $= x$, BQ $= b$ ce qui donne AB $= 2a$, & QP $= b - x$.

Par la propriété du cercle j'ai :: AB, BN, BQ, ou :: $2a$, BN, b, donc $\overline{BN}^2 = 2ab$, & BN $= \sqrt{\overline{2ab}}$; par la même propriété j'ai :: AB, BM, BP, ou :: $2a$, BM, x, donc $\overline{BM}^2 = 2ax$ & BM $= \sqrt{\overline{2ax}}$; or les arcs BN, BM n'étant pas bien grands, ils ne différeront pas beaucoup de leurs cordes, ainsi j'ai BN $= \sqrt{\overline{2ab}}$, & BM $= \sqrt{\overline{2ax}}$, & par conséquent l'arc NM $=$ BN $-$ BM $= \sqrt{\overline{2ab}} - \sqrt{\overline{2ax}}$, & la différence de cet arc NM, c'est-à-dire, le petit arc M$m = -\frac{1}{2} x^{-\frac{1}{2}} dx \sqrt{\overline{2a}} = \dfrac{-dx\sqrt{\overline{2a}}}{2\sqrt{x}}$, ou bien en multipliant le numérateur & le dénominateur par $\sqrt{2}$, j'ai M$m = \dfrac{-dx\sqrt{a}}{\sqrt{\overline{2x}}}$.

Je nomme la force motrice $= g$, & la maffe $= m$; or la force motrice g étant conftante par la fuppofition, de même que la pefanteur eft conftante felon la loi de Galilée, il eft évident que la viteffe acquife à la fin de NM eft égale à la viteffe acquife à la fin de la hauteur QB ($N.$ 197), puifque le mouvement fera toujours uniformement acceleré de même que dans la loi de Galilée, à la feule différence que la viteffe acquife en M ou en P fera plus grande ou moindre que celle que la pefanteur feroit acquerir en M ou en P, felon que g fera plus grand ou moindre que la pefanteur; mais fi nous nommions QP $= r$ & la viteffe acquife $= u$, nous aurions $\int g dr = \frac{1}{2} mu^2$ ($N.$ 84) donc puifque QP $= b - x$, & que fa différence eft $\frac{-dx}{b-x}$, nous aurons $\int g \times \frac{-dx}{b-x}$ $= \frac{1}{2} mu^2$, ou $gb - gx = \frac{1}{2} mu^2$, donc $\frac{2gb - 2gx}{m} = u^2$, & $\frac{\sqrt{2gb - 2gx}}{\sqrt{m}} = u$.

L'arc Mm étant infiniment petit, le mouvement pendant la defcente le long de cet arc peut être pris pour uniforme, ainfi l'efpace M$m = udt$ ($N.$ 17), & par conféquent $dt = \frac{Mm}{u}$, & mettant les valeurs de Mm & de u, on aura $dt = \frac{-dx\sqrt{m}\sqrt{a}}{\sqrt{2x}\sqrt{2gb - 2gx}}$ $= \frac{-dx\sqrt{am}}{\sqrt{4bx - 4xx} \times \sqrt{g}} = \frac{-dx\sqrt{am}}{\sqrt{bx - xx} \times \sqrt{g}}$; or fi l'on cherche la valeur de l'arc AR, ainfi que nous l'avons déja fait plufieurs fois dans cet Ouvrage, on trouvera BR $= \int \frac{bdx}{2\sqrt{bx - xx}}$, donc l'arc reftant RQ $= \int \frac{-bdx}{2\sqrt{bx - xx}}$, à caufe que la différence Rr eft négative par rapport à l'arc RQ; donc l'élement de RQ fera $\frac{-bdx}{2\sqrt{bx - xx}}$, & par conféquent $\frac{-dx}{\sqrt{bx - xx}}$ fera égal à cet élement divifé par $\frac{1}{2} b$.

Je fuppofe l'élement $\frac{-bdx}{2\sqrt{bx - xx}} = dz$, donc divifant par $\frac{1}{2} b$, j'ai $\frac{-dx}{\sqrt{bx - xx}} = \frac{2dz}{b}$, & fubftituant cette valeur dans celle de dt que nous avons trouvée ci-deffus, j'ai $dt = \frac{2dz\sqrt{am}}{b \times 2\sqrt{g}} = \frac{dz\sqrt{am}}{b\sqrt{g}}$, donc $t = \frac{\sqrt{am}}{b\sqrt{g}} \times \int dz = \frac{z\sqrt{am}}{b\sqrt{g}}$; or dz étant égal à l'élement de l'arc RQ, cet arc eſt donc z, ainſi en mettant les grandeurs repréſentées par a & b, on a $t = \dfrac{RQ \times \sqrt{\overline{AB}} \times \sqrt{\overline{m}}}{BQ \times \sqrt{g}}$.

Maintenant ſi l'on ſuppoſe que l'arc RQ devienne égal à la demi-circonférence QRB, on aura $t = \dfrac{QRB \times \sqrt{\overline{AB}} \times \sqrt{\overline{m}}}{BQ \times \sqrt{g}}$, ſuppoſant donc que $\sqrt{m} = \sqrt{g}$ comme dans la loi de Galilée, on aura $t = \dfrac{QRB \times \sqrt{\overline{AB}}}{BQ}$, d'où l'on tire t, $\sqrt{\overline{AB}}$ :: QRB, BQ, c'eſt-à-dire, *le tems de la deſcente le long de l'arc* NB *eſt au tems de la deſcente le long de* AB, *ou du double de la longueur du pendule, comme la demi-circonférence du cercle eſt au diametre* ; ce qui ne doit s'entendre que lorſque l'arc BN n'eſt pas bien grand, comme nous l'avons déja dit, à cauſe que nous avons ſuppoſé que la corde BN ne differoit pas beaucoup de l'arc BN.

Si l'on ſuppoſe par exemple $g = 4m$, on aura $t = \dfrac{QRB \times \sqrt{\overline{AB}} \times \sqrt{1}}{BQ \times \sqrt{4}}$ $= \dfrac{QRB \times \sqrt{\overline{AB}}}{2BQ}$; d'où l'on tire t, $\sqrt{\overline{AB}}$ :: QRB , 2BQ , c'eſt-à-dire, *le tems de la deſcente le long de l'arc* BN *eſt à celui de la deſcente le long du double de la longueur du pendule, comme la circonférence du cercle eſt au double du diametre*, & ainſi des autres.

PROPOSITION LXXXVIII.

246. *Deux pendules inégaux étant donnés, & ſuppoſant, comme dans la Propoſition précédente, qu'ils faſſent leurs vibrations ſur des arcs qui ne ſont pas bien grands, & que les forces qui les agitent ſoient différentes de leurs peſanteurs ; les tems de leurs vibrations ſont en raiſon compoſée de trois raiſons, dont la premiere eſt la raiſon directe des racines des longueurs, la ſeconde la raiſon directe des racines des maſſes, & la troiſieme la raiſon inverſe de la racine des forces, leſquelles nous ſuppoſons uniformes comme les peſanteurs.*

DEMONSTRATION.

Il faut ſe reſſouvenir que quand les pendules font leurs vibrations ſur des arcs qui ne ſont pas bien grands, toutes leurs vibrations ſont iſochrones, & qu'ainſi les deux pendules que nous comparons ici ont leurs vibrations iſochrones, quoique le tens de chaque vibration de l'un ne ſoit pas égal au tems de chaque vibration de l'autre, cela poſé.

Je nomme L la longueur du premier pendule, T le tems d'une oscillation, M la masse, & G la force qui le meut; je nomme *l* la longueur du second pendule, *t* le tems d'une oscillation, *m* la masse, & *g* la force qui le meut.

Par la Proposition précédente j'ai $T = \dfrac{QRB \times \sqrt{2L} \times \sqrt{M}}{BQ \times \sqrt{G}}$ & $t = \dfrac{qrb \times \sqrt{2l} \times \sqrt{m}}{bq \times \sqrt{g}}$; le rapport $\dfrac{QRB}{BQ}$ signifie le rapport de la circonférence au diametre, comme on a vû dans la Proposition précédente, & $\dfrac{qrb}{bq}$ exprime aussi ce même rapport; car soit que le diametre soit plus grand ou moindre, le rapport de la circonférence au diametre est toujours le même, donc $T , t :: \dfrac{QRB \times \sqrt{2L} \times \sqrt{M}}{BQ \times \sqrt{G}}$, $\dfrac{qrb \times \sqrt{2l} \times \sqrt{m}}{bq \times \sqrt{g}} :: \dfrac{\sqrt{2L} \times \sqrt{M}}{\sqrt{G}}$, $\dfrac{\sqrt{2l} \times \sqrt{m}}{\sqrt{g}} :: \sqrt{g} \times \sqrt{L} \times \sqrt{M}$, $\sqrt{G} \times \sqrt{l} \times \sqrt{m}$.

PROPOSITION. LXXXIX.

247. *Supposant toujours que les forces qui agitent deux pendules soient différentes des pesanteurs, je dis que si les longueurs sont égales, les masses que nous supposons inégales sont entr'elles en raison composée des forces, & de la raison des quarrés des tems.*

DEMONSTRATION.

Par la Proposition précédente $T , t :: \dfrac{\sqrt{L} \times \sqrt{M}}{\sqrt{G}}$, $\dfrac{\sqrt{l} \times \sqrt{m}}{\sqrt{g}}$, & à cause des longueurs égales nous avons $T\, t :: \dfrac{\sqrt{M}}{\sqrt{G}}$, $\dfrac{\sqrt{m}}{\sqrt{g}}$; donc $T^2 , t^2 :: \dfrac{M}{G}$, $\dfrac{m}{g}$, d'où l'on tire $M , m :: T^2 G , t^2 g$.

COROLLAIRE I.

248. Si $T = t$, on aura $M , m :: G , g$, c'est-à-dire, si les tems sont égaux, les masses seront comme les forces.

COROLLAIRE II.

249. Si G , g, on aura $M , m :: T^2 , t^2$, c'est-à-dire, les forces étant égales, les masses seront comme les quarrés des tems.

Corollaire

COROLLAIRE III.

250. Si M, m, on aura $T^2G = t^2g$, donc G, $g :: t^2$, T^2, c'est-à-dire, les masses étant égales, les forces sont entr'elles reciproquement comme les quarrés des tems.

COROLLAIRE IV.

251. Puisque nous avons T, $t :: \frac{\sqrt{LM}}{\sqrt{G}}$, $\frac{\sqrt{lm}}{\sqrt{g}}$, donc T^2, $t^2 ::$ $\frac{LM}{G}$, $\frac{lm}{g}$, & par conséquent T^2G, $t^2g :: LM$, lm; or si l'on suppose $T = t$, & $M = m$, on aura G, $g :: L$, l, c'est-à-dire, si les tems sont égaux & les masses aussi, & que les longueurs soient inégales, les forces sont comme les longueurs.

COROLLAIRE V.

252. Puisque T^2G, $t^2g :: LM$, lm, donc $\frac{T^2G}{L}$, $\frac{t^2g}{l} :: M$, m, & T^2Gl, $t^2gL :: M$, m, c'est-à-dire qu'en supposant les longueurs inégales, les masses sont en raison composée de la raison directe des quarrés des tems, de la raison directe des forces, & de la raison reciproque des longueurs.

COROLLAIRE VI.

253. Si $M = m$, on a $T^2Gl = t^2gL$, donc T^2, $t^2 :: gL$, Gl, &, T, $t :: \sqrt{gL}$, $\sqrt{Gl}$, c'est-à-dire, si les masses sont égales les tems sont en raison composée de la raison directe des racines des longueurs, & de la raison reciproque des racines des forces.

COROLLAIRE VII.

254. Si $M = m$, & $T = t$, on a $gL = Gl$, donc G, $g :: L$, l; c'est-à-dire si les masses sont égales & les tems aussi, les forces sont entr'elles comme les longueurs.

COROLLAIRE VIII.

255. Si $M = m$, & $L = l$, on a $T^2G = t^2g$; donc T^2, $t^2 :: g$, G, & T, $t :: \sqrt{g}$, $\sqrt{G}$, c'est-à-dire, si les masses sont égales, & les lon-

H h

gueurs auffi, les tems font entr'eux réciproquement comme les racines des forces.

COROLLAIRE IX.

256. Si $M = m$, & $G = g$, on a $T^2 l = t^2 L$, donc T^2, $t^2 :: L$, l, & T, $t :: \sqrt{L}$, $\sqrt{l}$, c'eft-à-dire, fi les maffes font égales & les forces auffi, les tems font entr'eux comme les racines des longueurs.

PROPOSITION XC.

257. *Suppofant toujours que les forces qui agitent deux pendules font différentes de leur pefanteurs, & que les arcs fur lefquels fe font les vibrations foient petits, les nombres des vibrations que ces deux pendules font dans un même tems déterminé font en raifon compofée de la raifon réciproque des racines des maffes, de la raifon réciproque des racines des longueurs, & de la raifon directe des racines des forces.*

DEMONSTRATION.

Nommant N le nombre de vibrations du premier, & n le nombre de vibrations du fecond, nous avons N eft à n réciproquement comme le tems d'une vibration du fecond eft au tems d'une vibration du premier (*N.* 239.) Or par la propofition précédente (*N.* 247.) nous avons T, $t :: \dfrac{\sqrt{LM}}{\sqrt{G}}$, $\dfrac{\sqrt{lm}}{\sqrt{g}} :: \sqrt{LMg}$, $\sqrt{lmG}$, donc N, $n :: \sqrt{lmG}$, $\sqrt{LMg} :: \sqrt{l} \times \sqrt{m} \times \sqrt{G}$, $\sqrt{L} \times \sqrt{M} \times \sqrt{g}$.

COROLLAIRE I.

258. Si $M = m$, on a N, $n :: \sqrt{l} \times \sqrt{G}$, $\sqrt{L} \times \sqrt{g}$, c'eft-à-dire, fi les maffes font égales, les nombres de vibrations font en raifon compofée de la raifon inverfe des racines des longueurs, & de la raifon directe des racines des forces.

COROLLAIRE II.

259. Si $L = l$, on a N, $n :: \sqrt{m} \times \sqrt{G}$, $\sqrt{M} \times \sqrt{g}$, c'eft-à-dire les longueurs étant égales, les nombres de vibrations font en raifon compofée de la raifon indirecte des racines des maffes, & de la raifon directe des racines des forces.

COROLLAIRE III.

260. Si $G = g$, on aura $N, n :: \sqrt{l} \times \sqrt{m}, \sqrt{L} \times \sqrt{M}$, ou les nombres des vibrations font entr'eux en raifon compofée de la raifon indirecte des racines des longueurs & de la raifon indirecte des racines des maffes.

COROLLAIRE IV.

261. Si $M = m$, & $L = l$, on aura $N, n :: \sqrt{G}, \sqrt{g}$, c'eft-à-dire les nombres d'ofcillations font entr'eux comme les racines des forces.

De même, fi $M = m$, & $G = g$, on aura $N, n :: \sqrt{L}, \sqrt{l}$, c'eft-à-dire, les nombres des vibrations font entr'eux réciproquement comme les racines des longueurs, & il eft aifé de tirer d'autres Corollaires femblables de cette propofition.

DEFINITIONS.

262. On appelle *centre d'ofcillation* le point d'un pendule compofé, auquel fi l'on tranfportoit tous les poids attachés en différens endroits de la longueur, chaque vibration fe feroit encore dans un tems égal à celui que le pendule compofé employoit pour les faire ; d'où il fuit que la diftance du centre d'ofcillation d'un pendule compofé au point de fufpenfion ou au centre du mouvement eft égale à la longueur d'un pendule fimple dont les vibrations feroient ifocrones à celles du pendule compofé.

REMARQUE.

263. Ne pouvant fe faire que la longueur d'un pendule fimple ne foit de quelque matiere, & cette matiere quelque déliée qu'elle foit ayant toujours une pefanteur, il eft évident qu'il n'eft pas poffible d'avoir à la rigueur un pendule fimple, & que tout ce qu'on peut faire de mieux quand on veut faire des experiences qui approchent de tout ce que nous avons dit jufqu'ici touchant le pendule, c'eft de fe fervir d'un fil extremement délié, & d'y attacher un poids qui foit d'une matiere extremement compacte, ou qui pefe beaucoup fous un petit volume, parce que la réfiftance de l'air de laquelle nous avons fait abftraction, de même que de la pefanteur de la longueur du pendule, a moins de prife fur des corps de cette nature que fur les autres.

PROPOSITION XCI.

264. *Trouver le centre d'ofcillation d'un pendule compofé.*

SOLUTION.

Soit le pendule AD (*Fig.* 111.) auquel sont attachés les corps B, C, D ; je multiplie chaque corps par le quarré de sa distance au centre A de mouvement, & je fais la somme des produits ; je multiplie aussi chaque corps par sa distance au même centre A ; & faisant la somme des produits, je divise la premiere somme par la seconde, & le quotient me donne la longueur AH, & par conséquent le point H est le point où il faudroit attacher tous les poids pour avoir un pendule qui feroit ses vibrations dans des tems égaux aux tems que le pendule composé employeroit à faire les siennes.

DEMONSTRATION.

Supposons d'abord que les corps B, C, D, soient attachés à l'extremité des longueurs AB, AC, AD, & qu'ils forment autant de pendules différens séparés les uns des autres, mais qui fassent avec leur verticales AM, AP, AQ, des angles égaux BAM, CAP, DAQ, afin que leur demi-vibrations BM, CD, DQ, se fassent sur des arcs semblables 1°. les vitesses que les corps B, C, D, auront acquises quand ils seront sur leur verticales seront entr'elles comme les racines des hauteurs Bt, Cx, Dz de leur descentes ; or les arcs BM, CP, DQ étant entr'eux comme les distances AB, AC, AD, & les figures BtC, CxP, DzQ étant semblables, les hauteurs Bt, Cx, Dz, seront entr'elles comme les arcs BM, CP, DQ, & par conséquent comme les distances AB, AC, AD, d'où il suit que les vitesses acquises en M, P, Q, seront entr'elles comme les racines des distances. 2°. Les tems des demi-vibrations BM, CP, DQ seront aussi entr'eux comme les racines des longueurs ou des distances ; (*N*. 237.) donc les demi-vibrations seront entr'elles en raison composée des masses, des vitesses acquises, & des tems, ou en raison composée des masses & des quarrez des vitesses, à cause que la raison des tems est la même que celle des vitesses, ou enfin en raison composée des masses & des distances, à cause que les quarrez des vitesses ou des tems sont entr'eux comme les distances.

Supposons maintenant que tous les trois corps ne forment qu'un même pendule AD en conservant les mêmes distances au sommet A, la raison des tems s'évanouira, car il est visible que les trois corps parviendront à la verticale AQ dans un même tems, ainsi les vibrations ne seront plus qu'en raison composée des masses & des vitesses, mais comme les vitesses seront dans la même raison des arcs BM, CP, DQ, qui auront été parcourus dans le même-tems, & que ces arcs sont comme les distances, il s'ensuit que les vibrations seront entr'elles comme les produits des masses par les distances de même qu'auparavant, & tout ce qui sera arrivé, c'est que les corps plus proches de A n'iront pas si vîte qu'auparavant, & ceux qui en seront plus éloignés iront plus vîte, de façon que ce que les uns auront perdu du tems, les autres le gagneront, & que le mouvement du pendule se fera dans un tems moyen entre les tems des différentes vibrations des pendules séparés ; puis donc que la réunion des pendules a fait cesser la différence des tems en donnant un tems moyen, il est clair que pour faire cesser la différence des vibrations, laquelle provient des différences des longueurs, il n'y a qu'à chercher une longueur moyenne, or pour cela

Je conçois ces vibrations, c'est-à-dire les produits $B \times BA$, $C \times CA$, $D \times DA$, des masses par les distances comme autant de poids attachés aux points B, C, D, & il est visible par les regles que nous avons données dans le Chapitre du centre de gravité, que si nous multiplions ces poids par leur distances, & que nous divisions la somme des produits par la somme des poids, le quotient sera la longueur cherchée AH, ainsi nous aurons

$$\frac{B \times \overline{BA}^2 + C \times \overline{CA}^2 + D \times \overline{DA}^2}{B \times BA + C \times CA + D \times DA} = AH,$$

c'est-à-dire, la somme du produit des masses par les quarrez de leur distances étant divisée par la somme du produit des masses par les distances, est égale à la longueur ou distance à laquelle tous les poids doivent être attachés pour avoir un pendule simple qui fasse ses vibrations en même tems que le composé.

REMARQUE.

265. C'est en suivant ce principe qu'on trouve les centres d'oscillation des lignes, des figures & des solides qui tournent autour d'un axe, j'en ai traité assez amplement dans *le Calcul Différentiel & Intégral*, c'est pourquoi je me dispenserai d'en parler ici, d'autant plus que la quantité des matieres qui nous restent à éclaircir me fait déja craindre que cet ouvrage ne devienne trop long.

H h iij

CHAPITRE X.

Du Mouvement des Corps projettés.

DEFINITIONS.

266. ON dit qu'un corps est *projetté perpendiculairement*, lorsqu'on le pousse selon une direction perpendiculaire à l'horizon, qu'il est *projetté horizontalement*, lorsqu'il est poussé selon une direction horizontale, enfin qu'il est *projetté obliquement* lorsqu'on le pousse selon une direction oblique à l'horizon, & alors l'angle que la ligne de direction fait avec la ligne horizontale s'appelle angle de direction.

PROPOSITION XCII.

267. *Si un corps est projetté perpendiculairement à l'horizon, son mouvement est toujours perpendiculaire à l'horizon.*

DEMONSTRATION.

Un corps suit toujours sa premiere direction, à moins qu'il n'y ait quelque cause qui l'oblige de changer ; or quand un corps est projetté perpendiculairement à l'horizon, rien ne l'oblige de changer de direction ; car sa pesanteur qui retarde peu à peu son mouvement lorsqu'il monte, ou qui l'accelere lorsqu'il descend a aussi une direction perpendiculaire à l'horizon ; donc le corps suit toujours sa premiere direction.

PROPOSITION XCIII.

268. *Si un corps* A *(Fig. 112.) est projetté horizontalement, il décrit par son mouvement une parabole* AMPR.

DEMONSTRATION.

Lorsque le corps est projetté horizontalement, sa pesanteur ne laisse pas que d'agir, & par conséquent le mouvement de ce corps est composé de deux mouvemens, dont le premier est causé par une force qui a la direction horizontale AD, & le second est causé par la pesanteur qui a la direction perpendiculaire

'AQ ; or le mouvement causé par la premiere force étant uniforme, si le corps dans une minute parcourt l'espace AB, dans deux minutes il parcourra l'espace AC double de AB, & dans trois il parcourra l'espace AD triple de AB, &c. mais le mouvement causé par la pesanteur étant uniformement acceleré, si le corps à la fin de la premiere minute a parcouru l'espace AE, il aura parcouru à la fin de deux minutes l'espace AN quadruple de AE, à la fin de trois minutes l'espace AQ neuf fois plus grand que AE, &c. c'est-à-dire que les espaces que la pesanteur fera parcourir seront comme les quarrez des espaces que la force qui a la direction AD fait parcourir dans les mêmes tems, puis donc que la pesanteur & la force qui a la direction AD agissent en même tems, il est clair qu'en achevant les parallellogrammes AM, AP, AR, &c. le corps se trouvera en M à la fin de la premiere minute, en P à la fin de la seconde, en R à la fin de la troisiéme, &c. donc ce corps décrira la courbe AMPR ; or les ordonnées EM, NP, QR de cette courbe sont égales aux espaces AB, AC, AD, &c. que la force qui a la direction AD fait parcourir, & les abscisses AE, AN, AQ, &c. sont les espaces que la pesanteur fait parcourir dans les mêmes tems, donc les abscisses de cette courbe sont entr'elles comme les quarrez des ordonnées ; or c'est la proprieté de la parabole quarrée, donc la courbe ANPR est une parabole quarrée, donc, &c.

REMARQUE.

269. Nous supposons que le corps A se trouvant aux points A, M, P, R, &c. sa pesanteur le pousse selon des directions AQ, BM, CP, DR, &c. paralleles entr'elles, ce qui n'est pas vrai, puisque la pesanteur poussant le corps vers le centre de la terre, toutes ces directions doivent se joindre au centre, cependant comme le centre de la terre est extrêmement éloigné de sa surface, & qu'au contraire les corps qu'on projette sont à une distance fort petite de cette surface, surtout si on compare cette distance avec celle de la surface au centre, & que d'autre part la partie de la surface de la terre que la projection embrasse, c'est-à-dire la droite AD est fort petite à l'égard de toute la circonférence, il est sûr que le non parallelisme des directions est imperceptible, & qu'on peut regarder ces directions comme paralleles sans craindre de tomber dans quelque erreur

qui puiffe fe faire fentir. Nous donnerons cependant à la fin de
ce Chapitre la façon de trouver la courbe AMPR, en fuppofant les directions *convergentes*, c'eft-à-dire en fuppofant qu'elles
vont toutes aboutir à un point.

PROPOSITION XCIV.

270. *Si un corps* A *(Fig. 113.) eft projetté felon une direction obliqu*
AD, *la courbe* AMPR *qu'il décrit pendant fon mouvement, ej*
encore une parabole.

DEMONSTRATION.

La Demonftration eft la même que celle de la Propofition
précédente ; car le corps étant poufté par la force AD, & par
la pefanteur AQ fon mouvement eft compofé ; or felon le premier mouvement il décriroit dans une minute, dans deux, dans
trois, &c. les efpaces AB, AC, AD, &c. qui feroient comme
1, 2, 3, &c. & par le fecond il décriroit dans les mêmes tems
des efpaces AE, AN, AQ, &c. qui feroient comme les quarrez
de AB, AC, AD, &c. ou comme les quarrez 1, 4, 9, &c.
achevant donc les parallelogrammes AM, AP, AR, &c. le
corps paffera par les points A, M, P, R, &c. & décrira par
conféquent la courbe AMPR dont les abfciffes AE, AN, AQ,
&c. font comme les quarrez des ordonnées EM, NP, QR,
&c. d'où il fuit que cette courbe eft une parabole.

De même fi le corps eft projetté felon la direction oblique AD
(*Fig,* 114.) de haut en bas, la courbe AMP que le corps décrira
fera une parabole, ce que l'on prouvera de la même façon, ainfi
que la figure le fait voir.

COROLLAIRE I.

271. Si par la proprieté de la parabole le parametre eft troifiéme proportionnel à l'abfciffe & à fon ordonnée ; donc fi l'on
prend pour abfciffe la droite AE que la pefanteur peut faire parcourir au corps dans une minute, l'ordonnée EM fera l'efpace
que la force qui a la direction AD peut faire parcourir dans la
même minute, & par conféquent fi l'efpace AE & l'efpace AE
ou EM font connus, on connoîtra aifément le parametre du
diametre AQ.

COROLLAIRE II.

272. L'efpace AB que la force qui a la direction AD peut
faire

faire parcourir dans une minute peut reprefenter la viteffe du corps projetté ; or fi plufieurs corps projettés ont la même viteffe, c'eft-à-dire, fi dans une minute ces corps parcourent des efpaces égaux chacun a AB, les efpaces que la pefanteur leur fait parcourir dans la même minute étant égaux chacun à l'efpace AE, les parametres des diametres AQ des paraboles décrites par le mouvement de ces corps feront les mêmes.

Corollaire III.

273. La ligne de direction AD eft tangente de la parabole ; ce qui n'a pas befoin de Demonftration.

Definition.

274. Si du point A qui eft l'origine de la projection, on mene une droite horizontale AR (*Fig.* 115.) qui coupe la parabole en R, la droite AR s'appellera *amplitude* de la parabole, ce qui doit s'entendre dans les paraboles décrites par les corps projettés de bas en haut.

Proposition XCV.

275. *Lorfqu'un corps eft projetté* (Fig. 115.) *les efpaces horizontaux qui répondent aux arcs de parabole parcourus dans des tems égaux, font égaux.*

Demonstration.

La ligne de direction AD étant divifée en parties égales AB, BC, CD, ces parties reprefentent les efpaces que la force qui a la direction AD feroit parcourir au corps dans des tems égaux, & les arcs AM, MP, PR, reprefentent les efpaces de la parabole parcourus dans des tems égaux ; or fi l'on prolonge les droites BM, CP, &c. jufqu'à ce qu'elles coupent la ligne horizontale AR aux points b, c, &c. il eft vifible que les efpaces Ab, bc, cR repondront aux arcs AM, MP, PR ; mais à caufe des triangles femblables ABb, ACc, ADR, les efpaces Ab, bc, cR feront entr'eux comme les efpaces AB, BC, CR ; donc ils feront égaux entr'eux, & par conféquent, &c.

Proposition XCVI.

276. *L'angle d'élevation* DAR (Fig. 115.) *étant donné, & l'amplitude* AR *trouver le parametre du diametre* AQ *de la parabole.*

SOLUTION.

Je nomme r le finus total, a le finus de l'angle DAR d'élevation, b le finus de fon complement à l'angle droit, c l'amplitude AR, & x le parametre cherché ; l'angle DAR étant connu & l'amplitude AR, tout le triangle rectangle DAR eft aifé à connoître. Prenant donc pour finus total l'hypotenufe AD, il eft clair que la droite DR fera le finus de l'angle d'élevation, & la droite AR le finus de fon complement à l'angle droit, donc j'ai b, $a :: $ AR, DR, ou b, $a :: c$, DR, donc DR $= \frac{ac}{b}$, mais DR $=$ AQ, donc AQ $= \frac{ac}{b}$.

Dans le même triangle DAR, j'ai b, $r :: $ AR, AD, ou b, $r :: c$, AD, donc AD $= \frac{rc}{b}$; or par la proprieté de la parabole, j'ai $x \times$ AQ $= \overline{QR}^2 = \overline{AD}^2$, donc $x \times \frac{ac}{b} = \frac{r^2 c^2}{b^2}$, d'où je tire $ax = \frac{r^2 c}{b}$ & $x = \frac{r^2 c}{ab}$ qui donne cette analogie a, $\frac{r^2}{b} :: c$, x.

Mais $\frac{r^2}{b}$ eft la fecante de l'angle d'élevation DAB, car fi du centre A & du rayon AD je décris l'arc AZ, & que du point Z je mene ZX parallele à DR, il eft vifible que ZX fera la tangente de l'angle d'élevation, & AX fa fecante ; or les triangles femblables ARD, AZX donnent AR, AD :: AZ, AX, mais AD $=$ AZ, donc :: AR, AD, AX, ou :: b, r, AX, ce qui donne $\frac{r^2}{b} =$ AX.

Puis donc que nous avons a, $\frac{r^2}{b} :: c$, x, il s'enfuit que *le parametre x eft troifiéme proportionnel au finus de l'angle d'élevation, à la fecante de cet angle & à l'amplitude de la parabole*, ou, ce qui revient au même, *l'amplitude eft au parametre du diametre* AQ, *comme le finus de l'angle d'élevation eft à fa fecante.*

COROLLAIRE I.

277. Puifque nous avons $ax = \frac{r^2 c}{b}$, donc $2ax = \frac{2r^2 c}{b}$, & $2abx = 2r^2 c$, ou $\frac{2abx}{2r^2} = c$, d'où l'on tire cette analogie r, $\frac{2ab}{r} :: \frac{1}{2}x$, c, mais $\frac{2ab}{r}$ eft le finus d'un angle double de l'angle d'élevation ;

car suppofons que l'angle OTV (*Fig.* 116.) foit égal à l'angle d'élevation, & la droite TL égale au finus total, je fais LO = TL, & OV = TL, ainfi le triangle TLO étant ifofcele, l'angle externe OLV, qui vaut les deux angles internes oppofés T, TBL, lefquels font égaux, eft par conféquent double de l'angle OTV. Du point L j'abaiffe Lt perpendiculaire fur TO, & du point O la perpendiculaire OY fur TV, ainfi Lt eft le finus de l'angle T par rapport au finus total TL, & OY eft le finus de l'angle OLY double de l'angle T par rapport au finus total LO égal au finus total TL ; or les triangles TLt, TOY étant femblables donnent TL, Lt :: TO, OY ; mais TO = 2Tt, donc TL, Lt :: 2Tt, OY ; or Tt étant le finus de complement à l'angle droit de l'angle T qui eft l'angle d'élevation, eft par conféquent b, donc 2Tt = 2b, & comme TL = r, & Lt = a, on a donc r, a :: 2b, OY, ce qui donne OY $= \frac{2ab}{r}$.

Puis donc que nous venons de trouver r, $\frac{2ab}{r}$ :: $\frac{1}{2}x$, c ; il s'enfuit que *le demi-parametre x eft à l'amplitude c, comme le finus total r eft au finus de l'angle double de l'angle d'élevation.*

COROLLAIRE II.

278. Si plufieurs corps projettés obliquement ont la même viteffe, les parametres des paraboles qu'ils décrivent feront égaux (*N.* 272), ainfi dans chacune de ces paraboles on aura cette analogie ; le demi-parametre eft à l'amplitude comme le finus total au finus de l'angle double de l'angle d'élevation ; prenant donc toujours le même finus total, les deux antecedens de cette analogie feront les mêmes pour chaque parabole, d'où il fuit que les deux conféquens auront toujours entr'eux une même raifon, c'eft-à-dire les amplitudes de ces différentes paraboles feront entr'elles comme les finus des angles doubles des angles d'élevation. Donc *fi plufieurs corps projettés obliquement & fous différens angles d'élevation ont la même viteffe, les amplitudes des paraboles qu'ils décrivent font entr'elles comme les finus des angles doubles des angles d'élevation.*

PROPOSITION XCVII.

279. *Si un corps projetté obliquement tantôt fous un angle d'éleva-*

tion, & tantôt sous un autre a toujours la même vitesse, la plus grande amplitude est celle de la parabole qu'il décrit lorsque son angle d'élevation est de 45 degrés, & les amplitudes des angles d'élevation qui s'éloignent également de 45 degrés l'un au-dessous & l'autre au-dessus sont égales entr'elles.

DEMONSTRATION.

La vitesse étant toujours la même dans les différentes projections du corps, les amplitudes des différentes paraboles qu'il décrit sont comme les sinus des angles doubles des angles d'élevation (*N*. 278); or quand l'angle d'élevation est de 45 degrés le double de cet angle est un angle droit dont le sinus est le plus grand de tous les sinus; donc l'amplitude est alors la plus grande, puisqu'elle est comme le plus grand sinus.

En second lieu, quand deux angles sont également éloignés de l'angle de 45 degrés, l'un en dessous & l'autre en dessus, les doubles de ces angles sont également éloignés de l'angle droit; or les sinus des angles également éloignés de l'angle droit sont égaux, donc quand le corps est projetté d'abord sous un angle moindre de 45 degrés & ensuite sous un angle qui est autant au-dessus de 45 degrés que le premier est au-dessous, les amplitudes des deux paraboles sont égales puisqu'elles sont comme les sinus des angles doubles de leurs angles d'élevation, lesquels sinus sont égaux.

COROLLAIRE I.

280. Quand un corps est projetté sous un angle de 45 degrés, le demi-parametre de la parabole qu'il décrit est égal à son amplitude; car puisque sous quelque angle d'élevation que le corps soit projetté, le demi-parametre est toujours à l'amplitude comme le sinus total au sinus de l'angle double de son angle d'élevation (*N*. 277), & que quand l'angle d'élevation est de 45 degrés, le sinus de l'angle double est égal au sinus total, il s'ensuit que le demi-parametre est aussi égal à l'amplitude.

COROLLAIRE II.

281. Quand un corps étant projetté successivement sous différens angles, a toujours la même vitesse, s'il arrive qu'on connoisse la plus grande amplitude, on trouvera son amplitude pour un angle d'élevation tel qu'on voudra, en faisant cette analogie;

le finus total eft au finus d'un angle double de l'angle d'élevation donné comme la plus grande amplitude eft à l'amplitude correfpondante à l'angle d'élevation donné.

Corollaire III.

282. La viteffe d'un corps projetté obliquement étant connue, on connoîtra fon amplitude en cette forte.

La viteffe du corps peut fe déterminer par l'efpace AB ou EM (*Fig.* 115), que la force qui a la direction AD peut lui faire parcourir dans une minute ; fuppofant donc que cet efpace foit connu, nous fçavons par plufieurs expériences que les Sçavans ont faites, que l'efpace AE que la pefanteur fait parcourir à un corps dans une minute, eft de 15 pieds un pouce ; faifant donc le quarré de AB , c'eft-à-dire le quarré du nombre des pieds que vaut l'efpace AB , & le divifant par 15 pieds un pouce, il eft évident que le quotient donnera la valeur du parametre par la proprieté de la parabole ; c'eft pourquoi prenant la moitié de ce parametre , on aura l'amplitude de la projection fous un angle de 45 degrés (*N.* 280), après quoi il fera facile de connoître fon amplitude pour tel angle qu'on voudra par le fecond Corollaire.

Corollaire IV.

283. La plus grande amplitude étant connue, on connoîtra la viteffe du corps projetté en cette forte.

La plus grande amplitude eft C égale au-demi parametre, doublant donc cette amplitude , j'ai le demi-parametre ; c'eft pourquoi je multiplie le parametre par AE = 15 pieds 2 pouces, & le produit eft le quarré de EM , tirant donc la racine quarrée j'ai la valeur de EM ou la viteffe cherchée, ce qui eft évident par le Corollaire précédent.

Proposition XCVIII.

284. *Trouver la plus grande hauteur y4* (Fig. 115.) *à laquelle un corps projetté obliquement puiffe monter, fon angle d'élevation étant connue.*

Solution.

Je nomme AR $= a$, RD = AQ $= b$, Ab $= x$; or le triangle rectangle ARD donne $\overline{AD}^2 = \overline{AR}^2 + \overline{RD}^2$, donc $\overline{AD}^2 = \overline{QR}^2$ $= a^2 + b^2$.

Les triangles femblables ARD, AbB donnent AR, RD :: Ab, bB, donc a, b :: x, $\frac{bx}{a} = b$B ; or le triangle rectangle AbB donne $\overline{AB}^2 = \overline{Ab}^2 + \overline{bB}^2$, donc $\overline{AB}^2 = \overline{EM}^2 = xx + \frac{b^2x^2}{a^2} = \frac{aax^2 + b^2x^2}{a^2}$.

Par la proprieté de la parabole j'ai QR^2, $\overline{EM}^2$ :: AQ, AE, donc $a^2 + b^2 \cdot \frac{aax^2 + b^2x^2}{aa} :: b, \frac{bx^2}{a^2} = $ AE $=$ BM, donc M$b =$ Bb $-$ BM $= \frac{bx}{a} - \frac{bx^2}{a^2}$.

Or la plus grande hauteur $y4$ qu'on demande eft la plus grande de toutes les perpendiculaires tirées des points de la courbe AMR fur la droite AR, c'eft-à-dire la plus grande de toutes les $\frac{bx}{a} - \frac{bx^2}{a^2}$, ainfi par la regle des plus *grandes* & *des moindres*, il faut prendre la différence & la fuppofer égale à zero, ce qui donne $\frac{bdx}{a} - \frac{2bxdx}{a^2} = $ o, donc $\frac{bdx}{a} = \frac{2bxdx}{a^2}$, & $\frac{b}{a} = \frac{2bx}{a^2}$, ou $ab = 2bx$, d'où l'on tire $x = \frac{1}{2} a$; c'eft-à-dire, que pour avoir la plus grande hauteur $y4$, il faut prendre A$y = \frac{1}{2}$AR, & élever en y la perpendiculaire $y4$, & le point 4 fera le point de la plus grande hauteur.

C O R O L L A I R E I.

285. Si l'on prolonge la plus grande hauteur $y4$ jufqu'à la ligne de direction AD en Y, on aura $y4 = $ Y4 ; car les triangles femblables ARD, AyY, donnent AR, AD :: Ay, AY ; mais A$y = \frac{1}{2}$AR, donc AY $= \frac{1}{2}$AD ; je mene l'ordonnée $u4$, laquelle étant égale à AY eft par conféquent $= \frac{1}{2}$AD. Or la proprieté de la parabole donne $\overline{QR}^2$ ou $\overline{AD}^2$, $\overline{u4}^2$ ou $\overline{AY}^2$ :: AQ, Au, & $\overline{AY}^2 = \frac{1}{4}\overline{AD}^2$, donc A$u = \frac{1}{4}$AQ, & par conféquent Y$4 = \frac{1}{4}$AQ $= \frac{1}{4}$DR.

Mais les triangles femblables ARD, AyY donnent Y$y = \frac{1}{2}$DR, à caufe de A$y = \frac{1}{2}$AR, donc Y$y = \frac{2}{4}$DR, & par conféquent Y$y -$ Y$4 = \frac{2}{4}$DR $- \frac{1}{4}$DR $= \frac{1}{4}$DR.

C O R O L L A I R E I I.

286. L'amplitude & l'angle d'élevation étant donnés, on trouvera la plus grande hauteur en cette forte.

Prenant pour finus total la droite AD, l'amplitude AR fera le finus du complement à l'angle droit de l'angle d'élevation, & la

droite DR fera le finus de cet angle d'élevation. Pour connoître
donc cette droite je dis ; comme le finus de complement eft au
finus de l'angle d'élevation , ainfi l'amplitude AR eft à la droite
DR , laquelle étant connue , fa quatriéme partie fera la hauteur
cherchée.

COROLLAIRE III.

287. *La plus grande hauteur y4 eft à la huitiéme partie du parametre, comme le finus verfe de l'angle double de l'angle d'élevation
eft au finus total.*

Soit l'angle OTV (*Fig.* 116.) égal à l'angle d'élevation , & la
droite TL égale au finus total ; je fais $LO = TL$, & $OV = TL$;
le triangle TLO étant ifofcele , l'angle externe OLV eft double
de l'angle OTL ; je mene Lt perpendiculaire fur TO , & OY
perpendiculaire fur TV , ainfi Lt eft le finus de l'angle d'élevation , Tt eft le finus de fon complement à l'angle droit , OY eft
le finus de l'angle OLY double de l'angle d'élevation , & LY
eft le finus de fon complement.

Je nomme le finus total $TL = LO = r$, le finus de l'angle
d'élevation $Lt = a$, le finus de fon complement $Tt = b$, donc
$TO = 2b$, à caufe que le perpendiculaire Lt coupe la bafe TO
du triangle ifofcele TLO en deux parties égales.

Les triangles femblables TLt , TOY donnent TL, Tt :: TO,
TY ; donc $r, b :: 2b, \frac{2bb}{r} = TY$; & par conféquent LY = TY
$- TL = \frac{2bb}{r} - r = \frac{2bb - rr}{r}$; mais le triangle rectangle TLt
donne $\overline{TL}^2 = \overline{Tt}^2 + \overline{Lt}^2 = b^2 + a^2 = rr$, mettant donc cette valeur de rr dans celle de LY , j'ai $LY = \frac{2bb - rr}{r} = \frac{b^2 - a^2}{r}$.

Du centre L je décris l'arc DZ , ainfi YZ = LZ — LY
$= LO - LY = r - \frac{b^2 + a^2}{r} = \frac{rr - b^2 + a^2}{r}$, & mettant au lieu
de rr fa valeur $b^2 + a^2$, j'ai $YZ = \frac{2a^2}{r}$, & c'eft la valeur du finus verfe d'un angle double de l'angle d'élevation , cela pofé.

Si je nomme le parametre x & le finus de l'angle double de
l'angle d'élevation $\frac{2ab}{r}$, ainfi que nous l'avons trouvé ci-deffus
(*N*. 277) , j'aurai l'amplitude en faifant $r , \frac{2ab}{r} :: \frac{1}{2} x , \frac{abx}{r^2}$ (*N*.277)

donc (*Fig.* 115.) j'aurai $AR = \frac{abx}{r^2}$; & pour trouver DR comme j'ai b, $a :: AR$, DR, mettant la valeur de AR, j'ai b, $a :: \frac{abx}{r^2}$, $\frac{a^2x}{r^2} = DR$; or $y4 = \frac{1}{4} DR$ (*N.* 285), donc $y4 = \frac{a^2x}{4r^2} = \frac{2a^2x}{8r^2}$, d'où je tire r, $\frac{2a^2}{r}$, $\frac{1}{8}x$, $\frac{2a^2x}{8r} = y4$; mais $\frac{2a^2}{r}$ eſt le ſinus verſe d'un angle double de l'angle d'élevation, donc le ſinus total eſt au ſinus verſe d'un angle double de l'angle d'élevation, comme le huitiéme du parametre eſt à la plus grande hauteur.

COROLLAIRE IV.

288. *Si un corps projetté ſucceſſivement ſous différens angles d'élevation a toujours la méme viteſſe, les plus grandes hauteurs dans les différentes paraboles qu'il décrira ſeront comme les ſinus verſes des angles doubles des angles d'elevation ;* car dans toutes ces paraboles on aura toujours : la plus grande hauteur eſt au huitiéme du parametre, comme le ſinus de l'angle double de l'angle d'élevation eſt au ſinus total ; or le parametre & le ſinus total ſeront toujours les mêmes, donc les plus grandes hauteurs ſeront comme les ſinus verſes des angles doubles des angles d'élevation.

COROLLAIRE V.

289. Poſant les mêmes choſes que dans le Corollaire précédent, & nommant a le ſinus d'un angle d'élevation, & A le ſinus d'un autre angle d'élevation, la plus grande hauteur repondante au ſinus a ſera $\frac{2a^2x}{8r}$ (*N.* 287), & la plus grande hauteur repondante au ſinus A ſera $\frac{2A^2x}{8r}$, ainſi ces hauteurs ſeront comme $\frac{2a^2x}{8r}$, $\frac{2A^2x}{8r}$, ou comme $2a^2$, $2A^2$, ou comme a^2, A^2, c'eſt-à-dire comme les quarrés des ſinus des angles d'élevation.

PROPOSITION XCIX.

290. *Connoiſſant la viteſſe d'un corps projetté obliquement, & un point P (Fig. 115.) que ce corps doit choquer dans ſon mouvement, connoître l'angle d'élevation qu'il faut lui donner.*

SOLUTION.

La viteſſe du corps étant donnée, on peut trouver aiſément
ſon

fon parametre, comme il a été dit ci-deſſus (*N*. 282); je nomme ce parametre $= a$, la hauteur $cP = b$, la diſtance $Ac = c$, le ſinus total $= r$, & la tangente de l'angle d'élevation que je cherche $= x$.

Si je prens Ac pour le ſinus total, la droite cC ſera la tangente de l'angle d'élevation cherché, c'eſt pourquoi j'ai r, x, Ac, cC, ou r, $x :: c$, cC, donc $\frac{cx}{r} = cC$, & $CP = AN = cC - cP$ $= \frac{cx}{r} + b$; or par la proprieté de la parabole, j'ai $\overline{PN}^2 = AN \times a$;

donc $\overline{PN}^2 = \frac{acx}{r} - ab$; mais $\overline{PN}^2 = \overline{AC}^2$, & à cauſe du triangle rectangle ACc, j'ai $\overline{AC}^2 = \overline{Ac}^2 + \overline{cC}^2 = c^2 + \frac{c^2x^2}{r^2}$, donc j'ai $\frac{acx}{r}$ $- ab = c^2 + \frac{c^2x^2}{r^2}$, & retranchant de part & d'autre $\frac{acx}{r}$ & c^2, puis multipliant par r^2, & diviſant par c^2, j'ai une équation du ſecond degré que je reſous à la maniere ordinaire en cette ſorte.

Je prens $\frac{ar}{2c}$ qui eſt la moitié du coefficient du ſecond terme, du ſecond membre, je l'éleve au quarré, & l'ajoûtant de part & d'autre à l'équation je tire la racine des deux membres, puis donnant $\frac{ar}{2c}$ de part & d'autre, je trouve enfin la valeur de x telle qu'on voit ici, de

$$\frac{acx}{r} - ab = c^2 + \frac{c^2x^2}{r^2}$$

$$- ab - c^2 = \frac{c^2x^2}{r^2} - \frac{acx}{r}$$

$$- \frac{abr^2 - c^2r^2}{c^2} = x^2 - \frac{arx}{c}$$

$$\frac{a^2r^2}{4c^2} - \frac{abr^2 - c^2r^2}{c^2} = x^2 - \frac{arx}{c} + \frac{a^2r^2}{4c^2}$$

$$\sqrt{\frac{a^2r^2}{4c^2} - \frac{abr^2 - c^2r^2}{c^2}} = \frac{ar}{2c} - x$$

$$x = \frac{ar}{2c} - \sqrt{\frac{a^2r^2}{4c^2} - \frac{abr^2 - c^2r^2}{c^2}}$$

$$x = \frac{\frac{1}{2}a - \sqrt{\frac{1}{4}a^2 - ab - c^2} \times r}{c}$$

laquelle je tire cette analogie c, $\frac{1}{2}a - \sqrt{\frac{1}{4}a^2 - ab - c^2} :: r$, x.

Si le point P (*Fig.* 117.) étoit en deſſous de l'horizon on auroit $CP = Cc + Pc = \frac{cx}{r} + b$, & achevant le calcul comme nous venons de faire, on trouveroit $x = \frac{\frac{1}{2}a - \sqrt{\frac{1}{4}a^2 + ab - c^2} \times r}{c}$.

COROLLAIRE I.

291. Si l'on a $ab + c^2 = \frac{1}{4}a^2$, on aura par conséquent —

$\sqrt{\frac{1}{4}a^2 - ab - c^2} = 0$, dans le cas de la Figure 115, & l'analogie précédente fe changera en celle-ci, $c, \frac{1}{2}a :: r, x$; c'eft-à-dire, la diftance Ac eft à la moitié du parametre, comme le finus total à la tangente de l'angle que l'on cherche.

Corollaire II.

292. Si l'on a $ab + c^2$ plus grand que $\frac{1}{4}a^2$, on aura $-\sqrt{\frac{1}{4}a^2 - ab - c^2}$ qui fera une racine imaginaire; ainfi la valeur de x fera impoffible dans le cas de la Figure 115, ce qui fait voir que le corps ne pourroit atteindre le point marqué P.

On voit aifément que fi dans le cas de la Figure 117 on a $c^2 = \frac{1}{4}a^2 + ab$, on auroit auffi $c, \frac{1}{2}a :: r, x$, & que fi l'on avoit c^2 plus grand que $\frac{1}{4}a^2 + ab$, le corps ne pourroit atteindre le point P.

Proposition C.

293. *Un corps étant projetté fucceffivement fous différens angles d'elevation & ayant toujours la même viteffe, les tems qu'il employe à parcourir les paraboles qu'il décrit fur l'horizon, font entr'eux comme les finus des angles d'elevation* (Fig. 115).

Demonstration.

Je nomme r le finus total, a le finus de l'angle DAR d'elevation, b le finus de fon complement à l'angle droit, & x le parametre; du centre A & du rayon AD je décris l'arc DZ, & menant ZX parallele à DR, la droite AX fera la fecante de l'angle d'élevation, DR en fera le finus droit, & AR fera le finus de fon complement; ainfi à caufe des triangles femblables RAD, ZAX, j'ai AR, AD :: AZ, AX, ou $b, r :: r$, AX, donc $\frac{r^2}{b}$ = AX.

Or ($N.$ 276.) le parametre eft à l'amplitude AR, comme la fecante de l'angle d'élevation eft au finus de cet angle, donc $\frac{r^2}{b}$, $a :: x$, $\frac{abx}{r^2}$ = AR, mais le finus b de complement eft au finus total r comme AR, AD, donc $b, r :: \frac{abx}{r^2}, \frac{ax}{r}$ = AD; d'où je tire $r, a :: x$, AD, mais AD eft l'efpace que le corps parcourroit avec fa viteffe uniforme, dans le même tems qu'il parcourt la parabole AMR; ainfi AD peut marquer le tems employé à parcourir la parabole, c'eſt-à-dire, que ſi AD eſt diviſé, par exemple en trois parties égales, & que le corps employe une minute à parcourir chaque partie avec ſa viteſſe uniforme, la droite AD marquera que le corps parcourt la parabole AMR en trois minutes.

Maintenant dans les différentes projeċtions du corps nous aurons toujours r, $a :: x$, AD, c'eſt-à-dire le ſinus total eſt au ſinus de l'angle d'élévation comme le parametre eſt au tems; or la viteſſe étant toujoursla même par la ſuppoſition, le parametre ſera auſſi toujours le même (N. 272); donc prenant toujours le même ſinus total, la raiſon du ſinus total au parametre ſera toujours la même, puis donc que les antecedens r, x, auront toujours même raiſon entr'eux, les conſéquens, a, AD auront auſſi même raiſon, ainſi les tems AD ſeront entr'eux comme les ſinus x des angles d'élévation.

PRINCIPES NECESSAIRES

Pour l'intelligence de la Propoſition ſuivante.

294. *Si d'un point quelconque* D *ou* C *d'une parabole* (Fig. 233.) *on abaiſſe une perpendiculaire* DQ *ou* CH *ſur une double ordonnée* MP *à l'axe* BO, *le reċtangle* $MQ \times QP$, *des parties de la double ordonnée, coupées par la perpendiculaire qui tombe en dedans de la parabole, eſt égal au reċtangle de la perpendiculaire* DQ *par le parametre, & le reċtangle de la double ordonnée* MP *par ſon prolongement* PH *eſt égal à la perpendiculaire* CH *qui tombe hors de la parabole multipliée par le parametre.*

Je nomme p le parametre; par la proprieté de la parabole, on a $\overline{OP}^2 = BO \times p$, & menant du point D l'ordonnée DS, on a auſſi $\overline{DS}^2 = BS \times p$; donc $\overline{OP}^2 - \overline{OQ}^2 = BO \times p - BS \times p = \overline{BO - BS} \times p = SO \times p = DQ \times p$; or MP étant diviſée en deux également en O, & en deux inégalement en Q, on a $\overline{OP}^2 - \overline{OQ}^2 = MQ \times QP$, donc $MQ \times QP = DQ \times p$, ce qui démontre le premier cas.

Pour démontrer le ſecond, je mene du point C l'ordonnée CL, par la proprieté de la parabole, j'ai $\overline{LC}^2 = BL \times p$, & $\overline{OP}^2 = BO \times p$; donc $\overline{LC}^2 - \overline{OP}^2 = BL \times p - BO \times p = \overline{BL - BO} \times p$

$= OL \times p$; or à cause des ordonnées OP, LC paralleles entr'el-les, & des droites LO, CH perpendiculaires fur OH, j'ai LO $=$ CH & LC $=$ OH, donc $\overline{LC}^2 = \overline{OH}^2$, & par conféquent puifque nous avons $\overline{LC}^2 - \overline{OP}^2 = OL \times p$, nous avons auffi $\overline{OH}^2 - \overline{OP}^2 = HC \times p$, mais la double ordonnée MP étant coupée en deux également en P, & la droite PH lui étant ajoûtée, on a MP $\times$ PH $= \overline{OH}^2 - \overline{OP}^2$, donc MP $\times$ PH $=$ HC $\times p$; ce qui dé-montre le fecond cas.

Dans le tems que j'écrivois ceci, je croyois faire ufage de cette proprieté de la parabole pour quelques unes des Propofi-tions fuivantes; mais ayant enfuite trouvé des voyes plus cour-tes pour démontrer ces Propofitions, je n'ai laiffé fubfifter celle-ci que parce que cette proprieté de la parabole n'eft pas connue de tout le monde, & qu'elle peut cependant être utile en bien des occafions.

295. *Soit une parabole AB (Fig. 234.) décrite par un corps pro-jetté felon une direction horizontale AD, par une force uniforme que nous exprimerons par AD; fi du point D l'on mene DB parallele à l'axe, & qu'ayant mené en B la tangente BT, on conçoive que le même corps B foit projetté de B en T felon la direction BT avec une force uniforme qui foit à la force AD comme BT eft à AD, le corps par cette feconde projection décrira la parabole AB ; dans un tems égal à celui qu'il a employé à décrire la même parabole par la premie-re projection.*

Concevons que AD foit divifé en parties égales, par exem-ple en 4, & que des points de divifion foient menées les droi-tes LH, CO, FM, paralleles à l'axe; il eft vifible que la droite TB fera auffi divifée en 4 parties égales aux points L, C, N, & que le tems que le corps pouffé par la force AD employeroit à parcourir chacune des parties égales de AD, eft égal au tems que le même corps pouffé par la force TB employeroit à par-courir chacune des parties égales de BT; donc fi à la fin du pre-mier inftant de la projection felon AD, la pefanteur du corps l'a fait defcendre d'une quantité égale à EH, la même pefanteur à la fin du premier inftant, felon la projection BT, fera defcen-dre le corps d'une quantité NM égale à EH; par la même raifon fi à la fin du fecond inftant, du troifiéme, & du quatriéme, le corps pouffé par la force AD fe trouve abaiffé par fa pefanteur

des quantités CO, FM, DB, le même corps poussé par la force BT se trouvera abaissé à la fin du second instant, du troisiéme & du quatriéme, des quantités CO, LH, TA égales chacune à chacune aux quantités CO, FM, DB, maintenant les
quantités EH, CO, FM, DB étant comme les quarrés des
tems employés à parcourir les espaces AE, AC, AF, AD,
sont par conséquent comme 1, 4, 9, 16; ainsi les quantités
NM, CO, LH, TA, sont aussi comme 1, 4, 9, 16; or les
triangles CFN, CDB étant semblables, on a CD, CF :: DB,
FN; mais CD = 2CF, donc DB = 2FN ou FN = ½ DB; cr
DB = 16, donc FN = 8, & ajoûtant à FN la quantité NM
dont le corps poussé par la force BT, se trouve abaissé à la fin
de BN, nous aurons FN + NM = 8 + 1 = 9; mais la quantité FM dont le corps poussé par la force AD se trouve abaissé à
la fin de AF est 9; donc l'extrémité M de cet abaissement est pré-
cisement au même point où se trouve l'extrémité M de l'abaissement NM à la fin du tems de la seconde projection; l'abaissement CO étant le même dans l'une & l'autre projection, il est visible que l'extrémité O de l'un & de l'autre sera au même point;
les triangles TAC, LEC étant semblables, donnent TA, LE
:: AC, AE, or AC = 2AE, donc TA = 2LE, ou LE = ½
TA; mais TA = DB = 16, donc LE = 8; donc si à LE on
ajoûte la quantité EH = 1, dont la pesanteur a fait descendre
le corps dans le tems AE selon la direction AD, la somme sera
8 + 1 = 9; or l'espace LH dont la gravité avoit fait descendre le
corps à la fin du tems BL selon la direction BL, est aussi 9,
dont l'extrémite H de l'abaissement LH, selon la direction BL,
est au même point que l'extrémité de l'abaissement EH, selon
la direction AE; donc le corps projetté selon la direction BT
par une force comme BT, passe par les mêmes points par lesquels il passeroit s'il étoit projetté selon la direction AD par une
force comme AD, & par conséquent le corps décrit la même
courbe par l'une ou l'autre projection.

Si le corps poussé selon la direction BT par une force uniforme exprimée par BT, continuoit à se mouvoir après être parvenu en A, il décriroit de l'autre côté de l'axe une demi-parabole
AQ égale à la demi-parabole AB; car prolongeant BT au-delà
de T, & divisant son prolongement en parties égales aux parties
de BT; il est visible qu'à la fin du tems BZ l'abaissement ZY seroit = 25, puisqu'il seroit comme le quarré de BZ = 5. Or les

triangles rectangles CTA, CZX donneroient CT, CZ :: TA, ZX, & CT $=\frac{2}{3}$CZ ; donc TA $=\frac{2}{3}$ZX, ou ZX $=\frac{3}{2}$ TA; mais TA $= 16$, donc $\frac{1}{2}$TA $= 8$, & $\frac{3}{2}$ TA $= 24$, & par conséquent ZX $= 24$; or nous venons de trouver ZY $= 25$, donc ZY $=$ ZY $-$ ZX $= 25 - 24 = 1$, c'est-à-dire que l'extrémité Y de l'abaissement ZY seroit autant éloigné de l'horizontale XD que l'abaissement EH, & comme les espaces TL, TZ étant égaux, les espaces AE, AX doivent être aussi égaux, il s'ensuit que les abaissemens XY, EH se trouvant égaux, & à égale distance de l'axe, les points Y, H appartiennent à une même parabole, & continuant le même raisonnement, on trouvera que la demi-parabole AQ décrite par le corps dans un tems égal à BT sera égale à la demi-parabole AB décrite dans le tems BT.

Par un semblable raisonnement, on trouvera que si le corps au lieu d'être poussé par la force BT de B vers T, étoit poussé de B vers V, ensorte qu'il parcourût l'espace BV dans le même tems qu'il parcourroit BT, sa pesanteur lui feroit décrire l'arc BK, que la même pesanteur lui feroit décrire, si après être parvenu en B lorsqu'il étoit poussé par AD, il continuoit de se mouvoir pendant un tems égal à celui que la force AD employeroit à lui faire parcourir DP $=$ AD.

296. *Si sur le prolongement BH (Fig. 235.) de l'axe MB d'une demi-parabole AB décrite par le mouvement d'un corps projetté de B en R avec une direction horizontale, on prend une partie DB égale à la hauteur dont le corps en repos devroit descendre pour acquerir une vitesse égale à la vitesse de la force uniforme de la direction, & qu'ayant mené du point D sur la direction BR une droite qui la coupe en un point quelconque E, on éleve sur DE au point E la perpendiculaire EM qui coupe l'axe en M; je dis 1°. Que tandis que la force uniforme feroit parcourir au corps l'espace BR double de BE, la pesanteur abaisseroit ce corps d'une quantité égale à BM. 2°. Que si du point R on mene RA parallele à l'axe, & que du point A où cette ligne coupe la parabole on mene la tangente AH, & qu'on conçoive une force uniforme qui pousseroit le corps de A vers H dans un tems égal à celui que la force horizontale employeroit à lui faire parcourir l'espace RB, la droite DM composée de DB & BM, est la hauteur dont le corps A en repos devroit tomber pour acquerir une vitesse égale à celle de la force uniforme de la direction AH.*

La force horizontale avec la vitesse acquise à la fin de DB, feroit parcourir un espace double de DB dans un tems égal à celui que le corps auroit employé à defcendre le long de DB (*N. 63*), cela pofé.

L'efpace DB parcouru par la chute DB eft à l'efpace BM parcouru par la chute BM, comme le quarré de la viteffe acquife par la chute DB eft au quarré de la viteffe acquife par la chute BM, donc ces viteffes font en raifon foudoublée des chutes DB, BM; or à caufe du triangle rectangle DEM, dans lequel la droite EB eft perpendiculaire fur la bafe, les triangles rectangles DEB, EBM font femblables, donc on a : : DB, BE, BM, & par conféquent DB eft à BE en raifon foudoublée de DB à BM, donc les viteffes acquifes par les chutes DB, BM font entr'elles comme DB, BE, & les tems employés à acquerir ces viteffes font auffi comme DB, BE; or la force uniforme horizontale pendant le tems DB fait parcourir un efpace double de DB, donc pendant le tems BE elle doit faire parcourir un efpace BR double de l'efpace BE, c'eft la premiere chofe que nous avions à démontrer.

La force uniforme de la direction AH feroit parcourir l'efpace AE dans le même tems que la force uniforme de la direction BR feroit parcourir l'efpace BE par la fuppofition. Or les triangles rectangles ARE, BEM font femblables & égaux, car EB=ER, & BM=AR, puifque dans le tems que le corps auroit parcouru l'efpace BR fa pefanteur l'auroit abaiffée d'un efpace AR égal à BM, comme il vient d'être démontré. Donc EM=AE, & par conféquent les deux forces uniformes font comme ME, EB, mais à caufe des triangles femblables MBE, EBD, on a EB, ME : : DB, DE, donc les forces EB, AE font comme DB, DE; or les hauteurs dont le corps auroit dû tomber pour acquerir ces forces ou viteffes, font en raifon doublée de ces viteffes, donc ces hauteurs font comme les quarrés de DB, BE; mais les triangles rectangles femblables BDE, DEM donnent : : BD, DE, DM, donc BD, DM font entr'eux comme les quarrés de BD & DE, & par conféquent les hauteurs dont le corps devroit tomber, font comme BD, DM; mais DB eft la hauteur dont le corps doit tomber pour acquerir une force égale à la force horizontale; donc DM eft la hauteur dont le même corps devroit tomber pour acquerir une force égale à la force de la direction AD, & c'eft la feconde chofe qu'il falloit démontrer.

On dira fans doute que la force horizontale avec la viteffe acquife par la chute DB, doit faire parcourir un efpace double de DB (*N. 63*), & la force oblique avec la viteffe acquife par la chute DM, doit faire parcourir un efpace double de DM; & non pas l'efpace AE, mais il faut prendre garde que cela n'eft vrai que lorfque les efpaces parcourus par les forces uniformes font parcourus dans des tems égaux aux tems des chutes, lefquels tems font inégaux entr'eux quand les chutes font inégales; au contraire dans la queftion préfente les efpaces BE, AE que les forces uniformes font parcourir, font parcourus dans un même tems, c'eft pourquoi le tems de la chute BM étant plus grand que le tems de la chute DB, il faut divifer l'efpace que la force oblique feroit parcourir par le tems de fa chute, afin de reduire les deux forces uniformes à un même tems. Soit par exemple DB $= 1$; BE $= 2$, donc à caufe de $: : $ DB, BE, BM, nous aurons BM $= 4$, & DM $=$ DB $+$ BM $= 1 + 4 = 5$; il eft indubitable qu'à la fin de la chute BD le corps a acquis une force qui peut lui faire parcourir un efpace BE double de BD, dans un tems égal au tems de la chute DB, & qu'à la fin de la chute DM le corps aura acquis une force qui peut lui faire parcourir un efpace double de DM, & par conféquent $= 10$ dans un tems égal à celui de la chute DM; mais les tems des chutes étant comme $\sqrt{1}$, $\sqrt{5}$, ou comme 1, $\sqrt{5}$, les efpaces 2, 10 parcourus par les forces uniformes, feroient parcourus dans des tems inégaux 1, $\sqrt{5}$. Pour reduire donc ces deux forces à un même tems 1, il faut dire, fi pendant le tems $\sqrt{5}$ la force oblique parcourt 10, que doit-elle parcourir pendant le tems 1? Et faifant la regle, on trouvera $\sqrt{5}$, $10 :: 1$, $\frac{10}{\sqrt{5}} = \frac{2 \times 5}{\sqrt{5}} = 2\sqrt{5}$, & par conféquent $2\sqrt{5}$ fera l'efpace que la force oblique acquife par la chute DM doit parcourir pendant le tems 1, que la force horizontale acquife par la chute DB employe à parcourir BE, & en effet, la droite AE ou EM eft égale à $2\sqrt{5}$, car dans le triangle rectangle MBE on a $\overline{EM}^2 = \overline{BE}^2 + \overline{BM}^2 = 4 + 16 = 20$, & par conféquent EM $= \sqrt{20} = 2\sqrt{5}$.

De même fi BE n'étoit égal qu'à 1, la force horizontale parcourroit BE dans la moitié du tems égal à celui de la chute DB; or alors à caufe de BD $=$ BE on auroit BM $= 1$, & DM $= 2$, ainfi la force oblique avec la viteffe acquife à la fin de la chute BM, parcourroit un efpace double de BM ou égal à 4 dans un tems égal à celui de fa chute; donc les tems du mouvement des deux

deux forces uniformes feroient $\frac{1}{2}$, $\sqrt{2}$, c'eſt pourquoi pour reduire ces deux forces à un même tems, il faut dire, ſi pendant
le tems $\sqrt{2}$ la force oblique parcourt un eſpace $=4$, quel eſpace parcourra-t-elle pendant le tems $\frac{1}{2}$? Et faiſant la regle on trou-
vera $\sqrt{2}$, $4 :: \frac{1}{2} \cdot \frac{4 \times \frac{1}{2}}{\sqrt{2}} = \frac{2}{\sqrt{2}} = \sqrt{2}$; ainſi $\sqrt{2}$ eſt l'eſpace que la force
oblique doit parcourir dans le tems que la force horizontale par-
courroit BE $= 1$; & en effet, dans la ſuppoſition préſente AE
ſeroit égal à $\sqrt{2}$, car dans le triangle rectangle EMB, on auroit
$\overline{EM}^2$ ou $\overline{AE}^2 = \overline{EB}^2 + \overline{BM}^2 = 1 + 1 = 2$, donc AE $= \sqrt{2}$, & la
même choſe arriveroit dans telle autre ſuppoſition qu'on vou-
droit faire, ce qui montre évidemment la vérité de ce que nous
avons démontré.

Si l'on a bien compris les principes précédens on en tirera ſans
peine toute la théorie & la pratique du jet des bombes, ainſi que
nous allons le faire voir. On ſe ſouviendra qu'un corps pouſſé par
la force oblique qui fait parcourir AE dans le même tems que la
force horizontale fait parcourir BE, décrit la même parabole qu'il
décriroit s'il étoit pouſſé par la force horizontale (N. 295).

En premier lieu, *la force d'un corps projetté horizontalement eſt
égale à la racine du quart du parametre de la parabole qu'il décrit.*

Suppoſons que la parabole décrite ſoit BA (*Fig. 235*), & nom-
mons p le parametre, nous aurons donc $\overline{AM}^2$ ou $\overline{RB}^2 = BM \times p$;
or BE étant la moitié de AR, nous avons $\overline{AM}^2 = 4\overline{EB}^2$, donc
$4\overline{EB}^2 = BM \times p$; d'un autre côté nous avons :: DB, BE, BM,
donc BM $\times$ DB $= \overline{BE}^2$, & multipliant par 4 nous aurons $4\overline{BE}^2$
$= BM \times 4BD$, donc $BM \times p = BM \times 4BD$, & par conféquent
diviſant par BM nous aurons $p = 4BD$, & $BD = \frac{1}{4}p$; mais BD
étant la hauteur dont le corps doit tomber pour acquerir une force égale à la force uniforme horizontale, la viteſſe acquiſe à la
fin de BD eſt $\sqrt{BD}$, donc cette viteſſe ou force eſt $\sqrt{\frac{1}{4}p}$.

En ſecond lieu, *la force oblique qui fait parcourir l'eſpace AE
dans le même tems que la force horizontale fait parcourir l'eſpace BE,
eſt égale à la racine du quart du parametre du diametre qui paſſe par
le point A.*

La force oblique eſt égale à la viteſſe acquiſe par la chute DM,
donc elle eſt $\sqrt{DM}$; mais DM $=$ DB $+$ BM, & par conféquent
$4DM = 4DB + 4BM$; or $4DB$ eſt le parametre de l'axe BM,

comme on vient de voir, & 4BM eſt le quadruple de l'abſciſſe
BM correſpondant au point A, & par la proprieté de la parabole
le parametre du diametre qui paſſe par le point A, eſt égal au
parametre de l'axe BM plus quatre fois l'abſciſſe BM, donc le
parametre du diametre qui paſſe par A eſt 4BD + 4BM, & ſon
quart eſt BD + BM = DM. Donc puiſque la force oblique AE
eſt égale à $\sqrt{\overline{DM}}$, elle eſt par conſéquent égale à la racine du
quart du parametre du diametre qui paſſe par A.

Achevant la parabole ABC, nous nommerons AC *amplitude*
de la parabole, & menant du point C la droite CF parallele à
l'axe, & qui coupe la direction oblique en F, nous nommerons
AF *direction oblique*.

Il eſt viſible que EB étant égal à RE, & AC égal à 2RE, EB
n'eſt par conſéquent que le quart de l'amplitude AC, & par la
même raiſon AE, n'eſt que le quart de la direction oblique AF;
or les chutes DB, DM ſont les chutes que le corps auroit dû
faire pour acquerir les forces uniformes BE, AE qui agiſſent
dans des tems égaux, donc pour acquerir des forces AC, AF,
quadruples des forces BE, AE dans des tems quadruples, les chutes DB, DM devroient être quadruples; ainſi exprimant les forces BE, AE, non plus par les eſpaces BE, AE, qui ne ſont que
les quarts des eſpaces qu'elles parcourent, mais par les eſpaces
mêmes AC, AF, leurs viteſſes ſeront $\sqrt{4\overline{DB}}$, $\sqrt{4\overline{DM}}$, c'eſt-à-
dire que la force horizontale ſera égale à la racine du parametre
de l'axe, & la force oblique égale à la racine du parametre du
diametre qui paſſe par le point A; c'eſt en effet la véritable valeur de ces forces, ainſi qu'on verra dans l'addition de cette premiere partie, où nous ferons voir que la force du choc dans un
point quelconque de la parabole eſt égale à la racine du parametre du diametre qui paſſe par ce point; cependant comme les
quarts ſont entr'eux en même raiſon que leurs entiers, il eſt permis de prendre les uns pour les autres, & c'eſt ce qu'on fait communement, parce qu'on y trouve plus de commodité.

En troiſiéme lieu. *Si un même corps eſt projetté par une même for-*
ce, tantôt ſous une direction oblique à l'horiſon, & tantôt ſous un au-
tre de différente obliquité, &c. il décrit une infinité de paraboles dont
les parametres des axes ſont tous différens.

Nous venons de voir 1°. Que ſi un corps pouſſé par une force horizontale, décrit une parabole BA (*Fig.* 235), & qu'étant
pouſſé par une force oblique dans la direction AH de la tangente,

il décrive la même parabole AB dans un tems égal à celui qu'il a employé à la décrire lorsqu'il étoit poussé par la force horizontale, les deux forces sont entr'elles comme AE, BE, c'est-à-dire comme le quart de la direction oblique AF au quart de l'amplitude AC. 2°. Que les hauteurs dont le corps devroit tomber pour acquerir les forces BE, AE, sont entr'elles comme DB à DM, c'est-à-dire, comme le $\frac{1}{4}$ du parametre de l'axe est à DB + BM, ou au $\frac{1}{4}$ de ce parametre plus la hauteur de la parabole, cela posé.

Soit la parabole BAC (*Fig. 236*), dont le $\frac{1}{4}$ du parametre est PA, & la hauteur est AD. Je décris sur PD le demi-cercle FED, & menant du point A l'horizontale AR, & du point E les cordes ED, EP, je prouverai aisément comme ci-dessus que lorsque la pesanteur aura fait descendre le corps de la quantité AD = RB, la force horizontale lui aura fait parcourir l'espace RA double de AE; menant donc du point B la tangente BT qui passera par le point E par la proprieté de la parabole, si la force de la direction BE qui projetteroit le même corps de B en E, étoit à la force horizontale comme BE est à AE, le corps décriroit la même parabole BAC, & la force horizontale seroit à la force oblique, comme AE est à BE; d'où il suit, comme ci-dessus, que les hauteurs dont le corps devroit tomber pour acquerir ces forces, seroient comme PA est à PD, ainsi la force BE seroit exprimée par $\sqrt{\overline{PD}}$.

Je prens une droite pd = PD, je la partage en deux parties pa, ad différentes des parties PA, AD dont elle est composée auparavant; je prens pa pour le quart du parametre d'une parabole ab dont la hauteur est ad, je décris autour de pd le demi-cercle ped, je mene l'horizontale ar, & du point e les cordes ep, ed; ainsi je prouverois aisément que quand la pesanteur aura fait descendre le corps d'une quantité égale à ad = rb, la force horizontale auroit fait parcourir au corps l'espace ar double de ae, & qu'en menant la tangente bt, si la force de la direction be étoit à la force horizontale comme be est à ea, le corps décriroit la même parabole, & que par conséquent les hauteurs dont le corps devroit tomber pour acquerir les forces ae, be, devroient être comme pa, pd, d'où il suit que la force be seroit exprimée par $\sqrt{\overline{pd}}$; mais PD = pd, donc $\sqrt{\overline{PD}}$ — $\sqrt{\overline{pd}}$, & par conséquent la force avec laquelle le corps poussé selon la direction BE dé-

crit la parabole BAC , eſt égale à la force avec laquelle le corps
pouſſé ſelon la direction *be* décrit la parabole *bac*.

Or comme on peut couper PA en deux parties PA , AD ,
qui ne ſoient ni comme PA eſt à AD , ni comme *pa* eſt à *ad* , &
que cette diviſion ſe peut faire en une infinité de façons ; il s'enſuit qu'en prenant dans chacune de ces diviſions la partie ſupérieure pour le quart du parametre , & l'inférieure pour la hauteur , on décrira une infinité d'autres paraboles , & que ſi des
extrémités B , *b* , &c. de leurs amplitudes on mene les tangentes
BT , *bt* , &c. le corps pouſſé ſelon les directions de ces tangentes avec des forces qui ſeroient aux forces AE , *ae* , &c. comme
BE , *be* , &c. décriroit les mêmes paraboles , BAC , *bac* , &c.
& que les hauteurs dont il faudroit que le corps deſcendît pour
acquerir ces forces BE , *be* , &c. ſeroient toujours la même PD ,
ou *pd* ; donc ces forces BE , *be* , &c. étant toujours exprimées
par $\sqrt{\overline{PD}}$ ou $\sqrt{\overline{pd}}$ ſeroient égales entr'elles , ainſi la même force
$\sqrt{PD}$ peut faire parcourir une infinité de paraboles différentes
dont les parametres ſont différens , ce qu'il falloit démontrer.

Au reſte, il faut prendre garde que quoique les forces ſelon les
directions BE , *be* , &c. avec leſquelles le corps décrit les paraboles BAC , *bac* , &c. ſoient égales , il ne s'enſuit pas que les di-
directions BE , *be* , &c. ſoient égales , & la raiſon en eſt que le
corps ne décrit les paraboles BAC , *bac* , &c. que dans des tems
égaux à ceux qu'il auroit employés à les décrire s'il avoit été
pouſſé par les forces horizontales AE , *ae* , &c. leſquelles étant
inégales entr'elles employent auſſi des tems différens , c'eſt pourquoi les directions BE , *be* , &c. qui ſont comme AE , *ae* , &c.
doivent être inégales ; ainſi l'on doit entendre que le même corps
pouſſé ſous différentes directions par une force toujours égale à
$\sqrt{\overline{PD}}$ décriroit différentes paraboles dans des tems différens.

En quatriéme lieu. *Les quarts des directions ſous leſquelles un*
même corps étant pouſſé par une même force , peut décrire une infinité
de différentes paraboles , ſont égaux aux cordes menées de l'extrémité
d'un diametre d'un demi-cercle à tous les points de la circonférence de
ce demi-cercle , & les quarts des amplitudes de ces mêmes paraboles
ſont égaux aux perpendiculaires menées des extrémités de ces cordes
ſur le diametre.

Si dans la Figure 236 , je fais BS = DP , & que ſur BS pris
pour diametre je décrive un demi-cercle SEB , ce demi-cercle

paſſera par le point E, car les parties SR, RB du diametre SB
étant égales chacune à chacune aux parties PA, AD du diametre PD = BS, il eſt évident que la perpendiculaire RE qui eſt
moyenne proportionnelle entre les parties SR, RB, doit être
égale à AE, qui eſt moyenne proportionnelle entre les parties
PA, AD; donc l'ordonnée RE du demi-cercle SEB eſt égale
à l'ordonnée AE du demi-cercle PED; mais par la proprieté
de la parabole le point E eſt au milieu de RA & RE = EA, donc
le demi-cercle SEB paſſe par le point E, & par conféquent la
droite BE, qui eſt le quart de la direction oblique eſt égale à la
corde BE menée de l'extrémité B au point E de la demi-circonférence ; de même AE étant égal au quart de l'amplitude BC,
l'ordonnée RE eſt auſſi égale au quart de cette amplitude.

De même ſi je fais $bs = pd$ & que ſur bs pris pour diametre,
je décrive un demi-cercle seb, lequel ſera égal au demi-cercle
SEB, à cauſe de l'égalité des diametres, ce demi-cercle paſſera
par le point e, & le quart be de la direction oblique ſera corde
de ce cercle, & le quart ae ou re de l'amplitude bc ſera égal à
l'ordonnée re menée du point e ; donc les deux quarts de direction BE, be ſeront corde d'un même cercle, de même que les
quarts d'amplitudes RE, re ſeront les ordonnées menées de l'extrémité de ces cordes ; de plus les parties SR, RB coupées par
l'ordonnée ER ſeront égales l'une au quart PA du parametre de
l'axe de la parabole correſpondante BAC, & l'autre à la hauteur
AD ; de même les parties sr, rb coupées par l'ordonnée er ſeront égales l'une au quart pa du parametre de l'axe de la parabole
correſpondante bac, & l'autre à la hauteur ad de cette même parabole.

Or comme on peut couper le diametre SB ou PA d'une infinité de façons en deux parties SR, BR différentes de SR, BR ;
& qu'en prenant les différens SR pour des quarts de parametre,
& les différens RB pour différentes hauteurs, on aura différentes
paraboles dont les quarts d'amplitudes ſeront les différentes ordonnées RE, & les quarts de directions ſeront les différentes
cordes BE, il s'enſuit que les quarts des directions & les quarts
d'amplitude des différentes paraboles que peut décrire un même
corps projetté avec une même force ſous différentes directions
obliques, ſont compris dans un même demi-cercle, dont
le diametre SB = PD eſt égal au quart du parametre du diametre qui paſſe par le point B, lequel parametre eſt toujours

L l iij

le même dans ces différentes paraboles.

PROPOSITION CI.

297. Tirer des principes précédens la théorie & la pratique du jet des bombes sans avoir recours à l'algebre.

Il faut d'abord faire une épreuve en jettant une bombe avec une charge déterminée & sous un angle connu, & après avoir examiné l'amplitude de la parabole qu'elle aura décrite, il faut mener sur un papier une droite indéfinie AZ (*Fig.* 237.) qui représentera l'horizontale, & sur cette droite on prendra par le moyen d'une échelle la droite AE égale à l'amplitude; on élevera en A une droite indéfinie AX perpendiculaire sur AE, & au même point A on fera un angle MAE égal à l'angle sous lequel la bombe a été jettée, on coupera l'amplitude AE en quatre parties égales, & de l'extrémité O de l'une de ces parties on élevera sur AE la perpendiculaire OQ qui coupe la direction AM en Q, d'où l'on menera QT perpendiculaire sur AX; cela fait, il est visible que TQ sera le quart de l'amplitude, & AQ le quart de la direction AM, donc AQ sera une corde d'un cercle dont le diametre est égal à la hauteur de la parabole, plus le quart du parametre de son axe, & TQ sera l'ordonnée correspondante de ce cercle; pour trouver donc ce diametre on prolongera TQ en F, faisant QF=TQ, & la droite TF étant égale à la moitié de l'amplitude, le point F sera le sommet de la parabole; ainsi menant l'axe LFY perpendiculaire sur AE, la droite QL, & au point Q élevant sur QL la perpendiculaire QY qui coupe l'axe en Y, on aura YF égal au quart du parametre de l'axe, & FL égal à sa hauteur, donc faisant AX égal à LY, on auroit le diametre du demi-cercle cherché, ce diametre peut se trouver plus aisément en élevant sur AQ la perpendiculaire QX qui coupe AX en X, ou bien en prenant une troisiéme proportionnelle TX aux deux lignes AT, TQ, tout ceci n'est qu'une suite des principes pécédens; car à cause des triangles semblables LQF, FQY, on a

:: LF, QF, FY, donc $\overline{QF}^2 = LF \times FY$; or par la proprieté de la parabole on a $\overline{AL}^2$ ou $\overline{TF}^2$ ou $\overline{QF}^2 = LF \times p$, donc $\overline{QF}^2 = LF \times \frac{1}{4}p$, en nommant p le parametre de l'axe; & par conséquent $LF \times FY = LF \times \frac{1}{4}p$, & $FY = \frac{1}{4}p$, & par conséquent FY est la hauteur dont le corps devroit tomber pour acquerir une force horizontale avec laquelle le corps étant projetté de F vers T décriroit la parabole FA.

Ce demi-cercle étant trouvé, si l'on veut avoir l'amplitude de la parabole que décrira la même bombe poussée avec la même force sous un autre angle de direction MAE ou NAE, on formera l'angle MAE ou NAE, & du point M ou N, ou la jambe MA ou NA coupera le cercle, on menera MG ou NH perpendiculaire au diametre AX, & GM sera le quart de l'amplitude AR de la parabole AIR décrite sous l'angle MAL, & la corde AM sera le quart de sa direction, de même NH sera le quart de l'amplitude de la parabole décrite sous l'angle NAE, & la corde AN sera le quart de sa direction, & ainsi des autres.

Si du centre G du cercle, on mene au point Q le rayon GQ, l'angle au centre AGQ sera double de l'angle du segment QAO qui est l'angle d'élevation de la parabole AFE, or TQ est le sinus de l'angle GAQ, donc le quart de l'amplitude de cette parabole est le sinus de l'angle double de son angle d'élevation, & comme on trouvera la même chose à l'égard des autres paraboles, il s'ensuit que *les quarts des amplitudes de ces paraboles, & par conséquent les amplitudes elles-mêmes sont entr'elles comme les sinus des angles doubles des angles d'élevation, lorsque la force de la poudre est la même.*

La hauteur FL ou TA de la parabole AFE décrite sous l'angle QAE est le sinus verse de l'angle QGA double de l'angle d'élevation QAE, & la même chose se trouvera dans les autres paraboles, donc *les hauteurs des paraboles décrites sous différens angles d'élevation avec une même force de poudre, sont entr'elles comme les sinus verses des angles doubles des angles d'élevation.*

Par la propriété du cercle, on a :: TA, AQ, TX, donc TA × TX $= \overline{\mathrm{AQ}}^2$, c'est-à-dire le produit du diametre AX par le sinus verse TA de l'angle double de l'angle d'élevation QAE de la parabole décrite sous cet angle est égal au quarré de la corde AQ; or la moitié de la corde AQ étant le sinus de la moitié de l'angle QGA est aussi le sinus de l'angle d'élevation QAE, donc le produit du diametre par le sinus verse TA de l'angle double de l'angle d'élevation QAE est égal à quatre fois le quarré du sinus de cet angle d'élevation QAE ; or on trouvera la même chose dans les autres paraboles, donc les produits des sinus verses des angles doubles d'élevation par le diametre AX sont égaux à quatre fois les quarrez des sinus de ces angles d'élevation, mais les produits des sinus verses par le diametre sont entr'eux comme les ſinus verſes, & les quarrez des ſinus des angles d'élevation pris quatre fois, ſont entr'eux comme les quarrez mêmes ; donc les ſinus verſes des angles doubles des angles d'élevation ſont entr'eux comme les quarrez des ſinus des angles d'élévation ; or les hauteurs des paraboles ſont entr'elles comme les ſinus verſes des angles doubles des angles d'élevation, donc *les hauteurs des paraboles ſont entr'elles comme les quarrez des ſinus des angles d'élevation.*

Les tems des projeƈtions ſous différens angles ſont comme les racines des hauteurs des paraboles, car le tems employé à parcourir la demi-parabole FA eſt égal au tems que la peſanteur employeroit à faire deſcendre le corps le long de la hauteur FL, puiſque ce corps projetté par une force horizontale FT ſe trouveroit en A dans le même tems que ſa peſanteur l'auroit abbaiſſé de la quantité FL ; or dans le mouvement acceleré les tems ſont comme les racines des eſpaces, donc les tems des différentes projeƈtions ſont comme les racines des hauteurs, mais les hauteurs ſont comme les quarrez des ſinus des angles d'élevation, donc les tems ſont comme les racines de ces quarrez, & par conſéquent les tems ſont comme les ſinus ; donc *la force de la poudre étant la même, les tems des projeƈtions ſous différens angles, ſont entr'eux comme les ſinus des angles d'élevation.*

L'ordonnée GM du cercle étant plus grande que toutes les autres, il s'enſuit que la parabole dont l'amplitude ſera le quadruple de cette ordonnée, aura auſſi la plus grande amplitude que la même force de poudre puiſſe donner ; or en ce cas la direƈtion MA forme un angle de quarante-cinq dégrés ; donc *de toutes les projeƈtions qu'on peut faire ſous differens angles avec une même force de poudre, celle qui eſt faite ſous quarante-cinq dégrés a la plus grande amplitude.*

Les ordonnées du cercle également éloignées du centre ſont égales entr'elles, donc les projeƈtions qui auront pour amplitudes les quadruples de ces ordonnées ſeront égales ; or en ce cas les direƈtions NA, QA formeront avec l'horizontale des angles également éloignés de 45 dégrés, comme il eſt aiſé de le démontrer ; donc *les projeƈtions faites avec une même force de poudre ſous des angles également éloignés de 45 degrés ont des ampliutdes égales.*

La diſtance AE d'un but E étant donnée, on diviſera cette

diſtance

diſtance en quatre parties égales, & de l'extremité de la premiere partie, on élevera la perpendiculaire OQ ; ſi cette perpendiculaire coupe le cercle en un point Q, on menera la corde
AQ, & l'angle QAO fait par cette corde avec l'horizontale
ſera l'angle d'élevation qu'il faudra donner au mortier pour atteindre le but avec une force de poudre convenable au diametre
XA du cercle, mais ſi la perpendiculaire OQ ne coupe pas
le cercle, ce ſera ſigne qu'avec la même force de poudre on
ne peut point atteindre ce but, ce qui eſt évident par les principes que nous venons d'établir.

Et ſi on vouloit trouver de combien il faudroit augmenter la
charge pour atteindre un but R qu'on ne pourroit atteindre avec la
charge convenable au diametre AX, on feroit en A un angle
de 45 dégrés, enſuite on couperoit la diſtance AR en quatre
parties égales, & de l'extremité de la premiere de ces parties,
on éleveroit une perpendiculaire qui couperoit la direction A*x*
en un point M que je ſuppoſe différent du point M du cercle
XMA ; du point M on meneroit MG perpendiculaire à l'indéfinie AX ; ainſi GM ſeroit une plus grande ordonnée du cercle
convenable à la force qu'on demande, c'eſt pourquoi du point
G & du rayon GM on décriroit un cercle qui ſeroit le cercle
cherché ; or la force exprimée par ce cercle étant à la force
exprimée par le cercle précédent comme la racine de ſon diametre à la racine du diametre précédent, le rapport de ces racines donneroit le rapport des forces, & par conſéquent on
connoîtroit de combien on devroit augmenter la force précédente pour atteindre le but R ſous un angle de 45 dégrés. J'ai pris
l'angle de 45 dégrés, parce que cet angle donnant la plus grande
amplitude d'une même force de poudre, il eſt viſible qu'en prenant un autre angle, on n'auroit pû y atteindre avec la charge
qu'on vient de trouver, & qu'il auroit fallu l'augmenter davantage, ce qu'il faut éviter le plus qu'on peut pour ne pas dépenſer
de la poudre inutilement.

On voit aiſément qu'il n'eſt point de difficultés touchant les
projections ſur des buts au niveau de la batterie qu'on ne puiſſe
réſoudre ſans peine par le moyen du cercle dont je viens de
parler, c'eſt pourquoi je ne m'y arrêterai pas davantage. Mais
voyons maintenant quel uſage on peut faire de ce cercle à l'é-
gard des buts qui ſont au-deſſus ou au-deſſous du niveau de la
batterie.

M m

298. Il y a long-tems que l'on cherche une Methode aisée pour atteindre un but situé au-deſſus ou au-deſſous du niveau de la batterie. M. Blondel propoſa ce Problême à l'Academie, & Meſſieurs Buot, de Romer, & de la Hire en donnerent de fort belles ſolutions ſynthetiques rapportées par M. Blondel dans ſon Traité du jet des Bombes ; mais comme ces ſolutions demandent pluſieurs analogies, & la connoiſſance de pluſieurs angles & ſinus, ce qui les rend embarraſſantes dans la pratique. Le P. Reynaud, M. de Maupertuis, M. Wolf, & beaucoup d'autres Geometres ont propoſé des formules algebriques par leſquelles ils ont cru diminuer la difficulté. Quoique ces formules ne ſoient que du ſecond dégré, cependant leur uſage n'en eſt pas ſi aiſé qu'on ſe l'imagine, & d'ailleurs la plupart des gens de guerre n'aiment point l'algebre, & je doute fort qu'il ſe trouve des Bombardiers qui veuillent s'y aſſujettir. J'ai donc crû devoir me tourner d'un autre côté ; la force ou la charge de la poudre eſt facile à déterminer dès qu'on connoît la route ou la parabole que la bombe doit décrire pour atteindre un but ſitué au niveau de l'horizon : il ne s'agit donc, me ſuis-je dit à moi-même, que de réduire les cas du deſſus ou du deſſous du niveau de la batterie au ſeul cas de M. Blondel, & de trouver pour cela une Méthode facile à pratiquer ; or c'eſt ce que j'ai trouvé & d'une maniere ſi commode, qu'il n'eſt point d'enfant de dix ans qui ne puiſſe la pratiquer comme on le verra bientôt, mais auparavant voici le principe que je dois établir.

Soit une parabole ABC (*Fig.* 238.) *décrite ſous un angle* DAC *avec une force quelconque ; ſoit l'amplitude* AC *coupée en quatre parties égales, & des points de diviſion ſoient élevées les perpendiculaires* FI, GK, HL, *qui coupent la direction* AD *auſſi en quatre parties égales, & la parabole aux points* M, B, N, *entre leſquels le point* B *eſt le ſommet & les deux autres* M, N, *étant également éloignés du ſommet ſont auſſi également éloignés de l'amplitude* AC. *Je dis que ſi l'on joint les points* M, N, *par la droite* MN *qui par conſéquent ſera parallele à l'amplitude, & qui coupera la plus grande hauteur* BG *en* O, *la partie* BO *de cette hauteur ſera égale au tiers de* FM *ou de* NH.

Je nomme AD $= x$, donc AI $= \frac{1}{4}x$, AK $= \frac{2}{4}x$, & AL $= \frac{3}{4}x$. Or par la propriété de la parabole les chûtes IM, KB, LN, DC ſont comme les quarrez des droites AI, AK, AL, AD, donc ces chûtes ſont $\frac{1}{16}xx$, $\frac{4}{16}xx$, $\frac{9}{16}xx$, & xx ; mais à cauſe

des triangles semblables IAF, KAG, LAH, DAC, on a DC,
IF :: DA, IA, & IA $= \frac{1}{4}$DA, donc IF $=$ DC $= \frac{1}{4}xx$; par un
semblable raisonnement on trouvera KG $= \frac{2}{4}xx$, & LH $= \frac{3}{4}xx$;
donc si de IF $= \frac{1}{4}xx$ on retranche IM $= \frac{1}{16}xx$, on aura FM
$= \frac{3}{16}xx$; de même, si de KG $= \frac{2}{4}xx$ on retranche KB $= \frac{4}{16}xx$,
le reste BG sera $\frac{4}{16}xx$; ôtant donc de BG $= \frac{4}{16}xx$, la partie
GO $=$ FM $= \frac{3}{16}xx$, on aura BO $= \frac{1}{16}xx$, & par conséquent
BO sera égal au tiers de FM, ce qu'il falloit démontrer. Cela
posé,

PREMIERE DIFFICULTE'.

*La hauteur BN (Fig. 239.) d'un but B au-dessus du niveau de
la batterie A étant donnée avec la distance AN, trouver l'angle
d'élevation sous lequel on atteindra ce but, & la force qu'on y doit
employer.*

SOLUTION.

Je coupe AN en trois parties égales aux points O, P; je prolonge AN, & je fais NM égal à $\frac{1}{3}$ de AN; du point P milieu de AM j'éleve PQ que je fais égal à $\frac{4}{3}$NB, & la parabole
qui aura pour hauteur la droite QP & pour amplitude la droite
AM passera par le but B par le principe précédent, puisque
QP sera plus grand que BN de $\frac{1}{3}$BN; menant donc du point
A la tangente AR, l'angle RAM sera l'angle d'inclinaison qu'il
faudra donner au mortier, & cet angle pourra se connoître aisément, à cause que les côtés AP, PR, ou 2PQ du triangle
rectangle APR sont connus; il ne s'agit donc plus que de trouver la force de la poudre, & pour cela je mene du sommet Q
la droite QS qui coupe en S la droite AX perpendiculaire sur
AC, & en Z la tangente AR; j'éleve au point Z la droite XZ
perpendiculaire sur AR, laquelle coupe AX en X, & la droite
AX est le diametre du cercle XZA qui comprend cette projection par les principes établis ci-dessus; donc la racine de XA
est la force de la poudre, c'est-à-dire que si on avoit fait une
épreuve qui eut donné un diametre plus grand ou moindre que
XA, la différence des racines des diametres marqueroit de
combien il faudroit augmenter ou diminuer la charge pour atteindre le but sous l'angle RAM.

Il est visible que toutes les lignes nécessaires dans ce cas sont
faciles à trouver, car les côtés AP, PR du triangle rectangle

APR étant connus, son hypothenuse se connoîtra aisément, &
par conséquent sa moitié AZ ; de même l'angle d'inclinaison
RAP pouvant se connoître comme il a été dit, l'angle RAX
complement à l'angle droit de l'angle RAP sera aussi connu,
donc dans le triangle AZX dont on connoît le côté AZ, &
l'angle aigu ZAX, on pourra connoître l'hypothenuse AX.

SECONDE DIFFICULTE'.

Connoissant la hauteur BP *(Fig. 240) du niveau* AB *de la batterie* A *au-dessus d'un but* P, & *la distance* AB *connoître sous quelle
angle d'élevation on peut atteindre ce but* & *avec quelle force.*

SOLUTION.

Je coupe BP en trois parties égales, j'en prens deux de B
en C ; je coupe aussi AB en trois parties égales, & j'en prens
deux de A en D.

Du point C par le point D, je mene CDE faisant DE = DC ;
du point E, j'abbaisse EQ perpendiculaire sur la droite AD,
laquelle se trouve partagée également en Q, car les triangles
rectangles CDB, DEQ étant semblables, & la base DC étant
égale à la base DE, le côté DB est par conséquent égal au côté
QD, mais DB est le tiers de AB, donc QD en est aussi le tiers,
& AQ est le tiers restant, donc AQ = QD ; je coupe EQ en
deux parties égales en H, & la parabole qui a pour hauteur HQ,
& pour base AD passe par le but donné P, ce que je démontre
ainsi

Du point E je mene par le point A la tangente ES, faisant
AS = AE, la force uniforme qui feroit parcourir AE selon la direction AE feroit parcourir dans le même tems la droite AS
selon la direction AS, & par conséquent l'abbaissement EH
causé par la pesanteur à la fin de AE seroit égal à l'abbaissement
ST à la fin de AS ; or les triangles rectangles AVS, AEQ étant
semblables, & le côté AE étant égal au côté AS, on a VS = EQ ;
ajoutant donc à VS la droite ST = EH = $\frac{1}{2}$EQ, on a VT = EQ
+ $\frac{1}{2}$EQ = $\frac{3}{2}$EQ ; or par la construction CP = $\frac{1}{2}$BC, & BC
= EQ ; donc CP = $\frac{1}{2}$EQ, & BP = $\frac{3}{2}$EQ, & par conséquent
VT = BP ; or il est visible que VQ = QB ; donc les points T,
P sont également distans de l'axe EX prolongé ; ainsi puisque
la parabole AHD étant continuée du côté de T passe par le
point T, la même parabole continuée du côté de P passera par
le point P.

Pour trouver la force de la poudre on menera du sommet H la droite HN qui coupe la tangente AE en N, & élevant au point N la perpendiculaire NM qui coupe en M la droite AM perpendiculaire fur AD, la droite AM fera le diametre du cercle qui comprend cette projection, &c.

TROISIEME DIFFICULTE'.

Connoiſſant la hauteur BP (Fig. 241.) du niveau AB de la batterie au-deſſus d'un but P, & la diſtance AB, connoître ſous quel angle d'abbaiſſement BAC on peut atteindre ce but & avec quelle force.

Je coupe BP en trois parties égales, & j'en prens deux de B en C; du point C par le point A je mene la droite CE, faifant AE $=$ AC; du point E je mene EQ perpendiculaire fur BD, & coupant EQ en deux parties égales en H, & faifant CD $=$ QA, la parabole qui a pour hauteur la droite HQ & pour bafe AD $=$ 2AQ paffe par le but P; tirant donc felon la direction AC, on atteindra P.

La force uniforme qui feroit parcourir AE fur la direction AE, fait parcourir dans le même tems la droite AC fur la direction AC; donc l'abbaiffement EH caufé par la pefanteur à la fin de AE eft égal à l'abbaiffement CP qui feroit caufé par la même pefanteur à la fin de AC; or à caufe des triangles femblables & égaux AEQ, ABC, on a EQ $=$ BC, donc EH $— \frac{1}{2}$ EQ $=\frac{1}{2}$ BC, & par conféquent t l'abbaiffement CP $= \frac{1}{2}$ BC, donc CP $=\frac{1}{3}$ BP, & BC plus l'abbaiffement CP eft égal à BP, donc la parabole paffe par le point P : on trouvera fa force de même que ci-deffus.

QUATRIEME DIFFICULTE'.

Connoiſſant la hauteur BP (Fig. 241.) du niveau de la batterie A au-deſſus d'un but B, & la diſtance AB, connoître la force qu'il faut donner pour atteindre le but en tirant ſelon l'horizontale AB.

Je prens une troifiéme proportionnelle aux lignes BP & AB, & il eft clair que cette proportionnelle eft le parametre de la parabole AP qui paffe par le point P; ainfi le quart de cette parabole eft la hauteur dont le corps devroit tomber pour acquerir la force requife. Ce quatriéme cas n'a rien de difficile, & je n'en ai parlé que parce que quelques Auteurs y ont trouvé de l'embarras.

J'ai été plus long que je ne penfois fur cette matiere, mais j'efpere qu'on me pardonnera en faveur d'une nouveauté dont l'ufage eft extremement étendu.

Au refte lorfque le but eft au-deffus ou au-deffous du niveau de batterie, il y a des cas où il eft impoffible de l'atteindre, mais comme on peut aifément juger de ces cas, je ne m'y arrête point de peur d'être trop long, il me fuffira de dire que lorfqu'en agiffant comme j'ai dit, on trouvera qu'il faudroit une charge qui feroit au-delà de la plus grande qu'on a coutume d'employer, le cas feroit impoffible, puifqu'on ne fçauroit charger plus qu'on ne peut.

Proposition CII.

299. *Trouver la courbe de projection d'un corps en fuppofant que les directions de la pefanteur dans les differens endroits de la courbe ne foient pas paralleles entr'elles.*

Solution.

Suppofons que le point C (*Fig.* 119.) foit le centre de la terre, & que le corps A foit projetté horizontalement, en forte que la direction de la force qui le projette foit la ligne horizontale vraye ou l'arc AT, & que l'efpace AN foit l'efpace que cette force feroit parcourir au corps dans une minute. Suppofons auffi que la droite AH foit la hauteur d'où le corps doit tomber pour acquerir une viteffe égale à la viteffe que donne la force qui a pour direction l'arc AT, & enfin que la droite AP foit l'efpace que la pefanteur du corps lui feroit parcourir dans une minute. Je mene du point N la droite NC au centre de la terre, & du centre C avec le rayon CP je décris l'arc PM, ainfi le point M eft le point où le corps A doit fe trouver à la fin de la premiere minute.

Je mene Cn infiniment proche de CN, & l'arc pm infiniment proche de PM, & nommant $AH = a$, $AP = x$, $AC = b$, $AN = y$, j'ai $Pp = RM = dx$, $Nn = dy$, $PC = MC = mC = b - x$.

Les fecteurs femblables CNn, CRm donnent CN, $CR :: Nn$, Rm, ou b, $b - x :: dy$, $\frac{bdy - x.dy}{b} = Rm$, donc $\overline{Rm}^2 = \frac{\overline{b - x}^2 \times dy^2}{bb}$, or $\overline{MR}^2 = dx^2$, & le triangle rectangle MmR donne $\overline{Mm}^2 = \overline{MR}^2 + \overline{Rm}^2$, donc $\overline{Mm}^2 = dx^2 + \frac{\overline{b - x}^2 \times dy^2}{bb} = \frac{b^2 dx^2 + \overline{b - x}^2 \times dy^2}{bb}$.

Maintenant fi le corps defcendoit le long de AP ou de NM,

la vitesse acquise en P seroit $\sqrt{\overline{AP}}=\sqrt{x}$, & comme l'espace P$p$ ou MR est infiniment petit, on peut regarder cette vitesse comme uniforme pendant le tems que le corps parcoureroit Pp ou MR ; de même la vitesse acquise à la fin de l'arc AM étant la même que la vitesse acquise à la fin de HP $=a+x$, à cause que ce mouvement est composé de la vitesse HA que donne la force qui a la direction AT, & de la vitesse que donne la pesanteur, la vitesse, dis-je, acquise en M est $\sqrt{a+x}$; or cette vitesse peut être regardée comme uniforme pendant le tems que le corps parcourt l'espace Mm, donc les vitesses des espaces MR, Mm étant censées uniformes, elles sont entr'elles comme ces espaces, & par conséquent MR, Mm :: $\sqrt{x}$, $\sqrt{a+x}$, & $\overline{MR}^2$, $\overline{Mm}^2$ :: x, $a+x$; mais nous avons $\overline{MR}^2 = dx^2$, & $\overline{Mm}^2 = \dfrac{b^2 dx^2 + b\,\overline{}\,x \times dy^2}{bb}$, donc nous avons l'analogie qu'on voit ici.

Et multipliant la premiere raison par bb, puis faisant le produit des extrêmes & celui des moyens, ensuite retranchant de part & d'autre $bbxdx^2$, puis tirant la racine quarrée, enfin divisant par $\overline{b+x}\sqrt{x}$, j'ai $dy = \dfrac{bdx\sqrt{a}}{\overline{b-x}\sqrt{x}}$, dont l'intégrale est $y = \int \dfrac{bdx\sqrt{a}}{\overline{b-x}\sqrt{x}}$, ou bien

$$dx^2,\ \frac{b^2 dx^2 + b\,\overline{}\,x \times dy^2}{bb} :: x,\ a+x$$

$$bbdx^2,\ b^2 dx^2 + b\,\overline{}\,x \times dy^2 :: x,\ a+x$$

$$abbdx^2 + bbxdx^2 = b^2 xdx^2 + b\,\overline{}\,x \times xdy^2$$

$$abbdx^2 = b\,\overline{}\,x \times xdy^2$$

$$bdx\sqrt{a} = \overline{b-x} \times dy\sqrt{x}$$

$$\frac{bdx\sqrt{a}}{\overline{b-x}\sqrt{x}} = dy$$

$$y = \int \frac{bdx\sqrt{a}}{\overline{b-x}\sqrt{x}}$$

$$y = \int \frac{abdx}{\overline{b-x}\sqrt{ax}}$$

$y = \int \dfrac{abdx}{\overline{b-x}\sqrt{ax}}$, en multipliant le numérateur & le dénominateur par $\sqrt{a}$.

Pour trouver cette integrale, je multiplie le second membre par a, ce qui donne $\int \dfrac{a^2 bdx}{\overline{b-x}\sqrt{ax}}$, & je regarde ce produit comme l'aire d'une courbe, laquelle étant décrite, & sa quadrature étant supposée connue, je n'aurai qu'à diviser par a pour avoir la valeur de y.

Or je puis décrire cette courbe de plufieurs façons comme on a pû l'obferver dans les exemples que nous avons donnés ci-deffus de ces fortes de courbes, mais dans le cas prefent j'obferve que la courbe que je cherche étant $\int \dfrac{a^2 b\, dx}{\overline{b - x}\sqrt{ax}}$, fon élement fera $\dfrac{a^2 b\, dx}{\overline{b - x}\sqrt{ax}}$, & par conféquent fon ordonnée fera $\dfrac{a^2 b}{\overline{b - x}\sqrt{ax}}$; or cette ordonnée eft formée par deux analogies dont la premiere eft $\sqrt{ax}$, $a :: a,\ \dfrac{a^2}{\sqrt{ax}}$, & la feconde eft $\overline{b - x},\ \dfrac{a^2}{\sqrt{ax}} :: b,\ \dfrac{a^2 b}{\overline{b - x}\sqrt{ax}}$. Mais le premier terme $\sqrt{ax}$ de la premiere analogie eft l'ordonnée d'une parabole dont le parametre eft $= a$, ainfi fi je décris fur le diametre AC une parabole AZ dont le parametre foit

AH $= a$, & que je faffe PQ, AH :: AH, $\dfrac{\overline{AH}^2}{PQ} = \dfrac{a^2}{\sqrt{ax}}$, & qu'enfuite je faffe CP, $\dfrac{a^2}{\sqrt{ax}}$ :: AC, $\dfrac{a^2 \times AC}{CP\sqrt{ax}} = \dfrac{a^2 b}{\overline{b - x}\sqrt{ax}}$, la droite $\dfrac{a^2 b}{\overline{b - x}\sqrt{ax}}$ fera l'ordonnée de la courbe que je cherche correfpondante à l'abfciffe AP ; & faifant la même chofe à l'égard de toutes les abfciffes prifes fur AC, je trouverai toutes les ordonnées, & par conféquent l'aire de la courbe que je cherche ; ainfi fuppofant que cette aire qui fera $\int \dfrac{a^2 b}{\overline{b - x}\sqrt{ax}}$ foit connue, & divifant par a fa partie qui eft coupée par l'ordonnée correfpondante à l'abfciffe AP, le quotient fera $\int \dfrac{ab}{\overline{b - x}\sqrt{ax}} = y$, c'eft-à-dire l'arc AN ; ainfi fuppofant la quadrature du cercle, c'eft-à-dire qu'on ait une ligne égale à la circonférence du rayon CA, on aura la valeur de fon arc AN ; c'eft pourquoi de l'extremité N tirant NC au centre C, & décrivant l'arc PM, on trouvera le point M de la courbe de projection correfpondante à l'extremité P de l'abfciffe AP que je fuppofe connue & déterminée ; & faifant la même chofe à l'égard de toutes les autres abfciffes de AC, on aura la courbe AMS de projection.

Comme ceci n'eft pas d'une grande utilité, je n'entre pas dans un plus grand détail.

CHAPITRE

CHAPITRE XI.

Du choc des Corps.

DEFINITIONS.

300. ON dit qu'un corps eſt *parfaitement dur*, lorſqu'en venant à choquer contre un autre il ne change point de figure, qu'il eſt *mol* lorſque le choc lui fait perdre la figure qu'il avoit, enfin qu'il eſt *élaſtique* ou *à reſſort*, lorſque le choc lui faiſant d'abord perdre ſa premiere figure, il la reprend auſſitôt par ſa propre force. Un bâton, par exemple qui ſe courbe lorſqu'on le preſſe en appuyant un de ſes bouts ſur un plancher ou contre une muraille, & qui ſe remet en ligne droite lorſqu'on ne le preſſe plus, eſt un corps *élaſtique*.

301. On dit qu'un corps choque un autre corps *perpendiculairement* lorſqu'il le choque ſelon une direction perpendiculaire à ce corps, & qu'il le choque *obliquement* lorſqu'il le choque ſelon une direction oblique.

302. Le *centre de percuſſion* eſt le point par lequel un corps choque un autre corps avec une force plus grande que par tout autre point.

303. L'*action* d'un corps ſur un autre eſt la maniere dont ce corps agit ſur l'autre, & la *réaction* eſt la maniere dont le corps choqué ou preſſé agit ſur celui qui le choque ou qui le preſſe.

Tout corps qui agit ſur un autre corps reçoit de cet autre corps une réaction qui eſt égale à ſon action. *Si quelqu'un*, dit M. Newton, *preſſe une pierre avec le doigt, ce doigt ſera autant preſſé par la pierre que la pierre en eſt preſſée. Si un Cheval tire un poids, il eſt attiré de la même façon par ce poids;* c'eſt-à-dire, la force qu'il a pour aller en avant eſt diminuée d'une quantité égale à la réſiſtance que fait le corps, & de là on a tiré l'axiome ſuivant.

AXIOME.

304. La reaction eſt égale & contraire à l'action.

PROPOSITION CIII.

305. *Si un corps A non élaſtique* (Fig. 120) *choque un autre corps*

N n

B *non élastique qui est en repos, ou qui se meut selon la même direction, mais avec moins de vitesse, la somme des quantités de mouvement après le choc est égale à la somme des quantités avant le choc.*

DEMONSTRATION

Si les deux corps se meuvent selon la même direction, je nomme a la quantité de mouvement de A avant le choc, b la quantité de mouvement de B aussi avant le choc, & c la quantité que B reçoit dans l'instant du choc, par l'axiome précedent B reagissant sur A produit dans A une quantité $= c$; or ce mouvement étant contraire au mouvement a, détruit dans A une quantité $= c$, donc le mouvement de A après le choc est $a - c$, & celle de B est $b + c$, ajoûtant donc ensemble ces deux quantités de mouvement la somme sera $a - c + b + c = a + b$, mais la somme des quantités de mouvement avant le choc étoit aussi $a + b$, donc les sommes des quantités de mouvement sont égales avant & après le choc.

Si B est en repos avant le choc, sa quantité de mouvement est $= 0$, & par conséquent la somme des quantités de mouvement avant le choc est $a + o = a$; or après le choc le mouvement de B est c, & celui de A est $a - c$, à cause que B par sa reaction détruit c dans A, donc la somme des mouvemens après le choc est $a - c + c = a$, & par conséquent la somme des quantités de mouvement avant le choc est égale à la somme après le choc.

PROPOSITION CIV.

306. *Si deux corps* A, B *non élastiques* (Fig. 120.) *qui se meuvent avec des directions contraires viennent à se choquer, la différence de leurs quantités de mouvement avant le choc est égale à la somme de leurs quantités de mouvement après le choc.*

DEMONSTRATION.

Je nomme a la quantité de mouvement de A avant le choc, & b la quantité de mouvement de B, aussi avant le choc ; ainsi si $a = b$, la différence sera $a - b = o$; or les deux corps agissant & reagissant avec la même force, le mouvement cessera dans l'instant du choc, donc la quantité de mouvement après le choc sera égale à zero, & par conséquent cette quantité sera égale à la différence avant le choc.

Si *a* est plus grand que *b*, la différence avant le choc sera *a* — *b*; or le mouvement de B après le choc sera = *c*, parce que *a* aura détruit *b* & produit le mouvement contraire *c* dans B, & à cause de la reaction de B le mouvement de A après le choc sera *a*—*b*—*c*, ajoûtant donc ensemble ces deux quantités de mouvement, la somme sera *a*—*b*—*c*+*c*=*a*—*b*, donc la somme des quantités de mouvement après le choc sera égale à la différence des quantités avant le choc.

Si *b* est plus grand que *a*, la différence avant le choc sera *b*—*a*, & l'on connoîtra aisément que le mouvement de *a* après le choc sera *c*, que celui de *b* sera *b*—*a*—*c*, & que la somme des deux sera *b*—*a*—*c*+*c*=*b*—*a*, donc, &c.

Nota. Que dans les cas de cette Proposition, de même que dans ceux de la précédente, les Cartesiens disent qu'il y a toujours une même quantité de mouvement avant & après le choc; mais comme ils ne prennent pour quantité de mouvement avant & après le choc que celle qui est selon la direction du corps qui a le plus de force, & qu'ils en retranchent celle qui a une direction contraire, il est visible que ce que nous appellons différence des quantités de mouvement avant le choc, est la même chose que ce qu'ils appellent quantité de mouvement, & qu'ainsi on est d'accord dans le fonds quoiqu'on s'exprime différemment.

A X I O M E.

307. *Si un corps* A *non élastique venant à choquer un corps* B *ne lui communique aucun mouvement, le mouvement du corps* A *cesse totalement.*

L'expérience générale & commune est une preuve certaine de cet Axiome, cependant si on en veut une raison, il n'y a qu'à faire attention que le corps A ne communiquant aucune quantité de mouvement au corps B, le corps B ne sçauroit non plus lui en donner par sa reaction, & qu'ainsi le corps B ne faisant que s'opposer invinciblement au mouvement du corps A, il faut nécessairement que le mouvement de celui-ci se détruise; ou bien encore on peut dire que le corps A choquant le corps B avec toute sa force, laquelle est égale à sa quantité de mouvement, le corps B reagit en lui communiquant une égale quantité de mouvement, dont la direction est contraire à celle qu'il avoit, ce qui fait que le mouvement se détruit.

N n ij

Proposition CV.

308. *Si deux corps A , B d'égale masse & non élastiques, qui se meuvent avec des vitesses égales & des directions contraires, viennent à se choquer, leur mouvement cesse après le choc.*

DEMONSTRATION.

Les masses étant égales & les vitesses aussi, les forces sont donc égales, par conséquent le corps A ne peut communiquer de mouvement au corps B, qui lui resiste avec une égale force & une direction contraire, ainsi par l'Axiome précédent le corps A demeure en repos ; par la même raison le corps B demeure aussi en repos, donc le mouvement cesse de part & d'autre après le choc.

Proposition CVI.

309. *Si un corps A non élastique choque un autre corps B non élastique, & qu'après le choc il reste du mouvement au corps A, ces deux corps se meuvent avec la même vitesse & la même direction.*

DEMONSTRATION.

Si le corps B étant en repos ou dans un mouvement moins vite que le corps A, celui-ci vient à le choquer avec une force qui l'entraine, il est visible que le corps B doit se mouvoir selon la direction du corps A ; or il ne sçauroit se mouvoir moins lentement puisqu'il empêcheroit le corps A d'avancer, ce qui est contre la supposition, & il ne sçauroit non plus aller plus vite parce que le corps A ne lui communique de sa vitesse qu'autant qu'il est nécessaire pour l'empêcher d'être un obstacle à son mouvement, donc l'un & l'autre corps se meuvent avec la même vitesse.

Proposition CVII.

310. *Si un corps A non élastique choque un autre corps B non élastique, & qui est repos , & qu'après le choc les deux corps soient en mouvement, la vitesse après le choc est à la vitesse avant le choc , comme la masse A est à la somme des masses A , B.*

DEMONSTRATION.

Je nomme M la masse de A , m la masse de B , V la vitesse de

'A avant le choc, la quantité de mouvement de A avant le choc est donc MV, & celle de B est zero ; mais après le choc la somme des quantités de mouvement doit être égale à la somme des quantités de mouvement avant le choc, (*N.* 305), donc la somme après le choc doit être encore $= MV$; or la vitesse est toujours égale à la quantité de mouvement divisée par la masse, donc la vitesse commune aux deux corps après le choc est MV divisée par $M + m$, c'est-à-dire $\frac{MV}{M+m}$; mais la vitesse avant le choc étoit V, donc la vitesse après le choc est à la vitesse avant le choc, comme $\frac{MV}{M+m}$ est à V, ou comme $\frac{MV}{M+m}$ est à $\frac{MV+mV}{M+m}$, ou comme M est à $M + m$.

Si $M = m$ la vitesse après le choc sera à la vitesse avant le choc comme M à 2M ou comme 1 à 2.

PROPOSITION CVIII.

311. *Si un corps A non élastique choque un autre corps B non élastique aussi, & qui se meut selon la même direction, mais avec moins de vitesse, & que le corps A entraine le corps B, la vitesse après le choc sera égale à la somme des quantités de mouvement divisée par la somme des masses.*

DEMONSTRATION.

Je nomme M la masse de A, V sa vitesse, *m* la masse de B, & *u* sa vitesse ; la quantité de mouvement de A avant le choc sera donc MV, celle de B sera *mu*, & la somme des deux $MV + mu$; or cette somme doit être la même après le choc (*N.* 305), donc la vitesse commune après le choc sera $\frac{MV+mu}{M+m}$.

COROLLAIRE.

312. Si $M = m$ la vitesse après le choc est égale à la moitié de la somme des vitesses avant le choc ; car la vitesse après le choc sera $\frac{MV+Mu}{M+m} = \frac{MV+Mu}{2M}$; or la somme des vitesses avant le choc est $V + u$, donc la vitesse après le choc sera à la somme des vitesses avant le choc, comme $\frac{MV+Mu}{2M}$ est à $V + u$, ou comme $\frac{MV+Mu}{2M}$ est à $\frac{2MV+2Mu}{2M}$, ou comme $MV + Mu$ est à $2MV + 2Mu$, ou enfin comme 1 à 2.

N n

PROPOSITION. CIX.

313. *Si deux corps non élastiques, d'égales masses, & qui se meuvent avec différentes vitesses & des directions contraires, viennent à se choquer, ensorte que l'on entraine l'autre, la vitesse après le choc sera égale à la moitié de la différence des vitesses avant le choc.*

DEMONSTRATION.

Soit M la masse du premier & du second, V la vitesse du premier & u celle du second; la quantité de mouvement du premier sera MV, celle du second sera Mu, & leur différence sera MV — Mu; or cette différence est égale à la différence de la quantité de mouvement après le choc (N 306), donc la vitesse après le choc sera $\frac{MV - Mu}{2M}$, mais la différence des vitesses avant le choc est V — u; donc la vitesse après le choc est à la différence des vitesses avant le choc, comme $\frac{MV - Mu}{2M}$ est à V — u, ou comme $\frac{MV - Mu}{2M}$ est à $\frac{2MV - 2Mu}{2M}$, ou comme 1 est à 2.

COROLLAIRE I.

314. *Si les masses étant inégales, les vitesses sont reciproques aux masses, le mouvement cesse après le choc.* Car par la supposition on a M , m :: u , V, donc MV = mu, c'est-à-dire les quantités des mouvemens avant le choc sont égales, & par conséquent leur différence MV — mu = 0; or après le choc la quantité de mouvement restante est égale à la différence des quantités avant le choc (N. 306), donc cette quantité est zero, & par conséquent le mouvement cesse.

COROLLAIRE II.

315. *Si les masses étant inégales les vitesses sont égales, la vitesse après le choc est à la vitesse avant le choc, comme la différence des masses est à leur somme.* Car la quantité de mouvement du premier avant le choc est MV, celle du second est mV, & leur différence est MV — mV; mais la quantité de mouvement après le choc est égale à cette différence , donc la vitesse après le choc est $\frac{MV - mV}{M + m}$, & par conséquent cette vitesse est à la vitesse avant le choc, commme $\frac{MV - mV}{M + m}$ est à V, ou $\frac{MV + mV}{M + m}$, ou comme M — m est à M + m.

COROLLAIRE III.

316. *Si les masses sont inégales & les vitesses aussi inégales sans être reciproques aux masses, la vitesse après le choc sera égale à la différence des quantités de mouvement avant le choc divisée par la somme des masses.* Car la quantité du mouvement du premier avant le choc sera MV, celle du second *mu*, & leur différence MV — *mu* ; or cette différence est égale à la quantité de mouvement après le choc ; donc la vitesse après le choc est $\frac{MV - mu}{M + m}$.

PROPOSITION CX.

317. *Si un corps AB (Fig. 121.) qui se meut autour d'un point fixe A, vient à choquer un autre corps AC, le centre de percussion du corps AB est le même que le centre d'oscillation, mais si le même corps AB (Fig. 122.) se mouvant toujours parallelement à lui-même, choque un autre corps, le centre de percussion sera la même chose que son centre de gravité.*

DEMONSTRATION.

Le centre de percussion du corps AB (*Fig.* 121.) est un point auquel toutes les parties étant ramassées, leur choc contre AC seroit égal au choc total de ces mêmes parties mises chacune en leur place ; pour cela il faut faire attention que tandis que le corps AB se meut, toutes ses parties décrivent des arcs BC, PM, RS, &c. qui représentent leurs vitesses, parce que ces arcs sont décrits dans le même tems ; or les forces des corps étant égales aux masses multipliées par les vitesses, il est évident que les forces avec lesquelles les parties du corps AB choquent le corps AC sont les produits de ces parties par leurs vitesses ; maintenant pour trouver un point où toutes ces forces étant réunies sur AM feroient le même effet, il n'y a qu'à multiplier chaque force mise en C, M, S par sa distance AC, AM, AS du centre A de mouvement, & diviser la somme des produits par la somme des forces, & l'on aura pour quotient la distance AT, & par conséquent le point T est le point où toutes les forces étant ramassées feront le même effort, car il est visible que les forces mises en T & multipliées par AT feront égales à la somme des forces mises en leurs places, & multipliées chacune par sa distance, donc, &c.

Or l'opération que nous venons d'enseigner pour trouver le centre de percuffion eft la même que nous avons enseignée ci-deffus (*N.* 264.) pour trouver le centre d'ofcillation, donc le centre d'ofcillation & le centre de percuffion d'un corps ne font qu'une même chofe.

Si le corps AB fe meut toujours parallelement à lui-même vers le corps AC (*Fig.* 122), toutes fes parties parcourent des efpaces BC, PM, RS, &c. égaux entr'eux, & ces efpaces expriment leurs viteffes à caufe qu'ils font parcourus dans le même tems, donc les forces de ces parties font leurs produits par ces viteffes égales; mais pour trouver un point fur AC où la fomme de ces forces étant réunie produife le même effet, il faut multiplier ces forces par leurs diftances AC, AM, AS, &c. & divifer enfuite la fomme des produits par la fomme des forces, comme il vient d'être dit; or les viteffes étant égales les forces font comme les maffes, donc on aura le même quotient, fi au lieu de multiplier les forces par leurs diftances AC, AM, AS, &c. & de divifer la fomme des produits par la fomme des forces, on multiplie fimplement les parties du corps AB mifes en C, M, S par leurs diftances AC, AM, AS, & qu'on divife la fomme des produits par la fomme des parties; mais cette opération eft la même que celle que l'on fait pour trouver le centre de gravité d'un corps (*N.* 118), donc en ce cas le centre de percuffion & le centre de gravité font la même chofe.

DEFINITION.

318. Si un corps A (*Fig.* 123.) choque obliquement un corps BD, l'angle que fait la direction AC du corps A avec le corps BD fe nomme *angle d'incidence*, & fi le corps A après avoir choqué le corps BD fe reflechit, l'angle fait par la nouvelle direction CE qu'il prend avec le corps BD, fe nomme *angle de reflexion*.

PROPOSITION CXI.

319. *La force élaftique ou la force du reffort d'un corps eft égale à la force qui le comprime, ou qui le tend fans le brifer.*

DEMONSTRATION.

Puifque le corps eft comprimé ou tendu fans être brifé, il eft évident qu'il refifte avec une force égale à celle qui le comprime me ou qui le tend ; or il ne refifte que par la force élaftique , donc la force élaftique eft égale à la force qui comprime ou qui tend le corps.

Proposition CXII.

320. *Si un corps élaftique* A (Fig. 123.) *choque felon une direction perpendiculaire* AB *un corps* BD *qui eft en repos & qui n'eft point ébranlé par le choc, & que le corps* A *ne fe brife point, ce corps fe reflechira avec la même viteffe le long de la même droite* BA.

Demonstration.

Le corps A ne pouvant furmonter le corps BD , toute fa force fe confomme à comprimer fon reffort, or ce reffort n'étant point brifé par la fuppofition , acquiert une force égale à celle qui le comprimoit , donc il fait reprendre à la partie comprimée fa premiere figure , mais il ne peut faire cet effet en faifant reculer le corps BD , qui lui refifte invinciblement, donc il le fait en pouffant le corps A felon la direction BA & avec la même viteffe ; car il n'y a pas de raifon de dire que la direction doive changer.

Corollaire.

321. Si le corps BD étoit auffi élaftique, la force du corps A comprimeroit d'abord le corps B , lequel par fa réaction comprimeroit auffi le corps A , après quoi le reffort du corps B ayant acquis une force égale à la force qui le comprimoit , feroit reprendre fa premiere figure à fa partie comprimée , & par la même raifon le reffort du corps A feroit reprendre à fa partie comprimée fa premiere figure ; mais comme il ne pourroit faire cet effet du côté de B , où il trouveroit une refiftance invincible , il le feroit en pouffant A avec la même viteffe & avec la direction BA.

Proposition CXIII.

322. *Si un corps élaftique* A (Fig. 123.) *choque felon une direction oblique* AC *un corps* BD , *qu'il ne peut ébranler , ce corps fe reflechira felon une direction* CE , *enforte que l'angle de reflexion* ECD *fera égal à l'angle d'incidence* ACR.

Demonstration.

Du point A menant AB perpendiculaire fur BD , & AF parallele à BD , & achevant le parallelogramme ABCF autour de
AC , il eft vifible que fi la force qui pouffe felon AC eft exprimée par AC , cette force équivaudra à deux forces exprimées
par les côtés AB , AF du parallelogramme ; or après le choc le
reffort lui rendra une force égale à celle qu'il avoit auparavant &
par conféquent équivalente aux deux AB , AF , & comme la
direction de la force AF fubfiftera à caufe qu'elle n'eft point oppofée aux corps BD,& que la direction de la force AB deviendra contraire à elle-même,à caufe que le corps BD lui eft oppofé,il s'enfuit
que le corps pouffé par les forces CF,CD égales aux deux AB,AF
parcourra la diagonale CE du parallelogramme CE,mais les parallelogrammes AC,CE étant femblables & égaux,les triangles ABC,
EDC,qui font leurs moitiés , font auffi femblables & égaux ; donc
l'angle de reflexion ECD fera égal à l'angle d'incidence ACB.

COROLLAIRE I.

323. Un corps A étant donné de pofition , & un point H, l'un
& l'autre hors du corps BD , fi l'on demande que le corps A
choque obliquement le corps BD en un point C , enforte qu'en
fe reflechiffant il paffe par le point H , on refoudra la queftion en
cette forte.

Des points A , H j'abaiffe les perpendiculaires AB , HO fur
BD , je coupe BO en deux parties BC , CO qui foient entr'elles
comme les perpendiculaires AB , HO , & je dis que le point C
eft le point où il faut que le corps A choque le corps BD , pour
paffer enfuite par H en fe reflechiffant ; car menant les droites
AC , HC, les triangles ABC , HOC font femblables puifqu'on
à AB , HO : : BC , OC par la conftruction , donc l'angle HCO
de reflexion eft égal à l'angle ACB d'incidence , & par conféquent le corps A doit fe reflechir felon la droite CH & paffer
par H.

COROLLAIRE II.

324. *Le choc perpendiculaire eft au choc oblique comme le finus
total eft au finus de l'angle d'incidence.*

Si le corps A (*Fig.* 123.) choquoit le corps BD perpendiculairement , & avec une force exprimée par AC , le choc feroit

comme AC; or quand il le choque obliquement selon la direction AC sa force est équivalente aux deux forces AB, AF, dont la seconde ne choque point du tout le corps BD, donc le choc n'est que comme AB, ainsi le choc perpendiculaire est au choc oblique comme AC est à AB, mais en prenant AC pour sinus total, la droite AB est le sinus de l'angle ACB d'incidence, donc le choc perpendiculaire est au choc oblique comme le sinus droit est au sinus de l'angle d'incidence.

PROPOSITION CXIV.

325. *Si un corps élastique* A *choque directement un autre corps* B *élastique qui lui est égal & qui est en repos; après le choc,* A *sera en repos, &* B *aura le même mouvement que* A *avoit avant le choc.*

DEMONSTRATION.

Si les deux corps n'étoient point élastiques ils se mouvroient tous deux dans la même direction, & avec une vitesse égale à la moitié de la vitesse que A avoit avant le choc (*N.* 310); or le ressort de B agissant après la compression avec une vitesse égale à celle de la compression, & ne pouvant agir du côté de A parce que le ressort de A lui résiste, il pousse par conséquent B avec une demi-vitesse égale à la demi-vitesse que A a déja communiqué à B, & par conséquent B se meut avec la vitesse entiere que A avoit avant le choc; au contraire le ressort de A agissant avec la même demi-vitesse, dont il a été comprimé par la reaction de B, & ne pouvant agir du côté de B qui lui résiste, il pousse le corps A selon une direction contraire, & comme le corps est encore poussé du côté de B avec une demi-vitesse, il s'ensuit que son mouvement cesse totalement puisque sa vitesse vers B est détruite par la demi-vitesse du ressort qui a une direction opposée.

COROLLAIRE.

326. Puisque A communique tout son mouvement à B, il est visible que si B choque directement un autre corps C qui lui soit égal, & qui soit en repos, il lui communiquera aussi tout son mouvement, & comme on peut dire la même chose d'un quatriéme corps égal à A qui seroit en repos, d'un cinquiéme, d'un sixiéme, &c. il s'ensuit que si plusieurs corps égaux se touchent tous & qu'un corps A égal à chacun d'eux vienne à choquer directement le premier d'entr'eux, il n'y aura que le dernier qui

aura un mouvement égal au mouvement du corps A , & que tous les autres resteront en repos.

Proposition CXV.

327. *Si deux corps élastiques* A , B *égaux entr'eux , & qui se meuvent avec des directions contraires & des vitesses égales, viennent à s'entrechoquer directement , ils rebrousseront leur chemin avec les mêmes vitesses.*

Demonstration.

Si les deux corps n'étoient point élastiques , ils demeureroient en repos après le choc (*N.* 308) ; ainsi les forces de ces deux corps se consomment à se comprimer mutuellement , après quoi leurs ressorts ayant acquis des forces égales à celles qui les comprimoient , & ne pouvant agir l'un contre l'autre , à cause qu'ils se resistent également , ils pressent les corps vers les côtés d'où ils sont venus & leur communiquent les mêmes vitesses.

Proposition CXVI.

328. *Si deux corps élastiques* A , B , *égaux entr'eux , mais qui se meuvent avec des vitesses inégales viennent à s'entrechoquer directement , ils rebrousseront chemin après le choc en faisant échange de leur vitesse.*

Demonstration.

Si les deux corps se mouvoient avec une même vitesse V , ils rebrousseroient chemin avec la même vitesse (*N.* 327.) Si la vitesse de A étant $V + n$, celle de B est simplement V , & qu'ayant retranché V de part & d'autre , le corps A vienne à choquer avec son excès de vitesse n le corps B qui est en repos , le corps A après le choc restera en repos , & B se mouvra avec la vitesse n (*N.* 325.) ainsi si l'on redonne V de part & d'autre , il est évident qu'en ne considerant ces deux corps que comme ayant la même vitesse V , ils rebrousseront chemin avec la même vitesse , & qu'en faisant abstraction de cette vitesse , B recevra l'excès n , & A le perdra , donc après le choc la vitesse de B sera $V + n$, & celle de A sera V , & les deux corps rebrousseront chemin avec ces vitesses.

COROLLAIRE.

329. Donc les deux corps s'éloigneront l'un de l'autre avec la même vitesse totale avec laquelle ils s'étoient approchés.

PROPOSITION CXVII.

330. *Si un corps élastique* A *choque directement un autre corps élastique* B *qui lui est égal & qui se meut plus lentement que lui dans la même direction. Après le choc les deux corps feront échange de leur vitesses, & continueront à suivre leur premiere direction.*

DEMONSTRATION.

Soit $V+n$ la vitesse de A, & V la vitesse de B, il est évident qu'en ne considerant que la vitesse V de part & d'autre, il n'y a point de choc, & que A choquant B avec la vitesse n, le choque de même que s'il étoit en repos ; donc il communique à B la vitesse n en la perdant lui-même (*N.* 325.) & par conséquent la vitesse de A est V, & celle de B est $V+n$, & les deux corps suivent leur premiere direction.

COROLLAIRE.

331. Le corps B après le choc va plus vîte que le corps A, de même que le corps A avant le choc alloit plus vîte que le corps B, & comme l'excès de vitesse est égal avant & après le choc, il s'ensuit que les deux corps s'éloignent après le choc avec la même vitesse totale avec laquelle ils s'étoient approchés.

PROPOSITION CXVIII.

332. *Si un corps* A *non élastique choque un autre corps* B *non élastique aussi qui se meut moins vite que lui selon la même direction, le choc est le même que celui que le corps* A *mû avec la différence des vitesses feroit sur le corps* B *qui feroit en repos.*

DEMONSTRATION.

Je nomme M la masse de A, V sa vitesse, m la masse de B, & u sa vitesse ; donc la vitesse commune après le choc sera $\frac{MV+mu}{M+m}$ (*N.* 311.) la quantité de mouvement de M après le choc sera $\frac{M^2V+Mmu}{M+m}$, & comme sa quantité de mouvement avant le choc étoit MV, il eſt viſible que la quantité qu'il aura perdue par le choc ſera $MV - \dfrac{M^2V - Mmu}{M+m} = \dfrac{M^2V + MmV - M^2V - Mmu}{M+m}$

$= \dfrac{MmV - Mmu}{M+m}$.

Suppoſons maintenant que B ſoit en repos, & que A le choque directement avec une viteſſe $V - u$, la viteſſe commune après le choc ſera $\dfrac{MV - Mu}{M+m}$ (*N*. 310.) donc la quantité de mouvement de A après le choc ſera $\dfrac{M^2V - M^2u}{M+m}$, & comme ſa quantité de mouvement avant le choc étoit $MV - Mu$, la quantité qu'il aura perdue par le choc ſera donc $\dfrac{M^2V - M^2u + MmV - Mmu - M^2V + M^2u}{M+m}$

$= \dfrac{MmV - Mmu}{M+m}$, & cette quantité perdue eſt la même que la quantité perdue dans la premiere ſuppoſition ; donc le choc eſt auſſi le même dans l'une & l'autre ſuppoſition.

COROLLAIRE.

333. Si les deux corps A, B, ſont élaſtiques, la force du reſſort ſera égale à la force du choc ; ainſi en ſuppoſant que A ſe meuve plus vîte que B, la force élaſtique agit ſur ces corps dans le tems du choc avec la différence des viteſſes que les corps avoient avant le choc.

PROPOSITION CXIX.

334. *Si deux corps* A, B, *non élaſtiques s'entrechoquent directement, le choc eſt le même que celui que le corps* A *mû avec la ſomme des viteſſes feroit ſur le corps* B *qui ſeroit en repos.*

DEMONSTRATION.

Nommant de même qu'auparavant M, *m*, les maſſes, V, *u*, les viteſſes ; la viteſſe commune après le choc ſera $\dfrac{MV - mu}{M+m}$ (*N*. 316.) ; donc la quantité de mouvement de A après le choc ſera $\dfrac{M^2V - Mmu}{M+m}$, & comme ſa quantité de mouvement avant le choc étoit MV, la quantité perdue par le choc ſera $\dfrac{M^2V + MmV - M^2V + Mmu}{M+m} = \dfrac{MmV + Mmu}{M+m}$.

Suppoſons maintenant que B ſoit en repos, & que A le choque avec une viteſſe $V + u$, la viteſſe commune après le choc fera $\frac{MV + Mu}{M + m}$ (N. 310.) ; donc la quantité de mouvement de A après le choc fera $\frac{M^2V + M^2u}{M + m}$, & comme sa quantité de mouvement avant le choc étoit $MV + Mu$, la quantité perdue par le choc fera $\frac{M^2V + MuV + M^2u + Mmu - M^2VM^2u}{M + m} = \frac{MmV + Mmu}{M + m}$, & cette quantité perdue est la même que la quantité perdue dans la premiere supposition, donc le choc est aussi le même dans l'une & l'autre supposition.

COROLLAIRE.

335. Si les deux corps A, B, sont élastiques, la force du ressort est égale à la force du choc ; donc si A & B s'entrechoquent directement, la force élastique agit sur les deux corps avec une vitesse égale à la somme des vitesses.

PROPOSITION CXX.

336. *Connoissant les vitesses de deux corps élastiques* A, B, *qui viennent à se choquer directement, connoître leur vitesses après le choc.*

SOLUTION.

Si les corps A, B, avant le choc suivent une même direction, & que nous fassions abstraction du ressort, leur vitesse commune après le choc sera $\frac{MV + mu}{M + m}$ (N. 311.) ; or la force élastique agit sur ces corps avec une vitesse $V - u$, ainsi il ne s'agit plus que de sçavoir comment cette vitesse se distribue aux deux corps A, B.

Pour cela, supposons que la vitesse que le ressort donne à B soit x, il est sûr que le ressort de A ne pouvant vaincre le ressort de B, ni le ressort de B vaincre le ressort de A, les vitesses de ces ressorts doivent être réciproques aux masses A, B; ainsi nous avons M, $m :: x, V - u - x$, d'où je tire $mx = MV - Mu - Mx$, ou $Mx + mx = MV - Mu$, donc $x = \frac{MV - Mu}{M + m}$, & par conséquent la vitesse que le ressort donne au corps A est $V - u - \frac{MV + Mu}{M + m} = \frac{MV + mV - Mu - mu - MV + Mu}{M + m} = \frac{mV - mu}{M + m}$; mais la vitesse $\frac{MV - Mu}{M + m}$ que le ressort donne au corps B n'étant pas contraire à sa direction doit être ajoutée à la vitesse $\frac{MV + mu}{M + m}$

que ce corps a reçu par le choc indépendamment du reſſort ; donc la viteſſe totale de B après le choc eſt $\frac{2MV - Mu + mu}{M + m}$; au contraire la viteſſe que le reſſort donne au corps A étant contraire à ſa direction doit être retranchée de la viteſſe reçue par le choc indépendamment du reſſort ; donc la viteſſe totale de A après le choc eſt $\frac{MV + mu}{M + m} - \frac{mV + mu}{M + m} = \frac{MV - mV + 2mu}{M + m}$.

Et il faut remarquer que ſi en mettant les valeurs des lettres M, m, V, u, dans la viteſſe totale de A après le choc, il ſe trouve que cette viteſſe eſt une grandeur négative, c'eſt une marque que la viteſſe que le reſſort lui communique eſt plus grande que la viteſſe communiquée par le ſeul choc, & que par conſéquent le corps A doit rebrouſſer chemin.

En ſecond lieu, ſi les corps A, B, ſe choquent directement avec des directions contraires, leur viteſſe commune après le choc & indépendamment du reſſort eſt $\frac{MV - mu}{M + m}$ (N. 316.) ; or le reſſort agit ſur ces corps avec une viteſſe $V + u$ (N. 335.) ; nommant donc $= x$ la partie de cette viteſſe qui eſt communiquée à B, nous aurons $M, m :: x, V + u - x$, d'où je tire $mx = MV + Mu - Mx$, ou $Mx + Mx = MV + Mu$; donc $x = \frac{MV + Mu}{M + m}$, ainſi la viteſſe communiquée à A eſt $V + u - \frac{MV - Mu}{M + m}$

$$= \frac{MV + Mu + mV + mu - MV - Mu}{M + m} = \frac{mV + mu}{M + m}.$$

Suppoſant donc comme nous faiſons que le corps B rebrouſſe chemin, la viteſſe que le reſſort lui donne n'étant pas contraire à ſa nouvelle direction, doit être ajoutée à la viteſſe que le choc lui communique, ainſi ſa viteſſe totale après le choc eſt $\frac{MV - mu + MV + Mu}{M + m} = \frac{2MV + Mu - mu}{M + m}$, & au contraire la viteſſe communiquée par le reſſort au corps A étant contraire à ſa direction, doit être retranchée de celle que le choc lui a communiquée, ainſi ſa viteſſe totale après le choc eſt $\frac{MV - mu - mV - mu}{M + m}$

$$= \frac{MV - mV - 2mu}{M + m}.$$

Et il faut remarquer que ſi MV eſt moindre que $mV - 2mu$, la viteſſe totale de A devient négative, ce qui fait voir que la viteſſe que le reſſort a communiqué à A eſt plus grande que celle que le choc lui avoit donnée, & que par conſéquent A doit rebrouſſer chemin.

Nota.

Nota. Que dans cette Proposition & les suivantes, nous supposons toujours la force du corps A plus grande que la force du corps B, c'est-à-dire MV plus grand que *mu* ; & si cela arrivoit autrement, il faudroit attribuer à B ce que nous attribuons à A, & attribuer à A ce que nous attribuons à B, en mettant partout *m* au lieu de M, & M au lieu de *m*, de même *u* au lieu de V, & V au lieu de *u*.

C o r o l l a i r e I.

337. Dans le premier cas de cette Proposition, nous avons pour la vitesse totale de A après le choc $\dfrac{MV - mV + 2mu}{M + m}$

$$= \frac{MV + mV - 2mV + 2mu}{M + m} = V - \frac{2mV + 2mu}{M + m} = V - \frac{2mV - 2mu}{M + m}.$$

Or la derniere partie de cette valeur, c'est-à-dire $\dfrac{2mV - 2mu}{M + m}$ donne cette analogie $M + m, 2m :: V - u, \dfrac{2mV - 2mu}{M + m}$, & par conséquent *la somme des masses est au double de la seconde masse comme la différence des vitesses avant le choc est à un quatriéme terme, lequel étant retranché de la vitesse de la premiere masse avant le choc, donne la vitesse de cette même premiere masse après le choc.*

De même nous avons dans le même premier cas de cette Proposition la vitesse totale de B après le choc $\dfrac{2MV + mu - Mu}{M + m}$

$$= \frac{Mu + mu + 2MV - 2Mu}{M + m} = u + \frac{2MV - 2Mu}{M + m} ;$$ or la derniere partie $\dfrac{2MV - 2Mu}{M + m}$ de cette valeur donne $M + m, 2M :: V - u, \dfrac{2MV - 2Mu}{M + m}$; donc *la somme des masses est au double de la premiere masse comme la différence des vitesses avant le choc est à un quatriéme terme, lequel étant ajoûté à la vitesse de la seconde masse B avant le choc, donne la vitesse totale de cette masse B après le choc ;* ainsi on a deux regles pour trouver les vitesses de A & B après le choc dans le premier cas de cette Proposition.

C o r o l l a i r e II.

338. Dans le second cas de cette Proposition on a la vitesse totale de A après le choc $\dfrac{MV - mV - 2mu}{M + m} = \dfrac{MV + mV - 2mV - 2mu}{M + m} = V$

$- \dfrac{2mV + 2mu}{M + m}$; or la seconde partie de cette valeur donne $M + m$,

$2\mathrm{M} :: \mathrm{V} + u$, $\dfrac{2m\mathrm{V} + 2mu}{\mathrm{M} + m}$, donc *la somme des masses est au double de la seconde masse* B *comme la somme des vitesses avant le choc est à un quatriéme terme, lequel étant retranché de la vitesse de la premiere masse* A *avant le choc, donne la vitesse de cette même masse* A *après le choc.*

De même la vitesse totale de B après le choc est $\dfrac{2\mathrm{MV} + \mathrm{M}u - mu}{\mathrm{M} + m}$ $= \dfrac{2\mathrm{MV} + 2\mathrm{M}u - \mathrm{M}u - mu}{\mathrm{M} + m} = \dfrac{2\mathrm{MV} + 2\mathrm{M}u}{\mathrm{M} + m} - u$; or la premiere partie de cette valeur donne $\mathrm{M} + m$, $2\mathrm{M} :: \mathrm{V} + u$, $\dfrac{2\mathrm{MV} + 2\mathrm{M}u}{\mathrm{M} + m}$, donc *la somme des masses est au double de la premiere masse* A *comme la somme des vitesses avant le choc est à un quatrieme terme duquel retranchant la vitesse de la seconde masse* B *avant le choc, le reste sera la vitesse de cette même masse* B *après le choc;* ainsi voilà deux autres regles pour trouver les vitesses des corps A, B, après le choc dans le second cas de la Proposition.

Corollaire III.

339. *Si* A *&* B, *mûs avec des directions contraires s'entrechoquent directement avec des vitesses proportionnelles aux masses, ils rebrousseront chemin après le choc avec les mêmes vitesses.*

Après le choc la vitesse totale de A sera $\dfrac{\mathrm{MV} - m\mathrm{V} - 2mu}{\mathrm{M} + m}$; or par la supposition, on a $\mathrm{M}, m :: u, \mathrm{V}$; donc $\mathrm{MV} = mu$; mettant donc dans la vitesse totale de A, $2\mathrm{MV}$ au lieu de $2mu$, on aura pour sa vitesse totale après le choc $- \dfrac{\mathrm{MV} - m\mathrm{V}}{\mathrm{M} + m} = -\mathrm{V}$, c'est-à-dire que le corps A rebroussera chemin avec une vitesse V égale à la vitesse qu'il avoit avant le choc.

De même, la vitesse totale de B après le choc est $\dfrac{2\mathrm{MV} + \mathrm{M}u - mu}{\mathrm{M} + m}$ & mettant $2mu$ au lieu de $2\mathrm{MV}$, on a $\dfrac{\mathrm{M}u + mu}{\mathrm{M} + m} = u$, c'est-à-dire le corps B rebroussera chemin avec une vitesse u égale à celle qu'il avoit avant le choc.

Corollaire IV.

340. *Si* B *est en repos avant le choc, la vitesse de* A *après le choc est à sa vitesse avant le choc comme la difference des masses est à leur somme, & la vitesse de* B *après le choc est à la vitesse de* A *avant le choc, comme le double de la masse* A *est à la somme des poids.*

Si les corps A , B , étoient en mouvement, & qu'après le choc ils fuiviffent la même direction, la viteffe totale de A après le choc feroit $\frac{MV - mV + 2mu}{M + m}$ (N. 336.), mais par la fuppofition, B eft en repos, donc $u = 0$, & $2mu = 0$; par conféquent la viteffe totale de A après le choc eft $\frac{MV - mV}{M + m}$; or la viteffe de A avant le choc eft V, ou $\frac{MV + mV}{M + m}$, donc la viteffe après le choc eft à la viteffe avant le choc comme $MV - mV$ eft à $MV + mV$, ou comme $M - m$ eft à $M + m$.

De même la viteffe totale de B après le choc feroit $\frac{2MV - Mu + mu}{M + m}$ (N. 336.) fi les deux corps étoient en mouvement, & qu'après le choc ils fuiviffent la même direction; or B étant en repos par la fuppofition, on a $u = 0$, $mu = 0$, & $Mu = 0$, donc la viteffe de B après le choc eft $\frac{2MV}{M + m}$, mais la viteffe de A avant le choc eft V, ou $\frac{MV + mV}{M + m}$; donc la viteffe de B après le choc eft à la viteffe de A avant le choc comme $2MV$ eft à $MV + mV$, ou comme $2M$ eft à $M + m$.

Et de là il fuit que la viteffe de A après le choc eft à la viteffe de B après le choc comme $M - m$ eft à $2M$, c'eft-à-dire comme la différence des maffes eft au double de la maffe de A.

COROLLAIRE V.

341. *Si les deux corps* A , B , *fuivent la même direction avant & après le choc, la différence de leur viteffes après le choc eft égale à la différence de leur viteffes avant le choc.*

La viteffe totale de A après le choc eft $\frac{MV - mV + 2mu}{M + m}$ (N. 336.) & celle de B eft $\frac{2MV - Mu + mu}{M + m}$; or après le choc le corps A va moins vite que B, à caufe que le reffort a augmenté la viteffe que B a reçu par le choc, au lieu qu'il a diminuée la viteffe de A reçue par le choc, laquelle lui étoit commune avec B; donc retranchant la viteffe totale de A de la viteffe totale de B, le refte fera $\frac{2MV - Mu + mu - MV + mV - 2mu}{M + m} = \frac{MV + mV - Mu - mu}{M + m}$ $= V - u$, c'eft-à-dire la différence des viteffes après le choc eft égale à leur différence avant le choc.

COROLLAIRE VI.

342. *Si les deux corps* A, B *ont la même direction avant le choc, & des directions contraires après le choc, la somme des vitesses après le choc est égale à la différence des vitesses avant le choc.*

Par l'hypotèse le corps A va plus vite que le corps B avant le choc, donc la différence des vitesses est $V - u$; or par la même hypotèse le corps A rebrousse chemin après le choc, donc la vitesse qu'il reçoit par le ressort est plus grande que la vitesse commune reçûe par le choc, ainsi sa vitesse totale $\dfrac{MV - mV + 2mu}{M + m}$ devenant négative est $\dfrac{mV - 2mu - MV}{M + m}$; or la vitesse totale de B est $\dfrac{2MV - Mu + mu}{M + m}$; ajoûtant donc ensemble ces deux vitesses, leur somme est $\dfrac{MV + mV - Mu - mu}{M + m} = V - u$, c'est-à-dire la somme des vitesses après le choc est égale à la différence des vitesses avant le choc.

COROLLAIRE VII.

343. *Si les deux corps* A, B *ont des directions contraires avant le choc, & qu'après le choc ils suivent la même direction, la somme des vitesses avant le choc est égale à la différence des vitesses après le choc.*

La vitesse totale de A après le choc sera $\dfrac{MV - mV - 2mu}{M + m}$ & celle de B $\dfrac{2MV + Mu - mu}{M + m}$; or la vitesse de B sera plus grande que celle de A parce que la vitesse que le ressort lui donne augmente la vitesse reçûe par le choc, au lieu que la vitesse que le ressort donne à A diminue la vitesse que A reçoit par le choc, laquelle lui est commune avec B, ôtant donc de la vitesse totale de B la vitesse totale de A, le reste sera $\dfrac{MV + mV + Mu + mu}{M + m} = V + u$; c'est-à-dire la différence des vitesses après le choc est égale à la somme des vitesses avant le choc.

COROLLAIRE VIII.

344. *Si les deux corps* A, B, *ont des directions contraires avant & après le choc, la somme des vitesses est égale avant & après le choc.*

Puisque le corps A rebrousse chemin, la vitesse qu'il reçoit par le ressort est plus grande que sa vitesse commune reçûe par le choc; donc sa vitesse totale $\frac{MV - mV - 2mu}{M + m}$ devenant négative est $\frac{mV + 2mu - MV}{M + m}$; or la vitesse totale de B est $\frac{2MV + Mu - mu}{M + m}$, ajoûtant donc ensemble ces deux vitesses, leur somme est $\frac{MV + mV + Mu + mu}{M + m} = V + u$, c'est-à-dire, la somme des vitesses après le choc est égale à la somme des vitesses avant le choc.

COROLLAIRE IX.

345. *Si les deux corps* A, B *suivent la même direction avant & après le choc, la quantité de mouvement est la même avant & après le choc.*

La vitesse totale de A après le choc est $\frac{MV - mV + 2mu}{M + m}$, donc sa quantité de mouvement est $\frac{M^2V - MmV + 2Mmu}{M + m}$; de même la vitesse totale de B après le choc est $\frac{2MV - Mu + mu}{M + m}$, & par conséquent sa quantité de mouvement est $\frac{2MmV - Mmu + m^2u}{M + m}$; ajoûtant donc ensemble ces deux quantités de mouvement, la somme totale est $\frac{M^2V + MmV + Mmu + m^2u}{M + m} = MV + mu$, or MV $+ mu$ est la quantité de mouvement avant le choc, donc la quantité après le choc est égale à la quantité avant le choc.

COROLLAIRE X.

346. *Si les corps* A, B *ont des directions contraires avant & après le choc, la différence des quantités de mouvement est la même avant & après le choc.*

Puisque le corps A rebrousse chemin, la vitesse que le ressort lui communique est plus grande que la vitesse qui lui est communiquée par le choc; donc sa vitesse totale $\frac{MV - mV - 2mu}{M + m}$ devenant négative est $\frac{mV + 2mu - MV}{M + m}$, & sa quantité de mouvement est $\frac{MmV + 2Mmu - M^2V}{M + m}$; de même la vitesse totale de B est $\frac{2MV + Mu - mu}{M + m}$, & sa quantité de mouvement est $\frac{2MmV + Mmu - m^2u}{M + m}$,

retranchant donc la premiere quantité de la seconde, le reste sera
$$\frac{M^2V + MmV - Mmu - m^2u}{M + m} = MV - mu;$$
or $MV - mu$ est la diffé-
rence des quantités de mouvement avant le choc, donc la différence des quantités après le choc est égale à la différence avant
le choc.

COROLLAIRE XI.

347. *Si les corps* **A**, **B** *ont la même direction avant le choc, &*
des directions contraires après le choc, la différence des quantités de
mouvement après le choc, est égale à la somme des quantités de mou-
vement avant le choc.

Puisque **A** rebrousse chemin, sa vitesse totale $\frac{MV - mV + 2mu}{M + m}$
devient négative, & est $\frac{mV - 2mu - MV}{M + m}$; donc sa quantité de
mouvement est $\frac{MmV - 2Mmu - M^2V}{M + m}$; de même la vitesse totale de
B est $\frac{2MV - Mu + mu}{M + m}$, & sa quantité de mouvement est
$\frac{2MmV - Mmu + m^2u}{M + m}$; ôtant donc la premiere quantité de la seconde, le reste est $\frac{M^2V + MmV + Mmu + m^2u}{M + m} = MV + mu$; or MV
$+ mu$ est la somme des quantités de mouvement avant le choc;
donc cette somme est égale à la différence des quantités après le
choc.

COROLLAIRE XII.

348. *Si les deux corps* **A**, **B** *ont des directions contraires avant le*
choc, & la même direction après le choc, la somme des quantités de
mouvement après le choc est égale à la différence des quantités avant
le choc.

La vitesse totale de **A** après le choc est $\frac{MV - mV - 2mu}{M + m}$, & sa
quantité de mouvement $\frac{M^2V - MmV - 2Mmu}{M + m}$; de même la vitesse
totale de **B** est $\frac{2MV + Mu - mu}{M + m}$, & sa quantité de mouvement
$\frac{2MmV + Mmu - m^2u}{M + m}$; ajoûtant donc ensemble ces deux quantités de
mouvement, la somme est $\frac{M^2V + MmV - Mmu - m^2u}{M + m} = MV -$
mu; or $MV - mu$ est la différence des quantités avant le choc,
donc cette différence est égale à la somme des quantités après
le choc.

REMARQUE.

349. On voit par les quatre derniers Corollaires que la somme des quantités de mouvement avant & après le choc, n'est la même que lorsque les corps A, B, que nous supposons inégaux d'inégales vitesses, & dont les vitesses ne sont pas reciproques aux masses, ont la même direction avant & après le choc; ainsi il semble qu'on pourroit condamner ceux qui disent qu'il y a toujours une égale quantité de mouvement avant & après le choc; mais il faut prendre garde que les Geométres qui pensent ainsi, entendent par le mot de quantité de mouvement, ce que nous entendons par celui de différence de quantité de mouvement, lorsque les deux corps vont avec des directions contraires avant ou après le choc; c'est-à-dire, qu'ils ne prennent pour quantité de mouvement que celle qui est selon la direction qui avoit le plus de force avant le choc, en retranchant de cette quantité celle qui a une direction contraire. Or dans ce sens on ne sçauroit les condamner, puisque la différence entr'eux & nous ne consiste que dans les mots; après tout, leur façon de s'exprimer ne laisse pas que d'avoir son utilité, comme on le verra dans la suite.

COROLLAIRE XIII.

350. *Si les corps A, B ont la même direction avant le choc & des directions contraires après le choc, la quantité de mouvement après le choc est plus grande qu'elle n'étoit auparavant.*

Par le Corollaire XI. (*N.* 347.) la différence des quantités de mouvement après le choc est égale à la somme des quantités de mouvement avant le choc; or la différence des quantités de mouvement après le choc, est moindre que la somme de ces mêmes quantités; donc la somme des quantités après le choc est plus grande que la somme des quantités avant le choc.

COROLLAIRE XIV.

351. *Si le corps A, B ont des directions contraires avant le choc, & la même direction après le choc, la quantité de mouvement est moindre après le choc qu'elle n'étoit auparavant.*

Par le Corollaire XII. (*N.* 348.) la somme des quantités de mouvement après le choc est égale à la différence des quantités avant le choc; mais la somme des quantités avant le choc est plus grande que leur différence, donc la somme des quantités après le choc est moindre que la somme des quantités avant le choc.

PROPOSITION CXXI.

352. Si deux corps élastiques A *,* B *viennent à se choquer, ils s'éloignent l'un de l'autre après le choc avec la même vitesse qu'ils s'étoient approchés avant le choc.*

DEMONSTRATION.

En premier lieu, si les deux corps ont la même direction avant le choc, B va donc moins vite que A, & la vitesse avec laquelle ces corps s'approchent est $V - u$; car quoique A se meuve avec une vitesse $= V$, il est visible qu'à cause de la vitesse u de B, le corps A n'atteint pas plus vite B, que si B étoit en repos & que A s'avançât avec une vitesse $V - u$; or si après le choc les deux corps ont encore la même direction, B va plus vite que A, à cause que le ressort augmente dans B la vitesse que le choc lui donne, au lieu que le ressort diminue dans A la vitesse reçûe par le choc, laquelle lui est commune avec B; ainsi les deux corps A, B s'éloignent avec la différence de leurs vitesses; or en ce cas la différence des vitesses est la même avant & après le choc (N. 341), donc les deux corps s'éloignent avec la même vitesse dont ils s'étoient approchés.

En second lieu, si les deux corps ont la même direction avant le choc, & des directions contraires après le choc; ils s'approchent avant le choc avec la différence de leurs vitesses; or après le choc ils s'éloignent avec la somme de leurs vitesses, & cette somme est alors égale à la différence des vitesses avant le choc (N. 342), donc les corps s'éloignent avec la même vitesse dont ils s'étoient approchés.

En troisiéme lieu, si les deux corps ont des directions contraires avant le choc, & la même direction après le choc, ils s'approchent avant le choc avec la somme de leurs vitesses; or après le choc, B va plus vite que A, donc les corps s'éloignent avec la différence de leurs vitesses, mais en ce cas la différence des vitesses après le choc est égale à la somme des vitesses avant le choc (N. 343), donc les corps s'éloignent aussi vite qu'ils s'étoient approchés.

Enfin si les deux corps ont des directions contraires avant & après le choc, ils s'approchent avec la somme des vitesses, & après le choc ils s'éloignent avec la somme de leurs vitesses; or en ce cas la somme des vitesses avant le choc est égale à la somme

des

des vitesses après le choc (*N.* 344), donc les deux corps s'é-
loignent aussi vite qu'ils s'étoient approchés.

COROLLAIRE I.

353. Donc dans des tems égaux avant & après le choc, les corps A, B se trouvent également éloignés, c'est-à-dire que s'il leur a fallu une minute pour se joindre lorsqu'ils étoient à la distance d'un pied, il leur faudra aussi une minute pour se trouver éloignés d'un pied, &c.

COROLLAIRE II.

354. La somme des vitesses lorsque les corps ont des directions contraires, ou la différence des vitesses lorsqu'ils ont une même direction est appellée par quelques Auteurs *vitesse respective*, ainsi on peut énoncer la Proposition que nous venons de démontrer, en disant, que *dans le choc de deux corps la vitesse respective est la même avant & après le choc.*

PROPOSITION CXXII.

355. *Si deux corps élastiques* A, B *se choquent directement avec la même direction, ou avec des directions contraires, la somme des produits des masses par les quarrés des vitesses est la même avant ou après le choc.*

DEMONSTRATION.

Si les corps A, B ont la même direction, la vitesse de A après le choc est $\frac{MV - mV - 2mu}{M + m}$; donc son quarré est

$$\frac{M^2V^2 - 2MmV^2 + m^2V^2 + 4MmVu - 4m^2uV + 4m^2u^2}{M^2 + 2mM + mm},$$

& multipliant ce quarré par la masse M, j'ai

$$\frac{M^3V^2 - 2M^2mV^2 + Mm^2V^2 + 4M^2mVu - 4Mm^2uV + 4Mm^2u^2}{M^2 + 2mM + mm};$$

de même la vitesse de B après le choc est $\frac{2MV - Mu + mu}{M + m}$, & son quarré est

$$\frac{4M^2V^2 - 4M^2uV + M^2u^2 + 4MVmu - 2Mmu^2 + m^2u^2}{M^2 + 2Mm + mm},$$

lequel multiplié par m donne

$$\frac{4M^2V^2m - 4M^2Vum + M^2u^2m + 4MVm^2u - 2Mm^2u^2 + m^3u^2}{M^2 + 2Mm + mm},$$

ajoûtant donc ensemble ces deux produits de M & de m, mulripliés par les quarrés de leurs viteſſes après le choc, la ſomme eſt

$$\frac{M^3V^2 + 2Mm^2u^2 + 2M^2V^2m + M^2u^2m + Mm^2V^2 + m^3u^2}{M^2 + 2Mm + mm} = MV^2 +$$

mu^2; or $MV^2 + mu^2$ eſt la ſomme des maſſes multipliées par les quarrés de leurs viteſſes avant le choc, donc cette ſomme eſt égale à la ſomme des maſſes multipliées par les quarrés de leurs viteſſes après le choc.

Et on prouvera la même choſe ſi les deux corps A, B ont des directions contraires avant le choc.

Cette Propoſition eſt encore vraye, lorſque l'un des corps eſt en repos avant le choc, car ſi B par exemple eſt en repos, ſa viteſſe u ſera égale à zero; ainſi effaçant u dans la formule des viteſſes de A & de B après le choc, on aura $\frac{MV - mV}{M + m}$ pour la viteſſe de A après le choc, & $\frac{2MV}{M + m}$ pour celle de B, & quarrant ces viteſſes & multipliant leurs quarrés par les maſſes, la ſomme des deux produits ſe trouvera toujours égale au quarré de la viteſſe de A multiplié par ſa maſſe.

Nous avons fait voir dans la Diſſertation touchant les forces vives (N. 106.) que cette propoſition ne prouve pas qu'il y ait des forces vives dans les corps qui ſont en mouvement.

Proposition CXXIII.

356. *Si deux corps* A, B *après s'être choqués, ou avec la même direction, ou avec des directions contraires, changent de direction & ſe choquent de nouveau, ils recouvreront par ce nouveau choc les viteſſes qu'ils avoient avant le premier choc.*

Demonstration.

Suppoſons que les deux corps ayent la même direction avant & après le choc; la viteſſe de A après le choc ſera $\frac{MV - mV + 2mu}{M + m}$, & celle de B ſera $\frac{2MV - Mu + mu}{M + m}$; or après le choc le corps B ira plus vite que le corps A, ainſi ſuppoſant que ces deux corps prennent des directions oppoſées à celles qu'ils ont, ce ſera B qui choquera A, au lieu qu'avant le choc c'eſt A qui a choqué B; nommant donc Z la viteſſe $\frac{MV - mV + 2mu}{M + m}$ de A, & z la viteſſe $\frac{2MV - Mu + mu}{M + m}$ de B, la viteſſe de B après le ſecond choc ſera

$$\frac{mz - Mz + 2MZ}{M + m}$$, & mettant au lieu de z & Z leur valeur, j'aurai

$$\frac{2mMV - Mmu + m^2u - 2M^2V + M^2u - Mmu + 2M^2V - 2MmV + 4Mmu}{M^2 + 2Mm + mm}$$

$$= \frac{M^2u + 2Mmu + m^2u}{M^2 + 2Mm + mm} = u$$, donc la vitesse de B après le second choc est égale à la vitesse qu'il avoit avant le premier choc.

De même la vitesse de A après le second choc sera
$$\frac{2mz - mZ + MZ}{M + m}$$, & mettant la valeur de z & Z, j'aurai

$$\frac{4mMV - 2mMu + 2m^2u - mMV + m^2V - 2m^2u + M^2V - MmV + 2Mmu}{M^2 + 2Mm + mm}$$

$$= \frac{M^2V + 2MmV + m^2V}{M^2 + 2Mm + m^2} = u$$, donc la vitesse de A après le second choc est la même que sa vitesse avant le premier choc.

Et on prouvera la même chose lorsque les corps A, B auront des directions contraires, &c.

PROPOSITION CXXIV.

357. *Si deux corps élastiques* A, B *viennent à se choquer, leur centre de gravité commun est ou en repos, ou il se meut uniformément toujours vers le même côté, & dans des tems égaux avant & après le choc les deux corps se trouvent à même distance de ce centre.*

DEMONSTRATION.

Dans des tems égaux pris avant & après le choc, les corps se trouvent à la même distance entr'eux (*N.* 353), donc la droite qui joint ces deux corps est la même ; or le centre de gravité commun est sur cette droite, de façon que les distances des corps à ce centre sont reciproques aux masses, donc le centre de gravité est également distant de A après le choc qu'avant le choc, & il faut dire la même chose à l'égard de B ; or il ne peut se faire que les deux corps avant & après le choc ayent la même distance à l'égard de ce centre, à moins que ce centre ne reste en repos, ou qu'après le choc il ne se meuve en gardant toujours les mêmes distances, donc, &c.

Nous allons déterminer dans les Corollaires suivans les cas où le centre de gravité est en repos, & ceux où il se meut, & nous ferons voir en même tems que le mouvement du centre de gravité se fait du même côté avant & après le choc.

Corollaire I.

358. Si les deux corps A , B se meuvent avant le choc avec des directions contraires & des vitesses reciproques aux masses , leur centre de gravité commun est toujours en repos.

Le mouvement des deux corps étant uniforme les espaces parcourus sont comme les vitesses , ainsi les espaces qu'ils parcourront dans une minute en s'approchant seront reciproques à leurs masses ; or avant qu'ils fussent en mouvement les espaces qui se trouvoient entr'eux & le centre de gravité étant aussi reciproques à leurs masses , donc supposé qu'ils ne se soient pas joints dans une minute , les espaces qui resteront entr'eux & le centre de gravité seront encore reciproques à leurs masses , & par conséquent ce centre de gravité n'aura pas bougé. Supposons donc qu'ils se meuvent encore pendant une minute , les espaces qu'ils auront parcouru seront encore reciproques à leurs masses , donc si après cette minute ils ne se font pas encore joints , les espaces qui resteront entr'eux & le centre de gravité seront encore reciproques à leurs masses , & par conséquent ce centre n'aura pas bougé ; & continuant le même raisonnement, on trouvera qu'ils se choqueront dans leur centre commun de gravité , lequel aura toujours resté immobile.

Maintenant après le choc les deux corps rebrousseront chemin avec les mêmes vitesses (*N.* 339), donc les espaces qu'ils parcourront dans des tems égaux en s'éloignant du point du choc seront encore reciproques aux masses , & par conséquent le point du choc sera encore leur centre de gravité commun.

Comme deux corps élastiques de même masse & de même vitesse ont leurs vitesses reciproques aux masses, il s'enfuit que si ces deux corps ont des directions contraires avant le choc , leur centre de gravité sera en repos avant le choc, & après le choc aussi , parce que ces corps s'éloigneront de part & d'autre du point du choc avec des vitesses égales (*N.* 327).

Corollaire II.

359. Si deux corps élastiques A , B, se choquent avec des vitesses qui ne soient pas reciproques aux masses, leur centre de gravité commun se mouvra uniformement avec eux , & toujours d'un même côté avant & après le choc.

Supposons en premier lieu que les corps A, B étant inégaux & leurs vitesses égales, ils s'approchent l'un de l'autre selon des directions contraires ; il est sûr que leur centre de gravité commun sera sur la ligne qu'on tireroit de l'un & l'autre, ensorte que les distances des corps à ces points seront reciproques aux masses ; concevant donc que les corps venant à se mouvoir, ils ayent parcouru dans une minute chacun l'espace d'un pied à cause des vitesses égales, il est encore évident que le pied parcouru par le corps A, sera plus grand par rapport au pied parcouru par le petit corps B, que le corps B par rapport au corps A ; donc ces espaces ne seront pas reciproques aux masses, & par conséquent le reste de distance du corps A au point qui étoit le centre de gravité commun lorsque les corps étoient en repos, sera moindre par rapport au reste de distance du corps B à ce même point que le corps B, par rapport au corps A, ainsi ces restes de distances n'étant plus reciproques aux masses, le point qui étoit le centre de gravité commun ne le sera plus à present, & il faudra en prendre un autre qui soit plus près du corps B.

Que si nous concevons que les corps A, B s'approchant d'avantage ayent encore parcouru dans une autre minute chacun un pied, on trouvera par un raisonnement semblable à celui que nous venons de faire, que le centre de gravité commun à la fin de cette minute doit s'approcher encore de B, & ainsi de suite jusqu'à ce que les deux corps se soient joints.

Maintenant après le choc la vitesse totale de A sera $\dfrac{MV - mV - 2mu}{M + m}$ ou $\dfrac{MV - mV - 2mV}{M + m} = \dfrac{MV - 3mV}{M + m}$, à cause que nous supposons les vitesses égales ; or si $MV = 3mV$ le corps A sera en repos, puisque sa vitesse totale sera nulle, & comme B sera en mouvement, il est visible que le centre de gravité continuera à se mouvoir du même côté qu'il se mouvoit avant le choc ; que si MV est plus grand que $3mV$, la vitesse du corps A sera positive, & par conséquent A se mouvra toujours dans la même direction ; donc le centre de gravité commun se mouvra encore du même côté qu'auparavant, puisqu'il doit toujours se trouver entre les deux corps ; enfin si MV est moindre que $3mV$, la vitesse totale de A étant négative, ce corps rebroussera chemin ; or les deux corps reçoivent par le seul choc une vitesse égale que nous nommerons x, & par la force du ressort ils reçoivent des vitesses réciproques à leur masses (*N*. 336.) que nous nommerons y, z ; ainſi la viteſſe de B ſera $x + z$, & la viteſſe de A ſera $y - x$, parce que la force y détruit la force x. Mais par la ſuppoſition y, $z :: B$, A, donc $y - x$ eſt moindre par rapport à $z + x$ que B par rapport à A. Concevant donc qu'après le choc les deux corps ſe meuvent, l'eſpace que A aura parcouru pendant une minute ſera moindre par rapport à l'eſpace que B aura parcouru dans la même minute, que B par rapport à A, donc le point où s'eſt fait le choc ne ſera plus le centre de gravité commun, ainſi qu'il l'étoit dans le moment du choc, mais il faudra l'avancer du côté de B, donc ce centre de gravité avance toujours du même côté avant & après le choc.

Suppoſons en ſecond lieu que les viteſſes ſoient inégales de même que les maſſes & que les directions ſoient contraires avant le choc, la viteſſe du plus grand corps A n'étant pas à la viteſſe du corps B réciproquement comme B eſt à A, ſera par conſéquent plus grande ou moindre qu'il ne faut. Suppoſons-là d'abord plus grande, l'eſpace parcouru par A dans une minute ſera plus grand par rapport à l'eſpace parcouru par B dans le même tems, que B par rapport à A, donc le reſte de diſtance du corps A au point qui étoit le centre commun de gravité avant le mouvement ſera moindre par rapport au reſte de diſtance du corps B à ce même point, que B par rapport à A, ainſi ce point ne ſera plus le centre de gravité, mais il faudra l'approcher du côté de B, & par un ſemblable raiſonnement on prouvera que ce centre avance toujours du côté de B juſqu'au moment du choc.

Après le choc le corps A ſera ou en repos ou en mouvement ſelon la même direction, ou en mouvement ſelon la direction contraire. Or dans ces trois cas on prouvera comme ci-deſſus que le centre de gravité avance du même côté qu'il avançoit avant le choc.

Maintenant ſuppoſons que la viteſſe de A ſoit moindre par rapport à la viteſſe de B, que B par rapport à A ; on prouvera facilement que le centre de gravité s'avancera du côté de A, juſqu'à ce que les deux corps ſe choquent.

Le mouvement de B avant le choc étant plus grand que le mouvement de A, puiſque VA eſt moindre que uB ; par la ſupſition, il faut regarder le corps B comme le corps qui choque A, ainſi ſa viteſſe après le choc eſt $\frac{mu - mV - 2MV}{m + M}$ ($N.$ 336.), donc ſi mu eſt plus grand que $mV + 2MV$, il continue à ſe mouvoir

du côté de A, si mu est égal à $mV + 2MV$, il reste en repos,
& enfin si mu est moindre que $mV + 2MV$, il rebrousse chemin ;
or dans les deux premiers cas, il est visible que le centre de gravité doit se mouvoir encore du côté de A, de même qu'avant
le choc, & dans le dernier cas, nommant x la vitesse commune
que le choc donne aux deux corps, & y, z, les vitesses que le
ressort leur donne, lesquelles sont réciproques aux corps, la
vitesse de A sera $x + y$, & celle de B sera $z - x$; or puisque z,
$y :: A, B$; donc $z - x$ est moindre par rapport à $x + y$, que A
par rapport à B ; donc si après le choc nous concevons que les
deux corps se meuvent, les espaces parcourus par B seront
moindres par rapport aux espaces parcourus par A dans le même
tems que A par rapport à B ; donc le point du choc ne sera plus
le centre de gravité des deux corps, mais il faudra l'avancer du
côté de A ; ainsi ce centre avance encore du même côté qu'a-
vant le choc.

On prouvera de même que le centre de gravité avance toujours d'un même côté avant ou après le choc, lorsque les vitesses ne sont pas réciproques aux masses dans les cas où les
corps se choquent avec la même direction.

PROPOSITION CXXV.

360. *Si deux corps élastiques* A, B, *se choquent avec des directions contraires, la vitesse que l'un d'entr'eux perd est à la vitesse
qu'il perdroit si l'autre corps étoit en repos avant le choc, comme la
somme des deux vitesses avant le choc est à la vitesse avant le choc
de celui qui choqueroit l'autre qui seroit en repos.*

DEMONSTRATION.

Si les deux corps sont en mouvement, la vitesse totale de A
après le choc est $\dfrac{MV - mV - 2mu}{M + m}$, donc la vitesse perdue par le
choc est $V - \dfrac{MV - mV - 2mu}{M + m} = \dfrac{MV + mV - MV + mV + 2mu}{M + m} = \dfrac{2mV + 2mu}{M + m}$,
maintenant si le corps B étoit en repos avant le choc, la vitesse
totale de A après le choc seroit $\dfrac{MV - mV - 2mu}{M + m} = \dfrac{MV - mV}{M + m}$, à cause de u égal à zero ; donc la vitesse perdue par le choc seroit $V -$
$\dfrac{MV - mV}{M + m} = \dfrac{VM + Vm - VM + Vm}{M + m} = \dfrac{2MV}{M + m}$; donc la vitesse perdue par
le corps A quand les deux corps sont en mouvement, est à la

viteſſe perdue par le même corps quand B eſt en repos, comme $\frac{2mV + 2mu}{M + m}$ eſt à $\frac{2MV}{M+m}$, ou comme $V + u$ eſt à V.

PROPOSITION CXXVI.

361. *Si un corps élaſtique* A *choque un autre corps* B *qui ſe meut dans la même direction & avec moins de viteſſe, la viteſſe que* A *perd par le choc eſt à celle qu'il perdroit ſi* B *étoit en repos avant le choc, comme la difference des viteſſes avant le choc eſt à la viteſſe de* A *avant le choc.*

DEMONSTRATION.

Quand les deux corps ſe meuvent, la viteſſe de A après le choc eſt $\frac{MV - mV + 2mu}{M+m}$ (N. 336.), donc la viteſſe perdue par le choc eſt $V - \frac{MV - mV + 2mu}{M + m} = \frac{MV + mV - MV + mV - 2mu}{M - m} = \frac{2mV - 2mu}{M + m}$. Or ſi B étoit en repos, la viteſſe de A après le choc ſeroit $\frac{MV - mV + 2mu}{M + m} = \frac{MV - Mu}{M+m}$, à cauſe de $u = 0$; donc ſa viteſſe perdue par le choc ſeroit $V - \frac{MV - Mu}{M + m} = \frac{MV + mV - MV + mV}{M + m} = \frac{2MV}{M + m}$; & par conſéquent la viteſſe perdue lorſque les deux corps ſont en mouvement, eſt à la viteſſe perdue lorſque B eſt en repos comme $\frac{2MV - 2mu}{M+m}$ eſt à $\frac{2mV}{M+m}$, ou comme $V - u$ eſt à V.

PROPOSITION CXXVII.

362. *Si un corps élaſtique* A *choque un corps* B *qui eſt en repos, il lui communique une viteſſe qui n'eſt pas tout-à-fait double de la viteſſe qu'il avoit avant le choc.*

DEMONSTRATION.

Si les deux corps ſe mouvoient avec la même direction, la viteſſe de B après le choc eſt $\frac{2MV - Mu + mu}{M + m}$, & comme lorſque B eſt en repos, on a $u = 0$, il s'enſuit qu'en ce cas la viteſſe de B après le choc eſt $\frac{2MV}{M+m}$, & ſuppoſant que l'excès de M ſur m ſoit n, nous aurons $M = m + n$, c'eſt pourquoi mettant cette valeur de M dans la viteſſe de B après le choc, nous aurons $\frac{2mV + 2nV}{2m + n}$; ainſi cette viteſſe ſera à la viteſſe V du corps

A

A avant le choc comme $\frac{2MV + 2nV}{2m + n}$ est à V, ou $\frac{2mV + nV}{2mV + nV}$, ou comme $2mV + 2nV$ est à $2mV + nV$, ou comme $2m + 2n$ est à $2m + n$, ou comme 2 est à $1 + \frac{m}{m+n}$, c'est-à-dire que la vitesse de B après le choc n'est pas tout-à-fait double de la vitesse de A avant le choc, car si elle étoit double, le rapport seroit comme 2 à 1, au lieu qu'il est comme 2 à 1 augmenté d'une fraction $u \frac{m}{m+n}$; donc, &c.

PROPOSITION CXXVIII.

363. Si un corps élastique A choque un corps B moindre que lui, & qui est en repos, la vitesse du corps B après le choc sera égale à la somme des vitesses de A avant & après le choc.

DEMONSTRATION.

La vitesse du corps B après le choc sera par la Proposition précédente $\frac{2MV}{M+m}$. Or supposant $M = m + n$, cette vitesse sera $\frac{2mV + 2nV}{2m + m} = V + \frac{nV}{2m+n}$. Or la vitesse du corps A après le choc est $\frac{MV - mV + 2mu}{M+m} = \frac{MV - mV}{M+m}$ à cause de $u = 0$; donc mettant au lieu de M sa valeur, nous aurons $\frac{mV + nV - mV}{2m + n} = \frac{nV}{2m+n}$; ainsi la vitesse de B après le choc étant $V + \frac{nV}{2m+n}$ est égale à la somme de la vitesse V du corps A avant le choc, & de la vitesse $\frac{nV}{2m+n}$ du même corps après le choc.

PROPOSITION CXXIX.

364. Si un corps élastique A choque un autre corps B moindre que lui, & qui est en repos avec une vitesse qui soit comme la somme des deux masses, le corps B après le choc aura une vitesse qui sera comme 2A, & le corps A aura perdu une vitesse qui sera comme 2B.

DEMONSTRATION.

La vitesse du corps A après le choc est $\frac{MV - mV}{M+m}$; or par la supposition, V est comme $M + m$, mettant donc cette valeur de V dans la vitesse du corps A après le choc, nous aurons

$$\frac{M^2 + Mm - mM - m^2}{M + m} = \frac{M^2 - m^2}{M + m} = M - m$$

; de même la vitesse de B après le choc est $\frac{2MV}{M + m}$, & mettant la valeur de V, j'ai

$$\frac{2M^2 + 2Mm}{M + m} = 2M$$

; donc la vitesse du corps B après le choc est comme le double du corps A ; or la vitesse du corps A avant le choc étant $M + m$, & après le choc $M - m$, la différence des deux, c'est-à-dire, la vitesse perdue par le choc est $2m$ ou le double de B, donc, &c.

COROLLAIRE.

365. Si le corps A est moindre que B, la même chose subsiste encore comme il est aisé de le prouver par les mêmes raisonnemens.

PROPOSITION CXXX.

366. *Si un corps élastique* A *choque un autre corps élastique* B *plus grand que lui & qui est en repos, le corps* A *rebrousse toujours chemin, & le corps* B *reçoit une vitesse moindre que la vitesse du corps A avant le choc.*

DEMONSTRATION.

La vitesse du corps A après le choc est $\frac{MV - mV}{M + m}$, mais par la supposition m est plus grand que M ; donc la vitesse du corps A après le choc est négative, & ce corps rebrousse chemin.

La vitesse du corps B après le choc est $\frac{2MV}{M + m}$; or la vitesse du corps A avant le choc est $V = \frac{MV + mV}{M + m}$, mais à cause de m plus grand que M, j'ai $MV + mV$ plus grand que $2MV$, donc la vitesse du corps B après le choc, c'est-à-dire $\frac{2MV}{M + m}$ est moindre que la vitesse $\frac{MV + mV}{M + m}$ du corps A avant le choc.

COROLLAIRE.

367. La somme des vitesses des deux corps après le choc est égale à la vitesse du corps A avant le choc ; car la vitesse du corps A après le choc étant négative est $\frac{mV - MV}{M + m}$, ainsi ajoutant cette vitesse à la vitesse $\frac{2MV}{M + m}$ du corps B, la somme est $\frac{MV + mV}{M + m} = V$.

PROPOSITION CXXXI.

368. Si un corps élastique A *choque un corps élastique* B *plus grand que lui (Fig. 124.), & qui est en repos, & que celui-ci par la vitesse acquise choque un autre corps élastique* C *plus grand & qui est en repos, la vitesse de* C *après le choc sera plus grande que la vitesse qu'il auroit reçue si le corps* A *l'avoit choqué immédiatement.*

DEMONSTRATION.

Je nomme M la masse du premier corps A, rM celle du second B, & sM celle du troisième C, les lettres r, s, sont des nombres au-dessus de l'unité, & s est plus grand que r, ce qui fait que rM est plus grand que M, & sM plus grand que rM, ainsi qu'il est porté par le Problême. Maintenant par le Corollaire IVe. de la CXIX^e. Proposition (*N.* 336.) la somme des corps A, B, est au double du corps A comme la vitesse de A avant le choc est à la vitesse de B après le choc, donc

$$M + rM,\ 2M :: V,\ \frac{2MV}{M+rM} = \text{vitesse de B après le choc.}$$

Par la même raison, la somme B + C des corps B, C, est au double de B comme la vitesse de B avant de choquer C est à la vitesse de C après le choc de B; donc $rM + sM$, $2rM$

$$:: \frac{2MV}{M+rM},\ \frac{4rM^2V}{rM^2 + r^2M^2 + sM^2 + rsM^2} = \frac{4rV}{1 + r^2 + s + sr} = \text{vitesse de}$$

C après le choc de B.

Par la même raison encore la somme des corps A, C, est au double de A comme la vitesse de A avant aucun choc est à la vitesse que C acquerroit si A le choquoit immédiatement,

donc $M + sM$, $2M :: V$, $\frac{2MV}{M+sM}$, $\frac{2V}{1+s} = $ vitesse que C acquerroit par le choc immédiat de A.

Donc la vitesse que C acquiert par le choc de B est à celle qu'il acquerroit par le choc immédiat de A comme $\frac{4rV}{r+r^2+s+sr}$

est à $\frac{2V}{1+s}$, ou comme $\frac{2r}{r+r^2+s+sr}$ est à $\frac{1}{1+s}$, ou bien en réduisant tout au même dénominateur, & négligeant ce dénominateur, comme $2r + 2rs$ est à $r + r^2 + s + sr$, ou enfin en retranchant $r + sr$ de part & d'autre, comme $r + rs$ est à $r^2 + s$.

Or par la supposition s est plus grand que r, ainsi supposant $nr = s$, & mettant cette valeur dans le rapport que nous venons de trouver, ce rapport sera $r + nr^2$, $r^2 + nr$, & divisant tout par r, nous aurons $1 + nr$, $r + n$; mais rn est plus grand que $n + r$, car le produit de deux grandeurs qui surpassent l'unité est plus grand que leur somme, donc à plus forte raison $1 + nr$ est plus grand que nr.

Puis donc que la vitesse de C après le choc de B est à la vitesse que C acquerroit s'il étoit choqué immédiatement par A comme $1 + nr$ est à $r + n$, & que $1 + nr$ est plus grand que $r + n$, il s'enfuit que la vitesse de C après le choc de B est plus grande que la vitesse que C acquerroit s'il étoit choqué immédiatement par A.

M. Huguens a démontré ceci autrement, & a fait voir que la même chose arriveroit si le corps B étoit moindre que A, & C moindre que B, ce qu'on peut démontrer aisément par la méthode que nous venons d'employer.

Corollaire I.

369. *Si le corps B plus grand que A se meut dans la même direction mais moins vite, & que le corps C plus grand que B soit en repos & soit choqué par B après que A a choqué B, la vitesse que C reçoit par le choc de B est plus grande que celle qu'il recevroit par le choc immédiat de A.*

Je nomme comme auparavant M la masse de A, rM la masse de B, sM la masse de C ; de plus je nomme V la vitesse de A, & qV la vitesse de B, la lettre q est un nombre rompu puisque nous supposons la vitesse de B moindre que celle de A.

Maintenant la vitesse de B après le choc sera $2MV - \dfrac{MqV + rMqV}{M + rM}$; or comme la somme des corps B, C est au double de B, ainsi la vitesse avec laquelle B choque C, est à la vitesse que C acquiert par le choc de B, donc $rM + sM$, $2rM$ ::

$$\frac{2MV - MqV + rMqV}{M + rM}, \ \frac{4rM^2V - 2rM^2qV + 2r^2M^2qV}{rM^2 + r^2M^2 + sM^2 + srM^2} = \frac{4rV - 2rqV + 2r^2qV}{r + r^2 + s + sr}$$

$=$ vitesse de C acquise par le choc de B.

De même comme la somme des corps A, C est au double de A, ainsi la vitesse de A avant aucun choc est à la vitesse que C acquerroit si A le choquoit immédiatement ; donc $M + sM$, $2M :: V$, $\dfrac{2MV}{M + sM} = \dfrac{2V}{1 + s} =$ vitesse acquise de C par le choc immédiat de A.

Donc la vitesse acquise de C par le choc de B est à la vitesse que C acquerroit par le choc immediat de A , comme $\frac{4rV - 2rqV + 2r^2qV}{r + r^2 + s + sr}$ est à $\frac{2V}{1 + s}$, ou comme $\frac{2r - rq + r^2q}{r + r^2 + s + sr}$ est à $\frac{1}{1 + s}$, ou bien en reduisant tout au même dénominateur , & négligeant ensuite ce dénominateur , comme $2r - rq + r^2q + 2sr - rsq + r^2sq$, est à $r + r^2 + s + sr$, & retranchant de part & d'autre $r + rs$, le rapport sera $r - rq + r^2q + sr - rsq + r^2sq$, $r^2 + s$.

Or s est plus grand que r par la supposition, donc faisant $nr = s$, & mettant cette valeur de s dans le rapport que nous venons de trouver , ce rapport sera $r - rq + r^2q + nr^2 - nr^2q + nr^3q$, $r^2 + nr$, & divisant par r nous aurons $1 - q + rq + nr - nrq + nr^2q$, $r + n$; or le premier terme de ce rapport est plus grand que le second , car le seul nr est plus grand que $n + r$, & il est visible que les grandeurs négatives qui se trouvent dans ce terme sont moindres que les autres grandeurs positives , puis donc que la vitesse de C acquise par le choc de B est à la vitesse que C acquerroit par le choc immediat de A , comme $1 - q + rq + nr - nrq + nr^2q$, est à $r + n$, il s'ensuit que la vitesse acquise par le choc de B est plus grande que ne seroit la vitesse acquise par le choc immediat de A.

COROLLAIRE II.

370. Les deux corps élastiques A , C étant donnés , & C étant en repos , si l'on veut trouver un autre corps élastique , lequel étant mis entre A & C & venant à être choqué par A , puis choquant à son tour C , produise dans C la plus grande vitesse qu'un corps interposé entre A & C , puisse lui communiquer , on resoudra la question en cette sorte.

Je nomme X le corps qu'on demande , & V la vitesse du corps A avant le choc, le corps X étant en repos avant le choc, sa vitesse après le choc sera $\frac{2AV}{A + X}$; or la somme des corps X, C est au double de X, comme la vitesse de X est à la vitesse de C acquise par le choc de X, donc $X + C$, $2X :: \frac{2AV}{A + X}$, $\frac{4AVX}{AX + XX + AC + CX} =$ vitesse de C acquise par le choc de X.

Maintenant par la supposition cette vitesse est un *plus grand* ; donc selon la regle *des plus grandes & des moindres quantités* , je prens la différence de cette vitesse qui est

$$4A^2 VX dX + 4AVX^2 dX + 4A^2 VC dX + 4ACVX dX - 4A^2 VX dX - 8AVX^2 dX$$
$$\overline{AX + XX + AC + CX}^2$$

$$\frac{-4AVCX dX}{AX + XX + AC + CX^2}$$, je fais cette quantité égale à zero , & multipliant tout par le dénominateur, le numérateur eft encore égal à
zero ; corrigeant donc fon expreffion, j'ai $4A^2 VC dX - 4AVX^2 dX$
$= 0$; & divifant par dX , puis donnant de part & d'autre $4AVX^2$,
& enfin divifant par $4AV$, j'ai $AC = XX$ d'où je tire A , X
:: X, C, c'eft-à-dire , que pour produire l'effet requis, il faut prendre un corps X moyen proportionnel entre les deux corps donnés A , C.

PROPOSITION CXXXII.

371. *Deux corps* A , B (Fig. 125.) *élaftiques ou non élaftiques
qui fe choquent obliquement en* C *étant donnés , déterminer leur mouvement après le choc.*

SOLUTION.

Je décris des parallelogrammes AC , BC autour des directions AC , BC des deux corps , & fuppofant que AC marque la
force du corps A , cette force équivaudra à deux forces exprimées par les côtés AD , AE du parallelogramme AC ; de même
fi BC marque la force du corps B , cette force équivaudra à deux
forces exprimées par les côtés BF , BG du parallelogramme BC ;
or les forces AD , BG étant paralleles ne contribuent rien au
choc , donc il n'y a que les deux forces AE , BF ou DC , CG
qui y contribuent ; ainfi ce choc oblique eft le même qui fe feroit felon les directions directes DC , CG , & avec des forces
exprimées par ces directions ; par conféquent on déterminera
le mouvement des deux corps après le choc en fuivant les regles
enfeignées dans ce Chapitre.

Suppofons par exemple que les deux corps foient élaftiques ,
& qu'ils rebrouffent chemin , le premier avec une force égale à
CI , & l'autre avec une force égale à CH ; comme les forces
AD , BG fubfiftent & agiffent toujours , je fais $IL = AD$, &
$HP = BG$, & achevant les parallelogrammes IM , HN , le corps
A prendra la direction CL , & le corps B la direction CP , &
ainfi des autres.

CHAPITRE XII.

De la Force Centrifuge & de la Force Centripete.

DEFINITIONS.

372. ON appelle *Force Centrifuge* d'un corps, la force qui fait que ce corps étant mû autour d'un centre de mouvement, tend à s'éloigner de ce centre.

Si on conçoit un polygone d'une infinité de côtés inscrit dans une courbe ABCDE (*Fig.* 126), les petits côtés AB, BC, CD, &c. de ce polygone, ne différeront point des arcs qu'ils soutiennent, & par conséquent la courbe entiere ne differera pas du polygone ; donc un corps qui se meut le long de la courbe parcourt les petits côtés AB, BC, CD, &c. & change à tout moment de direction ; or comme un corps qui est mû d'abord dans une direction, tend à se conserver dans la même direction, il s'ensuit que le corps A mû autour de la courbe tend à s'échaper à chaque instant le long de la tangente ; supposant donc qu'au lieu de parcourir le côté infiniment petit BC, il se meuve le long de la tangente, & menant du point C la droite IC perpendiculaire à la tangente, cette droite IC exprimera la force centrifuge ou la quantité dont le corps s'est éloigné de la courbe.

373. On appelle *Force Centripete* la force qui fait qu'un corps qui devroit marcher dans la même direction AH, est à tout moment rappellé vers un centre O ; si donc au lieu de parcourir la petite droite BI il parcourt l'arc infiniment petit BC, la perpendiculaire CI exprimera la force centripete ; d'où il suit que la force centripete est égale à la force centrifuge.

374. La *force centripete* & la force centrifuge s'appellent d'un nom commun, *forces centrales.*

PROPOSITION CXXXIII.

375. *Si deux corps égaux* A, B (Fig. 127.) *parcourent dans des tems égaux avec des vitesses uniformes des circonférences inégales de cercles, leurs forces centrales sont entr'elles comme leurs diametres.*

DEMONSTRATION.

Je suppose que AC soit un arc infiniment petit de la circonférence ACD , & que les circonférences ACD , BEH soient concentriques ; je mene du point C le rayon OC , & les secteurs AOC , BOE sont semblables , à cause de l'angle AOC commun , donc l'arc AC est à l'arc BE , comme le rayon AO est au rayon BO , & par conséquent comme la circonférence ACD est à la circonférence BEH ; puis donc que les tems que les corps A , B employent à parcourir leurs circonférences sont égaux , & que les mouvemens sont uniformes , il est sûr que les tems que les corps A , B employeront à parcourir les arcs AC , BE feront entr'eux comme les tems employés à parcourir leurs circonférences , c'est-à-dire que ces tems feront égaux ; car si AC étoit par exemple la dixiéme partie de la circonférence ACD , BC feroit aussi la dixiéme partie de la circonférence ; ainsi A n'employeroit à parcourir AC que la dixiéme partie du tems qu'il employoit à parcourir ACD , & par la même raison B n'employeroit à parcourir BE que la dixiéme partie du tems qu'il employe à parcourir BEH ; or les tems employés à parcourir les circonférences ACD , BEH sont égaux , donc les dixiémes de ces tems sont aussi égaux , &c.

Des points A , B , je mene les tangentes AG , BF , & des points C , E les droites CG , EF perpendiculaires sur ces tangentes , ainsi ces droites CG , EF expriment les forces centrifuges des corps A , B (N. 372) ; or à cause de la similitude des cercles & des arcs proportionnels AC , BE , les droites CG , EF semblablement posées sont entr'elles comme les arcs AC , BE , ou comme les rayons AO , BO , lesquels sont entr'eux comme les diametres , donc les forces centrifuges CG , EF sont entr'elles comme les diametres.

Mais les forces centripetes sont égales aux forces centrifuges (N. 373) , donc les forces centrales sont entr'elles comme les diametres.

Corollaire I.

376. Donc si les forces centrales de deux corps égaux qui se meuvent le long de deux circonférences de cercles inégaux , sont entr'elles comme les diametres , les tems employés à parcourir les deux circonférences sont égaux.

Corollaire II.

377. *Les forces centrales des corps* A , B *font comme les quarrés*
des

des arcs infiniment petits AC, BE *divifés par les diametres* AQ, BP.

Des points C, E je mene les droites CN, EM perpendicu; laires aux diametres AQ, BP, & j'ai AN = CG, & BM = EF, or l'arc AC étant infiniment petit, n'eft pas différent de fa corde & par la proprieté du cercle j'ai AQ, AC : : AC, AN, donc

$$\frac{\overline{AC}^2}{AQ} = AN = CG;$$ par la même raifon j'ai PB, BE : : BE, BM,

donc $\frac{\overline{BE}^2}{PB} = BM = EF$, & par conféquent CG, EF : : $\frac{\overline{AC}^2}{AQ}$, $\frac{\overline{BE}^2}{PB}$.

COROLLAIRE III.

378. *Les forces centrales font donc des différences du fecond genre.* Car puifque AC eft infiniment petit par rapport à AQ, & que nous avons AQ, AC : : AC, AN, il s'enfuit que AN eft auffi infiniment petit par rapport à AC, donc AC étant une différence du premier genre, AN ou CG eft une différence du fecond genre.

COROLLAIRE IV.

379. *Quand les deux corps* A, B *parcourent les circonférences* ACD, BEH *en des tems égaux, les forces centrales font en raifon compofée de la raifon directe des quarrés des viteffes, & de la raifon inverfe des diametres ou des rayons.*

Par le Corollaire fecond nous avons CG, EF : : $\frac{\overline{AC}^2}{AQ}$, $\frac{\overline{BE}^2}{PB}$,

donc CG, EF : : $\overline{AC}^2 \times$ PB, $\overline{BE}^2 \times$ AQ, c'eft-à-dire les forces CG, EF, font en raifon compofée de la raifon $\overline{AC}^2$, $\overline{BE}^2$, & de la raifon PB, AQ; mais les arcs AC, PB, étant parcourus en même tems, expriment les viteffes des corps A, B, donc la raifon $\overline{AC}^2$, $\overline{BE}^2$, eft la raifon directe des quarrés des viteffes; or la raifon PB, AQ eft la raifon inverfe des diametres, donc, &c.

COROLLAIRE V.

380. *Si les arcs* AC, BE *font égaux, & qu'ils foient parcourus en même tems, les circonférences entieres feront par conféquent parcourues en des tems inégaux, & en ce cas les viteffes centrales feront en-tr'elles reciproquement comme les diametres.*

S s

Par le Corollaire précédent nous avons $CG, EF :: \overline{AC}^2 \times PB,$ $\overline{BE}^2 \times AQ$, mais la raiſon $\overline{AC}^2, \overline{BE}^2$ eſt une raiſon d'égalité, c'eſt-à-dire $\overline{AC}^2 = \overline{BE}^2$ par la ſuppoſition, donc $CG, EF :: PB, AQ$.

Corollaire VI.

381. *Si les diametres AQ, PB ſont égaux, & les arcs AC, BE décrits en même tems par les corps A, B ſont inégaux, les forces centrifuges ſeront comme les quarrés des viteſſes.*

$CG, EF :: \overline{AC}^2 \times PB, \overline{BE}^2 \times AQ$, mais par la ſuppoſition $PB = AQ$, donc, $CG, EF :: \overline{AC}^2, \overline{BE}^2$.

Corollaire VII.

382. *Si les diametres étant inégaux les forces centrales ſont égales, les diametres ſeront entr'eux comme les quarrés des viteſſes.*

$CG, EF :: \overline{AC}^2 \times PB, \overline{BE}^2 \times AQ$, mais par la ſuppoſition $CG = EF$, donc $\overline{AC}^2 \times PB = \overline{BE}^2 \times AQ$, & par conſéquent AQ, $PC :: \overline{AC}^2, \overline{BE}^2$.

Proposition CXXXIV.

383. *Si les forces centrales de deux corps A, B (Fig. 127.) qui parcourent des circonférences inégales, ſont égales, les tems employés à parcourir les circonférences ſont entr'eux comme les racines quarrées des diametres.*

Demonstration.

Nommons le diametre D, d, les circonférences P, p, les tems employés à les parcourir T, t, & les viteſſes uniformes des deux corps V, u, par le Corollaire 7 de la Propoſition précédente nous avons $D, d :: V^2, u^2$, donc $\sqrt{D}, \sqrt{d} :: V, u$; or à cauſe de la ſimilitude des cercles nous avons $D, d :: P, p$; diviſant donc les termes de cette proportion par les termes de la précédente $\frac{D}{\sqrt{D}}, \frac{d}{\sqrt{d}} :: \frac{P}{V}, \frac{p}{u}$, ou $\sqrt{D}, \sqrt{d} :: \frac{P}{V}, \frac{p}{u}$; mais dans le mouvement uniforme les tems ſont en raiſon compoſée de la raiſon directe des eſpaces, & de la raiſon reciproque des viteſſes $(N. 24)$; donc $T, t :: Pu, pV$, & diviſant la derniere raiſon par

V, & ensuite par u, j'ai $T, t :: \frac{P}{V}, \frac{p}{u}$, donc $T, t :: \sqrt{D}, \sqrt{d}$.

COROLLAIRE I.

384. Puisque $T, t :: \sqrt{D}, \sqrt{d}$, donc $T^2, t^2 : D, d$, c'est-à-dire les forces centrales étant égales, les diametres sont comme les quarrés des tems employés à parcourir les circonférences.

COROLLAIRE II.

385. Puisque $V^2, u^2 :: D, d$, & $T^2, t^2 :: D, d$, donc $V^2, u^2 :: T^2, t^2$, & $V, u :: T, t$, c'est-à-dire les forces centrales étant égales, les vitesses des corps sont comme les tems employés à parcourir les circonférences.

COROLLAIRE III.

386. *Si les forces centrales font inégales, elles font entr'elles en raison composée de la raison directe des diametres, & de la reciproque des quarrés des tems employés à parcourir les circonférences.*

Je nomme F, f les forces centrales, la force centrale de A est $\frac{\overline{AC}^2}{AQ}$, & celle de B est $\frac{\overline{BE}^2}{BP}$ (*N*. 377), donc $F, f :: \frac{V^2}{D}, \frac{u^2}{d}$; mais dans le mouvement uniforme les vitesses font comme les espaces divisés par les tems (*N*. 21), donc $V, u :: \frac{P}{T}, \frac{p}{t}$, & mettant au lieu de P, p la raison D, d, qui est la même, j'ai $V, u :: \frac{D}{T}, \frac{d}{t}$, donc $V^2, u^2 :: \frac{D^2}{T^2}, \frac{d^2}{t^2}$ & $\frac{V^2}{D}, \frac{u^2}{d} :: \frac{D^2}{DT^2}, \frac{d^2}{dt^2} :: \frac{D}{T^2}, \frac{d}{t^2}$, puis donc que $F, f :: \frac{V^2}{D}, \frac{u^2}{d}$, donc $F, f :: \frac{D}{T^2}, \frac{d}{t^2} :: Dt^2, dT^2$.

COROLLAIRE IV.

387. *Si les forces centrales font inégales, & que les tems employés à parcourir les circonférences soient entr'eux comme les diametres, les forces centrales font entr'elles reciproquement comme les diametres.*

Puisque $T, t :: D, d$, & par conséquent $T^2, t^2 :: D^2, d^2$, & que par le Corollaire précédent $F, f :: \frac{D}{T^2}, \frac{d}{t^2}$, donc $F, f :: \frac{D}{D^2}, \frac{d}{d^2} :: d^2D, D^2d :: d, D$.

Corollaire V.

388. Dans le cas du Corollaire précédent les viteſſes ſont égales ; car puiſque $F, f :: d, D$, & que par le Corollaire 3^{c} on a $F, f :: \frac{V^2}{D}, \frac{u^2}{d}$, donc $\frac{V^2}{D}, \frac{u^2}{d} :: d, D$, & par conſéquent $V^2, u^2 :: dD, dD :: 1, 1$.

REMARQUE.

389. La force centrale du corps A eſt $\frac{\overline{AE}^2}{AQ}$; or ce corps étant mû avec une viteſſe uniforme, parcourt des arcs égaux dans des tems égaux ; donc ſa force centrifuge eſt toujours $\frac{\overline{AE}^2}{AQ}$, c'eſt-à-dire conſtante, ce qui n'arrive pas dans les autres courbes.

PROPOSITION CXXXV.

390. *Si les deux corps* A, B *(Fig. 127.) parcourent d'un mouvement uniforme deux circonférences, & que leurs viteſſes ſoient entr'elles reciproquement comme les racines quarrées des diametres ou des rayons, leurs forces centrifuges ſeront reciproquement comme les quarrés des rayons ou des diſtances aux centres.*

DEMONSTRATION.

$F, f :: \frac{V^2}{D}, \frac{u^2}{d}$ (*N.* 386), & par la ſuppoſition $V, u :: \sqrt{d}, \sqrt{D}$; donc $V^2, u^2 :: d, D$, & par conſéquent $F, f :: \frac{d}{D}, \frac{D}{d} :: dd, DD :: \frac{1}{4}dd, \frac{1}{4}DD$.

COROLLAIRE I.

391. *Si les viteſſes ſont reciproquement comme les diametres, les forces centrales ſeront reciproquement comme les cubes des rayons.*

$F, f :: \frac{V^2}{D}, \frac{u^2}{d}$ (*N.* 386) ; mais par la ſuppoſition $V, u :: d, D$, donc $V^2, u^2 :: d^2, D^2$, & par conſéquent $F, f :: \frac{d^2}{D}, \frac{D^2}{d} :: d^3, D^3$.

COROLLAIRE II.

392. *Si les viteſſes ſont reciproquement comme les quarrés des dia-*

metres , les forces centrifuges feront reciproquement comme les cin-quiémes puiffances des rayons.

$F, f :: \frac{V^2}{D}, \frac{u^2}{d}$ (*N.* 386); mais par la fuppofition $V, u :: d^2, D^2$, donc $V^2, u^2 :: d^4, D^4$, & par conféquent $F, f :: \frac{d^4}{D}, \frac{D^4}{d} :: d^5, D^5$.

Et il eft facile de trouver les rapports des forces centrales fi les viteffes étoient reciproquement comme quelques puiffances plus élevées des diametres.

PROPOSITION CXXXVI.

393. *Si les viteffes des deux corps* A *,* B *font reciproquement comme les racines quarrées des diametres , les quarrés des tems employés à parcourir les circonférences , font comme les cubes des rayons.*

Le mouvement étant uniforme , les tems font en raifon compofée de la raifon directe des efpaces & de la reciproque des viteffes (*N.* 24) , donc $T, t :: Pu, pV :: \frac{P}{V}, \frac{p}{u}$, & mettant au lieu de P, *p* la raifon D, *d* qui lui eft égale , j'ai $T, t :: \frac{D}{V}, \frac{d}{u}$, mais par la fuppofition $V, u :: \sqrt{d}, \sqrt{D}$, donc $T, t :: \frac{D}{\sqrt{d}}, \frac{d}{\sqrt{D}}$, & par conféquent $T^2, t^2 :: \frac{D^2}{d}, \frac{d^2}{D} :: D^3, d^3$.

COROLLAIRE.

394 *Si les viteffes font reciproquement comme les diametres , les tems font comme les quarrés des rayons.*

$T, t :: \frac{D}{V}, \frac{d}{u}$ (*N.* 393); mais par la fuppofition $V, u :: d, D$, donc $T, t :: \frac{D}{d}, \frac{d}{D} :: D^2, d^2$.

PROPOSITION CXXXVII.

395. *Si un corps* A (*Fig.* 128.) *parcourt d'un mouvement unifor-me une circonférence de cercle , avec une viteffe égale à celle qu'il auroit acquife en defcendant librement le long de la droite* HA *perpen-diculaire à l'horizon , la force centrale de ce corps eft à fa pefanteur comme le double de* HA *eft au rayon* OA.

Demonstration.

Le mouvement le long de HA étant uniformement acceleré, le corps A auroit parcouru dans le même-tems un espace double de HA s'il s'étoit mû d'un mouvement uniforme avec une vitesse égale acquise à la fin de HA (N. 63.), & comme le mouvement le long de AC est aussi uniforme, & avec la même vitesse que le mouvement le long de 2HA, il s'ensuit que le tems employé à parcourir uniformement AC est au tems employé à parcourir uniformement 2HA comme AC, 2HA.

Maintenant pour connoître l'espace que la pesanteur de A lui feroit parcourir dans le même-tems qu'il parcourt AC, en supposant que le corps commençât à descendre au point A, il faut observer que le mouvement pendant l'espace demandé étant acceleré de même que le mouvement pendant l'espace AH, ces les quarrez de ces es uanecy des tems font comme AC, 2HA ainsi qu'on vient de voir ; donc on dira $4\overline{HA}^2$, $\overline{AC}^2$ :: HA, $\dfrac{\overline{AC}\times HA}{4\overline{HA}^2} = \dfrac{\overline{AC}^2}{4HA}$; ainsi $\dfrac{\overline{AC}^2}{4HA}$ sera l'espace que la pesanteur feroit parcourir au corps A dans le tems qu'il parcourt AC ; or l'espace que la force centrale lui fait parcourir dans le même-tems est CG $= \dfrac{\overline{AC}^2}{AQ}$ (N. 377.) ; & par conséquent la vitesse causée par la pesanteur est à la vitesse causée par la force centrifuge comme $\dfrac{\overline{AC}^2}{4HA}$ est à $\dfrac{\overline{AC}^2}{AQ}$, mais la masse étant égale de part & d'autre, les forces font comme les vitesses, donc la pesanteur est à la force centrale comme $\dfrac{\overline{AC}^2}{4HA}$ est à $\dfrac{\overline{AC}^2}{QA}$, ou comme $\overline{AC}^2 \times QA$ est à $\overline{AC}^2 \times 4HA$, ou comme QA est à 4HA, ou enfin comme $\frac{1}{2}QA$, 2HA, & par conséquent la force centrale est à la pesanteur comme 2HA ou le double de HA est à $\frac{1}{2}QA$, ou à OA, c'est-à-dire au rayon.

Corollaire I.

396. Si on nomme G la pesanteur, on aura OA, 2HA :: G ; $\dfrac{2HA \times G}{OA}$, & ce sera la valeur de la force centrale.

Corollaire II.

397. *Si* AH *est égal à la moitié du rayon* OA, *la force centrale est égale à la pesanteur;* car on aura OA, 2HA, ou OA :: G,
$$\frac{OA \times G}{OA} = G.$$

Corollaire III.

398. *Si la force centrale est égale à la pesanteur, le tems employé à parcourir la circonference entiere est au tems de la descente du corps* A *le long de la moitié du rayon, comme la circonference est au rayon.*

Le mouvement le long de la moitié du rayon étant un mouvement acceleré, le corps A parcourroit dans un même-tems avec un mouvement uniforme & une vitesse égale à la vitesse acquise à la fin de $\frac{1}{2}$ AO un espace égal à AO.

Ainsi le mouvement le long de AO étant uniforme de même que le mouvement le long de la circonférence, & les vitesses étant égales par la supposition, puisque ces vitesses sont comme les forces à cause des masses égales, il s'ensuit que les tems employés à parcourir la circonférence avec une vitesse uniforme, & le demi-rayon avec une vitesse accelerée, sont comme la circonférence est au rayon.

Proposition CXXXVIII.

399. *Si tandis qu'un corps* A (Fig. 129.) *se meut le long d'une courbe* ABCD *concave du côté de* C, *les droites tirées d'un point* O *qui est dans le plan de la courbe aux extremités des petits arcs* AB, BC, CD, *decrits dans des tems infiniment petits & égaux entr'eux forment des aires* ABO, BCO, CDO *égales entr'elles, le corps* A *est poussé vers* O *par une force centripete.*

Demonstration.

Si le corps A ayant décrit le petit arc AB qu'on peut prendre pour une ligne droite à cause de son infinie petitesse étoit abandonné à lui-même, il suivroit la même direction, & décriroit dans le second moment égal au premier une droite BE égale à l'arc AB; tirant donc du point E au point O la droite EO, les triangles ABO, BEO ayant les bases égales & le sommet O commun, seroient égaux; or par la supposition, le triangle BCO est égal au triangle ABO ; donc le triangle BCO est aussi égal au triangle BEO, mais ces deux triangles BCO, BEO ayant la base BO commune & étant égaux entr'eux, ils doivent avoir les hauteurs égales, ou ce qui revient au même, ils doivent se trouver entre mêmes paralleles ; donc joignant les sommets par la droite EC, cette droite doit être parallele à la base BO ; ainsi menant CH parallele à BE, on voit que la force qui a poussé A de B en C, est équivalente à deux forces BE, BH, dont l'une pousse selon la direction BE, & l'autre la direction BH.

De même, si le corps étant en C étoit abandonné à lui-même, il suivroit sa direction, & parcourroit la droite CF égale à CB dans un instant égal à celui pendant lequel il a parcouru CB, donc tirant FO le triangle, FOC seroit égal au triangle CBO, mais par la supposition le triangle CDO est égal au triangle COB; donc les triangles CFO, CDO sont égaux, & comme ils ont la base CO commune, il faut nécessairement que la droite FD qui joint leur sommets soit parallele à la base CO ; donc menant du point D la droite DR parallele à FC, on voit que la force qui pousse A de C en D est équivalente à deux forces CF, CR, dont l'une pousse selon la direction CF, & l'autre selon la direction CR, & ainsi de suite.

Or puisque pendant le mouvement le long de la courbe, le corps A est toujours empêché de suivre sa direction par des forces dont les directions BH, CR, &c. tendent au centre O, il s'ensuit que le corps est toujours poussé par une force centripete vers le centre O.

Corollaire. I.

400. Si du sommet A de la courbe on mene la tangente AT & du point B la droite BT perpendiculaire sur cette tangente, la droite BT ou AV sera la force centripete correspondante à l'arc BA ; & les droites BH, CR, &c. seront les forces centripetes correspondantes aux autres arcs BC, CD, &c.

Corollaire II.

401. Les droites BE, CF, &c. le long desquelles le corps s'échaperoit à chaque instant s'il étoit livré à lui-même, sont tangentes de la courbe, puisqu'elles sont les prolongemens de ses petits arcs ; donc elles sont perpendiculaires aux rayons BO, CO, &c.

si

fi la courbe eſt un cercle dont le centre ſoit le point O, & par
conſéquent les triangles ABO, BCO, &c. ſont reɑtangles, ce
qui n'arrive que dans le cercle.

COROLLAIRE III.

402. Les aires ou triangles ABO, BCO, étant reɑtangles dans
le cercle, il s'enſuit à cauſe de leur égalité que leurs hauteurs
BA, CB, &c. ſont entr'elles reciproquement comme les baſes
BO, CO, mais les baſes ſont égales puiſqu'elles ſont rayons d'un
même cercle, donc les hauteurs, c'eſt-à-dire les petits arcs décrits dans des tems égaux ſont égaux, ce qui n'arrive encore que
dans le cercle.

COROLLAIRE IV.

403. Les diagonales BA, BC, CD, &c. étant égales entr'-
elles dans le cercle, les côtés AT, BE, CF des parallelogrammes
TV, EN, FQ, &c. ſont auſſi égaux entr'eux & aux diagonales;
car par la conſtruction EB = BA, or BA, BC, donc EB = BC,
& ainſi des autres, mais les angles de ces parallelogrammes ſont
déterminés, puiſqu'ils ſont tous des angles droits, donc ces parallelogrammes ſont tous ſemblables & égaux entr'eux, & par
conſéquent les côtés AV, BH, CR, &c. ſont égaux, c'eſt-à-
dire la force centripete eſt conſtante, ainſi que nous l'avons déja
remarqué plus haut, & ceci n'arrive encore que dans le cercle.

Au reſte, il ne faut pas objeɑter que les parallelogrammes
ayant un côté égal à la diagonale ne ſçauroient être reɑtangles;
car quoique cela ſoit vrai à l'égard des reɑtangles dont tous les
côtés ſont des grandeurs aſſignables, il n'en eſt pas de même
à l'égard des parallelogrammes qui ont un côté infiniment petit
par rapport à l'autre; car ſuppoſé, comme nous l'avons démontré
(*N.* 378.) que le côté AV qui marque la force centrale du cercle
ſoit infiniment petit par rapport à AB, l'angle ABV ſera infiniment petit, or l'angle BVA eſt droit, donc l'angle BAV plus
l'angle ABV valent un angle droit, & comme ABV eſt infiniment petit, il s'enſuit que BAV ne differant de l'angle droit que
d'un infiniment petit, peut être regardé comme droit.

COROLLAIRE V.

404. Dans les autres courbes, les arcs AB, BC, étant infiniment petits, on peut regarder AB comme un arc de cercle dé-

T t

crit par le rayon OA, l'arc BC comme un arc de cercle décrit
par le rayon BO, & ainfi des autres ; donc la force centrale
par rapport à AB fera la même que la force centrale par rapport
à un cercle dont le rayon feroit OA, de même la force centrale
BH par rapport à l'arc BC fera la même que la force centrale
par rapport à un cercle dont le rayon feroit BO, & ainfi des
autres. Mais les forces centrales des cercles font infiniment petites par rapport aux arcs infiniment petits de ces cercles (*N.*
378.), donc les forces centrales par rapport aux arcs AB, BC,
CD, &c. des courbes différentes du cercle, font infiniment
petites par rapport à ces arcs.

COROLLAIRE VI.

405. Le Corollaire précédent fournit la réponfe à une difficulté
qu'on pourroit faire touchant la Propofition que nous venons
d'établir. J'ai dit dans la Demonftration de cette Propofition que
fi le corps A après avoir parcouru l'arc AB étoit livré à lui-
même, il parcourroit la droite BE dans un tems égal à celui
qu'il a employé à parcourir AB ; or là-deffus on peut m'objeéter
que la force de la direétion AB étant équivalente aux déux forces
AT, AV dont la premiere donne une viteffe uniforme, & la
feconde une viteffe qui peut être accelerée ou retardée felon que
les forces centrales de la courbe vont en augmentant ou en diminuant, il arrivera que le corps A étant en B, aura une viteffe
qui lui fera parcourir dans le fecond inftant un efpace BE plus
grand ou moindre que l'efpace AB parcouru dans le premier ;
mais à cela je répons 1°; que la force AV étant infiniment petite par rapport à la force AT qui donne une viteffe uniforme,
l'augmentation ou la diminution de viteffe que la force AV donne
lorfque le corps A eft en B eft un infiniment petit par rapport à
la viteffe uniforme que donne la force AT. 2°. Que l'efpace AB
étant infiniment petit, la viteffe accelerée ou retardée que donne
la force AV, devroit être regardée comme uniforme pendant le
mouvement le long de AB quand même cette viteffe ne feroit
pas infiniment petite par rapport à la force AT, & par conféquent de l'un & l'autre de ces deux chefs, il s'enfuit que l'efpace BE parcouru dans le fecond inftant doit être égal à l'efpace
AB parcouru dans le premier, puifque la différence qui peut s'y
trouver ne peut être qu'une différence du fecond genre, laquelle
n'empêche pas plus l'égalité entre deux grandeurs qui font des

différences du premier genre, qu'une différence du premier
genre ne l'empêche entre deux grandeurs qui font finies & affi-
gnables.

COROLLAIRE VII.

406. *Si un corps* A *eſt mû uniformement ſelon une droite* AB, *&*
qu'en même-tems il ſoit attiré vers un centre O *par une force centri-*
pete, je dis qu'il decrira une courbe ABCD *concave du côté de* C,
& que ſi des extremités des eſpaces parcourus à la fin des tems égaux,
on mene des rayons BO, CO, DO, &c. *au centre* O, *les aires*
ABO, BCO, CDO, &c. *feront égales.*

Ce Corollaire eſt l'inverſe de la Propoſition que nous venons
d'établir, car il eſt viſible que ſi le corps A a parcouru dans un
inſtant la petite droite AB, il parcourroit dans le ſecond inſtant
la petite droite BE s'il étoit livré à lui-même ; mais comme la
force centripete eſt BH, il ſe mouvra ſelon la direction BC, &
par conſéquent les deux AB, BC, feront un angle du côté de C,
& comme cela arrivera partout, la courbe décrite ſera concave
du côté de C.

En ſecond lieu, le triangle BEO ſera égal au triangle ABO ;
mais à cauſe du parallelogramme EH des forces BE, BH, équivalentes à la force BC, la droite EC ſera parallele à la droite BH;
donc les triangles BCO, BEO feront égaux ; mais le triangle
BEO eſt égal au triangle BAO, donc BCO eſt auſſi égal au
triangle BAO, & on prouvera la même choſe à l'égard des
aires ſuivantes ; donc, &c.

COROLLAIRE VIII.

407. *Lorſque la courbe n'eſt pas un cercle, les viteſſes dont les*
arcs AB, BC *ſont décrits, ſont réciproquement comme les perpendi-*
culaires menées du centre O *ſur ces arcs prolongés s'il le faut.*

Les triangles ABO, BCO ſont égaux, donc leurs baſes AB,
BC, ſont entr'elles réciproquement comme leurs hauteurs, ou
comme les perpendiculaires tirées du ſommet commun O ſur
leurs baſes, mais les baſes AB, BC, étant parcourues dans des
tems égaux, expriment les viteſſes ; donc les viteſſes ſont entr'elles réciproquement comme les perpendiculaires menées ſur
les baſes.

COROLLAIRE IX.

408. Si la force centripete eſt la même partout, nous avons

déja dit que la courbe eft un cercle ; donc fi la force centripete va en diminuant, la courbe eft moins courbe que le cercle,
& fi elle va en augmentant, elle eft plus courbe que le cercle.

REMARQUE.

409. Quoique nous ayions pris pour la force centrale, la
droite CG (*Fig.* 127.) pependiculaire à la tangente AG, on peut
prendre auffi pour la même force la droite CV qui eft le prolongement du rayon ; car les droites CG, CV étant des infiniment petits du fecond genre, leur différence eft un infiniment
petit du troifiéme genre auquel il ne faut pas avoir égard, ainfi
ces deux lignes CG, CV peuvent paffer pour égales & être
prifes l'une pour l'autre.

DEFINITION.

410. On appelle *centre des forces* le point O (*Fig.* 130.) auquel
la force centripete ramene continuellement un corps qui fe meut
le long d'une courbe AMB, & cette courbe fe nomme *orbite*,
ou *courbe du trajet.*

La droite MO tirée d'un point quelconque de la courbe au
centre O fe nomme *rayon vecteur*, & fi après avoir mené deux
rayons vecteurs infiniment proches M*o*, *m*O, on éleve aux points
M, *m*, des perpendiculaires à la courbe MC, *m*C, qui fe rencontrent en C, chacune des droites MC, *m*C, s'appellera *rayon
de la developpée*, parce que felon ce que nous avons enfeigné
dans *le Calcul Differentiel & Integral* toute courbe AMB peut
être regardée comme étant la ligne de developpement d'une
autre courbe, en forte que les perpendiculaires MC à la ligne
de developpement font tangentes de la développée.

LEMME.

411. *Si deux grandeurs a, b, font réciproques à deux autres grandeurs m, n, c'eft-à-dire, fi a, b :: n, m, ces deux grandeurs feront
entr'elles comme deux fractions dont les numerateurs feront l'unité,
& dont les dénominateurs feront les grandeurs m, n, prifes directement.*

DEMONSTRATION.

Par la fuppofition $a, b :: n, m$, donc divifant la feconde raifon par n, j'ai a, $b :: 1$, $\frac{m}{n}$, & divifant encore la feconde raifon par

m, j'ai a, $b :: \frac{1}{m}$, $\frac{1}{n}$; donc, &c.

PROPOSITION CXXXIX.

412. *Dans toute courbe* (Fig. 130.) *les forces centrales correfpon-dantes à leurs arcs infiniment petits, font entr'elles en raifon compofée de la raifon directe des rayons vecteurs, de la raifon reciproque des rayons de la developpée, & de la réciproque des cubes des perpendi-culaires tirées fur les tangentes du centre O.*

DEMONSTRATION.

L'arc Mm de la courbe étant infiniment petit peut être pris pour un arc de cercle décrit par le rayon CM ; donc fa force centrale confidérée comme agiffant vers le centre C eft comme mR (*N.* 409.), & cette force centrale confidérée comme agif-fant vers le centre O des forces eft mN.

Le rayon de la développée MC étant perpendiculaire à la courbe, l'angle CMR eft droit; or à caufe de l'arc infiniment petit Mm l'angle MCR eft infiniment petit, donc l'angle MRC qui ne differe de l'angle droit CMR que de l'angle MCR, n'en differe que d'un infiniment petit, & par conféquent les deux angles CMR, MRC peuvent paffer pour égaux, & l'angle MRC peut être pris pour un angle droit ; donc fi du point O je mene OP perpendiculaire à la tangente PN, les triangles POM, RmN pourront être regardés comme femblables ; car l'angle PMO ne differe auffi de l'angle RNm que d'un infiniment petit, puif-que l'angle PMO eft égal à l'angle RNm plus l'angle MON qui eft infiniment petit ; donc j'ai mR, mN :: PO, OM, c'eft-à-dire, la force centripete vers le centre du rayon de la déve-loppée eft à la force centripete vers le centre des forces comme PO eft à MO. Si j'appelle donc V la viteffe dont le corps par-court l'arc infiniment petit Mm, la force centripete vers C fera

comme $\frac{Mm^2}{MC}$ (*N.* 379.), & comme Mm exprime la viteffe, cette

force fera $\frac{V^2}{MC}$; or les arcs parcourus Mm en tems égaux, font

réciproquement comme les perpendiculaires menées du centre des forces fur ces arcs (*N.* 407.), donc l'arc Mm fera comme $\frac{1}{PO}$ (*N.* 411.) ; mais les arcs font comme les viteffes, donc V

$=\frac{1}{PO}$, & mettant cette valeur de V dans la force centripete $\frac{V^2}{MC}$, j'ai $\frac{1}{PO^2 \times MC}$; or la force centripete vers C est à la force centripete vers O comme PO est à MO, ainsi qu'on vient de voir; donc j'ai PO, MO :: $\frac{1}{PO^2 \times MC}$, $\frac{MO}{PO^3 \times MC}$, force centripete vers O.

Si nous avions donné un autre rayon vecteur que nous eussions nommé *mo*, un autre rayon de la développée que nous eussions nommé *mc*, & un autre perpendiculaire sur la tangente correspondante que nous eussions nommé *po*, nous aurions pour la force centripete vers O $\frac{mo}{po^3 \times mc}$; donc les deux forces centripetes seroient comme $\frac{MO}{PO^3 \times MC}$, $\frac{mo}{po^3 \times mc}$, ou comme MO $\times po^3 \times mc$, $mo \times PO^3 \times MC$, c'est-à dire en raison composée de la raison directe MO, *mo*, des rayons vecteurs, de la réciproque des rayons *mc*, MC, de la développée, & de la réciproque des cubes po^3, PO^3 des perpendiculaires menées du centre des forces sur les tangentes correspondantes.

COROLLAIRE I.

413. *Si la courbe est un cercle* (Fig. 131), *& que le centre* O *des forces soit sur la circonférence, les forces centrifuges sont entr'elles reciproquement comme les cinquièmes puissances des rayons vecteurs* OM.

Les rayons de la developpée sont tous égaux entr'eux dans le cercle, puisque toutes les perpendiculaires menées à un point quelconque de la circonférence se rencontrent toutes dans le centre; cela posé, je prolonge le rayon MC en N, & je mene la droite ON, les droites OP, NM étant perpendiculaires à PR sont par conséquent paralleles entr'elles; donc l'angle POM est égal à son alterne OMN; or l'angle OPM est droit de même que l'angle MON, donc les triangles OPM, MON sont semblables, ainsi MN, MO :: MO, OP, d'où je tire OP $= \frac{\overline{MO}^2}{MN}$, & $\overline{OP}^3 = \frac{\overline{MO}^6}{\overline{MN}^3}$; mais par la Proposition présente la force centripete au point M est $\frac{MO}{\overline{OP}^3 \times MC}$, mettant donc la valeur de $\overline{OP}^3$ la force centripete sera $\dfrac{MO \times \overline{MN}^3}{\overline{MO}^6 \times MC} = \dfrac{\overline{MN}^3}{\overline{MO}^5 \times MC}$; mais MN, MC sont toujours les mêmes à l'égard de tous les points M de la circonférence, donc les forces centripetes sont entr'elles comme $\dfrac{\overline{MN}^3}{\overline{MO}^5 \times MC}$ est à $\dfrac{\overline{MN}^3}{\overline{mo}^5 \times MC}$ ou comme $\dfrac{1}{\overline{MO}^5}$ est à $\dfrac{1}{\overline{mo}^5}$.

COROLLAIRE II.

414. *Si la courbe est un cercle & que le centre O des forces (Fig. 132.) soit dans l'aire hors du centre du cercle, les forces centripetes sont entr'elles en raison composée de la raison inverse des quarrés des rayons vecteurs OM, &c. & de la raison inverse des cubes des cordes MA, c'est-à-dire des rayons vecteurs prolongés jusqu'à la circonférence.*

Du centre des forces O je mene OP perpendiculaire à la tangente RP ; je prolonge le rayon vecteur en A d'où je mene le diametre AB, & du point B la corde BM ; l'angle OPM est droit de même que l'angle AMB par la construction, de plus l'angle AMP du segment est égal à l'angle ABM dont le sommet est à la circonférence, donc les deux triangles rectangles MOP, BAM sont semblables, ainsi AB, AM :: MO, OP, d'où je tire $OP = \dfrac{AM \times MO}{AB}$ & $\overline{OP}^3 = \dfrac{\overline{AM}^3 \times \overline{MO}^3}{\overline{AB}^3}$; mais par la Proposition présente la force centripete en M est $\dfrac{MC}{\overline{OP}^3 \times MC}$; mettant donc la valeur de $\overline{OP}^3$, la force centripete sera $\dfrac{MO \times \overline{AB}^3}{\overline{AM}^3 \times \overline{MO}^3 \times MC} = \dfrac{\overline{AB}^3}{\overline{AM}^3 \times \overline{MO}^2 \times MC}$; mais AB & MC sont toujours les mêmes à l'égard de quelque point M que ce soit, donc les forces centripetes sont entr'elles comme $\dfrac{\overline{AB}^3}{\overline{AM}^3 \times \overline{MO}^2 \times MC}$ est à $\dfrac{\overline{AB}^3}{\overline{am}^3 \times \overline{mo}^2 \times MC}$ ou comme $\dfrac{1}{\overline{AM}^3 \times \overline{MO}^2}$ est à $\dfrac{1}{\overline{am}^3 \times \overline{mo}^2}$.

LEMME.

415. *Dans toute section conique (Fig. 133), dont la droite TM est tangente, a droite MC perpendiculaire à la courbe, & la droite*

OC *eſt menée du foyer au point d'attouchement , ſi du point* C *on mene* CS *perpendiculaire à* OM, *la partie* MS *que cette perpendiculaire cou-pe eſt égale à la moitié du parametre.*

Demonſtration pour la Parabole.

Du point M je mene l'ordonnée MQ , & du point O la droite OP perpendiculaire à la tangente ; je nomme le parametre a, & l'abſciſſe AQ $= x$, donc par les proprietés de la parabole que nous avons expliquées dans *la Theorie & la Pratique du Geométre* , j'ai OM $= x + \frac{1}{4} a$, QC $= \frac{1}{2} a$, & QT $= 2x$, & par conſéquent TO $=$ TA $+$ AO $= x + \frac{1}{4} a =$ OM.

Le triangle TOM étant iſoſcelle, & la droite OP perpendiculaire ſur TM , j'ai TP $=$ PM ; or le triangle rectangle TQM donne $\overline{TM}^2 = \overline{TQ}^2 + \overline{QM}^2$, donc $\overline{TM}^2 = 4x^2 + ax$, & $\overline{PM}^2 = x^2 + \frac{1}{4} ax$; de même le triangle rectangle POM donne $\overline{PO}^2 = \overline{OM}^2 - \overline{PM}^2$, donc $\overline{PO}^2 = x^2 + \frac{1}{2} ax + \frac{1}{16} aa - x^2 - \frac{1}{4} ax = \frac{1}{16} a^2 + \frac{1}{4} ax$.

Maintenant les droites OP , MC étant perpendiculaires à la tangente , les angles POM , OMC alternes ſont égaux , donc les triangles rectangles OMP , CMS ſont ſemblables , & par conſéquent OM, OP :: MC, MS, & $\overline{OM}^2$, $\overline{OP}^2$ :: $\overline{MC}^2$, $\overline{MS}^2$; mais à cauſe du triangle rectangle MQC, j'ai $\overline{MC}^2 = \overline{MQ}^2 + \overline{QC}^2 = ax + \frac{1}{4} aa$, mettant donc les valeurs analytiques dans $\overline{OM}^2$, $\overline{OP}^2$ :: $\overline{MC}^2$, $\overline{MS}^2$, j'ai $x^2 + \frac{1}{2} ax + \frac{1}{16} a^2$, $\frac{1}{16} a^2 + \frac{1}{4} ax$ :: $ax + \frac{1}{4} a^2$, $\overline{MS}^2$, & diviſant la premiere raiſon par $x + \frac{1}{4} a$, j'ai $x + \frac{1}{4} a$, $\frac{1}{4} a$ :: $ax + \frac{1}{4} a^2$, $\overline{MS}^2$, & diviſant les deux antecedens par $x + \frac{1}{4} a$, j'ai 1, $\frac{1}{4} a$ :: a, $\overline{MS}^2$, d'où je tire $\overline{MS}^2 = \frac{1}{4} a^2$, donc MS $= \frac{1}{2} a$.

Demonſtration pour l'Ellipſe.

Je nomme l'axe AB $= b$ *(Fig.* 134) , le parametre $= a$, la diſtance OR $= c$, & l'abſciſſe AQ $= x$, donc QR $=$ AR $-$ AQ $= \frac{1}{2} b - x$, & OQ $=$ OR $-$ QR $= c - \frac{1}{2} b + x$, & AO $\times$ OB $= \overline{AR}^2 - \overline{OR}^2 = \frac{1}{4} b^2 - c^2$; or par la proprieté de l'ellipſe le rec-tangle

tangle $AO \times OB$ est égal au quarré du demi-petit axe RH, & d'autre part l'on a $\overline{AR}^2, \overline{RH}^2 :: AQ \times QB , \overline{QM}^2$; mettant donc les valeurs analytiques , j'ai $\frac{1}{4}b^2 , \frac{1}{4}b^2 - c^2 :: bx - xx , \overline{QM}^2$, donc $\overline{QM}^2 = bx - xx - \frac{4c^2 x}{b} + \frac{4c^2 x^2}{bb}$; or $\overline{QO}^2 = c^2 - bc + \frac{1}{4}bb + 2cx - bx + xx$, donc $\overline{OM}^2 = \overline{QO}^2 + \overline{QM}^2 = c^2 - bc + \frac{1}{4}bb + 2cx - bx + xx + bx - xx - \frac{4c^2 x}{b} + \frac{4c^2 x^2}{bb} = c^2 - bc + \frac{1}{4}bb + 2cx - \frac{4c^2 x}{b} + \frac{4c^2 x^2}{bb}$.

Maintenant en suivant les regles du Calcul Différentiel , nous trouverons que la soutangente $TQ = \frac{2bx - 2x^2}{b - 2x}$, & par conséquent $TA = TQ - AQ = \frac{2bx - 2x^2}{b - xx} - x = \frac{2bx - 2x^2 - bx + 2x^2}{b - 2x} = \frac{bx}{b - 2x} = \frac{\frac{1}{2}bx}{\frac{1}{2}b - x}$; & que la souperpendiculaire $QC = \frac{ba - 2ax}{2b} = \frac{\frac{1}{2}ba - ax}{b}$, d'où il suit que $TO = TA + AO = TA + AR - OR = \frac{\frac{1}{2}bx}{\frac{1}{2}b - x} + \frac{1}{2}b - c = \frac{\frac{1}{2}bb - bc + 2cx}{b - 2x}$.

Les triangles rectangles TMQ , MCQ sont semblables , à cause que le triangle TMC est rectangle , mais les triangles rectangles TMQ , TPO sont aussi semblables à cause de l'angle aigu T qui leur est commun, donc $MC , CQ :: TO , OP$, & par conséquent $OP = \frac{CQ \times TO}{MC}$; mais les triangles rectangles MOP , MCS sont aussi semblables , à cause de l'angle aigu MOP égal à son alterne SMC , donc $OM , OP :: MC , MS$ ou $OM , \frac{CQ \times TO}{MC} :: MC , MS$; donc $MS = \frac{CQ \times TO}{OM}$, & par conséquent $OM , CQ :: TO , MS$, donc $\frac{1}{2}b - c + \frac{2cx}{b} , \frac{ba - 2ax}{2b} :: \frac{\frac{1}{2}bb - bc + 2cx}{b - 2x} , MS$, & multipliant la premiere raison par $2b$, j'ai $bb - 2bc + 4cx , ba - 2ax :: \frac{\frac{1}{2}bb - bc + 2cx}{b - 2x} , MS$, & divisant la premiere raison par $b - 2x$, j'ai $\frac{bb - 2bc + 4cx}{b - 2x} , a :: \frac{\frac{1}{2}bb - bc + 2cx}{b - 2x} , MS$, mais le premier antecedent est double du second antecedent, donc le premier conséquent a est double du second conséquent MS , donc $MS = \frac{1}{2}a$.

Demonſtration pour l'Hyperbole.

Nommant le parametre $= a$, le diametre $VA = b$ (*Fig.* 135), l'abſciſſe $AQ = x$, la diſtance $RO = c$, j'ai $QR = \frac{1}{2}b + x$, $OQ = QR - RO = \frac{1}{2}b + x - c$, & $VO \times AR = \overline{RO}^2 - \overline{RA}^2 = c^2 - \frac{1}{4}bb$, mais par la proprieté de l'hyperbole le rectangle $VO \times AR$ eſt égal au quarré du demi-petit axe RH, & de plus l'on a $\overline{RA}^2, \overline{RH}^2 :: VQ \times QA, \overline{QM}^2$, donc $\frac{1}{4}bb, c^2 - \frac{1}{4}bb :: bx + xx, \overline{QM}^2$, donc $\overline{QM}^2 = -bx - xx + \frac{c^2 x}{4b} + \frac{c^2 xx}{4bb}$, donc $\overline{OM}^2 = \overline{QM}^2 + \overline{QO}^2 = -bx - xx + \frac{c^2 x}{4b} + \frac{c^2 x^2}{4bb} + \frac{1}{4}bb + bx + xx - bc - 2cx + cc = \frac{1}{4}bb - bc + cc - 2cx + \frac{c^2 x}{4b} + \frac{c^2 x^2}{4bb}$, d'où je tire $OM = c - \frac{1}{2}b + \frac{2cx}{b}$.

Selon les regles du Calcul Différentiel la ſoutangente $TQ = \frac{2bx + 2x^2}{b + 2x}$, & la ſouperpendiculaire $QC = \frac{ba + 2ax}{2b}$, donc $TA = TQ - AQ = \frac{2bx + 2x^2}{b + 2x} - x = \frac{2bx + 2x^2 - bx - 2x^2}{b + 2x} = \frac{bx}{b + 2x}$ & $TO = TA - RA + RO = \frac{bx}{b + 2x} - \frac{1}{2}b + c = b\,\frac{bx - \frac{1}{2}bb + bc - bx + 2cx}{b + 2x} = \frac{2cx + bc - \frac{1}{2}bb}{b + 2x}$.

Maintenant les triangles rectangles QMC, TPO étant ſemblables, j'ai $MC, CQ :: TO, OP$, donc $OF = \frac{CQ \times TO}{MC}$; & à cauſe des triangles ſemblables POM, CMS, j'ai $OM, OP :: MC, MS$, ou $OM, \frac{CQ \times TO}{MC} :: MC, MS$, & par conſéquent $MS = \frac{CQ \times TO}{OM} ::$ d'où je tire $OM, CQ :: TO, MS$, & mettant les valeurs analytiques, j'ai $c - \frac{1}{2}b + \frac{2cx}{b}, \frac{ba + 2ax}{2b} :: \frac{2cx + bc - \frac{1}{2}bb}{b + 2x}, MS$; & multipliant la premiere raiſon par $2b$, j'ai $2bc - bb + 4cx, ba + 2ax :: \frac{2cx + bc - \frac{1}{2}bb}{b + 2x}, MS$, & diviſant la premiere raiſon par $b + 2x$, j'ai $\frac{2bc - bb + 4cx}{b + 2x}, a :: \frac{bc - \frac{1}{2}bb + 2cx}{b + 2x}, MS$; mais le premier antecedent eſt double du ſecond, donc a eſt double de MS, & par conſéquent $MS = \frac{1}{2}a$.

Corollaire III.

416. *Dans toute section conique* (Fig. 133, 134, 135.) *si le centre* O *des forces est le foyer, les forces centripetes sont entr'elles en raison reciproque des quarrés des rayons vecteurs.*

Les triangles semblables MOP, MCS donnent MO, OP :: MC, MS, donc $OP = \frac{MO \times MS}{MC}$; or par le Lemme précédent $MS = \frac{1}{2}a$; donc $OP = \frac{MO \times \frac{1}{2}a}{MC}$, & $\overline{OP}^3 = \frac{\overline{MO}^3 \times \frac{1}{8}a^3}{\overline{MC}^3}$; mais par la Proposition précédente la force centripete en M est $\frac{MO}{\overline{PO}^3 \times MC}$; mettant donc la valeur de $\overline{PO}^3$ la force centripete sera $\frac{MO \times \overline{MC}^3}{MC \times \overline{MO}^3 \times \frac{1}{8}a^3}$

$= \frac{8MO \times \overline{MC}^3}{MC \times \overline{MO}^3 \times a^3} = \frac{4\overline{MC}^3 \times 2MO}{a^2 \times a \times MC \times \overline{MO}^2}$; or selon ce que nous avons enseigné dans le *Calcul Différentiel & Integral*, le rayon MC de la developpée est $\frac{\overline{MC}^3}{\frac{1}{4}a^2}$; mettant donc cette valeur de MC dans le dénominateur de l'expression de la force centripete que nous venons de trouver, cette force sera $\frac{4\overline{MC}^3 \times 2MO \times a^2}{a^3 \times 4\overline{MC}^3 \times \overline{MO}^2} = \frac{2}{a \times \overline{MO}^2}$; donc les forces centripetes sont comme $\frac{2}{a \times \overline{MO}^2}$, est à $\frac{2}{a \times \overline{mo}^2}$; or la raison $\frac{2}{a}$ est toujours la même, donc les forces centripetes sont comme $\frac{1}{\overline{MO}^2}$ est à $\frac{1}{\overline{mo}^2}$, & par conséquent reciproquement comme $\overline{mo}^2$ est à $\overline{MO}^2$ ou reciproquement comme les quarrés des rayons vecteurs.

Lemme.

417. *Trouver les équations des trois sections coniques en prenant le foyer pour l'origine des abscisses.*

Solution pour la Parabole.

Soit la parabole AM (*Fig.* 136), dont le foyer est O, je nomme le parametre $= a$, l'abscisse $OP = x$, & l'ordonnée PM

$= y$; par la propriété de la parabole j'ai $AO = \frac{1}{4}a$; donc $AP = \frac{1}{4}a + x$; or par la nature de la même courbe j'ai $y^2 = AP \times a$, donc j'ai $y^2 = \frac{1}{4}a^2 + ax$ qui est l'équation demandée.

Solution pour l'Ellipse.

Soit l'Ellipse ACB (*Fig.* 137.) dont l'un des foyers est O; je nomme $AB = b$, $2TC = d$, & le parametre $= a$, ce qui donne $AT = \frac{1}{2}b$ & $TC = \frac{1}{2}D$; je nomme aussi l'abscisse $OP = x$, & l'ordonnée $PM = y$, par la propriété de l'ellipse j'ai AB, $2CT :: 2CT$, a, donc AT, $TC :: TC$, $\frac{1}{2}a$, ou $:: \frac{1}{2}b$, $\frac{1}{2}c$, $\frac{1}{2}a$; donc $\frac{1}{4}ab = \frac{1}{4}cc$.

Je mene la droite OC, laquelle par la nature de l'ellipse est égale à $AT = \frac{1}{2}b$; or le triangle rectangle OCT donne $\overline{OT}^2 = \overline{OC}^2 - \overline{TC}^2$, donc $\overline{OT}^2 = \frac{1}{4}bb - \frac{1}{4}cc = \frac{1}{4}bb - \frac{1}{4}ab$, mais $AO = AT - OT = \frac{1}{2}b - \sqrt{\frac{1}{4}bb - \frac{1}{4}ab}$, & $AP = AT - OT - OP = \frac{1}{2}b - \sqrt{\frac{1}{4}bb - \frac{1}{4}ab} - x$, & $PB = TB + OT + OP = \frac{1}{2}b + \sqrt{\frac{1}{4}bb - \frac{1}{4}ab} + x$, d'où il suit que $AP \times PB = \frac{1}{4}bb - \frac{1}{4}bb + \frac{1}{4}ab - 2x\sqrt{\frac{1}{4}bb - \frac{1}{4}ab} - xx = \frac{1}{4}ab - 2x\sqrt{\frac{1}{4}bb - \frac{1}{4}ab} - x^2$.

Or par la propriété de l'ellipse, j'ai $\overline{PM}^2$, $AP \times PB :: a$, b, donc y^2, $\frac{1}{4}ab - 2x\sqrt{\frac{1}{4}bb - \frac{1}{4}ab} - x^2 :: a$, b, d'où je tire $y^2 = \frac{1}{4}a^2 - \frac{2ax\sqrt{\frac{1}{4}bb - \frac{1}{4}ab}}{b} - \frac{ax^2}{b}$ & c'est l'équation demandée.

Solution pour l'Hyperbole.

Soit l'hyperbole AM dont l'un des foyers est O (*Fig.* 138), le premier axe est BA, & le second $2TC$, je nomme le parametre $= a$, l'axe $BA = b$, l'axe $2TC = d$, l'abscisse $OP = x$, & l'ordonnée $PM = y$; par la formation de l'hyperbole, j'ai $:: b$, d, a, donc $:: \frac{1}{2}b$, $\frac{1}{2}d$, $\frac{1}{2}a$, & par conséquent $\frac{1}{4}ab = \frac{1}{4}dd$.

Par la même formation j'ai le rectangle $BO \times OA = \overline{TC}^2 = \frac{1}{4}ab$; or par la propriété de l'hyperbole, j'ai $\overline{HO}^2$, $BO \times OA :: \overline{TC}^2$, $\overline{TA}^2$, donc $\overline{HO}^2$, $\frac{1}{4}ab :: \frac{1}{4}ab$, $\frac{1}{4}bb$, d'où je tire $\overline{HO}^2 = \frac{a^2 bb}{4bb} = \frac{1}{4}a^2$; or si je nomme $AO = z$, j'ai $BO \times OA = bz + zz$, & par conséquent puisque j'ai $\overline{HO}^2$, $BO \times OA :: \overline{TC}^2$, $\overline{TA}^2 :: a$, b, j'ai aussi $\frac{1}{4}a^2$, $bz + zz :: a$, b, donc $\frac{1}{4}a^2 b = abz + azz$, ou $\frac{1}{4}ab = bz$

$+ zz$, & ajoutant de part & d'autre $\frac{1}{4} bb$, j'ai $zz + bz + \frac{1}{4} bb = \frac{1}{4} bb + \frac{1}{4} ab$, tirant donc la racine quarrée, j'ai $z + \frac{1}{2} b = \sqrt{\frac{1}{4} bb + \frac{1}{4} ab}$ & $z = \sqrt{\frac{1}{4} bb + \frac{1}{4} ab} - \frac{1}{2} b = AO$, donc $AP = AO + OP = \sqrt{\frac{1}{4} bb + \frac{1}{4} ab} - \frac{1}{2} b + x$, & $BP = BA + AO + OP = \sqrt{\frac{1}{4} bb + \frac{1}{4} ab} + \frac{1}{2} b + x$, d'où je tire $BP \times AP = \frac{1}{4} bb + \frac{1}{4} ab - \frac{1}{4} bb + 2x \sqrt{\frac{1}{4} bb + \frac{1}{4} ab} + xx = \frac{1}{4} ab + 2x \sqrt{\frac{1}{4} bb + \frac{1}{4} ab} + x^2$; or par la proprieté de l'hyperbole j'ai $\overline{MP}^2$, $BP \times PA :: a$, b, donc y^2, $\frac{1}{4} ab + 2x \sqrt{\frac{1}{4} bb + \frac{1}{4} ab} + x^2 :: a$, b, d'où je tire $y^2 = \frac{1}{4} aa + \frac{2ax \sqrt{\frac{1}{4} bb + \frac{1}{4} ab}}{b} + \frac{ax^2}{b}$, & c'est l'équation demandée.

PROPOSITION CXL.

418. *Connoître la courbe qu'un corps parcourt avec des forces centrifuges qui suivent telle loi que l'on voudra d'acceleration ou de retardement.*

Soit la courbe AC (*Fig.* 139.) parcourue par le corps A, son axe AO, d'un point quelconque B de la courbe soit décrit l'arc BP dont le centre est en O ; du même centre & avec le rayon OA soit décrit l'arc LA, enfin soit mené un autre rayon vecteur infiniment proche Ob, & du point b soit décrit un autre arc bp qui sera infiniment proche de BP, il est visible que si l'on prolonge les rayons vecteurs jusqu'à l'arc AL, les secteurs LlO, bNO seront semblables, de même que les secteurs LOA, BOP.

Je nomme $AO = b$, $OP = x$, & $AL = z$; donc $Pp = dx$ & $Ll = dz$; or à cause des secteurs semblables LOl, NOb, j'ai lO, Ll :: NO, Nb ; donc b, $dz :: x$, $\frac{x dz}{b} = bN$.

Je nomme u la vitesse du corps au point B, & f la force centripete au même point, laquelle est la même chose que la sollicitation au mouvement ; donc en suivant le raisonnement de la Proposition 28 (*N.* 84.) nous aurons $\frac{1}{2} mu^2 = \int f dx$, ou comme la masse est toujours la même, nous aurons $\frac{1}{2} u^2 = \int f dx$, c'est-à-dire les moitiés des quarrés des vitesses dans les différens endroits de la courbe, seront entr'eux comme les $\int f dx$ correspondans ; or comme les forces centripetes peuvent aller ou en diminuant ou en augmentant, & par conséquent les vitesses aussi, il s'ensuit que les différences des vitesses seront négatives si ces vitesses vont en diminuant, & par conséquent nous aurons $- u du = f dx$ &

$-\frac{1}{2}u^2 = \int\!\int f dx$, ou $-u^2 = \int\!\int f dx$; car la fraction $\frac{1}{2}$ ne fait rien, à cause que ne s'agissant que des rapports, il est visible que les quarrés des vitesses sont en même raison que leurs moitiés ; supposant donc que les vitesses aillent en diminuant, nous avons, comme on vient de voir, $-u^2 = \int\!\int f dx$, ou $u^2 = -\int\!\int f dx$, mais comme $-\int\!\int f dx$ étant un quarré négatif seroit une valeur imaginaire de u^2, ce qui ne sçauroit étre, parce que u^2 est une valeur réelle, il s'ensuit que l'integrale $-\int\!\int f dx$ n'est pas complette, & qu'il faut lui ajoûter une quantité constante selon les loix du Calcul Integral ; & comme cette grandeur peut ici être prise à discretion, parce que nous n'avons rien qui la détermine, nous ajoûterons le plan cb afin de rendre tous les termes homogenes ou d'un même nombre de dimensions, ainsi nous aurons $u^2 = cb - \int\!\int f dx$, & $u = \sqrt{cb - \int\!\int f dx}$.

Le mouvement du corps A le long de l'arc infiniment petit Bb pouvant être regardé comme uniforme, l'espace Bb sera $u dt$ ($N.$ 17), & mettant la valeur de u nous aurons B$b = dt\sqrt{cb - \int\!\int f dx}$, mais les tems étant proportionnels aux aires décrites par le rayon vecteur pendant ces tems ($N.$ 406), nous aurons $dt = \mathrm{BO} \times b\mathrm{N}$; or $\mathrm{BO} = x$, & $b\mathrm{N} = \frac{x dz}{b}$; donc $dt = \frac{x^2 dz}{b}$, & mettant cette valeur de dt dans celle de Bb, nous aurons $\overline{\mathrm{B}b}^2 = \frac{x^2 dz\sqrt{co - \int\!\int f dx}}{b}$, donc $\overline{\mathrm{B}b}^2 = \frac{x^4 dz^2 \times \overline{cb - \int\!\int f dx}}{b^2}$.

Or $\overline{\mathrm{BN}}^2 = dx^2$, & $\overline{b\mathrm{N}}^2 = \frac{x^2 dz^2}{b^2}$, donc à cause du triangle rectangle bBN qui donne $\overline{b\mathrm{B}}^2 = \overline{\mathrm{BN}}^2 + \overline{b\mathrm{N}}^2$, nous avons $b\mathrm{B} = dx^2 + \frac{x^2 dz^2}{b^2} = \frac{b^2 dx^2 + x^2 dz^2}{b^2}$. Comparant donc ensemble les deux valeurs de $\overline{b\mathrm{B}}^2$, nous aurons

$$\frac{b^2 dx^2 + x^2 dz^2}{b^2} = \frac{x^4 dz^2 \times \overline{cb - \int\!\int f dx}}{b^2}$$

Et multipliant d'abord par b^2, puis prenant une quantité e, en sorte que $b^2 e^2$ soit égal à 1, & multipliant le premier membre par $b^2 e^2$, ce qui ne gâtera rien, & rendra cependant tous les termes homogenes, nous aurons

$$b^4e^2dx^2 + x^2b^2e^2dz^2 = x^4dz^2 \times \overline{cb - \int fdx}$$

ou $b^4e^2dx^2 = x^4dz^2 \times \overline{cb - \int fdx} - b^2e^2x^2dz^2$

d'où je tire $dz^2 = \dfrac{b^4e^2dx^2}{x^4 \times \overline{cb - \int fdx} - b^2e^2x^2}$

& $dz = \dfrac{b^2edx}{\sqrt{cbx^4 - x^4\int fdx - b^2e^2x^2}}$

donc $z = \int \dfrac{b^2edx}{\sqrt{cbx^4 - x^4\int fdx - b^2e^2x^2}}$

Et c'eſt l'équation generale de la courbe quelque loi d'acce-leration ou de mouvement qu'on veuille ſuppoſer pour le dé-terminer aux cas particuliers, il n'y a qu'à mettre au lieu de f l'expreſſion particuliere de chaque cas ſelon la loi donnée.

Suppoſons, par exemple, que les forces centripetes ſoient entr'elles réciproquement comme les quarrez des rayons vec-teurs, nous aurons $f = \dfrac{1}{x^2}$, & prenant une grandeur g telle que nous ayons $b^2g = 1$, nous aurons $f = \dfrac{b^2g}{x^2}$, ce que nous fai-ſons pour rendre les termes toujours homogenes. Mettant donc cette valeur de f dans l'équation nous aurons

$$dz = \dfrac{b^2edx}{\sqrt{cbx^4 - x^4\int \frac{b^2gdx}{x^2} - b^2e^2x^2}} \bullet$$

Or $\int \dfrac{b^2gdx}{x^2} = \int b^2gx^{-2}dx = -b^2gx^{-1}$, mettant donc cette valeur, & tirant x^2 hors du ſigne, nous aurons

$$dz = \dfrac{b^2edx}{x\sqrt{cbx^2 + b^2gx - b^2e^2}}$$

Et c'eſt l'expreſſion de l'Element de l'arc AL ; or comme cette expreſſion n'eſt point ſous une forme qui nous faſſe con-noître ni le rayon ni le ſinus de cet arc, il faut pour le réduire à une forme plus commode, avoir recours à des indéterminées en cette ſorte.

Prenons l'indéterminée y, & faiſons $x = \dfrac{b^2}{y}$, donc $dx = -\dfrac{b^2dy}{y^2}$, & $x^2 = \dfrac{b^4}{y^2}$, mettant donc ces valeurs dans celle de dz, nous aurons

$$dz = - \frac{b^4 edy}{yb^2\sqrt{\frac{cb^5}{y^2} + \frac{b^4 g}{y} - b^2 e^2}}$$

Et faisant passer y sous le signe, & retirant b^2 hors du signe, nous aurons

$$dz = - \frac{b^4 edy}{b^3\sqrt{cb^3 + b^2 gy - e^2 y^2}} = - \frac{bedy}{\sqrt{cb^3 + b^2 gy - e^2 y^2}}$$

Cette expression de l'élement dz ayant encore le même défaut que la précédente, supposons $y = \frac{b^2 g}{2e^2} - t$, la lettre t est encore une indéterminée ; donc $dy = - dt$, & $y^2 = \frac{b^4 g^2}{4e^4} - \frac{b^2 gt}{e^2} + tt$; & mettant ces valeurs dans celle de dz, nous aurons

$$dz = \frac{bcdt}{\sqrt{cb^3 + \frac{b^4 g^2}{4t^2} - e^2 tt}}$$

Enfin cette expression de dz ayant encore les mêmes défauts que les précédentes, je prens l'indéterminée r, & je fais $cb^3 + \frac{b^4 g^2}{4t^2} = e^2 r^2$, & mettant cette valeur dans celle de dz,

j'ai
$$dz = \frac{bedt}{\sqrt{e^2 r^2 - e^2 tt}} = \frac{bedt}{e\sqrt{r^2 - tt}} = \frac{bdt}{\sqrt{r^2 - tt}},$$

d'où je tire $\dfrac{dz}{b} = \dfrac{dt}{\sqrt{r^2 - tt}} = \dfrac{rdt}{r\sqrt{r^2 - tt}}.$

Or $\dfrac{rdt}{r\sqrt{r^2 - tt}}$ est l'élement d'un arc de cercle dont le rayon est r, & le sinus $= t$, lequel élement est divisé par r ; car si nous nommons $2r$ le diametre AB (*Fig.* 140.), x l'abscisse BP, & t l'ordonnée PM, ce qui donne P$p = dx$, & R$m = dt$, la proprieté du cercle nous donnera $2rx - xx = tt$, donc $2rdx - 2xdx = 2tdt$, ou $rdx - xdx = tdt$, d'où je tire $dx = \dfrac{tdt}{r - x}$, & $dx^2 = \dfrac{t^2 dt^2}{r^2 - 2rx + xx}$, ou $\dfrac{t^2 dt^2}{r^2 - t^2}$; donc $dx^2 + dt^2 = \dfrac{t^2 dt^2}{r^2 - t^2} + dt^2 = \dfrac{t^2 dt^2 + r^2 dt^2 - t^2 dt^2}{r^2 - t^2} = \dfrac{r^2 dt^2}{r^2 - t^2}$, & par conséquent $\sqrt{dx^2 + dt^2} = \dfrac{rdt}{\sqrt{r^2 - t^2}}$; or $\sqrt{dx^2 + dt^2}$ est l'élement Mm de l'arc de cercle MB, donc $\dfrac{rdt}{\sqrt{r^2 - t^2}}$ est l'élement du même arc, & $\dfrac{rdt}{r\sqrt{r^2 - t^2}}$ est le même élement divisé par le rayon.

Or

Or $\frac{dz}{b}$ est l'élement Ll (*Fig. 39.*) divisé par le rayon OA, & comme l'arc & le rayon étant connus, l'expression $\frac{dz}{b}$ peut exprimer l'angle LOl, & $\int \frac{dz}{b}$ l'angle LOA ; mais $\frac{dz}{b} = \frac{rdt}{r\sqrt{r^2 - t^2}}$, donc $\frac{rdt}{r\sqrt{r^2 - t^2}}$ exprime un angle égal à l'angle LOl, & $\int \frac{rdt}{r\sqrt{r^2 - t^2}}$ exprime un angle égal à LOA.

Pour construire donc la courbe, il faut prendre un rayon à volonté OT $= r$, & décrire un arc TV $= \frac{rdt}{\sqrt{r^2 - t^2}}$, d'où menant l'ordonnée VZ, on aura VZ $= t$, & pour trouver l'abscisse x correspondante, voici comme on fera.

Nous avons $y = \frac{b^2 g}{2e^2} - t = \frac{b^2 g - 2e^2 t}{2e^2}$, de plus nous avons $x = \frac{b^2}{y}$, donc $x = \frac{2b^2 e^2}{b^2 g - 2e^2 t} = \frac{2e^2}{g - \frac{2e^2 t}{b^2}}$, d'où l'on tire les analogies suivantes,

$$b, e :: \frac{2e^2}{b} ; b, \frac{2e^2}{b} :: t, \frac{2e^2 t}{b^2}$$

Et enfin $g - \frac{2e^2 t}{b^2}, e :: 2e, \frac{2e^2}{g - \frac{2e^2 t}{b^2}}$, & le rayon OP $= x$ étant trouvé par ce moyen, on décrira l'arc BP, & le point B où il coupera le rayon OV prolongé sera un point de la courbe cherchée.

Ce qui embarrasse ici, c'est de déterminer les indéterminées ; cependant dès qu'on peut prendre telle rayon r que l'on veut, t se trouve déterminé, b est connu, & par conséquent l'on connoît e, puisqu'on a $bbee = 1$, & g est aussi connu, puisque nous avons fait $b^2 g = 1$, ce qui donne $g = \frac{1}{b^2}$; ainsi la construction peut se faire aisément comme il vient d'être enseigné.

Pour trouver l'équation de cette courbe qui marque le rapport des ordonnées aux abscisses dont l'origine soit en O, & pour sçavoir en même tems à laquelle des trois sections coniques cette courbe appartient, car il est sûr par la supposition que nous avons faite, & le Corollaire III. de la Proposition 138. (*N.* 416.) que cette courbe est une des trois sections, on agira ainsi.

Comme nous avons fait $y = \frac{b^2 g}{2e^2} - t$, prenons une droite OM

$= \frac{b^2 g}{2 e^2}$ (*Fig.* 141.), & fur cette droite une partie $OP = t$, donc $PM = OM - QP = \frac{b^2 g}{2 e^2} - t = y$, du centre O, & d'un rayon $= r$ décrivons le demi-cercle TVK, du point P élevons la perpendiculaire PV, & de O par le point V menons OB que nous ferons égal à $x = \frac{b^2}{y}$; enfin décrivant l'arc de cercle CBA, concevons que la courbe aye fon fommet fur la droite O*a*, ce qui ne change rien, pourvû que la diftance O*a* foit égale à la diftance OA de la figure 130. & qu'on faffe l'angle BOM (*Fig.* 141.) égal à l'angle AOL (*Tig* 139.).

Cela fait comme les lettres x, y, t, que nous avons employées jufqu'ici, ne paroîtront plus dans le calcul ; je nomme t la droite OP, x, la droite B*b*, ou OF, & y la droite O*b* ou FB, fans leur donner pour cela les valeurs que ces lettres avoient auparavant, les triangles femblables OPV, OFB, donnent OP, OV :: OF, OB, donc $t, r :: x, \frac{rx}{t} = OB$, mais nous avons trouvé ci-deffus $OB = \frac{2 b^2 e^2}{b^2 g - 2 e^2 t}$; car OB alors étoit la lettre x laquelle avoit cette valeur. Comparant donc enfemble les deux valeurs de OB nous aurons l'équation qu'on voit ici.

Et réduifant tout à un dénominateur commun que je neglige, puis donnant de part & d'autre $2 e^2 r x t$, enfin divifant par les grandeurs qui multiplient t, je trouve $t = \frac{b\, grx}{2 b^2 e^2 + 2 e^2 r x}$.

$$\frac{rx}{t} = \frac{2 b^2 e^2}{b^2 g - 2 e^2 t}$$
$$b^2 grx - 2 e^2 rxt = 2 b^2 e^2 t$$
$$b^2 grx = 2 b^2 e^2 t + 2 e^2 rxt$$
$$t = \frac{b\, grx}{2 b^2 e^2 + 2 e^2 rx}$$

Or les mêmes triangles femblables OPV, OFB, donent OP, PV :: OF, FB ; donc $t, \sqrt{r^2 - t^2} :: x, y$, donc $ty = x\sqrt{r^2 - t^2}$, & élevant tout au quarré, puis tranfpofant à l'ordinaire, je trouve $t^2 = \frac{x^2 r^2}{y^2 + x^2}$.

$$ty = x\sqrt{r^2 - t^2}$$
$$t^2 y^2 = x^2 r^2 - x^2 t^2$$
$$t^2 y^2 + x^2 t^2 = x^2 r^2$$
$$t^2 = \frac{x^2 r^2}{y^2 + x^2}$$

Et élevant au quarré la valeur de t que nous avons trouvé auparavant, & comparant ces deux

$$\frac{x^2 r^2}{y^2 + x^2} = \frac{b^4 g^2 r^2 x^2}{4 b^4 e^4 + 8 b^2 e^4 rx + 4 e^4 r^2 x^2}$$
$$\frac{1}{y^2 + x^2} = \frac{b^4 g^2}{4 b^4 e^4 + 8 b^2 e^4 rx + 4 e^4 r^2 x^2}$$
$$4 b^4 e^4 + 8 b^2 e^4 rx + 4 e^4 r^2 x^2 = b^4 g^2 y^2 + b^4 g^2 x^2$$
$$y^2 = \frac{4 e^4}{g^2} + \frac{8 e^4 rx}{b^2 g^2} + \frac{4 e^4 r^2 x^2}{b^4 g^2} - x^2$$

valeurs, puis divisant par $x^2 r^2$, enfuite réduifant tout au même dénominateur que je neglige ; enfin tranfpofant à l'ordinaire, j'ai une équation de la courbe qui exprime le rapport des ordonnées aux abfciffes.

Maintenant pour voir à quelle fection conique cette courbe apartient, il n'y a qu'à comparer fes termes avec ceux des équations des fections coniques que nous avons trouvées dans le Lemme précédent ; ainfi l'équation à la parabole étant $y^2 = \frac{1}{4} aa + ax$, je vois qu'il n'y a point de termes ou x foit au fecond dégré, c'eft pourquoi les termes de la courbe $\frac{4e^4 r^2 x^2}{b^4 g^2} - x^2 = 0$; donc $\frac{4e^4 r^2}{b^4 g^2} - 1 = 0$, d'où je tire $4e^4 r^2 = b^4 g^2$, & $r^2 = \frac{b^4 g^2}{4e^4}$, donc $r = \frac{b^2 g}{2e^2}$, mais par la conftruction que nous venons de faire, nous avons $OM = \frac{b^2 g}{2e^2}$, & OK, ou $OV = r = \frac{b^2 g}{2e^2}$; donc quand la courbe eft une parabole, on a $OM = OK$.

Or dans le calcul que nous avons fait pour la courbe, nous avons trouvé $r = \sqrt{\frac{cb^3}{e^2} + \frac{b^4 g^2}{4e^4}}$, donc $\frac{cb^3}{e^2} = 0$, & par conféquent $c = 0$.

La comparaifon des termes ax, $\frac{8e^4 rx}{b^2 g^2}$, où x fe trouve au premier dégré, donne $a = \frac{8e^4 r}{b^2 g^2}$, & mettant la valeur de r, j'ai $a = \frac{8e^4 b^2 g}{2e^2 \cdot b^2 g^2} = \frac{4e^2}{g}$.

De même, la comparaifon des termes tous connus $\frac{1}{4} aa$, $\frac{4e^4}{g^2}$, donne $aa = \frac{16e^4}{g^2}$, & $a = \frac{4e^2}{g}$ de même qu'auparavant.

L'équation à l'ellipfe eft $y^2 = \frac{1}{4} ax - \frac{2ax \sqrt{\frac{1}{4} b - \frac{1}{4} ab}}{b} - \frac{xxa}{b}$, mais pour ne pas nous tromper fur la lettre b qui fe trouve auffi dans l'équation de la courbe, nous mettrons à fa place la lettre n, ce qui donne $y^2 = \frac{1}{4} ax - \frac{2ax \sqrt{\frac{1}{4} nn - \frac{1}{4} an}}{n} - \frac{xxa}{n}$.

La comparaifon des termes connus $\frac{1}{4} aa$, $\frac{4e^4}{g^2}$ donne $a^2 = \frac{16e^4}{g^2}$, donc $a = \frac{4e^2}{g}$ de même que dans la parabole, ainfi le parametre eft le même.

La comparaifon des termes ou x^2 fe trouve donne $- \frac{1}{4}$

$= \frac{4c^4 r^2}{b^4 g^2} - 1$, ou $1 - \frac{a}{n} = \frac{4e^4 r^2}{b^4 g^2}$, & mettant la valeur de a, j'ai r $- \frac{4e^2}{gn} = \frac{4c^4 r^2}{b^4 g^2}$, & multipliant tout par $b^4 g^2$, j'ai $b^4 g^2 - \frac{4b^4 e^2 g}{n} = 4e^4 r^2$, d'où je tire $r^2 = \frac{b^4 g^2}{4e^4} - \frac{b^4 g}{e^2 n}$ & $r = \sqrt{\frac{b^4 g^2}{4e^4} - \frac{b^4 g}{e^2 n}}$, donc r est moindre que $\frac{b^2 g}{2e^2}$, ainsi dans l'ellipse CK est moindre que CM, & quand cela arrive, l'équation de la courbe est une ellipse.

L'équation à l'hyperbole en mettant n au lieu de b, est $y^2 = \frac{1}{4} aa + \frac{2ax\sqrt{\frac{1}{4}nn + \frac{1}{4}an}}{n} + \frac{aax}{n}$; or la comparaison des termes entierement connus donne $\frac{1}{4} aa = \frac{4e^4}{g^2}$ ou $a^2 = \frac{16e^4}{g^2}$; & $a = \frac{4c^2}{g}$, de même que dans l'ellipse & la parabole.

La comparaison des termes ou se trouve x^2 donne $\frac{a}{n} = \frac{4e^4 r^2}{b^4 g^2} - 1$, ou $1 + \frac{a}{n} = \frac{4e^4 r^2}{b^4 g^2}$, & multipliant tout par $b^4 g^2$, on a $b^4 g^2 + \frac{ab^4 g^2}{n} = 4e^4 r^2$, & mettant la valeur de a on a $b^4 g^2 + \frac{4e^2 b^4 g}{n} = 4e^4 r^2$, d'où je tire $r^2 = \frac{b^4 g^2}{4e^4} + \frac{b^4 g}{e^2 n}$, & $r = \sqrt{\frac{b^4 g^2}{4e^4} + \frac{b^4 g}{e^2 n}}$, donc r est plus grand que $\frac{b^2 g}{2e^2}$, c'est-à-dire, CK est plus grand que CM, & quand cela arrive la courbe est une hyperbole.

Pour trouver dans l'ellipse la valeur de n, la comparaison des termes où x se trouve, donne $- \frac{2a}{n}\sqrt{\frac{1}{4}nn - \frac{1}{4}an} = \frac{8c^4 r}{b^2 g^2}$, & mettant la valeur de a, on aura $- \frac{8e^2}{gn}\sqrt{\frac{1}{4}nn - \frac{1}{4}an} = \frac{8e^4 r}{b^2 g^2}$, & mettant aussi cette valeur dans la racine, on aura $- \frac{8e^2}{gn}\sqrt{\frac{1}{4}nn - \frac{e^2 n}{g}} = \frac{8e^4 r}{b^2 g^2}$, & multipliant tout par gn, on aura $- 8e^2 \sqrt{\frac{1}{4}nn - \frac{e^2 n}{g}} = \frac{8e^4 nr}{b^2 g}$, & divisant tout par $8e^2$, on aura $- \sqrt{\frac{1}{4}nn - \frac{e^2 n}{g}} = \frac{e^2 nr}{b^2 g}$, & élevant tout au quarré on aura $\frac{1}{4}nn - \frac{e^2 n}{g} = \frac{n^2 r^2 e^4}{b^4 g^2}$, & divisant tout par n, on aura $\frac{1}{4}n - \frac{e^2}{g} = \frac{nr^2 e^4}{b^4 g^2}$, & mettant la valeur de r^2, on aura $\frac{1}{4}n - \frac{e^2}{g} = \frac{n}{4} - \frac{e^2}{g}$, ce qui fait voir qu'on ne sçauroit déterminer ni r ni n de cette façon.

Pour le déterminer donc il faut comparer la valeur $r^2 = \frac{b^4 g^2}{4e^4} - \frac{b^4 g}{e^2 n}$ avec sa valeur $r^2 = \frac{cb^3}{e^2} + \frac{b^4 g^2}{4e^4}$, ce qui donne $\frac{b^4 g^2}{4e^4} - \frac{b^4 g}{e^2 n} = \frac{cb^3}{e^2} + \frac{b^4 g^2}{4e^4}$, & multipliant tout par $4e^4$, on aura $b^4 g^2 - \frac{4b^4 c^2 g}{n} = 4cb^3 e^2 + b^4 g^2$, ou $- \frac{4b^4 c^2 g}{n} = 4cb^3 e^2$, ou $- \frac{bg}{n} = c$, ou $cn = -bg$, ou enfin $n = -\frac{bg}{c}$, ce qui fait voir que la quantité c n'est pas zero lorsque la courbe est une ellipse, & que si $b = g$, c doit être différent de b, car si elle étoit égale à b, on auroit $n = -\frac{bg}{c} = -\frac{bb}{b} = -b$, c'est-à-dire l'axe égal à la distance du foyer au sommet, ce qui est impossible ; pour l'hyperbole on aura $n = \frac{bg}{c}$.

Pour déterminer les grandeurs r, g, c, e, & avoir leurs valeurs en a, b, n, qui sont des grandeurs connues en supposant que l'on ait trois sections décrites avec un même parametre a, ce qui servira à décrire la courbe proposée plus aisément, commençons par la parabole.

Nous avons d'abord trouvé $a = \frac{4e^2}{g}$ donc $g = \frac{4e^2}{a}$; or e est une grandeur arbitraire ; ainsi l'ayant déterminée, on trouvera g en faisant a, $2e :: 2e$, $\frac{4e^2}{a} = g$, nous avons aussi trouvé $r = \frac{b^2 g}{2e^2}$, ainsi mettant la valeur de g, nous aurons $r = \frac{4b^2}{2a}$, ce qui donne $2a$, $2b :: 2b$, $\frac{4b^2}{2a} = r$; quant à c par rapport à la parabole nous avons trouvé $c = 0$, & pour ce qui est de t, il seroit inutile de le chercher, parce que c'est une grandeur variante de même que x & y.

Pour construire donc la courbe la grandeur b étant donnée, c'est-à-dire la droite OA (*Fig.* 139) ; comme nous sçavons que le point O doit être le foyer, il n'y a qu'à supposer que le parametre a de la parabole que vous aurez décrit auparavant soit égal à $4b$, & dès-lors $r = \frac{4b^2}{8b} = \frac{1}{2}b$, ainsi vous n'avez qu'à décrire du point O pris pour centre un arc de cercle avec le rayon r, & achever le reste comme ci-dessus ; mais cela n'est pas nécessaire, car il n'y a qu'à construire la parabole avec un parametre quadruple de b, & l'on aura la courbe cherchée.

X x iij

Pour l'ellipse, nous avons de même que pour la parabole $g = \frac{4e^2}{a}$, ainsi on le déterminera de la même façon ; or $g^2 = \frac{16e^4}{a^2}$, ainsi ayant trouvé $r^2 = \frac{b^4 g^2}{4e^4} - \frac{b^4 g}{n e^2}$, mettant la valeur de g^2 & de g, nous aurons $r^2 = \frac{16b^4}{4a^2} - \frac{4b^2}{na} = \frac{4nb^4 - 4ab^4}{na^2}$, donc $r = \frac{2b^2}{a}\sqrt{1 - \frac{a}{n}}$.

Pour construire donc la courbe demandée, il n'y a qu'à supposer que dans l'ellipse déja construite, la distance du foyer au sommet est égale à $b = OA$, & décrire avec un rayon $= r$ un cercle, & achever le reste ; mais cela n'est pas nécessaire, car il n'y a qu'à décrire l'ellipse avec le parametre, & l'axe de l'ellipse trouvés par la comparaison des équations.

Et la même chose se fera pour l'hyperbole.

REMARQUE.

419. A proprement parler la force centripete des corps projettés n'est autre chose que leur pesanteur, qui dans des tems infiniment petits & égaux leur donne des vitesses vers un centre qui sont accelerées ou retardées selon une loi quelconque ; par exemple, si un corps projetté dans un milieu non resistant décrit une courbe, ensorte que dans des tems égaux ses vitesses vers un centre soient entr'elles reciproquement comme les quarrés des distances du corps à ce centre, la force qui lui donne ces vitesses est sa force centripete laquelle ne différe point de sa pesanteur, puisque ce mouvement vers le centre n'étant point communiqué au corps par le mouvement de projection, lequel de lui-même va toujours en ligne droite, on ne peut l'attribuer qu'à la pesanteur ou gravité du corps ; il y a cependant certains Problêmes qu'on peut resoudre en y appliquant les principes que nous avons appliqués dans ce Chapitre, quoique la pesanteur dans les cas de ces Problêmes ne soit pas la même que la force centripete, & c'est ce que nous allons voir.

PROPOSITION CXLI.

420. *Trouver quelle est la courbe le long de laquelle un corps mû d'un mouvement acceleré doit descendre, ensorte qu'il la presse toujours avec une force égale à sa pesanteur absolue.*

SOLUTION.

Soit AH l'axe de la courbe (*Fig.* 143), AB la hauteur d'où le corps étant defcendu auroit acquis une viteffe égale à celle avec laquelle il commence à fe mouvoir le long de la courbe BMK ; je mene l'ordonnée PM, l'infiniment proche *pm*, & le rayon CM de la developpée, lequel eft perpendiculaire à la courbe BMK ; Je prolonge PM en N, & fuppofant que MN exprime la pefanteur abfolue de ce corps ; je mene du point N fur CN prolongé la perpendiculaire NO, & par conféquent la droite MO exprime la partie de la pefanteur abfolue du corps que la courbe foutient, car achevant le parallelogramme MONV, la pefanteur abfolue MN équivaut aux deux forces MO, MV ; mais la courbe ne s'oppofe point à la force MV, & au contraire elle s'oppofe à la force MO & la détruit, donc MO exprime la partie de la pefanteur que la courbe foûtient.

Or fuppofant qu'à chaque inftant il y ait un fil CM que le corps tient tendu, ce fil n'eft pas feulement preffé par la partie MO de la pefanteur, mais encore par la force centrifuge le long de l'arc de cercle infiniment petit M*m* que ce fil décrit ; confidérant donc le mouvement le long de l'arc infiniment petit M*m* comme uniforme, la viteffe en M fera égale à la viteffe que le corps auroit acquife en defcendant le long de PM (*N.* 197) ; ainfi la force centrale le long du petit arc de cercle M*m* eft à la pefanteur abfolue du corps, comme le double de la hauteur PM eft au rayon CM (*N.* 395) ; nommant donc la force centrale V, nous aurons V, MN :: 2PM, CM, & par conféquent V $= \frac{MN \times 2PM}{CM}$, donc la partie de la pefanteur que le fil fupporte le long du petit arc de cercle M*m* eft $\frac{MN \times 2PM}{CM} + MO$; mais la partie de la pefanteur que le fil foûtient eft la même chofe que la force dont le corps preffe le petit arc M*m*, & par la fuppofition cette force doit être égale à la pefanteur abfolue MN, donc MN $= \frac{MN \times 2PM}{CM} + MO$.

Je nomme MN $= a$, parce que c'eft une grandeur conftante AP $= x$, PM $= y$, l'arc BM $= u$, P*p* = MR $= dx$, R*m* $= dy$, M*m* $= du = \sqrt{dx^2 + dy^2}$; l'angle PMR eft droit, de même que l'angle CM*m*, ôtant donc de part & d'autre l'angle commun CMR, il refte l'angle aigu RM*m* égal à l'angle aigu CMP ;

donc les triangles rectangles M R m, P M C font femblables, & par conféquent C M, M P :: M m, M R, ou C M, y :: du, dx, d'où je tire C M $= \frac{y du}{dx}$; or C M pendant le mouvement de l'arc M m eft conftant, donc fa différence eft nulle ; de plus comme on fuppofe que dans tous les petits arcs M m de la courbe le corps preffe également la courbe, tous ces petits arcs doivent être pris égaux, & par conféquent du eft une grandeur conftante ; prenant donc la différence de C M $= \frac{y du}{dx}$, en fuppofant du conftante nous aurons $\frac{dy du dx - y du ddx}{dx^2} = 0$, & multipliant par dx^2, puis donnant de part & d'autre $y du ddx$, nous aurons $dy du dx = y du ddx$, d'où je tire $y = \frac{dy dx}{ddx}$, & mettant cette valeur de y dans C M $= \frac{y du}{dx}$ nous aurons C M $= \frac{dy du dx}{dx ddx} = \frac{dy du}{ddx}$.

Les triangles C M P, N M O font femblables à caufe de l'angle aigu C M P égal à l'angle aigu N M O qui lui eft oppofé au fommet, or le triangle C M P eft femblable au triangle M m R, donc le triangle N M O eft auffi femblable au triangle m M R, & par conféquent nous avons m M, M R :: M N, M O, ou du, dx :: a ; $\frac{a dx}{du} =$ M O ; or nous avons V $= \frac{\text{M N}, 2\text{P M}}{\text{M C}}$; mettant donc les valeurs analytiques, nous aurons V $= \frac{2 a y ddx}{dy du}$, & mettant les valeurs analytiques dans M N $= \frac{\text{M N} \times 2\text{P M}}{2\text{M C}} +$ M O, que nous avons trouvé ci-deffus, nous aurons $a = \frac{2 a y ddx}{a y du} + \frac{a dx}{du} = \frac{2 a y ddx + a dy dx}{dy du}$, d'où je tire $a dy du = 2 a y ddx + a dy dx$, ou $dy du = 2 y ddx + dy dx$.

Or fi dans le fecond membre le coefficient 2 manquoit, l'integrale de ce fecond membre feroit $y dx$, & celle du premier feroit $y du$; ainfi pour ôter l'obftacle du coefficient, nous diviferons de part & d'autre par $2\sqrt{y}$, ce qui donne $\frac{dy du}{2\sqrt{y}} = \frac{2 y ddx + dy dx}{2\sqrt{y}}$, donc l'integrale eft $du\sqrt{y} = dx\sqrt{y}$, car le fecond membre $\frac{2 y ddx + dy dx}{2\sqrt{y}}$, peut avoir cette expreffion $ddx\sqrt{y} + \frac{dy dx}{2\sqrt{y}}$, donc l'integrale eft vifiblement $dx\sqrt{y}$.

Mais l'integrale $du\sqrt{y} = dx\sqrt{y}$ n'eft pas complete, car du étant plus grand que dx, il manque néceffairement quelque chofe dans le fecond membre de l'équation $du\sqrt{y} = dx\sqrt{y}$, ainfi pour la

completer

completer, nous retrancherons du premier membre la quantité constante $du\sqrt{a}$, ce qui donne $du\sqrt{y} - du\sqrt{a} = dx\sqrt{y}$, & élevant tout au quarré j'ai $y\,du^2 - 2du^2\sqrt{y}\sqrt{a} + adu^2 = ydx^2$, or $du^2 = dx^2 + dy^2$; mettant donc cette valeur, j'ai l'équation qu'on voit ici.

$$y dx^2 = y dx^2 + y dy^2 - 2dx^2\sqrt{ay} - 2dy^2\sqrt{ay} + adx^2 + ady^2$$

$$2dx^2\sqrt{ay} - adx^2 = ydy^2 - 2dy^2 + ady^2$$

$$dx\sqrt{2\sqrt{ay} - a} = dy\sqrt{y - 2\sqrt{ay} + a} = dy \times \sqrt{y} - \sqrt{a}$$

$$dx = \frac{dy \times \overline{\sqrt{y} - \sqrt{a}}}{\sqrt{2\sqrt{ay} - a}}$$

Et corrigeant l'expression, puis donnant de part & d'autre $2dx^2\sqrt{ay}$, & retranchant adx^2, puis tirant la racine quarrée, enfin transposant, je trouve $dx = \frac{dy \times \overline{\sqrt{y} - \sqrt{a}}}{\sqrt{2\sqrt{ay} - a}}$.

Je prens une indéterminée z, que je suppose égale à $2\sqrt{ay} - a$, ce qui me donne l'équation $z = 2\sqrt{ay} - a$, dont la différence est $dz = \frac{d \cdot \sqrt{a}}{\sqrt{y}}$, d'où je tire $dy = \frac{dz\sqrt{y}}{\sqrt{a}}$.

Or de $z = 2\sqrt{ay} - a = 2\sqrt{a}\sqrt{y} - a$, je tire $\frac{z}{2\sqrt{a}} = \sqrt{y} - \frac{1}{2}\sqrt{a}$, $\frac{z}{2\sqrt{a}} + \frac{1}{2}\sqrt{a} = \sqrt{y}$, ou enfin $\frac{z+a}{2\sqrt{a}} = \sqrt{y}$, & $\frac{z-a}{2\sqrt{a}} = \sqrt{y} - \sqrt{a}$.

Substituant donc ces valeurs dans $dx = \frac{dy \times \overline{\sqrt{y} - \sqrt{a}}}{\sqrt{2\sqrt{ay} - a}}$, j'ai $dx = \frac{dz \times \overline{z+a} \times \overline{z-a}}{4a\sqrt{az}}, = \frac{dz \times \overline{z^2 - a^2}}{4a\sqrt{az}}$, d'où je tire $4adx\sqrt{a} = \frac{dz \times \overline{z^2 - a^2}}{\sqrt{z}} = z^{\frac{3}{2}}dz - a^2 z^{-\frac{1}{2}}dz$; & tirant l'integrale, j'ai $4ax\sqrt{a} = \frac{2}{5}z^{\frac{5}{2}} - 2a^2 z^{\frac{1}{2}}$ ou $2ax\sqrt{a} = \frac{\overline{z^2 - 5a^2} \times \sqrt{z}}{5}$.

Or $z^2 = 4ay - 4a\sqrt{ay} + a^2$, & $\sqrt{z} = \sqrt{2\sqrt{ay} - a}$; mettant donc ces valeurs dans l'integrale que je viens de trouver, laquelle je multiplie auparavant par 5; j'ai $10ax\sqrt{a} = \overline{4ay - 4a\sqrt{ay} - 4a^2} \times \sqrt{2\sqrt{ay} - a}$, ou $5ax\sqrt{a} = \overline{2ay - 2a\sqrt{ay} - 2a^2} \times \sqrt{2\sqrt{ay} - a}$, d'où je tire $5ax = \overline{2y - 2\sqrt{ay} - 2a} \times \sqrt{2a\sqrt{ay} - a^2}$, & c'est l'équation de la courbe qu'on demande.

Pour construire cette courbe je suppose $x = 0$, donc $\overline{2y - 2\sqrt{ay} - 2a} \times \sqrt{2a\sqrt{ay} - a^2} = 0$, & divisant par $\sqrt{2a\sqrt{ay} - a^2}$, j'ai $2y - 2\sqrt{ay} - 2a = 0$; donc $y - \sqrt{ay} = a$, ou $y - \sqrt{a}\sqrt{y} = a$,

& ajoûtant le quarré $\frac{1}{4}a$ de la moitié $\frac{1}{2}\sqrt{a}$ du coefficient du second terme, j'ai $y - \sqrt{a}y + \frac{1}{4}a = \frac{5}{4}a$; & tirant la racine quarrée j'ai $\sqrt{y} - \frac{1}{2}\sqrt{a} = \sqrt{\frac{5}{4}a}$, d'où je tire $\sqrt{y} = \frac{1}{2}\sqrt{a} + \frac{1}{2}\sqrt{5a}$, & élevant tout au quarré j'ai $y = \frac{1}{4}a + \frac{5}{4}a + \frac{1}{2}a\sqrt{5} = \frac{3}{2}a + \frac{1}{2}a\sqrt{5}$, ce qui me fait voir que quand l'abscisse x est égale à zero, l'ordonnée AB est $\frac{3}{2}a + \frac{1}{2}a\sqrt{5}$.

Je suppose $y = 0$, ce qui donne $5ax = -2a\sqrt{a^2} = -2a^2$, & $x = -\frac{2a^2}{5a} = -\frac{2}{5}a$, ce qui fait voir que quand $y = 0$ l'abscisse x est négative, & quepar conséquent il faut prolonger l'axe HA du côté de A & faire $AZ = \frac{2}{5}a$.

Pour trouver les autres points de la courbe, je fais $a = 1$, & ensuite je fais successivement $y = 1$, $y = 2$, $y = 3$, &c. $y = \frac{1}{2}$, $y = \frac{3}{2}$, &c. & mettant successivement ces valeurs dans l'équation, je détermine les x correspondans à ces divers y, en suivant les regles ordinaires, &c.

PROPOSITION CXLII.

421. *Trouver qu'elle est la courbe le long de laquelle un corps mû d'un mouvement acceleré, doit descendre, ensorte que ses pressions sur tous les points de la courbe soient à une puissance ou une racine des hauteurs* PM *(Fig.* 143*.) correspondantes à ces points, comme la pesanteur totale* MN *est à la même puissance ou racine de cette pesanteur, ou ce qui est la même chose, que les pressions soient entr'elles comme des puissances ou racines des hauteurs* PM.

SOLUTION.

Nommant les mêmes grandeurs des mêmes lettres que dans la Proposition précédente, z la pression au point M, & n l'exposant de la puissance ou de la racine de PM, nous avons par la supposition z, $\overline{\text{PM}}^n :: \text{MN}, \overline{\text{MN}}^n$, ou $z, y^n :: a, a^n$; d'où je tire $z = \frac{ay^n}{a^n} = \frac{y^n}{a^{n-1}}$; or par la Proposition précédente nous avons z

$$= \frac{\text{MN} \times 2\text{PM}}{\text{MC}} + \text{MO} = \frac{2ayddx + adydx}{dydu} \text{ donc } \frac{2ayddx + adydx}{dydu} = \frac{y^n}{a^{n-1}} \; ;$$

& multipliant tout par $dydu$, puis divisant par $2\sqrt{y}$ pour les raisons que nous avons dites dans la Proposition précédente, puis tirant l'integrale, ensuite multipliant par $\overline{2n+1} \times a^n$, & élevant tout au quarré, puis mettant au lieu de du sa valeur $dx^2 + dy^2$, puis retranchant de part & d'autre $y^{2n}dx^2$, puis tirant la racine quarrée, & enfin divisant, j'ai une derniere équation qu'on voit ici, & qui est l'équation de la courbe cherchée.

$$\frac{2yddx + dydx}{dydu} = \frac{y^n}{a^n} = y^n a^{-n}$$

$$2yddx + dydx = y^n a^{-n} dydu$$

$$\frac{2yddx + dydx}{2\sqrt{y}} = \tfrac{1}{2}y^{n-\frac{1}{2}} a^{-n} dydu$$

$$dx\sqrt{y} = \frac{y^{n+\frac{1}{2}} du}{\overline{2n+1} \times a^n} = \frac{y^n du \sqrt{y}}{\overline{2n+1} \times a^n}$$

$$\overline{2n+1} \times a^n dx = y^n du$$

$$\overline{2n+1}^2 \times a^{2n} dx^2 = y^{2n} du^2$$

$$\overline{2n+1}^2 \times a^{2n} dx^2 = y^{2n} dx^2 + y^{2n} dy^2$$

$$\overline{2n+1}^2 \times a^{2n} dx^2 - y^{2n} dx^2 = y^{2n} dy^2$$

$$dx \times \sqrt{\overline{2n+1}^2 \times a^{2n} - y^{2n}} = y^n dy$$

$$dx = \frac{y^n dy}{\sqrt{\overline{2n+1}^2 \times a^{2n} - y^{2n}}}$$

Maintenant supposant $n = 1$, nous aurons $dx = \frac{ydy}{\sqrt{ga^2 - y^2}}$, & tirant l'integrale nous aurons $x = -\sqrt{ga^2 - y^2}$; or pour voir si l'integrale est complette, je fais $y = 0$, selon les loix du Calcul Integral, & il reste $\sqrt{ga^2} = 3a$, ainsi $x = 3a - \sqrt{ga^2 - y^2}$ est l'integrale complette, d'où je tire $3a - x = \sqrt{ga^2 - y^2}$, & quarrant chaque membre, j'ai $ga^2 - 6ax + xx = ga^2 - y^2$, ou $y^2 = 6ax - xx$.

Or cette équation est l'équation d'un cercle ABCD (*Fig.* 142), dont le diametre est $6a$, car nommant $PD = x$ on a $PB = 6a - x$, & $PB \times PD = 6ax - xx = \overline{PM}^2 = y^2$, donc quand les pressions sont entr'elles comme les hauteurs PM la courbe demandée est un cercle.

Si le corps commence à descendre de l'extrémité D du diametre BD parallele à l'horison, les pressions sont comme les sinus droits PM des arcs parcourus, puisque ces sinus sont les hauteurs; mais si le corps commence à descendre de l'extrémité A du diametre perpendiculaire à l'horison, les pressions seront comme les sinus verses AQ des arcs parcourus AO.

De même supposons $n = \tfrac{1}{2}$, nous aurons $dx = \frac{y^{\frac{1}{2}}dy}{\sqrt{4a - y}}$, donc $dx^2 = \frac{ydy^2}{4a - y}$, & $dx^2 + dy^2 = du^2 = \frac{ydy^2}{4a - y} + dy^2 = \frac{ydy^2 + 4a.dy^2 - y.dy^2}{4a - y} = \frac{4ady^2}{4a - y}$, & tirant la racine quarrée, j'ai $du = \frac{2dy\sqrt{a}}{\sqrt{4a - y}}$, & multipliant le numérateur & le dénominateur du second membre par

$\sqrt{a}$, j'ai $du = \dfrac{2\,ady}{\sqrt{4a^2 - ay}}$ dont l'integrale eſt $u = -4\sqrt{4a^2 - ay}$.

Pour voir ſi cette intégrale eſt complette, je ſuppoſe $y = 0$, & il reſte $4\sqrt{4a^2} = 8a$; donc $u = 8a - 4\sqrt{4a^2 - ay}$ eſt l'inté-grale complette.

Pour conſtruire cette courbe, je décris un demi-cercle au-tour d'un diametre $AB = 4a$ (*Fig.* 144.), je nomme l'abſciſſe $AC = y$, donc $CB = 4a - y$, & $\overline{CB}^2 = 16a^2 - 8ay + y^2$, & $\overline{CP}^2 = AC \times CB = 4ay - y^2$.

Je mene la corde BP, & par la proprieté du cercle, j'ai CB, BP :: BP, BA; donc $\overline{BP}^2 = CB \times BA = 16a^2 - 4ay$; donc $BP = \sqrt{16a^2 - 4ay} = 2\sqrt{4a^2 - ay}$, & $2BP = 4\sqrt{4a^2 - ay}$. Si je décris donc une demi-cycloïde RMB, j'aurai l'arc $MB = 4\sqrt{4a^2 - ay}$; car par la proprieté de cette courbe, on a $MB = 2BP$; or $2AB = 8a$, & par la proprieté de la cycloïde l'arc $BMR = 2AB$, donc $BMR = 8a$, & par conſéquent $BMR - BM = 8a - 4\sqrt{4a^2 - ay} = u$, c'eſt-à-dire $MR = u$.

Donc ſi les preſſions du corps ſont comme les racines quar-rées des hauteurs, la courbe demandée eſt une cycloïde.

Puiſqu'en nommant le diametre $AB = 4a$, l'ordonnée $SM = y$, & l'abſciſſe $SR = x$, nous avons $dx = \dfrac{y^{\frac{1}{2}}dy}{\sqrt{4a - y}}$ pour l'équation de la courbe qui eſt en ce cas une cycloïde, il s'enſuit qu'en nommant le diametre $AB = a$, nous aurons $dx = \dfrac{y^{\frac{1}{2}}dy}{\sqrt{a - y}} = \dfrac{ydy}{\sqrt{ay - yy}}$ pour l'équation de la cycloïde; or l'élement de cette cycloïde eſt $SMms = ydx$, & mettant la valeur de dx, cet éle-ment eſt $\dfrac{y^2 dy}{\sqrt{ay - yy}}$, & par conſéquent l'integrale ou l'aire de la cycloïde eſt $\int \dfrac{y^2 dy}{\sqrt{ay - yy}}$, ce qui peut ſervir pour trouver les inté-grales des expreſſions ſemblables à $\dfrac{y^2 dy}{\sqrt{ay - yy}}$.

CHAPITRE XIII.

De la Résistance du Milieu à travers lequel les Corps en mouvement passent.

422. TOUT le monde est convaincu que le Corps étant de lui-même indifférent au mouvement & au repos, & par conséquent incapable de se procurer l'un ou l'autre, il doit nécessairement rester en repos si nulle cause ne le meut, & continuer de se mouvoir s'il a reçu du mouvement, à moins que quelque cause étrangere ne l'oblige de repasser dans l'état du repos. Or nous éprouvons tous les jours que les corps qui se meuvent dans l'air ou dans les autres fluides, perdent peu à peu de leur mouvement ; donc il faut que l'air & les autres fluides ayent une résistance qui s'oppose à ce mouvement. C'est donc de cette résistance dont nous allons parler dans ce Chapitre, & je n'ai differé jusqu'ici de traiter cette matiere, qu'afin que l'on jugeât mieux de ce qui appartient au mouvement des corps pris en lui-même & de l'altération que la résistance du milieu peut lui causer. Mais comme l'objet de cette premiere partie que j'enseigne dans ce premier Livre ne comprend que les corps qui se meuvent dans l'air, je ne parlerai aussi que de la résistance de l'air, me réservant à parler de la résistance des autres fluides dans les Livres suivans.

Wallis célebre Anglois est le premier qui a entrepris de réduire au Calcul la résistance de l'air au mouvement des corps. Avant lui on ne s'imaginoit point qu'on pût soûmettre à la Géometrie une matiere qui dépend plus de l'experience que de la raison, mais après tout on avoit tort, & rien n'empêche de raisonner aussi géometriquement sur une hypotèse qu'on le feroit sur le principe le plus assuré. Or entre grand nombre d'hypotèses qu'on peut faire sur ce sujet, l'Auteur en a choisi deux qu'il a cru pouvoir être admises également ; la premiere est que *les Résistances de l'air à la fin de chaque instant, sont comme les vitesses,* & la raison qu'il en donne est que si la vitesse est double d'un autre dans un même-tems, elle doit aussi surmonter une double masse d'air ; si elle est triple, elle doit surmonter une triple masse,

&c. La feconde hypotèfe eft que *les Réfiftances de l'air font comme les quarrés des viteffes*, à caufe que l'air étant un fluide, une double maffe d'air qu'un corps eft obligé de vaincre a une double réfiftance, & que par conféquent l'obftacle que le corps trouve eft quadruple ; qu'une triple maffe à une triple réfiftance, & que par conféquent le corps trouve un obftacle noncuple, & ainfi des autres. L'Auteur femble donner la préference à la premiere de ces hypotèfes, mais M. Newton & la plûpart des Geometres après lui ont embraffé la feconde par la raifon que les fluides choquent ou réfiftent dans la raifon des quarrez des viteffes, comme il fera expliqué dans les Livres fuivans. Nous allons examiner l'une & l'autre dans ce Chapitre en l'appliquant d'abord au mouvement uniforme, & enfuite au mouvement acceleré.

Proposition CXLIII.

423. *La viteffe d'un corps qui fe meut uniformement étant connue, connoître la courbe dont les ordonnées expriment les viteffes que la réfiftance de l'air fait perdre au corps à chaque inftant, en fuppofant les réfiftances proportionnelles aux viteffes reftantes.*

Solution.

Suppofons que AB (*Fig.* 145.) reprefente la viteffe uniforme du corps, que les droites AP, PE, EC, &c. reprefentent des tems égaux du mouvement, en forte que les droites AP, AE, AC, &c. foient les tems arithmetiquement proportionnels, à commencer toujours depuis le premier inftant du mouvement ; enfin foit la courbe ANFO dont les ordonnées PN, EF, CO, &c. reprefentent les viteffes totales perdues à la fin de chaque inftant par les réfiftances, il eft clair que les droites NM, FG, OD, &c. feront les viteffes reftantes à la fin de chaque inftant.

Nommons maintenant $AB = a$, la viteffe PN perdue à la fin du premier inftant $= X$, la viteffe EF perdue à la fin du fecond $= x$, la viteffe NM qui refte à la fin du premier inftant $= V$, la viteffe FG qui refte à la fin du fecond $= u$; je mene les ordonnées infiniment proches pm, eg, & les perpendiculaires NR, nr, FH, fh, & il eft vifible que les différences Rn, Hf, des viteffes perdues font égales aux différences Nr, Fh, des viteffes reftantes ; donc $dX = - dV$, & $dx = - du$; je mets

— dX , — du, parce qu'il est clair que les vitesses restantes vont en diminuant, au lieu que les vitesses perdues vont en augmentant.

Si je divise les différences — dV, — du, par elles-mêmes, ou par des grandeurs Z, z qui soient entr'elles comme ces différences, les quotients — $\frac{d\text{V}}{\text{Z}}$, — $\frac{du}{z}$ feront des grandeurs constantes & égales entr'elles, ce qui est trop évident pour avoir besoin de Demonstration. De même, les différences Pp, Ee, des tems étant égales entr'elles selon la supposition, sont des grandeurs constantes, & si je les divise par une même grandeur a, les quotients seront des grandeurs constantes & égales ; appellant donc AP $=$ Y, AF $=y$, j'ai $\frac{d\text{Y}}{a} = \frac{dy}{a}$; donc $\frac{d\text{Y}}{a}$, — $\frac{d\text{V}}{\text{Z}}$ :: $\frac{dy}{a}$, — $\frac{du}{z}$.

Par l'hypotèse, les résistances de l'air sont comme les vitesses restantes, c'est-à-dire, les vitesses Rn, Hf, perdues pendant les petits instans Pp, Ee, sont comme les vitesses NM, FG, restantes au commencement de ces instans ; mais par la construction les grandeurs Z, z, sont en même raison que les vitesses restantes NM, FG ; donc Z, z :: V, u ; supposant donc Z$=$V, & $z=u$, & mettant ces valeurs dans la proportion $\frac{d\text{Y}}{a}$ — $\frac{d\text{V}}{\text{Z}}$ :: $\frac{dy}{a}$ — $\frac{du}{z}$, nous aurons $\frac{d\text{Y}}{a}$ — $\frac{d\text{V}}{\text{V}}$ :: $\frac{dy}{a}$ — $\frac{du}{u}$, d'où je tire dY, — $\frac{ad\text{V}}{\text{V}}$ :: dy, — $\frac{adu}{u}$, ou dY, — $\frac{ad\text{V}}{\text{Z}}$ :: dy, — $\frac{adu}{z}$, ou bien VdY, — adV :: $u$dy, — adu, & divisant la premiere raison par — dV, & la seconde par —du, j'ai — $\frac{\text{V}d\text{Y}}{d\text{V}}$, a :: — $\frac{u dy}{du}$, a, & par conséquent — $\frac{\text{V}d\text{Y}}{d\text{V}} = -\frac{u dy}{du}$, ou $\frac{\text{V}a\text{Y}}{d\text{V}} = \frac{u dy}{du}$.

Or si au point N je tire la tangente NT, les triangles semblables nrN, TMN, donnent — Nr, rn :: NM, MT ; donc — dV, dY :: V, — $\frac{\text{V}a\text{Y}}{d\text{V}}$, & par la même raison si je mene en F la tangente FS, je trouverai GS — $\frac{u dy}{du}$; donc la courbe AND dont les ordonnées AB, NM, FG, &c. marquent les vitesses restantes à chaque moment, est de telle nature que ses soutangentes MT, GS, &c. à tous ses points sont toutes égales entr'elles, & a une grandeur constante a ; & par conséquent cette courbe est une *Logarithmique*, ainsi que nous l'avons fait voir dans *le Calcul Différentiel & Integral*.

Corollaire I.

424. Les vitesses AB, NM, FG, &c. étant les ordonnées de la logarithmique dont les abscisses BM, BG, &c. sont en progression arithmetique, elles sont par conséquent en progression geometrique par la proprieté de cette courbe ; d'où il suit que les vitesses du corps au commencement des instans égaux BM, MG, GD, &c. sont en progression geometrique.

Corollaire II.

425. Les ordonnées de la logarithmique étant en progression geometrique, leur différences sont aussi en progression géométrique, comme il est aisé de le prouver ; donc les vitesses perdues à la fin des tems égaux sont en progression geometrique, c'est-à-dire, que si les tems AP, PE, EC, &c. sont égaux, les vitesses PN, ZF, &c. perdues à la fin de ces tems sont en progression geometrique, & par conséquent comme les vitesses restantes au commencement de ces tems.

Corollaire III.

426. *Les espaces parcourus pendant les petits tems égaux sont comme les vitesses perdues à la fin de ces tems, & les espaces parcourus à la fin des tems 1, 2, 3, 4, &c. à compter toujours depuis le premier, sont aussi entr'eux comme les vitesses perdues à la fin de ces tems.*

Je nomme S l'espace parcouru pendant le tems AP, & s l'espace parcouru pendant le tems AE ; donc l'espace parcouru pendant le petit tems Pp sera dS, & l'espace parcouru pendant le petit tems Ee sera ds ; or les espaces dS, ds, sont comme les produits des tems Pp, Ee, par les vitesses NM, FG ; donc dS, $ds :: VdY$, udy, mais VdY, $— adV :: udy$, $— adu$; donc dS, $ds :: — adV$, $— adu$; or $— dV = dX$, & $— du = dx$; donc dS, $ds :: adX$, $adx :: dX$, dx ; c'est-à-dire les espaces parcourus pendant les petits tems égaux Pp, Ee, sont entr'eux comme les vitesses Rn, Hf, perdues pendant ces petits tems.

Puisque dS, $ds :: dX$, dx ; donc en tirant l'integrale, nous avons S, $s :: X$, x, c'est-à-dire, les espaces parcourus pendant les tems AP, AE, sont comme les vitesses PN, FP perdues à la fin de ces tems.

Corollaire

COROLLAIRE IV.

427. *Les espaces qui restent à parcourir pendant des petits tems égaux Pp, Ee, sont entr'eux comme les vitesses restantes NM, FG, & les espaces totaux qui restent à parcourir à la fin des tems AP, AE, sont aussi comme les vitesses restantes.*

Je nomme H l'espace total qui reste à parcourir après le tems AP & h, l'espace total qui reste à parcourir après le tems AE; donc dH sera l'espace qui reste à parcourir pendant le petit tems Pp, & dh celui qui reste à parcourir pendant le petit tems Ee; or les espaces dH, dh, sont entr'eux comme les produits des vitesses NM, FG, par les tems dY, dy; donc dH, $dh :: \mathrm{V}d\mathrm{Y}$, udy, mais VDY, — adV $:: udy$, — adu; donc dH, $dh :: -ad$V, — $adu :: -d$V, — du, mais —dV, — $du :: \mathrm{V}, u$, donc dH, $dh :: \mathrm{V}, u$.

De même, dH, $dh :: -d$V, — du; donc tirant l'integrale, j'ai H, $h :: \mathrm{V}, u$.

COROLLAIRE V.

428. *Si les espaces totaux qui restent à parcourir après les tems AP, AE, &c. sont entr'eux comme des nombres, les tems employés aux espaces déja parcourus sont comme les logarithmes des espaces à parcourir.*

Les espaces totaux qui restent à parcourir sont comme les ordonnées NM, FG, de la logarithmique, & les tems AP, AE, ou BM, BG, sont comme les abscisses, mais dans la logarithmique, les abscisses sont les logarithmes des ordonnées, donc, &c.

COROLLAIRE VI.

429. La vitesse totale AB ne s'éteint entierement qu'après un tems infini, car la droite BS étant l'asymptote de la logarithmique, les ordonnées NM, FG, &c. iront toujours en diminuant, & ce ne sera qu'à l'infini que l'ordonnée sera égale à zero; donc ce ne sera aussi qu'à l'infini que la vitesse perdue CO sera égale à la vitesse AB; donc, &c.

REMARQUE.

430. L'experience est constamment contraire à ce dernier Corollaire, mais on doit dire qu'à la fin d'un certain tems les

viteffes reftantes font fi petites que le mouvement ne nous eft plus fenfible, quoiqu'il fubfifte toujours. Au refte, l'autre hypotèfe que nous examinerons bientôt & que M. Newton a fuivi préferablement à celle-ci, eft fujette au même inconvenient, & l'on doit y repondre de la même façon.

Corollaire. VII.

431. Si l'on prolonge SB en d, & qu'ayant décrit avec les afymptotes AB, Bd, une hyperbole équilatere abc, on mene des points N, F, &c. des droites Nb, Fc, &c. paralleles à Sd, les droites BA, BQ, BT, &c. feront en progreffion geometrique; car elles feront égales aux ordonnées BA, MN, GF, &c. de la logarithmique, lefquelles font en progreffion geometrique à caufe que leurs abfciffes BM, BG, &c. font en progreffion arithmetique, car c'eft-là une des proprietés de la logarithmique.

Or les différences AQ, QT, &c. des droites BA, BQ, BT, étant auffi en progreffion geometrique, les efpaces hyperboliques AabQ, QbcT, &c. feront égaux entr'eux felon la proprieté de l'hyperbole; ainfi concevant que les tems AP, PE, &c. foient infiniment proches, l'efpace hyperbolique A$abcd$B fera rempli d'autant de petits efpaces tous égaux, qu'il y aura de petits tems égaux dans AC, ainfi ces efpaces pourront reprefenter les tems; par exemple, le tems pendant lequel la viteffe PN s'eft perdue pourra étre reprefenté par l'efpace hyperbolique AabQ, & ainfi des autres, parce que cet efpace contient autant de petits efpaces que la droite AP contient de petits tems.

Proposition CXLIV.

432. *La viteffe uniforme d'un corps étant connue, trouver une courbe qui exprime les viteffes que la réfiftance de l'air fait perdre à chaque inftant, & les viteffes reftantes en fuppofant que les réfiftances font entr'elles comme les quarrez des viteffes reftantes.*

Soit la viteffe donnée AB $= a$ (*Fig.* 146.), & fuppofons que les droites AP, PE, &c. expriment des tems égaux, les droites PN, EF, &c. les viteffes perdues à la fin des tems AP, AE, &c. arithmetiquement proportionnels, les droites NM, FG, &c. les viteffes reftantes.

Nommons le tems AP $= $ Y, le tems AE $= y$, la viteffe perdue PN $=$ X, la viteffe perdue EF $= x$, la viteffe reftante

NM $=$ V, & la vitesse restante FG $=u$; donc P$p=d$Y, E$e=dy$, R$n=d$X, H$f=dx$, N$r=-d$V, & F$h=-du$; & il est visible que dX $=-d$V, & $dx=-du$.

Si je divise les différences $-d$V, $-du$, par des grandeurs Z, z, qui leur soient égales, ou qui soient en même raison qu'elles, les quotients $-\frac{d\mathrm{V}}{\mathrm{Z}}$, $-\frac{du}{z}$ seront des quantités constantes & égales entr'elles ; de même les différences dY, dy, étant égales entr'elles, si je les divise par a, les quotients $\frac{d\mathrm{Y}}{a}$, $\frac{dy}{a}$, seront encore égaux entr'eux; donc $-\frac{d\mathrm{V}}{\mathrm{Z}}$, $\frac{d\mathrm{Y}}{a}::-\frac{du}{z}$, $\frac{dy}{a}$, d'où je tire $-ad$V, dYZ $::-adu$, dyz.

Or par la supposition les résistances sont comme les quarrez des vitesses, c'est-à-dire, les vitesses Rn, Hf, perdues à la fin des instans Pp, Ee, sont comme les quarrez des vitesses NM, EG, au commencement de ces instans ; ainsi supposant que les grandeurs Z, z, soient égales aux vitesses perdues Rn, Hf, nous aurons Z, $z::$ V^2, $u^2::\frac{\mathrm{V}^2}{a}$, $\frac{u^2}{a}$, & mettant ces valeurs de Z, z, dans l'équation précédente, nous aurons $-ad$V, $\frac{\mathrm{V}^2 d\mathrm{Y}}{a}::-adu$, $\frac{u^2 dy}{a}$, ou $-\frac{d\mathrm{V}}{\mathrm{V}^2}$, $\frac{d\mathrm{Y}}{a^2}::-\frac{du}{u^2}$, $\frac{dy}{a^2}$; mais à cause de dY $=dy$, les deux conséquents sont égaux entr'eux; donc les deux antécédens le sont aussi; de plus, les deux conséquents sont deux tems égaux dY, dy, divisés par une même grandeur, & deux tems égaux peuvent s'exprimer par deux grandeurs quelconques égales entr'elles ; donc nous pouvons faire $-\frac{d\mathrm{V}}{\mathrm{V}^2}=\frac{d\mathrm{Y}}{a^2}$, & $-\frac{du}{u^2}=\frac{dy}{a^2}$.

Prenons l'integrale de la seconde de ces équations, & ce qui arrivera touchant celle-ci, se dira de même de l'autre, nous aurons donc $u^{-1}=\frac{y}{a^2}$, ou bien si l'on veut ajouter une grandeur constante b, ce que l'on peut faire, à cause que l'integrale u^{-1} peut n'être pas complette, nous aurons $\frac{1}{u}+b=\frac{y}{a^2}$; or au point B le tems est égal à zero, & la vitesse est $=a$; faisant donc $y=0$ dans l'équation que nous venons de trouver, nous aurons $\frac{1}{u}+b=0$, & $b=-\frac{1}{a}$; mettant donc cette valeur de b dans $\frac{1}{u}+b=\frac{y}{a^2}$, nous aurons $\frac{1}{u}-\frac{1}{a}=\frac{y}{a^2}$,

Z z ij

d'où je tire $\frac{a^2}{u}$, $-\frac{a^2}{a}=y$, & $a^2-au=yu$, & $a^2=yu+au$; nous avons donc par le point F de la courbe $a^2=yu+au$, & pour le point N nous aurons aussi $a^2=YV+aV$, & ainsi des autres.

Prenant donc $BO=AB=a$, nous aurons $OB+BG=OG=a+y$, & $OM=OB+BM=a+Y$; ainsi nous aurons $\overline{AB}^2=a^2=OG\times GF=\overline{a+y}\times u=au+uy$, & $\overline{AB}^2=a^2=OM\times MN=\overline{a+Y}\times V=aV+VY$, c'est-à-dire les rectangles $OM\times MN$, $OG\times GF$ sont égaux entr'eux & au quarré de la droite AB ; or comme cela arrivera partout, il s'enfuit que la courbe demandée est une hyperbole entre ses afymptotes dont les y, c'est-à-dire les abfciffes changeantes commencent au point B, & font toutes augmentées d'une grandeur constante OB égale à la racine de la puiffance $\overline{AB}^2$ de l'hyperbole.

C O R O L L A I R E I.

433. La droite OG étant l'afymptote de l'hyperbole, l'ordonnée FG ne deviendra infiniment petite qu'à l'infini, & par conféquent la droite EF ne deviendra égale à AB qu'à l'infini, c'est-à-dire que la viteffe perdue ne fera égale à la viteffe totale qu'après un tems infini, & par conféquent le corps ne perdra jamais fon mouvement, ce que l'on doit entendre d'un mouvement infenfible ; car l'experience nous fait affez voir que le mouvement fenfible fe perd après un tems limité.

C O R O L L A I R E II.

434. *Les viteffes reftantes font aux viteffes perdues comme la racine de la puiffance de l'hyperbole, ou comme la viteffe primitive eft aux tems correfpondans exprimés par les abfciffes.*

L'équation de la courbe eft $a^2=au+uy$, donc $a^2-au=uy$, d'où je tire $a, y :: u, a-u$, or u eft la viteffe reftante FG à la fin du tems BG, & $a-u=AB-FG=EG-FG=EF$ eft la viteffe perdue à la fin du même tems, donc la viteffe reftante eft à la viteffe perdue comme a, ou comme la viteffe primitive AB eft à y, ou au tems correfpondant à ces viteffes ; or la même chofe arrivera par tout, donc, &c.

Corollaire III.

435. *Les espaces parcourus à la fin des tems* BM, BG *sont entr'eux comme les logarithmes des fractions qui ont pour numérateur la vitesse initiale* AB, *& pour dénominateur les vitesses restantes* NM, FG, *à la fin des mêmes tems.*

Le mouvement pendant les petits tems Mm, Gg pouvant passer pour uniforme, les espaces parcourus pendant ces petits tems sont entr'eux comme les produits des vitesses par les tems, ainsi nommant S l'espace parcouru pendant le tems BM, & s l'espace parcouru pendant le tems BG, nous aurons dS, $ds :: V dY$, udy.

Or nous avons trouvé ci-dessus (*N*. 432) $\frac{dY}{a^2} = - \frac{dV}{V^2}$, donc $dY = - \frac{a^2 dV}{V^2}$, & par la même raison nous aurons $dy = - \frac{a^2 du}{u^2}$, mettant donc ces valeurs de dY & dy, nous aurons dS, $ds :: - \frac{a^2 dV}{V}$, $- \frac{a^2 du}{u}$, donc S, $s :: \int - \frac{a^2 dV}{V}$, $\int - \frac{a^2 du}{u} :: \int - \frac{adV}{V}$, $\int - \frac{adu}{u}$.

Je construis une hyperbole entre ses asymptotes (*Fig.* 147.) égale & semblable à l'hyperbole précédente; je prens AB, AC égales aux vitesses restantes; ainsi AB $=$ V & AC $= u$; or par la propriété de l'hyperbole j'ai AB $\times$ BE $= aa$, ou V $\times$ BE $= aa$, donc BE $= \frac{aa}{V}$; je mene l'ordonnée be infiniment proche de BE, ce qui donne bB $= dV$, & par conséquent $\frac{a^2 dV}{V}$ est l'élement de l'hyperbole, & $\int \frac{a^2 dV}{V}$ est l'espace hyperbolique BESXA, de même $\int \frac{a^2 du}{u}$ est l'espace hyperbolique CDSXA, je divise les deux espaces hyperboliques par a, ce qui donne $\int \frac{adV}{V}$, $\int \frac{adu}{u}$.

Je construis une logarithmique dans laquelle la grandeur Hh égale à l'unité, est égale à la racine de la puissance a^2 de l'hyperbole; & prenant le point H pour l'origine des abscisses, je prens les abscisses positives de H en A, & les négatives de H en X, & je prens deux abscisses négatives HM, HN, qui soient entr'elles comme $\int \frac{adV}{V}$, $\int \frac{adu}{u}$; ainsi j'ai HM, HN $:: \int - \frac{adV}{V}$, $\int - \frac{adu}{u} :: $ S, s.

Or on sçait que les abscisses positives sont les logarithmes de leurs ordonnées, de même que les négatives sont les logarithmes des ordonnées qui sont de leur côté, & que les ordonnées des logarithmes positifs sont comme des nombres entiers, au lieu que les ordonnées des logarithmes négatifs sont comme des fractions qui ont l'unité pour numérateur, & pour dénominateur les nombres des logarithmes positifs correspondans, d'où il suit que les nombres des logarithmes positifs sont reciproques aux nombres des logarithmes négatifs ; donc il ne s'agit que de prouver que si les abscisses HM, HN avoient été prises de l'autre côté, c'est-à-dire, si elles étoient comme $\int \frac{a^2 dV}{V}$, $\int \frac{a^2 du}{u}$, leurs ordonnées seroient comme V, u, car dès-lors il s'ensuivra qu'en les prenant sur HX elles sont reciproques aux précédentes, c'est-à-dire :: u, V, ou comme $\frac{1}{V}$, $\frac{1}{u}$, ou enfin comme $\frac{a}{V}$, $\frac{a}{u}$, ainsi que nous avons entrepris de le prouver.

Si nous prenons les abscisses HM, HN du côté de HA, & que nous nommions la premiere X, & la seconde x, nous aurons $X = \int \frac{adV}{V}$; donc $dX = \frac{adV}{V}$, d'où je tire $\frac{VdX}{dV} = a$; or $\frac{VdX}{dV}$ est l'expression de la soutangente selon les regles du Calcul Différentiel, & dans cette expression la grandeur V marque l'ordonnée, donc l'ordonnée de $\int \frac{adV}{V}$ est V, & de la même façon on trouvera que l'ordonnée de $\int \frac{adu}{u}$ est u ; donc si nous prenons HM, HN négatifs, c'est-à-dire $\int - \frac{adV}{V}$, $\int - \frac{adu}{u}$, les ordonnées correspondantes seront $\frac{1}{V}$, $\frac{1}{u}$; mais nous avons trouvé S ; $s :: \int - \frac{adV}{V}$, $\int - \frac{adu}{u}$, donc les espaces S, s sont comme les logarithmes de $\frac{1}{V}$, $\frac{1}{u}$ ou de $\frac{a}{V}$, $\frac{a}{u}$ en faisant $a = 1$.

COROLLAIRE IV.

436. *Les espaces parcourus pendant les tems* BM, BG (Fig. 146.) *sont entr'eux comme les espaces hyperboliques* ABMN, ABGF.
Nommant S l'espace parcouru pendant le tems BM & s l'espace parcouru pendant le tems BG, nous aurons dS pour l'espace parcouru pendant le tems Mm, & ds pour l'espace parcouru pendant le tems Gg; or le mouvement pendant les tems Mm,

Gg pouvant être pris pour uniforme les espaces dS, ds sont comme les produits des tems par les vitesses, donc dS, $ds :: VdY$, udy, & par conséquent S, $s :: \int VdY$, $\int udy$, mais il est visible que les deux derniers termes sont les espaces hyperboliques ABMN, ABGF, donc, &c.

COROLLAIRE V.

437. *Les espaces parcourus avec un mouvement uniforme & sans aucune resistance du côté de l'air, pendant les tems* BM, BG *sont aux espaces parcourus pendant les mêmes tems avec la resistance de l'air, comme les rectangles* BP, BE *sont aux espaces hyperboliques* ABMN, ABGF.

Si l'air ne resistoit point, les espaces parcourus seroient comme les produits des tems par les vitesses (N. 17), donc ils seroient comme les rectangles BP, BE ; or quand l'air, resiste les espaces parcourus sont comme ABMN, ABGF, donc, &c.

COROLLAIRE VI.

438. *Si l'on décrit deux logarithmiques* AON, KBR (Fig. 148.) *dans chacune desquelles la droite* AB *égale à la vitesse primitive soit la grandeur prise pour l'unité, laquelle comme on sçait est toujours égale à la soutangente, & que la premiere ait pour asymptote la droite* BC *& l'autre la droite* TS ; *je dis que si l'on mene une ordonnée* HM *à la logarithmique* KBR, *& que la partie* PM *de cette ordonnée exprime un tems, la partie* OP *de cette même ordonnée exprimera la vitesse restante à la fin de ce tems, & la partie* HO *la vitesse perdue.*

Je nomme $OP = u$, $PM = y$, donc $HM = AB + PM = a - y$; l'abscisse BP de la logarithmique AN est négative parce que l'origine des abscisses étant en B ces abscisses sont prises du côté où les ordonnées vont en diminuant, ainsi nous l'appellerons $- x$, donc $Pp = - dx$ & $OQ = du$; je mene en O la tangente OC, & les triangles rectangles semblables OQo, OPC donnent OQ, Q$o :: $ PO, PC, ou du, $- dx :: u$, $- \frac{udx}{du} = $ PC soutangente ; or cette soutangente par la proprieté de la logarithmique est égale à a, donc $a = - \frac{udx}{du}$, d'où je tire $\frac{dx}{a} = - \frac{du}{u}$.

Dans la logarithmique MBR l'abscisse AH est positive parce qu'elle est du côté où les ordonnées vont en augmentant & comme AH $=$ BP, nous la nommerons $= x$, donc $Hh = dx$, &

$qm = dy$, parce qu'il est la différence de $HM = a + y$; ainsi menant la tangente $M2$ les triangles rectangles semblables mqM, $MH2$ donnent dy, $dx :: a + y$, $\frac{a+y \times dx}{dy} =$ soutangente $H2$ $= a$, d'où je tire $\frac{dx}{a} = \frac{dy}{a+y}$; mais nous avons $\frac{dx}{a} = -\frac{du}{u}$, donc $-\frac{du}{u} = \frac{dy}{a+y}$.

Maintenant si ce que nous prétendons est vrai, il faut qu'en prenant la différence de l'équation $a^2 = yu + au$ laquelle exprime véritablement le rapport de y & u ($N.$ 432.) nous retrouvions $-\frac{du}{u} = \frac{dy}{a+y}$; or la différence de $a^2 = yu + au$ est $o = ydu + udy + adu$, d'où je tire $-adu - ydu = udy$, & divisant tout par $a+y$, j'ai $-du = \frac{udy}{a+y}$, & divisant encore par u, j'ai enfin $-\frac{du}{u} = \frac{dy}{a+y}$ de même que ci-dessus.

Donc puisque les deux logarithmiques me donnent la même équation que l'hyperbole (*Fig.* 146.) il s'ensuit que le rapport de y à u dans les deux logarithmiques, est le même que le rapport de y à u dans l'hyperbole, donc, &c.

Corollaire VII.

439. Si les HM (infiniment proches) sont en progression geométrique, leurs abscisses AH seront en progression arithmetique; or les abscisses BP de la logarithmique AN étant égales aux HM seront aussi en progression arithmetique, donc les ordonnées OP seront en progression geométrique; mais les HM ou les PM + PH marquent des tems augmentés d'une grandeur AB & qui vont en augmentant, & les OP les vitesses restantes lesquelles vont en diminuant, donc *les vitesses restantes decroissent en progression geometrique lorsque les tems augmentés de l'unité croissent dans la même progression.*

Corollaire VIII.

440. *Si l'on prend les tems* BM, MG, GH (*Fig.* 149.) *en progression geométrique, ensorte que* BM *soit infiniment petit,* & *l'exposant de la progression aussi infiniment petit, les espaces parcourus pendant les tems* BM, MG, GH, &c. *seront tous égaux.*

Nous avons démontré ($N.$ 436.) que les espaces parcourus pendant les tems BM, BG, BH sont comme les espaces hyperboliques

liques AM, AG, AH, & par conséquent les espaces parcourus pendant les tems BM, MG, GH, &c. seront comme les espaces AM, Mg, gH, &c. qui sont les différences des précédens & il ne reste plus qu'à faire voir que ces espaces sont égaux, ce que nous allons démontrer ici, quoique nous l'ayons déja fait dans le Calcul Différentiel & Integral.

Supposons qu'on ait commencé à diviser OB en parties infiniment petites, ensorte que les abscisses O1, O2, O3, &c. soient cependant en progression geométrique, & qu'on ait ensuite continué la progression, ensorte que OB, OM, OG, &c. soient dans la même progression, il est évident que les différences de toutes ces abscisses seront encore en progression geométrique, & que par conséquent les tems BM, MG, GH, &c. le seront aussi.

Nommons OM $=$ X, & OG $= x$, dont la différence MG de OM sera dX, & la différence GH de OG sera $= dx$, & comme les abscisses étant en progression geométrique, leurs différences sont dans la même progression, nous aurons X, $x :: d$X, dx, donc X$dx = x d$X, d'où je tire $\frac{dx}{x} = \frac{d\mathrm{X}}{\mathrm{X}}$.

Or par la nature de l'hyperbole OM $\times m$M $= aa$, donc mMX $= aa$, & par conséquent mM $= \frac{aa}{\mathrm{X}}$ & mM $\times$ GM $= \frac{aadx}{\mathrm{X}}$ égal à l'élement mMGg, de même OG $\times$ G$g = aa$, donc G$g \times x = aa$, & G$g = \frac{aa}{x}$, donc G$g \times$ GH $= \frac{aadx}{x}$ égal à l'élement gGHh, ainsi les élemens mMGg, gGHh, sont entr'eux comme $\frac{aad\mathrm{X}}{\mathrm{X}}$, $\frac{aadx}{x}$, ou comme $\frac{d\mathrm{X}}{\mathrm{X}}$, $\frac{dx}{x}$, mais nous venons de trouver $\frac{d\mathrm{X}}{\mathrm{X}} = \frac{dx}{x}$, donc l'élement mMGg est égal à l'élement gGHh, & on prouvera la même chose des autres, donc, &c.

COROLLAIRE IX.

441. *Les diminutions* Nr, Fh *(Fig.* 146.) *des vitesses pendant les tems infiniment petits* Mm, Gg *sont en raison composée des vitesses restantes* NM, FG, *& des espaces parcourus pendant ces petits tems.*

Nous avons trouvé (*N.* 432.) $-ad$V, $-adu :: \frac{\mathrm{V}^2 d\mathrm{Y}}{a}$, $\frac{u^2 dy}{a}$, donc $-d$V, $-du :: \frac{\mathrm{V}^2 d\mathrm{Y}}{a^2}$, $\frac{u^2 dy}{a^2} ::$ V$^2 d$Y, $u^2 dy ::$ V $\times$ VdY, $u \times u dy$; or nous avons aussi trouvé (*N.* 435.) dS, $ds ::$ VdY,

udy, donc $-dV$, $-du :: V \times dS$, $u \times ds$, donc, &c.

Proposition CXLV.

442. *Un corps grave* A *(Fig. 150.) descendant librement le long de la ligne* AL, & *supposant que l'air lui resiste dans la raison des vitesses restantes à la fin de chaque tems, trouver la courbe qui exprime les vitesses restantes & les vitesses perdues.*

Solution.

Concevons que la ligne AL soit divisée en une infinité de parties égales qui exprimeront les petits tems égaux qui composent le tems total, les abscisses de cette ligne, à commencer depuis A, seront en progression arithmetique, & représenteront des tems qui seront comme 1,2,3,4, &c. Supposons que l'un de ces tems soit AP, j'éleve en P la perpendiculaire PM, que je fais égale à AP, & par conséquent égale à la vitesse acquise à la fin du tems AP si l'air ne resistoit point ; car dans le mouvement uniformement acceleré les vitesses acquises à la fin des tems sont comme les tems (*N.* 49). Par les points A, M, je mene la droite AMZ, & concevant que de tous les points de division de AL soient menées des paralleles à PM, ces paralleles seront entr'elles comme les abscisses AP, ou comme les tems 1, 2, 3, 4, &c. & par conséquent elles représenteront les vitesses acquises à la fin de ces tems.

Supposons que PN représente la vitesse perdue à la fin du tems AP par la resistance de l'air, la droite NM sera la vitesse restante, & la petite droite Rn sera la vitesse perdue à la fin des petits tems Pp ; prenons PQ $=$ NM, & faisant la même chose à l'égard de tous les NM correspondans à tous les AP nous aurons une courbe AQT qui sera la courbe des vitesses restantes à la fin des tems AP, de même que la courbe ANV est la courbe des vitesses perdues à la fin de ces mêmes tems ; menons AB parallele à PQ & d'une grandeur indéterminée ; enfin par B concevons BC parallele à AL.

Je nomme les abscisses AP $= y$, les ordonnées PQ égales aux NM $= u$, les vitesses perdues PN $= x$, donc P$p = $ O$o = $ RN $= dy$, R$n = dx$, & PM $= $ AP $= y$.

NM $= $ PM $-$ PN $= y - x$; mais NM $= u$, donc $u = y - x$, & $x = y - u$, donc $dx = dy - du$.

Si je divise tous les dx par des grandeurs z qui soient entr'elles en même raifon que les dx, les quotiens $\frac{dx}{z}$ feront tous égaux entr'eux ; de même tous les rm ou les dy étant égaux parce qu'ils repréfentent les viteffes acquifes à la fin des petits tems égaux Pp, lefquelles viteffes font égales dans le mouvement uniformement acceleré, fi je les divife par une grandeur conftante $a = AB$ les quotiens $\frac{dy}{a}$ feront égaux entr'eux ; donc tous les $\frac{dx}{z}$ feront entr'eux comme tous les $\frac{dy}{a}$, & comme tous les dy repréfentent des tems égaux qui peuvent être exprimés par des lignes égales quelconques, nous pouvons fuppofer les $\frac{dx}{z}$ égaux aux $\frac{dy}{a}$, donc $\frac{dx}{z}$ $= \frac{dy}{a}$, d'où je tire $dx = \frac{zdy}{a}$, & mettant cette valeur de dx dans $dx = dy - du$, j'ai $\frac{zdy}{a} = dy - du$, d'où je tire $zdy = ady - adu$.

Or felon la fuppofition les refiftances de l'air font comme les viteffes reftantes, c'eft-à-dire les viteffes Rn ou dx perdues à la fin de chaque petit inftant Pp, font comme les viteffes NM ou PQ, ou u reftantes aux commencemens de ces inftans, & les z font comme les dx, dont les z font comme les u ; faifant donc $z = u$, & mettant cette valeur dans $zdy = ady - adu$, j'ai $udy = ady - adu$, d'où je tire $adu = ady - udy$, & $a = \frac{ady - udy}{du}$ qui eft l'équation de la courbe AQT des viteffes reftantes, à caufe qu'elle contient le rapport des abfciffes AP ou de leurs différences dy, & des ordonnées u ou de leurs différences du.

Je fuppofe $a - u = r$, donc $u = a - r$, $du = - dr$, & mettant cette valeur de $a - u$, & celle de du dans l'équation, j'ai $\frac{ady - udy}{du} = - \frac{rdy}{dr} = a$, d'où je tire $- dr, + dy :: r, a$, mais OQ $= OP - QP = BA - QR = a - u$, donc $OQ = r$, & fa différence $HQ = - dr$, à caufe que les OQ vont en diminuant ; or fi je mene une tangente QC en Q les triangles femblables QqH, QCO donnent HQ, $Hq :: QO$, OC, donc $- dr$, $dy :: r$, $\frac{rdy}{- dr}$ $= OC$, donc la foutangente de la courbe AHT eft conftante & égale à la grandeur $a = AB$, & par conféquent cette courbe eft une logarithmique dont les ordonnées OQ font égales aux différences de la foutangente AB & des viteffes reftantes PQ.

Donc fi l'on décrit avec une grandeur arbitraire AB une logarithmique dont AB foit l'unité, & BC l'afymptote, & que du point A l'on mene AL parallele à BC, les droites QP qui feront les prolongemens des ordonnées OQ de la logarithmique feront comme les viteffes reftantes à la fin des tems exprimés par les abfciffes BO ou AP; c'eft pourquoi faifant en A l'angle LAZ demi-droit, puis prolongeant les OP en M, les PM repréfenteront les viteffes acquifes à la fin des tems AP fi l'air ne refiftoit point, ainfi portant les QP fur les PM de M en N, les PN exprimeront les viteffes perdues à la fin des tems AP.

COROLLAIRE I.

443. Les viteffes reftantes vont en augmentant, ce qui eft vifible par la feule conftruction, & la plus grande viteffe reftante que le corps puiffe avoir eft exprimée par AB, car à caufe que BC eft l'afymptote de la logarithmique, ce ne fera qu'à l'infini que QP fera égal à BA.

COROLLAIRE II.

444. *Les efpaces parcourus à la fin des tems AP font comme les viteffes perdues à la fin de ces tems.*

Je nomme *s* les efpaces; or le tems P*p* étant infiniment petit le mouvement pendant ce tems pourra être regardé comme uniforme, donc l'efpace parcouru pendant ce tems fera comme le produit de la viteffe PQ par le tems P*p* (*N.* 17); & par conféquent $ds = udy$; or nous avons trouvé ci-deffus $udy = ady - adu$ (*N.* 442), donc $ds = ady - adu$, & $s = ay - au$, c'eft-à-dire les efpaces *s* parcourus pendant les tems AP font comme les $ay - au$, ou comme les $y - u$; mais les $y - u$ font les PM — MN, c'eft-à-dire les PN ou les viteffes perdues, donc, &c.

COROLLAIRE III.

445. Les PM ou les BO étant pris arithmetiquement proportionnels font les logarithmes des OQ par la proprieté de la logarithmique; mais les OQ font les complemens de viteffes reftantes PQ à la plus grande viteffe reftante BA que le corps puiffe avoir; donc les tems PM font les logarithmes des complemens des viteffes reftantes à la plus grande que le corps puiffe acquerir.

COROLLAIRE. IV.

446. *Le corps ne parvient jamais à acquerir la plus grande vi-*
tesse qu'il puisse acquerir : car pour cela il faudroit que QP devint
égal à AB, & que par conséquent la logarithmique rencontrât son
asymptote ; or comme cela n'arrive que lorsque son asymptote
est infinie, le corps ne peut parvenir à acquerir sa plus grande
vitesse que lorsque le tems representé par l'asymptote sera infini,
d'où il suit qu'il ne l'acquerra jamais.

COROLLAIRE V.

447. Les tems AP étant en progression arithmétique ascen-
dante, les différences HO de la plus grande vitesse AB aux vitesses restantes QP sont en progression geométrique descendante,
ce qui n'a pas besoin de demonstration après ce que nous venons de dire.

COROLLAIRE VI.

448. Si le mouvement du corps duroit pendant un tems infini,
l'espace parcouru à la fin de ce tems seroit infini, car il seroit
comme PN (*N.* 444.) lequel seroit infini, à cause que les PN
vont en augmentant, & que l'abscisse AP seroit infinie, mais la
vitesse acquise à la fin de ce tems seroit finie, car elle seroit comme BA.

COROLLAIRE VII.

449. *Si avec un parametre égal à* 2BA *on décrit une demi-para-*
bole dont le diametre soit aK ; *l'espace parcouru à la fin du tems* AP
en supposant la resistance de l'air, est à l'espace que le corps auroit
parcouru si l'air ne resistoit poin, *comme l'ordonnée* PN *de la courbe*
ANV *est à l'ordonnée exterieure* PE *à la parabole.*

Les espaces parcourus à la fin des tems AP en supposant la resistance de l'air, sont comme les PN (*N.* 444), or sans cette resistance les espaces seroient comme les quarrés des PM ou des
AP (*N.* 55) & par la proprieté de la parabole les ordonnées exté-
rieures PE sont aussi comme les quarrés des AP, donc, &c.

COROLLAIRE VIII.

450. Si entre les asymptotes BR, BS l'on décrit une hyper-

bole équilatere N*a*O (*Fig.* 151.) dont la racine de la puiffance
A*a* = AB (*Fig.* 150.) exprime la plus grande viteffe que le corps
peut acquerir en defcendant librement , & en fuppofant la
refiftance de l'air , & que l'on porte fur AB (*Fig.* 151.) de
A vers B les viteffes reftantes à la fin des tems arithmetiquement proportionnels, à commencer toujours au point A , les
AP repréfenteront les viteffes reftantes , & les BP repréfenteront les différences de la plus grande viteffe aux viteffes reftantes , c'eft-à-dire, les ordonnées de la logarithmique dont nous
avons parlé dans les Corollaires précédens ; or je dis que fi de
tous les points P, qui font les extrémités des viteffes reftantes,
on mene les droites PM paralleles à A*a* , & que du point A menant la droite *a*Q , parallele à AB , on fuppofe que le rectangle
AQ repréfente la plus grande viteffe , les rectangles AM repréfenteront les viteffes reftantes à la fin des tems , & les trilignes
hyperboliques NMA repréfenteront les efpaces parcourus à la fin
de ces tems.

En premier lieu les AP font à AB comme les viteffes reftantes
à la fin des tems , font à la plus grande viteffe par la fuppofition ;
multipliant donc les AP par A*a* & la plus grande viteffe AB par
A*a*, nous aurons les AP × A*a* font à AB × A*a* , comme les viteffes
reftantes à la plus grande viteffe; ainfi les rectangles AM repréfenteront les viteffes reftantes.

En fecond lieu les efpaces parcourus à la fin des tems font
comme les $y - u$ (*N.* 444), c'eft-à-dire comme les tems moins
les viteffes reftantes ; or les tems font les logarithmes des BP ou
des ordonnées de la logarithmique dont nous avons parlé dans
les Corollaires précédens (*N.* 445) , donc par la proprieté de
l'hyperbole les tems font comme les efpaces hyperboliques
PN*a*A , ainfi qu'il a été prouvé dans le Calcul Différentiel & Integral , & que nous l'allons bientôt prouver d'une autre façon ,
puis donc que les efpaces font comme les $y - u$, ou comme les
tems moins les viteffes reftantes , & que les tems font comme
les PN*a*A , & les viteffes reftantes comme les PM*a*A , les efpaces font par conféquent comme les PN*a*A moins les PM*a*A ,
c'eft-à-dire , comme les trilignes NM*a*

Pour prouver que les tems font comme les PN*a*A , noim-
mons AB = A*a* = *a*, AP = *u* les tems *y* ; il eft vifible que a^2,
au :: *a*, *u*, c'eft-à-dire le rectangle AQ eft à chaque rectangle
AM comme AB eft à AP.

De même, ayant trouvé ci-dessus $a = \frac{ady - udy}{du}$ ($N.$ 442.),

nous avons $dy = \frac{adu}{a - u}$, & multipliant tout par a, nous aurons

$ady = \frac{aadu}{a - u}$; or par la proprieté de l'hyperbole nous avons

$BP \times PN = BA \times Aa$, mais $BP = a - u$; donc $\overline{a - u} \times PN$

$= aa$, d'où je tire $PN = \frac{aa}{a - u}$, mais $Pp = du$; donc PN

$\times Pp = \frac{aadu}{a - u} = $ à l'élement de l'aire $PNAa$; or nous avons

$ady = \frac{aadu}{a - u}$; donc $ay = \int \frac{aadu}{a - u}$, c'est-à-dire, les tems y

multipliés par a ou AB, font égaux aux $\int \frac{aadu}{a - u}$, ou aux aires

PNaA ; mais les tems y multipliés par la grandeur constante a, font entr'eux comme les tems y ; donc les tems y font comme les espaces hyperboliques PNaA.

PROPOSITION CXLVI.

451. *Un corps descendant librement vers le centre de la terre, & supposant que les résistances de l'air à chaque instant soient comme les quarrez des vitesses, trouver la courbe qui exprime les vitesses restantes & les vitesses perdues.*

SOLUTION.

Soit AZ (*Fig.* 152.) la ligne des tems AP que nous prendrons arithmetiquement proportionnels, j'éleve en P la perpendiculaire PM que je fais égale à AP, & menant la droite AMX, tous les PM representeront les vitesses que le corps auroit acquifes à la fin des tems AP si l'air ne lui résistoit pas. Prenons les PN pour representer les vitesses perdues à la fin des tems AP ; la courbe ANY sera la courbe des vitesses perdues, & les NM representeront les vitesses restantes ; prenons les QP égaux aux NM, & la courbe AQV sera la courbe des vitesses restantes. Elevons AB perpendiculairement à AZ, & faisant AB d'une grandeur indéterminée, concevons BT parallele à AZ.

Je nomme $AB = a$, $AP = PM = y$, $PN = x$, $NM = y - x = u$; donc $Pp = dy$, $Rn = dx$, & à cause de $x = y - u$, j'ai $dx = dy - du$.

Si je divise les vitesses perdues dx à la fin de chaque instant par des grandeurs z qui soient entr'elles comme ces vitesses, les

quotients $\frac{dx}{z}$ feront des grandeurs conftantes & égales entr'elles.
De même les dy, c'eft-à-dire les rm qui font les différences des
viteffes acquifes à la fin des inftans fi l'air ne réfiftoit pas étant
égaux entr'eux fi je les divife par la grandeur conftante a les quo-
tients $\frac{dy}{a}$ feront auffi égaux entr'eux, d'où je tire $\frac{dx}{z} = \frac{dy}{a}$ par les
raifons apportées dans les propofitions précédentes, & par con-
féquent $dx = \frac{zdy}{a}$, & mettant cette valeur de dx dans $dx = dy - du$,
j'ai $\frac{zdy}{a} = dy - du$, donc $zdy = ady - adu$.

Or par l'hypotèfe les réfiftances font comme les quarrez des
viteffes, c'eft-à-dire les viteffes perdues Rn ou dx à la fin des
inftans Pp font comme les quarrez des viteffes reftantes NM,
ou PQ au commencement de ces inftans ; donc les réfiftances
font comme les u^2 ; or les z font comme les dx, & les dx comme
les u^2 ; donc les z font comme les u^2, ou comme les $\frac{u^2}{a}$, &
fuppofant les z égaux aux $\frac{u^2}{a}$, & mettant cette valeur dans
l'équation précédente, j'ai $ady - adu = \frac{u^2 dy}{a}$, ou $a^2 dy - u^2 dy$
$= a^2 du$, donc $dy = \frac{a^2 du}{a^2 - u^2}$, & c'eft l'équation de la courbe AQV,
des viteffes reftantes à la fin des AP.

Pour trouver la conftruction de cette courbe, je prens l'indéterminée t, & je fuppofe $u = \frac{at - a^2}{t + a}$, ce que je fais, parce qu'en

prenant d'une part la différence de cette équation & de l'autre l'élevant auquarré, puis mettant dans $dy = \frac{a^2 du}{a^2 - u^2}$ les valeurs de du & u^2, j'aurai une équation plus fimple, ainfi qu'on va voir par le calcul.

$$u = \frac{at - a^2}{t + a}$$

$$du = \frac{atdt + a^2 dt - atdt + a^2 dt}{\overline{b + a}^2}$$

$$du = \frac{2a^2 dt}{\overline{t + a}^2}$$

$$u^2 = \frac{a^2 tt - 2a^3 t + a^4}{\overline{t + a}^2}$$

$$a^2 - u^2 = a^2 - \frac{a^2 tt + 2a^3 t - a^4}{tt + 2at + aa}$$

$$a^2 - u^2 = \frac{a^2 tt + 2a^3 t + a^4 - a^2 tt + 2a^3 t - a^4}{tt + 2at + aa} = \frac{4a^3 t}{\overline{t + a}^2}$$

$$dy = \frac{a^2 du}{a^2 - u^2} = \frac{2a^4 dt}{4a^3 t} = \frac{\frac{1}{2} adt}{t}$$

Je

Je prens donc la différence de $u = \frac{at - a^2}{t + a}$ laquelle est $du = \frac{2a^2 dt}{\overline{t + a}^2}$.

Je prens de même le quarré de u, & j'ai $u^2 = \frac{a^2 tt - 2a^3 t + a^4}{\overline{t + a}^2}$, & substituant les valeurs de u & de u^2 dans $dy = \frac{a^2 du}{a^2 - u^2}$, j'ai $dy = \frac{\frac{1}{2} a dt}{t}$, d'où je tire $\frac{t dy}{dt} = \frac{a}{2}$ qui est l'expression de la soutangente d'une logarithmique dont $\frac{1}{2} a$ est l'unité.

Je décris donc une logarithmique KBE, dont EF $= \frac{1}{2} a$ est l'unité, l'asymptote est la droite ZF qui passe par le point B, ainsi OP $= t$, $uo = dt$, P$p = u$O $= dy$, & menant la tangente Og, les triangles semblables Ouo, Opg donnent uo, uO $::$ Op, pg, ou dt, $dg :: t$, $\frac{t dv}{u} = \frac{1}{2} a$; or puisque OP $= t$, si du point B je mene BT parallele à AZ, j'ai SO $=$ OP $-$ SP $= t - a$, & comme j'ai fait $u = \frac{at - a^2}{t + a}$ qui donne $t + a$, $t - a :: a$, u, il s'enfuit que si je prens une quatriéme proportionnelle aux trois grandeurs $t + a$, $t - a$, a, c'est-à-dire, à PO $+$ AB, OS & AB & que je la porte sur OP de P en Q cette quatriéme proportionnelle, PQ sera la vitesse restante à la fin du tems AP, & faisant la même chose à la fin de tous les AP, j'ai la courbe AQV des vitesses restantes.

C'est pourquoi prolongeant les OP, & faisant les PM égaux aux AP, puis prenant les PM égaux aux PQ, les PN seront les vitesses perdues à la fin des AP.

COROLLAIRE I.

452. *La vitesse restante* PQ *ne peut être égale* à AB *qu'après un tems infini.*

Puisque nous avons OP $+$ BA, OS $::$ BA, PQ, ou OS $+$ 2BA, OS $::$ BA, PQ ; donc quand on aura BA $=$ PQ, on aura aussi OS $+$ 2BA $=$ OS ; or cela ne sçauroit être à moins que 2BA ne devienne infiniment petit par rapport à OS, donc ce ne sera qu'à l'infini qu'on aura BA $=$ PQ ; car 2BA ne peut devenir infiniment petit par rapport à OS que lorsque OS devient infiniment grand.

Bbb

Corollaire II.

453. Il fuit du Corollaire précédent que BT eft l'afymptote de la courbe AQV, & que AB eft la plus grande viteffe que le corps puiffe acquerir, mais qu'il n'acquerra jamais, puifqu'il faudroit pour cela un tems infini.

Corollaire III.

454. *La difference de la viteffe reftante PQ à la plus grande viteffe AB eft à la viteffe reftante PQ comme le double de la plus grande viteffe AB eft à la portion OS de l'ordonnée de la logarithmique.*

Par le premier Corollaire, nous avons OS + 2BA, OS :: AB, PQ ; donc AB — PQ, PQ :: OS + 2BA — OS, OS, ou SQ, PQ :: 2BA, OS.

Corollaire IV.

455. *Si l'air ne réfiftoit point, le corps acquerroit à la fin d'un tems limité la plus grande viteffe qu'il n'acquiert qu'à l'infini lorfque l'air lui réfifte.*

La plus grande viteffe AB étant une grandeur finie, on peut trouver un tems AP qui l'exprime ; or dans le mouvement uniformement acceleré, les viteffes acquifes à la fin des tems, font comme les mêmes tems lorfque l'air ne réfifte pas ; donc fi l'air ne réfiftoit point, le corps acquerroit à la fin d'un tems fini AP une viteffe égale à AB.

Il faut dire la même chofe fi les réfiftances de l'air étoient comme les viteffes.

Corollaire V.

456. *Si l'air ne réfiftoit point, & que pendant le tems AP, le corps fe mût uniformement avec une viteffe égale à la viteffe PM acquife à la fin de ce tems, l'efpace qu'il parcourroit feroit à l'efpace parcouru à la fin du tems AP, lorfque l'air refifte, comme le rectangle APMC eft à la figure AQP.*

Les petits tems Pp étant infiniment petits, le mouvement pendant chacun de ces tems peut être pris pour uniforme, & par conféquent les efpaces parcourus pendant ces petits tems font entr'eux comme les produits des tems par les viteffes, c'eft-à-dire comme les *udy* ; donc les efpaces parcourus pendant les tems

AP font comme les $\int u dy$, mais $u dy$ est l'élement de l'aire AQP, donc $\int u dy$ est l'aire AQP; donc les espaces parcourus à la fin des tems AP font comme les aires AQP, lorsque l'air résiste; or lorsque l'air ne resiste pas, les rectangles APMC font comme les espaces que le corps parcourroit d'un mouvement uniforme avec les vitesses acquises à la fin des tems AP; donc, &c.

Il faut dire la même chose lorsque les résistances de l'air font comme les vitesses.

COROLLAIRE VI.

457. Si du point A pris pour centre & avec un rayon $=$ AB, on décrit le demi-cercle BDb, & que du point Q on mene QD parallele à AP, & du point D la droite DH parallele à AB, il est visible que l'arc Da sera le complement au quart de cercle de l'arc BD, que DH $=$ QP sera le sinus droit de ce complement, Bh le sinus verse de l'arc BD, & hb l'excès du diametre Bb sur le sinus verse Bh. Or je dis que l'espace parcouru à la fin du tems AP correspondant à la vitesse restante QP $=$ DH sera comme la différence des logarithmes du sinus verse Bh & de l'excès hb du diametre sur ce sinus verse.

Les espaces parcourus à la fin des tems Pp font comme les $u dy$ par le Corollaire précédent; or nous avons trouvé ($N.$ 451.) $dy = \frac{a^2\, du}{a^2 - u^2}$, donc les $u dy$ font comme les $\frac{a^2\, u du}{a^2 - u^2}$, ou comme les $\frac{u du}{a^2 - u^2}$; mais les $\frac{u du}{a^2 - u^2}$ font comme les $\frac{\frac{1}{2} a du + \frac{1}{2} u du}{a - u \times a + u}$ $-$ $\frac{\frac{1}{2} a du - \frac{1}{2} u du}{a - u \times a + u}$, ou comme les $\frac{\frac{1}{2} du}{a - u} - \frac{\frac{1}{2} du}{a + u}$; donc les $u dy$ font comme $\frac{a^2\, u du}{a^2 - u^2}$, ou comme $\frac{\frac{1}{2} a^2\, du}{a - u} - \frac{\frac{1}{2} a^2\, du}{a + u}$, ou comme les $\frac{\frac{1}{2} du}{a - u} - \frac{\frac{1}{2} du}{a + u}$, ou comme les $\frac{du}{a - u} - \frac{du}{a + u}$, c'est-à-dire les espaces à la fin des tems Pp font comme les $\frac{du}{a - u} - \frac{du}{a + u}$, & par conséquent les espaces parcourus à la fin des tems AP, c'est-à-dire les $\int u dy$ font comme les $\int \frac{du}{a - u} - \int \frac{du}{a + u}$.

Or par la construction DH $= h$A $=$ QP $= u$, donc B$h =$ AB $- h$A $= a - u$, & $hb = h$A $+$ A$b = a + u$; donc les $\int u dy$ font comme les $\int \frac{dh\text{A}}{\text{B}h} - \int \frac{dh\text{A}}{hb}$, c'est-à-dire, comme les différences des logarithmes de Bh, & de hb, ainsi que je vais le montrer.

Je décris une logarithmique ABC (*Fig.* 153.) dont la foutangente ou la grandeur prife pour l'unité eft $BD = a$. Je prens D pour l'origine des abfciffes que je nomme x, & dont les pofitives vont de D en F, & les négatives de D en E ; je prens l'ordonnée $FA = a + u$, & l'ordonnée $EC = a - u$; donc $Ff = AR = dx$, $Ra = du$, $Ee = - dx$, $Cr = + du$, je mene la tangente Ad, & les triangles femblables aRA, AFd, donnent Ra, $RA :: AF$, Fd ; donc du, $dx :: a + u$, $\frac{\overline{a+u} \times dx}{du} = Fd = a$, d'où je tire $dx = \frac{adu}{a+u} = \frac{du}{a+u}$, à caufe de $a = 1$; donc $x = \int \frac{du}{a+u}$; en agiffant de la même façon je trouve $DE = - x = \int \frac{du}{a-u}$, mais x eft le logarithme de $FA = a + u$, & $- x$ le logarithme de $CE = a - u$; donc $\int \frac{du}{a-u} - \int \frac{du}{a+u}$ eft la différence du logarithme de CE au logarithme de FA ; & par conféquent l'efpace parcouru à la fin du tems AP (*Fig.* 152.) eft comme la différence du logarithme de Bh au logarithme de hb.

COROLLAIRE VII.

458. *Les mêmes chofes étant pofées que dans le Corollaire précédent, les efpaces parcourus pendant les tems AP font comme les logarithmes des finus hD.*

Par la proprieté du cercle $\overline{AB}^2 - \overline{hA}^2 = \overline{hD}^2$, ainfi faifant $hD = t$, nous aurons $t^2 = a^2 - u^2$, & $2tdt = - 2udu$, & $- tdt = udu$, & mettant ces valeurs dans $\frac{a^2 udu}{a^2 - u^2} = udy$, nous aurons $udy = - \frac{a^2 tdt}{tt} = - \frac{a^2 dt}{t}$; donc les efpaces parcourus pendant les tems AP, c'eft-à-dire les $\int udy$ font comme les $\int - \frac{a^2 dt}{t}$, ou comme les $\int - \frac{dt}{t}$, & par conféquent comme les Logarithmes des t ou des finus hD, ce qu'on prouvera de même que dans le Corollaire précédent ; car fi l'on fuppofe l'ordonnée CE de la logarithmique (*Fig.* 153.) égale à t, la foutangente fera $- \frac{tdx}{dt} = a$, d'où l'on tire $dx = - \frac{adt}{t} = - \frac{dt}{t}$ en fuppofant $a = 1$.

Corollaire VIII.

459. Par le Corollaire VIe. les $\int u\,dy$ font comme les $\int \frac{du}{a-u}$ $-\int \frac{du}{a+u}$, c'eft-à-dire, comme la différence des logarithmes de $a-u$, $a+u$; or comme la fouftraction des logarithmes indique la divifion des grandeurs dont ils font les logarithmes, il s'enfuit que $\int \frac{du}{a-u} - \int \frac{du}{a+u} = -l, a-u - l, a+u = -l, \frac{a-u}{a+u}$, c'eft-à-dire, que les efpaces font comme les logarithmes des grandeurs $a-u$ divifées par les $a+u$, ou des Bh divifés par les hb.

Corollaire IX.

460. *Les mêmes chofes étant pofées, les tems* AP *font comme les différences des logarithmes de* hb *& de* hB, *ou comme les logarithmes des grandeurs* hb *divifées par les* Bh.

Nous avons trouvé (*N.* 451.) $dy = \frac{a^2 du}{a^2-u^2}$; or $\frac{a^2 du}{a^2-u^2}$ eft comme $\frac{\frac{1}{2}a^2 du + \frac{1}{2}u^2 du}{a-u \times a+u} + \frac{\frac{1}{2}a^2 du - \frac{1}{2}u^2 du}{a-u \times a+u}$, ou comme $\frac{\frac{1}{2}adu}{a-u} + \frac{\frac{1}{2}adu}{a+u}$, donc les dy font comme les $\frac{\frac{1}{2}adu}{a-u} + \frac{\frac{1}{2}adu}{a+u}$, ou comme les $\frac{du}{a-u} + \frac{du}{a+u}$; donc les y font comme les $\int \frac{du}{a-u} + \int \frac{du}{a+u}$; or par les deux Corollaires précédens $\int \frac{du}{a-u} = -l, \overline{a-u}$, & $\int \frac{du}{a+u} = l, \overline{a+u}$; donc les y font comme les $-l, \overline{a-u} + l, \overline{a+u}$, ou comme les $l, \overline{a+u} - l, \overline{a-u}$, ou enfin comme les $l, \frac{a+u}{a-u}$.

Corollaire X.

461. Les $a+u$ expriment les viteffes reftantes à la fin des tems AP augmentées de la grandeur AB, & les $a-u$ expriment les différences de AB & des viteffes reftantes ; donc les tems font comme les logarithmes des viteffes reftantes augmentées, divifées par les différences de la plus grande viteffe AB, & des viteffes reftantes.

Corollaire XI.

462. *Les augmentations du des viteffes reftantes à la fin des tems* Pp *font aux augmentations dy des viteffes que le corps acquerroit à*

la fin des mêmes tems ſi l'air ne réſiſtoit pas comme les quarrez de
AB moins les quarrez des viteſſes reſtantes u ſont aux quarrez $\overline{AB}^2$.

Nous avons trouvé (*N.* 451.) $a^2dy - u^2dy = a^2du$, d'où l'on
tire cette analogie $du, dy :: a^2 - u^2, a^2$, donc, &c.

C O R O L L A I R E XII.

463. *Si l'on décrit entre les aſymptotes AB, AC, (Fig. 154.)*
une hyperbole équilatere FMN dont la puiſſance AD, ou DF ſoit
égale à la plus grande viteſſe a que le corps peut acquerir, & qu'a-
près avoir décrit le quart de cercle AEF, on prenne les DH égaux
aux viteſſes reſtantes à la fin des tems. Je dis qu'élevant le ſinus
HE, & menant par E la droite RM, les eſpaces hyperboliques
FBRM ſeront les eſpaces parcourus à la fin des tems correſpondans
aux viteſſes reſtantes DH.

Nous avons $AB = AD = DF = ED = BF = a$, $DH = u$;
donc dans le triangle rectangle DEH qui donne $\overline{HE}^2 = \overline{DE}^2$
$- \overline{DH}^2$, nous avons $\overline{HE}^2 = a^2 - u^2$, & par conséquent $HE = RA$
$= \sqrt{a^2 - u^2}$; donc $BR = BA - RA = a - \sqrt{a^2 - u^2}$; & menant *rm* infiniment proche de RM, la différence de BR ſera
$\frac{udu}{\sqrt{a^2 - u^2}}$. Or par la proprieté de l'hyperbole, j'ai $AR \times RM$
$= \overline{AD}^2$, ou $RM \times \sqrt{a^2 - u^2} = a^2$; donc $RM = \frac{a^2}{\sqrt{a^2 - u^2}}$, donc
l'élement $Rr \times RM$ de l'aire RPFM, eſt $\frac{udu}{\sqrt{a^2 - u^2}} \times \frac{a^2}{\sqrt{a^2 - u^2}}$
$= \frac{a^2 udu}{a^2 - u^2}$, & l'aire eſt $\int \frac{a^2 udu}{a^2 - u^2}$; or les eſpaces parcourus à la
fin des tems correſpondans aux viteſſes reſtantes DH, ſont
comme les $\int \frac{a^2 udu}{a^2 - u^2}$ (*N.* 457.), donc ces eſpaces ſont comme
les aires hyperboliques RBFM.

Quand la viteſſe reſtante DH devient égale à DA, l'eſpace
hyperbolique BFRM devient infini, ce qui fait voir que le corps
ne peut avoir une viteſſe reſtante égale à $AD = a$ qu'à l'infini,
de même que nous l'avons trouvé ci-deſſus.

C O R O L L A I R E XIII.

464. *Si l'on prend les BR (Fig. 154.) troiſiemes proportionnelles*
à la plus grande viteſſe AD = a, & aux viteſſes que le corps auroit
acquiſes, ſi l'air ne réſiſtoit point, à la fin des tems correſpondans

aux viteffes reftantes DH *, les efpaces hyperboliques feront égaux aux efpaces parcourus à la fin des tems correfpondans aux viteffes reftantes.*

Par la fuppofition les BR font comme les $\frac{u^2}{a}$; donc les AR $=$ AB $-$ BR font comme les $a - \frac{u^2}{a}$, ou comme les $\frac{a^2 - u^2}{a}$, & les différences des BR font comme les $\frac{2u\,du}{a}$; or par la propriété de l'hyperbole AR $\times$ RM $= \overline{\text{AD}}^2$, ou $\frac{a^2 - u^2}{a} \times$ RM $= a^2$; donc RM $= \frac{a^3}{a^2 - u^2}$, & par conféquent l'élement MR*rm* de l'aire FBRM $= \frac{a^3}{a^2 - u^2} \times \frac{2u\,du}{a} = \frac{2a^2 u\,du}{a^2 - u^2}$; donc l'aire RM*rm* $= \int \frac{2a^2 u\,du}{a^2 - u^2}$, ainfi les efpaces hyperboliques FBRM font comme les $\int \frac{2a^2 u\,du}{a^2 - u^2}$, ou comme les $\int \frac{a^2 u\,du}{a^2 - u^2}$, c'eft-à-dire comme les efpaces parcourus à la fin des tems correfpondans aux viteffes reftantes DH par le Corollaire précédent.

CHAPITRE XIV.

Des Machines fimples.

DEFINITIONS.

465. ON appelle *Machine* tout ce qui fert à faciliter le mouvement, de façon qu'on y employe moins de force ou moins de tems qu'il ne faudroit fans ce fecours.

466. Entre les Machines, les unes font appellées *fimples*, & les autres *compofées*, parce que les fimples s'y trouvent combinées.

Les Machines fimples font au nombre de cinq, à fçavoir ; le *Levier*, la *Roue dans fon aiffieu*, la *Poulie*, la *Vis*, & le *Coin*.

Les Machines *compofées* font toutes les autres Machines dans lefquelles on combine deux ou plufieurs Machines fimples, & celles-ci peuvent être en nombre infini, car outre le grand nombre de celles qu'on a déja trouvées, les Sçavans en inventent tous les jours.

467. Le *Levier* eft tout bâton ou barre de fer qu'on regarde

comme une ligne droite inflexible fans pefanteur ; & qui a un point d'appuy autour duquel il peut tourner : par exemple, fi la droite AB (*Fig.* 155.) tourne autour du point immobile C, cette droite eft un levier.

Il y a trois fortes de Leviers, le Levier de *la premiere efpece*, le Levier de *la feconde efpece*, & le Levier de *la troifiéme efpece*.

Le Levier de la *premiere efpece* eft celui dont le point d'appuy C eft entre le poids ou le fardeau qui eft en B, & la puiffance A qui foutient ou qui enleve ce poids (*Fig.* 155.)

Le Levier de la *feconde efpece* eft celui dont le point d'appuy C (*Fig.* 156.) eft à l'une de fes extremités, & le poids B eft entre la puiffance A & le point C.

Enfin le Levier de la *troifiéme efpece* eft celui où la puiffance A eft placée entre le point d'appuy C & le poids B (*Fig.* 157.)

468. La *Roue dans fon aiffieu* eft une Roue ABCD (*Fig.* 158.) dont les rayons font enchaffés dans l'aiffieu EF, ce qui la diftingue des Roues des Carroffes & des autres voitures dont on a coutume de fe fervir, car dans celles-ci l'aiffieu n'eft pas attaché aux rayons.

469. La *Poulie* eft un cercle ABCD (*Fig.* 159.) qui tourne librement autour de fon aiffieu : on creufe fon épaiffeur autour de la circonférence, afin que la corde PBQ par le moyen de laquelle la puiffance P tire le corps Q ne puiffe tomber ni d'un côté ni de l'autre, fon aiffieu eft attaché à une piece de fer ou de bois, laquelle eft fufpendue à un point fixe R.

470. Si on entoure en façon de Spirale un cylindre GH (*Fig.* 160.) avec un prifme triangulaire ABCDE qu'il faut concevoir comme flexible, & dont le côté ABCE eft le côté qui s'applique fur la furface du cylindre, on aura un folide GH qu'on nomme *Vis*. Ce folide s'enchaffe dans un autre folide XZ qu'on creufe dans le milieu, & dans le creux duquel on fait une autre vis, de façon que les élévations de GH s'engrainent dans les enfoncemens de cette feconde vis, ce qui fait qu'en tournant la piece XZ, on peut la faire monter ou defcendre d'un bout à l'autre de HG ; & de même fi XZ eft immobile, & qu'on faffe tourner HG, la piece TV à laquelle tient HG s'approchera jufqu'à toucher XZ, ou s'en éloignera jufqu'à la diftance GH felon le fens qu'on fera tourner HG : on nomme communement la vis HG, *Vis mâle*, & la piece XZ, *Vis femelle*.

471. Le *Coin* eft un prifme triangulaire ABCDEF (*Fig.* 161.)

dont

dont la ligne EF s'appelle la *pointe*, & la surface ABCD, se
nomme la *tête*.

DU LEVIER.

PROPOSITION CXLVII.

472. *Si une puissance* A (Fig. 155. 156.) *soutient un poids* B
à l'aide d'un Levier de la premiere ou seconde espece, dont le point
C *est le point d'appuy, la puissance est au poids réciproquement
comme la distance* BC *du poids* B *au point d'appuy* C *est à la distance* AC *de la puissance* A *au même point, en supposant les directions de la puissance & du poids paralleles entr'elles.*

DEMONSTRATION.

En premier lieu, supposons que le Levier AB (*Fig.* 155.)
soit du premier genre, & qu'étant parallele à l'horison, la force
A tire ou éleve le levier avec une direction perpendiculaire, de
même que la pesanteur du poids B pousse le levier vers le centre
de la terre avec une direction perpendiculaire. La puissance A
ne peut faire décrire au point A l'arc AE, que le poids B ne
décrive l'arc BD ; ainsi les arcs AE, BD décrits en même tems,
marquent les vitesses de la puissance ou d'un poids égal à la
puissance A, & du poids B ; or à cause des angles égaux ACE,
BCD, les secteurs ACE, BCD, sont semblables, donc AC,
CB : : AE, BC ; ainsi les rayons AC, CB, étant entr'eux comme
les arcs AE, BD, peuvent exprimer les vitesses ; mais par la
supposition la force de la puissance A est égale à la force du
corps B, puisque l'un & l'autre se tiennent en équilibre, donc
les quantités de mouvement de ces deux forces sont égales, &
par conséquent $A \times AC = B \times BC$, d'où je tire A, B : : BC, AC.

Si le Levier est dans la position ED inclinée à l'horison, &
que la force A de même que le poids B ait une direction EH
perpendiculaire à l'horison, la puissance A n'agit pas plus sur
EC qu'elle n'agiroit sur HC perpendiculaire à sa direction, &
le poids B n'agit pas plus sur CD qu'il n'agiroit sur CO perpendiculaire à sa direction ; concevant donc que la puissance & le
poids soient transportés en H & O sur le levier horizontal HO,
la vitesse de A sera exprimée par le rayon HC, & la vitesse de B
par le rayon CO, mais à cause des triangles semblables ECH,
DCO, on a CH, CO : : CE, CD, donc CE, CD, peuvent expri-

mer les viteſſes de A & B, de même que CH, CO; puis donc que par la ſuppoſition les quantités de mouvement de A & B ſont égales, il s'enſuit que $A \times EC = B \times CD$, d'où l'on tire A, B :: CD, EC.

En ſecond lieu, ſi le Levier eſt de la ſeconde eſpece (*Fig. 156.*), la puiſſance A ne peut décrire l'arc AE que le poids B ne décrive l'arc BD, ainſi ces arcs marqueront les viteſſes de A & de B; or à cauſe de l'angle A commun aux deux ſecteurs AEC, BDC, on a AC, BC :: AE, BD, donc AC, BC, peuvent exprimer les viteſſes de A & B, mais par la ſuppoſition, les quantités de mouvement de A & B ſont égales; donc $A \times AC = B \times BC$, d'où l'on tire A, B :: BC, AC.

C O R O L L A I R E　I.

473. Dans le Levier de la premiere eſpece (*Fig. 155.*), ſi AC eſt plus grand que BC, c'eſt-à-dire, ſi le point d'appuy C eſt plus près de B que de A, la puiſſance A eſt moindre que le poids B, puiſque A, B :: BC, AC :: CD, EC, & dans le Levier de la ſeconde eſpece, la puiſſance A eſt toujours moindre que le poids B, d'où il ſuit que pour peu qu'on augmente la puiſſance dans l'un & l'autre levier, la puiſſance enlevera le poids, & que par conſéquent ces deux leviers ſervent à ſoutenir & enlever un poids avec une force moindre que celle qu'il faudroit employer ſans ce ſecours.

C O R O L L A I R E　II.

474. Dans le Levier de la troiſiéme eſpece (*Fig. 157.*) la puiſſance A qui ſoutient le poids B eſt toujours plus grande que ce poids B; car BC eſt toujours plus grand que AC, or $A \times AC = B \times BC$, & par conſéquent A, B :: BC, AC, donc A eſt plus grand que B, d'où il ſuit que le Levier ne peut être mis au nombre des Machines, puiſqu'il demande une force plus grande pour ſoutenir ou pour élever le corps B que l'on ne l'employeroit ſans ſon ſecours.

C O R O L L A I R E　III.

475. Si le Levier de la premiere eſpece AB (*Fig. 162.*) étant horizontal, la puiſſance A tiroit avec une direction AE qui ne fut pas perpendiculaire au levier ſur lequel la direction du poids B eſt alors perpendiculaire, on tireroit du centre C la droite CE perpendiculaire ſur la direction AE, & comme la puiſſance

A n'agit pas plus fur le levier AC qu'elle n'agiroit fur le levier EC , on regarderoit la puiffance A comme attachée à l'extremité E d'un levier recourbé ECB , & fi on trouvoit A, B :: CB, CE , on diroit que la puiffance foutiendroit le poids , car la puiffance A mife en E ne peut décrire l'arc EF que la puiffance B ne décrive l'arc BH ; ainfi les arcs EF , BH , exprimeront les viteffes de A & B ; or les angles EBF , BCH , feront égaux , car à caufe de l'inflexibilité du levier , les angles ECB , FCH , font égaux ; donc retranchant l'angle commun FCB , il refte ECF = BCH , ainfi les fecteurs ECF , BCH , étant femblables , on a EC , CB :: EF , BH , & par conféquent les rayons EC , CB , peuvent exprimer les viteffes de A & B ; mais par la fuppofition A , B :: CB , CE ; donc A × CE = B × CB , c'eft-à-dire les quantités de mouvement de A & B font égales , & par conféquent la puiffance A foutient le poids B ; d'où il fuit que fi le bras EC eft plus grand que CB , la puiffance A eft moindre que le poids B , & que pour peu qu'on augmente cette puiffance, elle enlevera le poids.

Corollaire IV.

476. Si le Levier AC (*Fig.* 163.) étoit incliné à l'horizon, & que la direction de la puiffance ne fut pas parallele à celle du poids, laquelle eft perpendiculaire, à l'horizon , on meneroit du centre C de mouvement la droite CE perpendiculaire fur la direction du poids B , & la droite CD perpendiculaire fur la direction de la puiffance A , & confiderant la puiffance & le poids comme étant mis aux extremités E , D , du levier recourbé ECD, on diroit que la puiffance foutient le poids , fi on trouvoit A , B :: CD , CE , ce qu'on démontrera comme ci-deffus.

Corollaire V.

477. De même fi dans un levier AC horizontal de la feconde efpece (*Fig.* 164.) la direction AE de la puiffance A n'étoit pas perpendiculaire fur le Levier , on meneroit du point C la droite CE perpendiculaire à cette direction , & confiderant la puiffance A comme attachée à l'extremité E du levier recourbé ECB , on diroit que la puiffance foutient le poids fi on trouvoit A , B :: BC, CE , ce qui fe démontre de même.

Corollaire VI.

478. Et fi le levier AC de la feconde efpece étant incliné à l'horizon (*Fig.* 165.) la direction AE de la puiffance n'étoit pas parallele à la direction du poids, on meneroit du centre C la droite CE perpendiculaire à la direction de la puiffance, & la droite CH perpendiculaire à la direction du poids B, & confiderant la puiffance & le poids comme attachés aux extremités E, H, du levier recourbé ECH, on diroit que la puiffance foutient le poids, fi on trouvoit A, B :: HC, CE.

Corollaire VII.

479. Des Corollaires précédens, il fuit qu'afin que la puiffance égale au poids foutienne ou enleve le poids, il faut que la puiffance foit attachée au plus long bras du levier, foit qu'il foit décrit ou recourbé.

REMARQUE.

480. Jufqu'ici nous avons confideré le levier comme n'ayant aucune pefanteur, mais comme cela eft faux dans la pratique, nous allons voir dans les Propofitions fuivantes de quelle maniere on doit corriger l'erreur qui proviendroit de cette fuppofition.

Proposition CXLVIII.

481. *Connoiffant la pefanteur d'un levier* AB *de la premiere efpece* (Fig. 166.), *la diftance de fon centre de gravité* Q *au point* C *qui eft le centre de mouvement, le poids* B, *la diftance* BC *de ce poids au point* C, *& la diftance* AC, *connoître la puiffance qui doit être mife en* A *pour foutenir les poids* B, *avec une direction parallele à la direction du poids* B.

Solution.

Je nomme G la pefanteur du levier que je confidere comme réunie en Q, & faifant cette analogie CB, CQ :: G, $\frac{G \times CQ}{CB}$, le quatriéme terme eft la partie du poids B que la pefanteur du levier peut foutenir ; c'eft pourquoi le refte du poids B que la puiffance A doit foûtenir eft B $-\frac{G \times CQ}{CB}$; je fais donc cette autre analogie AC, CB :: B $-\frac{G \times CQ}{CB}$, $\frac{CB \times B - G \times CQ}{AC}$, & ce quatriéme terme eſt égal à la puiſſance A que je cherche , ce qui eſt évident par les principes que nous avons établis.

Soit par exemple G $=$ 10 ℔ , B $=$ 300 ℔ , QC $=$ 2 , CB $=$ 1 & AC $=$ 5 ; la premiere analogie eſt donc 1 , 2 :: 10 , 20 $= \frac{G \times CQ}{CB}$, je retranche 20 de 300 & le reſte eſt 280 $=$ B $- \frac{G \times CQ}{CB}$, c'eſt pourquoi la ſeconde analogie eſt 5 , 1 :: 280 , $\frac{280}{5}$ $=$ 56 , ainſi la puiſſance A doit être comme un poids de 56 ℔.

<h3 style="text-align:center">C O R O L L A I R E   I.</h3>

482. Si la puiſſance A étoit connue , & qu'on demandât le poids B qu'elle peut ſoûtenir , on feroit comme ci-deſſus CB , CQ :: G , $\frac{G \times CQ}{CB}$, & le quatriéme terme feroit la partie du poids B cherché que la peſanteur du levier peut ſoûtenir ; enſuite on feroit cette autre analogie CB , CA :: A , $\frac{A \times CA}{CB}$, & le quatrié-me terme feroit le reſte du poids cherché ; c'eſt pourquoi ajoû-tant les deux quatriémes termes enſembles la ſomme $\frac{G \times CQ}{CB}$ $+ \frac{A \times CA}{CB}$ feroit le poids entier.

Soit par exemple A $=$ 56 ℔ , G $=$ 10 ℔ , QC $=$ 2 , CB $=$ 1 , & AC $=$ 5 , la premiere analogie eſt par conſéquent 1 , 2 :: 10 , 20 $= \frac{G \times CQ}{CB}$, & la ſeconde eſt 1 , 5 :: 56 , 280 $= \frac{A \times CA}{CB}$; ajoû-tant donc 20 à 280 , la ſomme 300 eſt la valeur du poids B.

Car ſi le levier n'avoit point de peſanteur , la puiſſance A ne pourroit ſoutenir que 280 ℔ ; or la peſanteur du levier étant du côté de A peut ſoutenir 20 ℔ , donc la puiſſance & la peſanteur agiſſant enſemble ſur le bras AC , peuvent ſoutenir 280 $+$ 20 ℔ , c'eſt-à-dire 300 ℔.

<h3 style="text-align:center">C O R O L L A I R E   II.</h3>

483. Si l'on connoiſſoit la puiſſance A , le poids B , le centre de gravité Q du levier , la longueur AB , & qu'on demandât le centre de gravité C commun à la puiſſance & aux poids , on ſup-poſeroit la peſanteur G réunie au point Q , puis on chercheroit le centre de gravité Z commun à la peſanteur & à la puiſſance A , on retrancheroit AZ de AB , & regardant la peſanteur & la puiſſance comme réunies au point Z , on couperoit ZB en Cer

C c c iij

deux parties ZC, CB reciproques au poids B , & à la somme
de la pesanteur & de la puissance , c'est-à-dire, on feroit ZC,
CB :: B, A $+$ G, ou ZC $+$ CB, CB :: B $+$ A $+$ G, A $+$ G.

Soit par exemple A $=$ 56 ℔, G $=$ 10 ℔, B $=$ 300, AB $=$ 6,
donc AQ $=$ 3 , car le levier étant homogene dans toutes ses parties , son centre de gravité le coupe en deux parties égales ; pour
trouver donc sur AQ le centre de gravité commun à la puissan-
ce & à la pesanteur, je dis 56 $+$ 10, ou 66, 10 :: 3, $\frac{30}{66} = \frac{5}{11}$
$=$ AZ , je retranche $\frac{5}{11}$ de 6 , & le reste est 6 $-$ $\frac{5}{11}$ $= \frac{66 - 5}{11}$
$= \frac{61}{11} =$ ZB ; je fais ensuite 300 $+$ 66, ou 366, 66 :: $\frac{61}{11}$, $\frac{4026}{4026}$
$-$ 1 $=$ CB ; ainsi faisant CB $=$ 1 , le point C est le point autour
duquel la puissance & le poids sont en équilibre.

PROPOSITION CXLIX.

484. *Connoissant la pesanteur d'un levier* AC *de la seconde espece*
(Fig. 167), *son centre de gravité* Q, *le poids* B, *la distance* BC *de
ce poids au point d'appui* C, *& la distance* AC *du point* A *où l'on
veut mettre la puissance, trouver la puissance* A *qui peut soutenir le
poids* B , *en supposant la direction de* A *parallele à celle de* B.

SOLUTION.

Je nomme G la pesanteur que je conçois réunie au point Q,
je cherche la puissance qui pourroit soutênir la pesanteur seule
G en faisant AC, QC :: G, $\frac{G \times QC}{AC}$, & le quatriéme terme est
la puissance qui soutiendroit G ; je fais abstraction de la pesanteur du levier, & je cherche la puissance qui peut soutenir B
en faisant AC, BC :: B, $\frac{B \times BC}{AC}$, & le quatriéme terme est la
puissance qui peut soutenir B ; j'ajoûte ensemble les deux quatrié-
mes termes & la somme $\frac{G \times QC}{AC} + \frac{B \times BC}{AC}$ est la puissance cherchée.

Soit AC $=$ 6, QC $=$ 3, BC $=$ 1 , B $=$ 300 ℔, G $=$ 10 ℔,
la premiere analogie est donc 6, 3 :: 10, $\frac{3 \times 10}{6} = 5 = \frac{G \times QC}{AC}$, &
la seconde est 6, 1 :: 300, $\frac{300}{6} = 50 = \frac{B \times BC}{AC}$, ajoûtant donc
ensemble 5 & 50, la somme 55 est la puissance qu'il faut mettre
en A pour soutenir le poids B , ce qui n'a pas besoin de demonstration.

COROLLAIRE.

485. Si la puiſſance A étoit connue & le poids B inconnu, on chercheroit la puiſſance $\frac{G \times QC}{AC}$ qui peut ſoutenir la peſanteur G, on retrancheroit cette puiſſance de la puiſſance A & le reſte ſeroit A $— \frac{G \times QC}{AC}$, après quoi on feroit BC, AC :: A $— \frac{G \times QC}{AC}$, A × AC — G × QC, & le quatriéme terme ſeroit le poids B cherché.

Soit AC $=$ 6, QC $=$ 3 , BC $=$ 1, G $=$ 10 ℔, & A $=$ 55 ; donc $\frac{G \times QC}{AC} = 5$, & par conſéquent A $— \frac{G \times QC}{AC} = 55 — 5 = 50$; donc la ſecond analogie eſt 1 , 6 :: 50 , 300 $=$ B.

PROPOSITION CL.

486. *Connoiſſant les bras* AC , CB *d'un levier recourbé* ACB *(Fig. 168.) la peſanteur du levier & la puiſſance qu'il faut mettre en* A , *connoître le poids* B *que cette puiſſance peut ſoutenir en ſuppoſant que la direction de la puiſſance eſt perpendiculaire au levier.*

SOLUTION.

Ce problême comprend deux cas que nous allons reſoudre ſéparement.

En premier lieu , ſi le bras AB eſt horizontal , la direction du poids B ſera auſſi perpendiculaire , ainſi les bras AC , BC exprimeront les viteſſes de A & de B , cela poſé ; je coupe les deux bras chacun en deux parties égales aux points E , F , dans leſquels je conçois que leur peſanteur ſont réunies , & comme nous ſuppoſons que les bras AC , CB ſont d'une égale épaiſſeur par tout & d'une matiere homogene , leurs longueurs AC , CB exprimeront leurs peſanteurs ; ainſi menant la droite EF je la coupe en O , enſorte que EO , OF :: CB , AC , & par conſéquent le point O eſt le centre commun de gravité des bras AC , CB , c'eſtà-dire du levier ACB ; je conçois que la peſanteur du levier ſoit réunie en O ; & comme ſa direction eſt perpendiculaire à l'horiſon , j'abaiſſe du point O la perpendiculaire OH ſur BC , & cette perpendiculaire tombe , ou entre B & C , ou ſur BC prolongé du côté de C , ou ſur BC prolongé du côté de B , ce qui fait encore trois cas.

Suppofons donc que OH tombe fur BC prolongé du côté de C, il eft vifible que la pefanteur G du levier n'agit fur le bras AC que comme elle agiroit fur HC, ainfi je cherche la diftance HC, ce qui peut fe trouver aifément, parce que dans le triangle ECF, les côtés EC, CF font connus de même que l'angle compris ECF, & par conféquent le côté EF eft connu de même que fes fegmens EO, OF, qui font entr'eux comme CB eft à CA par la conftruction, d'autre part dans le triangle rectangle HOF l'hypotèneufe OF eft connue, & l'angle aigu OFH qui lui eft commun avec le triangle ECF, ainfi les trois angles de ce triangle rectangle étant connus, on peut connoître aifément le côté HF, duquel retranchant CF, qui eft connu, on a la diftance cherchée HC; je multiplie donc G par HC & le produit $G \times HC$ eft le moment de G par rapport à C, foit que G foit fur HC ou fur PC, c'eft-à-dire, foit qu'il foit en H ou en P; je prens le moment $A \times AC$ de la puiffance A par rapport à C, & ajoûtant ce moment au moment de G, la fomme $G \times HC + A \times AC$ eft le moment total de la puiffance & de la pefanteur. Or afin que B contrebalance ce moment, il faut qu'il ait un moment égal à $G \times HC + A \times AC$, divifant donc par la diftance CB, le quotient $\frac{G \times HC + A \times AC}{CB}$ fera la valeur cherchée du poids B, car en multipliant cette valeur par CB, le produit fera le moment de B & ce moment fera le même que celui de $A + G$.

Si la perpendiculaire OH tombe entre C & B (*Fig.* 168), la pefanteur G fera en H, & par conféquent la puiffance A doit foutenir non-feulement le poids B, mais encore la pefanteur, c'eft pourquoi on cherchera le moment $G \times CH$ de la pefanteur, & le retranchant du moment $A \times AC$ de la puiffance A, le refte $A \times AC - G \times CH$ fera le moment que le poids B doit avoir afin qu'il y ait équilibre, car ajoûtant à ce moment celui de la pefanteur, on a $A \times AC - G \times CH + G \times CH = A \times AC$, c'eft-à-dire, le moment total de B & de G égal au moment de A; divifant donc le moment $A \times AC - G \times CH$ du poids B par fa diftance CB, le quotient $\frac{A \times AC - G \times CH}{CB}$ fera le poids cherché B.

Et ce feroit la même chofe fi la droite OH tomboit fur CB prolongé du côté de B (*Fig.* 169).

En fecond lieu, fi le bras CB du levier ACB (*Fig.* 170,) n'étoit pas horizontal, auquel cas la direction du poids B ne feroit pas perpendiculaire fur ce bras; on tireroit du point C la droite

CD

CD perpendiculaire fur cette direction, & le poids B agiroit fur
CD de même que fur CB ; c'eft pourquoi confidérant le poids
comme étant mis en D, il feroit facile de trouver la valeur de
ce poids en faifant CD, AC :: A, $\frac{A \times AC}{CD} = B$, fi le levier étoit
fans pefanteur.

Maintenant pour corriger l'erreur que la pefanteur négligée
peut caufer ; je cherche le centre de gravité O, commun aux
deux bras, & du point O j'abaiffe OH perpendiculaire fur DC,
& le point H tombe ou entre C & D ou fur DC prolongé du
côté de C, ou fur CD prolongé du côté de D, ce qui fait encore trois cas dans lefquels toute la difficulté confifte à trouver
la diftance HC.

Suppofons donc que H tombe fur DC prolongé du côté de
C, le triangle ECF peut fe connoître de même que les fegmens
EO, OF de la droite OF, ainfi qu'il a été dit ci-deffus. L'angle d'inclinaifon ACH étant connu, l'angle CPH eft auffi connu,
puifqu'à caufe du triangle rectangle CPH, il eft le complement
à l'angle droit de l'angle PCH ; donc dans le triangle EPO l'angle EPO oppofé au fommet à l'angle CPH eft connu, or l'angle
PEO commun au triangle PEO & au triangle CEF eft auffi connu à caufe du triangle CEF qui eft connu, donc le troifiéme angle EOP eft auffi connu, or le côté EO eft connu, donc on
peut connoître aifément le côté EP, & ce côté étant retranché
de la droite EC connue, on connoîtra le refte PC ou l'hypotèneufe du triangle rectangle CPH ; or les trois angles de ce triangle font connus, donc le côté HC fera auffi connu. Prenant
donc le moment G × HC de la pefanteur par rapport à C, & le
moment A × AC de la puiffance par rapport à C, la fomme G
× HC + A × AC fera le moment que le poids B mis en B ou en
D doit avoir ; divifant donc ce moment par fa diftance DC le
quotient $\frac{G \times HC + A \times AC}{DC}$ fera le poids cherché.

Si le point H (*Fig.* 171.) tombe entre C & D, on connoîtra le
triangle CEF, le côté EF, & les fegmens EO, OF comme ci-
deffus ; donc l'angle CEP, & l'angle ACD d'inclinaifon étant
connus de même que le côté CE du triangle ECP, le côté
CP fera auffi connu. Je retranche de l'angle connu ACB l'angle ACP & le refte eft l'angle PCF, or les côtés PC, FC qui
comprennent cet angle font connus, donc le côté FP eft auffi

D d d

connu, & retranchant FP du segment FO, le reste sera l'hypoténuse connue OP du triangle rectangle OPH; mais à cause du triangle connu PCF l'angle aigu OPH égal à l'angle CPF est connu, donc on connoîtra aisément le côté PH, & ce côté étant ajoûté à PC, la somme sera la distance CH; ainsi prenant le moment $G \times HC$ de la pesanteur, & retranchant ce moment du moment $A \times AC$ de la puissance, le reste $A \times AC - G \times CH$ sera le moment du poids cherché B par les raisons données ci-dessus, donc $\dfrac{A \times AC - G \times CH}{CD}$ sera le poids cherché B.

Et ce seroit la même chose si le point H tomboit sur CD prolongé du côté de D (*Fig.* 172).

REMARQUE.

487. Dans les trois dernieres Propositions je n'ai parlé que des cas où la direction de la puissance est perpendiculaire au levier, parce qu'il est aisé de reduire tous les autres à ceux-ci.

Par exemple, si le levier étoit de la premiere espece, & que la direction AF de la puissance A (*Fig.* 173.) fût oblique sur AC, on meneroit du point C la droite CE perpendiculaire sur cette direction, & l'on prendroit EC pour la vitesse de A, après quoi on acheveroit le reste comme il a été dit, & ainsi des autres.

PROPOSITION CLI.

488. *Construire la Balance Romaine.*

SOLUTION.

Prenez un levier AC de bois ou de fer (*Fig.* 174.) qui soit d'une égale épaisseur dans toute sa longueur, marquez-y un point C pris à discretion, au-dessus duquel vous attacherez perpendiculairement une languette ou lame de fer EF qui passe dans le fleau CD; à l'extrémité A attachez un crochet AR duquel pende un poids P qui soit en équilibre avec le bras CB, ce que vous connoîtrez, si en suspendant le levier par le crochet S, & la languette ne sortant ni d'un côté ni d'autre hors du fleau, le poids P & le bras CB se contrebalencent; prenez deux poids T, Q, chacun d'une livre, & attachant le premier au poids P, ou à un crochet attaché à ce poids, ou au crochet R, mettez l'autre sur le bras CB à une distance C, égale à la distance CA; il est visible que le poids Q sera en équilibre avec le poids T, & que par

conséquent la balance restera dans la situation horizontale : divi-
sez le reste 1 B du bras CB en parties 12, 23, 34, 56, &c. égales entr'elles & à la partie C1 , & la balance sera faite ; car il est
clair que si au lieu du poids T d'une livre on en met un de deux,
& qu'on suspende le poids Q au point 2 , le poids Q & le poids
de deux livres seront en équilibre ; de même si au lieu du poids T
on en met un de trois livres , & qu'on avance le poids Q au point
3 , les deux poids seront en équilibre , & ainsi des autres.

L'usage de cette balance est d'attacher le poids ou le fardeau
qu'on veut peser au poids P , & de faire glisser le poids Q d'une
livre le long du bras CB , jusqu'à ce qu'il se trouve en équilibre
avec le fardeau qu'on veut peser. Supposé donc que lorsque le
poids Q est au point 5 , il y ait équilibre, on dira que le fardeau
ou poids attaché en P pese cinq livres , & ainsi des autres.

REMARQUE.

489. La maniere dont nous venons de construire la balance
Romaine , seroit fort exacte , si la matiere dont le levier est composé étoit toujours homogene dans toutes ses parties , mais comme il est rare que cela arrive , il vaut mieux faire glisser le poids
Q le long de CB , & marquer successivement les points où ce
poids se trouve en équilibre avec un poids d'une livre , un de deux
livres , un de trois livres , &c.

Au reste, quoique cette balance soit fort commode , sur tout
lorsqu'il s'agit de peser de grands fardeaux , cependant comme
les Ouvriers peuvent aisément en faire qui ne soient pas justes ,
il vaut mieux se servir de la balance ordinaire dont nous allons
parler dans les Propositions suivantes.

PROPOSITION CLII.

490. *Si une balance* AB *(Fig. 175.) ayant sa languette* RC *élevée
perpendiculairement en dessus sur son milieu* R *, à son centre de mouvement* C *sur* RC *hors de* AB *, & qu'ayant attaché à ses extrémités*
A *,* B *deux poids égaux* P *,* Q *, on la mette dans une situation horizontale , elle restera en repos ; mais si on l'incline d'un côté ou d'autre
elle sera en mouvement jusqu'à ce qu'elle ait repris sa situation horizontale.*

DEMONSTRATION.

En premier lieu , si la balance est horizontale les directions des poids P, Q feront perpendiculaires fur AB, & par conféquent les bras AR, RB exprimeront leurs viteffes; or ces bras font égaux entr'eux de même que les poids par la fuppofition, donc les momens des poids P, Q feront égaux, & par conféquent il y aura équilibre, & la balance reftera en repos.

En fecond lieu, fi l'on incline la balance & qu'on lui donne, par exemple, la pofition *ab*, le point R décrira l'arc R*r*, & par conféquent montera plus haut qu'il n'étoit, donc le centre commun de gravité fe trouvera plus haut lorfque la balance fera inclinée que lorfqu'elle étoit horizontale; or le centre de gravité de deux corps defcend autant qu'il peut lorfqu'il n'en eft point empêché, parce que la pefanteur fait defcendre les corps lorfqu'elle ne trouve point d'obftacle, & que cette pefanteur fe réunit au centre de gravité *r*, donc fi on abandonne la balance dans la pofition a*r*, le point *r* defcendra & la balance auffi, & après quelques vibrations que la viteffe acquife lui fera faire, la balance fe remettra enfin dans la fituation horizontale AB.

PROPOSITION CLIII.

491. *Si une balance* AB (Fig. 176.) *ayant fa languette attachée perpendiculairement & en deffous à fon centre de mouvement en un point* C *de la languette hors de* AB, & *qu'ayant attaché à fes extrémités deux poids égaux* P, Q *on vienne à l'incliner, elle defcendra jufqu'à ce qu'elle ait pris une pofition* EF *parallele à la premiere.*

DEMONSTRATION.

Si la balance eft mife dans une fituation horizontale, il eft clair que les poids étant égaux de même que les deux bras AR, RB, il doit y avoir équilibre, & que la balance doit être en repos, à caufe que le centre de mouvement C fe trouvant dans la direction du centre de gravité R empêche ce centre de defcendre; mais fi on incline la balance & qu'on lui donne, par exemple, la pofition *ab*, cela ne peut fe faire que le centre de gravité R ne décrive l'arc R*r*, & comme alors rien ne l'empêche plus de defcendre, à caufe que le point C n'eft plus dans fa direction, il eft conftant que ce centre de gravité defcendra jufqu'à ce que la balance foit parvenue dans la pofition EF, & alors par la Propofition précédente, fa viteffe acquife lui fera faire quelques vibrations après lefquelles elle reftera dans la pofition EF.

Proposition. CLIV.

492. *Si le centre C de mouvement d'une balance AC (Fig. 177.) est dans le milieu de AB, & qu'ayant attaché aux deux extrémités A, B deux poids égaux P, Q, on mette la balance dans telle position que l'on voudra elle restera toujours en repos.*

Demonstration.

Si la balance est dans une position horizontale la chose est évidente, car les poids étant égaux, & les vitesses étant exprimées par les bras AC, CB perpendiculaires à leurs directions, il est clair que leurs momens seront égaux, & que par conséquent il y aura équilibre.

Mais si la balance est dans une position *ab* inclinée à l'horizon, du centre C je tire la droite RS perpendiculaire sur la direction du poids P, & cette droite est aussi perpendiculaire sur la direction du poids Q, à cause que les directions de P & Q sont parralleles, ainsi ces poids agiront sur les bras *a*C, C*b* de même qu'ils agiroient sur les bras RC, CS; or à cause des triangles semblables *a*RC, *b*CS, on a RC, CS :: *a*C, C*b*, donc RC = CS, à cause de *a*C = C*b*; mais supposant que les poids égaux *p*, *q* soient mis en R & S, leurs vitesses seront exprimées par RC, CS, & seront par conséquent égales, donc leurs momens seront égaux & il y aura équilibre, donc puisque ces poids remis en *a* & *b* agissent sur *a*C, C*b* de même que sur RC, CS, il s'ensuit qu'ils seront en équilibre, & que par conséquent la balance sera en repos.

Proposition CLV.

493. *Construire une balance ordinaire.*

Solution.

Prenez une verge de bois ou de fer également épaisse dans toute sa longueur (*Fig.* 178); divisez-là en deux parties égales au point C où vous attacherez le fleau & la languette; mettez aux extrémités A, B deux crochets ou deux bassins d'égale pesanteur, & la balance sera construite.

Si cette balance est mise dans une situation horizontale ou dans telle autre qu'on voudra, il est évident que les deux bassins étant d'égale pesanteur, & les bras AC, CB étant égaux, la balance fera toujours en repos ; c'eſt pourquoi ſi on met dans les baſſins des poids d'égale peſanteur , l'équilibre ſubſiſtera , & ſi on en met d'inégaux , l'équilibre ne ſubſiſtera plus.

Pour faire uſage de cette balance on a pluſieurs poids de fer ou de plomb de demi-livre , d'une livre , de deux , de trois , &c. & mettant dans un des baſſins la marchandiſe qu'on veut peſer , on met dans l'autre l'un de ces poids juſqu'à ce qu'on en trouve un qui faſſe équilibre ; & alors on dit que la marchandiſe peſe une livre , ou deux , ou trois , &c. ou une once , deux onces , &c. ſelon qu'elle fait équilibre avec quelqu'un de ces poids.

COROLLAIRE I.

494. Si l'un des bras eſt plus long que l'autre , la balance eſt trompeuſe ; car les baſſins étant égaux , il eſt clair que celui qui ſera à l'extrémité du plus long côté l'emportera toujours ſur l'autre , & que par conſéquent ſi l'on met dans l'autre , par exemple , un poids de quatre livres , ce poids pourra faire équilibre avec de la marchandiſe qui ne peſera pas les quatre livres ; or pour voir ſi l'on eſt trompé dans ces occaſions , il n'y a qu'à tranſporter la marchandiſe dans le baſſin du poids , & le poids dans le baſſin de la marchandiſe , & ſi l'équilibre ne ſubſiſte plus , on ſera ſûr que la balance eſt trompeuſe.

COROLLAIRE II.

495. Une marchandiſe étant peſée dans une balance trompeuſe , on peut trouver le véritable poids de cette marchandiſe en cette ſorte.

Je mets dans le baſſin M la marchandiſe que je veux peſer , & cherchant un poids , lequel étant mis dans l'autre baſſin N faſſe équilibre avec la marchandiſe , je mets ce poids à part ; je tranſporte la marchandiſe dans l'autre baſſin N , & comme le poids que j'avois mis dans ce baſſin étant tranſporté dans le baſſin M ne fait plus équilibre ; puiſqu'on ſuppoſe la balance fauſſe , je cherche un autre poids , lequel étant mis en M ſoit en équilibre avec la marchandiſe en N ; je multiplie le poids qui a fait équilibre en N par le poids qui a fait équilibre en M , & la racine quarrée du produit eſt le véritable poids de la marchandiſe.

Car quand la marchandiſe eſt en M on a AC eſt à BC comme le poids en N eſt à la marchandiſe ; & quand la marchandiſe eſt en N on a AC eſt à BC comme la marchandiſe eſt au poids en

M ; donc puifque dans ces deux proportions les deux premieres raifons font les mêmes, les deux fecondes raifons font égales, c'eft-à-dire le poids en N eft à la marchandife comme la marchandife eft au poids en M ; ainfi la marchandife eft moyenne proportionnelle entre le poids en N & le poids en M ; donc multipliant ces deux poids, & tirant la racine quarrée on a le véritable poids de la marchandife.

Soit le poids en M $=$ 10 ℔, & le poids en N $=$ 9, le produit de l'un par l'autre eft 90, dont la racine quarrée qui eft environ 9 $\frac{48}{100}$ eft le véritable poids de la marchandife.

COROLLAIRE III.

496. Le véritable poids de la marchandife étant trouvé, il eft facile de connoître la raifon des deux bras AC, CB ; car mettant la marchandife en M, on a le poids en N, eft à la marchandife en M comme AC eft à CB ; or le poids en N eft 9 & la marchandife 9 $\frac{48}{100}$, donc AC eft à CB comme 9 eft à 9 $\frac{48}{100}$, ou comme 900 à 948.

COROLLAIRE IV.

497. La raifon des bras AC, CB étant connue, on connoîtra aifément de combien l'un des bras excede l'autre ; par exemple, AC eft à CB comme 900 à 948, donc fi l'on divife le joug entier AB de la balance en 1848 parties égales, le bras CB en aura 48 d'excès.

COROLLAIRE V.

498. Connoiffant la raifon des bras, on peut connoître l'erreur commife en pefant une telle quantité de marchandife que l'on voudra ; par exemple, AC eft à CB comme 900 à 948, ou 225 à 237 ; fi donc on met en M une quantité de marchandife qu'on ait trouvé pefer 100 ℔ en fe fervant du moyen indiqué dans le fecond Corollaire, on n'a qu'à faire cette analogie 237, 225 : : 100, 95, & le dernier terme marque que la marchandife ne peferoit qu'environ 95 ℔ fi la balance étoit jufte ; or elle pefe 100 ℔, donc la balance trompe de 5 ℔ ou environ fur 100 ℔.

REMARQUE.

499. Dans les balances ordinaires on met le centre de mouvement un peu au-deffus du joug AB, afin que lorfque les poids

font en équilibre, la balance fe remette toujours dans la fituation horizontale au cas qu'on vienne à la pancher felon ce qui a
été dit (*N.* 490).

DE LA ROUE DANS SON AISSIEU.

Proposition CLVI.

500. *Si une puiffance a* (Fig. 179.) *foutient un poids* P *par le
moyen d'un aiffieu dans fa Roue, & que la direction de la puiffance
foit tangente du cercle* ADN, *la puiffance eft au poids comme le
rayon* BC *de l'aiffieu ou treuil eft au rayon* AB *de la Roue.*

La figure 179. ne reprefente que le profil de la machine ;
mais il faut concevoir que l'axe ou treüil eft faillant comme dans
la figure 158. & que le poids eft attaché à la circonférence de
cet axe, en forte que quand la roue tourne, la corde s'entortille autour de l'axe, & le poids monte ; cela pofé.

Demonstration.

Suppofons d'abord que la direction de la puiffance *a*, & celle
du poids P foient perpendiculaires à la droite AC parallele à
l'horizon ; le centre de mouvement étant en B, la viteffe de
la puiffance A fera exprimée par le rayon AB, & la viteffe du
poids P par le rayon BC, donc le moment de *a* fera *a* × AB, &
celui de P fera P × BC ; or par la fuppofition ces deux momens
font égaux, donc on aura *a* × AB = P × BC, & par conféquent
a, P :: BC, AB.

Maintenant fuppofons que la puiffance foit appliquée en D,
la direction de cette puiffance fera perpendiculaire au rayon BD,
puifqu'elle eft tangente au point D, & la direction de P fera perpendiculaire au rayon BC qui eft horizontal ; confiderant donc
DBC comme un levier recourbé, la viteffe de *a* fera exprimée
par DB, & la viteffe de P par BC ; donc on aura *a*×DB = P×BC
par la fuppofition, & par conféquent *a*, P :: BC, AB.

Corollaire I.

501. *Si dans tous les points de la roue, la puiffance tire avec des
directions paralleles à la direction* CP *du poids, la puiffance felon cette
direction parallele fera à elle-même felon la direction perpendiculaire
au rayon de la roue comme le finus de complement de l'angle d'incli-*
naifon

naison DBA *fait par le rayon auquel la puissance est attachée, & le* *rayon* BA *horizontal est au sinus droit ou rayon total.*

Quand la puissance appliquée en D tire selon la direction DR parallele à PC, elle n'agit sur le bras DB du levier DBC, que comme elle agiroit sur le bras RB du levier RC perpendiculaire à sa direction ; ainsi sa vitesse est exprimée par RB, & son moment ou la force qu'elle employe est $a \times$ RB ; mais quand la direction de cette même puissance est tangente, & par conséquent perpendiculaire à DB, sa vitesse est exprimée par DB, & son moment ou sa force est $a \times$ DB ; ainsi la force qu'elle employe selon la direction DR est à la force qu'elle employe selon la direction perpendiculaire à DB comme $a \times$ RB est à $a \times$ DB, ou comme RB est à DB ; or si dans le triangle rectangle RDB, on prend pour sinus total le rayon DB, le côté RB sera le sinus de l'angle RDB qui est le complement de l'angle DBR d'inclinaison ; donc la force que la puissance employe selon la direction DR, est à celle qu'elle employe selon la direction perpendiculaire à DB, comme le sinus de complement RB de l'angle d'inclinaison DBA est au sinus total.

COROLLAIRE II.

502. Si l'on nomme l'angle RDB *angle de direction*, on dira que la force employée par la puissance A avec une direction oblique RD est à la force qu'elle employe avec une direction perpendiculaire, comme le sinus de l'angle de direction est au sinus droit.

Et ceci doit s'entendre non-seulement quand l'angle de direction est aigu, mais encore quand il est obtus ; car supposons que la puissance tire selon la direction DV qui fait avec le rayon DB l'angle obtus VDB, je mene du centre B la droite BT perpendiculaire à cette direction, & par conséquent la puissance n'agit pas plus sur DB, qu'elle n'agiroit sur le bras TB du levier recourbé TBC, ainsi son moment est $a \times$ TB ; or son moment selon la direction perpendiculaire à DB, est $a \times$ DB, donc ces deux momens sont comme $a \times$ TB, $a \times$ DB, ou comme TB, DB ; prenant donc dans le triangle rectangle DTB l'hypothenuse DB pour rayon total, le côté TB sera le sinus de l'angle BDT, & par conséquent le sinus de l'angle de direction BDV qui est le complement à deux droits de l'angle BDT ; donc la force que la puissance employe selon la direction VD est à celle qu'elle employe selon

E e e

la direction perpendiculaire à DB, comme le sinus de l'angle de direction TDB est au sinus total.

Corollaire III.

503. Quand l'angle de direction RDB est aigu, plus cet angle devient petit, plus aussi le sinus RB est moindre par rapport au sinus total DC ou AC, & jamais aucun de ces sinus RB n'est égal au total excepté le cas, où l'angle RDB devient droit; donc la puissance n'employe jamais plus de force que lorsque l'angle de direction est droit, c'est-à-dire, lorsque la direction est perpendiculaire au rayon.

De même, quand l'angle de direction VDB est obtus, plus cet angle devient grand, & plus l'angle de complement BDT devient moindre; donc le sinus de cet angle ou de l'angle VDB devient aussi moindre par rapport au sinus total, & jamais ce sinus ne devient égal au sinus total, excepté le cas où l'angle VDB devient droit; donc jamais la puissance A n'employe tant de force que lorsque l'angle VDB, c'est-à-dire lorsque sa direction est perpendiculaire au rayon.

Corollaire IV.

504. *Avec quelque direction que la puissance A tire la roue, les forces qu'elle employe selon ces différentes directions, sont entr'elles comme les distances des directions au centre du mouvement B.*

Quand la direction de A est perpendiculaire à DB, la distance de la direction au point B est DB, la vitesse est DB & le moment ou la force est $a \times$ DB; quand la direction DR est oblique & fait un angle aigu, la distance de cette direction au centre B est RB, & le moment ou la force est $a \times$ RB; enfin quand la direction VD fait un angle obtus, la distance de cette direction au centre B est TB, & le moment ou la force est $a \times$ TB; donc ces trois différentes forces sont comme $a \times$ DB, $a \times$ RB, $a \times$ TB, ou comme DB, RB, TB, donc, &c.

Corollaire V.

505. Quand la puissance a toujours perpendiculaire au rayon aura fait faire une révolution au cercle ADN, la corde qui soutient le poids se sera entortillée autour du treuil, de façon que le poids P aura parcouru un espace égal à la circonférence de ce treuil, & par conséquent moindre que l'espace parcouru par la puissance ou que la circonférence ADNA; ainsi plus la circonférence

ADNA fera grande par rapport à la circonférence du treüil, moins auffi l'efpace parcouru par le poids fera grand par rapport à l'efpace décrit par la puiffance, d'où il fuit que fi cette machine augmente la force, elle diminue le mouvement du poids, & que par conféquent elle fait perdre du tems.

On doit dire la même chofe des leviers de la premiere & feconde efpece.

COROLLAIRE. VI.

506. Connoiffant le poids P qu'on veut appliquer au treuil, on connoîtra donc la puiffance a qu'il faut lui appliquer avec une direction perpendiculaire pour foutenir ce poids en faifant

$$AB, BC :: P, \frac{P \times BC}{AB} = a.$$

Et de même, fi la puiffance a étoit connue, on connoîtroit le poids P qu'elle peut foutenir, en faifant BC, AB :: a,

$$\frac{a \times AB}{BC} = P.$$

REMARQUE.

507. Quand le poids eft extremement grand, la puiffance a demande auffi une diftance AB extrememement grande, & par conféquent il faudroit alors faire une roue prodigieufe; or pour obvier à cet inconvenient, on fe fert de plufieurs roues dentées dont nous allons parler.

DES ROUES DENTÉES.

508. Les Roues *dentées* ne different de la roue dans fon aiffieu, qu'en ce que leur circonférence eft faite à dents (*Fig.* 180.), on en met ordinairement plufieurs enfemble comme on voit ici; tandis que la premiere raye tourne de B vers A, les dents de fon aiffieu C font tourner la feconde roue de F vers E, & les dents de l'aiffieu G de cette feconde roue, font tourner la troifiéme de L vers I; or fi celle-ci eft la derniere, fon aiffieu n'a point de dents, parce que c'eft à cet aiffieu qu'on attache le poids P, lequel monte à mefure que fa corde s'entortille autour de l'aiffieu.

PROPOSITION CLVII.

509. *Si une puiffance dont la direction eft perpendiculaire au rayon foutient un poids par le moyen de plufieurs roues dentées, la puiffance eft au poids en raifon compofée des rayons des aiffieux & des rayons*

des roues; c'est-à-dire, comme le produit des rayons des aissieux au produit des rayons des roues (Fig. 180.)

Demonstration.

Supposons d'abord qu'il n'y ait que la roue IL, & que la puissance soit appliquée perpendiculairement au rayon IO selon la direction, le poids P sera à la puissance comme le rayon IO est au rayon OR; donc IO, OR :: P, $\frac{P \times OR}{IO}$, & ce quatriéme terme sera la force de la puissance en I. Supposons une seconde roue par le moyen de laquelle la puissance mise en F selon la direction Ff suppléée à la force de la puissance en I, il est visible qu'en ôtant la puissance mise en I, l'aissieu G de cette seconde roue fera le même effet que cette puissance, & par conséquent la puissance mise en F contrebalançant cette force par la supposition, on aura FG, GI :: $\frac{P \times OR}{IO}$, $\frac{P \times OR \times GI}{IO \times FG}$, & ce quatriéme terme sera la force que la puissance mise en F fera pour tenir l'équilibre. Mettons une troisiéme roue par le moyen de laquelle la puissance mise en A selon la direction Aa suppléée à la force de la puissance mise en F, il est encore évident que cette puissance en A faisant équilibre, on aura AC, CF :: $\frac{P \times OR \times GI}{IO \times FG}$, $\frac{P \times OR \times GI \times CF}{IO \times FG \times AC}$, & ce quatriéme terme sera la puissance mise en A ; ainsi cette puissance est au poids P qu'elle soutient par le moyen des trois roues comme $\frac{P \times OR \times GI \times CF}{IO \times FG \times AC}$ est à P, ou comme $P \times OR \times GI \times CF$ est à $P \times IO \times FG \times AC$, ou enfin comme $OR \times GI \times CF$ est à $IO \times FG \times AC$, ou en raison composée des rayons OR, GI, CF, des aissieux aux rayons OI, FG, AC, des roues, ou enfin comme le produit des rayons des aissieux multipliés les uns par les autres, au produit des rayons des roues multipliées les unes par les autres.

Corollaire I.

510. Connoissant le poids P & le nombre des roues, on connoîtra donc la puissance, en faisant le produit OR × GI × CF des rayons des aissieux, & le produit OI × GF × CA des rayons des roues, puis faisant comme le produit des rayons des roues est à celui des rayons des aissieux ; ainsi le poids est à un quatriéme terme qui sera la puissance qu'il faut mettre en A pour soutenir le poids P.

Corollaire II.

511. De même connoiſſant la puiſſance & le nombre des roues, on connoîtra le poids en faiſant comme le produit du rayon des aiſſieux eſt au produit des rayons des roues; ainſi la puiſſance eſt à un quatriéme terme qui ſera le poids cherché.

Corollaire III.

512. Connoiſſant la puiſſance & le poids, on trouvera le nombre des roues qu'il faut employer pour faire équilibre en cette ſorte.

Je diviſe le poids par la puiſſance, & je cherche les diviſeurs du quotient, leſquels en ſe multipliant produiſent ce quotient, ces diviſeurs marqueront le nombre des roues qu'il faut employer & les rapports de leur rayons à leur axes que je ſuppoſe être égaux chacun à leur unité.

Pour démontrer ceci, il n'y a qu'à obſerver qu'en diviſant le poids par la puiſſance, on a cette analogie par la nature de la diviſion : l'unité eſt au quotient comme la puiſſance eſt au poids; ainſi la puiſſance eſt au poids en raiſon compoſée des raiſons de l'unité à chaque diviſeur du quotient ; c'eſt pourquoi ſi je prens les rayons des aiſſieux égaux chacun à l'unité, & les rayons des roues égaux aux diviſeurs du quotient, la puiſſance ſera au poids en raiſon compoſée des raiſons des rayons des aiſſieux & des rayons des roues ; donc, &c.

Soit le poids P = 30000, & la puiſſance A = 60, diviſant l'un par l'autre, le quotient ſera 500 dont les diviſeurs ſont 4, 5, 5, 5 ; donc il faudra employer quatre roues ayant chacune le rayon de l'aiſſieu égal à 1, & les rayons des roues ſeront 4, 5, 5, 5, & en effet, la raiſon du rayon du premier aiſſieu au rayon de la premiere roue eſt 1, 4 ; la raiſon du rayon du ſecond aiſſieu au rayon de la ſeconde roue eſt 1, 5 ; dans la troiſiéme roue, la raiſon eſt encore 1, 5, & dans la quatriéme auſſi, on a 1, 5 ; faiſant donc la raiſon compoſée de ces quatre raiſons, on aura 1, 500 ; or puiſque la puiſſance eſt au poids comme le produit des rayons des aiſſieux eſt à celui des rayons des roues, on a donc 1, 500 :: 60, 30000.

Corollaire. IV.

513. Si le poids ne pouvoit ſe diviſer exactement par la puiſ-ſance, ou ſi la diviſion étant exacte, le quotient étoit un nombre premier qui n'eut point de diviſeur, on pourroit ajouter une

ou plufieurs unités au quotient ; car delà il n'arrivera autre chofe ;
finon que les rayons des roues deviendront plus grands par rapport aux rayons des aiffieux, & que par conféquent la puiffance
deviendra plus grande qu'il ne faut pour foutenir le poids, ce
qui n'eft pas un mal, parce que ces machines ne fe font pas pour
foutenir feulement le poids, mais pour l'élever.

Corollaire V.

514. *Si une puiffance* A *foutient un poids* P, *le nombre des révo-*
lutions de la roue qui fe meut le plus vite eft au nombre de révolutions
de la roue qui fe meut le plus lentement en raifon compofée des raifons
des circonférences des roues que les aiffieux rencontrent & des circon-
férences de ces aiffieux.

Suppofons d'abord qu'il n'y ait que les deux roues FG, IO,
il eft vifible que la roue FG fe meut plus vite que la roue IO ;
car tandis que la roue FG fait une révolution, fon aiffieu ne fait
non plus qu'une révolution ; or la roue IO ne fe mouvant que
par l'effort que l'aiffieu GI fait fur elle, il eft encore vifible que
tous les points de la circonférence de l'aiffieu GI s'appliquent
fucceffivement fur la circonférence de IO ; & comme la circonférence de GI eft moindre que celle de IO, il s'enfuit que quand
la révolution fera achevée, la circonférence de GI ne fe fera
appliquée fucceffivement que fur une partie de la circonférence
de IO ; ainfi IO n'aura fait que la partie de fa révolution correfpondante à la circonférence de GI ; par exemple, fi la circonférence de GI n'eft que le quart de la circonférence de IO, la
roue IO n'aura fait que le quart de fa révolution, & ainfi des
autres.

Cela pofé, il eft aifé de conclure que le nombre des révolution de la roue FG eft au nombre des révolutions de IO réciproquement comme la circonférence de IO eft à la circonférence de l'aiffieu GI ; car fuppofant, par exemple, que la circonférence de GI ne foit que le quart de la circonférence de IO,
l'aiffieu GI fera donc quatre révolutions, tandis que IO n'en
fera qu'une, mais la roue FG fera auffi quatre révolutions ; donc
le nombre des révolutions de FG eft au nombre des révolutions
de IO, comme 4 eft à 1, & par conféquent comme la circonférence de IO eft à la circonférence de GI.

Maintenant, fuppofons qu'il y ait trois roues, on prouvera de
même que ci-deffus que la roue AC fe meut plus vite que les

autres, & la roue IO plus lentement ; ainsi nommant m la circonférence de la roue IO, n la circonférence de la roue FG, a la circonférence de l'aiffieu GI, & b la circonférence de l'aiffieu CF, & fuppofant que la roue IO ait fait une révolution, nous aurons par le cas précédent comme la circonférence de l'aiffieu GI eft à la circonférence de IO ; ainfi le nombre des révolutions de IO, c'eft-à-dire I eft au nombre des révolutions de FG, donc $a, m :: 1, \frac{m}{a} =$ nombre des révolutions de FG; par la même raifon, nous aurons comme la circonférence de l'aiffieu CF eft à la circonférence de la roue FG ; ainfi le nombre des révolutions de FG eft au nombre des révolutions de AC; donc $b, n :: \frac{m}{a}, \frac{nm}{ba} =$ nombre des révolutions de AC ; donc le nombre des révolutions de AC eft au nombre des révolutions de IO comme $\frac{nm}{ba}$ eft à 1, ou comme nm eft à ba, c'eft-à-dire en raifon compofée de la raifon des circonférences m, a, & n, b ; donc, &c.

Corollaire VI.

515. Comme les dents & les intervalles des dents doivent être égaux dans les roues & dans les aiffieux, afin qu'elles puiffent s'enchaffer aifément les unes dans les autres, il eft clair que les nombres des dents d'une roue, par exemple de la roue IO eft au nombre des dents d'un aiffieu, par exemple GI comme la circonférence de IO eft à la circonférence de GI, & ainfi des autres ; or par le Corollaire précédent, le nombre de révolutions de la roue qui a le plus de viteffe, eft au nombre des révolutions de celle qui fe meut le plus lentement en raifon compofée des raifons des circonférences rencontrées par les aiffieux & des circonférences de ces aiffieux ; donc ces nombres de révolutions font auffi en raifon compofée des nombres des dents des roues rencontrées par les aiffieux, & des nombres des dents de ces aiffieux.

Corollaire VII.

516. Les rayons étant entr'eux comme les circonférences, il s'enfuit que le nombre des révolutions de la roue qui a le plus de viteffe eft au nombre de révolutions de celle qui fe meut le plus lentement en raifon compofée des rayons des roues que les aiffieux rencontrent, & des rayons de ces aiffieux.

Corollaire VIII.

517. Connoiſſant le nombre des révolutions que fait la roue
qui a le plus de mouvement dans le tems que la roue la plus
lente fait une révolution, on connoîtra le nombre des dents qu'il
faut donner à chaque roue & à chaque aiſſieu en cette ſorte.

Je prens les diviſeurs du nombre des revolutions de la premiere, leſquels en ſe multipliant produiſent ce nombre, & le
nombre de ces diviſeurs marque combien il doit y avoir de roues,
& les diviſeurs marquent la grandeur de leurs rayons. Je fais
chaque aiſſieu égal à 1, & leur donnant à chacun un même nombre de dents, je multiplie le nombre de dents de chaque aiſſieu
par le diviſeur ou par le rayon correſpondant, & le produit eſt le
nombre de dents que je dois donner à la roue correſpondante,
ce que je prouve ainſi.

La revolution de la roue la plus lente, eſt au nombre des revolutions de la roue qui a le plus de mouvement en raiſon compoſée des raiſons des rayons des aiſſieux qui rencontrent les roues,
& des rayons de ces roues; or les rayons des aiſſieux étant ſup-
poſés égaux chacun à l'unité, la revolution de la roue la plus lente
eſt au nombre des revolutions de celle qui a le plus de mouvement, comme le produit des rayons des aiſſieux, lequel eſt 1,
eſt au produit des rayons des roues, lequel par conſéquent eſt égal
au nombre des revolutions de la roue qui a le plus de mouvement. Prenant donc les diviſeurs de ce nombre, ces diviſeurs
marqueront les rayons des roues, & par conſéquent le nombre
des roues qui doivent être rencontrées par les aiſſieux; or le rapport des rayons des aiſſieux aux rayons des roues qu'ils doivent
rencontrer étant connu, ſi on détermine le nombre des dents
qu'on veut donner à chaque aiſſieu, il eſt viſible qu'en multipliant ce nombre de dents par celui qui exprime le rapport du
rayon de la roue au rayon de l'aiſſieu correſpondant, le produit
ſera le nombre des dents qu'il faut donner à cette roue.

Soit par exemple, le nombre des revolutions de la premiere
roue CA $=$ 40, les diviſeurs de ce nombre, qui en ſe multipliant
le produiſent, peuvent être 2, 10, 10, ou 2, 20, ou 5, 8, je
choiſis ces deux derniers, ce qui me fait voir qu'il y aura deux
roues dentées dont les rayons ſeront 5 & 8, & deux aiſſieux,
dont les rayons ſeront chacun 1, ainſi il y aura en tout trois roues,
car la premiere n'étant rencontrée par aucun aiſſieu, peut n'être

pas

pas dentée fi l'on veut; or fi je donne fix dents à chaque aiffieu
CF, GI, la roue FG en aura 30, à caufe que 5 fois 6 font 30,
& la roue 8 en aura 48, & pour voir fi cela eft jufte, il n'y a qu'à
faire le produit des dents des aiffieux lequel eft 36, & le produit
des dents des roues, lequel eft 1440, & la raifon 36, 1440 doit
exprimer la raifon du nombre des revolutions de la roue la plus
lente 10 au nombre des revolutions de la roue AC, c'eft-à-dire,
que cette raifon doit être comme 1 à 40; or cela eft en effet, car
la raifon 36, 1440 étant divifée par 36, fe reduit à la raifon 1,
40, donc, &c.

COROLLAIRE IX.

518. *L'efpace parcouru par le poids* P *eft à l'efpace parcouru par la
puiffance* A *comme la puiffance eft au poids.*

Je nomme *m, n, r* les circonférences des trois roues IO, FG,
AC, & *a, b, c*, les circonférences des trois aiffieux TO, IG,
CF; par les Corollaires précédens le nombre des revolutions de
la roue IO eft au nombre des revolutions de la roue AC comme
bc eft à *mn*; fuppofant donc que la roue IO ne faffe qu'une revolution, on aura *bc, mn* :: 1 $\frac{mn}{bc}$ = nombre de revolutions de la
roue AC; or dans chaque revolution de cette roue la puiffance
décrit la circonférence du cercle AC; multipliant donc cette cir-
férence par le nombre de revolutions, le produit $\frac{rmn}{bc}$ fera l'efpace parcouru par la puiffance; or la roue IO n'ayant fait qu'une
revolution par l'hypotèfe, l'efpace parcouru par le poids fera égal à
la longueur de la corde qui fe fera entortillée à l'axe OT, & par
conféquent cet efpace fera égal à la circonférence de cet axe,
donc l'efpace parcouru par le poids fera à l'efpace parcouru par la
puiffance comme *a* eft à $\frac{rmn}{bc}$, ou comme *abc* eft à *rmn*, & mettant dans ce rapport les rayons au lieu de leurs circonférences *a,
b, c, r, m, n*, l'efpace parcouru par le poids eft à l'efpace parcouru par la puiffance, comme TO × IG × FC eft à IO × FG
× AC; or ce rapport eft le même que le rapport de la puiffance
au poids (*N.* 509), donc l'efpace parcouru par le poids eft à l'efpace parcouru par la puiffance comme la puiffance eft au poids.

COROLLAIRE X.

519. Plus on multiplie les roues, plus la puiffance devient

moindre par rapport au poids, & par conféquent l'efpace parcouru par le poids devient auffi moindre par rapport à l'efpace
parcouru par la puiffance, ce qui fait voir que fi l'on gagne du
côté de la force en multipliant les roues, on perd auffi du côté
du tems qu'il faut employer pour faire monter le poids.

COROLLAIRE XI.

520. *Les efpaces parcourus par le poids & la puiffance font en raifon compofée des nombres de revolution des roues* IO, AC, *& de la
circonference de l'aiffieu* OT *à la circonférence de la roue* AC.

Soit le nombre des revolutions de la roue IO la plus lente $= m$,
le nombre des revolutions de la roue AC qui a le plus de mouvement $= n$; la circonférence de l'aiffieu de la roue IO $= a$, & la
circonférence de la roue AC $= b$; dans chaque revolution de la
roue IO le poids P parcourt un efpace $= a$; ainfi *am* eft l'efpace
parcouru pendant les revolutions de cette roue, de même dans
chaque revolution de la roue AC la puiffance parcourt la circonférence *b*, donc *bn* eft l'efpace parcouru pendant les revolutions
de cette roue, & par conféquent l'efpace parcouru par le poids
eft à l'efpace parcouru par la puiffance, comme *am* eft à *bn*,
donc, &c.

COROLLAIRE XII.

521. Par le Corollaire précédent l'efpace du poids eft à l'efpace de la puiffance en raifon compofée des nombres de revolutions des roues IO, AC, & des circonférences de l'aiffieu OR
& de la roue AC; or par le Corollaire 9 ces mêmes efpaces font
comme la puiffance eft au poids, donc la puiffance eft au poids
en raifon compofée des nombres de revolution des roues IO, AC,
& des circonférences de OR, AC.

PROPOSITION CLVIII.

522. *Connoiffant la circonférence de la roue* AC *qui a le plus de
mouvement, le nombre de fes revolutions, le rapport de fa circonférence à la circonférence de l'aiffieu* OT *de la roue la plus lente, & le
rapport du nombre des revolutions de la roue* AC *au nombre des revolutions de la roue* OI, *connoître l'efpace que le poids parcourt.*

SOLUTION.

Je multiplie la circonférence de la roue AC par le nombre de

ſes revolutions, & le produit eſt l'eſpace parcouru par la puiſſance (*N.* 520); or le rapport de la circonférence de cette roue à la
circonférence de l'aiſſieu OT étant connu, je prens une quatriéme proportionnelle aux deux termes de ce rapport & à la circonférence de AC, & cette quatriéme proportionnelle eſt la circonférence de l'aiſſieu OT; de même le rapport du nombre des revolutions de la roue AC au nombre des revolutions de la roue
OI, ou de l'aiſſieu OT étant connu; je prens une quatriéme proportionnelle aux deux termes de ce rapport & au nombre des revolutions de la roue AC, & cette quatriéme proportionnelle eſt
le nombre des revolutions de la roue OI; je multiplie ce nombre
de revolutions par la circonférence trouvée de l'aiſſieu OT, &
le produit eſt l'eſpace cherché du poids P (*N.* 520).

Soit la circonférence de la roue AC $= 10$, & le rapport de
cette circonférence à celle de l'aiſſieu OT comme 8 à 3; donc 8,
3 :: 10, $\frac{30}{8} =$ circonférence de OT; ſoit le nombre des revolutions de la roue AC $= 28$, & le rapport de ce nombre à celui des
revolutions de la roue OI, comme 7 à 2; donc 7, 2 :: 28, $\frac{56}{7}$
$= 8 =$ nombre des revolutions de la roue OI; multipliant donc
la circonférence OT $= \frac{30}{8}$ par le nombre des revolutions de la
roue OI $= 8$, le produit 30 eſt l'eſpace parcouru par le poids.

C O R O L L A I R E   I.

523. Connoiſſant l'eſpace que le poids parcourt, les circonférences de l'axe OT & de la roue AC, & la raiſon des nombres
de revolutions des roues OI, AC, on connoîtra l'eſpace que la
puiſſance doit parcourir en cette ſorte.

Je diviſe l'eſpace que le poids parcourt par la circonférence de
l'axe OT, & le quotient eſt le nombre des revolutions de cet axe
(*N.* 520); or la raiſon des nombres de revolutions de OT, AC
étant connu, je cherche une quatriéme proportionnelle aux deux
termes de cette raiſon & au nombre des revolutions de OT, &
cette quatriéme proportionnelle eſt le nombre des revolutions de
la roue AC; c'eſt pourquoi multipliant ce nombre par la circonférence de AC, le produit eſt l'eſpace parcouru par la puiſſance ſoit
l'eſpace parcouru par le poids $= 30$, la circonférence de l'axe
OT $= \frac{30}{8}$, celle de la roue AC $= 10$, & la raiſon des nombres
de revolutions de OT, AC, comme 2 à 7; je diviſe l'eſpace 30
parcouru par le poids par la circonférence $\frac{30}{8}$ de l'axe OT, & le

F f f ij

quotient 8 eſt le nombre des revolutions de cet axe ; c'eſt pourquoi je fais 2 , 7 : : 8 , $\frac{56}{2} = 28$, & ce quatriéme terme 28 eſt le
nombre des revolutions de la roue AC ; multipliant donc ce
nombre par la circonférence 10 de AC , le produit 280 eſt l'eſpace que la puiſſance doit parcourir.

C o r o l l a i r e II.

524. Connoiſſant la raiſon de la circonférence de AC & de la
circonférence de OT , la raiſon du nombre des revolutions de
l'une & de l'autre & le poids P , on connoîtra la puiſſance A en
cette ſorte.

Je multiplie les antecedens des deux raiſons l'un par l'autre ,
& les deux conſéquens de même , & les deux produits marquent
la raiſon des eſpaces parcourus par la puiſſance & par le poids
(*N.* 520), je prens une quatriéme proportionnelle aux deux termes de cette raiſon & au poids , & cette quatriéme proportionnelle eſt la puiſſance demandée (*N.* 321).

Soit la raiſon des circonférences 8 , 3 , celles des nombres de
revolutions 7 , 2 , dont la raiſon compoſée 56 , 6 marque le rapport des eſpaces parcourus par la puiſſance & le poids ; ſoit le
poids $= 2000$, je fais 56 , 6 : : 2000 , $\frac{12000}{56} = 214\frac{2}{7} =$ puiſſance cherchée.

Je laiſſe grand nombre d'autres queſtions de cette nature qu'on
peut reſoudre avec la même facilité.

C o r o l l a i r e III.

525. Connoiſſant le nombre des revolutions que fait la roue
AC qui a le plus de mouvement tandis que la roue OI fait une revolution , connoiſſant auſſi la circonférence de l'aiſſieu OT &
l'eſpace auquel on veut élever le poids , on connoîtra le tems
qu'il faut employer pour cela en cette ſorte.

Si l'eſpace que le poids doit parcourir eſt égal à la circonférence de l'axe OT , je cherche par l'expérience en combien de
tems la roue AC fait une revolution , & ce tems étant trouvé , je
multiplie le nombre connu des revolutions par ce tems & le quotient eſt le tems cherché.

Suppoſons , par exemple , que AC faſſe trois revolutions &
demi tandis que OI n'en fait qu'une , & que le tems que AC employe à faire une revolution ſoit 2 minutes , je multiplie $3\frac{1}{2}$ par

2 ; ce qui fait 7 , & je dis qu'il faudra 7 minutes pour faire parcourir au poids l'efpace propofé.

Si l'efpace que le poids doit parcourir eft plus grand que la circonférence de l'aiffieu OT , je divife l'efpace par la circonférence de cet aiffieu , & le quotient marque le nombre de revolutions que l'aiffieu OT ou la roue OI doit faire ; ainfi multipliant le nombre des revolutions que la roue AC fait pendant une revolution de OT par le quotient trouvé ; le produit eft le nombre de revolutions que AC doit faire jufqu'à ce que le poids ait parcouru l'efpace propofé ; je cherche donc par l'expérience combien de tems la roue AC employe à une de fes revolutions , & multipliant ce tems par le nombre des revolutions que je viens de trouver , le produit eft le tems cherché.

Suppofons, par exemple, que AC faffe trois revolutions & demi, tandis que OT n'en fait qu'une , & que l'axe OT étant $= 2$, l'efpace que le poids doit parcourir foit $= 8$; divifant donc 8 par 2 , le quotient 4 me fait voir que OT doit faire 4 revolutions , & multipliant $3\frac{1}{2}$ par 4 , le produit 14 me fait voir que la roue AC doit faire 14 revolutions ; ainfi fachant par expérience que la roue AC fait une revolution , par exemple dans deux minutes , je multiplie 14 par 2 , & le produit 28 me fait voir qu'il faudra 28 minutes pour faire parcourir au poids l'efpace propofé.

DE LA POULIE.

PROPOSITION CLIX.

526. *Si une puiffance* P *(Fig. 181.) foutient un poids* Q *par le moyen d'une poulie* ABH , *& que la direction de l'un & de l'autre foit tangente de la poulie , la puiffance eft égale au poids.*

DEMONSTRATION.

Je mene le diametre AH perpendiculaire aux deux directions, & par conféquent la puiffance agit fur la poulie comme elle agiroit fur le rayon AO , & le poids comme il agiroit fur le rayon OH , donc ces deux rayons expriment les viteffes de la puiffance & du poids ; or ces deux rayons font égaux , & par la fuppofition la puiffance & le poids font en équilibre , donc leurs momens font égaux, ainfi $P \times AO = Q \times OH$, donc P, Q :: OH, AO, & par conféquent $P = Q$.

F ff iij

Si la direction MV de la puiffance n'étoit pas perpendiculaire
au point A , mais qu'elle fût perpendiculaire au point M , on meneroit le rayon OM , & on trouveroit de même que la puiffance
feroit égale au poids ; car le rayon OM exprimeroit la viteffe de
la puiffance , & le rayon OH la viteffe du poids ; ainfi par la fuppofition on auroit $P \times OM = Q \times OH$, & par conféquent P , Q
$: : OH, OM$, donc $P = Q$.

REMARQUE.

527. La poulie n'augmente donc point la force quand les directions de la puiffance font perpendiculaires à la circonférence,
mais elle fert à changer la direction de la puiffance fans lui faire
perdre de fa force ; par exemple , pour élever le poids Q fans
poulie , il faudroit que la puiffance agit felon la direction QH ,
au lieu qu'en employant la poulie elle agit felon la direction AP
qui eft directement oppofée à la précédente ; on peut de même
donner à la puiffance une direction oblique MV ou horizontale
BT , &c. felon que l'occafion le demandera.

PROPOSITION CLX.

528. *Si un poids Q eft fufpendu au centre O de la poulie* (Fig. 182);
*& qu'une puiffance P dont la direction eft tangente du cercle foutienne
ce poids par le moyen d'une corde PRVST arrêtée fixement en* T , *la
puiffance eft au poids comme* 1 à 2.

DEMONSTRATION.

Suppofons que le diametre RS fût dans la pofition XZ , &
que par conféquent le centre O fût en V , ce centre ne pourroit
monter de V en O que le poids & la puiffance ne parcouruffent
chacun un efpace égal à VO ; or quand le centre feroit parvenu
en O la corde TZ fe feroit abregée de la quantité SZ égale à
VO , & cette quantité auroit paffé du côté de la puiffance P
dont la puiffance P auroit parcouru une autre efpace égal à VO,
& par conféquent elle auroit parcouru deux efpaces égaux à VO
ou 2VO ; mais les efpaces parcourus par le poids & la puiffance
expriment leurs viteffes , & par la fuppofition les momens du
poids & de la puiffance font égaux , donc $P \times 2VO = Q \times VO$,
d'où l'on tire P , $Q : : VO, 2VO : : 1, 2$.

COROLLAIRE I.

529. On peut faire qu'une même puiſſance ſoit à un même poids comme 1 à 1 , comme 1 à 2 , comme 1 à 4 , comme 1 à 8 , &c. ſelon la progreſſion 1 , 2 , 4 , 8 , 16 , 32 , &c. en multipliant les poulies & les arrangeant comme on les voit ici (*Fig.* 183) , en ſorte que les brins de corde RH , TM , VN , &c. ſoient attachés fixement aux points R , T , V , &c. car s'il n'y avoit que la poulie A , & que la puiſſance P ſoutint le poids Q mis en S , la puiſſance ſeroit au poids comme 1 à 1 (*N.* 526) ; s'il y avoit deux poulies A , O , & que le poids fût ſuſpendu au centre O , la puiſſance P ſeroit au poids Q , comme 1 à 2 (*N.* 528) ; s'il y avoit trois poulies A , O , E , & que le poids fût ſuſpendu au centre E , la viteſſe de la puiſſance doubleroit encore , de ſorte que nommant u la viteſſe du poids , celle de la puiſſance ſeroit $4u$, & par conſéquent le moment de la puiſſance ſeroit $P \times 4u$, & celle du poids $Q \times u$, d'où l'on tire P , Q :: u , $4u$ :: 1 , 4 ; s'il y avoit quatre poulies A , O , E , C , & que le poids fût ſuſpendu au centre C ; la viteſſe de la puiſſance doubleroit encore , & par conſéquent elle ſeroit $8u$; donc le moment de la puiſſance ſeroit $P \times 8u$, & celui du poids $Q \times u$, d'où l'on tire P , Q :: u , $8u$ :: 1 , 8 , & ainſi de ſuite.

COROLLAIRE II.

530. Si deux ou pluſieurs poulies O , T (*Fig.* 184.) ont leurs aiſſieux dans une même piece de bois ou de fer AB , & qu'un même nombre de poulies ayent leurs aiſſieux dans une autre piece de bois ou de fer CD détachée de la premiere , je dis que la puiſſance P qui ſoutient le poids Q par le moyen des cordes paſſées , comme on le voit ici , eſt à ce poids comme l'unité eſt au nombre des brins de corde que le poids tire , c'eſt-à-dire aux nombres des cordes HF , IG , LM , NB.

Suppoſons que le centre V de la poulie GF ſoit monté de Z en V , & que par conſéquent le poids ſoit monté d'autant , les deux cordes Hf , Ig ſe feront abregées des quantités Ff , Gg égales chacune à ZV ; or par la conſtruction les cordes LM , BN ſe feront auſſi abregées d'autant , & toutes ces parties de cordes auront paſſé du côté de la puiſſance P , donc la puiſſance P aura parcouru un eſpace égal à 4ZV , mais les eſpaces parcourus par la puiſſance & le poids marquent leurs viteſſes , & par

la fuppofition les momens de la puiffance & du poids font égaux ;
donc $P \times 4ZV = Q \times ZV$, d'où l'on tire P, Q :: ZV, 4ZV ::
1, 4, ou comme l'unité au nombre 4 des cordes que le poids
tire.

COROLLAIRE III.

531. Si au lieu de faire paffer la corde que la puiffance P tire
par la poulie d'enhaut, on la fait paffer par la poulie d'embas
GF (*Fig.* 185), la puiffance P fera au poids Q comme l'unité eft
à toutes les cordes.

Car tandis que le centre V fera monté de Z en V, le poids &
la puiffance feront montés chacun d'une quantité égale à ZV, de
plus la corde H*f* fe fera abregée de la partie F*f*, laquelle fera paffée du côté de la puiffance, & par conféquent cette puiffance
fera montée d'une quantité égale à 2ZV ; or la poulie NM étant
montée auffi d'une quantité égale à ZV par la conftruction de la
machine, les deux cordes *a*N, LM fe feront auffi abregées chacune d'une quantité égale à ZV, & la corde IC fe fera auffi abregée d'autant, ce qui fait en tout trois parties de cordes égales
chacune à ZV, lefquelles feront paffées du côté de la puiffance,
& ces trois parties égales aux deux précédentes feront en tout 5 ;
de forte que quand le poids aura parcouru un efpace égal à ZV,
la puiffance aura parcouru un efpace égal à 5ZV ou à l'efpace
ZV pris autant de fois qu'il y a de cordes, donc, &c.

COROLLAIRE IV.

532. On peut encore gagner beaucoup du côté de la force ;
en joignant les poulies du Corollaire 2 avec celles du Corollaire
3, comme on les voit ici (*Fig.* 186, 187).

Par exemple, dans la figure 186, la puiffance R qui foutiendroit le poids Q feroit à ce poids comme 1 à 5 (*N.* 531) ; or mettant en R un poids égal à cette puiffance, la puiffance P qui foutiendroit la puiffance ou le poids R feroit à ce poids comme 1 à
4 ; donc fuppofant que la puiffance P foutienne le poids Q elle
fera à ce poids comme 1 à 4 × 5, ou comme 1 à 20.

De même dans la figure 186 la puiffance R qui foutiendroit
le poids Q feroit à ce poids comme 1 à 5 ; or mettant en R un
poids égal à cette puiffance, la puiffance P qui foutiendroit ce
poids, feroit à ce poids comme 1 à 5 ; donc fi la puiffance P

foutient

soutient le poids Q, elle est à ce poids comme 1 est à 5 × 5, ou comme 1 à 25, & ainsi des autres.

COROLLAIRE V.

533. L'espace parcouru par la puissance est à l'espace parcouru par le poids, reciproquement comme le poids est à la puissance ; car par les Corollaires précédens, il est visible que la puissance est au poids reciproquement comme la vitesse du poids est à la vitesse de la puissance, mais les vitesses sont entr'elles comme les espaces parcourus, donc les espaces parcourus par la puissance & le poids sont entr'eux reciproquement comme le poids est à la puissance.

COROLLAIRE VI.

534. Plus l'on multiplie le nombre des poulies, plus aussi le poids devient grand par rapport à la puissance, donc la vitesse de la puissance devient plus grande par rapport à celle du poids, lequel par conséquent se meut avec plus de lenteur ; & de là il suit que si cette machine fait gagner du côté de la force, elle fait perdre du côté du tems.

COROLLAIRE VII.

535. En supposant l'espace parcouru par le poids $= 1$ on a cette analogie ; la puissance est au poids comme l'espace I parcouru par le poids est à l'espace parcouru par la puissance ($N. 533$), donc $P, Q, I, \frac{Q}{P}$, c'est-à-dire qu'en divisant le poids par la puissance, le quotient sera l'espace parcouru par la puissance.

COROLLAIRE VIII.

536. Connoissant la puissance P, le poids Q, l'espace ou la vitesse de la puissance en supposant celle du poids égale à I ; il sera facile de trouver le nombre des poulies qu'il faut employer & la disposition qu'il faut leur donner.

Pour cela on divisera d'abord le poids par la puissance, & le quotient sera, ou un nombre pair ou un nombre impair ; si le nombre est pair, ou il sera toujours divisible par 2, ou il ne le sera pas.

Si le quotient est toujours divisible par 2, & qu'il soit par exemple 8, on pourra employer la disposition de la figure 183, ou celle de la figure 184, felon qu’on le jugera plus convenable; fi on veut employer la difpofition de la figure 183, on examinera quel rang tient le terme 8 dans la progreffion 1, 2, 4, 8, 16, &c. & trouvant que c’eft le quatriéme, on dira qu’il faut employer 4 poulies, ce qui eft évident par le premier Corollaire.

Que fi on veut employer la difpofition de la figure 184, on prendra la moitié du nombre 8, & l’on dira qu’il faut 4 poulies fans compter la premiere par le Corollaire fecond.

Si le quotient provenu de la divifion du poids par la puiffance eft impair, & qu’il foit par exemple 9, on retranchera une unité de ce quotient, & prenant la moitié du refte, on dira qu’il faut 4 poulies dans la difpofition de la figure 185.

Si le quotient eft un produit de deux nombres dont l’un foit pair & l’autre impair, par exemple, fi le produit eft 20, qui eft le produit de 4 par 5, on prendra quatre poulies felon la difpofition du Corollaire fecond, & quatre felon la difpofition du Corollaire troifiéme, & l’on dira qu’il en faut huit qui foient difpofées comme dans le Corollaire quatriéme, ou bien l’on dira qu’il en faut dix dans la difpofition du Corollaire fecond.

Enfin fi le quotient eft un nombre impair dont on puiffe tirer la racine, on en fera extraire l’extraction, & retranchant l’unité de cette racine le double du refte fera le nombre de poulies que l’on doit employer dans la difpofition de la figure 187; par exemple foit le quotient 25 dont la racine eft 5; j’en retranche 1, & doublant le refte 4, ce qui fait 8, je dis qu’il faut 8 poulies dans la difpofition de la figure 187, ce qui eft évident par le Corollaire quatre, ou bien je retranche 1 de 25, & prenant la moitié du refte 24 laquelle eft 12, je dis qu’il faut douze poulies dans la difpofition de la figure 185.

Proposition CLXI.

537. *Si une puiffance* A *(Fig. 188.) foutient un poids* E, *& que la direction de l’un & l’autre foient tangentes à la poulie, mais inclinées à l’horifon, enforte qu’elles fe rencontrent au point* F *de la direction* FL *de la puiffance qui foutient la poulie, le poids* E *& la puiffance* A *font égaux entr’eux, & l’un & l’autre eft à la puiffance qui foutient la poulie comme la moitié de l’angle* HFI *eft à l’angle* HFI.

Demonstration.

Du centre O je mene les droites OH, OI aux points H, I

d'attouchement ; ces deux droites font égales étant rayons d'un même cercle ; or les directions de la puiffance & du poids font perpendiculaires fur ces deux lignes, qu'on peut regarder comme compofant un levier recourbé, donc leurs viteffes font exprimées par les bras égaux HO, OI & font par conféquent égales ; or les momens de la puiffance & du poids font égaux par la fuppofition, donc A × HO = E × OI, d'où je tire A, E :: OI, HO, & A = E à caufe de OI = HO.

Si l'on acheve le parallelogramme FHLI dont les côtés font les directions HF, FI, on pourra exprimer les forces égales de la puiffance & du poids par les droites HF, FI, qui font égales entr'elles, parce qu'elles font deux tangentes menées d'un même point F hors du cercle ; ainfi ces deux forces équivalent à une force qui feroit exprimée par la diagonale FL, ou à la force qui foutient la puiffance A & le poids E ; donc le poids E eft à la force qui foutient la poulie comme FI eft FL, mais FI = HF = IL ; donc le poids E eft à la force qui foutient la poulie comme HF, LF, ou comme $\frac{1}{2}$HF eft à $\frac{1}{2}$LF, mais dans le triangle ILF, la moitié de LI ou HF eft le finus de l'angle IFL, lequel étant égal à l'angle HFL, à caufe des triangles femblables & égaux FHL, FIL, vaut par conféquent la moitié de HFI, & la moitié du côté FL, eft le finus de l'angle FIL ; ou de fon complement IFH a deux droits ; donc le poids E eft à la puiffance qui foutient la poulie comme la moitié de l'angle HFI eft à l'angle HFI, & on prouvera la même chofe de la puiffance A.

<h3 align="center">COROLLAIRE I.</h3>

538. Si un poids Q (*Fig.* 189.) fufpendu au centre O d'une poulie eft foutenu par deux puiffances A, B, dont les directions foient obliques à l'horizon, & fe coupent en un point F de la direction du poids Q ; on prouvera de même que ci-deffus que les deux puiffances A, E, font égales entr'elles, & que chacune d'elles eft au poids comme la moitié de l'angle AFE eft à l'angle AFE.

<h3 align="center">COROLLAIRE II.</h3>

539. Si la direction AH d'une puiffance A qui foutient un poids B (*Fig.* 190.) eft plus ou moins inclinée à l'horizon que la direction BH du poids B, ces deux directions fe couperont en un point H qui ne fera pas fur la direction FO de la pefanteur

Ggg ij

de la poulie, mais on prouvera toujours que la puiſſance A & le
poids ſont égaux , & achevant le parallelogramme HL, on
prouvera que la puiſſance A & le poids B étant exprimés par
les tangentes égales AH , BH, équivalent à une force qui ſeroit
exprimée par la diagonale HL, & que l'un & l'autre ſeroit à cette
force comme la moitié de l'angle AHB eſt à l'angle AHB, &
en ceci il faut obſerver que ſi la force qui ſoutient la puiſſance
& le poids avoit d'abord la direction FO perpendiculaire à l'horizon, il faudroit qu'elle prit la direction HL pour faire équilibre ;
& ſi au lieu d'une puiſſance qui ſoutient la poulie chargée de
la puiſſance A & du poids B, on mettoit un point fixe H (*Fig.*
191.) duquel la poulie pendit, la corde HO qui auroit d'abord
une direction perpendiculaire à l'horizon prendroit la direction
HL , de ſorte que le centre de gravité O de la poulie ſe trouveroit plus haut que s'il n'y avoit ni la puiſſance A ni le poids E ,
ainſi qu'on peut voir par la figure.

COROLLAIRE III.

540 Si deux puiſſances A , B, (*Fig.* 192.) ſoutiennent un poids
Q attaché au centre O d'une poulie, on prouvera toujours en
achevant le parallelogramme FL que les deux puiſſances ſont
égales , & que l'une ou l'autre eſt au poids comme la moitié de
l'angle AFB eſt à l'angle AFB,& en ce cas la direction du poids ,
loin d'être perpendiculaire à l'horizon comme OP, ſera la même
que la direction OF de la diagonale LF qui eſt oblique à l'horizon, comme il eſt facile de le prouver ; de ſorte qu'afin que
les puiſſances A , B, ſoutiennent le poids Q , il faut néceſſairement que la corde OQ paſſe ſur une poulie H qui rende ſa direction OF, oblique.

DE LA VIS.

541. Si tandis qu'une ligne droite AB (*Fig.* 193.) perpendiculaire ſur la baſe BOCE de la ſurface d'un cylindre AC ſe meut
uniformement, & toujours parallelement à elle-même le long
de cette ſurface, un point B ſe meut auſſi uniformement de B
en A , ce point décrira par ſon mouvement une ligne BLMRA
qu'on appelle *ſpirale* autour du cylindre ; l'angle CBL s'appelle
angle d'inclinaiſon, & la partie BLM de cette ſpirale qui finit
au point M de la perpendiculaire AB, ſe nomme premiere révolution.

542. Si l'on développe la furface du cylindre, en forte qu'elle devienne une furface plane ou un rectangle ABQP (*Fig.* 194.) chaque révolution de la fpirale fera une ligne droite; car fi l'on conçoit que la bafe BQ de la furface ait été divifée en parties égales, & que la ligne AB ait été aufli divifée en parties égales entr'elles, quelque rapport que ces parties ayent avec les parties de la bafe, il eft évident que quand la ligne AB aura parcouru par exemple deux parties de BQ de B en X, le point B aura aufli parcouru deux parties de AB de X en F, de forte que quand AB fe trouvera en Q, le point B aura parcouru fur QP un nombre de parties égales au nombre de parties de la bafe BQ que la ligne AB aura parcouru; donc on aura BX, BQ : : XF, QR; or la même chofe arrivera dans tous les points de divifion de la bafe; donc BQR fera un triangle, puifque fes ordonnées XF, QR, font entr'elles comme les abfciffes BX, BQ, & par conféquent la premiere révolution BR de la fpirale fera une ligne droite, & on prouvera la même chofe des autres révolutions.

543. Si l'on conçoit qu'un prifme triangulaire flexible, s'entortille autour du cylindre, en forte que l'une de fes faces foit toujours appliquée fur la furface du cylindre, & que l'une de fes arêtes foit toujours exactement fur la ligne fpirale, la figure entiere compofée du cylindre & du prifme entortillé, formera ce qu'on appelle une *vis*, comme il a été dit ci-deffus, & fi l'on développe la furface du cylindre & le prifme qui l'entoure, en forte que cette furface devienne un rectangle ABQP (*Fig.* 194) chaque révolution du prifme fera un prifme oblique tronqué qu'on pourra mefurer en multipliant fa coupe *mno* perpendiculaire à la bafe BQ par la bafe BQ de la furface du cylindre, car comme les arêtes BR, *Sr*, du prifme doivent être obliques à la bafe BQ, il eft évident que la premiere révolution de l'arête *Sr* commençant en S, doit finir en G, d'où il fuit que quand la premiere révolution fera finie, fi l'on développe la furface du cylindre, la partie YG*g* qui paroît appartenir à la feconde révolution, appartient cependant à la premiere; or fi je prolonge AB en V, & *Sr* en V, il eft évident que la partie prifmatique YG*g* eft égale à la partie BSV; mettant donc BSV, au lieu de YG*g*, nous aurons un prifme incliné BV*r*R dont la folidité eft par conféquent le produit de la bafe B*u*V ou de la coupe *mno* par la hauteur BQ.

Donc fi à la folidité du cylindre on ajoute celle du prifme, on aura la folidité de la vis entiere.

544. On construit ordinairement la vis (*Fig. 195.*) de façon que la vis femelle FE est enchassée fixement à deux poteaux BC, DL, qui tiennent à un pied commun MN, & la vis mâle AR est aussi enchassée dans une piece HQ en forme de cube, laquelle est percée à jour aux quatre côtés montans, & dans ces trous on passe un levier TX, auquel la puissance étant appliquée, la vis mâle monte ou descend selon que la puissance la fait tourner d'un côté ou d'un autre ; par ce moyen, la vis mâle en montant éleve le poids qui seroit en A, ou qu'on lui attacheroit par-dessous sa base HQ, & en descendant elle presse ce qui se trouve entre sa base HQ & le pied MN.

La distance RS d'une révolution à l'autre, s'appelle par quelques-uns *pas de vis*, & il est visible que cette distance marque de combien un corps élevé ou pressé par la vis est monté ou descendu d'une révolution à l'autre.

PROPOSITION CLXII.

545. Si une puissance appliquée à l'extremité X du levier TX (Fig. 195.) est aussi forte que le poids d'un corps qu'il faut élever, ou que la résistance d'un corps qu'il faut presser, la puissance est au poids ou à la résistance, comme la distance SR d'une révolution à l'autre, est à la circonférence décrite par la longueur VX du bras de levier.

DEMONSTRATION.

Supposons qu'on veuille élever un poids mis en A, quand la puissance mise en X aura fait une révolution entiere, elle aura décrit une circonférence dont le centre est le point V qu'il faut regarder comme étant dans l'axe du cylindre, & le poids A ne se fera élevé que de la hauteur RS ; ainsi la circonférence décrite par le point X marquera la vitesse de la puissance, & la hauteur RS la vitesse du poids ; or par la supposition, le poids & la vitesse sont en équilibre, donc leur forces sont égales ; ainsi nommant z la circonférence décrite par la puissance X, nous avons $X \times z = A \times RS$; donc X, A :: RS, z.

Si on veut presser un corps, il n'y a qu'à supposer un poids A qui pese autant vers le centre de la terre que le corps qu'on veut presser résiste, & on trouvera de même que la puissance est à ce poids, & par conséquent au corps qu'on veut presser comme RS est à z.

Corollaire I.

546. Il eſt évident que plus le bras VX du levier eſt long, moins auſſi il faut de force pour élever un poids A, puiſque z devient plus grand par rapport à RS, & par la même raiſon il faut moins de force lorſque la diſtance RS eſt moindre que lorſqu'elle eſt plus grande.

Corollaire II.

547. Puiſque la puiſſance parcourt l'eſpace z, tandis que le corps ne parcourt que RS, il eſt encore évident que plus on gagne du côté de la force, plus on perd du côté du tems.

Corollaire III.

548. Connoiſſant la diſtance RS de deux révolutions, le bras VX du levier, & la puiſſance appliquée à ce levier, on connoîtra aiſément le poids ou la réſiſtance qui eſt égale à la puiſſance en cette ſorte.

Soit la diſtance $RS = 3'$, c'eſt-à-dire égale à trois dixiémes d'un pied, ainſi que nous l'avons expliqué dans l'*Arithmetique des Geometres*, en parlant des fractions décimales, la diſtance $VX = 25'$, la puiſſance $= 30$ ℔ ; je cherche d'abord la circonférence décrite par VX en me ſervant du rapport 7, 22, ou 100, 314, du diametre à la circonférence, c'eſt-à-dire, je fais 100, $314 :: 50'$, $\frac{15700'}{100} = 157$, & ce quatriéme terme eſt la circonférence décrite par VX ; ainſi pour trouver le poids ou la réſiſtance égale à la puiſſance X, je fais 3, $157' :: 30$, $\frac{4710'}{3} = 1570'$, & ce quatriéme terme eſt le poids ou la réſiſtance cherchée.

Donc pour peu qu'on augmente la puiſſance X, elle enlevera le poids ou ſurmontera la réſiſtance qui lui eſt oppoſée.

Definition.

549. Si l'on joint une manivelle DABC à une vis CE (*Fig.* 196.), & que les pas de cette vis s'engrainent dans les dents d'une roue dentée, en ſorte qu'à chaque pas de la vis il paſſe une dent de la roue, & qu'une puiſſance attachée au bras de la manivelle ſoutienne ou enleve un poids Q ſuſpendu à l'aiſſieu ou treuil de la roue dentée ; cette Machine s'appelle *Vis ſans fin*.

Il est visible que la puissance faisant tourner la vis par le moyen de la manivelle, fait le même effet qu'elle feroit si elle agissoit sur l'extremité A d'un levier AB qui seroit enchassé dans le cylindre BE de la vis.

PROPOSITION CLXIII.

550. *Si une puissance Z appliquée à la manivelle d'une vis sans fin (Fig. 196.) soutient un poids Q suspendu à l'aissieu d'une roue dentée, la puissance est au poids en raison composée de la circonférence de l'aissieu à la circonférence de la roue, & de la distance HS d'une révolution de vis à la circonférence décrite par AB, ou par la puissance Z.*

DEMONSTRATION.

Supposons qu'une puissance mise en L soutienne le poids Q, & nommons cette puissance $= X$, nous aurons LV, TV $::$ Q, $\frac{Q \times TV}{LV} = X$; car la puissance X est au poids Q réciproquement comme le rayon TV de l'aissieu au rayon LV de la roue, ainsi qu'il a été démontré plusieurs fois ; or la puissance Z soutenant le poids Q, fait le même effort que si elle soutenoit la puissance $\frac{Q \times TV}{LV}$ mise en L ; donc par la proposition 161 (*N.* 543.) nous avons Z, $\frac{Q \times TV}{LV} ::$ HS, c, en nommant c la circonférence décrite par Z ou par AB ; mais nous venons de trouver $\frac{Q \times TV}{LV}$, Q $::$ TV, LV ; donc la raison de Z à Q, laquelle est composée de la raison Z, $\frac{Q \times TV}{LV}$, & de la raison de $\frac{Q \times TV}{LV}$, Q est par conséquent composée des raisons HS, c, TV, LV, & mettant au lieu de TV, LV, leur circonferences qui sont en même raison, nous aurons Z est à Q en raison composée de la distance HS à la circonférence décrite par Z, & de la circonférence de l'aissieu à la circonférence de la roue ; donc la puissance Z est au poids comme le produit de la circonférence de l'aissieu par la distance HS est au produit de la circonférence de la roue par la circonférence que la puissance Z décrit.

COROLLAIRE I.

551. *L'espace parcouru par le poids, est à l'espace parcouru par la puissance, comme la circonférence de l'aissieu multipliée par le nombre*

des

des révolutions de la roue est à la circonférence décrite par la puissance
Z multipliée par le nombre des révolutions de la vis.

Supposons que la roue fasse deux révolutions, le poids aura parcouru un espace double de la circonférence de son aissieu, car la corde se sera entortillée deux fois autour de cet aissieu ; or la vis fait une révolution à chaque dent de la roue qui passe, ainsi supposant que la roue ait dix dents, la vis aura fait vingt révolutions ; mais à chaque révolution, la puissance décrit sa circonférence, donc quand la roue aura fait deux révolutions, la puissance aura décrit sa circonférence vingt fois, & par conséquent l'espace qu'elle aura parcouru sera sa circonférence multipliée par le nombre des révolutions de la vis ; donc, &c.

COROLLAIRE II.

552. Il est aisé de voir que cette machine fait gagner beaucoup du côté de la force, mais qu'on perd aussi beaucoup du côté du tems.

COROLLAIRE III.

553. Connoissant le nombre des dents, la circonférence de l'aissieu, la puissance Z, & la circonférence qu'elle décrit, on connoîtra le poids Q en cette sorte.

Je multiplie la circonférence que la puissance décrit par le nombre des dents, & le produit est l'espace que la puissance décrit tandis que la roue fait une révolution, & par conséquent le poids aura parcouru un espace égal à la circonférence de l'axe ; or les vitesses sont comme les espaces ; donc en supposant que la puissance & le poids soient en équilibre, la puissance multipliée par son espace sera égale au poids multiplié par son espace ; ainsi pour connoître le poids, je prens une quatriéme proportionnelle à l'espace du poids, à celui de la puissance & à la puissance, & cette quatriéme proportionnelle est le poids cherché.

Pour abreger en calculant, on peut mettre les rayons à la place des circonférences, à cause que la raison des uns & des autres est la même.

Soit $Z = 100$ ℔, $AB = 3$, $TV = 1$, & le nombre des dents $= 48$; je multiplie 48 par 3, & le produit 144 est comme l'espace de la puissance, je dis comme l'*espace*, parce que pour avoir l'espace, il faudroit multiplier 144 par la circonférence

H hh

que le rayon 3 décrit, mais cela ne fait rien à caufe qu'au lieu de la circonférence de l'axe qui eft l'efpace du poids je mets fon rayon. Je dis donc 1, 144 :: 100, 14400, & ce quatriéme terme eft la valeur du poids.

D U   C O I N.

554. Le Coin fert à fendre les folides & à vaincre la réfiftance qu'ils font lorfqu'on veut defunir leur parties ; c'eft pourquoi cette réfiftance doit être regardée comme un poids que la puiffance doit foutenir ou enlever.

PROPOSITION CLXIV.

555. *Si une puiffance dont la direction eft la perpendiculaire* CD *(Fig. 197.) eft égale à la réfiftance que fait un corps pour empêcher la défunion de fes parties, la puiffance eft au poids comme la perpendiculaire* CD *eft au côté* AB.

DEMONSTRATION.

Suppofons que le coin fe foit enfoncé dans le folide de D en C, l'efpace parcouru par la puiffance fera la perpendiculaire CD ; or fi au lieu de la réfiftance, nous mettons un poids égal à cette réfiftance, & qui au commencement du mouvement fut en C, il eft vifible que ce poids fe trouveroit en A quand le coin fe trouveroit enfoncé jufqu'en C ; & par conféquent l'efpace parcouru par le poids feroit la droite AB, mais les efpaces parcourus dans le même tems font comme les viteffes ; donc les droites DC, AB, expriment les viteffes de la puiffance & du poids ; or par la fuppofition, les forces de la puiffance & du poids font égales, nommant donc A la puiffance, & P le poids, nous aurons A × CD = P × AB ; donc A, P :: CD, AB mais la réfiftance fait le même effet que le poids, donc la puiffance eft à la réfiftance comme CD eft à AB.

COROLLAIRE.

556. Plus le côté AB eft grand, & moins la puiffance eft grande par rapport à la réfiftance, ce qui eft évident par la Demonftration précédente ; donc les coins les plus aigus demandent moins de force que ceux qui font moins aigus, mais en revanche il leur faut plus de tems pour faire leur effet.

R E M A R Q U E.

557. Les différentes combinaisons que l'on peut faire des machines que nous venons d'expliquer dans ce Chapitre, produisent ce qu'on appelle *Machines composées*, & il est évident qu'on peut toujours en inventer de nouvelles, attendu que les différentes positions des machines simples les unes à l'égard des autres, leur différentes grandeurs, & les directions différentes de la puissance & du poids, peuvent faire une infinité de variations ; or si l'on a bien pris garde à la maniere dont nous avons trouvé le rapport de la puissance au poids dans les machines simples, il sera fort aisé d'en trouver le rapport dans les machines composées, c'est pourquoi je me dispenserai d'entrer ici dans un détail qui me menant trop loin, m'empêcheroit de traiter des autres parties de la Mechanique dont je dois parler dans les Volumes suivans, d'autant plus que si on ne veut pas se donner la peine de travailler soi-même sur cette matiere, on peut avoir recours au premier Volume de l'*Architecture hydraulique*, où ce sujet est traité de façon à contenter les Curieux. Il ne me reste donc plus pour finir ce premier Livre qu'à parler des frottemens dont nous avons fait abstraction dans les Propositions précédentes, & c'est ce que je vais faire dans le Chapitre suivant.

CHAPITRE XV.

Du Frottement des Machines.

D E F I N I T I O N.

558. **L**A difficulté que l'on éprouve lorsque l'on veut faire glisser deux surfaces planes ou courbes l'une sur l'autre, est ce qu'on appelle *Frottement*.

559. Toutes les surfaces quelques polies quelles puissent être, ont des élevations & des concavités, qui venant à s'engraîner les unes dans les autres, forment la résistance que l'on éprouve lorsqu'on veut faire mouvoir un corps sur la surface d'un autre corps ; or parmi les Auteurs qui ont écrit sur cette matiere, les uns ont prétendu que pour vaincre cette résistance, il ne s'agissoit que de désengraîner les surfaces, c'est-à-dire d'élever le

H h h ij

corps supérieur à peu près comme on éleve un corps sur un plan incliné, & d'autres ont voulu qu'il falloit ajouter à cela le brifement qui fe fait des petites éminences des furfaces, fondés fur ce qu'il arrive tous les jours que les machines qui ont fervi un certain tems ont moins de frottement que les autres, ce qui ne peut provenir que du brifement des petites élevations des furfaces, lefquelles deviennent plus unies & forment moins de réfiftance.

Pour mieux entendre ceci, fuppofons que la ligne dentée AB (*Fig.* 198.) reprefente le profil de la furface du corps inférieur, & la ligne dentée CD le profil de la furface du corps fupérieur ; felon les premiers Auteurs, chaque dent ou élevation de la furface AB eft un petit plan incliné le long duquel il faut néceffairement que le corps fupérieur monte fi l'on veut qu'il fe meuve de C vers D, ou de D vers C, ainfi le frottement eft égal à la force néceffaire pour faire monter ce corps, ou à la pefanteur relative de ce corps fur le plan incliné ; felon les autres, il faut ajouter à cela la force requife non-feulement pour émouffer les pointes des dents, mais encore pour brifer entierement celles dont le plan eft perpendiculaire fur les furfaces ; car toutes ces petites élevations étant extremement irrégulieres, il s'en trouve de perpendiculaires, de même qu'il y en a qui font plus ou moins inclinées fur les furfaces, & d'autres auffi qui font plus ou moins élevées, d'où il fuit que la force requife pour furmonter le frottement eft plus grande que celle qu'il faudroit employer pour élever fimplement le corps fuperieur. Ce dernier fentiment me paroît préférable au premier, à caufe des expériences journalieres fur lefquelles il eft fondé ; au refte on peut fe convaincre aifément qu'il n'eft point de furface entierement polie, fi l'on fait attention à l'ufage où l'on eft de faciliter le mouvement des machines en les frottant d'huile ; car cette liqueur rempliffant les concavités des furfaces, les empêche de s'engraîner auffi profondement qu'elles feroient fans cette précaution, & par conféquent le frottement en devient moindre.

Les dents ou éminences des furfaces étant extrêmement petites & d'ailleurs fort irregulieres, il n'eft pas poffible de trouver par la feule Geométrie des regles exactes de mefurer la quantité de frotement des corps ; mais fi on a recours aux expériences, & qu'on les réitere fouvent, & toujours avec beaucoup de foin, on pourra découvrir facilement des regles générales pour le frot-

tement des machines telles qu'elles foient, ainfi qu'on verra par
l'effai que nous en allons faire dans les Propofitions fuivantes. Je
commence par la poulie parce qu'il n'eft gueres poffible de bien
rechercher ce qui regarde le frottement des autres machines fans
le fecours de celle-ci.

Proposition CLXV.

560. *Trouver le frottement d'une poulie dont la matiere & le poids
font connus.*

Solution.

Je fuppofe que la poulie foit, par exemple, de bois de chêne
(*Fig.* 199), qu'on l'ait polie autant qu'on a pû, & que fon poids,
c'eft-à-dire, celui de fa roue foit de 6 ℔ ; cette poulie étant fufpendue au point fixe R fera fans mouvemement parce que toutes
fes parties feront en équilibre autour de fon axe, mais pour peu
qu'on ajoûte à l'un de fes côtés, il eft sûr que l'équilibre ne doit
plus exciter, & que fi le contraire arrive, cela ne peut venir que
du frottement qui fe trouvera plus fort que la quantité qu'on aura
ajoûtée à l'un des côtés.

Pour trouver donc ce frottement, je paffe dans la poulie une
petite corde très-déliée, aux extrémités de laquelle je fufpens
deux baffins de balance qui pefent également, & qui par conféquent feront en équilibre, de même que la poulie l'étoit auparavant ; je mets dans l'un des baffins B un petit poids, & fi la poulie ne tourne point, j'augmente ce poids jufqu'à ce que l'équibre
commence à fe rompre. Suppofant donc que le poids qui rompt
l'équilibre foit, par exemple, $\frac{1}{20}$ d'once, je retire la corde & les
baffins, je pefe le tout enfemble, & trouvant, par exemple, que
le poids eft d'une livre, j'ajoûte cette livre aux 6 ℔ que pefe la
roue de la poulie ce qui fait 7, & je dis que l'aiffieu de la poulie
étant chargé de 7 ℔ de poids, le frottement qui fe fait autour de
cet aiffieu eft $\frac{1}{20}$ d'once.

Maintenant fi je veux trouver le frottement de la feule roue
de la poulie, je dis par regle de trois ; fi l'aiffieu étant chargé de
7 ℔, le frottement eft $\frac{1}{20}$ d'once, de combien fera ce frottement
lorfque l'aiffieu ne fera chargé que de 6 ℔ ? Et faifant la regle je
trouve $\frac{6}{140} = \frac{3}{70}$ d'once.

De même fi je veux favoir le frottement caufé par le feul poids
de la corde & des baffins ; je dis, fi l'aiffieu étant chargé de 7 ℔

le frottement eſt $\frac{1}{20}$ d’once, de combien ſera ce frottement lorſque l’aiſſieu ne ſera chargé que d’une livre? Et faiſant la regle je trouve $\frac{1}{140}$ d’once.

Que ſi l’on conſidere l’un des baſſins comme un poids, & l’autre comme une puiſſance qui ſe tiennent en équilibre, & qu’on veuille ſavoir le frottement qu’ils cauſeront pour peu que l’un vienne à ſurmonter l’autre, on peſera les deux baſſins ſans la corde, & ſuppoſant qu’ils peſent $\frac{1}{2}$ ℔, on dira, ſi 7 ℔ donnent $\frac{1}{20}$ d’once de frottement, combien donnera $\frac{1}{2}$ ℔? Et faiſant la regle on trouvera $\frac{1}{280}$ d’once; & comme la corde peſera auſſi $\frac{1}{2}$ ℔, à cauſe que nous avons ſuppoſé que la corde & les baſſins peſoient enſemble une livre, il s’enſuit que le frottement produit par le poids de la corde ſera auſſi $\frac{1}{280}$ d’once.

Je ne parle point du frottement de la corde ſur la circonférence de la poulie, car il eſt viſible que l’engrainement qui ſe fait des parties de la corde avec celles de la ſurface de C en D ne ſert qu’à mieux tirer la poulie, & qu’en D les parties de la corde ſe deſengrainent d’elles-mêmes, à cauſe que la circonférence de la poulie commence à ce point à ſe derober à la corde de façon que les parties engrainées ſe ſéparent les unes des autres par la ſeule force de leur peſanteur.

Je conviens que les cordes ont des parties filaſſeuſes leſquelles venant à s’accrocher avec les irregularités de la ſurface de la poulie ne s’en détachent pas aiſément; mais comme on a grand ſoin de bien ſavonner les cordes que l’on employe pour cet uſage, ces ſortes d’accrochemens ſont aſſez rares & peuvent être négligés.

Corollaire I.

561. Le frottement d’une poulie d’une grandeur & d’une matiere déterminée étant connu, on connoîtra aiſément le frottement cauſé par des poids de telle grandeur que l’on voudra en cette ſorte.

Suppoſant que le frottement d’une poulie de bois de chêne peſant 6 ℔, ſoit de $\frac{6}{140}$ ou $\frac{3}{70}$ d’onces, & qu’on veuille ſavoir le frottement que cauſeront deux poids dont l’un ſera de 30 ℔ & l’autre de 40, les directions étant toujours ſuppoſées perpendiculaires à l’horiſon; on fera la ſomme 70 ℔ des deux poids, on y ajoûtera le poids de la corde que je ſuppoſe être de 4 ℔, ce qui fera 74 ℔, à quoi on ajoûtera encore le poids 6 ℔ de la pou lie, ce qui fera 80, après quoi on dira si l'aiſſieu étant chargé de ſix livres le frottement eſt $\frac{3}{70}$ d'once, de combien ſera ce frottement lorſque l'aiſſieu ſera chargé de 80 ℔? Et faiſant la regle on trouvera $\frac{240}{420} = \frac{4}{7}$ d'onces pour le frottement cauſé par les poids, la corde & la poulie ; & retranchant de $\frac{4}{7}$ ou $\frac{40}{70}$, le frottement $\frac{3}{70}$ de la roue de la poulie, on aura $\frac{37}{70}$ pour la partie du frottement que les deux poids & la corde cauſent, & ſi on retranche encore de ce frottement celui qui eſt cauſé par la corde, laquelle peſant 4 ℔, donnera $\frac{2}{70}$ de frottement, le reſte $\frac{35}{70} = \frac{1}{2}$ once, ſera le frottement cauſé par la ſomme 70 des deux poids, & ainſi des autres.

Au reſte, je ſépare les frottemens de la poulie, de la corde & des poids, pour faire voir comment on peut les ſéparer ſi l'on veut, mais dans la pratique il faut les unir enſemble, parce que la puiſſance qui tient lieu d'un poids, & qui doit enlever l'autre ſupporte tous ces frottemens, & que par conſéquent on doit l'augmenter d'autant, ainſi que l'on va voir dans l'exemple ſuivant.

Suppoſons que la poulie ſoit la même que ci-deſſus, & que le poids B peſe 30 ℔; s'il n'y avoit point de frottement une puiſſance A qui auroit le moindre petit poids au-deſſus de 30 ℔ enleveroit le poids B ; mais à cauſe du frottement il faut quelque choſe de plus à cette puiſſance, & pour le trouver j'ajoûte à 30 ℔ le poids de la corde que je ſuppoſe de 4 ℔, ce qui fait 34, j'y ajoûte encore le poids 6 ℔ de la roue de la poulie ce qui fait 40, & je dis, ſi l'aiſſieu étant chargé de 6 ℔, le frottement eſt de $\frac{3}{70}$ d'once, de combien ſera ce frottement lorſque l'aiſſieu ſera chargé de 40 ℔, & faiſant la regle, je trouve $\frac{120}{420} = \frac{2}{7}$ d'once pour le frottement total que la puiſſance A doit ſurmonter, ainſi la puiſſance doit être 30 ℔ & $\frac{2}{7}$ d'once, & ainſi des autres.

COROLLAIRE II.

562. Le frottement d'une poulie d'un poids & d'une matiere déterminée étant connu, on pourra connoître aiſément le frottement d'une autre poulie de même matiere de quelque poids qu'elle puiſſe être, en cette ſorte.

Suppoſons, comme ci-deſſus, que la roue d'une poulie de bois de chêne peſe 6 ℔, & que ſon frottement ſoit de $\frac{3}{70}$ d'once, & qu'on veuille connoître le frottement d'une autre poulie de même matiere dont la roue peſe 10 ℔; je dis, ſi 6 ℔ de poids

donnent $\frac{3}{70}$ d'once pour le frottement, combien donneront 10
℔ ? Et faisant la regle, je trouve $\frac{30}{420} = \frac{5}{70}$ d'once.

Corollaire III.

563. Ce que je viens de dire dans le Corollaire précédent suppose que les aissieux des poulies soient tous égaux entr'eux, mais si cela n'est pas, le frottement devient plus grand ou moindre selon que l'aissieu est plus grand ou plus petit, parce qu'il se trouve beaucoup plus de parties à briser, & voici comme on pourra le trouver.

Supposons les mêmes choses que dans le Corollaire précédent, à l'exception que l'aissieu de la poulie qui pese 6 ℔, étant d'un pouce de diametre, celui de la poulie dont la roue pese 10 ℔ est de 3 pouces de diametre ; je néglige d'abord la différence des aissieux, & faisant le calcul comme dans le Corollaire précédent je trouve $\frac{5}{70}$ d'once pour le frottement de la seconde poulie, en supposant que son aissieu est égal à celui de la premiere, mais cela n'étant, j'observe que les surfaces de ces deux aissieux, que je suppose également longs, étant entr'elles comme leurs diametres, je puis prendre la raison des diametres au lieu de celles des circonférences, & par conséquent je dis, si 1 de diametre donne $\frac{5}{70}$ pour le frottement, combien donnera 3 de diametre ? Et faisant la regle, je trouve $\frac{15}{70} = \frac{3}{14}$ d'onces pour le frottement de la poulie dont la roue pese 10 ℔, & dont le diametre est de 3 pouces, & ainsi des autres.

Mais si les aissieux différoient non-seulement par leurs diametres, mais encore par leurs longueurs, alors il est visible que les surfaces de ces aissieux seroient entr'elles en raison composée de la raison de leurs diametres, & de la raison des longueurs des aissieux, lesquelles ne sont autre chose que les largeurs des surfaces, c'est pourquoi on trouveroit le frottement en cette sorte.

Supposons toujours les mêmes choses que ci-dessus, à l'exception que l'aissieu de la poulie, dont la roue pese 6 ℔, ayant 1 pouce de diametre & 2 pouces de longueur, celui de la poulie dont la roue pese 10 à 3 pouces de diametre & 4 de longueur, je prens la raison 1, 3 des diametres, & la raison 2, 4 des longueurs, & faisant la raison composée, j'ai 2, 12, ou 1, 6 pour la raison des surfaces des deux aissieux ; c'est pourquoi je dis, si 1 de surface donne $\frac{3}{70}$ pour le frottement, combien donnera 6
de

de surface? Et faisant la regle, je trouve $\frac{18}{70} = \frac{9}{35}$ d'once pour le frottement de la poulie proposée, & ainsi des autres.

COROLLAIRE IV.

564. Si la puissance ou le poids, ou tous les deux ensemble avoient des directions obliques à l'horizon, voici comme on pourra trouver le frottement.

Supposons comme ci-dessus que la roue de la poulie AB (*Fig.* 200.) soit de 6 ℔, que le poids Q tirant selon la direction BQ perpendiculaire à l'horison, soit de 30 ℔, & que la puissance P tirant selon la direction AP soit aussi de 30 ℔, il y aura équilibre entre le poids & la puissance, ainsi pour peu qu'on ajoûtât à la puissance elle l'emporteroit s'il n'y avoit point de frottement; mais à cause du frottement il lui faut quelque chose de plus, & pour le trouver, je suppose que AP exprime la valeur de la puissance P ou du poids Q, & tirant de A la droite AR perpendiculaire à l'horison, & du point P la droite PR perpendiculaire à AR, & achevant le parallelogramme RS, la force AP équivaut aux deux forces AR, AS, ou AR, RP; or la force RP ne pese point sur la poulie puisque sa direction est horizontale, donc il n'y a que la force AR qui pese sur la poulie ou sur son aissieu, c'est-à-dire la poulie n'est chargée que de la partie AR de la puissance; ainsi la partie AR qui charge la poulie est à la puissance comme AR est à AP; supposant donc AR $=3$, & AP$=5$, nous aurons la valeur de la partie de la puissance qui charge la poulie en faisant 5, $3 :: 30$, $\frac{90}{5}=18$, & ce dernier terme 18 sera la partie de la puissance qui charge la poulie; ajoûtant donc 18 à la valeur 30 du poids Q, ce qui fait 48, puis y ajoûtant le poids de la poulie qui est 6, la somme est 54; j'y ajoûte encore le poids de la corde que je suppose être de 4 ℔; comme cette corde à cause de la direction oblique AP du côté de la puissance pesera moins sur la poulie de ce côté qu'elle ne pesera du côté du poids, je suppose qu'il y ait deux livres de corde de chaque côté, & faisant l'analogie que nous avons faite ci-dessus pour la puissance, je dis, AP est à AR comme 2 ℔ de corde est à un quatriéme terme, c'est-à-dire 5, $3 :: 2$, $\frac{6}{5}$, & ce quatriéme terme $\frac{6}{5}$ exprime combien la corde AP pese sur la poulie; donc la corde entiere pese sur la poulie $2\frac{6}{5}=3\frac{1}{5}$, lequel ajoûté à 54 fait $57\frac{1}{5}$ qui est le poids total dont la poulie est chargée; ainsi je fais 6, $\frac{3}{70} :: 57\frac{1}{5}$, $\frac{858}{2100} = \frac{143}{350}$ onces, & ce quatriéme terme est le frottement que la puiſſance doit ſurmonter ; ainſi cette puiſſance doit être 30 ℔ $\frac{141}{350}$ onces, pour ſurmonter le frottement, mais outre cela il faut lui ajoûter les $\frac{4}{5}$ du poids de la corde qu'elle ſupporte , puiſque nous venons de voir qu'en ſuppoſant qu'il y ait deux livres de corde de ſon côté, la poulie n'en ſupporte que $\frac{6}{5}$ & que par conſéquent la puiſſance en ſupporte $\frac{4}{5}$, donc la puiſſance doit être 3 1 ℔ $\frac{71}{350}$.

Comme il n'eſt pas toujours aiſé dans un triangle rectangle d'exprimer le rapport de l'hypotènuſe AP au côté AR, on obſervera qu'en prenant AP pour ſinus total, le côté AR eſt le ſinus de l'angle APR qui eſt l'angle d'inclinaiſon de la direction AP ſur l'horiſon, c'eſt pourquoi on dira que la puiſſance AP eſt à ſa partie AR qui charge la poulie comme le ſinus total eſt au ſinus de l'angle d'inclinaiſon.

Et il faut obſerver la même choſe à l'égard de la puiſſance toutes les fois que ſa direction eſt oblique, parce que quoique la corde qui eſt ſon côté peſe moins ſur la poulie & donne moins de frottement, la puiſſance ne laiſſe pas que de ſupporter le reſte du poids de cette corde.

Si les directions de la puiſſance & du poids étoient obliques à l'horizon, on chercheroit la partie de la puiſſance qui peſeroit ſur la poulie, comme il vient d'être fait, puis la partie du poids qui peſeroit ſur la poulie, & ajoûtant enſemble ces deux parties avec le poids de la roue de la poulie, on ajoûteroit encore à cette ſomme les deux parties de la corde qui peſeroient ſur la poulie de part & d'autre, & la ſomme ſeroit le poids total dont l'aiſſieu ſeroit chargé, c'eſt pourquoi le frottement ſe trouveroit comme ci-deſſus.

Que ſi la direction TV de la puiſſance étoit horizontale, cette puiſſance ne chargeroit point la poulie, ainſi l'on n'auroit qu'à ajoûter au poids de la roue de la poulie celui du poids Q , celui de ſa corde, & celui de la partie du poids de la corde du côté de A que la roue ſupporte ; ce qui donneroit le poids total dont l'aiſſieu ſeroit chargé, enſuite de quoi le frottement ſe trouveroit comme il a été dit.

COROLLAIRE V.

565. Tout ce que nous venons de dire dans cette Propoſition & ſes Corollaires , ne regarde que les poulies faites d'une même matiere ; c'eſt pourquoi ſi l'on avoit des poulies qui fuſ-

sent d'une autre matiere, par exemple de fer, il faudroit faire sur
l'une d'entr'elles les expériences, ainsi qu'il a été dit ci-dessus,
& le frottement de celle-ci étant connu, on connoîtroit sans peine
le frottement de toutes les autres de même matiere de quelque
poids qu'elles pussent être chargées, quelle que fût la direction
de ces poids, & de quelque grandeur que fussent les diametres
des axes, ainsi que nous avons dit.

PROPOSITION CLXVI.

566. Trouver le frottement d'une poulie à l'aiſſieu de laquelle le poids eſt ſuſpendu.

SOLUTION.

Soit la poulie AB (*Fig.* 201.) ayant à son aiſſieu O un poids suspendu Q, lequel eſt soutenu par la puiſſance P à la faveur d'une
corde PABR, laquelle eſt attachée au point fixe R, & soient les
directions PA, RB perpendiculaires à l'horizon ; nous avons vû
dans le Chapitre précédent en parlant de cette machine, que si
l'on fait abſtraction du poids de la poulie, de celui de la corde
OQ, & de celui de la corde PAV, la puiſſance eſt au poids
comme 1 à 2 ; ainſi ſuppoſant Q = 10, la puiſſance dans cette
hypotèſe ſeroit = 5, mais comme il n'y a point de poulie ni de
corde qui ne peſent, ſuppoſons que la poulie avec ſon aiſſieu
peſe 6 ℔, & la corde OQ ½ ℔, ce qui fait en tout 6 ℔ ½ ; j'ajoûte
ces 6 ℔ ½ au poids Q = 10, ce qui fait 16 ℔ ½, & il eſt viſible
que la puiſſance en ſoutient la moitié, c'eſt-à-dire 8 ¼, à cauſe que
le point fixe R en ſoutient l'autre moitié, ainſi la puiſſance devroit être 8 ¼ ; mais cette puiſſance ſoutient encore la corde PAV,
car la corde VBR eſt ſoutenue par le point fixe R, ſuppoſant
donc que PAV vaille ¼ de livre, j'ajoûte ce ¼ à 8 ¼, & par conſéquent la puiſſance P qui ſoutient le poids doit valoir 8 ℔ ½.

Pour trouver le frottement de cette machine je mets une poulie en P, & prolongeant la corde PA, enſorte que ſon prolongement PH lui ſoit égal & de même poids, je fais paſſer cette corde ſur la poulie X, mettant le point P à l'extrémité du diametre
perpendiculaire à l'horiſon, & attachant en H un poids de 8 ℔ ¼,
ce poids ſera en équilibre, car de côté & d'autre il y aura un poids
de 8 ℔ ¼ & une corde de ¼ ℔ ; je cherche par la Propoſition précédente ce qu'il faut ajoûter au poids H pour ſurmonter le frottement de la poulie X, & ſuppoſant que ce ſoit ½ once, il eſt ſûr

que cette demi-once étant ajoûtée au poids H , ce poids entraîneroit un poids de 8 ℔ $\frac{1}{4}$ qui seroit attaché en A , mais à cause du frottement de la poulie AB qu'il faut surmonter , le poids H augmente de demi-once , c'est-à-dire 8 ℔ 4 onces $\frac{1}{2}$, n'entraineront pas le poids Q ; j'ajoûte donc au poids H des petites quantités , jusqu'à ce que l'équilibre commence à se rompre , & supposant que ce qui commence à rompre l'équilibre soit $\frac{1}{4}$ once , je dis que le frottement de la poulie AB ayant le poids Q suspendu en O est $\frac{1}{4}$ once.

COROLLAIRE I.

567. Le frottement de cette poulie étant trouvé , il sera facile de trouver son frottement lorsqu'elle sera chargée de tel autre poids que l'on voudra.

Supposons le poids Q $= 25$ ℔ , la corde OQ $= 2$ ℔ , le tout ensemble est donc 27 ℔ , lesquelles étant ajoûtées aux 6 ℔ que la poulie pese font 33 ℔ ; je dis donc , si le poids total étant de 16 ℔ $\frac{1}{2}$, comme nous l'avons supposé dans l'expérience que nous avons faite , le frottement est de $\frac{1}{4}$ once , de combien sera ce frottement lorsque le poids total sera 33 ℔ ? Et faisant la regle je trouve $\frac{33}{66} = \frac{1}{2}$ once , & ainsi des autres.

COROLLAIRE II.

568. Le frottement d'une poulie étant connu on connoîtra sans peine le frottement de tout autre poulie plus grande ou moindre , pourvû qu'elle soit de même matiere.

Supposons d'abord que les deux axes soient égaux & en diametres & en longueur , & que la seconde poulie pese 12 ℔ , son poids joint à sa corde 14 ℔ , ce qui fait en tout 26 ℔ ; je fais comme dans le Corollaire précédent $16\frac{1}{2}$, $\frac{1}{4}$ :: 26 , $\frac{26}{66} = \frac{13}{33}$ d'once , & ce quatriéme terme est le frottement de la seconde poulie.

Que si les deux aissieux ont des diametres différens & des longueurs égales , les surfaces de ces aissieux seront comme les diametres ; supposant donc que le diametre du premier aissieu soit 2 pouces , & celui de la seconde 5 , je dis , puisque les deux aissieux étant supposés égaux , le frottement de la seconde poulie est $\frac{13}{33}$, les aissieux étant comme 2 à 5 , il est visible que le frottement $\frac{13}{33}$ doit êrre au frottement que je cherche comme 2 à 5 ; je fais donc 2 , 5 :: $\frac{13}{33}$, $\frac{65}{66}$ d'once , & ce quatriéme terme est le frottement cherché.

Enfin si les aissieux étoient inégaux en diametres & en longueurs , alors les surfaces des aissieux seroient en raison composée des diametres & des longueurs ; supposant donc le diametre de l'aissieu de la premiere poulie = 2, sa longueur = 3 , le diametre de l'aissieu de la seconde = 5 , & sa longueur = 6, faisant la raison composée des diametres 2 , 5 , des diametres & de la raison 3 , 6 des longueurs, j'aurai 10 , 18, ou 5 , 9 , qui sera la raison des surfaces des aissieux ; je dis donc , les surfaces des aissieux étant égales le frottement de la seconde poulie est $\frac{13}{33}$, donc les surfaces étant comme 5 , 9, je dois faire 5 , 9 :: $\frac{13}{33}$, $\frac{117}{165}$ = $\frac{39}{55}$, & ce dernier terme est le frottement cherché.

COROLLAIRE III.

569. Si la direction de la puissance étoit oblique à l'horison ; le frottement seroit le même que si la direction étoit perpendiculaire , car la puissance & le point d'appui soutiendroient toujours ensemble la même quantité de poids , de sorte que la roue de la poulie seroit pressée également contre son aissieu.

COROLLAIRE IV.

570. Si les poulies étoient d'une matiere différente de celle de la poulie sur laquelle on auroit fait l'expérience , on feroit une nouvelle expérience sur l'une d'entrelles , après quoi on trouveroit tout le reste de même que ci-dessus.

PROPOSITION CLXVII.

571. *Trouver le frottement de plusieurs poulies qui forment une même machine.*

SOLUTION.

Soient quatre poulies AB , CD , EF , GH , disposées comme on les voit ici (*Fig.* 202), & chargées du poids Q que la puissance P tient en équilibre, il se trouve ici deux sortes de frottemens , celui des poulies AB , CD , sur lequel la piece MN , qui les lie n'influe rien , & celui des poulies EF , GH qui se trouve augmenté par le poids du lien RS.

Supposons donc le poids Q = 50 ℔, la roue AB = 10 ℔, la roue CD = 4 ℔, la poulie EF = 3 ℔, la poulie GH = 6 ℔, &

le lien RS = 5 ℔ ; donc le poids Q, la poulie EF, la poulie GH, & le lien RS peseront ensemble 50 + 3 + 6 + 5 = 64 ℔ ; or ce poids de 64 ℔ tirant également les quatre cordes GC, EN, FP, HB chacune d'elles supporte le quart du poids & les 4 poulies supportent aussi chacune le quart du poids, c'est-à-dire 16 ℔.

Supposons que tous les aissieux soient égaux & en diametres & en longueurs, & que la matiere des poulies soit la même que celle sur laquelle nous avons supposé avoir fait l'expérience dans la Proposition précédente; je conçois une puissance en D qui soutient la poulie EF chargée du quart du poids par le moyen de la corde DFEN attachée fixement en N, & comme il y a 16 ℔ de poids, je dis par la Proposition précédente 16 $\frac{1}{2}$, $\frac{1}{4}$ :: 16, $\frac{16}{66}$ = $\frac{8}{33}$, & ce quatriéme terme est le frottement de la poulie EF ; or sans ce frottement la puissance seroit égale à la moitié de 16, c'est-à-dire à 8, parce que le point fixe N soutient l'autre moitié du poids 16 ; donc puisque cette puissance doit vaincre le frottement elle doit être 8 $\frac{8}{33}$; je ne parle point de la corde qu'elle soutient parce qu'elle va se trouver dans le frottement de la poulie suivante.

Je conçois deux puissances suspendues de part & d'autre à la poulie CD égales chacune à 8, $\frac{8}{33}$, & dont les cordes sont chacune égales à la corde DF, ou pour mieux dire à la corde ODX, en faisant OCV = ODX = 2 ℔ ; l'aissieu de cette poulie est donc chargé de sa roue, des deux puissances, & de la corde VCDX ; je cherche le frottement de cette poulie par les regles de la Proposition 164, & supposant qu'elle soit $\frac{9}{33}$ onces, la puissance en V qui doit surmonter le frottement doit donc être 8, $\frac{8}{33}$ + $\frac{9}{33}$ = 8 ℔ $\frac{17}{33}$ d'onces.

Je conçois une puissance en B qui soutient la poulie GH par le moyen de la corde BHGCDFN, il est sûr que cette puissance soutient non-seulement les 8 ℔ $\frac{17}{33}$ que soutenoit la puissance en V, mais encore la moitié 8 du poids 16 que la poulie GH soutient, ainsi cette puissance est 16 ℔ $\frac{17}{33}$ d'onces ; or le frottement de cette poulie est $\frac{8}{33}$, par les regles de la Proposition précédente, donc la puissance en B doit être 16 ℔ $\frac{17}{33}$ + $\frac{8}{33}$ = 16 ℔ $\frac{25}{33}$ d'onces.

Je conçois deux puissances chacune de 16 ℔ $\frac{25}{33}$ d'onces suspendues à la poulie AB avec la longueur de la corde VGHBAP, & par conséquent l'aissieu de la poulie AB est chargé de sa roue, des deux puissances & de la corde que je suppose = 3 ℔, je cherche par la Proposition 164 le frottement de cette poulie, & sup-

posé qu'il soit $\frac{16}{33}$, la puissance P doit donc être $16\,\text{lb}\;\frac{25}{33}+\frac{16}{33}$
$= 16\,\text{lb}\;\frac{41}{33}$ d'onces $= 16\,\text{lb}\;1$ once $\frac{8}{33}$, & par conséquent le frottement est 1 once $\frac{8}{33}$.

Au reste, ces frottemens tels que je les mets ici ne sont que des suppositions pour montrer comment il faudroit faire les calculs, si on avoit fait les expériences dont j'ai parlé dans les deux Propositions précédentes , c'est pourquoi il faudroit bien se garder de les prendre pour les véritables valeurs des frottemens dont nous avons parlé.

Proposition CLXVIII.

572. Trouver le frottement d'un corps qui se meut sur la surface horizontale d'un autre corps.

Solution.

Un corps peut se mouvoir sur la surface horizontale d'un autre, en razant cette surface ou en roulant sur elle, ce qui fait deux différens cas ; car il est visible que si la surface supérieure raze l'inférieure, il se fait à la fois plus d'engraînures que si elle rouloit dessus, & que par conséquent y ayant plus de parties accrochées qu'il faut attenuer ou briser tout-à-fait, il y a aussi plus de frottement ; je commence par les corps dont les frottemens sont razants.

Soit un corps AB de marbre $= 10\,\text{lb}$ (*Fig.* 203.) sa base AC $= 1$ pouce quarré, & supposons que la surface TS sur laquelle ce corps se meut, soit aussi de marbre. J'attache à ce corps une corde RHQ que je fais passer sur une poulie H disposée de façon que la direction RH de la corde soit horizontale, de même que la surface TS ; je suspends à l'extremité de cette corde differens poids jusqu'à ce que j'en trouve un qui commence à faire mouvoir le corps AB ; il est sûr que si l'on fait abstraction du frottement de la poulie & du poids de la corde, le frottement du corps AB doit être égal au poids Q qui fait mouvoir ce corps ; car la direction de la pesanteur du corps AB n'étant point opposée au mouvement horizontal, ce corps est indifférent au repos ou au mouvement horizontal ; donc le moindre atôme Q poussé actuellement par sa pesanteur, devroit faire mouvoir AB, à cause que par la disposition de la corde, cet atôme Q agiroit sur le corps AB de la même façon que s'il le choquoit avec une vitesse égale à celle que sa pesanteur lui donne ; or par l'expérience, il faut un poids beaucoup plus confidérable qu'un atôme pour donner du mouvement à AB ; donc la réfiftance que fait ce corps ne peut venir que du frottement ; ainfi fuppofant que le poids Q pefe une livre , il y auroit une livre de frottement, mais de cette livre il faut retrancher le frottement de la poulie caufé par la pefanteur du poids Q de fa corde HQ, de fa roue H, & de la moitié de la corde RH, à caufe que l'autre moitié de cette corde eft foutenue par le poids AB, donc en fuppofant que ce frottement eftimé par les regles ci-deffus foit un once, le frottement de AB fera 15 onces ; ajoutant donc à AB le poids de la moitié de la corde RH que je fuppofe être un once, je conclus que le corps AB pefant 10 ℔ 1 un once , & fa furface AC étant un pouce quarré, le frottement eft de 15 onces.

COROLLAIRE I.

573. Le frottement de ce corps étant trouvé, on trouvera aifément celui de tel autre corps de même matiere que l'on voudra, quelque puiffe être fon poids, & fa furface AC ; car le frottement étant caufé par la pefanteur & par la grandeur des furfaces qui exigent un plus grand ou un moindre brifement de parties, felon qu'elles font moindres ou plus grandes, il eft vifible qu'en fuppofant toujours la même poulie & le même poids de la corde, les frottemens font en raifon compofée des pefanteurs & des furfaces ; donc fuppofant un autre corps dont le poids fut de 25 ℔, & la furface AC de 4 pouces quarrés, on diroit d'abord en fuppofant les bafes égales ; fi 10 ℔ 1 once donnent 15 onces de frottement, combien donneront 25 ℔, & faifant la regle, on trouveroit 2 ℔, 5 onces $\frac{43}{161}$, après quoi on diroit ; fi un pouce quarré de furface donne 2 ℔, 5 onces $\frac{43}{161}$ de frottement, combien donneront 4 pouces ? & faifant la regle, on trouveroit 3 ℔, 5 onces $\frac{13}{161}$ pour le frottement cherché, & ainfi des autres.

COROLLAIRE II.

574. Si le corps AB & la furface TS étoient d'une autre matiere, il faudroit faire une expérience comme ci-deffus, & le refte s'acheveroit de même.

COROLLAIRE III.

575. Si le corps AB étoit fpherique & qu'il roulât fur la furface TS, il faudroit faire auffi une experience pour trouver
son

son frottement, & enfuite celui de tous les corps femblables qui feroient plus ou moins grands, & il faudroit la faire de même fi ce corps fpherique rafoit la furface; car le frottement dans ce dernier cas feroit plus grand que fi le corps rouloit, à caufe que les parties engraînées fe defengraîneroient moins facilement; par exemple, fi le corps fpherique DB (*Fig.* 204.) eft tirée par la puiffance P felon la direction PO parallele à la furface AC, & que ce corps ne roule point, c'eft-à-dire qu'il touche toujours la furface AC par l'extremité du même rayon OB, il eft vifible que pour defengraîner la partie B, il faut néceffairement faire monter le centre de gravité, & que pendant ce mouvement, l'effort que cette partie B fait contre la partie de la furface qui s'oppofe à fon mouvement, eft toujours le même; au contraire, fi le corps roule en forte que le rayon OB prenne la portion BR, le centre de gravité fe dérange fans monter, & par fon propre poids il acheve de defengraîner le rayon BR, lequel s'inclinant toujours davantage fur la furface, agit fur la partie qui s'oppofoit à fon mouvement avec un effort qui diminue de plus en plus.

COROLLAIRE IV.

576. Il fuit delà que le frottement d'un corps fpherique qui roule fur une furface eft moindre que celui du même corps qui rafe cette furface, & que celui-ci eft auffi moindre que le frottement que ce même corps fouffriroit fi on lui donnoit une figure qui eut plufieurs furfaces, en forte que l'une de fes furfaces portât fur la furface du corps inférieur.

COROLLAIRE V.

577. Il eft aifé de voir ce qu'il faut faire pour trouver le frottement d'un corps C qui fe meut le long d'un plan incliné AB, (*Fig.* 205.), mais afin qu'on n'y foit pas embarrafié, voici comment on fera.

S'il n'y avoit point de frottement, le poids P qui foutient le poids Q à l'aide de la poulie E, feroit à ce poids comme la hauteur BC eft au plan incliné AB, ainfi qu'il a été démontré en parlant du plan incliné, mais à caufe des frottemens, foit fur le plan incliné, foit fur la poulie, le poids P doit être plus fort.

Pour trouver donc ce qu'il faut ajouter au poids P, je mene du point E où la direction QE touche la poulie E, la droite ER perpendiculaire à l'horizon; je prens fur QE la droite EX à dif-

K k k

cretion, & du point X menant XR parallele à l'horizon, j'acheve le parallelogramme RZ, il est évident que si la force du poids Q est exprimée par la diagonale EX, cette force équivaudra aux forces exprimées par les côtés XZ, ZE, mais la force ZE n'agit point sur la poulie, donc il n'y a que la force XZ qui pese sur elle, ainsi l'effort que le poids Q fait sur la poulie, est à l'effort qu'il feroit si sa direction étoit perpendiculaire comme XZ est à XE; je trouverai de la même façon l'effort que la corde EQ fait sur la poulie, & par conséquent si j'employe les regles de la Proposition 164, je trouverai le frottement de la poulie causé par les poids P, Q, par les cordes EQ, EP, & par la roue de poulie; ajoutant donc cette quantité de frottement au poids P, & la partie du poids de la corde EQ que le poids Q soutient, ce poids P n'entraînera pas encore le poids Q, parce qu'il y a encore à surmonter le frottement sur le plan incliné. J'ajoute donc au poids P des petites quantités, jusqu'à ce que j'en trouve une qui commence à faire mouvoir le corps Q, & cette quantité étant trouvée, je dis qu'elle est égale au frottement de Q sur le plan incliné en retranchant neanmoins la partie du poids de la corde QE que le poids Q soutient, ce qui n'a pas besoin de Demonstration après tout ce que nous avons dit ci-dessus; & delà il est aisé de connoître les frottemens des autres corps semblables au corps Q, & qui seront plus grands ou moindres, en supposant qu'ils soient de même matiere; car s'ils étoient de différente matiere, il faudroit toujours avoir recours à l'experience.

PROPOSITION CLXIX.

578. *Trouver le frottement d'une roue dans son aissieu.* (Fig. 207).

SOLUTION.

La roue dans son aissieu est ordinairement soutenue sur deux pieds EF, HL, sur lesquels elle tourne, & les parties de son aissieu qui portent sur ces pieds sont moins épaisses que le reste du même aissieu autour duquel la corde du poids Q s'entortille.

S'il n'y avoit point de frottement, & que ni la roue, ni son aissieu, ni les cordes du poids Q & du poids P qui le soutient ne pesassent point, le poids P seroit au poids Q comme le rayon OT de l'aissieu est au rayon OA de la roue, comme il a été démontré plus haut en parlant de cette machine; supposant donc que le rapport du rayon de la roue à celui de l'aissieu soit comme

4 à 1, & que le poids Q fut de 300 ℔, le poids P devroit être 75 ℔ qui eſt le quart de 300 ℔, en ſuppoſant que le poids de la corde du poids P fut celui de la corde du poids Q dans la même raiſon de 1 à 4, ce qui eſt facile à faire ; c'eſt pourquoi la moindre quantité qu'on ajouteroit au poids P entraîneroit le poids Q, s'il n'y avoit point de frottement.

Or ce frottement vient non-ſeulement de la peſanteur des deux poids & de leur cordes, mais encore de celle de la roue & de ſon aiſſieu qui peſent ſur les deux pieds ; ſuppoſant donc que la roue & ſon aiſſieu peſent 200 ℔, & les deux cordes 4 ℔, ce qui fait 204 ℔ ; j'ajoute à cette ſomme le poids Q = 300, & le poids P = 75, & le tout enſemble fait 579 ℔ pour le poids total qui peſe ſur les deux pieds ; j'ajoute donc au poids P des petites quantités juſqu'à ce que j'en trouve une qui commence à rompre l'équilibre, & ſuppoſé que cette quantité ſoit 2 ℔, je dis que le frottement que le poids P doit ſurmonter eſt de 2 ℔, & que par conſéquent ce poids doit être de 77 ℔.

COROLLAIRE I.

579. Le frottement de la machine chargée, ainſi que nous l'avons ſuppoſé étant trouvé, on trouvera facilement celui de la même machine qui ne ſeroit chargée ni des poids ni des cordes ; car la peſanteur totale étant 579 ℔, ſi l'on en retranche celui des poids & des cordes qui eſt 379 ℔, le reſte ſera 200 ℔, & l'on dira ſi 579 ℔ donnent 2 ℔ de frottement, combien donneront 200 ℔, & faiſant la régle, on trouveroit $\frac{400}{579}$ ℔ pour le frottement.

COROLLAIRE II.

580. Le frottement de cette roue étant connu, on connoîtra ſans peine le frottement d'une autre roue plus grande ou moindre faite de la même matiere, en ſuppoſant que les diametres & les longueurs des parties des aiſſieux qui portent ſur les pieds ſoient toujours les mêmes.

Car ſi une autre roue avec ſon aiſſieu peſe par exemple 600 ℔, on dira ſi 200 ℔ donnent $\frac{400}{579}$ de frottement, combien donneront 600 ? & la regle faite, on trouvera $\frac{1200}{579}$ ℔ pour le frottement, & ainſi des autres.

K k k ij

Corollaire III.

581. Si les diametres des parties des aissieux qui portent sur les pieds étoient différens, leur circonférences seroient entr'elles comme les diametres ; ainsi en supposant que dans la roue qui pese 600 ℔, le diametre de la partie de l'aissieu qui porte sur les pieds fut à celui de la partie de l'aissieu qui porte sur les pieds dans l'autre roue comme 1 à 3 ; on diroit en supposant les diametres égaux le frottement dans la roue de 600. ℔ est $\frac{1200}{579}$; donc en supposant les diametres comme 1 à 3, ce frottement doit être à celui que je cherche comme 1 à 3, c'est pourquoi il doit être $\frac{3600}{579}$ ℔ $= 6$ ℔, $\frac{135}{579} = 6$ ℔ $\frac{45}{193}$.

Corollaire IV.

582. Si les diametres & les longueurs des parties des aissieux qui portent sur les pieds étoient différens, alors les surfaces de ces parties seroient en raison composée des diametres & des longueurs ; supposant donc que dans la roue de 600 ℔ le diametre fut 4 pouces, & la longueur 6, & que dans la roue de 200 ℔ le diametre fut 3 pouces, & la longueur 5, la raison composée de la raison 4, 3, des diametres & de la raison 6, 5, des longueurs, seroit 12, 30, ou 2, 5, c'est pourquoi ayant trouvé qu'en supposant égalité entre les surfaces des parties des aissieux qui portent sur les pieds le frottement de la roue de 600 ℔ est $\frac{1200}{579}$ ℔, je dis 2, 5 :: $\frac{1200}{579}$, $\frac{6000}{1158} = 5$ ℔, $\frac{35}{193}$, & c'est le frottement cherché.

Corollaire V.

583. Si les roues étoient d'une autre matiere, on feroit une experience sur l'une d'entr'elles, après quoi le reste se trouveroit comme ci-dessus.

Proposition CLXX.

584. *Trouver le frottement des roues dentées.* (Fig. 206.)

Solution.

Soient les trois roues dentées de la figure 206. ces trois roues portent chacune sur deux pivots qui les soutiennent, & il est visible qu'il s'y fait deux sortes de frottement dont le premier es

celui des aiſſieux ſur leurs pivots, & le ſecond eſt celui des dents
des roues & des aiſſieux.

Pour trouver donc le frottement total de la machine, je ſuppoſe d'abord que nous n'ayions que la premiere roue OI à l'aiſſieu de laquelle ſoit ſuſpendu un poids P, lequel avec ſa corde
PR peſe par exemple 40 ℔, & qu'en I il y ait une puiſſance qui
ſoutienne ce poids ; cette roue ainſi chargée n'eſt autre choſe
qu'une roue dans ſon aiſſieu, c'eſt pourquoi je cherche ſon frottement par les regles de la Propoſition précédente, & ſuppoſant
que ce frottement ſoit 1 once, je l'écris à part ſans l'ajouter à
la puiſſance I, parce que les diviſions que je ſerai obligé de faire
dans les operations ſuivantes en diminueroient la quantité ; or en
ſuppoſant que le rayon TO ſoit au rayon OI, comme 1 à 5, la
puiſſance I eſt au poids comme 1 à 5, comme il a été dit en parlant de la roue dans ſon aiſſieu ; ainſi cette puiſſance ſeroit 8 s'il
n'y avoit point de frottement ſeroit 8 ℔, & elle devroit être 8 ℔
1 once ſi elle devoit ſurmonter le frottement, c'eſt-à-dire, s'il
n'y avoit point d'autres roues.

Je mets une ſeconde roue dont je ſuppoſe que le rayon FG
& le rayon GI de l'aiſſieu ſoient de même grandeur que ceux de
la premiere roue, & mettant au lieu de la premiere roue & de
ſon poids une puiſſance en I de 8 ℔ qui tire ſelon la direction
horizontale I*i*, & une autre en F qui pouſſe ſelon la direction
horizontale *f*F, & qui ſoutienne la puiſſance I ; il eſt viſible 1°.
que ces deux puiſſances font le même effet que ſi la puiſſance F
ſoutenoit le poids P. 2°. Que la puiſſance F doit être à la puiſſance I, comme 1 à 5, & que par conſéquent elle doit être
1 ℔, 9 onces $\frac{1}{5}$. 3°. Que les deux puiſſances ne chargent point
la roue FG, puiſque leur directions ſont horizontales, & que
par conſéquent le frottement ſur les parties de ſon aiſſieu qui
portent ſur les pivots, n'eſt cauſé que par le poids de cette roue
& de ſon aiſſieu ; cherchant donc ce frottement, & ſuppoſant
qu'il ſoit $\frac{1}{5}$ onces, je l'écris à part, pour les raiſons dites ci-deſſus.

Je mets une troiſiéme roue AC égale en tout aux précédentes,
& mettant en F une puiſſance qui vaille 1 ℔, 9 onces $\frac{1}{5}$ au lieu
de la ſeconde roue, laquelle puiſſance pouſſe ſelon la direction
*f*F, & en A une autre puiſſance qui tire ſelon la direction A*a*,
& qui ſoutienne la puiſſance F, je trouve en raiſonnant comme
ci-deſſus, que la puiſſance A doit être 5 onces $\frac{2}{5}$, & le frottement de la roue $\frac{1}{5}$ onces.

K k k iij

La puiſſance A doit être 5 onces $\frac{3}{25}$ pour ſoutenir le poids P = 40 ℔, lorſqu'il n'y a point de frottement, mais comme nous venons de trouver que le frottement des trois aiſſieux des roues eſt 1 once $+\frac{1}{5}+\frac{1}{5}=$ 1 once $\frac{2}{5}$, il s'enſuit que s'il n'y avoit que le frottement des trois aiſſieux, la puiſſance A devroit être de 6 onces $\frac{13}{25}$ pour le ſurmonter, paſſons au frottement des dents.

Je ſuppoſe d'abord qu'il n'y ait que les deux premieres roues IO, FG, & je mets en f une poulie de même matiere que les roues ayant le diametre de l'aiſſieu égal au diametre des parties de l'aiſſieu O qui portent ſur les pivots, & la longueur de l'aiſ- ſieu égale aux longueurs de ces deux parties de l'aiſſieu priſes en- ſemble ; j'attache en F une corde que je fais paſſer ſur la poulie, & à l'extremité de laquelle eſt un poids peſant avec ſa corde Qf, 1 ℔, 9 onces $\frac{3}{5}$, & par conſéquent les poids P, Q, ſont en équilibre ; j'ajoute au poids Q des petites quantités juſqu'à ce que j'en trouve une qui commence à donner du mouvement aux deux roues, & ſuppoſant que cette quantité ſoit 1 ℔, 3 onces, je dis que le frottement des deux roues & de la poulie f eſt d'une livre 3 onces.

Or pour avoir le ſeul frottement des dents, je dois retran- cher d'une livre trois onces. 1°. Le frottement une once $\frac{1}{5}$ des deux roues. 2°. Le frottement de la poulie que je conſidere chargée du poids Q & de ſa roue, faiſant abſtraction de la corde fF, parce que la poulie & la roue Fg la ſoutenant également, elle cauſe un égal frottement de part & d'autre, à cauſe de l'é- galité des ſurfaces des aiſſieux que nous avons ſuppoſées telles uniquement pour négliger le poids de cette corde ; ſuppoſant donc que le frottement de la poulie ſoit $\frac{1}{5}$ onces, je l'ajoute au frottement 1 once $\frac{1}{5}$ des aiſſieux des deux roues, & retranchant la ſomme 1 once $\frac{4}{5}$ du frottement 1 ℔, 3 onces, le reſte 1 ℔, 1 once $\frac{1}{5}$ eſt le frottement des dents des deux roues ; ainſi la puiſſance F doit être 1 ℔, 9 onces $\frac{3}{5}+$ 1 ℔, 1 once $\frac{1}{5}$, c'eſt- à-dire 2 ℔, 10 onces $\frac{4}{5}$, ſi l'on veut que cette puiſſance ſur- monte le frottement des deux roues, quand le poids P eſt de 40 ℔.

Je mets la troiſiéme roue, & je tranſporte la poulie avec ſa corde en a, où je ſuſpends un poids L peſant avec ſa corde 5 onces $\frac{4}{25}$, & ce poids eſt en équilibre avec le poids P ; j'a- joute donc à ce poids des petites quantités, juſqu'à ce que j'en trouve une qui commence à donner du mouvement, &

fuppofant que cette quantité foit 2 ℔, je dis que le frottement des trois roues & de la poulie *f* eſt de 2 ℔.

Et pour avoir le feul frottement des dents de la troiſiéme & feconde roue, je n'ai qu'à retrancher de ce frottement, le frottement des aiſſieux des trois roues, celui de la poulie, & celui des dents de la feconde & premiere roue, & le reſte fera le frottement cherché.

La puiſſance A doit donc être 5 onces $\frac{3}{25}$ + 2 ℔, c'eſt-à-dire 2 ℔, 5 onces $\frac{3}{25}$, ſi l'on veut qu'elle furmonte le frottement de la machine, quand le poids P = 40 ℔.

C O R O L L A I R E.

585. Le frottement de cette machine étant trouvé pour un poids de 40 ℔, il eſt facile de trouver le frottement pour tel autre poids qu'on voudra ; car ſi l'on fuppofe que ce poids foit 70 ℔, le frottement de l'aiſſieu de la premiere roue ſe trouvera en difant : ſi 40 donnent une once, combien donneront 70 ? & la regle faite, on trouvera $\frac{70}{40} = \frac{7}{4} = 1$ once $\frac{3}{4}$; les frottemens des aiſſieux des deux autres roues feront toujours chacun $\frac{1}{5}$; ainſi le frottement total des aiſſieux fera 1 once $\frac{3}{4} + \frac{2}{5} = 2$ onces $\frac{3}{20}$.

La puiſſance I feroit au poids P comme 1 à 5, & par conféquent 14 ℔, & la puiſſance F feroit auſſi le cinquiéme de la puiſſance F, ou 2 ℔, 12 onces $\frac{4}{5}$, & l'on diroit quand le poids eſt de 40 ℔, le frottement que doit furmonter la puiſſance F eſt de 1 ℔, 3 onces, de combien doit être ce frottement, lorfque le poids eſt de 70 ? & la regle faite, on trouveroit la valeur de ce frottement, & retranchant de cette valeur le frottement des aiſſieux des deux roues, le reſte feroit le frottement des dents de la premiere roue & de l'aiſſieu de la feconde, & on trouveroit même le frottement total des trois roues, &c.

C O R O L L A I R E III.

586. Si les roues de la machine qu'on veut employer étoient faites d'une autre matiere, ou que les rapports de leurs rayons ne fuſſent pas les mêmes non plus que ceux de leur aiſſieux, il faudroit faire une expérience en ayant égard à toutes ces chofes ; après quoi il feroit aifé de trouver les frottemens de cette machine pour tous les poids poſſibles.

I. REMARQUE.

587. On m'objectera peut être que mon experience donne plus de frottement aux dents des roues, qu'elles n'en ont, parce que je m'arrête au premier inftant où les roues commencent à avoir du mouvement, & que dans cet inftant l'effort mutuel des dents étant perpendiculaire, fe trouve plus fort que dans les inftans fuivans où les directions de ces efforts deviennent obliques de plus en plus, & caufent par conféquent moins de frottement; mais à cela je répons 1°. qu'en fait de machine on ne rifque rien de donner toujours à la puiffance un peu plus qu'il ne faudroit, d'autant plus que les machines font faites bien moins pour tenir les poids en équilibre que pour les enlever. 2°. Qu'à la verité, le frottement eft moins grand que je ne le fais, fi l'on ne confidere que le frottement de deux dents qui peu à peu fe défengraînent, mais il faut faire attention que pendant ce tems, il y a deux autres qui s'engraînent auffi peu à peu, & qui par conféquent font un frottement qui peut compenfer ce qu'on donne de trop de l'autre côté ; ainfi quoiqu'il me paroiffe affez facile de réfoudre la queftion géometriquement en n'y employant que les principes méchaniques que nous avons vus dans ce Livre, je ne m'y arrêterois cependant pas de peur de groffir trop cet Ouvrage auquel j'ai encore bien des chofes à ajouter.

II. REMARQUE.

588. Les principes que j'ai donné dans ce Chapitre peuvent s'appliquer à toute forte de machines quelques compofées qu'elles puiffent être, & l'on pourroit en tirer des regles generales, & en compofer même des tables qui feroient d'une grande utilité dans la pratique. Je pourrai même le faire un jour fi Dieu me donne affez de vie & du loifir, mais en attendant fi quelqu'un vouloit s'y appliquer, il pourroit s'affurer que fon Ouvrage ne feroit pas du nombre de ceux dont le Public ne tire aucun profit.

ADDITION

ADDITION

A CETTE PREMIERE PARTIE.

OU L'ON TRAITE DE LA FORCE DU
choc des Corps projettés , & du choc des Corps qui
se frappent , ensorte que leurs centres de gravité ne
sont pas sur la Ligne de Direction.

De la force des Corps projettés.

589. **I**L faut se rappeller ici , 1°. Que lorsqu'un corps A est projetté selon une direction quelconque AB (*Fig.* 208), il
décrit une courbe AOS qui est une parabole (*N.* 270). 2°. Que
tandis que dans les tems 1 , 2 , 3 , 4 , &c. à commencer toujours depuis l'origine A du mouvement , il décriroit par le mouvement uniforme de son impulsion les droites AC , AD , AE ,
&c. qui sont entr'elles comme les tems , le mouvement acceleré de sa pesanteur lui feroit décrire les droites CL , DM , EN ,
FO , &c. qui sont entr'elles comme les quarrés des tems (*N.* 270),
de façon que lorsque le corps par le mouvement d'impulsion décriroit dans des tems des espaces égaux AC , CD , DE , &c.
ce même corps décriroit dans le même tems par l'effet de sa
pesanteur , des espaces qui seroient les différences des droites
CL , DM , EN , &c. ou les différences 1 , 3 , 5 , 7 , &c. des
quarrés 1 , 4 , 9 , 16 , &c. des tems 1 , 2 , 3 , 4 , &c. 3°. Que
si du point A on mene une droite horizontale AS , & que des extrémités des arcs de parabole AL , LM , MN , &c. parcourus
dans des tems égaux , on abaisse des perpendiculaires LT , MV ,
NY , &c. sur l'horizontale AS , les espaces horizontaux AT ,
TV , VY , &c. correspondans aux arcs de parabole seront égaux
entr'eux (*N.* 275), de façon que si l'on prend pour la mesure d'un
instant , la droite AT qui repond à l'arc AL parcouru dans le pre-
L l l

mier inſtant , la droite AS ſera égale à la droite AT multipliée par
le nombre des inſtans que le corps aura employé à parcourir la
courbe AOS, & par conſéquent cette droite repréſentera le tems
employé à parcourir l'arc AOS , de même la droite AZ qui répond à l'arc ALMNOP ſera égale à AT multipliée par le tems
ou par le nombre des inſtans employés à parcourir l'arc
ALMNOP , & par conſéquent elle repréſentera le tems employé à parcourir l'arc ALMNOP , & ainſi des autres , ce qui
eſt évident par la ſeule inſpection de la figure.

590. Si l'on coupe l'horizontale AS (*Fig.* 209.) en parties infiniment petites & égales , & que des points A, B, C, D, &c.
on éleve des perpendiculaires BF, CG, &c. juſqu'à la rencontre de la parabole , les arcs AF, FG, GH, &c. ſeront les arcs
parcourus par le corps dans des tems infiniment petits & égaux ;
or ces arcs à cauſe de leur extréme petiteſſe peuvent paſſer pour
des lignes droites qui marquent les changemens de direction du
corps à chaque inſtant , & par conſéquent on peut regarder ces
petits arcs comme faiſant partie des tangentes de la courbe aux
points A , F , G , H , &c.

La droite AB (*Fig.* 208.) étant l'eſpace que la force uniforme
de la poudre feroit parcourir au corps pendant le tems AS, il
eſt viſible que la droite AC eſt l'eſpace que cette même force feroit parcourir au corps dans le premier inſtant AT, ainſi AC
peut être pris pour la force de la poudre ; or le corps en parcourant AC s'avance vers le côté oppoſé à l'origine A du mouvement d'une quantité égale à AT , donc AT eſt la viteſſe de A
vers S dans le tems qu'il s'avance vers C, & par conſéquent
AC étant regardée comme la force de la poudre , la droite AT
peut être regardée comme la force reſpective de la poudre , eu
égard au mouvement des corps de A vers S, dans le tems que
par ſa direction il parcourroit AC ; pour abreger le diſcours nous
nommerons ſimplement *force de la poudre*, la force reſpective AT.

591. *Si le corps projetté* A (Fig. 209.) *choque en un point quelcon-*
que F *de la parabole , un plan qui ſoit perpendiculaire à ſa direction ,*
la force du choc eſt égale à la racine du parametre du diametre FB
qui paſſe par ce point F.

L'arc AF étant infiniment petit , peut être regardé comme
une ligne droite qui fait partie de la tangente FP , ainſi AF marque la direction de la force qui pouſſe le corps vers F ; or cette force eſt équivalente aux deux AB , BF , dont la derniere BF

quoique retardée par la pefanteur , peut être regardée comme uniforme , à caufe du tems infiniment petit que le corps employe à parcourir l'arc AF ; & à caufe des triangles femblables ABF , FRP , nous avons AB , BF , comme FR eft à RP , donc les forces AB , BF qui compofent la force AF , font entr'elles comme les forces FR , RP qui compoferoient la force FP , mais il eft vifible que la force AB eft égale à la force FR divifé par le tems que le corps employeroit à parcourir l'arc FO qui fe termine au fommet O de la parabole, donc la force FB eft égale à la force PR divifée par le même tems , & la force AF eft égale à la force FP , divifée auffi par le même tems.

Suppofant que l'ordonnée FR contienne trois parties égales , l'arc FO fera parcouru dans trois inftans ; or par la proprieté de la parabole les ordonnées FR font comme les racines des abfciffes OR , donc le tems employé à parcourir l'arc FO étant repréfenté par FR , fera comme la racine de OR.

Je nomme le parametre de l'axe $= a = 1$, & l'abfciffe OR $= x$; donc par la proprieté de la parabole $PO = x$, $PR = 2x$, $FR = \sqrt{ax}$, & $\sqrt{OR} = \sqrt{x}$, égal au tems employé à parcourir l'arc FO ; or à caufe du triangle rectangle FPR , nous avons $\overline{FP}^2 = \overline{PR}^2 + \overline{FR}^2$, donc $\overline{FP}^2 = 4x^2 + ax$, & $FP = \sqrt{4xx + ax}$; mais AF eft égal à FP divifé par le tems , ainfi que nous venons de voir , donc $AF = \dfrac{\sqrt{4xx + ax}}{\sqrt{x}} = \sqrt{4x + a}$; or par la proprieté de la parabole le parametre du diametre qui paffe par le point F eft égal à quatre fois l'abfciffe OR plus le parametre de l'axe , donc ce parametre eft $4x + a$, & par conféquent la force du choc au point F eft égal à la racine de ce parametre.

De même fi le choc fe fait en G , la petit arc FG étant la continuation de la tangente Gg feroit la direction du choc ; or cette direction eft compofée des deux Ff , fG , & à caufe des triangles rectangles Ffg , Grg , on a Ff , fG :: Gr , rg , donc les deux forces Ff , Gg qui compofent la direction FG font comme les forces Gr , rg qui compoferoient la force Gg , mais Gr étant le tems que la bombe employeroit à parcourir l'arc GO , la force Ff eft égale à Gr divifé par le tems , c'eft-à-dire par $\sqrt{Or}$, donc Gf eft égale à gr divifé par le même tems $\sqrt{Or}$, & par conféquent la force compofée FG , c'eft-à-dire la force du choc en G eft égale à Gg , divifé par le tems ; nommant donc $Or = x$ on aura $gr = 2x$, $Gr = \sqrt{ax}$, & par conséquent $Gg = \sqrt{\overline{Gr}^2 + \overline{rg}^2}$ $= \sqrt{ax + 4xx}$, & divisant par $\sqrt{x}$, on aura $FG = \dfrac{\sqrt{4xx + ax}}{\sqrt{ax}}$ $= \sqrt{4x + a}$, ainsi la force du choc en G est égale à la racine du parametre du diametre qui passe par G, & on démontrera la même chose, non-seulement pour tous les points de la demi-parabole AO, mais encore pour tous les points de l'autre demi-parabole OS prolongée à l'infini, ainsi qu'on va voir.

Supposons, par exemple, que le corps choque en M, quand ce corps est parvenu de A au sommet O, sa pesanteur a éteint toute la force qu'il avoit pour s'élever, de façon que sa vitesse en O le long de la verticale est zero, c'est-à-dire, qu'en cet instant le corps est comme s'il étoit en repos, eu égard à la direction verticale, & qu'il commençât à descendre, ainsi l'instant d'après lorsqu'il a parcouru l'arc OV, il a un degré de vitesse acquise, & lorsqu'il a parcouru l'arc OX, il a deux degrés de vitesse acquise, & ainsi de suite ; maintenant quand il sera parvenu en M, où il choquera selon la direction PM, le tems employé à parcourir l'arc OM sera exprimé par la droite RM ou par la racine de OR, c'est-à-dire par $\sqrt{x}$, à cause que les ordonnées RM sont comme les racines des abscisses OR, donc la vitesse acquise en M par la force de la pesanteur sera aussi $\sqrt{x}$, puisque dans l'hypotèse de Galilée les vitesses acquises sont comme les tems ; or l'abscisse OR étant la hauteur dont la pesanteur a fait descendre le corps lorsqu'il est arrivé en M, si nous doublons cette abscisse, c'est-à-dire, si nous prenons la soutangente RP, cette soutangente sera l'espace que le corps parcourroit avec une vitesse uniforme égale à $\sqrt{x}$ dans le même tems que la pesanteur lui a fait parcourir l'abscisse OR (N. 63) ; supposant donc que la force uniforme de la poudre, eu égard à la direction horizontale, fût exprimée par RM, la force de la direction PM seroit composée des deux forces $PR = 2x$, & $RM = \sqrt{ax}$, ainsi à cause du triangle rectangle PRM qui donne $\overline{PR}^2 + \overline{RM}^2 = \overline{PM}^2$, nous aurons $\overline{PM}^2 = 4x^2 + ax$ & $PM = \sqrt{4x^2 + ax}$; mais la force de la poudre n'est pas RM, mais $MN = VS = AB$, c'est-à-dire RM divisé par le tems $\sqrt{x}$, donc l'autre force composante doit être PR divisé par $\sqrt{x}$ & la force composée doit être PM divisé par $\sqrt{x}$, & par conséquent cette force est $\dfrac{\sqrt{4x^2 + ax}}{\sqrt{x}} = \sqrt{4x + a}$.

Et pour s'en mieux convaincre, il n'y a qu'à faire attention que MN étant la force de la poudre, si de l'extrémité N je mene la verticale NS sur la direction PM prolongée, les deux forces MN, NS seront les forces composantes de la force NS ; or les triangles rectangles RPM, SNM étant semblables donnent MN, RM :: NS, PR :: MS, PM, & nous avons $MN = \frac{RM}{\sqrt{x}}$, donc $NS = \frac{PR}{\sqrt{x}}$ & $MS = \frac{PM}{\sqrt{x}} = \sqrt{4x + a}$.

On dira peut-être que puisque la pesanteur rendue uniforme aura fait parcourir au corps l'espace PR dans le même tems que la force uniforme de la poudre aura fait parcourir l'espace RM, la force de la direction étant composée de ces deux forces doit être PM, & non pas PM divisé par $\sqrt{x}$; cela est vrai par rapport à l'espace parcouru, c'est-à-dire, que si la pesanteur avoit été rendue uniforme, le corps auroit parcouru la diagonale PM dans le même tems qu'il a parcouru l'arc OM, mais par rapport au choc, il faut prendre garde que les forces uniformes ne frappent pas plus fort à la fin du second instant de leur mouvement, du troisiéme, du quatriéme, &c. qu'elles ne frappent à la fin du premier, & qu'ainsi la force de leur choc au premier instant étant exprimée par l'espace parcouru dans ce premier instant, celle du choc à la fin du mouvement étant la même, doit être aussi exprimée par l'espace parcouru à la fin du mouvement, divisé par le nombre des instans de la durée de ce mouvement, c'est-à-dire par le tems. Supposant donc que le tems employé à parcourir les espaces PR, RM soit trois instans, la force de la poudre à la fin du premier instant sera RQ = AB, à la fin du second elle sera QZ = RQ = AB, & à la fin du troisiéme elle sera ZM ou MN = AB, & par conséquent elle sera $\frac{1}{3}$ RM, ou RM divisé par 3, ou RM divisé par le tems de la durée du mouvement ; par la même raison la force de la pesanteur rendue uniforme ne sera à la fin du premier instant, ou du second, ou du troisiéme, que le $\frac{1}{3}$ de PR ou PR divisé par le tems, & par conséquent la force de la direction étant composée de la force de la poudre exprimée par $\frac{RM}{\sqrt{x}}$ & de celle de la pesanteur exprimée par $\frac{PR}{\sqrt{x}}$ ne sera que $\frac{PM}{\sqrt{x}}$, c'est-à-dire le $\frac{1}{3}$ de PM en supposant que le tems est égal à 3.

Quand le corps choque en O, l'ordonnée correspondante

x eſt égale à zero, & par conſéquent la formule $\sqrt{4x + a}$ devient $\sqrt{a}$, c'eſt-à-dire que la force du choc au ſommet eſt égale à la racine du parametre de l'axe.

592. A meſure que le corps monte de A vers O les parametres des diametres qui paſſent par les points A, F, G, H, &c. vont en diminuant, puiſque ces parametres ſont égaux au parametre de l'axe plus quatre fois les abſciſſes correſpondantes OE, OR, &c. qui vont en diminuant; donc les chocs du corps dans ces points vont en diminuant juſqu'en O, après quoi ils vont en augmentant de O en S, de façon que ceux qui ſe font de part & d'autre dans des points également éloignés du point O ſont égaux; ainſi le choc en F, lorſque le corps eſt parvenu de A en F, eſt égal au choc en M lorſque le corps eſt parvenu de O en M, ce qui eſt facile à démontrer.

593. *Si le plan choqué* TZ (Fig. 210.) *étant perpendiculaire au plan de projection* AMS, *eſt cependant oblique à la direction* PM *du choc, la force du choc au point* M *eſt égale au ſinus de l'angle d'incidence* PMR *de la direction ſur le plan, en prenant pour ſinus total la racine du parametre du diametre qui paſſe par le point* M.

Suppoſons que la commune ſection du plan choqué TZ & du plan de projection AMS ſoit la droite MV, & que ces deux plans ſe coupent à angles droits, je prolonge MV, & du point P j'abaiſſe PR perpendiculaire ſur MR, la droite PR ſera perpendiculaire au plan TZ, car concevant que ce plan ſoit prolongé, & menant dans ce même plan la droite HL qui paſſe par le point L, & qui ſoit perpendiculaire à MR, la droite PR ſera perpendiculaire à HL, à cauſe qu'elle eſt dans le plan AMS, lequel par la ſuppoſition étant perpendiculaire au plan TZ, n'incline pas plus vers L que vers H, donc PR étant perpendiculaire aux deux lignes MR, HL, qui ſont dans le plan TZ, eſt par conſéquent perpendiculaire à ce plan; cela poſé, la force de la direction PM eſt compoſée de la force PR & de la force RM; mais la force RM étant parallele au plan TZ, n'agit point ſur ce plan, donc la force PM n'agit ſur ce plan que comme la force PR qui lui eſt perpendiculaire; or en prenant pour ſinus total la direction PM, la droite PR eſt le ſinus de l'angle d'inclinaiſon PMR, donc ſi le choc de la direction PM ſur un plan qui lui ſeroit perpendiculaire, étoit exprimée par PM, la force du choc de cette même direction ſur le plan oblique TZ ſeroit exprimée par PR ou par le ſinus de l'angle d'inclinaiſon PMR, en prenant PM pour ſinus

total ; mais la force du choc de PM fur un plan perpendiculaire
eft PM divifé par $\sqrt{x}$, ainfi que nous avons vû ci-deffus (*N.* 592),
donc la force du choc de PM fur le plan oblique TZ eft PR divifé par $\sqrt{x}$, ou le finus de l'angle d'inclinaifon PMR par rapport au finus total PM divifé par $\sqrt{x}$; mais PM divifé par $\sqrt{x}$ eft
égal à la racine du parametre qui paffe par le point M , donc la
force du choc fur le plan TZ eft égale au finus de l'angle d'inclinaifon PMR en prenant pour finus total la racine du parametre
du diametre qui paffe par le point M.

594. *Si le plan choqué* TZ (Fig. 211.) *eft oblique au plan de la projeflion & à la direction* PM, *on concevra un plan* PRM *perpendiculaire au plan choqué* TZ, *& qui paffe par la direction* PM, *& menant dans ce plan la droite* PR *perpendiculaire à la commune feflion*
RM *des deux plans* TZ, PRM, *on dira que la force du choc eft
comme* PR *divifé par le tems* $\sqrt{x}$, *ou comme le finus de l'angle d'incidence* PRM *fait par la direction* PM *& la commune feflion* RM *en
prenant pour finus total la droite* PM *divifé par* $\sqrt{x}$, *c'eft-à-dire la
racine du parametre du diametre qui paffe par le point* M.

Suppofons que l'angle que le plan TZ fait avec le plan AMS
de la projeflion du côté de K, foit moindre que l'angle qu'il fait
du côté de T, je conçois que ce plan foit prolongé vers R , & de
l'extrémité P menant fur ce plan la perpendiculaire PR ; je mene
du point R au point M la droite RM, laquelle fera dans le plan
TZ ; or PR étant perpendiculaire au plan TZ fera auffi perpendiculaire à la droite RM qui eft dans ce plan , & par conféquent le
triangle MPR fera perpendiculaire au plan TZ , & il fera rectangle ; maintenant la force de la direction PM eft compofée des
forces RM, PR & la force RM étant parallele au plan TZ n'a-
git point fur ce plan , donc la force PM n'agit que comme PR
ou comme le finus de l'angle d'inclinaifon PMR ; mais fi la force de la direction PM choquoit directement , elle feroit $\frac{PM}{\sqrt{x}}$,

donc en choquant dans la direction oblique elle doit être $\frac{PR}{\sqrt{x}}$,
ou comme le finus de l'angle d'inclinaifon PMR , en prenant
pour finus total la racine du parametre du diametre qui paffe par
le point M ou la droite PM divifée par $\sqrt{x}$.

Il fuit de là que fi un corps projeté plufieurs fois de la même
façon & avec la même force, & qui par conféquent décrit toujours la même parabole, choque toujours dans le même point

des plans qui foient différemment inclinés à fa direction , les chocs fur ces différens plans feront comme les finus des angles d'inclinaifon de la direction fur ces plans , à caufe que les rayons totaux de ces angles feront toujours les mêmes ; mais fi les corps choqués font dans des différens points de la parabole , les chocs ne feront pas fimplement comme les finus des angles d'inclinaifon , mais comme ces finus par rapport à différens finus totaux qui feront les racines des parametres des diametres qui pafferont par les points où les chocs fe feront.

Du choc oblique des Corps qui fe meuvent uniformement.

595. Si deux corps fpheriques *a* , *b* (*Fig.* 212.) fe choquent de façon que leurs directions D*a* , E*b* paffent l'une & l'autre par les deux centres *a* , *b* , ces corps fe choquent directement , car fuppofant un plan qui paffe par le point V d'attouchement , les directions *a*V , *b*V des deux corps feront perpendiculaires à ce plan , & par conféquent le plan ST fera choqué directement par l'un & l'autre corps , mais le choc des deux corps fur le plan eft le même que leur choc mutuel, puifque les directions font les mêmes , donc les deux corps fe choquent directement.

Mais fi les deux corps *a* , *b* viennent à fe choquer avec des directions AC , BC , qui ne paffent pas chacune par les deux centres *a* , *b* , ces corps fe choquent obliquement ; car fuppofant un plan ST qui paffe par leur point d'attouchement ; il eft vifible que la ligne *ab* qui joint les deux centres fera perpendiculaire fur ce plan , & par conféquent les directions AC , BC qui ne paffent pas par ces centres feront obliques fur ST ; donc le choc des deux boules fur ST fera oblique , mais le choc des boules fur ST eft le même que le choc mutuel des deux boules , donc les deux boules fe choquent obliquement.

596. *Si un corps fpherique* M (Fig. 213.) *choque felon une direction oblique* AM *un autre corps fpherique m, qui eft en repos, & qui eft plus grand ou moindre que le corps m après le choc, fuivra la direction* Mm *qui joint les deux centres , & le corps* M *prendra une direction compofée de la même direction* Mm *, & de la direction* AO *, avec laquelle il n'a point frappé le corps* M *, & fa route variera felon que* M *fera plus grand ou moindre que m.*

La direction AM eft compofée de la direction AO , qui ne frappe point le corps *m* , & de la direction OM qui frappe ce corps directement ,

directement, donc le corps M après le choc doit fuivre la direction Mm; cherchons maintenant les efpaces parcourus par l'un
& l'autre corps. Je nomme V la viteffe OM du corps M avant le
choc, & $u = 0$ la viteffe du corps m, laquelle eft zero avant le
choc, le corps m étant en repos peut être regardé comme ayant
une viteffe infiniment petite qui foit dans la même direction que
la viteffe OM du corps M & qui tende du même côté ; or par
la regle que nous avons enfeignée dans le Chapitre du choc des
corps ($N.$ 336.) la viteffe de m après le choc fera $\frac{2MV + mu - Mu}{M + m}$
$= \frac{2MV}{M + m}$, à caufe $u = 0$, & la viteffe du corps M après le choc
fur la direction Om fera $\frac{MV - mV + 2mu}{M + m} = \frac{MV - mV}{M + m}$, donc le corps
m parcourra l'efpace $mS = \frac{2MV}{M + m}$ dans un tems égal à celui que le
corps M a employé avant le choc pour parcourir la direction
AM, & quant au corps M, fi fa maffe eft plus grande que celle
de m, fa viteffe $\frac{MV - mV}{M + m}$ après le choc fera pofitive, & par conféquent il parcourra dans le même tems felon la direction MS un
efpace $= \frac{MV - mV}{M + m}$; mais comme la direction AO qui n'a point
frappé le corps m fubfiftera toujours, il prendra un mouvement
compofé de la direction AO & de la direction MS ; c'eft pourquoi du point M menant la droite MZ égale & parallele à AO,
& élevant au point Z la perpendiculaire ZY parallele à MS &
égale à l'efpace $\frac{MV - mV}{M + m}$ que M doit parcourir felon cette direction, la droite MY fera la direction du corps M après le choc,
& l'efpace qu'il parcourra dans le même tems que m parcourra
mS.

Si M eft moindre que m, le corps m parcourera toujours fur
mS un efpace $= \frac{2MV}{M + m}$, mais la viteffe $\frac{MV - mV}{M + m}$ étant négative, nous fera connoître que le corps M rebrouffera fon che-
min de M vers O ; c'eft pourquoi prenant fur MO une grandeur
MX $= \frac{mV - MV}{M + m}$, & menant du point X la droite XT égale &
parallelle à AO, le corps M fuivra la direction compofée MT
& la parcourra dans le même-tems que m parcourra la droite
$mS = \frac{2MV}{M + m}$.

527. *Pofant les mêmes chofes que dans le nombre précédent, fi*
M m m

les corps M ; *m, font égaux , le corps* M *ne fuivra que la feule direction* AO.

La viteffe $\frac{MV - mV}{M + m}$ fera en ce cas égale à zero ; donc fi le corps M n'avoit que la direction OM, il refteroit en repos après le choc, mais comme la direction AO agit toujours fur lui, il parcourra l'efpace MZ égal & parallele à AO ; & quant au corps *m* fa viteffe $\frac{2MV}{M + m}$ après le choc fera $\frac{2MV}{2M} = V$; donc ce corps parcourra un efpace égal à OM dans le même-tems que M parcourra MZ.

598. *Trouver le point* V (Fig. 212.) *où fe fait le choc de deux corps fpheriques qui fe choquent obliquement.*

Soient les deux corps A , B, qui fe meuvent avec les directions AC, BC, en forte que A puiffe parcourir AC dans le tems que B peut parcourir BC ; je joins les centres de gravité par la droite AB, enfuite je dis la bafe AB du triangle BAC eft au côté AC comme la fomme des rayons eft à un quatriéme terme que je porte de C en *a*, & du point *a* menant *ab* parallele à AB, je partage *ab* en V en deux parties égales aux rayons des boules, & le point V eft le point du choc ; car à caufe des triangles femblables ABC, *ab*C, la viteffe AC eft à la viteffe BC comme la viteffe A*a* eft à la viteffe B*b* ; ainfi les deux corps arriveront dans le même inftant en *a* & *b* ; & il eft vifible qu'ils fe choqueront, puifque la droite *ab* eft égale à la fomme de leur rayons.

599. *Les mêmes chocs étant pofées que dans le nombre précédent , trouver la force du choc des deux corps* A , B, *& les directions & les viteffes qu'ils auront après le choc.*

Par le point d'attouchement V, je mene la tangente ST, laquelle fera perpendiculaire à la droite DE qui joint les deux centres ; des points A , B, je mene les droites AD, BE, qui coupent la droite DE en D & en E ; & la viteffe avec laquelle le corps A choque le corps B eft D*a*, & celle avec laquelle le corps B choque A eft *b*E ; car les directions A*a*, BE, étant compofées, la premiere des directions AD, D*a*, & l'autre des directions BE, E*b*, il eft vifible que les deux corps ne fe choquent qu'avec les directions D*a*, E*b* ; cela pofé.

1°. Si les corps font égaux, & que les viteffes avant le choc foient auffi égales, le choc fe fera avec la fomme des viteffes avant le choc, ce qui arrive toujours dans tous les cas (*N.* 335.)

& après le choc ils rebroufferont leur chemin avec la même viteffe, (*N.* 327.) ainfi le corps *a* iroit en D, & le corps *b* en E, mais à caufe des directions AD, BE, fi l'on prolonge ces directions en H & en R, & qu'on faffe DH égal à DA ; & ER égal à EB, le corps *a* parcourra la diagonale *a*H dans le tems que le corps *b* parcourra *b*R.

2°. Si les maffes font réciproques aux viteffes, je nomme M la maffe du premier, V fa viteffe D*a*, *m* la maffe du fecond, & *u* fa viteffe *b*E ; ainfi le mouvement du premier avant le choc fera MV, & celui du fecond fera *mu*, mais par l'hypotèfe on a M, *m* :: *u*, V ; donc $MV = mu$, & par conféquent les forces avant le choc feront égales, la force du choc fera $MV + mu$; or après le choc, la viteffe de M fera pour le cas prefent où les directions du choc font contraires $\frac{MV - mV - 2mu}{M + m}$ (*N.* 336.) ; mais nous avons $mu = MV$; mettant donc cette valeur de *mu*, nous aurons $-\frac{MV - mV}{M + m} = -V$, c'eft-à-dire le corps *a* rebrouffera chemin avec la viteffe qu'il avoit auparavant, & par conféquent à caufe de la direction AD qui le preffe toujours, il parcourra la diagonale *a*H, la viteffe du corps *b* après le choc fera $\frac{2MV + Mu - mu}{M + m}$, & mettant au lieu de 2MV fa valeur 2*mu*, nous aurons $\frac{MV + mu}{M + m} = u$, c'eft-à-dire le corps *b* ira avec la viteffe qu'il avoit avant le choc, & à caufe de la direction BE il parcourra la diagonale *b*R.

3°. Si les maffes font inégales & les viteffes égales (*Fig.* 214.) les forces avant le choc font MV, *mu*, & par conféquent à caufe de l'égalité des viteffes, le choc eft comme la fomme $M + m$ des maffes ; la viteffe du corps *a* après le choc fera $\frac{MV - mV - 2mu}{M + m}$, & mettant V au lieu de *u* fon égale, nous aurons $\frac{MV - 3mV}{M + m}$, & par conféquent fi M eft plus grand que 3*m*, la viteffe du corps *a* après le choc iroit de *a* en E, mais à caufe de la direction AD qui le pouffe toujours, fi l'on mene *a*X parallele & égale à AD, & qu'en X on éleve XZ perpendiculaire à *a*X & égale à $\frac{MV - 3mV}{M + m}$, le corps *a* parcourera la diagonale *a*Z, mais fi M eft moindre que 3*m*, le corps *a* parcourroit de *a* vers D un efpace $aX = \frac{3mV - MV}{M + m}$, mais à caufe de la direction AD, fi l'on mene XV parallele & égal à AD, le corps *a* parcourra la diagonale *a*V ; la vitesse du corps *b* après le choc sera $\frac{2MV + Mu - mu}{M+m}$, ou $\frac{2MV - mV}{M+m}$, à cause de $u = V$; ainsi supposant $bE = \frac{2MV - mV}{M+m}$, & prolongeant BE en H, en sorte qu'on ait EH = BE, le corps *b* parcourra la diagonale BH.

Il est aisé de juger de ce qui arriveroit si les masses étoient égales & les vitesses inégales, ou si les masses & les vitesses étoient inégales, ce qui ne merite pas que je m'y arrête davantage.

599. Si deux boules inégales A, B, (*Fig.* 215) qui roule sur un plan HI, viennent à se choquer, le centre de la petite sera moins élevé au-dessus du plan, que celui de la grande, c'est pourquoi la ligne qui joindra leur centres dans le moment du choc ne sera pas parallele au plan HI, & si la petite boule oblige la grande de rebrousser chemin, celle-ci par la seule direction du choc suivra la ligne MR élevée sur le plan, mais la direction MN avec laquelle la grande boule ne frappe point sur la petite, agissant sur la grande, la direction de la grande après le choc sera composée des directions MR, MN, & par conséquent elle suivra la direction MO qui est encore plus élevée sur le plan que la direction du choc ; d'où l'on voit que ceux qui s'imaginent avoir de l'avantage en jouant au Billard avec une bille plus grosse que celle de leur adversaire, se trompent beaucoup ; car si leur adversaire a le poignet bon, la vitesse qu'il donnera à sa bille relevera la grande selon la direction MR du choc qui sera ici la seule, à cause que la grande bille avant le choc étoit en repos, & par conséquent cette bille sera toujours en danger de sauter hors du billard, & pour faire voir que le joueur qui a la petite bille a toujours de l'avantage, soit qu'il pousse sa bille contre celle de son adversaire, ou que son adversaire pousse la sienne contre lui. Entrons un peu plus dans le détail de ce mouvement.

Supposons que la petite bille B (*Fig.* 216.) parte du point C, & rencontre en S la grande bille en A où elle est en repos, je joins les deux centres A, B, par la droite AB ; de ces mêmes centres, j'abbaisse sur le plan du billard HL les perpendiculaires AH, BL, & du centre B menant BE parallele au plan du billard, & qui coupe AH en E, la droite AE est la différence des rayons AH, BL, des deux billes, & la droite AB eſt la ſomme de ces mêmes rayons ; ainſi prenant dans le triangle rectangle AEB l'hypotènuſe AB pour ſinus total, le côté AE ou la différence des rayons eſt le ſinus de l'angle ABE, mais le corps A étant choqué par le corps B ſelon la direction AB ſuivra cette direction ; ainſi ce corps s'élevera au-deſſus du plan ſous un angle ABE dont le ſinus AE eſt la différence des rayons en prenant pour ſinus total la ſomme AB des rayons ; or le corps A en ſuivant la direction AX ſera pouſſé par ſa peſanteur vers le plan du billard ; donc ce corps décrira dans ſon mouvement une parabole, c'eſt pourquoi ſi l'amplitude de cette parabole eſt plus longue que la droite HY qui reſteroit à parcourir ſur le billard depuis le point H juſqu'à l'extremité Y du billard, & que la parabole ne rencontre point la bande YZ, laquelle pourroit repouſſer la bille dans le billard, la bille A tombera néceſſairement par terre.

Maintenant je mene du point d'attouchement la tangente SV, du centre B la droite BD parallele à SV, du point C la droite CD perpendiculaire ſur BD, & j'acheve le parallellogramme DM ; la viteſſe CB du corps B eſt compoſée de la viteſſe CM & de la viteſſe CD ; or CM étant parallele à SV ne choque point le corps A, donc CD eſt la viteſſe avec laquelle le corps B choque le corps A ; ſuppoſant donc qu'après le choc il lui reſte ſelon cette direction une viteſſe égale à NB, la direction CM ou BO ſon égale agiſſant toujours, le corps B prendra la direction BP compoſée des directions BN, BO ; mais la direction BP eſt compoſée de la direction BR parallele au billard, & de la direction BQ perpendiculaire au billard ; donc le corps B étant empêché de ſuivre la direction BQ, ſuivra la direction BR, & par conſéquent la bille BR reſtera ſur le billard ſans danger de tomber, tandis que la bille A ſautera hors du billard, ou du moins ſera en danger de ſauter.

Suppoſons à preſent que la bille B étant en repos (*Fig.* 217.), l'autre joueur pouſſe la bille A du point C, ſa viteſſe CA ſera compoſée de la viteſſe CM qui ne choque point le corps B, & de la viteſſe MA qui le choque directement ; ainſi ſuppoſant qu'après le choc, il reſte au corps A ſelon la direction MA une viteſſe AR, la direction CM ou AO ſon égale agiſſant toujours, le corps A prendra la direction relevée AP, & par conſéquent ce corps ſautera hors du billard ou ſera en danger de ſauter ; au

M m m iij

contraire supposant que la bille B aye reçu selon la direction AB du choc la vitesse BZ, cette vitesse sera composée des deux BX, BY; mais BX étant directement opposée au plan du billard, ne peut agir; donc la bille B suivra la direction BY, & par conséquent elle restera sur le plan du billard sans être en danger de sauter.

600. On ne sera pas fâché de trouver ici la solution d'un Problême qu'on pourroit proposer au sujet de deux billes inégales qui se choquent, ce Problême est tel.

Deux Billes inégales A, B, (Fig. 216.) *étant données, trouver à quelle distance du plan du billard se trouve le point du choc.*

Je mene la ligne AB qui joint les deux centres; j'abbaisse sur le plan du billard les rayons AH, BL, qui sont perpendiculaires sur ce plan, puisqu'ils passent par les points d'attouchement HL; du point S où les deux billes se touchent, j'abbaisse sur HL la perpendiculaire SK, & du point B je mene BE parallele à HL qui coupe AH en E, & SK en I, enfin je nomme le rayon AH $=$ AS $= a$, le rayon BL $=$ BS $=$ EH $=$ IK $= b$, & l'inconnue SI $= x$; donc AB $=$ AS $+$ SB $= a + b$, AE $=$ AH $-$ EH $= a - b$, & SK $=$ SI $+$ IK $= x + b$.

Les triangles semblables AEB, SIB, donnent AB, BE :: BS, IS; donc $a + b$, $a - b$ :: b, $\frac{ab - bb}{a + b} =$ IS $= x$, & par conséquent SK $= x + b = \frac{ab - bb}{a + b} + b = \frac{ab - lb + ab + lb}{a + b} = \frac{2ab}{a + b}$; donc la distance demandée est $\frac{2ab}{a + b}$.

Si du diametre AH $= a$, on retranche SK $= \frac{2ab}{a + b}$, le reste $a - \frac{2ab}{a + b} = \frac{aa + ab - 2ab}{a + b} = \frac{aa - ab}{a + b}$ fera l'excès dont la hauteur du centre A surpasse la hauteur du point S d'attouchement.

Le triangle rectangle ABE donne $\overline{EB}^2 = \overline{AB}^2 - \overline{EA}^2$; donc $\overline{EB}^2 = aa + 2ab + bb - aa + 2ab - bb = 4ab$; donc EB $=$ HL $= \sqrt{4ab} = 2\sqrt{ab}$, c'est la valeur de la distance horizontale comprise entre les deux centres A, B.

Le triangle rectangle SBI donne $\overline{BI}^2 = \overline{SB}^2 - \overline{SI}^2 = b^2 - \frac{a^2bb + 2ab^3 - b^4}{a^2 + 2ab + bb} = \frac{a^2bb + 2ab^3 + b^4 - a^2bb + 2ab^3 - b^4}{a^2 + 2ab + bb} = \frac{4ab^3}{a^2 + 2ab + bb}$ valeur de la distance horizontale KL comprise entre SK & BL.

Si de $HL = 2\sqrt{ab}$, on ôte $KL = \frac{4ab^3}{a^2 + 2ab + bb}$, le reste $2\sqrt{ab}$

$- \frac{4ab^3}{a^2 + 2ab + bb} = HK$ sera la distance horizontale HK comprise entre AH & SK.

Si le rayon AS étoit donné, & la distance SK du point d'attouchement au plan du billard, & qu'on demandât la grandeur du rayon SB d'une bille qui devroit toucher en S, on meneroit du point F la tangente SF, puis prenant sur le plan du billard la droite FL égale à FS, & élevant en L la droite LB, le point B où elle couperoit le rayon AS prolongé seroit le centre de la bille demandée, & son rayon seroit BS ou BL, ce qui est facile à démontrer ; car menant la droite BF, les triangles rectangles FSB, FLB, auront l'hypotenuse commune, & les côtés FS, FL, égaux par la construction ; donc les deux autres SB, BL, seront égaux, & par conséquent la bille qui aura BS pour rayon, touchera le plan du billard au point L.

Du Choc d'une Boule qui frappe plusieurs autres Boules immédiatement.

601. Lorsqu'une boule choque immediatement plusieurs autres boules, il est visible qu'il n'y en peut avoir qu'une qui soit dans sa direction, & que les autres sont choquées obliquement. Les vitesses qu'elles reçoivent du choc sont donc différentes, & la question est de les déterminer ; c'est-là ce fameux Problême que M. Jean Bernoulli a regardé comme une difficulté dont la solution lui étoit réservée, ainsi qu'on peut voir dans son discours sur les loix de la communication du mouvement, & dans sa Lettre à Messieurs de l'Academie Royale des Sciences, qu'on trouve à la tête de ce Discours. *Non content*, dit-il, *de déterminer ce qui doit arriver à deux corps qui se choquent, soit directement, soit obliquement, l'Auteur (c'est de lui-même dont il parle) détermine ce qui résulte d'un corps qui en rencontre deux ou plusieurs autres à la fois, selon différentes directions : Problême si épineux que personne n'avoit encore entrepris de le résoudre, & comment en seroit-on venu à bout ? puisque sa résolution suppose une connoissance exacte de la theorie des forces vives.* Qui ne croiroit en lisant ceci que M. Bernoulli n'eut résolu le Problême d'une façon générale à ne laisser rien à désirer ? Il s'en faut cependant de beaucoup, sa solution n'est que pour un nombre pair quelconque de boules égales,

& qui prifes deux à deux font de part & d'autre à égale diftance de la direction de la boule qui les choque. Nous allons voir que fans avoir recours à fa prétendue theorie des forces vives, on peut réfoudre le Problême non-feulement dans les cas particuliers aufquels il s'eft borné, mais encore pour tel nombre pair ou impair que l'on voudra de boules choquées égales ou inégales, & dont les directions faffent des angles égaux ou inégaux avec la direction de la boule qui les choque. Je commencerai par le cas de M. Bernoulli, en fuppofant d'abord les boules non élaftiques, & enfuite élaftiques, & de la je pafferai au cas général ; or voici quelques principes dont je crois devoir me fervir. Nous fuppofons que les boules fe meuvent fur un plan horizontal, & que par conféquent leur mouvement eft uniforme.

602. *Si une boule non élaftique* A (Fig. 218.) *pouffée felon une direction* CA *vient à choquer immédiatement deux ou plufieurs autres boules*, B, D, *non élaftiques, toutes les boules fe fépareront dans l'inftant même du choc.*

Suppofons que la boule A après avoir choqué les boules B, D, prenne la direction AX, & que BP reprefente l'efpace que la boule B a parcouru depuis l'inftant du choc jufqu'au moment où les deux boules A, B, fe feront féparées, en fuppofant que cette féparation ne fe foit pas faite dans l'inftant du choc ; je partage l'efpace BP en plufieurs autres égaux & infiniment petits BS, SK, KQ, &c. qui reprefenteront des efpaces que B aura parcouru dans des inftans égaux. Je prens la diftance BA des centres B, A, des boules B, A, & du point S pris pour centre, je décris l'arc MN, & le point N fera le point où fe trouvera le centre A de la boule A, lorfque le centre de la boule B fera en S ; car comme à la fin de l'inftant BS, les deux boules A, B, fe toucheront encore par la fuppofition, la diftance SN des deux centres doit être égal à BA ou SM, c'eft-à-dire à la fomme des deux rayons BV, VA ; des points K, Q, P, &c. & toujours avec le même intervalle BA, je decris les arcs OR, VT, ZX, & il eft vifible que le centre A de la boule A fe trouvera aux points R, T, X, quand le centre de la boule B fe trouvera aux points K, Q, P, à caufe que les deux boules A, B, fe toucheront encore par la fuppofition ; donc quand le centre B aura parcouru les efpaces égaux BS, SK, KQ, &c. le centre A aura parcouru les efpaces AN, NR, RT, TX, mais ces

efpaces

efpaces vont en augmentant, comme je vais le prouver ; donc le mouvement de la boule A feroit un mouvement acceleré, ce qui eft contre la fuppofition, puifque nous confiderons les boules dans un plan horizontal.

Pour démontrer que les efpaces AN, NR, RT, TX, vont en augmentant, je mene des points M, O, V, Z, les droites Mn, Or, Vt, Zx, tangentes aux arcs MN, OR, &c. ces droites étant perpendiculaires fur AB feront paralleles entr'elles, & par conféquent à caufe des triangles femblables AMn, AOr, &c. les droites An, nr, rt, tx, feront égales entr'elles ; or les droites nN, rR, tT, xX, vont en augmentant ; car fi l'on tranf-porte par la penfée l'efpace ORr fur l'efpace MNn, on comprendra aifément que l'arc OR étant plus grand que l'arc MN, & la tangente Or plus grande que la tangente Mn, la droite rR fera plus grande que la droite nN, & ainfi des autres ; donc fi à la droite An, on ajoute la droite nN, & qu'ayant retranché nN de la droite nr égale à An, on lui ajoute rR qui eft plus grand que nN, la fomme NR fera plus grande que la fomme AN, & on prouvera de la même façon que RT eft plus grand que NR, &c. donc, &c.

Et il ne faut pas dire que les différences de AN, NR, RT, &c. font infiniment petites, car quoique cela foit vrai d'un ef-pace à l'autre, il fera toujours vrai auffi de dire que la différen-ce du premier efpace AN au dernier TX ne fera pas infiniment petite, & que par conféquent les efpaces AN, TX, parcourus dans des tems égaux, feroient inégaux.

603. *Connoiffant la viteffe & la direction* CA *d'une boule non éla-flique* A (Fig. 219.), *qui choque deux ou plufieurs autres boules non élaftiques en nombre pair, & avec des directions* AB, AD, *qui pri-fes deux à deux font avec la direction* CX *des angles égaux* BAX, DAX, *connoître quel doit être le rapport de la viteffe* AX *de la bou-le* A *après le choc, à la viteffe* VO, *ou* HR, *&c. de chacune des boules choquées.*

Les boules B, D étant égales & également éloignées de la di-rection de la boule A, il eft vifible que ces deux boules font égale-ment choquées, & que la boule A après le choc doit fuivre fa premiere direction, cela pofé.

Suppofons que la viteffe de la boule B foit VO, c'eft-à-dire, que B parcoure la droite VO fur fa direction, dans un tems égal à celui que la boule A a employé à parcourir CA, & que la

N n n

viteſſe reſtante de la boule A ſoit la droite AX ; du point V où
les deux boules A, B ſe touchent dans l'inſtant du choc, je mene la droite VT égale & parallele à AX ; il eſt clair que le point
V de la boule A ſe trouvera en T lorſque ſon centre ſe trouvera
en X ; tirant donc la droite TX, & décrivant du point X avec
la droite TX un cercle TH, ce cercle marquera la poſition de
la boule A lorſque ſon centre ſera parvenu en X, de même prenant NO = BV, & du point N décrivant avec le rayon NO le
cercle ZO, ce cercle marquera la poſition de la boule B lorſqu'elle aura parcouru la quantité VO.

Maintenant ſuppoſons que les droites AX, VO, ſoient des
eſpaces infiniment petits parcourus par les boules A, B dans l'inſtant d'après le choc, je mene la droite OT, & je dis que cette
ligne doit être perpendiculaire ſur OV ; car 1°. Si elle eſt perpendiculaire ſur OV, elle le ſera auſſi ſur TX, qui eſt parallele
à OV ou OA, à cauſe des droites VT, AX égales & paralleles ;
& par conſéquent OT ſera tangente des boules ZO, TH, & ces
deux boules ne ſe toucheront pas, ainſi nous aurons ce qui eſt requis. 2° Si l'angle VOT fait par la droite OT avec la droite OV
étoit aigu, il eſt clair que OT ſeroit coupé par la boule TH &
par la boule ZO, & que par conſéquent ces deux boules ne
manqueroient pas de ſe toucher encore, ce qui eſt contraire à
ce que nous avons démontré dans l'article précédent. 3°. Enfin
l'angle VOT pourroit être à la vérité aigu, mais alors les boules
ZO, TH ſe trouveroient ſéparées d'une diſtance plus grande qu'il
ne faut, eu égard à la nature du mouvement, car lorſqu'un corps
non élaſtique en choque un autre qui eſt en repos, il ne doit lui
communiquer de ſon mouvement qu'autant qu'il en faut pour lui
laiſſer la liberté de continuer à ſe mouvoir ; or en faiſant l'angle
VOT droit, la boule A peut continuer ſon mouvement ſans en
être empêchée par la boule B, donc il ſeroit contre la nature de
la communication du mouvement de prétendre que cet angle devint aigu.

De l'extrémité C de la direction CA j'abaiſſe la perpendiculaire CF ſur la direction AB prolongée vers F, l'angle aigu OVT
eſt égal à l'angle aigu VAX à cauſe des paralleles AX, VT, mais
VAX eſt égal à CAF qui lui eſt oppoſé au ſommet, donc l'angle aigu OVT eſt égal à l'angle aigu CAF, & par conſéquent
les triangles rectangles CAF, BVT ſont ſemblables ; donc TV,
VO :: CA, AF, or en prenant pour ſinus droit la direction CA,

la droite CF eſt le ſinus de l'angle CAF ou BAX fait par les directions des boules A , B , & la droite FA eſt le ſinus de ſon complement , donc on doit établir pour regle , que *lorſqu'une boule non élaſtique A choque pluſieurs boules égales & non élaſtiques B, D, avec des directions également éloignées de la direction moyenne CA, la viteſſe AX de A après le choc eſt à la viteſſe VO de l'une des boules B, comme le ſinus total eſt au ſinus de complement de l'angle BAX fait par la direction BA de la boule B, avec la direction CA de la boule A.*

604. *Dans le choc des corps élaſtiques ou non élaſtiques, la quantité de mouvement après le choc, ſelon la direction primitive, eſt toujours égale à la quantité de mouvement avant le choc.*

Tous les Geométres ne conviennent point de cette Propoſition, mais ſi l'on vouloit s'entendre, les deux partis comprendroient aiſément que leur querelle, ſur cet article, n'eſt qu'une diſpute de mots. Tâchons de les concilier en examinant d'abord les différens cas du choc des corps non élaſtiques, & enſuite ceux du choc des corps élaſtiques.

Par rapport aux corps non élaſtiques tous conviennent que ſi l'un des corps eſt en repos, ou s'il ſe meut plus lentement dans la même direction que l'autre, la quantité de mouvement après le choc eſt égale à la quantité de mouvement avant le choc (*N.* 305), il ne reſte donc plus qu'à examiner les autres cas ; or ces cas ſe reduiſent à deux, car ou les deux corps ſe meuvent avec des directions & des forces contraires & égales, ou ils ſe meuvent avec des directions & des forces contraires & inégales.

Si les deux corps ſe meuvent avec des directions & des forces contraires & égales, le mouvement ceſſe dans l'inſtant du choc (*N.* 308); donc (diſent les Geométres qui ne tiennent pas pour l'égale quantité de mouvement) il n'eſt pas toujours vrai que la quantité de mouvement ſoit égale avant & après le choc. Que répondent à cela les Carteſiens ? Le voici : Les forces des deux corps avant le choc étant contraires & égales, ſi l'on nomme l'une a, l'autre ſera $-a$ puiſqu'elle eſt dans un ſens contraire ; or la ſomme des deux eſt $a - a = 0$, donc cette ſomme eſt égale à la quantité de mouvement après le choc; ceci paroît d'abord un ſophiſme, les deux corps ſe ſont approchés l'un de l'autre, il y a donc eu du mouvement avant le choc, au lieu qu'après le choc il n'y en a plus ; les Carteſiens ne le conteſtent point, mais s'il y en a une certaine quantité ſelon la direction du premier corps, il y a eu auſſi une égale quantité contraire ſelon la direction du ſecond, donc la direction du premier n'a rien gagné ſur celle du ſecond, ni celle du ſecond ſur celle du premier, & par conſéquent c'eſt comme s'il n'y avoit point eu de mouvement; en un mot, les Carteſiens s'expliquent; ce ne ſont pas les mouvemens en particulier de chaque corps qu'ils conſiderent, c'eſt le mouvement qui reſulte des deux ſelon une même direction, ſi les deux forces contraires s'entredétruiſent, ils regardent le mouvement comme nul; ſi l'une l'emporte ſur l'autre c'eſt l'excès de celle-là ſur celle-ci qu'ils prennent pour quantité de mouvement; c'eſt vouloir faire la guerre à des ſons que de les chicaner là deſſus.

Si les deux corps ſe meuvent avec des directions contraires & des forces inégales, la différence de leurs quantités de mouvement après le choc eſt égale à la ſomme de leurs quantités avant le choc (N. 306), c'eſt ainſi que parlent ceux qui conſidérent les quantités de mouvement de chaque corps en particulier; au contraire, ſelon les Carteſiens ce ſont les quantités de mouvement avant & après le choc qui ſont égales, parce qu'ils ne prennent pour quantité de mouvement, ſoit avant ſoit après le choc, que ce qui reſte de mouvement ſelon la même direction; les uns & les autres ont raiſon, mais ils ne s'entendent pas. A ſe meut contre B avec trois degrés de force, & B ſe meut contre A avec un ſeul degré, de trois retranchés un, voilà la différence des quantités de mouvement des deux corps, cela eſt certain; de deux retranchez un, voilà la quantité de mouvement ſelon la même direction, cela eſt ſûr auſſi; or après le choc les deux corps vont enſemble avec une même viteſſe ſelon la direction du plus fort, mais avec des quantités de mouvement égales ou inégales ſelon que les corps ſont égaux ou inégaux, & la ſomme des quantités de mouvement après le choc eſt 2, donc ſelon les uns cette ſomme eſt égale à la différence avant le choc, & ſelon les autres elle eſt égale à la ſomme avant le choc; dans tout cela il n'y a préciſément que les termes entre leſquels il ſe trouve de la différence.

Par rapport aux corps élaſtiques tous conviennent que la quantité de mouvement après le choc eſt égale à la quantité avant le choc lorſque les deux corps ſuivent la même direction avant & après le choc; & quant aux autres cas on trouvera aiſément que les uns & les autres penſent la même choſe, ſi l'on veut nommer avec les Cartesiens quantité de mouvement selon la même direction , ce que les autres appellent différence des quantités de mouvement , lorsque les corps vont avec des directions différentes avant & après le choc.

605. *Connoissant la quantité de mouvement qu'une boule non élastique* A *communique à une autre boule non élastique* B, *qui étoit en repos avant le choc, connoître la quantité de mouvement que la même boule* A *communiqueroit à* B *si l'une & l'autre boule étoient élastiques.*

Doublez la quantité de mouvement que A non élastique communique à B non élastique , & ce double sera la quantité de mouvement que A élastique communiqueroit à B élastique.

Je nomme M la masse du corps A , m celle du corps B , & V la vitesse de A , nous avons vû (*N.* 312.) que la vitesse commune de A & de B après le choc est $\frac{MV}{M+m}$ & par conséquent la quantité de mouvement de B après le choc est $\frac{mMV}{M+m}$ lorsque les deux corps ne sont pas élastiques.

Nous avons vû de même (*N.* 336.) que si les deux corps sont élastiques & qu'ils suivent la même direction avant le choc, la vitesse après le choc du corps B , qui avant le choc avoit moins de mouvement que l'autre est $\frac{2MV-Mu+mu}{M+m}$ en nommant u la la vitesse du corps B ; or si B est en repos avant le choc , sa vitesse u sera infiniment petite & égale à zero ; donc la vitesse de B après le choc se changera en $\frac{2MV}{M+m}$ à cause de $u=o$, & par conséquent sa quantité de mouvement sera $\frac{2mMV}{M+m}$, mais cette quantité est double de la quantité $\frac{MV}{M+m}$ que B auroit reçû de A , si les deux boules n'avoient par été élastiques , donc , &c. Ces principes posés.

605. PROBLEME I. *Connoissant la direction* CA *& la quantité de mouvement d'une boule non élastique* A (Fig. 219.) *qui choque deux autres boules égales & non élastiques* B , D *avec des directions obliques* AB , AD *qui font des angles égaux* BAX , DAX *avec la direction* CX *de la boule* A , *connoître les vitesses & les quantités de mouvement des trois boules après le choc.*

Nous savons déja que les boules B , D après le choc suivront les directions AB , AD , & qu'à cause de l'égalité de ces boules , la boule A ne faisant pas plus d'effort d'un côté que de l'autre suivra sa premiere direction CX. Cela posé.

Supposons que la vitesse du corps A après le choc soit égale à AX, du point d'attouchement V des deux boules A, B, je mene VT égale & parallele à AX, & du point T menant TO perpendiculaire sur AB, la droite VO marquera la vitesse de B après le choc (*N*. 603), & on trouvera de la même façon que la vitesse de la boule D après le choc sera exprimée par HR $=$ VO; du point O je mene OQ perpendiculaire sur VT, & il est visible que VQ marquera la vitesse de B selon la direction VT ou CX, & que la vitesse de D selon HS ou CX sera égale à VQ; du point E je mene EL perpendiculaire sur CX, & l'on prouvera aisément que les triangles rectangles ECB, TOV étant semblables, les triangles EAL, QVO sont aussi semblables, & que par conséquent on a CA, LA :: VT, VQ.

Je nomme CA $=a$, EA $=b$ & AX ou VT $=x$; les triangles semblables CAE, EAL donnent CA, AE :: AE, AL, donc $\overline{CA}^2$, $\overline{AE}^2$ :: CA, LA ou a^2, b^2 :: a, $\dfrac{ab^2}{a^2} = \dfrac{b^2}{a} =$ CL; or nous avons CA, LA :: VT, VQ, donc a, $\dfrac{b^2}{a}$ :: x, $\dfrac{b^2 x}{a^2} =$ VQ, ainsi la vitesse de B après le choc selon la direction VQ est $\dfrac{b^2 x}{a^2}$, & par conséquent celle de D est aussi $\dfrac{b^2 x}{a^2}$. Je nomme M la masse de A & m la masse de B ou de D, donc la quantité de mouvement de A après le choc est Mx, celle de B, selon la direction VQ ou CA, est $\dfrac{mb^2 x}{a^2}$ & celle-ci est la même que celle de D selon la même direction; or ces trois quantités prises ensemble doivent être égales à la quantité de mouvement avant le choc, & cette quantité est Ma; donc nous avons M$x + \dfrac{2mbbx}{aa} =$ Ma, & multipliant par aa, nous aurons M$aax + 2mbbx =$ Ma^3, & divisant par M$aa + 2mbb$, nous aurons $x = \dfrac{Ma^3}{Maa + 2mbb}$, & par conséquent la quantité de mouvement de A après le choc sera connue; & mettant cette valeur de x dans $\dfrac{mb^2 x}{a^2}$ qui est la quantité de mouvement de B ou de D, selon la direction CA, nous aurons $\dfrac{mMab^2}{Maa + 2mbb}$ pour la valeur de cette quantité.

Pour connoître la quantité de mouvement de B ou de D selon

leurs directions AB ou AD, on aura dans les triangles sembla-
bles CAE, TVO, cette analogie CA, AE :: TV, VO, donc
a, b :: x, $\frac{bx}{a^2}$ = VO, & mettant la valeur de x nous aurons
$\frac{Ma^3b}{Ma^3 + 2mabb}$ = VO, & multipliant VO par m, on aura $\frac{mMa^3b}{Ma^3 + 2mabb}$
pour la quantité de mouvement de B ou de D sur leurs directions
AB, AD.

Suppofons que les trois boules foient égales & que l'angle
BAX ou CAF foit de 30 degrés, je fais en A l'angle FAM égal
à l'angle CAF, & je prolonge CF en M, l'angle CAF étant de
30 degrés, l'autre angle aigu ACF du triangle rectangle CAF
fera donc de 60 degrés ; or l'angle CAM eft auffi de 60 degrés
par la conftruction, donc le troifiéme angle CMA du triangle
CMA eft auffi de 60 degrés, & par conféquent ce triangle eft
ifofcele & fon côté CM eft coupé en deux également en F par
la perpendiculaire CF, donc CF = $\frac{1}{2}$ CM = $\frac{1}{2}$ CA ; ainfi faifant
CA = 2, nous aurons CF = 1, & comme à caufe du triangle
rectangle CAF nous avons $\overline{FA}^2 = \overline{CA}^2 - \overline{CF}^2$, nous aurons $\overline{FA}^2$
= 4 — 1 = 3, & FA = $\sqrt{3}$, je fais M = 1 = m, & mettant
ces valeurs dans celles de AX & de VQ, que nous avons trou-
vées ci-deffus, nous aurons $x = \frac{Ma^3}{Maa + 2mbb} = \frac{8}{4+6} = \frac{8}{10} = \frac{4}{5}$ &
$VQ = \frac{b^2x}{a^2} = \frac{3 \times 4}{4 \times 5} = \frac{12}{20} = \frac{3}{5}$; ainfi la viteffe de A après le choc
fera $\frac{4}{5}$, celle de B felon la direction CA fera $\frac{3}{5}$, & celle de D
felon la même direction fera auffi $\frac{3}{5}$; multipliant donc ces viteffes
par leurs maffes, dont la valeur eft 1, la fomme des quantités de
mouvement, felon la direction CA après le choc, fera $\frac{4}{5} + \frac{3}{5}$
$+ \frac{3}{5} = \frac{10}{5} = 2$; or la quantité de mouvement avant le choc étoit
M × CA = 1 × 2 = 2, donc la quantité du mouvement après le
choc, felon la direction CA, eft égale à la quantité de mouvement avant le choc, & par conféquent le Problême eft bien refolu.

Suppofons encore que l'angle BVX foit de 30 degrés, mais
que la maffe de A foit 2, & celle de B ou de D foit 1, nous au-
rons donc $x = \frac{Ma^3}{Maa + 2mbb} = \frac{16}{8+6} = \frac{16}{14} = \frac{8}{7}$ & $VQ = \frac{b^2x}{a^2} =$
$\frac{Mab^2}{Maa + 2mab} = \frac{12}{14} = \frac{6}{7}$, ainfi la viteffe de A après le choc fera $\frac{8}{7}$,
celle de B, felon la direction CA, fera $\frac{6}{7}$, & celle de D, felon
la même direction, fera auffi $\frac{6}{7}$; multipliant donc ces viteffes par
leurs maffes, la quantité de mouvement de A après le choc fera

$\frac{2\times 8}{7} = \frac{16}{7}$, celle de B fera $\frac{1\times 6}{7} = \frac{6}{7}$, & celle de D fera auſſi $\frac{6}{7}$, & par conſéquent la ſomme de ces quantités de mouvement ſera $\frac{16}{7} + \frac{6}{7} + \frac{6}{7} = \frac{28}{7} = 4$; or la quantité de mouvement avant le choc eſt $M \times a = 2 \times 2 = 4$, donc les quantités de mouvement ſont encore égales avant & après le choc, & la même choſe arrivera, quelque rapport que l'on mette entre les maſſes A & B ou D, & quelque ſoit l'angle BAX, donc, &c.

607. PROBL. II. *Trouver les mêmes choſes que ci-deſſus en ſuppoſant les trois boules élaſtiques.*

Cherchez comme dans le Problême précédent la viteſſe de B ou de D, ſelon la direction CA lorſque les boules ne ſont pas élaſtiques, & le double de cette viteſſe ſera la viteſſe de B ou de D lorſque les boules ſont élaſtiques.

Par exemple, en ſuppoſant que les trois boules ſont égales & non élaſtiques, & que l'angle BAX eſt de 30 degrés, nous avons trouvé $VQ = \frac{3}{5}$, je double cette viteſſe & j'ai pour le cas de l'élaſticité $VQ = \frac{6}{5}$, donc la viteſſe de D eſt auſſi $\frac{6}{5}$, & comme la ſomme $\frac{6}{5} + \frac{6}{5}$ de ces deux quantités, c'eſt-à-dire $\frac{12}{5} = 2\frac{2}{5}$ eſt plus grande que la quantité 2 de mouvement avant le choc, il s'enſuit que A après le choc doit avoir une quantité négative de mouvement $= -\frac{2}{5}$, de ſorte qu'en ajoûtant enſemble les trois quantités $\frac{6}{5} + \frac{6}{5} - \frac{2}{5}$, on aura juſtement $\frac{10}{5} = 2$, & par conſéquent la quantité de mouvement ſera égale avant & après le choc.

De même en ſuppoſant $M = 2$, $m = 1$ & les boules non élaſtiques, nous avons trouvé $VQ = \frac{6}{7}$, donc en ſuppoſant les boules élaſtiques nous aurons $VQ = \frac{12}{7}$ & la viteſſe de $D = \frac{12}{7}$, ainſi ces viteſſes étant multipliées par leurs maſſes ſeront $\frac{1\times 12}{7}$, $\frac{1\times 12}{7}$ & par conſéquent les quantités de mouvement de B & D feront enſemble $\frac{24}{7}$; or la quantité de mouvement de A avant le choc eſt $M \times a = 2 \times 2 = 4 = \frac{28}{7}$, donc il reſte encore pour la quantité de mouvement de A après le choc $\frac{4}{7}$ ou $2 \times \frac{2}{7}$, c'eſt-à-dire que A après le choc s'avancera toujours du même côté avec une viteſſe égale à $\frac{2}{7}$, & ainſi des autres.

On peut reſoudre ce Problême directement en cette ſorte ; par la Propoſition 121 (N. 355.) lorſque deux corps élaſtiques ſe choquent avec la même direction ou avec des directions contraires, la ſomme des maſſes multipliées par les quarrés de leurs viteſſes eſt la même avant & après le choc ; or dans le cas préſent les viteſſes de B & D avant le choc étant infiniment petites, c'eſtc'eſt-à-dire égales à zero ; il s'enſuit que le produit de la boule A multipliée par le quarré de ſa viteſſe CA avant le choc, eſt égal à la ſomme des produits des trois boules multipliée chacune par le quarré de la viteſſe qu'elle a ſur ſa propre direction après le choc, ceci poſé.

Je nomme x la viteſſe de la boule A (*Fig.* 220.) après le choc, & y la viteſſe de la boule B ou D ſur les directions AB, AD ; ainſi ſuppoſant que les droites VO, HR repréſentent les viteſſes égales de B & D après le choc ; je joins la droite OR, & des points V, H je mene les droites VQ, HS paralleles à AX, ces droites repréſenteront les viteſſes de B & D ſelon la direction AX ; or à cauſe des triangles ſemblables CAF, VOT, on a CA, AF :: VO, VQ, donc a, b :: y, $\frac{by}{a}$, & par conſéquent $\frac{by}{a}$ ſera la viteſſe de B après le choc ſelon la direction VQ ou CX, & celle de D ſera auſſi $\frac{by}{a}$; multipliant donc les viteſſes x, $\frac{by}{a}$, $\frac{by}{a}$ par leur maſſes, les produits $Mx + \frac{bmy}{a} + \frac{bmy}{a}$ ſeront les quantités de mouvement des trois boules après le choc, mais la ſomme de ces produits doit être égale à la quantité de mouvement Ma de A avant le choc, donc $Mx + \frac{2bmy}{a} = Ma$.

D'autre part nous devons avoir $Mxx + my^2 + my^2$, ou $Mxx + 2my^2 = Maa$ par la Propoſition citée (*N.* 355), donc nous avons ici deux équations ; je fais le quarré de la premiere $Mx + \frac{2bmy}{a} = Ma$, ce qui donne $M^2 x^2 + \frac{4bmMyx}{a} + \frac{4bbmmy^2}{aa} = M^2 a^2$, & diviſant par M j'ai $Mx^2 + \frac{4bmyx}{a} + \frac{4bbmmy^2}{Maa} = Maa$; or nous avons $Maa = Mxx + 2my^2$, comparant donc ces deux valeurs de Maa, nous aurons $2my^2 = \frac{4bmyx}{a} + \frac{4bbmmy^2}{Maa}$, d'où je tire $Mmaay^2 = 2bmMayx + 2bbmmy^2$, & $x = \frac{Mmaay^2 - 2bbmmy^2}{2bmMay} = \frac{Ma^2 y - 2bbmy}{2bMa}$.

Or par la premiere équation nous avons $x = \frac{Maa - 2bmy}{Ma}$, comparant donc ces deux valeurs de x, nous aurons $\frac{Maay - 2bbmy}{2bMa} = \frac{Maa - 2bmy}{Ma}$ ou $Maay - 2bbmy = 2aabM - 4bbmy$, d'où je tire $Maay + 2bbmy = 2aabM$ & $y = \frac{2aabM}{Maa + 2mbb}$.

Et mettant cette valeur de y dans $Mx + \frac{2bmy}{a} = Ma$, ou Max

O o o

$+ 2bmy = Maa$, j'ai $Max + \dfrac{4aabbmM}{Maa + 2mbb} = Maa$, ou $x + \dfrac{4abbm}{Maa + 2mbb}$

$= a$, ou $Maax + 2mbbx = Ma^3 - 2ambb$, d'où je tire x

$= \dfrac{Ma^3 - 2ambb}{Maa + 2mbb}$.

Je mets aussi la valeur de y dans $VQ = \dfrac{by}{a}$, & j'ai $VQ =$

$\dfrac{2aabbM}{Ma^3 + 2ambb}$.

Suppofons comme auparavant $M = m$, & que l'angle OAX foit de 30 degrés, & nous aurons $x = \dfrac{8 - 12}{4 + 6} = -\dfrac{4}{10} = -\dfrac{2}{5}$, ainfi que nous l'avons trouvé ci-deffus, de même $VQ = \dfrac{8 \times 3}{8 + 12}$

$= \dfrac{24}{20} = \dfrac{6}{5}$ de même qu'auparavant, &c.

M. Bernoulli s'eft fervi de cette méthode pour réfoudre ce Problême, & delà il a tiré occafion de donner des nouveaux éloges à fá theorie des forces vives, mais il n'a pas pris garde que puifqu'après le choc, le mouvement fe décompofe en trois directions compofantes qui donnent une égale quantité de mouvement fur la direction AC, rien n'empêche de compofer de même la direction AC avant le choc des trois mêmes directions, lefquelles multipliées l'une par la maffe M, & les deux autres par la maffe m, auroient le pouvoir de donner avant le choc la même quantité de mouvement fur la direction AC, & dont les quarrez multipliés par leur maffe feroient égaux à $\overline{AC}^2$ multiplié par M ; on a beau faire, tout ce qui peut fe dire des forces vives, peut fe dire également des forces mortes, pourvû qu'on faffe la comparaifon comme il faut entre les unes & les autres, & il n'y aura jamais de différence qu'autant qu'on s'avifera de les mal comparer. Je ne m'arrête point à réfuter davantage ce fentiment, on peut voir ce que j'en ai dit dans la Remarque en forme de Differtation qui fe trouve dans le Chapitre IV. de ce premier Livre (*N.* 106.)

608. Probl. III. *Connoiffant la direction CA & la quantité de mouvement d'une boule non élaftique A (Fig. 221.) qui choque plufieurs autres boules égales, non élaftiques, en nombre pair plus grand que deux, & dont les directions prifes deux à deux font des angles égaux avec la direction CX, connoître les viteffes de toutes les boules après le choc.*

Du point C j'abbaiffe fur les directions prolongées les perpendiculaires CF, CH, &c. & fuppofant que AX foit la viteſſe reſtante du corps A après le choc, je mene des points V, R, où les boules B, K, touchent la boule A, les droites VT, RL égales & paralleles chacune à AX ; ainſi les points V, R, de la boule A, ſe trouveront en T & en L, lorſque ſon centre A ſe trouvera en X ; des points T, L, je mene les droites TO, LS, perpendiculaires ſur les directions AO, AS, de B & de K ; les droites VO, RS, marquent les viteſſes de B & de K ſur leur directions, & ces viteſſes ſont égales aux viteſſes des boules D, P ; des points O, S, je mene les droites OQ, SN, perpendiculaires ſur VT, RL ; les droites VQ, RN, marqueront les viteſſes de B & de K ſelon la direction AX, & ces viteſſes ſeront égales à celles de D & de P ſelon la même direction ; des points F, H, je mene les droites FZ, HY, perpendiculaires ſur AC, & l'on prouvera aiſément qu'à cauſe des triangles ſemblables CFA, TOV, ZFA, QOV, on a CA, ZA :: VT, VQ, & qu'à cauſe des triangles ſemblables CHA, LSR, YHA, NSR, on a CA, YA :: RL, RN.

Je nomme $CA = a$, $FA = b$, $HA = c$, $AX = VT = RL = x$; les triangles ſemblables CAF, FAZ, donnent :: CA, FA, ZA ; donc $\overline{CA}^2$, $\overline{FA}^2$ :: CA, ZA, ou a^2, b^2 :: a, $\frac{ab^2}{a^2} = \frac{b^2}{a} = ZA$; or nous avons CA, ZA :: VT, VQ, donc a, $\frac{b^2}{a}$ :: x, $\frac{b^2 x}{a^2} = VQ$, & par conſéquent la viteſſe de B ſelon la direction CX, eſt $\frac{b^2 x}{a^2}$, de même que la viteſſe de D ſelon la même direction ; les triangles ſemblables CAH, HAY, donnent :: CA, AH, AY ; donc $\overline{CA}^2$, $\overline{AH}^2$ :: CA, AY, ou aa, cc :: a, $\frac{acc}{aa} = \frac{cc}{a} = YA$; or nous avons CA, YA :: RL, RN ; donc a, $\frac{cc}{a}$ :: x, $\frac{ccx}{aa} = RN$, & par conſéquent la viteſſe de K, & celle de P ſelon la direction CA ſont chacune égales à $\frac{ccx}{aa}$; nommant donc M la maſſe de A, & m la maſſe de chacune des boules égales B, K, D, P, & multipliant les viteſſes par les maſſes, les produits Mx, $\frac{mbbx}{aa}$, $\frac{mbbx}{aa}$, $\frac{mccx}{aa}$, $\frac{mccx}{aa}$ ſeront les quantités de mouvement des cinq boules après le choc ; or ces quantités priſes enſemble ſont égales à la quantité de mouvement Ma du corps A avant le choc ; donc

$$Mx + \frac{2bbmx}{aa} + \frac{2ccmx}{aa} = Ma,$$

ou $Maax + 2bbmx + 2ccmx = Ma$, d'où l'on tire $x = \frac{Ma^3}{Maa + 2bbm + 2ccm}$, & mettant cette valeur de x dans $VQ = \frac{b^2 x}{a^2}$, & dans $RN = \frac{c^2 x}{a^2}$, nous aurons $VQ = \frac{Mab^2}{Maa + 2bbm + 2ccm}$, & $RN = \frac{Mac^2}{Maa + 2bbm + 2ccm}$, & par conséquent les viteffes des cinq boules après le choc feront connues.

Suppofons que l'angle $BAX = CAF$ foit de 30 dégrés, l'angle ACF fera de 60, & par conféquent nommant $AC = 2$, nous aurons $AF = \sqrt{3}$. Suppofons auffi que l'angle RAX, ou CAH foit de 60 degrés, l'angle ACH fera de 30, & par conféquent AC étant $= 2$, on aura $AH = 1$, ainfi $b = \sqrt{3}$, & $c = 1$; enfin, fuppofons $M = 4$, & $m = 1$.

Je mets ces valeurs dans les expreffions des viteffes que nous venons de trouver, & j'ai $x = \frac{4 \times 8}{4 \times 4 + 6 + 2} = \frac{32}{24} = \frac{8}{6} = \frac{4}{3}$, $VQ = \frac{24}{24} = \frac{3}{3}$ & $RN = \frac{8}{24} = \frac{1}{3}$; multipliant donc ces viteffes par leurs maffes, j'ai $xM = \frac{16}{3}$, $2VQ \times m = \frac{6}{3}$ & $2RN \times m = \frac{2}{3}$, & ajoûtant enfemble ces quantités de mouvement, j'ai $\frac{16 + 6 + 2}{3} = \frac{24}{3} = 8$, c'eft-à-dire la quantité de mouvement des cinq boules après le choc felon la direction CA eft $= 8$; or la quantité Ma de A avant le choc eft auffi $= 8$; donc les quantités de mouvement font égales avant & après le choc, & le problême eft réfolu.

609. PROBL. IV. *Trouver les mêmes chofes que dans le Problême précédent, en fuppofant les boules élaftiques.*

Je double les viteffes des quatre boules choquées, ce qui me donne pour leurs quantités de mouvement $\frac{6}{3} + \frac{6}{3} + \frac{4}{3} + \frac{2}{3} = \frac{16}{3}$, ainfi il refte encore $\frac{8}{3}$ de quantité de mouvement pour la boule A felon la même direction après le choc; or $A = 4$, donc fa quantité de mouvement eft $\frac{4 \times 2}{3} = \frac{8}{3}$, & par conféquent A après le choc ira encore avec $\frac{2}{3}$ de viteffe, & ainfi des autres.

610. PROBL. V. *Connoiffant la direction CA (Fig. 222.) & la quantité de mouvement d'une boule A non élaftique qui choque trois autres boules égales, non élaftiques, B, P, D, dont l'une P eft fur la direction CA & les deux autres B, D ont des directions AB, AD qui font des angles égaux BAX, DAX avec la direction CX, connoître les viteffes des quatre boules après le choc.*

La boule P étant fur la direction de la boule A, & rien n'obligeant A de changer de direction après le choc, il est constant que les deux boules A, P peuvent aller de concert après le choc avec la même vitesse; mais quant aux boules B, D, il faut nécessairement qu'elles se séparent de A dans l'instant même du choc pour les raisons que nous en avons données ci-dessus (*N.* 602).

Je nomme la direction $CA = a$, la direction FA ou EA $= b$, & la vitesse AX du corps A après le choc $= x$, à cause qu'elle est inconnue; la vitesse de P sera donc aussi $= x$, celle de B, selon la direction CX ou VT, c'est-à-dire la vitesse VQ, sera $\frac{bbx}{aa}$ (*N.* 606), & par conséquent celle de D sera aussi $\frac{bbx}{aa}$, nommant donc M la masse de A, m celle de B ou P ou D, & multipliant les vitesses par les masses, nous aurons Mx pour la quantité de mouvement de A après le choc, mx pour celle de P, $\frac{mbbx}{aa}$ pour celle de B, & $\frac{mbbx}{aa}$ pour celle de D; or la somme de ces quantités doit être égale à la quantité de mouvement Ma de la boule A avant le choc, donc nous avons $Mx + mx + \frac{2mbbx}{aa} = Ma$, & par conséquent $Maax + maax + 2mbbx = Ma^3$, d'où je tire $x = \frac{Ma^3}{Maa + maa + 2mbb}$ vitesse de A & de P après le choc, & mettant cette valeur de x dans la vitesse $\frac{bbx}{aa}$ de B ou de D après le choc, nous aurons $VQ = \frac{Mabb}{Maa + maa + 2mbb}$.

Supposons que l'angle BAX soit de 60 degrés, & que $M = 2$, $m = 1$, & $CA = 2$, nous aurons AF ou $AE = 1$ comme ci-dessus, & mettant ces valeurs dans celle de x, & de VQ nous aurons $x = \frac{2 \times 8}{8 + 4 + 2} = \frac{16}{14} = \frac{8}{7}$, & $VQ = \frac{2 \times 2 \times 1}{8 + 4 + 2} = \frac{4}{14} = \frac{2}{7}$, multipliant donc ces vitesses par leurs masses, nous aurons pour la quantité de mouvement de A après le choc $\frac{2 \times 8}{7} = \frac{16}{7}$ pour celle de P, $\frac{1 \times 8}{7} = \frac{8}{7}$ pour celle de B $\frac{1 \times 2}{7} = \frac{2}{7}$ & pour celle de D $\frac{2}{7}$; ainsi la somme de ces mouvemens sera $\frac{16 + 8 + 2 + 2}{7} = \frac{28}{7} = 4$; or la quantité de mouvement de A avant le choc est $2 \times 2 = 4$, donc les sommes des quantités de mouvement avant & après le choc sont égales, & le Problème est bien resolu.

611. PROBL. VI. *Trouver les mêmes choses que dans le Problème précédent en supposant les boules elastiques.*

Je double les vitesses de B, P, A, ce qui donne pour la vitesse de P $\frac{16}{7}$ pour celle de B, $\frac{4}{7}$, & pour celie de D, $\frac{4}{7}$; je multiplie ces vitesses par leurs masses & la quantité de mouvement de P est $\frac{1 \times 16}{7} = \frac{16}{7}$, celle de B $\frac{1 \times 4}{7} = \frac{4}{7}$, & celle de D aussi $\frac{4}{7}$, & les sommes de ces quantités de mouvement est $\frac{16 + 4 + 4}{7} = \frac{24}{7}$; donc il reste pour la quantité de mouvement de A $\frac{4}{7}$, ou $\frac{2 \times 2}{7}$, c'est-à-dire que A suivra sa direction après le choc avec une vitesse égale à $\frac{2}{7}$, & ainsi des autres.

612. PROBL. VII. *Connoissant la direction* CA (Fig. 223.) *& la quantité de mouvement d'une boule* A *non élastique qui choque plusieurs autres boules égales, non elastiques, en nombre impair plus grand que trois, dont l'une est sur la direction* CA *& les autres prises deux à deux ont des directions également éloignées de la direction* CA, *trouver les vitesses des boules après le choc.*

Je nomme CA $= a$, FA ou EA $= b$, AH ou AM $= c$ & la vitesse inconnue AX de A ou de P après le choc $= x$, la vitesse VQ de B ou de D selon la direction AX sera donc $\frac{bbx}{aa}$, & celle de R ou de K sera $\frac{ccx}{aa}$; nommant donc M la masse de A, m celle de K $=$ D $=$ P $=$ B $=$ R; & multipliant les masses par les vitesses, la quantité de A après le choc sera Mx, celle de P, mx; celle de B ou de D, $\frac{bbmx}{aa}$, & par conséquent les deux ensemble seront $\frac{2bbmx}{aa}$, & celles de R & de K jointes ensemble seront $\frac{2ccmx}{aa}$ or la somme de ces quantités doit être égale à la quantité de mouvement Ma de A avant le choc, donc nous avons M$x + m$ $+ \frac{2bbmx}{aa} + \frac{2ccmx}{aa} =$ Ma, & par conséquent M$aax + maax +$ $2bbmx + 2ccmx =$ Ma^3, d'où je tire $x = \dfrac{Ma^3}{Maa + maa + 2bbm + 2cc}$ vitesse de A ou de P après le choc.

Et mettant cette valeur de x dans les vitesses $\frac{bbx}{aa}$ de B ou D, & $\frac{ccx}{aa}$ de R ou de K, nous aurons VQ $= \dfrac{Mabb}{Maa + maa + 2mbb + 2mcc}$ & IN $= \dfrac{Macc}{Maa + maa + 2mbb + 2mcc}$.

Supposons M $= 5$, $m = 1$, l'angle BMX ou CAF de 30 degrés, & l'angle IAX ou CAH de 60, nous aurons donc en su posant $CA = 2$, $FA = \sqrt 3$ & $HA = 1$, ainsi mettant ces valeurs dans les vitesses trouvées, nous aurons $x = \frac{40}{32}$ $VQ = \frac{20}{32}$ & $IN = \frac{10}{32}$, & multipliant ces vitesses par leurs masses, la quantité de mouvement de A après le choc sera $\frac{5 \times 40}{32} = \frac{200}{32}$, celle de P sera $\frac{1 \times 40}{32} = \frac{40}{32}$, celle de B jointe à celle de D sera $\frac{60}{32}$, & celle de R jointe à celle de K sera $\frac{20}{32}$, & toutes ces quantités jointes ensemble seront $\frac{200 + 40 + 60 + 20}{32} = \frac{320}{32} = 10$; or la quantité de mouvement de A avant le choc est $2 \times 5 = 10$, donc les quantités de mouvement avant & après le choc étant égales, le Problême est resolu.

Si l'on vouloit trouver les vitesses des boules B ou D, R ou K sur leurs directions, on feroit attention que les triangles VTO, ACF étant semblables, on a CA, AF :: VT, VO, ou 2, $\sqrt 3$ :: $\frac{40}{32}$, $\frac{40\sqrt 3}{64} = \frac{5}{8}\sqrt 3 = VO$, & par conséquent la vitesse de B sur sa direction est $\frac{5}{8}\sqrt 3$; de même les triangles ILS, CAH étant semblables donnent CA, AH :: IL, IS, donc 2, 1 :: $\frac{40}{32}$, $\frac{40}{64} = \frac{5}{8}$, & par conséquent la vitesse IS de B sur sa direction est $\frac{5}{8}$, & ainsi des autres.

613. PROBL. VIII. *Trouver les mêmes choses que dans le Problême précédent en supposant les boules élastiques.*

Je double les vitesses des boules R, B, P, D, K, trouvées par le Problême précédent, & j'ai pour la vitesse de P, $\frac{80}{32}$, pour celle de B ou de D $\frac{60}{32}$ & pour celle de R ou de K $\frac{20}{32}$, donc les quantités de mouvement des cinq boules jointes ensemble est $\frac{80 + 120 + 40}{32} = \frac{240}{32}$, donc il reste pour la boule A $\frac{80}{32}$, ou $\frac{5 \times 16}{32}$, c'est-à-dire que la boule A après le choc suivroit sa direction avec $\frac{16}{32}$ ou $\frac{1}{2}$ de vitesse.

Si on vouloit trouver les vitesses des boules R, B, D, K, selon leurs directions, on doubleroit les vitesses trouvées dans le Problême précédent, & l'on auroit $\frac{10}{8}\sqrt 3$ pour la vitesse de B ou D, & $\frac{10}{8}$ pour celle de R ou de K.

REMARQUE.

614. De tout ce que nous venons de dire dans les Problêmes précédens, il est aisé de conclure 1°. Que si les corps ne sont pas élastiques, & qu'on tire du point C les perpendiculaires CE,

CF, CM, CH (*Fig. 223.*) fur les directions, les viteffes après le
chocs des boules choquées & de la boule qui les choque, prife
chacune felon fa direction, font entr'elles comme les direction
en prenant pour directions les droites EA, FA, MA, HA com
prifes entre les perpendiculaires CE, CF, CM, CH, & l'autr
extrémité A de la direction CA ; car les triangles ILS, CAI
étant femblables IL, IS :: CA, AH, de même les triangle
femblables TOV, CFA donnent VT ou IL, VO :: CA, FA
or les antecedens de ces deux proportions font les mêmes, don
IS, VO :: AH, AF, c'eft-à-dire les viteffes des boules R, B
felon leurs directions, font entr'elles comme leurs directions AH
AF, il eft vifible que la viteffe IH ou VT de la boule A eft à
viteffe de R comme CA eft à AH, & à celle de B comme CA e
à AF.

2°. Si les boules font élaftiques les viteffes des boules choquée
font encore entr'elles comme leurs directions, puifqu'elles fo
les doubles des viteffes des boules qui ne feroient pas élaftique

Or en prenant pour finus total la direction CA, la directio
AH eft le finus de complement de l'angle CAH ou RAX, fa
par la direction de la boule R, avec la direction CX de la bo
le A, & la direction AF eft le finus de complement de l'ang
CAF ou BAX fait par la direction de la boule B avec la dire
tion de la boule A, donc *les viteffes des boules R, B font entr'el
comme les finus de complement des angles fait par leurs directions av
la direction CA.*

REMARQUE II.

615. Nous avons refolu le Problême dans les deux cas de
Bernoulli, non-feulement pour les boules élaftiques, mais e
core pour des boules non élaftiques; voyons à prefent de le r
foudre d'une maniere générale pour tous les autres cas.

616. PROBL. IX. *Connoiffant la viteffe & la direction CA (Fi
224.) d'une boule non élaftique A qui choque deux autres boules
D égales entr'elles, non élaftiques, & dont les directions forment
angles inégaux BAX, DAX avec la direction AC, connoître
viteffes des trois boules après le choc.*

La difficulté de ce Problême, que perfonne n'a encore refol
m'oblige de faire une hypotèfe qui fera juftifiée par la foluti
même de la queftion; or voici qu'elle eft ma penfée.

Si la boule A ne choquoit que la boule B, sa direction CA seroit composée des deux AE, & CE ; supposant donc les trois
boules égales, la boule A donneroit au corps B une vitesse VO
égale à ½ AE selon la direction VO, & elle devroit aller aussi selon la même direction avec une vitesse AH égale à ½ AE, mais
comme la direction CE qui ne choque point B agiroit toujours
sur A, la boule A prendroit un mouvement composé de AH
= ½ AE, & de HS égale & parallele à CE ; tout le monde convient de ceci. Par la même raison, si la boule A ne choquoit que
la boule D, sa direction AC seroit composée des deux CF, FA,
& par conséquent D recevroit sur sa direction une vitesse NM
= ½ FA, & A prendroit un mouvement composé des deux AL
= ½ AF & LR égale & parallele à CF ; & il est visible que les
directions NS, LR se couperoient en un point X qui seroit sur
la direction CX, car l'angle HAL étant égal à l'angle FAE, &
les angles droits AHX, ALX étant égaux aux angles droits AEC,
AFC, & de plus les côtés HA, AL du trapeze HALX étant
proportionnels aux côtés AE, FA du trapeze EAFC, il s'ensuit
que les deux trapezes sont semblables ; c'est pourquoi tirant la diagonale AX dans le trapeze HAX, les triangles HAX, EAC
feront semblables, de même que les triangles LAX, FAC ;
donc l'angle HAX sera égal à l'angle EAC, & par conséquent
les lignes CA, AX feront en ligne droite puisque les angles
HAX, EAC sont opposés au sommet & égaux entr'eux.

Maintenant concevons que la boule A choque à la fois les
deux boules B, D, sa direction CA sera composée des quatre
CE, AE, CF, AF, ou pour mieux dire des moitiés de ces
quatre directions, car les deux ensemble CE, AE étant équivalentes à CA, & les deux CF, FA lui étant aussi équivalentes,
il est clair que CA ne peut être composée que des moitiés de ces
quatre vitesses ; je dis donc que ces quatre demi-vitesses agissent
ensemble de façon que les boules B, D reçoivent sur leurs directions des vitesses proportionnelles aux droites AE, EF, & qu'en
même tems que la boule A se trouve poussée de part & d'autre,
selon ces mêmes directions, les directions CE, CF lui donnent aussi des vitesses proportionnelles à CE, EF, de façon que
ces vitesses communiquées aux trois boules, donnent selon la
direction CA des vitesses, lesquelles étant multipliées par leurs
masses forment une quantité de mouvement égale à la quantité
de mouvement de la boule A avant le choc.

P p p

Or dans cette fuppofition, il eft évident que la boule AX doit fuivre après le choc fa premiere direction, car les viteffes AH, AL, étant proportionnelles aux droites EA, FA, & les viteffes HX, CX, étant auffi proportionnelles aux droites CE, CF, le trapeze AHXL & le trapeze AECF font femblables, d'où il fuit que la direction AX que le corps A prendra en conféquence des quatre directions AH, AL, HX, LX, dont il fera pouffé, fe trouvera en ligne droite avec CA ; il ne refte donc plus qu'à trouver la viteffe AX de A après le choc, & tout le refte fe trouvera comme dans les Problémes précédens.

Je fçai que l'hypotèfe fur laquelle je me fonde femble choquer les regles du mouvement, la boule A trouve plus de réfiftance du côté de B que du côté de D ; donc elle devroit fe déranger de fa direction, c'eft l'idée qui fe préfente d'abord, lorfqu'on commence à examiner ce Problême, mais dès-lors qu'on veut approfondir la chofe, on trouve à chaque pas tant de difficultés & de contradictions, qu'il n'eft pas poffible qu'on ne foupçonne de faux ce que l'on regardoit comme une verité ; au contraire qu'on admette pour un inftant mon hypotèfe, toutes les difficultés s'applaniffent, & les principes s'accordent parfaitement. Les boules fe féparent & ne fe féparent qu'autant qu'il eft néceffaire pour la liberté du mouvement, les viteffes qu'elles reçoivent de la boule A font proportionnelles aux directions, l'égalité de mouvement felon la direction AC fubfifte avant & après le choc ; & de plus, lorfque les boules font élaftiques, les produits des maffes par les quarrez de leur viteffes felon leur directions font égaux au produit de la boule A par le quarré de fa viteffe CA avant le choc ; il eft bien difficile qu'une fuppofition qui réunit tant de verités à la fois puiffe porter le caractere de la fauffeté, mais venons à la folution.

Je nomme x, la viteffe AX de A après le choc, M fa maffe, m la maffe de B ou de D, b la direction AE, & c la direction FA ; des points V & N où les boules B, D, touchent la boule A dans l'inftant du choc, je mene les droites VT, NZ égales & paralleles à AX ; ainfi les points V, N, de la boule A feront parvenus en T & en Z, lorfque le centre A fera parvenu en X ; des points T, Z, j'abbaiffe les perpendiculaires TO, ZM, fur les directions AB, AD, & les droites VO, NM, feront les viteffes des boules B, D, fur leur directions ; des points O, M, j'abbaiffe les perpendiculaires OQ, M$_4$, fur les droites HT, NZ, & les droites VQ, N$_4$, marqueront les viteffes de B & de D, felon la direction CA ; enfin des points E, F, je mene fur CA les perpendiculaires EK, FY.

Les triangles femblables CKE, EKA, donnent CA, EA EA, AK, ou a, $b :: b$, $\frac{bb}{a} =$ AK, & les triangles femblables CFA, FYA, donnent CA, FA :: FA, YA, ou a, $c :: c$, $\frac{cc}{a} =$ YA ; or les triangles CAE, VOT étant femblables, & leur bafes CA, HT étant coupées proportionnellement par les perpendiculaires EK, OQ, nous avons CA, AK :: VT, VQ ; donc a, $\frac{bb}{a} :: x$, $\frac{bb}{a} x =$ VQ, c'eft-à-dire la viteffe de B felon la direction CA eft $= \frac{bb}{aa} x$; on trouvera de même que CA, YA :: NS, N$_4$, ou a, $\frac{cc}{a} :: x$, $\frac{cc}{aa} x =$ N$_4$, & que par conféquent la viteffe de D felon la direction CA eft $= \frac{cc}{aa} x$.

Je multiplie les maffes par les viteffes que je viens de trouver, & j'ai Mx pour la quantité de mouvement de A après le choc $\frac{mbbx}{aa}$ pour la quantité de mouvement de B felon la direction CA, & $\frac{mccx}{aa}$ pour celle de D felon la même direction ; or ces quantités jointes enfemble font égales à la quantité Ma du mouvement de A avant le choc ; donc $Mx + \frac{mbbx}{aa} + \frac{mccx}{aa} = Ma$, ou $aaMx + mbbx + mccx = Ma^3$, d'où je tire $x = \frac{Ma^3}{aaM + mbb + mcc}$, & mettant cette valeur de x dans les viteffes de B & de D, j'ai $\frac{Mabb}{aaM + mbb + mcc}$ pour la viteffe de B, & $\frac{Macc}{aaM + mbb + mcc}$ pour celle de la boule D.

Pour trouver les viteffes de B & de D felon leur directions, on obfervera que les triangles CAE, VTO étant femblables, donnent CA, AE :: TV, VB ; mettant donc les valeurs de ces grandeurs, on aura a, $b :: \frac{Ma^3}{Maa + mbb + mcc}$, $\frac{Ma^2 b}{Maa + mbb + mcc}$ pour la viteffe de B, & de la même façon on trouvera $\frac{Ma^2 c}{Maa + mbb + mcc}$ pour celle de D.

Suppofons que les trois boules foient égales, que l'angle

BAX ſoit de 45 dégrés, l'angle DAX de 60, & que CA ſoit égal à 2, nous aurons $AE = \sqrt{2}$, & $AF = 1$; mettant donc ces valeurs dans la viteſſe trouvée, nous aurons $x = \frac{8}{7}$ viteſſe de A après le choc, $\frac{bbx}{aa} = \frac{16}{28} = \frac{4}{7}$ viteſſe de B ſelon la direction CA, & $\frac{ccx}{aa} = \frac{8}{28} = \frac{2}{7}$ viteſſe de D ſelon la même direction ; or à cauſe de l'égalité des maſſes, les quantités de mouvement ſont comme les viteſſes ; ajoutant donc les trois viteſſes que nous venons de trouver, nous aurons $\frac{8}{7} + \frac{4}{7} + \frac{2}{7} = \frac{14}{7} = 2$ pour la ſomme des quantités de mouvement des trois boules après le choc, mais la quantité de mouvement de A avant le choc eſt auſſi $= 2$; donc, &c.

De même, ſuppoſons $M = 2$, $m = 1$, l'angle BAX de 45 dégrés, & l'angle DAX de 30, nous aurons dans cette ſuppoſition $AE = \sqrt{2}$, $FA = \sqrt{3}$, & mettant ces valeurs dans les viteſſes des boules, nous aurons $x = \frac{2 \times 8}{8 + 2 + 3} = \frac{16}{13}$, $\frac{bbx}{aa} = \frac{2 \times 16}{4 \times 13} = \frac{32}{52} = \frac{8}{13}$, $\frac{ccx}{aa} = \frac{3 \times 16}{4 \times 13} = \frac{48}{52} = \frac{12}{13}$, & multipliant ces viteſſes par leur maſſes, nous aurons $Mx = \frac{2 \times 16}{13} = \frac{32}{13}$, quantité de mouvement de A après le choc, $\frac{mbbx}{aa} = \frac{1 \times 8}{13} = \frac{8}{13}$, quantité de mouvement de B ſelon la direction CA, & $\frac{mccx}{aa} = \frac{1 \times 12}{13} = \frac{12}{13}$ quantité de mouvement de D ſelon la même direction, & ajoutant enſemble ces quantités, nous aurons $\frac{32 + 8 + 12}{13} = \frac{52}{13} = 4$; or la quantité de mouvement de A avant le choc eſt $2 \times 2 = 4$; donc, &c. & ainſi des autres.

617. PROBL. X. *Trouver les mêmes choſes que dans le Problème précédent, en ſuppoſant les boules élaſtiques.*

SOLUTION.

Suppoſons les trois boules égales, la direction $CA = 2$, l'angle BAX de 45 dégrés, & l'angle DAX de 60 ; par le Problème précédent, la viteſſe de B ſelon la direction CA eſt $\frac{4}{7}$, & celle de D eſt $\frac{2}{7}$, je double ces viteſſes, ce qui donne $\frac{8}{7}$ pour la viteſſe de B, en ſuppoſant les boules élaſtiques, & $\frac{4}{7}$ pour celle de D ; ajoutant donc enſemble ces deux viteſſes, la ſomme $\frac{8 + 4}{7} = \frac{12}{7}$ eſt la quantité de mouvement des boules B, D, à cauſe de l'égalité des maſſes, & comme il faut $\frac{14}{7}$ pour faire égalité de mouvement avant & après le choc, la boule **A** a encore $\frac{2}{7}$ selon la direction AC.

Maintenant quand les boules ne sont pas élastiques, la vitesse de **B** selon sa direction AB, est $\frac{Maab}{Maa + mbb + mcc} = \frac{4\sqrt{2}}{7}$, & celle de **D**, $\frac{Maac}{Maa + mbb + mcc} = \frac{4}{7}$; doublant donc ces vitesses, nous aurons $\frac{8\sqrt{2}}{7}$ pour la vitesse de **B** selon sa direction AB, lorsque les boules sont élastiques, $\frac{8}{7}$ pour la vitesse de **D** selon sa direction AD, & $\frac{2}{7}$ pour la vitesse de **A**; élevant donc ces vitesses au quarré, nous aurons $\frac{128}{49}$ pour le quarré de la vitesse de **B**, $\frac{64}{49}$ pour celle de **D**, & $\frac{4}{49}$ pour celle de **A**; supposant donc $M = m = 1$, la somme des quarrez des vitesses multipliées par leur masses sera $\frac{128 + 64 + 4}{49} = \frac{196}{49} = 4$; or le quarré de la vitesse CA de **A** avant le choc est aussi $2 \times 2 = 4$; donc, &c.

De même supposant $M = 2$, $m = 1$, $CA = 2$, l'angle BAX de 45 degrés & l'angle DAX de 30, nous avons par le Problême précédent $\frac{8}{13}$ pour la vitesse de **B** selon CA lorsque les boules ne sont pas élastiques, & $\frac{12}{13}$ pour celle de **D**; donc en doublant ces vitesses, nous avons $\frac{16}{13}$ pour la vitesse de **B** selon CA lorsque les boules sont élastiques, & $\frac{24}{13}$ pour celle de **D**; multipliant donc ces vitesses par leur masse, la somme des produits ou des quantités de mouvement de **B** & **D** sera $\frac{40}{13}$, & comme il faut $\frac{52}{13}$ pour égaler la quantité de mouvement de **M** avant le choc, il restera $\frac{12}{13} = \frac{2 \times 6}{13}$ pour la quantité de mouvement de **A** après le choc, c'est-à-dire **A** continuera de se mouvoir selon la même direction avec une vitesse $= \frac{6}{13}$.

Par le même Problême précédent, nous avons $\frac{Maab}{Maa + mbb + mcc}$ $= \frac{2 \times 4 \times \sqrt{2}}{8 + 2 + 3} = \frac{8\sqrt{2}}{13}$ pour la vitesse de **B** selon sa direction AB lorsque les boules ne sont pas élastiques, & $\frac{Maac}{Maa + mbb + mcc} =$ $\frac{2 \times 4 \times \sqrt{2}}{13} = \frac{8\sqrt{3}}{13}$ pour celle de **D**; doublant donc ces vitesses, nous aurons $\frac{16\sqrt{2}}{13}$, $\frac{16\sqrt{3}}{13}$ pour les vitesses de **B** & **D** selon leur directions, lorsque les boules sont élastiques; faisant donc les quarrez des vitesses $\frac{16\sqrt{2}}{13}$, $\frac{16\sqrt{3}}{13}$, $\frac{6}{13}$ des boules **B**, **D**, **A**, après le choc, nous aurons $\frac{512}{169}$ pour le quarré de la vitesse de **B**,

P p p iij

$\frac{768}{169}$ pour celui de la vitesse de D, & $\frac{36}{169}$ pour celui de la vitesse de A, & multipliant ces quarrez par les masses, nous aurons $\frac{512+768+72}{169} = \frac{1352}{169} = 8$; or le quarré de la vitesse de A avant le choc multiplié par la masse, est aussi $4 \times 2 = 8$; donc, &c.

REMARQUE.

618. Avant d'aller plus loin, je suis bien aise de faire observer un cas particulier auquel on n'a peut être pas fait attention, & qui confirmera de plus en plus mon hypotèse.

Supposons que la boule A non élastique poussée selon la direction CA vienne à choquer les deux boules B, D non élastiques égales entr'elles, & dont les directions faisant l'une un angle BAX moindre de 90 degrés ; par exemple de 30, & l'autre un angle DAX de 90 degrés ; je demande d'abord si la boule A donnera quelque mouvement à la boule D, ou si elle n'en donnera point.

Si l'on repond que la boule D ne recevra aucun mouvement ; à cause que la direction AC est parallele à la tangente LS, il s'ensuivra que la boule B sera choquée de même que si elle étoit seule ; or en ce cas la direction CA étant composée des deux CF, FA, si nous supposons les boules égales, la boule B recevra par le choc une vitesse égale à $\frac{1}{2}$ AF selon sa direction, & le corps A devroit aller aussi du même côté avec la même vitesse $\frac{1}{2}$ AF $=$ AH, mais comme la direction CF qui n'agit point sur B agit toujours sur A, la boule A prendra une direction composée de la direction AH & de la direction HM égale & parallele à CF, donc la boule A prendra la direction AM, & l'on prouvera aisément que la quantité de mouvement selon la direction CA, avant & après le choc sera la même ; car la vitesse NO $=$ AH $= \frac{1}{2}$ AF du corps B, donnera selon la direction AC une vitesse $= \frac{3}{4}$, la vitesse AH du corps A donnera aussi selon AC une vitesse $= \frac{3}{4}$, & la vitesse HM du même corps A donnera selon la même direction AC une vitesse $= \frac{1}{2}$; ainsi supposant la masse A $=$ B $=$ 1, les quantités de mouvement de ces deux masses après le choc seront $\frac{3}{4} + \frac{3}{4} + \frac{1}{2}$ $= \frac{3+3+2}{4} = \frac{8}{4} = 2$, & par conséquent elles seront égales à la quantité A $\times$ AC $=$ 2 du corps A avant le choc.

Mais voici la difficulté ; si le centre de la boule A prend la direction AM, le point P ou la boule A touche la boule D prendra la direction PN égale & parallele à AM, mais AM passe entre AX, & AP, car les triangles rectangles AHX , AFC étant semblables , on a AH, AF : : HX , CF; or AH $= \frac{1}{2}$ AF, donc HX $= \frac{1}{2}$ CF $= \frac{1}{2}$ HM, & par conséquent l'extrémité M de HM tombe en delà de AX; or PN étant parallele à AM, & AX parallele à LS, il est visible que PN passera entre LS & PD, & que par conséquent le point P ne peut suivre la direction PN sans donner du mouvement à la boule D; ce qui est contraire à ce qu'on prétendoit.

Que si on repond que la boule A choque la boule D, la direction AM étant composée des deux AZ, ZM, la boule D prendra la direction Pp égale & parallele à $\frac{1}{2}$ ZM $=$ zZ, & la boule A prendra la direction Az composée de zZ & de AZ, & on démontrera de même que la quantité de mouvement selon la direction CA avant & après le choc est la même, mais voici l'inconvenient; si le centre A prend la direction Az, au lieu de la direction AM, je mene la droite zH, & l'angle AHZ n'est plus droit, car l'angle MHA est droit par la construction ; menant donc du point V la droite VT égale & parallele à Az, & menant les droites TO, Tz le point V de la boule B se trouvera en O quand le point V de la boule A sera en T, & que le centre de la même boule sera en z; or les angles OTV, YOT étant aigus, il est clair que les boules B, A couperont la ligne OT, & que par conséquent les deux boules B, A ne se sépareront pas dans l'instant du choc, ce qui est cependant nécessaire, ainsi que nous l'avons démontré ci-dessus (N. 602).

Il y a donc ici de la difficulté de part & d'autre, car si l'on veut que la boule D ne reçoive aucun mouvement & que la boule A agisse sur B comme si elle étoit seule, je fais voir que la boule D recevra du mouvement; si au contraire on veut que la boule D reçoive du mouvement, je prouve que les boules B, A ne peuvent se mouvoir toutes deux d'une maniere uniforme ; il faut donc nécessairement avoir recours à d'autres principes, & mon hypothese est l'unique que l'on puisse employer; les directions AF, CF agissant proportionnellement, il arrive qu'autant le corps A se trouve éloigné de sa direction par la force AF, autant en est-il rapproché par la force CF, & par conséquent la boule D ne reçoit rien puisqu'il ne reste aucune force selon la direction AP qui puisse la passer. Venons au calcul.

Je nomme x la vitesse AX du corps A après le choc, M la

maſſe de A ou de B, b la direction AF & a la direction AC ;
mene Vt égale & parallele à AX, tO perpendiculaire à la direc
tion AB, & OQ perpendiculaire ſur Vt ; ainſi VO marque l
viteſſe de B ſelon ſa direction, & VQ marque ſa viteſſe ſe
lon la direction CA ; or à cauſe de AC, AK :: Vt, VQ, j'
a, $\frac{bb}{a}$ :: x, $\frac{bb}{aa}x$ = VQ, donc la viteſſe de B ſelon CA eſt $\frac{bb}{aa}x$
multipliant donc les viteſſes de A & de B par les maſſes, j'ai M
+ $\frac{Mbbx}{aa}$ pour la ſomme de leurs quantités de mouvement après l
choc ; or cette ſomme eſt égale à la quantité de mouvemer
avant le choc, donc Mx + $\frac{Mbbx}{aa}$ = Ma, ou aaMx + bbM

= Ma^3, d'où je tire $x = \frac{Ma^3}{aaM + bbM}$ viteſſe de A après le choc

& mettant cette valeur dans $\frac{bbx}{aa}$, j'ai $\frac{Mabb}{aaM + bbM}$ viteſſe de B ſe

lon la direction CA, & faiſant CA, AF :: Vt, VO, ou a, b

$\frac{Ma^3}{aaM + bbM}$, $\frac{Ma^2b}{aaM + bbM}$ = VO, j'ai la viteſſe de B ſelon ſa directio

AB.

Suppoſons M = 1 & a = 2, ce qui donne $b = \sqrt{3}$, donc

= $\frac{8}{4+3}$ = $\frac{8}{7}$ & $\frac{bbx}{aa}$ = $\frac{3\times8}{4\times7}$ = $\frac{24}{28}$ = $\frac{6}{7}$, donc la viteſſe de A apr

le choc eſt $\frac{8}{7}$, & celle de B ſelon la direction CA eſt $\frac{6}{7}$, & mu

tipliant ces viteſſes par les maſſes, la ſomme des quantités de mo

vement après le choc eſt $\frac{1\times8}{7}$ + $\frac{1\times6}{7}$ = $\frac{14}{7}$ = 2, & cette ſomm

eſt égale à la quantité de mouvement 1 × 2 = 2 de A avant

choc.

Si les boules ſont élaſtiques je double la viteſſe $\frac{6}{7}$, ce qui do

ne $\frac{12}{7}$ pour la viteſſe de B ſelon CA lorſque les boules ſont élaſ

ques, & comme il faut $\frac{14}{7}$ pour faire égalité de mouveme

avant & après le choc, la boule A doit donc avoir $\frac{2}{7}$ après le cho

or la viteſſe de B ſelon ſa direction AB lorſque les boules ne ſo

pas élaſtiques eſt $\frac{Ma^2b}{Maa + Mbb}$ = $\frac{4\sqrt{3}}{7}$, donc doublant cette viteſſ

j'ai $\frac{8\sqrt{3}}{7}$ pour la viteſſe de B ſelon ſa direction ; je fais le quar

de $\frac{8\sqrt{3}}{7}$ & de la viteſſe $\frac{2}{7}$ de la boule A, ce qui donne $\frac{192}{49}$ & $\frac{4}{4}$

je multiplie ces quarrés par les maſſes, & la ſomme des produits

$\frac{1\times192}{49}$ + $\frac{1\times4}{49}$ = $\frac{196}{49}$ = 4 ; or le quarré de la viteſſe de A aprè

ch

choc étant multiplié par la maffe A eft auffi $= 4$, donc, &c.

619. PROBL. XI. *Connoiffant la viteffe & la direction AC, (Fig. 226.) d'une boule A non élaftique qui choque un nombre de boules B, D, L, I, non élaftiques au-deffus de deux, & dont les directions prifes deux à deux ne font pas des angles égaux avec la direction CA, connoître les viteffes des boules après le choc.*

SOLUTION.

Je me fers de la même hypotèfe du Problême précédent, c'eft-à-dire qu'en confidérant la boule A comme fi elle ne choquoit que B, fa viteffe après le choc feroit compofée de la viteffe Ad égale à la viteffe que B recevroit, & d'un viteffe felon la direction dX qui feroit égale & parallele à CG, de même fi A ne choquoit que D fa viteffe après le choc feroit compofée de la viteffe Aa égale à la viteffe que D recevroit, & d'une viteffe felon la direction aX, laquelle feroit égale & parallele à CE, & ainfi des autres ; or en fuppofant que la boule A choque à la fois les quatre boules, je conçois que le mouvement CA eft compofé du quart des huit directions, GA, HA, FA, EA, CG, CH, CE, CF, & que les quatre premieres fe communiquant proportionnellement aux boules dont elles font les directions & à la boule A, les quatre autres fe communiquent auffi proportionnellement à la boule A, laquelle prendra par conféquent la direction AX, & que tout fe faffe de façon que les quantités de mouvement après le choc felon la direction CA foient égales à la quantité de mouvement de A avant le choc.

Je nomme CA $= a$, EA $= b$, GA $= c$, HA $= f$, FA $= l$, la maffe A $= $M, la maffe B $=$ D $=$ L $=$ I $= m$, & la viteffe AX de la boule A après le choc $= x$; par les raifonnemens que nous avons faits dans les Problêmes précédens, nous aurons $\frac{ccx}{aa}$ pour la viteffe de B felon la direction CA, $\frac{bbx}{aa}$ pour celle de D, $\frac{ffx}{aa}$ pour celle de I & $\frac{llx}{aa}$ pour celle de L ; multipliant donc ces viteffes par les maffes la fomme des quantités de mouvement fera M$x +$ $\frac{mccx}{aa} + \frac{mbbx}{aa} + \frac{mffx}{aa} + \frac{mllx}{aa}$, & par conféquent M$x + \frac{mccx}{aa} + \frac{mbbx}{aa} + \frac{mffx}{aa} + \frac{mllx}{aa} =$ Ma, d'où l'on tire $x = \dfrac{Ma}{Maa + mcc + mbb + mff + mll}$ viteffe de A après le choc ; & mettant cette valeur de x dans les

Qqq

autres vitesses, nous aurons $\dfrac{ccx}{aa} = \dfrac{Macc}{Maa + mcc + mbb + mff + mll}$ vitesse de B selon la direction CA, $\dfrac{bbx}{aa} = \dfrac{Mabb}{Maa + mcc + mbb + mff + mll}$ vitesse de D, $\dfrac{ffx}{aa} = \dfrac{Maff}{Maa + mcc + mbb + mff + mll}$ vitesse de I, & $\dfrac{llx}{aa} = \dfrac{Mall}{Maa + mcc + mbb + mff + mll}$ vitesse de L.

Pour trouver les vitesses des boules selon leurs directions on observera que les triangles semblables CGA, VTO donnent CG, CA :: VT, VO, donc $a, c :: \dfrac{Ma^3}{Maa + mcc + mbb + mff + mll}$, $\dfrac{Maac}{Maa + mcc + mbb + mff + mll} = $ VO vitesse de B selon sa direction, & par un semblable raisonnement on trouvera $\dfrac{Maab}{Maa + mcc + mbb + mff + mll}$ vitesse de D selon sa direction $\dfrac{Maaf}{Maa + mcc + mbb + mff + mll}$ vitesse de I selon sa direction, & $\dfrac{Maal}{Maa + mbb + mcc + mff + mll}$ vitesse de L selon sa direction.

Supposons $M = 10$, $m = 1$, l'angle BAX ou CAG de 60 degrés, l'angle IAX ou CAH de 45 degrés, l'angle LAX ou CAF de 30 degrés & l'angle DAX, ou CAE d'environ 14 degrés 29 minutes, de façon qu'en nommant le sinus total $CA = 2$, le sinus CE soit $= \frac{1}{2}$, nous aurons $AG = 1$, $FA = \sqrt{3}$, $HA = \sqrt{2}$, & EA $\sqrt{\frac{15}{4}}$, & mettant ces valeurs dans les vitesses trouvées, nous aurons $x = \dfrac{10 \times 8}{40 + 1 + \frac{15}{4} + 2 + 3} = \dfrac{320}{199}$ vitesse de A après le choc; $\dfrac{ccx}{aa} = \dfrac{80}{199}$ vitesse de B selon la direction CA, $\dfrac{bbx}{a} = \dfrac{300}{199}$ vitesse de D, $\dfrac{ffx}{aa} = \dfrac{160}{199}$ vitesse de I, & $\dfrac{llx}{aa} = \dfrac{240}{199}$ vitesse de L, & multipliant ces vitesses par leurs masses la somme des quantités de mouvement après le choc sera $\dfrac{3200 + 80 + 300 + 160 + 240}{199} = \dfrac{3980}{199} = 20$; or la quantité de mouvement de A avant le choc est aussi $Ma = 10 \times 2 = 20$, donc &c.

620. PROBL. XII. *Trouver les mêmes choses que dans le Problème précédent, en supposant les boules élastiques.*

SOLUTION.

Je double les vitesses trouvées par le Problème précédent, & j'ai $\frac{160}{199}$ pour la vitesse de B selon la direction CA lorsque les boules font élaftiques, $\frac{600}{199}$ pour celle de D, $\frac{320}{199}$ pour celle de I, & $\frac{480}{199}$ pour celle de L, & multipliant ces viteffes par leurs maffes, la fomme des quantités de mouvement des quatre boules cho-quées eft $\frac{160 + 600 + 320 + 480}{199} = \frac{1560}{199}$, & comme il faut $\frac{3980}{199}$ pour faire égalité de mouvement avant & après le choc, il refte pour la quantité de mouvement de A felon fa direction $\frac{2420}{199} = \frac{10 \times 242}{199}$, c'eft-à-dire que A après le choc s'avancera felon fa direction avec une viteffe égale à $\frac{242}{199}$.

Maintenant par le Problême précédent la viteffe de B felon fa direction AB eft $\dfrac{Maac}{Maa + mbb + mcc + mff + mll} = \frac{160}{199}$ & celle de D eft $\dfrac{Maab}{Maa + mbb + mcc + mff + mll} = \dfrac{160\sqrt{\frac{5}{4}}}{199}$, celle de I eft $\dfrac{Maaf}{Maa + mbb + mcc + mff + mll} = \dfrac{160\sqrt{2}}{199}$ & celle de L eft $\dfrac{Maal}{Maa + mcc + mbb + mff + mll} = \dfrac{160\sqrt{3}}{199}$, doublant donc ces viteffes, & faifant leurs quarrés de même que le quarré de la viteffe $\frac{242}{199}$ de A, puis multipliant tout par les maffes la fomme des quarrés des viteffes multipliés par les maffes après le choc, fera $\frac{585640 + 102400 + 384000 + 204800 + 307200}{39601} = \frac{1584040}{39601} = 40$; or le pro-duit des quarrés de la viteffe CA par la maffe A eft auffi $4 \times 10 = 40$, donc, &c.

REMARQUE.

621. La maniere dont nous venons de refoudre la queftion eft generale pour un nombre quelconque de boules pair ou impair, c'eft-à-dire, foit qu'il y en ait un même nombre de part & d'autre, foit qu'il y en ait plus d'un côté que de l'autre, on peut auffi en mettre une qui foit fur la direction CA comme nous avons fait ci-deffus, enfin la queftion fe refoudra également lorfque les boules choquées font inégales entr'elles; au refte le prétendu principe des forces vives n'a nulle part dans cette queftion, il eft vrai que lorfque les corps font élaftiques les quarrés des viteffes felon les différentes directions multipliés parles maffes font égaux au quarré de la viteffe primitive CA multipliée par la maffe, mais nous avons fait ob-ferver que cela n'étoit ainfi que parce que la viteffe primitive étoit compofée elle-même d'un même nombre de viteffes dont les

quarrés multipliés par les maſſes ſeroient auſſi égaux a u qua rée
la viteſſe CA multipliée par la maſſe **A**. D'ailleurs cette proprieté
ne peut ſervir tout au plus que pour faire découvrir ce qui doit
arriver lorſque A ne choque que deux boules égales & dont les
directions ſont également éloignées de la direction CA, mais
elle ne ſert de rien pour la ſolution générale de la queſtion, &
tout l'uſage qu'on en tire n'eſt autre que celui de faire voir que la
ſolution trouvée ſe trouve d'accord avec elle ; c'eſt donc à tort
que M. Bernoulli releve ici l'efficacité de la théorie des forces
vives, s'il a reſolu une partie de la queſtion, c'eſt le principe
dont nous venons de parler qui l'y a conduit, encore y a t'il trouvé de grandes difficultés, comme il l'avoue lui-même, & comme il paroît par la façon dont il traite la matiere lorſqu'il s'agit
d'un nombre pair de boules choquées plus grand que deux : il
eſt étonnant qu'un ſi célébre Geométre n'ait pas pû pouſſer la choſe plus loin , mais les plus grands genies ne ſont pas toujours à
l'abri de l'offuſcation des préjugés.

Du choc des Corps projettés qui ſe rencontrent pendant leur mouvement.

622. *Deux corps égaux* **H**, **R** *(Fig. 229.) étant projettés des
points* A, F *avec une même force & ſous des angles égaux* PAC,
QFD *tournés vers les côtés oppoſés , enſorte qu'ils viennent à ſe rencontrer pendant leur mouvement , trouver le point où ils ſe rencontrent ,
la force du choc , & leur route après le choc.*

La force & l'angle d'élevation étant connus, l'amplitude AC
ou DF de l'un ou l'autre corps ſera auſſi connue, puiſqu'il n'y a
qu'à faire un coup d'épreuve avec la même force & ſous le même angle ; & comme la diſtance des points A, F des batteries
eſt auſſi connue, il eſt viſible qu'on connoîtra aiſément la diſtance KL des points K, L qui coupent les deux amplitudes AC,
FD en deux également.

Je retranche de KL la ſomme HR des rayons des deux bombes , & prenant la moitié du reſte, l'ordonnée NH ou RO doit
être égale à cette moitié, car il eſt viſible que NH + HR + NO
= KL ; il s'agit donc de trouver l'abſciſſe BN ou EO correſpondante à l'ordonnée NH ou RO ; or par la proprieté de la pa-

rabole $\overline{NH}^2 = BN \times p$, donc $\dfrac{\overline{NH}^2}{p} = BN$, c'eſt-à-dire qu'en faiſant

le quarré de l'ordonnée NH , & divifant ce quarré par le parametre lequel fe connoît aifément quand l'amplitude & la hauteur font
connus , le quotient fera l'abfciffe cherchée ; ainfi prenant BN
ou EO égal à ce quotient , & menant l'ordonnée NH ou OR ,
les bombes fe rencontreront lorfquelles feront aux points H , R.

Maintenant fi la bombe R choquoit un corps qui fût perpendiculaire fur fa direction MA , fon choc feroit MA divifé par le
tems ($N.$ 591), ainfi nommant a le parametre de l'axe EO , ou
BK , x l'abfciffe EO ou BN, le tems feroit $\sqrt{x}$, & la force du
choc feroit $\sqrt{a+4x}$ ($N.$ 591) , ou MA divifé par le tems , ou la
racine du parametre du diametre qui paffe par le point H ou R ;
or MR étant compofée des deux MO , OR, MR divifé par $\sqrt{x}$
fera auffi compofée de MO , OR divifées chacune par $\sqrt{x}$; mais
MO ne choque point la bombe H , car la direction TH de cette
bombe étant compofée des deux TN , NH , il eft vifible que les
deux forces TN , MO qui font paralleles , ne fe choquent
point , & qu'il n'y a que les deux OR , NH dont les directions
font contraires qui influent au choc ; donc la bombe R choque
avec une force égale à OA divifé par $\sqrt{x}$, & la bombe H choque avec une force égale à NH divifé par $\sqrt{x}$; or par la proprieté
de la parabole on a $\overline{RO}^2$ ou $\overline{NO}^2 = ax$, donc $RO = \sqrt{ax}$, &
$\frac{RO}{\sqrt{x}} = \frac{\sqrt{ax}}{\sqrt{x}} = \sqrt{a}$; nommant donc M la maffe de chacune des
bombes , la force du choc fera $2M\sqrt{a}$

Les deux bombes étant égales de même que leurs viteffes après
le choc , elles doivent rebrouffer chemin après le choc avec la
même viteffe ($N.$ 327) ; ainfi la viteffe de la bombe R vers O doit
être encore $\sqrt{a}$, & la viteffe de la bombe H vers N eft auffi $\sqrt{a}$,
mais les viteffes MO , TN divifées chacune par $\sqrt{x}$ agiffant toujours fur ces bombes , & ces viteffes étant $\frac{2x}{\sqrt{x}} = 2\sqrt{x} = \sqrt{4x}$ les
bombes prendront des directions Rr , Hh compofées des forces
$\sqrt{a}$, $\sqrt{4x}$ & par conféquent la viteffe de chacune des bombes
fera $\sqrt{a+4x}$ de même qu'avant le choc ; mais R prendra une direction Rr parallele à la direction TH de H avant le choc , & H
prendra une direction Hh parallele à la direction MR de R avant
le choc ; & comme la force avec laquelle R parcourra fa direction eft la même que la force avec laquelle H auroit continué de
parcourir fa direction TH s'il n'y avoit point eu de choc , il eft
vifible que la pefanteur agira fur R dans fa nouvelle direction ,

comme elle auroit agi fur H dans fa premiere direction, & par
conféquent R parcourra un arc de parabole parallele, égal & femblable à l'arc HC dans le même tems que H auroit parcouru HC;
par la même raifon la bombe H après le choc décrira un arc de
parabole parallele, égal & femblable à l'arc RD dans le même
tems que R auroit parcouru RD.

623. *Suppofant les bombes égales, les hauteurs* BK, EL *égales,*
& les amplitudes AC, DE *inégales, trouver les mêmes chofes que*
dans le nombre précédent (Fig. 231).

Je nomme la diftance connue $KL = c$, la fomme des deux
rayons des deux boules $= b$, le parametre de l'axe $BK = a$, celui de l'axe $EL = p$, la hauteur EO ou BN à laquelle les deux
bombes fe rencontreront $= x$; il eft vifible que lorfque les bombes viendront à fe choquer on aura $NH + HR + RO = KL$;
or par la proprieté de la parabole, j'ai $\overline{NH}^2 = BN \times a = ax$,
donc $NH = \sqrt{ax}$; de même j'ai $\overline{RO}^2 = EO \times p = px$, donc $RO = \sqrt{px}$; mettant donc les valeurs de NH, RO, & KL dans
$NH + HR + RO = KL$, j'ai $\sqrt{ax} + b + \sqrt{px} = c$, & par con-
féquent $c - b = \sqrt{ax} + \sqrt{px}$, c'eft-à-dire que fi de KL je retranche la fomme b des rayons, le refte fera compofé de deux par-
ties qui feront comme $\sqrt{ax}$, $\sqrt{px}$, ou comme $\sqrt{a}$, $\sqrt{p}$, à caufe
du multiplicateur commun x; donc fi après avoir retranché HR
de KL, je divife le refte en deux parties qui foient comme $\sqrt{a}$,
$\sqrt{p}$, j'aurai les deux ordonnées NH, RO correfpondantes au
point du choc; ainfi pour trouver l'abfciffe EO, je divife le quarré de RO par le parametre p, & le quotient eft la hauteur EO,
car par la proprieté de la parabole, j'ai $\overline{RO}^2 = EO \times p$, d'où je
tire $\dfrac{\overline{RO}^2}{p} = EO$, donc le point du choc eft trouvé.

Si les bombes fe choquoient mutuellement felon leurs direc-
tions, le choc de H feroit $\dfrac{TH}{\sqrt{x}}$, & celui de R feroit $\dfrac{MR}{\sqrt{x}}$, mais H
ne choque que felon la direction NH, & R ne choque que felon
OR, donc le choc de H eft $\dfrac{NH}{\sqrt{x}} = \dfrac{\sqrt{ax}}{\sqrt{x}} = \sqrt{a}$, & le choc de R
eft $\dfrac{OR}{\sqrt{x}} = \dfrac{\sqrt{px}}{\sqrt{x}} = \sqrt{p}$, & par conféquent le choc total eft $M\sqrt{a}$
$+ M\sqrt{p}$.

Les deux bombes étant égales, leurs viteffes après le choc

felon les directions HN, RO fe trouvent échangées (*N.* 328),
c'eft-à-dire R après le choc aura felon la direction RO une viteffe $= \sqrt{a}$, & H aura felon la direction HN une viteffe $= \sqrt{p}$; or
la force $\frac{TN}{\sqrt{x}}$ n'ayant point agi fur R, agit toujours fur H, & la
force $\frac{MO}{\sqrt{x}}$ n'ayant point agi fur H, agit toujours fur R, donc H
prendra une direction compofée des deux $\sqrt{p}$, $\frac{TN}{\sqrt{x}}$, & R prend
une direction compofée des deux $\sqrt{a}$, $\frac{MO}{\sqrt{x}}$; or la direction de H
avant le choc étoit compofée de $\sqrt{a}$, $\frac{TN}{\sqrt{x}}$ & $\frac{TN}{\sqrt{x}} = \frac{MO}{\sqrt{x}}$, donc cette direction étoit compofée de $\sqrt{a}$, $\frac{MO}{\sqrt{x}}$, mais nous venons de
voir que la direction de R après le choc eft compofée auffi de $\sqrt{a}$,
$\frac{MO}{\sqrt{x}}$, donc la direction R*r* de R après le choc eft parallele à la direction TH de H avant le choc; par un femblable raifonnement
on prouvera que la direction H*h* de H après le choc eft parallele
à la direction MR de R avant le choc.

Puis donc que R a la même direction & la même viteffe que H
avoit dans l'inftant du choc, il s'enfuit que la pefanteur de R
après le choc l'abaiffera de la même façon qu'elle auroit abaiffé
H, s'il n'y avoit point eu de choc, & que par conféquent R
décrira un arc de parabole égal, parallele & femblable à l'arc de
parabole HC dans le même tems que H auroit décrit cet arc
s'il n'y avoit point eu de choc, & par la même raifon H après le
choc décrira un arc de parabole égal, parallele & femblable à
l'arc RD, dans le même tems que R auroit décrit cet arc s'il n'y
avoit point eu de choc.

624. *Les bombes étant égales, & les hauteurs & les amplitudes
inégales, trouver les mêmes chofes que ci-deffus, & de plus de combien de tems l'une des bombes doit être pouffée plutôt que l'autre, afin
qu'elles viennent à fe choquer dans leurs projections* (Fig. 230).
Les hauteurs BK EO étant connues, leur différence fera auffi
connue; je nomme donc cette différence $= r$, le parametre de
l'axe BK $= a$, celui de l'axe EL $= p$, la fomme des rayons des
bombes $= b$; la diftance KL $= c$, la hauteur EO de EL à laquelle les bombes fe rencontreront $= x$, donc BN $= x + r$; or par
la proprieté de la parabole j'ai $\overline{NH}^2 = NB \times a$, donc $\overline{NH}^2 = ax$

$+ar$, & $NH = \sqrt{ax + ar}$; de même $\overline{RO}^2 = EO \times p$, donc $\overline{RO}^2$ $= px$ & $RO = \sqrt{px}$.

$NH + HR + RO = KL$, donc $\sqrt{ax + ar} + b + \sqrt{px} = c$, & $\sqrt{ax + ar} + \sqrt{px} = c - b$, & quarrant chaque membre, j'ai $ax + ar + 2\sqrt{apxx + arpx} + px = c^2 - 2bc + bb$, & par conséquent $2\sqrt{apxx + arpx} = c^2 - 2bc + bb - ax - ar - px$, & pour abreger faisant $c^2 - 2bc + bb = mm$, j'ai $2\sqrt{apxx + arpx} = mm - ax - ar - px$; & quarrant chaque membre, j'ai $4apxx + 4arpx = m^4 - 2am^2x + aax^2 - 2armm + 2aarx + aarr - 2pmmx + 2apxx + 2arpx + ppx^2$, & corrigeant l'expression, j'ai $2apxx + 2arpx = m^4 - 2am^2x + aax^2 - 2armm + 2aarx + aarr - 2pmmx + ppx^2$, & ordonnant l'équation, j'ai

$$
\begin{array}{lll}
+\,2apx^2 + 2arpx & -\,m^4 & =\,0 \\
-\,aax^2 & +\,2am^2x & +\,2armm \\
-\,ppx^2 & -\,2aarx & -\,aarr \\
& +\,2pmmx &
\end{array}
$$

& divisant chaque terme de cette équation par $2ap - aa - pp$ puis faisant le coefficient du second terme égal à une seule grandeur $\pm l$ qui sera négative ou positive, selon que l'évaluation de ce coefficient sera positif ou négatif, & faisant aussi le troisième terme égal à une seule grandeur $-f$ qui sera nécessairement négative, à cause que le Problême ne pouvant pas avoir deux solutions, l'équation doit avoir une racine fausse auquel cas le signe du troisiéme terme est toujours $-$, soit que celui du second soit $+$ ou qu'il soit $-$, on aura une équation préparée $x^2 \pm lx - f = 0$, donc $x^2 \pm lx = f$, & ajoûtant de part & d'autre le quarré $\frac{1}{4}ll$ de la moitié du coefficient du second terme, on aura $x^2 \pm lx + \frac{1}{4}ll = f + \frac{1}{4}ll$, & tirant la racine quarrée on aura $x \pm \frac{1}{2}l = \sqrt{f + \frac{1}{4}ll}$ & $x = \mp \frac{1}{2}l + \sqrt{f + \frac{1}{4}ll}$, ainsi on aura la valeur de EO ; donc menant l'ordonnée OR prolongée jusqu'en N on aura $HR = b$, & par conséquent les bombes étant venues en H & R se choqueront.

Maintenant les bombes ne se choquant que selon leurs directions NH, OR divisées par les tems, c'est-à-dire $\dfrac{NH}{\sqrt{x+r}} = \dfrac{\sqrt{ax+}}{\sqrt{x+}}$

$= \sqrt{a}$, & $\frac{OR}{\sqrt{x}} = \frac{\sqrt{px}}{\sqrt{x}} = \sqrt{p}$, il est visible que le choc sera $M\sqrt{a} + M\sqrt{p}$.

Les deux bombes étant égales feront échange de leurs vitesses après le choc (N. 328), donc R ira selon la direction RO avec une vitesse $= \sqrt{a}$, & H ira selon la direction HN avec une vitesse $= \sqrt{p}$, mais comme les vitesses $\frac{MO}{\sqrt{x}} = \frac{mR}{\sqrt{x}} = \sqrt{4x}$ & $\frac{TN}{\sqrt{x+r}} = \frac{tH}{\sqrt{x+r}}$ n'ont pas agi pendant le choc, la bombe H prendra une direction vers K composée des deux $\sqrt{p}$ & $\frac{tH}{\sqrt{x+r}}$, & la bombe R prendra une direction vers L composée des deux $\sqrt{a}$ & $\frac{mR}{\sqrt{x}}$.

Pour connoître les paraboles que les bombes décriront en conséquence de leur pesanteur, je multiplie les deux forces composantes de leurs vitesses après le choc par leurs tems, c'est-à-dire, je multiplie les vitesses $\sqrt{a}$, & $\frac{mR}{\sqrt{x}}$ par $\sqrt{x}$, afin de savoir l'espace que R parcourra dans un tems égal à celui qu'elle a employé à parvenir en R, & j'ai $\sqrt{ax}$, mR ou $\sqrt{ax}$, $2x$, à cause que $mR = MO = 2EO = 2x$, c'est-à-dire qu'en prenant sur RO une partie $Ru = \sqrt{ax}$, les vitesses composantes de R après le choc dans un tems égal à celui que R a employé à parvenir en R seront RV, mR, & par conséquent la composée sera $= mV$, ainsi menant Rr parallele & égale à mV, la bombe R prendra la direction Rr, d'où il suit que si R avant le choc avoit été poussée par les vitesses composantes d'après le choc, sa direction sur rR prolongée du côté de T auroit été égale à Rr ou à mV.

Or comme les directions MO, OR qui auroient fait parcourir à R la direction MR, sont toutes deux uniformes, & que pour avoir les forces qui lui ont fait parcourir l'arc parabolique ER, il faut substituer à la place de la force verticale & uniforme MO, une autre force verticale & accelerée, qui à la fin du même tems donnât une vitesse acquise, égale à la vitesse MO, & qui par conséquent ne fît parcourir dans le même tems qu'un espace EO moitié de l'espace MO (N. 63); de même en supposant que les deux vitesses composantes avant le choc fussent mR, RV, il n'y auroit qu'à substituer à la place de la verticale & uniforme mR, une accelerée qui à la fin du même tems donnât une vitesse acquise égale à la vitesse mR, & qui par conséquent ne fît parcourir qu'un espace 7R moitié de mR, & l'on auroit l'arc para-

bolique 7V, qui feroit égal, femblable & parallele à l'arc par
bolique, que R auroit décrit en venant du côté de T vers R.

Maintenant les directions mV, & RV ou $7u$ fon égale, éta
parcourues dans le même tems, il s'enfuit que la bombe pouff
par la force horifontale $8u$, fe trouvant abaiffée par fa pefante
de la quantité uV $= 7m$, la même bombe pouffée par la for
oblique Vm de V en m, ne fe trouveroit abaiffée par fa pefante
que de la même quantité $7m$, & par conféquent elle décriroit
même parabole, ainfi qu'il a été prouvé ci-deffus (N. 295), do
fi cette bombe au lieu d'être pouffée avec la force Vm de V en
étoit pouffée felon la direction Vx, en forte que Vx fût égal à V
elle fe trouveroit abaiffée à la fin de Vx d'une quantité $xy = m$
& par conféquent elle décriroit dans ce mouvement un arc
rabolique Vy qui feroit la continuation de la parabole 8V, co
me il a été démontré plus haut (N. 295), donc puifque R aprè
choc feroit pouffé avec une force Rr = Vx, elle décriroit à c
fe de fa pefanteur un arc parabolique égal, parallele & femblal
à l'arc Vy, ce qui doit s'entendre en cas que la ligne horizont
AF ne la retint dans fa courfe, auquel cas il feroit facile de
terminer par nos principes, dans combien de tems elle fe tr
veroit arrêtée par cette horizontale.

Il eft vifible que le parametre dé l'axe 7R de la parabole 7
eft le même que le parametre a de l'axe BK de la parabole AB
car puifque RV $= \sqrt{ax}$, fon quarré fera ax = OR ; or ce qua
eft égal à l'abfciffe 7R ou x multipliée par le parametre, don
parametre doit être a ; ainfi fi fur la hauteur 7R = EO on dé
une parabole avec un parametre $= a$, c'eft-à-dire égal au pa
metre de la parabole de la bombe H, la bombe R après fon c
décrira un arc de parabole parallele, égal & femblable à un
qui feroit la continuation de la parabole 8V.

On prouvera de la même façon que fi on multiplie les d
forces compofantes de H après le choc par leur tems, c'ef
dire $\sqrt{p}$, $\dfrac{TH}{\sqrt{x+r}}$ par le tems $\sqrt{x+r}$, ce qui donnera $\sqrt{px+}$
& TH, & qu'après avoir pris H$q = \sqrt{xx+pr}$, on décriv
hauteur nH = BN = $\frac{1}{2}$TN une parabole nq avec un par
égal au parametre p de la parabole ER de l'autre bombe
qu'on mene la tangente qt, la bombe H après le choc p
une direction Hh, parallele à tq, & à caufe de fa grav
décrira un arc de parabole parallele & femblable à l'arc q

la continuation de la parabole *nq* & qui feroit décrit dans un tems
égal à celui qui avoit été employé à décrire *nq*.

De peur qu'on ne foit embarraffé à trouver en quel tems la
bombe R feroit arrêtée par l'horizon, on fera attention que dans
les triangles reétangles *m*RV , *m*C4, les droites *m*R , RV ,*m*C,
étant connues, on connoîtra C4 en faifant *m*R , RV :: *m*C, C4 ;
de même la hauteur 7C & le parametre de la parabole 7V*y* étant
connus, on connoîtra l'ordonnée C8 en multipliant 7C par le parametre V*a*, & tirant la racine du produit, donc retranchant de
la droite C4 la droite C8 , le refte fera la valeur de 8 , 4 ; & élevant en 8 la perpendiculaire 89 , on connoîtra cette perpendiculaire en faifant C4 , CM :: 84 , 89 ; maintenant à la fin du tems
V9 la bombe R fe feroit abaiffée de la hauteur 89 , de même qu'à
la fin du tems V*x* elle fe feroit abaiffée de la hauteur *xy* ; or ces
hauteurs font comme les quarrés des tems, donc les tems font
comme les racines de ces hauteurs , & par conféquent on dira
comme la racine de *xy* eft à la racine de 89 , ainfi le tems connu
VX eft au tems cherché V9.

Il ne refte plus qu'à favoir quelle diftance de tems on doit
mettre , entre le moment où l'on tire l'une des bombes , & celui
où l'on tire l'autre pour faire enforte qu'elles fe rencontrent ; or
cela eft facile après qu'on a trouvé la hauteur EO , car le tems
que la bombe employera à parcourir la demi-parabole EF fera
$\sqrt{EL}$, & celui qu'elle employera à parcourir l'arc ER fera $\sqrt{EO}$,
ainfi le tems employé depuis fon depart en F jufqu'au point R fera
$\sqrt{EL} + \sqrt{EO}$, & par la même raifon le tems que H employera
depuis fon depart en A jufqu'en H fera $\sqrt{BK} + \sqrt{BN}$, & comme celui-ci fera plus grand que le tems $\sqrt{EL} + \sqrt{EO}$, fi on retranche $\sqrt{EL} + \sqrt{EO}$ de $\sqrt{BK} + \sqrt{BN}$, le refte $\sqrt{BK} + \sqrt{BN}$
$- \sqrt{EL} - \sqrt{EO}$, fera le tems qu'il faut mettre entre le depart de
H & celui de R.

625. *Les bombes, les hauteurs & les amplitudes étant inégales ,*
trouver les mêmes chofes que ci-deffus (Fig. 232).

La force du choc, la hauteur EO correfpondante au point de
rencontre , & la diftance de tems qu'il faut mettre entre le depart de l'une & le depart de l'autre fe trouveront comme dans le
cas précédent ; il n'y a donc ici de difficulté qu'à l'égard de ce
qui arrivera après le choc, & c'eft ce que nous allons examiner.

Si les maffes H , R font reciproques à leurs viteffes, c'eft-à-

dire, fi H, R :: $\frac{RO}{\sqrt{x}}$, $\frac{NH}{\sqrt{x+r}}$ les bombes après le choc rebrousseront chemin avec les viteſſes qu'elles avoient auparavant (*N.* 339);
ainſi en ſuppoſant que ces viteſſes ſont multipliées par leurs tems
pour voir ce que les bombes parcourront après le choc dans des
tems égaux à leur deſcente, la bombe HN retournera en N &
la bombe R en O, & comme les viteſſes TN, MO qui n'ont
point choqué agiſſent toujours ; fi je prolonge HN en 2, RO en
3, & que je mene les tangentes T2, M3, il eſt viſible que H
prendra une direction H*h* égale & parallele à T2, & R une direction R*r* égale & parallele à M3, & qu'ainſi H, à cauſe de ſa
peſanteur décrira un arc égal parallele & ſemblable à l'arc
de parabole qui eſt la continuation de l'arc B2, & qui ſeroit décrit dans un tems égal à T2, & que R décriroit un arc de parabole égal parallele & ſemblable à l'arc qui eſt la continuation de
E3, & qui ſeroit décrit dans un tems égal à M3.

Si les Maſſes H, R ne ſont pas reciproques aux viteſſes, les
forces des deux bombes ſeront inégales, & il pourra ſe faire que
la force de H ſoit plus grande ou moindre que celle de R ſelon
que le rapport des viteſſes NH, RO variera ; ſuppoſons que la
force de H ſoit plus grande, & nommons la maſſe de H = M
celle de R = *m*, la viteſſe NH = V & RO = *u*, je ne diviſe point
les viteſſes NH, RO, ni TN, MO par leurs tems, à cauſe que
nous voulons ſavoir les viteſſes après le choc dans des tems égaux
aux tems employés par les bombes à deſcendre en H & R avant
le choc.

La viteſſe de H après le choc ſera $\frac{MV - mV - 2mu}{M + m}$ laquelle ſera négative ſi MV eſt moindre que *m*V + 2*mu*, & celle de R ſe-
$\frac{2MV + Mu - mu}{M + m}$ & comme les directions TN ou *t*H, MO ou *m*
agiſſent toujours, le corps H prendra une direction compoſée de
$\frac{MV - mV - 2mu}{M + m}$ & de *t*H ; ainſi ſi la viteſſe de H après le choc
négative prenant ſur H2 la partie H*x* = $\frac{2mu + mV - MV}{M + m}$, & menant la diagonale *xt*, le corps ſuivroit une direction H*h* parallele & égale à *xt*, c'eſt pourquoi comme en reduiſant la force uniforme & verticale *t*H en une force accelerée capable de donner
à la fin du même tems une force acquiſe égale à la force *t*H, le
corps H ſuppoſé qu'il eût été mû avant le choc par les deux forces H*x* & *t*H rendue accelerée, auroit parcouru l'arc de parabo-

$x4$, & qu'en ce cas la bombe pouffée par Hx ou $4S$ fe feroit abbaiffée en vertu de la pefanteur de la quantité $4H$, il s'enfuit que fi elle avoit été pouffée par la force xt qui auroit agi dans un tems égal à celui de la force $2H$, la pefanteur l'auroit abaiffée d'une quantité $t4 = 4H$, & par conféquent fi elle avoit été pouffée avec la même force xt dans un fens oppofé de x en y, fa pefanteur l'auroit abaiffée dans un tems égal d'une quantité égale à $t4$; donc elle auroit parcouru un arc de parabole qui auroit été la continuation de la parabole $4x$, donc H en fuivant la direction Hh égale & parallele à xy, décrira en vertu de fa pefanteur un arc de parabole égal, parallele & femblable à l'arc qu'elle auroit décrit en fuivant la direction xy.

Si la force de H après le choc étoit pofitive on prendroit fur HO une partie égale à $\frac{MV - mV - 2mu}{M + m}$, & achevant le refte comme auparavant, le corps H prendroit une direction qui tourneroit du côté de C, & l'on détermineroit l'arc de parabole qu'elle devroit décrire comme il vient d'être dit; on trouvera de la même façon ce qui doit arriver à R après le choc.

Fin du premier Livre.

PHISI
CA

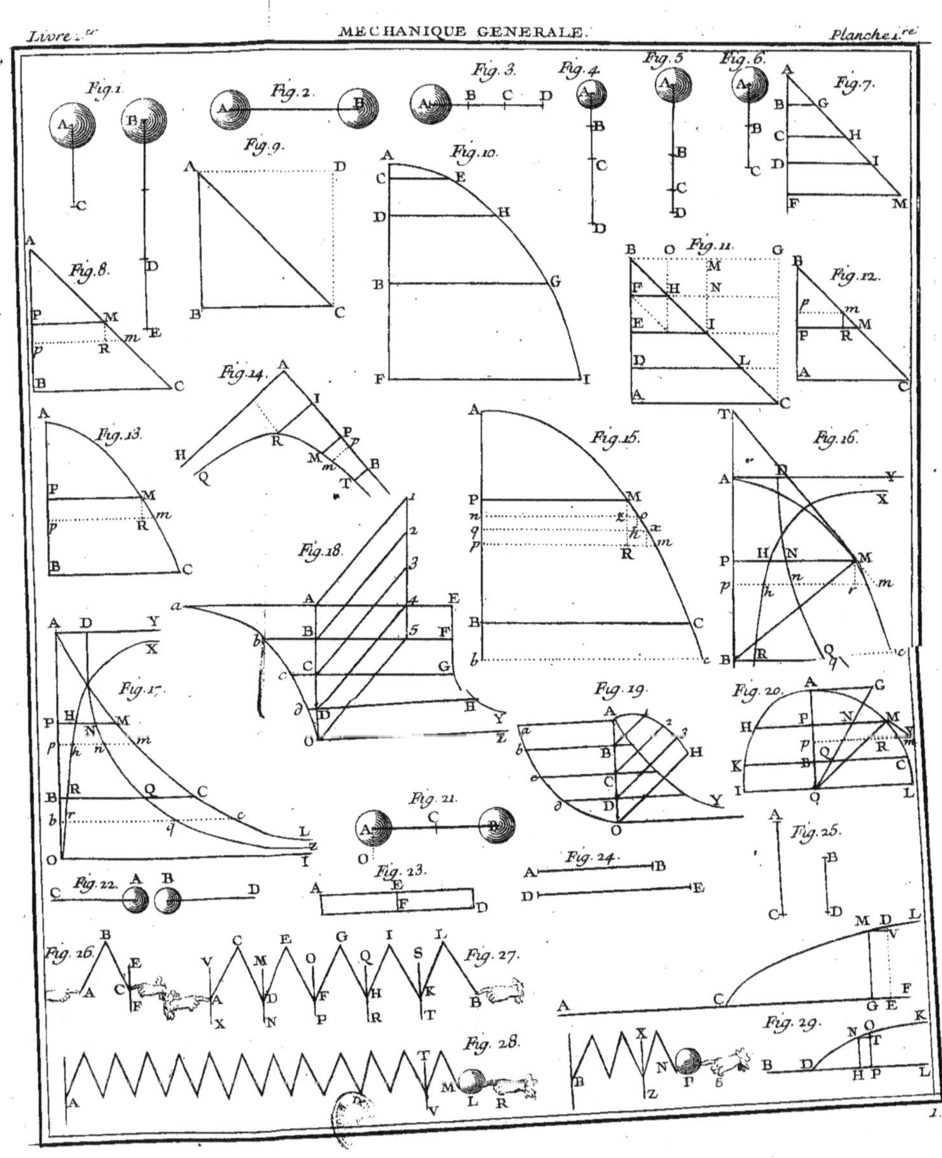
Fig. 1.
Fig. 2.
Fig. 3.
Fig. 4.
Fig. 5.
Fig. 6.
Fig. 7.
Fig. 8.
Fig. 9.
Fig. 10.
Fig. 11.
Fig. 12.
Fig. 13.
Fig. 14.
Fig. 15.
Fig. 16.
Fig. 17.
Fig. 18.
Fig. 19.
Fig. 20.
Fig. 21.
Fig. 22.
Fig. 23.
Fig. 24.
Fig. 25.
Fig. 26.
Fig. 27.
Fig. 28.
Fig. 29.

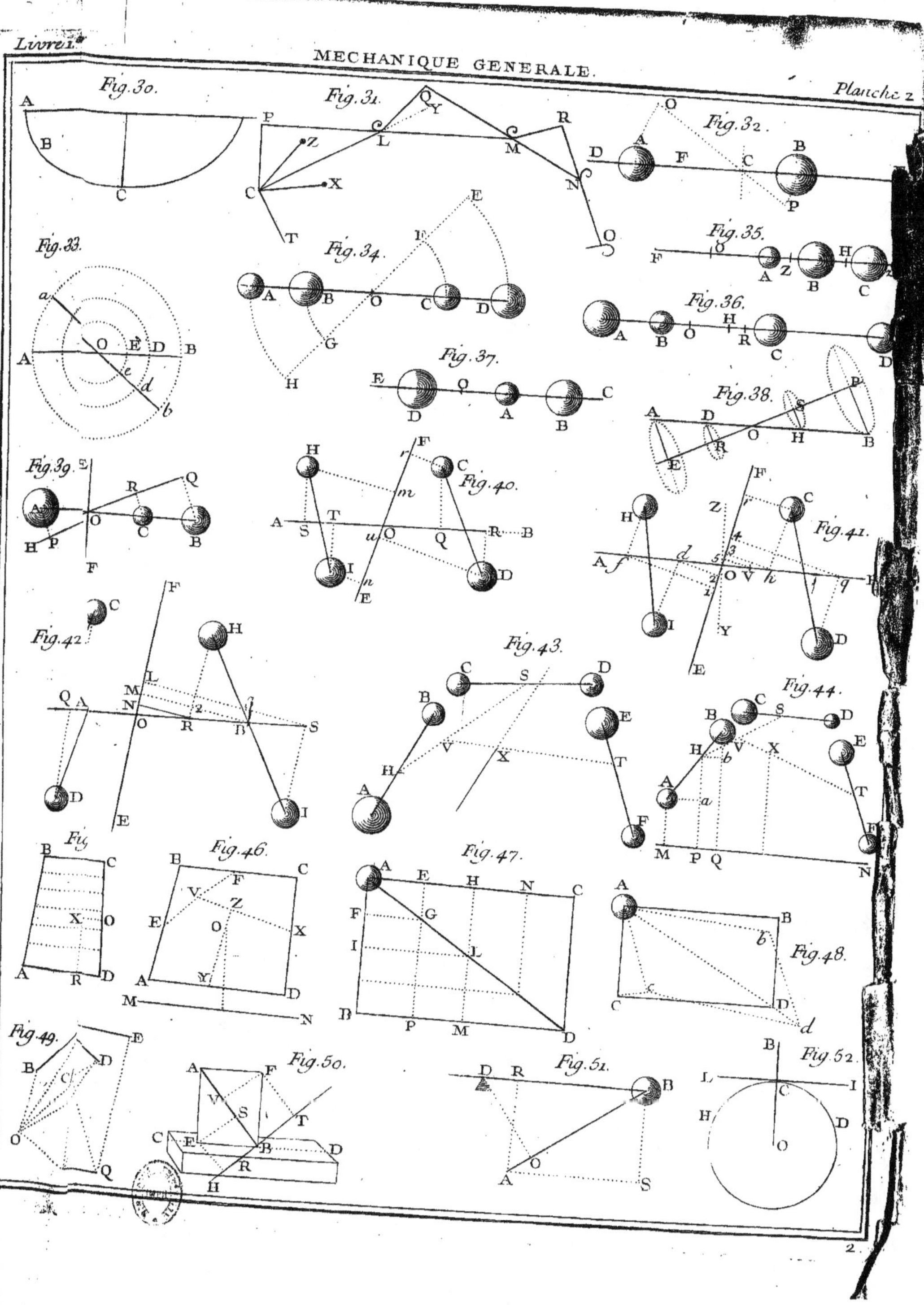
Fig. 30.
Fig. 31.
Fig. 32.
Fig. 33.
Fig. 34.
Fig. 35.
Fig. 36.
Fig. 37.
Fig. 38.
Fig. 39.
Fig. 40.
Fig. 41.
Fig. 42.
Fig. 43.
Fig. 44.
Fig. 46.
Fig. 47.
Fig. 48.
Fig. 49.
Fig. 50.
Fig. 51.
Fig. 52.

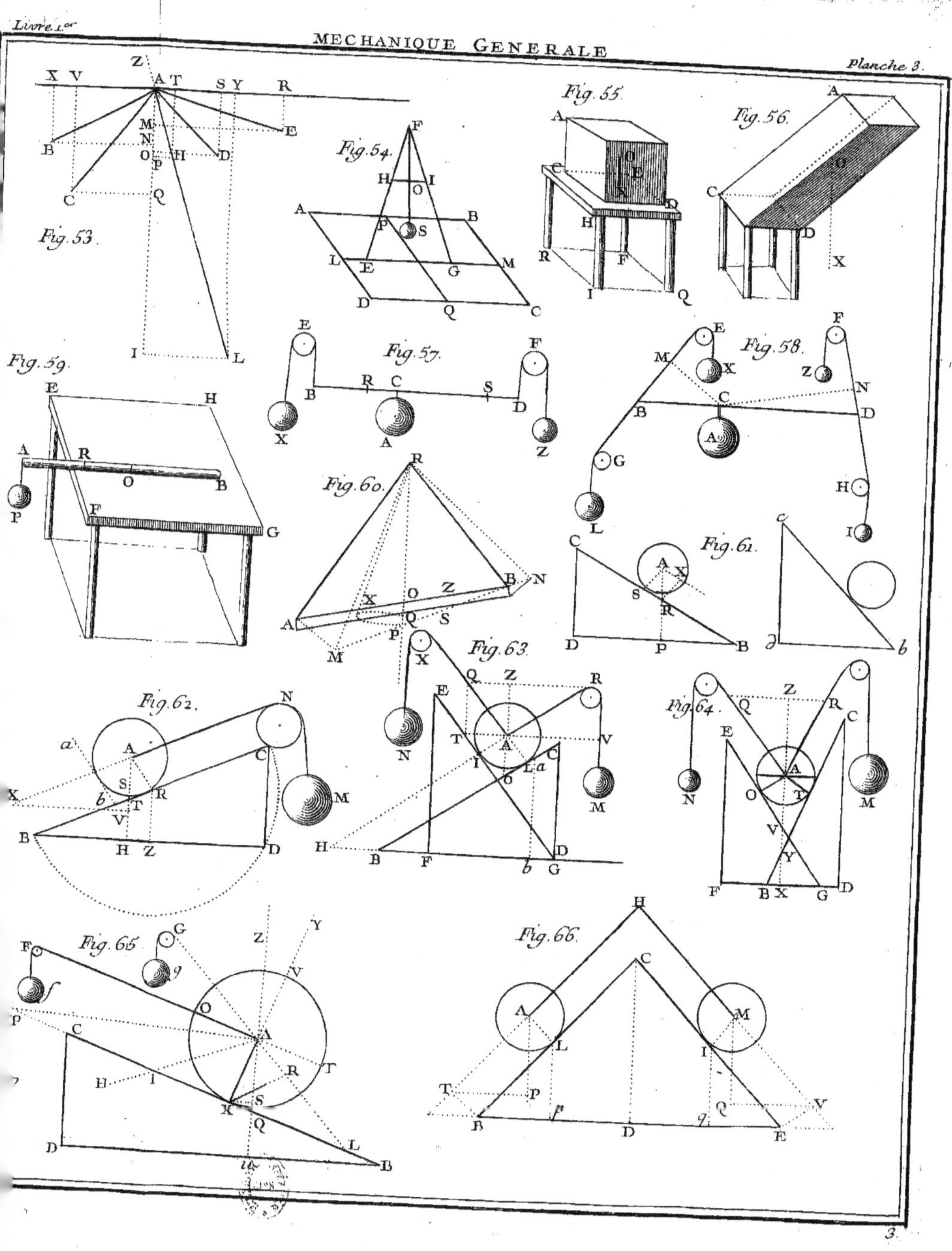
Fig. 53.
Fig. 54.
Fig. 55.
Fig. 56.
Fig. 57.
Fig. 58.
Fig. 59.
Fig. 60.
Fig. 61.
Fig. 62.
Fig. 63.
Fig. 64.
Fig. 65.
Fig. 66.

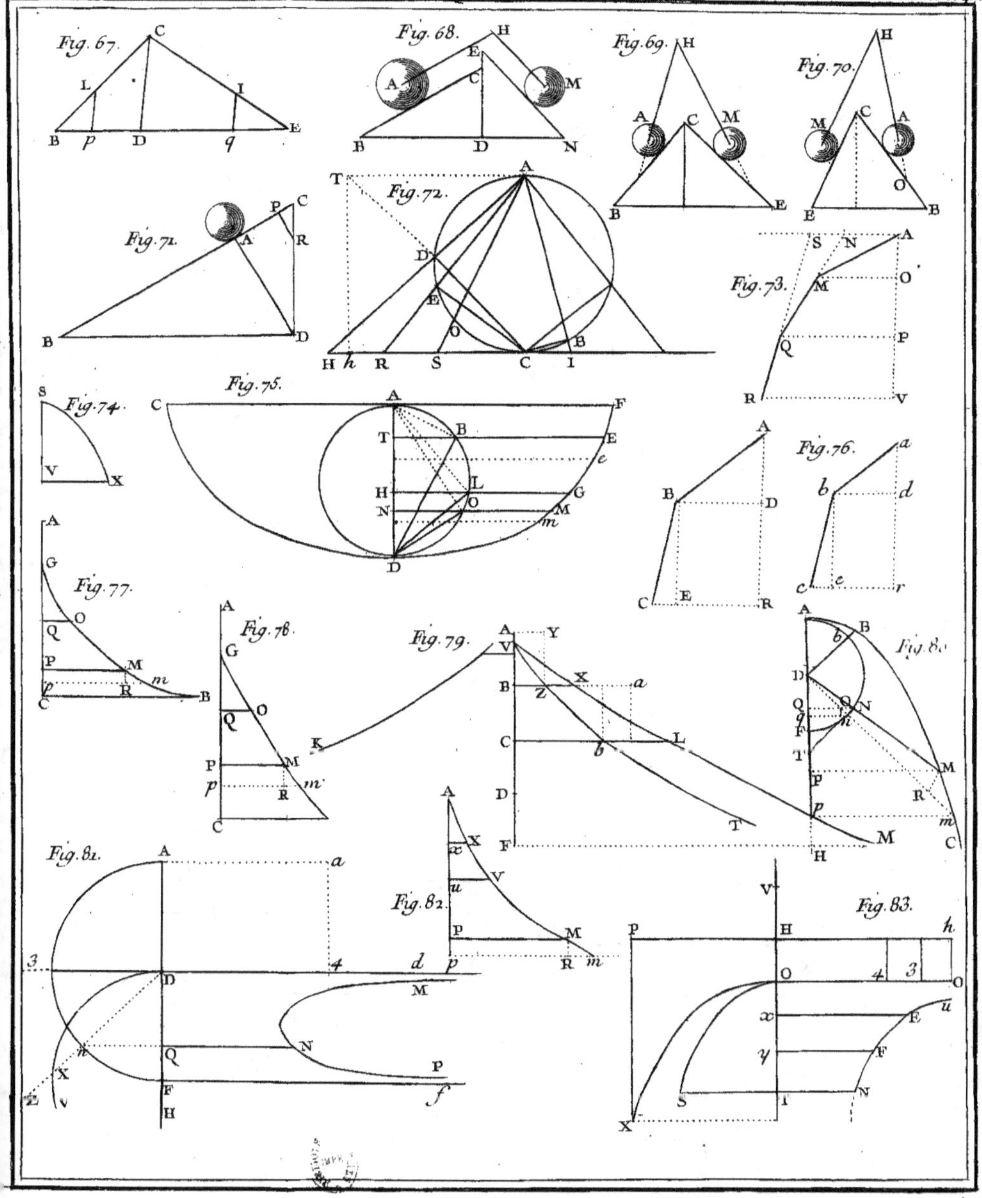

Fig. 67.
Fig. 68.
Fig. 69.
Fig. 70.
Fig. 71.
Fig. 72.
Fig. 73.
Fig. 74.
Fig. 75.
Fig. 76.
Fig. 77.
Fig. 78.
Fig. 79.
Fig. 80.
Fig. 81.
Fig. 82.
Fig. 83.

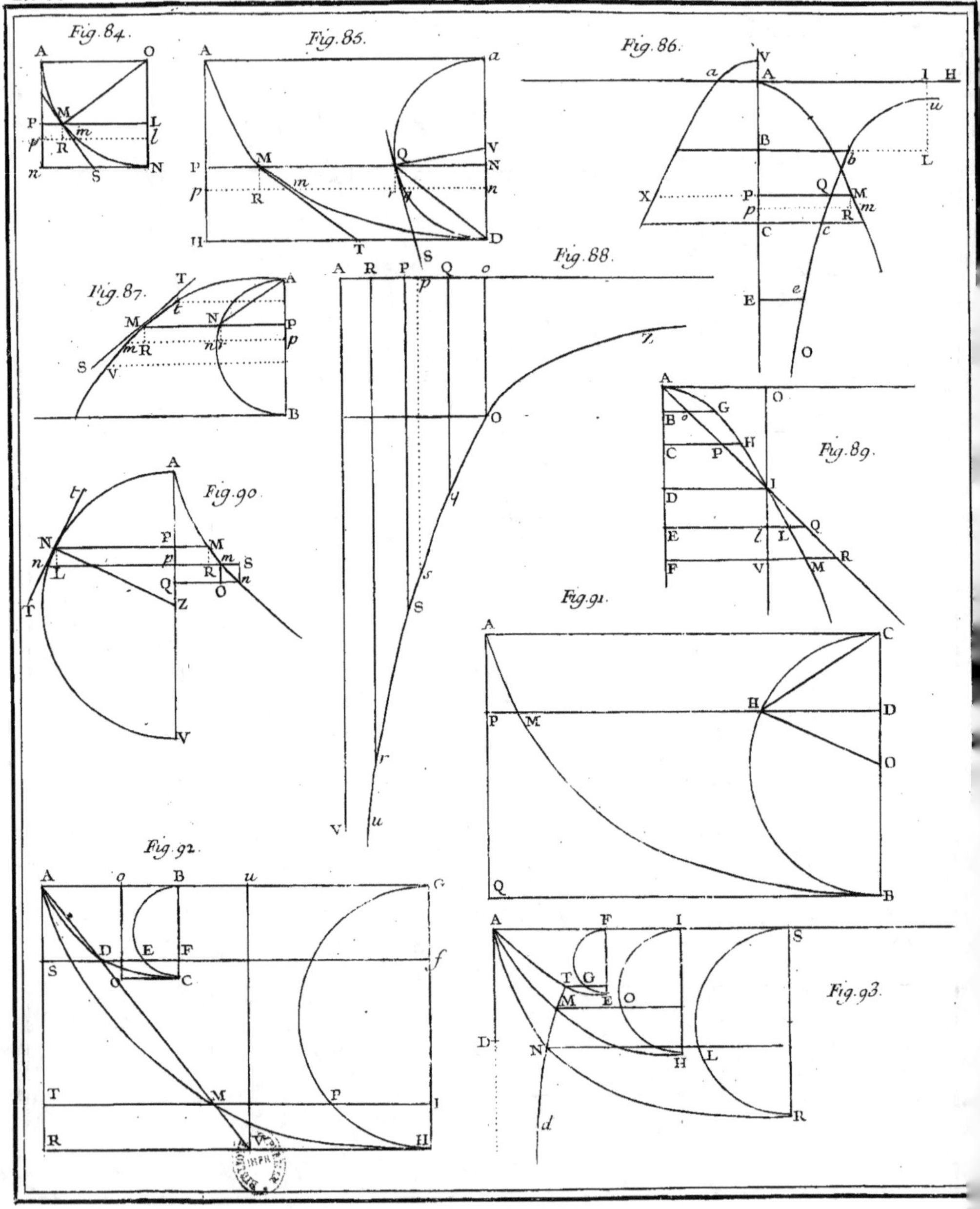

Fig. 84.
Fig. 85.
Fig. 86.
Fig. 87.
Fig. 88.
Fig. 89.
Fig. 90.
Fig. 91.
Fig. 92.
Fig. 93.

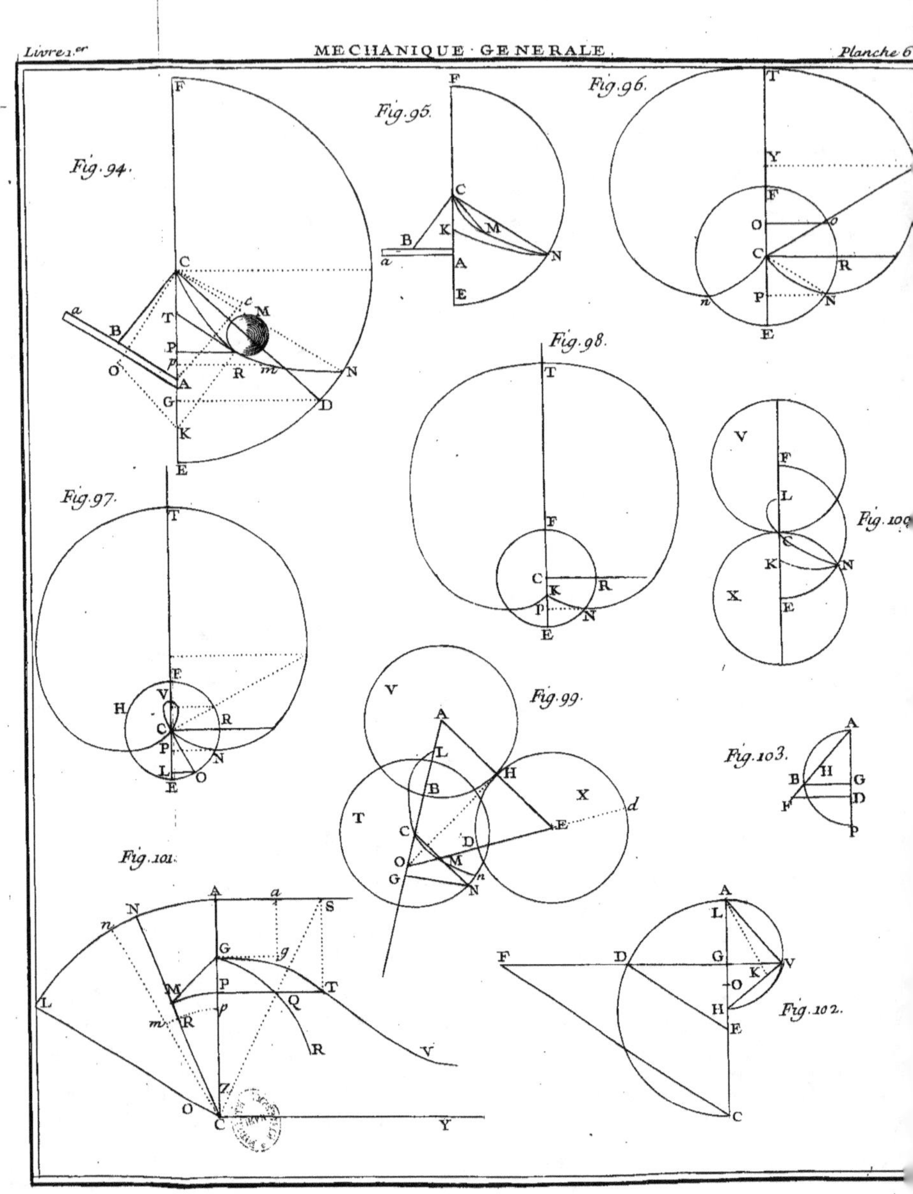
Fig. 94.
Fig. 95.
Fig. 96.
Fig. 97.
Fig. 98.
Fig. 99.
Fig. 100.
Fig. 101.
Fig. 102.
Fig. 103.

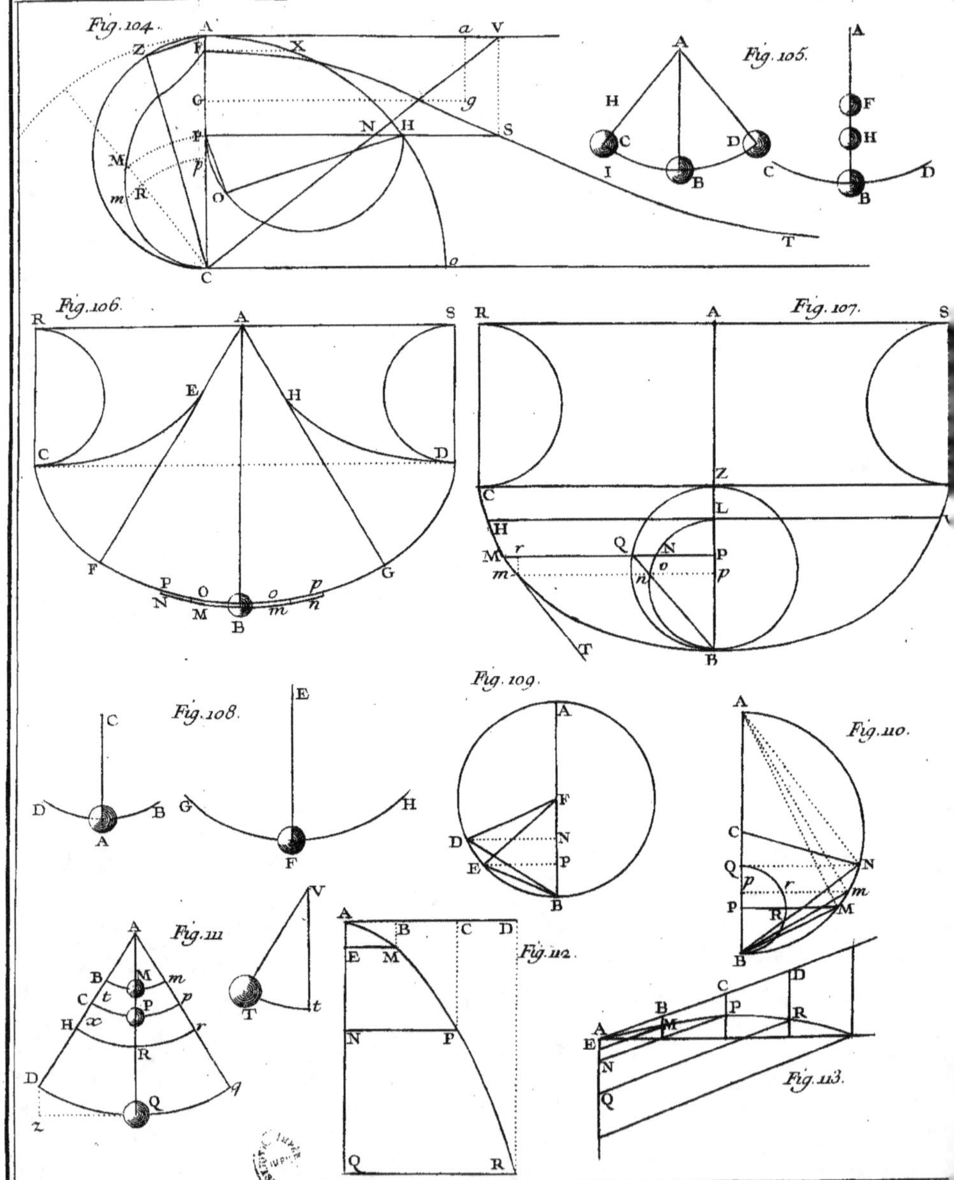
Fig. 104.
Fig. 105.
Fig. 106.
Fig. 107.
Fig. 108.
Fig. 109.
Fig. 110.
Fig. 111.
Fig. 112.
Fig. 113.

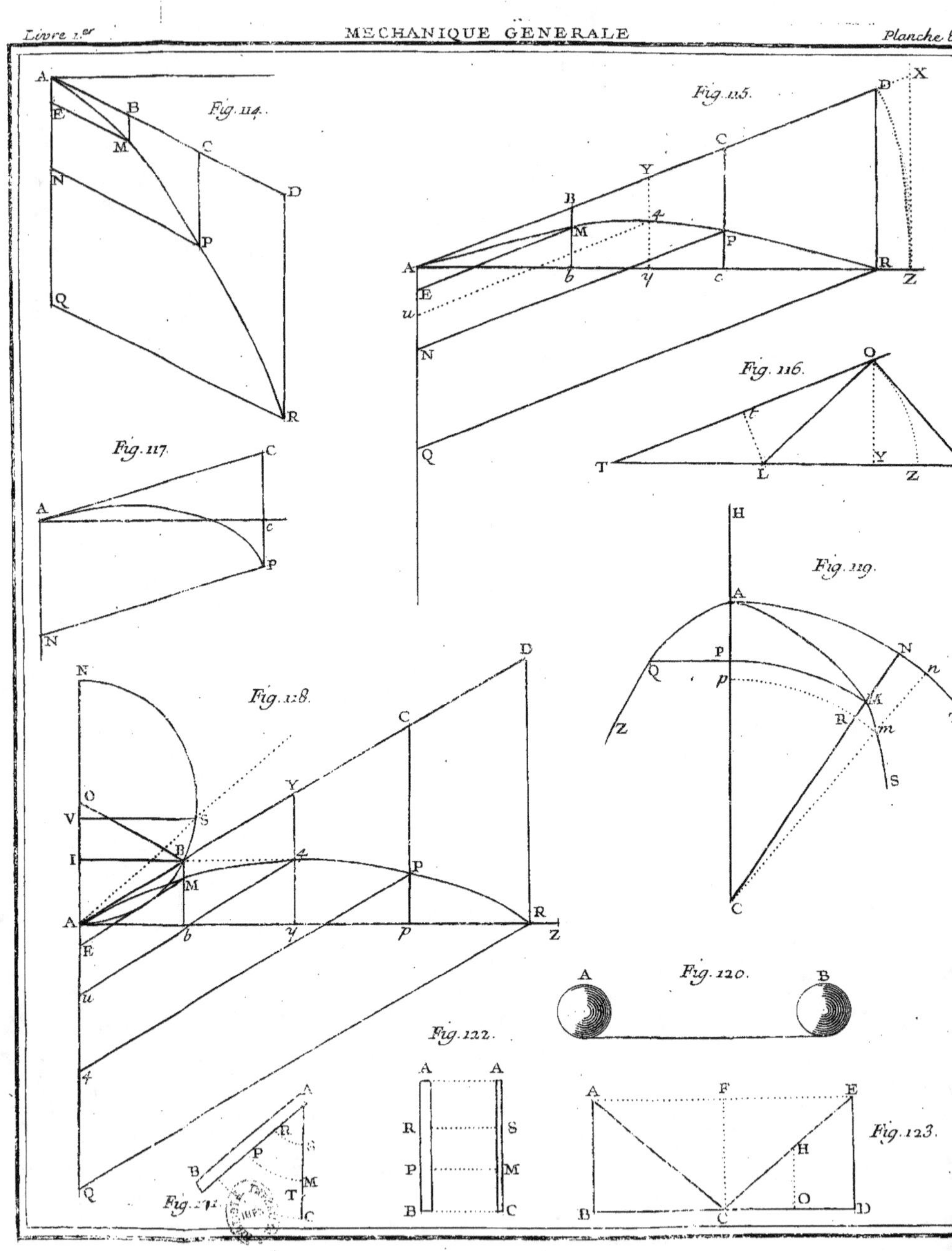
Fig. 114.
Fig. 115.
Fig. 116.
Fig. 117.
Fig. 118.
Fig. 119.
Fig. 120.
Fig. 121.
Fig. 122.
Fig. 123.

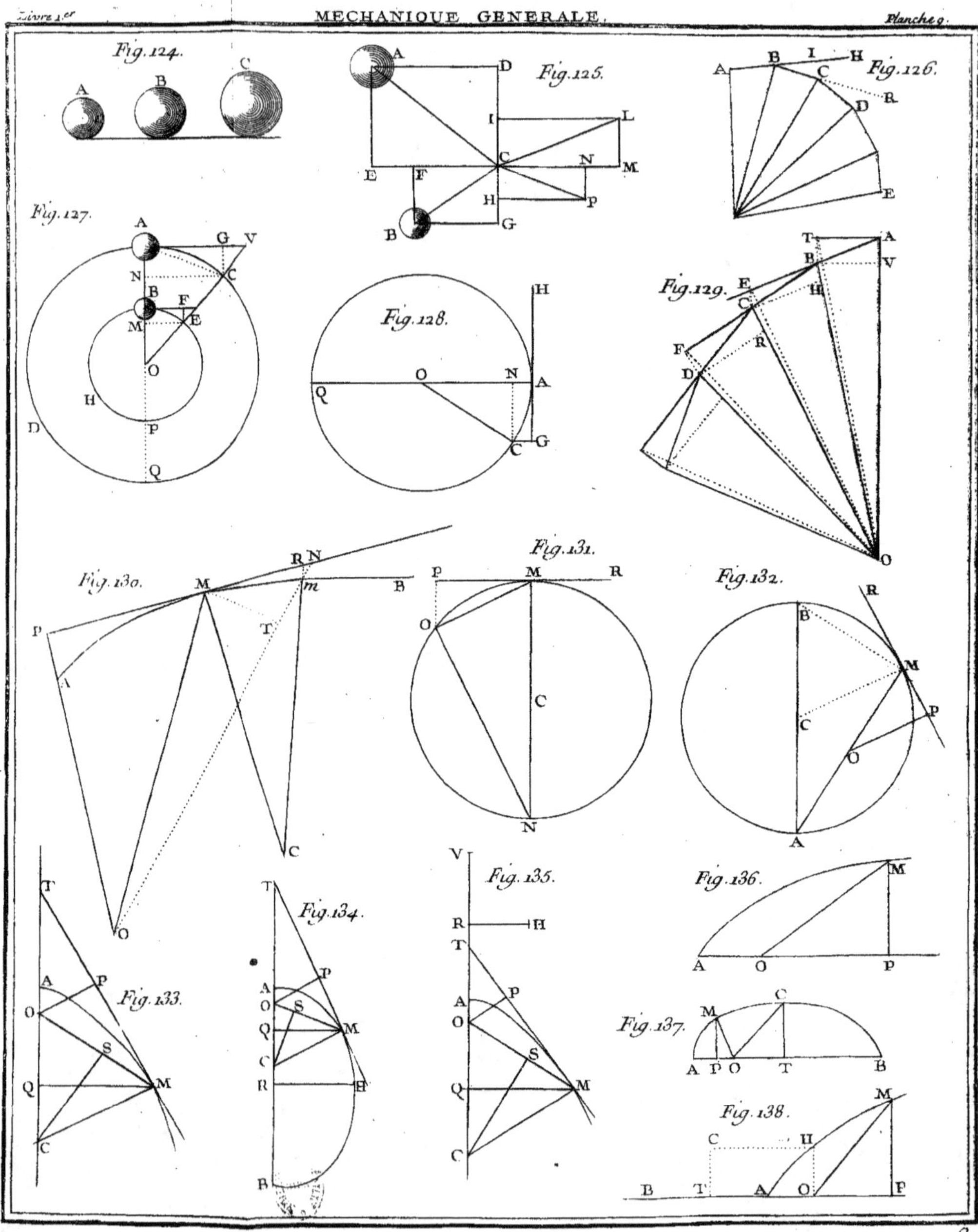
Fig.124.
A B C
Fig.125.
A D I L C N M E F H G B
Fig.126.
A B I H C R D E
Fig.127.
A G V N C B F E M O H P D Q
Fig.128.
H O N A Q C G
Fig.129.
T A B V E H C R F D O
Fig.130.
R N M m B P A T C O
Fig.131.
P M R O C N
Fig.132.
R B M C O A P
Fig.133.
T A P O S Q M C
Fig.134.
T P A O S Q M C R H B
Fig.135.
V R H T A P O S Q M C
Fig.136.
M A O P
Fig.137.
C M A P O T B
Fig.138.
M C H B T A O P

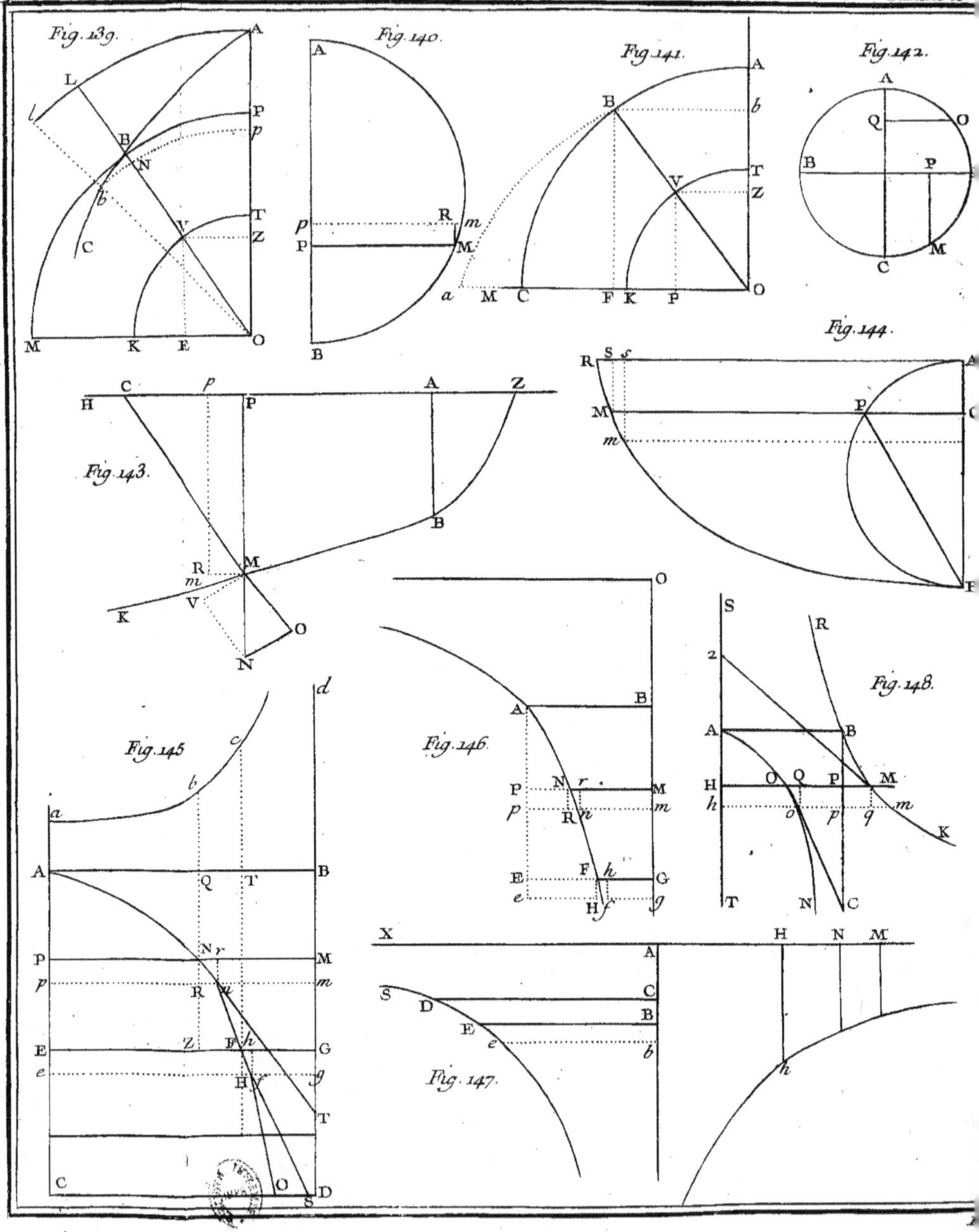

Fig. 139.

Fig. 140.

Fig. 141.

Fig. 142.

Fig. 143.

Fig. 144.

Fig. 145

Fig. 146.

Fig. 147.

Fig. 148.

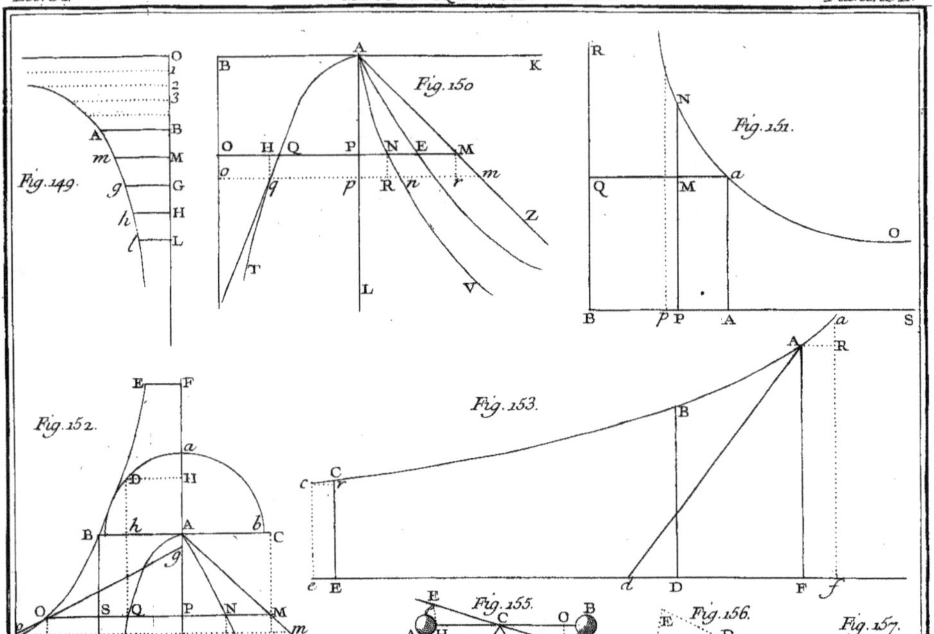

Fig. 149.
Fig. 150
Fig. 151.
Fig. 152.
Fig. 153.
Fig. 154.
Fig. 155.
Fig. 156.
Fig. 157.
Fig. 158.
Fig. 159.
Fig. 160.
Fig. 161.
Fig. 162.
Fig. 163.

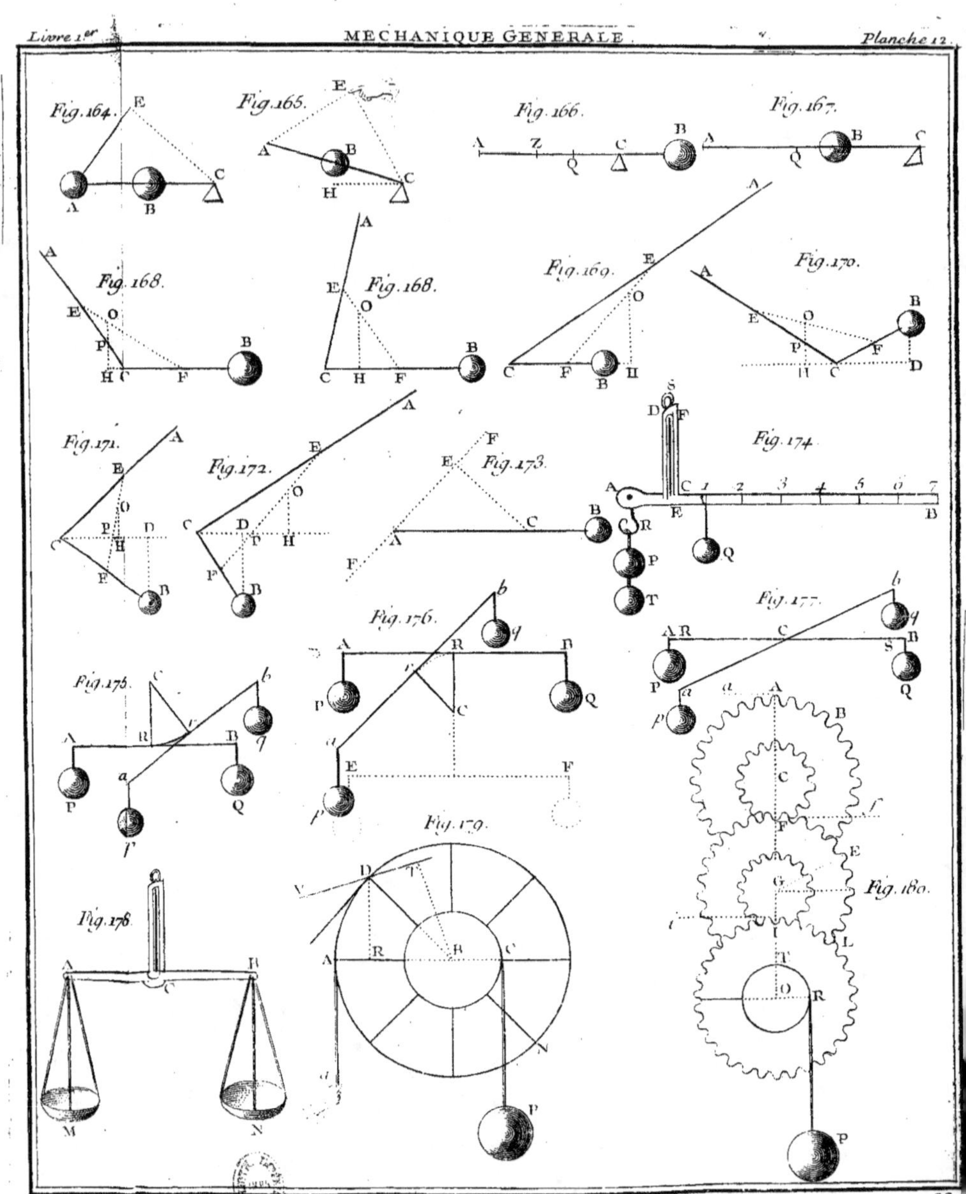
Fig. 164.
Fig. 165.
Fig. 166.
Fig. 167.
Fig. 168.
Fig. 168.
Fig. 169.
Fig. 170.
Fig. 171.
Fig. 172.
Fig. 173.
Fig. 174.
Fig. 175.
Fig. 176.
Fig. 177.
Fig. 178.
Fig. 179.
Fig. 180.

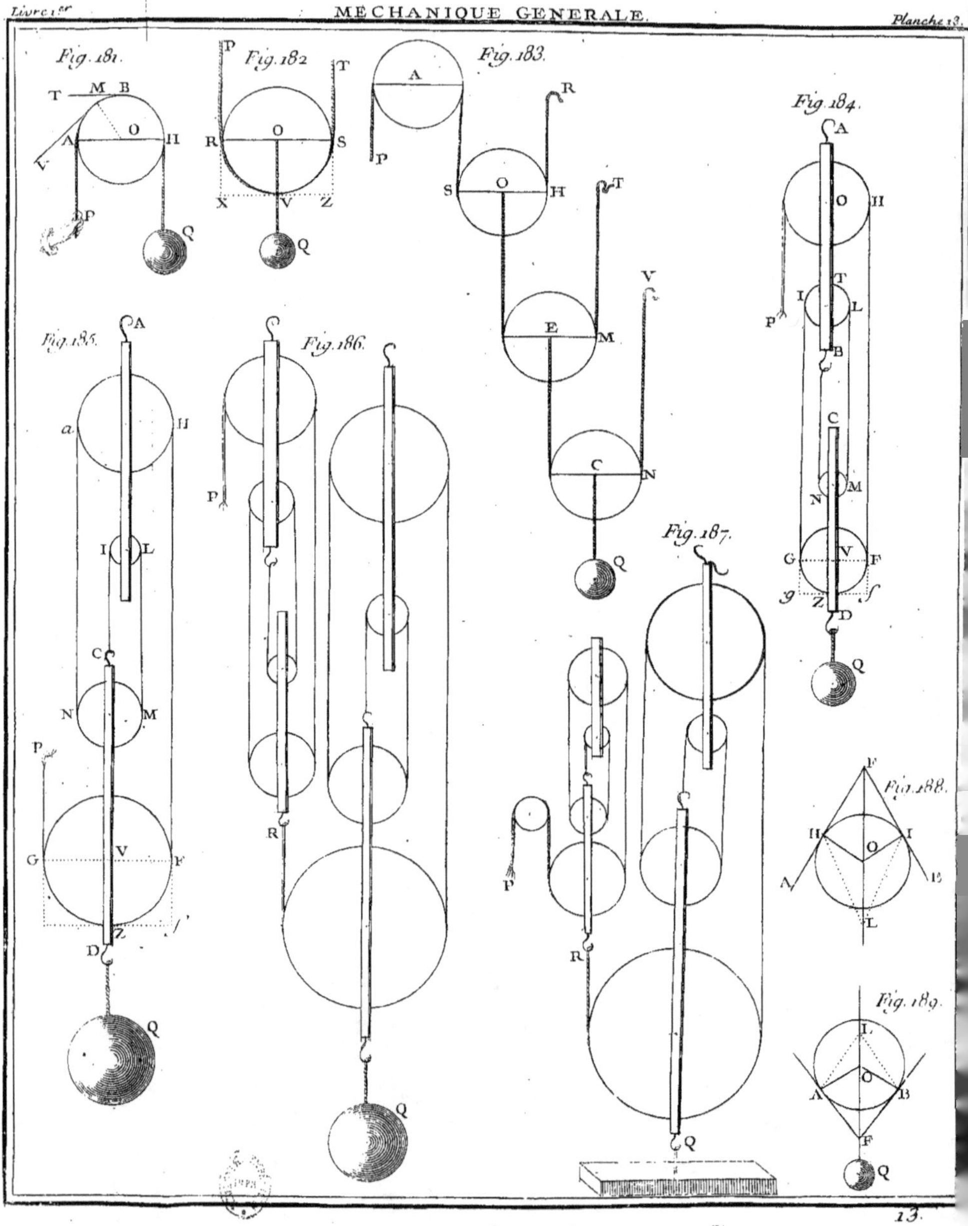

Fig. 181.
Fig. 182.
Fig. 183.
Fig. 184.
Fig. 185.
Fig. 186.
Fig. 187.
Fig. 188.
Fig. 189.

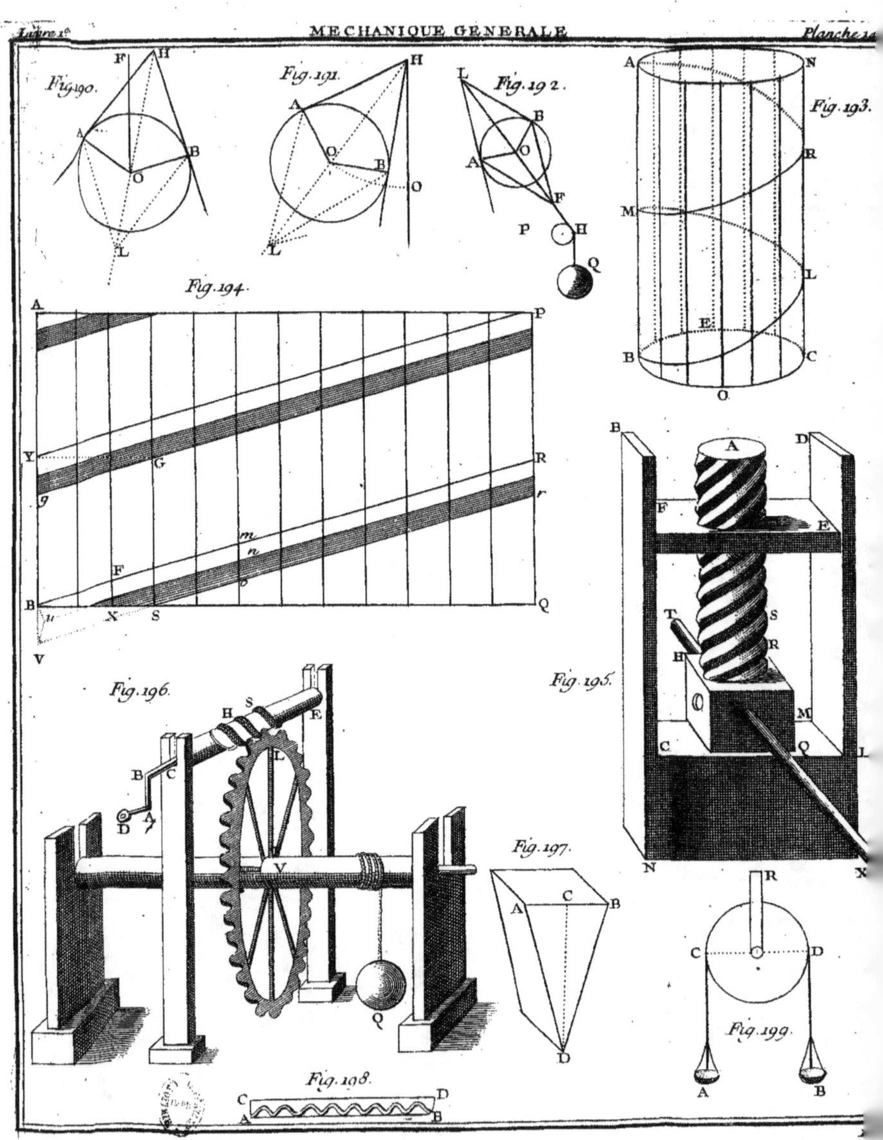
Fig.190.
Fig.191.
Fig.192.
Fig.193.
Fig.194.
Fig.195.
Fig.196.
Fig.197.
Fig.198.
Fig.199.

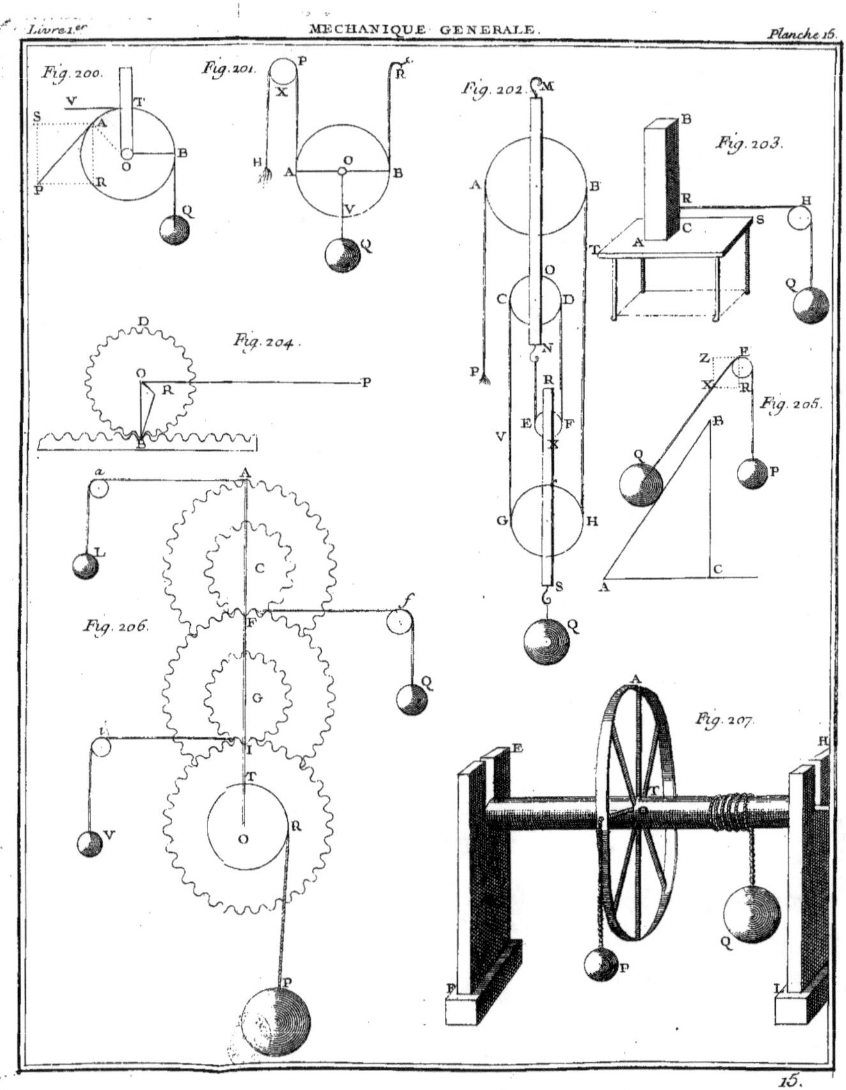

Fig. 200.
Fig. 201.
Fig. 202.
Fig. 203.
Fig. 204.
Fig. 205.
Fig. 206.
Fig. 207.

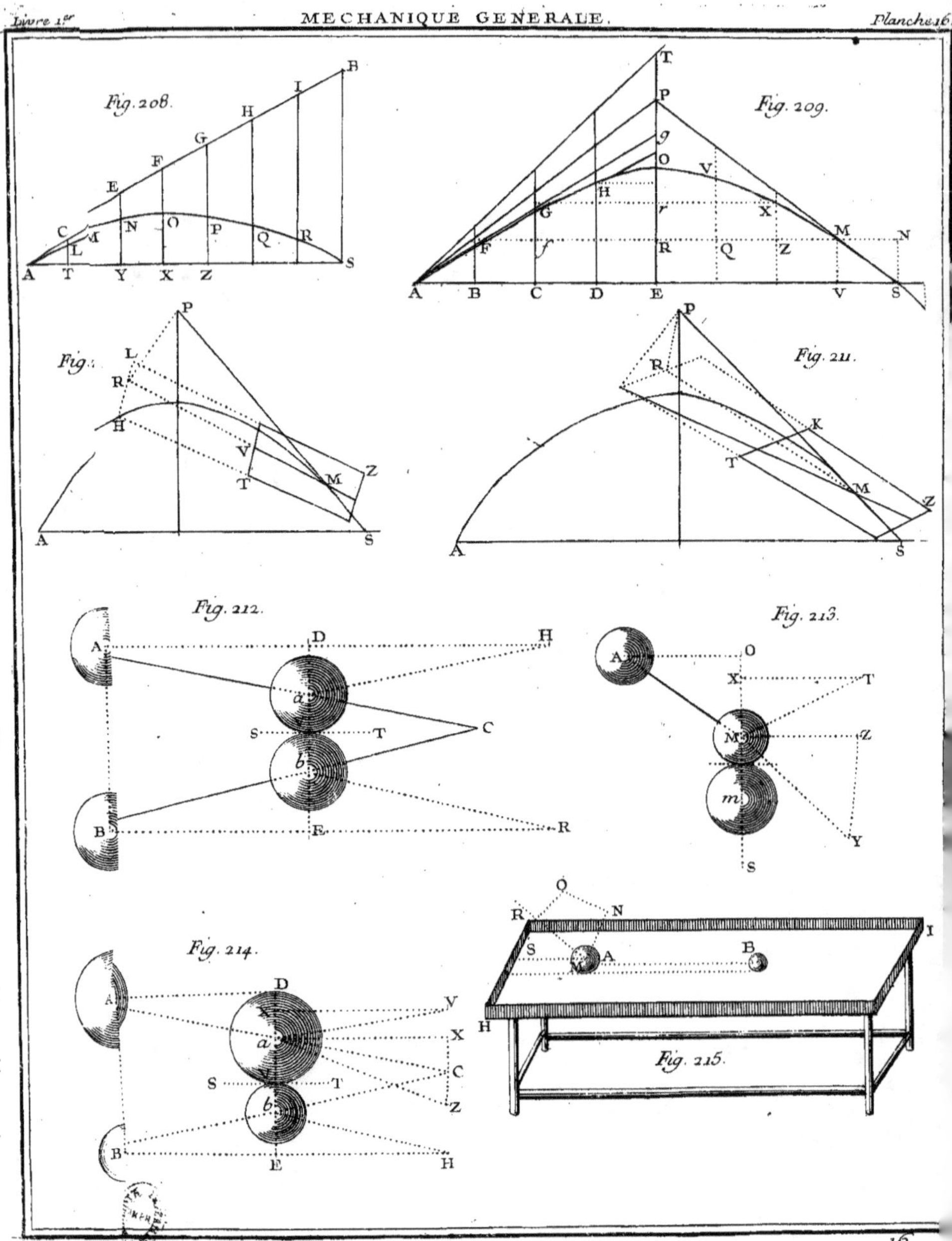

Fig. 208.
Fig. 209.
Fig. 210.
Fig. 211.
Fig. 212.
Fig. 213.
Fig. 214.
Fig. 215.

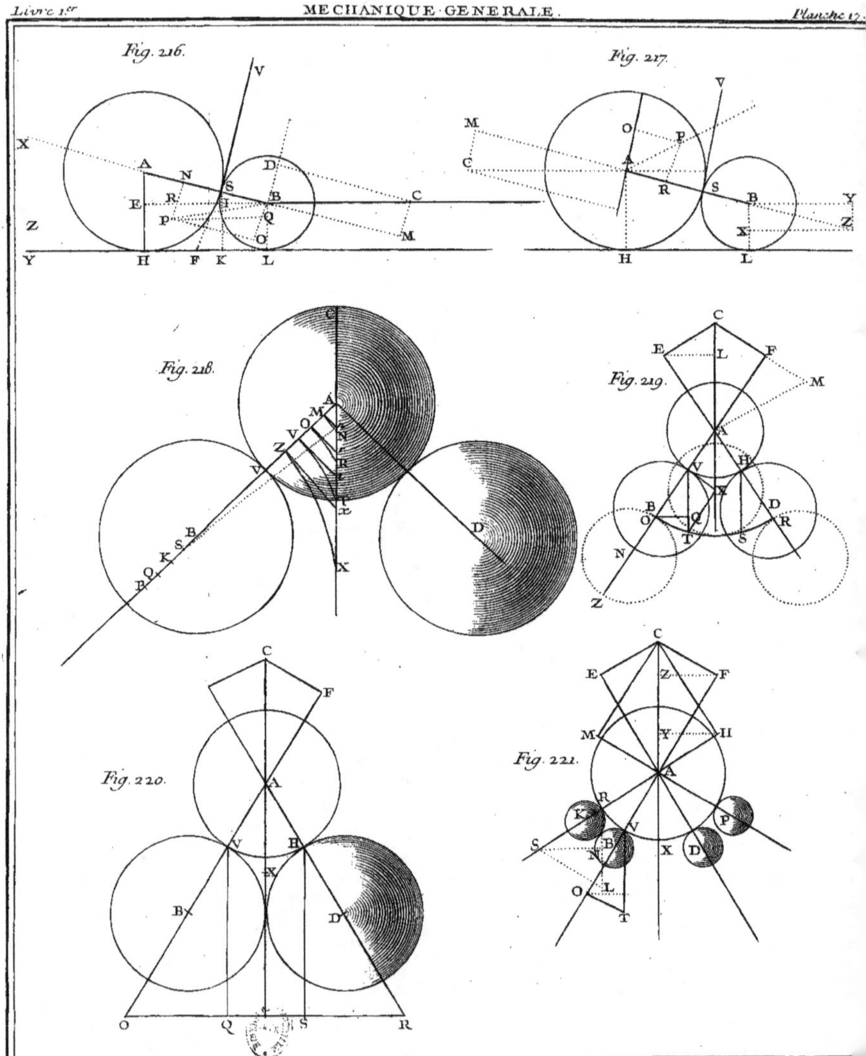
Fig. 216.
Fig. 217.
Fig. 218.
Fig. 219.
Fig. 220.
Fig. 221.

Fig. 222.

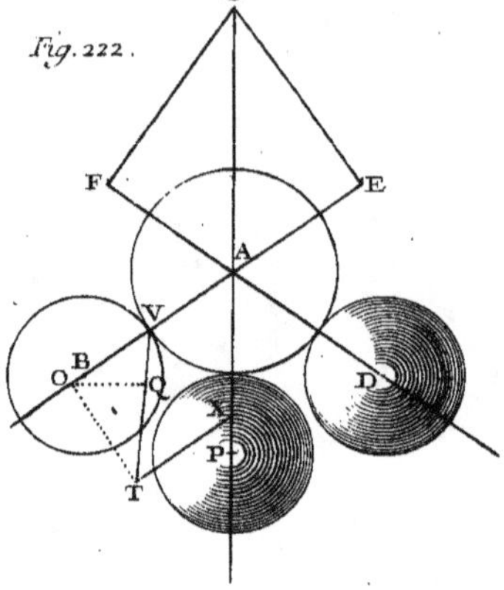

Fig. 223.

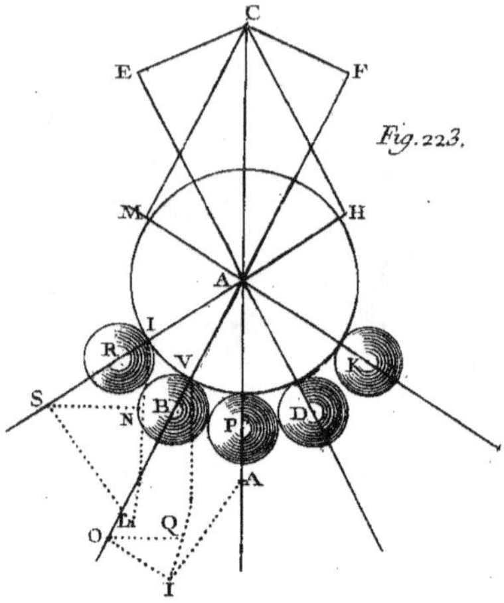

Fig. 224.

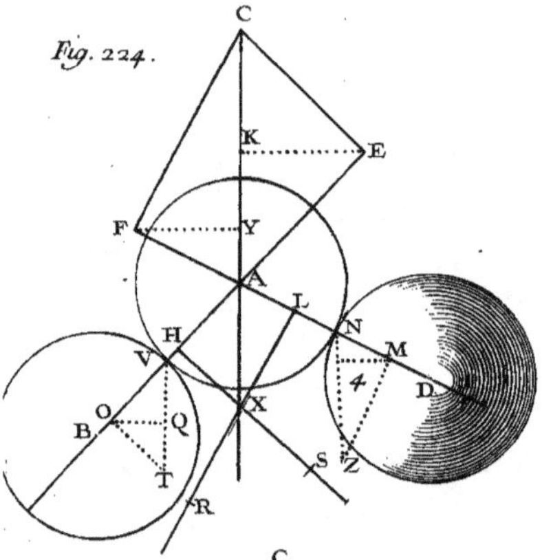

Fig. 226.

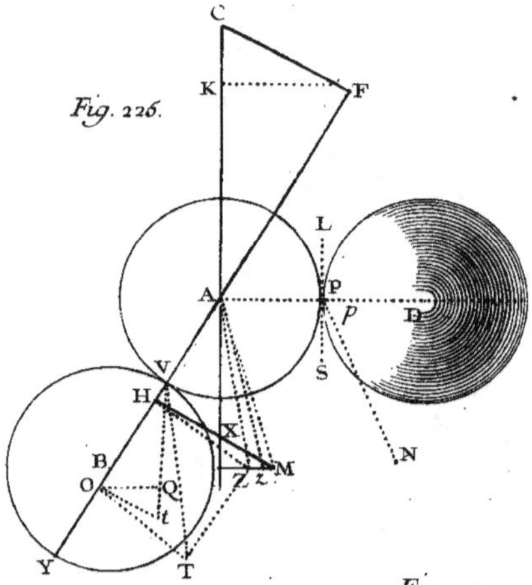

Fig. 226.

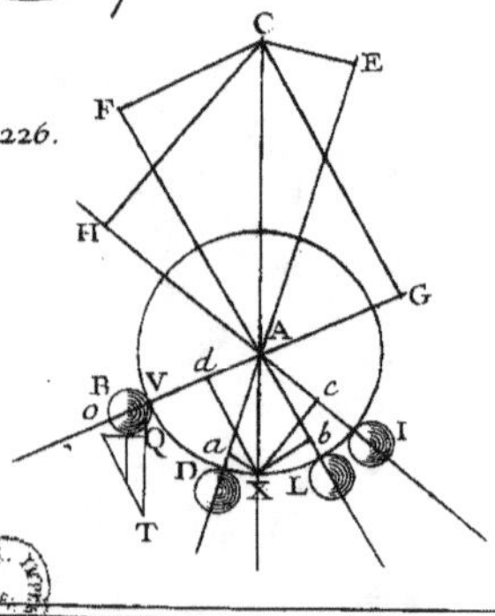

Fig. 227.

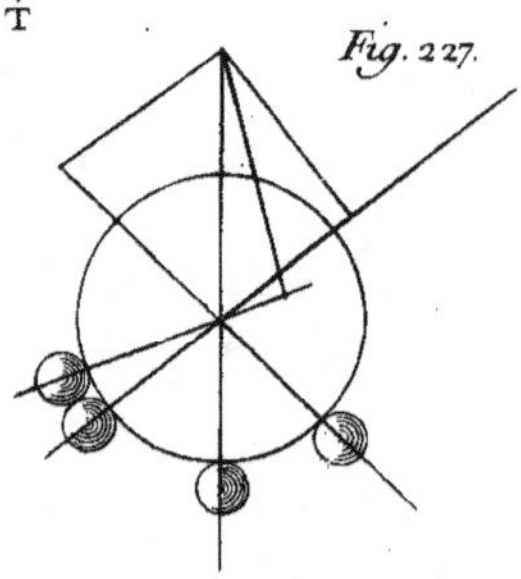

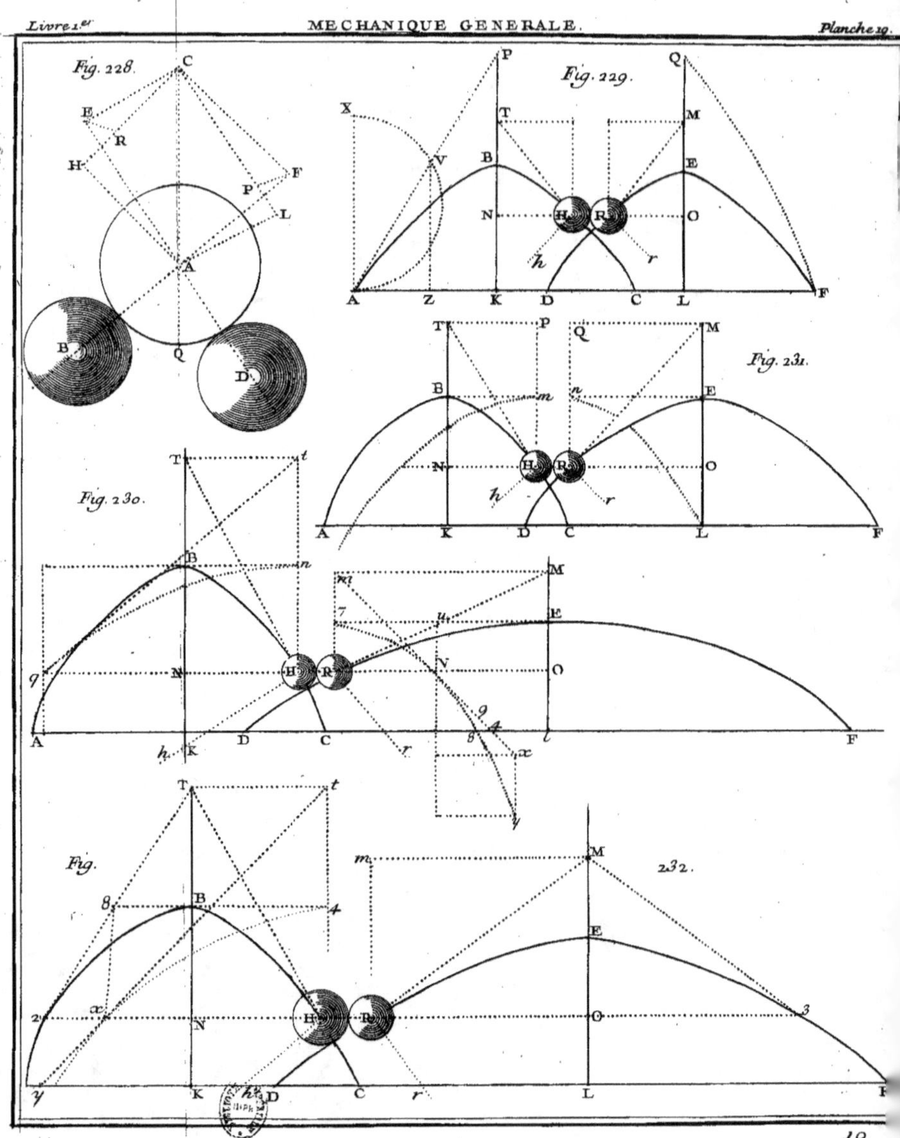
Fig. 228.
Fig. 229.
Fig. 231.
Fig. 230.
Fig.
232.

Fig. 233. 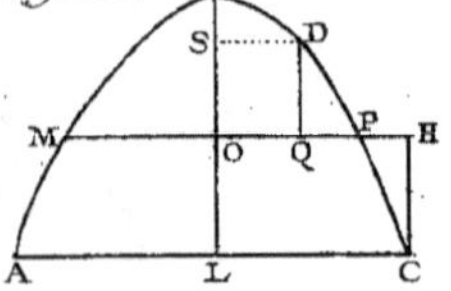
Fig. 234.
Fig. 235. 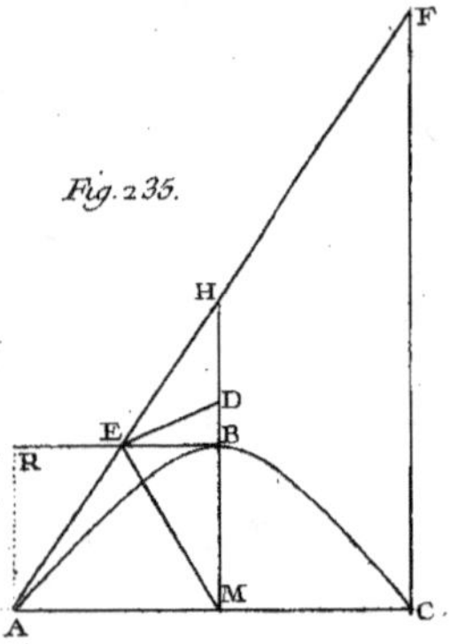
Fig. 236.
Fig. 237.

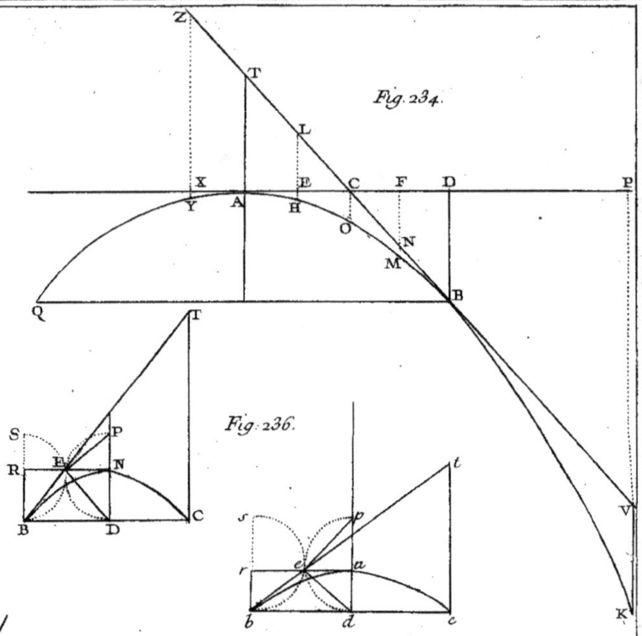

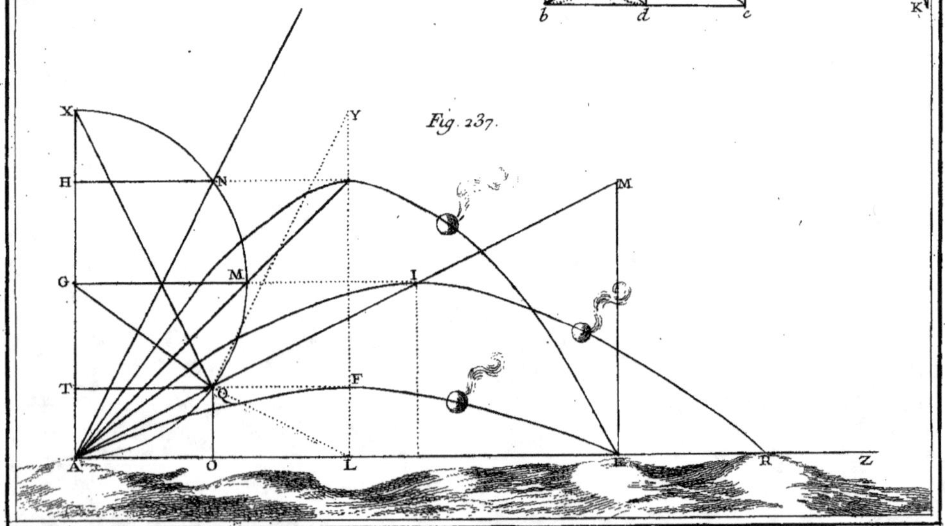

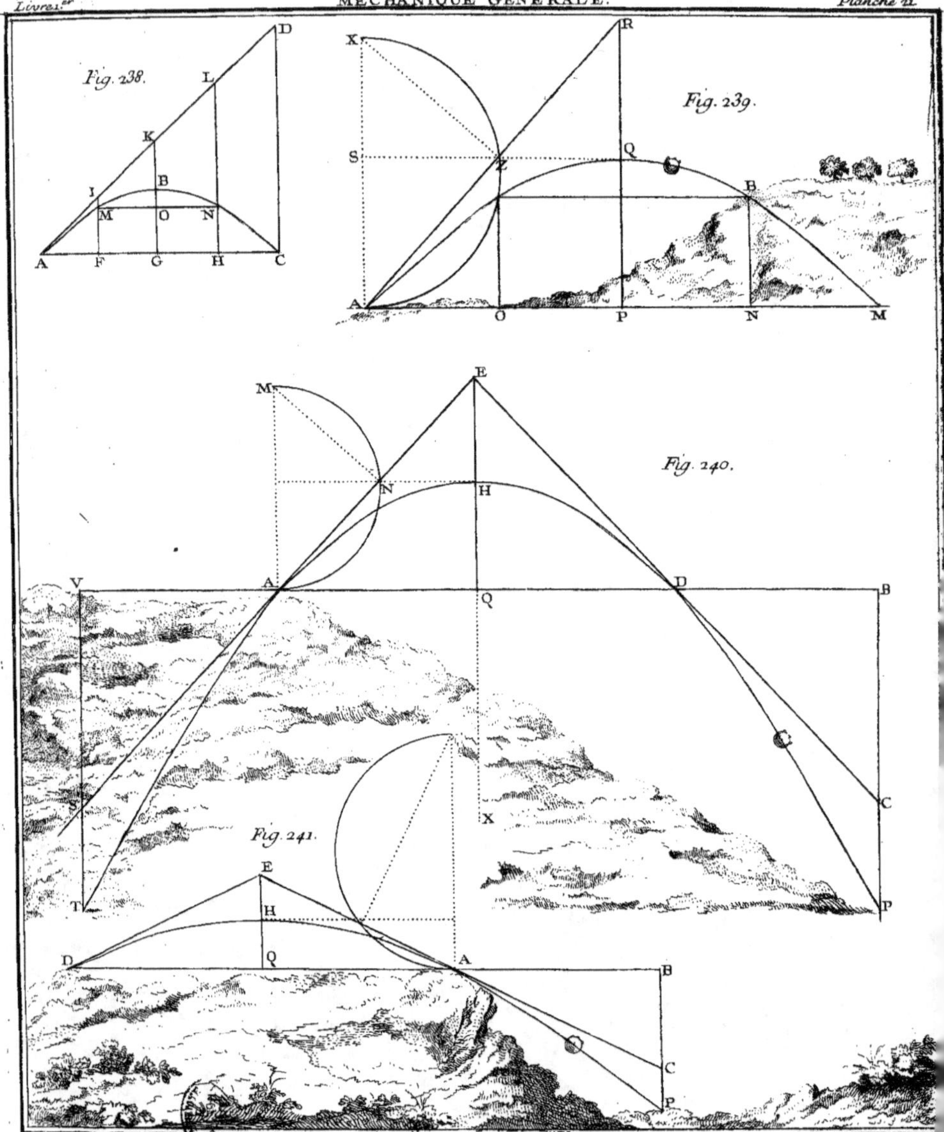
Fig. 238.
D
L
K
B
I
M O N
A F G H C
X R
S Z Q B
A O P N M
Fig. 239.
E
M
N H
V A Q D B
S
T X C P
Fig. 240.
Fig. 241.
E
H
D Q A B
C
P

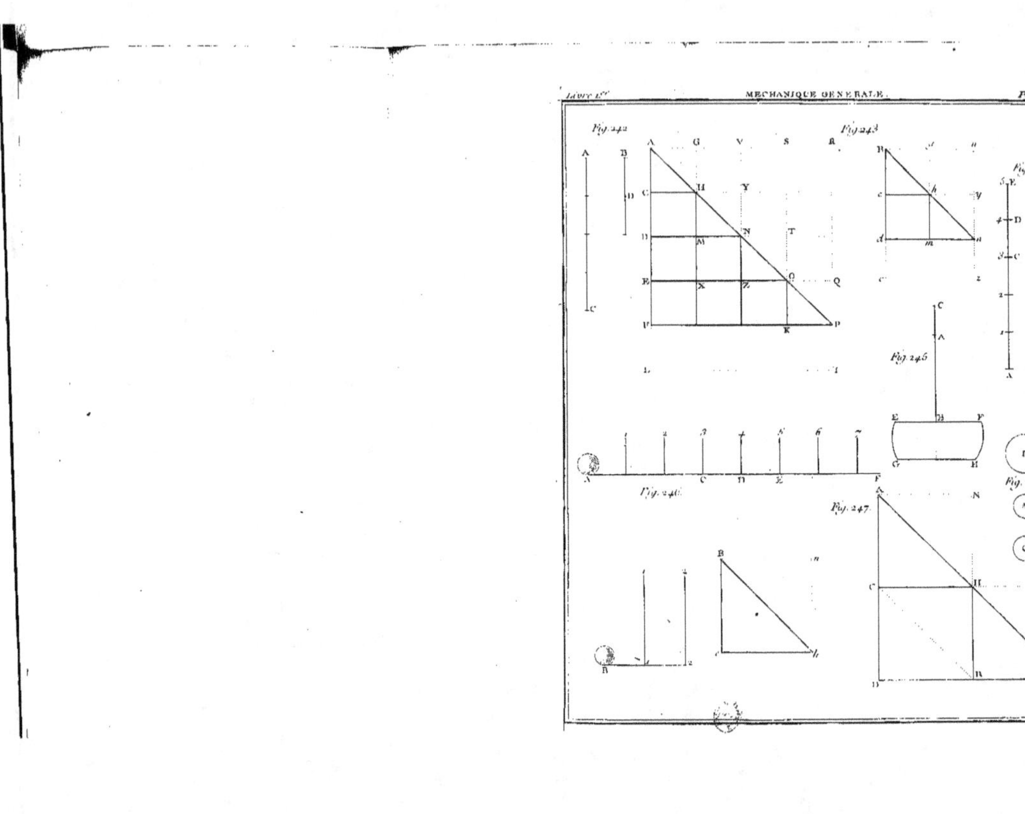
Fig. 242
Fig. 243
Fig. 245
Fig. 246
Fig. 247

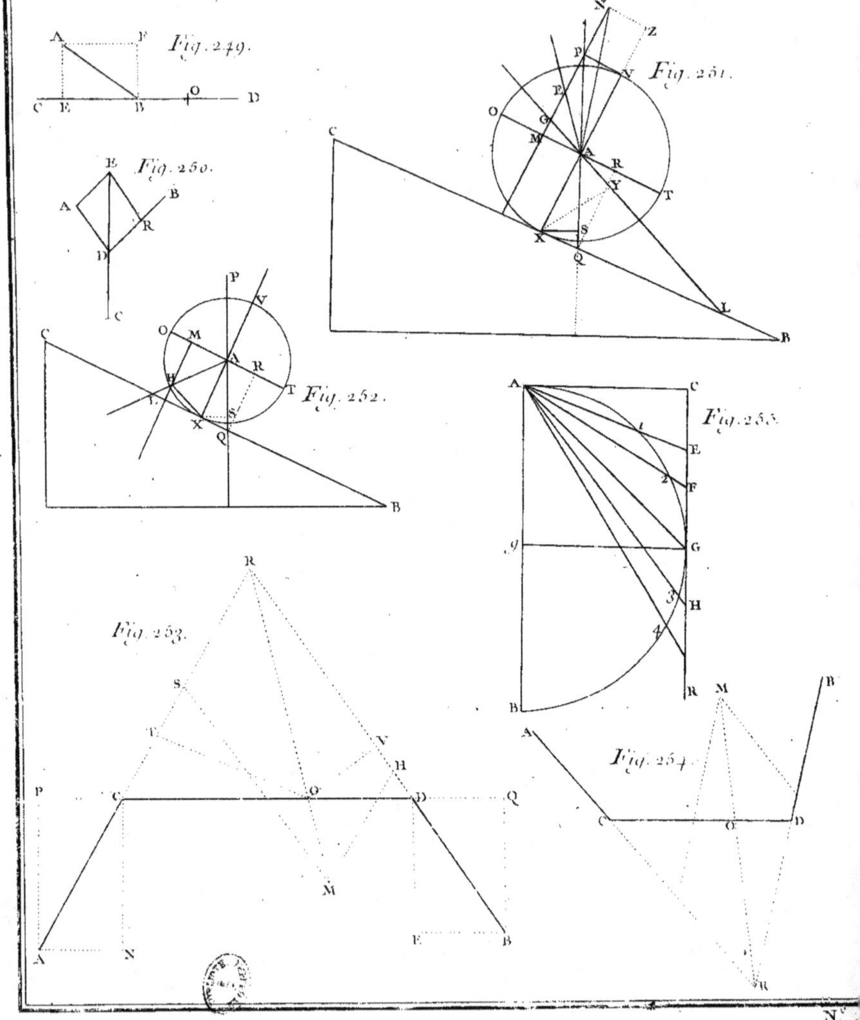
Fig. 249.
Fig. 250.
Fig. 251.
Fig. 252.
Fig. 253.
Fig. 253.
Fig. 254.
Fig. 255.

LA MECHANIQUE

GENERALE,

CONTENANT

LA STATIQUE, L'AIROMETRIE,

L'HYDROSTATIQUE,

ET

L'HYDRAULIQUE, &c.

❖❖❖❖❖❖❖❖❖❖❖❖❖❖❖❖❖❖❖❖❖❖❖❖❖❖❖❖❖❖❖❖❖

LIVRE SECOND.

De l'Hydrostatique.

CHAPITRE PREMIER.

Définitions & Principes.

1°.  'Hydro*statique* est la Science qui apprend de quelle maniere les corps pesent dans les fluides.

2. On dit qu'un corps est *dur* lorsque ses parties sont liées ensemble & résistent à leur séparation, & qu'il est *fluide*, lorsque ses parties ne sont point unies & se séparent sans peine.

On distingue deux sortes de corps fluides, les uns dont les

furfaces fe mettent de niveau, lorfque rién ne les empêche; comme l'eau, & tout ce que nous nommons *liqueurs*; les autres dont les furfaces ne fe mettent point de niveau, comme la flamme, l'air, &c. nous ne parlons ici que des fluides de la premiere efpece.

3. Le *Volume* d'un corps eft fon étendue en longueur, largeur & profondeur.

4. Si deux corps ont des volumes égaux & des pefanteurs différentes, celui qui pefe davantage eft dit être plus pefant *fpécifiquement*, ou avoir plus de pefanteur *fpécifique*, & celui qui pefe moins, eft dit être moins pefant *fpécifiquement*, ou avoir moins de pefanteur *fpécifique*.

5. Si deux corps ont des volumes égaux & des pefanteurs inégales, celui qui a plus de pefanteur eft dit être plus *denfe*, ou avoir plus de *denfité*; & celui qui pefe moins, eft dit être moins *denfe*, ou avoir moins de *denfité*.

6. Comme la pefanteur abfolue des corps eft toujours proportionnelle aux maffes, ainfi qu'il a été dit dans le livre précédent. Il fuit des deux définitions précédentes, 1°. Que fi deux corps ont des volumes égaux & des maffes inégales, celui qui a plus de pefanteur ou plus de denfité, a auffi plus de maffe que l'autre. 2°. Que fi les deux corps ont les volumes égaux & les denfités ou les pefanteurs égales, ils ont auffi les maffes égales. 3°. Que fi deux corps ont des volumes égaux, leurs pefanteurs ou leurs denfités font comme les maffes. 4°. Que fi deux corps ont des denfités égales, leur maffes ou leur pefanteurs font comme les volumes; car puifqu'avec des denfités égales & des volumes égaux, les maffes ou les pefanteurs font égales, il eft clair que les denfités étant égales & les volumes inégaux, les maffes doivent être dans le rapport des volumes. 5°. Que les corps qui ont des denfités égales ont des pefanteurs fpécifiques égales; car il eft clair qu'en faifant les volumes égaux, les maffes feront égales. 6°. Que ceux qui ont des pefanteurs fpécifiques égales, ont des denfités égales. 7°. Enfin, que fi deux corps ont les volumes égaux, leur pefanteurs fpécifiques font comme leur maffes ou leur pefanteurs abfolues; car les pefanteurs fpécifiques viennent du plus ou moins de pefanteur abfolue ou de maffe fous un même volume.

PROPOSITION I.

7. *Les Maffes de deux corps font en raifon compofée des denfités & des volumes.*　　DEMONSTRATION

DEMONSTRATION.

Les maſſes des corps ne ſont autre choſe que la ſomme des parties plus ou moins denſes qu'ils contiennent ſous leur volumes plus ou moins grands ; car on ne ſçauroit concevoir que les maſſes ſoient compoſées d'autre choſe ; donc dans la comparaiſon que l'on fait de différentes maſſes, il faut néceſſairement avoir égard & aux denſités & aux volumes ; que ſi l'on veut confirmer ce raiſonnement par une démonſtration géométrique, la voici.

Soient les deux corps A, C, (*Fig.* 1.) dont je ſuppoſe que les denſités & les volumes ſoient différens ; j'en prens un troiſiéme B dont le volume ſoit égal au volume de A, & la denſité égale à la denſité de C ; je nomme V le volume de A ou de B, *u* le volume de C, D la denſité du premier, & *d* la denſité du ſecond ou du troiſiéme ; les corps A, B, ayant les volumes égaux, leur maſſes ſont comme leur denſités (*N.* 6.) ; donc A, B :: D, *d*, de même les corps B, C, ayant les denſités égales, leur maſſes ſont comme leur volumes ; donc B, C :: V, *u*, & multipliant les termes de cette derniere proportion par ceux de la précédente, j'ai A × B, B × C :: DV, *du*, & diviſant la premiere raiſon par B, j'ai A, C :: D × V, *d* × *u* ; donc, &c.

COROLLAIRE I.

8. *Si les maſſes ſont égales, les denſités ſont réciproquement comme les volumes* ; car A, C :: D × V, *d* × *u*, mais par la ſuppoſition A = C ; donc D × V = *d* × *u*, & par conſéquent D, *d* :: *u*, V.

COROLLAIRE II.

9. *Les denſités ſont en raiſon compoſée de la raiſon directe des maſſes, & de la raiſon réciproque des volumes.*

Puiſque A, C :: D × V, *d* × *u* ; donc A × *d* × *u* = C × D × V, & par conſéquent j'ai D, *d* :: A × *u*, C × V.

COROLLAIRE III.

10. *Les volumes ſont en raiſon compoſée de la raiſon directe des maſſes & de la réciproque des denſités.*

Par le Corollaire précédent A × *d* × *u* = C × D × V ; donc V, *u* :: A × *d*, C × D.

PROPOSITION II.

11. *Si deux corps* C, B, *(Fig. 1.) pesent également, leur pesanteurs specifiques sont réciproquement comme leur volumes.*

DEMONSTRATION.

Soit le volume du premier corps $C = V$, celui du second $B = u$, & leur pesanteur commune $= p$; comme nous suppofons que le corps C est homogene dans toutes ses parties, il est clair que si j'augmente son volume jusqu'à le rendre égal à celui du corps B, sa pesanteur absolue augmentera à proportion de l'augmentation de volume; ainsi la pesanteur absolue p qu'il avoit auparavant sera à celle qu'il aura après l'augmentation du volume comme son premier volume V à son second volume u; donc faisant V, $u :: p, \frac{pu}{V}$, ce quatriéme terme sera le poids du corps C sous un volume égal au volume de B; donc les pesanteurs de C & B sous un même volume u seront comme $\frac{pu}{V}$ est à p, ou comme pu est à pV, ou enfin comme u est à V, mais les pesanteurs spécifiques de C & B sont égales à leur pesanteurs sous un même volume; donc les pesanteurs specifiques de C & B sont comme u, V, c'est-à-dire réciproquement comme le volume u du corps B est au volume V du corps C avant son augmentation.

COROLLAIRE.

12. Si les poids & les volumes sont égaux, les pesanteurs spécifiques sont égales, à cause de $u = V$.

PROPOSITION III.

13. *Les pesanteurs absolues de deux corps sont en raison composée de leur volumes & de leur pesanteurs specifiques.*

DEMONSTRATION.

Soient les trois corps A, C, B, (*Fig. 1.*) dont les deux premiers ont des volumes inégaux & des pesanteurs absolues égales, & le premier A & le troisiéme B ont des volumes égaux & des pesanteurs spécifiques inégales; il est clair que les deux corps C, B, ont des volumes inégaux & des pesanteurs absolues inégales; car si la pesanteur absolue de B étoit égale à celle de C,

elle feroit auffi égale à celle de A, & par conféquent les pefanteurs fpécifiques de A & de B feroient égales à caufe de l'é-
galité des volumes ($N.$ 12.) ce qui eft contre la fuppofition. Il
s'agit donc de faire voir que les pefanteurs abfolues de C & B
font en raifon compofée de leur volumes & de leur pefanteurs
fpécifiques.

Je nomme a la pefanteur abfolue de A ou de C, c la pefanteur abfolue de B, p la pefanteur fpecifique de A, q la pefanteur fpecifique de B, r la pefanteur fpecifique de C, u le volume de A ou de B, & t le volume de C.

Les corps A, B, ayant même volume leur pefanteurs abfolues font comme leur pefanteurs fpecifiques ($N.$ 6.) donc a, c
$:: p$, q, & les corps A, C, ayant la même pefanteur abfolue,
leur pefanteurs fpecifiques font réciproquement comme leur
volumes ($N.$ 12.) donc p, $r :: t$, u, & multipliant les termes
de cette proportion par ceux de la précédente, j'ai ap, $cr :: pt$,
qu, ou ap, $pt :: cr$, qu; & divifant la premiere raifon par p, j'ai
a, $t :: cr$, qu, ou a, $t :: c$, $\frac{qu}{r}$, ou a, $c :: t$, $\frac{qu}{r}$, & enfin a,
$c :: tr$, qu; c'eft-à-dire la pefanteur abfolue a du corps C, eft
à la pefanteur abfolue c du corps B en raifon compofée de la
raifon t, u, des volumes de C & B, & de la raifon r, q, des
pefanteurs fpecifiques de ces mêmes corps.

COROLLAIRE I.

14. *Les pefanteurs fpecifiques des corps* C, B, *font en raifon
compofée de la raifon directe de leur pefanteurs abfolues, & de la
réciproque des volumes.*

Puifque a, $c :: tr$, qu; donc divifant l'une & l'autre raifon
par la raifon t, u, j'ai $\frac{a}{t}$, $\frac{c}{u} :: r$, q, & réduifant la premiere
raifon au même dénominateur, j'ai r, $q :: au$, tc, donc, &c.

COROLLAIRE II.

15. Les denfités font en raifon directe des maffes ou des pefanteurs abfolues & de la réciproque des volumes ($N.$ 9.) donc
les pefanteurs fpecifiques font comme les denfités, puifqu'elles
font dans la même raifon par le Corollaire précédent.

S s s ij

CHAPITRE II.

De l'équilibre des Fluides.

16. **I**L n'en est pas des corps fluides de même que des solides. Ceux-ci ont toutes leur parties tellement unies ensemble, qu'elles restent en repos si la masse est en repos, & qu'elles se meuvent si la masse se meut, en suivant la direction de la masse, & conservant toujours entr'elles le même rapport de distance ou de proximité, ce qui fait que ces corps ont un point fixe appellé centre de gravité ou de pesanteur, autour duquel toutes leur parties sont dans un parfait équilibre ; au contraire les corps fluides ont leur parties détachées les unes des autres, ces parties se meuvent en tout sens vers le haut, vers le bas, vers les côtés, &c. soit que la masse soit en repos, soit qu'elle se meuve, & delà vient que si ces corps étant sur une surface horizontale ne sont pas retenus par les côtés, leur parties s'étendent de toutes parts, de façon que leur surface est toujours de niveau, & que s'ils sont retenus comme dans un vase, leur surface superieure est toujours aussi de niveau, n'étant pas possible qu'aucune de leur parties soit plus haute que l'autre, sans glisser sur celle qui est plus basse, puisque rien ne la retient.

La supposition du mouvement en tout sens des parties des fluides est appuyée sur une infinité d'experiences qui ne laissent aucun lieu d'en douter. Qu'on verse peu à peu du vin dans un verre dans lequel on aura mis de l'eau auparavant, on verra que les parties du vin se dispersent de tous les côtés, les unes à droite, les autres à gauche, d'autres vers le bas, &c. jusqu'à ce que les deux liqueurs se soient parfaitement mêlées, & alors si on ne voit plus ce mouvement, cela ne provient que de l'uniformité de la couleur que ce mélange prend, laquelle fait qu'on ne peut plus distinguer ce que la diversité des couleurs faisoit appercevoir auparavant. Si l'on jette du sel dans l'eau, toutes les parties de l'eau sont salées en peu de tems. Les corps durs deviennent fluides, lorsque leur parties sont détachées les unes des autres par la chaleur du feu, & qu'elles commencent à se mouvoir, &c.

17. J'ai dit que la surface superieure de l'eau se mettoit toujours de niveau, soit que cette eau fut retenue par les côtés, soit qu'elle ne le fut pas, & sur cela on pourra m'objecter 1°. Que si on jette de l'eau sur un plancher couvert de poussiere, on éprouve tous les jours que grand nombre de parties d'eau se mettent en petites boules qu'on voit rouler, & que par conséquent les surfaces de ces boules ne sont pas de niveau. 2°. Que si l'on verse de l'eau dans un vase, il arrive souvent que l'eau qui est autour des bords du vase, est moins haute que celle qui en est éloignée.

Or à cela je répons que ce que ces experiences font voir ne provient point de la nature de l'eau, mais de quelques causes étrangeres dont nous faisons abstraction & que je vais expliquer en peu de mots.

Quand on jette de l'eau sur un plancher couvert de poussiere, les parties de cette eau qui prennent assez de poussiere pour faire un espece de parois entr'elles & le plancher, s'attachent à cette poussiere & se l'incorporent en formant un espece de ciment ; cependant leur vitesse acquise les obligeant à se réflechir sous un angle oblique égal à l'angle d'incidence (car ce n'est ordinairement que dans cette supposition qu'on voit les petites boules qu'on nous objecte) ; il arrive que les petites parties qui sont plus proches du point d'où elles ont été jettées, ayant touché le plancher plutôt, se relevent aussi plutôt & se replient un peu sur les autres, à cause de la pesanteur de la poussiere dont elles sont chargées, ce qui fait qu'elles forment avec les autres qui se relevent après elles ces boules que l'on voit courir sur le plancher ; & plus ces boules ont du mouvement, plus elles se chargent de la poussiere sur laquelle elles roulent, & plus aussi elles composent un corps dur. Ce raisonnement est confirmé par le contraire qui arrive lorsque l'eau qu'on jette est en si grande quantité que la poussiere qui s'incorpore n'est pas capable de l'empêcher de toucher le plancher ; car alors on voit que cette eau tend à s'étendre sur le plancher, & à former une surface superieure parallele à l'horizon.

Lorsqu'en mettant de l'eau dans un verre, on éprouve que les parties de cette eau qui ne sont pas près des bords sont plus élevées que celles qui touchent les bords, cela provient de la secheresse du verre, lequel dans cet état est toujours chargé d'une petite poussiere imperceptible, laquelle s'incorporant avec les

S s s iij

parties de l'eau qui touchent le verre, augmente les pesanteurs de ces parties, & en diminue par conséquent les vitesses ; d'ailleurs quelqu'unies que soient les parties laterales du verre, elles ont toujours des petites élevations & des enfoncemens qui diminuent la vitesse avec laquelle l'eau monteroit.

PROPOSITION IV.

18. *Si l'on verse d'une même liqueur dans deux tubes ou tuyaux* 'AB, CD, (Fig. 2. 3. 4.) *qui ont communication entr'eux , & que la liqueur de l'un des tubes* AB *soit de niveau avec la liqueur de l'autre tube* CD, *les liqueurs des deux tubes seront en équilibre.*

DEMONSTRATION.

Il peut arriver plusieurs cas différens, car ou les deux tubes auront les diametres égaux & seront perpendiculaires à l'horizon, ou les diametres étant égaux, l'un sera perpendiculaire & l'autre oblique à l'horizon, ou les diametres étant inégaux, les deux tubes seront perpendiculaires à l'horizon, ou l'un sera perpendiculaire & l'autre oblique, ou enfin les diametres étant égaux ou inégaux, tous les deux seront obliques ; la demonstration des deux premiers & du troisiéme cas, fera aisément juger des autres.

Supposons 1°. que les diametres EF, TV, (*Fig.* 2.) soient égaux, & les tubes verticaux, les bases EF, TV, des colonnes EB, VD, feront égales ; or leur hauteurs EB, VD, feront aussi égales, puisqu'on suppose que la ligne de niveau EV est parallele à la ligne BD ; donc les masses ou colonnes EB, VD, qui pressent la colonne horizontale BD sont égales ; or si la surface EF baissoit jusqu'en GH, c'est-à-dire, si la colonne EB diminuoit de la quantité EH, il faudroit nécessairement que la colonne VD augmentât de la quantité VX égale à EH, & par conséquent les hauteurs EG, TX, seroient égales ; or ces hauteurs étant parcourues dans le même tems, expriment les vitesses des colonnes égales EB, VD ; donc ces colonnes ont des vitesses égales, & par conséquent leur forces étant égales, elles pressent également la colonne horizontale BD ; donc l'une ne peut vaincre l'autre, & l'équilibre se trouve entre les deux.

Supposons 2°. que les diametres EF, TV, (*Fig.* 3.) soient inégaux & les tubes verticaux, la colonne EB est à la colonne VD comme la base EF est à la base TV à cause des hauteurs égales ;

or suppofant que la colonne EB diminue de la quantité EH, la colonne VD augmentera d'une quantité VX égale à EH ; donc la bafe EF fera à la bafe TV réciproquement comme la hauteur TX de la quantité VX fera à la hauteur EG de la quantité EH ; or les hauteurs TX, EG, marquent les viteffes des colonnes VD, EF, & ces colonnes font comme les bafes TV, EF ; donc la colonne EB eft à la colonne VD réciproquement comme la viteffe XT de la colonne VD eft à la viteffe EG de la colonne EB ; donc les momens ou les forces de ces deux colonnes font égales, & par conféquent elles preffent également la colonne horizontale BD, d'où il fuit qu'il y a équilibre entr'elles.

Suppofons 3°. que les diametres EF, TV, (*Fig.* 4.) foient inégaux, & que le tube AB étant perpendiculaire à l'horizon, le tube CD foit incliné ; je fais paffer un plan horizontal par le côté MN, & dès-lors il eft vifible qu'on peut regarder la partie LBDONM comme un vafe auquel font adaptés les tubes AB, CN, dont la liqueur preffe la colonne horizontale LBDO, & on pourroit dire la même chofe dans les deux cas précédens ; cela pofé. Je conçois une autre tube droit O*c*, de même bafe & de même hauteur que le tube OC, & l'on prouvera comme dans le cas précédent que fi la liqueur du tube OC étoit dans le tube O*c*, & que la ligne de niveau RS pafsât par la furface de cette liqueur, les colonnes EL, *t*N feroient en équilibre ; or les tubes O*c*, OC, étant égaux à caufe des bafes & des hauteurs égales, les colonnes *u*O, VO, feront auffi égales, & leur viteffes de même, parce que dans le même tems que *u*O augmenteroit de la quantité *u*c, la colonne OC augmenteroit de la quantité VC, & que ces quantités *u*c, VC ont les hauteurs égales ; donc la force de VO eft égale à la force de *u*O, & par conféquent la colonne VO eft en équilibre avec la colonne EL.

COROLLAIRE I.

19. *Si les liqueurs font en équilibre dans les deux tubes, leur furfaces font de niveau.* Car puifque lorfque les furfaces font de niveau, il y a équilibre, il s'enfuit que fi elles ceffent d'être de niveau l'équilibre fera rompu ; donc, &c.

COROLLAIRE II.

20. Si les deux tubes étoient adaptés l'un contre l'autre fans

avoir un tube horizontal entre deux, la démonstration subsisteroit la même.

Soit par exemple les deux tubes AB, CD (*Fig. 5.*) adaptés comme on les voit ici, je regarde leur partie LMNDB comme un vase sur lequel on auroit mis deux tubes AM, NC ; car il est visible que ce n'est que jusqu'au plan LMN que l'eau du tube AM descendant celle du tube NC monte, & que si on veut ensuite faire descendre l'eau du tube AM plus bas, celle du tube NC au lieu de monter tombera sur celle du tube AM, à cause qu'elle auroit des parties qui ne seroient point soutenues ; cela posé, il est visible que la colonne EM est à la colonne TN comme la base EF est à la base TV, & l'on prouvera comme ci-dessus que les vitesses de ces colonnes sont réciproques aux bases, & que par conséquent la colonne EM doit être en équilibre avec la colonne TN, &c.

PROPOSITION V.

21. *Si l'on verse dans deux tubes AB, CD, (Fig. 6.) deux dif-férentes liqueurs qui soient en équilibre, les pesanteurs specifiques de ces liqueurs sont entr'elles réciproquement comme les hauteurs.*

DEMONSTRATION.

Supposons que les tubes ayent des diametres égaux, si j'augmente la colonne EB de la premiere liqueur jusqu'à ce qu'elle ait une hauteur HB égale à la hauteur TD de la colonne VD de la seconde liqueur, les volumes des colonnes GB, VD, feront égaux à cause de l'égalité des bases & des hauteurs ; donc les gravités specifiques de ces deux colonnes seront entr'elles comme leur pesanteurs absolues (*N. 6.*) ; or la pesanteur absolue de la colonne GB est à la pesanteur absolue de sa partie EB comme HB, FB, à cause de la base commune BI, & la pesanteur absolue de la colonne EB est à la pesanteur absolue de la colonne VD, comme FB est à TD, & ces deux dernieres pesanteurs absolues sont entr'elles en raison composée des volumes & des pesanteurs specifiques (*N. 13.*) ; donc à cause de l'égalité des pesanteurs absolues des liqueurs EB, VD, qui sont en équilibre, la raison composée des volumes & des pesanteurs specifiques doit être une raison d'égalité, mais la premiere de ces raisons est FB, TD ; donc la seconde, c'est-à-dire, celle des pesanteurs specifiques doit être TD, FB, car faisant la raison

raison composée de ces deux raisons, on a FB × TD, TD × FB qui est une raison d'égalité ; donc les pesanteurs specifiques des liqueurs EB, VD, font entr'elles réciproquement comme les hauteurs TD, FB.

On peut démontrer aisément la même chose quand les diametres des tubes sont inégaux, ou quand l'un ou l'autre des tubes, ou tous les deux sont inclinés à l'horizon.

COROLLAIRE I.

22. Donc si l'on connoît la pesanteur specifique d'une liqueur VD, on connoîtra sans peine la pesanteur spécifique de toute autre liqueur EB ; car on aura toujours FB est à TD comme la pesanteur specifique de VD est à la pesanteur specifique de EB.

REMARQUE.

23. Comme il n'est gueres de liqueurs qui ne se mêlent les unes avec les autres, il faut pour obvier à cet inconvénient remplir le tube horizontal de mercure, & ensuite verser les deux différentes liqueurs dans les deux tubes, & quand on s'appercevra que les deux surfaces MO, RN, du mercure seront de niveau, ce sera une marque qu'il sera pressé également de part & d'autre par les deux liqueurs, lesquelles par conséquent seront en équilibre entr'elles, mais il faut observer que les hauteurs des colonnes des liqueurs ne doivent se prendre que jusqu'à la ligne horizontale. MN, c'est à-dire, si la surface de la liqueur du tube A est EF, la hauteur de cette liqueur sera FO, & si la surface de la liqueur du tube B est TV, la hauteur de cette liqueur sera TR.

COROLLAIRE II.

24. Les densités étant entr'elles comme les pesanteurs specifiques (*N.* 15), on peut connoître de la même façon les densités des liqueurs si la densité de l'une d'entr'elles est connue, & si cela n'est pas, on pourra toujours connoître le rapport de ces densités.

COROLLAIRE III.

25. Si au lieu des tubes cylindriques on mettoit des tubes prismetiques de quelque nombre de cotés que fussent leurs bases,

il eſt clair que les mêmes choſes que nous avons prouvées dans cette Propoſition & dans ſes Corollaires ſubſiſteroient toujours.

PROPOSITION VI.

26. *Si deux vaſes* AB *,* CD *(Fig. 7.) dont les côtés ſont perpendiculaires à leurs baſes, ſont remplis d'une même liqueur, les preſſions que leur fonds ſouffrent ſont entr'elles en raiſon compoſée des baſes & des hauteurs.*

DEMONSTRATION.

Les volumes des deux liqueurs ſont entr'eux comme les deux vaſes ou cylindres AB, CD ; or leurs denſités ſont égales puiſqu'on ſuppoſe que ces liqueurs ſont homogenes entr'elles, donc leurs maſſes ou peſanteurs ſont entr'elles comme leurs volumes ; mais les côtés étant perpendiculaires aux baſes, les liqueurs preſſent le fonds avec toutes leurs peſanteurs, donc ces fonds ſont pouſſés dans la raiſon compoſée des baſes & des hauteurs.

COROLLAIRE I.

27. Si les baſes ſont égales & les hauteurs inégales, les fonds ſont preſſés dans la raiſon des hauteurs ; ſi les baſes ſont inégales & les hauteurs égales, les fonds ſont preſſés dans la raiſon des baſes, & ſi les baſes ſont égales & les hauteurs auſſi les fonds ſont également preſſés.

COROLLAIRE II.

28. Si l'un des vaſes *cd* eſt incliné, la propoſition ſubſiſtera toujours ; car ſi je conçois que ſur la baſe *dr* ſoit un autre vaſe *fd* de même hauteur que le vaſe *cd*, mais dont les côtés ſoient perpendiculaires à la baſe, & que les deux vaſes ſe communiquent par l'ouverture *td* ; je puis conſiderer la figure RS*dr* comme un vaſe, ſur le couvercle duquel on auroit adopté deux tubes *ft*, CS, or ces deux tubes ayant même baſe & même hauteur ſeront égaux, donc ils contiendront un égale quantité de même liqueur ſous un même volume, & par conſéquent ces deux liqueurs ſeront en équilibre par le troiſiéme cas de la Propoſition 4 ; mais elles ne ſauroient être en équilibre ſans preſſer également la liqueur qui eſt dans le vaſe RS*dr*, donc ſi au lieu de la liqueur inférieure ; mais mettons deux fonds ou baſes R*t*, *ts* qui ſoutien-

nent les liqueurs des tubes, de même que l'eau inférieure les foutenoit, ces deux fonds feront preffés également; puis donc que
les fonds R*t*, *ts* font également chargés à caufe que les hauteurs
& les bafes des tubes *ft*, *cS* font égales, il s'enfuit que les fonds
rd, GD des vafes *cd*, CD, qui ont auffi les bafes & les hauteurs
égales, font également preffés; mais les fonds EB, GD des vafes AB, CD font preffées en raifon compofée des bafes & des
hauteurs, donc les fonds EB, *rd* des vafes AB, *cd* font auffi
preffés en même raifon.

PROPOSITION VII.

29. *Si la bafe fupérieure* ABEF *(Fig. 8.) d'un vafe* AD *plein
d'eau ou de quelqu'autre liqueur, eft plus grande que la bafe inférieure*
HCDG, *le fonds* HCDG *n'eft pas plus preffé que fi la bafe fupérieure lui étoit égale, & que les côtés du vafe lui fuffent perpendiculai es.*

DEMONSTRATION.

Suppofons un autre vafe AM dont le fonds foit égal à la bafe
fupérieure, & les côtés perpendiculaires entre ces deux bafes.
Mettons dans ce vafe deux cloifons TC, XD perpendiculaires
fur les extrémités HC, GD de la bafe inférieure du premier vafe, ce qui me donne trois vafes AC, TD, XM, qui ont les
bafes fupérieures égales aux inférieures, & dont les côtés font
perpendiculaires fur les bafes; je remplis ces vafes d'eau, & à
caufe des hauteurs égales leurs fonds font preffés dans la raifon
des vafes (*N*. 28), c'eft-à-dire que chaque fonds IC, HD, GM
fupporte la colonne d'eau qui lui eft perpendiculaire; j'ôte les
deux cloifons TC, XD que je fuppofe infiniment minces, & les
trois bafes fe trouvent preffées de la même façon; car fi quelques
parties de la colonne XM paffent dans la colonne TD, il faut
néceffairement qu'il paffe un égal nombre de parties de la colonne TD dans la colonne XM, afin que la furface fupérieure AF
de toute la maffe d'eau foit toujours de niveau, & par conféquent les colonnes ayant toujours une même quantité de matiere,
preffent de la même façon les fonds fur lefquels elles portent. Je
conçois deux fections obliques EG, AC, paffant par les extrémités FE, AB de la bafe fupérieure, & par les extrémités GD,
HC de la bafe inférieure HD, & les parties de l'eau de la colonne XM, qui font fous la fection, foutiennent les parties de
l'eau de cette même colonne qui font fur la fection; car s'il s'en

T t t ij

gliffe quelqu'une qui paffe du deffous au-deffus, il en paffera tout
autant du deffus au-deffous pour entretenir le niveau de la furface fupérieure ; la même chofe arrive à l'égard de la fection AC
de la colonne AC ; je fais donc paffer par les fections deux cloifons EG , AC qui foutiennent l'eau fupérieure à ces fections, de
même que l'eau inférieure la foutenoit ; & ôtant l'eau inférieure,
il me refte le vafe ABEFC dont le fonds AC, n'eft pas plus preffé
que s'il n'y avoit que la colonne TD, c'eft-à-dire que fon fonds
n'eft pas plus preffé que le feroit celui d'un vafe TD dont la bafe
fupérieure feroit égale à l'inférieure & les côtés feroient perpendiculaires à la bafe.

COROLLAIRE I.

30. La même chofe fe prouvera toujours de quelque façon
que foient faits les côtés du vafe ; par exemple, le fonds XPHG
du vafe AH (*Fig. 9.*) dont la bafe fupérieure eft ABDC, ne fera
pas plus preffé que le même fonds XH d'un vafe dont la bafe fupérieure ABVT feroit égale à la bafe inférieure , & dont les côtés feroient perpendiculaires entre ces bafes ; car en concevant
un autre vafe AR , dont les deux bafes feroient égales entr'elles & les côtés perpendiculaires ; on démontrera de même qu'auparavant que la bafe XH ne foutient que la colonne AH, que
la bafe GR ne foutient que la colonne TR , & que la cloifon
DHGC mife dans cette colonne foutenant l'eau comprife entr'elle & le plan TH , de même que l'eau inférieure la foutenoit ,
le fonds XH n'eft par conféquent preffé que par la colonne AH ;
& on prouvera la même chofe à l'égard du vafe AB (*Fig.* 10) & du
vafe AB (*Fig.* 11.), &c.

COROLLAIRE II.

31. *Toutes les parties du fonds font preffées à proportion de leurs*
grandeurs ; car ces parties ne font preffées que par les colonnes
qui leur font perpendiculaires , & ces colonnes étant égales en
hauteur, font comme les bafes qu'elles preffent, donc , &c.

PROPOSITION VIII.

32. *Si l'on remplit d'eau ou de quelqu'autre liqueur un vafe AB*
(Fig. 12.) *dont la bafe inférieure CB eft plus grande que la fupérieu-*
re AI , le fonds CB fera auffi preffé que fi la bafe fupérieure étoit égale
à l'inférieure.

DEMONSTRATION.

Je suppose un autre vase GB, dont la base supérieure GP soit égale à l'inférieure CB, & dont les côtés soient perpendiculaires entre ces deux bases, j'y conçois deux plans AF, HN perpendiculaires sur les côtés AT, HI de la base supérieure AI du premier vase; je remplis d'eau le vase GB, & le fonds RH n'est pressé que par la colonne AH qui lui est perpendiculaire, de même que les fonds CF, MB ne sont pressés que par les colonnes GF, NB; j'ôte les deux plans AF, HN, & les fonds se trouvent toujours pressés de la même façon parce que les colonnes d'eau étant toujours de niveau, gardent aussi toujours la même quantité de parties, de quelque façon que ces parties puissent passer d'une colonne à l'autre; je conçois deux sections NB, AD qui passent par les côtés NI, AT de la base supérieure AI du premier vase, & par les côtés EB, CD de la base inférieure; & il est visible que la quantité d'eau qui est sous ces sections dans les colonnes NB, GF, soutient la quantité d'eau qui est au-dessus de ces sections, laquelle pressant celle qui est au-dessous, forme avec elle la pression que souffrent les fonds MB, CF; je fais passer par les deux sections NB, AD deux cloisons qui tiennent l'eau inférieure dans la même situation en retranchant l'eau supérieure; & par conséquent l'eau inférieure étant pressée de la même façon qu'elle l'étoit par l'eau supérieure, les fonds MB, CF sont autant comprimés qu'ils l'étoient auparavant; or en mettant les cloisons NB, AD, & retranchant l'eau supérieure, ce qui reste n'est autre chose que le premier vase AB, donc le fonds CB de ce premier vase, qui n'est autre chose que la somme des trois fonds CF, RH, MB est autant pressé que si ces trois fonds étoient chargés des trois colonnes GF, AH, NB, c'est-à-dire que si la base supérieure étoit égale à l'inférieure.

COROLLAIRE I.

33. On prouvera la même chose de tout autre vase quelque figure que puissent avoir ses côtés (*Fig.* 13, 14).

REMARQUE.

34. On peut objecter que si cette proposition est vraye, il s'en suivra que le vase AB (*Fig.* 12.) plein d'eau pesera autant que le

vafe GB qu'on auroit auſſi rempli d'eau ; mais à cela je repons
qu'afin que le fonds du vafe AB ſoit autant preſſé que le fonds
du vafe GB, il ſuffit que l'eau du vafe AB ſoit preſſée de la même façon que ſi on ajoûtoit l'eau qui eſt au-deſſus des ſections
HB, AD ; ce qui arrive par le moyen des cloiſons HB, AD ;
mais que pour faire que ce vafe avec ſes cloiſons peſât autant
qu'avec l'eau ſupérieure aux cloiſons, il faudroit que ces cloiſons peſaſſent autant que l'eau ſupérieure, ce qui ordinairement
n'arrive pas à cauſe que la tenacité des parties des cloiſons ſupplée à ce qui leur manque du côté de la peſanteur.

COROLLAIRE II.

35. *Les côtés* NB, AD *du vafe ſont preſſés par l'eau que ce vafe
contient, de même que cette eau étoit preſſée par l'eau extérieure qui
étoit au-deſſus des ſections* NB, AD. L'eau qui eſt compriſe entre
les ſections n'étant point en équilibre, c'eſt-à-dire ſa ſurface n'é-
tant pas de niveau, elle fait effort pour s'y mettre, & cet effort
étoit contrebalancé par l'eau qui étoit au-deſſus des ſections, mais
les ſections NB, AD le contrebalancent de la même façon,
donc elles ſupportent le même effort, & par conféquent elles
ſont comprimées de la même façon, c'eſt-à-dire qu'elles ſont
preſſées de même que ſi elles ſupportoient l'eau ſupérieure aux
ſections en ſupprimant l'eau inférieure ; d'où il ſuit que les parties de ces ſections, qui ſont plus proches de la ſurface GP, ſont
moins preſſées que celles qui en ſont plus éloignées, & qu'ainſi
ces parties ſont preſſées à proportion de leurs grandeurs & de la
hauteur des colonnes qui les preſſent : les Corollaires ſuivans
vont éclaircir ce que nous venons de dire.

COROLLAIRE III.

36. Soit le vafe AB (*Fig.* 15.) dont la bafe ſupérieure AH eſt
égale à l'inférieure RB, & dont les côtés ſont perpendiculaires
entre ces deux bafes ; je conçois une ſection CD oblique à la
bafe, je la partage en petits quarrés, & ſur les côtés de ces
quarrés je conçois d'autres ſections perpendiculaires à l'horizon,
& qui ſe terminent à la bafe ſupérieure du vafe que je ſuppoſe
être plein d'eau, ces ſections perpendiculaires forment autant de
petits tuyaux tels que EF qui contiennent toute l'eau ſupérieure
à la ſection ; je conçois que la ſection devienne un chaſſis ſolide

dont tous les quarrés foient vuides, & que les tuyaux deviennent
auffi folides ; fi leur folidité fait fortir quelques parties d'eau au-
deffus des tuyaux, il eft évident que ces parties fe mettront de
niveau avec la furface fupérieure AH, & que par conféquent
celle-ci fe repandra en dehors par les côtés du vafe jufqu'à ce
qu'elle revienne à fa premiere hauteur BH, c'eft-à-dire qu'elle revienne au niveau des tuyaux ; dans cet état l'eau des tuyaux fera
en équilibre avec l'eau qui eft fous la fection, ou avec l'eau de
l'efpace CRDOHLIB ; je conçois que tous les quarrés de la
fection CD à l'exception d'un feul, foient bouchés avec des cloifons qui puiffent foutenir l'effort de l'eau des tuyaux fi l'on ôte
l'eau inférieure, ou l'effort de l'eau inférieure fi l'on ôte les
tuyaux & l'eau qu'ils contiennent ; j'ôte par penfée ces tuyaux,
& leur eau, à l'exception du tuyau EF qui eft fur le quarré qui
n'a point été bouché ; & l'eau de ce tuyau eft encore en équilibre avec l'eau de l'efpace CRDOHLIB, lequel devient alors
un vafe qui a un orifice fur l'un de fes côtés, & un tuyau perpendiculaire à l'horizon placé fur cet orifice ; car l'eau du vafe
CRDOHLIB fait autant d'effort fur les cloifons qu'elle faifoit
fur l'eau des tuyaux qui étoit fur ces cloifons, & par conféquent
elle ne fait pas plus d'effort fur l'eau du tuyau EF qu'elle en
faifoit auparavant ; mais l'eau du tube EF étoit de niveau avec
l'eau du vafe CRDOHLIB lorfque les cloifons étoient ouvertes,
donc elle eft auffi de niveau, & par conféquent en équilibre lorfque les cloifons font fermées ; d'où il fuit que fi fur une partie quelconque des côtés d'un vafe CRDOHLIB, on adapte un tuyau
perpendiculaire à l'horifon, & dont le fommet foit au niveau ou
plus haut que la furface de l'eau du vafe, & qu'on le rempliffe
d'eau jufqu'à la hauteur de l'eau du vafe, l'eau du tuyau & celle
du vafe feront en équilibre puifqu'elles feront de niveau & que
l'une des deux ne pourra forcer l'autre de s'élever.

COROLLAIRE IV.

37. La même chofe fubfiftera quand même les tuyaux feroient
inclinés, car il n'y a qu'à concevoir que le côté AB (*Fig.* 16.) foit
incliné à l'horifon, & que les tuyaux qui font fur les quarrés de
la fection CB foient paralleles à ce côté, car alors on demontrera de même que l'eau des tuyaux fera de niveau avec celle du
vafe CRBOHLID, parce que fi celle-ci defcendoit & forçoit

celle des tuyaux à monter, l'eau des tuyaux se repandroit par le
haut sur la surface de l'eau du vase & la remettroit encore de niveau ; & fermant tous les quarrés de la section, & ôtant tous les
tuyaux & l'eau qu'ils contiennent, à l'exception de celui dont
le quarré n'est pas fermé, on prouveroit de même que ci-dessus
que l'eau du tuyau EF étant à la hauteur de l'eau du vase seroit
en équilibre avec elle.

COROLLAIRE V.

38. Il suit du Corollaire 4, que si après avoir fermé tous les
quarrés de la section CD (*Fig.* 15.) on ôte l'eau du dessous, &
qu'on laisse subsister les tuyaux & l'eau qu'il contiennent, chaque cloison, c'est-à-dire chaque partie du côté CD du vase
CRDOHLIB soutient l'effort de la colonne d'eau qui est dans
son tuyau ; car quoique cette colonne ne porte qu'obliquement
sur la cloison, cependant comme elle est retenue par les côtés,
toute sa force se porte nécessairement sur la base qui la soutient ;
or il est visible que ces colonnes sont plus ou moins fortes à proportion de leurs hauteurs & de la grandeur ou de la petitesse des
bases qui les soutiennent, & quelles font sur ces bases le même
effort que l'eau intérieure du vase feroit sur ces mêmes bases si
on ôtoit l'eau supérieure, donc les parties des côtés d'un vase
font pressées par l'eau intérieure, lorsque les tuyaux & l'eau qu'ils
contiennent sont ôtés, à proportion de leur grandeur & de leur
distance à la surface supérieure CH (*Fig.* 15.) ou AH (*Fig.* 16.)
de l'eau du vase.

COROLLAIRE VI.

39. Il suit du même Corollaire 4, que si sur le même orifice
RH (*Fig.* 17.) fait sur un côté d'un vase AB, on adapte successivement différens tubes HC, HD, HE, &c. l'un perpendiculaire à l'horizon & les autres diversement inclinés, qu'après les
avoir remplis d'eau jusqu'à la hauteur de la surface de l'eau du vase, on supprime l'eau du vase en mettant une cloison à l'orifice
qui soutienne l'eau du tube qu'on aura mis de la même façon que
l'eau du vase la soutenoit, cette cloison sera toujours également
pressée, soit que le tube soit perpendiculaire à l'horizon, ou qu'il
soit plus ou moins incliné, car l'eau de chacun de ces tubes
étant en équilibre avec l'eau du vase lorsque l'orifice est ouvert,
il s'ensuit que la colonne de l'un de ces tubes n'a pas plus de

force

force que la colonne de tel autre qu'on voudra mettre en sa place.

COROLLAIRE VII.

40. Si l'orifice PQ étoit sur un côté incliné vers l'horison, on concevroit un autre vase FB (*Fig.* 18.) de même hauteur que le premier, & qui étant rempli d'eau communiquât avec AB par le même orifice; ainsi l'eau AB seroit en équilibre avec l'eau FB. C'est pourquoi si cet orifice étoit bouché, & qu'on ôtât l'eau du vase AB, la cloison PQ, c'est-à-dire la partie PQ soutiendroit l'effort de l'eau FB; or si on adaptoit à l'orifice PQ du vase FB un tube QR, & qu'on le remplit d'eau jusqu'à la hauteur de l'eau de l'un ou de l'autre vase, la colonne de ce tube soutiendroit aussi l'effort de l'eau FB, de même que l'eau AB le soutenoit, donc la partie PQ de l'un ou de l'autre vase soutient le poids d'une colonne qui peseroit sur elle, & dont la hauteur seroit égale à celle de la surface de l'eau de l'un ou de l'autre vase.

COROLLAIRE VIII.

41. Si l'orifice HO (*Fig.* 19.) est sur un côté perpendiculaire à l'horison, j'adapte un tube coudé TVH dont la branche VH est horizontale, & l'autre VT est perpendiculaire à l'horizon, & remplissant ce tube d'eau jusqu'à la hauteur de l'eau du vase, la colonne TY & la colonne AB sont en équilibre; ainsi ces deux colonnes pressent également la couche d'eau VO laquelle passe par l'orifice, donc si je mets une cloison à l'orifice, & que je supprime la colonne AB, cette cloison supportera la colonne TY, ainsi elle sera pressée en raison de sa grandeur HO & de la hauteur TY.

COROLLAIRE IX.

42. Un tube ER (*Fig.* 20.) ayant été adapté à un orifice lateral OR d'un vase HC plein d'eau, si sur le même orifice OR pris pour base on éleve en dedans un tube BP perpendiculaire à OR, & dont la hauteur BP soit égale à la hauteur AB du tube, je dis que l'eau du vase venant à monter dans le cylindre BP contrebalance l'eau du tube ER, laquelle est à la hauteur de l'eau du vase; car la masse du cylindre ER est égale à sa base EF multipliée par sa hauteur moyenne AB, & la masse du cylindre BP est égale à sa base OR multipliée par sa hauteur BP égale à la hauteur AB, or les hauteurs de ces masses sont égales, donc les masses sont

entr'elles comme les bafes EF, OR; maintenant fi l'eau du cylindre BP furmontoit celle du tube, & qu'il paffât de BP en AB
une partie d'eau égale à OV, l'eau du tube dont la furface eft en
EF monteroit en LG, enforte que la quantité LF, dont l'eau
de ce tube feroit augmentée, feroit égale à la quantité OV qui
feroit paffée du cylindre BP dans le tube OG ; or ces deux quantités étant deux cylindres égaux ont leurs hauteurs reciproques à
leurs bafes, donc LE, RV :: OR, EF, mais LE marque la viteffe de la maffe AB, & RV la viteffe de la maffe BP, & ces
maffes font comme leurs bafes EF, OR ; donc la maffe AB &
la maffe BP ont les viteffes reciproques, & par conféquent leurs
forces étant égales, ces maffes font en équilibre, ainfi l'une ne
fauroit faire mouvoir l'autre.

Mais fi l'on met une cloifon OR qui foutienne la maffe AB
comme la maffe BP la foutient, cette cloifon foutiendra la force
de la maffe AB, & par conféquent cette force qu'elle foutient
eft égale à la force de la maffe BP ; de là vient qu'on dit que
les parties laterales d'un vafe font preffées en raifon de leurs bafes
& de la diftance de ces bafes à la furface de l'eau du vafe, c'eft-
à-dire qu'elles font preffées par l'eau du dedans en cette proportion.

On dira peut être que fi on adaptoit des tubes fur toutes les
parties laterales d'un vafe, & qu'on voulut mettre en dedans des
cylindres correfpondans à la force de l'eau de ces tubes, il y auroit plus de cylindres que le vafe n'en pourroit contenir, & qu'il
faudroit beaucoup plus d'eau pour les remplir qu'il n'y en a dans
le vafe, ce qui eft vrai ; mais il faut obferver que l'eau des cylindres n'agit pas feulement fur l'orifice OR, mais qu'elle agit encore contre les parois du cylindre, lefquels foutiennent cet effort,
au lieu que quand il n'y a point de cylindre, cet effort fe communique à l'eau des environs, laquelle en devient plus agiffante par
le choc mutuel, ce qui fait que quand il n'y a point de cylindres
dans le vafe, il faut une moindre quantité d'eau pour agir contre les côtés d'un vafe avec la même force que s'il y avoit des cylindres.

COROLLAIRE X.

43. *Si fur la bafe fupérieure* AB (Fig. 21.) *d'un vafe* AD *rempli
d'eau ou de quelqu'autre liqueur, & fermé de tous les côtés on fait
deux ouvertures l'une fort petite* E & *l'autre fort grande* HG, &

qu'ayant adapté deux tubes EF, HI *à ces ouvertures, on verfe de l'eau dans le petit tube, l'eau du vafe montera dans le grand jufqu'à ce qu'elle foit de niveau avec l'eau du petit, & alors l'une & l'autre eau feront en équilibre.*

Si le vafe n'avoit que l'orifice HG, fon fonds feroit preffé avec toute la force du parallelepipede AD, & la même chofe arriveroit fi le vafe n'avoit que l'orifice E, parce que les liqueurs preffent le fonds d'un vafe, non felon l'ouverture de ce vafe, mais felon leurs hauteurs, & la grandeur du fonds (*N.* 29, 32); or lorfque le tube FE eft adapté à l'ouverture E, fi l'on vient à y verfer de la liqueur, la hauteur de cette liqueur augmente, & par conféquent le fonds eft plus preffé qu'il n'étoit auparavant, donc puifqu'il y a plus de preffion, ce fonds reagit fur l'eau, ou la liqueur, avec plus de force, & par conféquent il faut que cette eau s'échappe par l'endroit où elle trouve de la liberté, donc elle doit monter par le tube HI, qui eft le feul endroit où elle n'eft point preffée, & elle y doit remonter jufqu'à ce qu'elle foit de niveau avec l'eau du tube EF parce que ce n'eft qu'alors que la preffion fur le fonds eft égale de part & d'autre, à caufe de l'égalité des hauteurs.

Quand les liqueurs des deux tubes font de niveau il y a équilibre entr'elles, car fi l'eau du tube HI defcendoit en RS, il pafferoit néceffairement une égale quantité d'eau qui monteroit de F en K, ainfi les deux maffes RI, LF étant égales, leurs hauteurs FK, SI, feroient reciproques aux bafes RS, LK; or ces hauteurs font les viteffes des liqueurs HI, EF qui font de niveau, & ces liqueurs ou colonnes font entr'elles comme leurs bafes VI, XF ou RS, LK, donc ces colonnes font entr'elles reciproquement comme leurs viteffes, & par conféquent elles font en équilibre.

<h3 align="center">COROLLAIRE XI.</h3>

44. Si nous fuppofons que la bafe HG du grand tube foit 60 fois plus grande que la bafe E, & que quand les liqueurs feront à la hauteur EX, la colonne XE pefe une livre, la colonne III pefera 60 ℔, & par conféquent une livre en tiendra en équilibre foixante; mais avant que cela arrive il faudra avoir verfé par le tube EF foixante-une livre de liqueurs; de même fi les liqueurs étoient de niveau à une hauteur double, la colonne du petit tube pefera deux livres, & elle en foutiendra 120, ce qui fait comme

Vvv ij

on voit une augmentation de force qu'on peut pouffer bien loin ;
& qui peut même fervir pour élever de grands fardeaux, mais avec
beaucoup du tems employé.

Par exemple , fuppofons que la bafe HG foit 200 fois plus
grande que la bafe E , fi l'on introduit un pifton dans le tube HI
jufqu'à l'ouverture HG , & qu'on le charge d'un poids qui avec
le poids du pifton vaille 200 ℔ , & qu'on verfe une livre d'eau
dans le petit tube , cette eau fera en équilibre avec le pifton fans
pouvoir l'élever ; mais pour peu qu'on augmente la quantité de
l'eau le poids montera à une hauteur d'autant moindre que la quantité fera moindre , par exemple , fi l'on verfe une livre d'eau , il
faut que cette livre fe diftribue aux deux tubes à proportion de
leurs bafes , ainfi il faut la divifer en 201 parties & il en paffera
200 dans le grand tube & l'autre reftera dans le petit ; or $\frac{1}{201}$ d'u-
ne livre dans le petit tube ne monte qu'à la 201e. partie de la hauteur d'une livre ; ainfi le poids ne fe fera élevé qu'à la 201e. partie de la hauteur d'une livre ; de même fi on veut favoir combien il
faudroit avoir verfé de livres d'eau pour faire que le poids foit
monté à la hauteur d'une livre , on voit d'abord qu'à caufe de la
bafe du grand tube qui eft 200 fois plus grande que celle du petit tube , il faut verfer 200 ℔ pour ce tube , & 1 ℔ pour le petit
tube , & ainfi des autres.

COROLLAIRE XII.

45. S'il n'y a fur le fond fupérieur du vafe que le feul orifice
E , & qu'on fuppofe que la grandeur du fonds fuperieur foit à
celle de l'orifice comme 500 à 1 , & qu'on mette dans le tube
une livre d'eau , le fonds fupérieur fera chargé de 500 ℔ de plus ,
car la livre d'eau qui eft dans le tube peut foutenir une colonne
de 500 ou dont la bafe feroit cinq cent fois plus grande que la
fienne & la hauteur égale à la hauteur , & ainfi des autres.

COROLLAIRE XIII.

46. De tout ce que nous avons dit , il s'enfuit que les liqueurs
pefent en tous fens vers le bas , vers le haut , à droite , à gauche ,
obliquement , &c. & que les parties des vafes qui les contiennent font toujours chargées à proportion de leurs grandeurs , &
de leurs diftances à la furface fupérieure de l'eau.

CHAPITRE III.

De quelle maniere les Corps solides pesent dans les fluides qui ont moins de pesanteur specifique qu'eux.

PROPOSITION IX.

47. SI un corps est plongé dans un fluide qui a moins de pesanteur specifique que lui, il perd une partie de son poids égale à une partie du fluide qni a même volume que ce corps.

DEMONSTRATION.

Supposons qu'un pouce cubique de plomb soit enfoncé dans l'eau, il occupera la place d'un même volume d'eau ; or le poids de cette eau étoit soutenu par l'eau qui l'entouroit, donc une même quantité de poids du pouce cubique de plomb sera soutenue par l'eau qui l'environne, & par conséquent le plomb pesera moins de toute cette quantité.

COROLLAIRE I.

48. Donc 1°. si le même pouce cubique de plomb est enfoncé dans une liqueur qui a plus de pesanteur specifique que l'eau, il perdra de son poids ; car un même volume de cette liqueur pesera plus qu'un pareil volume d'eau. 2°. Si deux corps homogenes pesent également dans l'air, & que l'un d'eux soit plongé dans l'eau & l'autre dans un fluide qui a plus de pesanteur specifique que l'eau, le second perdra plus de son poids que le premier, & par conséquent il n'y aura plus d'équilibre entr'eux. 3°. Les pesanteurs specifiques de deux corps qui ont même volume étant entr'elles comme leur pesanteurs absolues, la pesanteur specifique d'un pouce cubique d'eau, est à la pesanteur specifique d'un pouce cubique de plomb, comme la partie du poids que le plomb perd dans l'eau est à son poids total. 4°. Deux corps de même volume perdent une même quantité de poids, lorsqu'ils sont plongés dans une même liqueur, mais celui qui a plus de pesanteur specifique perd une partie moindre de sa pesanteur, que la partie que l'autre perd de la sienne. 5°.

Si deux corps ont même poids & différens volumes, celui qui a le plus grand volume, perd une plus grande partie de son poids que celui qui a moins de volume.

COROLLAIRE II.

49. Les gravités specifiques de différens fluides font entr'elles comme les poids qu'un même solide perd lorsqu'il est plongé dans ces fluides ; car les parties de ces fluides dont le solide prend la place, font toutes d'égal volume, & leur poids font égaux aux poids perdus par le solide, mais les poids des corps qui ont même volume, font les pesanteurs specifiques de ces corps ; donc, &c.

COROLLAIRE III.

50. Pour trouver les pesanteurs specifiques des différens fluides, on prend une balance AB (*Fig.* 22.) à l'une des extremités de laquelle on suspend un crochet A qui pese autant que le bassin C qui est de l'autre côté ; on attache à ce crochet un crin de cheval d'où pend une bale de plomb E ; on pese cette bale dans l'air, après quoi on la plonge successivement dans chaque fluide, & les parties qu'elle perd de son poids, font les différentes pesanteurs specifiques de ces fluides.

Les densités étant comme les pesanteurs specifiques, le rapport de celles-ci étant trouvé, le rapport de celles-là est aussi connu.

COROLLAIRE IV.

51. On trouve de la même façon si les parties inférieures d'un même fluide font comprimées par les supérieures, où si elles ne le font pas ; car si on plonge la bale de plomb dans ce fluide, enforte qu'elle se trouve successivement à différentes hauteurs de la surface superieure, & que l'ayant pesé dans chacune de ses différentes situations, on trouve qu'elle perd toujours la même quantité, c'est une marque que les parties inférieures ne font point comprimées ; mais si le contraire arrive, les différentes pertes des poids que perdra la bale marqueront les différentes pesanteurs specifiques correspondantes aux différentes hauteurs, & par conséquent on connoîtra aussi les différentes densités de cette liqueur.

COROLLAIRE V.

52. C'eſt de la même maniere qu'on trouve le poids d'une liqueur contenue dans un vaiſſeau ; on meſure d'abord la capacité
du vaiſſeau ſelon les regles de la Geometrie, ou ſelon celle du
Jaugeage ; enſuite on ſuſpend au crochet de la balance un pouce
cubique de plomb que l'on peſe dans l'air ; après quoi on le plonge
dans la liqueur, & le peſant de nouveau, on examine qu'elle eſt
la quantité de ſon poids qu'il a perdu, & cette quantité eſt le
poids d'un pouce cubique de la liqueur ; c'eſt pourquoi il n'y a
plus qu'à dire par regle de trois ; ſi un pouce cubique de la liqueur peſe tant, combien peſeront tant de pieds ou de pouces
cubiques que le tonneau contient ?

PROPOSITION X.

53. *Si deux corps de poids égaux ont différens volumes, leur peſanteurs ſpecifiques ſont réciproquement comme les poids qu'ils perdent
lorſqu'ils ſont plongés dans un même fluide.*

DEMONSTRATION.

Les peſanteurs ſpecifiques des corps également peſans, ſont
réciproquement comme leur volumes (*N*. 11.) ; or leur volumes
ſont comme les poids qu'ils perdent dans la même liqueur ; car
ils perdent à proportion des volumes ; donc les gravités ſpecifiques de deux corps de même poids, ſont reciproquement
comme les poids qu'ils perdent dans un même fluide.

COROLLAIRE I.

54. On trouve donc la gravité ſpecifique des différens ſolides
en les peſant dans une même balance juſqu'à ce qu'ils ſoient en
équilibre ; par exemple on met l'or d'un côté & l'argent de l'autre,
après quoi on met un poids égal à l'un ou à l'autre dans un des
baſſins C (*Fig.* 22.) ; & mettant le crochet A à la place de l'autre
baſſin, on y ſuſpend l'or & on le plonge dans l'eau, examinant
qu'elle eſt la quantité qu'il perd de ſon poids, enſuite on ôte
l'or, & ſuſpendant l'argent à ſa place, on le plonge dans l'eau,
& trouvant qu'il perd davantage, on conclut qu'il a une peſanteur ſpecifique moindre que celle de l'or, & que la peſanteur
ſpecifique de l'argent eſt à celle de l'or, réciproquement comme
le poids que l'or a perdu eſt au poids perdu par l'argent.

COROLLAIRE II.

55. C'eſt de cette façon qu'on a trouvé les peſanteurs ſpecifiques des ſolides ſuivans, ayant tous un volume égal au volume d'une maſſe d'or de 100 ℔.

LE MERCURE .... 71 ℔ $\frac{1}{2}$		L'ETAIM pur .... 38 ℔ $\frac{1}{4}$	
LE PLOMB........ 60	$\frac{1}{2}$	L'AIMANT 26	
L'ARGENT 54	$\frac{1}{2}$	LE MARBRE 21	
LE LAITON...... 47	$\frac{1}{3}$	LA PIERRE 14	
L'AIRAIN 45		LE SOUFFRE 12	$\frac{1}{2}$
LE FER 42		LA CIRE 5	
L'ETAIM commun ... 39		L'EAU 5	$\frac{1}{3}$

Dans cette Table, le rapport de l'eau au Mercure eſt comme 5 $\frac{1}{3}$ à 71 ℔ $\frac{1}{2}$, mais communément on ſe ſert du rapport 1 à 14.

Par le moyen de cette Table, ſi l'on demande quelle eſt la peſanteur d'un ſolide de plomb dont le volume eſt égal à un volume d'eau de 200 ℔, on dit : comme la peſanteur ſpecifique de l'eau eſt à la peſanteur ſpecifique du plomb ; ainſi la peſanteur abſolue 200 ℔ d'un tel volume d'eau, eſt à la peſanteur abſolue d'un même volume de plomb ; on prend donc dans la table les deux peſanteurs 5 $\frac{1}{3}$, 60 $\frac{1}{2}$, & faiſant la regle on trouve 2268 ℔ $\frac{3}{4}$ pour la peſanteur du plomb.

De même, ſi l'on veut ſçavoir quel eſt le poids d'un volume d'étaim égal à un volume de plomb peſant 30 ℔, on dit : la peſanteur ſpecifique du plomb eſt à la peſanteur ſpecifique d'étaim commun comme la peſanteur abſolue 30 du plomb eſt à la peſanteur abſolue de l'étaim de même volume ; prenant donc dans la Table les deux peſanteurs ſpecifiques 60 $\frac{1}{2}$, & 39 ; & faiſant la regle, on trouvera 19 $\frac{41}{121}$, & ainſi des autres.

PROPOSITION XI.

56. Connoiſſant le poids d'un ſolide compoſé d'un mélange de deux autres, & la quantité qu'il perd lorſqu'on le plonge dans un fluide, trouver qu'elle eſt la quantité de l'un & de l'autre corps qui entre dans le mélange.

SOLUTION.

SOLUTION.

Suppofons qu'une maffe compofée d'étaim & de plomb pefe 120 ℔, & qu'étant plongée dans l'eau elle perde 14 ℔, par les expériences qui ont été faites, nous fçavons que 37 ℔ d'étaim perdent 5 ℔ dans l'eau, & que 23 ℔ de plomb perdent 2 ℔; c'eft pourquoi je dis 37 ℔ d'étaim perdent 5 ℔, combien perdront 120 ℔, & faifant la regle, je trouve $\frac{600}{37}$ ℔. Je dis de même fi 23 ℔ de plomb perdent 2, combien perdront 120 ℔? & je trouve $\frac{240}{23}$ ℔. Je fçai donc ce que perdent dans l'eau trois maffes de même poids, l'une du mêlange, l'autre d'étaim, & la troifiéme de plomb.

Pour trouver la quantité du mêlange, je nomme p le poids de chaque maffe, a le poids perdu par le mêlange, b le poids perdu par l'étaim qui eft plus leger que le plomb, c le poids perdu par le plomb, & x le poids de l'étaim qui entre dans le mêlange; donc le poids de plomb qui entre dans ce mêlange eft $p - x$.

Je dis : fi le poids p d'étaim perd b, combien perdra la partie x de ce poids? & je trouve $\frac{bx}{p}$; je dis de même fi le poids p de plomb perd c, combien perdra la partie $p - x$ de ce poids? & je trouve $\frac{pc - cx}{p}$; ajoutant donc enfemble ces deux parties perdues par les poids qui entrent dans le mêlange, la fomme $\frac{bx}{p} + \frac{pc - cx}{p}$ eft la perte faite par le mêlange, & par conféquent j'ai $\frac{bx + pc - cx}{p} = a$; donc $bx - cx = ap - pc$, & $x = \frac{ap - pc}{b - c}$, d'où je tire $b - c$, $a - c :: p$, x, c'eft-à-dire, la différence de la perte du poids p d'étaim à la perte du poids p de plomb, eft à la différence de la perte du poids p de mêlange à la perte du poids p de plomb, comme le poids p eft à la partie de l'étaim qui entre dans la compofition, & mettant les valeurs ci-deffus des lettres a, b, c, p, je trouve $x = 74$ ℔; donc il y a foixante-quatorze ℔ d'étaim, & par conféquent 46 ℔ de plomb, & le tout enfemble fait le mêlange 120 ℔.

COROLLAIRE I.

57. C'eft à peu près de cette façon qu'on peut connoître la bonté d'une certaine maffe; par exemple, fuppofé que l'on fçache que 23 ℔ de plomb perdent deux livres dans l'eau, & qu'on

veuille fçavoir fi une maffe de plomb de 120 ℔ n'a pas été gâtée par quelque mêlange, on dira d'abord : fi 23 perdent 2 combien doivent perdre 120 ? & ayant trouvé $\frac{240}{23}$, on plongera la maffe 120, & fi après l'avoir pefée, on trouve qu'elle perd davantage, c'eft marque qu'il y a du mêlange.

Il faut obferver cependant qu'on peut quelquefois fe tromper ; car par exemple, l'étaim ayant moins de pefanteur fpecifique que l'argent, & le plomb en ayant davantage, on peut mêler ces deux métaux de façon qu'ils ne perdent pas plus dans l'eau qu'un égal volume d'argent, & par conféquent la preuve qu'on voudroit en faire, ne ferviroit qu'à être trompé. Ce Probléme n'eft donc sûr que lorfqu'une chofe étant véritablement compofée de deux métaux, on veut en fçavoir le mêlange.

Or delà il fuit qu'Archimede jugea peut être fort mal, lorfqu'il dit au Roy Hieron que dans la Couronne que l'Orfévre lui avoit faite, il y avoit une telle quantité d'or, & une autre d'argent ; car qui fçait fi cet Orfévre n'avoit pas fait un mêlange d'étaim & de plomb qui eut la même pefanteur fpecifique que la quantité d'argent qu'Archimede trouvoit dans cette Couronne.

Proposition XII.

58. *Pefer un fluide dans un autre fluide qui a moins de pefanteur fpecifique.*

Solution.

Suppofons qu'on veuille pefer du Mercure dans l'eau ; je prens un grand vafe de verre qui pefe par exemple 91, je le remplis de la même eau dans laquelle je le dois plonger ; je pefe le tout, & le plongeant enfuite dans l'eau, j'obferve qu'elle eft la quantité de fon poids qu'il a perdu. Suppofons cette quantité 36, je retire le vafe, & au lieu de l'eau, je le remplis de mercure, & le pefant dans l'air, je mets à part fon poids que je suppofe = 186, je le plonge dans l'eau, & après l'avoir pefé, je trouve qu'il a perdu 43 ; ainfi le poids de l'eau dont le vafe & le mercure occupent la place eft de 43.

Or quand j'ai plongé le vafe lorfqu'il étoit plein d'eau, il a à la verité fait fortir un volume d'eau auffi grand que celui qu'il a fait fortir lorfqu'il étoit plein de mercure, mais comme il contenoit lui-même une partie d'eau qui pefoit autant qu'une partie de même volume de celle dont il avoit pris la place, la partie 36 qu'il a perdu n'eſt autre choſe que le poids d'un volnme d'eau égal au volume de la matiere dont le vaſe eſt compoſé ; retranchant donc 36 de 43, le reſte 7 eſt la partie que le mercure a perdu de ſon poids, & ainſi des autres.

Proposition XIII.

59. *Un corps qui a plus de peſanteur ſpecifique que le fluide dans lequel il eſt plongé, deſcend avec une force égale à la différence de ſa peſanteur à celle du fluide dont il occupe la place.*

Demonstration.

Le corps dans le fluide perd une partie de ſa peſanteur égale à la peſanteur du fluide qui étoit à ſa place ; donc il ne lui reſte plus que le reſte de ſa peſanteur pour tendre vers le fonds.

Corollaire I.

60. Donc la force qui peut tenir le ſolide en équilibre lorſqu'il eſt dans le fluide eſt égale à la force qui reſte à ce corps pour deſcendre, c'eſt-à-dire à la différence de la peſanteur du ſolide, & de celle d'un pareil volume du fluide.

Corollaire II.

61. Donc ſi ce corps eſt plongé dans un autre fluide qui ait plus de peſanteur ſpecifique que le précédent, il aura moins de force pour deſcendre, parce qu'il aura plus perdu de ſa peſanteur, & il faudra auſſi moins de force pour le tenir en équilibre.

Corollaire III.

62. Si l'on connoît la peſanteur abſolue d'un corps plongé dans l'eau, & ſon volume, on connoîtra aiſément ce qu'il a perdu de ſon poids ; car ſi on peſe un pouce cubique d'eau, il n'y aura qu'à dire par la regle de trois : ſi un pouce cubique d'eau peſe tant, combien peſera un volume d'eau égal au volume du corps, & le poids de ce volume étant trouvé ſera égal à la perte que le corps aura faite.

CHAPITRE IV.

De la maniere dont les solides pesent dans les fluides qui ont plus de pesanteur spécifique qu'eux.

PROPOSITION XIV.

63. Si un corps est jetté dans un fluide qui a plus de pesanteur spécifique que lui, il s'enfoncera jusqu'à ce que le volume du fluide dont il prend la place ait une pesanteur égale à la sienne.

DEMONSTRATION.

Le corps AC (*Fig.* 23.) ayant moins de pesanteur specifique que le fluide, un moindre volume HCV de ce fluide pesera par conséquent autant que lui ; donc quand le corps en s'enfonçant dans le fluide en aura chassé ce moindre volume qui pese autant que lui, les parties du fluide qui soutenoient ce moindre volume soutiendront aussi le poids du corps, & par conséquent il n'y aura de submergé que la partie du volume du corps égale au volume chassé, & l'autre partie HAV surnagera.

COROLLAIRE I.

64. Si on jette le même corps successivement dans différens fluides qui ont plus de pesanteur specifique que lui, & qu'il ne s'enfonce pas également dans tous, ceux dans lesquels il s'enfoncera moins auront plus de pesanteur specifique que ceux dans lesquels il s'enfoncera davantage ; car les volumes des fluides qu'il chassera seront plus grands dans ceux où il s'enfoncera davantage, & moindres dans les autres, & ces volumes cependant auront une pesanteur absolue égale à celle du corps ; donc leur pesanteurs specifiques seront inégales, c'est-à-dire plus grandes dans les moindres volumes, & moindre dans les plus grands (*N.* 11.)

Remarquez en passant que si le corps est jetté dans un fluide dont la pesanteur specifique est égale à la sienne, il s'enfoncera totalement sous la surface supérieure du fluide, après quoi il n'ira pas plus bas, parce que ce corps ne pesant pas plus que le volume dont il a pris la place, fera foutenu par le fluide qui l'environnera, de même que le volume chaffé en étoit foutenu, & par la même raifon en quelqu'endroit du fluide qu'on mette le corps au-deffous de la furface fupérieure plus ou moins près du fonds ou des côtés, il y fera foutenu de la même façon ; mais fi le corps a plus de pefanteur fpecifique que le fluide dans lequel il eft jetté, il ne fera jamais foutenu par le fluide qui l'environnera, parce qu'il pefe plus que le volume dont il occupera la place, & par conféquent il defcendra jufqu'au fonds.

COROLLAIRE. II.

65. Si l'on pouffe un corps au-deffous de la furface fupérieure d'un fluide qui a plus de pefanteur fpecifique que lui, ce corps étant abandonné à lui-même fera repouffé par le fluide qui l'environne avec une force égale à la quantité dont la pefanteur d'un volume du fluide égal au volume du corps furpaffe la pefanteur du corps ; car le fluide environnant foutenoit le fluide chaffé avec une force égale à la pefanteur du fluide chaffé, & par conféquent cette force étant plus grande que la pefanteur du corps qui prend la place du fluide chaffé, doit repouffer ce corps avec l'excès qu'elle a fur la pefanteur du corps ; donc, &c.

COROLLAIRE III.

66. Si l'on met dans le fonds d'un vafe un corps qui a moins de pefanteur fpecifique qu'un certain fluide, & qu'on vienne à verfer peu à peu du fluide dans le vafe, ce fluide n'enlevera le corps que lorfqu'il l'environnera de façon que le volume du fluide qui feroit mis à la place du corps pefera un peu plus que ce corps.

COROLLAIRE IV.

67. La gravité fpecifique du corps qui a moins de pefanteur fpecifique que le fluide, eft à la gravité fpecifique du fluide comme le volume de la partie enfoncée dans le fluide eft au volume du corps ; car le corps & la partie du fluide dont il occupe la place pefant également, leur pefanteurs fpecifiques font réciproquement comme leur volumes (N. 11.), mais le volume de la partie du fluide dont le corps occupe la place eft égal au volume de la partie du corps enfoncée dans le fluide ; donc la

pesanteur specifique du corps est à la pesanteur specifique du fluide, comme le volume de la partie du corps enfoncée dans le fluide est au volume du corps.

Corollaire V.

68. Si deux corps qui pesent également sont jettés dans un fluide qui a plus de pesanteur specifique qu'eux, leur parties qui s'enfoncent dans ce fluide, ont des volumes égaux ; car l'un & l'autre font sortir un volume du fluide qui pese autant que l'un ou l'autre ; donc ces deux volumes de fluide sont égaux, mais ces volumes sont égaux aux volumes des parties qui s'enfoncent ; donc, &c.

D'où il suit que si les deux corps ont des volumes égaux, les pesanteurs des parties enfoncées dans le fluide seront égales, & si les volumes sont inégaux, les pesanteurs des parties enfoncées seront réciproquement comme les volumes des corps. Supposons que le volume du premier corps soit 4, & le volume du second 8 ; si le volume de la partie enfoncée du premier est 1, celui de la partie enfoncée du second sera aussi 1 ; c'est pourquoi supposant que la pesanteur de l'un ou de l'autre corps soit 16, la pesanteur de la partie enfoncée du premier sera donc 4, c'est-à-dire le quart de 16, parce que le volume de la partie enfoncée n'est que le quart du volume total, & la pesanteur de la partie enfoncée du second sera 2 ou le $\frac{1}{8}$ de 16, à cause que le volume de cette partie n'est que le $\frac{1}{8}$ du volume total ; donc la pesanteur de la partie enfoncée du premier est à la pesanteur de la partie enfoncée du second comme 4 à 2, ou comme 8 à 4, c'est-à-dire reciproquement comme le volume du second corps au volume du premier.

Corollaire VI.

69. Si deux corps égaux en volume sont jettés dans un fluide qui a plus de pesanteur specifique qu'eux, les volumes de leur parties enfoncées seront entr'eux comme les pesanteurs specifiques des corps ; car les parties du fluide qu'ils chassent ont des pesanteurs absolues égales aux pesanteurs absolues des corps ; mais les deux corps ayant même volume leur pesanteurs absolues sont comme leur pesanteurs specifiques ; donc les parties du fluide chassées sont entr'elles comme les pesanteurs specifiques des corps ; or les parties chassées étant homogenes entr'elles sont comme leur

volumes, lefquels font égaux aux volumes des parties enfoncées ;
donc les volumes des parties enfoncées font entr'eux comme les
pefanteurs fpecifiques des corps.

Corollaire VII.

70. Connoiffant le volume de la partie d'un folide enfoncée
dans un fluide, on connoîtra la pefanteur de ce folide en pefant
un volume du fluide égal au volume de la partie enfoncée.

Suppofons que le volume d'un corps enfoncé dans l'eau foit
de 80 pieds cubiques ; je pefe un pied cubique d'eau, & trouvant par exemple qu'il pefe 70 ℔, je dis : fi un pied cubique
d'eau pefe 70 ℔, combien pefera un volume de cette même
eau qui a 80 pieds cubiques? & faifant la regle, je trouve 5600 ℔
pour le poids de ce volume, & par conféquent le folide pefe
auffi 5600 ℔.

Et fi l'on connoiffoit la pefanteur du corps, & qu'on demandât quel eft le volume de la partie qui doit s'enfoncer dans l'eau,
on chercheroit un volume d'eau qui pesât autant que le corps,
& ce volume feroit celui de la partie qui doit s'enfoncer.

Suppofons que le corps pefe 5600 ℔, je pefe un pied cubique
d'eau, & trouvant 70 ℔, je dis fi 70 ℔ d'eau ont un volume d'un
pied cubique, quel volume auront 5600 ℔? & faifant la regle
je trouve 80 pieds cubiques pour le volume d'eau que la partie
enfoncée chaffera, & par conféquent cette partie aura 80 pieds
cubiques de volume.

Enfin fi le poids & le volume du corps étant connu, l'on
demande quelle force il faut employer pour tenir ce corps tout
entier au-deffous de la furface de l'eau, on cherchera le poids
d'un volume d'eau égal au volume du corps, on en retranchera
le poids d'un volume d'eau qui pefe autant que le corps, &
le refte fera la force qu'il faudroit employer, à caufe que cette
force eft égale à celle que l'eau feroit pour faire remonter le
corps fi on l'abandonnoit à lui-même (N. 65.).

Suppofons que le corps pefe 5600 ℔, & que fon volume foit
4480 pieds cubiques, un pareil volume d'eau fera donc 313600
℔, c'eft-à-dire le produit de 4480 pieds par le poids 70 ℔ d'un
pied cubique d'eau, je retranche de ce poids d'eau le poids
5600 ℔ d'un volume d'eau égal qui pefe autant que le corps,
& le refte 30800 ℔ marqueroit la force qu'il faudroit employer.

Proposition XV.

71. *Si une puiſſance ſoutient un corps enfoncé ſous la ſurface d'un fluide qui a plus de peſanteur ſpecifique que ce corps, le poids de tout le fluide devient plus grand d'une quantité de poids égale à la puiſ-ſance.*

Demonstration.

Suppoſons que l'eau d'un vaſe AC (*Fig.* 24.) peſe 140 ℔, & que pour ſoutenir entre la ſurface de l'eau & le fonds du vaſe, un corps dont la peſanteur ſpecifique eſt moindre que celle de l'eau, il faille une puiſſance égale à un poids de 20 ℔, je dis que ſi on vient à peſer ce vaſe dans le tems que la puiſſance tient le corps, on trouvera que ſon poids eſt augmenté de 20 ℔; car la puiſſance qui preſſe le corps, preſſe l'eau inférieure à ce corps, & cette eau preſſe le fonds du vaſe de la même façon; donc le fonds du vaſe eſt chargé de même que ſi avec la même quantité d'eau on avoit mis un poids de 20 ℔, & par conſéquent le tout enſemble doit peſer 20 ℔ de plus.

Corollaire.

72. Si une puiſſance ſoutient entre la ſurface de l'eau & le fonds du vaſe, un corps dont la peſanteur ſpécifique eſt plus grande que celle de l'eau, le poids de l'eau ſera plus grand qu'il n'étoit auparavant d'une quantité de poids égale à la quantité que le corps perd dans l'eau, ou au poids d'un volume d'eau égal au volume du corps ; car l'eau qui environne le corps ſou-tient un poids égal au volume d'eau dont le corps occupe la place, & la puiſſance qui eſt hors de l'eau ſoutient le reſte du poids du corps, ainſi ſi le volume d'eau qui a été chaſſé étoit mis hors du vaſe, le reſte de l'eau peſeroit autant qu'auparavant ; donc en ſuppoſant que le volume chaſſé reſte toujours dans le vaſe, le poids total de l'eau doit augmenter du poids de ce vo-lume.

Proposition XVI.

73. *Si un corps qui a une peſanteur ſpecifique moindre que celle d'un fluide, eſt uni fermement à un autre corps qui a une peſanteur ſpecifique plus grande que celle du fluide, & que la force qu'il fau-droit employer pour tenir le premier entre la ſurface du fluide & le*

fonds

fonds du vase qui le contient soit égale à la force qui soutiendroit
l'autre corps pour l'empêcher d'aller au fonds ; je dis que si on jette
dans le fluide, les deux corps unis fermement, ils resteront entre la sur-
face & le fonds du vase.

DEMONSTRATION.

La force qui empêcheroit le premier corps A de surnager
(*Fig. 25.*) est égale à la force de l'eau qui repousseroit ce corps
vers la surface, & la force qui empêcheroit le second B d'aller
au fonds est égale à la force de l'eau qui le pousseroit pour le
faire descendre ; donc quand ces deux corps étant unis ensemble
ne forment qu'un seul corps, cette masse se trouve poussée par
deux forces de l'eau qui sont égales & qui ont des directions
contraires, ainsi ces deux forces se contrebalancent & soutiennent la masse sans la faire ni monter ni descendre.

COROLLAIRE.

74. En quelque endroit que la masse des deux corps soit mise
entre la surface & le fonds du vase, elle ne montera ni ne descendra, mais si on vient à desunir les corps, dans l'instant le
premier montera vers la surface, & le second descendra vers
le fonds, parce qu'en ce cas les forces de l'eau agiront sépare-
ment sur deux masses séparées.

PROPOSITION XVII.

75. *La force qui tient un corps sous la surface d'un fluide qui a plus*
de pesanteur spécifique que ce corps, est au poids de ce corps, comme
le volume de la partie qui surnageroit si le corps n'étoit pas retenu est
au volume de la partie qui seroit enfoncée dans le fluide.

DEMONSTRATION.

Le volume du fluide égal à la grandeur de la partie enfoncée
a autant de pesanteur que le corps (*N. 63*) ; donc le poids de ce
volume doit être au poids d'un autre volume du même fluide égal
à la grandeur du corps, comme le volume est au volume, à cause
que le fluide est homogene dans toutes ses parties, & par conséquent le poids d'un volume est au poids de l'autre comme la grandeur de la partie enfoncée est à la grandeur de tout le corps ; ainsi
l'excès dont le poids du premier volume est surpassé par le poids
du second, est comme l'excès dont la grandeur de la partie en-

Y y y

foncée eſt ſurpaſſée par la grandeur du corps ; c'eſt-à-dire l'excès du poids du ſecond volume du fluide ſur le premier eſt au poids du premier , comme la grandeur de la partie qui ſurnageroit eſt à la grandeur de la partie qui ſeroit enfoncée , cela poſé.

Quand la puiſſance tient le corps ſous la ſurface du fluide , ce corps occupe la place d'un volume de fluide qui étoit ſoutenu par le fluide qui l'environne , & comme ce corps ne peſe que comme la partie de ce volume égale à la grandeur de la partie du corps qui ſeroit enfoncée , ſi le corps étoit libre , il s'enſuit qu'il ne peut ſoutenir l'effort du fluide environnant qu'en peſant autant que le reſte du volume chaſſé ; donc le poids de la puiſ- ſance doit être au poids du corps comme le poids du reſte du volume du fluide eſt au poids de la partie de ce volume , qui peſe autant que le corps , & par conſéquent la puiſſance doit être au poids du corps comme la grandeur ou le volume de la partie qui ſurnageroit eſt au volume de la partie qui ſeroit enfoncée ſi le corps étoit libre.

Corollaire I.

76. Les peſanteurs ſpecifiques du corps & d'un volume de fluide égal au volume du corps ſont entr'elles comme les peſan- teurs abſolues ; or la peſanteur abſolue du corps eſt égale au poids d'une partie du volume du fluide , donc les peſanteurs abſolues & par conſéquent les ſpecifiques , ſont entr'elles comme le poids d'une partie du volume du fluide eſt au poids de tout le volume ; or la puiſſance qui tient le corps ſous la ſurface du fluide , eſt égale à la différence du poids du volume du fluide égal au corps au poids de la partie de ce volume , comme on vient de voir ; donc la puiſſance eſt au poids du corps comme la différence de la peſanteur ſpecifique du fluide & du corps , eſt à la peſanteur ſpecifique du corps.

Corollaire. II.

77. Si une puiſſance ſoutient un corps dans un fluide qui a moins de peſanteur ſpecifique que lui , la puiſſance eſt à la peſan- teur du corps comme la différence des peſanteurs ſpecifiques du corps & d'un volume de fluide égal au corps , eſt à la peſanteur ſpecifique du corps.

Car le volume du fluide égal au volume du corps , ne peſe que comme la partie du poids que le corps a perdu ($N.$ 47) ; donc

les pefanteurs abfolues, & par conféquent les pefanteurs fpecifiques du corps & du volume du fluide font entr'elles comme le
poids du corps eft au poids qu'il a perdu ; mais la puiffance qui
foutient le corps doit être égale au poids qui lui refte, ou à ia différence du poids total au poids perdu, donc cette puiffance eft au
poids du corps comme la différence des pefanteurs fpecifiques
eft à la pefanteur fpecifique du corps.

COROLLAIRE III.

78. Connoiffant le poids d'un corps & les pefanteurs fpecifiques de ce corps, & d'un fluide qui a moins de pefanteur fpecifique que lui ; connoiffant auffi la pefanteur fpecifique d'un autre corps qui a moins de pefanteur fpecifique que le fluide, on
trouvera aifément qu'elle eft la partie de ce fecond corps qu'il faut
joindre au premier, afin que les deux enfemble étant jettés dans
le fluide reftent entre la furface & le fonds.

foit la pefanteur du premier corps $= 60 \, \text{lb}$, & le rapport de fa
pefanteur fpecifique à la pefanteur fpecifique du fluide comme
3 à 1 ; donc par le Corollaire précédent la pefanteur fpecifique
du corps eft à la différence des pefanteurs fpecifiques du corps &
du fluide, comme le poids du corps eft à la puiffance qui doit
le foutenir entre la furface & le fonds ; faifant donc 3 , 2 :: 60 ,
$\frac{120}{3} = 40$, ce dernier terme eft la puiffance qui doit le foutenir.

Soit le rapport de la pefanteur fpecifique du fecond corps à la
pefanteur fpecifique du fluide comme 1 à 4 ; je dis par le premier
Corollaire la différence des pefanteurs fpecifiques eft à la pefanteur fpecifique du corps comme la puiffance qui doit tenir ce
corps entre la furface & le fonds, eft à la pefanteur abfolue de
ce corps ; or cette puiffance doit être 40 pour contrebalancer la
puiffance 40 qui doit foutenir l'autre corps, à caufe que ces puiffances ont des directions contraires ; faifant donc 3 , 1 :: 40 , $\frac{40}{3}$
$= 13\frac{1}{3}$, ce quatriéme terme eft la quantité de poids du fecond
corps qu'il faut ajoûter au premier $60 \, \text{lb}$; ainfi la maffe totale
$73\frac{1}{3}$ étant jettée dans le fluide, fe tiendra entre la furface & le
fonds, car l'effort que le fluide fera pour faire defcendre la partie 60 étant égal à celui que le fluide fera pour faire monter la partie $13\frac{1}{3}$, à caufe que ces deux efforts font égaux aux deux puiffances dent l'une foutiendroit 60 & l'autre pousseroit $13\frac{1}{3}$, il y aura
un parfait équilibre entre ces deux forces.

Si on augmentoit le poids du fecond corps de la moindre

quantité la maffe monteroit , & au contraire fi on lè diminuoit ou qu'on augmentât le poids de l'autre la maffe defcendroit.

Il eft aifé de voir ce qu'il faudroit faire fi on connoiffoit le poids du fecond corps au lieu du poids du premier, c'eft pourquoi je ne m'y arrête point.

REMARQUE.

79. La Figure 26 fait voir comment on peut faire , enforte qu'un corps AB qui a plus de pefanteur fpecifique qu'un fluide , & qui par conféquent devroit aller à fonds , furnage cependant fur ce fluide ; car pour cela il n'y a qu'à donner au corps un volume AB, tel qu'un pareil volume du fluide pefe plus que le corps ; fuppofons , par exemple, que le corps AB foit de fer, que fon poids foit de 80 ℔, & que fon volume en y comprenant le vuide que ce corps renferme foit de 4 pieds cubiques , ce corps ne peut s'enfoncer dans l'eau qu'en chaffant 4 pieds cubiques d'eau ; mais comme 4 pieds cubiques d'eau pefent plus de 80 ℔ , il eft vifible que le corps ne pourra les chaffer , & que par conféquent il furnagera.

On peut même aifément connoître combien de poids on peut ajoûter au corps AB fans qu'il s'enfonce totalement , car fi la partie enfoncée CB a chaffé , par exemple, un pied cubique d'eau , c'eft-à-dire 80 ℔ , on peut ajouter au corps AB un volume un peu moindre de trois pieds cubiques , & qui pefe moins de 3×80 ℔ ou de 240 ℔ , & le corps furnagera encore , ce que l'on demontrera aifément fi l'on fait attention que le volume ajouté pefant moins que trois pieds cubiques d'eau , c'eft-à-dire que la force avec laquelle l'eau faifoit furnager le corps AB, il reftera encore à l'eau une force fuffifante pour empêcher que le corps & le volume ajouté ne s'enfoncent totalement , & c'eft fur ce principe qu'on détermine la charge que les vaiffeaux peuvent porter.

Fin du Livre fecond.

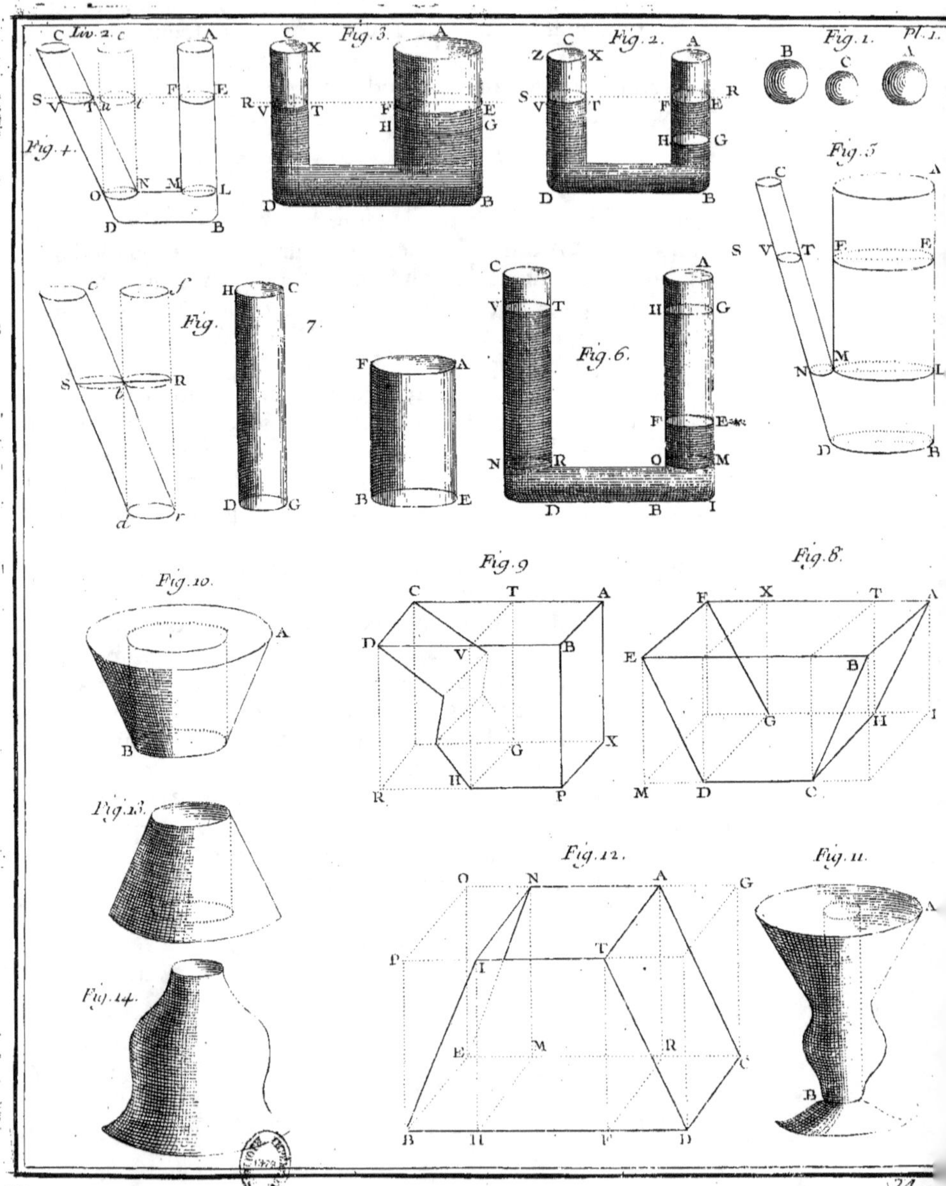

Liv. 2. c
Fig. 3.
Fig. 2.
Fig. 1.
Pl. 1.
Fig. 4.
Fig. 5.
Fig. 7.
Fig. 6.
Fig. 9.
Fig. 8.
Fig. 10.
Fig. 13.
Fig. 12.
Fig. 11.
Fig. 14.

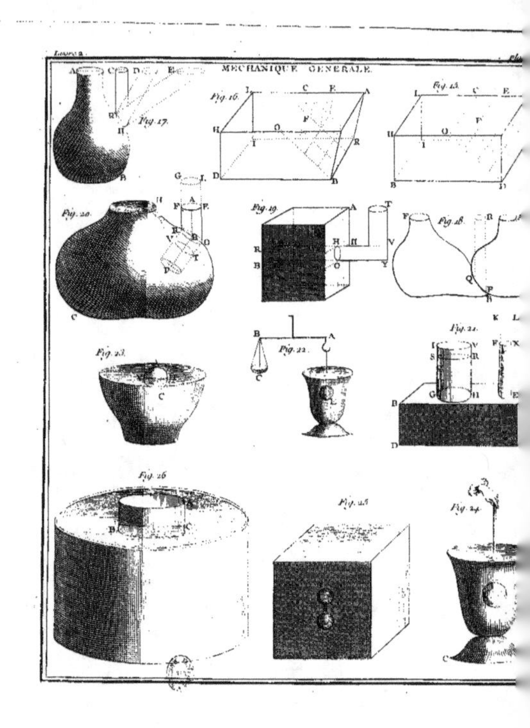

MECHANIQUE GENERALE.
Fig. 16.
Fig. 15.
Fig. 17.
Fig. 20.
Fig. 19.
Fig. 18.
Fig. 23.
Fig. 22.
Fig. 21.
Fig. 26.
Fig. 25.
Fig. 24.

LA MECHANIQUE
GENERALE,
CONTENANT
LA STATIQUE, L'AIROMETRIE,
L'HYDROSTATIQUE,
ET
L'HYDRAULIQUE, &c.

LIVRE TROISIE'ME.
De l'Airométrie.

CHAPITRE PREMIER.
Définitions & Principes.

1°. L'AIROMETRIE est la Science qui apprend à mesurer l'air, en entendant ici sous le nom de mesure, tout ce qu'on appelle ordinairement *rapport* ; ainsi quand on dira que l'air contenu dans un vase est plus ou moins dilaté, ou plus ou moins condensé selon certaines circonstances, & qu'on déterminera le rapport de ces différentes dilatations ou condensations, cette détermination de rapport est ce que j'appelle *mesure*, &c.

2. L'*air* est un corps fluide repandu autour de la terre, & dans tous les espaces où nous ne voyons point d'autres corps.

3. Quand la masse d'un corps pressé par un autre corps perd une partie de son volume, cette masse est dite être *comprimée*, & si cette partie du volume se perd par la force du froid, on dit que la masse est condensée.

4. Si une masse vient à se mettre sous un volume plus grand que lorsquelle étoit comprimée, on dit qu'elle se *dilate*; mais si c'est la chaleur qui lui donne ce volume plus grand, on dit qu'elle se *rarefie*.

5. Si on avance la main rapidement vers le visage, sans cependant le toucher, on ne laisse pas que de sentir un certain vent, ou un effort qui prouve évidemment que quoique la main nous paroisse se mouvoir dans un espace vuide, il faut néanmoins qu'elle pousse vers nous quelque corps, & c'est ce corps que nous nommons *air*.

6. Si l'on prend un vase de cuivre ou de quelqu'autre matiere fermé de tous les côtés, & qu'y ayant fait un petit orifice & adapté un robinet, on le pese, & qu'ensuite par le moyen d'une seringue vuide on introduise dans ce vase une plus grande quantité d'air qu'il ne contient, on trouve en fermant le robinet & remettant le vase dans la balance qu'il pese plus qu'il ne pesoit auparavant; que si on ouvre le robinet & qu'on approche la main on sent l'air qui sort, après quoi, si on pese de nouveau le vase, on trouve qu'il n'a plus que son premier poids.

Donc 1°. L'air a de la pesanteur, car l'augmentation du poids du vase ne peut être attribuée qu'à la plus grande quantité d'air qui s'y trouve renfermée. 2°. Cette pesanteur tend vers le centre de la terre, de même que la pesanteur des autres corps puisqu'elle presse la balance vers ce côté. 3°. L'air peut se condenser, car il a le même volume dans le vase lorsqu'on en a fait entrer une plus grande quantité. 4°. Il peut aussi se dilater puisqu'on le sent sortir lorsqu'on ouvre le robinet, ce qui ne peut provenir que de ce que le premier air qui étoit dans le vase reprend son premier volume, d'où il suit que l'air a du ressort ou une force élastique; & que cette force le pousse à se dilater de tous côtés, ce que l'on éprouve en avançant la main près de l'ouverture du robinet, car soit qu'on le mette vers le haut ou vers le bas, à

droite ou à gauche, ou enfin directement vis-à-vis de l'ouverture,
on fent toujours la fortie de l'air.

7. Si après avoir.fouflé dans une veffie de porc jufqu'à ce
qu'elle foit médiocrement enflée ; on ferre fortement fon ouverture pour empêcher l'air d'en fortir, & qu'en cet état on l'approche du feu, elle s'enflera de plus en plus, & enfin elle crevera
en faifant un grand bruit; mais fi avant quelle creve on la retire
d'auprès du feu, elle fe defenflera & fe reduira même fous un
moindre volume fi on la tranfporte dans un endroit qui foit plus
froid que celui où l'on étoit lorfqu'on a fouflé dedans.

Donc l'air peut fe rarefier par la chaleur & fe condenfer par
le froid, car on ne peut attribuer qu'à ces deux caufes les différens effets dont nous venons de parler.

8. Qu'on prenne un tube AC (*Fig.* 1.) dont la longueur excede 32 pieds, qu'on bouche l'ouverture inférieure, & qu'après
l'avoir rempli d'eau on le plonge dans un vafe DE plein d'eau en
le tenant perpendiculaire à l'horifon, enfin qu'on vienne à déboucher l'ouverture inférieure, l'eau du tube defcendra en forçant
celle du vafe de fe repandre jufqu'à ce qu'il ne refte plus que la
quantité d'eau que le vafe DE peut contenir, & toute cette eau
aura fa furface fupérieure de niveau, felon ce qui a été dit dans
l'hydroftatique ; maintenant qu'on retire le tube, & qu'après avoir
bouché de nouveau fon ouverture inférieure C on le rempliffe encore d'eau, qu'enfuite on bouche l'ouverture fupérieure A , &
qu'en cet état on le plonge verticalement dans l'eau du vafe DE,
on éprouvera en debouchant l'ouverture inférieure C, que l'eau
du tube defcendra jufqu'à ce qu'elle foit au-deffus de la furface
DH de l'eau du vafe, à une hauteur BN égale à 32 pieds, après
quoi elle ne defcendra plus.

Or de cette expérience on peut aifément tirer une preuve
convainquante qu'une colonne d'air, dont le diametre eft égal
au diametre du tube, & dont la hauteur s'étend depuis la furface DH jufqu'au lieu le plus élevé de l'air, ne pefe pas plus que
la colonne d'eau BN, ce que je demontré"ainfi.

Suppofons que les côtés du vafe DE foient perpendiculaires
au fonds du vafe, & qu'ils foient prolongés jufqu'au plan horifontal RS qui paffe par la furface fupérieure TN de l'eau qui eft
dans le tube ; fuppofons auffi que le fonds VE foit 50 fois plus
grand que l'ouverture C du tube, il eft clair que fi on remplit
d'eau le vafe prolongé jufqu'en RS, l'eau comprife entre RS &

DH aura une maffe cinquante fois plus grande que la maffe d'eau qui eft dans le tube , c'eft-à-dire que la maffe de l'eau qui environne le tube depuis RS jufqu'à DH eft à la maffe d'eau qui eft dans le tube, comme 49 à 1 , ainfi cette eau pefe autant que 49 colonnes égales à la colonne BN ; mais par les principes de l'hydroftatique fi on debouche l'ouverture A , les 49 colonnes foutiendront la colonne BN fans la faire monter, & par l'experience dont nous venons de parler, fi l'on laiffe l'ouverture A fermée & qu'on retranche les 49 colonnes d'eau , l'air qui preffera fur la bafe DH de toutes les colonnes , foutient également la colonne BN , donc cet air pefe autant que les 49 colonnes, & par conféquent une colonne de cet air égale à fa 49e partie ne pefe pas plus que la colonne BN.

On dira peut être que les 49 colonnes d'eau foutiennent la colonne du tube , non-feulement par leurs poids , mais encore par celui des colonnes d'air qui leur font perpendiculaires, & que par conféquent quand on fupprime les 49 colonnes , & que l'air qui prend leurs places fait le même effet, il faut que ce foit les 49 colonnes d'air de même hauteur que les 49 colonnes d'eau qui pefent autant que ces colonnes d'eau ; mais il faut obferver que j'ai dit qu'en mettant les 49 colonnes d'eau on debouchoit l'ouverture A , ce qui fait tomber l'objection ; car fi les 49 colonnes font preffées par l'air qui pefe fur elle , la colonne BN fe trouve auffi preffée par l'air qui lui eft perpendiculaire , & comme il n'y a pas de raifon de dire que l'air s'éleve plus haut au deffus de la furface de la terre en certains endroits qu'en d'autres & qu'on peut démontrer au contraire que la hauteur de l'air eft égale partout comme nous dirons bientôt ; il s'enfuit que l'air qui pefe fur les 49 colonnes eft à l'air qui pefe fur BN , comme 49 à 1 , c'eft-à-dire dans la raifon de la bafe à la bafe , à caufe des hauteurs égales,& que par conféquent le poids de l'air qui eft fur les 49 colonnes eft au poids de l'air qui eft fur BN comme 49 à 1 , de forte que le poids des 49 colonnes joint au poids de l'air qui pefe fur elles,eft au poids de la colonne BN joint au poids de la colonne d'air qu'elle fupporte dans la même raifon de 49 à 1 ; mais le poids des 49 colonnes & de l'air qui les charge eft en équilibre avec le poids de BN & de l'air fupérieur à BN ; donc retranchant de part & d'autre le poids de l'air , le poids feul des 49 colonnes foutiendra le poids feul de BN , à caufe de la raifon 49 , 1 qui eft toujours la même ; maintenant fi en fupprimant

les

les 49 colonnes , & mettant à leur place un air qui s'étende
depuis la bafe DH des colonnes jufqu'à la plus grande hauteur
de l'air , il arrive que cet air foutienne le feul poids de la colonne BN , il s'enfuivra néceffairement que cet air ne pefera pas
plus que les 49 colonnes , & qu'ainfi fa 49ᵉ partie, c'eft-à-dire
une colonne d'air qui a même bafe que BN , & dont la hauteur eft la plus grande que l'air puiffe avoir, ne pefe pas plus
que la bafe BN , il ne s'agit donc que de faire voir que l'air
extérieur ne foutient que le feul poids de la colonne BN , ce
qui eft évident par la maniere dont j'ai dit qu'il faut faire l'expérience ; car le tube étant abfolument plein d'eau avant qu'on
debouche l'ouverture inférieure , & cette eau venant à defcendre de A en T , l'air fupérieur à cette colonne fe trouve foutenu par le bouchon qui eft en A , lequel pefe fur les parois
du tube & fur la main de celui qui le foutient , & nullement
fur la colonne BN , donc, &c.

9. Une colonne d'eau de 32 pieds eft en équilibre avec une
colonne de mercure , de même bafe & d'environ 28 pouces
de hauteur, ainfi que les expériences journalieres le font voir,
donc une colonne d'air de même bafe eft en équilibre avec
une colonne d'environ 28 pouces de mercure , & pefe autant
qu'elle.

10. La maffe totale de l'air qui environne la terre fe nomme *atmofphere* , & une colonne de cet air qui eft en équilibre
avec une colonne de même bafe , & qui contient environ 28
pouces de mercure , ou 32 pieds d'eau , fe nomme *poids de
l'atmofphere.*

CHAPITRE II.

Du Reſſort de l'Air.

PROPOSITION I.

11. LE Reſſort de l'Air inférieur eſt égal au poids de toute la maſſe d'air ſupérieure.

DEMONSTRATION.

L'air ſupérieur preſſe le reſſort de l'air, or tout reſſort, ainſi qu'il a été dit dans le premier Livre eſt égal à la force qui le comprime, & l'air inférieur n'eſt comprimé par le ſuperieur que parce que celui-ci peſe ; donc le reſſort de l'air inférieur eſt égal au poids de l'air ſuperieur.

COROLLAIRE I.

12. Donc ſi l'on ſuppoſe qu'une portion d'air inférieur ait dix pieds quarrez de baſe, ſon reſſort eſt égal au poids d'une colonne d'air ſuperieur qui a 10 pieds quarrez de baſe ; mais une pareille colonne d'air peſe autant qu'une colonne d'eau de même baſe & de 32 pieds de hauteur (*N. 8.*) ou qu'une colonne de mercure de même baſe & d'environ 28 pouces de hauteur ; donc le reſſort de l'air eſt égal au poids de la colonne d'eau de 32 pieds de hauteur, ou de la colonne de mercure de 28 pouces.

COROLLAIRE II.

13. Si l'air eſt renfermé ſans être ni plus ni moins comprimé que l'air extérieur, ſon reſſort eſt le même que s'il n'étoit point renfermé ; donc l'air renfermé preſſe la ſurface intérieure du corps qui le renferme, de même que l'air exterieur preſſe la ſurface exterieure de ce corps.

COROLLAIRE III.

14. Puiſque l'air inférieur eſt comprimé, il s'enſuit que s'il trouve aux environs quelqu'endroit qui ſoit moins comprimé, ſon reſſort ſe détendra de ce côté ; donc s'il ſe trouve un vaſe

bien clos vuide d'air, & qu'on vienne à l'ouvrir, l'air extérieur entrera dans le vafe & en remplira la capacité.

Corollaire IV.

15. Dans toutes les couches d'air qui ont une même hauteur la denfité eft égale partout ; car la denfité plus ou moins grande vient du plus ou du moins de compreffion ; or l'atmofphere étant partout à égale hauteur, toutes les parties égales d'une couche d'air inférieure font également comprimées, puifqu'elles fupportent toutes des colonnes d'air fuperieur dont les bafes font égales & les hauteurs auffi ; donc la denfité eft la même dans toutes fes parties, & pour en être mieux convaincu, il n'y a qu'à faire réflexion que fi cela n'étoit pas, les parties les plus denfes ayant plus de reffort que les moins denfes, ne manqueroient pas de furmonter celles-ci, ce qui mettroit bientôt l'égalité dans toutes les parties.

Corollaire V.

16. Soit un vafe AB (*Fig.* 2.) ayant un orifice CD auquel foit adapté un robinet EF par l'ouverture duquel l'air entre dans le vafe ; foit adapté au tuyau du robinet un cylindre creux FH, ayant une ouverture O avec fon couvercle P & un pifton IL; que le tout foit fait de façon que le pifton IL en avançant dans le cylindre ne donne point de paffage à l'air, non plus que le robinet lorfqu'il eft fermé, & le couvercle H lorfqu'il eft fur l'ouverture O ; je ferme le robinet & je pouffe le pifton jufqu'à ce qu'il foit parvenu en F, puis fermant l'ouverture O & ouvrant le robinet, je retire le pifton jufqu'en H, il eft clair par le Corollaire III. que l'air du vafe fe dilate, & qu'il s'en répand une partie dans le cylindre FH dont elle remplit la capacité, & que l'air qui refte dans le vafe & celui qui eft dans le cylindre ont des denfités égales par le Corollaire IV ; ainfi l'air qui refte dans le vafe eft diminué de toute la quantité qui eft comprife dans le cylindre FH ; je ferme le robinet, & découvrant l'ouverture O, je pouffe de nouveau le pifton jufqu'en F, ce qui fait fortir l'air qui étoit contenu dans le cylindre; je referme l'ouverture O, & r'ouvrant le robinet, je tire le pifton jufqu'en H ; d'où il arrive que l'air fe dilatant encore davantage, fe communique dans FH, & que par conféquent la quantité qui refte

dans le vase AB est moindre qu'elle n'étoit auparavant ; continuant donc à faire comme il vient d'être dit, il est visible que je puis peu à peu faire sortir hors du vase tout l'air qu'il contenoit.

C'est sur le raisonnement que je viens de faire qu'on a inventé la *Machine pneumatique* dont on se sert à faire les experiences nécessaires pour confirmer les Theoremes que l'on avance touchant la nature de l'air ; comme cette Machine ne differe de celle dont je viens de parler, qu'en ce qu'on lui a ajoûté quelques parties nécessaires pour en faciliter le jeu , & que d'ailleurs elle est aujourd'hui connue de tout le monde , je me dispenserai d'en donner une plus ample description ; il suffira d'observer dans les Propositions suivantes qu'on peut regarder la figure 2 , comme étant elle - même ce que j'appellerai *Machine pneumatique*.

DEFINITION.

17. Je nommerai *air primitif* l'air contenu dans le vase avant qu'on ait fait jouer le piston ; *premier reste*, l'air qui reste dans le vase après le premier coup de piston ; *second reste*, l'air qui reste après le second coup de piston, & ainsi des autres.

PROPOSITION II.

18. *Si après avoir mesuré la capacité du vase de la Machine pneumatique & celle du cylindre dans lequel est le piston, on prend deux nombres dont l'un soit égal à la somme des deux capacités , & l'autre égal à la capacité du vase, je dis qu'après le premier coup de piston ou après le second, ou après le troisiéme, &c. l'air primitif sera à ce qui reste dans le vase comme la somme des deux capacités élevée à une puissance dont l'exposant est égal au nombre des coups de piston, est à la capacité du vase élevée à la même puissance.*

Supposons que le nombre des coups de piston soit $= 2$; je nomme ce nombre $= n$, la somme des deux capacités $= S$, la capacité du vase $= s$, l'air primitif $= x$, le premier reste $= y$, & le second reste $= z$, & il faut que je prouve que $x, z :: S^n, s^n$.

DEMONSTRATION.

Avant le premier coup de piston, l'air qui étoit dans le vase étoit à l'air qui étoit dans le cylindre comme la capacité du vafe à la capacité du cylindre ; car ces deux airs ayant la même denfité, leur maffes étoient comme leur volumes ; or après le premier coup de pifton, l'air du vafe s'eft communiqué dans le cylindre, & dans l'un & l'autre il a la même dilatation, ainfi l'air du vafe eft encore à celui du cylindre comme la capacité du vafe à la capacité du cylindre ; & par conféquent ajoûtant chaque conféquent à fon antécédent, l'air du vafe plus celui du cylindre eft à l'air du vafe comme la capacité du vafe plus celle du cylindre eft à la capacité du vafe ; mais l'air du vafe plus celui du cylindre eft l'air primitif, & l'air du vafe feul eft le premier refte ; donc $x, y :: S, s$, de même après le fecond coup de pifton, l'air qui étoit refté dans le vafe s'eft communiqué de nouveau dans le cylindre, & par conféquent ce premier refte eft au fecond encore comme la fomme des capacités eft à la capacité du vafe ; donc $y, z :: S, s$, & multipliant les termes de cette proportion par ceux de la précédente $xy, zy :: S^2, s^2 :: S''$, s'', & divifant la premiere raifon par y, j'ai $x, z :: S'', s''$, c'eft-à-dire l'air primitif eft à ce qui refte dans le vafe après le fecond coup de pifton, comme la fomme des capacités élevée à l'expofant 2 qui eft le nombre des coups de pifton, eft à la capacité du vafe élevée au même expofant.

COROLLAIRE I.

19. Si la capacité du vafe eft égale à celle du cylindre, on a $s = \frac{1}{2} S$, & par conféquent $y = \frac{1}{2} x$, c'eft-à-dire, l'air primitif eft au premier refte comme 1 eft à $\frac{1}{2}$; or le premier refte eft au fecond encore comme 1 à $\frac{1}{2}$; donc l'air primitif eft au fecond refte comme 1 eft à $\frac{1}{4}$, & par la même raifon, on trouvera que l'air primitif eft au troifiéme refte comme 1 à $\frac{1}{8}$, au quatriéme refte comme 1 à $\frac{1}{16}$, & ainfi de fuite.

De même fi la capacité du vafe eft double de celle du cylindre, on trouvera que l'air primitif eft au premier refte comme 1 à $\frac{2}{3}$, qu'il eft au fecond refte comme 1 à $\frac{4}{9}$, au troifiéme comme 1 à $\frac{8}{27}$, au quatriéme comme 1 à $\frac{16}{81}$, &c. & on trouveroit de même le rapport de l'air primitif, fi la capacité du vafe étoit encore plus grande par rapport à celle du cylindre.

Si la capacité du vafe eft à celle du cylindre comme 1 à 2, l'air primitif fera au premier refte comme 1 à $\frac{1}{3}$, au fecond comme 1 à $\frac{1}{9}$, au troifiéme comme 1 à $\frac{1}{27}$, &c.

Si la capacité eft à celle du cylindre comme 1 à 3, l'air primitif fera au premier refte comme 1 à $\frac{1}{4}$, au fecond comme 1 à $\frac{1}{16}$, au troifiéme comme 1 à $\frac{1}{64}$, &c. & on trouvera de même le rapport de l'air primitif aux reftes, quand la capacité du vafe feroit encore moindre.

Les reftes dans le premier cas forment la fuite $\frac{1}{2}$, $\frac{1}{4}$, $\frac{1}{8}$, $\frac{1}{16}$, $\frac{1}{32}$, &c. dans le fecond cas leur fuite eft $\frac{2}{3}$, $\frac{4}{9}$, $\frac{8}{27}$, $\frac{16}{81}$, &c. dans le troifiéme elle eft $\frac{1}{3}$, $\frac{1}{9}$, $\frac{1}{27}$, &c. & dans le quatriéme elle eft $\frac{1}{4}$, $\frac{1}{16}$, $\frac{1}{64}$, &c. & ainfi des autres ; or toutes ces fuites peuvent être pouffées à l'infini ; car en prenant la moitié de la moitié, ou les deux tiers des deux tiers, ou le $\frac{1}{4}$ de $\frac{1}{4}$, & ainfi de fuite à l'infini, il refte toujours quelque chofe ; donc ce n'eft qu'à l'infini qu'on peut faire fortir tout l'air qui eft dans le vafe, cependant comme en multipliant les coups de pifton, on peut parvenir à un refte fi petit par rapport à l'air primitif qu'on peut le négliger, il eft vifible qu'on parviendra plutôt à ce refte en employant des cylindres qui ayent plus de capacité que le vafe ; car on vient de voir dans la quatriéme fuite qu'après trois coups de pifton, le refte eft $\frac{1}{64}$, au lieu que dans la premiere, ce refte eft $\frac{1}{8}$, c'eft-à-dire qu'il eft huit fois plus grand que $\frac{1}{64}$, & ainfi des autres.

COROLLAIRE II.

20. Connoiffant la capacité du vafe & celle du cylindre, & le nombre des coups de pifton qu'on a donnés, on connoîtra le rapport de l'air primitif au dernier refte en cette forte.

Je nomme le dernier refte $= 1$, & par la Propofition prefente, j'ai s^n, $S^n :: 1$, x, d'où je tire $x = \frac{S^n}{s^n}$, & par conféquent l'air primitif eft au dernier refte comme $\frac{S^n}{s^n}$ eft à 1.

Soit la capacité du vafe $= 36$, celle du cylindre $= 44$, & le nombre des coups de pifton $= 2$; donc la fomme des capacités eft $36 + 44 = 80$; or le quarré de 80 eft 6400, & celui de 36 eft 1296, donc l'air primitif eft $\frac{6400}{1296}$, c'eft-à-dire cet air eft au dernier refte comme $\frac{6400}{1296}$ eft à 1, ou comme 6400 eft à 1296, ou comme 400 à 81.

COROLLAIRE III.

21. On peut fe fervir ici fort utilement des logarithmes non-feulement pour éviter toutes les multiplications qu'il faut faire

pour élever la fomme des capacités, & la capacité du vafe à l'expofant marqué par le nombre des coups de pifton, mais encore pour réfoudre quelques queftions qui feroient fort embarraffantes fans ce fecours.

Il faut donc fe rappeller que fi quatre nombres font en proportion geometrique, leur logarithmes font en proportion arithmetique ; que fi on multiplie deux nombres l'un par l'autre, le logarithme du produit eft la fomme des logarithmes des deux nombres ; que fi on divife un nombre par un autre, on aura le logarithme du quotient en retranchant du logarithme du dividende le logarithme du divifeur ; que fi on éleve un nombre à une puiffance quelconque, on aura le logarithme de cette puiffance en multipliant le logarithme du nombre par l'expofant de la puiffance ; & que fi on veut extraire une racine quelconque d'un nombre, il faut pour avoir le logarithme de cette racine, divifer le logarithme du nombre par l'expofant ou le dégré de cette racine. Tout ceci a été démontré dans notre *Arithmetique des Geometres*, & nous allons en faire l'application en avertiffant que nous mettrons la lettre *l* pour marquer le logarithme d'un nombre ; ainfi le logarithme de *a* fera *la*, celui de a^2 fera 2*la*, celui de a^n fera *nla*, celui de $a^{\frac{1}{3}}$ fera $\frac{1}{3}$ *la*, & ainfi des autres.

Soit donc le nombre des coups de pifton = 6, la capacité du vafe = 460, celle du cylindre = 580, la fomme des capacités fera donc 1040, & pour refoudre le problême ainfi que nous avons fait dans le Corollaire précédent, il faudroit élever 1040 & 460 à la fixiéme puiffance, puis divifer l'une par l'autre, ce qui feroit extremement long & fort ennuyant. Pour éviter donc cet embarras, je cherche dans les logarithmes 3.0170333, 2.6627578 de la fomme des capacités & de la capacité du vafe ; je multiplie ces logarithmes par 6 à caufe qu'il falloit élever leur nombres à la fixiéme puiffance, ce qui donne 18.1021998, 15.9765468, je retranche le fecond du premier à caufe qu'il falloit divifer les deux puiffances l'une par l'autre, & le refte eft 2.1256530. Je cherche ce logarithme dans les tables, & je trouve qu'il appartient à un nombre qui eft entre 133 & 134, & me fervant des regles que j'ai enfeignées dans l'Ouvrage que je viens de citer, je trouve 133 $\frac{55}{100}$; donc l'air primitif eft au dernier refte comme 133 $\frac{55}{100}$ eft à 1, ou comme 13355 eft à 100, ou comme 2671 eft à 20.

Corollaire IV.

22. Connoiſſant la capacité du vaſe & celle du cylindre, on connoîtra combien de coups de piſton il faut donner afin que l'air primitif ſoit au dernier reſte dans un rapport donné en cette maniere.

Je nomme l'air primitif $= p$, le dernier reſte $= r$, la ſomme des capacités $= S$, & la capacité du vaſe $= s$; donc j'ai p, r :: S^n, s^n, & il s'agit de trouver la valeur de n, ce qui ſeroit fort embarraſſant ſi les logarithmes ne nous fourniſſoient un moyen aiſé de le découvrir, car mettant au lieu des quatre termes de cette proportion leur quatre Logarithmes, j'ai lp, lr :: nlS, nls, & comme c'eſt ici une proportion arithmetique, je fais la ſomme des extrêmes, & celle des moyens, ce qui donne $lp + nls = lr + nlS$, d'où je tire $lp - lr = nlS - nls$, & $n = \dfrac{lp - lr}{lS - ls}$.

Soit donc la raiſon de l'air primitif au dernier reſte, ou la raiſon p, r, égale à 2671, 20, la capacité S du vaſe & du cylindre 1040, & la capacité s du vaſe 460, je prens les logarithmes 3, 4268365, 1, 3010300 des nombres 2671, 20, & retranchant le ſecond du premier, le reſte eſt 2, 1258065 $= lp - lr$; je prens les logarithmes 3, 0170333, 2, 6627578 de 1040 & 460, & retranchant le ſecond du premier, le reſte eſt 0, 3842755 $= lS - ls$; je diviſe le reſte 2, 1258065 par le reſte 0, 3842755, & le quotient $6 = \dfrac{lp - lr}{lS - ls} = n$, donc il faut 6 coups de piſton.

Corollaire V.

23. Connoiſſant le nombre de coups de piſton, le rapport de l'air primitif au dernier reſte, & la capacité du vaſe, on connoîtra la capacité du cylindre en cette ſorte.

Je nomme le nombre de coups de piſton $= n$, le rapport de l'air primitif au dernier reſte p, r ; la capacité du vaſe $= c$ & celle du cylindre $= x$, donc j'ai p, r :: $\overline{c + x}^n$, c^n, & mettant les logarithmes de ces nombres, j'ai lp, lr :: $nl\overline{c + x}$, nlc, & faiſant la ſomme des extrêmes, & celle des moyens, j'ai $lp + nlc = lr + nl\overline{c + x}$, ou $lp - lr = nl\overline{c + x} - nlc$ ou $\dfrac{lp - lr}{n} = l\overline{c + x} - lc$, ou enfin $\dfrac{lp - lr}{n} + lc = l\overline{c + x}$; or $c + x$ étant la ſomme des capa-

cités

cités $\overline{lc + x}$ est le logarithme de cette somme, donc je puis trouver cette somme par le moyen des tables, & cette somme étant trouvée je n'ai qu'à en retrancher la capacité du vase, & le reste me donnera la capacité du cylindre.

Soit donc le nombre des coups de piston $= 6$, le rapport de l'air primitif au dernier reste $2671, 20$, & la capacité du vase $= 460$; je prens dans les tables les logarithmes $3, 4268365$, $1, 3010300$ des nombres $2671, 20$, ou du rapport p, r; je retranche le second du premier & le reste est $2, 1258065 = lp - lr$; je divise ce reste par $6 = n$ & le quotient est $\frac{lp - lr}{n} = 0, 3543010$, j'ajoute à ce quotient le logarithme $2, 6627578 = lc$, & la somme est $3, 0170589 = \frac{lp - lr}{n} + lc$, & ce logarithme appartient au nombre 1040, donc 1040 est la somme des capacités, & par conséquent $1040 - 460 = 580$ est la capacité du cylindre.

<h2 style="text-align:center">COROLLAIRE VI.</h2>

24. Si l'on a deux machines dont les deux vases soient égaux, & les deux cylindres, inégaux, & qu'après un certain nombre de coups de pistons donnés dans le premier cylindre, & un autre nombre de coups donnés dans le second, il se trouve que le rapport de l'air primitif au dernier reste soit le même dans l'une & l'autre machine, je dis que le nombre des coups de pistons dans la premiere machine est au nombre des coups dans la seconde, reciproquement comme dans la seconde la différence des logarithmes de la capacité du vase & de la somme des capacités est à la même différence dans la premiere.

Je nomme la raison de l'air primitif au dernier reste p, r, la capacité du vase $= c$, le nombre des coups de piston dans la premiere machine $= N$, & le nombre des coups de piston dans la seconde $= n$, la capacité du cylindre de la premiere machine H, & la capacité de celui de la seconde $= h$.

J'ai donc dans la premiere machine $p, r :: \overline{c + H}^{N}, c^{N}$, & dans la seconde $p, r :: \overline{c + h}^{n}, h^{n}$, donc $\overline{c + H}^{N}, c^{N} :: \overline{c + h}^{n}, h^{n}$, & mettant les logarithmes au lieu des nombres, j'ai $N\overline{lc + H}, Nlc :: n\overline{lc + h}, nlh$, & faisant la somme des extrêmes, & celle des moyens, j'ai $N\overline{lc + H} + nlh = n\overline{lc + h} + Nlc$, ou $N\overline{lc + H} - Nlc = n\overline{lc + h} - nlh$, d'où je tire $N, n :: \overline{lc + h} - lh, \overline{lc + H} - lH$.

COROLLAIRE VII.

25. Pour connoître le poids abfolu de l'air primitif, il faut pefer le vafe avec fon robinet avant de donner aucun coup de pifton, enfuite il faut donner un coup de pifton & pefer de nouveau le vafe ; la différence des poids fera la quantité de l'air qui
aura paffé dans le cylindre ; or le refte de l'air qui eft dans le vafe ayant la même denfité que celui qui eft paffé dans le cylindre ,
il eft vifible que ces deux airs feront entr'eux comme les capacités du vafe & du cylindre ; on dira donc par regle de trois :
comme la capacité du cylindre eft à celle du vafe , ainfi le poids
de l'air qui eft paffé dans le cylindre eft au poids du premier refte ; & ajoûtant enfemble ces deux poids , on aura le poids de
l'air primitif.

CHAPITRE III.

*De la compreffion de l'Air & de fon équilibre avec les
autres fluides.*

26. DE même qu'on peut tirer l'air d'un vafe & l'en faire
fortir tout-à-fait , de même auffi on peut le comprimer
de plus en plus ; car fi lorfque le pifton eft en H (*Fig. 2.*) on ferme l'ouverture O & on ouvre le robinet, il eft vifible qu'en pouffant le pifton jufqu'en F , l'air du cylindre eft obligé de paffer
dans le vafe , ce qui ne peut arriver à moins que l'air du vafe &
celui du cylindre ne fe compriment mutuellement jufqu'à n'oc-
cuper enfemble que la feule capacité du vafe ; or fi après ce premier coup de pifton on ferme le robinet, & qu'ayant découvert l'ouverture O on retire le pifton jufqu'en H , il eft encore
clair que l'air extérieur entrera dans le cylindre FH , c'eft pourquoi refermant l'ouverture, & ouvrant de nouveau le robinet,
le pifton pouffé vers G obligera l'air du cylindre d'entrer dans le
vafe où il fe fera une nouvelle compreffion ; ainfi en multipliant
les coups de pifton, on pourra comprimer l'air de plus en plus.

PROPOSITION III.

27. *L'air primitif du vafe eft à l'air comprimé après un nombre
quelconque de coups de pifton , comme la capacité du vafe eft à la fom-*

me de la capacité du vase, & du produit de la capacité du vase par le nombre de coups de piston.

DEMONSTRATION.

Après les coups de piston le vase contient non-seulement l'air primitif, mais encore l'air que le cylindre contient pris autant de fois qu'on a donné de coups de piston, mais l'air primitif est à l'air qui étoit contenu dans le cylindre avant le premier coup de piston, comme la capacité du vase à la capacité du cylindre, à cause que ces deux airs avoient la même densité, & par la même raison l'air primitif est à l'air qui entre dans le cylindre après le premier coup de piston, comme la capacité du vase à la capacité du cylindre, & ainsi des autres, donc l'air primitif est à tous les airs qui ont rempli successivement le cylindre, comme la capacité du vase à la capacité du cylindre multipliée par le nombre des coups de piston ; donc puis qu'après tous les coups de piston, le vase contient non-seulement toutes les quantités d'air qui ont rempli successivement le cylindre, mais encore l'air primitif, il s'ensuit que l'air primitif est à l'air contenu dans le vase après le coup de piston, comme la capacité du vase à la somme de la capacité du vase & du produit de la capacité du cylindre par le nombre des coups de piston.

Nommant la capacité du vase $= a$, celle du cylindre $= c$, & le nombre des coups de piston $= n$, l'air primitif est donc à l'air comprimé comme a est à $a + nc$.

COROLLAIRE I.

28. Connoissant le rapport de l'air primitif à l'air comprimé, & le rapport de la capacité du vase à la capacité du cylindre, on connoîtra le nombre de coups de piston qu'il faut donner pour comprimer l'air au degré où il est, en cette sorte.

Je nomme le rapport de l'air primitif à l'air comprimé $= p, t$, celui de la capacité du vase à la capacité du cylindre $= a, c$, & le nombre des coups de piston $= x$, donc $p, t :: a, a + cx$ (N. 26), & par conséquent $pa + pcx = at$, ou $pcx = at - pa$, d'où je tire $x = \dfrac{at - pa}{pc} = \dfrac{\overline{t - p} \times a}{pc}$.

Soit $p = 1$, $t = 7$, $a = 1$, $c = 2$, donc $t - p = 7 - 1 = 6$, $\overline{t - p} \times a = 6 \times 1 = 6$, $pc = 1 \times 2 = 2$, & par conséquent $x = \dfrac{\overline{t - p} \times a}{pc} = \dfrac{6}{2} = 3$.

COROLLAIRE II.

29. Connoissant la capacité du vase, le nombre des coups de piston, & la raison de l'air primitif à l'air comprimé, on connoî-tra la capacité du cylindre en cette maniere.

Je nomme la raison de l'air primitif à l'air comprimé $= p, t$; la capacité du vase $= a$, le nombre des coups de piston $= n$, & la capacité du cylindre $= x$, donc $p, t :: a, a + nx$, & par conséquent $pa + pnx = at$, ou $pnx = at - pa$; d'où je tire $x = \frac{at - pa}{pn}$ $= \frac{\overline{t - p} \times a}{pn}$.

Soit $p = 1, t = 7, a = 1, n = 3$, donc $t - p = 7 - 1 = 6$, $\overline{t - p} \times a = 6 \times 1 = 6, pn = 1 \times 3 = 3$, & par conséquent $x = \frac{\overline{t - p} \times a}{pn} = \frac{6}{3} = 2$.

Et si l'on connoissoit la capacité du cylindre, & qu'on demandât la capacité du vase, on nommeroit la capacité du cylindre $= c$, celle du vase $= x$, & l'on auroit $p, t :: x, x + nc$, donc $px + pnc = tx$, ou $pnc = tx - px$, d'où l'on tireroit $x = \frac{pnc}{t - p}$.

Soit $p = 1, t = 7, n = 3$, & $c = 2$, donc $pnc = 1 \times 3 \times 2 = 6$, $t - p = 7 - 1 = 6$, & par conséquent $\frac{pnc}{t - p} = \frac{6}{6} = 1 = x$.

PROPOSITION IV.

30. *Les différentes compressions d'une même masse d'air sont entr'elles comme les poids qui les compriment.*

DEMONSTRATION.

Les compressions étant causées par les différens poids dont la masse est comprimée, sont par conséquent les effets de ces poids; or les effets sont proportionnels à leurs causes, donc les compressions sont entr'elles comme les poids comprimants.

Nota. 1°. Que je fais abstraction des changemens qui peuvent arriver dans l'air inférieur par la chaleur ou le froid, ou par quelqu'autre cause. 2°. Que je suppose que la compression ne soit ni extrémement grande ni extrémement petite, car le ressort de l'air ayant une force finie, il est visible qu'après un certain degré de compression, il ne sauroit être comprimé davantage, non plus qu'il ne sauroit se dilater davantage après un certain degré de dilatation.

Corollaire I.

31. De-là il suit, 1°. Que les ressorts d'une même masse d'air qui souffre différentes compressions, sont entr'eux comme ces compressions, ou comme les poids qui compriment la masse, c'est-à-dire que le ressort est plus ou moins grand, selon que la masse est plus ou moins comprimée, parce que le ressort est toujours égal à la force qui le comprime. 2°. Que les différentes densités de cette masse sont entr'elles comme les compressions, car le plus ou le moins de compression cause le plus ou le moins de densités. 3°. Que les différens volumes de cette masse sont entr'eux reciproquement comme les compressions ; car la masse étant toujours la même, un volume plus grand a moins de densité qu'un volume moins grand, & par conséquent les volumes sont reciproques aux densités, mais les densités sont comme les compressions ou comme les poids, donc les volumes sont aussi reciproques aux compressions ou aux poids. 4°. Que les ressorts sont reciproques aux volumes, à cause que les ressorts sont comme les densités. 5°. Qu'en supposant égalité de masse, l'air qui est sur les parties les plus basses de la surface de la terre, est plus comprimé que celui qui est sur les parties les plus élevées, à cause que les colonnes d'air qui forment la compression de l'air inférieur sont plus hautes sur les parties les plus basses que sur les parties les plus élevées.

REMARQUE.

32. Quoique la vérité de cette proposition soit assez évidente, cependant M. Mariotte en a fait deux expériences qu'il rapporte dans ses Essais de Physique, & qu'on ne sera pas fâché de trouver ici.

Première expérience. Prenez un tuyau recourbé ABCD (*Fig.* 3) ; dont les deux branches soient parallèles, & dont l'une ait 8 pieds de hauteur, & l'autre douze pouces, c'est-à-dire AB = 8 pieds, DC = 12 pouces ; ces deux branches doivent être d'égal diametre dans toutes leurs parties, & l'ouverture D de la petite doit être exactement bouchée. Tenez ce tuyau dans une position perpendiculaire à l'horison, & versez-y peu à peu du mercure par l'ouverture A, jusqu'à ce que le fonds qui fait la communication soit rempli, ensorte que la surface BC soit de niveau ; dans cet état l'air DC n'est ni plus ni moins comprimé qu'il l'étoit auparavant, puis qu'il a toujours fon même volume. Continuez à verfer du mercure, mais doucement, de peur que le choc qui fe faifoit, fi on le verfoit d'abord trop vite, ne fit entrer de nouvel air dans celui qui eft déja enfermé, & vous trouverez que quand le mercure fera monté à la hauteur de 4 pouces dans la branche DC, il fera à la hauteur de 14 pouces de plus dans la branche AB, c'eft-à-dire à 18 pouces au deffus du mercure qui remplit le fonds.

Or pour rendre raifon de ceci, il faut obferver que quand il n'y avoit point de mercure l'air de la branche DC étoit comprimé par une colonne d'air de même bafe que la bafe de cette branche & dont la hauteur étoit égale à celle de l'atmofphere, & que par conféquent cet air de la branche DC étoit chargé d'un poids égal à cette colonne de l'atmofphere ou à une colonne de mercure de même bafe & de 28 pouces de hauteur; or quand le mercure eft dans la branche AB à la hauteur de 14 pouces audeffus de celui de la branche DC, l'air de la branche DC ne refifte pas feulement au poids de l'atmofphere; mais encore à la colonne de mercure de 14 pouces laquelle tend à fe mettre de niveau avec la colonne de 4 pouces qui eft dans la branche DC; ainfi l'air de la colonne DC fupporte 28 + 14 pouces de mercure ou 42 pouces, & au lieu de 12 pouces de volume que cet air avoit, il n'en a plus que 8; mais 8 eft à 12, comme 28 eft à 42; donc le volume 8 après la compreffion de l'air de la branche DC eft au volume 12 avant la compreffion, reciproquement comme le poids 28, dont l'air DC étoit chargé avant la compreffion, eft au poids 42 dont il eft chargé après la compreffion; or la maffe de cet air eft toujours la même, donc les denfités, & par conféquent les compreffions font reciproquement comme les volumes, d'où il fuit que ces compreffions font comme les poids.

Que fi vous verfez encore du mercure jufqu'à ce qu'il foit monté dans la branche DC à la hauteur de 6 pouces, vous trouverez que le mercure de la branche AB fera monté à 28 pouces plus haut, c'eft-à-dire à 34 pouces au deffus du mercure qui remplit le fonds; or alors l'air de la branche DC fera chargé & du poids de l'atmofphere & de 28 pouces de mercure, & par conféquent il fera chargé de 56 pouces de mercure, & fon volume qui étoit 8 pouces avant cette feconde compreffion, ne fera plus que 6; mais 6, 8 :: 42, 56, donc le volume 6 après la feconde compreffion eft au volume 8 avant cette compreffion, recipro-

quement comme le poids 42 dont l'air étoit chargé avant la compreſſion , eſt au poids 56 , dont il ſe trouve chargé après la
compreſſion ; d'où il eſt aiſé de conclure que les deux compreſſions ſont comme les poids 42 , 56 ; & on trouveroit toujours la
même choſe en continuant à verſer du mercure.

Seconde expérience. Prenez un long tuyau AC (*Fig.* 1.) de 40
pouces de longueur, & dont l'extrémité A ſoit exactement fermée, verſez-y 27 pouces $\frac{1}{2}$ de mercure, afin qu'il y reſte douze
pouces & demi d'air , bouchez l'ouverture C avec le doigt , &
plongez ce tuyau dans un vaſe DE, enſorte qu'il ſoit dans une
ſituatation verticale, & qu'il ne s'enfonce que d'un pouce dans
le mercure du vaſe ; debouchez l'ouverture C , & vous trouverez que le mercure du tuyau deſcendra juſqu'à ce qu'il ne ſoit
plus qu'à 14 pouces de hauteur au-deſſus du mercure du vaſe ;
ainſi comme le tuyau eſt de 40 pouces, & qu'il y en a un qui
eſt enfoncé dans le vaſe & 14 qui ſont remplis de mercure, il
reſtera 25 pouces d'air ; or il n'y en avoit que 12 & $\frac{1}{2}$, donc cette maſſe d'air de 12 pouces & demi s'eſt dilatée.

Pour rendre raiſon de ceci , il faut obſerver que s'il n'y avoit
point d'air dans le tuyau, le poids de l'atmoſphere ou une colonne d'air de même baſe que le tuyau & de la hauteur de l'atmoſphere ſoutiendroit 28 pouces de mercure ; donc puiſqu'il n'y
a que 14 pouces de mercure, il s'enſuit qu'il n'y a que la moitié
du poids de l'atmoſphere qui ſoutient le mercure , & que l'autre
moitié ſoutient les 25 pouces d'air dilaté ; or ſi cet air n'étoit pas
dilaté, il ſoutiendroit tout ſeul le poids de l'atmoſphere, donc
ſon reſſort après la dilatation eſt à ſon reſſort avant la dilatation
comme la moitié du poids de l'atmoſphere eſt au poids entier,
& par conſéquent réciproquement comme le volume 12 $\frac{1}{2}$ avant
la dilatation au volume 25 après la dilatation ; mais les reſſorts
ſont comme les denſités & les denſités comme les compreſſions,
donc la compreſſion de l'air dilaté eſt à la compreſſion de l'air
non dilaté comme le poids que ſouffre l'air dilaté eſt au poids
que l'air non dilaté ſouffriroit.

Que ſi vous faites une ſeconde expérience en ne mettant que
16 pouces de mercure pour laiſſer 24 pieds d'air, vous trouverez en faiſant comme il a été dit, que le mercure deſcendra juſqu'à la hauteur de 7 pouces au-deſſus de la ſurface du mercure
du vaſe, ainſi à cauſe du pouce enfoncé dans le mercure, il y
aura dans le tuyau 32 pouces d'air dilaté ; or les ſept pouces de

mercure étant le quart de 28, ces 7 pouces ne foutiendront que le quart du poids de l'atmofphere, & l'air dilaté en foutiendra les trois quarts ; mais fi cet air n'étoit pas dilaté, il en foutiendroit le poids tout entier, donc le reffort de l'air dilaté eft au reffort de l'air non dilaté comme $\frac{1}{4}$ eft à 1, ou réciproquement comme le volume 24 avant la dilatation eft au volume 32 après la dilatation, d'où il eft aifé de conclure que la compreffion de l'air dilaté eft à la compreffion de l'air non dilaté comme les trois quarts de l'atmofphere eft au poids total, & que par conféquent les compreffions d'une même maffe d'air font comme les poids, & on trouveroit toujours la même en continuant à faire des pareilles expériences.

Remarquez en paffant que dans cette feconde experience le volume de l'air dilaté eft au volume de l'air non dilaté réciproquement comme la hauteur 28 pouces où le mercure fe tiendroit s'il n'y avoit point d'air eft à la différence de cette hauteur 28 à la hauteur où le mercure fe tient quand il y a de l'air ; par exemple, quand l'air dilaté étoit de 32 pouces de volume, & le non dilaté de 24, le mercure étoit de 7, & nous avons trouvé que le volume 32 eft au volume 24 réciproquement comme le poids de l'atmofphere, ou comme 28 pouces de mercure eft au poids que doit foutenir l'air dilaté ; mais l'air dilaté doit foutenir le refte de ce que 7 pouces de mercure foutiennent, & ce refte eft la différence de 28 à 7, c'eft-à-dire 21 qui eft auffi la différence de 28 pouces de hauteur à 7 pouces de hauteur, donc, &c.

Corollaire II.

33. Connoiffant la hauteur où l'on veut que le mercure monte, dans un tuyau de grandeur donnée, on connoîtra la quantité d'air qu'il faut y laiffer avant de tremper le tuyau dans le vafe plein de mercure en cette forte.

Soit la hauteur où l'on veut que le mercure monte $=$ 4 pouces, & le tuyau $=$ 37, comme ce tuyau doit être enfoncé d'un pouce dans le mercure du vafe, il y aura donc 32 pouces d'air dilaté ; je prens la différence 24 de 28 pouces de mercure à 4 pouces, & je dis comme 28 eft à 24 réciproquement le volume 32 de l'air dilaté eft à un quatriéme terme 27 $\frac{3}{7}$, qui eft la quantité d'air qu'il faut laiffer dans le tuyau, & par conféquent il faut y mettre 9 pouces $\frac{4}{7}$ de mercure.

Corollaire

COROLLAIRE III.

34. Et si la quantité d'air qu'on veut laisser dans un tuyau étoit déterminée, on trouveroit à quelle hauteur le mercure y monteroit en cette sorte.

Soit la grandeur du tuyau $= 25$ pouces, le volume d'air qu'on veut laisser 9 pouces. je nomme la quantité dont ce volume augmentera $= x$, & par conséquent l'air dilaté sera $9 + x$, or comme il faut tremper un pouce dans le mercure, la longueur du tuyau ne sera donc plus que 24 pouces, desquelles retranchant $9 + x$ que l'air dilaté occupera, le reste $15 - x$ sera la hauteur du mercure au-dessus du mercure du vase ; je prens la différence de 28 à $15 - x$ qui est $13 + x$, & j'ai $9 + x$, $9 :: 28$, $13 + x$; donc $117 + 22x + xx = 252$, ou $xx + 22x = 135$; j'ajoute de part & d'autre le quarré 121 de la moitié du coefficient 22 du second terme, & j'ai $xx + 22x + 121 = 256$, & tirant la racine quarrée, j'ai $x + 11 = 16$; donc $x = 5$, & par conséquent le volume de l'air dilaté sera $9 + 5 = 14$, & le volume du mercure $15 - 5 = 10$.

COROLLAIRE IV.

35. Ce que nous venons de dire dans les deux Corollaires précédent au sujet du mercure, doit s'étendre à toutes les autres liqueurs ; par exemple si le tuyau a 25 pieds de hauteur, & qu'on veuille que l'eau y monte à 12 pieds ; je sçai que si le tuyau étoit plein d'eau, & que je vinsse à le plonger dans un vase plein de la même liqueur, l'eau du tuyau ne descendroit point parce qu'elle reste suspendue à la hauteur de 32 pieds qui est bien plus que 25 ; or comme je dois enfoncer le tuyau d'un pied dans l'eau du vase, & que celle du tuyau doit être élevée sur celle du vase de 12 pieds, il restera pour l'air dilaté 12 pieds ; je dis donc comme 32 pieds est à $32 - 12$ ou 20 réciproquement le volume 12 de l'air condensé est à un quatriéme terme $7\frac{1}{2}$ qui est la quantité d'air qu'il faut laisser dans le tuyau, & par conséquent il faut y mettre 17 pieds $\frac{1}{2}$ d'eau, & ainsi des autres.

COROLLAIRE V.

36. Si après avoir mis une quantité d'eau ou d'autre liqueur dans un tuyau, sans le remplir tout-à-fait, on bouche son ouverture C avec le doigt, & que l'ayant mis dans une situation per-

Bbbb

pendiculaire à l'horizon , on débouche l'ouverture , il ne tombera
que quelque partie de la liqueur , & la raiſon en eſt que l'air qui
eſt reſté étant en équilibre avec le poids de l'atmoſphere , la liqueur doit deſcendre d'abord , puiſque rien ne la ſoutient , mais
comme en deſcendant l'air renfermé dans le tuyau ſe dilate &
perd de ſon reſſort , il ne ſoutient plus qu'une partie du poids de
l'atmoſphere , & par conſéquent l'autre partie de ce poids commence à ſoutenir la liqueur ; or pour déterminer la quantité de
liqueur qui doit reſter.

Soit la hauteur du tuyau $= 36$ pieds , la quantité d'eau qu'on
y verſe $= 32$ pieds ; donc l'air reſtant ſera $= 4$ pieds ; je nomme x
la quantité dont le volume d'air doit augmenter ; ainſi le volume
de l'air dilaté ſera $4 + x$; & par conſéquent la quantité d'eau qui
doit reſter doit être $32 - x$; or s'il n'y avoit point d'air , l'eau reſteroit parce qu'elle ſeroit en équilibre avec le poids de l'atmoſphere , c'eſt pourquoi je prens la différence x de 32 à $32 - x$,
& je dis le volume $4 + x$ de l'air dilaté eſt au volume 4 de l'air
non dilaté réciproquement comme le poids 32 de l'atmoſphere
que l'air non dilaté ſoutient eſt au poids que l'air dilaté doit ſoutenir ; ainſi j'ai $4 + x , 4 :: 32 , x$; donc $4x + xx = 128$, ou
$xx + 4x = 128$; j'ajoute de part & d'autre le quarré 4 de la
moitié du coefficient 4 du ſecond terme , & j'ai $xx + 4x + 4$
$= 128 + 4 = 132$, & tirant la racine quarrée , j'ai $x + 2 =$
$\sqrt{132}$, & $x = - 2 + \sqrt{132}$; or $\sqrt{132}$ eſt 11 , $\& \frac{1}{2}$ un peu plus,
donc $x = - 2 + 11 \frac{1}{2} = 9 \frac{1}{2}$, & par conſéquent il s'écoulera
$9 \frac{1}{2}$ pieds d'eau , & il en reſtera $22 \frac{1}{2}$; donc l'air dilaté occupera
13 pieds $\frac{1}{2}$.

COROLLAIRE VI.

37. Puiſque les frequentes experiences ont fait connoître que
28 pouces de mercure ſont en équilibre avec le poids de l'atmoſphere , il s'enſuit que lorſque le mercure hauſſe ou baiſſe dans
un tuyau qui eſt toujours dans le même lieu ſans ſouffrir d'alteration , le poids de l'atmoſphere augmente ou diminue , & c'eſt
delà qu'eſt venu l'uſage des Barometres qui , comme tout le
monde ſçait ne ſont autre choſe que des tuyaux dans leſquels
on a mis du mercure , lequel venant à baiſſer dans certains jours ,
.& à hauſſer dans d'autres , fait connoître les varietés de la peſanteur de l'air ; on s'en ſert auſſi pour connoître de combien l'air
eſt moins peſant dans les parties les plus élevées de la terre que

dans les plus baſſes ; car comme l'atmoſphere peſe moins dans les parties les plus élevées, le mercure monte auſſi moins dans le Barometre.

PROPOSITION V.

38. *Si un tuyau* AC *(Fig. 1.) dont l'ouverture* A *eſt bien fermée, eſt plongé perpendiculairement dans un vaſe plein d'eau ou d'une autre liqueur, plus il eſt enfoncé, & plus l'air qu'il contient ſe trouve comprimé.*

DEMONSTRATION.

L'air contenu dans le tuyau AC eſt en équilibre avec le poids de l'atmoſphere, c'eſt-à-dire avec une colonne d'air de même baſe que la ſienne, de même hauteur que l'atmoſphere ; or quand l'eau du vaſe ſurmonte exterieurement l'ouverture C, l'air du tuyau eſt chargé non-ſeulement du poids de l'atmoſphere, mais encore d'une colonne d'eau de même baſe que celle du tuyau, & dont la hauteur eſt égale à la quantité dont l'eau exterieure ſurmonte l'orifice, donc il faut néceſſairement que cet air ſe comprime, & qu'une partie de l'eau du vaſe entre dans le tuyau.

COROLLAIRE I.

39. Le reſſort de l'air comprimé eſt égal au poids de l'atmoſphere plus au poids de la colonne d'eau de même baſe qui ſurmonte le niveau de l'eau qui eſt entrée dans le tuyau, ce qui eſt évident, puiſque le reſſort eſt toujours égal à la force qui le comprime.

Et ſi on ajoute de part & d'autre le poids de l'eau qui eſt entrée dans le tuyau, le reſſort de l'air comprimé plus le poids de l'air entré dans le tuyau eſt égal au poids de l'atmoſphere, plus le poids de la colonne de même baſe que le tuyau & qui ſurmonte le niveau de l'ouverture C.

COROLLAIRE. II.

40. Connoiſſant la capacité d'un tuyau ou le volume de l'air qu'il contient, la peſanteur de la colonne d'eau de même baſe qui ſurmonte ſon ouverture inférieure, & le poids de l'atmoſphere, on connoîtra le volume de l'air comprimé & celui du fluide qui eſt entré dans le tuyau en cette ſorte.

Je nomme le poids de la colonne d'eau extérieure qui ſurmonte le niveau de la baſe du tuyau $= g$, ſon volume $= c$, le poids de l'atmoſphere $= a$ lequel eſt égal au reſſort de l'air primitif du tuyau, le volume de cet air primitif $= b$, & le volume du fluide entré dans le tuyau $= x$; donc le volume de l'air comprimé $= b - x$.

Or le reſſort de l'air primitif eſt au reſſort de l'air comprimé réciproquement comme le volume de l'air comprimé eſt au volume de l'air primitif ; donc $b - x$, $b :: a$, $\frac{ab}{b-x} =$ reſſort de l'air comprimé ; d'autre part le fluide qui eſt entré dans le tuyau étant homogene au fluide extérieur, le volume c eſt au volume x comme la peſanteur g eſt à la peſanteur de l'eau entrée dans le tuyau ; donc c, $x :: g$, $\frac{gx}{c} =$ peſanteur de l'eau entrée dans le tuyau ; ainſi par le Corollaire précédent, j'ai $\frac{ab}{b-x} + \frac{gx}{c} = a + g$, & en réduiſant tout au même dénominateur commun $bc - cx$, je trouve $abc + gbx - gx^2 = abc + bgc - acx - gcx$, d'où je tire en tranſpoſant à l'ordinaire $gx^2 - acx - gcx - gbx = - bgc$, & diviſant par g, je trouve $x^2 - cx - bx - \frac{acx}{g} = - bc$, & faiſant $c + b + \frac{ac}{g} = d$, j'ai $x^2 - dx = - bc$; j'ajoute de part & d'autre le quarré $\frac{1}{4} dd$ de la moitié du coefficient d du ſecond terme, & j'ai $x^2 - dx + \frac{1}{4} dd = \overline{\frac{1}{4} dd - bc}$, & tirant la racine quarrée, j'ai $\frac{1}{2} d - x = \sqrt{\frac{1}{4} dd - bc}$, & $x = \frac{1}{2} d - \sqrt{\frac{1}{4} dd - bc}$.

CHAPITRE IV.

De la Raréfaction & Condenfation de l'Air, & de fa Denfité.

PROPOSITION VI.

41. **L**A chaleur augmente le reffort de l'Air.

DEMONSTRATION.

Si l'on prefente au feu une veffie de Porc médiocrement enflée, & dont l'air ne puiffe fortir, on trouve qu'elle s'enfle de plus en plus ; donc l'air qui y eft renfermé preffe plus l'air extérieur qu'il ne faifoit auparavant, or l'air ne preffe que par fon reffort ; donc le reffort eft augmenté par la chaleur.

COROLLAIRE.

42. Si l'on retire la veffie d'auprès du feu, elle reprend peu à peu fon premier état ; donc le reffort de l'air s'affoiblit, & par conféquent le froid diminue le reffort.

PROPOSITION VII.

43. *Faire entrer une liqueur dans un vafe dont l'ouverture eft extremement petite.*

SOLUTION.

Tenez le vafe fort près du feu pendant un certain tems, plongez enfuite fon ouverture dans la liqueur, & vous trouverez que cette liqueur entrera facilement dans la capacité du vafe.

DEMONSTRATION.

Tandis que le vafe eft près du feu, l'air qu'il contient fe raréfie, & il en fort d'autant plus par fon ouverture, qu'on le laiffe échauffer plus long-tems ; or quand on le plonge dans la liqueur, le reffort de l'air diminue, & comme cet air a moins de maffe qu'il n'avoit auparavant, le froid lui fait prendre un volume moindre qu'il n'avoit avant qu'on presentât le vase au feu, de sorte que cet air n'étant plus en équilibre avec le poids de l'atmosphere, l'eau qui est pressée par ce poids entre dans la capacité du vase où elle trouve moins de résistance.

Proposition VIII.

*44. Soit un globe de verre **AB** (Fig. 4.) ayant à son ouverture **B** un tube **BC** bien soudé ; qu'on verse de l'eau par le tube en laissant une certaine quantité d'air, qu'on bouche ensuite l'ouverture **C** avec le doigt, & qu'on plonge le tube dans un vase **EF** plein d'eau, si l'on vient à déboucher l'ouverture **C**, l'eau descendra jusqu'à ce qu'elle soit à une certaine hauteur **HD** ; or je dis que si l'air exterieur devient plus froid ou plus pesant, l'eau montera plus haut, & que si au contraire l'air exterieur devient plus chaud ou moins pesant, l'eau descendra plus bas.*

Demonstration.

En premier lieu, si l'air extérieur devient plus froid, sa froideur se communique au verre & à l'air intérieur ; donc l'air intérieur se condense & son ressort se diminue, donc aussi cet air cede à l'impression que l'air extérieur fait sur l'eau pour l'obliger de monter.

En second lieu, si l'air extérieur devient plus pesant, la force avec laquelle il presse devient aussi plus grande, & l'air intérieur dont nous supposons que la force n'est point augmentée doit nécessairement ceder.

En troisiéme lieu, si l'air extérieur devient plus chaud, sa chaleur se communique à l'air intérieur par le moyen du verre qu'elle échauffe ; donc l'air intérieur se dilate, & son ressort devenant plus fort, il oblige l'eau de descendre, & il ne faut pas dire que l'air extérieur étant aussi dilaté par la chaleur devroit empêcher l'eau de descendre ; car quoiqu'il soit vrai que l'air extérieur se dilate, & que son ressort augmente, ce ressort ne porte pas directement sur l'eau de même que celui de l'air intérieur auquel le verre résiste de tous côtés, mais il s'étend vers les colonnes laterales, de façon qu'au lieu de presser davantage l'eau qui lui est inférieure, il la presse moins, puisqu'il la presse avec une moindre masse.

En quatriéme lieu, si l'air extérieur devient plus leger, l'eau descend encore, car à mesure que l'air extérieur devient plus leger, l'air intérieur qui ne change point selon l'hypotèse, devient plus pesant par rapport à l'air extérieur qu'il n'étoit auparavant, & par conséquent l'équilibre doit se rompre, & l'air intérieur doit l'emporter sur l'extérieur.

COROLLAIRE I.

45. Si l'on ne fait attention qu'à la nature de l'air qui est un corps à ressort, il est naturel de dire que les densités de l'air inférieur doivent être proportionnelles à leur compressions ou aux poids qui le compriment, à moins que ces compressions ne fussent plus grandes ou moindres que la force du ressort, mais comme le ressort de cet air peut être diminué ou augmenté par le froid ou par le chaud, ou par quelqu'autre cause on doit dire que les densités de l'air exterieur ne sont pas toujours proportionnelles aux poids qui compriment cet air.

COROLLAIRE II.

46. Si l'air inférieur devient plus dense, les poids des corps graves qui sont dans cer air diminue par la raison que les corps pesans perdent plus de leur poids dans les liqueurs qui ont plus de pesanteur specifique ou de densité, que dans les liqueurs qui en ont moins, & si l'air inférieur devient moins dense, les corps graves qui sont dans cet air deviennent plus pesans.

COROLLAIRE III.

47. Si deux corps de différentes pesanteurs specifiques sont en équilibre dans un air moins dense, & que l'air devienne tout-à coup plus dense, ils cesseront d'être en équilibre, car chacun de ces corps ayant encore plus de pesanteur specifique que cet air plus dense, ils perdront l'un & l'autre une partie de leur poids égale au poids du volume d'air dont ils occupent la place, ainsi qu'il a été dit dans l'*Hydrostatique* ; or le corps qui a plus de pesanteur specifique que celui avec qui il étoit en équilibre, a nécessairement moins de volume, car quand les poids sont égaux, les pesanteurs specifiques sont réciproquement comme les volumes ; donc le poids qui a plus de pesanteur specifique occupe dans l'air plus dense une place moindre que l'autre, & par conséquent il perd moins de son poids ; ainsi l'équilibre doit se rompre & le corps de moindre volume doit l'emporter sur l'autre.

Le contraire arriveroit si les deux corps étant en équilibre

dans un air d'une certaine denſité, cet air commençoit à deꞁ
venir moins denſe ; car le corps qui a plus de peſanteur ſpecifique ne gagneroit qu'un poids proportionnel au volume d'air
plus denſe dont il occupoit la place, & comme l'autre gagneroit auſſi un poids proportionnel au volume du même air dont
il occupoit la place, & que ce volume ſeroit plus grand, il
s'enſuit que le corps qui a moins de peſanteur ſpecifique gagneroit auſſi plus de poids.

Au reſte, quand nous diſons ici que les deux corps ſont en
équilibre, il faut entendre qu'ils ſont mis dans les baſſins d'une
balance dont les deux bras ſont égaux, afin que l'égalité des
poids ne vienne que de leur peſanteur abſolue, & non pas de
ce que l'on pourroit gagner ſur l'autre par la plus grande longueur de ſon bras.

CHAPITRE V.

Du mouvement de l'Air.

48. **P**AR le mouvement de l'air nous entendons ici le mouvement ſenſible de l'air, à qui nous avons donné le
nom de *vent*.

Il n'eſt guéres de Philoſophe qui n'ait tâché de découvrir l'origine & les cauſes des vents. Ariſtote & la plûpart des Anciens
ont cru que les vents procédoient des exhalaiſons de la terre,
leſquelles ſe reflechiſſent après s'être élevées juſqu'à la moyenne
region de l'air. M. Deſcartes a penſé que les vents pourroient
être cauſés tantôt par les nuées, qui étant ſur le point de ſe reſoudre en pluye tombent les unes ſur les autres, & tantôt par les
dilatations des vapeurs, leſquelles ſont beaucoup plus grandes à
proportion que les dilatations de l'air ; ces opinions ont été ſo-
lidement refutées par M. Mariotte dans ſon traité du *Mouvement
des Eaux*, où il nous donne ſur cette matiere des conjectures qui
paroiſſent beaucoup plus conformes à la nature du ſujet.

Selon cet illuſtre Académicien il y a trois cauſes principales
des vents & quelques autres particulieres & moins importantes,
les trois principales ſont 1°. Le mouvement de la terre de l'Oc-
cident à l'Orient. 2°. Les viciſſitudes des rarefactions & des condensations

denfations de l'air, felon que le foleil l'échauffe ou ceffe de l'échauffer. 3°. Les viciffitudes des élevations de la Lune vers fon apogée, & de fes defcentes vers fon perigée. Les caufes particulieres font 1°. Quelques élevations extraordinaires d'exhalaifons & de vapeurs en certains lieux de la terre; 2°. La chute des groffes pluyes ou de quelques gréles épaiffes. 3°. Les eruptions de quantité d'exhalaifons fulphurées & falpetreufes dans les tremblemens de terre. 4°. Les foudaines fontes des neiges dans les hautes montagnes. Par ces caufes tant générales que particulieres combinées de plufieurs façons, l'Auteur explique tous les vents avec beaucoup de favoir & d'érudition, comme on peut voir dans l'ouvrage cité.

Comme nous ne nous attachons dans cet Ouvrage qu'à ce qui regarde la mechanique, nous ne nous arrêterons auffi qu'à la feconde caufe principale, c'eft-à-dire aux viciffitudes des rarefactions & des condenfations de l'air de quelques caufes qu'elles puiffent provenir.

PROPOSITION IX.

49. *Si le reffort de l'air devient plus foible en quelque endroit, le reffort des parties voifines fe debandera de ce côté, & il fe formera du vent.*

DEMONSTRATION.

L'air étant un fluide qui par fon reffort tend à s'étendre de toutes parts, il eft vifible que fi quelqu'une de ces parties vient à s'affoiblir, & par conféquent à fe condenfer, le reffort des parties voifines doit agir de ce côté & former un flux qui rempliffe l'efpace que la partie condenfée a laiffé; donc fi fur quelque partie de la furface de la terre l'air vient a fe condenfer, l'air des parties voifines fe repandra de ce côté & formera un vent plus ou moins fenfible, felon que la condenfation fera plus ou moins grande, ou qu'elle fe fera faite plus ou moins rapidement.

COROLLAIRE I.

50. Si fur quelque partie de la furface de la terre le poids de l'atmofphere eft moins grand que dans les parties voifines, l'air inférieur des parties voifines fe trouvant plus comprimé a auffi plus de reffort, donc il doit fe repandre du côté où l'air inférieur

en a moins, & par conféquent il fe fera du vent fur cette partie de la terre.

Corollaire II.

51. L'air plus denfe ayant plus de poids que l'air moins denfe, il s'enfuit que s'il fe trouve quelque endroit où l'air foit plus leger que fur les endroits voifins, le vent doit fouffler de ce côté.

Corollaire III.

52. Si une portion d'air vient à être échauffée par le foleil ou par quelqu'autre caufe, fon reffort s'augmente & s'étend fur les parties voifines, & par conféquent le vent doit fouffler vers ces parties; mais fi ce même air après avoir été échauffé vient à fe refroidir, fon reffort s'affaiffe, & les parties voifines reprenant le deffus, le vent fouffle fur l'air qui fe condenfe.

Proposition X.

53. *Connoiffant l'efpace qu'un fluide pouffé par la force de l'air parcourt dans un certain tems en montant dans un tube vuide d'air, fachant auffi le rapport de la pefanteur fpecifique du fluide à la pefanteur fpecifique de l'air, connoître l'efpace que l'air pouffé avec la même force parcourroit dans le même tems.*

Solution.

Soit un tube AC (*Fig. 1.*) dont l'extrémité A eft exactement bouchée, & ayant à l'autre extremité C un robinet, fi on en tire tout l'air qui y eft contenu, & qu'ayant fermé le robinet on plonge l'extrémité C dans le vafe DE plein d'eau en tenant le tube vertical, & qu'on ouvre le robinet, le poids de l'air extérieur fera monter l'eau dans le tube, & il fera facile d'examiner l'efpace que cette eau aura parcouru dans un certain tems, cela pofé.

Je nomme la hauteur à laquelle l'eau fera montée dans un certain tems $= s$, le rapport de la pefanteur fpecifique de l'eau à la pefanteur fpecifique de l'air $= b, c$, la hauteur totale à laquelle l'eau doit monter pour être en équilibre avec le poids de l'atmofphere $= a$. Je fuppofe pour un moment que l'air qui monteroit dans ce même tube foit un fluide fans reffort, il eft sûr par les principes de l'*Hydroftatique* (Livre 2 Propofition 5), que ce fluide fans reffort étant dans le vafe à la place de l'eau, la hauteur totale à laquelle le poids de l'atmosphere le feroit monter dans le tube, feroit à la hauteur totale à laquelle l'eau preſſée par le même poids s'éleve, reciproquement comme la peſanteur ſpecifique de l'eau à la peſanteur ſpecifique de ce fluide, laquelle n'eſt autre choſe que la peſanteur ſpecifique de l'air, car le reſſort n'augmente ni ne diminue rien de ſa peſanteur ; nommant donc y la hauteur totale à laquelle l'air ſans reſſort monteroit dans le tube, & x l'eſpace que l'air devroit parcourir dans le même tems que l'eau parcourt l'eſpace s nous aurons $c, b :: a, y$ donc $y = \frac{ab}{c}$; or les viteſſes des corps qui montent font comme les racines des hauteurs, donc la viteſſe avec laquelle l'eau s'éleveroit à ſa hauteur totale eſt à la viteſſe avec laquelle l'air ſans reſſort s'éleveroit à ſa hauteur totale, comme $\sqrt{a}$, $\sqrt{\frac{ab}{c}}$; or les eſpace s, x, étant parcourus dans des tems égaux par la ſuppoſition, font entr'eux comme les viteſſes, donc $\sqrt{a}$, $\sqrt{\frac{ab}{c}} :: s, x$, ou $\sqrt{ac}$, $\sqrt{ba} :: s, x$; d'où je tire $ac, ba :: s^2, x^2$, & $c, b :: s^2, x^2$, c'eſt-à-dire, *la peſanteur ſpecifique de l'air eſt à la peſanteur ſpecifique de l'eau, reciproquement, comme le quarré de l'eſpace parcouru par l'eau eſt au quarré de l'eſpace que l'air parcourroit dans le même tems.*

Suppoſant donc que la peſanteur ſpecifique de l'eau ſoit à celle de l'air comme 970 à 1, ainſi que quelques Auteurs diſent l'avoir trouvé, & que l'eau dans une minute ait parcouru deux pieds, nous aurons $1, 970 :: 4, \frac{3880}{1}$ pour le quarré de l'eſpace que l'air auroit parcouru dans le même tems en entrant dans le tube vuide, & tirant la racine quarrée par approximation, nous aurons $\frac{6227}{100} = 62$ pieds $\frac{27}{100}$.

<h3 style="text-align:center">PROPOSITION XI.</h3>

54. *Connoiſſant la hauteur totale à laquelle un fluide eſt élevé dans un tube vuide par le poids de l'atmoſphere, & l'eſpace qu'un corps grave parcourt dans une ſeconde en tombant, connoître l'eſpace que le fluide parcourroit dans la même ſeconde avec une viteſſe uniforme égale à celle que lui donne le poids de l'atmoſphere.*

<h4 style="text-align:center">SOLUTION.</h4>

Je nomme a la hauteur totale du fluide, b une ſeconde, & x l'eſpace cherché, un corps grave à la fin de ſa chute à une viteſſe acquiſe qui le fait remonter à la même hauteur dont il eſt tombé, donc la force de l'air qui fait monter le fluide à la hauteur donnée eſt égale à la force qu'un corps grave quelconque auroit acquiſe s'il étoit tombé de la même hauteur; or la viteſſe acquiſe à la fin de la chute eſt égale à une viteſſe uniforme qui feroit parcourir au corps un eſpace double dans le même tems, donc cette eſpace double feroit $= 2a$; mais le tems que le corps grave employeroit à remonter l'eſpace a avec ſa viteſſe acquiſe eſt à une ſeconde $= b$, comme la racine de l'eſpace a eſt à la racine de l'eſpace qu'il parcourroit en tombant pendant cette ſeconde; nommant donc ce dernier eſpace c, nous aurons $\sqrt{c}$,

$\sqrt{a} :: b$, $\dfrac{\sqrt{ab^2}}{\sqrt{c}} =$ tems que le corps employeroit à parcourir l'eſpace a, ſuppoſant donc que le mouvement ſoit uniforme, nous aurons $\dfrac{\sqrt{ab^2}}{\sqrt{c}}$, $b :: 2a$, x, donc $2ab = x\,\dfrac{\sqrt{ab^2}}{\sqrt{c}}$, d'où je tire $4a^2b^2$

$= \dfrac{x^2 ab^2}{c}$ ou $4ac = x^2$ qui ſe reduit à $2a$, $x :: x$, $2c$, c'eſt-à-dire, *l'eſpace que le fluide parcourroit dans une ſeconde d'un mouvement uniforme avec une viteſſe égale à celle que lui donne le poids de l'atmoſphere, eſt moyen proportionnel entre le double de ſa hauteur totale & le double de l'eſpace qu'un corps grave parcourroit en tombant pendant la même ſeconde.*

Par exemple, nous ſavons que l'eau s'éleve juſqu'à 32 pieds, nous ſavons auſſi qu'un corps peſant parcourt en tombant dans une ſeconde 15 pieds 1 pouce, donc nous avons $a = 32$ pieds, & $c = 15$ pieds $\frac{1}{12}$, donc $2a = 64$, & $2c = 30$ pieds $\frac{1}{6}$, & multipliant 64 par $30\frac{1}{6}$, nous aurons $1930\frac{1}{3}$, dont la racine quarrée eſt à peu près $\frac{132}{3} = 44$ pieds.

Proposition XII.

55. *Connoiſſant la hauteur à laquelle le poids de l'atmoſphere fait monter une liqueur dans un tube vuide, connoître l'eſpace que l'air pouſſé avec la même force devroit parcourir dans une ſeconde dans un milieu non reſiſtant.*

Solution.

Cherchez par la Propoſition précédente l'eſpace que le fluide devroit parcourir dans une ſeconde d'un mouvement uniforme & avec une viteſſe égale à celle que lui donne le poids de l'atmosphere ; & par la Proposition 10 cherchez l'espace que l'air devroit parcourir dans le même tube pendant cette seconde.

Par exemple, l'espace que l'eau parcourroit dans une minute est 44 pieds, comme nous avons vû dans la Proposition précédente ; or par la Proposition 10 la pesanteur specifique de l'air est à celle de l'eau reciproquement, comme le quarré de l'espace 44 est au quarré de l'espace que l'air doit parcourir ; or le rapport des pesanteurs specifiques est 1, 970, donc 1, 970 :: 1936, 1877920, & tirant la racine quarrée du dernier terme, j'ai 1370 pieds pour l'espace que l'air parcourroit dans une minute.

C O R O L L A I R E I.

56. Connoissant la différence des poids de l'atmosphere dans deux endroits différens, mais contigus, on pourra connoître l'espace que l'air plus pesant parcourra dans une minute en passant du côté du moins pesant en cette sorte.

Supposons que l'air moins pesant soutienne 31 pieds d'eau, & le plus pesant 32, la différence des poids de l'atmosphere est donc 1, ainsi l'air plus pesant passe dans le moins pesant de même qu'il monteroit dans le vuide avec un de force ; supposant donc que le poids de l'atmosphere ne puisse faire monter l'eau qu'à un pied, je cherche par la Proposition 11 l'espace que l'eau parcourroit dans une seconde avec une vitesse uniforme & égale à celle que lui donneroit le poids de cet atmosphere ; or j'ai trouvé dans cette Proposition $2a , x :: x , 2c$, donc $2 \times 1 , x :: x$, 30 pieds $\frac{1}{6}$, & 60 pieds $\frac{1}{3} = xx$, ou $60 \frac{3}{9} = xx$, ou enfin $\frac{541}{9} = xx$, & tirant la racine quarrée, j'ai $x = \frac{2,4}{3} = 8$, à peu près ; je cherche par la Proposition 10 l'espace que l'air doit parcourir dans le même tems dans le vuide, & par la regle de cette Proposition, j'ai 1, 970 :: 64, 62080, & tirant la racine quarrée du quatriéme terme, j'ai 249 pieds que l'air plus pesant parcourroit dans une minute en se rejettant sur le moins pesant, & ainsi des autres.

C O R O L L A I R E. II.

57. Connoissant la hauteur à laquelle un poids d'atmosphere comprimé d'une certaine façon fait monter une liqueur, on peut connoître aisément la hauteur à laquelle l'air fera monter la même même liqueur lorsqu'il sera comprimé, car les effets sont proportionnels aux causes ; c'est pourquoi si le même air vient à se

Cccc iij

dilater, on pourra auſſi connoître la viteſſe avec laquelle le reſſort de cet air agit de tous côtés.

Proposition XIII.

58. Connoiſſant l'eſpace que l'air parcourt dans une ſeconde, con-noître la preſſion qui peut produire la viteſſe de cet air.

Solution.

Si cet air faiſoit monter une liqueur dans un tube, le quarré de l'eſpace que cette liqueur parcourroit dans une ſeconde ſeroit au quarré de l'eſpace que l'air parcourt dans une même ſeconde, reciproquement comme la peſanteur ſpecifique de l'air eſt à celle du fluide (*N.* 49); nommant donc le rapport des peſanteurs ſpecifiques de l'air & de la liqueur $= c, b$, & l'eſpace que l'air parcourt $= a$, j'ai $b, c :: a^2, \frac{a^2 c}{b}$; or par la Propoſition 11, nommant x la hauteur à laquelle l'eau peut être élevée dans un tube, & d l'eſpace qu'un corps grave parcourroit en tombant dans une ſeconde, j'ai $2x, \frac{\sqrt{a^2 c}}{\sqrt{b}} :: \frac{\sqrt{a^2 c}}{\sqrt{b}}, 2d$, donc $4dx = \frac{a^2 c}{b}$ ou $4bdx = a^2 c$, d'où je tire $x, a :: ac, 4bd$, c'eſt-à-dire la hauteur à laquelle l'air peut élever un fluide avec la même force dont il eſt preſſé pour parcourir un eſpace dans une ſeconde, eſt à cet eſpace en raiſon compoſée de la raiſon de la peſanteur ſpecifique de l'air à celle du fluide, & de la raiſon de l'eſpace parcouru par l'air à quatre fois l'eſpace qu'un corps grave parcourroit en tombant dans une ſeconde.

CHAPITRE VI.

Des Instrumens qui servent à connoître & à mesurer les différentes pesanteurs de l'Air, ses différentes densités, & ses différens degrés de chaleur & de froideur.

DU BAROMETRE.

59. LE Barometre, comme tout le monde sçait, est un tube assez semblable au tube AC Figure 1, dont le sommet A est fermé hermetiquement; on le remplit entierement de mercure, après quoi bouchant exactement l'ouverture C avec le doigt, on plonge ce bout C dans un vase spherique plein aussi de mercure, & debouchant l'ouverture on attache le vase au tube & l'on met le tout ensemble sur une planche que l'on tient verticale, marquant à côté du tube les différentes hauteurs auxquelles l'ouverture s'éleve selon les différens poids de l'atmosphere.

Cet instrument sert à connoître les différentes pesanteurs de l'atmosphere dans un même lieu ou en différens lieux, car comme on a éprouvé que le poids de l'atmosphere dans les parties les plus basses de la surface de la terre, soutient ordinairement 28 pouces de mercure, il est visible que si dans certains tems le mercure s'éleve au-dessus de 28 pouces ou se met au-dessous, la pesanteur de l'atmosphere doit augmenter ou diminuer à proportion.

Le Vent de Nord & de Nord-Est condensent l'air, non seulement par leur froideur, mais parce qu'en soufflant contre la terre de haut en bas, ils pressent l'air supérieur sur l'air inférieur, donc le mercure doit alors s'élever dans le Barometre, & comme ces deux vents amenent ordinairement le beau tems, on peut juger par cette élevation que le beau tems doit regner.

Que si lorsque le Nord ou le Nord-Est ont soufflé pendant quelques jours, le Barometre commence à baisser peu à peu quoique le beau tems continue, c'est que ces vents amenent peu à peu des vapeurs, & que l'air trop pressé venant à s'étendre vers le Sud Ouest perd peu à peu de son ressort & devient moins pesant.

Le vent de Sud & de Sud-Ouest soufflent de bas en haut, &
soulevent l'air supérieur, donc l'atmosphere devient moins pe-
sante , & le mercure baisse dans le Barometre ; or en ce cas
si le vent continue de même , ou s'il tourne vers le Nord en passant par l'Ouest , c'est ordinairement un signe de pluye, mais s'il
tourne vers le Nord en passant par l'Est , c'est signe que le beau
tems doit reprendre le dessus.

Quand le ressort de l'air ne peut plus soutenir les vapeurs , il
se forme des nuées par la chute des vapeurs plus élevées sur celles qui le sont moins , & ces nuées se reduisent en pluye ; l'air
est donc moins pesant dans ce tems-là que dans le beau tems
puisqu'il a moins de ressort , par conséquent le Barometre doit
baisser , & par ce baissement on peut pronostiquer la pluye.

M. Mariotte dans ses Essais de Physique à prétendu pouvoir
déterminer la hauteur de l'atmosphere par les différentes hauteurs
du Barometre , selon qu'on l'éleve plus haut ; voici quel est son
raisonnement. Supposons que le Barometre soit d'abord dans un
endroit où le mercure est à 28 pouces , si on vient à l'elever 60
pieds au-dessus de cet endroit, on trouve que le Barometre baisse d'une ligne ; divisons l'atmosphere en 4032 divisions horizontales toutes d'un même poids , ou d'une même quantité de matiere, mais diversement dilatées selon leurs différentes élevations,
ce nombre de divisions sera égal à la hauteur 28 pouces du Barometre dans la plus basse division reduite en lignes & en douziéme de lignes , car 28 multiplié par 12 fait 336, & ce produit
multiplié encore par 12 donne 4032, ainsi il y aura un douziéme
de ligne pour chaque division , c'est-à-dire à mesure que le Barometre passera d'une division à l'autre en montant, le mercure
baissera d'un douziéme de ligne ; maintenant puisqu'en élevant
le Barometre à la hauteur de 60 pieds , la différence est une ligne ,
il s'enfuit que la plus basse division doit être de 5 pieds qui est le
douziéme de 60 , & qu'en tenant le Barometre à la hauteur de 5
pieds le mercure ne baissera que de $\frac{1}{12}$ de lignes , & comme à la
moitié du poids de l'atmosphere , c'est-à-dire à la 2016e division
l'air doit être moins pesant de la moitié , il est évident que la
2016e aura 10 pieds de hauteur & toutes les autres divisions com-
prises entre la plus basse & la 2016e iront en augmentant proportionnellement ; or cette progression geométrique ne pouvant être
que très-peu différente de la progression arithmétique , si nous la
supposons arithmétique nous aurons la somme de cette progression

en

en ajoutant le premier terme 5 au dernier 10, ce qui fait 15, &
multipliant la fomme 15 par la moitié 1008 du nombre des termes
2016, ce qui donnera 15120 pieds, pour l'étendue ou la hauteur de
l'air depuis la premiere divifion jufqu'à la 2016e, & 14 pouces
de mercure dans le Barometre feront en équilibre avec cette
étendue.

Prenons la moitié 1008 de 2016 divifions reftantes, la plus
haute de ces 1008 étant moins chargée de la moitié que la plus
haute des 2016 précédentes, fon étendue fera par conféquent
de 20 pieds; & pour trouver celles qui font comprifes entre
deux, nous n'avons qu'à ajouter le premier terme 10 au dernier
terme 20, & multiplier la fomme 30 par la moitié 504 du
nombre des termes, ce qui donne encore 15120 pieds pour l'é-
tendue de ces 1008 divifions, & continuant à prendre la moitié
504 des 1008 divifions, puis la moitié de 252 des 504 reftantes,
& de même la moitié 126 des 252 reftantes, &c. on trouvera
pour chacune de ces progreffions 15120, & comme il eft aifé
de voir qu'il y en aura 12, il y aura par conféquent 12 fois 15120
pieds pour toute la hauteur de l'atmofphere; or 12 fois 15120,
font 181440 pieds, lefquels divifés par 5, à caufe qu'un pas
geometrique vaut 5 pieds, donnent 36288 pas geometriques,
& divifant encore par 2400 à caufe que la lieue moyenne de
France vaut 2400 pas geometriques, le quotient qui eft un peu
plus de 15 lieues fera la hauteur totale de l'atmofphere.

Que fi on veut, ajoute M. Mariotte, que l'air étant rarefié 4032
fois plus, n'a pas encore fon étendue naturelle, & qu'on veuille
que la plus haute divifion foit deux fois plus dilatée que nous ne
l'avons fuppofée, c'eft-à-dire qu'au lieu d'être 4032 fois plus dilatée que la plus baffe divifion de l'air inférieur, elle foit 8064
fois plus dilaté, alors il y aura un terme de plus dans les moitiés
des moitiés que nous avons pris ci-deffus, & par conféquent il
y aura 15120 pieds d'étendue, ce qui ne va qu'autour de cinq
quarts de lieue de plus, & continuant à dilater davantage la plus
haute divifion, M. Mariotte trouve par le même raifonnement
que quand même la derniere divifion feroit huit millions de fois
plus dilatées que la premiere divifion, la hauteur de l'atmofphere
n'iroit tout au plus qu'à 30 lieues.

Or ce raifonnement de M. Mariotte 1° ne détermine rien,
puifqu'il eft toujours permis de fuppofer la derniere couche dilatée de plus en plus, pourvû que ce ne foit pas à l'infini; car

Dddd

on sçait qu'une pareille dilatation ne sçauroit être. 2°. Il suppose
que le ressort de l'air peut être comprimé ou dilaté sans bornes,
ce qui ne sçauroit être, car le ressort ayant une force finie, il
y a un certain degré de compression au-delà duquel il ne peut
être comprimé, & un certain dégré de détention ou de relâche-
ment au-delà duquel il ne passe point ; or quoiqu'il ne paroisse
pas que l'air soit jamais comprimé au dernier point, car si cela
arrivoit, tout ce qui a vie dans cet air cesseroit de respirer par
son défaut de fluidité, il nous paroît au contraire que le ressort
de cet air en s'éloignant de la surface de la terre peut se détendre
à un tel point qu'il ne puisse plus être relâché, & comme ce re-
lâchement ne vient que parce que ce ressort est plus fort que
le poids de l'air supérieur qui le comprime, pourquoi ne pour-
roit-on pas dire que cet air supérieur devient de plus en plus si
leger, qu'il n'agit plus sur le ressort, quoique ce ressort ne se dilate pas davantage, à cause qu'il est au dernier point de dilatation
où il peut parvenir.

Il ne faut donc compter sur le principe des densités de l'air
proportionnelle aux poids dont il est chargé que dans les lieux
voisins des parties les plus basses de la surface de la terre, au
nombre desquels je mets les sommets des plus hautes montagnes
à cause que la hauteur de ces montagnes, quelque grande qu'elle
nous paroisse, n'est peut-être rien ou du moins peu de chose à
l'égard de la hauteur de l'atmosphere. On peut donc en employant le principe de M. Mariotte, connoître de combien le
sommet d'une montagne est plus élevé que la plaine qui se trouve
au bas. Supposons, par exemple, que dans la plaine le Barometre
monte à 28 pouces, & qu'au sommet de la montagne il soit
descendu de 8 lignes, je réduis les 28 pouces en lignes, ce
qui fait 336, & comme par l'experience cité ci-dessus, 60 pieds
de hauteur font baisser d'une seule ligne, je conçois que la
masse de l'atmosphere est divisée en 336 divisions d'inégale densité à proportion de leur hauteur, mais dont chacune pese également une ligne de mercure, & par conséquent la plus basse
aura 60 pieds d'étendue ; or la division qui sera à la moitié du
poids de l'atmosphere, c'est-à-dire la 168 partie étant moins pressée de la moitié, aura 120 pieds d'étendue, & les divisions
entre celle-ci & la plus basse, augmenteront en progression arithmetique ; donc pour trouver leur différence, je retranche de la
plus haute 168, la double 120 de la plus basse, & le reste 48

est la différence de la progression multipliée par le nombre des termes moins un, selon les regles de ces fortes de progression, mais le nombre des termes est 168 ; retranchant donc 1 de 168, je divise 48 par 167, & le quotient $\frac{48}{167}$ est la différence de la progression. Maintenant depuis la plaine jusqu'au haut de la montagne, il y a huit lignes de différence ; donc il y a huit divisions, c'est-à-dire, il y a une progression de huit termes dont le premier est 60, la différence est $\frac{48}{167}$, & le nombre des termes est 8 ; pour connoître donc le dernier terme, j'ajoute au premier 60 la différence multipliée par le nombre des termes moins un, c'est-à-dire par 7, ce qui donne $62\frac{2}{167}$ pour le dernier terme, j'ajoute le premier terme au dernier, ce qui fait $122\frac{2}{167}$, ou 122 en négligeant la fraction à cause de sa petitesse, & multipliant la somme par la moitié 4 du nombre des termes, j'ai 488 pieds pour la hauteur du sommet de la montagne au-dessus de la plaine, & ainsi des autres.

Il faut prendre garde en transposant le Barometre de la plaine au sommet de la montagne, qu'il regne un tems où la différence de la chaleur ou du froid de l'un à l'autre endroit ne soit pas bien grande, ou qu'il ne fasse pas au sommet de la montagne un vent beaucoup plus fort que celui qui souffle au bas ; car tout cela peut faire du changement dans le Barometre.

De tous les liquides, le Mercure est celui qui souffre le moins d'alteration de la chaleur & du froid, & c'est pour cette raison qu'on l'a choisi preférablement aux autres pour la construction du Barometre ; cependant comme il ne laisse pas que de varier à la presence de l'une ou de l'autre de ces causes, & que les variations qu'il en reçoit ne sont pas proportionnelles à leur dégré d'activité, on se tromperoit doublement si l'on s'imaginoit que le Barometre est toujours une mesure certaine de la pesanteur de l'air, & qu'on puisse s'en servir pour connoître les différens dégrés de chaleur ou de froid dont il est affecté. M. Amontons a tâché de corriger les défauts du Barometre par rapport à la chaleur & au froid, & l'on peut voir ce qu'il en dit dans les Memoires de l'Academie des Sciences.

DU MANOMETRE.

60. Le Manometre est un instrument dont on se sert pour connoître les différentes densités de l'air.

Le chaud ou le froid, ou quelque autre cause peuvent alte-

rer les denſités de l'air inférieur ſans altérer le poids de l'atmoſphere ; car ſi dans le tems que l'air inférieur ſe dilate par la chaleur , & devient par conſéquent moins denſe & moins peſant ,
il arrive que dans une partie plus haute il ſe faſſe une conden-
ſation équivalente à la raréfaction de l'air inférieur , le poids de
l'atmoſphere ſera toujours le même , quoique la denſité de l'air
inférieur ſoit moindre qu'elle étoit auparavant , & par la même
raiſon le poids de l'atmoſphere ne variera point , ſi dans le même
tems que l'air inférieur ſe condenſe , il arrive que l'air ſupérieur
ſe rarefie dans la même proportion , donc le Barometre ne peut
ſervir à marquer les condenſations ou les raréfactions de l'air inférieur , & quoique le Thermometre dont nous parlerons bientôt
puiſſe marquer les raréfactions ou condenſations cauſées par le
chaud ou le froid , cependant comme il y a d'autres cauſes qui
peuvent contribuer aux différentes denſités de l'air , comme les
différens poids de l'atmoſphere , les vents , les vapeurs , &c. il
faut néceſſairement ſe ſervir de quelqu'autre inſtrument ſi l'on
veut porter un jugement ſûr touchant le rapport de ces denſités.

Pour conſtruire un *Manometre*, on prend un vaſe ſpherique
de cuivre Q (*Fig.* 5.) dont on fait ſortir l'air ; on peſe ce vaſe
vuide d'air , & l'on prend une quantité de matiere bien peſante
comme du plomb, dont le poids ſoit égal au poids du vaſe, on
ſuſpend le vaſe Q , & le poids P aux deux extremités B , A , d'une
balance dont le centre du mouvement C ſoit au-deſſus du centre
D du joug AB ; enfin on met à l'extremité du fleau un quart
de cercle MLN dont le rayon ſoit la longueur CL de la languette , & l'inſtrument eſt fait.

Suppoſons que dans le tems qu'on a fait l'inſtrument, le poids
P & le vaſe Q fuſſent en équilibre lorſque le joug AB étoit dans
une ſituation horizontale ; ſi l'air devient plus denſe , le poids
P devient plus peſant (*N.* 45.), & par conſéquent le vaſe Q
doit s'élever. Suppoſons donc qu'en cet état le centre de gravité
commun ſoit H , ce centre deſcendra juſqu'à ce qu'il ſoit dans
la ligne verticale C*h* qui paſſe par le centre C de mouvement ,
& comme il ne ſçauroit deſcendre plus bas , il y aura alors équilibre, & par conſéquent le joug de la balance ſera dans la poſition oblique *ab* , or la balance étant dans cette poſition, la languette eſt dans la poſition CT ; ainſi il n'y a qu'à compter les
dégrés compris dans l'arc TL pour ſçavoir de combien l'air eſt

devenu plus denfe ; que fi l'air fe raréfie peu à peu, & devient moins denfe qu'il n'étoit dans le tems même qu'on a conftruit le Manometre , la balance reprend peu à peu la fituation horizontale, & delà elle paffe dans une pofition oblique oppofée à la précédente, parce que le vafe Q devient plus pefant, ainfi les dégrés que la languette marque fur l'arc LN , dénotent de combien l'air eft devenu moins denfe que lorfque l'inftrument a été fait.

Pour être convaincu que le poids P doit être plus ou moins pefant que le vafe Q , felon que l'air eft plus ou moins denfe, il n'y a qu'à faire attention que fi l'on mettoit à la place du vafe un folide de même volume & de même poids , ce folide auroit moins de pefanteur fpécifique que le poids P avec qui il feroit en équilibre ; car ce poids a néceffairement moins de volume que le vafe, à caufe du vuide que ce vafe contient ; or nous avons démontré (N. 46.) que deux poids de différentes pefanteurs fpécifiques étant en équilibre dans l'air, perdent leur équilibre fi l'air eft plus ou moins denfe, & que celui qui a plus de pefanteur fpécifique devient plus ou moins pefant felon que l'air eft plus ou moins denfe ; donc le poids Q devient plus ou moins pefant que le folide mis à la place du vafe felon le plus ou le moins de denfité de l'air, mais le vafe fait le même effet que le folide mis à fa place, à caufe de l'égalité de poids & de volume ; donc, &c.

DE L'ANEMOMETRE.

61. L'Anemometre eft un inftrument inventé pour trouver les différens dégrés de force que le vent peut avoir.

Pour conftruire cette machine on prend un aiffieu AB (*Fig. 6.*) auquel on ajoute quatre ailes C , D , E , F , femblables à celles des moulins à vent, & difpofées de façon que fi l'aiffieu étant dans la fituation horizontale , comme il doit être, on le coupoit par un plan vertical qui coupât fes côtés à angles droits , les quatre ailes fiffent avec ce plan chacune un angle de 54 dégrés ; (Nous dirons dans l'Hydraulique. pourquoi cet angle doit être préféré à un autre.) autour de l'aiffieu on met une vis G qui s'engraîne avec les dents d'une roue dentée H ; cette roue a un aiffieu faillant HI, lequel à quelque diftance de la roue s'enchaffe dans une piece de bois ZQ faite de façon que fon centre de gravité foit le centre de l'aiffieu, à l'extremité Z du plus long bras de cette piece eft un poids Z , & vis-à-vis le centre de l'aiffieu de la roue on met un ftile attaché à la piece ZQ à laquelle

D d d d iij

il eſt perpendiculaire de même qu'à l'aiſſieu de la roue ; enfin
on décrit un quart de cercle SX dont le rayon eſt la longueur
du ſtile priſe depuis le centre de l'aiſſieu, & qui eſt dans le plan
du ſtile & de la piece ZQ, lequel plan eſt vertical ſur l'aiſſieu
de la roue, & coupe ſes côtés perpendiculairement ; on met
l'axe AB dans une poſition horizontale, & le ſoutenant de la
maniere qu'on juge la plus convenable, la roue H ſe trouve
dans une poſition verticale de même que le quart de cercle AS,
lequel doit être auſſi ſoutenu de la maniere qu'il convient, pour
ne point empêcher le jeu de la machine que l'on enferme enſuite dans une boëte hors de laquelle on laiſſe les aîles, & au
côté de laquelle on laiſſe une ouverture pour voir quel dégré du
quart de cercle le ſtile marque.

Pour faire uſage de cette machine, on la diſpoſe de façon
que la piece ZQ ſoit verticale, & que par conſéquent le ſtile
ſoit horizontal ; on laiſſe enſuite agir le vent ſur les aîles, &
comme ces aîles faiſant tourner l'axe AB, la vis G fait tourner
la roue H, la piece ZQ s'éleve en prenant une poſition de plus
en plus inclinée à l'horizon ; or à meſure que cette piece devient
inclinée, le poids Z s'éloigne de plus en plus du centre de mouvement qui eſt le centre de l'aiſſieu, ce que l'on connoit en tirant de ce poids la perpendiculaire zi ſur la ligne droite horizontale qui paſſeroit par le centre de l'aiſſieu ; donc ce poids
s'oppoſe de plus en plus à l'effort du vent, ainſi quand l'équilibre ſe trouve, la machine s'arrête, & le ſtile qui tourne de
même que la piece ZQ, s'arrête auſſi ; ſuppoſant donc que la
piece ZQ s'arrête dans la poſition inclinée zq, le ſtile ſera dans
la poſition NV, & le nombre des dégrés compris dans l'arc SV,
marquera les dégrés de la force du vent.

Si le vent devient plus fort ou plus foible, on recommence
de la même façon, & quand la machine s'arrête, le nombre
des dégrés que le ſtile marque, font connoître le plus ou le
moins de force du vent.

DU THERMOMETRE.

62. Le Thermometre eſt un inſtrument qui fait connoître les
différens dégrés de chaleur & de froid qui arrivent dans l'air.

On s'étoit d'abord imaginé que pour conſtruire un Thermometre, il n'y avoit qu'à prendre un globe de verre AB (*Fig.* 4.)

joint à un tube BC, verfer de l'eau par l'ouverture C, en laif-
fant une certaine quantité d'air, puis boucher l'ouverture avec
le doigt, & enfoncer cette ouverture dans un vafe plein d'eau
où l'on deboucheroit l'ouverture ; car, difoit-on, lorfque l'air
exterieur deviendra plus chaud, l'air intérieur à qui la chaleur
fe communiquera, ne manquera pas de fe dilater, & par conféquent il obligera l'eau de defcendre, & au contraire fi l'air
intérieur fe condenfe par le froid, il occupera moins de volume,
& l'eau montera ; mais on n'avoit pas fait attention qu'il arrive
fouvent que l'air inférieur étant plus chaud, le poids de l'atmofphere non-feulement ne diminue point, mais que même il augmente, d'où il fuit que l'effort que l'air intérieur fait pour fe dilater n'étant pas affez fort pour furmonter celui de l'atmofphere,
l'eau loin de defcendre peut même s'élever plus haut qu'elle n'é-
toit ; & comme il peut arriver auffi que le poids de l'atmofphere
foit plus leger dans des tems où le froid condenfe l'air inférieur,
il s'enfuit encore que dans ces occafions l'eau doit defcendre,
quoique l'air intérieur dut fe condenfer.

Pour éviter donc cet inconvénient, Meffieurs les Academi-
ciens de Florence eurent recours aux condenfations & aux dilatations que l'efprit de vin fouffre par l'action du froid & du
chaud, & compoferent le Thermometre dont on fe fert aujour-
d'hui de la façon que nous allons expliquer.

On prend un long tube AB (*Fig.* 7.) ayant à fon extremité B
un globe creux de verre, on y verfe de l'efprit de vin, puis on
met le globe dans de l'eau à la glace, & alors l'efprit de vin
fe condenfant par le froid, defcend, & l'on obferve la hauteur
où il refte, laquelle doit être au-deffus de l'entrée B du globe BC;
cette hauteur que je fuppofe être BH, fait connoître le dégré
le plus bas où l'efprit de vin s'arrête dans le grand froid ; on tire
le globe hors de cette eau, & on le plonge dans une autre eau
que l'on fait chauffer jufqu'à ce que l'efprit de vin foit prêt à
bouillir ; alors on obferve la hauteur BT à laquelle la chaleur a
fait monter l'efprit de vin, & comme c'eft la plus grande où
elle puiffe s'élever dans les chaleurs de l'été, on ferme le tube hermetiquement en T avant même que l'efprit de vin ait eu le tems
de defcendre en fe réfroidiffant ; cela fait, on adoffe le globe
& le tube à une planche, & l'on marque à côté du tube entre
H & T plufieurs divifions égales qu'on nomme *dégrés*.

Il eft vifible que quand le froid augmente, la liqueur fe condenfe de plus en plus, & defcend, & qu'au contraire quand la chaleur augmente, la liqueur fe dilate à proportion & monte plus haut; cependant il faut obferver que quoique ce Thermometre foit moins imparfait que le précédent, il ne laiffe pas que d'avoir fes défauts. 1°. Quand il fait froid, la liqueur en defcendant acquiert une viteffe qui augmente fon dégré de compreffion; au contraire quand il fait chaud, la pefanteur de la liqueur s'oppofe à l'élevation que fa raréfaction lui donne, & par conféquent elle doit moins monter à proportion qu'elle n'étoit defcendue. 2°. Plufieurs expériences ont fait connoître que quand les liqueurs fe condenfent, il en fort de l'air; donc quand après le froid l'efprit de vin fe dilate, l'air qui en étoit forti par fa condenfation doit l'empêcher de monter auffi haut qu'il devroit monter; il eft vrai que par d'autres expériences que M. Mariotte rapporte dans fon Effai fur la Nature de l'air, il arrive que l'air qui eft forti d'une liqueur y rentre, mais comme il s'en faut de beaucoup qu'il y rentre auffi vite qu'il en eft forti, il s'enfuit que pendant cet intervalle l'efprit de vin ne s'éleve point à la hauteur où il devroit s'élever ; ces raifons & d'autres que je ne rapporte point de peur d'être trop long, doivent faire conclure que ce Thermometre ne peut fervir à mefurer exactement les différens dégrés de chaleur ou de froid qui regnent dans l'air; & c'eft ce qui fait que quelques Auteurs prétendent qu'on doit appeller cet inftrument *Thermofcope* plutôt que Thermometre, de même qu'ils donnent le nom de *Barofcope* à ce que nous appellons *Barometre*, voulant dire par-là que ees deux inftrumens peuvent bien fervir à connoître les variations de l'air, mais non pas à les mefurer.

DE L'HYGROMETRE.

63. L'*Hygrometre* eft un inftrument dont on fe fert pour connoître l'humidité ou la fechereffe de l'air ; on en fait de plufieurs façons, entre lefquels ceux qui me paroiffent les plus fimples & les meilleurs font les deux fuivans.

Attachez une corde de chanvre à un point fixe E (*Fig.* 7.), difpofez plufieurs poulies fixes A, B, C, D, H, de la façon que la figure le montre, faites paffer la corde fur toutes ces poulies, & attachez à fon extremité un poids P.

Si l'air devient humide, fon humidité gonflera la corde, &

par

par conséquent elle en diminuera la longueur ; donc le poids P
s'approchera davantage de la poulie H ; & si l'air devient sec,
la corde devenant aussi plus seche, s'étendra davantage, & le
poids P s'éloignera de la poulie H ; c'est donc par les différens
éloignemens du poids P à la poulie H, qu'on jugera du plus ou
du moins d'humidité ou de sécheresse de l'air, & il est clair que
plus le nombre de poulies sera grand, plus aussi les différentes
distances de P à H seront sensibles.

Le défaut de cet hygrometre & de tous ceux qui sont faits
avec des cordes, consiste en ce que le poids tenant toujours la
corde tendue, les fibres de la corde s'allongent peu à peu de
façon qu'un même dégré d'humidité dans des tems différens ne
la racourcit pas de la même maniere, c'est pourquoi j'aimerai
encore mieux l'Hygrometre suivant.

Prenez une balance semblable à celle du Manometre (*Fig. 5.*) ;
suspendez en B une éponge au lieu du vase Q, & en A un poids
P qui soit en équilibre avec l'éponge ; si l'air devient humide,
l'éponge s'imbibera de vapeurs & pesera davantage, mais si l'air
devient plus sec qu'il n'étoit, l'éponge deviendra plus legere ;
l'équilibre se rompra donc dans l'un & dans l'autre cas, & la
languette marquera sur le quart de cercle de combien l'air est
plus ou moins humide ou sec qu'il n'étoit, lorsqu'on a fait l'instrument.

Fin du Livre troisiéme.

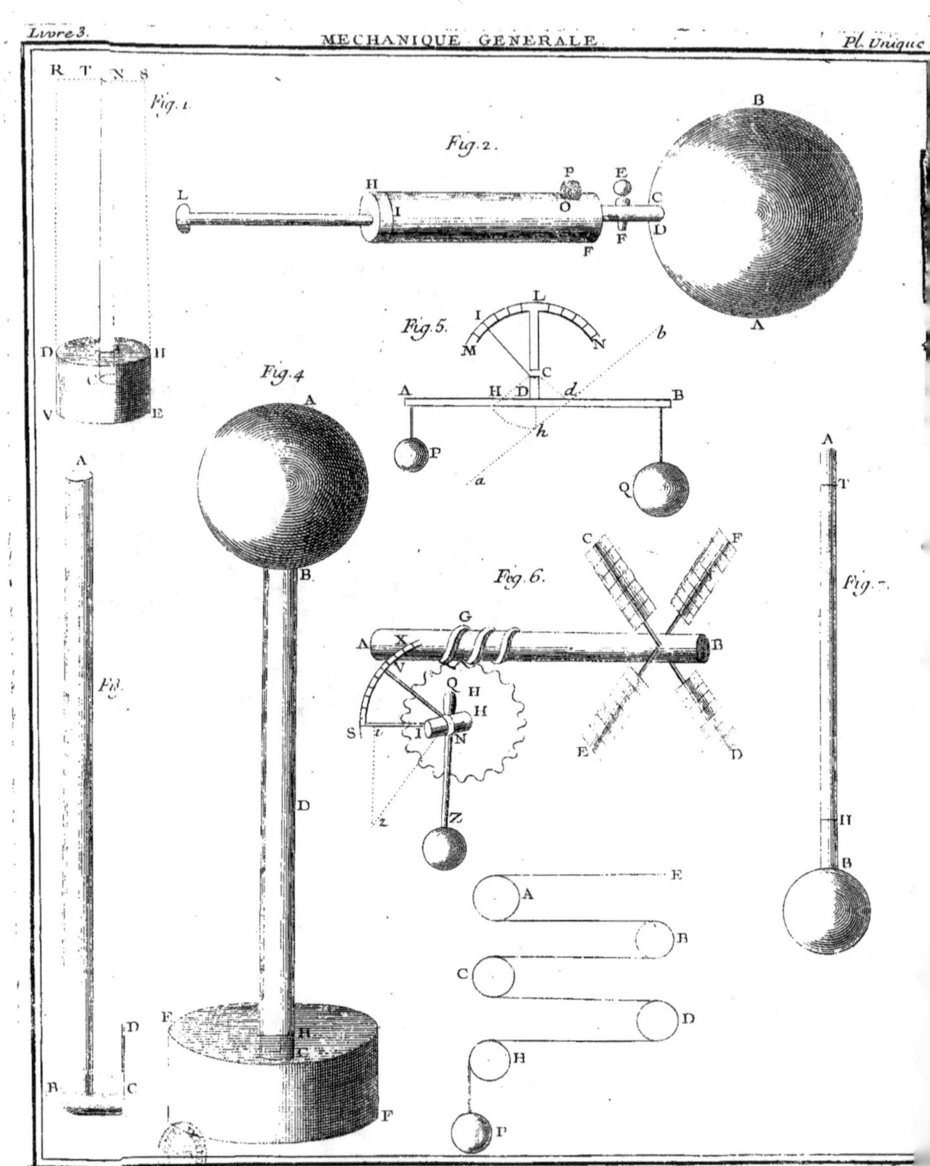
R T N S
Fig. 1.
Fig. 2.
Fig. 5.
Fig. 4.
Fig. 6.
Fig. 7.
Fig. 3.

LA MECHANIQUE
GENERALE,
CONTENANT
LA STATIQUE, L'AIROMETRIE,
L'HYDROSTATIQUE,
ET
L'HYDRAULIQUE, &c.

❖❖

LIVRE QUATRIE'ME.
De l'Hydraulique.

CHAPITRE PREMIER.
Du mouvement des Fluides causé par leurs pesanteurs.

DEFINITION.

1°.  'HYDRAULIQUE est la Science qui traite du mouvement des fluides, & surtout du mouvement des eaux.

PROPOSITION I.

2. *Si l'eau passe d'un lieu à un autre, le terme auquel elle va abou-*

Eeee ij

tir doit être ou de niveau avec celui d'où elle part ou plus près du centre de la terre.

DEMONSTRATION.

L'eau peut couler ou dans des canaux toujours horizontaux, ou dans des canaux inclinés à l'horifon ; fi elle coule dans des canaux horizontaux, elle coulera jufqu'à ce que fa furface fupérieure foit parfaitement de niveau fans pouvoir baiffer davantage, & quand cela arrivera fa maffe reftera en repos, parce que cette maffe étant pefante tend à defcendre vers le centre de la terre, & non pas à s'élever ; au refte je dis que fa maffe reftera en repos & non pas fes parties, car on a vû dans *l'Hydroftatique* que les parties de l'eau & des autres liquides ont un mouvement inteftin qui les fait mouvoir de tout fens, fans nuire cependant à la pefanteur de la maffe.

Si l'eau fe trouve au haut d'un canal ou tuyau AB (*Fig. 1.*) incliné à l'horizon, fon poids l'obligera a defcendre le long de ce canal jufqu'à ce qu'elle rencontre un plan horizontal BG, où fa furface fe mettant de niveau, fa maffe reftera en repos.

Mais fi après être defcendue par le canal AB, elle en trouve un autre BC, & qu'elle ne puiffe s'échapper par les côtés, elle remontera dans ce tuyau BC jufqu'à la ligne de niveau AC, après quoi l'eau du canal AB & celle du canal BC feront dans un parfait équilibre, ainfi qu'il a été prouvé dans *l'hydroftatique*, & par conféquent la maffe n'aura plus de mouvement, donc, &c.

PROPOSITION II.

3. *Si deux vafes* AB, CD (Fig. 2.) *toujours plein d'eau ont des ouvertures* E, F *égales & à égale diftance de la furface fupérieure de l'eau, les quantités d'eau qui fortiront par ces ouvertures dans des tems égaux feront égales.*

DEMONSTRATION.

Nous avons demontré dans *l'Hydroftatique* que l'eau d'un vafe preffe toutes les parties de ce vafe à proportion des grandeurs de ces parties, & de leurs diftances à la furface fupérieure de l'eau ; cela pofé, fuppofons que les deux ouvertures foient bouchées & faffent partie de leurs vafes, ces deux parties étant égales par l'hypotèfe & leurs diftances EG, FH à la furface fupérieure de l'eau, étant auffi égales, l'effort que l'eau fera fur elles fera par conféquent égal.

Or en fuppofant que les vafes foient toujours pleins , & que les ouvertures foient debouchées , l'effort eft toujours le même , donc les colonnes d'eau qui pefoient fur les ouvertures lorfqu'elles étoient bouchées , fortiront dans des tems égaux avec la même force & avec la même viteffe à caufe de l'égalité de leurs maffes ; donc auffi les quantités d'eau qui fortiront dans des tems égaux , feront égales , car ces quantités ne font autre chofe que les maffes qui fortent ; or les maffes qui fortent multipliées par leurs viteffes lefquelles font égales , font les quantités de mouvement , & ces quantités de mouvement doivent être égales puifqu'elles font produites par des forces égales , donc ces quantités de mouvement ayant une de leurs racines égales , c'eft-à-dire leurs viteffes doivent avoir auffi l'autre racine égale , c'eft-à-dire leurs maffes ou les quantités d'eau qui fortent dans des tems égaux.

COROLLAIRE I.

4. Ce feroit la même chofe fi l'un des vafes étoit incliné à l'horizon , pourvû que les ouvertures fuffent égales , & que les diftances ou les perpendiculaires tirées de ces ouvertures à la furface fupérieure de l'eau fuffent égales , car les preffions & les viteffes caufées par ces preffions feroient égales de part & d'autre.

COROLLAIRE II.

5. *Si les ouvertures* E , F *font inégales & les hauteurs égales , les quantités d'eau qui fortent dans des tems égaux font comme les ouvertures ;* car fi l'on fuppofe que l'une des ouvertures foit quadruple de l'autre , la colonne qui le preffera fera quadruple de celle qui preffera l'autre à caufe de l'égalité des hauteurs , & par conféquent les forces qui obligeront l'eau de fortir feront comme 4 à 1 , mais les viteffes feront égales à caufe de l'égalité des hauteurs , donc les maffes qui fortiront feront comme 4 à 1 , car ces maffes multipliées par leurs viteffes étant les quantités de mouvement , lefquelles font toujours entr'elles comme les forces, doivent être comme 4 à 1 , ce qui ne fauroit être , à moins que les maffes ne foient elles-mêmes comme 4 à 1.

COROLLAIRE III.

6. Si ce que nous venons de dire n'arrive pas toujours exactement dans la pratique , cela vient de la refiftance de l'air , du

frottement de l'eau contre les ouvertures , & d'autres caûses étrangeres , dont nous faifons abftraction ; au refte il faut obferver en paffant que quand les ouvertures font inégales & rondes comme on a coutume de les faire , la plus grande a néceffairement des parties plus hautes ou plus baffes que la moindre , & que par conféquent l'eau qui paffe par ces parties a plus ou moins de viteffe , ce qui ne peut manquer de caufer quelque alteration.

Corollaire IV.

7. *Si les ouvertures font égales & les hauteurs inégales , les quantités d'eau qui fortent dans le même tems font comme les viteffes ;* car à caufe de l'égalité des ouvertures les preffions font comme les hauteurs , & à caufe de l'inégalité des hauteurs les viteffes que ces preffions donnent aux quantités d'eau qui fortent font inégales ; or fi nous divifons le tems de l'écoulement en parties infiniment petites , ce mouvement des quantités d'eau de part & d'autre pendant chacun de ces inftans pourra être regardé comme uniforme , donc les viteffes de ces quantités d'eau dans un petit inftant feront entr'elles comme les efpaces parcourus ; ainfi fi dans un même petit inftant l'eau qui fort par E s'étend jufqu'en L , & l'eau qui fort par F jufqu'en I , ces quantités d'eau étant comme leurs maffes ou comme les cylindres EL , FI lefquels ont les bafes égales , feront comme leurs longueurs , ou comme les efpaces EL , FI , & par conféquent elles feront dans le rapport des viteffes ; & comme la même chofe arrivera dans tous les inftans de l'écoulement , il s'enfuit que les quantités écoulées feront entr'elles comme les viteffes.

Corollaire V.

8. *Si les ouvertures font égales & les hauteurs inégales, les quantités d'eau qui fortent dans un même inftant font comme les racines des hauteurs.*

Je nomme Q la plus grande quantité, q la moindre, V la viteffe de la plus grande quantité, u la viteffe de la moindre ; les forces qui compriment font comme les hauteurs EG, FH en fuppofant que EG foit plus grand que FH ; or ces forces font comme les mouvemens des quantités Q , q ; donc ces forces font comme $Q \times V$, $q \times u$, & par conféquent nous avons $Q \times V$, $q \times u :: $ EG, FH ; mais par le Corollaire précédent , nous avons

Q, q :: V, u, donc Q × V, q × u :: Q², q^{2}, & par conſéquent
Q², q^{2} :: EG, FH, & Q, q :: √BG, √FH.

Corollaire VI.

9. Les viteſſes étant comme les quantités d'eau qui ſortent
dans le même inſtant, elles ſont par conſéquent auſſi comme les
racines des hauteurs.

Corollaire VII.

10. *Si les ouvertures ſont inégales & les hauteurs auſſi, les quan-*
tité d'eau qui ſortiront dans le même inſtant ſont en raiſon compoſée
de la raiſon des ouvertures, & de la raiſon des racines des hauteurs.

Par le Corollaire 5, ſi les ouvertures ſont égales, les quantités d'eau qui ſortent dans un même inſtant ſont comme les racines des hauteurs ; maintenant concevons que l'une des ouvertures
s'agrandiſſe & devienne quatre fois plus grande qu'elle n'étoit,
elle ſera preſſée par quatre colonnes d'eau égales à celles qui la
preſſoient avant qu'on l'eût agrandie, & ces colonnes donneront
chacune aux parties d'eau qu'elles preſſent la même viteſſe que la
colonne ſeule donnoit à l'eau qu'elle preſſoit lorſque l'ouverture
étoit quatre fois moindre ; ainſi il ſortira quatre fois plus d'eau,
mais avec la même viteſſe. Puis donc qu'en ſuppoſant les deux
ouvertures égales, les quantités d'eau qui ſortent ſont dans la
raiſon des viteſſes ou des racines des hauteurs, & qu'en ſuppoſant que l'une des ouvertures devienne à l'égard de l'autre comme 4 à 1, la raiſon des viteſſes ſubſiſte, & qu'outre cela la quantité d'eau qui ſort par l'ouverture agrandie, augmente dans la raiſon 4, 1 des ouvertures, il s'enſuit que les quantités d'eau qui
ſortent dans le même inſtant ſont dans la raiſon compoſée de la
racine des hauteurs, & de la raiſon 4, 1 des ouvertures.

Corollaire VIII.

11. Si par deux ouvertures de différentes grandeurs, & d'inégale hauteur, il ſort dans le même inſtant des quantités égales d'eau, les ouvertures ſont reciproquement comme les racines des hauteurs.

Par le Corollaire précédent les quantités d'eau ſont en raiſon
compoſée de la raiſon des ouvertures & de celle des raiſons des
hauteurs ; nommant donc Q, q les quantités, A, a les hauteurs,
& L, l les ouvertures, nous avons Q, q :: L × √A, l × √a donc en

fuppofant $Q = q$, on aura $L \times \sqrt{A} = l \times \sqrt{a}$, & par conféquent $L, l :: \sqrt{a}, \sqrt{A}$.

Corollaire IX.

12. Connoiffant les quantités d'eau qui s'écoulent dans un même inftant par deux ouvertures égales, & la hauteur de l'une des ouvertures, on connoîtra la hauteur de l'autre en cette forte.

Soient les quantités d'eau comme 1 à 2, & la hauteur de l'eau qui fort de la premiere ouverture $= 6$, par le Corollaire 5 les quantités font comme les racines des hauteurs, ainfi je n'aurai qu'à prendre la racine de 6, & enfuite une quatriéme proportionnelle aux deux termes 1,2 & à $\sqrt{6}$; mais pour éviter les radicaux j'obferve que puifque les quantités d'eau, font comme les racines des hauteurs, les quarrés des quantités d'eau doivent être comme les hauteurs, c'eft pourquoi je prens les quarrés 1, 4 des quantités 1, 2, & faifant 1, 4 :: 6, 24, le quatriéme terme 24 eft la hauteur cherchée.

Et fi l'on connoiffoit le rapport 6, 24 ou 1, 4 des hauteurs & la quantité d'eau 1, que la premiere ouverture repand dans un certain tems, & qu'on demandât la quantité que l'autre repand dans le même tems, on tireroit les racines 1, 2 des hauteurs 1, 4, & on diroit 1, 2 :: 1, 2, & le dernier terme 2 feroit la quantité d'eau repandue par la feconde ouverture.

Proposition III.

13. *Dans quelque rapport que foient les ouvertures de deux vafes toujours pleins d'eau, & les diftances de ces ouvertures à la furface fupérieure de l'eau, les viteffes des quantités d'eau qui fe repandent dans le même inftant font toujours entr'elles comme les racines des hauteurs.*

Demonstration.

En premier lieu, fi les ouvertures font égales & les hauteurs égales, les viteffes des quantités d'eau qui fortent dans le même tems font égales, à caufe des hauteurs égales dont l'eau découle; donc ces viteffes font comme les hauteurs; or les hauteurs étant égales, font entr'elles comme leurs racines, donc les viteffes font auffi comme les racines des hauteurs.

En fecond lieu, fi les ouvertures font inégales & les hauteurs égales,

égales, les viteffes feront égales (*N*. 5), donc elles feront comme les hauteurs ou comme leurs racines.

En troifiéme lieu, fi les ouvertures font égales & les hauteurs inégales, nous avons démontré (*N*. 7.) que les quantités d'eau qui fortent dans un même inftant, font comme leurs viteffes & (*N*. 8.) que ces mêmes quantités font comme les racines des hauteurs, donc les viteffes font auffi comme les racines des hauteurs.

En quatriéme lieu, fi les ouvertures étant inégales les hauteurs le font auffi ; prenons trois vafes A, B, C, dont les deux B, C, ont les ouvertures inégales & leurs hauteurs égales, & les deux A, B, ont les ouvertures égales, & les hauteurs inégales ; je nomme H la hauteur de C, & V fa viteffe ; h la hauteur de B, & u fa viteffe, nous aurons à caufe de l'égalité des hauteurs V, $u :: \sqrt{H}, \sqrt{h}$; je nomme x la hauteur de A, & fa viteffe z, nous aurons à caufe des ouvertures égales de B & de A troifiéme u, z $:: \sqrt{h}, \sqrt{x}$; mais par l'hypotèfe $H = h$, donc $\sqrt{H} = \sqrt{h}$, & par conféquent à caufe de V, $u :: \sqrt{H}, \sqrt{h}$, nous aurons $V = u$, mettant donc V au lieu de u, & $\sqrt{H}$, au lieu de $\sqrt{h}$ dans u, $z ::$ $\sqrt{h}, \sqrt{x}$, nous aurons V, $z :: \sqrt{H}, \sqrt{x}$, c'eft-à-dire les viteffes des quantités d'eau qui fortent dans le même inftant par les ouvertures inégales des vafes C, A, dont les hauteurs font auffi inégales, font entr'elles comme les racines des hauteurs.

COROLLAIRE I.

14. Il fuit de-là que l'eau qui fort à chaque inftant par l'ouverture d'un vafe toujours plein, coule avec une viteffe égale à celle qu'elle auroit acquife en tombant de la hauteur de la furface fupérieure de l'eau ; car felon la loi de Galilée, tout corps grave à la fin de fa chute à acquis une viteffe qui eft comme la racine de la hauteur dont il eft tombé ; or l'eau qui fort de l'ouverture d'un vafe a une viteffe qui eft comme la racine de la hauteur de l'eau ; donc elle a la viteffe qu'elle auroit acquife en tombant de cette hauteur.

COROLLAIRE II.

15. Si tandis que l'eau fort par l'ouverture d'un vafe, on augmente la hauteur de l'eau ou on la diminue, la viteffe de l'eau qui fort augmentera ou diminuera, & ces différentes viteffes feront toujours entr'elles comme les racines des hauteurs.

F f f f

C**orollaire** III.

16. Puifque l'eau qui fort de l'ouverture d'un vafe a une viteffe égale à celle qu'elle auroit acquife en tombant de la hauteur de la furface fupérieure de l'eau, il s'enfuit felon la même loi de Galilée que fi l'ouverture O (*Fig.* 4.) lui fait prendre une direction verticale, elle s'élevera jufqu'au niveau de la furface fupérieure de l'eau du vafe.

Si cela n'arrive pas exactement dans les jets d'eau, cela vient du frottement de l'eau contre les tuyaux, & de la refiftance de l'air.

C**orollaire** IV.

17. Tout ce que nous avons dit jufqu'ici de l'eau qui fort de l'ouverture d'un vafe, ou dont les côtés font perpendiculaires à l'horifon, doit fe dire de l'eau qui fort de l'ouverture d'un vafe incliné.

P**roposition** IV. .

18. *Si un vafe cylindique* AB (*Fig.* 5.) *plein d'eau, fe defemplit par une ouverture* E *beaucoup moindre que la largeur de fon fonds, les quantités d'eau qui fortiront dans des tems égaux, feront comme les nombres impairs pris en retrogradant, c'eft-à-dire comme les nombres* 9, 7, 5, &c.

D**emonstration**.

Concevons que le vafe foit coupé par des plans paralleles à fa bafe, dont les hauteurs CH, CI, CL, CA foient comme les quarrés 1, 4, 9, 16 des nombres naturels 1, 2, 3, 4; quand l'eau commencera à couler fa viteffe étant comme la racine de la hauteur CA = 16 fera comme 4, & quand le niveau de l'eau fera defcendu jufqu'en L*l*, la viteffe fera comme $\sqrt{\overline{CL}} = \sqrt{9}$, ou comme 3, & quand le niveau de l'eau fera defcendu en I*i* la viteffe fera comme $\sqrt{\overline{CI}} = \sqrt{4}$, ou comme 2 & ainfi de fuite; or les cylindres CD, C*l*, C*i*, C*h* étant entr'eux comme leurs hauteurs, à caufe de la bafe commune, font par conféquent comme 16, 9, 4, 1, & leurs différences, c'eft-à-dire les cylindres LD, I*l*, H*i*, C*h* font comme 7, 5, 3, 1, donc les quantités d'eau qui rempliffent ces cylindres, c'eft-à-dire les eaux

écoulées dans le tems que la vitesse diminuoit successivement
d'un degré, sont comme 7, 5, 3, 1; mais si l'eau étoit poussée
de bas en haut d'un mouvement acceleré par une force égale à sa
pesanteur & qui agit de la même façon, elle parcourroit dans des
tems égaux des espaces qui seroient comme 1, 3, 5, 7, &c. &
sa vitesse augmenteroit d'un degré à chaque tems, selon la loi de
Galilée; donc puisqu'en descendant elle parcourt ces mêmes espaces prises en retrogradant, tandis que sa vitesse diminue successivement d'un degré, il s'ensuit qu'elle doit les parcourir dans
des tems égaux.

COROLLAIRE I.

19. J'ai dit dans la Proposition que l'ouverture doit être beaucoup moindre que le fonds du vase, car 1°. Si l'ouverture étoit
égale au fonds du vase, il est visible qu'en ce cas l'eau du vase
tomberoit tout d'une piece, de façon que les parties inférieures
n'auroient pas plus de vitesse que les supérieures, & que par conséquent cette masse d'eau suivroit la loi ordinaire des corps pesans, c'est-à-dire que les espaces qu'elle parcourroit dans des
tems égaux iroient en augmentant selon la progression des nombres impairs 1, 3, 5, 7, &c. 2°. Si l'ouverture est trop grande par
rapport au fonds, la colonne qui est sur cette ouverture étant d'un
poids trop considérable s'affaisse plus vite, ce qui fait retomber
sur elle l'eau supérieure des autres colonnes, d'où il arrive que
l'eau qui sort a une vitesse plus grande qu'elle n'auroit si l'écoulement se faisoit, de façon que la lenteur du mouvement laissât
le tems à toutes les colonnes de fournir à peu près une même
quantité d'eau.

COROLLAIRE II.

20. Connoissant le tems pendant lequel l'eau d'un vase ou d'un
bassin s'écoule par une petite ouverture, on connoîtra les quantités d'eau pendant les parties déterminées de ce tems, en cette
sorte.

Supposons que toute l'eau d'un vase s'écoule dans 12 heures, selon la loi de Galilée l'espace parcouru dans 12 heures est comme le
quarré de 12, c'est-à-dire comme 144, je conçois donc que le
vase est coupé par 144 plans qui soient tous à égale distance entr'eux, ou, ce qui revient au même, que le côté du vase soit divisé en 144 parties égales, je reduis ces 144 divisions au nom-

F ffff ij

bre de 12 , enforte que la premiere du côté de l'ouverture n'en
ait qu'une , la feconde 3 , la troifiéme 5 , & ainfi de fuite , ce
qui donnera 1 , 3 , 5 , 7 , 9 , 11 , 13 , 15 , 17 , 19 , 21 , 23 ,
dont la fomme eft 144 , & je dis qu'à la fin de la premiere heure
le niveau de l'eau fera à la fin de la divifion qui en contient 23
des 144 , qu'à la fin de la feconde heure le niveau de l'eau fe
trouvera à la fin de la divifion qui en contient 21 des 144 , & ainfi
de fuite , c'eft-à-dire que le niveau de l'eau baiffera felon l'ordre
des nombres 23 , 21 , 19 , 17 , &c. & que par conféquent à la
premiere heure il s'écoulera $\frac{23}{144}$, la feconde $\frac{21}{144}$, à la troifiéme
$\frac{19}{144}$, à la quatriéme $\frac{17}{144}$, &c. ce qui fe prouve de même que ci-
deffus.

COROLLAIRE III.

21. Selon la loi de Galilée un corps qui fe meut avec une viteffe uniformement retardée ne parcourt que la moitié de l'efpace qu'il parcourroit dans le même tems, s'il fe mouvoit avec une
viteffe uniforme à celle qu'il avoit au commencement de fon
mouvement, donc fi l'eau d'un vafe qui fe defemplit avoit une
viteffe uniforme, égale à la viteffe qu'elle a au commencement
de l'écoulement, il s'écouleroit dans le même tems deux fois
plus d'eau ; or quand le vafe eft toujours plein malgré l'écoulement, la viteffe de l'écoulement eft uniforme ; donc en ce cas
il s'écoule deux fois plus d'eau que fi le vafe fe defempliffoit.

COROLLAIRE IV.

22. *Si deux vafes AB, CD (Fig. 6.) ont des ouvertures égales par
lefquelles ils fe defempliffent, & des hauteurs égales les tems qu'ils employent à fe defemplir feront entr'eux comme leurs bafes.*
Suppofons que la bafe de l'un foit double de la bafe de l'autre ;
je conçois que les deux vafes foient divifés en un même nombre
de cylindres d'une hauteur infiniment petite Cc, Ff, &c. Aa,
Ee, &c. il eft vifible que chaque cylindre du vafe CD fera
double de chaque cylindre du vafe AB, & que le mouvement
pendant l'écoulement des petits cylindres Cc, Aa, ou Ff, Ee,
pourra être regardé comme uniforme, à caufe de l'infinie pe-
titeffe de ces cylindres ; cela pofé.
Quand le petit cylindre Aa fe fera écoulé, il ne fe fera écoulé
que la moitié du cylindre Cc, à caufe de l'égalité des viteffes &
des ouvertures ; ainfi concevant que l'ouverture H foit bouchée

juſqu'à ce que le petit cylindre Cc ſoit entierement écoulé, le tems de l'écoulement de Cc ſera au tems de l'écoulement de Aa comme 2 à 1. Suppoſant donc qu'on débouche l'ouverture H juſqu'à ce que le cylindre Ee ſe ſoit écoulé, nous trouverons de même que le tems de l'écoulement du cylindre Ff ſera à celui de l'écoulement du cylindre Ee encore comme 2 à 1 ; & comme en agiſſant toujours de même, on trouvera toujours la même choſe, il s'enſuit que le tems de l'écoulement total du cylindre CD, ſera au tems de l'écoulement total du cylindre AB comme 2 à 1, ou comme la baſe Dd à la baſe Bb ; or il eſt viſible que ſi l'on laiſſoit couler tout de ſuite le cylindre AB, le tems de ſon écoulement ſeroit égal à la ſomme des inſtans des écoule-mens interrompus de ſes petits cylindres ; car ces interruptions n'alterent point les viteſſes de ces cylindres, leſquelles ſont tou-jours comme les racines des hauteurs, donc en laiſſant couler les deux vaſes, les tems des écoulemens ſeront comme les baſes.

COROLLAIRE V.

23. Si les deux vaſes ſont d'égale hauteur, & les ouvertures de différente grandeur, il eſt évident que les tems des écoulemens ſeront en raiſon compoſée des baſes & des ouvertures ; car les ouvertures doubles donnent dans le même tems des quantités d'eau doubles, &c.

COROLLAIRE VI.

24. Si les vaſes ayant les ouvertures égales & les baſes auſſi, leur hauteurs ſont inégales, les tems employés à ſe deſemplir ſont comme les racines des hauteurs.

Si les hauteurs & les ouvertures ſont inégales, les tems ſont en raiſon compoſée de la raiſon des racines des hauteurs & de la raiſon des ouvertures.

Enfin ſi les ouvertures, les baſes & les hauteurs ſont inégales, les tems ſont en raiſon compoſée de la raiſon des racines des hauteurs, de la raiſon des ouvertures & de la raiſon des baſes.

REMARQUE.

25. L'eau étant un corps peſant, ſi elle deſcend le long d'un tube incliné, on peut lui appliquer tout ce qui a été dit dans la Mechanique touchant la deſcente des corps graves le long des plans inclinés.

Ffff iij

CHAPITRE II.

Du mouvement qu'on peut donner à l'eau par le moyen de l'Air.

26. L'Eau ne pouvant s'élever par elle-même au-dessus de son niveau, il a fallu nécessairement chercher des moyens pour la faire monter malgré sa pesanteur dans les lieux qui la dominent, & parmi ces moyens, celui qui a toujours paru le plus commode & le moins dispendieux a été d'employer le secours de l'air & de se servir adroitement de l'activité de son ressort ; c'est ce que je pourrois aisément faire voir en rappellant ici toutes les machines hydrauliques qui ont été inventées jusqu'à present, mais comme ce détail me meneroit trop loin, & que d'ailleurs cette matiere a été traitée avec autant de science que d'érudition dans l'Architecture Hydraulique de M. Belidor * je me bornerai à l'explication des Machines les plus simples dans lesquelles on peut connoître plus aisément & sans confusion l'usage qu'on doit faire de l'air, afin que les Commençans ayant appris de quelle façon on peut appliquer à l'Hydraulique les principes de l'Airometrie, puissent ensuite par eux-mêmes pousser leurs recherches aussi loin qu'ils le jugeront à propos.

DU SIPHON.

27. *Le Siphon* est un instrument par lequel on fait sortir toute la liqueur d'un vase par le haut, sans toucher au vase ; on en fait de plusieurs façons, mais ordinairement le *Siphon* n'est autre chose qu'un tube recourbé ABC (*Fig.* 7.) dont l'une des branches BC est plus courte que l'autre AB ; quand on veut s'en servir, on trempe la branche la plus courte BC dans la liqueur du vase ED qu'on veut vuider, de façon que l'extremité A de l'autre branche soit au-dessous du niveau de l'eau, & appliquant la bouche en A, on tire à soi la respiration jusqu'à ce que l'eau vienne mouiller les levres ; alors on se retire, & l'eau du vase s'écoule entierement par l'ouverture A, pourvû qu'on aye soin que l'autre ouverture soit toujours enfoncée dans l'eau du vase.

* Imprimée à Paris chez Jombert en 1739, en deux volumes in-4°. grand papier, enrichis de cent grandes planches.

Lorfqu'on trempe l'ouverture C dans l'eau fans appliquer la bouche à l'ouverture A, l'air du fiphon, & l'air extérieur qui paffe fur la furface de l'eau font en équilibre, c'eft pourquoi l'eau étant également preffée de part & d'autre, fe tient dans fon niveau & ne monte pas ; mais quand on applique la bouche en A, & qu'on afpire, comme alors on étend la capacité des poulmons, l'air du fiphon fe dilate, & fon reffort s'affoiblit ; ainfi l'air qui pefe fur la furface de l'eau fe trouvant plus fort, oblige l'eau de monter par la branche CB ; or cette branche étant beaucoup moins longue qu'il ne faudroit pour contenir le volume d'eau qui feroit en équilibre avec le poids de l'air, l'eau qui fe trouve encore preffée lorfqu'elle eft parvenue en B, defcend le long de la branche BA, forçant l'air dilaté qui s'y trouve de paffer dans la bouche & la poitrine de la perfonne qui afpire ; quand donc l'eau eft parvenue jufqu'à la bouche, & qu'on fe retire, elle coule par l'ouverture A, parce que la colonne d'air qui agit fur l'ouverture A étant chargée du volume d'eau AB qui eft plus grand que le volume BC dont eft chargée la colonne qui pefe fur la furface de l'eau du vafe, celle-ci a plus de force, & par conféquent elle continue à faire monter l'eau.

Delà il fuit 1°. Que fi on faifoit la branche BC affez longue pour contenir l'eau que la force de la colonne extérieure d'air peut faire monter, l'eau ne defcendroit point par la branche AB ; or s'il n'y avoit point d'air dilaté dans le fiphon, l'eau pourroit monter jufqu'à 31 ou 32 pieds, mais à caufe de l'air dilaté, lequel ne laiffe pas de faire quelque réfiftance quoiqu'elle foit peu de chofe, furtout fi on afpire bien fort, la hauteur EB de la branche BC doit toujours être un peu moindre de 31 pieds. 2°. Que fi la branche AB étoit de même hauteur que la branche BC, l'eau refteroit fufpendue à l'ouverture A fans couler, parce que les colonnes d'air qui pefent fur les ouvertures feroient d'égale force. 3°. Que fi la branche AB étoit plus courte que la branche BC, la colonne d'air qui agit fur l'ouverture A étant moins chargée, feroit plus forte, & par conféquent elle obligeroit l'eau de rebrouffer chemin.

Et il ne faut pas dire que la colonne qui agit fur A étant plus haute que celle qui agit fur B, a plus de force que nous ne lui en donnons ; car fi elle eft plus longue, elle eft auffi plus chargée, & le volume d'eau dont elle eft furchargée pefe beaucoup plus que le même volume d'air qu'elle contient de plus.

28. Si on veut se passer d'appliquer sa bouche à l'extrémité du siphon, on suppléera à ce défaut d'aspiration en cette sorte.

Prenez une boëte HI (*Fig.* 8.) ayant deux tubes TV, FEDC bien soudés, & disposés comme on les voit dans la figure, le tube TV doit avoir un robinet en V, & le tube FE doit être de telle hauteur que lorsque l'extremité C sera dans la liqueur, la surface supérieure de la boëte HI soit de niveau avec la surface supérieure de l'eau du vase AB ; trempez l'extremité C dans l'eau du vase de façon que le tube EF soit vertical, remplissez d'eau la boëte HI, & le tube TV par le moyen d'une ouverture qui doit être sur la surface superieure de la boëte & que vous bouchez ensuite exactement, afin que l'air extérieur n'y entre point; cela fait, ouvrez le robinet, & tandis que l'eau de la boëte descendra, l'air contenu dans le tube EFI venant à se dilater, perdra de son ressort, c'est pourquoi l'air qui pese sur l'eau du vase contraindra cette eau à monter dans le tube dont nous supposons la hauteur moindre de 32 pieds, delà l'eau se répandra dans le tube DE, d'où elle descendra dans le tube EF pour se joindre à celle de la boëte HI, & comme nous supposons que la capacité de la boëte est assez grande pour ne s'être pas tout-à-fait desemplie avant que l'eau du vase y soit parvenue, il ne tombera pas plus d'eau par l'ouverture V qu'il n'en viendra par le tube CDEF ; ainsi l'air intérieur qui restera étant toujours moins fort que l'air qui presse sur la surface de l'eau du vase, cette eau ne cessera de monter par le tube CDEF que lorsque le vase sera tout-à-fait desempli, pourvû qu'on ait soin de tenir toujours l'extremité C trempée dans l'eau.

29. Si l'on joint ensemble plusieurs siphons semblables à celui que je viens de décrire, on pourra élever l'eau beaucoup au-dessus de 32 pieds en cette sorte.

Soient les deux caisses CD, EF (*Fig. 9.*) dont les surfaces superieures sont de niveau à la surface superieure de l'eau du vase AB ; j'adapte aux surfaces inférieures de ces caisses deux tuyaux ON, PQ, d'égale hauteur, ayant chacun son robinet en O & en P ; j'adapte deux autres tuyaux ST, VX à leur surfaces superieures, faisant le tuyau VX plus long que l'autre, & j'enchasse ces tuyaux dans deux caisses HI, LM dont la derniere est plus élevée que la premiere au-dessus du niveau de l'eau du vase AB ; enfin j'adapte au côté de la caisse HI un tube ZR qui descend dans l'eau du vase, & au côté de la caisse LM un tube GY qui

s'enchasse

s'enchasse dans la surface supérieure de la caisse HI ; les caisses doivent être bien fermées de tous côtés , & les siphons bien soudés , afin que l'air extérieur n'entre point , & les extremités T, X , des tubes TS , VX , doivent entrer bien avant dans les caisses HI, LM , afin que l'eau qui montera par les tubes ZR , YG , ne descende point dans les caisses inférieures CD , EF , cela fait.

Je remplis d'air les caisses CD , EF , & leur tubes inférieurs par le moyen des ouvertures qui doivent se trouver sur les surfaces supérieures de ces caisses , ensuite bouchant bien ces ouvertures , j'ouvre le robinet O ; alors l'eau de la caisse CD commençant à descendre , l'air compris dans les tubes se dilate , & la colonne d'air qui pese sur l'eau du vase devenant plus forte que l'air intérieur dont la dilatation diminue le ressort , l'eau du vase monte par le tube ZR , & se répand dans la caisse HI ; je ferme le robinet O , afin que toute l'eau de la caisse CD ne s'enfuye pas ; car si cela arrivoit , l'air qui entreroit le long de NT arrêteroit le cours de l'eau du tube ZR ; & en même-tems j'ouvre le robinet P , ainsi l'eau de la caisse EF venant à descendre , l'air compris dans les tubes VX , GY , se dilate encore davantage , ce qui fait que l'eau monte par le tube YG dans la caisse LM , & je pourrois continuer de la même façon à élever l'eau de plus en plus , en augmentant le nombre des caisses inférieures & des caisses supérieures.

Cette Machine est très-propre pour faire voir comment la seule dilatation de l'air peut élever l'eau non-seulement au-dessus de son niveau , mais même au-dessus de 32 pieds qui est le poids de l'atmosphere , mais elle seroit extremement incommode dans la pratique par la trop grande quantité de caisses inférieures & superieures , & de tuyaux qu'il faudroit faire si on vouloit élever l'eau à une certaine hauteur , & par l'embarras de remplir d'eau les caisses inférieures.

30. On peut vuider un vase plein par le moyen d'un Siphon sans y employer la dilatation de l'air , ainsi qu'on va voir.

Soit le vase AB (*Fig.* 10.) je fais une ouverture X au fonds du vase à laquelle j'adapte un Siphon STV dont l'extremité S à laquelle je mets un robinet est hors du vase , & l'autre extremité V est un peu au-dessus du fonds ; je verse de l'eau dans le vase , & à mesure qu'elle s'éleve , elle monte dans la branche VT , c'est pourquoi si le plus haut point T du Siphon se trouve plus

G g g g

bas que le niveau de l'eau lorſque le vaſe eſt plein, l'eau de la branche VT ſe trouvant preſſée par une colonne d'eau extérieure plus haute, paſſe dans la branche TS & y deſcend, ſoit que le robinet ſoit ouvert ou qu'il ne le ſoit pas ; car s'il eſt ouvert, la colonne d'air qui agit par l'ouverture S eſt obligée de ſupporter non-ſeulement une colonne d'air ſemblable qui peſe ſur le niveau de l'eau, mais encore l'effort que l'eau du vaſe fait ſur l'eau de la branche VT qui n'eſt pas à ſon niveau ; ainſi cette colonne doit ceder & laiſſer couler l'eau, & ſi le robinet eſt fermé, l'air qui eſt enfermé dans le Siphon ſe condenſe pour ceder à la force de l'eau, & quand il ſe trouve trop preſſé, il ſe met en petites bulles qui ſe gliſſent entre l'eau & les parois du Siphon, & ſortent par la ſurface de l'eau du vaſe en y faiſant des petites veſſies.

Suppoſant donc le robinet ouvert, & que le niveau de l'eau du vaſe ſurpaſſe la hauteur du Siphon, l'eau coule par l'ouverture S, à cauſe du poids de l'eau qui eſt au-deſſus du niveau du Siphon, & enſuite quand la ſurface ſupérieure devient plus baſſe que la hauteur du Siphon, l'eau ne laiſſe pas que de couler toujours, parce que la colonne d'air qui agit ſur l'ouverture S ſupporte une colonne d'eau ST beaucoup plus haute que celle que fait élever la colonne d'air qui peſe ſur la ſurface de l'eau ; d'où il ſuit que cette colonne étant toujours obligée de céder, le vaſe doit ſe deſemplir totalement.

Si l'on ne verſe de l'eau dans le vaſe que juſqu'à une hauteur moindre que celle du Siphon, l'eau reſtera dans la branche VT, à la hauteur de l'eau extérieure, mais ſi on applique la bouche en S, & qu'on aſpire, toute l'eau du vaſe s'écoulera par cette ouverture dès qu'on aura retiré la bouche.

Si l'on accommode le Siphon de façon qu'il paſſe le long des parois du vaſe (*Fig.* 11.) & qu'on y faſſe une petite ouverture E en deſſous de la courbure qui ſert d'anſe au vaſe, on aura beau aſpirer en S, l'eau ne remontera point, parce que l'air extérieur entrant par l'ouverture E empêchera la dilatation de l'air intérieur du Siphon, c'eſt pourquoi l'air qui peſera ſur l'eau du vaſe, s'il n'eſt pas plein, ne pourra l'élever au-deſſus de ſon niveau ; mais ſi on bouche l'ouverture E avec le doigt, & qu'on aſpire en S, on fera couler toute l'eau qui étoit dans le vaſe par l'ouverture S ; que ſi on rempliſſoit totalement le vaſe, en ſorte que le niveau fut au deſſus de l'ouverture E, l'eau couleroit par cette ouverture juſqu'à ce qu'elle fut de niveau avec elle, après quoi elle ne couleroit plus quand même on boucheroit l'ouverture E, à moins qu'on n'aspirât en même-tems en S.

Le vase que je viens de décrire, & grand nombre d'autres inventions semblables, étonnent beaucoup les personnes qui en voyent les effets sans en pénétrer la cause, mais pour peu qu'on vienne à connoître les proprietés de l'air, on est bientôt étonné de l'avoir été tant.

31. L'eau qui coule de l'extremité S du Siphon, lorsque le vase est plein (*Fig.* 10. 11.) coule avec une vitesse égale à celle qu'elle auroit acquise en tombant d'une hauteur égale à la hauteur du niveau de l'eau du vase, parce qu'elle est pressée par cette hauteur, laquelle est plus grande que la hauteur du Siphon; au contraire dans le Siphon de la figure 7. l'eau ne coule de l'ouverture A qu'avec la vitesse qu'elle auroit acquise en tombant de la hauteur de l'eau du vase, quoique la hauteur de la branche AB soit plus grande, parce que le surplus de la hauteur seroit soutenu par la colonne d'air qui agit sur A, comme il a été dit plus haut.

32. La compression de l'air peut aussi donner du mouvement à l'eau, de même que la dilatation, & c'est ce que nous allons voir.

Soit un grand vase AB (*Fig.* 12.) séparé en deux par un fonds ou diaphragme CD ayant le fonds supérieur AE concave auquel est une ouverture F qui communique avec l'espace AD ; j'adapte au milieu de ce fonds supérieur un tuyau NM dont l'extremité M ne touche pas le diaphragme, & dont l'autre extremité N soit élevée au-dessus du fonds superieur ; j'adapte à ce fonds un autre tuyau GH qui traverse le diaphragme, & dont l'extremité H ne touche pas le fonds inférieur ; enfin j'en adapte un troisiéme IL dont les extremités ne touchent ni le fonds superieur ni l'intérieur ; cela fait, je bouche l'ouverture G & je verse de l'eau dans la capacité supérieure AD par l'ouverture F, jusqu'à ce qu'elle soit au niveau de l'ouverture I du tube IL, je ferme l'ouverture F, & débouchant l'ouverture G, je laisse entrer l'eau dans la capacité inférieure CB, cette eau montant peu à peu dans cette capacité, en chasse l'air lequel passe par le tuyau IL, & comprime l'air qui se trouve dans le reste de la capacité AD, par cette compression le ressort de l'air s'augmente de plus en plus, & comme auparavant il y avoit équilibre entre l'air extérieur & l'air intérieur, cette équilibre se rompt, & l'air intérieur l'emporte, mais

G g g g ij

comme on a foin de faire la hauteur EB du vafe plus grande
que la hauteur du tuyau MN au-deffus du niveau de l'eau qui
eft dans la capacité AD, il eft vifible que la colonne d'eau MN
que l'air intérieur doit élever, eft plus foible que la colonne d'eau
HG, donc l'air intérieur doit l'emporter du côté de NM, & l'eau
doit fortir par l'ouverture N ; cette Machine eft ce qu'on appelle
la Fontaine de *Heron*, qui étoit un Mathematicien d'Alexan-
drie.

33. Si après avoir laiffé remplir la capacité inférieure CB ;
on met du feu fous le fonds du vafe, la chaleur fera raréfier
l'air qui refte dans la capacité AD, & par conféquent le reffort
de cet air étant augmenté, l'eau de la capacité AD fortira par
le tube MN.

34. L'eau qui fort par l'effort de l'air comprimé a la même
viteffe qu'elle auroit fi elle étoit preffée par une colonne d'eau
capable d'être en équilibre avec la différence de la force du reffort de l'air comprimé & de la force de l'air non comprimé ; car
l'air comprimé forçant l'air exterieur, employe une partie de fa
force à le vaincre, & ce n'eft qu'avec l'autre partie qu'il oblige
l'eau de fortir ; or une colonne d'eau qui feroit en équilibre avec
cette partie, auroit la même force ; donc fi cette colonne d'eau
agiffoit fur l'eau qui fort, elle lui imprimeroit la même viteffe.

Donc 1°. l'eau qui fort par la force de la compreffion de l'air
a une viteffe égale à celle qu'elle auroit acquife en tombant de
la hauteur d'une colonne d'eau qui feroit fur elle le même effet
que la compreffion, car l'eau qui fort par une ouverture, a toujours la viteffe qu'elle acquerroit en tombant de la hauteur de
l'eau qui la comprime (*N*. 14.) 2°. Si le reffort comprime l'eau
en forte que fa force s'augmente ou qu'elle diminue, les viteffes
de l'eau qui fort font comme les racines des hauteurs des colonnes d'eau qui feroient le même effet fur elle que le reffort
de l'air ; car ces colonnes augmenteroient ou diminueroient felon que la force du reffort de l'air augmenteroit ou diminueroit,
mais les viteffes de l'eau qui fortiroit, feroient les mêmes que
fi elle tomboit de ces différentes hauteurs, & les viteffes acquifes à la fin des hauteurs font comme les racines des hauteurs ;
donc, &c. 3°. Le reffort de l'air comprimé étant au reffort de
l'air non comprimé comme la maffe à la maffe fous un même
volume, il s'enfuit que l'eau eft preffée par l'air comprimé avec

une force qui eſt comme la différence des maſſes de l'air comprimé & de l'air non comprimé ; je ſuppoſe ici que l'air comprimé occupe la même place qu'occupoit l'air non comprimé, ce
qui arriveroit dans la fontaine de *Heron*, ſi au lieu de faire couler de
l'eau par le tube GH, on adaptoit en G un cylindre avec un piſton, & qu'on comprimât l'air intérieur, ainſi qu'il a été dit dans
l'airometrie. 4°. Le reſſort de l'air comprimé étant au reſſort de
l'air non comprimé réciproquement comme le volume de l'air
non comprimé au volume de l'air comprimé, l'eau qui ſort par
la preſſion de l'air comprimé eſt pouſſée avec une force qui eſt
comme la différence du volume de l'air non comprimé au volume de l'air comprimé ; je ſuppoſe que les maſſes de ces deux
airs ſont différentes, ce qui arrive dans la fontaine de *Heron*,
parce que l'eau qui entre dans la cavité inférieure reſſerre l'air
qui y étoit, & diminue ſon volume avant que cet air puiſſe
vaincre l'air extérieur qui peſe ſur l'eau qui ſort. 5°. Dans la
fontaine de *Heron*, l'air comprimé n'eſt preſſé que par l'eau du
tuyau GH, car l'air qui peſe ſur ce tuyau ne le comprime point
& ſeroit en équilibre avec lui ; or le reſſort eſt toujours égal à
la force qui le comprime, donc la force de l'air comprimé eſt
égale à la force de la colonne d'eau GH, en ſuppoſant que l'eau
de la cavité inférieure ne monte qu'en H, ou à la force de la
colonne qui peſe ſur le niveau qui eſt dans cette cavité, ſi ce
niveau eſt plus haut que H ; mais ce reſſort agit de la même façon ſur l'eau de la cavité ſupérieure, donc cette eau agit avec
une viteſſe qu'elle auroit acquiſe ſi elle étoit tombée de la hauteur de la colonne qui peſe ſur le niveau de l'eau de la cavité
inférieure, & par conſéquent elle monte à une hauteur égale à
la hauteur de cette colonne, mais il faut prendre garde que le
niveau de l'eau de la cavité inférieure s'élevant toujours, la hauteur de la colonne GH diminue auſſi toujours, & que par conſéquent la hauteur de l'eau qui ſort va en diminuant, d'autant
plus que le niveau de l'eau de la cavité ſuperieure baiſſe à meſure
que l'eau ſort.

De la Pompe aſpirante, & de la Pompe refoulante.

35. La Pompe aſpirante eſt un cylindre creux AB *(Fig.* 13.)
fermée à l'une de ſes extremités par un couvercle ou ſoupape G
qui s'ouvre en dedans, de façon qu'elle peut retomber par ſon
propre poids; on adapte à ce cylindre un piſton HF dont le bout eſt

G g g g iij

creux & se ferme par une autre soupape R qui s'ouvre du côté
de A ; l'extremité H du piston est jointe à un levier QP qui
qui tourne librement autour d'un point fixe P, & qui a un bras QS
à son extremité Q, afin qu'en tirant de Q vers S, ou en poussant
de S vers Q, on puisse aisément enfoncer ou retirer le piston.

Quand on veut se servir de cette machine, on met son extremité B dans l'eau, tenant le cylindre dans une situation verticale, on enfonce le piston jusqu'en G, & l'air qui se trouve entre
le piston & la soupape inférieure étant comprimé par ce mouvement, s'ouvre un passage par la soupape R, laquelle se referme
dès que le piston touche la soupape inférieure ; on retire le piston, & comme alors la colonne d'air qui pese sur le piston est
soutenue par la soupape R, laquelle ne le laisse pas passer dans
l'espace que le piston abandonne, la colonne d'air qui pese sur
l'eau devient plus forte, à cause que rien ne pese plus sur la soupape G, & par conséquent elle oblige la soupape G de s'ouvrir,
& l'eau monte dans le cylindre jusqu'au piston, supposé toujours
que l'espace compris entre la soupape G & le piston n'excede
pas 32 pieds qui est la plus grande hauteur à laquelle le poids
de l'atmosphere peut faire monter l'eau ; on enfonce de nouveau
le piston, & l'eau qui est montée dans le cylindre se trouvant pressée entre le piston & la soupape G qui se referme par son propre
poids & par la compression de l'eau, la soupape R est contrainte
de s'ouvrir & de donner passage à l'eau, jusqu'à ce que le piston
vienne à toucher la soupape G, car alors l'eau qui pese sur la
soupape R l'oblige de se refermer ; on retire le piston, & tandis
qu'il entre encore de l'eau par la soupape G, le piston enleve
celle qui est au-dessus de la soupape R, & l'oblige de couler par
un canal AX qui est au sommet du cylindre AB ; ainsi en redoublant les coups de piston, on fait monter dans le canal AX
autant d'eau que l'on veut.

36. Dans la Pompe refoulante (*Fig.* 14.) le piston HR entre
par l'ouverture inférieure B qui trempe dans l'eau, & l'on met
vers le milieu du cylindre un diaphragme HI ayant une soupape
G ; quand donc on tire le piston de G en B la soupape R s'ouvre
pour donner passage à l'eau, & se referme quand le piston est en
B ; & quand on enfonce le piston de B vers G l'eau comprise entre le piston & le diaphragme ouvre la soupape G, & entre dans
la cavité supérieure AI ; & il est aisé de voir qu'en redoublant
les coups de piston, on peut faire monter dans le canal VX tant
d'eau que l'on voudra.

37. Toutes les Machines inventées pour élever l'eau par le moyen de l'air, font fondées fur les principes que nous venons d'expliquer dans ce Chapitre, & la plupart même ne font que des repetitions & des combinaifons de celles qu'on vient de voir ; quant à celles qui élevent l'eau fans le fecours de l'air, leur mechanifme n'étant établi que fur les principes qui font répandus dans tout cet Ouvrage, il feroit inutile de m'arrêter à en donner l'explication.

CHAPITRE III.

Du Cours des Rivieres.

DEFINITIONS.

38. LE *lit* d'un Fleuve ou d'une Riviere eft le canal dans lequel il coule, & la *fection* d'un Fleuve eft un plan vertical que l'on conçoit couper l'eau perpendiculairement à fon courant, ou à fes rives, enforte que fi ce plan exiftoit réellement, l'eau feroit arrêtée comme par une digue.

Les rives d'un fleuve étant ordinairement fort irregulieres, les fections le font auffi, mais on peut les reduire à des parallelogrammes rectangles, dont l'un des côtés feroit la largeur du Fleuve.

PROPOSITION V.

39. *Tout fleuve qui n'eft arrêté par aucun empêchement coule avec une viteffe qui s'accelere.*

DEMONSTRATION.

Le fonds du lit d'un fleuve peut être ou horizontal ou incliné à l'horifon, ce qui fait deux cas.

Si le fonds eft horizontal, les couches d'eau inférieures font preffées par les fupérieures ; or l'eau qui eft preffée coule avec une viteffe égale à celle qu'elle auroit acquife en tombant de la hauteur de la furface fupérieure de l'eau qui la preffe (*N.* 13), donc les différentes couches d'un fleuve coulent avec des viteffes égales à celles qu'elles auroient acquifes en tombant de la hauteur de la furface fupérieure de l'eau, & par conféquent leurs viteffes étant comme les racines de ces hauteurs (*N.* 13.) font

des viteſſes accelerées, d'autant plus qu'à meſure que ces couches coulent, elles reçoivent toujours des nouvelles impreſſions
de l eau ſupérieure qui les preſſe.

Si le fonds du lit eſt incliné à l'horiſon, l'eau étant un corps
peſant deſcend le long du fonds de même que les corps graves
deſcendent le long des plans inclinés, c'eſt-à-dire avec une viteſſe accelerée.

COROLLAIRE.

40. Il ſuit de-là 1°. Que les fleuves coulent d'autant plus vite que le fonds de leur lit eſt plus profond, ou que ſon angle d'inclinaiſon avec l'horizon eſt plus grand. 2°. Que les fleuves coulent plus vite dans les endroits plus écartés de leur ſource que
dans ceux qui en ſont plus près. 3°. Que leurs différentes couches ont d'autant plus de viteſſe qu'elles ſont plus près du fonds,
parce que celles qui ſont plus près du fonds ſont plus chargées
que les autres.

Que ſi l'expérience n'eſt pas toujours d'accord avec ce que
nous venons de dire, cela vient de l'inégalité & de la rudeſſe du
fonds & des rives qui arrêtent le mouvement de l'eau, tantôt
plus, tantôt moins.

DEFINITION.

41. Toutes les couches d'eau d'un fleuve ayant des viteſſes
inégales à cauſe de l'inégalité des hauteurs, ſi parmi ces viteſſes
l'on en prend une qui ſoit telle qu'en ſuppoſant que toutes les
couches coulent avec cette viteſſe, il s'écoule autant d'eau par
une ſection qu'il s'en écoule dans le même tems avec les viteſſes
inégales, cette viteſſe s'appellera *viteſſe moyenne*.

PROPOSITION VI.

42. *Si par différentes ſections égales d'un ou de pluſieurs fleuves l'eau
coule avec la même viteſſe, les quantités d'eau qui paſſeront par ces
ſections dans le même tems ſeront égales.*

DEMONSTRATION.

Puiſque les ſections ſont égales, c'eſt-à-dire de même baſe
& de même hauteur, il y a autant de couches d'eau dans les
unes que dans les autres, & les différentes viteſſes des couches
d'eau d'une ſection ſont égales aux différentes viteſſes des couches

ches de l'autre ; donc la viteffe moyenne de l'une eft égale à la viteffe moyenne de l'autre ; or il eft vifible que fi l'eau couloit par les unes & par les autres avec cette viteffe moyenne, les quantités d'eau qui s'écouleroient dans le même tems feroient égales, donc les quantités d'eau qui s'écoulent dans le même tems avec des viteffes inégales, font auffi égales, puifque la quantité d'eau qui s'écoule par une fection avec les viteffes inégales des couches, eft la même qui s'écouleroit dans le même tems en donnant à toutes les couches la viteffe moyenne.

C O R O L L A I R E I.

43. Donc fi les fections par où l'eau coule avec la même viteffe font inégales, les quantités d'eau qui couleront dans le même tems font inégales, & le rapport de ces quantités eft le même que celui des fections, c'eft-à-dire, que fi une fection eft double, triple, quadruple, &c. d'une autre fection, la quantité d'eau qui en fortira fera double, triple, quadruple, &c. de celle qui fortira par l'autre fection ; car les quantités d'eau ne font autre chofe que les fections multipliées par les viteffes qui font ici égales.

C O R O L L A I R E II.

44. Si les fections font égales & les viteffes inégales, les quantités d'eau feront comme les viteffes ; car fi la viteffe de l'une eft, par exemple, double de la viteffe de l'autre, il doit s'écouler dans le même tems une quantité d'eau double à caufe qu'une viteffe double fait parcourir dans le même tems un efpace double.

Et fi les fections font inégales & les viteffes auffi, les quantités d'eau qui en fortiront dans le même tems feront en raifon compofée, de la raifon des fections, & de la raifon des viteffes, ce qui eft trop clair pour avoir befoin de demonftration.

Il faut entendre ici par le mot de viteffe les viteffes moyennes, parce qu'il s'écouleroit autant d'eau avec ces viteffes qu'il s'en écoule avec les viteffes inégales, comme il a déja été dit.

D E F I N I T I O N.

45. On dit qu'un fleuve eft dans *un état permanent* quand il n'augmente ni ne decroit, & que toutes fes fections font d'égale hauteur quoiqu'elles foient d'inégale largeur.

Au refte comme il fe trouve fouvent dans les fleuves des creux,

H h h h

où l'eau ne coule point , de façon que quand tout le fleuve feroit
à fec , ces creux ne laifferoient pas que d'être remplis , il faut entendre par la hauteur d'une feâion une ligne verticale fur la furface de l'eau , & qui ne defcend que jufqu'à la couche la plus
baffe qui coule comme le refte du fleuve , par exemple , fi la ligne ABCDE (*Fig.* 15.) repréfente le fonds du lit d'un fleuve qui
coule de A vers E, & qu'on veuille une feâion qui paffe le point
C du creux BCD dans lequel l'eau ne coule point comme le refte
de l'eau du fleuve, dont nous fuppofons que la furface fupérieure
eft la droite HI , on elevera du point C une droite CR perpendiculaire à la furface fupérieure de l'eau , mais on ne prendra pour
la hauteur de la feâion que la partie RS qui fe termine à la derniere couche ASE qui coule comme le refte du fleuve.

<h2 style="text-align:center">PROPOSITION VII.</h2>

46. Si un fleuve eft dans un état permanent , quelqu'inégales que
foient les feâions qu'on voudra lui faire , les quantités d'eau qui paffe-
ront par ces feâions dans le même tems feront toutes égales.

<h3 style="text-align:center">DEMONSTRATION.</h3>

Soit la figure AE le plan d'un fleuve qui coule de A vers D
(*Fig.* 16),& les droites GB,FC, MN le plan de différentesfeâions
inégales faites en différens endroits ; fi on veut que la feâion FC
étant plus large que la feâion GB , il paffe plus d'eau par la fection FC qu'il n'en paffe par la feâion GB dans le même tems , il
s'enfuivra qu'entre les deux feâions FC, GB la hauteur du fleuve baiffera , ce qui eft contre l'hypotèfe , puis qu'on fuppofe que
le fleuve eft dans un état permanent ; & fi l'on veut qu'il paffe plus
d'eau par GB qu'il n'en paffe par FC dans le même tems , la hauteur de l'eau s'élevera davantage entre les deux feâions, ce qui
eft encore contre l'hypotèfe ; donc puifqu'il ne peut paffer ni plus
ni moins d'eau par l'une & l'autre dans le même tems fans changer l'état permanent du fleuve , il s'enfuit que les quantités d'eau
qui paffent par les différentes feâions dans le même tems font
égales.

<h3 style="text-align:center">COROLLAIRE.</h3>

47. Il fuit de là 1°. Que l'eau coule plus vite par les
moindres feâions que par les plus grandes , car fi les viteffes étoient égales , il eft évident qu'il pafferoit plus d'eau
dans le même tems par les plus grandes feâions que par les

moindres; mais nous venons de prouver que les quantités qui
paſſent par toutes les ſections ſont égales , donc , &c. 2°. Que ſi
l'on retrecit la largeur du fleuve en quelque endroit , le fleuve
ceſſera d'être dans un état permanent ; car ou l'eau coulera avec
la même viteſſe qu'auparavant , ou elle coulera plus vite; ſi elle
coule avec la même viteſſe , donc il en paſſera moins par cet endroit qu'il n'en paſſoit , & par conſéquent le fleuve doit s'enfler
du côté de la ſource ; que ſi elle coule plus vite , cette plus grande
viteſſe ne pourroit venir que d'une plus grande pente qui ſe trouveroit dans le fonds , puiſque nous ſuppoſons qu'on n'auroit rien
changé dans ce fonds ; donc cette viteſſe devroit venir de ce que
la ſection deviendroit plus haute , & par conſéquent de ce que le
fleuve enfleroit en cet endroit. 3°. Que ſi l'on élargit le fleuve
en quelque endroit , le fleuve ceſſera encore d'être dans un état
permanent ; car ou la viteſſe ſera la même , ou elle ſera moindre ,
ſi la viteſſe eſt la même , il paſſera plus d'eau par cet endroit qu'il
n'en paſſoit auparavant , & par conſéquent l'eau baiſſera du côté
de la ſource , & ſi la viteſſe eſt moindre , cette moindre viteſſe ne
venant point de ce que le fonds ſera moins incliné , puiſqu'on
ſuppoſe que ce fonds eſt toujours le même , il faudra néceſſairement qu'elle vienne de ce que la hauteur de l'eau eſt diminuée ;
& il ne faut pas dire que ſi les raiſons que nous venons de donner ſont vrayes , il n'y a donc jamais de fleuve dans un état permanent , à moins que toutes les ſections ne ſoient d'égale largeur
& d'égale hauteur; car dans les fleuves permanens le plus ou le
moins de viteſſe vient du plus ou du moins de frottement qui ſe
fait entre les ſections. 4°. Que les viteſſes moyennes des ſections
ſont entr'elles reciproquement comme les ſections, car puiſque
dans le même inſtant il paſſe autant d'eau par la petite ſection que
par la grande , les produits des ſections par leurs viteſſes moyennes ſont égaux , car les quantités d'eau ne ſont autre choſe que
ces produits ; nommant donc A la premiere ſection , V ſa viteſſe ,
a la ſeconde ſection , u ſa viteſſe , on aura $AV = au$, donc V , u
:: a , A.

PROPOSITION VIII.

48. *Si un fleuve eſt enflé , la quantité d'eau qui paſſe par une de ſes
ſections , eſt à la quantité d'eau qui paſſoit dans un tems égal par la
même ſection , avant que le fleuve enflât en raiſon compoſée de la ſection du fleuve enflé à la ſection du fleuve non enflé , & de la viteſſe*

H h h h ij

moyenne de la section du fleuve enflé à la vitesse moyenne de la section du fleuve non enflé.

DEMONSTRATION.

Je confidere la section après & avant le gonflement du fleuve comme deux différentes sections d'un même fleuve, & je les nomme S, s, leurs viteffes moyennes V, u, & les quantités d'eau qui coulent par ces sections dans le même tems Q, q; fuppofons que par la section S avec la viteffe u de l'autre section, il s'écoulât dans le même tems une quantité d'eau que je nomme m, il eft évident qu'en fuppofant les viteffes égales les quantités d'eau font comme les sections, puifque ces quantités ne font autre chofe que les sections multipliées par les viteffes qui font ici fuppofées égales; donc m, $q :: S$, s; de même il eft clair que fi nous fuppofons que les quantités Q, m coulent de deux sections égales S, S dans le même tems avec les viteffes V, u, ces quantités feront comme les viteffes; donc Q, $m :: V$, u, & multipliant les termes de cette proportion par ceux de la précédente, nous aurons Qm, $mq :: SV$, su, & divifant la premiere raifon par m, nous aurons Q, $q :: SV$, su.

COROLLAIRE I.

49. Puifque Q, $q :: SV$, su, donc $Qsu = qSV$, d'où l'on tire V, $u :: Qs$, qS, c'eft-à-dire les viteffes moyennes de deux sections ou de la même section d'un fleuve felon deux états différens, font en raifon compofée de la raifon directe des quantités d'eau, & de la raifon inverfe des sections, s'il y en a deux, ou de la raifon inverfe des différentes grandeurs de la même section, s'il n'y en a qu'une, confiderée fous deux états différens d'un même fleuve.

COROLLAIRE II..

50. S'il y a deux sections & que les quantités Q, q foient égales, on aura $SV = su$, à caufe de Q, $q :: SV$, su, donc V, u $:: s$, S, c'eft-à-dire les viteffes moyennes font reciproques aux sections quand les quantités d'eau font égales.

COROLLAIRE III.

51. S'il n'y a qu'une section, & que nous appellions a l'augmentation de quantité d'eau qui coule dans un tems égal après

le gonflement , nous aurons $Q = q + a$, & comme $Q, q ::$ SV, *su*, nous aurons $q + a, q :: SV, su$, & divifant $q + a - q$, $q :: SV - su, su$, ou $a, q :: SV - su, su$, c'eft-à-dire, l'augmentation eft à la quantité qui couloit auparavant comme la différence des produits des viteffes moyennes par les grandeurs différentes des fections , eft au produit de la fection avant le gonflement par fa viteffe moyenne.

COROLLAIRE IV.

52. S'il n'y a qu'une fection & qu'elle foit un rectangle, les différentes grandeurs de cette fection avant & après le gonflement font comme les hauteurs, ainfi l'augmentation eft à la quantité d'eau qui couloit auparavant comme la différence des produits des hauteurs par les viteffes eft au produit de la hauteur avant le gonflement multipliée par la viteffe.

PROPOSITION IX.

53. *Les différentes viteffes des couches d'eau qui paffent par une fection d'un canal incliné , font comme les ordonnées d'une demi-parabole tronquée.*

DEMONSTRATION.

Soit AB *(Fig.* 17.) le profil du lit d'un canal qui coule de A vers B ; AH la ligne horizontale qui paffe par le fommet A du canal, & CD une fection du fleuve.

La couche AC defcendant le long de AC a acquis en C une viteffe égale à celle qu'elle auroit acquife en tombant de la hauteur CH du plan incliné AC, & elle n'en a point acquis une plus grande par la preffion de l'eau fupérieure comme nous le démontrerons dans le Corollaire fuivant ; de même la couche AD a acquis en D une viteffe égale à celle qu'elle auroit acquife en tombant de la hauteur DG du plan incliné AD, & ainfi des autres couches ; donc les viteffes acquifes font comme les racines des hauteurs CH, DG ; je prolonge CD jufqu'à ce qu'elle rencontre la ligne horizontale AH en N, & les triangles femblables HCN, GDN, donnent HC, GD :: CN, DN, donc les viteffes que les couches AC, AD ont acquifes en C & D, font comme les racines de CN, DN, puifqu'elles font comme les racines de HC, GD, qui font en même raifon que CN, DN ; ainfi fuppofant que CB, DE expriment les viteffes acquifes en C & D,

la courbe NEB fera une demi-parabole, car les ordonnées CB,
DE feront entr'elles comme les racines des abfcifles CN, DN;
& les ordonnées comprifes dans le tronquement CDEB exprimeront les vitefles des couches comprifes entre la plus baffe AC &
la plus haute AD, donc, &c.

Corollaire I.

54. Pour faire voir que la preffion de l'eau fupérieure n'augmente point la viteffe de l'eau inférieure dans les canaux inclinés,
il n'y a qu'à faire attention que l'eau de la couche AP defcendant
le long du plan incliné AD de la même façon que les corps graves, fa pefanteur fe partage en deux directions dont l'une eft la
droite OR perpendiculaire au plan incliné AO, & l'autre eft la
droite OD parallele à ce plan, or la couche AO en O ne peut
preffer ni par la droite OR, ni par la droite OD la couche AC
en C, donc l'eau en C n'eft point preffée par la couche fupérieure AO, & on prouvera de la même façon que l'eau en C
n'eft point preffée par les autres couches comprifes entre la couche fupérieure AD & l'inférieure AC, & que toutes ces couches
intermediaires ne font pas preffées les unes par les autres dans la
fection CD.

Dans les fleuves dont le fonds du lit AB n'eft que très-peu incliné à l'horizon, la droite OR fe confond à peu de chofe près
avec la droite OC, de même que celle-ci fe confond avec la
perpendiculaire CD, & par conféquent l'eau inférieure d'une
fection fe trouve preffée par la fupérieure, laquelle ne coule prefque que pour fe mettre de niveau avec l'inférieure que fa preffion fait couler.

Il y a donc cette différence entre l'eau des fleuves, dont le
fonds eft à très-peu de chofe près horizontal, & l'eau de ceux
dont le fonds eft plus incliné, que dans les premiers l'eau inférieure eft preffée par la fupérieure, au lieu que dans les autres l'eau
fupérieure ne preffe point l'inférieure, parce que fa pefanteur fe
partage en deux parties, dont l'une n'agit que fur le plan incliné
& l'autre n'agit ni fur le plan incliné ni fur l'eau inférieure.

Corollaire II.

55. Dans les canaux & les fleuves qui ont le fonds du lit incliné, l'eau du fonds coule quelque fois avec moins de viteffe

que la supérieure, à cause du frottement du fonds.

COROLLAIRE III.

56. Si l'on connoit la vitesse CB de la couche inférieure, la vitesse DE de la supérieure, & la hauteur CD de la section, on pourra aisément déterminer le diametre CN & le parametre de la parabole.

Car puisqu'on a $\overline{CB}^2$, $\overline{DE}^2$ :: CN, DN, par la proprieté de la parabole, donc $\overline{CB}^2 - \overline{DE}^2$, $\overline{DE}^2$ :: CN—DN, DN :: CD, DN, ainsi la quatriéme proportionnelle à la différence des quarrez de CB, DE, au quarré de DE & à la hauteur CD, sera la droite DN, laquelle étant ajoutée à CD donnera le diametre CN.

Et pour trouver le parametre, on prendra une troisiéme proportionnelle à la droite CN & à la droite CB, ce qui est évident par la nature de la parabole.

COROLLAIRE IV.

57. La droite CD étant prise pour une perpendiculaire quelconque tirée dans la section d'un canal ou d'un fleuve, si l'on connoit les espaces CB, DE, parcourus dans un certain tems par les couches extrêmes, c'est-à-dire par l'inférieure & la supérieure, on connoîtra la quantité d'eau qui sort dans le même tems par la droite CD en cette sorte.

Je cherche le diametre CN de la parabole, comme il a été dit dans le Corollaire précédent, & l'espace parabolique CNE devient connu, car par la proprieté de cette parabole, l'espace CNB est $\frac{2}{3}$ CB × CN, de même l'espace parabolique NDE est $\frac{2}{3}$ DE × DN, ainsi l'espace CDEB est $\frac{2}{3}$ CB × CN — $\frac{2}{3}$ DE × DN, mais l'espace CDEB est la somme des espaces parcourus par toutes les couches dans le même tems, & cette somme est égale à la quantité d'eau écoulée dans le même tems par la section CD ; donc cette quantité d'eau est $\frac{2}{3}$ CB × CN — $\frac{2}{3}$ DE × DN.

COROLLAIRE V.

58. Si la section est un parallellogramme rectangle, on aura

la quantité d'eau qui s'écoule dans le même tems par la section
en multipliant la quantité d'eau qui fort par la perpendiculaire
CD, par la largeur de la section, ce qui est évident.

COROLLAIRE VI.

59. Pour trouver la vitesse moyenne, il faut diviser l'espace
CDEB par la hauteur CD, & le quotient donnera la droite CT
qui fera la vitesse moyenne; car si toutes les couches avoient la
vitesse moyenne, les espaces qu'elles parcourroient dans un
même tems feroient égaux, ainsi ces espaces formeroient un
rectangle CDTV égal à l'espace parabolique CDEB, & les hauteurs de ces deux espaces feroient égales, d'où il est évident que
pour avoir la largeur CT du rectangle, il faut diviser l'espace
parabolique par la hauteur CD.

COROLLAIRE VII.

60. Et pour avoir fur la droite CD le point X auquel correfpond la vitesse moyenne XZ, on cherchera cette vitesse moyenne
par le Corollaire précédent, on le mettra de C en T, du point
T on élevera fur CT la perpendiculaire TZ, & du point Z où
elle coupe la courbe, on menera l'ordonnée ZX qui fera la vitesse moyenne, ce qui est évident.

Mais si on veut avoir la distance NX du point X au sommet
de la parabole, on aura par la proprieté de cette courbe $\overline{CB}^2$,
$\overline{XZ}^2 :: CN, XN$, & par conséquent la quatriéme proportionnelle au quarré de la vitesse CB, au quarré de la vitesse moyenne
XZ, & à l'abfcisse CN, fera la distance cherchée XN.

PROPOSITION X.

61. *Si le fonds du lit d'un Canal ou d'un Fleuve est horizontal,
les vitesses des différentes couches qui paffent par une section, font
comme les ordonnées d'une demi-parabole.*

DEMONSTRATION.

Soit AB (*Fig.* 18.) le profil du lit du fleuve qui coule de A
vers

vers B, & CD le profil d'une section ; les vitesses des couches
AC, LE, IG, &c. qui passent par la section CD étant comme
les racines des hauteurs CD, ED, GD, &c. seront par conséquent comme les ordonnées d'une parabole ; or le lit du fleuve
étant horizontal, toutes ces couches n'ont d'autre vitesse que
celles qu'elles reçoivent de l'eau supérieure, & la couche supérieure n'étant point pressée, n'a par elle-même qu'une vitesse
infiniment petite, donc toutes les vitesses des différentes couches
sont comme les ordonnées d'une demi-parabole complette CDB.

COROLLAIRE I.

62. La vitesse moyenne est à la vitesse de la plus basse couche
comme 2 à 3 ; car pour avoir la quantité d'eau qui coule par la
perpendiculaire CD de la section, dans le même tems que la
couche la plus basse parcourt l'espace BC, il faut multiplier BC
par les deux tiers de la hauteur DC, ce qui donne $\frac{2}{3}$ CB × DC,
& par conséquent divisant cette quantité par la hauteur DC,
on aura $\frac{2}{3}$ CB pour la largeur CX du rectangle CXZD égal à
la parabole ; donc CX sera la vitesse moyenne, puisqu'on sçait
que toutes les couches coulant avec cette vitesse parcourroient
un rectangle CXZD égal à la parabole CDB dans le même-
tems qu'elles parcourroient avec leur différentes vitesses la parabole CDB.

COROLLAIRE. II.

63. Et pour trouver le point G par où passe la couche qui a
la vitesse moyenne, on fera $\overline{CB}^2$, $\frac{4}{9}\overline{CB}^2$ :: CD, $\frac{4}{9}$ CD, ainsi on
aura DG $= \frac{4}{9}$ CD.

CHAPITRE IV.

Du choc des Fluides.

64. **D**ANS le choc d'un corps folide AB (*Fig.* 19.) contre un autre corps RS, il y a trois chofes à confidérer. 1°. L'angle HIK fous lequel le corps AB choque le corps RS, c'eft-à-dire l'angle que fait la direction HI du corps AB avec la face RS qu'il choque, car nous avons démontré dans la *Mecanique*, que plus cet angle approche du droit, plus le choc eft grand. 2°. La viteffe, car la force d'un corps étant le produit de la maffe par la viteffe du corps AB, il eft vifible qu'un corps qui a plus de viteffe choque un autre corps avec plus de force que s'il avoit moins de viteffe. 3°. Enfin, la denfité du corps AB, parce qu'un corps qui fous un même volume a plus de denfité qu'un autre, contient auffi plus de maffe, & que par conféquent fi les angles de direction font les mêmes & les viteffes auffi, le corps qui a plus de denfité ou de maffe, choquera avec une plus grande force.

Quant à l'étendue de la partie TB qui choque la face RS, il n'importe pas qu'elle foit plus ou moins grande ; car toutes les parties du corps AB étant étroitement liées enfemble, l'effort qui eft répandu dans toutes fes parties paffe & fe réunit en TB, en forte que RS reçoit le même choc que fi toutes les parties de AB le touchoient.

Dans le choc d'un fluide contre un folide, ou contre un autre fluide, il faut non-feulement avoir égard à l'angle d'inclinaifon de la direction du fluide, à la viteffe & à la denfité, mais encore à l'étendue ou au volume de la partie qui choque, parce que dans le fluide toutes les parties n'étant pas étroitement liées entr'elles comme celles des folides, leur effort ne fe communique pas des unes aux autres de la même façon.

Soit par exemple, le fluide AB (*Fig.* 20.) qui choque le corps KS, il eft vifible que s'il n'y a que les parties C, D, E, qui choquent KS, le choc fera moins grand que fi toutes les parties C, D, E, F, G, B, choquoient à la fois, parce que les parties C, D, E, ne reçoivent que l'impreffion des colonnes AC,

HD, IE, & nullement celle des autres colonnes.

65. Et il faut obfervcr que l'étendue ou le volume de la partie CE, ou CB qui choque doit s'eftimer par la largeur de cette partie, & par la viteffe dont l'eau eft mue, parce que plus la viteffe fera grande, & plus il y aura de molécules d'eau qui choqueront dans un même tems ; par exemple, fi avec une certaine viteffe il n'y a que les molécules C, D, qui choquent la partie CD dans un certain tems, il eft vifible qu'avec une viteffe double, il y aura deux fois plus de molécules qui choqueront cette partie dans le même-tems, c'eft-à-dire, non-feulement les molécules C, D, choqueront, mais encore les molécules N, O, qui fuivent celles-ci, & ainfi des autres.

PROPOSITION XI.

66. *Si un même fluide choque avec une même direction & une même viteffe deux plans inégaux* BC, DE, (Fig. 21.) *les forces dont ces plans font choqués, font comme les plans.*

DEMONSTRATION.

Par la fuppofition, les viteffes AB, HD font égales, de même que les directions, & il y a auffi égalité entre les denfités, puifque c'eft le même fluide ; donc la différence du choc ne peut venir que du côté des volumes qui choquent les plans ; or à caufe de l'égalité des viteffes, les volumes font comme les plans BC, DE ; donc les chocs font comme les plans BC, DE, mais les chocs étant les effets des forces, font proportionnels aux forces ; donc les forces font comme les plans.

COROLLAIRE I.

67. *Si les viteffes* AB, HD, *font inégales & les plans égaux, les forces des chocs font comme les quarrés des viteffes.*

Par la fuppofition, les plans font égaux, & les viteffes inégales ; donc les volumes qui choquent font comme les viteffes, or les forces font comme les produits de ces volumes ou maffes par leur viteffes ; donc les forces font comme les produits des viteffes par les viteffes, ou comme les quarrez des viteffes.

COROLLAIRE II.

68. *Si les viteffes font inégales & les plans inégaux, les forces*

*des chocs sont en raison composée de la raison des plans, & de la
raison des quarrez des vitesses.*

Par la supposition, les plans sont inégaux de même que les
vitesses ; donc les volumes qui choquent sont en raison composée
des plans & des vitesses ; or les forces sont comme les produits
des volumes ou masses par les vitesses ; donc elles sont comme
les produits des plans par les quarrez des vitesses, ou en raison
composée des plans & des quarrez des vitesses.

Proposition XII.

69. *Si deux fluides de différentes densités choquent des plans égaux
avec la même direction & des vitesses égales, les forces des chocs sont
comme les densités.*

Demonstration.

A cause de l'égalité des plans & des vitesses, les volumes
qui choquent sont égaux ; or les masses qui ont même volume
sont entr'elles comme leur densités, donc les masses qui choquent sont comme les densités, mais les forces sont comme
les produits des masses par les vitesses, & par la supposition, les
vitesses sont égales ; donc les forces sont comme les masses, ou
comme les densités.

Corollaire I.

70. *Si les densités sont inégales & les plans aussi, les forces des
chocs sont en raison composée des densités & des plans.*

A cause de l'inégalité des plans & de l'égalité des vitesses, les
volumes qui choquent sont comme les plans, & les masses qui
choquent sous ces volumes sont en raison composée des volumes
& des densités ; donc elles sont aussi en raison composée des plans
& des densités ; mais à cause de l'égalité des vitesses, les forces
sont comme les masses ; donc les forces sont en raison composée
des plans & des densités.

Corollaire II.

71. *Si les densités & les vitesses sont inégales & les plans égaux,
les forces des chocs sont entr'elles en raison composée de la raison des
densités & de la raison des quarrez des vitesses.*

A cause de l'égalité des plans, les volumes sont comme les
vitesses & les masses qui choquent sous ces volumes, sont en

raison composée des volumes & des densités, donc elles sont
aussi en raison composée des vitesses & des densités, mais les
forces sont comme les produits des masses par les vitesses ; donc
elles sont comme le produit des quarrez des vitesses par les densités ou en raison composée de la raison des densités & de la raison des quarrez des vitesses.

COROLLAIRE III.

72. *Si les densités, les vitesses, & les plans sont inégaux, les forces
des chocs sont en raison composée de la raison des densités, de la
raison des plans & de la raison des quarrez des vitesses.*

A cause de l'inégalité des plans & des vitesses, les volumes
sont en raison composée des plans & des vitesses, & les masses
qui choquent sous ces volumes étant en raison composée des
densités & des volumes, sont par conséquent en raison composée
des densités, des vitesses, & des plans ; mais les forces sont en
raison composée des masses & des vitesses, donc elles sont aussi
en raison composée des plans, des densités, & des quarrez des
vitesses.

PROPOSITION XIII.

73. *Si l'eau d'un Canal incliné choque directement les aîles d'une
roue, la force du choc est comme le produit de l'aîle choquée* C *multipliée successivement par le rayon* CD *, par la densité de l'eau & par
la hauteur* AB *de la chute de l'eau* (Fig. 22.)

DEMONSTRATION.

La force absolue du choc est comme l'aîle ou le plan C multiplié par la densité, & ensuite par le quarré de la vitesse (*N.* 64,
65.) mais la vitesse que l'eau a acquise en C est égale à celle
qu'elle auroit acquise en tombant de la hauteur AB, & par conséquent elle est comme la racine de sa hauteur, donc le quarré
de cette vitesse est comme AB ; ainsi la force absolue du choc
est comme le plan C multiplié par la densité de l'eau, & ensuite
par la hauteur AC, mais cette force en s'appliquant en C devient
comme un poids qui fait tourner la roue & dont la vitesse est CD,
donc son moment ou la force du choc qui fait tourner la roue
est comme le plan C multiplié par la densité de l'eau, puis par
la hauteur AB, & enfin par le rayon CD, donc, &c.

I iii iij

Corollaire I.

74. Si l'on a deux différens canaux & deux roues que l'eau fait tourner; la densité se trouvant alors la même, nous n'y aurons point d'égard, c'est pourquoi nommant P, p, les aîles des roues, R, r leur rayons, H, h les hauteurs des canaux, & F, f les forces des chocs qui font tourner les roues, nous aurons F, $f :: P \times R \times H$, $p \times r \times h$.

Corollaire II.

75. Si l'on fait P $= p$, on aura F, $f :: R \times H$, $r \times h$, c'est-à-dire les aîles des roues étant égales, les forces des chocs sont en raison composée des rayons & des hauteurs.

Corollaire III.

76. Si l'on fait R $= r$, on aura F, $f :: P \times H$, $p \times h$, c'est-à-dire les forces sont entr'elles en raison composée des aîles & des hauteurs, quand les rayons sont égaux.

Corollaire IV.

77. Si l'on fait H $= h$, on aura F, $f :: P \times R$, $p \times r$, c'est-à-dire, les forces sont en raison composée des aîles & des rayons, quand les hauteurs sont égales.

Corollaire V.

78. Si l'on fait P $= p$, & R $= r$, on aura F, $f :: H$, h, c'est-à-dire les aîles & les rayons étant égaux, les forces sont comme les hauteurs.

De même faisant P $= p$, & H $= h$, on aura F, $f :: R$, r, c'est-à-dire, les aîles & les hauteurs étant égales, les forces sont comme les rayons.

Enfin, faisant H $= h$, & R $= r$, on aura F, $f :: P$, p, c'est-à-dire, les hauteurs & les rayons étant égaux, les forces sont comme les aîles.

Corollaire VI.

79. Si l'on fait F $= f$, on aura P $\times$ R $\times$ H $= p \times r \times h$; d'où l'on tire P, $p :: r \times h$, R $\times$ H; c'est-à-dire les forces étant égales, les aîles sont en raison composée de la raison réciproque des rayons, & de la réciproque des hauteurs.

On peut tirer aifément d'autres Corollaires de tout ceci auquel je ne m'arrête point.

PROPOSITION XIV.

80. *Si un plan fe meut dans un fluide qui eft en repos, la réfiftance qu'il éprouve eft comme ce plan multiplié par la denfité du fluide, & enfuite par le quarré de la viteffe.*

DEMONSTRATION.

Que le plan fe meuve avec une certaine viteffe dans un fluide qui eft en repos, ou que le plan étant en repos, le fluide fe meuve avec la même viteffe, c'eft la même chofe, c'eft-à-dire le choc ou l'impreffion eft la même ; or fi le fluide fe mouvoit avec la viteffe dont le plan fe meut, & que le plan fut en repos, la force du choc feroit comme le plan multiplié par la denfité du fluide, & enfuite par le quarré de la viteffe ; donc fi le plan fe meut, & que le fluide foit en repos, la réfiftance que le plan éprouvera fera comme le plan multiplié par la denfité, & enfuite par le quarré de la viteffe.

COROLLAIRE I.

81. *Si deux plans inégaux fe meuvent avec une même viteffe dans un fluide en repos, les réfiftances qu'ils éprouvent font entr'elles comme les plans.*

Car fi les plans étoient en repos, & que le fluide les choquât avec la même viteffe, les forces des chocs feroient comme les plans (*N.* 66.)

COROLLAIRE II.

82. *Si deux plans inégaux fe meuvent avec des viteffes inégales dans un fluide, les réfiftances qu'ils éprouvent font en raifon compofée des plans & des quarrez des viteffes.*

Ceci fe démontre comme dans le Corollaire précédent, & on pourroit tirer grand nombre d'autres Corollaires que j'obmets parce qu'ils font trop faciles, après ce qui a été dit dans les Propofitions précédentes.

PROPOSITION XV.

83. *Si un fluide choque indirectement une droite AB (Fig. 23.) felon des droites parallèles AC, DB, fa viteffe abfolue eft à fa vi-*

teſſe reſpective comme le ſinus total eſt au ſinus de l'angle d'inci-
dence.

DEMONSTRATION.

Suppoſons que la droite AC exprime la viteſſe abſolue du fluide ſelon ſa direction AC, & menons du point C la droite CF, perpendiculaire à AB, ſelon les loix du mouvement compoſé, la viteſſe AC équivaut aux deux viteſſes CF, AF, mais le fluide agiſſant ſelon la viteſſe AF n'influe rien ſur la ligne AB; donc il n'agit ſur AB qu'avec la viteſſe CF, or en prenant CA pour le rayon total, la droite CF eſt le ſinus de l'angle CAF qui eſt l'angle d'inclinaiſon de la direction AC, donc la viteſſe abſolue AC du fluide eſt à la viteſſe reſpective CF avec laquelle elle influe ſur la ligne AB comme le ſinus total AC au ſinus d'incidence CF.

COROLLAIRE I.

84. *La maſſe du fluide qui choque la ligne* AC *indirectement, eſt à la maſſe qui la choqueroit directement avec la même viteſſe comme le ſinus de l'angle d'incidence eſt au ſinus total.*

Je mene BE perpendiculaire à AC, & il eſt viſible qu'il n'y a pas plus de filets d'eau qui vont choquer AB qu'il n'y en a qui choquent la droite BE ſur laquelle ces filets·ſont perpendiculaires ; ainſi le nombre des filets qui choquent AB eſt exprimé par la droite BE, mais ſi AB étoit choquée directement le nombre des filets qui la choqueroit directement ſeroit exprimé par AB, & comme nous ſuppoſons la viteſſe égale dans le choc indirect & dans le choc direct, le volume du choc oblique eſt exprimé par BE, de même que le volume du choc direct eſt exprimé par AB ; donc la maſſe qui choque indirectement AB eſt à la maſſe qui la choqueroit directement comme EB eſt à AB ; or en prenant AB pour ſinus total, la droite EB eſt le ſinus de l'angle d'incidence CAB, donc, &c.

COROLLAIRE II.

85. *La force du fluide qui choque indirectement la droite* AB *eſt à la force du même fluide qui le choqueroit comme le quarré du ſinus de l'angle d'incidence eſt au quarré du ſinus total.*

La viteſſe abſolue eſt à la reſpective comme le ſinus total au ſinus de l'angle d'incidence (*N.* 83.), & la maſſe qui choqueroit
directement

directement eft à la maffe qui choque obliquement auffi comme le finus total à l'angle d'incidence (*N.* 84.) , mais la force qui choqueroit directement eft à la force qui choque obliquement en raifon compofée de la viteffe abfolue à la viteffe refpective , & de la maffe qui choqueroit directement à la maffe qui choque obliquement ; donc la force qui choqueroit directement eft à la force qui choque obliquement en raifon compofée du finus total au finus de l'angle d'incidence, & du finus total au finus de l'angle d'incidence , c'eft-à-dire la force qui choqueroit directement eft à la force oblique comme le quarré du finus total au quarré du finus de l'angle d'incidence.

COROLLAIRE III.

86. Si l'on décrit un demi-cercle AEB fur la droite AB, & que du point B on mene une droite BE au point E, où la direction AC du fluide coupe la circonférence, & enfin du point E une perpendiculaire EH fur le diametre, la force du choc direct fera à la force du choc indirect comme le diametre AB eft à fa partie BH ; car à caufe des triangles femblales AEH, BEH, on a :: AB, BE, BH ; donc AB, BH :: $\overline{AB}^2$, $\overline{BE}^2$, mais la force du choc direct eft à la force du choc oblique comme $\overline{AB}^2$, $\overline{BE}^2$; donc ces deux forces font auffi comme AB, BH.

COROLLAIRE IV.

87. Plus la direction CA eft inclinée, fur le diametre AB ; plus auffi le point E s'éloigne du point A , & plus HB devient petit par rapport à AB ; par exemple, fi la direction eft RA, le point R eft plus éloigné de A que le point E, & la droite FB eft moindre par rapport à AB que la droite HB ; d'où il fuit que la force du choc devient moindre à mefure que l'angle d'incidence devient moindre, & que les forces des chocs fous différentes inclinaifons CA, RA, font entr'elles comme les droites HB, FB.

COROLLAIRE V.

88. Si le fluide choquoit directement la droite AB , le volume de la maffe qui choqueroit feroit la droite AB multipliée par la viteffe , parce que ce volume , comme nous avons dit,

K k k k

devient plus ou moins grand, à proportion de la viteſſe (*N.* 65) ;
ainſi nommant V la viteſſe, la maſſe qui choque ſeroit AB × V
& la force étant le produit de la maſſe par la viteſſe ſeroit AB
× V × V $=$ AB × V^2 ; or par le Corollaire précédent le choc di-
reſt eſt au choc indirect comme AB eſt à HB ; faiſant donc AB,
HB : : AB × V^2, $\frac{\text{HB} \times \text{AB} \times \text{V}^2}{\text{AB}} =$ HB × V^2, ce quatriéme terme
exprimera la force du choc ſous la direction AC.

Et par la même raiſon on trouvera que la force du choc ſous
la direction AR eſt FB × V^2, & ainſi des autres.

Proposition XVI.

89. *Trouver l'angle ſous lequel l'eau doit choquer le gouvernail
d'un Vaiſſeau pour faire tourner le Vaiſſeau le plus vite qu'il eſt poſſible.*

Solution.

Suppoſons que la figure AB (*Fig.* 24.) repréſente le vaiſſeau
qui va de A vers B, que la droite AC ſoit la poſition du gouvernail, lequel ſouffre la reſiſtance de l'eau ſelon la direction BA
ou HC ; nous ſavons que la reſiſtance que ce gouvernail ſouffre
eſt égale à la force qu'il ſoutiendroit s'il étoit en repos & que l'eau
le choquât ſelon les directions HC, BA avec la même viteſſe
dont le Vaiſſeau eſt pouſſé de A vers B.

Du point A je mene AD perpendiculaire ſur la direction HC,
& ſuppoſant que la droite DC repréſente la viteſſe de l'eau qui
choqueroit le gouvernail s'il étoit en repos, il eſt évident que la
maſſe d'eau qui choqueroit directement ce gouvernail ſeroit CA
multiplié par la viteſſe DC, c'eſt-à-dire CA × DC (*N.* 65) ; or la
maſſe qui choqueroit directement eſt à celle qui choque obliquement, comme le ſinus total eſt au ſinus d'incidence (*N.* 84), &
en prenant pour ſinus total la droite AC, le ſinus de l'angle d'incidence HCA eſt la droite DA ; donc faiſant AC, DA : : AC
×DC, $\frac{\text{DA} \times \text{AC} \times \text{DC}}{\text{AC}} =$ DA × DC, le quatriéme terme DA × DC
eſt la maſſe qui choque obliquement le gouvernail.

Or la viteſſe oblique DC eſt à la viteſſe directe comme le ſinus de l'angle d'incidence eſt au ſinus total (*N.* 84), ainſi tirant
DO perpendiculaire ſur AC, la viteſſe oblique ſera à la viteſſe
directe comme DO eſt à DC, car à cauſe des triangles rectangles
DOC, CAD, on a DO, DC : : CA, AD ; mais CA eſt à AD,

comme le finus de l'angle d'incidence eft au finus total, donc,
&c. & par conféquent DO exprime la viteffe oblique dont la
maffe de l'eau choque AC.

Mais la viteffe DO avec laquelle la maffe agit fur AC n'étant
pas perpendiculaire fur la direction BN du Vaiffeau que la force
de la maffe d'eau doit faire tourner, je mene AM parallele &
égale à DO, & du point M la droite MN perpendiculaire à la
direction du Vaiffeau, & il eft vifible par les regles du mouvement compofé, que la viteffe DO ou AM eft équivalente à deux
viteffes AN, NM, dont la feule derniere NM peut agir pour
faire tourner le Vaiffeau, car la premiere AN étant dans la direction contraire à celle du Vaiffeau ne peut tout au plus que ral-
lentir fon mouvement; ainfi la force que l'eau employe pour faire
tourner le Vaiffeau eft le produit de la maffe DA×DC par la viteffe
NM, & par conféquent cette force eft $DA \times DC \times NM$; mais le
gouvernail AC eft comme un levier fur lequel cette force s'applique; concevant donc que l'effort de cette force foit réuni au
centre de gravité P du gouvernail où elle agira de même que fi
elle étoit repandue fur toute l'étendue de ce gouvernail, la diftance PA fera la viteffe que cette force acquiert en agiffant fur le
Vaiffeau par le moyen du gouvernail, multipliant donc $DA \times DC$
$\times NM$ par PA, nous aurons enfin $DA \times DC \times NM \times PA$ pour l'effort de l'eau fur le vaiffeau.

Maintenant pour trouver l'angle d'incidence DCA fous lequel
l'eau fera capable de faire tourner le Vaiffeau avec la plus grande
viteffe; du point O je mene OS parallele à DA, & les triangles rectangles AMN, DSO étant femblables & égaux, à caufe
des paralleles AM, DO, AN, DS, & de $AM = DO$, j'ai
$MN = SO$.

Je nomme $AC = a$, $DC = x$, $AP = c$, $DA = b$; les triangles femblables DCA, DCO donnent CA, AD :: CD, CO,
donc $a, b :: x, \frac{bx}{a} = CO$; de même les triangles femblables
CDA, CSO donnent CA, AD :: CO, OS, donc $a, b :: \frac{bx}{a}$,
$\frac{b^2 x}{a^2} = OS$; or l'effort de l'eau qui agit pour faire tourner le Vaiffeau eft $DA \times DC \times NM \times AP$, mettant donc les valeurs analytiques de ces lignes, nous aurons $\frac{cb^3 x}{a^2}$ pour la valeur de cet effort,

mais à caufe du triangle rectangle CDA nous avons $\overline{DA}^2 = \overline{CA}^2$

$-\overline{CD}^2$, donc $\overline{DA}^2 = a^2 - x^2 = b^2$, & mettant cette valeur de b^2 dans $\frac{cb^3x}{a^2}$, nous aurons $cbx - \frac{cbx^3}{a^2}$ pour l'effort de l'eau sur le Vaiſſeau ; or cet effort doit être par la ſuppoſition le plus grand effort de l'eau pour faire tourner le Vaiſſeau, donc ſelon la regle *des plus grandes & moindres quantités*, je prens la différence $cbdx - \frac{3cbx^2dx}{a^2}$ de cet effort, & cette différence eſt égale à zero ; j'ai donc $cbdx - \frac{3cbx^2dx}{a^2} = 0$, d'où je tire $cbdx = \frac{3cbx^2dx}{a^2}$, ou $1 = \frac{3x^2}{a^2}$, & $a^2 = 3x^2$, qui ſe reduit à $\frac{1}{3}a^2 = x^2$, & tirant la racine quarrée, j'ai $x = \sqrt{\frac{1}{3}a^2}$; mais en prenant AC pour le ſinus total, la droite DC eſt le ſinus de l'angle CAD, donc ce ſinus eſt égal à la racine du tiers du quarré du ſinus total.

Suppoſant donc le ſinus total $= 10000000$ ſon quarré eſt 100000000000000 dont le tiers eſt 33333333333333, & la racine quarrée eſt $5773502 = CD = x$, & cherchant ce ſinus dans les Tables des ſinus, je trouve qu'il appartient à un angle de 35 degrés 16 minutes ; donc l'angle ACD qui eſt le complement à l'angle droit de l'angle CAD eſt de 54 degrés 44 minutes, donc l'angle d'incidence de l'eau ſur le gouvernail doit être de 54 degrés 44 minutes, ſi l'on veut que cette eau faſſe tourner le Vaiſſeau avec la plus grande viteſſe poſſible.

C o r o l l a i r e.

90. On trouve de la même façon l'angle que l'aîle du moulin doit faire avec l'axe, afin que le vent la faſſe tourner le plus vite qu'il ſe puiſſe.

Suppoſons que la droite AB (*Fig.* 25.) repréſente l'axe du moulin, le plan CF l'aîle, que le vent ſouffle ſelon la direction AB de l'axe, & qu'après avoir mené SD parallele à AB, & CP perpendiculaire à SD, la droite HB repréſente la viteſſe du vent ; l'air ou le vent étant un fluide, la maſſe d'air qui choque le plan CF ou la ligne CD que nous conſidererons comme repréſentant le plan CF, ne ſera pas plus grande que la maſſe qui choque la droite CP, ainſi cette maſſe ſera $CP \times HB$, je mene HI perpendiculaire à CD, & cette droite HI exprime la viteſſe dont l'air choque CD, & comme en menant IR perpendiculaire à l'axe AB, la viteſſe HI eſt équivalente aux deux HR, IR, & que cette derniere eſt la ſeule qui puiſſe faire tourner l'aîle autour de l'axe, il s'enfuit que la force de la maffe $CP \times HB$ qui agit pour faire tourner l'aîle eft $CP \times HB \times IR$; mais cette force agiffant fur cet aîle agit comme fur un levier par le moyen duquel elle fait tourner l'axe ; prenant donc le centre de gravité G de ce levier, la diftance BG eft la viteffe de cette force, & par conféquent la force totale eft $CP \times HB \times IR \times BG$.

Je nomme $PD = x$, $CD = a$, $CP = b$, & $BG = c$, donc $CB = \frac{1}{2}a$, & $HB = \frac{1}{2}x$; les triangles femblables CDP, HBI donnent CD, CP :: HB, HI, donc a, $b :: \frac{1}{2}x$, $\frac{bx}{2a} = IH$; de même les triangles femblables CDP, HIR donnent CD, DP :: HI, IR, donc a, $x :: \frac{bx}{2a}$, $\frac{bx^2}{2a^2} = IR$, & mettant les valeurs de CP, HB, IR, BG dans la force totale $CP \times HB \times IR \times BG$, nous aurons $\frac{cbbx^3}{44}$ pour l'expreffion de cette force; or $bb = aa - xx$, donc $\frac{cbbx^3}{4a^2} = \frac{cx^3}{4} - \frac{cx^5}{4a^2}$; mais $x^2 = aa - bb$, donc, mettant cette valeur de x^2, nous aurons $\frac{caax - bbcx}{4} - \frac{caax^3 + cbbx^3}{4a^2}$ pour l'expreffion de la force, & prenant la différence nous aurons $\frac{aacdx - bbcdx}{4} - \frac{3aacx^2dx + 3cbbx^2dx}{4a^2} = 0$, donc $aacdx - bbcdx = \frac{3aacx^2dx - 3cbbx^2dx}{a^2}$, d'où l'on tire $a^2 = 3x^2$; & par conféquent $V \frac{1}{3}a^2 = x$, de même que ci-deffus.

Fin du quatriéme & dernier Livre.

De l'Imprimerie de J. CHARDON, 1741.

TABLE
DES CHAPITRES
Contenus dans ce Volume.

LIVRE PREMIER.

De la Méchanique des Solides, & de la Statique.

TABLE DES CHAPITRES.

LIVRE SECOND.

De l'Hydrostatique.

LIVRE TROISIE'ME.

De l'Airométrie.

LIVRE QUATRIEME.

De l'Hydraulique.

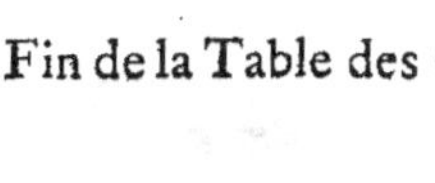

Fin de la Table des Chapitres.

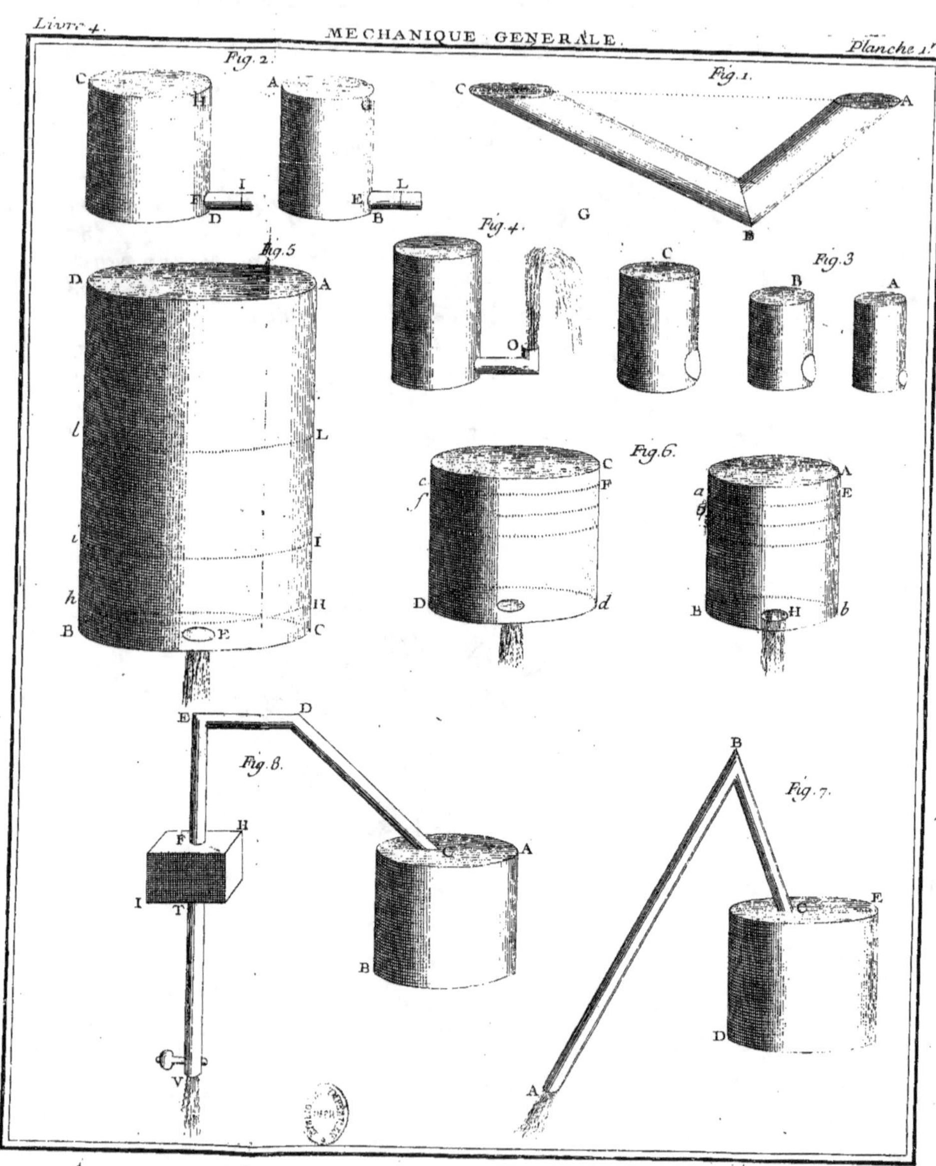
Fig. 2.
C
H
A
G
I
D
F
E
L
B
Fig. 1.
C
A
B
Fig. 5.
D
A
l
L
i
I
h
H
B
E
C
Fig. 4.
G
O
Fig. 3.
C
B
A
Fig. 6.
c
f
C
F
D
d
a
b
A
E
B
H
E
D
Fig. 8.
F
H
I
T
V
C
A
B
Fig. 7.
B
e
E
A
D

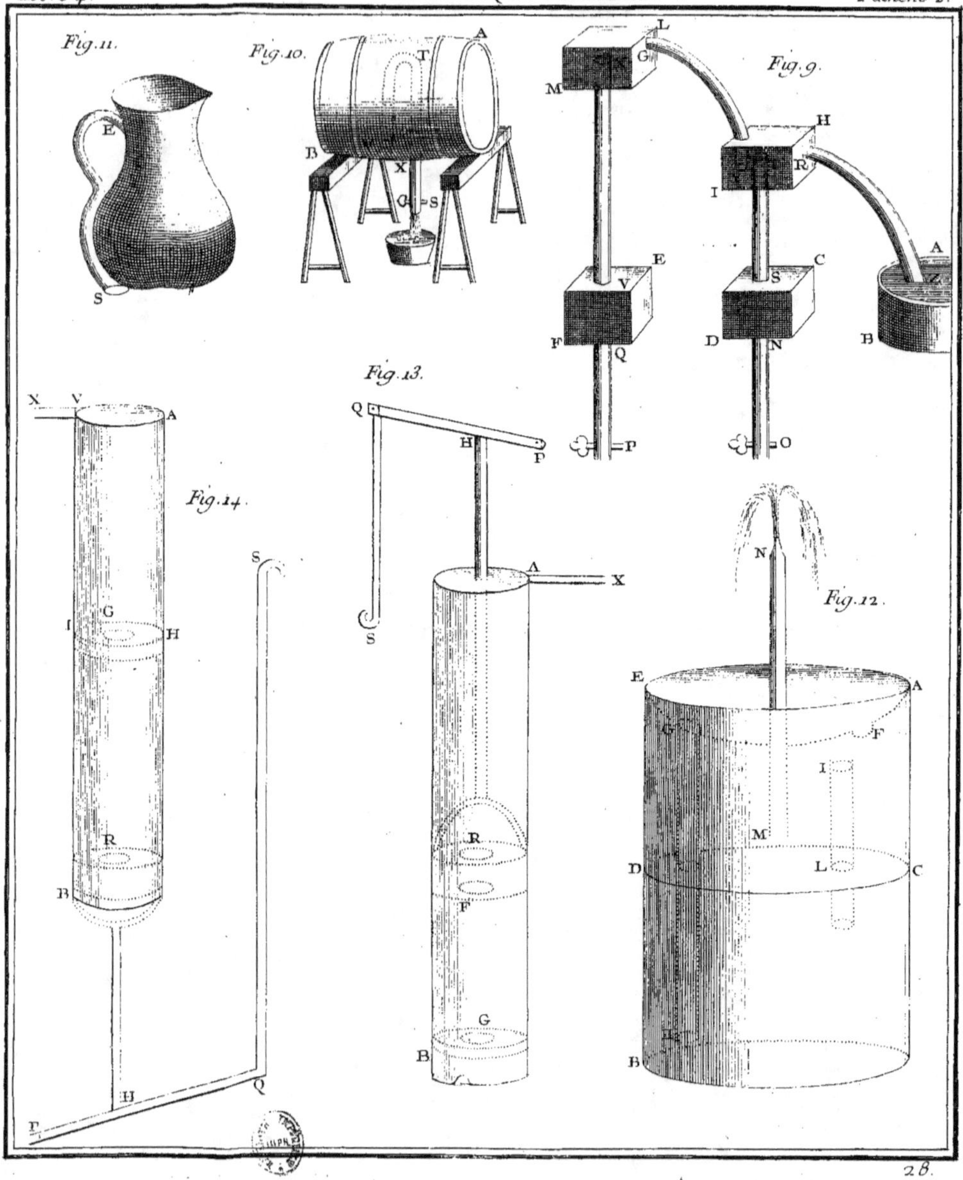

Fig.11.
Fig.10.
Fig.9.
Fig.13.
Fig.14.
Fig.12.

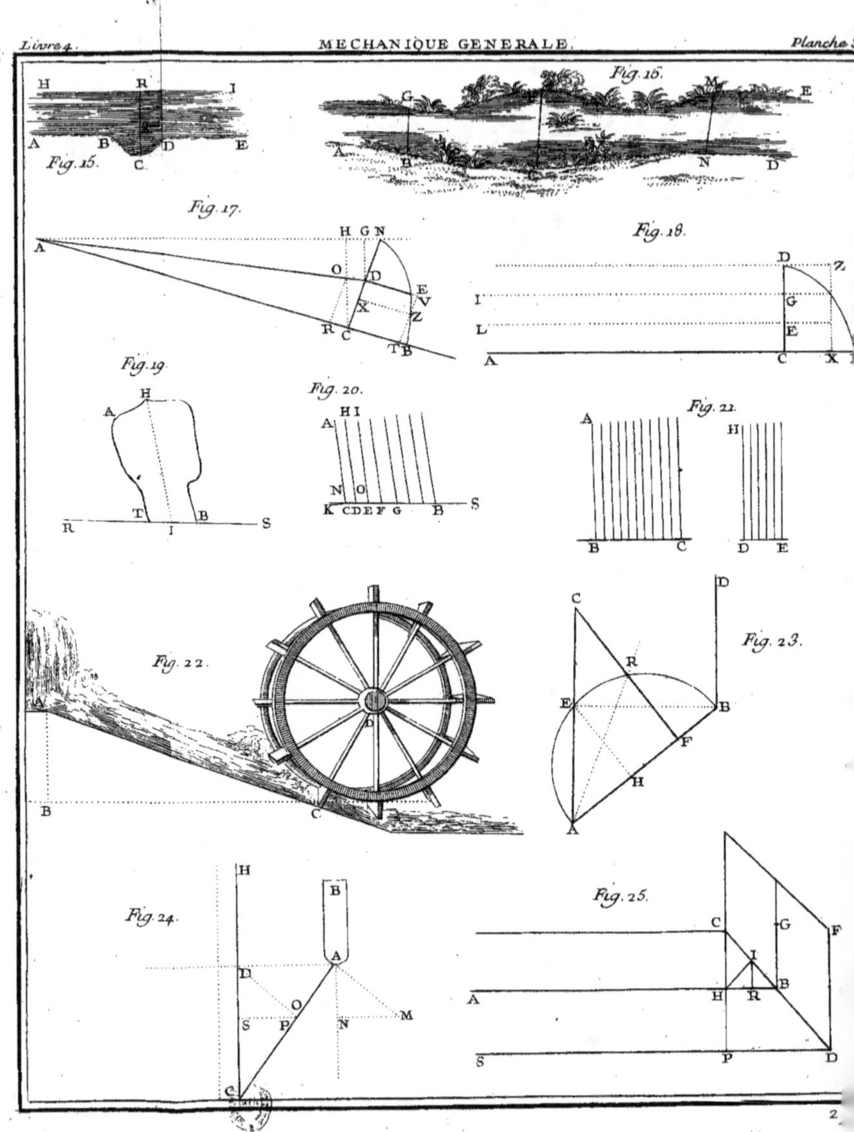
Fig. 16.
H R I
A B D E
Fig. 15.
C
G M E
A B N D
Fig. 17.
A
H G N
O D
E
V
X Z
R C
T B
Fig. 18.
D Z
I
G
L
E
A C X
Fig. 19.
H
A
R T I B S
Fig. 20.
H I
A
N O
K C D E F G B S
Fig. 21.
A
H
B C
D E
Fig. 22.
A
B
C
Fig. 23.
C D
R
E B
F
H
A
Fig. 24.
H
B
A
D
O
S P N M
C
Fig. 25.
C G F
I
A H R B
S P D

www.ingramcontent.com/pod-product-compliance
Lightning Source LLC
LaVergne TN
LVHW020932050726
842519LV00001B/15